2025 개정신판

전기산업기사
실기
기출학습서

전기산업기사 실기 20개년 기출문제 +무료동영상강의

김 대 호 저
건축전기설비기술사

한솔 H/A/N/S/O/L/A/C/A/D/E/M/Y 아카데미

2025년 대비 학습플랜

전기산업기사 실기

완전학습 교재구성

7개년 동영상 강좌

100% 저자 직강
7개년 기출문제 제공

마인드 맵 동영상

100% 저자 직강
마인드 맵, 속성 암기법, 꼭 나오는 유형 무료 제공

1 동영상 강좌 — 2 20개년 기출문제 제공 — 3 마인드 맵 동영상

수험자 유의사항

+

기출문제

20개년 기출문제의
연계성을 통해 전체의 흐름을 파악

+

고빈출 출제년도

고빈출 출제빈도를 통해 자기만의
별도의 노트에 기록하여 학습

한솔아카데미

학습 길잡이 200% 학습법

개념학습 총정리 마인드 맵 동영상

전기산업기사실기 개념학습 총정리를
전체적으로 한눈에 파악할 수 있도록 구성

시험에 꼭 나오는 유형 동영상

1988년부터 현재까지 시험에 꼭 나오는
유형문제 분석

4 개념학습 총정리 마인드 맵 동영상

5 단답형 학습 속성 암기법 동영상

6 시험에 꼭 나오는 유형 동영상

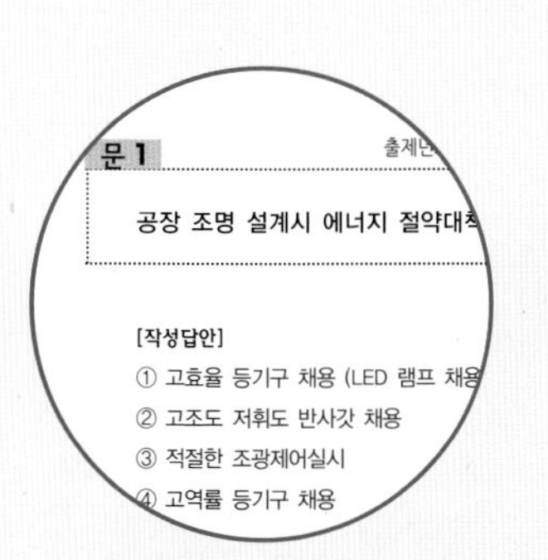

문 1
공장 조명 설계시 에너지 절약대책
[작성답안]
① 고효율 등기구 채용 (LED 램프 채용
② 고조도 저휘도 반사갓 채용
③ 적절한 조광제어실시
④ 고역률 등기구 채용

+

+

꼭 나오는 유형문제

시험에 꼭 나오는 유형
기출문제 수록

단답형 학습 속성 암기법 동영상

해당 키워드 속의 속성 암기법으로
기억에 도움

속성 암기법

작성답안 속성 암기법

교재 인증번호 등록을 통한 학습관리 시스템

전기산업기사 실기 한솔아카데미 동영상 무료 수강 방법

[한솔아카데미 홈페이지 ▶ 무료 제공 동영상 강의·한솔 TV ▶ 실기 대비 무료 강의]

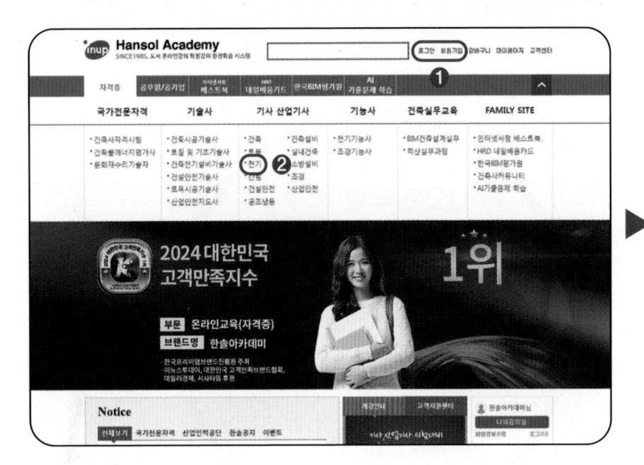

▶

01 사이트 접속

인터넷 주소창에 **https://www.inup.co.kr** 을 입력하여 한솔아카데미 홈페이지에 접속합니다.

02 회원가입 로그인

홈페이지 우측 상단에 있는 **회원가입** 또는 아이디로 **로그인**을 한 후, **전기산업기사** 사이트로 접속을 합니다.

03 나의 강의실

나의강의실로 접속하여 왼쪽 메뉴에 있는 **[쿠폰/포인트관리]–[쿠폰등록/내역]**을 클릭합니다.

04 쿠폰 등록

도서에 기입된 **인증번호 12자리** 입력(–표시 제외)이 완료되면 **[무료 제공 동영상 강의]–[실기 대비 무료 강의]** 메뉴에서 강의 수강이 가능합니다.

■ 모바일 동영상 수강방법 안내

❶ QR코드를 스캔하여 한솔아카데미 홈페이지에 접속합니다.
❷ 회원가입 및 로그인 후, 쿠폰 인증번호를 입력합니다.
❸ 인증번호 입력이 완료되면 [무료 강의]–[실기 대비 무료 강의]에서 강의 수강이 가능합니다.

※ 인증번호는 표지 뒷면에서 확인하시길 바랍니다.
※ QR코드를 찍을 수 있는 앱을 다운받으신 후 진행하시길 바랍니다.

전기산업기사 실기 20개년 기출문제 +무료동영상강의

한솔아카데미 H/A/N/S/O/L//A/C/A/D/E/M/Y

ON AIR

한솔아카데미 무료 강의

+ 최근 7개년 기출문제(2018~2024) 100% 무료 동영상 강의 제공
+ 전기산업기사 실기 MIND MAP
+ 속성 암기법
+ 꼭 나오는 유형

한솔아카데미 홈페이지(www.inup.co.kr)

PREFACE

1. 새로운 가치의 창조

많은 사람들은 꿈을 꾸고 그 꿈을 위해 노력합니다. 꿈을 이루기 위해서는 여러 가지 노력을 합니다. 결국 꿈의 목적은 경제적으로 윤택한 삶을 살기 위한 것이 됩니다. 그것을 위해 주식, 재테크, 펀드, 복권 등 여러 가지 가치창조를 위한 노력을 합니다. 이와 같은 노력의 성공 확률은 극히 낮습니다.

현실적으로 자신의 가치를 높일 수 있는 가장 확률이 높은 방법은 자격증입니다. 특히 전기분야의 자격증은 여러분을 기술자로서 새로운 가치를 부여하게 될 것입니다. 전기는 국가산업 전반에 걸쳐 없어서는 안 되는 중요한 분야입니다.

전기기사, 전기공사기사, 전기산업기사, 전기공사산업기사 자격증을 취득한다는 것은 여러분을 한 단계 업그레이드 하는 새로운 가치를 창조하는 행위입니다. 더불어 전기분야 기술사를 취득할 경우 여러분은 전문직으로서 최고의 기술자가 될 수 있습니다.

스스로의 가치(Value)를 만들어가는 것은 작은 실천부터 시작됩니다. 지금 준비하는 자격증이 바로 여러분의 Name Value를 만들어가는 과정이며 결과입니다.

2. 인생의 패러다임

고등학교, 대학교 등을 통해 여러분은 많은 학습을 하였습니다. 그리고 새로운 학습에 도전하고 있습니다. 현대 사회는 학습하지 않으면 도태되는 평생교육의 사회입니다. 새로운 지식과 급변하는 지식에 맞춰 평생학습을 해야 합니다. 이것은 평생 직업을 갖질 수 있는 기회가 됩니다.

노력한 만큼 그 결실은 큽니다. 링컨은 자기가 노력한 만큼 행복해진다고 했습니다. 저자는 여러분에게 권합니다. 꿈과 목표를 설정하세요.

"꿈꾸는 자만이 꿈을 이룰 수 있습니다. 꿈이 없으면 절대 꿈을 이룰 수 없습니다."

3. 이 도서만의 특별한 구성

이 도서의 구성은

과년도문제와 답안지	작성답안
채점시 부분점수의 배점	동일문제 출제년도

으로 구성되어 있습니다.

과거의 수험서들은 해설 위주로 집필하였으므로 수험자 입장에서 보면 어느 부분까지 답안을 작성하여야 하는지 알 수 없는 형태였습니다. 따라서 필자는 작성답안을 필자가 수험자의 입장에서 시험을 본다는 생각으로 작성하였습니다. 즉, 불필요한 해설을 제거하여 앞부분에서 이론과 더불어 해설하며, 수험생은 실제 작성하는 모범답안을 수록 하였습니다. 또한 수험생이 직접 책에 답안을 작성할 수 있도록 공간을 배려해 두었습니다.

이 책은 부분점수의 배점을 두어 실제 득점을 확인할 수 있도록 하였으며, 동일문제 출제년도를 수록하여, 문제의 중요도를 알 수 있도록 하였습니다.

책에 오류가 있다면 지속적으로 수정 및 보완해 나가도록 최선을 다하겠습니다.

4. 이 도서의 활용

학습은 다음의 방법으로 활용하여야 학습의 효과가 높습니다.

① 문제를 풀기 전에 핵심이론으로 사전학습을 합니다. 사전학습은 새로운 문제도 대비가 됩니다.

② 책에는 답안을 작성할 공간을 충분히 있습니다. 실전시험과 같이 직접 풀이 합니다. 답을 보고 풀이하는 것 보다 실제 시험 본다는 기분으로 풀이하는 것이 생각하는 연습을 돕습니다.

③ 작성답안을 확인하여 비교 합니다.

④ 틀린 부분을 체크 하고, 앞 분의 이론과 해설부분을 다시 참고하여 학습 합니다.

⑤ 이해된 것을 별도의 노트에 기록합니다.

위와 같이 반복하여 학습하게 되면 학습의 효과를 높이고, 실전감각을 익힐 수 있으며, 새로운 문제에 대한 대비 능력도 생깁니다.

끝으로 이 도서로 전기 분야 자격증을 준비하는 모든 분들에게 합격의 영광이 있기를 기원합니다.

이 도서를 출간하는 데 있어 먼저는 하나님께 영광을 돌리며, 수고하여 주신 출판사 임직원 여러분께 심심한 사의를 표합니다.

저자 씀

전기산업기사실기
시험안내 INFORMATION

■ 자격정보 및 출제경향

- 자격명: 전기산업기사
- 영문명: Industrial Engineer Electricity
- 관련부처: 산업통상자원부
- 시행기관: 한국산업인력공단

전기는 가장 기본적인 에너지이지만 관련설비의 시공과 작동에 있어서도 전문성이 요구 되는 분야이다. 이에 따라 전기를 합리적으로 사용하고 전기로 인한 재해를 방지하기 위한 제반 환경을 조성하고 전문화된 기술인력을 양성하기 위하여 자격제도 제정.

■ 응시자격

- 기능사+1년 이상 경력자
- 전문대 관련학과 졸업 또는 졸업예정자
- 교육훈련기간(산업기사 수준) 이수자 또는 이수예정자
- 타분야 산업기사 자격취득자
- 동일 직무분야 2년 이상 실무경력자

■ 진로 및 전망

한국전력공사를 비롯한 전기기기제조업체, 전기공사업체, 전기설계전문업체, 전기기기 설비업체, 전기안전관리 대행업체, 건설현장, 발전소, 변전소, 아파트전기실, 빌딩제 어실 등에 취업할 수 있다. 전기는 모든 산업에 없어서는 안 될 중요한 에너지로 단시간 정전이 발생한다하더라 도 큰 재산상의 손실을 가져올 수 있을 뿐만 아니라 오조작시 안전사고를 불러일으 킬 수도 있다. 이에 따라 전기를 안전하게 관리하고, 또한 전기 관련설비의 시공품질 을 향상시키는 전문인력의 수요는 꾸준할 전망이고 이에 따라 매년 많은 인원이 응시하고 있는 추세이다. 특히 「송유관사업법」에 의해 송유관사업체의 안전관리책임자 로 「전기사업법」에 의해 발전소, 변전소 및 송전선로내 배전선로의 관리소를 직접 통할하는 사업장에 전기안전관리담당자로 고용될 수 있어 자격증 취득시 취업에 훨 씬 유리하다.

■ 시험과목

구분	시험과목	검정방법	합격기준
필기	1. 전기자기학 2. 전력공학 3. 전기기기 4. 회로이론 5. 전기설비기술기준	객관식 4지 택일형, 과목당 20문항 (과목당 30분)	100점을 만점으로 하여 과목당 40점 이상, 전과목 평균 60점 이상
실기	전기설비설계 및 관리	필답형(2시간)	100점을 만점으로 하여 60점 이상

■ 전기산업기사실기 출제기준

실기과목명	주요항목	세부항목
전기설비설계 및 관리	1. 전기계획	1. 현장조사 및 분석하기
		2. 부하용량 산정하기
		3. 전기실 크기 산정하기
		4. 비상전원 및 무정전 전원 산정하기
		5. 에너지이용기술 계획하기
	2. 전기설계	1. 부하설비 설계하기
		2. 수변전 설비 설계하기
		3. 실용도별 설비 기준 적용하기
		4. 설계도서 작성하기
		5. 원가계산하기
		6. 에너지 절약 설계하기
	3. 자동제어 운용	1. 시퀀스제어 설계하기
		2. 논리회로 작성하기
		3. PLC프로그램 작성하기
		4. 제어시스템 설계 운용하기
	4. 전기설비 운용	1. 수 · 변전설비 운용하기
		2. 예비전원설비 운용하기
		3. 전동력설비 운용하기
		4. 부하설비 운용하기
	5. 전기설비 유지관리	1. 계측기 사용법 파악하기
		2. 수 · 변전기기 시험, 검사하기
		3. 조도, 휘도 측정하기
		4. 유지관리 및 계획수립하기
	6. 감리업무 수행계획	1. 인허가업무 검토하기
	7. 감리 여건제반조사	1. 설계도서 검토하기
	8. 감리행정업무	1. 착공신고서 검토하기
	9. 전기설비감리 안전관리	1. 안전관리계획서 검토하기
		2. 안전관리 지도하기
	10. 전기설비감리 기성준공관리	1. 기성 검사하기
		2. 예비준공검사하기
		3. 시설물 시운전하기
		4. 준공검사하기
	11. 전기설비 설계감리업무	1. 설계감리계획서 작성하기

전기산업기사실기

차례

CONTENTS

20개년 | 2005~2024

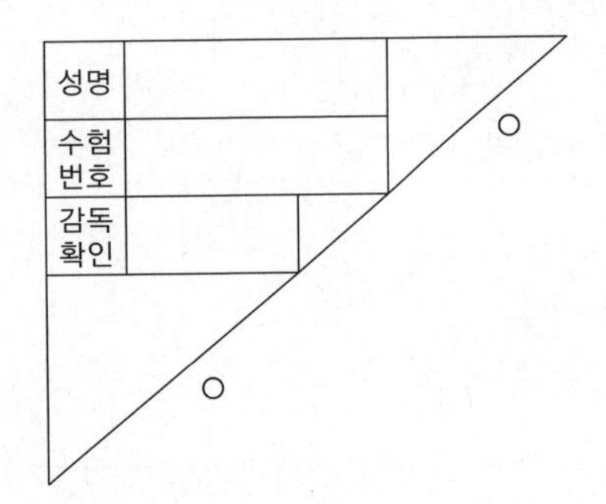

수험자 답안작성시 유의사항

* 수험자 유의사항

1. 시험장 입실시 반드시 **신분증**(주민등록증, 운전면허증, 모바일 신분증, 여권, 한국산업인력공단 발행 자격증 등)을 지참하여야 한다.
2. 계산기는 **『공학용 계산기 기종 허용군』** 내에서 준비하여 사용한다.
3. 시험 중에는 핸드폰 및 스마트워치 등을 지참하거나 사용할 수 없다.
4. 시험문제 내용과 관련된 메모지 사용 등은 부정행위자로 처리된다.
   - 당해시험을 중지하거나 무효처리된다.
   - 3년간 국가 기술자격 검정에 응시자격이 정지된다.

** 채점사항

1. 수험자 인적사항 및 계산식을 포함한 답안 작성은 **검은색** 필기구만 사용해야 하며, 그 외 연필류, 빨간색, 청색 등 필기구로 작성한 답항은 0점 처리 됩니다.
2. 답안과 관련 없는 특수한 표시를 하거나 특정임을 암시하는 경우 답안지 전체를 0점 처리된다.
3. 계산문제는 반드시 **『계산과정과 답란』**에 기재하여야 한다.
   - 계산과정이 틀리거나 없는 경우 0점 처리된다.
   - 정답도 반드시 답란에 기재하여야 한다.
4. 답에 단위가 없으면 오답으로 처리된다.
   - 문제에서 단위가 주어진 경우는 제외
5. 계산문제의 소수점처리는 최종결과값에서 요구사항을 따르면 된다.
   - 소수점 처리에 따라 최종답에서 오차범위 내에서 상이할 수 있다.
6. 문제에서 요구하는 가지 수(항수)는 요구하는 대로, 3가지를 요구하면 3가지만, 4가지를 요구하면 4가지만 기재하면 된다.
7. 단답형은 여러 가지를 기재해도 한 가지로 보며, 오답과 정답이 함께 기재되어 있으면 오답으로 처리된다.
8. 답안 정정 시에는 두 줄(=)로 그어 표시하거나, 수정테이프(수정액은 제외)로 답안을 정정하여야 합니다.
9. 수험자 유의사항 미준수로 인해 발생되는 채점상의 불이익은 본인에게 책임이 있다.
10. 답안지 및 채점기준표는 절대로 공개하지 않는다.

전기산업기사 실기

20개년 기출문제 해설

20개년 기출문제 해설(2005~2024년)

2005년 1회 기출문제 해설

※ 다음 물음에 답을 해당 답란에 답하시오.

1

출제년도 98.01.05.(6점/각 문항당 3점)

점멸기의 그림 기호에 대하여 다음 각 물음에 답하시오.

(1) ●는 몇 [A]용 점멸기인가?

(2) 방수형 점멸기의 그림 기호를 그리시오.

(3) 점멸기의 그림 기호로 $●_4$ 의 의미는 무엇인가?

[작성답안]

(1) 10 [A]

(2) $●_{WP}$

(3) 4로 스위치

2

출제년도 01.05.(6점/부분점수 없음)

배전반, 분전반 및 제어반의 그림 기호는 ☐ 로 표현된다. 이것을 각 종류별로 구별하는 경우의 그림 기호를 그리시오.

[작성답안]

배전반

분전반

제어반

3 출제년도 05.(4점/부분점수 없음)

다음의 역할에 대하여 쓰시오.

(1) 방전코일

(2) 직렬리액터

[작성답안]

(1) 잔류전하 방전

(2) 제5고조파 제거

[핵심] 부속설비

① 방전코일 (Discharging Coil : DC 또는 DSC)

콘덴서를 회로로부터 분리했을 때 전하가 잔류 함으로써 일어나는 위험의 방지와 재투입할 때 콘덴서에 걸리는 과전압의 방지를 위해서 방전코일을 설치한다. 방전코일은 개로 후 5초 이내 50 [V] 이하로 저하시킬 능력이 있는 것을 설치하는 것이 바람직하다.

- 방전 개시 후 5초 이내에 콘덴서 단자전압 50 [V] 이하
- 절연저항 500 [MΩ] 이상
- 최고사용전압은 정격전압의 115 [%] 이하(24시간 평균치 110 [%] 이하)

② 직렬리액터 (Series Reactor : SR)

대용량의 콘덴서를 설치하면 고조파 전류가 흘러 파형이 일그러지는 원인이 된다. 파형을 개선(제5고조파의 제거)하기 위해서 전력용 콘덴서와 직렬로 리액터를 설치한다. 직렬 리액터의 용량은 콘덴서 용량의 6 [%]가 표준정격으로 되어 있다.(계산상은 4 [%])

4 출제년도 90.94.97.02.05.(9점/각 문항당 3점)

폭 10 [m], 길이 20 [m]인 사무실의 조명 설계를 하려고 한다. 작업면에서 광원까지의 높이는 2.8 [m], 실내 평균 조도는 120 [lx], 조명률은 0.5, 유지율이 0.72이며, 40 [W] 백색 형광등(광속 2800 [lm])을 사용한다고 할 때 다음 각 물음에 답하시오.

(1) 소요 등수를 계산하시오.

(2) F40×2를 사용한다고 할 때 F40×2의 KSC 심벌을 그리시오.

(3) F40×2를 사용한다고 할 때 적절한 배치도를 그리시오. (단, 위치에 대한 치수 기입은 생략하고 F40×2의 심벌을 모를 경우 ▭○▭로 배치하여 표시할 것)

[작성답안]

(1) 계산 : 전등수 $N=\dfrac{EA}{FUM}=\dfrac{120\times(10\times20)}{2800\times0.5\times0.72}=23.81$[등]

답 : 40 [W] 24등

(2) ▭○▭
F40×2

(3)

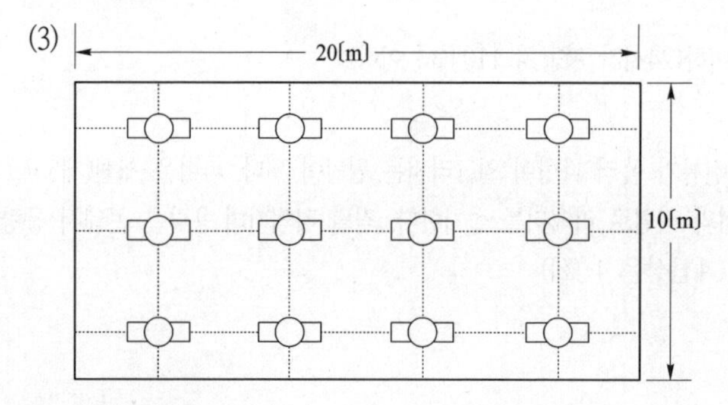

[핵심] 조명설계

① 실지수

방의 면적이 같은 2개의 방에 같은 수의 광원을 설치하여도 방의 모양이 다른 경우에는 작업면상의 조도는 다르게 된다. 그래서 천정, 바닥이 장방형인 방은 가로 X, 세로 Y 두 변의 평균을 한 변으로 하는 정방형인 방과 동일하다고 하는 이론에 의해 실지수 $R.I$를 다음 식과 같이 결정한다.

$$R.I=\frac{XY}{H(X+Y)}$$

실지수	5.0	4.0	3.0	2.5	2.0	1.5	1.25	1.0	0.8	0.6
기호	A	B	C	D	E	F	G	H	I	J

② 조도계산

N개의 램프에서 방사되는 빛을 평면상의 면적 A[㎡]에 모두 집중 조사할 수 있다고 하고 램프 1개당 광속을 F[lm]이라 하면, 그 면의 평균조도를

$$E = \frac{F \cdot N}{A} \text{ [lx]}$$

로 나타낸다. 이러한 평균조도 계산은 광속법과 설계여건에 따라 ZCM (Zonal Cavity Method)법을 채택할 수 있다.

$$E = \frac{F \cdot N \cdot U \cdot M}{A}$$

여기서, E : 평균조도 [lx] F : 램프 1개당 광속 [lm] N : 램프수량 [개]
U : 조명률 M : 보수율, 감광보상률의 역수 A : 방의 면적 [㎡] (방의 폭×길이)

5

출제년도 97.99.00.05.(6점/각 문항당 2점)

UPS 장치에 대한 다음 각 물음에 답하시오.

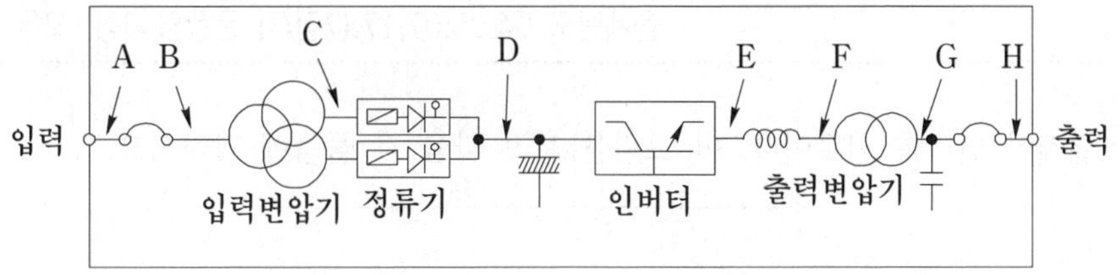

(1) 이 장치는 어떤 장치인지를 설명하시오.

(2) 이 장치의 중심부분을 구성하는 것이 CVCF이다. 이것의 의미를 설명하시오.

(3) 그림은 CVCF의 기본 회로이다. 축전지는 A~H 중 어디에 설치되어야 하는가?

[작성답안]

(1) 무정전 전원 공급 장치 (2) 정전압 정주파수 공급 장치 (3) D

[핵심] UPS

①블록 다이어그램

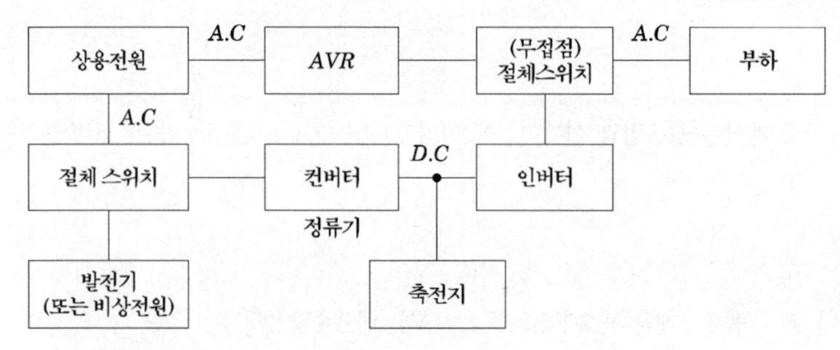

② UPS의 2차측(출력측) 고장회로의 분리

- 배선용차단기에 의한 것,
- 반도체보호용 한류형퓨즈에 의한 것,(속단퓨즈)
- 사이리스터를 사용한 반도체차단기에 의한 방법

③ UPS의 구성

- 컨버터(정류기) : 교류전원이나 발전기의 전원을 공급받아 직류전원으로 변환하여 축전지를 충전하며, 인버터에 공급하는 장치
- 인버터 : 직류전원을 교류전원으로 바꾸어 부하에 공급하는 장치
- 무접점 절환 스위치 : 인버터의 과부하 및 이상시 예비 상용전원으로(bypass line)절체시켜주는 장치

6

출제년도 04.05.07.17.(7점/각 문항당 3점, 모두 맞으면 7점)

그림은 릴레이 인터록 회로이다. 이 그림을 보고 다음 각 물음에 답하시오.

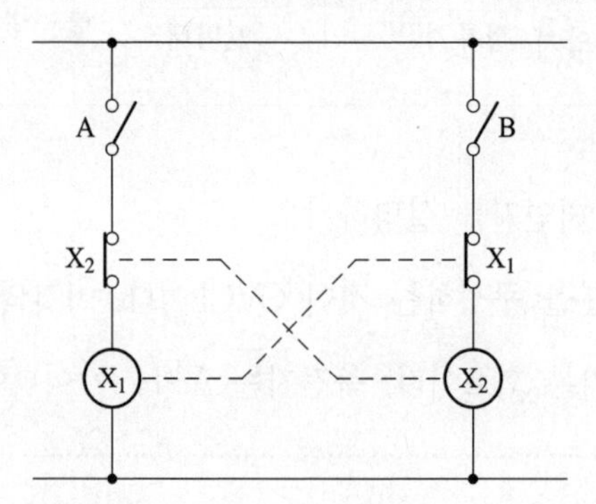

(1) 진리표를 완성하시오.

A	B	X_1	X_2
0	0		
0	1		
1	0		

(2) 이 회로를 논리회로로 고쳐 그리시오.

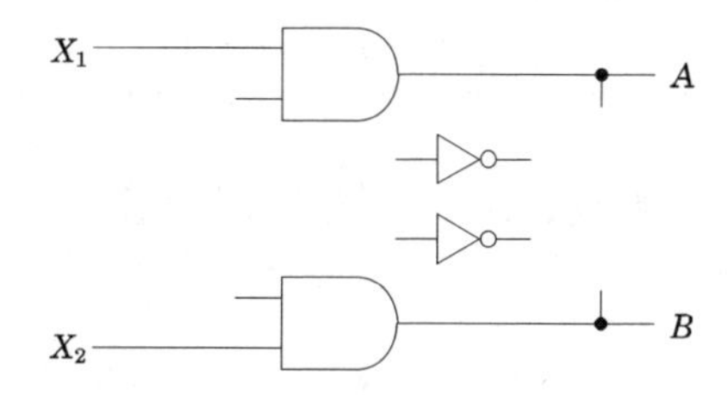

(3) 주어진 타임차트를 완성하시오.

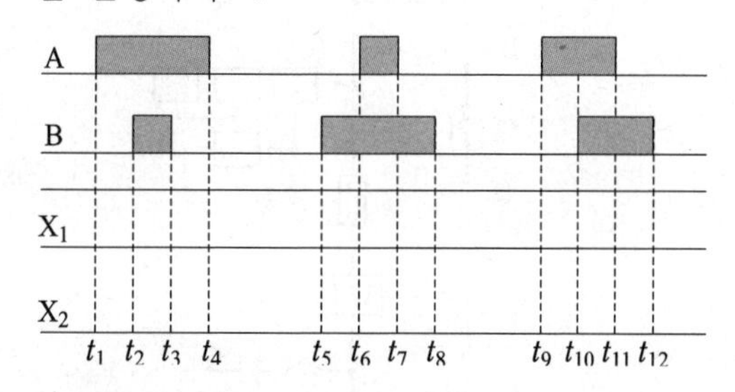

(4) 이러한 회로를 무슨회로라 하는가?

[작성답안]

(1)

A	B	X_1	X_2
0	0	0	0
0	1	0	1
1	0	1	0

(2)

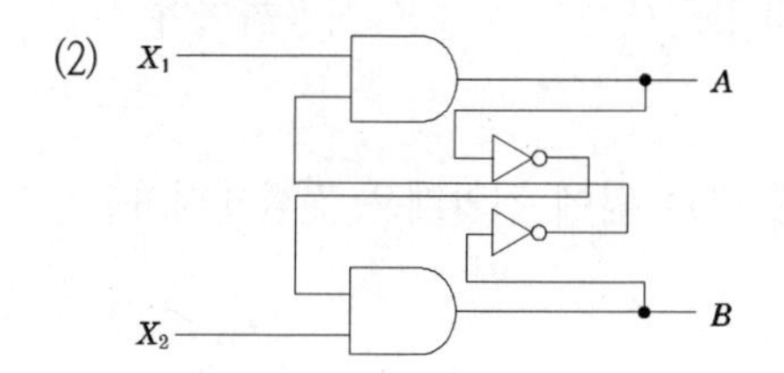

(3)

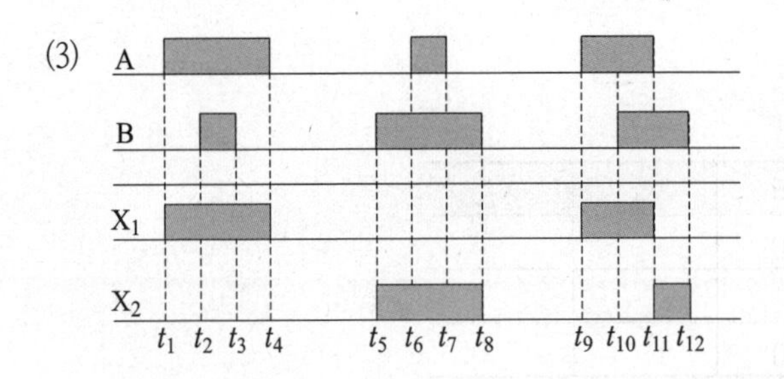

(4) 인터록 회로

7

출제년도 96.00.05.(13점/각 문항당 4점, 모두 맞으면 13점)

도면과 같은 22.9 [kV-Y] 1000 [kVA] 이하인 특별고압 수전설비 표준결선도를 보고 다음 각 물음에 답하시오.

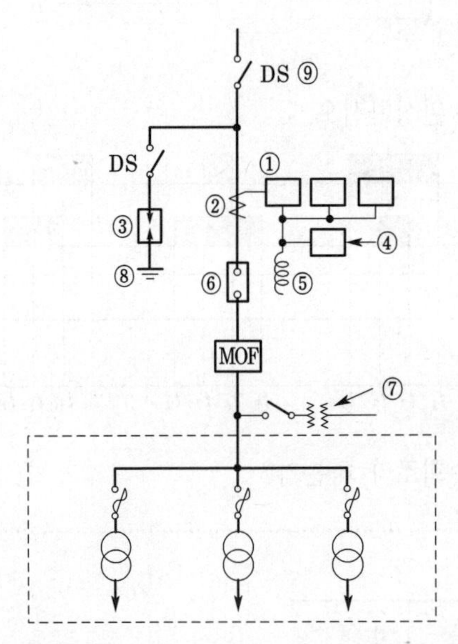

(1) ①~⑦에 해당되는 단선도용 심벌의 약호를 쓰시오.

(2) ⑧의 접지 공사의 접지저항값은 얼마인가?

(3) 인입구에 수전 전압의 66 [kV]인 경우에 ⑨의 DS 대신에 무엇을 사용하여야 하는가?

(4) 도면의 ⑦에 전압계를 연결코자 한다. 전압계 바로 앞에 전압계용 전환개폐기를 부착할 때 그 심벌을 그리시오.

[작성답안]

(1) ① OCR ② CT ③ LA ④ GR

⑤ TC ⑥ CB ⑦ PT

(2) 10[Ω]

(3) LS

(4) ⊕

[핵심] 한국전기설비규정 341.14 피뢰기의 접지

고압 및 특고압의 전로에 시설하는 피뢰기 접지저항 값은 10 Ω 이하로 하여야 한다.

8

출제년도 05.(5점/부분점수 없음)

어느 주택 시공에서 바닥 면적 90 [m²]의 일반주택배선 설계에서 전등 수구 14개, 소형 기기용 콘센트 8개 및 3 [kW] 룸 에어콘 2대를 사용하는 경우 최소 분기회로 수는 몇 회선인가? (단, 전등 및 콘센트는 16 [A]의 분기회로로 하고 바닥 1 [m²]당 전등(소형기기 포함)의 표준부하는 30 [VA], 전체에 가산하는 VA수는 1000 [VA], 전압은 220 [V] 이다.)

[작성답안]

계산 : $\text{분기회로수} = \dfrac{\text{상정 부하}}{\text{전압} \times \text{전류}} = \dfrac{90 \times 30 + 1000}{220 \times 16} = 1.05\text{회로}$

∴ 2 회로 선정

∴ 룸에어콘은 16 [A] 전용분기 2회로 선정

답 : 16 [A] 분기 4 회로

[핵심] 분기회로수

$$\text{분기회로 수} = \frac{\text{상정 부하 설비의 합 [VA]}}{\text{전압[V]} \times \text{분기 회로 전류[A]}}$$

9

출제년도 97.00.05.(5점/부분점수 없음)

3상 3선식 380 [V] 수전인 경우에 부하 설비가 그림과 같을 때 설비 불평형율은 몇 [%]인가? (단, Ⓗ는 전열기 또는 일반 부하로서 역률은 1이며, Ⓜ은 전동기 부하로서 역률은 0.8이다.)

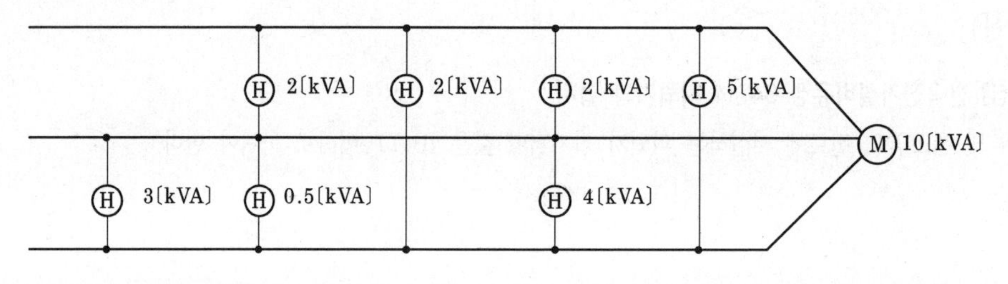

[작성답안]

계산 : $P_{AB}=2+2=4$ [kVA]

$P_{BC}=3+0.5+4=7.5$ [kVA]

$P_{CA}=2+5=7$ [kVA]

$$\therefore \text{ 불평형률}=\frac{7.5-4}{(4+7.5+7+10)\times\frac{1}{3}}\times 100=36.84\ [\%]$$

답 : 36.84 [%]

[핵심] 설비불평형률

① 설비불평형 단상

저압수전의 단상 3선식에서 중성선과 각 전압측 전선간의 부하는 평형이 되게 하는 것을 원칙으로 한다.

[주1] 부득이한 경우는 설비불평형률 40 [%]까지로 할 수 있다. 이 경우 설비불평형률이란 중성선과 각전압측 전선간에 접속되는 부하설비용량 [VA]차와 총부하설비용량 [VA]의 평균값의 비 [%]를 말한다. 즉 다음 식으로 나타낸다.

$$\text{설비불평형률} = \frac{\text{중성선과 각 전압측 전선간에 접속되는 부하설비용량 [kVA]의 차}}{\text{총 부하설비용량 [kVA]의 1/2}}\times 100\ [\%]$$

② 설비불평형 3상

저압, 고압 및 특고압수전의 3상 3선식 또는 3상 4선식에서 불평형부하의 한도는 단상 접속부하로 계산하여 설비불평형률을 30 [%] 이하로 하는 것을 원칙으로 한다. 다만, 다음 각 호의 경우는 이 제한에 따르지 않을 수 있다.

- 저압수전에서 전용변압기 등으로 수전하는 경우
- 고압 및 특고압수전에서 100 [kVA](kW) 이하의 단상부하인 경우

- 고압 및 특고압수전에서 단상부하용량의 최대와 최소의 차가 100 [kVA](kW) 이하인 경우
- 특고압수전에서 100 [kVA](kW) 이하의 단상변압기 2대로 역(逆)V결선하는 경우

[주] 이 경우의 설비불평형률이란 각 선간에 접속되는 단상부하 총설비용량 [VA]의 최대와 최소의 차와 총 부하설비용량 [VA] 평균값의 비 [%]를 말한다. 즉, 다음 식으로 나타낸다.

$$\text{설비불평형률} = \frac{\text{각 선간에 접속되는 단상 부하 총 설비용량 [kVA]의 최대와 최소의 차}}{\text{총 부하설비용량 [kVA]의 } 1/3} \times 100\,[\%]$$

③ 특고압 및 고압수전에서 대용량의 단상전기로 등의 사용으로 제2항의 제한에 따르기가 어려울 경우 전기사업자와 협의하여 다음 각 호에 의하여 시설하는 것을 원칙으로 한다.

- 단상부하 1개의 경우는 2차 역V접속에 의할 것, 다만 300kVA를 초과하지 말 것
- 단상부하 2개의 경우는 스코트 접속에 의할 것, 다만, 1개의 용량이 200kVA 이하인 경우는 부득이한 경우에 한하여 보통의 변압기 2대를 사용하여 별개의 선간에 부하를 접속할 수 있다.
- 단상 부하 3개 이상인 경우는 가급적 선로전류가 평형이 되도록 각 선간에 부하를 접속할 것

10

출제년도 05.09.(8점/각 문항당 2점, 모두 맞으면 8점)

변압기 설비에 대한 다음 각 물음에 답하시오.

(1) 22.9[kV-Y] 배전용 주상변압기의 1차측이 22900[V]인 경우에 2차측은 220[V]이다. 저압측을 210[V]로 하자면 1차측은 어느 탭 전압에 접속하는 것이 가장 적당한가? (단, 탭 전압은 20000[V], 21000[V], 22000[V], 23000[V], 24000[V]이다.)

(2) H종 절연 변압기는 백화점, 병원, 극장, 지하상가 등 화재가 발생했을 때 더 큰 사고로의 진전을 방지하기 위하여 주로 많이 사용되고 있다. 이 변압기의 주요 특성으로 장점을 3가지만 쓰시오.

(3) H종 절연 건식 변압기를 설치하면 이 변압기는 유입식 변압기에 비하여 충격파 내전압이 작기 때문에, 계통에 서지가 발생될 경우를 예상하여 어떤 것을 설치할 필요가 있는가?

[작성답안]

(1) 계산 : $V_T' = \frac{V_2 \times V_T}{V_2'}$ 에서 $V_T' = \frac{220 \times 22900}{210} = 24000$ [V]

답 : 24000[V]

(2) 장점

- 기름을 사용하지 않으므로 화재의 위험성이 없다.
- 내습성 내약품성이 우수하다.
- 소형 경량이다.

그 외

- 큐비클 내부에 설치하기 편리하다.
- 기름이 없으므로 보수 유지에 유리하다.

(3) 서지흡수기

[핵심] 변압기 탭

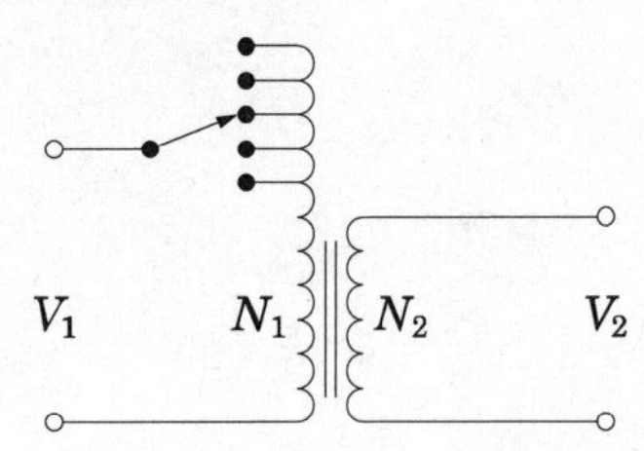

일반적으로 1차(고압)측 권선의 중간 단자를 인출하여 설치된다. 탭 절환이란 이것을 조정하여 권수비를 바꾸어 전압을 조정하는 장치이다. 변압기 탭의 설치 및 조정(절환)의 목적은 1차(수전단) 전압의 변동에 의해 2차측의 전압이 소정의 정격전압으로부터 변동한 경우, 이를 정격전압으로 하는 데에 그 목적이 있다.

$$V_T' = \frac{V_2 \times V_T}{V_2'}$$

여기서 V_2 : 변경전 2차전압 V_2' : 변경후 2차전압

V_T : 변경전 1차 탭전압 V_T' : 변경후 1차 탭전압

11 출제년도 99.05.(7점/부분점수 없음)

그림과 같은 설비에 대하여 절연저항계(메거)로 직접 선간 절연저항을 측정하고자 한다. 부하의 접속여부, 스위치의 ON, OFF 상태, 분기 개폐기의 ON, OFF 상태를 어떻게 하여야 하며 L과 E 단자는 어느 개소에 연결하여 어떤 방법으로 측정하여야 하는지를 상세히 설명하시오. (단, L, E와 연결되는 선은 도면에 알맞는 개소에 직접 연결하도록 한다.)

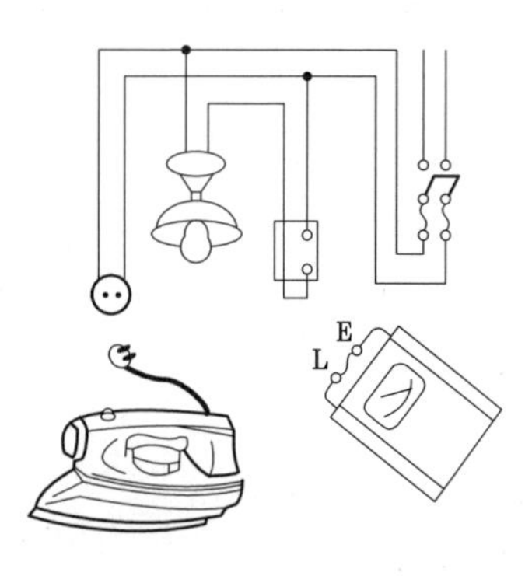

[작성답안]

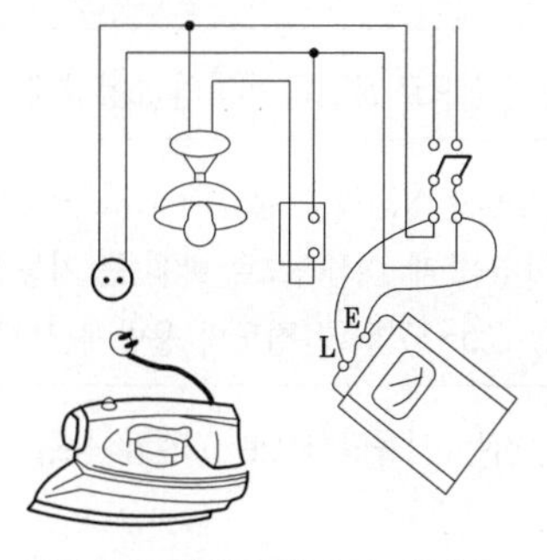

① 분기 개폐기를 OFF시킨다.

② 부하를 전로로부터 분리시킨다.

③ 스위치를 OFF시킨다.

④ 절연 저항계의 E 및 L단자를 부하 개폐기의 부하측 두 단자에 각각 연결한다.

⑤ 절연 저항계의 시험버튼을 눌러 계기의 지시값을 읽는다.

12 출제년도 05.(6점/각 문항당 3점)

다음 각 물음에 답하시오.

(1) 농형 유도 전동기의 4가지 기동법을 쓰시오.

(2) 유도 전동기의 1차 권선의 결선을 △에서 Y로 바꾸면 기동시 1차 전류는 △결선 시의 몇 배가 되는가?

[작성답안]

(1) • 전전압 기동법
- Y-△기동법
- 리액터 기동법
- 기동 보상기법

(2) $\frac{1}{3}$배

[핵심] 기동법

전동기 형식	기동법	기동법의 특징
농 형	직입기동	전동기에 직접 전원을 접속하여 기동하는 방식으로 5[kW] 이하의 소용량에 사용
	Y-△기동	1차 권선을 Y접속으로 하여 전동기를 기동시 상전압을 감압하여 기동하고 속도가 상승되어 운전속도에 가깝게 도달하였을 때 △접속으로 바꿔 큰 기동전류를 흘리지 않고 기동하는 방식으로 보통 5.5~37[kW] 정도의 용량에 사용
	기동보상기법	기동전압을 떨어뜨려서 기동전류를 제한하는 기동방식으로 고전압 농형 유도 전동기를 기동할 때 사용
권선형	2차저항기동	유도전동기의 비례추이 특성을 이용하여 기동하는 방법으로 회전자 회로에 슬립링을 통하여 가변저항을 접속하고 그의 저항을 속도의 상승과 더불어 순차적으로 바꾸어서 적게 하면서 기동하는 방법
	2차임피던스기동	회전자 회로에 고정저항과 리액터를 병렬 접속한 것을 삽입하여 기동하는 방법

13

출제년도 98.01.05.(9점/(1)4점, (2)5점)

답안지의 그림은 전동기의 정·역 운전 회로도의 일부분이다. 동작 설명과 미완성 도면을 이용하여 주회로 부분과 보조 회로 부분을 완성하시오.

【동작설명】

- NFB를 투입하여 전원을 인가하면 Ⓖ등이 점등 되도록 한다.
- 누름 버튼 스위치 PB_1(정)을 ON하면 MCF가 여자 되며, 이 때 Ⓖ등은 소등되고 Ⓡ등은 점등 되도록 하며, 또한 정회전한다.
- 누름 버튼 스위치 PB_0를 OFF하면 전동기는 정지한다.
- 누름 버튼 스위치 PB_2(역)을 ON하면 MCR가 여자되며, 이 때 Ⓨ등이 점등되게 된다.
- 과부하시에는 열동계전기 THR이 동작되어 THR의 b접점이 개방되어 전동기는 정지된다.

※ 위와 같은 사항으로 동작되며, 특이한 사항은 MCF나 MCR 어느 하나가 여자되면 나머지 하나는 전동기가 정지 후 동작시켜야 동작이 가능하다.

※ MCF, MCR의 보조 접점으로는 각각 a 접점 2개, b 접점 2개를 사용한다.

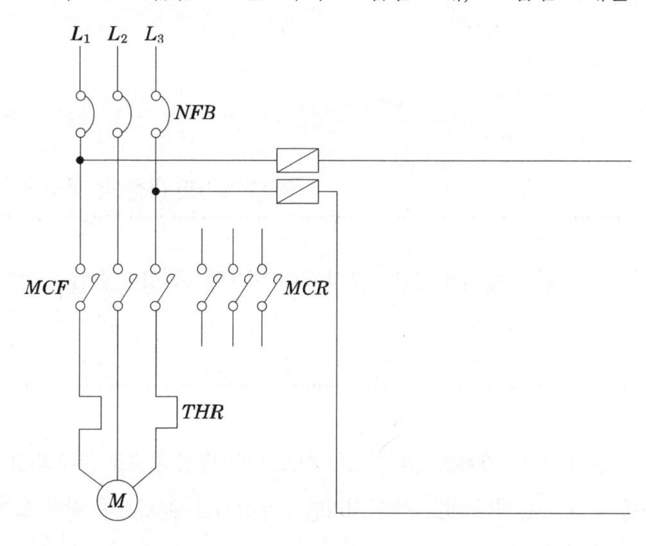

(1) 다음 주회로 부분을 완성하시오.

(2) 다음 보조 회로 부분을 완성하시오.

[작성답안]

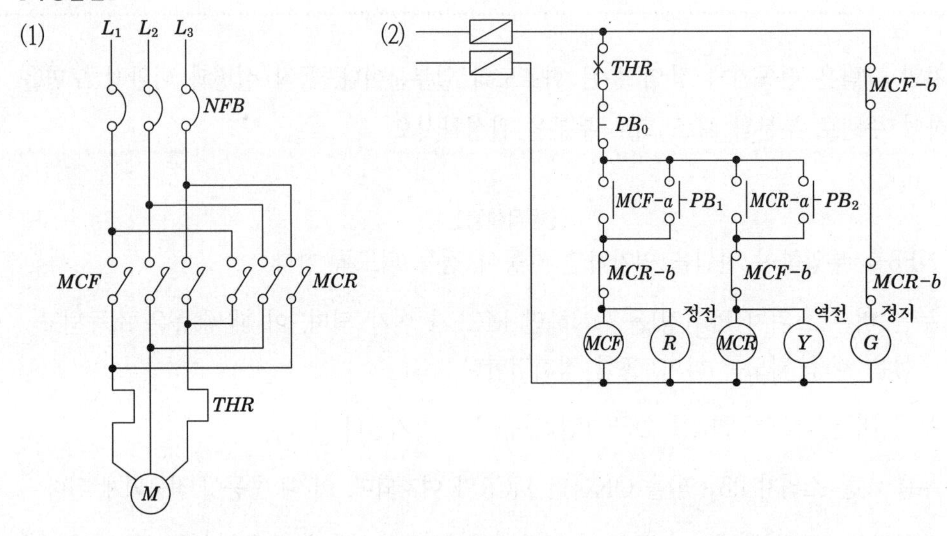

14

출제년도 05.(6점/각 항목당 1점, 모두 맞으면 6점)

배전반 주회로 부분과 감시제어회로중 감시제어기기의 구성요소를 4가지 쓰고 간단히 설명하시오.

[작성답안]

① 감시기능 : 기기의 운전, 정지, 개폐의 상태를 표시하고 이상 발생시 고장 부분의 표시 및 경보하는 기능

② 제어기능 : 기기를 수동, 자동의 상태로 변환 시키면서 운전시킬 수 있으며 정전, 화재, 천재지변 등의 이상 발생시 제어 할 수 있는 기능

③ 계측제어 : 전류, 전압, 전력 등을 계측하여 부하 또는 기기의 상태를 파악하는 기능

④ 기록기능 : 계측값을 일일이 기록용지에 자동 인쇄하여 등록된 데이터를 집계하는 기능

2005년 2회 기출문제 해설

※ 다음 물음에 답을 해당 답란에 답하시오.

1 출제년도 97.05.(7점/각 문항당 2점, 모두 맞으면 7점)

폭 15 [m], 길이 30 [m]인 사무실에 조명 설비를 하려고 한다. 주어진 조건을 이용하여 다음 각 물음에 답하시오.

- 실내 평균 조도 : 150 [lx]
- 조명률 : 0.5
- 유지율 : 0.69
- 작업면에서 광원까지의 높이 : 2.8 [m]
- 등기구 : 40 [W], 백색 형광등(광속 2800 [lm]) 사용

(1) 이 사무실에 백색 형광등이 몇 등이 필요한지 그 소요 등수를 산정하시오.

(2) 형광등의 램프수가 2개인 것을 사용할 경우 그림 기호를 그리고 형광등에 그 문자기호를 써넣으시오.

(3) 건축기준법에 따르는 비상조명등을 백열등과 형광등으로 구분하여 그 그림기호를 그리시오.

[작성답안]

(1) 계산 : $N = \frac{EAD}{FU} = \frac{150 \times 15 \times 30 \times \frac{1}{0.69}}{2800 \times 0.5} = 69.88$ [등]

답 : 70 [등]

(2) ▭◯▭ F40×2

(3) • 형광등 : ▬◯▬

• 백열등 : ●

[핵심] 조명설계

① 실지수

방의 면적이 같은 2개의 방에 같은 수의 광원을 설치하여도 방의 모양이 다른 경우에는 작업면상의 조도는 다르게 된다. 그래서 천정, 바닥이 장방형인 방은 가로 X, 세로 Y 두 변의 평균을 한 변으로 하는 정방형인 방과 동일하다고 하는 이론에 의해 실지수 $R.I$를 다음 식과 같이 결정한다.

$$R.I = \frac{XY}{H(X+Y)}$$

실지수	5.0	4.0	3.0	2.5	2.0	1.5	1.25	1.0	0.8	0.6
기호	A	B	C	D	E	F	G	H	I	J

② 조도계산

N개의 램프에서 방사되는 빛을 평면상의 면적 A[㎡]에 모두 집중 조사할 수 있다고 하고 램프 1개당 광속을 F[lm]이라 하면, 그 면의 평균조도를

$$E = \frac{F \cdot N}{A} \text{ [lx]}$$

로 나타낸다. 이러한 평균조도 계산은 광속법과 설계여건에 따라 ZCM (Zonal Cavity Method)법을 채택할 수 있다.

$$E = \frac{F \cdot N \cdot U \cdot M}{A}$$

여기서, E : 평균조도[lx] F : 램프 1개당 광속[lm] N : 램프수량[개]
U : 조명률 M : 보수율, 감광보상률의 역수 A : 방의 면적[㎡] (방의 폭×길이)

2

출제년도 97.03.05.15.20.(5점/각 항목당 1점, 모두 맞으면 5점)

다음과 같은 값을 측정하는데 가장 적당한 것은?

(1) 단선인 전선의 굵기

(2) 옥내전등선의 절연저항

(3) 접지저항(브리지로 답할 것)

[작성답안]

(1) 와이어 게이지 (2) 메거 (3) 콜라우시 브리지

[핵심] 저항의 측정

저항값을 1[Ω] 미만이라 하면 저저항이라 하고, 1[Ω]~1[MΩ]인 경우는 중저항, 1[MΩ] 이상은 고저항이라 한다. 저항을 측정하기 위해서는 일반적으로 옴의 법칙을 이용하여 구할 수 있고, 저저항을 측정하는 경우는 전압계와 전류계를 이용하여, 옴의 법칙으로 정확하게 저항값을 구하기 힘들므로 오차를 줄이기 위해 전압강하법, 전위차계법, 캘빈 더블 브리지법 등을 이용하여 저항을 측정한다.

① 저저항 측정

- 전압강하법
- 전위차계법
- 캘빈더블브리지법

② 중저항 측정

- 전압강하법
- 지시계기 사용법
- 휘트스톤 브리지법

③ 고저항 측정

- 직편법(검류계법)
- 전압계법
- 절연저항계법

④ 특수저항측정

- 검류계내부저항의 측정 : 검류계의 내부저항은 중저항에 해당함으로 휘트스톤 브리지법을 이용하는 방법으로 검류계의 내부저항을 측정한다.
- 전지의 내부저항 측정 : 전지의 내부저항의 측정에는 내부저항이 큰 전압계를 이용하는 방법과 기전력을 동시에 측정할 수 있는 전류계법, 브리지를 이용하는 방법 등이 있다.
- 전해액의 저항측정 : 전해액은 전기분해에 의해 분극작용이 생김으로 이로 인한 역기전력으로 전해액의 저항 측정시 실제 저항값보다 크게 측정된다. 그러므로 분극작용에 영향을 받지 않는 측정법이 필요하며, 콜라우시 브리지법(kohlrausch bridge), 스트라우드법(stroud)와 핸더슨법(henderson) 등이 있다.
- 접지저항측정 : 접지저항을 측정하는 방법은 콜라우시 브리지법과 접지저항계를 이용하는 방법이 있다.

2. 와이어게이지 : 전선의 굵기 측정

3 출제년도 00.05.09.18.20.(6점/각 항목당 2점)

60 [Hz]로 설계된 3상 유도 전동기를 동일 전압으로 50 [Hz]에 사용할 경우 다음 요소는 어떻게 변화하는지를 수치를 이용하여 설명하시오.

(1) 무부하 전류

(2) 온도 상승

(3) 속도

[작성답안]

(1) 6/5로 증가

(2) 6/5로 증가

(3) 5/6으로 감소

[핵심]

① 무부하전류(여자전류) : 여자전류는 코일에 흐르는 전류 이므로 $I_0 = \frac{V_1}{2\pi fL}$ 주파수에 반비례한다.

② 온도상승 : 철손은 fB^2에 비례하여 $\frac{50}{60}\left(\frac{60}{50}\right)^2 = \frac{60}{50}$ 으로 온도는 증가한다.

③ 속도 : 유도전동기의 속도는 $N=(1-s)\frac{120f}{p}$ [rpm] 이므로 주파수에 비례한다.

4

출제년도 99.01.05.11(8점/각 문항당 2점, 모두 맞으면 8점)

답안지의 도면은 유도 전동기 M의 정·역회전 회로의 미완성 도면이다. 이 도면을 이용하여 다음에 답하시오. (단, 주 접점 및 보조 접점을 그릴 때에는 해당되는 접점의 명칭도 함께 쓰도록 한다.)

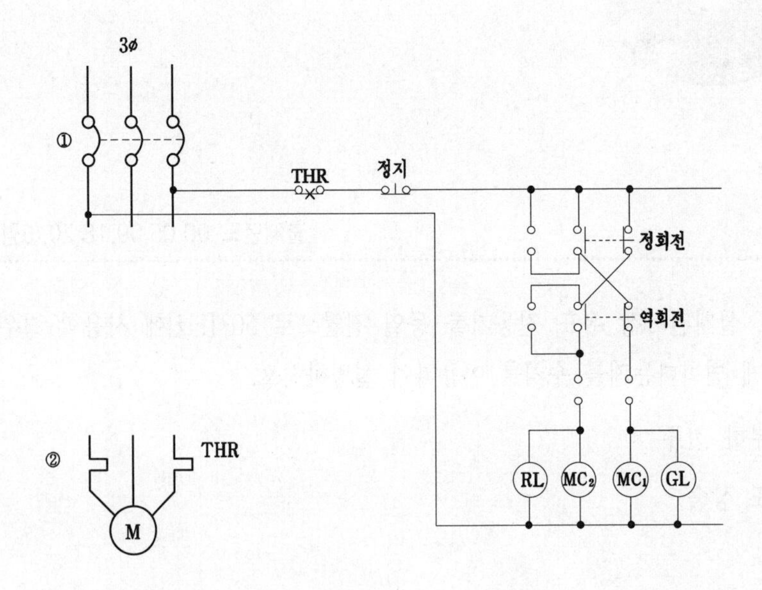

【동작조건】

- NFB를 투입한 다음
- 정회전용 누름 버튼 스위치를 누르면 전동기 M이 정회전하며, GL 램프가 점등된다.
- 정지용 누름 버튼 스위치를 누르면 전동기 M은 정지한다.
- 역회전용 누름 버튼 스위치를 누르면 전동기 M이 역회전하며, RL 램프가 점등된다.
- 과부하시에는 —o×o— 접점이 떨어져서 전동기가 멈추게 된다.

※ 정회전 또는 역회전 중에 회전 방향을 바꾸려면 전동기를 정지시킨 다음 회전 방향을 바꾸어야 한다.

※ 누름 버튼 스위치를 누르는 것은 눌렀다가 즉시 손을 떼는 것을 의미한다.

※ 정회전과 역회전의 방향은 임의로 결정하도록 한다.

(1) 도면의 ①, ②에 대한 우리말 명칭(기능)은 무엇인가?

(2) 정회전과 역회전이 되도록 주 회로의 미완성 부분을 완성하시오.

(3) 정회전과 역회전이 되도록 다음의 동작조건을 이용하여 미완성된 보조 회로를 완성하시오.

[작성답안]

(1) ① 배선용 차단기　　② 열동계전기

(2), (3)

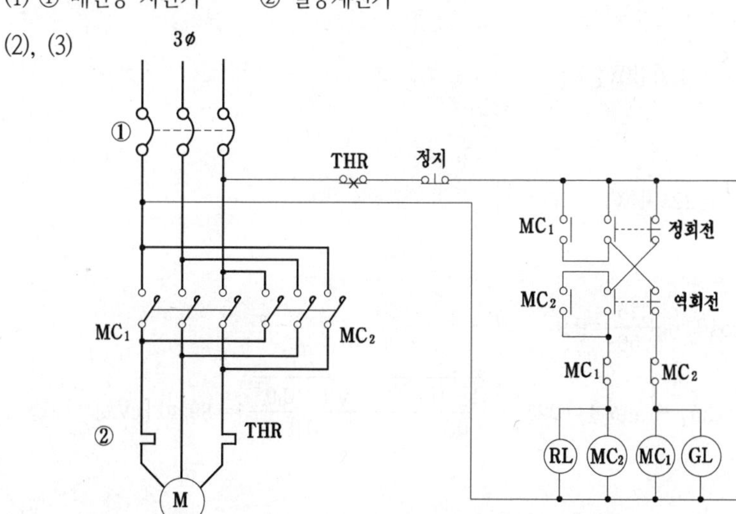

5 출제년도 98.02.05.(8점/각 문항당 2점)

어느 수용가의 공장 배전용 변전실에 설치되어 있는 250 [kVA]의 3상 변압기에서 A, B 2회선으로 아래 표에 명시된 부하에 전력을 공급하고 있는데 A, B 각 회선의 합성 부등률은 1.2, 개별 부등률 1.0이라고 할 때 최대 수용 전력시에는 과부하가 되는 것으로 추정되고 있다. 다음 각 물음에 답하시오.

회 선	부하 설비[kW]	수용률[%]	역 률[%]
A	250	60	75
B	150	80	75

(1) A회선의 최대 부하는 몇 [kW]인가?

(2) B회선의 최대 부하는 몇 [kW]인가?

(3) 합성 최대 수용 전력(최대 부하)은 몇 [kW]인가?

(4) 전력용 콘덴서를 병렬로 설치하여 과부하되는 것을 방지하고자 한다. 이론상 필요한 콘덴서 용량은 몇 [kVA]인가?

[작성답안]

(1) 계산 : $P_A = \dfrac{250 \times 0.6}{1.0} = 150$ [kW]

답 : 150 [kW]

(2) 계산 : $P_B = \dfrac{150 \times 0.8}{1.0} = 120$ [kW]

답 : 120 [kW]

(3) 계산 : $P = \dfrac{150 + 120}{1.2} = 225$ [kW]

답 : 225 [kW]

(4) 계산 : 개선 후 역률 $\cos\theta_2 = \dfrac{225}{250} = 0.9$

콘덴서 용량 $Q_c = P(\tan\theta_1 - \tan\theta_2) = 225\left(\dfrac{\sqrt{1-0.75^2}}{0.75} - \dfrac{\sqrt{1-0.9^2}}{0.9}\right) = 89.46$ [kVA]

답 : 89.46 [kVA]

6 출제년도 05.10.(5점/모두 맞으면 5점, 하나 틀리면 3점, 2개이상 틀리면 0점)

그림은 갭형 피뢰기와 갭레스형 피뢰기의 구조를 나타낸 것이다. 화살표로 표시된 각 부분의 명칭을 쓰시오.

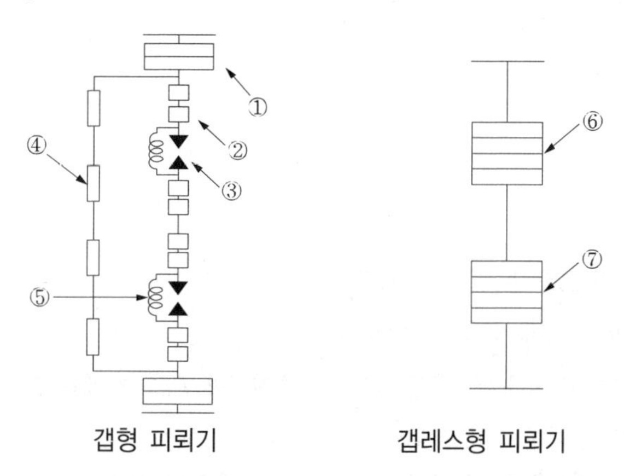

갭형 피뢰기 갭레스형 피뢰기

[작성답안]

① 특성요소 ② 주갭 ③ 측로갭 ④ 분로저항

⑤ 소호코일 ⑥ 특성요소 ⑦ 특성요소

[핵심] 피뢰기 (LA : Lighting Arrester)

(1) 피뢰기

피뢰기는 특고압가공 전선로에 의하여 수전하는 자가용 변전실의 입구에 설치하여 낙뢰나 혼촉사고 등에 의하여 이상전압이 발생하였을 때 선로와 기기를 보호한다. 피뢰기는 저항형, 밸브형, 밸브저항형, 방출형, 산화아연형, 지형 등이 있으나 자가용 변전실에는 거의가 밸브저항형이 채택되고 있다.

① 피뢰기는 이상전압 내습시 대지에 방전하여 전기기계기구를 보호하고 속류를 차단한다.

폴리머형 피뢰기 18kV, 5kA 애자형 피뢰기 18kV, 2.5kA POLYSIL형 서지흡수기 18 / 66 / 3.3kV, 5kA

② 피뢰기의 구비조건

- 상용 주파 방전 개시 전압이 높을 것
- 충격 방전 개시 전압이 낮을 것
- 제한 전압이 낮을 것
- 속류 차단 능력이 클 것

(2) 접지선의 굵기 선정

$$S=\frac{\sqrt{I^2t}}{k}$$

S : 단면적[mm²]

I : 보호장치를 통해 흐를 수 있는 예상고장전류[A]

t : 자동차단을 위한 보호장치 동작시간(s)

[비고] ① 회로 임피던스에 의한 전류제한 효과와 보호장치의 I^2t의 한계를 고려해야 한다.

② k : 보호도체, 절연, 기타 부위의 재질 및 초기온도와 최종온도에 따라 정해지는 계수
(k값의 계산은 KS C IEC 60364-5-54 부속서 A 참조)

7

출제년도 97.01.05.(10점/각 문항당 2점)

그림과 같은 UPS 설비를 보고 다음 각 물음에 답하시오.

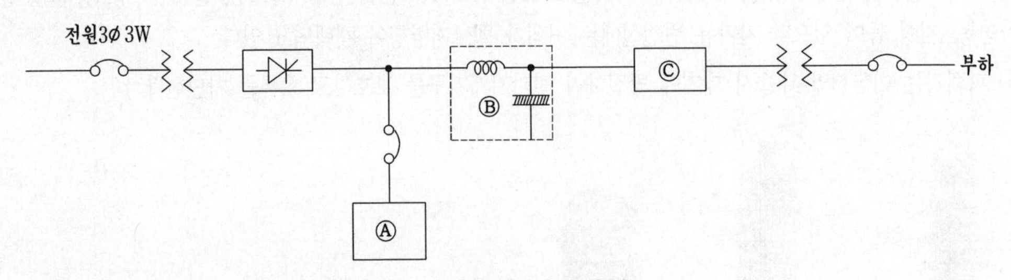

(1) UPS의 주요 기능을 2가지로 요약하여 설명하시오.

(2) A는 무슨 부분인가?

(3) B는 무슨 역할을 하는 회로인가?

(4) C 부분은 무슨회로이며, 그 역할은 무엇인가?

[작성답안]

(1) ① 무정전 전원 공급

② 정전압 정주파수 공급장치

(2) 축전지

(3) DC 필터로 Ripple 전압을 제거

(4) 인버터 회로

역할 : 직류를 교류로 변환

8

출제년도 新規.(9점/각 문항당 3점)

전로의 절연저항에 대한 다음 각 물음에 답하시오.

(1) 전로의 사용 전압의 구분에 빠른 절연저항 값은 몇 [MΩ] 이상이어야 하는지 그 값을 표에 쓰시오.

전로의 사용전압 V	DC시험전압 V	절연저항 MΩ
SELV 및 PELV	250	
FELV, 500V 이하	500	
500V 초과	1000	

(2) 물음 (1)에서 표에 기록되어 있는 SELV 및 PELV FELV가 적용되는 곳을 쓰시오.

(3) 특별저압의 의미를 쓰시오.

[작성답안]

(1)

전로의 사용전압 V	DC시험전압 V	절연저항 MΩ
SELV 및 PELV	250	0.5
FELV, 500V 이하	500	1.0
500V 초과	1,000	1.0

(2) ① SELV : 1차와 2차가 전기적으로 절연된 회로 비접지회로

② PELV : 1차와 2차가 전기적으로 절연된 회로 접지회로

③ FELV : 1차와 2차가 전기적으로 절연되지 않은 회로

(3) 인체에 위험을 초래하지 않을 정도의 저압으로 2차 전압이 AC 50V, DC 120V 이하를 말한다.

[핵심] 한국전기설비규정 132 전로의 절연저항 및 절연내력

사용전압이 저압인 전로의 절연성능은 기술기준 제52조를 충족하여야 한다. 다만, 저압 전로에서 정전이 어려운 경우 등 절연저항 측정이 곤란한 경우 저항성분의 누설전류가 1 mA 이하이면 그 전로의 절연성능은 적합한 것으로 본다.

전로의 사용전압 V	DC시험전압 V	절연저항 MΩ
SELV 및 PELV	250	0.5
FELV, 500V 이하	500	1.0
500V 초과	1,000	1.0

[주] 특별저압(extra low voltage : 2차 전압이 AC 50V, DC 120V 이하)으로 SELV(비접지회로 구성) 및 PELV(접지회로 구성)은 1차와 2차가 전기적으로 절연된 회로, FELV는 1차와 2차가 전기적으로 절연되지 않은 회로

"특별저압(ELV, Extra Low Voltage)"이란 인체에 위험을 초래하지 않을 정도의 저압을 말한다. 여기서 SELV(Safety Extra Low Voltage)는 비접지회로에 해당되며, PELV(Protective Extra Low Voltage)는 접지회로에 해당된다.

---

9 출제년도 03.05.12.(6점/각 문항당 3점)

수전전압 22.9[kV] 변압기 용량 3000[kVA]의 수전설비를 계획할 때 외부와 내부의 이상전압으로부터 계통의 기기를 보호하기 위해 설치해야 할 기기의 명칭과 그 설치위치를 설명하시오. (단, 변압기는 몰드형으로서 변압기 1차의 주차단기는 진공차단기를 사용하고자 한다.)

(1) 낙뢰 등 외부 이상전압

(2) 개폐 이상전압 등 내부 이상전압

[작성답안]

(1) 기기명 : 피뢰기(LA)

설치위치 : 수전실 인입구 장치(단로기) 2차측

(2) 기기명 : 서지흡수기(SA)

설치위치 : 진공 차단기 2차측과 몰드형 변압기 1차측 사이

10

출제년도 91.94.05.11.(9점/각 항목당 1점, 모두 맞으면 9점)

배전 선로에 있어서 전압을 3 [kV]에서 6 [kV]로 상승시켰을 경우, 승압 전과 승압 후의 장점과 단점을 비교하여 설명하시오. (단, 수치 비교가 가능한 부분은 수치를 적용시켜 비교 설명하시오.)

[작성답안]

(1) 장점

① 전력 손실 75 [%] 경감된다.

② 전압 강하율 및 전압 변동률 75 [%] 경감된다.

③ 공급 전력 4배 증대된다.

(2) 단점

① 기기의 절연 레벨이 높아지므로 기기값이 비싸진다.

② 전선로 및 애자 등의 절연 레벨이 높아지므로 건설비가 많이 든다.

[핵심] 승압

(1) 전압강하 : $e \propto \frac{1}{V}$ 이므로 $e' \propto \frac{1}{\frac{V'}{V}} e$

(2) 전압강하율 : $e \propto \frac{1}{V^2}$ 이므로 $e' \propto \frac{1}{\left(\frac{V'}{V}\right)^2} e$

(3) 선로손실 : $P_L \propto \frac{1}{V^2}$ 이므로 $P_L' \propto \frac{1}{\left(\frac{V'}{V}\right)^2} P_L$

(4) 선로손실율 : $k \propto \frac{1}{V^2}$ 이므로 $k' \propto \frac{1}{\left(\frac{V'}{V}\right)^2} k$

11

출제년도 89.97.98.00.03.05.06.15.21.(8점/(1)(3)(4)(5) 1점, (2)4점)

CT 2대를 V결선하여 OCR 3대를 그림과 같이 연결하여 사용할 경우 다음 각 물음에 답하시오.

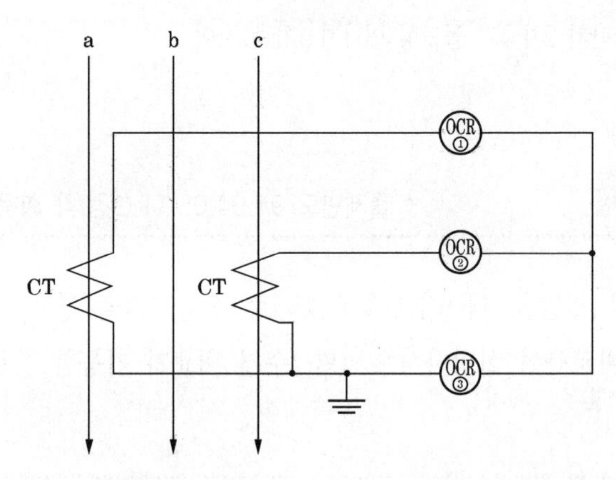

(1) 국내에서 사용되는 CT는 일반적으로 어떤 극성을 사용하는가?

(2) 도면에서 사용된 CT의 변류비가 40 : 5이고 변류기 2차측 전류를 측정하니 3 [A]의 전류가 흘렀다면 수전전력은 몇 [kW]인가? (단, 수전전압은 22900 [V]이고 역률은 90 [%]이다.)

(3) OCR 중에서 ③번 OCR에 흐르는 전류는 어떤 상의 전류인가?

(4) OCR의 어떤 경우 동작하는가 원인을 쓰시오.

(5) 통전 중에 있는 변류기 2차측 기기를 교체하고자 할 때 가장 먼저 취하여야 할 조치는 무엇인지를 설명하시오.

[작성답안]

(1) 감극성

(2) 계산 : $P=\sqrt{3}\,VI\cos\theta$ 에서

$$P=\sqrt{3}\times 22900\times 3\times \frac{40}{5}\times 0.9\times 10^{-3}=856.74\ [\text{kW}]$$

답 : 856.74 [kW]

(3) b상 전류

(4) 단락 사고 또는 과부하

(5) 2차측 단락

[핵심] 변류기의 결선

① 가동 접속

전류계에 흐르는 전류는 $\dot{I}_a + \dot{I}_c$ 이며, 이 전류는 b상의 전류와 같게 된다. 1차 전류와 전류계에 흐르는 전류는 아래와 같다.

$I_1 =$ 전류계 Ⓐ 지시값 × CT비

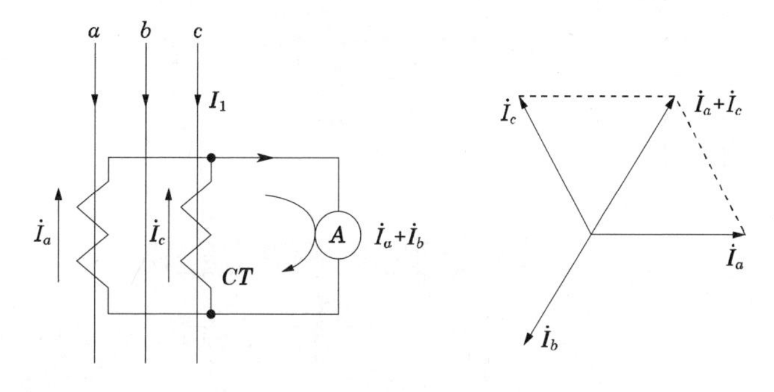

② 교차 접속

아래 그림과 같이 c상의 변류기를 반대로 접속한 것을 차동접속(교차 접속)이라 한다. 이 방식은 전류계에 흐르는 전류가 a상과 c상의 전류의 벡터차가 흐르게 된다.

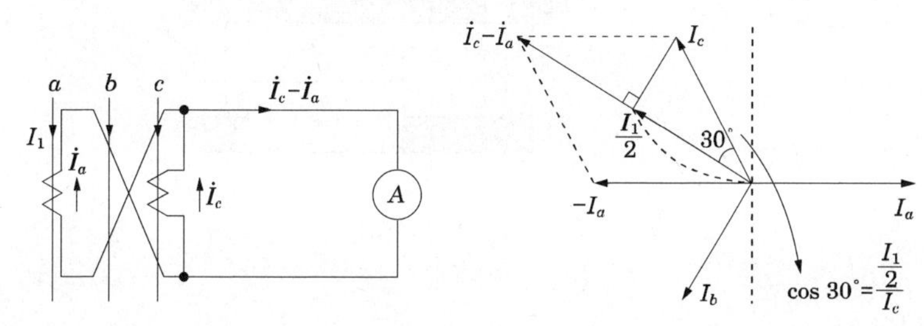

전류계에 흐르는 전류는 $\dot{I}_c - \dot{I}_a$ 이며, 이 전류는 벡터도와 같이 CT 2차 전류의 $\sqrt{3}$ 배 가 됨은 알 수 있다. 1차 전류는 아래와 같다.

$I_1 =$전류계 Ⓐ 지시값 $\times \dfrac{1}{\sqrt{3}} \times$ CT비

12

출제년도 90.92.98.02.05.(4점/각 문항당 2점)

다음 그림과 같은 회로에서 램프 Ⓛ의 동작을 답지의 타임 차트에 표시하시오. (단, PB : 푸시 버튼 스위치, Ⓡ : 릴레이 접점, LS : 리밋 스위치)

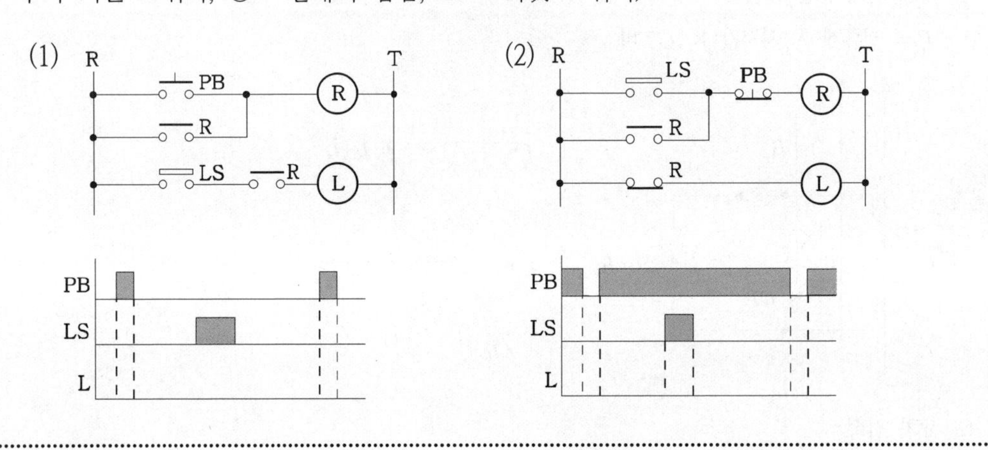

[작성답안]

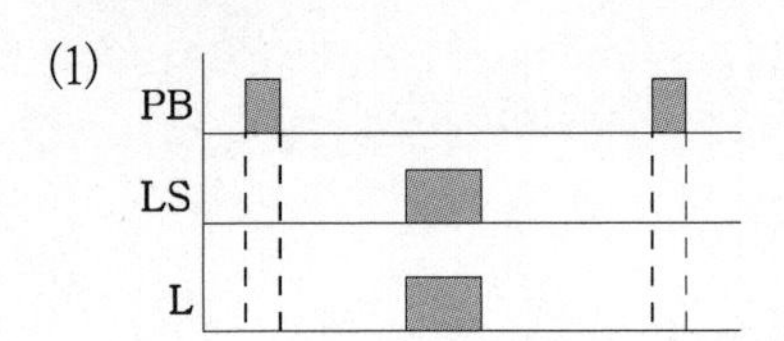

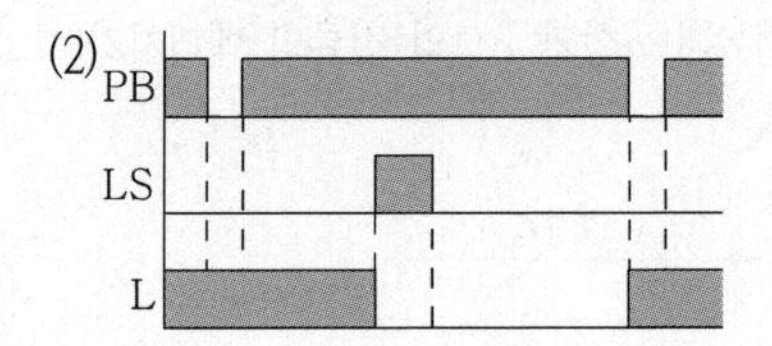

13

출제년도 02.05.07.12.21.(11점/각 문항당 3점, 모두 맞으면 11점)

어떤 인텔리전트 빌딩에 대한 등급별 추정 전원 용량에 대한 다음 표를 이용하여 각 물음에 답하시오.

등급별 추정 전원 용량 [VA/m²]

내용 \ 등급별	0등급	1등급	2등급	3등급
조 명	32	22	22	29
콘 센 트	-	13	5	5
사무자동화(OA) 기기	-	-	34	36
일반동력	38	45	45	45
냉방동력	40	43	43	43
사무자동화(OA)동력	-	2	8	8
합 계	110	125	157	166

(1) 연면적 10000 [m²]인 인텔리전트 2등급인 사무실 빌딩의 전력 설비 부하의 용량을 다음 표에 의하여 구하도록 하시오.

부하 내용	면적을 적용한 부하용량 [kVA]
조 명	
콘 센 트	
OA 기기	
일반동력	
냉방동력	
OA 동력	
합 계	

(2) 물음 "(1)"에서 조명, 콘센트, 사무자동화기기의 적정 수용률은 0.7, 일반동력 및 사무자동화 동력의 적정 수용률은 0.5, 냉방동력의 적정 수용률은 0.8이고, 주변압기 부등률은 1.2로 적용한다. 이때 전압방식을 2단 강압 방식으로 채택할 경우 변압기의 용량에 따른 변전설비의 용량을 산출하시오. (단, 조명, 콘센트, 사무자동화 기기를 3상 변압기 1대로, 일반동력 및 사무자동화 동력을 3상 변압기 1대

로, 냉방동력을 3상 변압기 1대로 구성하고, 상기 부하에 대한 주변압기 1대를 사용하도록 하며, 변압기 용량은 일반 규격 용량으로 정하도록 한다.)

계산 :

- 조명, 콘센트, 사무자동화 기기에 필요한 변압기 용량 산정
- 일반동력, 사무자동화동력에 필요한 변압기 용량 산정
- 냉방동력에 필요한 변압기 용량 산정
- 주변압기 용량 산정

변압기 용량표

50	75	100	150	200	300	400	500	750	1000

(3) 주변압기에서부터 각 부하에 이르는 변전설비의 단선 계통도를 간단하게 그리시오.

[작성답안]

(1)

부하 내용	면적을 적용한 부하용량 [kVA]
조 명	$22 \times 10000 \times 10^{-3} = 220$ [kVA]
콘 센 트	$5 \times 10000 \times 10^{-3} = 50$ [kVA]
OA 기기	$34 \times 10000 \times 10^{-3} = 340$ [kVA]
일반동력	$45 \times 10000 \times 10^{-3} = 450$ [kVA]
냉방동력	$43 \times 10000 \times 10^{-3} = 430$ [kVA]
OA 동력	$8 \times 10000 \times 10^{-3} = 80$ [kVA]
합 계	$157 \times 10000 \times 10^{-3} = 1570$ [kVA]

(2) • 조명, 콘센트, 사무자동화 기기에 필요한 변압기 용량 산정

$Tr_1 = (220 + 50 + 340) \times 0.7 = 427$ [kVA]

$\therefore$ 500 [kVA]

• 일반동력, 사무자동화동력에 필요한 변압기 용량 산정

$Tr_2 = (450 + 80) \times 0.5 = 265$ [kVA]

$\therefore$ 300 [kVA]

• 냉방동력에 필요한 변압기 용량 산정

$Tr_3 = 430 \times 0.8 = 344$ [kVA]

$\therefore$ 400 [kVA]

•주변압기 용량 산정

$$STr = \frac{427+265+344}{1.2} = 863.33 \text{ [kVA]}$$

$\therefore$ 1000 [kVA]

(3)

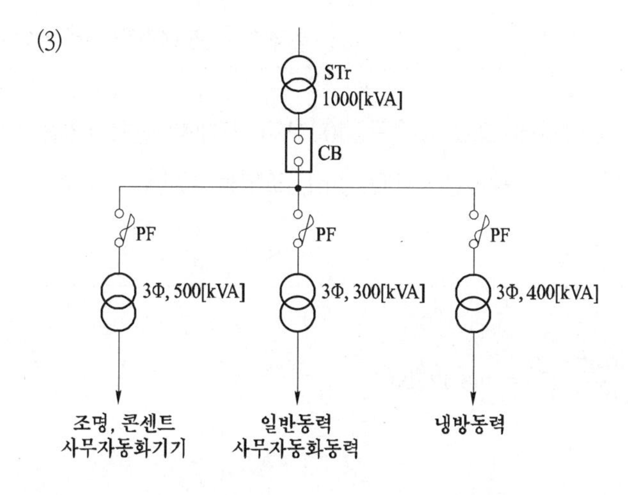

14

출제년도 94.01.05.09.(5점/부분점수 없음)

그림과 같은 무접점 논리 회로의 래더 다이어그램(ladder diagram)의 미완성 부분(점선 부분)을 그리시오. (단, 입·출력 번지의 할당은 다음과 같다.)

입력 : Pb_1(01), Pb_2(02), 출력 : GL(30), RL(31), 릴레이 : X(40)

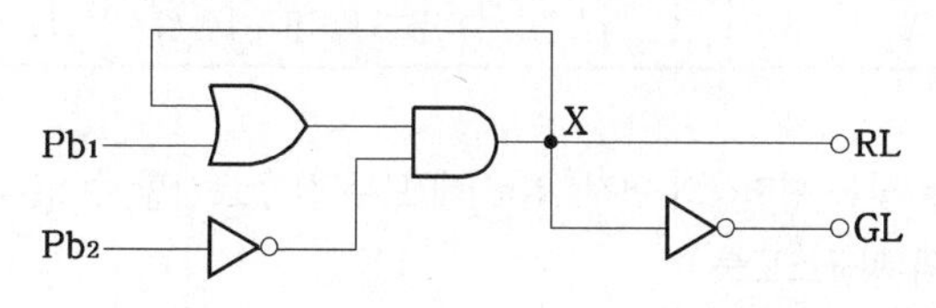

[작성답안]

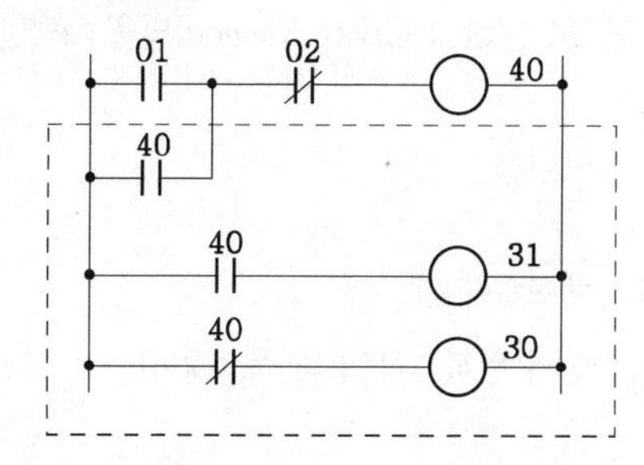

2005년 3회 기출문제 해설

※ 다음 물음에 답을 해당 답란에 답하시오.

1

출제년도 05.(4점/부분점수 없음)

길이 40 [m], 폭30 [m], 높이 9 [m]의 공장에 고압 수은등 400 [W] 27개를 설치하였을 때의 조도는 몇 [lx]인가? (단, 수은등 1개의 광속은 18000 [lm], 조명률 47 [%], 감광보상률은 1.3이다.)

[작성답안]

계산 : 평균 조도 $E=\frac{FUN}{AD}=\frac{18000\times0.47\times27}{40\times30\times1.3}=146.42$ [lx]

답 : 146.42 [lx]

[핵심] 조명설계

① 실지수

방의 면적이 같은 2개의 방에 같은 수의 광원을 설치하여도 방의 모양이 다른 경우에는 작업면상의 조도는 다르게 된다. 그래서 천정, 바닥이 장방형인 방은 가로 X, 세로 Y 두 변의 평균을 한 변으로 하는 정방형인 방과 동일하다고 하는 이론에 의해 실지수 $R.I$를 다음 식과 같이 결정한다.

$$R.I=\frac{XY}{H(X+Y)}$$

실지수	5.0	4.0	3.0	2.5	2.0	1.5	1.25	1.0	0.8	0.6
기호	A	B	C	D	E	F	G	H	I	J

② 조도계산

N개의 램프에서 방사되는 빛을 평면상의 면적 A[㎡]에 모두 집중 조사할 수 있다고 하고 램프 1개당 광속을 F [lm]이라 하면, 그 면의 평균조도를

$$E=\frac{F\cdot N}{A}\ \text{[lx]}$$

로 나타낸다. 이러한 평균조도 계산은 광속법과 설계여건에 따라 ZCM (Zonal Cavity Method)법을 채택할 수 있다.

$$E=\frac{F\cdot N\cdot U\cdot M}{A}$$

여기서, E : 평균조도 [lx] F : 램프 1개당 광속 [lm] N : 램프수량 [개]

U : 조명률 M : 보수율, 감광보상률의 역수 A : 방의 면적 [㎡] (방의 폭×길이)

2

출제년도 95.02.05.新規.(6점/부분점수 없음)

전압의 크기에 따라 종별로 구분하고 그 전압의 범위를 쓰시오.

[작성답안]

전압의 종별	범위	
저압	교류	1 kV 이하
	직류	1.5 kV 이하
고압	교류	1 kV를 초과 하고, 7 kV 이하인 것.
	직류	1.5 kV를 초과하고, 7 kV 이하인 것.
특고압	7 kV를 초과하는 것.	

3

출제년도 01.05.(4점/각 문항당 1점)

그림은 옥내 배선을 설계할 때 사용되는 배전반, 분전반 및 제어반의 일반적인 그림기호이다. 이 것을 배전반, 분전반, 제어반 및 직류용으로 구별하여 그림기호를 사용하고자 할 때 그 그림기호를 그리시오.

(1) 배전반 (2) 분전반

(3) 제어반 (4) 직류용

[작성답안]

(1) 배전반 (2) 분전반

(3) 제어반 (4) 직류반 DC

4

출제년도 00.05.(6점/각 문항당 3점)

다음 물음에 답하시오.

(1) 저압 수전의 단상 3선식에서 중성선과 각 전압측 전선간의 부하는 평형이 되게 하는 것을 원칙으로 한다. 다만, 부득이한 경우는 몇 [%]까지로 할 수 있는가?

(2) 그림과 같은 단상 3선식 100 [V]/200 [V] 수전 경우에 설비불평형률은 몇 [%]인지를 구하시오.

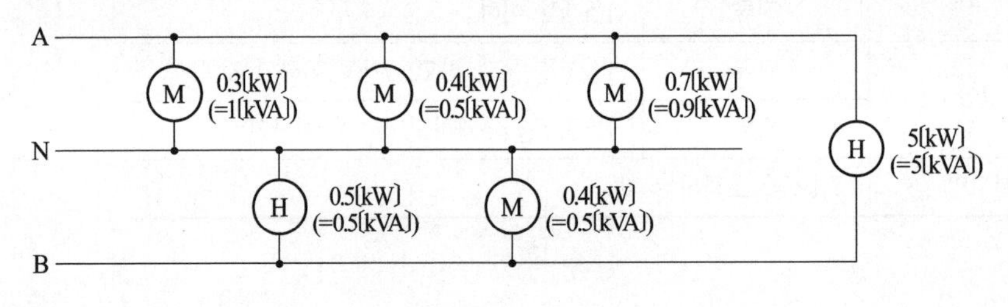

[작성답안]

(1) 40 [%]

(2) 계산 : $\text{설비불평형률} = \dfrac{(1+0.5+0.9)-(0.5+0.5)}{\dfrac{1}{2}(1+0.5+0.9+0.5+0.5+5)} \times 100 = 33.33\ [\%]$

답 : 33.33 [%]

[핵심] 설비불평형률

① 설비불평형 단상

저압수전의 단상 3선식에서 중성선과 각 전압측 전선간의 부하는 평형이 되게 하는 것을 원칙으로 한다.

[주1] 부득이한 경우는 설비불평형률 40 [%]까지로 할 수 있다. 이 경우 설비불평형률이란 중성선과 각전압측 전선간에 접속되는 부하설비용량 [VA]차와 총부하설비용량 [VA]의 평균값의 비 [%]를 말한다. 즉 다음 식으로 나타낸다.

$$\text{설비불평형률} = \frac{\text{중성선과 각 전압측 전선간에 접속되는 부하설비용량 [kVA]의 차}}{\text{총 부하설비용량 [kVA]의 1/2}} \times 100\ [\%]$$

② 설비불평형 3상

저압, 고압 및 특고압수전의 3상 3선식 또는 3상 4선식에서 불평형부하의 한도는 단상 접속부하로 계산하여 설비불평형률을 30 [%] 이하로 하는 것을 원칙으로 한다. 다만, 다음 각 호의 경우는 이 제한에 따르지 않을 수 있다.

- 저압수전에서 전용변압기 등으로 수전하는 경우
- 고압 및 특고압수전에서 100 [kVA](kW) 이하의 단상부하인 경우

- 고압 및 특고압수전에서 단상부하용량의 최대와 최소의 차가 100 [kVA](kW) 이하인 경우
- 특고압수전에서 100 [kVA](kW) 이하의 단상변압기 2대로 역(逆)V결선하는 경우

[주] 이 경우의 설비불평형률이란 각 선간에 접속되는 단상부하 총설비용량 [VA]의 최대와 최소의 차와 총 부하설비용량 [VA] 평균값의 비 [%]를 말한다. 즉, 다음 식으로 나타낸다.

$$\text{설비불평형률} = \frac{\text{각 선간에 접속되는 단상 부하 총 설비용량 [kVA]의 최대와 최소의 차}}{\text{총 부하설비용량 [kVA]의 } 1/3} \times 100\ [\%]$$

③ 특고압 및 고압수전에서 대용량의 단상전기로 등의 사용으로 제2항의 제한에 따르기가 어려울 경우 전기사업자와 협의하여 다음 각 호에 의하여 시설하는 것을 원칙으로 한다.

- 단상부하 1개의 경우는 2차 역V접속에 의할 것, 다만 300kVA를 초과하지 말 것
- 단상부하 2개의 경우는 스코트 접속에 의할 것, 다만, 1개의 용량이 200kVA 이하인 경우는 부득이한 경우에 한하여 보통의 변압기 2대를 사용하여 별개의 선간에 부하를 접속할 수 있다.
- 단상 부하 3개 이상인 경우는 가급적 선로전류가 평형이 되도록 각 선간에 부하를 접속할 것

5

출제년도 91.94.95.00.01.05.07.新規.(11점/각 문항당 5점, 모두 맞으면 11점)

다음 답안지의 미완성 도면을 보고 다음 각 물음에 답하시오.

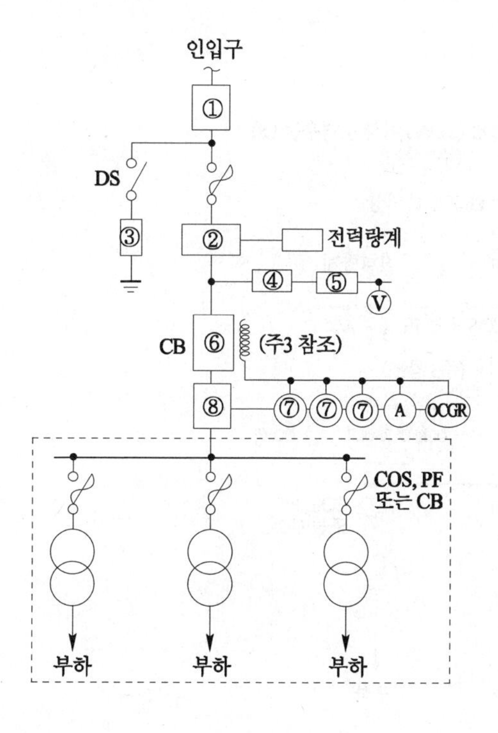

(1) 주어진 단선 결선도에서 [ ] 표시한 ①~⑧까지의 기기에 대하여 표준 심벌을 사용하여 단선 결선도를 완성하시오.

(2) 주어진 단선도의 ①~⑧까지의 기기의 약호와 명칭의 표를 작성하고 그 용도 또는 역할에 대하여 간단히 설명하시오.

번호	약호	명 칭	용도 또는 역할
①			
②			
③			
④			
⑤			
⑥			
⑦			
⑧			

[작성답안]

(1)

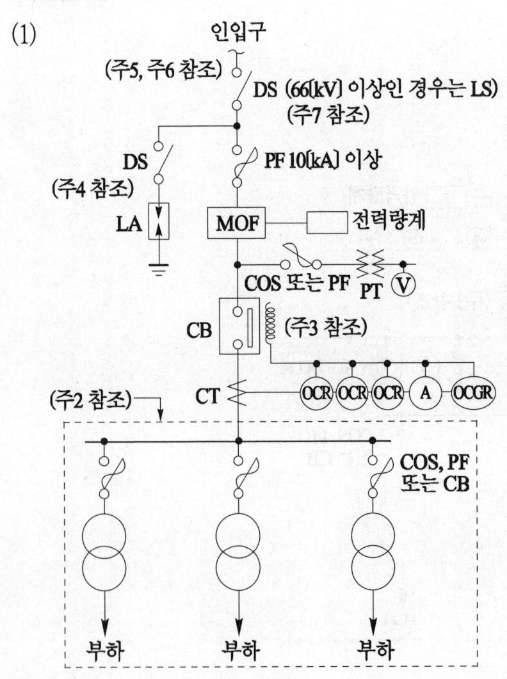

(2)

번호	약호	명칭	용도 또는 역할
①	DS	단로기	인입구용 단로기로서 기기를 전원으로부터 완전분리
②	MOF	전력수급용 계기용 변성기	전력량을 적산하기 위하여 고전압을 저전압(110 [V])으로 대전류를 저전류(5 [A])로 변성한다.
③	LA	피뢰기	이상 전압 침입시 이를 대지로 방전시키며 속류를 차단한다.
④	COS	컷아웃 스위치	계기용 변압기 및 부하측에 고장 발생시 이를 고압회로로부터 분리하여 사고의 확대를 방지한다.
⑤	PT	계기용 변압기	고전압을 저전압(정격 110 [V])로 변성한다.
⑥	CT	변류기	대전류를 소전류(정격 5 [A])로 변성한다.
⑦	OCR	과전류 계전기	변류기로부터 검출된 과전류에 의해 동작하며 차단기의 트립 코일을 여자시킨다.
⑧	CB	차단기	부하전류 개폐 및 고장전류 차단

[핵심] 표준결선도

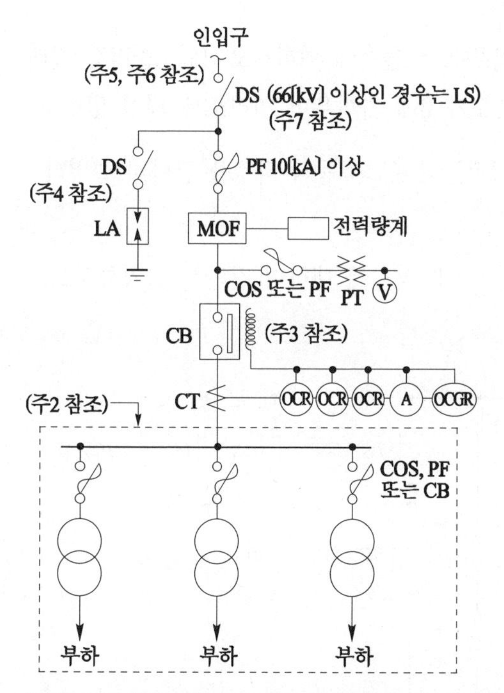

[주1] 22.9 [kV-Y], 1000 [kVA] 이하인 경우는 간이 수전설비를 할 수 있다.

[주2] 결선도 중 점선내의 부분은 참고용 예시이다.

[주3] 차단기의 트립 전원은 직류(DC) 또는 콘덴서 방식(CTD)이 바람직하며 66 [kV] 이상의 수전 설비에는 직류(DC)이어야 한다.

[주4] LA용 DS는 생략할 수 있으며 22.9 [kV-Y]용의 LA는 Disconnector(또는 Isolator) 붙임형을 사용하여야 한다.

[주5] 인입선을 지중선으로 시설하는 경우에 공동주택 등 고장시 정전피해가 큰 경우는 예비 지중선을 포함하여 2회선으로 시설하는 것이 바람직하다.

[주6] 지중인입선의 경우에 22.9 [kV-Y] 계통은 CNCV-W 케이블(수밀형) 또는 TR CNCV-W(트리억제형)을 사용하여야 한다. 다만, 전력구·공동구·덕트·건물구내 등 화재의 우려가 있는 장소에서는 FR CNCO-W(난연) 케이블을 사용하는 것이 바람직하다.

[주7] DS 대신 자동고장구분 개폐기(7000 [kVA] 초과시에는 Sectionalizer)를 사용할 수 있으며 66 [kV] 이상의 경우는 LS를 사용하여야 하다.

6

출제년도 01.05.(11점/각 문항당 5점, 모두 맞으면 11점)

그림은 3상 유도 전동기의 역상 제동 시퀀스회로이다. 물음에 답하시오. (단, 플러깅 릴레이 Sp는 전동기가 회전하면 접점이 닫히고, 속도가 0에 가까우면 열리도록 되어 있다.)

(1) 회로에서 ①~④에 접점과 기호를 넣고 MC_1, MC_2의 동작 과정을 간단히 설명하시오.

(2) 보조 릴레이 T와 저항 r에 대하여 그 용도 및 역할에 대하여 간단히 설명하시오.

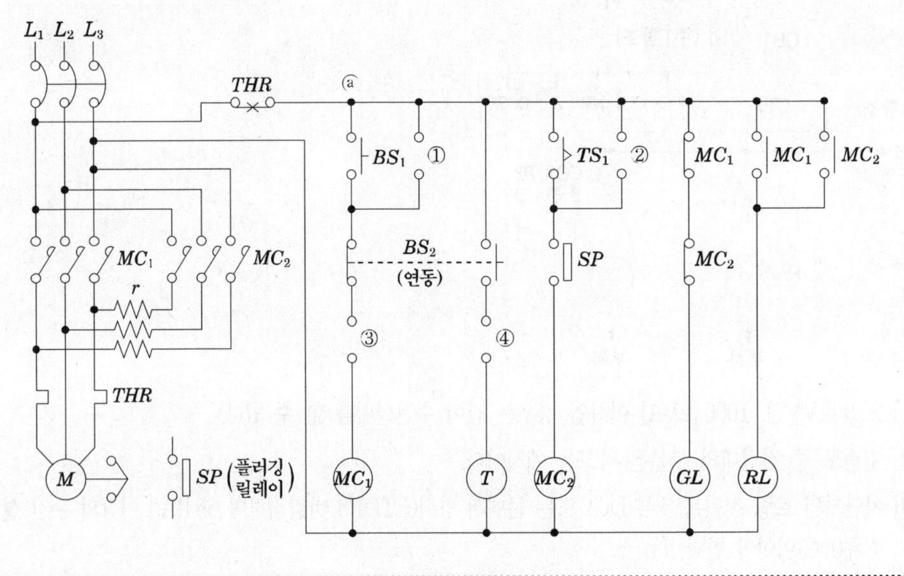

[작성답안]

(1) ① MC_1 ② MC_2 ③ MC_2 ④ MC_1

- BS_1으로 MC_1을 여자시켜 전동기를 직입 기동한다. (자기 유지)
- BS_2을 눌러 MC_1이 소자되면 전동기는 전원에서 분리되나 회전자 관성모멘트로 인하여 회전은 계속한다.
- 이때 BS_2의 연동접점으로 T가 MC_1 소자 즉시 여자되며, BS_2를 누르고 있는 상태에서 설정 시간 후 MC_2가 여자되어 전동기는 역회전하려고 한다. (자기 유지)
- 전동기의 속도가 급격히 감소하여 0에 가까워지면 플러깅 릴레이에 의하여 전동기는 전원에서 완전히 분리되어 급정지한다. (플러깅 제동)

(2) T : 시간 지연 릴레이를 사용하여 제동시 과전류를 방지하는 시간적인 여유를 준다.

r : 역상 제동시 저항의 전압 강하로 전압을 줄이고 제동력을 제한한다.

[핵심]

③과 ④번은 인터록이다.

7

출제년도 97.01.05.(6점/각 항목당 2점)

그림은 UPS 설비의 블록 다이어그램이다. 그림을 보고 다음 각 물음에 답하시오.

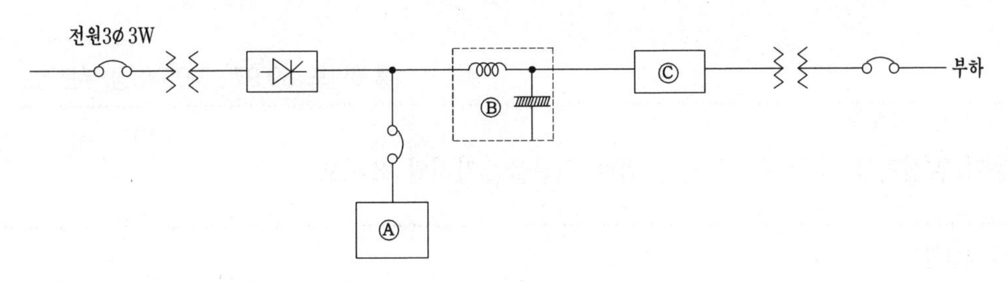

(1) UPS의 기능을 2가지로 요약하여 설명하시오.

(2) A는 무슨 부분인가?

(3) B와 C 부분의 역할에 대하여 설명하시오.

[작성답안]

(1) ① 무정전 전원 공급

② 정전압 정주파수 공급장치

(2) 축전지

(3) B : 리플전압을 제거하여 파형을 개선한다.

C : 직류를 교류로 변환한다.

[핵심] UPS의 구성

① 컨버터(정류기) : 교류전원이나 발전기의 전원을 공급받아 직류전원으로 변환하여 축전지를 충전하며, 인버터에 공급하는 장치

② 인버터 : 직류전원을 교류전원으로 바꾸어 부하에 공급하는 장치

③ 무접점 절환 스위치 : 인버터의 과부하 및 이상시 예비 상용전원으로(bypass line)절체시켜주는 장치

④ 축전지 : 정전시 인버터에 직류전원을 공급하여 부하에 일정 시간동안 무정전으로 전원을 공급하는데 필요한 장치

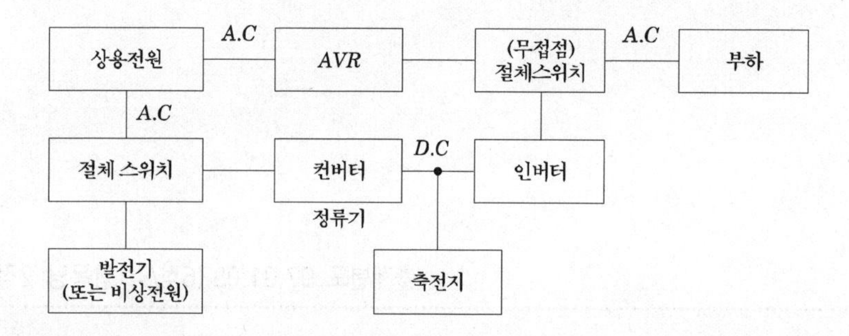

8 출제년도 89.97.98.05.(8점/부분점수 없음)

동기 발전기를 병렬 운전시키기 위한 조건을 3가지만 쓰시오.

[작성답안]

기전력의 크기가 같을 것

기전력의 위상이 같을 것

기전력의 주파수가 같을 것

그 외

기전력의 파형이 같을 것

[핵심] 발전기 병렬운전

① 발전기의 병렬운전 조건

- 기전력의 크기가 같을 것
- 기전력의 위상이 같을 것
- 기전력의 주파수가 같을 것
- 기전력의 파형이 같을 것

이 외에도 3상 동기 발전기의 병렬 운전 시에는 상회전 방향이 같아야 한다.

② 병렬 운전 조건 불만족 시 현상

- 기전력의 크기가 같지 않은 경우(여자의 변화)

$$I_c = \frac{E_1 - E_2}{2Z_s} = \frac{E_r}{2Z_s}\ [\text{A}]$$

$$\theta = \tan^{-1}\frac{2x_s}{2r_a} = \tan^{-1}\frac{x_s}{r_a} \fallingdotseq \frac{\pi}{2}\ (x_s \gg r_a \text{ 이므로})$$

기전력의 크기가 같지 않은 경우 무효 순환 전류가 흐른다. A, B 두 대의 발전기가 병렬 운전 중에 A기의 여자를 증대하면 A기의 역률이 저하 하며 B기의 역률이 향상된다.

- 기전력의 위상이 다른 경우(원동기 출력의 변화)

동기화 전류가 흘러 G_1 발전기의 기전력 E_1과 G_2 발전기의 기전력 E_2의 위상을 동일하게 한다.

동기화 전류 $I_s = \dfrac{E_1}{x_s}\sin\dfrac{\delta}{2}$

수수전력 $P_s = \dfrac{E_1^{\ 2}}{2x_s}\sin\delta$

- 기전력의 주파수가 다른 경우

동기화 전류가 교대로 주기적으로 흐른다. 즉 난조의 원인이 된다. 난조방지법으로는 제동권선이 사용된다.

- 기전력의 파형이 같지 않은 경우

각 순시의 기전력의 크기가 다르기 때문에 고조파 무효 순환 전류가 흐른다.

9 출제년도 95.99.01.05.12.13.20.22.(9점/각 문항당 3점)

평형 3상 회로에 그림과 같은 유도 전동기가 있다. 이 회로에 2개의 전력계와 전압계 및 전류계를 접속하였더니 그 지시값은 $W_1 = 5.5$[kW], $W_2 = 3.2$[kW], 전압계의 지시는 200 [V], 전류계의 지시는 30 [A] 이었다. 이 때 다음 각 물음에 답하시오.

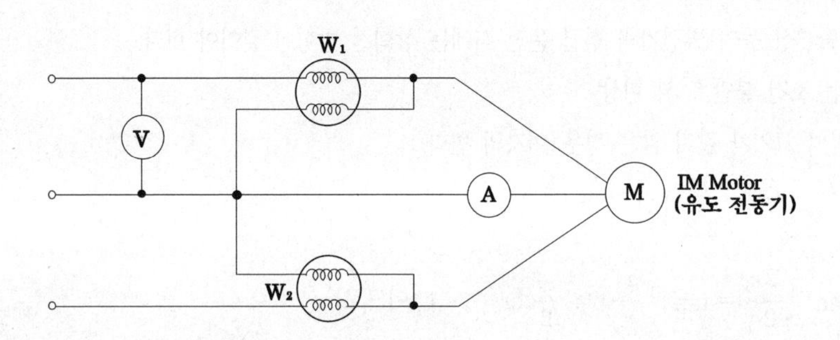

(1) 부하에 소비되는 전력과 피상전력을 구하시오.

① 전력

② 피상전력

(2) 이 유도 전동기의 역률은 몇 [%]인가?

(3) 역률을 95 [%]로 개선하고자 할 때 전력용 콘덴서는 몇 [kVA]가 필요한가?

(4) 이 유도 전동기로 매분 25 [m]의 속도로 물체를 끌어 올린다면 몇 [ton]까지 가능한가? (단, 종합 효율은 80 [%]로 계산한다.)

[작성답안]

(1) ① 계산 : $P = W_1 + W_2 = 5.5 + 3.2 = 8.7$ [kW]

답 : 8.7 [kW]

② 계산 : $P_a = \sqrt{3}\,VI = \sqrt{3} \times 200 \times 30 \times 10^{-3} = 10.39$ [kVA]

답 : 10.39 [kVA]

(2) 계산 : $\cos\theta = \dfrac{W_1 + W_2}{\sqrt{3}\,VI} = \dfrac{8.7}{10.39} \times 100 = 83.73$ [%]

답 : 83.73 [%]

(3) 계산 : $Q = P\left(\dfrac{\sin\theta_1}{\cos\theta_1} - \dfrac{\sin\theta_2}{\cos\theta_2}\right) = 8.7\left(\dfrac{\sqrt{1-0.8373^2}}{0.8373} - \dfrac{\sqrt{1-0.95^2}}{0.95}\right) = 2.82$ [kVA]

답 : 2.82 [kVA]

(4) 계산 : $W = \frac{6.12P\eta}{V} = \frac{6.12 \times 8.7 \times 0.8}{25} = 1.7$ [ton]

답 : 1.7 [ton]

[핵심] 2전력계법

유효전력 $P = W_1 + W_2$ [W]

무효전력 $P_r = \sqrt{3}(W_1 - W_2)$ [Var]

역률 $\cos\theta = \frac{W_1 + W_2}{\sqrt{(W_1 + W_2)^2 + 3(W_1 - W_2)^2}} = \frac{W_1 + W_2}{\sqrt{4W_1^2 + 4W_2^2 - 4W_1 W_2}} = \frac{W_1 + W_2}{2\sqrt{W_1^2 + W_2^2 - W_1 W_2}}$

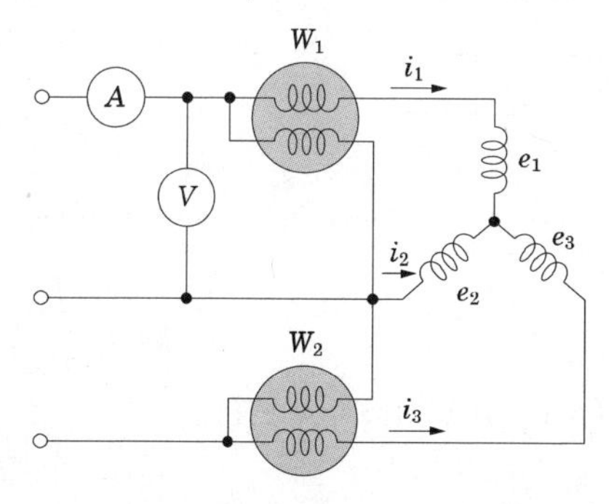

10

출제년도 05.(6점/각 문항당 2점)

그림과 같은 논리회로를 보고 다음 각 물음에 답하시오.

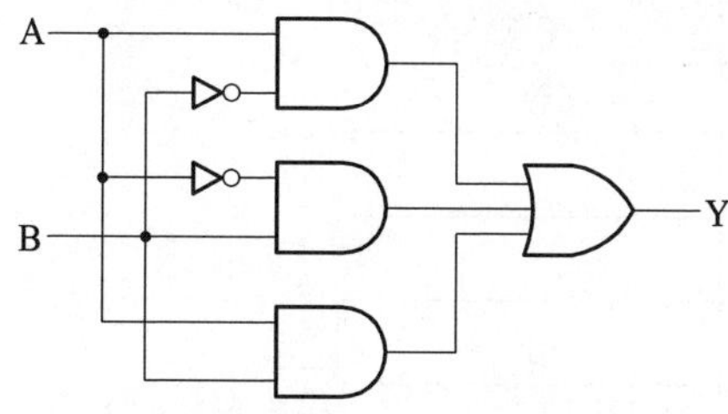

(1) 각 논리소자를 모두 사용할 때 부울대수의 초기식을 쓰고 이 식을 가장 간단하게 정리하여 표현하시오.

① 초기식

② 정리식

(2) 주어진 논리회로에 대한 부울 대수식의 초기식("(1)"번 문제의 초기식)을 유접점 회로(계전기 접점회로)로 바꾸어 그리시오.

(3) 입력 A, B와 출력 Y에 대한 진리표를 만드시오.

입력		출력
A	B	Y
0	0	
0	1	
1	0	
1	1	

[작성답안]

(1) ① 초기식 : $Y = A\overline{B} + \overline{A}B + AB$

② 정리식 : $Y = A\overline{B} + \overline{A}B + AB = A(B + \overline{B}) + \overline{A}B = (A + \overline{A})(A + B) = A + B$

(2)

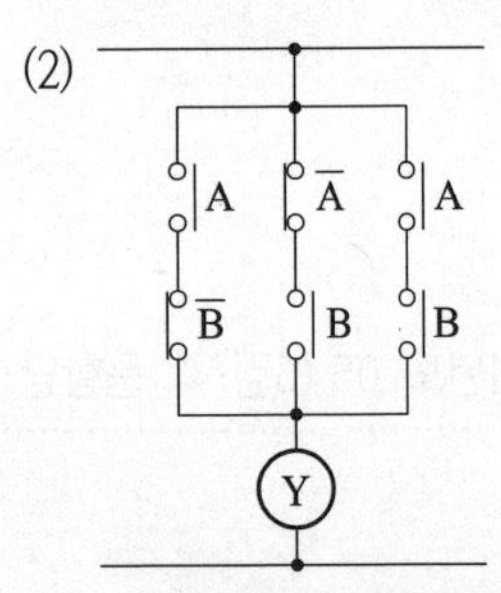

(3)

입력		출력
A	B	Y
0	0	0
0	1	1
1	0	1
1	1	1

11 출제년도 95.00.05.11.(6점/각 문항당 1점, 모두 맞으면 6점)

그림과 같은 부하 곡선을 보고 다음 각 물음에 답하시오.

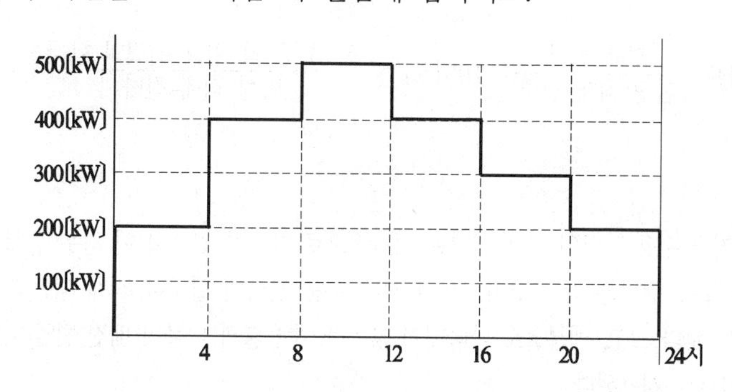

(1) 첨두 부하는 몇 [kW]인가?

(2) 첨두 부하가 지속되는 시간은 몇 시부터 몇 시까지인가?

(3) 일공급 전력량은 몇 [kWh]인가?

(4) 일부하율은 몇 [%]인가?

[작성답안]

(1) 500[kW]

(2) 8~12시

(3) 계산 : $W = (200+400+500+400+300+200) \times 4 = 8000[\text{kWh}]$

답 : 8000[kWh]

(4) 계산 : 일부하율 $= \dfrac{8000}{24 \times 500} \times 100 = 66.67[\%]$

답 : 66.67[%]

[핵심] 부하관계용어

① 부하율

공급 설비가 어느 정도 유효하게 사용되는가를 나타내며 부하율이 클수록 공급 설비가 유효하게 사용된다. 부하율은 다음 식에 의해 계산한다.

$$\text{부하율} = \frac{\text{평균 수요 전력 [kW]}}{\text{최대 수요 전력 [kW]}} \times 100\,[\%]$$

부하율은 각 단위별(변압기, 전주, 수용가 등), 시기, 범위, 기간에 따라 달라지며, 부하율을 표시할 경우 기간, 범위를 반드시 명기한다. 예를 들어 일부하율, 월부하율 등으로 표시하여야 하며, 부하율은 기간이 길어질수록 작아진다. 부하율이 적다의 의미는 다음과 같다.

• 공급 설비를 유용하게 사용하지 못한다.
• 평균 수요 전력과 최대 수요 전력과의 차가 커지게 되므로 부하 설비의 가동률이 저하된다.

② 종합부하율

$$종합\ 부하율 = \frac{평균\ 전력}{합성\ 최대\ 전력} \times 100[\%] = \frac{A,\ B,\ C\ 각\ 평균\ 전력의\ 합계}{합성\ 최대\ 전력} \times 100[\%]$$

③ 부등률

각 수용가에서의 최대 수용 전력의 발생 시각은 시간적으로 차이가 있으며 이 경우에 배전 변압기 또는 간선에서의 합성 최대 수용 전력은 각 수용가에서의 최대 수용 전력의 합보다 적게 되는데 이 비를 부등률이라 하며 이 값은 항상 1보다 크고, 백분율로 나타내지 않는다. 수용률과 더불어 배전 변압기 또는 배전 간선 등의 공급 설비 계획 자료로 사용된다.

$$부등률 = \frac{개별\ 최대수용전력의\ 합}{합성\ 최대수용전력} = \frac{설비용량 \times 수용률}{합성최대수용전력}$$

④ 수용률

수용률은 시설되는 총 부하 설비용량에 대하여 실제로 사용하게 되는 부하의 최대 전력의 비를 나타내는 것으로서 다음 식에 의하여 구한다.

$$수용률 = \frac{최대수요전력[kW]}{부하설비용량[kW]} \times 100[\%]$$

12

출제년도 05.(5점/각 문항당 2점, 모두 맞으면 5점)

다음에 열거한 특성과 조건을 갖고 있는 전동기를 시설하고자 한다. 이 전동기의 회로에 설치하는 분기 과전류 차단기로 A종 퓨즈 또는 배선용 차단기와 B종 퓨즈를 사용하고자 할 때 최대 정격은 몇 [A]인가? 또한, 다음의 조건에서 전동기의 기동 계급을 모른다고 할 때, 분기 과전류 차단기의 최대 정격은 몇 [A]인가?

【조건】

• 전동기의 기동방식 : 리액터 직렬기동
• 전동기의 기동계급 : D
• 전동기의 부하전류 : 50 [A]
• 전동기의 종류 : 농형(일반)

(1) 전동기의 기동 계급이 D인 경우

(2) 전동기의 기동계급을 모른다고 할 경우

[작성답안]

(1) ① B종 퓨즈 : $I_n = 50 \times 2 = 100$ [A]

② A종 퓨즈 및 배선용 차단기 : $I_n = 50 \times 2 = 100$ [A]

(2) ① B종 퓨즈 : $I_n = 50 \times 2.5 = 125$ [A]

② A종 퓨즈 및 배선용 차단기 : $I_n = 50 \times 3 = 150$ [A]

[핵심]

전동기의 종류와 기동법의 종류	과전류차단기의 최대정격 (전부하전류에 대한 %)	
	B종 퓨우즈	A종 퓨즈 또는 배선용차단기
직입기동, 저항 또는 리액터 직렬기		
기동계급 F에서 V	250	300
기동계급 B에서 E	200	200
기동계급 A	150	150
기동계급의 표시가 없는 농형 및 동기전동기	250	300
기동계급의 표시가 없는 특수농형 전동기	200	정격 30A 이하 250
기동보상기 기동		정격 30A 이하 200
기동계급 F에서 V	200	250
기동계급 B에서 E	200	200
기동계급 A	150	150
기동계급의 표시가 없는 농형 및 동기전동기	200	250
기동계급의 표시가 없는 특수농형 전동기	200	200
권선형 전동기	150	150
직류 전동기	150	150

[비고 1] 기동계급에 관하여는 다음의 표를 참조할 것.

[비고 2] 컴프레서용, 엘리베이터용 등 기동전류가 큰 전동기는 이 표의 값 이상의 과전류 차단기를 필요로 할 경우가 있다.

13

출제년도 92.05.07.09.18.21.(12점/각 문항당 2점)

3층 사무실용 건물에 3상 3선식의 6000 [V]를 수전하여 200 [V]로 체강하여 수전하는 설비를 하였다. 각 종 부하설비가 주어진 표1, 2와 같을 때 다음 각 물음에 답하시오. (단, 각 물음에 대한 답은 계산 과정을 모두 쓰면서 답하도록 한다.)

[표 1] 동력 부하 설비

사용 목적	용량 [kW]	대수	상용 동력 [kW]	하계 동력 [kW]	동계 동력 [kW]
난방 관계					
• 보일러 펌프	6.0	1			6.0
• 오일 기어 펌프	0.4	1			0.4
• 온수 순환 펌프	3.0	1			3.0
공기 조화 관계					
• 1, 2, 3층 패키지 콤프레셔	7.5	6		45.0	
• 콤프레셔 팬	5.5	3	16.5		
• 냉각수 펌프	5.5	1		5.5	
• 쿨링 타워	1.5	1		1.5	
급수배수 관계					
• 양수 펌프	3.0	1	3.0		
기타					
• 소화 펌프	5.5	1	5.5		
• 셔터	0.4	2	0.8		
합 계			25.8	52.0	9.4

[표 2] 조명 및 콘센트 부하 설비

사용 목적	와트수 [W]	설치 수량	환산 용량 [VA]	총용량 [VA]	비 고
전등관계					
• 수은등 A	200	4	260	1040	200 [V] 고역률
• 수은등 B	100	8	140	1120	100 [V] 고역률
• 형광등	40	820	55	45100	200 [V] 고역률
• 백열 전등	60	10	60	600	

콘센트 관계 • 일반 콘센트 • 환기팬용 콘센트 • 히터용 콘센트 • 복사기용 콘센트 • 텔레타이프용 콘센트 • 룸 쿨러용 콘센트	1500	80 8 2 4 2 6	150 55	12000 440 3000 3600 2400 7200	2P 15〔A〕
기타 • 전화 교환용 정류기		1		800	
계				77300	

[주] 변압기 용량(제작 회사에서 시판)
단상, 3상 공히 5, 10, 15, 20, 30, 50, 75, 100, 150 [kVA]

[표 3] 변압기 용량

상 별	제작회사에서 시판되는 표준용량 [kVA]
단상 3상	5, 10, 15, 20, 30, 50, 75, 100, 150, 200, 250, 300 [kVA]

(1) 동계 난방 때 온수 순환 펌프는 상시 운전하고, 보일러용과 오일 기어 펌프의 수용률이 65 [%]일 때 난방 동력 수용 부하는 몇 [kW]인가?

(2) 동력 부하의 역률이 전부 70 [%]라고 한다면 피상 전력은 각각 몇 [kVA]인가? (단, 상용 동력, 하계 동력, 동계 동력별로 각각 계산하시오.)

① 상용 동력

② 하계 동력

③ 동계 동력

(3) 총 전기 설비 용량은 몇 [kVA]를 기준으로 하여야 하는가?

(4) 전등의 수용률은 60 [%], 콘센트 설비의 수용률은 70 [%]라고 한다면 몇 [kVA]의 단상 변압기에 연결하여야 하는가? (단, 전화 교환용 정류기는 100 [%] 수용률로서 계산 결과에 포함시키며 변압기 예비율(여유율)은 무시한다.)

(5) 동력 설비 부하의 수용률이 모두 55 [%]라면 동력 부하용 3상 변압기의 용량은 몇 [kVA]인가? (단, 동력 부하의 역률은 70 [%]로 하며 변압기의 예비율은 무시한다.)

(6) 단상과 3상 변압기의 200[V]의 전류계용으로 사용되는 변류기의 1차측 정격전류는 각각 몇 [A]인가? (단, 정격전류는 75, 100, 150, 200, 300, 400, 500 이고, 최대 전류비값의 1.2배로 결정한다.)

① 단상

② 3상

[작성답안]

(1) 계산 : 수용부하$=3+6.0\times0.65+0.4\times0.65=7.16$ [kW]

답 : 7.16 [kW]

(2) ① 계산 : 상용 동력의 피상 전력$=\dfrac{25.8}{0.7}=36.86$ [kVA]

답 : 36.86 [kVA]

② 계산 : 하계 동력의 피상 전력$=\dfrac{52.0}{0.7}=74.29$ [kVA]

답 : 74.29 [kVA]

③ 계산 : 동계 동력의 피상 전력$=\dfrac{9.4}{0.7}=13.43$ [kVA]

답 : 13.43 [kVA]

(3) 계산 : $36.86+74.29+77.3=188.45$ [kVA]

답 : 188.45 [kVA]

(4) 계산 : 전등 관계 : $(1040+1120+45100+600)\times0.6\times10^{-3}=28.72$ [kVA]

콘센트 관계 : $(12000+440+3000+3600+2400+7200)\times0.7\times10^{-3}=20.05$ [kVA]

기타 : $800\times1\times10^{-3}=0.8$ [kVA]

$28.72+20.05+0.8=49.57$ [kVA]

단상 변압기 용량 50 [kVA]선정

답 : 50 [kVA]

(5) 계산 : 동계 동력과 하계 동력 중 큰 부하를 기준하여 상용 동력과 합산하여 계산한다.

$\dfrac{(25.8+52.0)}{0.7}\times0.55=61.13$ [kVA]

3상 변압기 용량 75 [kVA]선정

답 : 75 [kVA]

(6) ① 단상 변압기 2차측 변류기

$$I = \frac{50 \times 10^3}{200} \times 1.2 = 300 \text{ [A]}$$

표준품 300/5 선정

답 : 300

② 3상 변압기 2차측 변류기

$$I = \frac{75 \times 10^3}{\sqrt{3} \times 200} \times 1.2 = 259.81 \text{ [A]}$$

표준품 300/5 선정

답 : 300

14 출제년도 05.13.22.(6점/각 문항당 2점)

폭 12[m], 길이 18[m], 천장 높이 3.1[m], 작업면(책상 위)높이 0.85[m]인 사무실이 있다. 이 사무실의 천장은 백색 텍스로 마감하였으며, 벽면은 옅은 크림색으로 마감하였고, 실내조도는 500[lx], 조명기구는 40W 2등용(H형) 팬던트를 설치하고자 한다. 이 때 다음 조건을 이용하여 각 물음의 설계를 하도록 하시오.

【조건】

- 천장의 반사율은 50[%], 벽의 반사율은 30[%]로서 H형 팬던트의 기구를 사용할 때 조명률은 0.61로 한다.
- H형 팬던트 기구의 보수율은 0.75로 하도록 한다.
- H형 팬던트의 길이는 0.5[m]이다.
- 램프의 광속은 40[W] 1등당 3300[lm]으로 한다.
- 조명기구의 배치는 5열로 배치하도록 하고, 1열당 등수는 동일하게 한다.

(1) 광원의 높이는 몇 [m]인가?

(2) 이 사무실의 실지수는 얼마인가?

(3) 이 사무실에는 40[W] 2등용(H형) 팬던트의 조명기구를 몇 조 설치하여야 하는가?

[작성답안]

(1) 계산 : $H(\text{등고}) = 3.1 - 0.85 - 0.5 = 1.75[\text{m}]$

답 : 1.75[m]

(2) 계산 : 실지수 $K = \dfrac{X \times Y}{H(X+Y)} = \dfrac{12 \times 18}{1.75 \times (12+18)} = 4.114$

답 : 4.11

(3) 계산 : $N = \dfrac{DES}{FU} = \dfrac{ES}{FUM} = \dfrac{500 \times (12 \times 18)}{3300 \times 0.61 \times 0.75} = 71.535$

∴ 72[등]

2등용이므로 $\dfrac{72}{2} = 36[\text{조}]$

5열로 배치 하면 $5(\text{열}) \times 8(\text{행}) = 40\text{조}$

답 : 40[조]

[핵심] 조명설계

① 실지수

방의 면적이 같은 2개의 방에 같은 수의 광원을 설치하여도 방의 모양이 다른 경우에는 작업면상의 조도는 다르게 된다. 그래서 천정, 바닥이 장방형인 방은 가로 X, 세로 Y 두 변의 평균을 한 변으로 하는 정방형인 방과 동일하다고 하는 이론에 의해 실지수 $R.I$를 다음 식과 같이 결정한다.

$$R.I = \frac{XY}{H(X+Y)}$$

실지수	5.0	4.0	3.0	2.5	2.0	1.5	1.25	1.0	0.8	0.6
기호	A	B	C	D	E	F	G	H	I	J

② 조도계산

N개의 램프에서 방사되는 빛을 평면상의 면적 $A[\text{m}^2]$에 모두 집중 조사할 수 있다고 하고 램프 1개당 광속을 F[lm]이라 하면, 그 면의 평균조도를

$$E = \frac{F \cdot N}{A} [\text{lx}]$$

로 나타낸다. 이러한 평균조도 계산은 광속법과 설계여건에 따라 ZCM (Zonal Cavity Method)법을 채택할 수 있다.

$$E = \frac{F \cdot N \cdot U \cdot M}{A}$$

여기서, E : 평균조도 [lx] F : 램프 1개당 광속 [lm] N : 램프수량 [개]

U : 조명률 M : 보수율, 감광보상률의 역수 A : 방의 면적 [m²] (방의 폭×길이)

2006년 1회 기출문제 해설

※ 다음 물음에 답을 해당 답란에 답하시오.

1

출제년도 06.08.09.13.(8점/각 문항당 4점)

다음 전선의 약호에 대한 명칭을 쓰시오.

(1) NRI(70)

(2) NFI(70)

[작성답안]

(1) 300/500[V] 기기 배선용 단심 비닐절연전선(70[℃])

(2) 300/500[V] 기기 배선용 유연성 단심 비닐절연전선(70[℃])

2

출제년도 88.06.08.10.(5점/부분점수 없음)

다음 그림의 회로는 어느 것인가 먼저 ON 조작된 측의 램프만 점등하는 병렬 우선 회로(PB_1 ON 시 L_1이 점등된 상태에서 L_2가 점등되지 않고, PB_2 ON 시 L_2가 점등된 상태에서 L_1이 점등되지 않는 회로)로 변경하여 그리시오. (단, 계전기 R_1, R_2의 보조 b접점 각 1개씩을 추가 사용하여 그리도록 한다.)

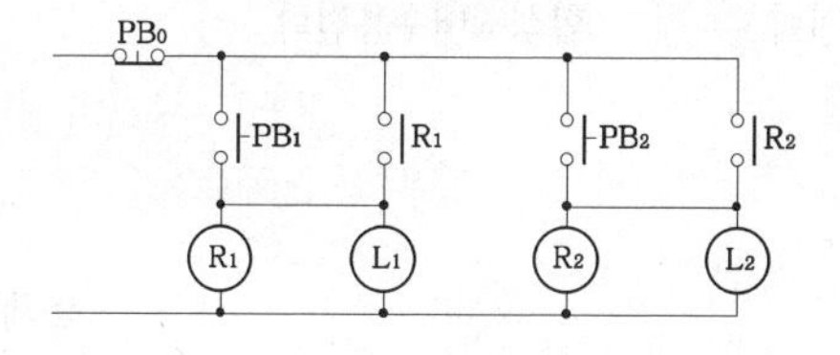

[작성답안]

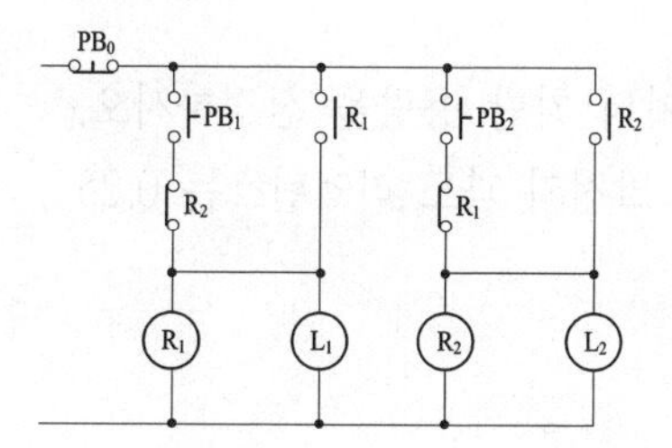

3

출제년도 96.06.19.(5점/부분점수 없음)

어떤 변전소의 공급 구역내의 총 설비 용량은 전등 600 [kW], 동력 800 [kW]이다. 각 수용가의 수용률을 각각 전등 60 [%], 동력 80 [%]로 보고, 또 각 수용가간의 부등률은 전등 1.2, 동력 1.6이며 변전소에 전등 부하와 동력 부하간의 부등률이 1.4라 하면, 이 변전소에서 공급하는 최대 전력을 구하시오. (단, 배전선로(주상 변압기를 포함)의 전력 손실은 전등 부하, 동력 부하 모두 부하 전력의 10 [%] 이다.)

[작성답안]

계산 : 전등 부하 $P_N = \dfrac{600 \times 0.6}{1.2} = 300[\text{kW}]$

동력 부하 $P_M = \dfrac{800 \times 0.8}{1.6} = 400[\text{kW}]$

최대 부하 $P = \dfrac{300+400}{1.4} \times (1+0.1) = 550[\text{kW}]$

답 : 550 [kW]

[핵심] 부등률

각 수용가에서의 최대 수용 전력의 발생 시각은 시간적으로 차이가 있으며 이 경우에 배전 변압기 또는 간선에서의 합성 최대 수용 전력은 각 수용가에서의 최대 수용 전력의 합보다 적게 되는데 이 비를 부등률이라 하며 이 값은 항상 1보다 크고, 백분율로 나타내지 않는다. 수용률과 더불어 배전 변압기 또는 배전 간선 등의 공급 설비 계획 자료로 사용된다.

$$\text{부등률} = \frac{\text{개별 최대수용전력의 합}}{\text{합성 최대수용전력}} = \frac{\text{설비용량} \times \text{수용률}}{\text{합성최대수용전력}}$$

4

출제년도 06.10.(8점/각 문항당 4점)

발전기에 대한 다음 각 물음에 답하시오.

(1) 발전기의 출력이 500 [kVA]일 때 발전기용 차단기의 차단 용량을 산정하시오. (단, 변전소 회로측의 차단 용량은 30 [MVA]이며, 발전기 과도 리액턴스는 0.25로 한다.)

(2) 동기 발전기의 병렬 운전 조건 4가지를 쓰시오.

[작성답안]

(1) 계산

① 기준용량 30[MVA]

• 변전소측 $P_s = \frac{100}{\%Z_s} \times P_n$ 에서 $\%Z_s = \frac{P_n}{P_s} \times 100 = \frac{30}{30} \times 100 = 100[\%]$

• 발전기 $\%Z_g = \frac{30,000}{500} \times 25 = 1500[\%]$

② 차단용량

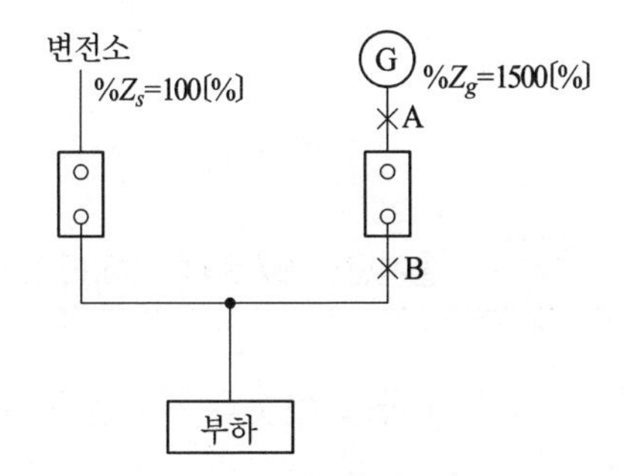

• A점에서 단락시 단락용량 $P_{sA} = \frac{100}{\%Z_s} \times P_n = \frac{100}{100} \times 30 = 30[MVA]$

• B점에서 단락시 단락용량 $P_{sB} = \frac{100}{\%Z_g} \times P_n = \frac{100}{1500} \times 30 = 2[MVA]$

차단기 용량은 P_{sA}와 P_{sB} 중에서 큰 값 기준하여 선정

답 : 30 [MVA]

(2) ① 기전력의 크기가 같을 것

② 기전력의 위상이 같을 것

③ 기전력의 주파수가 같을 것

④ 기전력의 파형이 같을 것

5

출제년도 06.11.21.(5점/부분점수 없음)

그림과 같은 교류 100[V] 단상 2선식 분기 회로의 부하 중심점 거리를 구하시오.

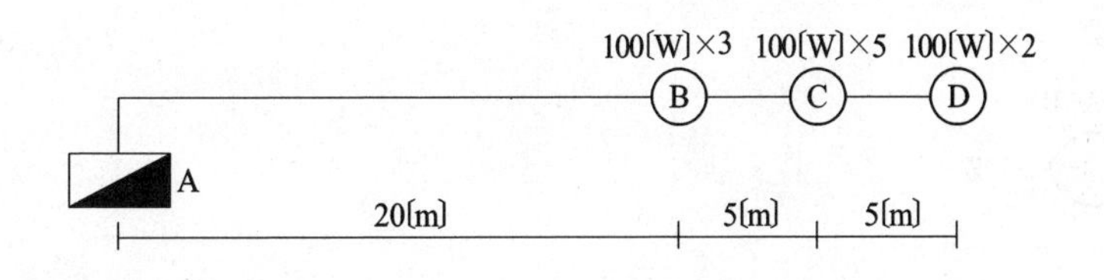

[작성답안]

계산 : $I = \frac{100 \times 3}{100} + \frac{100 \times 5}{100} + \frac{100 \times 2}{100} = 10[A]$

$$L = \frac{3 \times 20 + 5 \times 25 + 2 \times 30}{10} = 24.5[m]$$

답 : 24.5[m]

[핵심] 부하 중심점

$$L = \frac{i_1 l_1 + i_2 l_2 + i_3 l_3 + \cdots + i_n l_n}{i_1 + i_2 + i_3 + \cdots + i_n}$$

6

출제년도 97.99.00.06.(6점/부분점수 없음)

무접점 릴레이 회로가 그림과 같을 때 출력 Z 값을 구하고 이것의 전자릴레이(유접점) 회로와 논리회로를 그리시오.

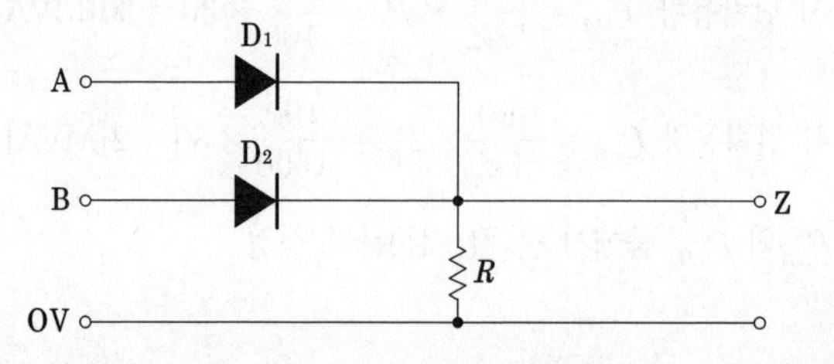

[작성답안]

① 출력 Z = A + B

② 유접점 회로

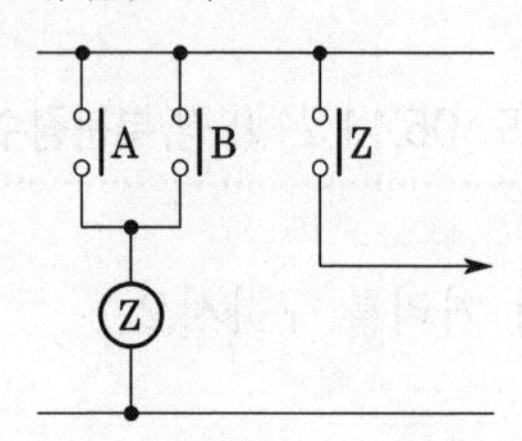

③ 무접점 회로

Z = A+B

A
B
Z

7

출제년도 96.06.(8점/각 문항당 2점)

도면과 같은 동력 및 옥외용 배선도를 보고 다음 각 물음에 답하시오.

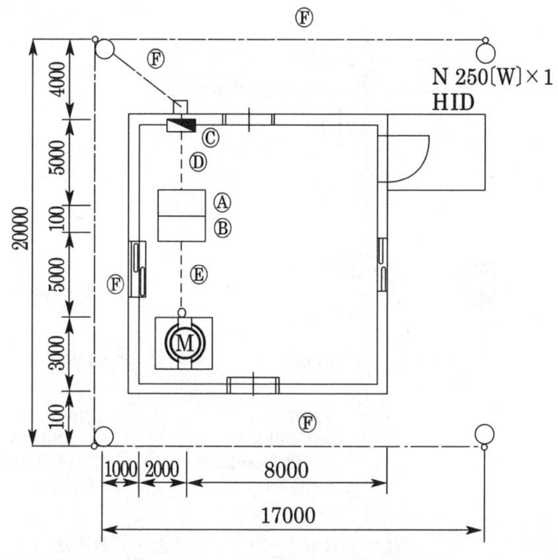

Ⓐ 저압 큐비클(750 [kg], 600(W)×1700(D)×2300(H))

Ⓑ 3.3 [kV] 고압 모터 기동반(500 [kg]), 1000(W)×2300(D)×2300(H)

(1) 도면에서 Ⓒ는 무엇을 나타내는가?

(2) 도면에서 Ⓓ와 Ⓔ는 어떤 배선을 나타내는가?

(3) 도면에서 Ⓕ는 어떤 배선을 나타내는가?

(4) 본 설계에 사용된 옥외등은 어떤 종류의 HID등인가?

[작성답안]

(1) 분전반

(2) 바닥 은폐배선

(3) 지중매설배선

(4) 나트륨등

8

출제년도 01.05.06.18.新規(8점/(1)2점, (2)(3)3점)

그림과 같은 간이 수전 설비에 대한 결선도를 보고 다음 각 물음에 답하시오.

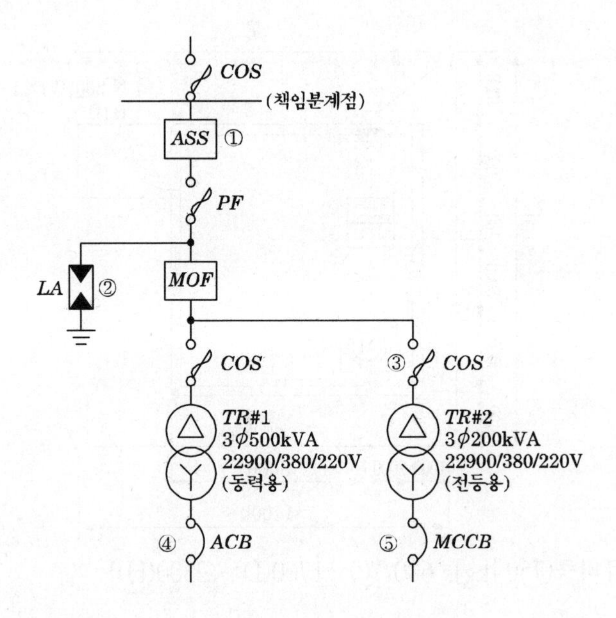

(1) 수전실의 형태를 Cubicle Type으로 할 경우 고압반(HV : High voltage) 4면과 저압반(LV : Low voltage)은 2개의 면으로 구성되어 있다. 수용되는 기기의 명칭을 쓰시오.

(2) 최대설계전압과 정격전류를 구하시오.

① ASS

② LA

③ COS

(3) ④, ⑤ 차단기의 용량(AF, AT)은 어느 것을 선정하면 되겠는가? (단, 역률은 100[%]로 계산하며, ④의 경우 설계전류는 500[A], ⑤의 경우는 전부하 전류를 기준으로 한다. 참고자료를 이용하여 한국전기설비규정에 의해 답하시오)

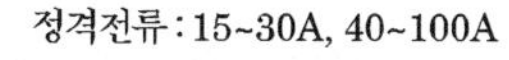

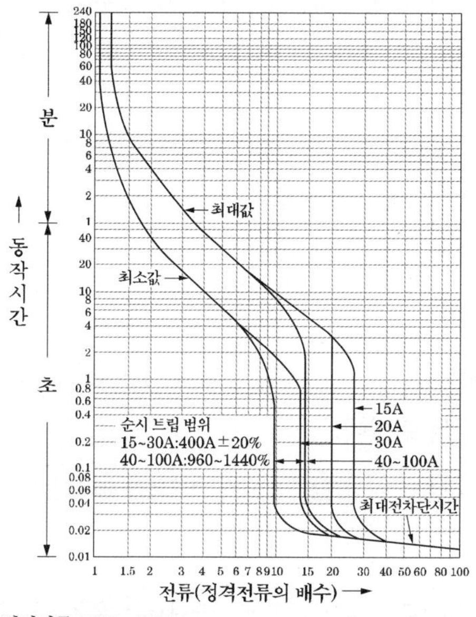

정격전류 : 125~225A

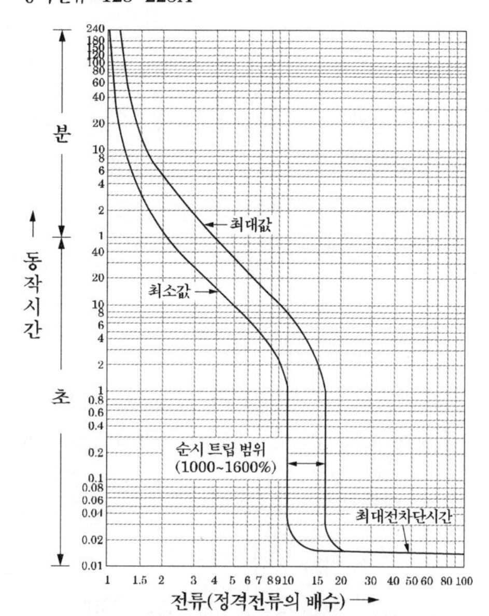

정격전류 : 250~400A

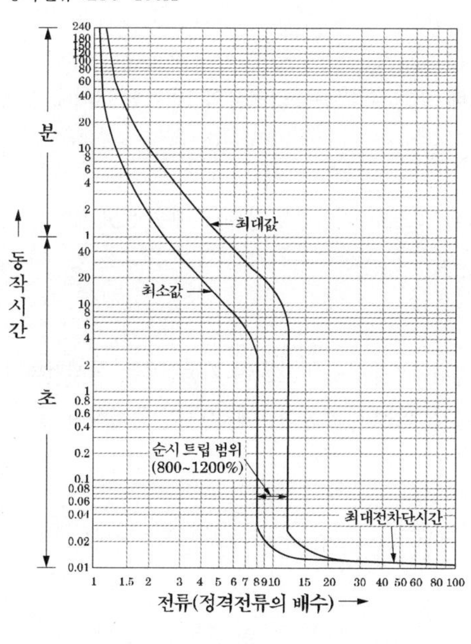

정격전류 : 500~800A

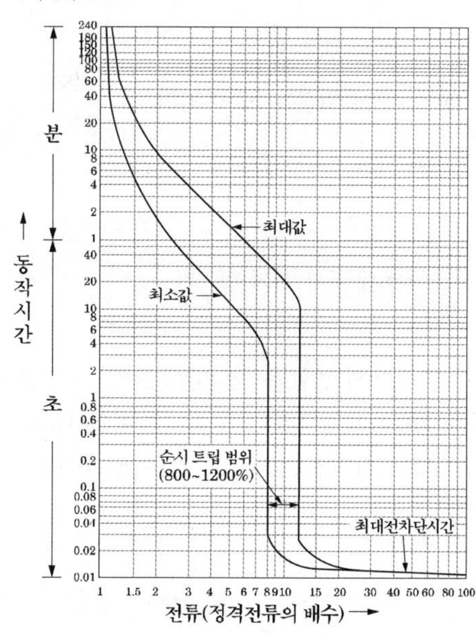

(4) 단상 변압기 3대를 △-Y 결선하는 복선도를 작성하시오.

[작성답안]

(1) 고압반 : 피뢰기, 전력 수급용 계기용 변성기, 전등용 변압기, 동력용 변압기, 컷아웃스위치, 전력퓨즈

저압반 : 수용기기 : 기중 차단기, 배선용 차단기

(2) ① 설계최대전압 : 25.8 [kV], 정격전류 : 200 [A]

② 설계최대전압 : 18 [kV], 정격전류 : 2,500 [A]

③ 설계최대전압 : 25 [kV] 또는 25.8 [kV], 정격전류 : 100 [AF], 8 [A]

(3) ④ 계산 : 전동기의 설계전류가 500[A]이고 기동전류는 3500[A]가 된다.

$I_N > \dfrac{I_{ms}}{b} = \dfrac{3500}{5} = 700$ [A] 이므로 800AT 선정

(일반적으로 과전류 차단기의 정격이 100A이하에서는 3배, 125A이상에서는 5배를 적용하면 일반적으로 문제가 되지 않는다. 경우에 따라 4배를 적용하는 경우도 있다.)

- 기동전류가 3500[A]이므로 $\dfrac{3500}{630} = 5.56$배 이므로 참고자료 표의 정격전류의 배수 5.56배에서 10초 이내 동작 한다.
- 기동전류가 3500[A]이므로 $\dfrac{3500}{800} = 4.38$배 이므로 참고자료 표의 정격전류의 배수 4.38배에서 10초 이내 동작하지 않는다.
- 기동돌입전류 5250[A]이므로 $\dfrac{5250}{630} = 8.33$배 이므로 기동돌입전류의 배수 8.33배에서 0.03초 이내 동작한다.
- 기동돌입전류 5250[A]이므로 $\dfrac{5250}{800} = 6.56$배 이므로 기동돌입전류의 배수 6.56배에서 0.03초 이내 동작 하지 않는다.

전동기의 경우 돌입전류는 0.3초에 기동전류의 대략 1.5배정도가 흐르며 기동전류는 설계전류의 대략 7배로 10초 정도 흐른다. 기동돌입전류에 동작하지 않으며, 기동전류에 10동안 동작하지 않으며 1.3배의 전류에 12분에 동작하므로 만족한다.

$I_N > I_{ms} \times 1.5 \times \dfrac{1}{n} = 3500 \times 1.5 \times \dfrac{1}{8}$ 만족한다.

$\therefore\ I_B \le I_n \le I_Z$ 의해 800AT 800AF 선정한다.

답 : AF-800 [A], AT-800 [A]

⑤ 계산 : $I_1 = \dfrac{200 \times 10^3}{\sqrt{3} \times 380} = 303.87$ [A]

$\therefore$ AF : 400 [A], AT : 350 [A]

1.05배에 동작하지 않으며 1.3배의 전류에 12분에 동작하므로 120분 이내에 동작하여 만족한다.

답 : AF-400 [A], AT-350 [A]

(4)

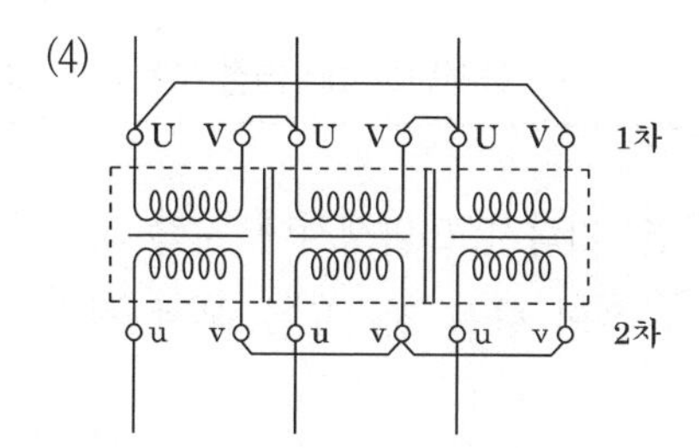

[핵심] 도체와 과부하 보호장치 사이의 협조

과부하에 대해 케이블(전선)을 보호하는 장치의 동작특성은 다음의 조건을 충족해야 한다.

$I_B \le I_n \le I_Z$ ………………… ①

$I_2 \le 1.45 \times I_Z$ ………………… ②

I_B : 회로의 설계전류

I_Z : 케이블의 허용전류

I_n : 보호장치의 정격전류

I_2 : 보호장치가 규약시간 이내에 유효하게 동작하는 것을 보장하는 전류

1. 조정할 수 있게 설계 및 제작된 보호장치의 경우, 정격전류 I_n은 사용현장에 적합하게 조정된 전류의 설정값이다.
2. 보호장치의 유효한 동작을 보장하는 전류 I_2는 제조자로부터 제공되거나 제품 표준에 제시되어야 한다.
3. 식 2에 따른 보호는 조건에 따라서는 보호가 불확실한 경우가 발생할 수 있다. 이러한 경우에는 식 2에 따라 선정된 케이블 보다 단면적이 큰 케이블을 선정하여야 한다.
4. I_B는 선도체를 흐르는 설계전류이거나, 함유율이 높은 영상분 고조파(특히 제3고조파)가 지속적으로 흐르는 경우 중성선에 흐르는 전류이다.

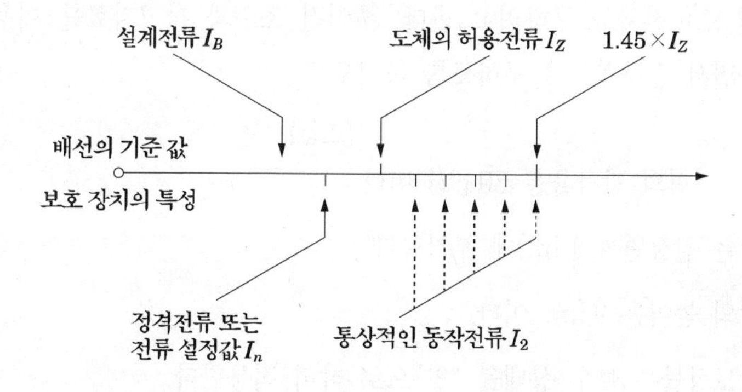

9

출제년도 06.(5점/부분점수 없음)

3상 회로에서 CT 3개를 이용한 영상 회로를 구성시키면, 지락사고 발생시에 지락 과전류 계전기(OCGR)를 이용하여 이를 검출할 수 있다. 다음의 단선 접속도를 복선 접속도로 나타내시오.

OCR×3 TT×4 AS
CT×3 W VAR A
OCGR

[작성답안]

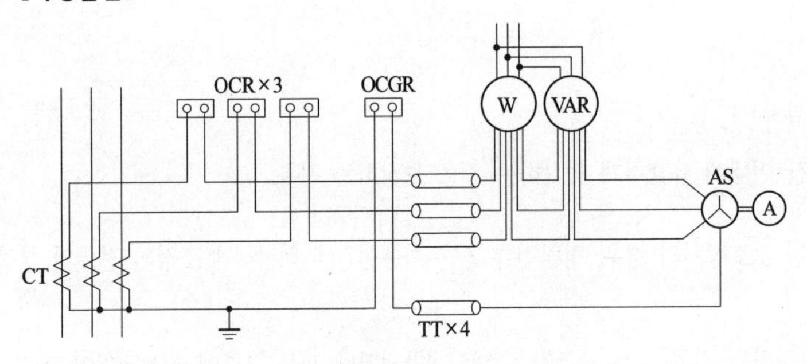

10

출제년도 98.01.06.20.(10점/각 문항당 1점, 모두 맞으면 10점)

그림과 같은 철골 공장에 백열등의 전반 조명을 할 때 평균조도로 200 [lx]를 얻기 위한 광원의 소비전력을 구하려고 한다. 주어진 조건과 참고자료를 이용하여 다음 각 물음에 답하면서 순차적으로 구하도록 하시오.

【조건】

- 천장, 벽면의 반사율은 30 [%] 이다.
- 광원은 천장면하 1 [m]에 부착한다.
- 천장의 높이는 9 [m] 이다.
- 감광보상률은 보수 상태를 "양"으로 하며 적용한다.
- 배광은 직접 조명으로 한다.

• 조명 기구는 금속 반사갓 직부형이다.

【도면】

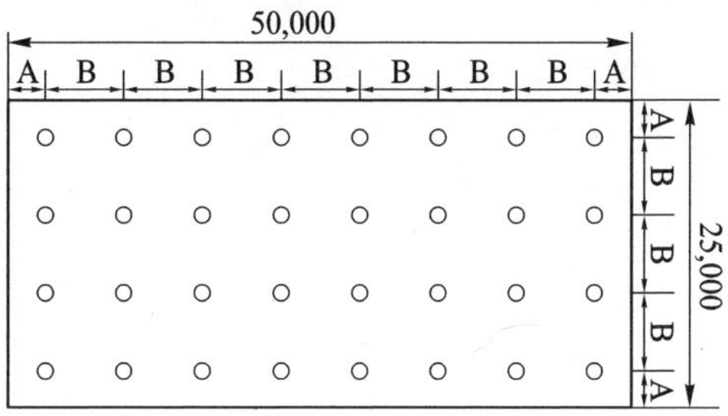

50,000
A B B B B B B B A
A B B B A
25,000

참고자료 1 [표 1] 각종 전등의 특성

(A) 백열등

형식	종별	유리구의 지름 (표준치) [mm]	길이 [mm]	베이스	초기 특성			50 [%] 수명에서의 효율 [lm/W]	수명 [h]
					소비 전력 [W]	광 속 [lm]	효율 [lm/W]		
L100V 10W	진공 단코일	55	101 이하	E26/25	10±0.5	76±8	7.6±0.6	6.5 이상	1500
L100V 20W	진공 단코일	55	101 〃	E26/25	20±1.0	175±20	8.7±0.7	7.3 〃	1500
L100V 30W	가스입단코일	55	108 〃	E26/25	30±1.5	290±30	9.7±0.8	8.8 〃	1000
L100V 40W	가스입단코일	55	108 〃	E26/25	40±2.0	440±45	11.0±0.9	10.0 〃	1000
L100V 60W	가스입단코일	50	114 〃	E26/25	60±3.0	760±75	12.6±1.0	11.5 〃	1000
L100V 100W	가스입단코일	70	140 〃	E26/25	100±5.0	1500±150	15.0±1.2	13.5 〃	1000
L100V 150W	가스입단코일	80	170 〃	E26/25	150±7.5	2450±250	16.4±1.3	14.8 〃	1000
L150V 200W	가스입단코일	80	180 〃	E26/25	200±10	3450±350	17.3±1.4	15.3 〃	1000
L100V 300W	가스입단코일	95	220 〃	E39/41	300±15	5550±550	18.3±1.5	15.8 〃	1000
L100V 500W	가스입단코일	110	240 〃	E39/41	500±25	9900±990	19.7±1.6	16.9 〃	1000
L100V 1000W	가스입단코일	165	332 〃	E39/41	1000±50	21000±2100	21.0±1.7	17.4 〃	1000
Ld100V 30W	가스입이중코일	55	108 〃	E26/25	30±1.5	330±35	11.1±0.9	10.1 〃	1000
Ld100V 40W	가스입이중코일	55	108 〃	E26/25	40±2.0	500±50	12.4±1.0	11.3 〃	1000
Ld100V 50W	가스입이중코일	60	114 〃	E26/25	50±2.5	660±65	13.2±1.1	12.0 〃	1000
Ld100V 60W	가스입이중코일	60	114 〃	E26/25	60±3.0	830±85	13.0±1.1	12.7 〃	1000
Ld100V 75W	가스입이중코일	60	117 〃	E26/25	75±4.0	1100±110	14.7±1.2	13.2 〃	1000
Ld100V 100W	가스입이중코일	65 또는 67	128 〃	E26/25	100±5.0	1570±160	15.7±1.3	14.1 〃	1000

[표 2] 조명률, 감광보상률 및 설치 간격

번호	배광 / 설치간격	조명 기구	감광보상률(D) 보수상태 양	중	부	반사율 ρ 천장 / 벽 → 실지수	0.75 / 0.5	0.75 / 0.3	0.75 / 0.1	0.50 / 0.5	0.50 / 0.3	0.50 / 0.1	0.30 / 0.3	0.30 / 0.1
							조명률 U[%]							
(1)	간접		전구			J0.6	16	13	11	12	10	08	06	05
	0.80		1.5	1.7	2.0	I0.8	20	16	15	15	13	11	08	07
	0		형광등			H1.0	23	20	17	17	14	13	10	08
	$S \leqq 1.2H$		1.7	2.0	2.5	G1.25	26	23	20	20	17	15	11	10
						F1.5	29	26	22	22	19	17	12	11
						E2.0	32	29	26	24	21	19	13	12
						D2.5	36	32	30	26	24	22	15	14
						C3.0	38	35	32	28	25	24	16	15
						B4.0	42	39	36	30	29	27	18	17
						A5.0	44	41	39	33	30	29	19	18
(2)	반간접		전구			J0.6	18	14	12	14	11	09	08	07
	0.70		1.4	1.5	1.7	I0.8	22	19	17	17	15	13	10	09
	0.10		형광등			H1.0	26	22	19	20	17	15	12	10
	$S \leqq 1.2H$		1.7	2.0	2.5	G1.25	29	25	22	22	19	17	14	12
						F1.5	32	28	25	24	21	19	15	14
						E2.0	35	32	29	27	24	21	17	15
						D2.5	39	35	32	29	26	24	19	18
						C3.0	42	38	35	31	28	27	20	19
						B4.0	46	42	39	34	31	29	22	21
						A5.0	48	44	42	36	33	31	23	22
(3)	전반확산		전구			J0.6	24	19	16	22	18	15	16	14
	0.40		1.3	1.4	1.5	I0.8	29	25	22	27	23	20	21	19
	0.40		형광등			H1.0	33	28	26	30	26	24	24	21
	$S \leqq 1.2H$		1.4	1.7	2.0	G1.25	37	32	29	33	29	26	26	24
						F1.5	40	36	31	36	32	29	29	26
						E2.0	45	40	36	40	36	33	32	29
						D2.5	48	43	39	43	39	36	34	33
						C3.0	51	46	42	45	41	38	37	34
						B4.0	55	50	47	49	45	42	40	38
						A5.0	57	53	49	51	47	44	41	40

			전구			J0.6	26	22	19	24	21	18	19	17
			1.3	1.4	1.5	I0.8	33	28	26	30	26	24	25	23
	반직접		형광등			H1.0	36	32	30	33	30	28	28	26
						G1.25	40	36	33	36	33	30	30	29
(4)	0.25					F1.5	43	39	35	39	35	33	33	31
						E2.0	47	44	40	43	39	36	36	34
	0.55		1.6	1.7	1.8	D2.5	51	47	43	46	42	40	39	37
	$S \leqq H$					C3.0	54	49	45	48	44	42	42	38
						B4.0	57	53	50	51	47	45	43	41
						A5.0	59	55	52	53	49	47	47	43
			전구			J0.6	34	29	26	32	29	27	29	27
			1.3	1.4	1.5	I0.8	43	38	35	39	36	35	36	34
	직접		형광등			H1.0	47	43	40	41	40	38	40	38
						G1.25	50	47	44	44	43	41	42	41
	0					F1.5	52	50	47	46	44	43	44	43
(5)						E2.0	58	55	52	49	48	46	47	46
	0.75		1.4	1.7	2.0	D2.5	62	58	56	52	51	49	50	49
	$S \leqq 1.3H$					C3.0	64	61	58	54	52	51	51	50
						B4.0	67	64	62	55	53	52	52	52
						A5.0	68	66	64	56	54	53	54	52

[표 3] 실지수 기호

기 호	A	B	C	D	E	F	G	H	I	J
실지수	5.0	4.0	3.0	2.5	2.0	1.5	1.25	1.0	0.8	0.6
범 위	4.5 이상	4.5 ~ 3.5	3.5 ~ 2.75	2.75 ~ 2.25	2.25 ~ 1.75	1.75 ~ 1.38	1.38 ~ 1.12	1.12 ~ 0.9	0.9 ~ 0.7	0.7 이하

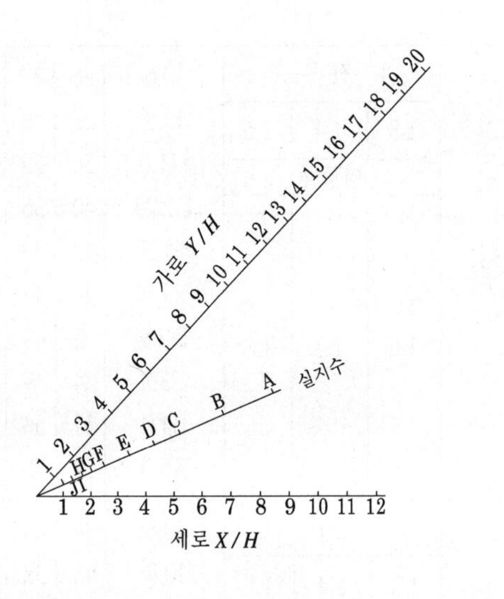

(1) 광원의 높이는 몇 [m]인가?

(2) 실지수의 기호와 실지수를 구하시오.

(3) 조명률은 얼마인가?

(4) 감광보상률은 얼마인가?

(5) 전 광속을 계산하시오.

(6) 전등 한 등의 광속은 몇 [lm]인가?

(7) 전등의 Watt 수는 몇 [W]를 선정하면 되는가?

[작성답안]

(1) 등고 $H=9-1=8$ [m]

답 : 8[m]

(2) 계산 : 실지수$=\dfrac{XY}{H(X+Y)}=\dfrac{50\times 25}{8(50+25)}=2.08$

∴ 표 3에서 실지수 기호는 E

답 : 실지수 2.08　　　실지수 기호 E

(3) 조명률 : 천장, 벽 반사율 30 [%], 실지수E , 직접 조명이므로 표 2에서 조명률 47 [%] 선정

답 : 47[%]

(4) 감광보상률 : 보수 상태 양이므로 표 2에서 직접 조명, 전구란에서 1.3 선정

답 : 1.3

(5) 계산 : 전 광속 $NF = \frac{EAD}{U} = \frac{200 \times (50 \times 25) \times 1.3}{0.47} = 691489.36$[lm]

답 : 691489.36[lm]

(6) 계산 : 1등당 광속은 등수가 32 이므로 $F = \frac{691489.36}{32} = 21609.04$ [lm]

답 : 21609.04[lm]

(7) 표 1의 전등 특성표에서 21000±2100 [lm]인 1000 [W] 선정

답 : 1000[W]

[핵심] 조명설계

① 실지수

방의 면적이 같은 2개의 방에 같은 수의 광원을 설치하여도 방의 모양이 다른 경우에는 작업면상의 조도는 다르게 된다. 그래서 천정, 바닥이 장방형인 방은 가로 X, 세로 Y 두 변의 평균을 한 변으로 하는 정방형인 방과 동일하다고 하는 이론에 의해 실지수 $R.I$를 다음 식과 같이 결정한다.

$$R.I = \frac{XY}{H(X+Y)}$$

실지수	5.0	4.0	3.0	2.5	2.0	1.5	1.25	1.0	0.8	0.6
기호	A	B	C	D	E	F	G	H	I	J

② 조도계산

N개의 램프에서 방사되는 빛을 평면상의 면적 A[㎡]에 모두 집중 조사할 수 있다고 하고 램프 1개당 광속을 F[lm]이라 하면, 그 면의 평균조도를

$$E = \frac{F \cdot N}{A} \text{ [lx]}$$

로 나타낸다. 이러한 평균조도 계산은 광속법과 설계여건에 따라 ZCM (Zonal Cavity Method)법을 채택할 수 있다.

$$E = \frac{F \cdot N \cdot U \cdot M}{A}$$

여기서, E : 평균조도 [lx] F : 램프 1개당 광속 [lm] N : 램프수량 [개]

U : 조명률 M : 보수율, 감광보상률의 역수 A : 방의 면적 [㎡] (방의 폭×길이)

11

출제년도 06.15.(12점/각 문항당 4점)

그림과 같은 대칭 3상 회로에서 운전되는 유도전동기에 전력계, 전압계, 전류계를 접속하고 각 계기의 지시를 측정하니 전력계 $W_1 = 6.57$ [kW], $W_2 = 4.38$ [kW], 전압계 V = 220 [V], 전류계 I = 30.41[A] 이었다. (단, 전압계와 전류계는 회로에 정상적으로 연결된 상태이다.)

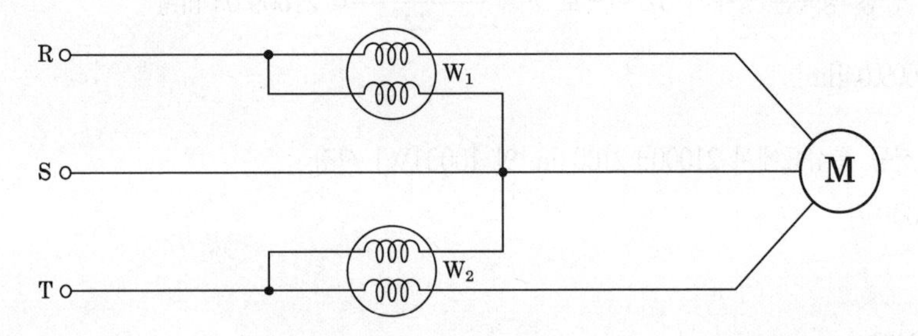

(1) 전압계와 전류계를 설치하여 전압, 전류를 측정하기 위한 적당한 위치를 회로도에 직접 그려 넣으시오.

(2) 2전력계법에 의해 피상전력[kVA]과 유효전력[kW], 역률을 각각 계산하시오.

- 피상전력
- 유효전력
- 역률

(3) 이 유도전동기로 30[m/min]의 속도로 물체를 권상한다면 몇 [kg]까지 가능한지 계산하시오. (단, 종합효율은 85[%]로 한다.)

[작성답안]

(1)

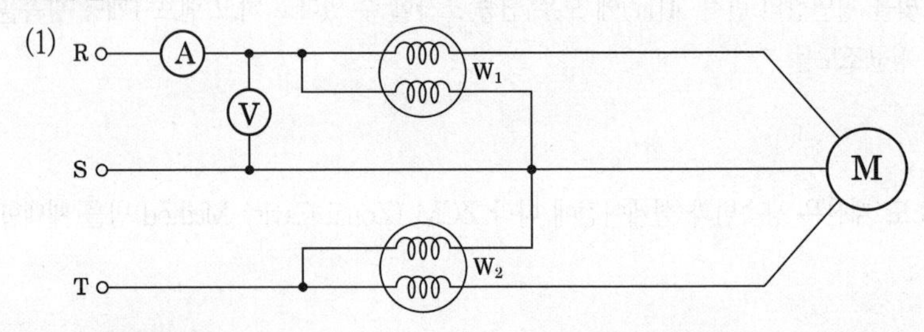

(2) • 유효전력

계산 : 전력 $P = W_1 + W_2 = 6.57 + 4.38 = 10.95$[kW]

답 : 10.95[kW]

• 피상전력

계산 : 피상전력 $P_a = 2\sqrt{W_1^2 + W_2^2 - W_1 W_2} = 2\sqrt{6.57^2 + 4.38^2 - 6.57 \times 4.38} = 11.588[\text{kVA}]$

답: 11.59[kVA]

• 역률

계산 : 역률 $\cos\theta = \frac{P}{P_a} \times 100 = \frac{10.95}{11.59} \times 100 = 94.477[\%]$

답: 94.48[%]

(3) 계산 : 권상하중 $G = \frac{6.12 P\eta}{V} = \frac{6.12 \times 10.95 \times 10^3 \times 0.85}{30} = 1898.73$ [kg]

답: 1898.73[kg]

[핵심] 2전력계법

유효전력 $P = W_1 + W_2$ [W]

무효전력 $P_r = \sqrt{3}(W_1 - W_2)$ [Var]

역률 $\cos\theta = \frac{W_1 + W_2}{\sqrt{(W_1 + W_2)^2 + 3(W_1 - W_2)^2}} = \frac{W_1 + W_2}{\sqrt{4W_1^2 + 4W_2^2 - 4W_1 W_2}} = \frac{W_1 + W_2}{2\sqrt{W_1^2 + W_2^2 - W_1 W_2}}$

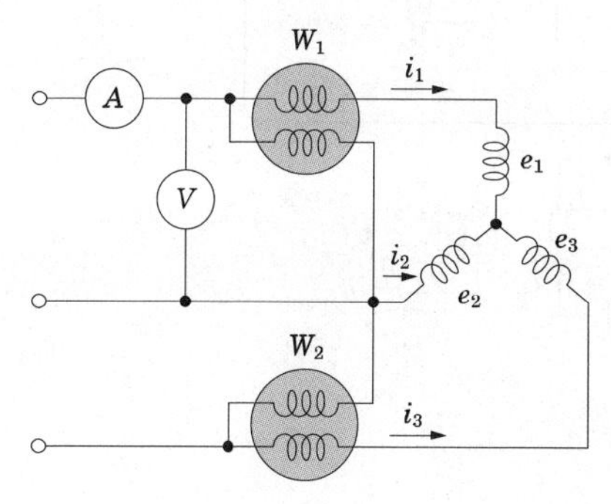

12

출제년도 01.04.06.12.(12점/각 문항당 2점, 모두 맞으면 12점)

그림은 자가용 수변전 설비 주회로의 절연 저항 측정시험에 대한 배치도이다. 다음 각 물음에 답하시오.

(1) 절연 저항 측정에서 Ⓐ기기의 명칭을 쓰고 개폐 상태를 밝히시오.

(2) 기기 Ⓑ의 명칭은 무엇인가?

(3) 절연 저항계의 L단자와 E단자의 접속은 어느 개소에 하여야 하는가?

(4) 절연 저항계의 지시가 잘 안정되지 않을 때에는 통상 어떻게 하여야 하는가?

(5) Ⓒ의 고압 케이블과 절연 저항계의 단자 L, G, E와의 접속은 어떻게 하여야 하는가?

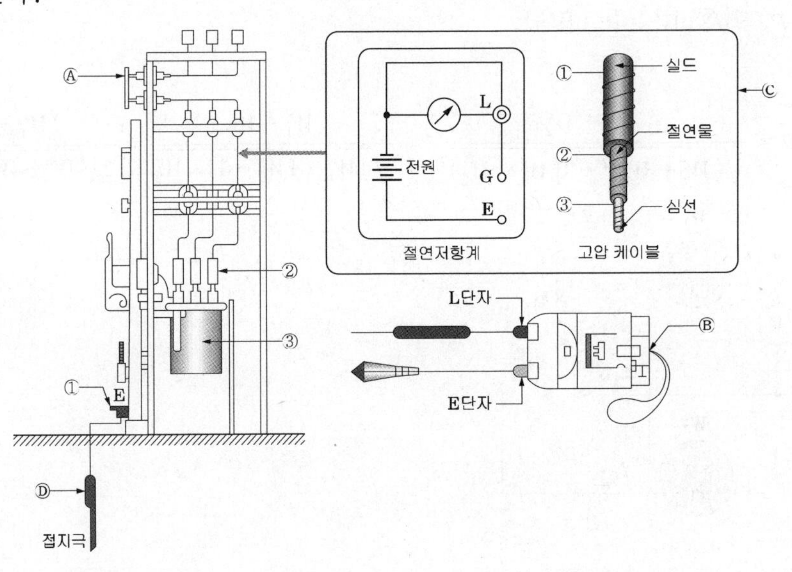

[작성답안]

(1) 단로기 : 개방 상태

(2) 절연 저항계

(3) L 단자 : 선로측　　E 단자 : 접지극 ①

(4) 1분 후 다시 측정한다.

(5) L 단자 : ③　　G 단자 : ②　　E 단자 : ①

[핵심] 케이블 절연저항

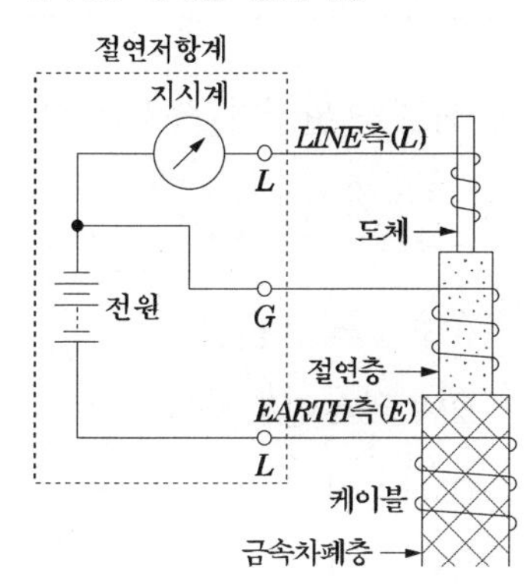

2006

13

출제년도 06.(4점/부분점수 없음)

상품 진열장에 하이빔 전구(산광형 100 [W])를 설치하였는데 이 전구의 광속은 840 [lm] 이다. 전구의 직하 2 [m] 부근에서의 수평면 조도는 몇 [lx]인지 주어진 배광 곡선을 이용하여 구하시오.

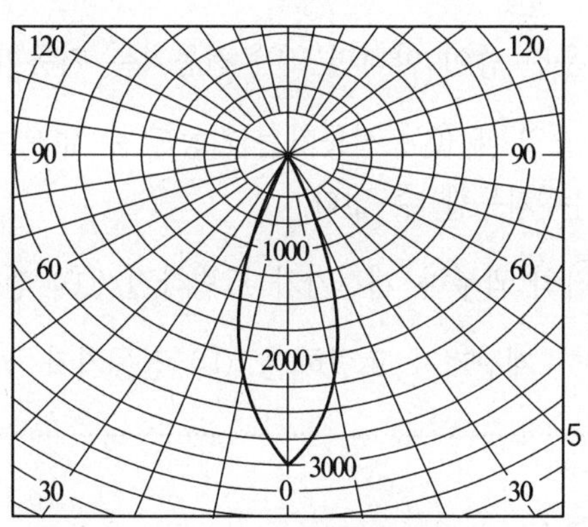

하이빔 전구 산광형(100W 형)의 배광곡선(램프광속 1000[lm] 기준)

[작성답안]

계산 : 0° 에서 만나는 배광곡선 3000 [cd], 1000 [lm]에서 $I = 3000 \times \frac{840}{1000} = 2520$ [cd]

$$\therefore E_h = \frac{I}{r^2}\cos\theta = \frac{2520}{2^2}\cos 0° = 630 \text{ [lx]}$$

답 : 630 [lx]

14

출제년도 92.93.97.06.12.(5점/각 문항당 1점)

그림은 전동기 5대가 동작할 수 있는 제어 회로 설계도이다. 회로를 완전히 숙지한 다음 ( ) 안에 알맞은 말을 넣어 완성하여라.

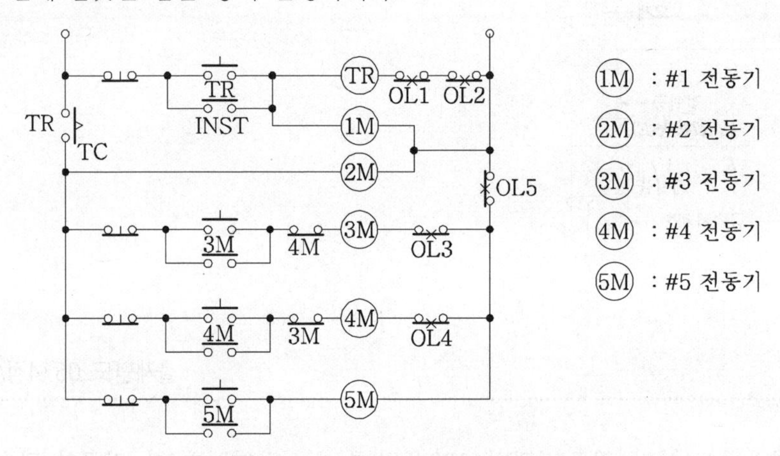

(1) #1 전동기가 기동하면 일정 시간 후에 (①) 전동기가 기동하고 #1 전동기가 운전 중에 있는 한 (②) 전동기도 운전된다.

(2) #1, #2 전동기가 운전 중이 아니면 (①) 전동기는 기동할 수 없다.

(3) #4 전동기가 운전 중일 때 (①) 전동기는 기동할 수 없으며 #3 전동기가 운전 중일 때 (②) 전동기는 기동할 수 없다.

(4) #1 또는 #2 전동기의 과부하 계전기가 트립하면 (①) 전동기가 정지한다.

(5) #5 전동기의 과부하 계전기가 트립하면 (①) 전동기가 정지한다.

[작성답안]

(1) ① #2, ② #2

(2) ① #3 #4 #5

(3) ① #3, ② #4

(4) ① #1 #2 #3 #5 또는 #1 #2 #4 #5

(5) ① #3 #5 또는 #4 #5

2006년 2회 기출문제 해설

※ 다음 물음에 답을 해당 답란에 답하시오.

1 출제년도 99.04.06.(9점/각 문항당 2점, 모두 맞으면 9점)

일반용 조명에 관한 다음 각 물음에 답하시오.

(1) 백열등의 그림 기호는 ◯ 이다. 벽붙이의 그림 기호를 그리시오.

(2) HID 등의 종류를 표시하는 경우는 용량 앞에 문자기호를 붙이도록 되어 있다. 수은등, 메탈헬라이드등, 나트륨등은 어떤 기호를 붙이는가?

- 수은등
- 메탈헬라이트등
- 나트륨등

(3) 그림 기호가 ◎ 로 표시되어 있다. 어떤 용도의 조명등인가?

(4) 일반적으로 사용되고 있는 열음극 형광등과 비교하여 슬림라인(Slim line)형광등의 장점을 3가지 쓰시오.

[작성답안]

(1) ◐

(2) • 수은등 : H • 메탈 헬라이드등 : M • 나트륨등 : N

(3) 옥외등

(4) ① 필라멘트를 예열할 필요가 없어 기동 장치가 불필요하다.

② 순시 기동으로 점등에 시간이 짧다.

③ 점등 불량으로 인한 고장이 없다.

그 외

④ 양광주가 길고 효율이 좋다.

⑤ 전압 변동에 의한 수명의 단축이 없다.

2

출제년도 93.06.(5점/각 항목당 1점)

변압기를 과부하로 운전할 수 있는 조건을 5가지만 요약하여 쓰시오.

[작성답안]

- 주위 온도가 저하되었을 경우
- 온도 상승 시험 기록에 의해 미달되어 있는 경우
- 단시간 사용하는 경우
- 부하율이 저하되었을 경우
- 여러 가지 조건이 중복되었을 경우

3

출제년도 91.99.04.06.(10점/각 문항당 2점, 모두 맞으면 10점)

주어진 도면은 3상 유도전동기의 플러깅(plugging)회로에 대한 미완성 도면이다. 이 도면을 보고 다음 각 물음에 답하시오.

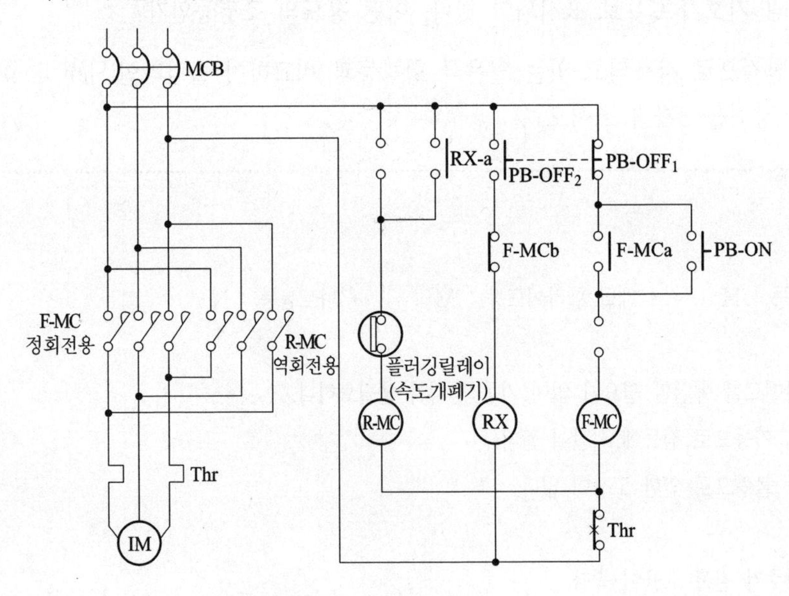

(1) 동작이 완전하도록 도면을 완성하시오. 사용 접점에 대한 기호를 반드시 기록하도록 한다.

(2) (RX) 계전기를 사용하는 이유를 설명하시오.

(3) 전동기가 정회전하고 있는 중에 PB - OFF를 누를 때의 동작 과정을 상세하게 설명하시오. (단, PB - OFF_1, PB - OFF_2는 연동 스위치로 PB - OFF_1을 누르는 것을 PB - OFF를 누른다고 한다.)

(4) 플러깅에 대하여 간단히 설명하시오.

2006

[작성답안]

(1)

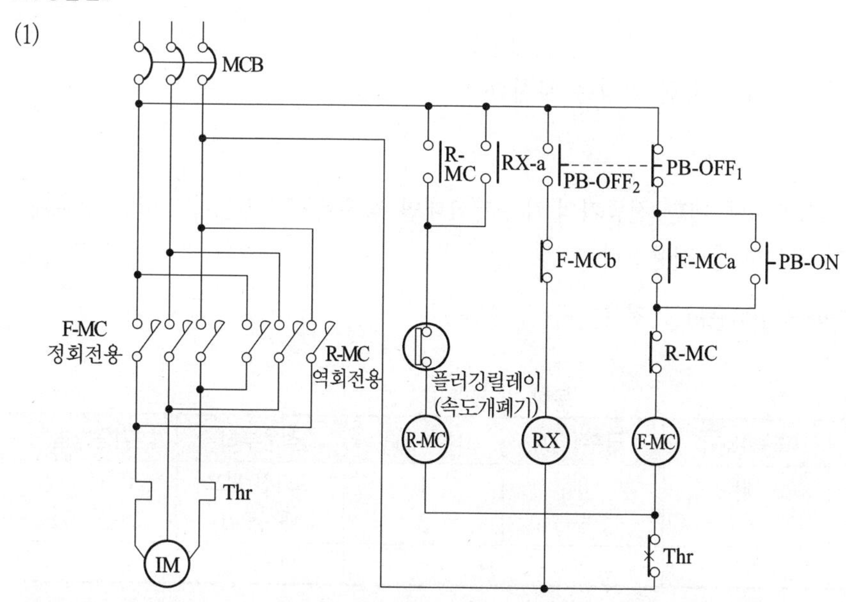

(2) 플러깅 제동시 과전류를 방지하기 위한 시간적인 여유를 얻기 위해

(3) ① PB-OFF를 누르면 F-MC 소자, RX 여자

② RX-a에 의해 R-MC 여자되어 전동기 역회전 토크로 전동기 속도 급격히 저하

③ 전동기의 속도가 0에 가까워지면 플러깅 릴레이가 열려 전동기는 전원에서 분리되어 정지한다.

(4) 역상을 이용한 전동기 제동법(급제동)

4

출제년도 96.00.04.06.13.15.(5점/부분점수 없음)

어느 건물의 수용가가 자가용 디젤 발전기 설비를 설계하려고 한다. 발전기 용량을 산출하기 위하여 필요한 부하의 종류와 여러 가지 특성이 다음의 부하 및 특성표와 같을 때 전부하를 운전하는 데 필요한 수치값들을 주어진 표를 활용하여 수치표의 빈칸에 기록하면서 발전기의 [kVA] 용량을 산정하시오.

【조건】

- 전동기 기동 시에 필요한 용량은 무시한다.
- 수용률 적용
  - 동력 : 적용부하에 대한 전동기의 대수가 1대인 경우에는 100 [%], 2대인 경우에는 80 [%]를 적용한다.
  - 전등, 기타 : 100 [%]를 적용한다.

부하 및 특성표

부하의 종류	출력 [kW]	극수 (극)	대수 (대)	적용부하	기동방법
전동기	30	8	1	소화전 펌프	리액터 기동
	11	6	3	배 풍 기	Y-△ 기동
전등, 기타	60	-	-	비상조명	-

[표 1] 전동기

정격출력 [kW]	극수	동기속도 [rpm]	전부하 특성		기동전류 I_{st} 각 상의 평균값 [A]	비 고		
			효율 η [%]	역률 pf [%]		무부하 전류 I_0 각상의 전류값 [A]	전부하 전류 I 각상의 평균값 [A]	전부하 슬립 S [%]
5.5	4	1800	82.5 이상	79.5 이상	150 이하	12	23	5.5
7.5			83.5 이상	80.5 이상	190 이하	15	31	5.5
11			84.5 이상	81.5 이상	280 이하	22	44	5.5
15			85.5 이상	82.0 이상	370 이하	28	59	5.0
(19)			86.0 이상	82.5 이상	455 이하	33	74	5.0
22			86.5 이상	83.0 이상	540 이하	38	84	5.0
30			87.0 이상	83.5 이상	710 이하	49	113	5.0
37			87.5 이상	84.0 이상	875 이하	59	138	5.0

5.5 7.5 11 15 (19) 22 30 37	6	1200	82.0 이상 83.0 이상 84.0 이상 85.0 이상 85.5 이상 86.0 이상 86.5 이상 87.0 이상	74.5 이상 75.5 이상 77.0 이상 78.0 이상 78.5 이상 79.0 이상 80.0 이상 80.0 이상	150 이하 185 이하 290 이하 380 이하 470 이하 555 이하 730 이하 900 이하	15 19 25 32 37 43 54 65	25 33 47 62 78 89 119 145	5.5 5.5 5.5 5.5 5.0 5.0 5.0 5.0
5.5 7.5 11 15 (19) 22 30 37	8	900	81.0 이상 82.0 이상 83.5 이상 84.0 이상 85.0 이상 85.5 이상 86.0 이상 87.5 이상	72.0 이상 74.0 이상 75.5 이상 76.5 이상 77.0 이상 77.5 이상 78.5 이상 79.0 이상	160 이하 210 이하 300 이하 405 이하 485 이하 575 이하 760 이하 940 이하	16 20 26 33 39 47 56 68	26 34 48 64 80 91 121 148	6.0 5.5 5.5 5.5 5.5 5.0 5.0 5.0

[표 2] 자가용 디젤 발전기의 표준 출력

50	100	150	200	300	400

[발전기 용량 선정]

부하	출력 [kW]	효율 [%]	역률 [%]	입력[kVA]	수용률 [%]	수용률 적용값 [kVA]
전동기	30×1					
전동기	11×3					
전등 및 기타	60					
계						
필요한 발전기 용량〔kVA〕						

※ 수치표의 빈칸을 채울 때, 계산이 필요한 것은 계산식을 반드시 기록하고 그 결과값을 표시하도록 한다.

[작성답안]

부하	출력 [kW]	효율 [%]	역률 [%]	입력[kVA]	수용률 [%]	수용률 적용값 [kVA]
전동기	30×1	86	78.5	$\frac{30}{0.86 \times 0.785} = 44.44$	100	44.44
전동기	11×3	84	77	$\frac{11 \times 3}{0.84 \times 0.77} = 51.02$	80	40.82
전등 및 기타	60	100	100	60	100	60
계						145.26
필요한 발전기 용량[kVA]						150

5

출제년도 93.01.03.06.18.(4점/부분점수 없음)

그림은 어느 공장의 일부하 곡선이다. 이 공장에서의 일부하율은 몇 [%]인가?

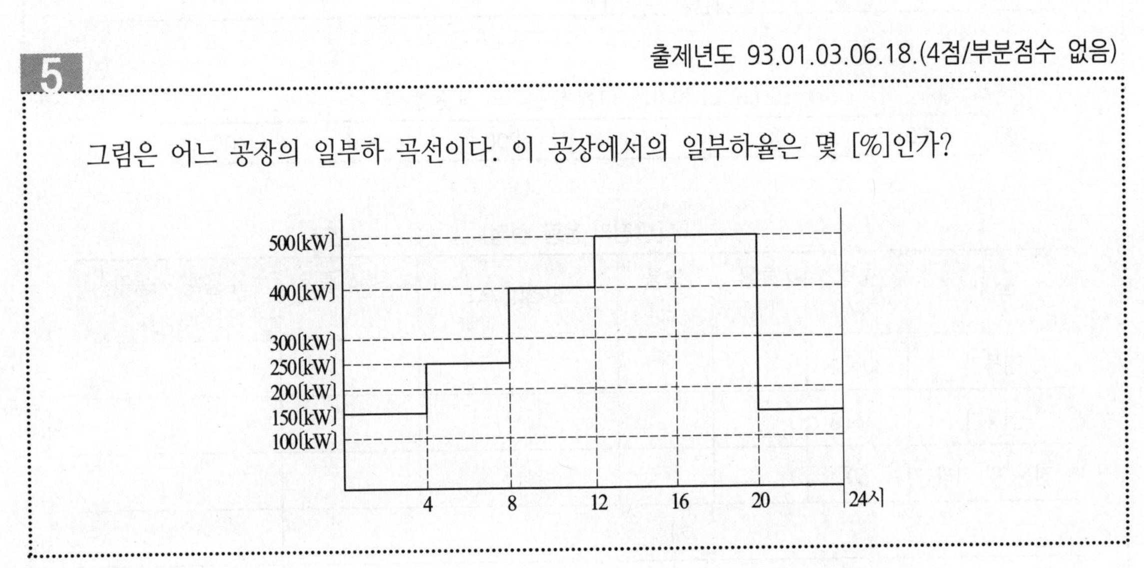

[작성답안]

계산 : 부하율$= \dfrac{(150\times4+250\times4+400\times4+500\times8+150\times4)\times\frac{1}{24}}{500}\times100 = 65\ [\%]$

답 : 65 [%]

[핵심] 부하율

공급 설비가 어느 정도 유효하게 사용되는가를 나타내며 부하율이 클수록 공급 설비가 유효하게 사용된다. 부하율은 다음 식에 의해 계산한다.

$$부하율 = \frac{평균\ 수요\ 전력\ [kW]}{최대\ 수요\ 전력\ [kW]} \times 100\ [\%]$$

부하율은 각 단위별(변압기, 전주, 수용가 등), 시기, 범위, 기간에 따라 달라지며, 부하율을 표시할 경우 기간, 범위를 반드시 명기한다. 예를 들어 일부하율, 월부하율 등으로 표시하여야 하며, 부하율은 기간이 길어질수록 작아진다. 부하율이 적다의 의미는 다음과 같다.

- 공급 설비를 유용하게 사용하지 못한다.
- 평균 수요 전력과 최대 수요 전력과의 차가 커지게 되므로 부하 설비의 가동률이 저하된다.

6

출제년도 06.10.(4점/각 항목당 1점)

가스절연 개폐장치(GIS)의 장점 4가지를 쓰시오.

[작성답안]

- 조작 중 소음이 적고 라디오 방해전파를 줄어든다.
- 공장조립이 가능하여 설치공사기간이 단축된다.
- 보수점검 주기가 길다.
- 설치면적의 축소 및 소형화

그 외

- 충전부가 완전히 밀폐되어 있어 안정성이 높다.
- 대기 중의 오염물 영향을 받지 않아 신뢰성 확보할 수 있다.
- 저소음이며, 환경조화를 기 할 수 있다.

[핵심] GIS

GIS는 차단기, 단로기, 변성기, 피뢰기 등의 설비를 금속제 탱크 내에 일괄 수납하여 충전부는 고체절연물(스페이서)로 지지하고, 탱크내부에는 절연성능과 소호능력이 뛰어난 SF_6 가스를 일정한 압력으로 충전하고 밀봉한 시스템을 말한다.

7

출제년도 95.98.06.(6점/각 문항당 1점, 모두 맞으면 6점)

다음의 용어를 간단히 설명하시오.

(1) BIL

(2) INVERTER

(3) CONVERTER

(4) CVCF 전원 방식

[작성답안]

(1) 기준 충격 절연 강도

(2) 직류를 교류로 변환시킨다.

(3) 교류를 직류로 변환시킨다.

(4) 정전압 정주파수 전원 공급 장치

8

출제년도 03.06.10.18.21(6점/각 문항당 2점)

주어진 진리값 표는 3개의 리미트 스위치 LS_1, LS_2, LS_3에 입력을 주었을 때 출력 X와의 관계표이다. 이 표를 이용하여 다음 각 물음에 답하시오.

진리값 표

LS_1	LS_2	LS_3	X
0	0	0	0
0	0	1	0
0	1	0	0
0	1	1	1
1	0	0	0
1	0	1	1
1	1	0	1
1	1	1	1

(1) 진리값 표를 이용하여 다음과 같은 Karnaugh도를 완성하시오.

LS_1, LS_2 \ LS_3	0	0	0	1	1	1	1	0
0								
1								

(2) 물음 (1)항의 Karnaugh 도에 대한 논리식을 쓰시오.

(3) 진리값과 물음 (2)항의 논리식을 이용하여 이것을 무접점 회로도로 표시하시오.

[작성답안]

(1)

<table>
<tr><th>LS1, LS2 \ LS3</th><th>0</th><th>0</th><th>0</th><th>1</th><th>1</th><th>1</th><th>1</th><th>0</th></tr>
<tr><td>0</td><td colspan="2"></td><td colspan="2"></td><td colspan="2">1</td><td colspan="2"></td></tr>
<tr><td>1</td><td colspan="2"></td><td colspan="2">1</td><td colspan="2">1</td><td colspan="2">1</td></tr>
</table>

(2) $X = LS_1 LS_2 + LS_2 LS_3 + LS_1 LS_3 = LS_1(LS_2 + LS_3) + LS_2 LS_3$

(3)

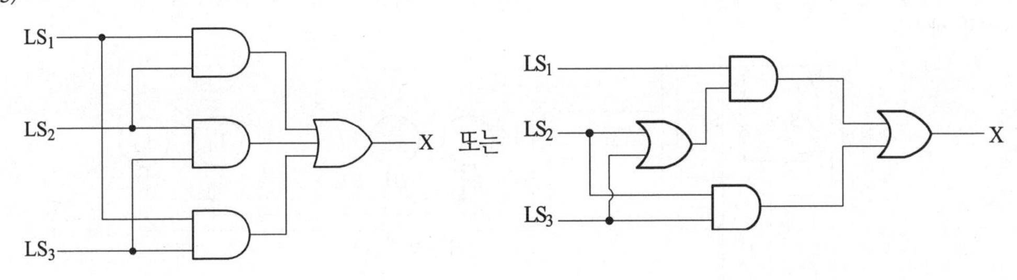

9

출제년도 06.(8점/각 항목당 4점)

그림은 사장과 공장장의 출·퇴근 표시를 수위실과 비서실에서 스위치로 동시에 조작할 수 있고 작업장과 사무실에 동시에 표시되는 장치를 나타낸 것이다. 그림에서 ①, ②, ③으로 표시되는 전선관에 들어가는 전선의 최소 가닥수는 몇 가닥인지를 표시하고 실체 배선도를 그려서 표현하시오. (단, 접지선은 제외하며, S_1, L_1은 사장의 출·퇴근 스위치 및 표시등이고, B는 축전지, S_2, L_2는 공장장의 출·퇴근 스위치 및 표시등이다.)

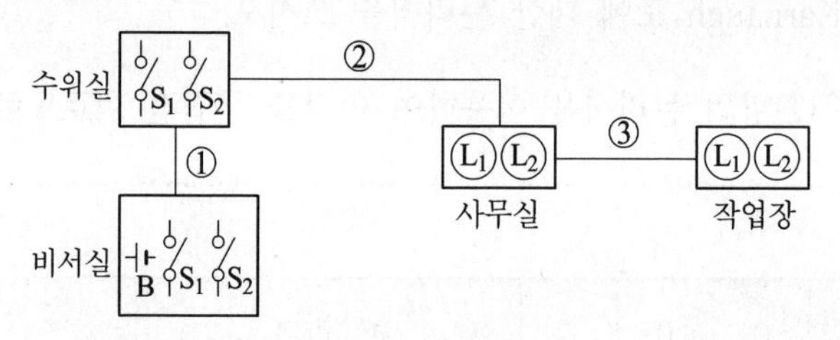

- 배선 가닥수
- 실체 배선도

[작성답안]

- 배선 가닥수 : ① 4　② 3　③ 3
- 실체 배선도

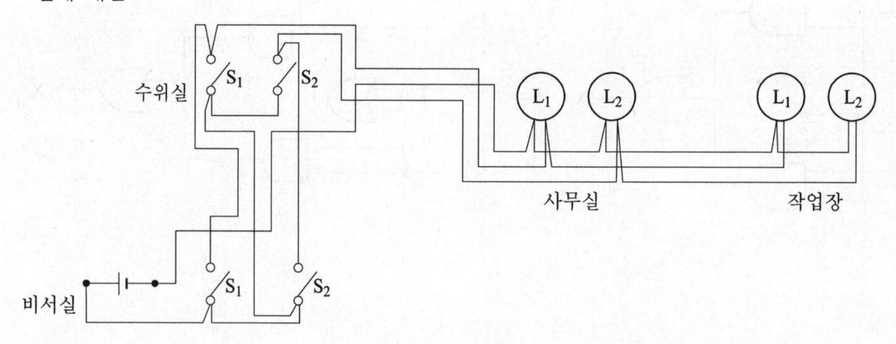

10

출제년도 04.06.(9점/각 문항당 3점)

그림과 같은 로직 시퀀스 회로를 보고 다음 각 물음에 답하시오.

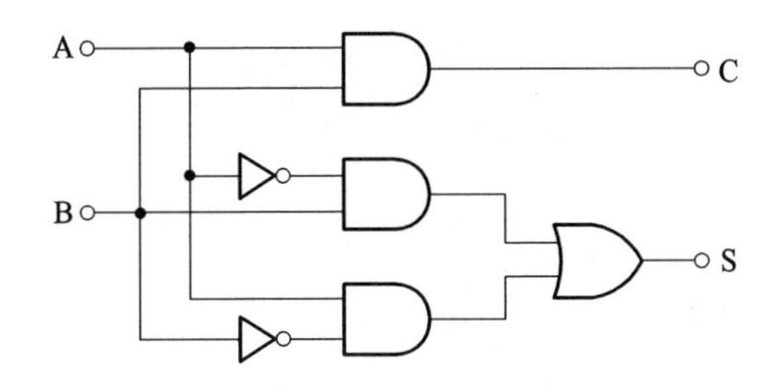

(1) 출력 S와 C의 논리식을 쓰시오.

- 출력 S에 대한 논리식
- 출력 C에 대한 논리식

(2) NAND gate와 NOT gate만 사용하여 로직 시퀀스 회로를 바꾸어 그리시오.

(3) 2개의 논리소자(Exclusive OR gate 및 AND gate)를 사용하여 등가 로직 시퀀스 회로를 그리시오.

[작성답안]

(1) $S = \overline{A}B + A\overline{B}$

$C = AB$

(2)

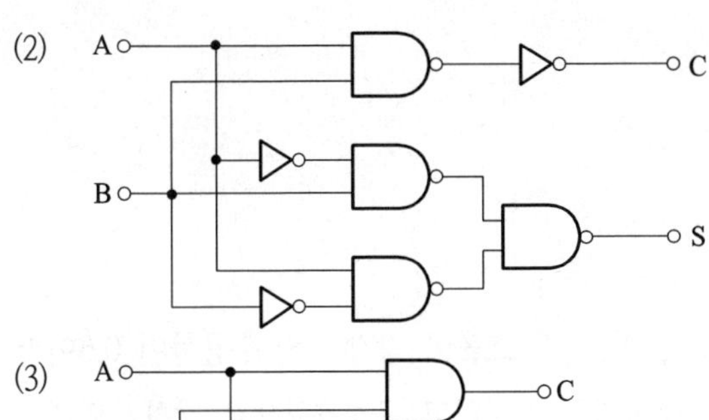

(3) A B C S

11

출제년도 03.06.21.(11점/각 문항당 2점, 모두 맞으면 11점)

그림은 22.9 [kV] 특별고압 수전설비의 단선도이다. 이 도면을 보고 다음 각 물음에 답하시오.

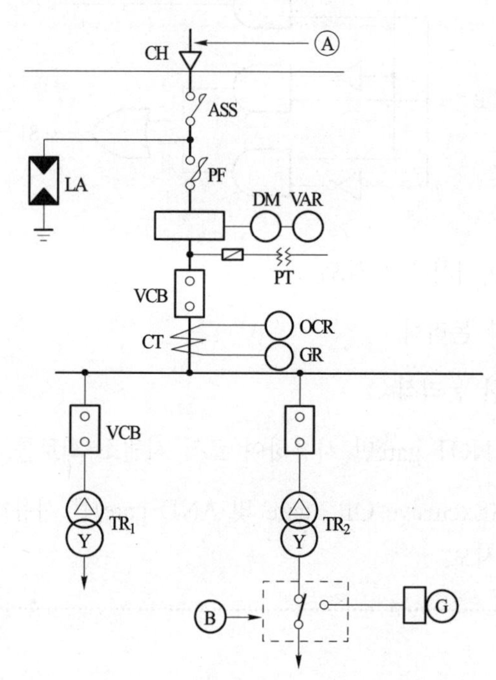

(1) 도면에 표시되어 있는 다음 약호의 명칭을 우리말로 쓰시오.

① ASS :

② LA :

③ VCB :

④ PF :

(2) TR_1쪽의 부하 용량의 합이 300 [kW]이고, 역률 및 효율이 각각 0.8, 수용률이 0.6이라면 TR_1 변압기의 용량은 몇 [kVA]가 적당한지를 계산하고 규격용량으로 답하시오.

(3) Ⓐ에는 어떤 종류의 케이블이 사용되는가?

(4) Ⓑ의 명칭은 무엇인가?

(5) 변압기의 결선도를 복선도로 그리시오.

[작성답안]

(1) ① ASS : 자동고장 구분개폐기

② LA : 피뢰기

③ VCB : 진공 차단기

④ PF : 전력퓨즈

(2) 계산 : $TR_1 = \frac{300 \times 0.6}{0.8 \times 0.8} = 281.25$ [kVA]

답 : 300 [kVA] 선정

(3) CNCV-W 케이블(수밀형) 또는 TR CNCV-W(트리억제형)

(4) 자동절체 개폐기(자동절체 스위치, ATS)

(5)

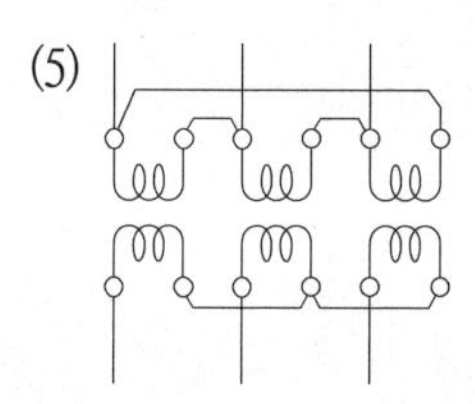

[핵심]

(1) ① ASS : Automatic Section Switch

② LA : Lightning Arresters

③ VCB : Vacuum Circuit Breaker

④ PF : Power Fuse

(2) 변압기 용량 [kVA] $\geq \frac{\text{설비용량 [kVA]} \times \text{수용률}}{\text{효율}} = \frac{\text{설비용량 [kW]} \times \text{수용률}}{\text{효율} \times \text{역률}}$

(3) 지중인입선의 경우에 22.9[kV-Y] 계통은 CNCV-W 케이블(수밀형) 또는 TR CNCV-W(트리억제형)을 사용하여야 한다. 다만, 전력구·공동구·덕트·건물구내 등 화재의 우려가 있는 장소에서는 FR CNCO-W(난연) 케이블을 사용하는 것이 바람직하다.

12

출제년도 89.97.98.00.03.05.06.15.21.(7점/각 문항당 1점, 모두 맞으면 7점)

CT 2대를 V결선하여 OCR 3대를 그림과 같이 연결하여 사용할 경우 다음 각 물음에 답하시오.

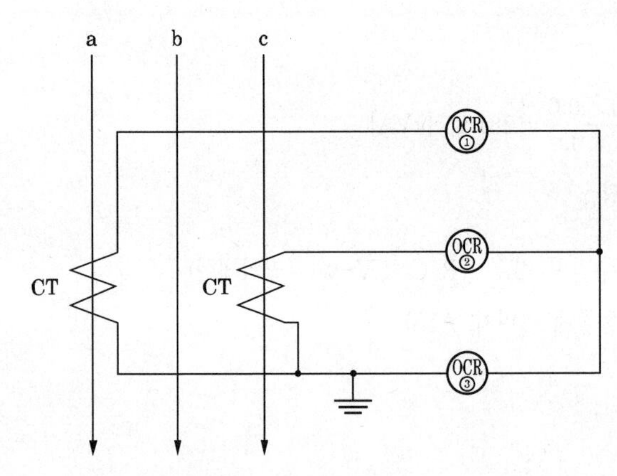

(1) 국내에서 사용되는 CT는 일반적으로 어떤 극성을 사용하는가?

(2) 도면에서 사용된 CT의 변류비가 40 : 5이고 변류기 2차측 전류를 측정하니 3 [A]의 전류가 흘렀다면 수전전력은 몇 [kW]인가? (단, 수전전압은 22900 [V]이고 역률은 90 [%]이다.)

(3) OCR 중에서 ③번 OCR에 흐르는 전류는 어떤 상의 전류인가?

(4) OCR의 어떤 경우 동작하는가 원인을 쓰시오.

(5) 이 선로는 어떤 배전 방식을 취하고 있는가? (단, 배전방식 및 접지식, 비접지식 등을 구분하여 구체적을 쓰도록 한다.)

[작성답안]

(1) 감극성

(2) 계산 : $P=\sqrt{3}\,VI\cos\theta$ 에서

$$P=\sqrt{3}\times 22900\times 3\times \frac{40}{5}\times 0.9\times 10^{-3}=856.74\ [\text{kW}]$$

답 : 856.74 [kW]

(3) b상 전류

(4) 단락 사고 또는 과부하

(5) 3상 3선식 비접지 방식

[핵심] 변류기의 결선

① 가동 접속

전류계에 흐르는 전류는 $\dot{I}_a + \dot{I}_c$ 이며, 이 전류는 b상의 전류와 같게 된다. 1차 전류와 전류계에 흐르는 전류는 아래와 같다.

$I_1 =$ 전류계 Ⓐ 지시값 $\times$ CT비

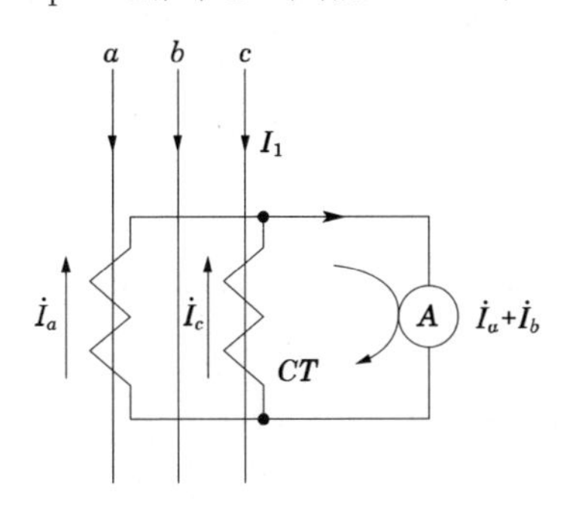

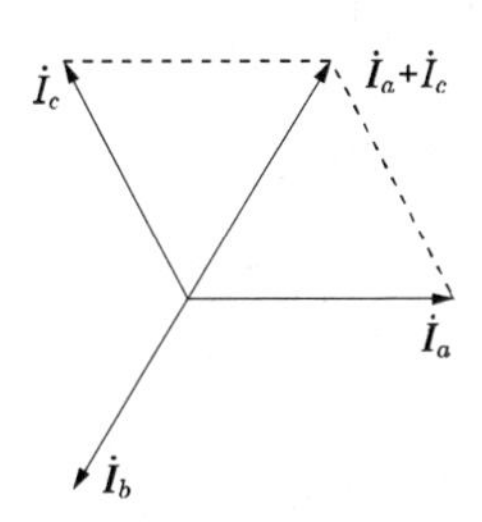

② 교차 접속

아래 그림과 같이 c상의 변류기를 반대로 접속한 것을 차동접속(교차 접속)이라 한다. 이 방식은 전류계에 흐르는 전류가 a상과 c상의 전류의 벡터차가 흐르게 된다.

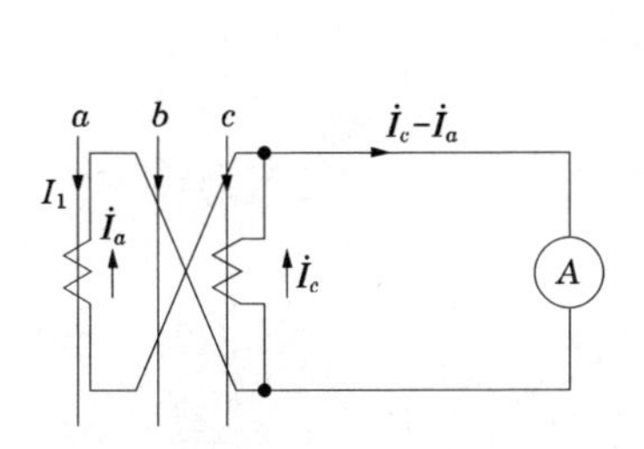

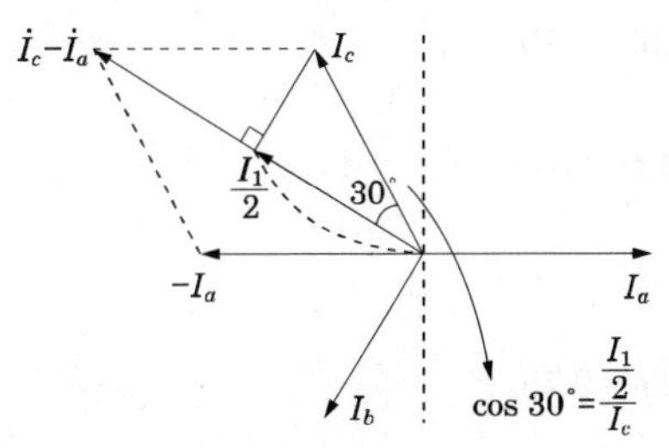

전류계에 흐르는 전류는 $\dot{I}_c - \dot{I}_a$ 이며, 이 전류는 벡터도와 같이 CT 2차 전류의 $\sqrt{3}$ 배 가 됨은 알 수 있다. 1차 전류는 아래와 같다.

$I_1 =$전류계 Ⓐ 지시값$\times \frac{1}{\sqrt{3}} \times$ CT비

13

출제년도 89.93.95.99.02.06.07.13.17.18.20.22.(9점/각 문항당 3점)

가정용 110 [V] 전압을 220 [V]로 승압할 경우 저압간선에 나타나는 효과로서 다음 각 물음에 답하시오.

(1) 공급능력 증대는 몇 배인가?

(2) 전력손실의 감소는 몇 [%]인가?

(3) 전압강하율의 감소는 몇 [%]인가?

[작성답안]

(1) 계산 : $P \propto V$ 이므로 $\frac{P_2}{P_1} = \frac{V_2}{V_1} = \frac{220}{110} = 2$

답 : 2배

(2) 계산 : $P_L \propto \frac{1}{V^2}$ 이므로 $P_L' = \left(\frac{110}{220}\right)^2 P_L = 0.25 P_L$

∴ 감소는 $1 - 0.25 = 0.75$

답 : 75 [%]

(3) 계산 : $\epsilon \propto \frac{1}{V^2}$ 이므로 $\epsilon' = \left(\frac{110}{220}\right)^2 \epsilon = 0.25\epsilon$

∴ 감소는 $1 - 0.25 = 0.75$

답 : 75 [%]

[핵심]

(1) 전력손실이 동일 하므로 전력손실 $P_L = 3I^2R$에서 전류 I 는 일정하다.

∴ 공급능력은 $P = \sqrt{3}\, VI\cos\theta$ 에서 $P \propto V$ 가 된다.

(2) 전력손실 $P_L = \frac{P^2 R}{V^2 \cos^2\theta}$ 에서 $P_L \propto \frac{1}{V^2}$ 가 된다.

(3) 전압강하율 $\epsilon = \frac{e}{V} \times 100 = \frac{P}{V^2}(R + X\tan\theta)$ 에서 $\epsilon \propto \frac{1}{V^2}$ 가 된다.

14

출제년도 06.(7점/(1)3점, (2)4점)

그림은 무정전 전원설비(UPS)의 기본 구성도이다. 이 그림을 보고 다음 각 물음에 답하시오.

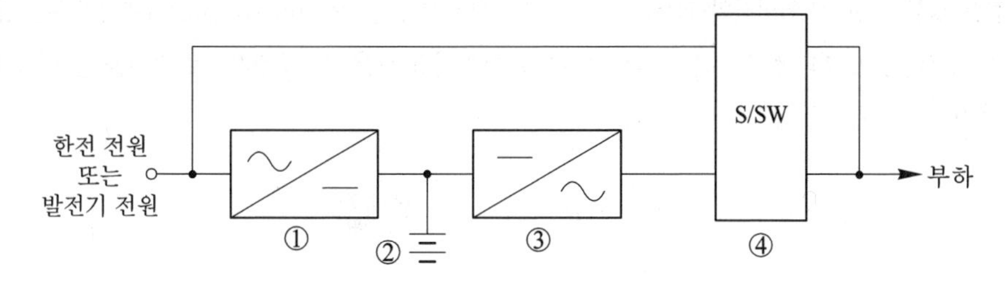

(1) 무정전 전원설비(UPS)의 사용 목적을 간단히 설명하시오.

(2) 그림의 ①, ②, ③, ④에 대한 기기 명칭과 그 주요 기능을 쓰시오.

구분	기기 명칭	주요 기능
①		
②		
③		
④		

[작성답안]

(1) 무정전 전원장치 또는 무정전 전원시스템 (UPS : Uninterruptible Power Supply)은 상용 전원의 정전 또는 전원에서 이상상태가 발생하였을 경우 정상적인 전원을 부하측에 공급하는 설비로서 컨버터, 인버터, 축전지, 절환스위치로 구성된다. OA기기, 전력공급의 집중감시제어반, 각종 플랜트 계기 등에 사용되고 있다.

(2)

구분	기기 명칭	주요 기능
①	컨버터	AC를 DC로 변환
②	축전지	컨버터로 변환된 직류 전력을 저장
③	인버터	DC를 AC로 변한
④	절체스위치	상용전원 또는 UPS 전원으로 절체하는 개폐기

[핵심] UPS

① 컨버터(정류기) : 교류전원이나 발전기의 전원을 공급받아 직류전원으로 변환하여 축전지를 충전하며, 인버터에 공급하는 장치

② 인버터 : 직류전원을 교류전원으로 바꾸어 부하에 공급하는 장치

③ 무접점 절환 스위치 : 인버터의 과부하 및 이상시 예비 상용전원으로(bypass line)절체시켜주는 장치

④ 축전지 : 정전시 인버터에 직류전원을 공급하여 부하에 일정 시간동안 무정전으로 전원을 공급하는데 필요한 장치

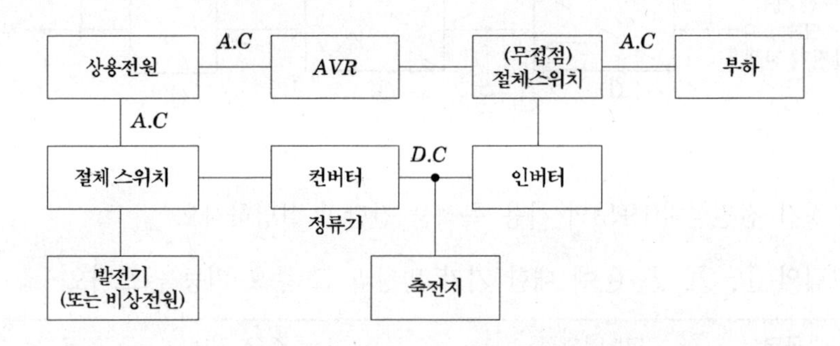

2006년 3회 기출문제 해설

※ 다음 물음에 답을 해당 답란에 답하시오.

1

출제년도 89.94.98.00.02.06.19.(9점/각 항목당 1점, 모두 맞으면 9점)

전력 퓨즈에서 퓨즈에 대한 그 역할과 기능에 대해서 다음 각 물음에 답하시오.

(1) 퓨즈의 역할을 크게 2가지로 대별하여 간단하게 설명하시오.

•

•

(2) 퓨즈의 가장 큰 단점은 무엇인가?

(3) 주어진 표는 개폐장치(기구)의 동작 가능한 곳에 ○표를 한 것이다. ①~③은 어떤 개폐 장치이겠는가?

능력 / 기능	회로 분리		사고 차단	
	무부하	부하	과부하	단락
퓨 즈	○			○
①	○	○	○	○
②	○	○	○	
③	○			

(4) 큐피클의 종류중 PF·S형 큐비클은 주 차단장치로서 어떤 것들을 조합하여 사용하는 것을 말하는가?

[작성답안]

(1) • 부하 전류는 안전하게 통전한다

• 어떤 일정값 이상의 과전류는 차단하여 전로나 기기를 보호한다.

(2) 재투입할 수 없다.

(3) ① 차단기 ② 개폐기 ③ 단로기

(4) 전력 퓨즈와 개폐기

[핵심] 전력퓨즈

① 전력퓨즈

전력퓨즈는 고압 및 특고압의 선로에서 선로와 기기를 단락으로부터 보호하기 위해 사용되는 차단장치이다.

- 부하전류를 안전하게 통전한다.
- 일정치 이상의 과전류는 차단하여 선로나 기기를 보호한다.

② 전력퓨즈의 장·단점

장점	단점
① 가격이 싸다. ② 소형 경량이다. ③ 릴레이나 변성기가 필요 없다. ④ 밀폐형 퓨즈는 차단시에 무소음 무방출이다. ⑤ 소형으로 큰 차단용량을 갖는다. ⑥ 보수가 간단하다. ⑦ 고속도 차단한다. ⑧ 한류형 퓨즈는 한류효과가 대단히 크다. ⑨ 차지하는 공간이 적고 장치 전체가 싼 값에 소형으로 처리된다. ⑩ 후비보호가 완벽하다.	① 재투입을 할 수 없다. ② 과도전류로 용단하기 쉽다. ③ 동작시간-전류특성을 계전기처럼 자유로이 조정 할 수 없다. ④ 한류형 퓨즈에는 녹아도 차단하지 못하는 전류범위를 갖는 것이 있다. ⑤ 비보호영역이 있으며, 사용 중에 열화하여 동작하면 결상을 일으킬 염려가 있다. ⑥ 한류형은 차단시에 과전압을 발생한다. ⑦ 고 임피던스 접지계통의 접지보호는 할 수 없다.

③ 기능비교

기구 명칭	정상 전류			이상 전류		
	통전	개	폐	통전	투입	차단
차단기	○	○	○	○	○	○
퓨 즈	○	×	×	×	×	○
단로기	○	△	×	○	×	×
개폐기	○	○	○	○	△	×

○ : 가능, △ : 때에 따라 가능, × : 불가능

2

출제년도 89.02.06.(4점/각 문항당 1점, 모두 맞으면 4점)

계기용 변압기(PT)와 전압 절환 개폐기(VS 혹은 VCS)로 모선 전압을 측정하고자 한다.

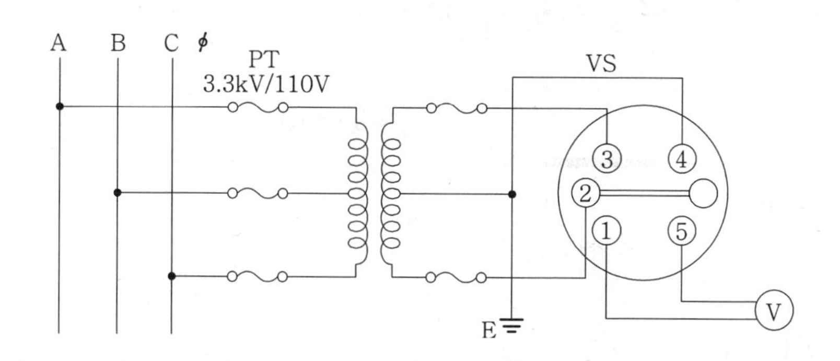

(1) V_{AB} 측정시 VS 단자 중 단락되는 접점을 2가지 쓰시오.

(2) V_{BC} 측정시 VS 단자 중 단락되는 접점을 2가지 쓰시오.

(3) PT 2차측을 접지하는 이유를 기술하시오.

[작성답안]

(1) ①－③, ④－⑤

(2) ①－②, ④－⑤

(3) PT의 절연 파괴시 고저압 혼촉사고로 인한 2차측의 전위 상승을 방지하기 위하여

[핵심] 캠스위치

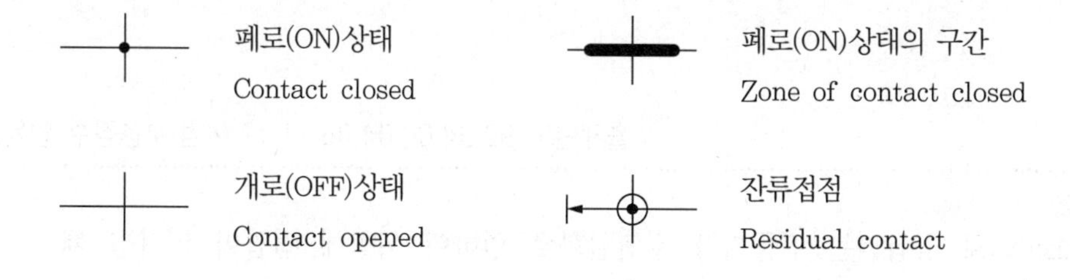

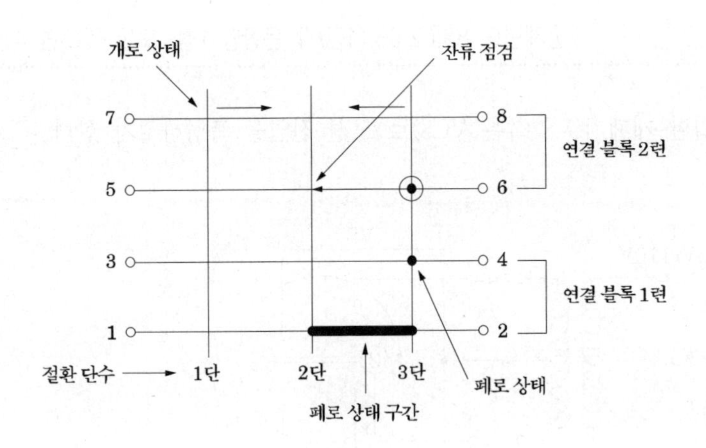

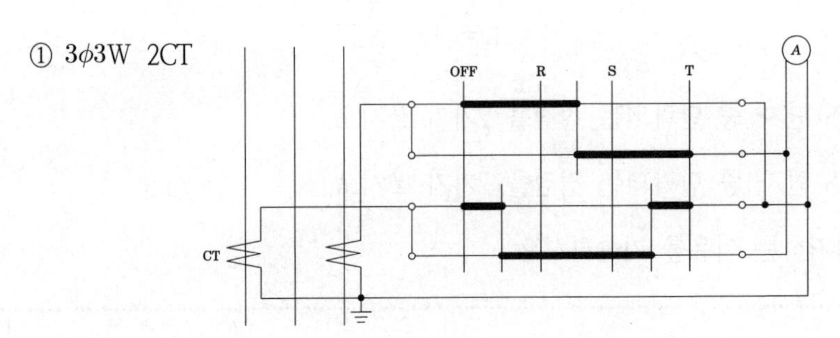

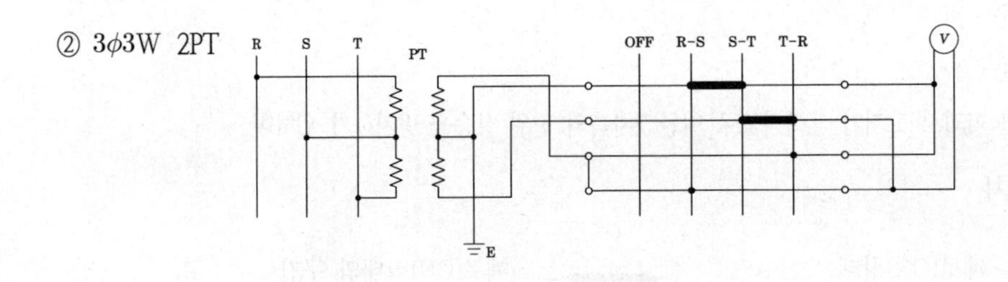

3

출제년도 92.94.00.04.06.11.12.(4점/부분점수 없음)

단상2선식 220[V]로 공급되는 전동기가 절연열화로 인하여 외함에 전압이 인가될 때 사람이 접촉하였다. 이때의 접촉전압은 몇 [V]인가? (단, 변압기 2차측 접지저항은 9[Ω], 전로의 저항은 1[Ω], 전동기 외함의 접지저항은 100[Ω]이다.)

[작성답안]

계산 : $E_t = \dfrac{R_3}{R_2 + R_3} \times V = \dfrac{100}{10+100} \times 220 = 200[\text{V}]$

답 : 200[V]

[핵심] 접촉전압

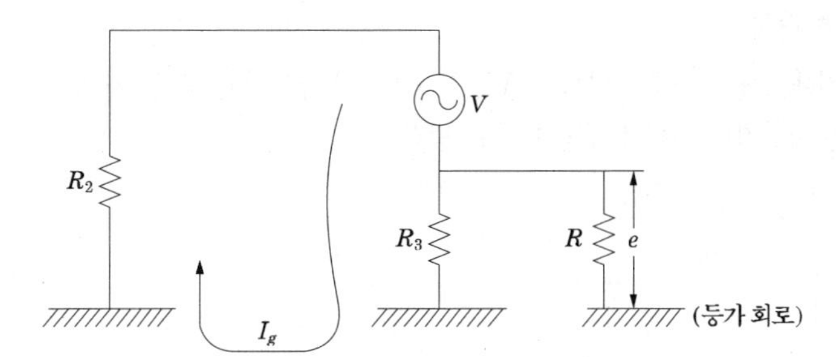

(1) 인체 비 접촉시 전압

- 지락 전류 $I_g = \dfrac{V}{R_2 + R_3}$

- 대지 전압 $e = I_g R_3 = \dfrac{V}{R_2 + R_3} R_3$

(2) 인체 접촉시 전압

- 인체에 흐르는 전류 $I = \dfrac{V}{R_2 + \dfrac{RR_3}{R+R_3}} \times \dfrac{R_3}{R+R_3} = \dfrac{R_3}{R_2(R+R_3)+RR_3} \times V$

- 접촉전압 $E_t = IR = \dfrac{RR_3}{R_2(R+R_3)+RR_3} \times V$

4 출제년도 98.04.06.(7점/각 문항당 2점, 모두 맞으면 7점)

예비 전원 설비로 축전지 설비를 하고자 한다. 축전지 설비에 대한 다음 각 물음에 답하시오.

(1) 축전지 설비를 구성하는 주요 부분을 4가지로 구분할 때, 그 4가지는 무엇인가?

(2) 축전지의 충전 방식중 부동 충전 방식에 대한 개략도를 그리고 이 충전방식에 대하여 설명하시오.

(3) 축전지의 과방전 및 방치상태, 가벼운 설페이션(Sulfation) 현상 등이 생겼을 때 기능 회복을 위하여 실시하는 충전 방식은 어떤 충전 방식인가?

[작성답안]

(1) 축전지, 충전 장치, 보안 장치, 제어 장치

(2) 축전지의 자기방전을 보충함과 동시에 상용부하에 대한 전력공급은 충전기가 부담하되 충전기가 부담하기 어려운 일시적인 대전류 부하는 축전지로 하여금 부담케 하는 방식

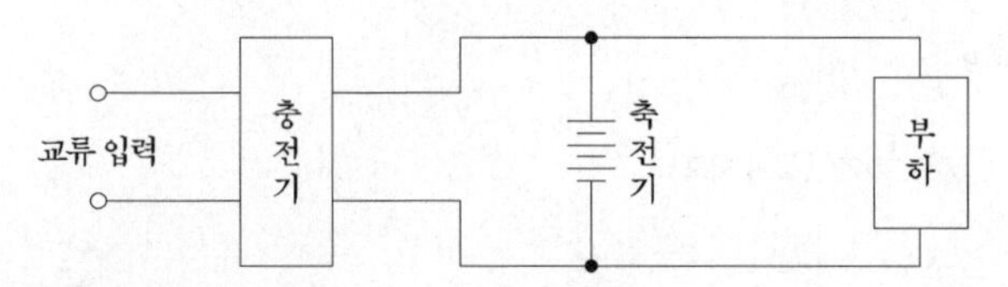

(3) 회복충전

[핵심] 충전방식

(1) 보통 충전 : 필요할 때마다 표준 시간율로 소정의 충전을 하는 방식

(2) 세류 충전 : 축전지의 자기 방전을 보충하기 위하여 부하를 off 한 상태에서 미소 전류로 항상 충전하는 방식을 말한다. 자기방전(Self Discharge)이란 충전된 2차전지가 방치해 둔 시간과 함께 용량이 감소되어 저장된 전기에너지가 전지 내에서 소모되는 현상을 말한다.

(3) 균등 충전 : 각 전해조에서 일어나는 전위차를 보정하기 위하여 1~3개월 마다 1회, 정전압 충전하여 각 전해조의 용량을 균일화하기 위하여 행하는 충전방식

(4) 부동 충전 : 축전지의 자기 방전을 보충함과 동시에 사용 부하에 대한 전력공급은 충전기가 부담하도록 하되 충전기가 부담하기 어려운 일시적인 대 전류의 부하는 축전지가 부담하도록 하는 방식

(5) 급속 충전 : 짧은 시간에 보통 충전 전류의 2~3배의 전류로 충전하는 방식

5 출제년도 91.96.06.11.14.(5점/부분점수 없음)

대지전압이란 무엇과 무엇 사이인지 접지식 전로와 비접지식 전로를 따로 구분하여 설명하시오.

[작성답안]

- 접지식 전로 : 전선과 대지 사이의 전압
- 비접지식 전로 : 전선과 그 전로 중의 임의의 다른 전선 사이의 전압

6

출제년도 03.06.21.(12점/각 문항당 4점)

누름버튼 스위치 BS_1, BS_2, BS_3에 의하여 직접 제어되는 계전기 X_1, X_2, X_3가 있다. 이 계전기 3개가 모두 소자(복귀)되어 있을 때만 출력램프 L_1이 점등되고, 그 이외에는 출력램프 L_2가 점등되도록 계전기를 사용한 시퀀스 제어회로를 설계하려고 한다. 이 때 다음 각 물음에 답하시오.

입 력			출 력	
X_1	X_2	X_3	L_1	L_2
0	0	0		
0	0	1		
0	1	0		
0	1	1		
1	0	0		
1	0	1		
1	1	0		
1	1	1		

(1) 본문 요구조건과 같은 진리표를 작성하시오.

(2) 최소 접점수를 갖는 논리식을 쓰시오.

(3) 논리식에 대응되는 계전기 시퀀스 제어회로(유접점 회로)를 그리시오.

[작성답안]

(1)

입 력			출 력	
X_1	X_2	X_3	L_1	L_2
0	0	0	1	0
0	0	1	0	1
0	1	0	0	1
0	1	1	0	1
1	0	0	0	1
1	0	1	0	1
1	1	0	0	1
1	1	1	0	1

(2) $L_1 = \overline{X_1} \cdot \overline{X_2} \cdot \overline{X_3}$

$L_2 = \overline{X_1} \cdot \overline{X_2} \cdot X_3 + \overline{X_1} \cdot X_2 \cdot \overline{X_3} + \overline{X_1} \cdot X_2 \cdot X_3$

$+ X_1 \cdot \overline{X_2} \cdot \overline{X_3} + X_1 \cdot \overline{X_2} \cdot X_3 + X_1 \cdot X_2 \cdot \overline{X_3} + X_1 \cdot X_2 \cdot X_3 = X_1 + X_2 + X_3$

(3)

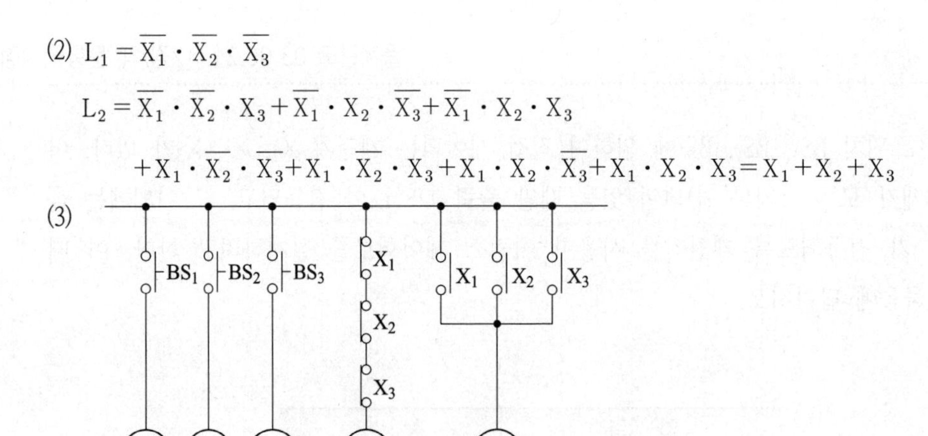

[핵심] 논리연산

① 분배 법칙

$A+(B \cdot C)=(A+B) \cdot (A+C)$　$A \cdot (B+C)=A \cdot B+A \cdot C$

② 불대수

$A \cdot 0=0$	$A+0=A$
$A \cdot 1=A$	$A+1=1$
$A+A=A$	$A \cdot A=A$
$A \cdot \overline{A}=0$	$A+\overline{A}=1$

③ De Morgan의 정리

$\overline{A+B}=\overline{A}\ \overline{B}$	$A+B=\overline{\overline{A}\ \overline{B}}$
$\overline{AB}=\overline{A}+\overline{B}$	$AB=\overline{\overline{A}+\overline{B}}$

7

출제년도 94.98.06.(11점/각 문항당 2점, 모두 맞으면 11점)

다음 그림은 전동기의 정·역회전 제어 회로도의 미완성 회로도이다. 다음 물음에 답하시오.

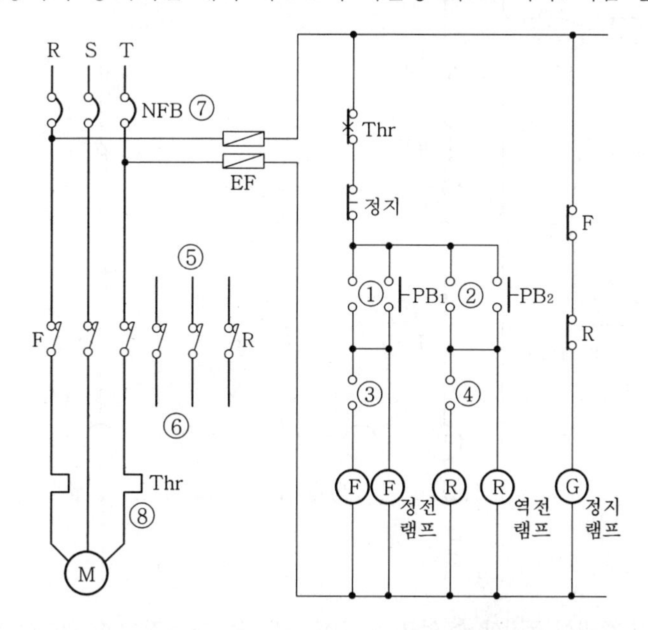

(1) 미완성 부분 ①~⑥을 완성하시오. 또 ⑦, ⑧의 명칭을 쓰시오.

(2) 자기 유지 접점을 도면의 번호로 답하시오.

(3) 인터록 접점은 어느 것들인가, 도면의 번호를 답하고 인터록에 대하여 설명하시오.

(4) 전동기의 과부하 보호는 무엇이 하는가?

(5) PB_1을 ON하여 전동기가 정회전하고 있을 때 PB_2를 ON하면 전동기는 어떻게 되는가?

[작성답안]

(1)

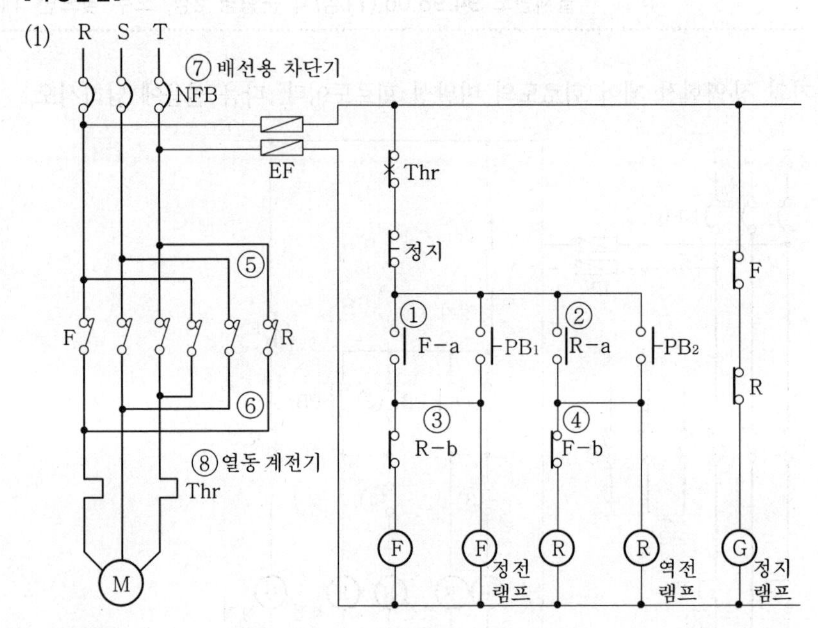

(2) ① ②

(3) ③ ④

설명 : F가 동작 중 R이 동작할 수 없고, 또 R이 동작 중 F가 동작할 수 없다.(동시투입 방지)

(4) 열동계전기(Thr)

(5) 계속 정회전한다.

8

출제년도 06.(4점/부분점수 없음)

3상 3선식 송전단 전압 6.6 [kV] 전선로의 전압강하율 10 [%] 이하로 하는 경우이다. 수전전력의 크기[kW]는? (단, 저항 1.19 [Ω], 리액턴스 1.8 [Ω] 역률 80 [%]이다.)

[작성답안]

계산 : $V_r = \dfrac{V_s}{1+\epsilon} = \dfrac{6600}{1+0.1} = 6000$ [V]

$$I = \frac{e}{\sqrt{3}(R\cos\theta + X\sin\theta)} = \frac{6600-6000}{\sqrt{3}(1.19\times0.8+1.8\times0.6)} = 170.48 \text{ [A]}$$

$$P = \sqrt{3}\times V_r I\cos\theta = \sqrt{3}\times6000\times170.48\times0.8\times10^{-3} = 1417.34 \text{ [kW]}$$

답 : 1417.34 [kW]

[핵심] 전압강하

① 전압강하 $e = \frac{P}{V}(R + X\tan\theta)$ [V]

② 전압강하율 $\epsilon = \frac{e}{V} \times 100 = \frac{P}{V^2}(R + X\tan\theta) \times 100$ [%]

③ 전력손실 $P_L = \frac{P^2 R}{V^2 \cos^2\theta}$ [kW]

④ 전력손실률 $k = \frac{P_L}{P} \times 100 = \frac{PR}{V^2 \cos^2\theta} \times 100$ [%]

9 출제년도 93.06.(10점/각 항목당 1점)

그림과 같은 고압수전설비의 단선결선도에서 ①에서 ⑩까지의 심벌의 약호와 명칭을 번호별로 작성하시오.

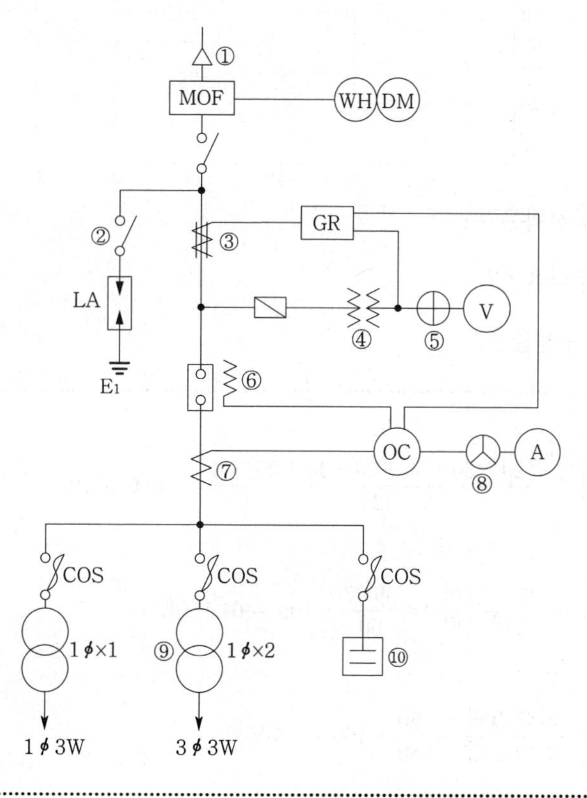

[작성답안]

① CH : 케이블 헤드
② DS : 단로기
③ ZCT : 영상변류기
④ PT : 계기용 변압기
⑤ VS : 전압계용 전환 개폐기
⑥ TC : 트립코일
⑦ CT : 변류기
⑧ AS : 전류계용 전환 개폐기
⑨ Tr : 전력용 변압기
⑩ SC : 전력용 콘덴서

10

출제년도 02.06.10.11.13.15.(6점/각 문항당 2점)

그림은 어느 공장의 하루의 전력부하곡선이다. 이 그림을 보고 다음 각 물음에 답하시오. (단, 설비용량은 80 kW이다.)

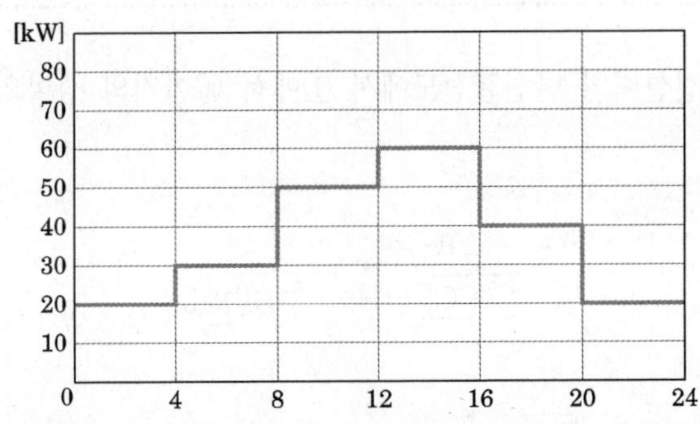

(1) 공장의 평균전력은?

(2) 공장의 일부하율은?

(3) 이 공장의 수용률은?

[작성답안]

(1) 계산 : 평균전력 $= \dfrac{(20+30+50+60+40+20)\times 4}{24} = 36.666[\text{kW}]$

답 : 36.67[kW]

(2) 계산 : 일부하율 $= \dfrac{\text{평균전력}}{\text{최대전력}} = \dfrac{36.67}{60}\times 100 = 61.116[\%]$

답 : 61.12[%]

(3) 계산 : 수용률 $= \dfrac{\text{최대전력}}{\text{설비용량}} = \dfrac{60}{80}\times 100 = 75[\%]$

답 : 75[%]

[핵심] 부하관계용어

① 부하율

공급 설비가 어느 정도 유효하게 사용되는가를 나타내며 부하율이 클수록 공급 설비가 유효하게 사용된다. 부하율은 다음 식에 의해 계산한다.

$$\text{부하율} = \frac{\text{평균 수요 전력 [kW]}}{\text{최대 수요 전력 [kW]}} \times 100\,[\%]$$

부하율은 각 단위별(변압기, 전주, 수용가 등), 시기, 범위, 기간에 따라 달라지며, 부하율을 표시할 경우 기간, 범위를 반드시 명기한다. 예를 들어 일부하율, 월부하율 등으로 표시하여야 하며, 부하율은 기간이 길어질수록 작아진다. 부하율이 적다의 의미는 다음과 같다.

- 공급 설비를 유용하게 사용하지 못한다.
- 평균 수요 전력과 최대 수요 전력과의 차가 커지게 되므로 부하 설비의 가동률이 저하된다.

② 종합부하율

$$\text{종합 부하율} = \frac{\text{평균 전력}}{\text{합성 최대 전력}} \times 100\,[\%] = \frac{\text{A, B, C 각 평균 전력의 합계}}{\text{합성 최대 전력}} \times 100\,[\%]$$

③ 부등률

각 수용가에서의 최대 수용 전력의 발생 시각은 시간적으로 차이가 있으며 이 경우에 배전 변압기 또는 간선에서의 합성 최대 수용 전력은 각 수용가에서의 최대 수용 전력의 합보다 적게 되는데 이 비를 부등률이라 하며 이 값은 항상 1보다 크고, 백분율로 나타내지 않는다. 수용률과 더불어 배전 변압기 또는 배전 간선 등의 공급 설비 계획 자료로 사용된다.

$$\text{부등률} = \frac{\text{개별 최대수용전력의 합}}{\text{합성 최대수용전력}} = \frac{\text{설비용량} \times \text{수용률}}{\text{합성최대수용전력}}$$

④ 수용률

수용률은 시설되는 총 부하 설비용량에 대하여 실제로 사용하게 되는 부하의 최대 전력의 비를 나타내는 것으로서 다음 식에 의하여 구한다.

$$\text{수용률} = \frac{\text{최대수요전력 [kW]}}{\text{부하설비용량 [kW]}} \times 100\,[\%]$$

11 출제년도 91.95.03.06.(5점/부분점수 없음)

그림과 같이 단상 3선식 110/220 [V] 수전인 경우 설비 불평형률은 몇 [%]인가? (단, 여기서 전동기의 수치가 괄호내와 다른 것은 출력 [kW]를 입력[kVA]로 환산하였기 때문임.)

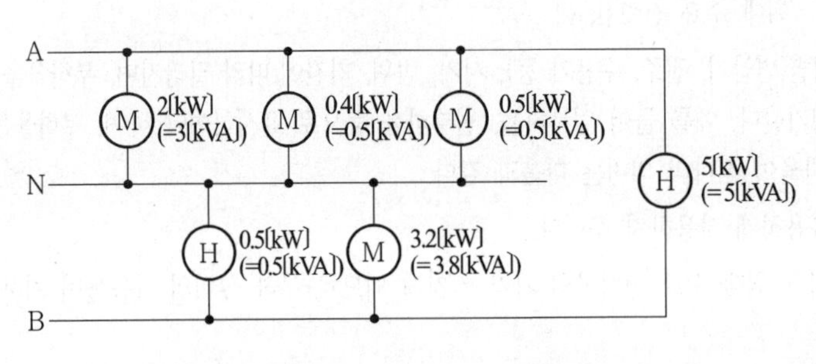

[작성답안]

계산 : $\text{설비불평형률} = \dfrac{(0.5+3.8)-(3+0.5+0.5)}{(3+0.5+0.5+0.5+3.8+5)\times\dfrac{1}{2}} \times 100 = 4.51\ [\%]$

답 : 4.51 [%]

[핵심] 설비불평형률

① 설비불평형 단상

저압수전의 단상 3선식에서 중성선과 각 전압측 전선간의 부하는 평형이 되게 하는 것을 원칙으로 한다.

[주1] 부득이한 경우는 설비불평형률 40 [%]까지로 할 수 있다. 이 경우 설비불평형률이란 중성선과 각전압측 전선간에 접속되는 부하설비용량 [VA]차와 총부하설비용량 [VA]의 평균값의 비 [%]를 말한다. 즉 다음 식으로 나타낸다.

$$\text{설비불평형률} = \frac{\text{중성선과 각 전압측 전선간에 접속되는 부하설비용량 [kVA]의 차}}{\text{총 부하설비용량 [kVA]의 1/2}} \times 100\ [\%]$$

② 설비불평형 3상

저압, 고압 및 특고압수전의 3상 3선식 또는 3상 4선식에서 불평형부하의 한도는 단상 접속부하로 계산하여 설비불평형률을 30 [%] 이하로 하는 것을 원칙으로 한다. 다만, 다음 각 호의 경우는 이 제한에 따르지 않을 수 있다.

- 저압수전에서 전용변압기 등으로 수전하는 경우
- 고압 및 특고압수전에서 100 [kVA](kW) 이하의 단상부하인 경우
- 고압 및 특고압수전에서 단상부하용량의 최대와 최소의 차가 100 [kVA](kW) 이하인 경우
- 특고압수전에서 100 [kVA](kW) 이하의 단상변압기 2대로 역(逆)V결선하는 경우

[주] 이 경우의 설비불평형률이란 각 선간에 접속되는 단상부하 총설비용량 [VA]의 최대와 최소의 차와 총 부하설비용량 [VA] 평균값의 비 [%]를 말한다. 즉, 다음 식으로 나타낸다.

$$\text{설비불평형률} = \frac{\text{각 선간에 접속되는 단상 부하 총 설비용량 [kVA]의 최대와 최소의 차}}{\text{총 부하설비용량 [kVA]의 1/3}} \times 100\,[\%]$$

③ 특고압 및 고압수전에서 대용량의 단상전기로 등의 사용으로 제2항의 제한에 따르기가 어려울 경우 전기사업자와 협의하여 다음 각 호에 의하여 시설하는 것을 원칙으로 한다.

- 단상부하 1개의 경우는 2차 역V접속에 의할 것, 다만 300kVA를 초과하지 말 것
- 단상부하 2개의 경우는 스코트 접속에 의할 것, 다만, 1개의 용량이 200kVA 이하인 경우는 부득이한 경우에 한하여 보통의 변압기 2대를 사용하여 별개의 선간에 부하를 접속할 수 있다.
- 단상 부하 3개 이상인 경우는 가급적 선로전류가 평형이 되도록 각 선간에 부하를 접속할 것

12

출제년도 97.06.09.17.(8점/각 항목당1점, 모두 맞으면 8점)

다음은 특고압 수전설비 중 지락보호 회로의 복선도이다. ①번부터 ⑤번까지의 각 부분의 명칭을 쓰시오.

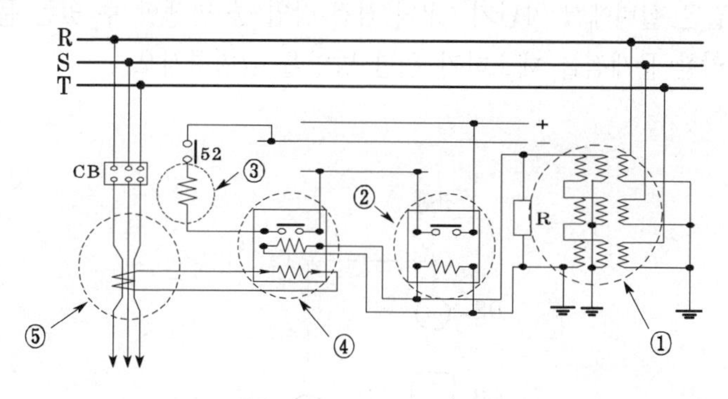

[작성답안]

① 접지형 계기용 변압기 (GPT)

② 지락 과전압 계전기 (OVGR)

③ 트립 코일 (TC)

④ 선택 접지 계전기 (SGR)

⑤ 영상 변류기 (ZCT)

[핵심] SGR과 DGR

계전기	용 도	차 이 점
SGR	지락보호	ZCT와 조합해서 사용하며 케이블 차폐접지는 반드시 ZCT를 관통하여 접지하고 GPT의 후단에 ZCT설치
DGR	〃	CT와 조합해서 사용하며 CT비 300/5A 이하의 경우 CT 잔류회로 방식채용 CT비 400/5A의 경우 3권선 CT사용 계전기에 탭 레인지 0.05A~0.5A 있음

13

출제년도 97.00.04.06.10.11.14.20.(7점/각 문항당 2점, 모두 맞으면 7점)

그림과 같은 계통에서 측로 단로기 DS_3을 통하여 부하에 공급하고 차단기 CB를 점검하고자 할 때 다음 각 물음에 답하시오. (단, 평상시에 DS_3는 열려 있는 상태임.)

(1) 차단기 점검을 하기 위한 조작 순서를 쓰시오.

(2) CB의 점검이 완료된 후 정상 상태로 전환시의 조작 순서를 쓰시오.

(3) 도면과 같은 설비에서 차단기 CB의 점검 작업 중 발생할 수 있는 문제점을 설명하고 이러한 문제점을 해소하기 위한 방안을 설명하시오.

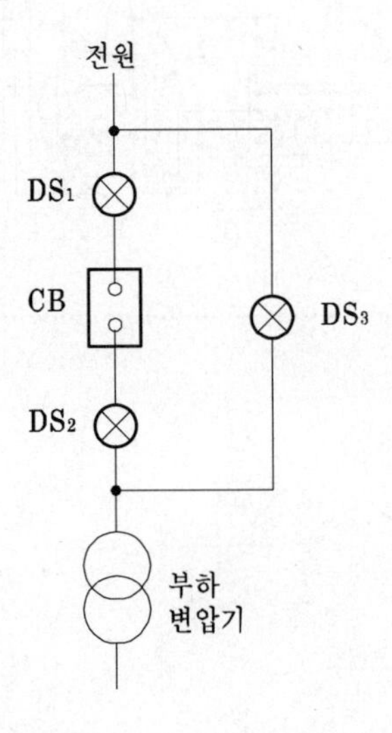

[작성답안]

(1) DS_3(ON) → CB(OFF) → DS_2(OFF) → DS_1(OFF)

(2) DS_2(ON) → DS_1(ON) → CB(ON) → DS_3(OFF)

(3) • 발생될 수 있는 문제점 : 차단기(CB)가 투입(ON)된 상태에서 단로기를 투입(ON)하거나 개방(OFF)하면 위험하다.

• 해소 방안 : 단로기(DS)와 차단기(CB)간에 인터록 장치를 한다. (부하 전류가 통전 중에는 회로의 개폐가 되지 않도록 시설한다.)

[핵심] 차단기와 단로기의 인터록

• 발생될 수 있는 문제점 : 차단기(CB)가 투입(ON)된 상태에서 단로기(DS_1, DS_2)를 투입(ON)하거나 개방(OFF)하면 위험(감전 및 전기화상)하다.

• 해소 방안 : 단로기(DS)와 차단기(CB)간에 인터록 장치를 한다. (부하 전류가 통전 중에는 회로의 개폐가 되지 않도록 시설한다.)

2007년 1회 기출문제 해설

※ 다음 물음에 답을 해당 답란에 답하시오.

1　출제년도 98.99.00.04.05.07.09.14.(5점/부분점수 없음)

그림과 같은 3상 3선식 배전선로에서 불평형률을 구하시오.

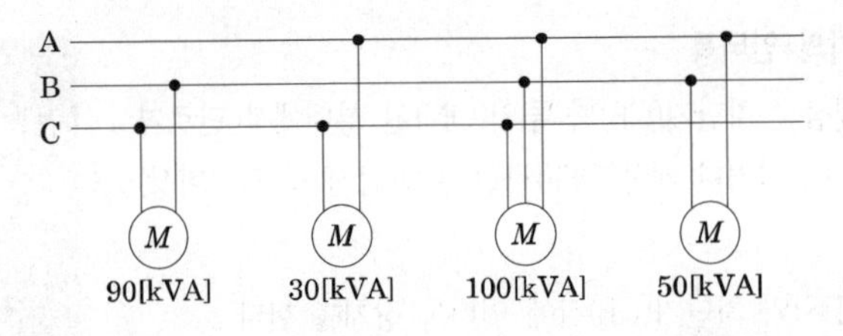

[작성답안]

계산 : 설비 불평형률$=\dfrac{\text{각 선간에 접속되는 단상부하 총 설비용량의 최대와 최소의 차 [kVA]}}{\text{총부하설비 용량 [kVA]} \times \frac{1}{3}} \times 100$

$$=\frac{(90-30)}{(90+30+100+50)\times\frac{1}{3}}\times 100 = 66.666\ [\%]$$

답 : 66.67 [%]

[핵심] 설비불평형률

① 설비불평형 단상

저압수전의 단상 3선식에서 중성선과 각 전압측 전선간의 부하는 평형이 되게 하는 것을 원칙으로 한다.

[주1] 부득이한 경우는 설비불평형률 40 [%]까지로 할 수 있다. 이 경우 설비불평형률이란 중성선과 각전압측 전선간에 접속되는 부하설비용량 [VA]차와 총부하설비용량 [VA]의 평균값의 비 [%]를 말한다. 즉 다음 식으로 나타낸다.

$$\text{설비불평형률} = \frac{\text{중성선과 각 전압측 전선간에 접속되는 부하설비용량 [kVA]의 차}}{\text{총 부하설비용량 [kVA]의 } 1/2}\times 100\ [\%]$$

② 설비불평형 3상

저압, 고압 및 특고압수전의 3상 3선식 또는 3상 4선식에서 불평형부하의 한도는 단상 접속부하로 계산하여 설비불평형률을 30 [%] 이하로 하는 것을 원칙으로 한다. 다만, 다음 각 호의 경우는 이 제한에 따르지 않을 수 있다.

- 저압수전에서 전용변압기 등으로 수전하는 경우
- 고압 및 특고압수전에서 100 [kVA](kW) 이하의 단상부하인 경우

- 고압 및 특고압수전에서 단상부하용량의 최대와 최소의 차가 100 [kVA](kW) 이하인 경우
- 특고압수전에서 100 [kVA](kW) 이하의 단상변압기 2대로 역(逆)V결선하는 경우

[주] 이 경우의 설비불평형률이란 각 선간에 접속되는 단상부하 총설비용량 [VA]의 최대와 최소의 차와 총 부하설비용량 [VA] 평균값의 비 [%]를 말한다. 즉, 다음 식으로 나타낸다.

$$\text{설비불평형률} = \frac{\text{각 선간에 접속되는 단상 부하 총 설비용량 [kVA]의 최대와 최소의 차}}{\text{총 부하설비용량 [kVA]의 1/3}} \times 100\ [\%]$$

③ 특고압 및 고압수전에서 대용량의 단상전기로 등의 사용으로 제2항의 제한에 따르기가 어려울 경우 전기사업자와 협의하여 다음 각 호에 의하여 시설하는 것을 원칙으로 한다.

- 단상부하 1개의 경우는 2차 역V접속에 의할 것, 다만 300kVA를 초과하지 말 것
- 단상부하 2개의 경우는 스코트 접속에 의할 것, 다만, 1개의 용량이 200kVA 이하인 경우는 부득이한 경우에 한하여 보통의 변압기 2대를 사용하여 별개의 선간에 부하를 접속할 수 있다.
- 단상 부하 3개 이상인 경우는 가급적 선로전류가 평형이 되도록 각 선간에 부하를 접속할 것

2

출제년도 90.96.07.(8점/각 문항당 4점)

다음 답안지의 단상 변압기 3대를 ① Y - Y 결선과 ②-결선으로 완성하고, 필요한 접지를 표시하시오.

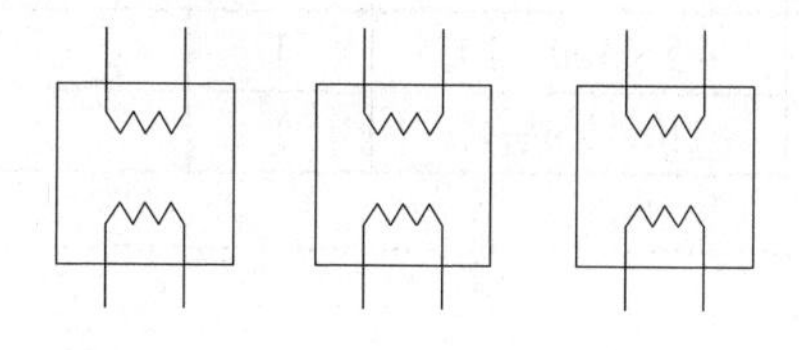

[작성답안]

① Y - Y 결선

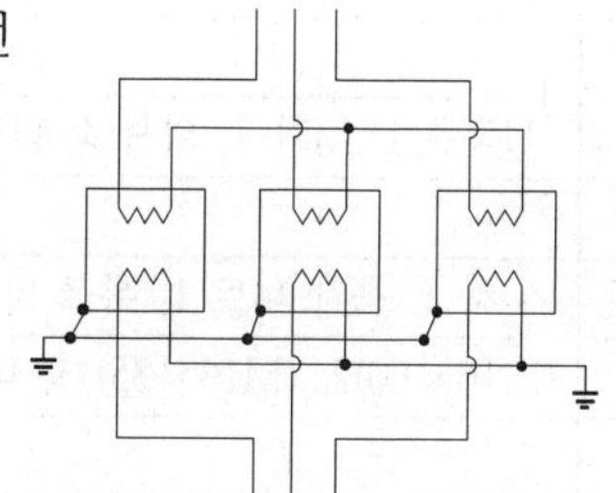

② △ - △ 결선

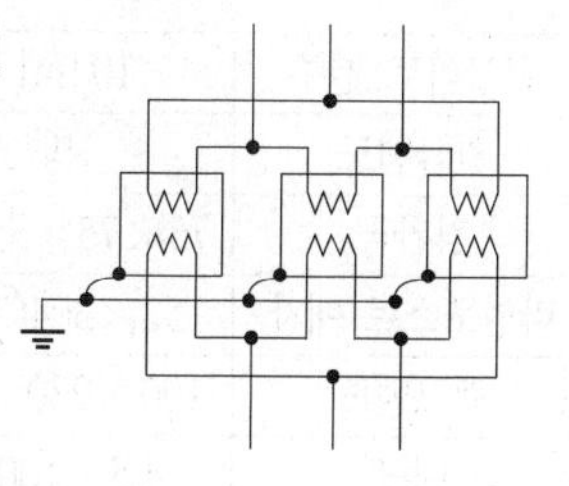

3 출제년도 07.(10점/각 항목당 1점, 모두 맞으면 10점)

다음은 22.9 [kV] 선로의 기본장주도 중 3상 4선식 선로의 직선주 그림이다. 다음 표의 빈칸에 들어갈 자재의 명칭을 쓰시오. (단, 장주에 경완금(□75×75×3.2×2400)를 사용하고 취부에 완금 밴드를 사용한 경우이다.)

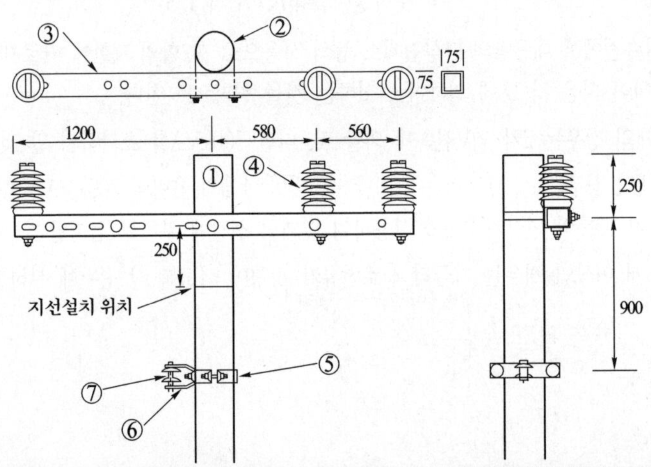

항목 번호	자재명	규격	수량 [개]	품목단위부품 및 수량[개]
①		10 [m] 이상	1	
②		1방 2호	1	U금구 1, M좌 1, 와셔 4, 너트 4
③		75×75×3.2×2400	1	
④		152×304(경완금용)	3	와셔 1, 육각 너트 1, 록크 너트 1
⑤		100×230 1방 (2호)	1	(M16×60)2, (M16×35) 1, 너트 3
⑥		4.5×100×100	1	
⑦		110×95(녹색)	1	

[작성답안]

항목 번호	자재명	규격	수량 [개]	품목단위부품 및 수량[개]
①	콘크리트 전주	10 [m] 이상	1	
②	완금밴드	1방 2호	1	U금구 1, M좌 1, 와셔 4, 너트 4
③	경완금	75×75×3.2×2400	1	
④	라인포스트 애자	152×304(경완금용)	3	와셔 1, 육각 너트 1, 록크 너트 1
⑤	랙크밴드	100×230 1방 (2호)	1	(M16×60)2, (M16×35) 1, 너트 3
⑥	랙크	4.5×100×100	1	
⑦	저압인류애자	110×95(녹색)	1	

4

출제년도 95.07.17.22.(5점/부분점수 없음)

폭 5 [m], 길이 7.5 [m], 천장 높이 3.5 [m]의 방에 형광등 40 [W] 4등을 설치하니 평균 조도가 100 [lx]가 되었다. 40 [W] 형광등 1등의 전광속이 3000 [lm], 조명률 0.5일 때 감광보상률을 구하시오.

[작성답안]

계산 : $D=\dfrac{FUN}{EA}=\dfrac{3000\times0.5\times4}{100\times5\times7.5}=1.6$

답 : 1.6

[핵심] 조도계산

N개의 램프에서 방사되는 빛을 평면상의 면적 A[㎡]에 모두 집중 조사할 수 있다고 하고 램프 1개당 광속을 F[lm]이라 하면, 그 면의 평균조도를

$E=\dfrac{F\cdot N}{A}$ [lx]로 나타낸다.

이러한 평균조도 계산은 광속법과 설계여건에 따라 ZCM (Zonal Cavity Method)법을 채택할 수 있다.

$$E=\frac{F\cdot N\cdot U\cdot M}{A}$$

여기서, E : 평균조도 [lx] F : 램프 1개당 광속 [lm]
N : 램프수량 [개] U : 조명률
M : 보수율, 감광보상률의 역수 A: 방의 면적 [㎡] (방의 폭×길이)

5

출제년도 03.07.19.21.(5점/부분점수 없음)

거리계전기의 설치점에서 고장점까지의 임피던스를 70 [Ω]이라고 하면 계전기측에서 본 임피던스는 몇 [Ω]인가? (단, PT의 비는 154000/110 [V], CT의 변류비는 500/5 [A]이다.)

[작성답안]

계산 : $Z_{Ry}=Z_1\times\dfrac{\text{CT 비}}{\text{PT 비}}=70\times\dfrac{500}{5}\times\dfrac{110}{154000}=5\ [\Omega]$

답 : 5 [Ω]

[핵심] 임피던스

$$Z_{Ry} = \frac{V_2}{I_2} = \frac{V_1 \times \frac{1}{\mathrm{PT비}}}{I_1 \times \frac{1}{\mathrm{CT비}}} = \frac{V_1}{I_1} \times \frac{\mathrm{CT비}}{\mathrm{PT비}} = Z_1 \times \frac{\mathrm{CT비}}{\mathrm{PT비}}$$

6

출제년도 93.94.95.99.00.01.02.03.07.(5점/각 항목당 1점, 모두 맞으면 5점)

다음 계전기 약어의 명칭을 쓰시오.

① POR ② SPR ③ TR ④ PRR

[작성답안]

① 위치 계전기 ② 속도 계전기

③ 온도 계전기 ④ 압력 계전기

[핵심] 계전기 약어

약 어	명 칭	
CLR	한류계전기	(Current Limiting Relay)
CR	전류계전기	(Current Relay)
DFR	차동계전기	(Differential Relay)
FR	주파수계전기	(Frequency Relay)
GR	지락계전기	(Ground Relay)
OCR	과전류계전기	(Overcurrent Relay)
OSR	과속도계전기	(Over-speed Relay)
OPR	결상계전기	(Open-phase Relay)
OVR	과전압계전기	(Over voltage Relay)
PLR	극성계전기	(Polarity Relay)
POR	위치계전기	(Position Relay)
PRR	압력계전기	(Pressure Relay)
RCR	재폐로계전기	(Reclosing Relay)
SPR	속도계전기	(Speed Relay)
SR	단락계전기	(Short-circuit Relay)
TDR	시연계전기	(Time Delay Relay)
THR	열동계전기	(Thermal Relay)
TLR	한시계전기	(Time-lag Relay)
TR	온도계전기	(Temperature Relay)
UVR	부족전압계전기	(Under-voltage Relay)
VR	전압계전기	(Voltage Relay)

7 출제년도 07.11.15.(8점/각 문항당 4점)

정격용량 500 [kVA]의 변압기에서 배전선의 전력손실을 40 [kW]로 유지하면서 부하 L_1, L_2에 전력을 공급하고 있다. 지금 그림과 같이 전력용 콘덴서를 기존 부하와 병렬로 연결하여 합성 역률을 90 [%]로 개선하고 새로운 부하를 증설하려고 할 때 다음 물음에 답하시오. (단, 여기서 부하 L_1은 역률 60 [%], 180 [kW]이고, 부하 L_2의 전력은 120 [kW], 160 [kVar] 이다.)

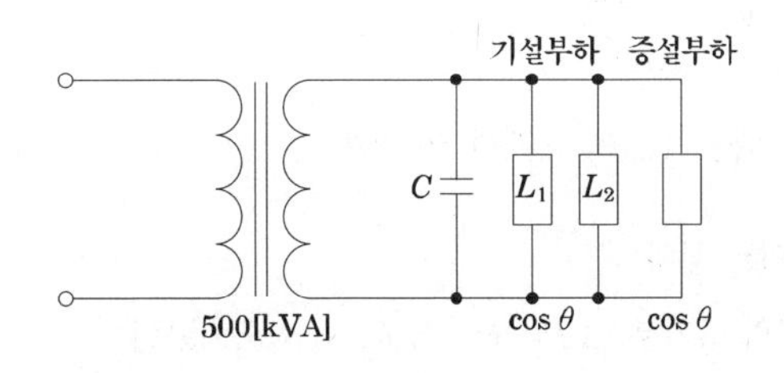

(1) 부하 L_1과 L_2의 합성용량 [kVA]과 합성역률은?

① 합성용량

② 합성역률

(2) 역률 개선시 변압기 용량의 한도까지 부하설비를 증설하고자 할 때 증설부하용량은 몇 [kW]인가?

[작성답안]

(1) ① 합성용량

계산 : 유효전력 $P = P_1 + P_2 = 180 + 120 = 300$[kW]

무효전력 $Q = Q_1 + Q_2 = \dfrac{P_1}{\cos\theta_1} \times \sin\theta_1 + Q_2 = \dfrac{180}{0.6} \times 0.8 + 160 = 400$[kVar]

합성용량 $P_a = \sqrt{P^2 + Q^2} = \sqrt{300^2 + 400^2} = 500$[kVA]

답 : 500 [kVA]

② 합성역률

계산 : $\cos\theta = \dfrac{P}{P_a} \times 100 = \dfrac{300}{500} \times 100 = 60$[%]

답 : 60 [%]

(2) 계산 : 역률 개선후 유효전력 $P = P_a\cos\theta = 500 \times 0.9 = 450$[kW]

증설 부하 용량 $\triangle P = P - P_1 - P_2 - P_l = 450 - 180 - 120 - 40 = 110$[kW]

답 : 110 [kW]

[핵심] 역률개선 콘덴서 용량

① 콘덴서 용량

$$Q_c = P\tan\theta_1 - P\tan\theta_2 = P(\tan\theta_1 - \tan\theta_2) = P\left(\frac{\sin\theta_1}{\cos\theta_1} - \frac{\sin\theta_2}{\cos\theta_2}\right)$$

$$= P\left(\frac{\sqrt{1-\cos^2\theta_1}}{\cos\theta_1} - \frac{\sqrt{1-\cos^2\theta_2}}{\cos\theta_2}\right) \text{[kVA]}$$

여기서, $\cos\theta_1$: 개선 전 역률, $\cos\theta_2$: 개선 후 역률

② 역률개선시 증가 할수 있는 부하

역률 개선에 따른 유효전력의 증가분 $\Delta P = P_a(\cos\theta_2 - \cos\theta_1)$[kW]

여기서, $\cos\theta_1$: 개선 전 역률 $\cos\theta_2$: 개선 후 역률

8

출제년도 01.07.09.15.17.(5점/각 항목당 1점, 모두 맞으면 5점)

전력 계통에 이용되는 리액터에 대하여 그 설치 목적을 쓰시오.

(1) 분로(병렬) 리액터

(2) 직렬 리액터

(3) 소호 리액터

(4) 한류 리액터

[작성답안]

(1) 페란티 현상의 방지

(2) 제5고조파의 제거

(3) 지락 전류의 제한

(4) 단락 전류의 제한

9 출제년도 04.07.17.(12점/각 문항당 3점)

그림은 154 [kV]를 수전하는 어느 공장의 수전설비 도면의 일부분이다. 이 도면을 보고 다음 각 물음에 답하시오.

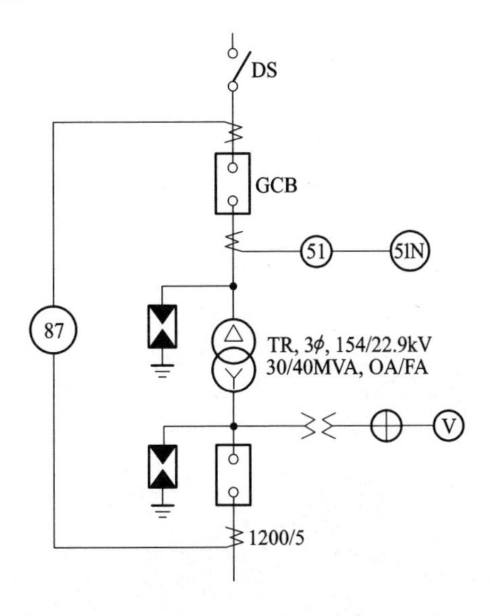

(1) 그림에서 87과 51N의 명칭은 무엇인가?

- 87
- 51N

(2) 154/22.9 [kV] 변압기에서 FA 용량기준으로 154 [kV]측의 전류와 22.9 [kV]측의 전류는 몇 [A]인가?

① 154 [kV]측

② 22.9 [kV]측

(3) GCB에는 주로 어떤 절연재료를 사용하는가?

(4) △ - Y 변압기의 복선도를 그리시오.

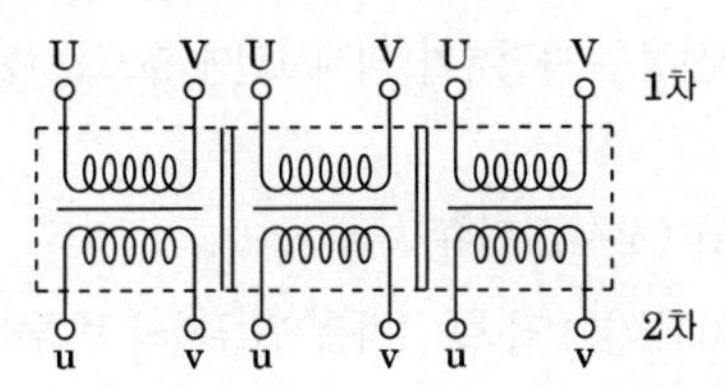

[작성답안]

(1) • 87 : 전류차동계전기

• 51N : 중성점 과전류계전기

(2) • 154 [kV]측

계산 : $I = \dfrac{40000}{\sqrt{3} \times 154} = 149.96$ [A]

답 : 149.96 [A]

• 22.9 [kV]측

계산 : $I = \dfrac{40000}{\sqrt{3} \times 22.9} = 1008.47$ [A]

답 : 1008.47 [A]

(3) SF_6 (육불화황) 가스

(4)

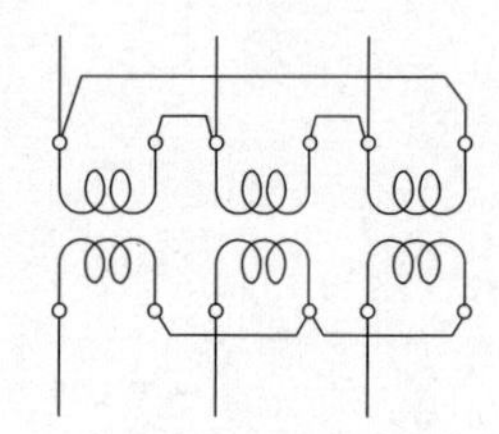

[핵심] 비율차동계전기용 변류기의 전류계산

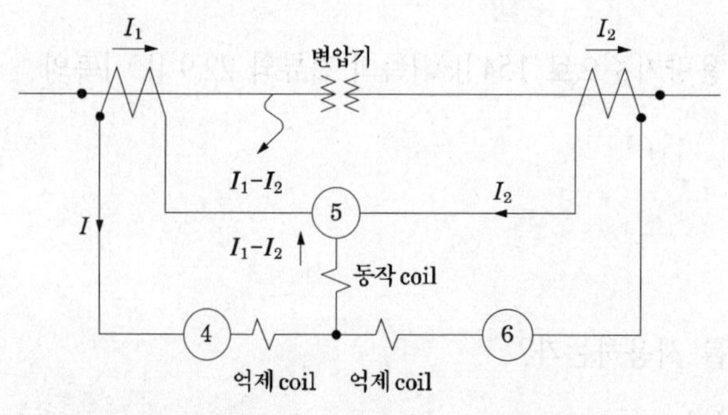

비율차동계전기는 변압기 투입시 여자 돌입 전류에 의한 오동작을 방지한 경우는 최소 35 [%]의 불평형 전류로 동작한다. 비율차동계전기 Tap선정은 차전류가 억제코일에 흐르는 전류에 대한 비율보다 계전기 비율을 크게 선정해야 한다.

① 변압기의 정격용량 2,000 [kVA] ($Y-\Delta$ 접속)

② 변압기의 1차 정격전압 : 22,900 [V](Y접속), 1차측 변류기의 변류비 : 50/5 [A](Δ 접속)

③ 변압기의 2차 정격전압 : 3,300 [V](Δ 접속), 2차측 변류기의 변류비 : 400/5 [A](Y접속)

	변압기 Y측	변압기 △측
정격1차전류 $I_p = \dfrac{\text{정격용량}}{\sqrt{3} \times \text{선간전압}}$	50.4 [A]	349.9 [A]
변류비 $N = \dfrac{\text{변류기정격1차전류}}{\text{변류기정격2차전류}}$	10	80
변류기의 2차전류 $i_s = \dfrac{i_p}{N}$	5.04 [A]	4.37 [A]
변류기 접속	△	Y
변압기 1차 및 2차측 변류기의 2차측 전류 변류기 △접속 $i_s \Delta = \sqrt{3}\, i_s$ 변류기 Y접속 $i_s Y = i_s$	8.72 [A]	4.37 [A]

10

출제년도 07.(6점/각 문항당 3점)

그림은 차단기 트립방식을 나타낸 도면이다. 트립방식의 명칭을 쓰시오.

(1)

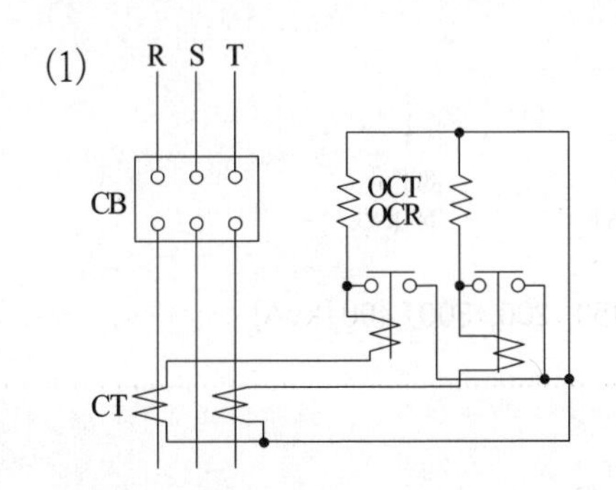

(2)

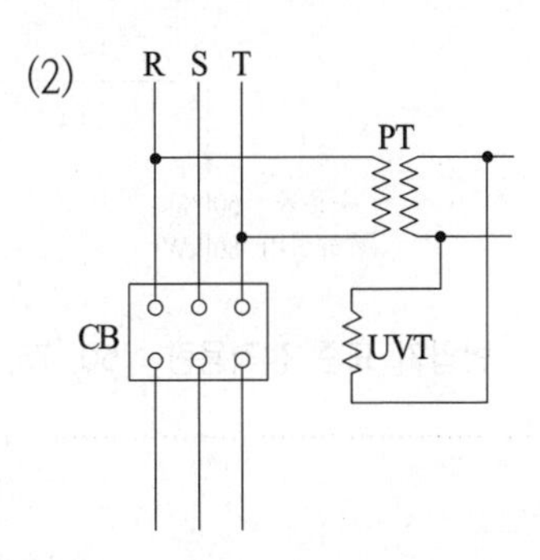

[작성답안]

(1) 전류 trip 방식

(2) 부족 전압 trip 방식

[핵심] 차단기 트립방식

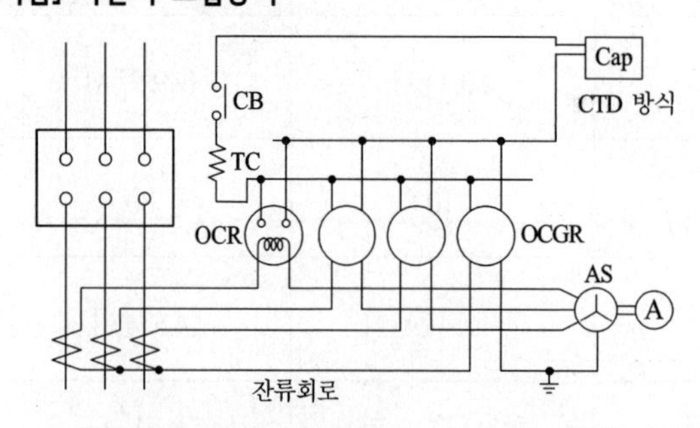

• 직류 전압 트립 방식 : 별도로 설치된 축전지 등의 제어용 직류 전원에 의해 트립되는 방식
• 과전류 트립 방식 : 차단기의 주회로에 접속된 변류기의 2차 전류에 의해 트립되는 방식
• 콘덴서 트립 방식 : 충전된 콘덴서의 에너지에 의해 트립되는 방식
• 부족 전압 트립 방식 : 부족 전압 트립 장치에 인가되어 있는 전압의 저하에 의해 트립되는 방식

11

출제년도 91.92.94.96.99.07.22.(5점/부분점수 없음)

그림과 같이 80 [kW], 70 [kW], 60 [kW]의 부하설비의 수용률이 각각 50 [%], 60 [%], 80 [%]로 되어있는 경우 이것에 사용될 변압기 용량을 계산하여 변압기 표준 정격용량을 결정하시오. (단, 부등률은 1.1, 부하의 종합 역률은 85 [%]로 하며, 다른 요인은 무시한다.)

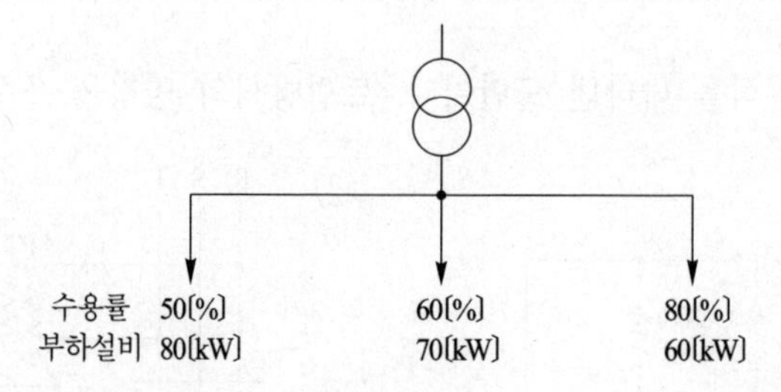

변압기 표준 정격용량 : 50, 75, 100, 150, 200, 300, 400 [kVA]

[작성답안]

계산 : 변압기 용량 ≥ 합성최대수용전력 $= \dfrac{\text{설비용량} \times \text{수용률}}{\text{부등률}}$

$$= \frac{80 \times 0.5 + 70 \times 0.6 + 60 \times 0.8}{1.1 \times 0.85} = 139.04[\text{kVA}]$$

답 : 150 [kVA] 선정

[핵심] 변압기 용량

① 변압기 용량

$$\text{변압기 용량}[kW] \geq \text{합성 최대 수용 전력} = \frac{\text{부하 설비 합계}[kW] \times \text{수용률}}{\text{부등률}}$$

역률을 적용하여 [kW]의 부하를 [kVA]의 부하로 환산하여 구한다.

② 표준용량

3, 5, 7.5, 10, 15, 30, 50, 75, 100, 150, 200, 300, 500, 750, 1000, 1500, 2000, 3000, 4500, (5000), 6000, 7500, 10000, 15000, 20000, 30000, 45000, (50000), 60000, 90000, 100000, (120000), 150000, 200000, 250000, 300000 ( )는 준표준 규격이다.

2007

12

출제년도 89.02.05.07.08.11.22.(12점/각 문항당 4점)

그림과 같은 3상 배전선이 있다. 변전소(A점)의 전압은 3,300 [V], 중간(B점) 지점의 부하는 50 [A], 역률 0.8(지상), 말단(C점)의 부하는 50 [A], 역률 0.8이다. AB 사이의 길이는 2 [km], BC 사이의 길이는 4 [km]이고, 선로의 [km]당 임피던스는 저항 0.9 [Ω], 리액턴스 0.4 [Ω]이다.

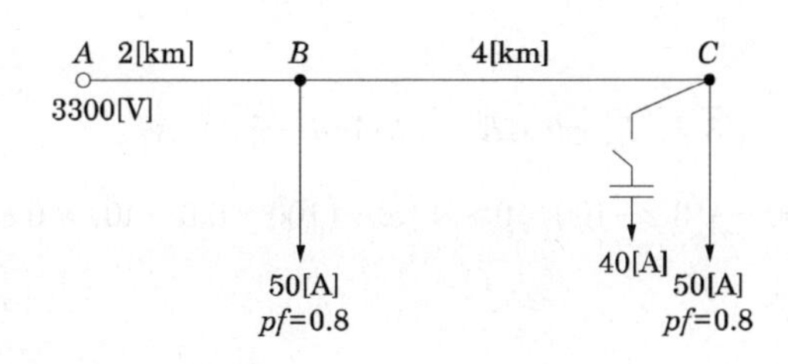

(1) 이 경우의 B점, C점의 전압은?

① B점

② C점

(2) C점에 전력용 콘덴서를 설치하여 진상 전류 40 [A]를 흘릴 때 B점, C점의 전압은?

① B점

② C점

(3) 전력용 콘덴서를 설치하기 전과 후의 선로의 전력 손실을 구하시오.

① 설치 전

② 설치 후

[작성답안]

(1) 콘덴서 설치 전

① B점의 전압

계산 : $V_B = V_A - \sqrt{3}\, I_1 (R_1\cos\theta + X_1\sin\theta)$

$= 3300 - \sqrt{3} \times 100(1.8 \times 0.8 + 0.8 \times 0.6) = 2967.45$ [V]

답 : 2967.45 [V]

② C점의 전압

계산 : $V_C = V_B - \sqrt{3}\, I_2 (R_2\cos\theta + X_2\sin\theta)$

$= 2967.45 - \sqrt{3} \times 50(3.6 \times 0.8 + 1.6 \times 0.6) = 2634.9$ [V]

답 : 2634.9 [V]

(2) 콘덴서 설치 후

① B점의 전압

계산 : $V_B = V_A - \sqrt{3} \times [I_1\cos\theta \cdot R_1 + (I_1\sin\theta - I_C) \cdot X_1]$

$= 3300 - \sqrt{3} \times [100 \times 0.8 \times 1.8 + (100 \times 0.6 - 40) \times 0.8] = 3022.87$ [V]

답 : 3022.87 [V]

② C점의 전압

계산 : $V_C = V_B - \sqrt{3} \times [I_2\cos\theta \cdot R_2 + (I_2\sin\theta - I_C) \cdot X_2]$

$= 3022.87 - \sqrt{3} \times [50 \times 0.8 \times 3.6 + (50 \times 0.6 - 40) \times 1.6] = 2801.17$ [V]

답 : 2801.17 [V]

(3) 전력손실

① 설치 전

계산 : $P_{L1} = 3I_1^2 R_1 + 3I_2^2 R_2 = (3 \times 100^2 \times 1.8 + 3 \times 50^2 \times 3.6) \times 10^{-3} = 81$ [kW]

답 : 81 [kW]

② 설치 후

계산 : $I_1 = 100(0.8 - j0.6) + j40 = 80 - j20 = 82.46$ [A]

$I_2 = 50(0.8 - j0.6) + j40 = 40 + j10 = 41.23$ [A]

$\therefore P_{L2} = 3 \times 82.46^2 \times 1.8 + 3 \times 41.23^2 \times 3.6 \times 10^{-3} = 55.08$ [kW]

답 : 55.08 [kW]

[핵심]

① 저항 : $R_1 = 0.9 \times 2 = 1.8$, $R_2 = 0.9 \times 4 = 3.6$

② 리액턴스 : $X_1 = 0.4 \times 2 = 0.8$, $X_2 = 0.4 \times 4 = 1.6$

13

출제년도 97.99.03.07.14.(6점/각 문항당 3점)

그림과 같은 계통의 기기의 A점에서 완전 지락이 발생하였다. 이때 다음 각 물음에 답하시오.

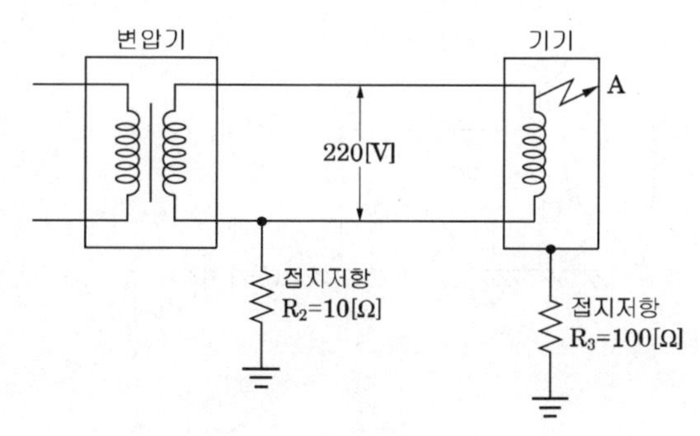

(1) 이 기기의 외함에 인체가 접촉하고 있지 않은 경우, 이 외함의 대지전압은 몇 [V]인가?

(2) 이 기기의 외함에 인체가 접촉하였을 경우, 인체를 통하여 흐르는 전류는 몇 [mA]인가? (단, 인체의 저항은 3000[Ω]으로 한다.)

[작성답안]

(1) 계산 : 대지전압 $e = \dfrac{R_3}{R_2 + R_3} \times E = \dfrac{100}{10+100} \times 220 = 200$[V]

답 : 200[V]

(2) 계산 : 인체에 흐르는 전류 $I_g = \dfrac{V}{R_2 + \dfrac{R_3 \times R_{tch}}{R_3 + R_{tch}}} \times \dfrac{R_3}{R_3 + R_{tch}} = \dfrac{220}{10 + \dfrac{100 \times 3000}{100+3000}} \times \dfrac{100}{100+3000}$

$= 0.06647$[A] $= 66.47$[mA]

답 : 66.47[mA]

[핵심] 접촉전압

(1) 인체 비 접촉시 전압

- 지락 전류 $I_g = \dfrac{V}{R_2 + R_3}$

- 대지 전압 $e = I_g R_3 = \dfrac{V}{R_2 + R_3} R_3$

(2) 인체 접촉시 전압

- 인체에 흐르는 전류 $I = \dfrac{V}{R_2 + \dfrac{RR_3}{R+R_3}} \times \dfrac{R_3}{R+R_3} = \dfrac{R_3}{R_2(R+R_3)+RR_3} \times V$

- 접촉전압 $E_t = IR = \dfrac{RR_3}{R_2(R+R_3)+RR_3} \times V$

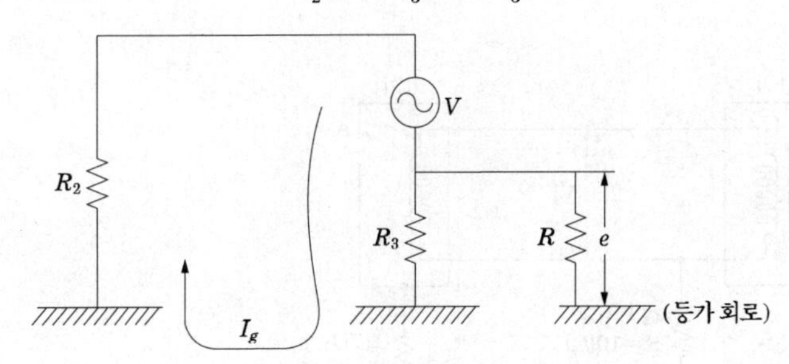

14

출제년도 95.99.07.(8점/각 항목당 4점)

그림과 같은 기동 우선 자기 유지 회로의 타임 차트를 그리고 이 회로를 무접점(로직) 회로로 작성하시오.

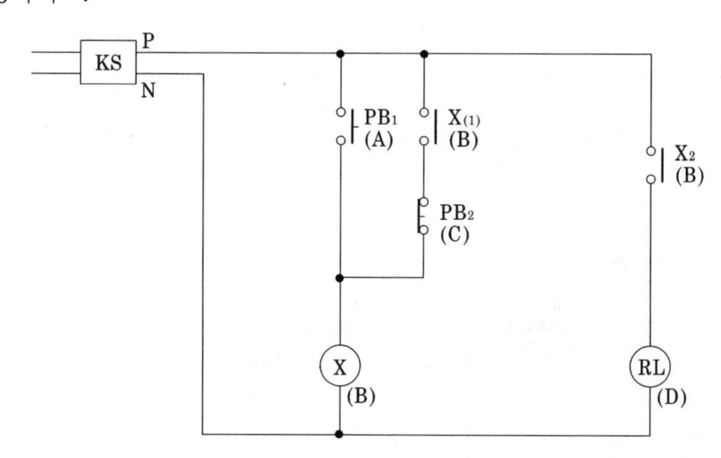

[작성답안]

- 무접점 논리 회로
- 타임차트

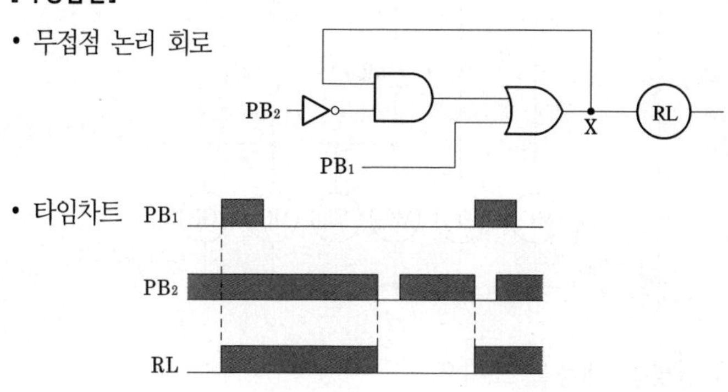

2007년 2회 기출문제 해설

※ 다음 물음에 답을 해당 답란에 답하시오.

1

출제년도 07.(14점/(1)12점, (2)4점)

그림은 자동 Y-△ 기동회로이다. 이 회로를 보고 다음 각 물음에 답하시오.

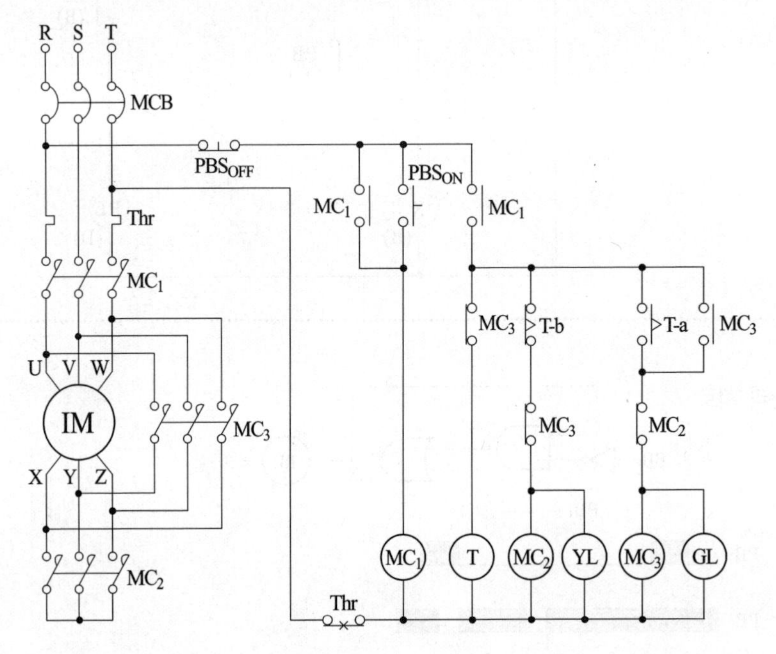

(1) 작동 설명의 (　　)안에 알맞은 내용을 쓰시오.

- 기동스위치 PBSON을 누르면 (①)이 여자되고, (②)가 여자되면서 일정 시간 동안 (③)와 (④) 접점에 의해 MC_2가 여자되어 MC_1, MC_2가 작동하여 (⑤) 결선으로 전동기가 기동된다.
- 일정시간 이후에 (⑥) 접점에 의해 개회로가 되므로 (⑦)가 소자되고, (⑧)와 (⑨) 접점에 의해 MC_3이 여자되어 MC_1, (⑩)가 작동하여 (⑪) 결선에서 (⑫) 결선으로 변환되어 전동기가 정상운전 된다.

(2) 주어진 기동회로에 인터록 회로의 표시를 한다면 어느 부분에 어떻게 표현하여야 하는가?

[작성답안]

(1) ① MC1 ② T ③ T-b ④ MC_3-b ⑤ Y ⑥ T-b ⑦ MC_2 ⑧ T-a ⑨ MC_2-b
⑩ MC_3 ⑪ Y ⑫ △

(2)

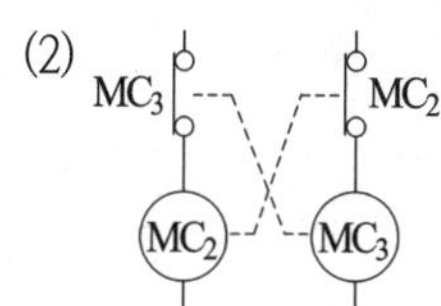

2

출제년도 98.07.(8점/각 문항당 2점)

그림과 같은 회로의 램프 Ⓛ에 대한 점등을 타임차트로 표시하시오.

(1)

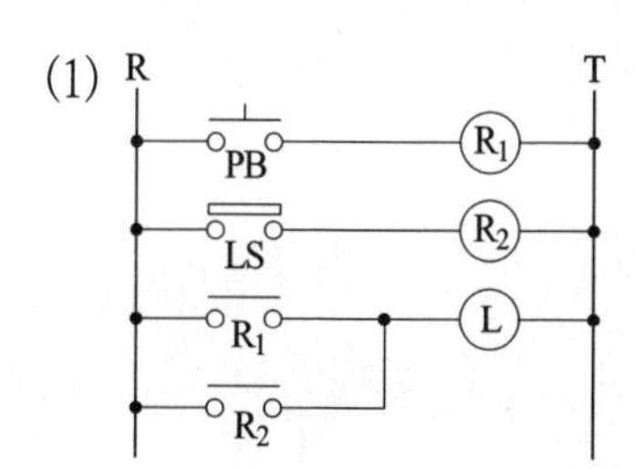

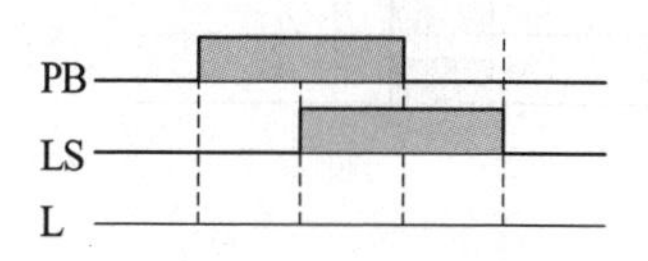

(2)

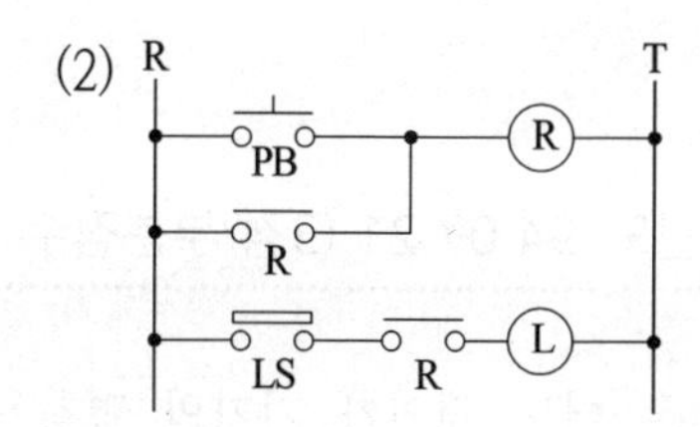

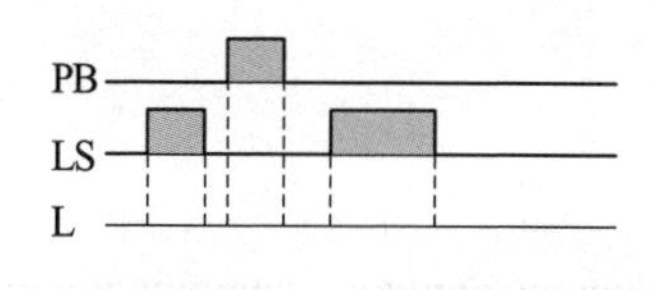

(3)

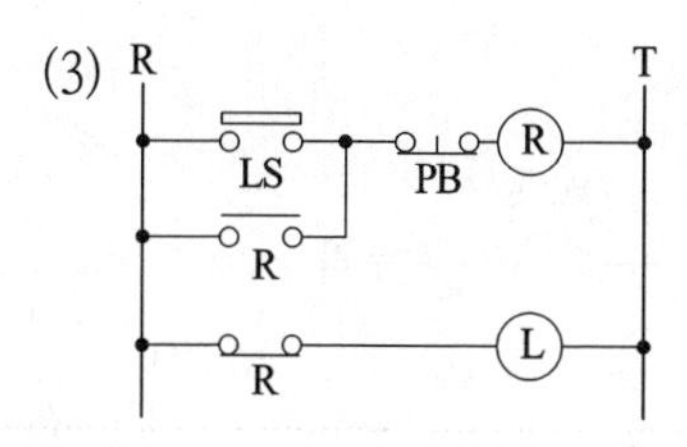

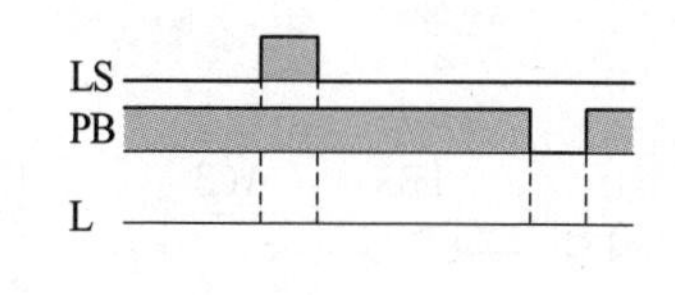

(4)

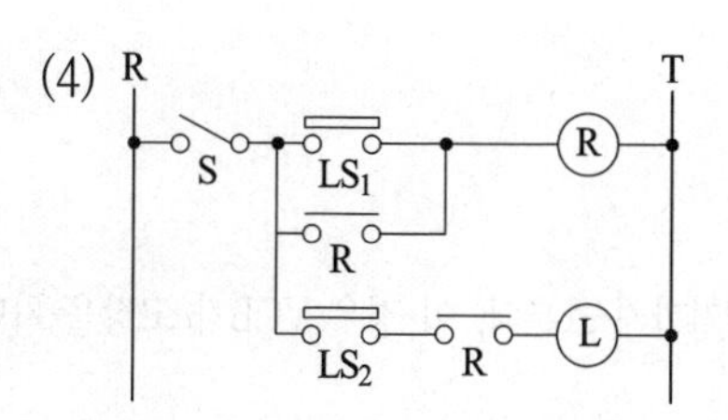

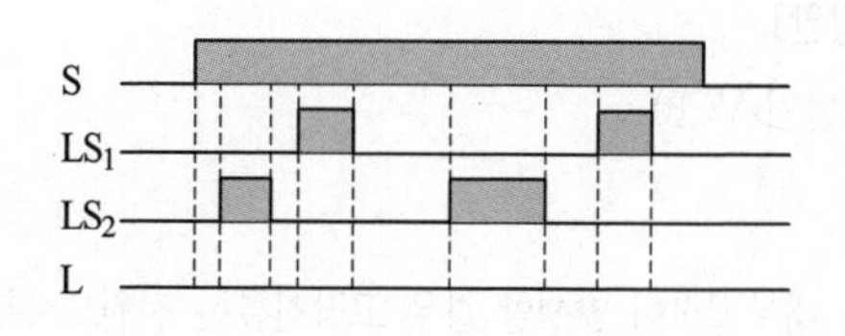

[작성답안]

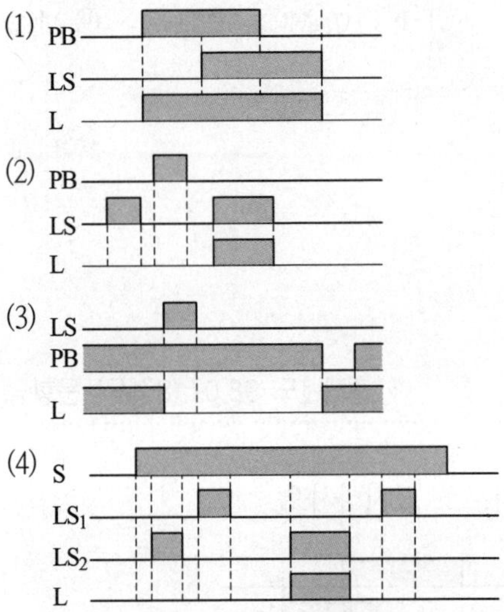

(1) PB
LS
L

(2) PB
LS
L

(3) LS
PB
L

(4) S
LS_1
LS_2
L

3

출제년도 94.07.21.(3점/부분점수 없음)

변압기 2차측 내부고장시 가장 먼저 차단되어야 할 것은 어느 것인가 기기의 명칭을 쓰시오.

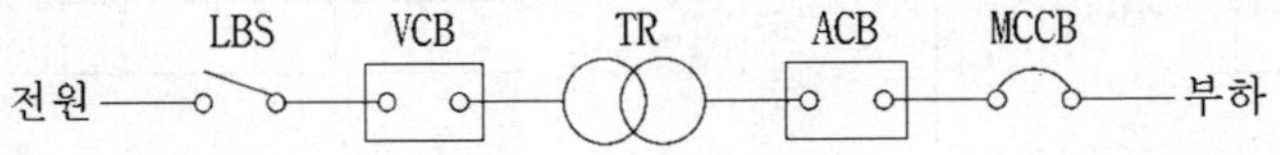

LBS VCB TR ACB MCCB
전원 부하

[작성답안]

진공차단기(VCB)

[핵심]

변압기 내부고장이 발생할 경우 고장전류는 전원으로부터 변압기까지 흐른다. 이 경우 VCB가 고장을 차단할 수 있어야 한다.

4 출제년도 07.(12점/각 문항당 3점)

그림은 릴레이 금지회로의 응용 예이다. 무접점 회로와 같은 유접점 릴레이 회로를 완성하시오.

문항	무접점 릴레이 회로	회로 명칭	유접점 릴레이 회로
(1)	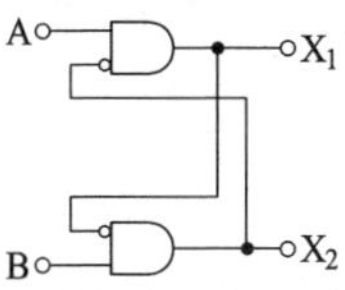 A, B, X_1, X_2	상호 인터록 회로	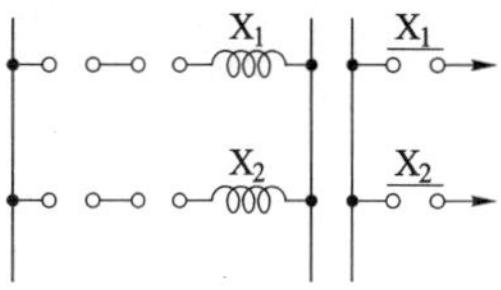 X_1, X_1, X_2, X_2
(2)	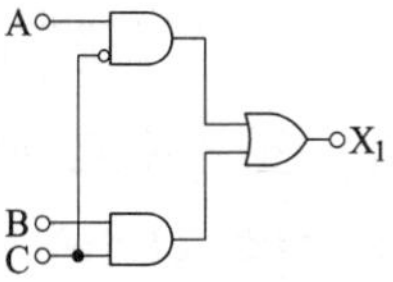 A, B, C, X_1	절환 회로	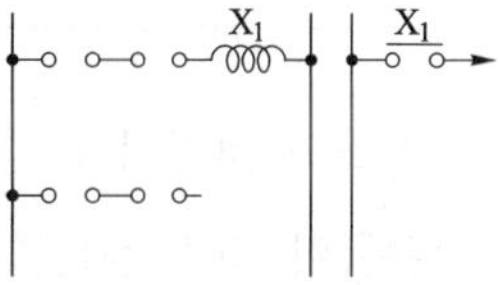 X_1, X_1
(3)	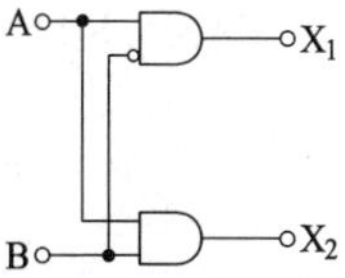 A, B, X_1, X_2	절환 회로	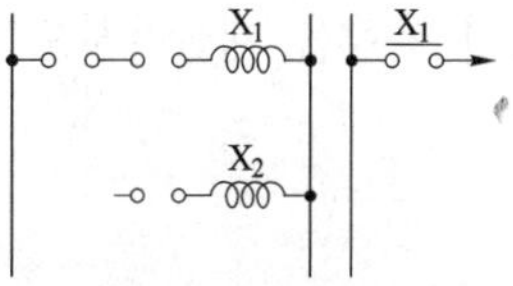 X_1, X_1, X_2
(4)	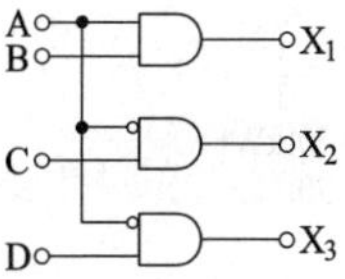 A, B, C, D, X_1, X_2, X_3	우선 회로	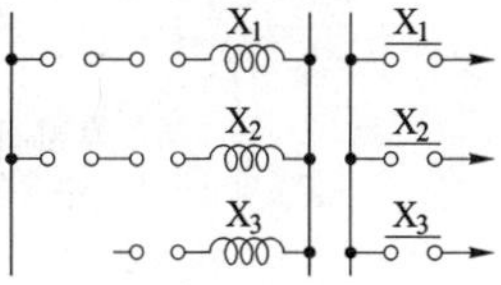 X_1, X_1, X_2, X_2, X_3, X_3

[작성답안]

문항	무접점 릴레이 회로	회로 명칭	유접점 릴레이 회로
(1)	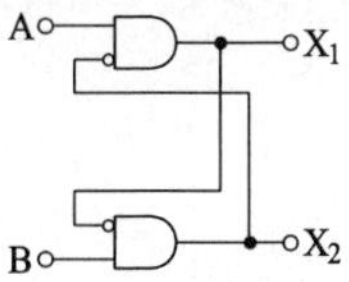 A, B, X_1, X_2	상호 인터록 회로	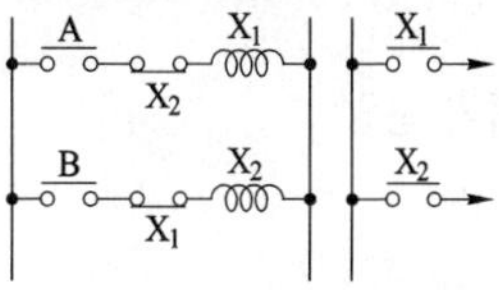 A, X_2, X_1, X_1; B, X_1, X_2, X_2
(2)	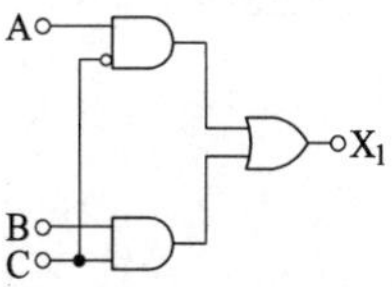 A, B, C, X_1	절환 회로	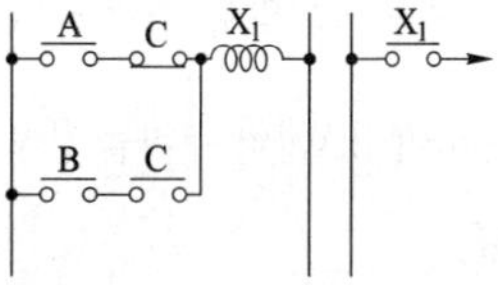 A, C, X_1, X_1; B, C
(3)	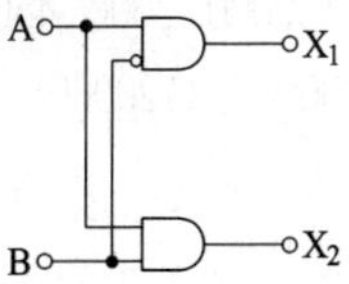 A, B, X_1, X_2	절환 회로	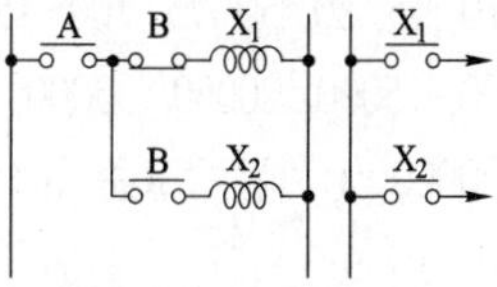 A, B, X_1, X_1; B, X_2, X_2

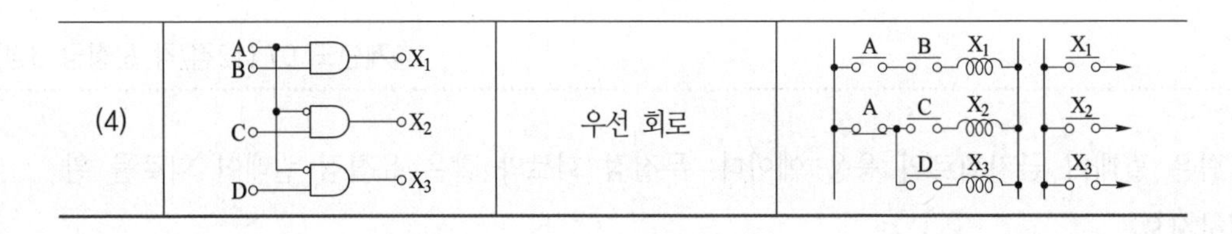

5 출제년도 91.92.94.96.99.07.22.(5점/부분점수 없음)

어느 수용가의 부하설비가 그림과 같이 30 [kW], 20 [kW], 30 [kW]로 배치되어 있다. 이들의 수용률이 각각 50 [%], 60 [%], 70 [%]로 되어있는 경우 여기에 전력을 공급할 변압기의 용량을 계산하시오. (단, 부등률은 1.1, 종합부하의 역률은 80 [%] 이다.)

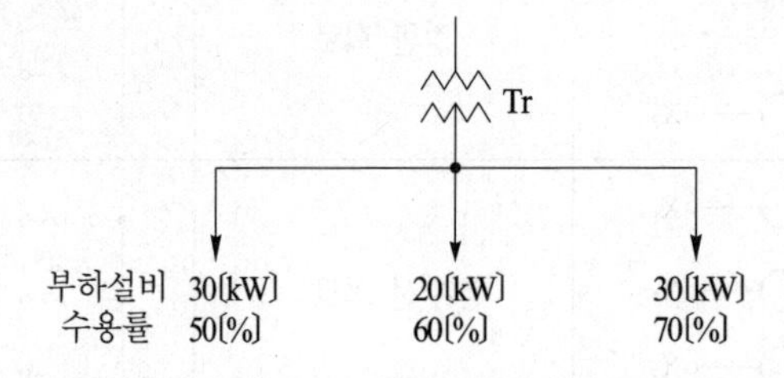

[작성답안]

계산 : $\text{변압기 용량} = \dfrac{30 \times 0.5 + 20 \times 0.6 + 30 \times 0.7}{1.1 \times 0.8} = 54.55\,[\text{kVA}]$

답 : 54.55 [kVA]

[핵심] 변압기 용량

① 변압기 용량

$$\text{변압기 용량}[\text{kW}] \geq \text{합성 최대 수용 전력} = \frac{\text{부하 설비 합계}[\text{kW}] \times \text{수용률}}{\text{부등률}}$$

역률을 적용하여 [kW]의 부하를 [kVA]의 부하로 환산하여 구한다.

② 표준용량

3, 5, 7.5, 10, 15, 30, 50, 75, 100, 150, 200, 300, 500, 750, 1000, 1500, 2000, 3000, 4500, (5000), 6000, 7500, 10000, 15000, 20000, 30000, 45000, (50000), 60000, 90000, 100000, (120000), 150000, 200000, 250000, 300000 ( )는 준표준 규격이다.

6

출제년도 07.12.20.(5점/부분점수 없음)

그림과 같이 CT가 결선되어 있을 때 전류계 A_3의 지시는 얼마인가? (단, 부하전류 $I_1 = I_2 = I_3 = I$로 한다.)

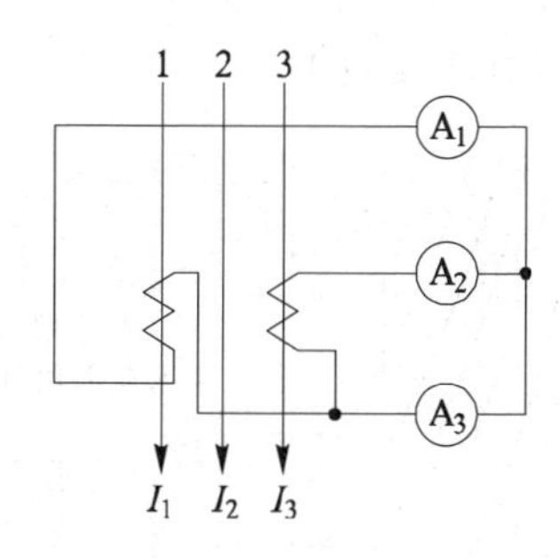

[작성답안]

계산 :

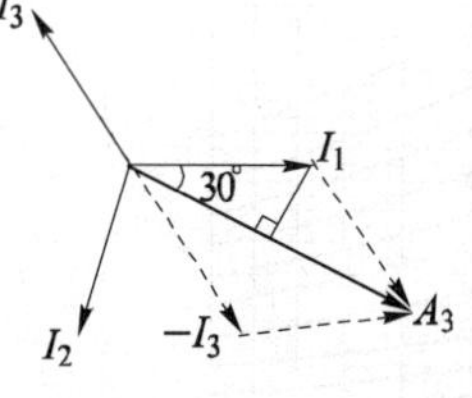

$$A_3 = \dot{I}_1 - \dot{I}_3 = 2 \times I_1 \cos 30° = \sqrt{3}\, I$$

답 : $\sqrt{3}\, I$

[핵심] 변류기 접속

① 가동접속

$I_1 =$ 전류계 Ⓐ 지시값 $\times$ CT비

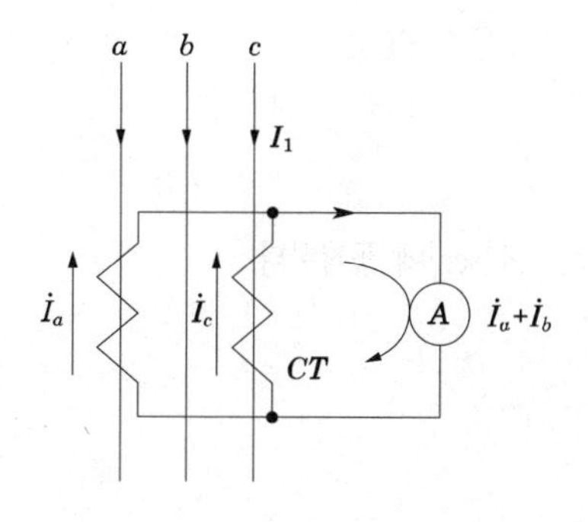

② 교차접속

$I_1 =$전류계 Ⓐ 지시값 $\times \dfrac{1}{\sqrt{3}} \times$ CT비

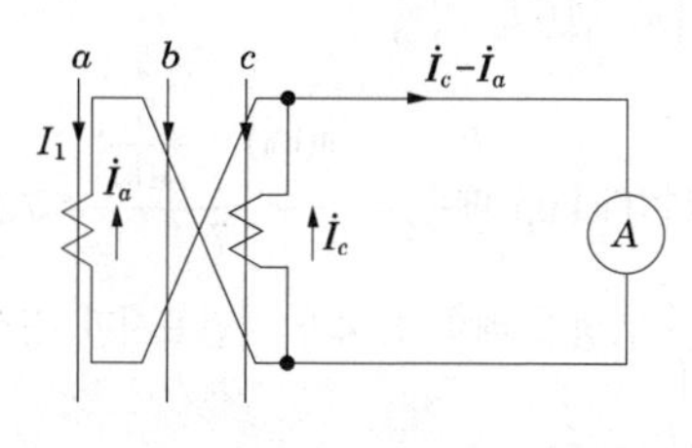

7

출제년도 96.99.04.07.(8점/부분점수 없음)

CT의 변류비가 400/5 [A]이고 고장 전류가 4000 [A]이다. 과전류 계전기의 동작 시간은 몇[sec]로 결정되는가? (단, 전류는 125 [%]에 정정되어 있고, 시간 표시판 정정은 5이며, 계전기의 동작 특성은 그림과 같다.)

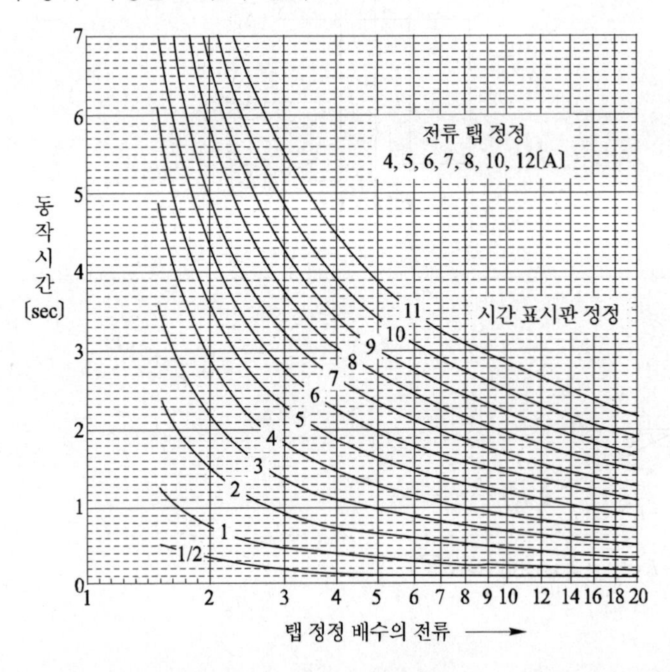

[작성답안]

계산 : 정정목표치 $= 400 \times \dfrac{5}{400} \times 1.25 = 6.25$

따라서, 7 [A] 탭으로 정정

탭정정 배수(Pickup 배수) $= \dfrac{4000 \times \dfrac{5}{400}}{7} = 7.14$

동작시간은 탭정정 배수 7.14와 시간표시판 정정 5와 만나는 1.4 [sec]에 동작한다.

답 : 1.4 [sec]

[핵심] 과전류계전기

① 순시탭정정

순시 Tap = 변압기2차 3상단락전류 $\times \dfrac{2차전압}{1차전압} \times 1.5 \times \dfrac{1}{CT비}$

변압기 1차측 단락사고에 대하여 동작하며, 2차 단락사고 및 변압기 여자 돌입전류(inrush current)에 동작하지 않는다.

- 변압기1차측 단락사고에 대하여 동작하여야 한다.
- 변압기2차측 (Magnetizing Inrush Current)에 동작하지 않도록 한다.
- TR 2차 3상단락전류의 150 [%]에 정정한다.
- Pickup Current [1] : 순시 Tap × CT비

② 한시탭정정

$$I_t = \text{부하 전류} \times \frac{1}{\text{CT비}} \times \text{설정값 [A]}$$

I_t값을 계산 후 2 [A], 3 [A], 4 [A], 5 [A], 6 [A], 7 [A], 8 [A], 10 [A], 12 [A] 탭 중에서 가까운 탭을 선정한다.

③ 한시레버정정

수용설비일 경우 변압기2차 3상단락고장시 0.6초 이하에서 동작하도록 선정한다.

- 변압기2차 3상단락고장시

$$I_R = \text{계전기 설치점 (CT 1차측)전류} = \text{변압기2차 3상단락전류} \times \frac{\text{2차전압}}{\text{1차전압}}$$

- Pickup 배수(탭정정 배수) : I_R × (1/CT비) / 한시 Tap(Setting)
- Time Lever : 계전기 - 시간특성곡선에서 Pickup 배수 (3상단락고장전류의 Tap에 대한 CT 2차측 전류)와 동작지연시간 0.6초 이하에서의 Time Lever 값을 선정한다.

④ 변압기 여자돌입전류 정정

변압기 여자돌입전류의 크기는 일반적으로 전부하전류의 8배 이하이나 경우에 따라서는 10배를 초과하는 경우도 있고, 30배까지 올라가는 수도 있다. IEEE 242-1975에서는 보호계전기 설계시 1차측 전부하전류의 8~12배로 적용하고 있다. 그 지속시간은 0.1~60초 정도이다.

I(inrush) = FLA × 12배 [at 0.1sec]

---

1) **계전기가 고장을 감지해 내는 것을 Pick up** 이라고 하고, 차단기가 동작하도록 보내는 신호를 Trip 신호라고 한다. 순시 동작은 Pick up과 동시에 Trip 신호를 내보내며, 한시 동작은 Pick up 이후 Trip 신호가 나가기 까지 일정 시간지연을 가진다.

8

출제년도 07.(7점/부분점수 없음)

다음의 결선도는 PT 및 CT의 미완성 결선도이다. 그림기호를 그리고 약호들을 사용하여 결선도를 완성하시오.

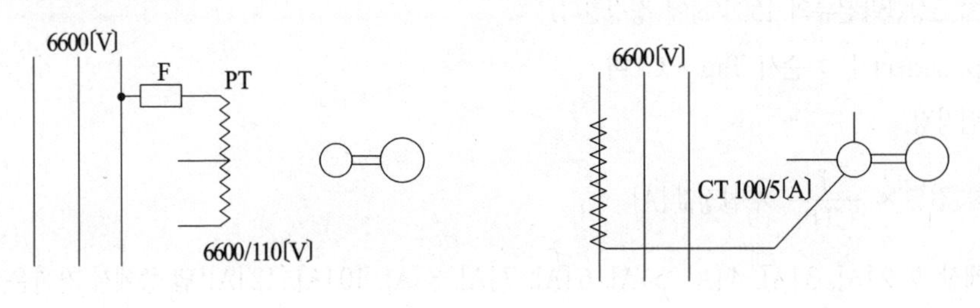

[작성답안]

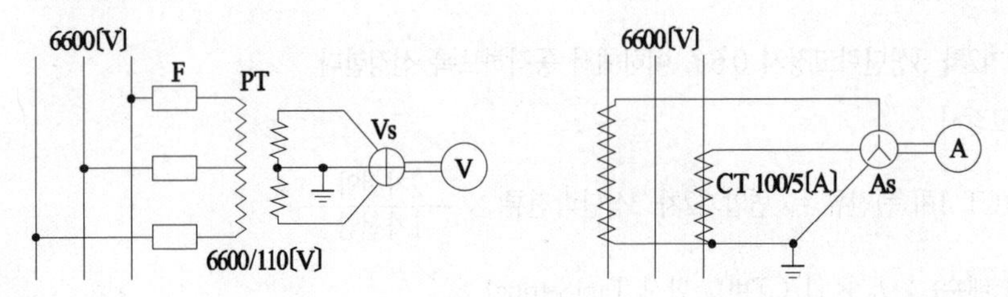

9

출제년도 96.02.03.05.07.08.15.(9점/각 문항당 3점)

60 [kW], 역률 80 [%](지상)인 부하 회로에 전력용 콘덴서를 설치하려고 할 때 다음 각 물음에 답하시오.

(1) 전력용 콘덴서에 직렬 리액터를 함께 설치하는 이유는 무엇 때문인가?

(2) 전력용 콘덴서에 사용하는 직렬 리액터의 용량은 전력용 콘덴서 용량의 약 몇 [%]인가?

(3) 역률을 95 [%]로 개선하는 데 필요한 전력용 콘덴서의 용량은 몇 [kVA]인가?

[작성답안]

(1) 제5고조파의 제거

(2) 이론적 : 4 [%], 실제적 : 6 [%]

(3) 계산 : $Q_c = 60\left(\frac{0.6}{0.8} - \frac{\sqrt{1-0.95^2}}{0.95}\right) = 25.28$ [kVA]

답 : 25.28 [kVA]

[핵심] 직렬리액터 (Series Reactor : SR)

대용량의 콘덴서를 설치하면 고조파 전류가 흘러 파형이 일그러지는 원인이 된다. 파형을 개선(제5고조파의 제거)하기 위해서 전력용 콘덴서와 직렬로 리액터를 설치한다. 직렬 리액터의 용량은 콘덴서 용량의 6 [%]가 표준정격으로 되어 있다.(계산상은 4 [%])

10

출제년도 97.07.11.(5점/부분점수 없음)

방의 크기가 가로 12 [m], 세로 24 [m], 높이 4 [m]이며, 6 [m]마다 기둥이 있고, 기둥 사이에 보가 있으며, 이중천장으로 실내마감 되어 있다. 이 방의 평균조도를 500 [lx]가 되도록 매입개방형 형광등 조명을 하고자 할 때 다음 조건을 이용하여 이 방의 조명에 필요한 등수를 구하시오.

【조건】

- 천장반사율 : 75 [%]
- 바닥반사율 : 30 [%]
- 벽반사율 : 50 [%]
- 창반사율 : 50 [%]
- 조명률 : 70 [%]
- 감광보상률 : 1.6
- 등의 보수상태 : 중간정도
- 안정기손실 : 개당 20 [W]
- 등의 광속 : 2200 [lm]

[작성답안]

계산 : 등수 $N=\dfrac{EAD}{FU}=\dfrac{500\times 12\times 24\times 1.6}{2200\times 0.7}=149.61$[등]

$\therefore$ 150등 선정

답 : 150[등]

[핵심] 조명설계

① 실지수

방의 면적이 같은 2개의 방에 같은 수의 광원을 설치하여도 방의 모양이 다른 경우에는 작업면상의 조도는 다르게 된다. 그래서 천정, 바닥이 장방형인 방은 가로 X, 세로 Y 두 변의 평균을 한 변으로 하는 정방형인 방과 동일하다고 하는 이론에 의해 실지수 $R.I$를 다음 식과 같이 결정한다.

$$R.I = \frac{XY}{H(X+Y)}$$

실지수	5.0	4.0	3.0	2.5	2.0	1.5	1.25	1.0	0.8	0.6
기호	A	B	C	D	E	F	G	H	I	J

② 조도계산

N개의 램프에서 방사되는 빛을 평면상의 면적 A[㎡]에 모두 집중 조사할 수 있다고 하고 램프 1개당 광속을 F[lm]이라 하면, 그 면의 평균조도를

$$E = \frac{F \cdot N}{A} \text{[lx]}$$

로 나타낸다. 이러한 평균조도 계산은 광속법과 설계여건에 따라 ZCM (Zonal Cavity Method)법을 채택할 수 있다.

$$E = \frac{F \cdot N \cdot U \cdot M}{A}$$

여기서, E : 평균조도 [lx] F : 램프 1개당 광속 [lm] N : 램프수량 [개]
U : 조명률 M : 보수율, 감광보상률의 역수 A : 방의 면적 [㎡] (방의 폭×길이)

11

출제년도 07.21.(4점/부분점수 없음)

그림과 같은 회로에서 단자전압이 V_0일 때 전압계의 눈금 V로 측정하기 위해서는 배율기의 저항 R_m은 얼마로 하여야하는지 유도과정을 쓰시오. (단, 전압계의 내부 저항은 R_v로 한다.)

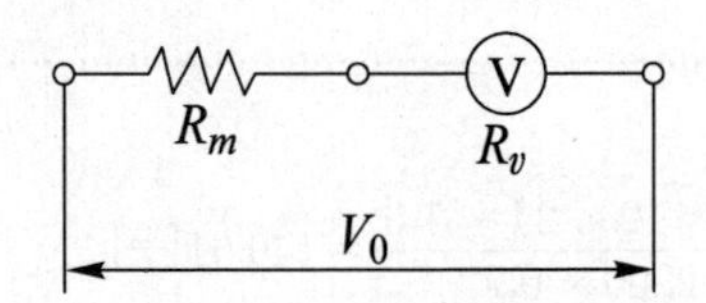

[작성답안]

계산 : $V = IR_v,\ I = \frac{V_0}{R_m + R_v}$ 이므로 $V = \frac{R_v}{R_m + R_v} V_0$

$$\therefore\ R_m = R_v\left(\frac{V_0}{V} - 1\right)$$

답 : $R_m = R_v\left(\frac{V_0}{V} - 1\right)$

[핵심] 배율기와 분류기

1) 배율기

전압계의 측정범위를 확대하기 위하여 내부저항 $r_a[\Omega]$인 전압계에 직렬로 접속하는 저항R_m을 배율기라 한다.

$V_a = Ir_a$ [V], $I = \dfrac{V}{r_a + R_m}$이므로

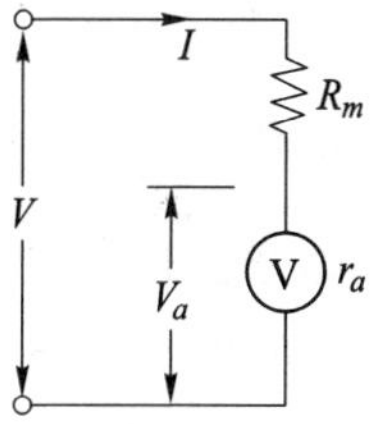

$$V_a = \frac{r_a}{r_a + R_m} \cdot V$$

$$\therefore \ V = \frac{r_a + R_m}{r_a} \cdot V_a = \left(1 + \frac{R_m}{r_a}\right) V_a$$

배율 $m = \dfrac{V}{V_a} = 1 + \dfrac{R_m}{r_a}$

2) 분류기

전류계의 측정범위를 확대하기 위하여 내부저항 $r_a[\Omega]$인 전류계에 병렬로 접속하는 저항R_s를 분류기라 한다.

$$I_a = \frac{R_s}{r_a + R_s} \times I$$

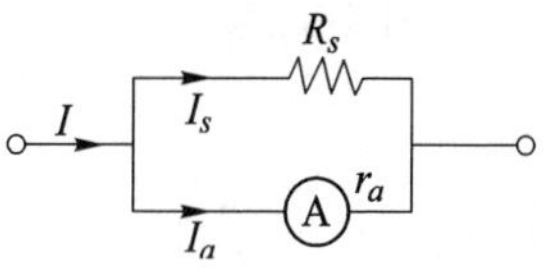

$$\therefore \ I = \frac{r_a + R_s}{R_s} \times I_a = \left(1 + \frac{r_a}{R_s}\right) \times I_a$$

배율 $m = \dfrac{I}{I_a} = 1 + \dfrac{r_a}{R_s}$

12

출제년도 94.96.07.11.12.14.17.(6점/각 문항당 2점)

3상 4선식 송전선에서 한 선의 저항이 10[Ω], 리액턴스가 20[Ω]이고, 송전단 전압이 6600[V], 수전단 전압은 6100[V]이었다. 수전단의 부하를 끊은 경우 수전단 전압이 6300[V]라 할 때 이 송전선로의 수전 가능한 전력[kW]를 구하시오. (단, 부하의 역률은 0.8이다.)

[작성답안]

계산 : $e = \dfrac{P}{V_r}(R + X\tan\theta)$에서 $e = V_s - V_r = 6600 - 6100 = 500[\text{V}]$

$$P = \frac{500 \times 6100}{10 + 20 \times \dfrac{0.6}{0.8}} \times 10^{-3} = 122[\text{kW}]$$

답 : 122[kW]

[핵심] 전압강하율과 전압변동률

① 전압강하율

전압강하율은 수전전압에 대한 전압강하의 비를 백분율로 나타낸 것이다.

$$\varepsilon = \frac{e}{V_r} \times 100 = \frac{V_s - V_r}{V_r} \times 100 = \frac{\sqrt{3}\, I(R\cos\theta_r + X\sin\theta_r)}{V_r} \times 100\ [\%]$$

$$\varepsilon = \frac{P}{V^2}(R + X\tan\theta) \times 100\ [\%]$$

위 식에서 전압강하율은 전압의 제곱에 반비례함을 알 수 있다. 전압변동률은 수전전압에 대한 전압변동의 비를 백분율로 나타낸 것을 말한다.

② 전압변동률

$$\delta = \frac{V_{r_0} - V_r}{V_r} \times 100\ [\%]$$

여기서, V_{r_0} : 무부하 상태에서의 수전단 전압 V_r : 정격부하 상태에서의 수전단 전압

δ : 전압변동률

13

출제년도 07.16.(9점/각 문항당 3점)

단상변압기 3대를 △-△결선으로 완성하고, 단상변압기 1대 고장으로 2대를 V결선하여 사용시 장점과 단점을 각각 2가지만 쓰시오.

(1) △-△ 결선도

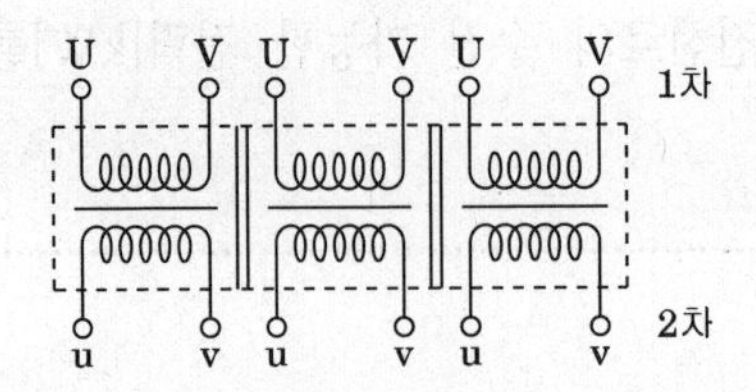

(2) 장점(2가지)

(3) 단점(2가지)

[작성답안]

(1)

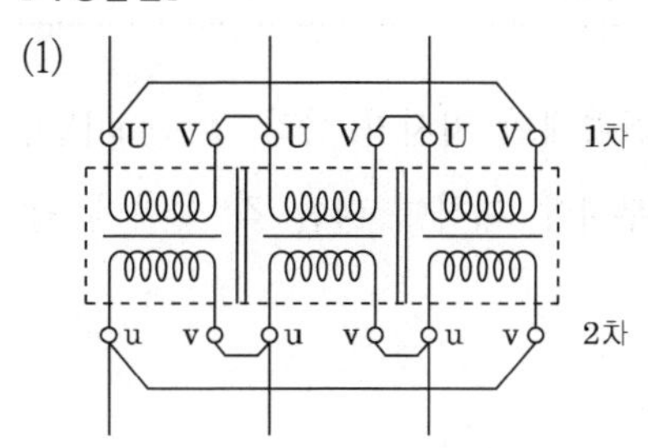

(2) 장점

• △-△결선에서 1대의 변압기 고장시 2대의 변압기로 3상 부하에 전력을 공급할 수 있다.

• 설치방법이 간단하고, 소용량 이면 가격이 저렴하다.

(3) 단점

•△-△결선에 비해 이용률이 86.6[%]가 된다.

•△-△결선에 비해 출력비가 57.7[%]가 된다.

[핵심] V결선

△-△ 결선에서 1대의 단상변압기가 단락, 또는 사고가 발생한 경우를 고장이 발생된 변압기를 제거시킨 결선법으로 즉, 2대의 단상변압기로서 3상 변압기와 같은 전력을 송배전하기 위한 방식을 V결선이라 한다.

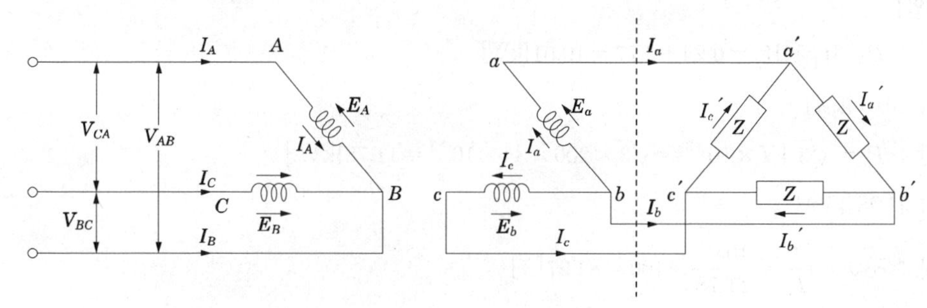

$$P_v = VI\cos\left(\frac{\pi}{6}+\phi\right)+VI\cos\left(\frac{\pi}{6}-\phi\right)=\sqrt{3}\,VI\cos\phi\ \text{[W]}$$

$$P_v=\sqrt{3}\,P_1$$

출력비 : $\dfrac{V}{\Delta}=\dfrac{\sqrt{3}\,VI\cos\phi}{3\,VI\cos\phi}\fallingdotseq 0.577$

이용률 : $\dfrac{\sqrt{3}\,VI}{2\,VI}=0.866$

14

출제년도 87.98.04.07.08.22.(5점/각 문항당 1점, 모두 맞으면 5점)

어떤 부하에 그림과 같이 접속된 전압계, 전류계 및 전력계의 지시가 각각 $V=200[V]$, $I=34[A]$, $W_1=6.24[kW]$, $W_2=3.77[kW]$ 이다. 이 부하에 대하여 다음 각 물음에 답하시오.

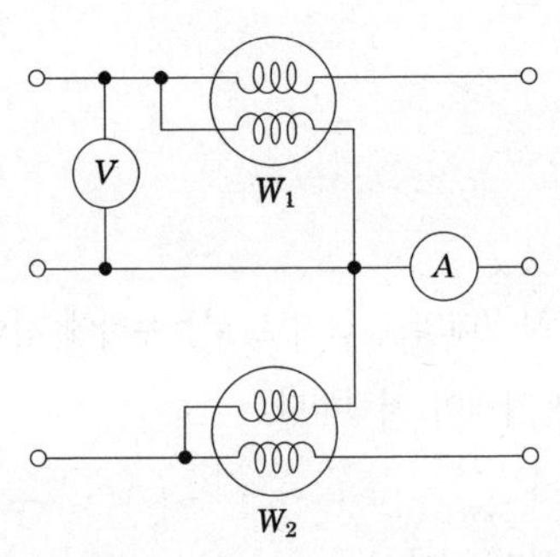

(1) 소비 전력은 몇 [kW]인가?

(2) 피상 전력은 몇 [kVA]인가?

(3) 부하 역률은 몇 [%]인가?

[작성답안]

(1) 계산 : $P=W_1+W_2=6.24+3.77=10.01[kW]$

답 : 10.01 [kW]

(2) 계산 : $P_a=\sqrt{3}\,VI\times10^{-3}=\sqrt{3}\times200\times34\times10^{-3}=11.78[kVA]$

답 : 11.78 [kVA]

(3) 계산 : $\cos\theta=\dfrac{P}{P_a}=\dfrac{10.01}{11.78}\times100=84.97[\%]$

답 : 84.97 [%]

2007년 3회 기출문제 해설

※ 다음 물음에 답을 해당 답란에 답하시오.

1 출제년도 04.05.07.17.(7점/각 문항당 3점, 모두 맞으면 7점)

그림은 릴레이 인터록 회로이다. 이 그림을 보고 다음 각 물음에 답하시오.

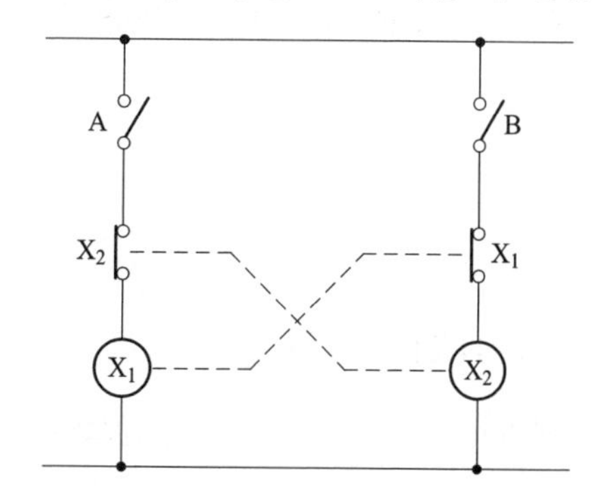

(1) 이 회로를 논리회로로 고쳐서 그리고, 주어진 타임차트를 완성하시오.

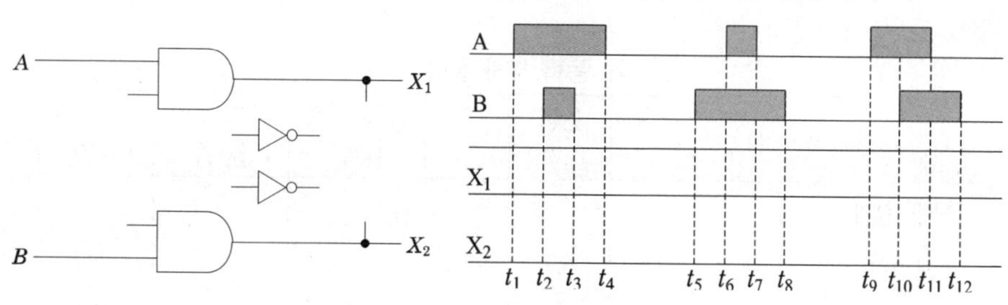

(2) 인터록회로는 어떤 회로인지 상세하게 설명하시오.

[작성답안]

(1)

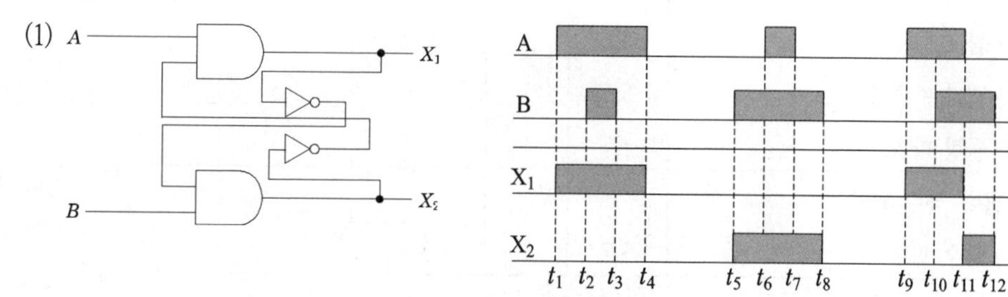

(2) A와 B의 동작을 동시에 동작을 금지시키는 회로

2

출제년도 92.05.07.09.18.21.(14점/각 문항당 2점)

3층 사무실용 건물에 3상 3선식의 6000 [V]를 수전하여 200 [V]로 체강하여 수전하는 설비를 하였다. 각 종 부하설비가 표와 같을 때 주어진 조건을 이용하여 다음 각 물음에 답하시오.

【조건】

1. 동력부하의 역률은 모두 70 [%]이며, 기타는 100 [%]로 간주한다.
2. 조명 및 콘센트 부하설비의 수용률은 다음과 같다.
   - 전등설비 : 60 [%]
   - 콘센트설비 : 70 [%]
   - 전화교환용 정류기 : 100 [%]
3. 변압기 용량 산출시 예비율(여유율)은 고려하지 않으며 용량은 표준규격으로 답하도록 한다.
4. 변압기 용량 산정시 필요한 동력부하설비의 수용률은 전체 평균 65 [%]로 한다.

동력 부하 설비

사용 목적	용량 [kW]	대수	상용 동력 [kW]	하계 동력 [kW]	동계 동력 [kW]
난방 관계					
• 보일러 펌프	6.7	1			6.7
• 오일 기어 펌프	0.4	1			0.4
• 온수 순환 펌프	3.7	1			3.7
공기 조화 관계					
• 1, 2, 3층 패키지 콤프레셔	7.5	6		45.0	
• 콤프레셔 팬	5.5	3	16.5		
• 냉각수 펌프	5.5	1		5.5	
• 쿨링 타워	1.5	1		1.5	
급수·배수 관계					
• 양수 펌프	3.7	1	3.7		

기타					
• 소화 펌프	5.5	1	5.5		
• 셔터	0.4	2	0.8		
합　　계			26.5	52.0	10.8

조명 및 콘센트 부하 설비

사용 목적	와트수 [W]	설치 수량	환산 용량 [VA]	총용량 [VA]	비 고
전등관계					
• 수은등 A	200	2	260	520	200 [V] 고역률
• 수은등 B	100	8	140	1120	100 [V] 고역률
• 형광등	40	820	55	45100	200 [V] 고역률
• 백열 전등	60	20	60	1200	
콘센트 관계					
• 일반 콘센트		70	150	10500	2P 15 [A]
• 환기팬용 콘센트		8	55	440	
• 히터용 콘센트	1500	2		3000	
• 복사기용 콘센트		4		3600	
• 텔레타이프용 콘센트		2		2400	
• 룸 쿨러용 콘센트		6		7200	
기타					
• 전화 교환용 정류기		1		800	
계				75880	

(1) 동계 난방 때 온수 순환 펌프는 상시 운전하고, 보일러용과 오일 기어 펌프의 수용률이 55 [%]일 때 난방 동력 수용 부하는 몇 [kW]인가?

(2) 상용 동력, 하계 동력, 동계 동력에 대한 피상전력은 몇 [kVA]가 되겠는가?

① 상용 동력

② 하계 동력

③ 동계 동력

(3) 이 건물의 총 전기설비 용량은 몇 [kVA]를 기준으로 하여야 하는가?

(4) 조명 및 콘센트 부하설비에 대한 단상변압기의 용량은 최소 몇 [kVA]가 되어야 하는가?

(5) 동력 부하용 3상 변압기의 용량은 몇 [kVA]가 되겠는가?

(6) 단상과 3상 변압기의 1차측 전류계용으로 사용되는 변류기의 1차측 정격전류는 각각 몇 [A]인가?

① 단상

② 3상

(7) 역률개선을 위하여 각 부하마다 전력용 콘덴서를 설치하려고 할 때 보일러 펌프의 역률을 95 [%]로 개선하려면 몇 [kVA]의 전력용 콘덴서가 필요한가?

[작성답안]

(1) 계산 : 수용부하$=3.7+(6.7+0.4)\times 0.55=7.61$ [kW]

답 : 7.61 [kW]

(2) ① 계산 : 상용 동력의 피상 전력$=\dfrac{26.5}{0.7}=37.86$ [kVA]

답 : 37.86 [kVA]

② 계산 : 하계 동력의 피상 전력$=\dfrac{52.0}{0.7}=74.29$ [kVA]

답 : 74.29 [kVA]

③ 계산 : 동계 동력의 피상 전력$=\dfrac{10.8}{0.7}=15.43$ [kVA]

답 : 15.43 [kVA]

(3) 계산 : $37.86+74.29+75.88=188.03$[kVA]

답 : 188.03 [kVA]

(4) 계산 : 전등 관계 :$(520+1120+45100+1200)\times 0.6\times 10^{-3}=28.76$ [kVA]

콘센트 관계 :$(10500+440+3000+3600+2400+7200)\times 0.7\times 10^{-3}=19$[kVA]

기타 :$800\times 1\times 10^{-3}=0.8$ [kVA]

$\therefore\ 28.76+19+0.8=48.56$ [kVA]이므로 단상 변압기 용량은 50 [kVA]가 된다.

답 : 50 [kVA]

(5) 계산 : 동계 동력과 하계 동력 중 큰 부하를 기준하고 상용 동력과 합산하여 계산하면

$\frac{(26.5+52.0)}{0.7}\times 0.65=72.89$ [kVA]이므로 3상 변압기 용량은 75 [kVA]가 된다.

답 : 75 [kVA]

(6) ① 단상 변압기 2차측 변류기

계산 : $I=\frac{50\times 10^3}{200}\times(1.25\sim 1.5)=312.5\sim 375$ [A]

∴ 312.5~375 [A] 사이에 표준품이 없으므로 400/5 선정

답 : 400[A]

② 3상 변압기 2차측 변류기

계산 : $I=\frac{75\times 10^3}{\sqrt{3}\times 200}\times(1.25\sim 1.5)=270.63\sim 324.76$ [A]

∴ 300/5를 선정한다.

답 : 300 [A] 선정

(7) 계산 : $Q_c=P(\tan\theta_1-\tan\theta_2)=6.7\left(\frac{\sqrt{1-0.7^2}}{0.7}-\frac{\sqrt{1-0.95^2}}{0.95}\right)=4.63$[kVA]

답 : 4.63 [kVA]

3

출제년도 03.07.(5점/부분점수 없음)

그림과 같은 무접점 릴레이 회로의 출력식 Z를 구하고, 이것을 전자 릴레이 회로로 바꾸어 그리시오.

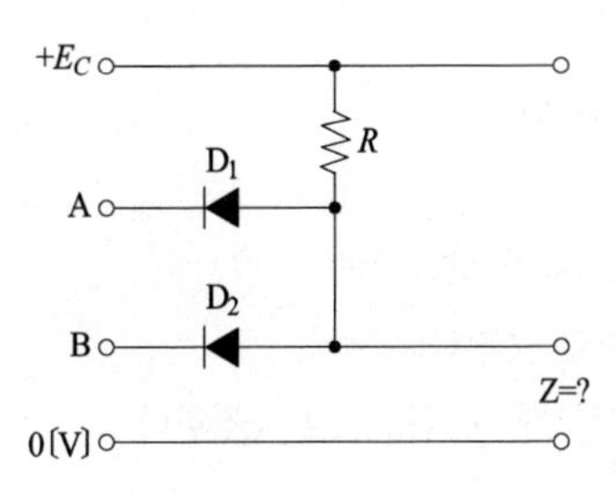

[작성답안]

① 출력식 : $Z = A \cdot B$

② 전자릴레이 회로 :

A B Z

4

출제년도 89.95.07.(6점/각 문항당 2점)

다음과 같은 상황의 전자 개폐기의 고장에서 주요 원인과 그 보수 방법을 2가지씩 써 넣으시오.

(1) 철심이 운다.

(2) 동작하지 않는다.

(3) 서멀릴레이가 떨어진다.

[작성답안]

(1) 원　　인 : ① 가동철심과 고정철심 접촉 부위에 부식
② 철심 전원 단자 나사 부분의 이완

보수 방법 : ① 샌드 페이퍼로 녹을 제거
② 나사의 이완 부분을 조임

(2) 원　　인 : ① 여자 코일이 단선 또는 소손
② 전원이 결상

보수 방법 : ① 여자 코일을 교체
② 전원 결상 부분을 연결

(3) 원　　인 : ① 과부하 발생
② 서멀 릴레이 설정값이 낮을 경우

보수 방법 : ① 부하를 정격값으로 조정한다.
② 서멀 릴레이 설정값을 상위값으로 조정한다.

5 출제년도 97.07.17.(10점/각 문항당 2점)

다음 도면을 보고 물음에 답하시오.

(1) LA의 명칭 및 기능은?

- 명칭 :
- 기능 :

(2) VCB의 필요한 최소 차단 용량은 몇 [MVA]인가?

(3) C 부분의 계통도에 그려져야 할 것들 중에서 그 종류를 5가지만 쓰도록 하시오.

(4) ACB의 최소 차단 전류는 몇 [kA]인가?

(5) 최대 부하 800 [kVA], 역률 80 [%]라 하면 변압기에 의한 전압 변동률은 몇 [%] 인가?

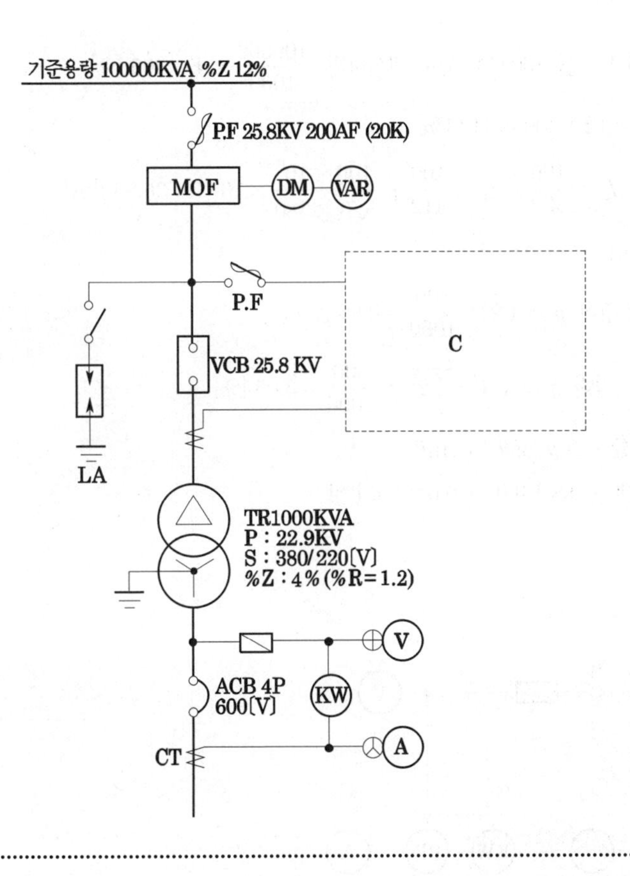

[작성답안]

(1) 명칭 : 피뢰기

기능 : 이상 전압이 내습하면 이를 대지로 방전시키고, 속류를 차단한다.

(2) 계산 : 전원측 %Z가 100 [MVA]에 대하여 12 [%]이므로

$$P_s = \frac{100}{\%Z} \times P_n \text{ [MVA]에서}$$

$$P_s = \frac{100}{12} \times 100 = 833.33 \text{ [MVA]}$$

답 : 833.33 [MVA]

(3) ① 계기용 변압기 ② 전압계 ③ 과전류 계전기

④ 전력계 ⑤ 역률계

그 외

⑥ 전류계 ⑦ 전압계용 전환 개폐기

⑧ 전류계용 전환 개폐기 ⑨ 트립코일

⑩ 지락과전류계전기

(4) 계산 : 변압기 %Z를 100 [MVA]로 환산하면 $\frac{100000}{1000} \times 4 = 400$ [%]

합성 $\%Z = 12 + 400 = 412$ [%]

단락 전류 $I_s = \frac{100}{\%Z} \times I_n = \frac{100}{412} \times \frac{100 \times 10^6}{\sqrt{3} \times 380} \times 10^{-3} = 36.88$ [kA]

답 : 36.88 [kA]

(5) 계산 : %저항 강하 $p = 1.2 \times \frac{800}{1000} = 0.96$ [%]

%리액턴스 강하 $q = \sqrt{4^2 - 1.2^2} \times \frac{800}{1000} = 3.05$ [%]

전압 변동률 $\epsilon = p\cos\theta + q\sin\theta$

$\therefore \epsilon = 0.96 \times 0.8 + 3.05 \times 0.6 = 2.6$ [%]

답 : 2.6 [%]

[핵심]

(3)

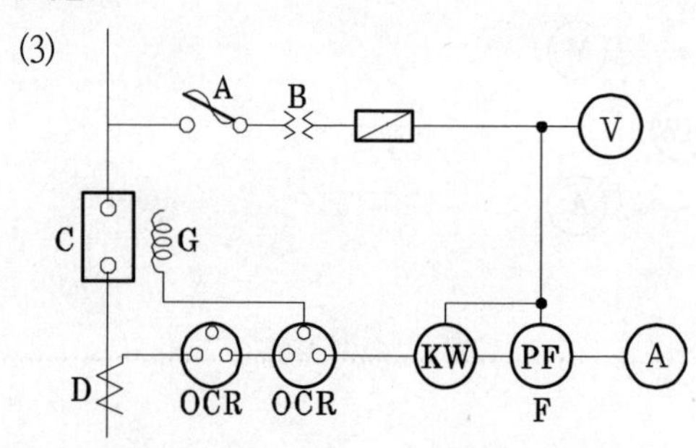

6 출제년도 07.10.(13점/각 항목당 1점)

다음은 정전시 조치사항이다. 점검방법에 따른 알맞은 점검절차를 보기에서 찾아 기호로 답란에 쓰시오.

【조건】

㉠ 수전용차단기 개방
㉡ 잔류전하의 방전
㉢ 단로기 또는 전력퓨즈의 개방
㉣ 단락접지용구의 취부
㉤ 수전용차단기의 투입
㉥ 보호계전기 및 시험회로의 결선
㉦ 보호계전기 시험
㉧ 저압개폐기의 개방
㉨ 검전의 실시
㉩ 안전표지류의 취부
㉪ 투입금지 표시찰 취부
㉫ 구분 또는 분기개폐기의 개방
㉬ 고압개폐기 또는 교류부하개폐기의 개방

순서	점검절차	점검방법
1		(1) 개방하기 전에 연락책임자와 충분한 협의를 실시하고 정전에 의하여 관계되는 기기의 장애가 없다는 것을 확인하다. (2) 동력개폐기를 개방한다. (3) 전등개폐기를 개방한다.
2		수동(자동)조작으로 수전용차단기를 개방한다.
3		고압고무장갑을 착용하고 고압검전기로 수전용차단기의 부하측 이후를 3상 모두 검전하고 무전압 상태를 확인한다.
4		(책임분계점의 구분개폐기 개방의 경우) (1) 지락계전기가 있는 경우는 차단기와 연동시험을 실시한다. (2) 지락계전기가 없는 경우는 수동조작으로 확실히 개방한다. (3) 개방한 개폐기의 조작봉(끈)은 제3자가 조작하지 않도록 높은 장소에 확실히 매어(lock) 놓는다.
5		개방한 개폐기의 조작봉을 고정하는 위치에서 보이기 쉬운 개소에 취부한다.
6		원칙적으로 첫 번째 상부터 순서대로 확실하게 충분한 각도로 개방한다.

7		고압케이블 및 콘덴서 등의 측정 후 잔류전하를 확실히 방전한다.
8		(1) 단락접지용구를 취부할 경우는 우선 먼저 접지금구를 접지선에 취부한다. (2) 다음에 단락접지 용구의 훅크부를 개방한 DS 또는 LBS 전원측 각 상에 취부 한다. (3) 안전표지판을 취부 하여 안전작업이 이루어지도록 한다.
9		공중이 들어가지 못하도록 위험구역에 안전네트(망) 또는 구획로프 등을 설치하여 위험표시를 한다.
10		(1) 릴레이측과 CT측을 회로테스터 등으로 확인한다. (2) 시험회로의 결선을 실시한다.
11		시험전원용 변압기 이외의 변압기 및 콘덴서 등의 개폐기를 개방한다.
12		수동(자동)조작으로 수전용차단기를 투입한다.
13		보호계전기 시험요령에 의해 실시한다.

[작성답안]

ⓞ ㉠ ㉢ ㉤ ㉢ ㉢ ㉡ ㉣ ㉢ ㉥ ㉧ ㉤ ㉦

8

출제년도 90.94.07.(5점/부분점수 없음)

다음에 제시하는 조건에 일치하는 제어 회로의 Sequence를 그리시오.

【조건】

누름 버튼 스위치 PB_2를 누르면 lamp Ⓛ이 점등되고 손을 떼어도 점등이 계속된다. 그 다음에 PB_1을 누르면 Ⓛ이 소등되며 손을 떼어도 소등상태는 지속된다.

[작성답안]

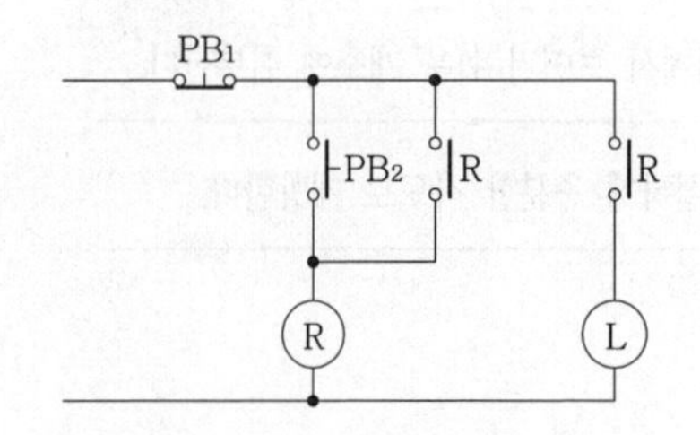

9 출제년도 99.01.07.13.(10점/각 문항당 3점, 모두 맞으면 10점)

그림과 같은 교류 단상 3선식 선로를 보고 다음 각 물음에 답하시오.

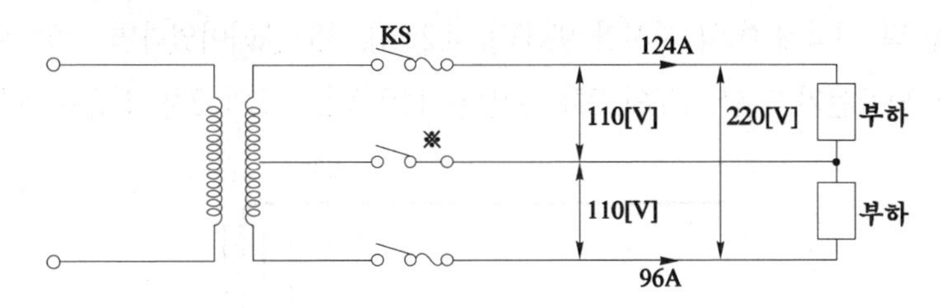

(1) 도면의 잘못된 부분을 고쳐서 그리고 잘못된 부분에 대한 이유를 설명하시오.

(2) 부하 불평형률은 몇 [%]인가?

(3) 도면에서 ※부분에 퓨즈를 넣지 않고 동선을 연결하였다. 옳은 방법인지의 여부를 구분하고 그 이유를 설명하시오.

[작성답안]

(1)

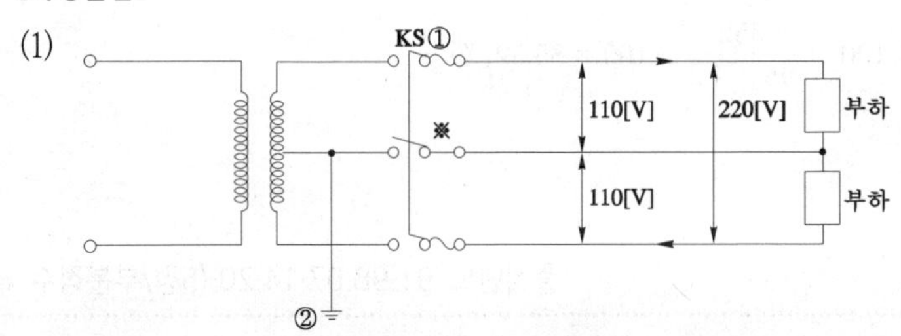

① 개폐기는 3극 동시에 개폐하여야 한다.

이유 : 동시에 개폐되지 않을 경우 전압불평형이 나타날 수 있다.

② 변압기의 2차측 중성선에는 중성점 접지공사를 하여야 한다.

이유 : 1, 2차 혼촉시 2차측 전위상승 억제

(2) 설비불평형률$= \dfrac{124-96}{\frac{1}{2}(124+96)} \times 100 = 25.45$ [%]

답 : 25.45 [%]

(3) 옳은 방법이다.

이유 : 퓨즈가 용단되는 경우에는 경부하측의 전위가 상승되어 전압불평형이 발생하기 때문

10 출제년도 96.07.10.(4점/부분점수 없음)

권수비가 33인 PT와 20인 CT를 그림과 같이 단상 고압 회로에 접속했을 때 전압계 Ⓥ와 전류계 Ⓐ 및 전력계 Ⓦ의 지시가 98 [V], 4.2 [A], 352 [W]이었다면 고압 부하의 역률은 몇 [%]가 되겠는가? (단, PT의 2차 전압은 110 [V], CT의 2차 전류는 5 [A]이다.)

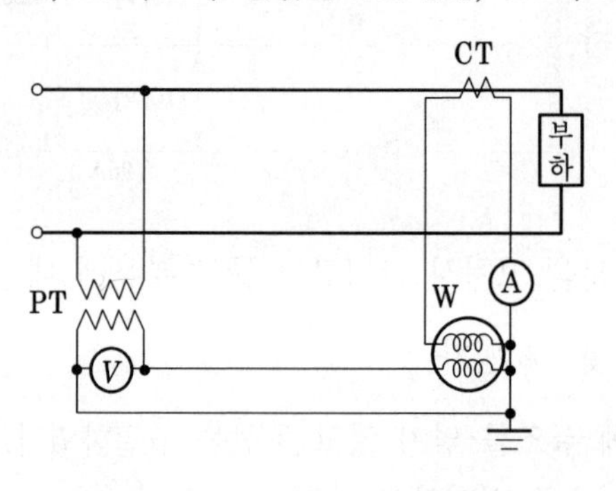

[작성답안]

계산 : 역률 $\cos\theta = \dfrac{\text{P [W]}}{\text{VI [VA]}} \times 100 = \dfrac{352}{98 \times 4.2} \times 100 = 85.52 [\%]$

답 : 85.52[%]

11 출제년도 91.98.07.14.20.(5점/부분점수 없음)

전원 전압이 100 [V]인 회로에서 600 [W]의 전기솥 1대, 350 [W]의 다리미 1대, 150 [W]의 텔레비젼 1대를 사용할 때 10 [A]의 고리 퓨즈는 어떻게 되겠는지 그 상태와 그 이유를 설명하시오.

- 상태 :
- 이유 :

[작성답안]

부하 전류 $I = \dfrac{600 + 350 + 150}{100} = 11\ [\text{A}]$

상태 : 용단되지 않는다.

이유 : 4 A 초과 16 A 미만의 경우 불용단 전류는 1.5배이므로 용단되어서는 안된다.

[핵심] 한국전기설비규정 212.3.4 보호장치의 특성

1. 과전류 보호장치는 KS C 또는 KS C IEC 관련 표준(배선차단기, 누전차단기, 퓨즈등의 표준)의 동작특성에 적합하여야 한다.
2. 과전류차단기로 저압전로에 사용하는 범용의 퓨즈(「전기용품 및 생활용품 안전관리법」에서 규정하는 것을 제외한다)는 표 212.3-1에 적합한 것이어야 한다.

[표 212.3-1] 퓨즈(gG)의 용단특성

정격전류의 구분	시 간	정격전류의 배수	
		불용단전류	용단전류
4 A 이하	60분	1.5배	2.1배
4 A 초과 16 A 미만	60분	1.5배	1.9배
16 A 이상 63 A 이하	60분	1.25배	1.6배
63 A 초과 160 A 이하	120분	1.25배	1.6배
160 A 초과 400 A 이하	180분	1.25배	1.6배
400 A 초과	240분	1.25배	1.6배

12

출제년도 89.93.95.99.02.06.07.13.17.18.20.22.(6점/각 문항당 2점)

송전선로 전압을 154[kV]에서 345[kV]로 승압할 경우 송전선로에 나타나는 효과에 대하여 다음 물음에 답하시오.

(1) 전력손실이 동일한 경우 공급능력의 증대는 몇 배인지 구하시오.

(2) 전력손실의 감소는 몇 [%]인지 구하시오.

(3) 전압강하율의 감소는 몇 [%]인지 구하시오.

[작성답안]

(1) 공급능력

계산 : $P \propto V$ 이므로 $\dfrac{P_2}{P_1} = \dfrac{V_2}{V_1} = \dfrac{345}{154} = 2.24$

답 : 2.24배

(2) 전력손실

계산 : $P_L \propto \dfrac{1}{V^2}$ 이므로 $\dfrac{P_{L2}}{P_{L1}} = \left(\dfrac{V_1}{V_2}\right)^2 = \left(\dfrac{154}{345}\right)^2 = 0.1993$

전력손실 감소분 =1-0.1993 =0.8007=80.07[%]

답 : 80.07[%]

(3) 전압강하율

계산 : $\epsilon \propto \frac{1}{V^2}$ 이므로 $\frac{\epsilon_2}{\epsilon_1} = \left(\frac{V_1}{V_2}\right)^2 = \left(\frac{154}{345}\right)^2 = 0.1993$

$\epsilon_2 = (\frac{154}{345})^2 \epsilon_1 = 0.1993\epsilon_1$

전압강하율 감소분 =1-0.1993 =0.8007=80.07[%]

답 : 80.07[%]

[핵심]

(1) 전력손실이 동일 하므로 전력손실 $P_L = 3I^2R$에서 전류 I 는 일정하다.

$\therefore$ 공급능력은 $P = \sqrt{3}\,VI\cos\theta$ 에서 $P \propto V$ 가 된다.

(2) 전력손실 $P_L = \frac{P^2R}{V^2\cos^2\theta}$ 에서 $P_L \propto \frac{1}{V^2}$ 가 된다.

(3) 전압강하율 $\epsilon = \frac{e}{V} \times 100 = \frac{P}{V^2}(R + X\tan\theta)$ 에서 $\epsilon \propto \frac{1}{V^2}$ 가 된다.

13

출제년도 07.18.20.(5점/부분점수 없음)

다음 (   )에 알맞은 내용을 쓰시오.

"임의의 면에서 한 점의 조도는 광원의 광도 및 입사각 θ의 코사인에 비례하고 거리의 제곱에 반비례한다. 이와 같이 입사각의 코사인에 비례하는 것을 Lambert의 코사인 법칙이라 한다. 또 광선과 피조면의 위치에 따라 조도를 (①)조도, (②)조도, (③)조도 등으로 분류할 수 있다."

[작성답안]

① 법선

② 수평면

③ 수직면

[핵심] 조도

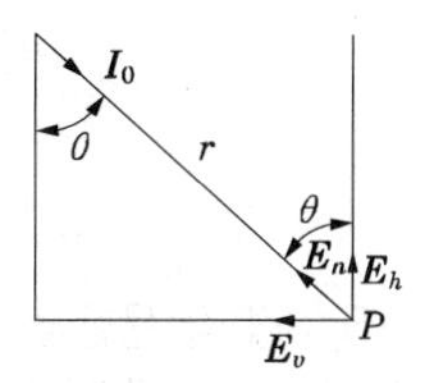

① 법선조도 $E_n = \dfrac{I}{r^2}$ [lx]

② 수평면 조도 $E_h = E_n \cos\theta = \dfrac{I}{r^2}\cos\theta = \dfrac{I}{h^2}\cos^3\theta$ [lx]

③ 수직면 조도 $E_v = E_n \sin\theta = \dfrac{I}{r^2}\sin\theta = \dfrac{I}{h^2}\sin\theta\cos^2\theta$ [lx]

14

출제년도 07.(5점/부분점수 없음)

전등 1개를 3개소에서 점멸하기 위하여 3로 스위치 2개, 4로 스위치 1개를 사용한 배선도이다. 전선 접속도를 그리시오.

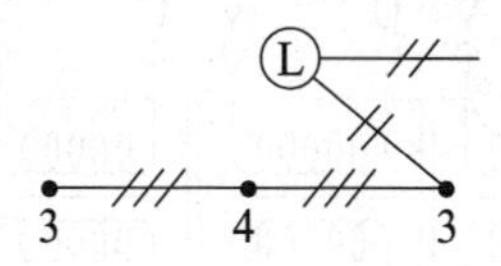

[작성답안]

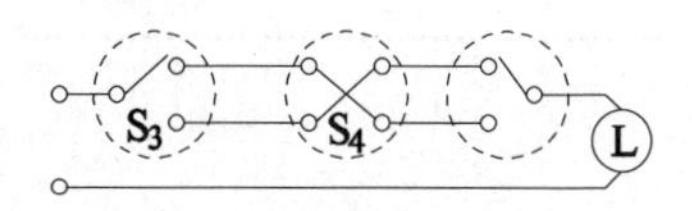

2008년 1회 기출문제 해설

※ 다음 물음에 답을 해당 답란에 답하시오.

1 출제년도 97.02.08.11.12.13.14.15.(8점/각 문항당 4점)

도면과 같이 단상 변압기 3대가 있다. 다음 각 물음에 답하시오.

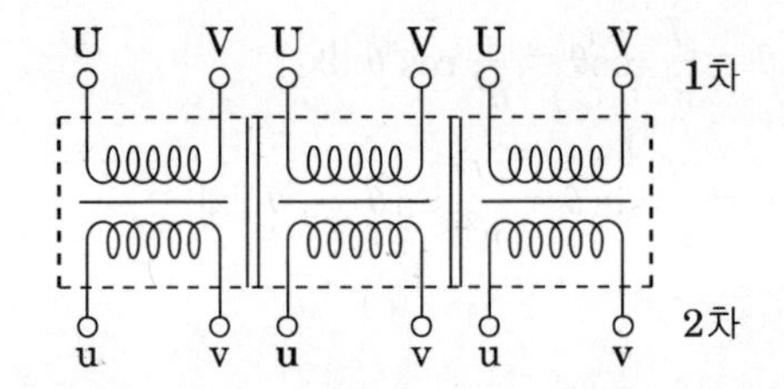

(1) 이 변압기를 △-△로 결선하시오.(주어진 도면에 직접 그리시오.)

(2) △-△ 결선으로 운전하던 중 한 상의 변압기에 고장이 생겨 이것을 분리하고 나머지 2대로 3상 전력을 공급하고자 한다. 이 때 사용하는 결선의 명칭은 무엇이며, 이 결선과 △결선의 출력비는 몇[%]가 되는지 계산하고 결선도를 완성하시오.(주어진 도면에 직접 그리시오.)

① 결선의 명칭

② △결선과의 출력비

③ 결선도

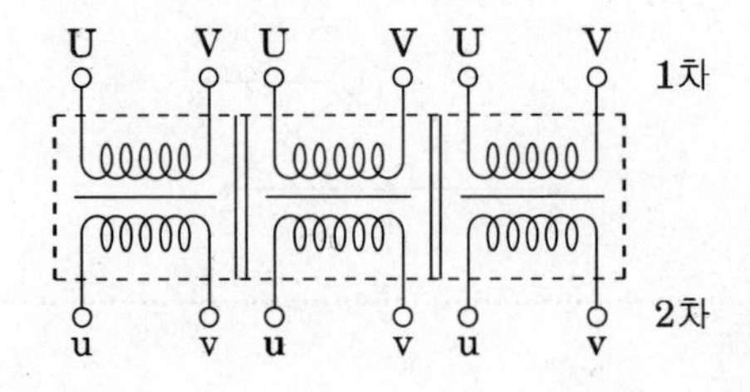

[작성답안]

(1)

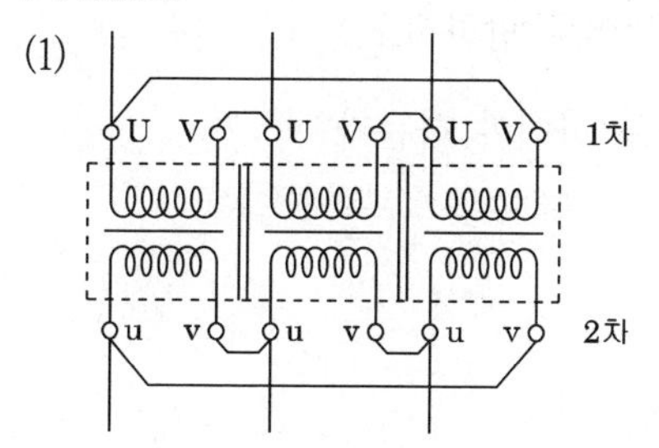

(2) ① 결선의 명칭 : V-V 결선

② 계산 : $출력비 = \frac{V결선 출력}{\triangle 결선 출력} = \frac{P_V}{P_\triangle} = \frac{\sqrt{3}P_1}{3P_1} \times 100 = 57.735[\%]$

답 : 57.74[%]

③ 결선도

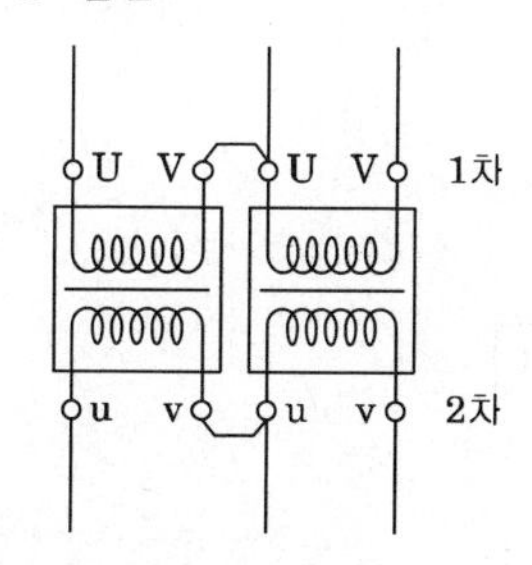

2

출제년도 02.08.09.新規.(10점/각 항목당 1점)

옥외의 간이 수변전설비에 대한 단선 결선도이다. 이 그림을 보고 다음 각 물음에 답하시오.

(1) 도면상의 A.S.S는 무엇인지 그 명칭을 쓰시오. (우리말 또는 영문원어로 답하시오.)

(2) 도면상의 MDW의 명칭은 무엇인가? (우리말 또는 영문원어로 답하시오.)

(3) 도면상의 CNCV-W에 대하여 정확한 명칭을 쓰시오.

(4) 22.9 [kV-Y] 간이 수변전설비는 수전용량 몇 [kVA] 이하에 적용하는가?

(5) LA의 공칭 방전전류는 몇 [A]를 적용하는가?

(6) 도면에서 PTT는 무엇인가? (우리말 또는 영문원어로 답하시오.)

(7) 도면에서 CTT는 무엇인가? (우리말 또는 영문원어로 답하시오.)

(8) 보호도체에 사용되는 전선의 표시는 어떤 색깔로 하여야 하는가?

(9) 도면상의 ⊕은 무엇인지 우리말로 답하시오.

(10) 도면상의 Ⓐ은 무엇인지 우리말로 답하시오.

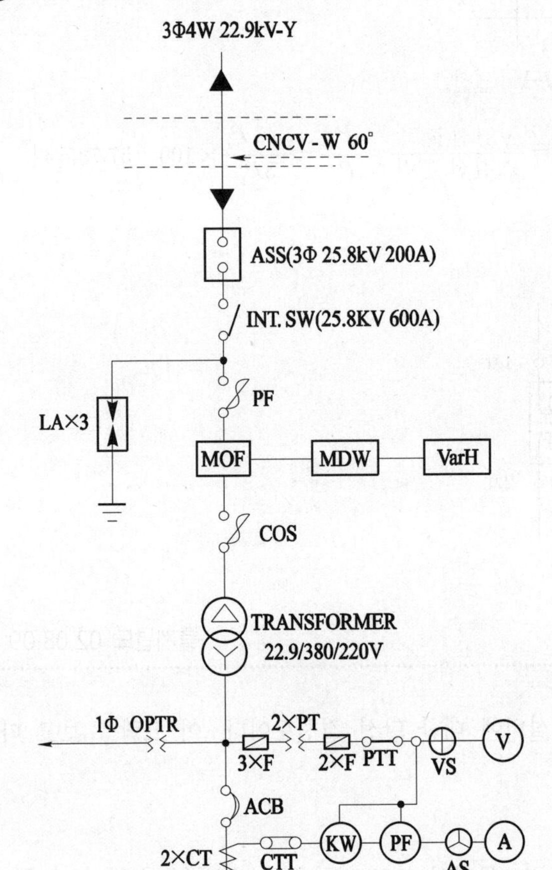

[작성답안]

(1) 자동 고장 구분 개폐기(Automatic Section Switch)

(2) 최대 수요 전력량계(Maximum Demand Wattmeter)

(3) 동심중성선 수밀형 전력케이블

(4) 1000 [kVA] 이하

(5) 2500 [A]

(6) 전압 시험 단자
(7) 전류 시험 단자
(8) 녹색-노란색
(9) 전압계용 전환 개폐기
(10) 전류계용 전환 개폐기

3 출제년도 04.08.(5점/부분점수 없음)

그림에 나타낸 과전류 계전기가 유입 차단기를 차단할 수 있도록 결선하고, CT와 OCR 및 전류계를 연결할 때 접지를 표시 하시오. (단, 과전류 계전기는 상시 폐로식이다.)

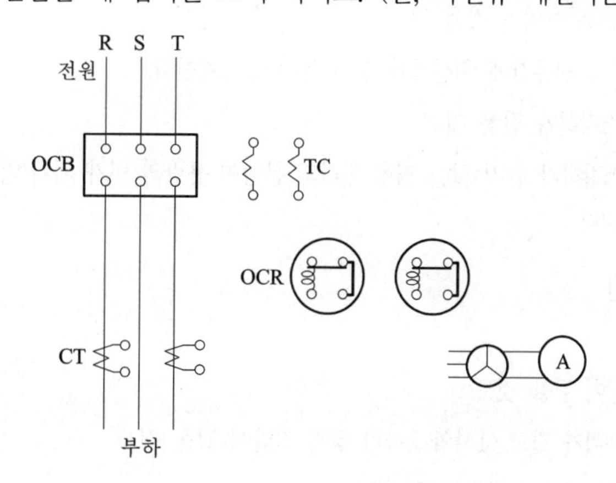

[작성답안]

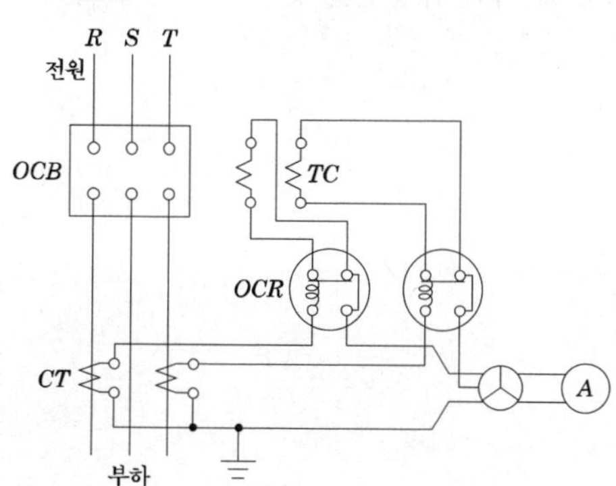

4

출제년도 08.13.(8점/각 항목당 1점)

단상 변압기의 병렬 운전 조건 4가지를 쓰고, 이들 각각에 대하여 조건이 맞지 않을 경우에 어떤 현상이 나타나는지 쓰시오.

[작성답안]

① • 조건 : 각 변압기의 극성이 같을 것
• 현상 : 극성이 반대로 바뀌면 2차 권선의 순환회로에 2차 기전력의 합이 가해지고 권선의 임피던스는 작으므로 큰 순환전류가 흘러 권선이 소손된다.

② • 조건 : 권수비 및 2차 정격전압이 같을 것
• 현상 : 권수비가 다른 경우 2차 기전력의 크기가 다르므로 1차 권선에 의한 순환전류가 흘러서 권선이 과열된다.

③ • 조건 : 저항과 리액턴스비가 같을 것
• 현상 : 각 변압기의 전류간에 위상차가 생겨 동손이 증가한다.

④ • 조건 : %임피던스강하가 같을 것
• 현상 : %임피던스강하가 같지 않을 경우 부하의 분담이 용량의 비가 되지 않아 부하의 분담이 균형을 이룰 수 없다.

[핵심] 변압기 병렬운전

① 병렬 운전의 조건
• 각 변압기의 극성이 같을 것
• 각 변압기의 권수비가 같고, 1차와 2차의 정격 전압이 같을 것
• 각 변압기의 %임피던스 강하가 같을 것
• 3상식에서는 위의 조건 외에 각 변압기의 상회전 방향 및 각 변위가 같을 것

② 순환전류

$$I_c = \frac{\frac{I}{2}Z_2 - \frac{I}{2}Z_1}{Z_1 + Z_2} \text{ [A]}$$

③ 부하분담

$$\frac{[\text{kVA}]_a}{[\text{kVA}]_b} = \frac{[\text{kVA}]_A}{[\text{kVA}]_B} \times \frac{\%Z_b}{\%Z_a}$$

5

출제년도 04.05.07.08.(7점/각 문항당 1점, 모두 맞으면 7점)

다음의 회로는 두 입력 중 먼저 동작한 쪽이 우선이고, 다른 쪽의 동작을 금지시키는 시퀀스 회로이다. 이 회로를 보고 다음 각 물음에 답하시오. (단, A, B는 입력 스위치이고, X_1, X_2는 계전기이다.)

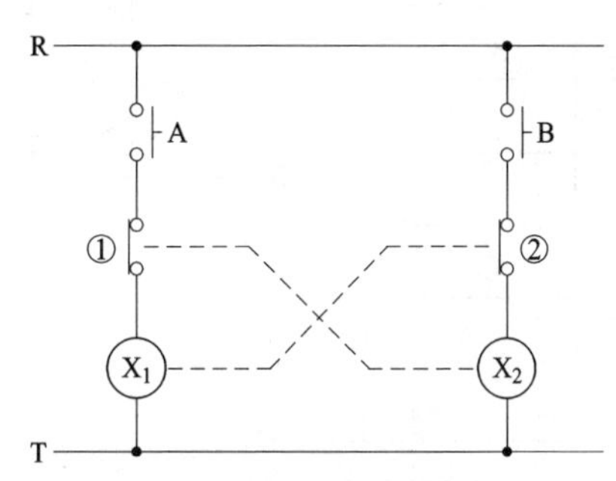

(1) ①, ②에 맞는 각 보조접점의 접점기호의 명칭을 쓰시오.

(2) 이 회로의 주로 기기의 보호와 조작자의 안전을 목적으로 하는데 이와 같은 회로의 명칭을 무엇이라 하는가?

(3) 주어진 진리표를 완성하시오.

입 력		출 력	
A	B	X_1	X_2
0	0		
0	1		
1	0		

(4) 계전기 시퀀스 회로를 논리회로로 변환하여 그리시오.

(5) 그림과 같은 타임차트를 완성하시오.

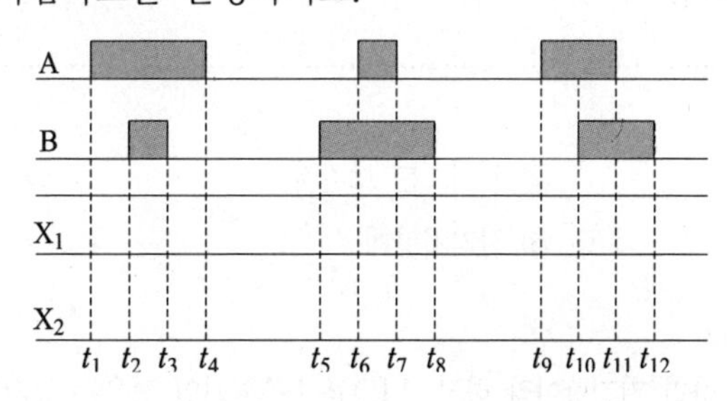

[작성답안]

(1) ① X_2계전기의 순시 b 접점

② X_1계전기의 순시 b 접점

(2) 인터록회로

(3)

입 력		출 력	
A	B	X_1	X_2
0	0	0	0
0	1	0	1
1	0	1	0

(4)

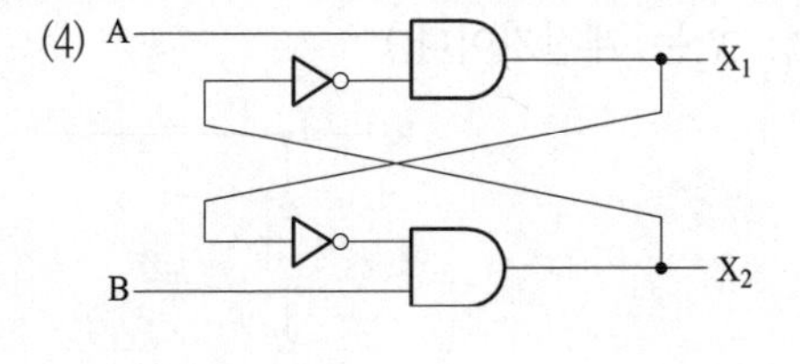

(5)

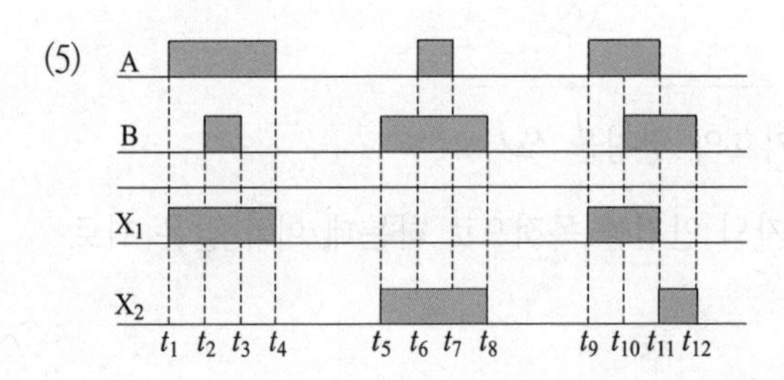

출제년도 98.08.18.22.(5점/각 문항당 1점)

6

다음 저항을 측정하는데 가장 적당한 계측기 또는 적당한 방법은?

(1) 변압기의 절연저항　　(2) 검류계의 내부저항

(3) 전해액의 저항　　(4) 배전선의 전류

(5) 접지극의 접지저항

[작성답안]

① 절연저항계 (Megger)　　② 휘이스톤 브리지　　③ 콜라우시 브리지

④ 후크온 메터　　⑤ 접지저항계

[핵심] 저항의 측정

저항값을 1 [Ω] 미만이라 하면 저저항이라 하고, 1 [Ω]~ 1 [MΩ]인 경우는 중저항, 1 [MΩ] 이상은 고저항이라 한다. 저항을 측정하기 위해서는 일반적으로 옴의 법칙을 이용하여 구할 수 있고, 저저항을 측정하는 경우는 전압계와 전류계를 이용하여, 옴의 법칙으로 정확하게 저항값을 구하기 힘들므로 오차를 줄이기 위해 전압강하법, 전위차계법, 캘빈 더블 브리지법 등을 이용하여 저항을 측정한다.

① 저저항 측정

- 전압강하법
- 전위차계법
- 캘빈더블브리지법

② 중저항 측정

- 전압강하법
- 지시계기 사용법
- 휘트스톤 브리지법

③ 고저항 측정

- 직편법(검류계법)
- 전압계법
- 절연저항계법

④ 특수저항측정

- 검류계내부저항의 측정 : 검류계의 내부저항은 중저항에 해당함으로 휘트스톤 브리지법을 이용하는 방법으로 검류계의 내부저항을 측정한다.
- 전지의 내부저항 측정 : 전지의 내부저항의 측정에는 내부저항이 큰 전압계를 이용하는 방법과 기전력을 동시에 측정할 수 있는 전류계법, 브리지를 이용하는 방법 등이 있다.
- 전해액의 저항측정 : 전해액은 전기분해에 의해 분극작용이 생김으로 이로 인한 역기전력으로 전해액의 저항 측정시 실제 저항값보다 크게 측정된다. 그러므로 분극작용에 영향을 받지 않는 측정법이 필요하며, 콜라우시 브리지법(kohlrausch bridge), 스트라우드법(stroud)와 핸더슨법(henderson) 등이 있다.
- 접지저항측정 : 접지저항을 측정하는 방법은 콜라우시 브리지법과 접지저항계를 이용하는 방법이 있다.

7

출제년도 04.08.15.19.(8점/(1) (2) (3) (5) 1점, (4) 4점)

피뢰기는 이상전압이 기기에 침입했을 때 그 파고값을 저감시키기 위하여 뇌전류를 대지로 방전시켜 절연파괴를 방지하며, 방전에 의하여 생기는 속류를 차단하여 원래의 상태로 회복시키는 장치이다. 다음 각 물음에 답하시오.

(1) 갭형 피뢰기의 구성요소를 2가지를 쓰시오.

(2) 피뢰기의 정격전압이라고 하는 것은 어떤 전압을 말하는가?

(3) 피뢰기의 제한전압은 어떤 전압을 말하는가?

(4) 피뢰기의 기능상 필요한 구비조건을 4가지만 쓰시오.

(5) 충격방전개시전압이란 어떤 전압을 말하는가?

[작성답안]

(1) 직렬갭, 특성요소

(2) 속류를 차단할 수 있는 교류 최고전압

(3) 피뢰기 방전중 피뢰기 단자에 남게되는 충격전압

(4) ① 충격방전 개시 전압이 낮을 것

② 상용주파 방전개시 전압이 높을 것

③ 방전내량이 크면서 제한 전압이 낮을 것

④ 속류차단 능력이 충분할 것

(5) 피뢰기 단자간에 충격전압을 인가하였을 경우 방전을 개시하는 전압

[핵심] 피뢰기의 용어

① 충격방전개시전압 (Impulse Spark Over Voltage)

피뢰기의 양단자사이에 충격전압이 인가되어 피뢰기가 방전하는 경우 그 초기에 방전 전류가 충분히 형성되어 단자간 전압강하가 시작하기 이전에 도달하는 단자전압의 최고전압을 말한다.

② 제한전압

충격전류가 방전으로 저하되어서 피뢰기의 단자간에 남게되는 충격전압, 즉 뇌서지의 전류가 피뢰기를 통과할 때 피뢰기의 양단자간 전압강하로 이것은 피뢰기 동작중 계속해서 걸리고 있는 단자전압의 파고치로 표시한다.

③ 속류 (Follow Current)

피뢰기의 속류란 방전현상이 실절적으로 끝난후 계속하여 전력계통에서 공급되어 피뢰기에 흐르는 전류를 말한다.

④ 정격전압 (Rated Voltage)

선로단자와 접지단자에 인가한 상태에서 소정의 단위 동작책무를 소정의 회수로 반복수행할 수 있는 정격주파수의 상용주파전압 최고한도를 규정한값(실효치)를 말한다.

8

출제년도 08.13.16.21.(5점/부분점수 없음)

3상 4선식에서 역률 100 [%]의 부하가 각 상과 중성선 간에 연결되어 있다. a상, b상, c상에 흐르는 전류가 각각 110 [A], 86 [A], 95 [A]일 때 중성선에 흐르는 전류의 크기 $|I_N|$을 계산하시오.

[작성답안]

계산 : $I_N = I_a + I_b + I_c = 110 + \left(-\frac{1}{2} - j\frac{\sqrt{3}}{2}\right) \times 86 + \left(-\frac{1}{2} + j\frac{\sqrt{3}}{2}\right) \times 95$

$= 110 - 43 - j74.48 - 47.5 + j82.27 = 19.5 + j7.79$

$\therefore \ |I_N| = \sqrt{19.5^2 + 7.79^2} = 20.998$ [A]

답 : 21 [A]

[핵심] 중성선에 흐르는 전류

각 상에는 R상을 기준으로 할 때 120도의 위상차가 있으므로 중성선에 흐르는 전류의 크기는 $I_a\angle 0° + I_b\angle -120° + I_c\angle -240°$로 나타낼 수 있다. 이 성분은 대칭좌표법에서 말하는 영상성분이 된다.

2008

9 출제년도 97.04.07.08.11.17.(5점/각 문항당 1점)

그림은 발전기의 상간 단락 보호 계전 방식을 도면화한 것이다. 이 도면을 보고 다음 각 물음에 답하시오.

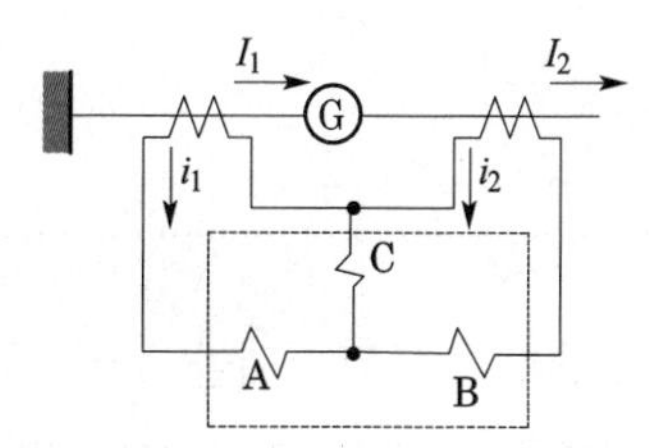

(1) 점선안의 계전기 명칭은?

(2) 동작 코일은 A, B, C 코일 중 어느 것인가?

(3) 발전기에 상간 단락이 생길 때 코일 C의 전류 i_d는 어떻게 표현되는가?

(4) 동기발전기를 병렬운전 시키기 위한 조건을 3가지만 쓰시오.

[작성답안]

(1) 비율 차동 계전기

(2) C 코일

(3) $i_d = |i_1 - i_2|$

(4) ① 기전력의 크기가 같을 것

② 기전력의 위상이 같을 것

③ 기전력의 주파수가 같을 것

④ 기전력의 파형이 같을 것

[핵심]

① 비율차동계전기

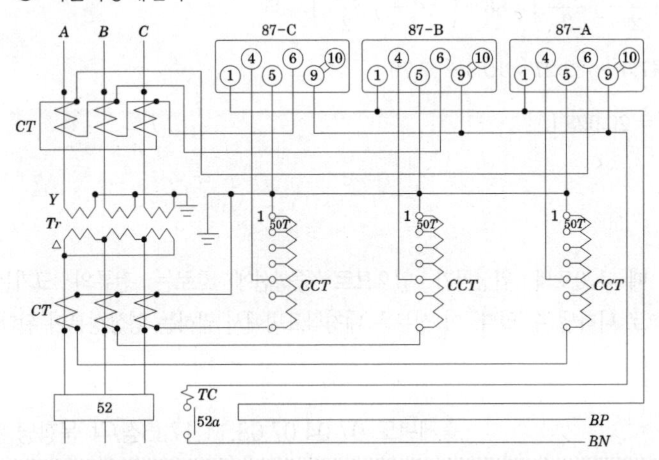

비율차동계전기는 변압기 투입시 여자 돌입 전류에 의한 오동작을 방지한 경우는 최소 35[%]의 불평형 전류로 동작한다. 비율차동계전기 Tap선정은 차전류가 억제코일에 흐르는 전류에 대한 비율보다 계전기 비율을 크게 선정해야 한다.

10

출제년도 08.20.(5점/부분점수 없음)

주변압기 단상 22900/380 [V], 500 [kVA] 3대를 Y-Y 결선으로 하여 사용하고자 하는 경우 2차측에 설치해야할 차단기 용량은 몇 [MVA]로 하면 되는가? (단, 변압기의 %Z는 3 [%]로 계산하며, 그 외 임피던스는 고려하지 않는다.)

[작성답안]

계산 : 차단기 용량 $P = \dfrac{100}{3} \times 500 \times 3 \times 10^{-3} = 50[\text{MVA}]$

답 : 50[MVA]

[핵심] %임피던스법

임피던스의 크기를 옴[Ω] 값 대신에 %값으로 나타내어 계산하는 방법으로 옴[Ω]법과 달리 전압환산을 할 필요가 없어 계산이 용이하므로 현재 가장 많이 사용되고 있다.

$$\%Z = \frac{I_n[\text{A}] \times Z[\Omega]}{E[\text{V}]} \times 100[\%] = \frac{P[\text{kVA}] \times Z[\Omega]}{10\,V^2[\text{kV}]}[\%]$$

$$P_S = \frac{100}{\%Z} P_N$$

여기서 P_N은 %임피던스를 결정하는 기준용량을 의미 한다.

11

출제년도 08.(12점/각 항목당 1점)

일반용 전기설비 및 자가용 전기설비에 사용되는 용어에 관한 사항이다. ( )안에 알맞은 내용을 쓰시오.

(1) "과전류차단기(過電流遮斷器)"라 함은 배선용차단기, 퓨즈, 기중차단기(A.C.B)와 같이 (①) 및 (②)를 자동차단하는 기능을 가진 기구를 말한다.

(2) "누전차단장치(漏電遮斷裝置)"라 함은 전로에 지락이 생겼을 경우에 부하기기, 금속제 외함 등에 발생하는 (③) 또는 (④)를 검출하는 부분과 차단기부분을 조합하여 자동적으로 전로를 차단하는 장치를 말한다.

(3) "배선용차단기(配線用遮斷器)"라 함은 전자작용 또는 바이메탈의 작용에 의하여 (⑤)를 검출하고 자동으로 차단하는 (⑥)로써 그 최소동작전류(동작하고 안하는 한계전류)가 정격전류의 100 [%]와 (⑦) 사이에 있고 또 외부에서 수동, 전자적 또는 전동적으로 조작할 수 있는 것을 말한다.

(4) "과전류(過電流)"라 함은 과부하 전류 및 (⑧)를 말한다.

(5) "중성선(中性線)"이라 함은 (⑨)에서 전원의 (⑩)에 접속된 전선을 말한다.

(6) "조상설비(調相設備)"라 함은 (⑪)을 조정하는 전기기계기구를 말한다.

(7) "이격거리(離隔距離)"라 함은 떨어져야 할 물체의 표면간의 (⑫)를 말한다.

[작성답안]

① 과부하전류	② 단락전류
③ 고장전압	④ 지락전류
⑤ 과전류	⑥ 과전류차단기
⑦ 125[%]	⑧ 단락전류
⑨ 다선식전로	⑩ 중성극
⑪ 무효전력	⑫ 최단거리

12

출제년도 08.13.14.(5점/부분점수 없음)

전부하에서 동손 100[W], 철손 50[W]인 변압기에서 최대 효율을 나타내는 부하는 몇 [%]인가?

[작성답안]

계산 : 변압기 최대효율조건 $P_i = m^2 P_c$ 에서 $m = \sqrt{\dfrac{P_i}{P_c}}$

$$m = \sqrt{\frac{P_i}{P_c}} \times 100 = \sqrt{\frac{50}{100}} \times 100 = 70.71[\%]$$

답 : 70.71[%]

[핵심] 변압기 효율 (efficiency)

① 전부하 효율 $\eta = \dfrac{P_n \cos\theta}{P_n \cos\theta + P_i + I^2 r} \times 100\ [\%]$

전부하시 $I^2 r = P_i$ 의 조건이 만족되면 효율이 최대가 된다.

② m부하시의 효율 $\eta = \dfrac{m\, V_{2n}\, I_{2n} \cos\theta}{m\, V_{2n}\, I_{2n} \cos\theta + P_i + m^2 I_{2n}^{\ 2}\, r_{21}} \times 100\ [\%]$

$P_i = m^2 P_c$ 이 최대 효율조건이며, 최대 효율일 경우 부하율은 다음과 같다.

$$m = \sqrt{\frac{P_i}{P_c}}$$

13

출제년도 08.10.18.21.(6점/각 문항당 3점)

제5고조파 전류의 확대 방지 및 스위치 투입시 돌입전류 억제를 목적으로 역률개선용 콘덴서에 직렬 리액터를 설치하고자 한다. 콘덴서의 용량이 500 [kVA]라고 할 때 다음 각 물음에 답하시오.

(1) 이론상 필요한 직렬 리액터의 용량은 몇[kVA]인가?

(2) 실제적으로 설치하는 직렬 리액터의 용량은 몇 [kVA]인가?

- 리액터의 용량
- 사유

[작성답안]

(1) 계산 : $500 \times 0.04 = 20$ [kVA]

답 : 20[kVA]

(2) 리액터의 용량 : $500 \times 0.06 = 30$ [kVA]

사유 : 주파수 변동 등을 고려하여 6%를 선정한다.

[핵심] 직렬리액터

[이론상] 리액터 용량 = 콘덴서 용량 × 4[%]

[실제상] 리액터 용량 = 콘덴서 용량 × 6[%]

14 출제년도 98.02.05.(5점/각 문항당1점, 모두 맞으면 5점)

어느 수용가의 공장 배전용 변전실에 설치되어 있는 250[kVA]의 3상 변압기에서 A, B 2회선으로 아래 표에 명시된 부하에 전력을 공급하고 있는데 A, B 각 회선의 합성 부등률은 1.2, 개별 부등률 1.0이라고 할 때 최대 수용 전력시에는 과부하가 되는 것으로 추정되고 있다. 다음 각 물음에 답하시오.

회 선	부하 설비[kW]	수용률[%]	역 률[%]
A	250	60	75
B	150	80	75

(1) A회선의 최대 부하는 몇 [kW]인가?

(2) B회선의 최대 부하는 몇 [kW]인가?

(3) 합성 최대 수용 전력(최대 부하)은 몇 [kW]인가?

(4) 전력용 콘덴서를 병렬로 설치하여 과부하되는 것을 방지하고자 한다. 이론상 필요한 콘덴서 용량은 몇 [kVA]인가?

[작성답안]

(1) 계산 : $P_A = \dfrac{250 \times 0.6}{1.0} = 150$ [kW]

답 : 150 [kW]

(2) 계산 : $P_B = \dfrac{150 \times 0.8}{1.0} = 120$ [kW]

답 : 120 [kW]

(3) 계산 : $P = \dfrac{150 + 120}{1.2} = 225$ [kW]

답 : 225 [kW]

(4) 계산 : 개선 후 역률 $\cos\theta_2 = \dfrac{225}{250} = 0.9$

콘덴서 용량 $Q_c = P(\tan\theta_1 - \tan\theta_2) = 225\left(\dfrac{\sqrt{1-0.75^2}}{0.75} - \dfrac{\sqrt{1-0.9^2}}{0.9}\right) = 89.46$ [kVA]

답 : 89.46 [kVA]

[핵심] 역률개선 콘덴서 용량

① 콘덴서 용량

$$Q_c = P\tan\theta_1 - P\tan\theta_2 = P(\tan\theta_1 - \tan\theta_2) = P\left(\frac{\sin\theta_1}{\cos\theta_1} - \frac{\sin\theta_2}{\cos\theta_2}\right)$$

$$= P\left(\frac{\sqrt{1-\cos^2\theta_1}}{\cos\theta_1} - \frac{\sqrt{1-\cos^2\theta_2}}{\cos\theta_2}\right) [\text{kVA}]$$

여기서, $\cos\theta_1$: 개선 전 역률, $\cos\theta_2$: 개선 후 역률

② 역률개선시 증가 할수 있는 부하

역률 개선에 따른 유효전력의 증가분 $\Delta P = P_a(\cos\theta_2 - \cos\theta_1)$ [kW]

여기서, $\cos\theta_1$: 개선 전 역률 $\cos\theta_2$: 개선 후 역률

15

출제년도 98.99.01.05.08.20.(6점/각 문항당 2점)

그림은 전동기의 정·역 변환이 가능한 미완성 시퀀스 회로도이다. 이 회로도를 보고 다음 각 물음에 답하시오. (단, 전동기는 가동 중 정·역을 곧바로 바꾸면 과전류와 기계적 손상이 발생되기 때문에 지연 타이머로 지연시간을 주도록 하였다.)

【주회로】

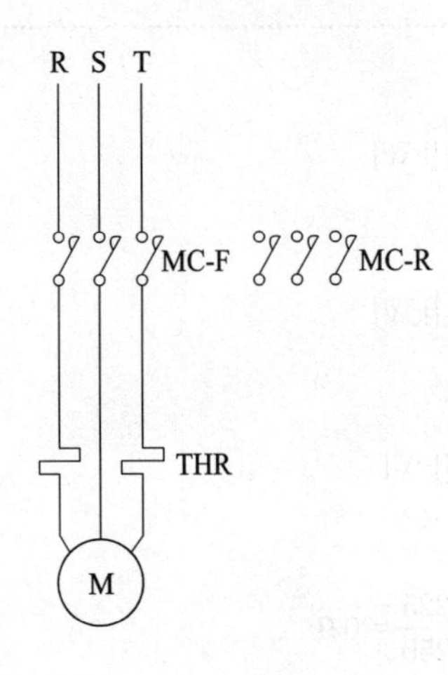

【보조회로】

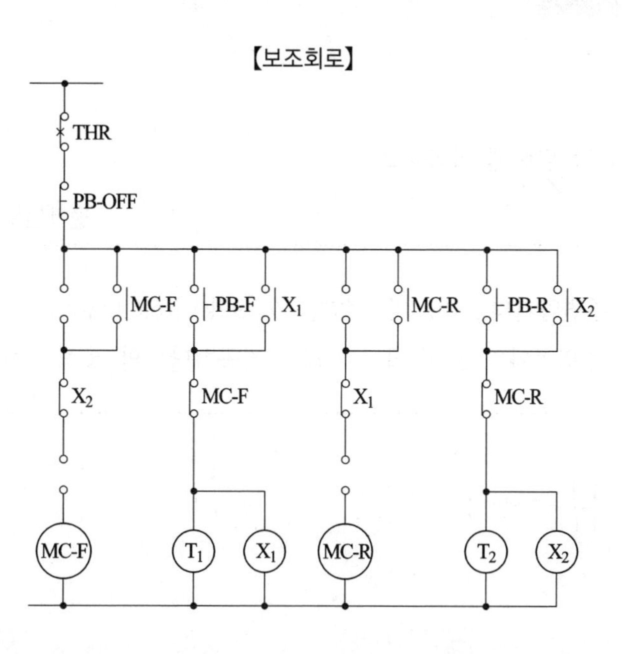

(1) 정·역 운전이 가능하도록 주어진 회로의 주회로의 미완성 부분을 완성하시오.

(2) 정·역 운전이 가능하도록 주어진 보조(제어)회로의 미완성 부분을 완성하시오.
(단, 접점에는 접점 명칭을 반드시 기록하도록 하시오.)

(3) 주회로 도면에서 약호 THR은 무엇인가?

[작성답안]

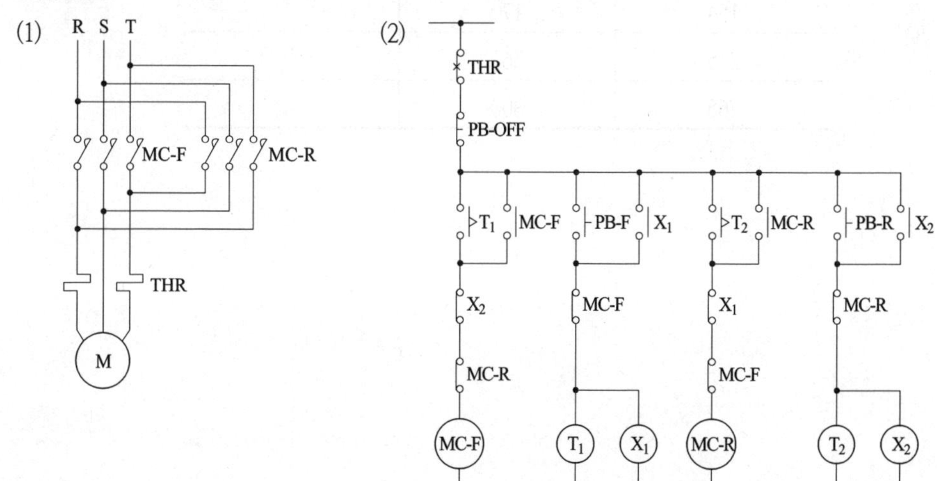

(3) 열동계전기 (또는 과부하 계전기)

2008년 2회 기출문제 해설

※ 다음 물음에 답을 해당 답란에 답하시오.

1

출제년도 08.(5점/부분점수 없음)

수변전계통에서 주변압기의 1차/2차 전압은 22.9 [kV]/6.6 [kV]이고, 주변압기 용량은 1500[kVA]이다. 주변압기의 2차측에 설치되는 진공차단기의 정격전압은?

[작성답안]

계산 : $V_n = 6.6 \times \frac{1.2}{1.1} = 7.2[\text{kV}]$

답 : 7.2[kV]

[핵심] 정격전압

지정된 조건에 따라 기기에 인가될 수 있는 사용회로전압의 상한

정격전압의 표준치

공칭전압[kV]	정격전압[kV]	비 고
6.6	7.2	
22 또는 22.9	25.8	23kV 포함
66	72.5	
154	170	
345	362	
765	800	

2

출제년도 03.08.(5점/부분점수 없음)

유도 전동기 IM을 유도전동기가 있는 현장과 현장에서 조금 떨어진 제어실 어느 쪽에 서든지 기동 및 정지가 가능하도록 전자접촉기 MC와 누름버튼 스위치 PBS-ON용 및 PBS-OFF용을 사용하여 제어회로를 점선안에 그리시오.

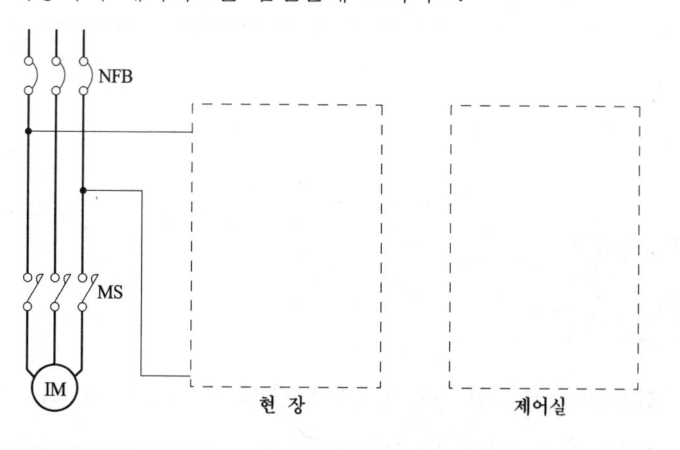

[작성답안]

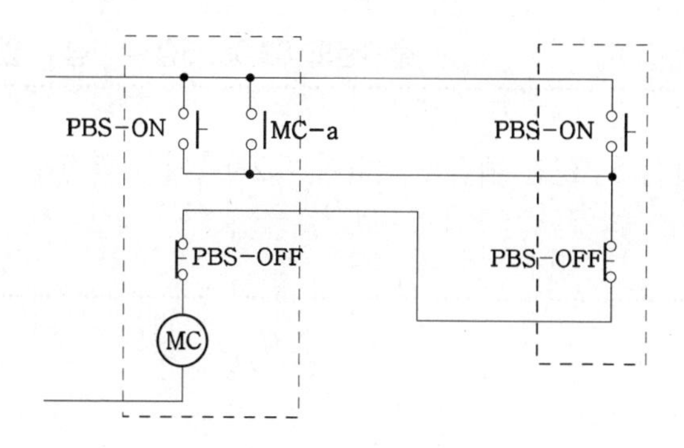

3 출제년도 90.08.10.11.12.(5점/부분점수 없음)

디젤 발전기를 5시간 전부하로 운전할 때 중유의 소비량이 287 [kg]이었다. 이 발전기의 정격 출력을 계산하시오.(단, 중유의 열량은 10^4 [kcal/kg], 기관효율 35.3 [%], 발전기 효율 85.7 [%], 전부하시 발전기역률 85 [%]이다.)

[작성답안]

계산 : $P=\dfrac{BH\eta_g\eta_t}{860T\cos\theta}=\dfrac{287\times10^4\times0.353\times0.857}{860\times5\times0.85}=237.547$ [kVA]

답 : 237.55 [kVA]

[핵심] 디젤 발전기의 출력

$$P=\frac{BH\eta_g\eta_t}{860T\cos\theta}\ [\text{kVA}]$$

여기서 η_g : 발전기효율 η_t : 엔진효율 T : 운전시간 [h] B : 연료소비량 [kg]

H : 연료의 열량 [kcal/kg], 1 [kWh] = 860 [kcal]

4 출제년도 89.08.(5점/부분점수 없음)

단상 100 [kVA], 22900/210 [V], %임피던스 5 [%]인 배전용 변압기의 2차측의 단락전류는 몇 [A]인가?

[작성답안]

계산 : $I_s=\dfrac{100}{\%Z}I_n=\dfrac{100}{5}\times\dfrac{100\times10^3}{210}=9523.81$[A]

답 : 9523.81[A]

[핵심] %임피던스법

임피던스의 크기를 옴 [Ω] 값 대신에 %값으로 나타내어 계산하는 방법으로 옴 [Ω]법과 달리 전압환산을 할 필요가 없어 계산이 용이하므로 현재 가장 많이 사용되고 있다.

$$\%Z=\frac{I_n[\text{A}]\times Z[\Omega]}{E[\text{V}]}\times100[\%]=\frac{P[\text{kVA}]\times Z[\Omega]}{10V^2[\text{kV}]}[\%]$$

$$P_S=\frac{100}{\%Z}P_N$$

여기서 P_N은 %임피던스를 결정하는 기준용량을 의미 한다.

5 출제년도 96.08.19.(5점/각 항목당 1점)

축전지 설비에 대하여 다음 각 물음에 답하시오.

(1) 연(鉛)축전지의 전해액이 변색되며, 충전하지 않고 방치된 상태에서도 다량으로 가스가 발생되고 있다. 어떤 원인의 고장으로 추정되는가?

(2) 거치용 축전설비에서 가장 많이 사용되는 충전방식으로 자기방전을 보충함과 동시에 상용부하에 대한 전력공급은 충전기가 부담하도록 하되 충전기가 부담하기 어려운 일시적인 대전류 부하는 축전지로 하여금 부담하게 하는 충전 방식은?

(3) 연(鉛)축전지와 알칼리 축전지의 공칭전압은 몇 [V/셀]인가?

① 연(鉛)축전지

② 알칼리 축전지

(4) 축전지 용량을 구하는 식 $C_B = \frac{1}{L}[K_1 I_1 + K_2(I_2 - I_1) + K_3(I_3 - I_2) \cdots\cdots + K_n(I_n - I_{n-1})]$[Ah]에서 L은 무엇을 나타내는가?

[작성답안]

(1) 전해액의 불순물의 혼입

(2) 부동충전방식

(3) ① 연(鉛)축전지 : 2.0 [V/cell]

② 알칼리 축전지 : 1.2 [V/cell]

(4) 보수율

2008

[핵심] 축전지 고장의 원인과 현상

현 상		추정 원인
초기 고장	• 전체 셀 전압의 불균형이 크고 비중이 낮다.	• 사용 개시시의 충전 보충 부족
	• 단전지 전압의 비중 저하, 전압계의 역전	• 역접속
사용중 고장	• 전체 셀 전압의 불균형이 크고 비중이 낮다.	• 부동충전전압이 낮다. • 균등 충전의 부족 • 방전후의 회복충전 부족
	• 어떤 셀만의 전압, 비중이 극히 낮다.	• 국부단락
	• 전체 셀의 비중이 높다. • 전압은 정상	• 액면 저하 • 보수시 묽은 황산의 혼입
	• 충전 중 비중이 낮고 전압은 높다. • 방전 중 전압은 낮고 용량이 감퇴한다.	• 방전 상태에서 장기간 방치 • 충전 부족의 상태에서 장기간 사용 • 극판 노출 • 불순물 혼입
	• 전해액의 변색, 충전하지 않고 방치 중에도 다량으로 가스가 발생한다.	• 불순물 혼입
	• 전해액의 감소가 빠르다.	• 충전 전압이 높다. • 실온이 높다.
	• 축전지의 현저한 온도 상승, 또는 소손	• 충전장치의 고장 • 과충전 • 액면 저하로 인한 극판의 노출 • 교류 전류의 유입이 크다.

6

출제년도 07.08.09.13.(5점/각 문항당 2점, 모두 맞으면 5점)

다음 전선의 약호에 대한 명칭을 쓰시오.

(1) NRI(70)

(2) NFI(70)

[작성답안]

(1) 300/500[V] 기기 배선용 단심 비닐절연전선(70[℃])

(2) 300/500[V] 기기 배선용 유연성 단심 비닐절연전선(70[℃])

7 출제년도 08.21(5점/부분점수 없음)

공동주택에 전력량계 $1\phi 2W$용 35개를 신설, $3\phi 4W$용 7개를 사용이 종료되어 신품으로 교체하였다. 소요되는 공구손료 등을 제외한 직접 노무비를 계산하시오.
(단, 인공 계산은 소수 셋째자리까지 구하며, 내선전공의 노임은 95,000원 이다.)

전력량계 및 부속장치 설치

(단위 : 대)

종 별	내선전공
전력량계 $1\phi 2W$용	0.14
〃 $1\phi 3W$용 및 $3\phi 3W$용	0.21
〃 $3\phi 4W$용	0.32
CT(저고압)	0.40
PT(저고압)	0.40
ZCT(영상변류기)	0.40
현수용 MOF(고압·특고압)	3.00
거치용 MOF(고압·특고압)	2.00
계기함	0.30
특수계기함	0.45
변성기함(저압·고압)	0.60

[해설] ① 방폭 200[%]

② 아파트 등 공동주택 및 기타 이와 유사한 동일 장소 내에서 10대를 초과하는 전력량계 설치시 추가 1대당 해당품의 70[%]

③ 특수계기함은 3종 계기함, 농사용 계기함, 집합 계기함 및 저압 변류기용 계기함 등임.

④ 고압변성기함, 현수용 MOF 및 거치용 MOF(설치대 조립품 포함)를 주상설치 시 배전전공 적용

⑤ 철거 30[%], 재사용 철거 50[%]

[작성답안]

계산 : 내선전공 = $10\times0.14+(35-10)\times0.14\times0.7+7\times0.32(0.3+1)=6.762$[인]

직접노무비 = $6.762\times95,000=642,390$[원]

답 : 642,390[원]

2008

[핵심]

① 전력량계 $1\phi 2W$용 기본 10대까지의 신설품 : 10×0.14

② 전력량계 $1\phi 2W$용 기본 10대를 초과하는 25대의 신설품 : $(35-10) \times 0.14 \times 0.7$

③ 전력량계 $3\phi 4W$용 7대 교체품 : $7 \times 0.32(0.3+1) = 6.762$

교체는 "철거+신설"을 의미한다. 철거시 사용이 종료된 계기이므로 재사용 철거는 적용하지 않는다.

8

출제년도 97.08.(5점/각 항목당 1점, 모두 맞으면 5점)

최근 차단기의 절연 및 소호용으로 많이 이용되고 있는 SF_6 Gas의 특성 4가지만 쓰시오.

[작성답안]

- 절연 성능과 안전성이 우수하다.
- 소호 능력이 뛰어나다(공기의 약 100배).
- 절연 내력이 높다(공기의 2~3배)
- 무독, 무취, 불연 기체로서 유독 가스를 발생하지 않는다.

9

출제년도 93.99.01.04.08.12.13.15.(5점/부분점수 없음)

길이 20[m], 폭 10[m], 천장 높이 5[m], 유지율은 80[%], 조명률은 50[%]이다. 작업면의 평균 조도를 120[lx]로 할 때 소요광속은 얼마인가?

[작성답안]

계산 : $FN = \dfrac{DES}{U} = \dfrac{ES}{UM} = \dfrac{120 \times 20 \times 10}{0.5 \times 0.8} = 60000[\text{lm}]$

답 : 60000[lm]

[핵심] 조명설계

① 실지수

방의 면적이 같은 2개의 방에 같은 수의 광원을 설치하여도 방의 모양이 다른 경우에는 작업면상의 조도는 다르게 된다. 그래서 천정, 바닥이 장방형인 방은 가로 X, 세로 Y 두 변의 평균을 한 변으로 하는 정방형인 방과 동일하다고 하는 이론에 의해 실지수 $R.I$를 다음 식과 같이 결정한다.

$$R.I = \frac{XY}{H(X+Y)}$$

실지수	5.0	4.0	3.0	2.5	2.0	1.5	1.25	1.0	0.8	0.6
기호	A	B	C	D	E	F	G	H	I	J

② 조도계산

N개의 램프에서 방사되는 빛을 평면상의 면적 A[㎡]에 모두 집중 조사할 수 있다고 하고 램프 1개당 광속을 F [lm]이라 하면, 그 면의 평균조도를

$$E = \frac{F \cdot N}{A} \text{ [lx]}$$

로 나타낸다. 이러한 평균조도 계산은 광속법과 설계여건에 따라 ZCM (Zonal Cavity Method)법을 채택할 수 있다.

$$E = \frac{F \cdot N \cdot U \cdot M}{A}$$

여기서, E : 평균조도 [lx]　　F : 램프 1개당 광속 [lm]

N : 램프수량 [개]　　U : 조명률

M : 보수율, 감광보상률의 역수　　A : 방의 면적 [㎡] (방의 폭×길이)

10　　출제년도 08.16.(5점/부분점수 없음)

전기설비기술기준에 의하여 욕실 등 인체가 물에 젖어 있는 상태에서 물을 사용하는 장소에 콘센트를 시설하는 경우에 설치해야 하는 저압차단기의 정확한 명칭을 쓰시오.

[작성답안]

정격감도전류 15 [mA] 이하 동작시간 0.03초 이하 전류동작형 인체감전보호용 누전차단기

11 출제년도 07.08.11.15.(8점/각 문항당 2점, 모두 맞으면 8점)

정격용량 500[kVA]의 변압기에서 배전선의 전력손실을 40[kW]로 유지하면서 부하 L_1, L_2에 전력을 공급하고 있다. 지금 그림과 같이 전력용 콘덴서를 기존 부하와 병렬로 연결하여 합성 역률을 90[%]로 개선하려고 할 때 다음 각 물음에 답하시오. (단, 여기서 부하 L_1은 역률 60[%], 180[kW]이고, 부하 L_2의 전력은 120 [kW], 160[kVar]이다.)

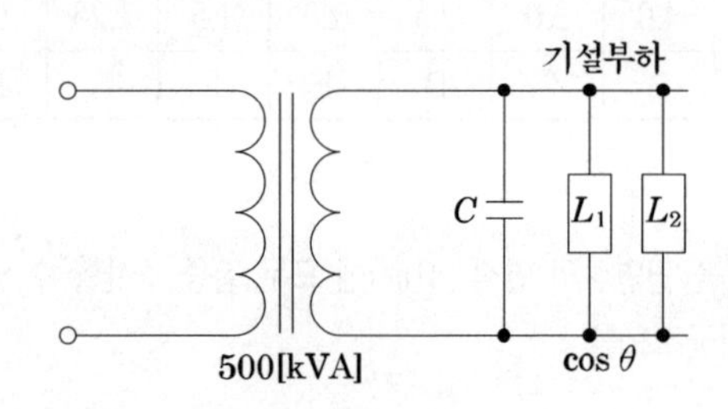

(1) 부하 L_1과 L_2의 합성용량[kVA]을 구하시오.

(2) 부하 L_1과 L_2의 합성역률을 구하시오.

(3) 합성역률을 90%로 개선하는데 필요한 콘덴서 용량(Q_c)[kVar] 을 구하시오.

[작성답안]

(1) 계산 : $P = P_1 + P_2 = 180 + 120 = 300\,[\text{kW}]$

$$P_r = P_{r1} + P_{r2} = P_1 \times \frac{\sin\theta_1}{\cos\theta_1} + P_{r2} = 180 \times \frac{0.8}{0.6} + 160 = 400\,[\text{kVar}]$$

합성용량 $P_a = \sqrt{P^2 + P_r^2} = \sqrt{300^2 + 400^2} = 500\,[\text{kVA}]$

답 : 500[kVA]

(2) 계산 : $\cos\theta = \dfrac{P}{P_a} = \dfrac{300}{500} \times 100 = 60\,[\%]$

답 : 60[%]

(3) 계산 : 콘덴서용량 $(Q_c) = 300 \times \left(\dfrac{0.8}{0.6} - \dfrac{\sqrt{1-0.9^2}}{0.9} \right) = 254.703\,[\text{kVar}]$

답 : 254.7[kVar]

[핵심] 역률개선 콘덴서 용량

① 콘덴서 용량

$$Q_c = P\tan\theta_1 - P\tan\theta_2 = P(\tan\theta_1 - \tan\theta_2) = P\left(\frac{\sin\theta_1}{\cos\theta_1} - \frac{\sin\theta_2}{\cos\theta_2}\right)$$

$$= P\left(\frac{\sqrt{1-\cos^2\theta_1}}{\cos\theta_1} - \frac{\sqrt{1-\cos^2\theta_2}}{\cos\theta_2}\right) \text{[kVA]}$$

여기서, $\cos\theta_1$: 개선 전 역률, $\cos\theta_2$: 개선 후 역률

② 역률개선시 증가 할수 있는 부하

역률 개선에 따른 유효전력의 증가분 $\Delta P = P_a(\cos\theta_2 - \cos\theta_1)$[kW]

여기서, $\cos\theta_1$: 개선 전 역률　　$\cos\theta_2$: 개선 후 역률

2008

12　　출제년도 08.15.(8점/각 항목당 1점, 모두 맞으면 8점)

다음은 특고압 계통에서 22.9 kV-Y, 1000[kVA] 이하를 시설하는 경우의 특고압 간이 수전설비 결선도 주의사항이다. 다음 "가"~"마"의 (　)에 알맞은 내용을 답란에 쓰시오.

가. LA용 DS는 생략할 수 있으며, 22.9kV-Y용의 LA는 Disconnector(또는 Isolator) 붙임 형을 사용하여야 한다.

나. 인입선을 지중선으로 시설하는 경우로 공동주택 등 고장 시 정전피해가 큰 경우는 예비 지중선을 포함하여 (①)회선으로 시설하는 것이 바람직하다.

다. 지중인입선의 경우에 22.9 kN-Y 계통은 CNCV-W케이블(수밀형) 또는 (②)을(를) 사용하여야 한다. 다만, 전력구 · 공동구 · 덕트 · 건물구내 등 화재의 우려가 있는 장소에서는 (③) 케이블을 사용하는 것이 바람직하다.

라. 300 [kVA] 이하의 경우는 PF 대신 (④)(비대칭 차단전류 10[kA] 이상의 것)을 사용할 수 있다.

마. 특고압 간이수전설비는 PF의 용단 등의 결상사고에 대한 대책이 없으므로 변압기 2차 측에 설치되는 주차단기에는 (⑤) 등을 설치하여 결상사고에 대한 보호 능력이 있도록 함이 바람직하다.

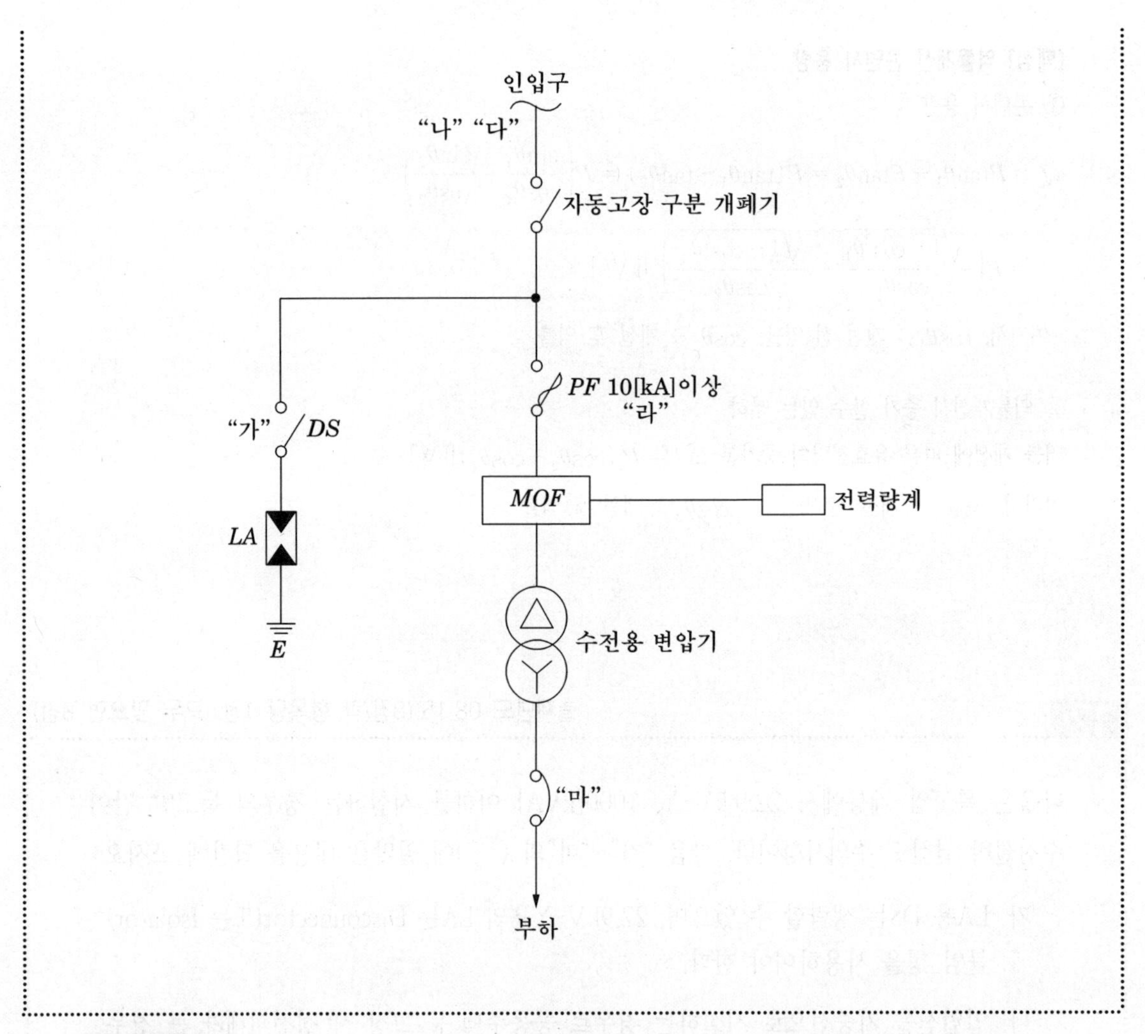

[작성답안]

①	②	③	④	⑤
2회선	TR CNCV-W (트리억제형)	FR CNCO-W (난연)	COS	결상 계전기

[핵심] 간이수전설비 표준결선도

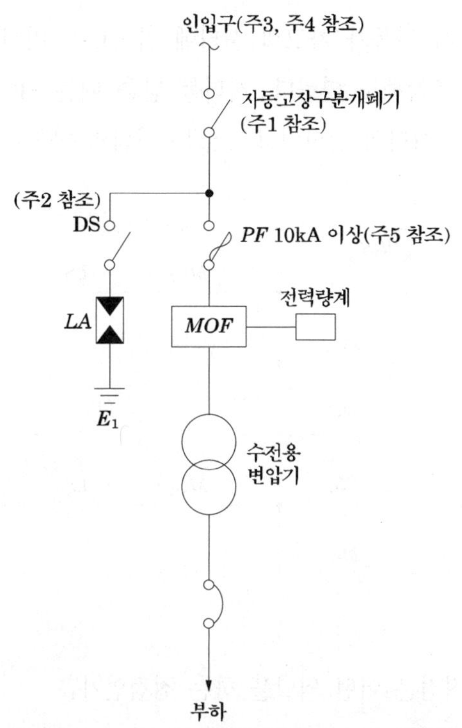

22.9 [kV-Y] 1,000 [kVA]이하를 시설하는 경우

[주1] *LA*용 *DS*는 생략할 수 있으며 22.9 [kV - Y]용의 *LA*는 Disconnector(또는 Isolator) 붙임형을 사용하여야 한다.

[주2] 인입선을 지중선으로 시설하는 경우로서 공동 주택 등 사고시 정전 피해가 큰 수전 설비 인입선은 예비선을 포함하여 2회선으로 시설하는 것이 바람직하다.

[주3] 지중인입선의 경우에 22.9 [kV-Y] 계통은 *CNCV− W* 케이블(수밀형) 또는 *TR CNCV− W*(트리억제형)을 사용하여야 한다. 다만, 전력구·공동구·덕트·건물구내 등 화재의 우려가 있는 장소에서는 *FR CNCO− W*(난연) 케이블을 사용하는 것이 바람직하다.

[주4] 300 [kVA] 이하인 경우 *PF* 대신 *COS*(비대칭 차단 전류 10 [kA] 이상의 것)을 사용할 수 있다.

[주5] 간이 수전 설비는 *PF*의 용단 등에 의한 결상 사고에 대한 대책이 없으므로 변압기 2차측에 설치되는 주차단기에는 결상 계전기 등을 설치하여 결상 사고에 대한 보호 능력이 있도록 함이 바람직하다.

13

출제년도 87.91.97.00.01.07.08.10.(11점/(1)(2)(3)3점, (3)2점)

시퀀스도의 동작 원리에서 자동차 차고의 셔터에 라이트가 비치면 PHS에 의해 자동으로 열리고, 또한 PB_1를 조작해도 열린다. 셔터를 닫을 때는 PB_2를 조작하면 셔터는 닫힌다. 리밋 스위치 LS_1은 셔터의 상한이고, LS_2는 셔터의 하한이다.

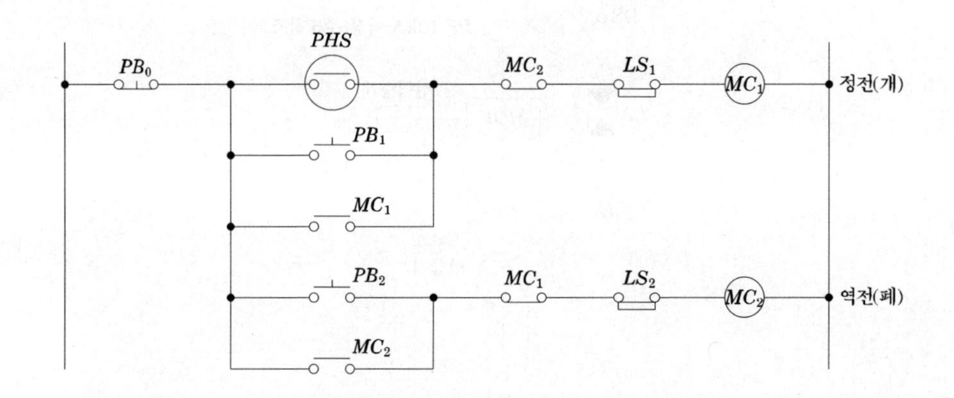

(1) MC_1, MC_2의 a접점은 어떤 역할을 하는 접점인가?

(2) MC_1, MC_2의 b접점은 어떤 역할을 하는가?

(3) LS_1, LS_2는 어떤 역할을 하는가?

(4) 시퀀스도에서 PHS(또는 PB_1)과 PB_2를 타임 차트와 같은 타이밍으로 ON 조작하였을 때의 타임 차트를 완성하여라.

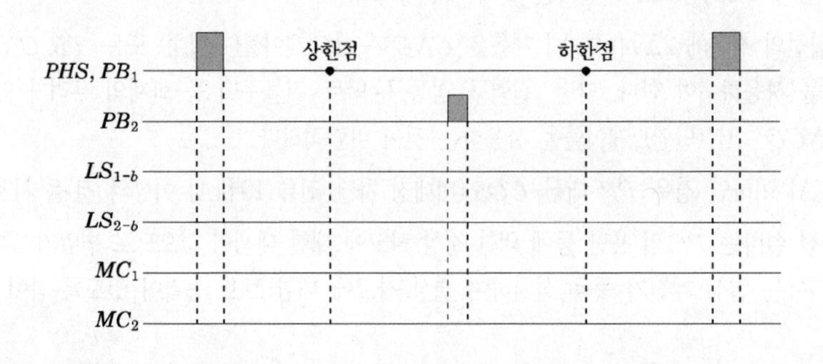

[작성답안]

(1) 자기 유지

(2) 인터록(동시 투입 방지)

(3) 셔터의 상·하한값을 감지하여 (MC_1), (MC_2)를 소자시킨다.

(4)

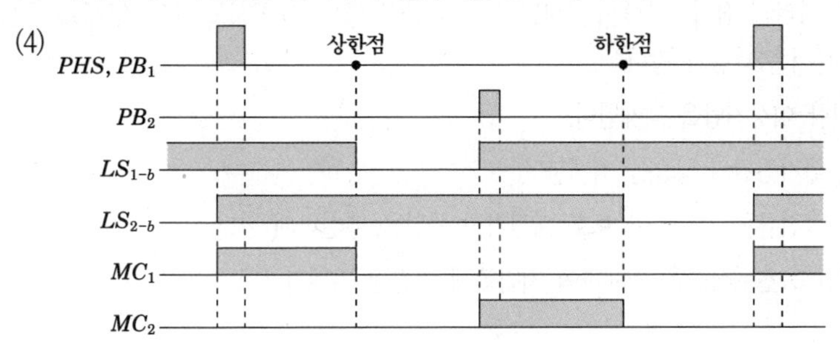

2008

14

출제년도 90.97.03.08.14.16.20.(8점/각 항목당 1점)

배전용 변전소에 접지 공사를 하고자 한다. 접지 목적을 3가지만 쓰고, 접지개소를 5개소만 쓰도록 하시오.

[작성답안]

(1) 접지목적

① 감전 방지 ② 기기의 손상 방지 ③ 보호 계전기의 확실한 동작

(2) 접지개소

① 고압 및 특고압 기계기구 외함 및 철대접지

② 피뢰기 접지

③ 변압기의 안정권선(安定卷線)이나 유휴권선(遊休卷線) 또는 전압조정기의 내장권선(內藏卷線)

④ 변압기로 특고압전선로에 결합되는 고압전로의 방전장치

⑤ 고압 옥외전선을 사용하는 관 기타의 케이블을 넣는 방호장치의 금속제 부분

[핵심] 접지의 목적

① 전기회로의 접지목적

이상적으로 접지저항이 "0" [Ω], 즉 전위상승이 없으면 아무런 장해가 없으나, 실제로는 접지저항이 존재하며 전위상승으로 인한 인체감전, 기기손상, 잡음발생, 오동작 등 여러 장해가 발생함으로 이를 방지하고 최소화하는 것이 접지의 목적이다. 따라서 접지시 상용주파뿐만 아니라 충격전압에 대해서도 낮은 저항값을 갖도록 하여야 한다. 계통접지의 목적은 다음과 같다.

- 낙뢰, 개폐서지 등에 의한 이상전압을 억제한다.
- 전력계통에서 발생하는 대지전위의 상승을 억제한다.
- 지락사고시 발생하는 지락전류를 검출하여 보호 계전기의 동작을 확실하게 한다.
- 고저압 혼촉에 의한 저압측 전위상승을 억제하여 저압측에 연결된 기계기구의 절연을 보호한다.

② 접지설계시 고려사항

접지설비를 설계할 경우 다음 사항을 고려하여 설계하여야 한다.

- 인체의 허용전류 값
- 접지전위상승
- 토지의 고유저항 및 접지저항 값
- 접지극 및 접지선의 크기와 형상
- 토양의 성질
- 대지의 고유저항
- 인체의 허용전류
- 보폭전압과 접촉전압
- 접지전위상승

15 출제년도 93.94.95.99.00.01.02.03.07.08. (5점/각 항목당 1점, 모두 맞으면 5점)

다음은 계전기의 그림기호이다. 각각의 명칭을 우리말로 쓰시오.

(1) OC (2) OL (3) UV (4) GR

[작성답안]

(1) 과전류 계전기

(2) 과부하 계전기

(3) 부족전압 계전기

(4) 지락 계전기

16

출제년도 08.17.22.(5점/각 항목당 1점, 모두 맞으면 5점)

전기사업자는 그가 공급하는 전기의 품질(표준전압, 표준주파수)을 허용오차 범위 안에서 유지하도록 전기사업법에 규정되어 있다. 다음 표의 빈칸 ①~④에 표준전압·표준주파수에 대한 허용오차를 정확하게 쓰시오.

표준전압 · 표준주파수	허용오차
110 볼트	①
220 볼트	②
380 볼트	③
60 헤르츠	④

[작성답안]

① 110볼트의 상하로 6볼트 이내

② 220볼트의 상하로 13볼트 이내

③ 380볼트의 상하로 38볼트 이내

④ 60헤르츠 상하로 0.2헤르츠 이내

[핵심] 전기사업법 시행규칙 제18조(전기의 품질기준)〈개정 2021.7.21.〉

전기사업법 시행규칙 별표3

표준전압·표준주파수 및 허용오차(제18조관련)

1. 표준전압 및 허용오차

표준전압	허용오차
110 볼트	110볼트의 상하로 6볼트 이내
220 볼트	220볼트의 상하로 13볼트 이내
380 볼트	380볼트의 상하로 38볼트 이내

2. 표준주파수 및 허용오차

표준 주파수	허용오차
60 헤르츠	60헤르츠 상하로 0.2헤르츠 이내

3. 비고

제1호 및 제2호 외의 구체적인 품질유지항목 및 그 세부기준은 산업자원부장관이 정하여 고시한다.

17

출제년도 88.06.08.10.(5점/부분점수 없음)

다음 그림의 회로는 어느 것인가 먼저 ON 조작된 측의 램프만 점등하는 병렬 우선 회로(PB_1 ON 시 L_1이 점등된 상태에서 L_2가 점등되지 않고, PB_2 ON 시 L_2가 점등된 상태에서 L_1이 점등되지 않는 회로)로 변경하여 그리시오. (단, 계전기 R_1, R_2의 보조 b접점 각 1개씩을 추가 사용하여 그리도록 한다.)

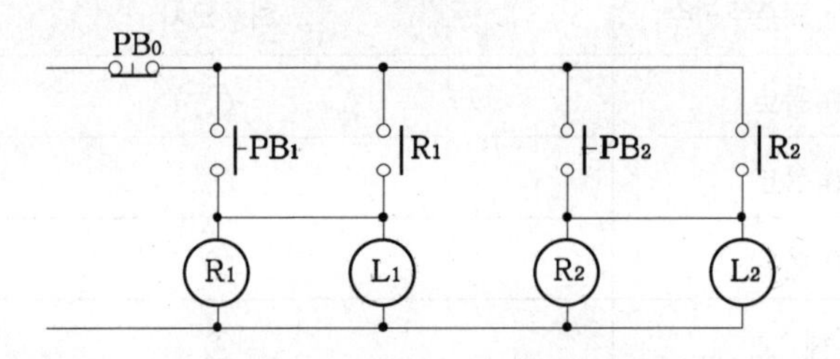

[작성답안]

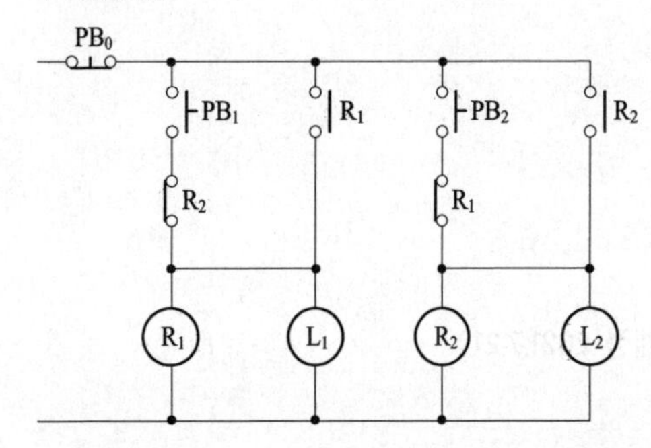

2008년 3회 기출문제 해설

※ 다음 물음에 답을 해당 답란에 답하시오.

1 출제년도 08.10.15.(5점/각 항목당 1점)

변압기의 고장(소손(燒損)) 원인에 대하여 5가지만 쓰시오.

[작성답안]

- 권선의 상간단락
- 권선의 층간단락
- 고·저압 혼촉
- 지락 및 단락사고에 의한 과전류
- 절연물 및 절연유의 열화에 의한 절연내력 저하

[핵심] 변압기 보호장치

변압기에서 발생되는 고장의 종류에는

- 권선의 상간단락 및 층간단락
- 권선과 철심간의 절연파괴에 의한 지락고장
- 고·저압 권선의 혼촉
- 권선의 단선
- Bushing lead의 절연파괴 등이 있으며 이중에서도 가장 많이 발생되는 고장은 권선의 층간단락 및 지락이다.

가. 전기적 보호장치

변압기의 고장시에 나타나는 전압, 전류의 변화에 따라 동작하는 보호장치이다.

- 전류비율차동계전기(87T, 내부단락과 지락 주보호)
- 방향거리계전기(21, 2단계, 단락후비보호, 345kV MTR)
- 과전류계전기(51, 단락, 지락 후비보호)
- 과전압계전기(64, 지락후비보호)
- 피뢰기(충격과전압 침입방지)

나. 기계적 보호장치

변압기의 내부에 고장이 발생하면 내부의 압력이나 온도가 상승되고, 가스압의 변화가 일어나며, 이때 상승된 압력은 변압기의 외함을 파손시키고 절연유를 유출시켜 화재를 유발하기도 한다. 기계적인 보호장치는 변압기 고장시에 발생되는 압력, 온도, 가스압 등의 변화에 따라 동작하는 보호장치이다.

• 방압관 방압안전장치 96D
• 충격압력계전기 96P
• 부흐흘쯔계전기 96B11 96B12
• OLTC보호계전기 96B2(96T)
• 가스검출계전기(Gas Detecter Ry) 96G
• 유온도계 26Q1, 26Q2
• 권선온도계 26W1, 26W2
• 압력계 63N 63F
• 유면계 33Q1 33Q2
• 유류지시계 69Q

2

제년도 08.10.(5점/각 문항당 1점, 모두 맞으면 5점)

다음 그림은 사용이 편리하고 일반적인 접지저항을 측정하고자 할 때 널리 사용되는 전위차계법의 미완성 접속도이다. 다음 각 물음에 답하시오.

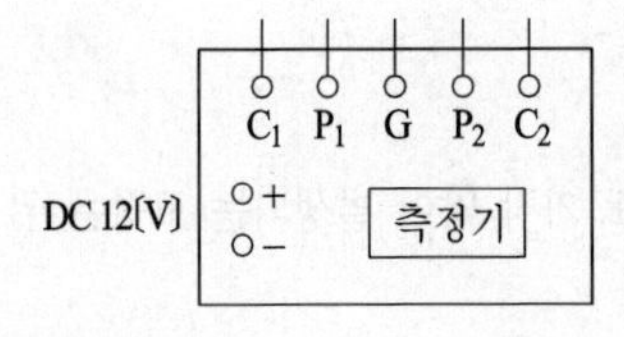

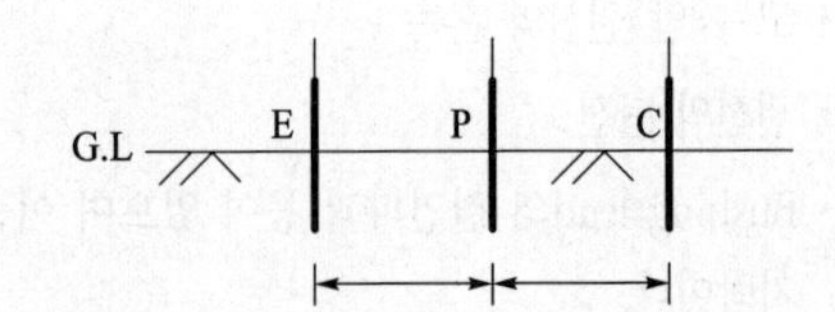

(1) 미완성 접속도를 완성하시오.

(2) 전극간 거리는 몇[m] 이상으로 하는가?

[작성답안]

(1)

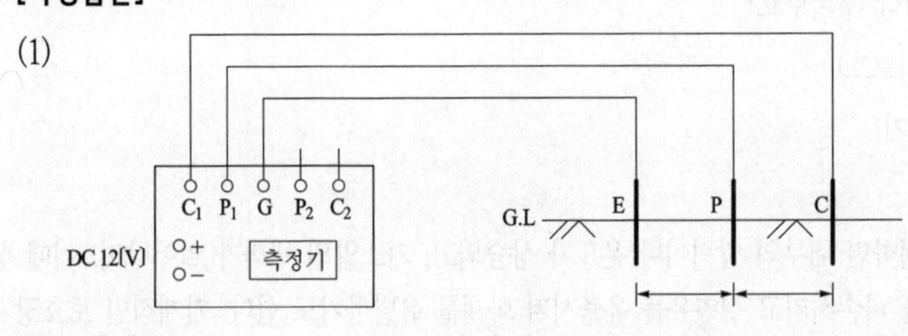

(2) 10[m]

[핵심] 전지식 접지저항계

- 접지저항 측정기를 수평으로 놓고 측정용 부속품을 확인한다.
- 보조 접지봉을 습기가 있는 곳에 직선으로 10m 이상 간격을 두고 박는다.
- 측정기의 E 단자 Lead선을 접지극(접지도체)에 접속한다.
- 측정기의 P,C 단자 Lead선을 보조 접지극에 접속한다.
- 절환 S.W를 (B)점에 돌려 Push Button S.W를 눌러 지침이 눈금판의 청색대 내에 있는가 확인한다.(Battery Check)
- 절환 S.W를 [V]점에 돌려 지침이 10 [V] 이하(적색대)로 되어 있는가 확인한다.(접지전압 Check)
- 절환 S.W를 [Ω]점에 돌려놓는다.
- Push Button S.W를 누르면서 다이얼을 돌려 검류계의 지침이 중앙(0점)에 지시할 때 다이얼의 값을 읽는다.

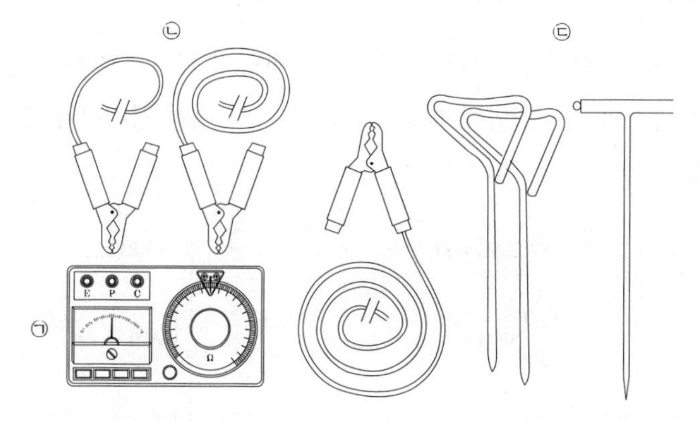

㉠ 전지식접지저항 측정기 ㉡ 접지극 및 보조전극 연결용 리드선 ㉢ 보조전극

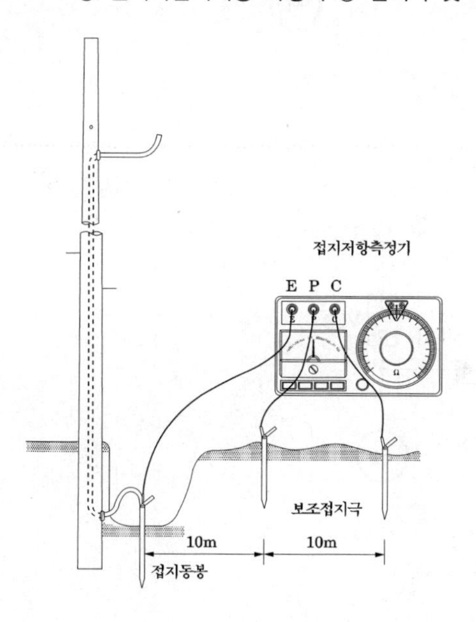

3 출제년도 93.94.95.99.00.01.02.03.07.08. (5점/각 항목당 1점, 모두 맞으면 5점)

다음은 계전기의 그림기호이다. 각각의 명칭을 우리말로 쓰시오.

(1) UV (2) OC (3) OV (4) P

[작성답안]

(1) 부족전압 계전기 (2) 과전류 계전기
(3) 과전압 계전기 (4) 전력 계전기

4 출제년도 08.19.(5점/각 문항당 2점, 모두 맞으면 5점)

변압기와 고압 모터에 서지흡수기를 설치하고자 한다. 각각의 경우에 대하여 서지흡수기를 그려 넣고 각각의 공칭전압에 따른 서지흡수기의 정격(정격전압 및 공칭방전전류)도 함께 쓰시오.

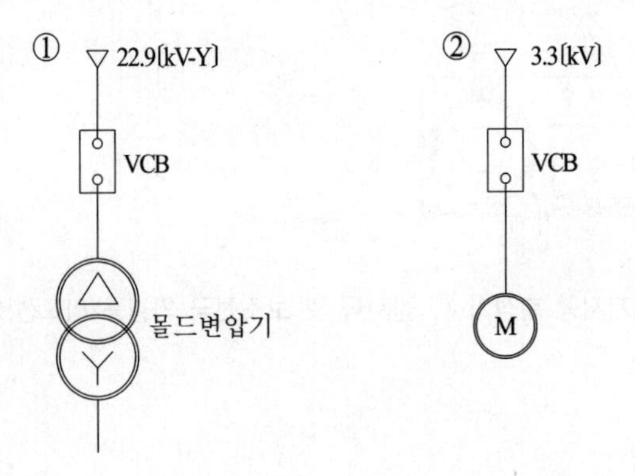

[작성답안]

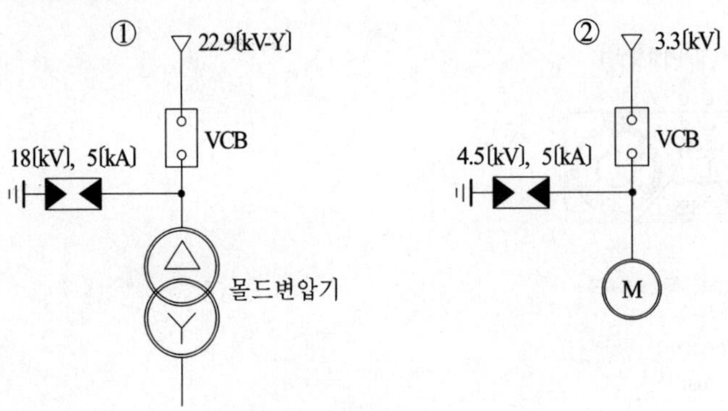

[핵심] 서지흡수기

최근에 몰드변압기의 채용이 증가하고 있으며, 아울러 몰드변압기 앞단에 진공차단기가 채용되고 있다. 그런데, 몰드변압기의 기준충격절연강도(BIL)가 95 [kV] (22 [kV]급)이며, 진공차단기의 개폐서지로 인하여 몰드변압기의 절연이 악화될 우려가 있으므로 몰드변압기를 보호하기 위해서 설치된다.

서지흡수기의 적용범위

<table>
<tr><th colspan="2">차단기 종류</th><th colspan="5">V C B(진공차단기)</th></tr>
<tr><td colspan="2">전압 등급</td><td>3 [kV]</td><td>6 [kV]</td><td>10 [kV]</td><td>20 [kV]</td><td>30 [kV]</td></tr>
<tr><td colspan="2">전동기</td><td>적 용</td><td>적 용</td><td>적 용</td><td>–</td><td>–</td></tr>
<tr><td rowspan="3">변
압
기</td><td>유입식</td><td>불필요</td><td>불필요</td><td>불필요</td><td>불필요</td><td>불필요</td></tr>
<tr><td>몰드식</td><td>적 용</td><td>적 용</td><td>적 용</td><td>적 용</td><td>적 용</td></tr>
<tr><td>건식</td><td>적 용</td><td>적 용</td><td>적 용</td><td>적 용</td><td>적 용</td></tr>
<tr><td colspan="2">콘덴서</td><td>불필요</td><td>불필요</td><td>불필요</td><td>불필요</td><td>불필요</td></tr>
<tr><td colspan="2">변압기와
유도기기와의 혼용
사용시</td><td>적 용</td><td>적 용</td><td>–</td><td>–</td><td>–</td></tr>
</table>

서지흡수기의 정격전압

공칭전압	3.3 [kV]	6.6 [kV]	22.9 [kV]
정격전압	4.5 [kV]	7.5 [kV]	18 [kV]
공칭방전전류	5 [kA]	5 [kA]	5 [kA]

5　　　　출제년도 96.99.01.03.08.15.(14점/각 항목당 1점)

어느 공장에서 예비 전원을 얻기 위한 전기시동방식 수동제어장치의 디젤 엔진 3상 교류 발전기를 시설하게 되었다. 발전기는 사이리스터식 정지 자여자 방식을 채택하고 전압은 자동과 수동으로 조정 가능하게 하였을 경우, 다음 각 물음에 답하시오.

(1) 도면에서 ①~⑩에 해당되는 부분의 명칭을 주어진 약호로 답하시오.

(2) 도면에서 (가) —○‗‗○— (TT) 와 (나) —○—○— (TT) 는 무엇을 의미하는가?

(3) 도면에서 (ㄱ)와 (ㄴ)는 무엇을 의미하는가?

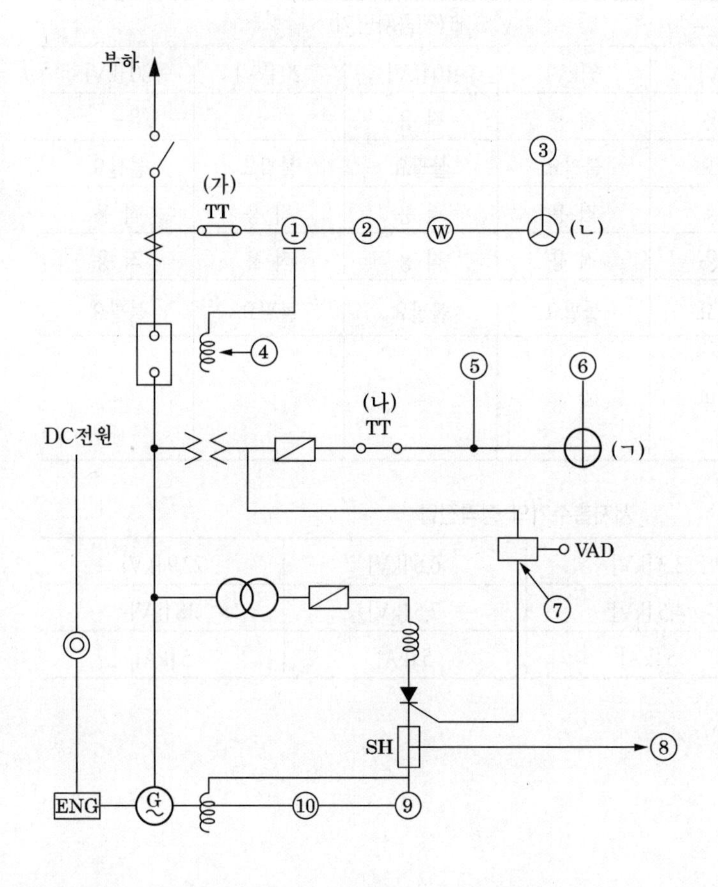

[약호]
ENG : 전기기동식 디젤 엔진
G : 정지여자식 교류 발전기
TG : 타코제너레이터
AVR : 자동전압 조정기
VAD : 전압 조정기
VA : 교류 전압계
AA : 교류 전류계
CR : 사이리스터 정류기
SR : 가포화 리액터
CT : 변류기
PT : 계기용 변압기
W : 지시 전력계
Fuse : 퓨즈
F : 주파수계
TrE : 여자용 변압기
RPM : 회전수계
Wh : 전력량계
CB : 차단기
DA : 직류전류계
TC : 트립 코일
SH : 분류기
OC : 과전류 계전기
DS : 단로기
※ ◎ 엔진 기동용 푸시 버튼

[작성답안]

(1) ① OC ② WH ③ AA ④ TC ⑤ F

⑥ VA ⑦ AVR ⑧ DA ⑨ RPM ⑩ TG

(2) (가) 전류시험단자 (나) 전압시험단자

(3) (ㄱ) 전압계용 전환개폐기 (ㄴ) 전류계용 전환개폐기

6 출제년도 08.(8점/각 항목당 2점)

변전설비의 과전류 계전기가 동작하는 단락사고의 원인 4가지만 쓰시오.

2008

[작성답안]

① 모선에서의 선간 및 3상단락

② 전기기기 내부에서 절연불량에 의한 단락

③ 접촉에 의한 단락

④ 케이블의 절연파괴에 의한 단락

[핵심] 과전류계전기

① 순시탭정정

$$\text{순시 Tap} = \text{변압기2차 3상단락전류} \times \frac{\text{2차전압}}{\text{1차전압}} \times 1.5 \times \frac{1}{\text{CT비}}$$

변압기 1차측 단락사고에 대하여 동작하며, 2차 단락사고 및 변압기 여자 돌입전류(inrush current)에 동작하지 않는다.

- 변압기1차측 단락사고에 대하여 동작하여야 한다.
- 변압기2차측 (Magnetizing Inrush Current)에 동작하지 않도록 한다.
- TR 2차 3상단락전류의 150 [%]에 정정한다.
- Pickup Current [2] : 순시 Tap × CT비

② 한시탭정정

$$I_t = \text{부하 전류} \times \frac{1}{\text{CT비}} \times \text{설정값 [A]}$$

2) **<u>계전기가 고장을 감지해 내는 것을 Pick up</u>** 이라고 하고, 차단기가 동작하도록 보내는 신호를 Trip 신호라고 한다. 순시 동작은 Pick up과 동시에 Trip 신호를 내보내며, 한시 동작은 Pick up 이후 Trip 신호가 나가기 까지 일정 시간지연을 가진다.

I_t값을 계산후 2 [A], 3 [A], 4 [A], 5 [A], 6 [A], 7 [A], 8 [A], 10 [A], 12 [A] 탭 중에서 가까운 탭을 선정한다.

③ 한시레버정정

수용설비일 경우 변압기2차 3상단락고장시 0.6초 이하에서 동작하도록 선정한다.

- 변압기2차 3상단락고장시

$$I_R = \text{계전기 설치점 (CT 1차측)전류} = \text{변압기2차 3상단락전류} \times \frac{\text{2차전압}}{\text{1차전압}}$$

- Pickup 배수(탭정정 배수) : I_R × (1/CT비) / 한시 Tap(Setting)
- Time Lever : 계전기 – 시간특성곡선에서 Pickup 배수 (3상단락고장전류의 Tap에 대한 CT 2차측 전류)와 동작지연시간 0.6초 이하에서의 Time Lever 값을 선정한다.

④ 변압기 여자돌입전류 정정

변압기 여자돌입전류의 크기는 일반적으로 전부하전류의 8배 이하이나 경우에 따라서는 10배를 초과하는 경우도 있고, 30배까지 올라가는 수도 있다. IEEE 242-1975에서는 보호계전기 설계시 1차측 전부하전류의 8~12배로 적용하고 있다. 그 지속시간은 0.1~60초 정도이다.

I(inrush) = FLA × 12배 [at 0.1sec]

7

출제년도 99.08.(5점/부분점수 없음)

그림은 3상 3선식 적산전력계의 결선도(계기용변압기 및 변류기를 시설하는 경우)를 나타낸 것이다. 미완성 부분의 결선도를 완성하시오. (단, 접지가 필요한 곳에는 접지 표시를 하도록 한다.)

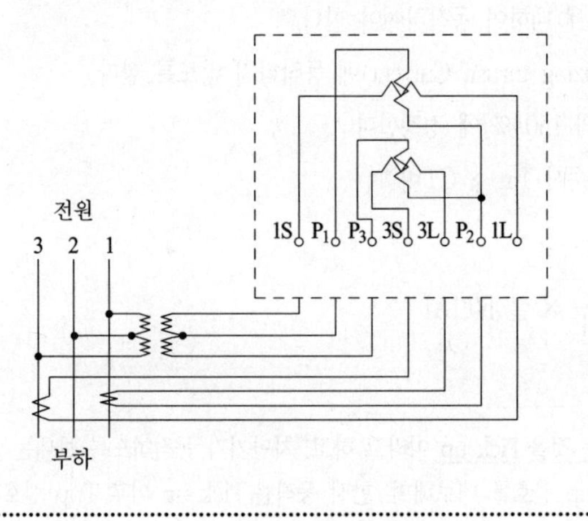

[작성답안]

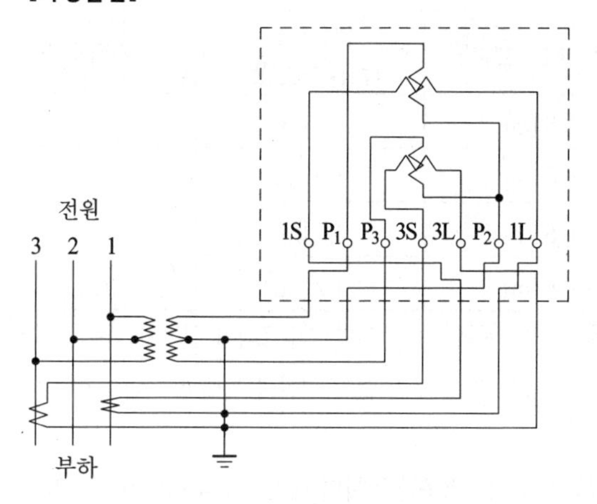

2008

8

출제년도 08.09.14.18.(6점/각 항목당 1점)

수전설비의 수전실 등의 시설에 있어서 변압기, 배전반 등 수전설비의 주요부분이 유지하여야 할 거리 기준은 원칙적으로 정하고 있다. 수전설비의 배전반 등의 최소유지거리에 대하여 표에 기기별 최소 유지거리 ①~⑥을 완성하시오.

위치별 / 기기별	앞면 또는 조작 · 계측면	뒷면 또는 점검면	열상호간 (점검하는 면)
특고압 배전반	① [m]	② [m]	③ [m]
저압 배전반	④ [m]	⑤ [m]	⑥ [m]

[작성답안]

위치별 / 기기별	앞면 또는 조작 · 계측면	뒷면 또는 점검면	열상호간 (점검하는 면)
특고압 배전반	1.7 [m]	0.8 [m]	1.4 [m]
저압 배전반	1.5 [m]	0.6 [m]	1.2 [m]

[핵심] 수변전설비의 배전반 등의 최소유지거리

위치별 / 기기별	앞면 또는 조작 · 계측면	뒷면 또는 점검면	열상호간 (점검하는 면)	기타의 면
특고압 배전반	1.7 [m]	0.8 [m]	1.4 [m]	-
고압 배전반	1.5 [m]	0.6 [m]	1.2 [m]	-
저압 배전반	1.5 [m]	0.6 [m]	1.2 [m]	-
변압기 등	0.6 [m]	0.6 [m]	1.2 [m]	0.3 [m]

[비고 1] 앞면 또는 조작계측 면은 배전반 앞에서 계측기를 판독할 수 있거나 필요조작을 할 수 있는 최소거리임.

[비고 2] 뒷면 또는 점검 면은 사람이 통행할 수 있는 최소거리임. 무리 없이 편안히 통행하기 위하여 0.9[m] 이상으로 함이 좋다

[비고 3] 열상호간(점검하는 면)은 기기류를 2열 이상 설치하는 경우를 말하며 배전반류의 내부에 기기가 설치되는 경우는 이의 인출을 대비 하여 내장기기의 최대 폭에 적절한 안전거리(통상 0.3[m] 이상)를 가산한 거리를 확보하는 것이 좋다.

[비고 4] 기타 면은 변압기 등을 벽 등에 연하여 설치하는 경우 최소 확보거리이다. 이 경우도 사람의 통행이 필요할 경우는 0.6[m] 이상으로 함이 바람직하다.

9

출제년도 03.08.(6점/각 문항당 3점)

어느 변전소에서 뒤진 역률 80 [%]의 부하 6000 [kW]가 있다. 여기에 뒤진 역률 60 [%], 1200 [kW] 부하가 증가하였을 경우 다음 각 물음에 답하시오.

(1) 부하 증가 후 역률을 90 [%]로 유지할 경우 전력용 콘덴서의 용량은 몇 [kVA]인가?

(2) 부하증가 후 변전소의 피상전력을 동일하게 유지할 경우 전력용 콘덴서의 용량은 몇 [kVA]인가?

[작성답안]

(1) 계산 : 유효전력 $= 6000 + 1200 = 7200$ [kW]

$$무효전력 = \frac{6000}{0.8} \times 0.6 + \frac{1200}{0.6} \times 0.8 = 6100 \text{ [kVar]}$$

$$\therefore \cos\theta_1 = \frac{7200}{\sqrt{7200^2 + 6100^2}} = 0.763$$

$$Q = P(\tan\theta_1 - \tan\theta_2) 에서 \ Q = 7200\left(\frac{\sqrt{1-0.763^2}}{0.763} - \frac{\sqrt{1-0.9^2}}{0.9}\right) = 2612.58 \text{ [kVA]}$$

답 : 2612.58 [kVA]

(2) 계산 : 부하 증가 전 피상전력$=\frac{6000}{0.8}=7500$ [kVA]

부하 증가 후 무효전력$=\frac{6000}{0.8}\times 0.6+\frac{1200}{0.6}\times 0.8=6100$ [kVar]

부하 증가 후 유효전력$=6000+1200=7200$ [kW]

$\therefore\ P_a=\sqrt{P^2+Q^2}=\sqrt{7200^2+(6100-Q_c)^2}=7500$

$\therefore\ Q_c=4000$ [kVA]

답 : 4000 [kVA]

[핵심] 역률개선 콘덴서 용량

$$Q_c=P\tan\theta_1-P\tan\theta_2=P(\tan\theta_1-\tan\theta_2)=P\left(\frac{\sin\theta_1}{\cos\theta_1}-\frac{\sin\theta_2}{\cos\theta_2}\right)$$

$$=P\left(\frac{\sqrt{1-\cos^2\theta_1}}{\cos\theta_1}-\frac{\sqrt{1-\cos^2\theta_2}}{\cos\theta_2}\right)\ [\text{kVA}]$$

여기서, $\cos\theta_1$: 개선 전 역률, $\cos\theta_2$: 개선 후 역률

10

출제년도 95.03.08.11.13.(5점/부분점수 없음)

"부하율"에 대하여 설명하고 부하율이 적다는 것은 무엇을 의미하는지 2가지만 쓰시오.

[작성답안]

- 부하율 : 일정기간 중의 최대 수요 전력에 대한 평균 수요전력의 비를 의미한다.

  $$\text{부하율}=\frac{\text{평균 수요 전력 [kW]}}{\text{최대 수요 전력 [kW]}}\times 100\ [\%]$$

- 부하율이 적다의 의미
  ① 공급 설비를 유용하게 사용하지 못한다.
  ② 평균 수요 전력과 최대 수요 전력과의 차가 커지게 되므로 부하 설비의 가동률이 저하된다.

[핵심] 부하율

공급 설비가 어느 정도 유효하게 사용되는가를 나타내며 부하율이 클수록 공급 설비가 유효하게 사용된다. 부하율은 다음 식에 의해 계산한다.

$$\text{부하율}=\frac{\text{평균 수요 전력 [kW]}}{\text{최대 수요 전력 [kW]}}\times 100\ [\%]$$

부하율은 각 단위별(변압기, 전주, 수용가 등), 시기, 범위, 기간에 따라 달라지며, 부하율을 표시할 경우 기간, 범위를 반드시 명기한다. 예를 들어 일부하율, 월부하율 등으로 표시하여야 하며, 부하율은 기간이 길어질수록 작아진다. 부하율이 적다의 의미는 다음과 같다.

- 공급 설비를 유용하게 사용하지 못한다.
- 평균 수요 전력과 최대 수요 전력과의 차가 커지게 되므로 부하 설비의 가동률이 저하된다.

11

출제년도 08.20.(7점/(1) 4점, (2) 3점)

그림은 3상 유도전동기의 Y-△ 기동법을 나타내는 결선도이다. 다음 물음에 답하시오.

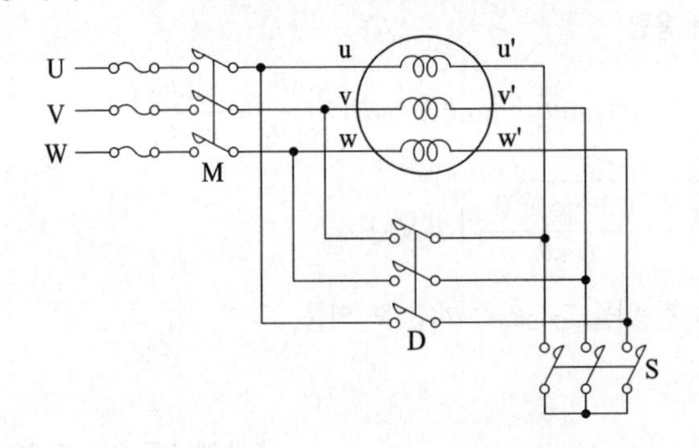

(1) 다음 표의 빈칸에 기동시 및 운전시의 전자개폐기 접점의 ON, OFF 상태 및 접속 상태(Y결선, △결선)를 쓰시오.

구 분	전자개폐기 접점상태(ON,OFF)			접속상태
	S	D	M	
기동시				
운전시				

(2) 전전압 기동과 비교하여 Y-△기동법의 기동시 기동전압, 기동전류 및 기동토크는 각각 어떻게 되는가?

① 기동전압(선간전압)

② 기동전류

③ 기동토크

[작성답안]

(1)

구 분	전자개폐기 접점상태(ON,OFF)			접속상태
	S	D	M	
기동시	ON	OFF	ON	Y 결선
운전시	OFF	ON	ON	△ 결선

(2) ① 기동전압(선간전압) : $\dfrac{1}{\sqrt{3}}$배

② 기동전류 : $\dfrac{1}{3}$배

③ 기동토크 : $\dfrac{1}{3}$배

[핵심] Y-△ 기동법

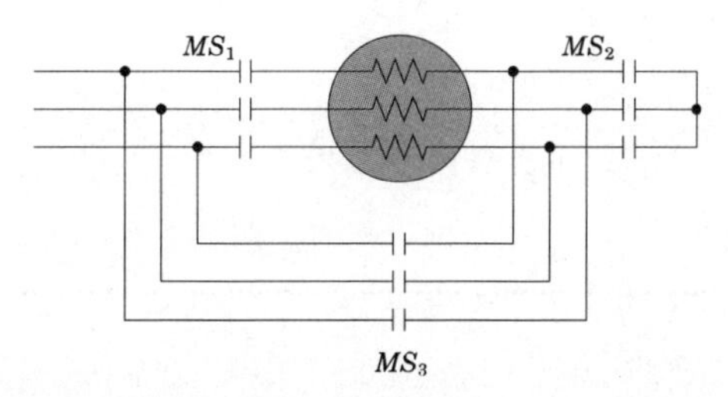

유도전동기 1차측을 Y결선으로 기동하여 충분히 가속한 다음 △결선으로 변경하여 운전하는 방식이다. 전동기 1차 권선은 각상의 양단의 단자가 필요하여 6개의 단자가 있으며, Y는 △결선시 보다 전압이 $1/\sqrt{3}$ 배가 되며 토크는 1/3배가 된다. 기동전류도 1/3배가 된다. Y-△ 기동법은 주로 5.5 [kW]~35 [kW]의 농형유도전동기에 사용된다.

① 기동시 MS_1, MS_2가 여자되어 Y결선으로 기동한다.

② 타이머 설정 시간이 지나면 MS_2이 소자되고 MS_3가 여자되어 △결선으로 운전한다.

② Y와 △는 동시투입이 되어서는 안된다.(인터록)

12

출제년도 87.98.04.07.08.22.(6점/각 문항당 2점)

어떤 부하에 그림과 같이 접속된 전압계, 전류계 및 전력계의 지시가 각각 $V=200$ [V], $I=30$ [A], $W_1=5.96$ [kW], $W_2=2.36$ [kW]이다. 이 부하에 대하여 다음 각 물음에 답하시오.

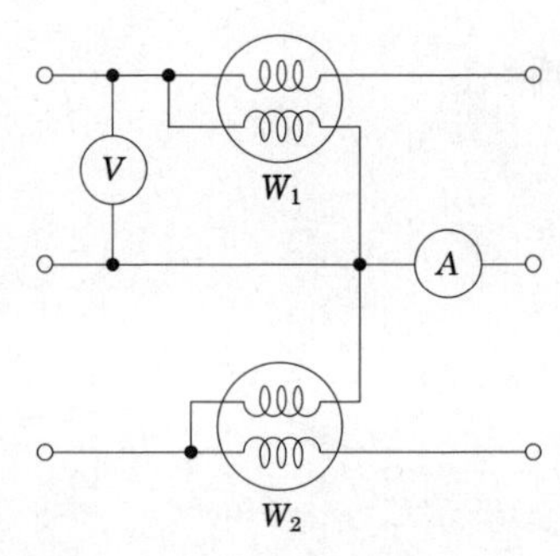

(1) 소비 전력은 몇 [kW]인가?

(2) 피상 전력은 몇 [kVA]인가?

(3) 부하 역률은 몇 [%]인가?

[작성답안]

(1) 계산 : $P=W_1+W_2=5.96+2.36=8.32$ [kW]

답 : 8.32 [kW]

(2) 계산 : $P_a=\sqrt{3}\times VI=\sqrt{3}\times 200\times 30\times 10^{-3}=10.39$ [kVA]

답 : 10.39 [kVA]

(3) 계산 : $\cos\theta=\dfrac{P}{P_a}=\dfrac{8.32}{10.39}\times 100=80.08$ [%]

답 : 80.08 [%]

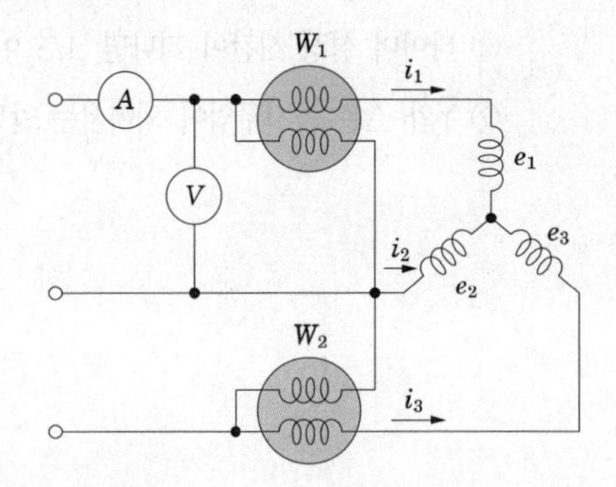

[핵심] 2전력계법

유효전력 $P=W_1+W_2$ [W]

무효전력 $P_r=\sqrt{3}(W_1-W_2)$ [Var]

역률 $\cos\theta=\dfrac{W_1+W_2}{\sqrt{(W_1+W_2)^2+3(W_1-W_2)^2}}=\dfrac{W_1+W_2}{\sqrt{4W_1^2+4W_2^2-4W_1W_2}}=\dfrac{W_1+W_2}{2\sqrt{W_1^2+W_2^2-W_1W_2}}$

13 출제년도 97.02.08.11.12.13.14.15.(10점/각 문항당 2점)

도면과 같이 단상 변압기 3대가 있다. 다음 각 물음에 답하시오.

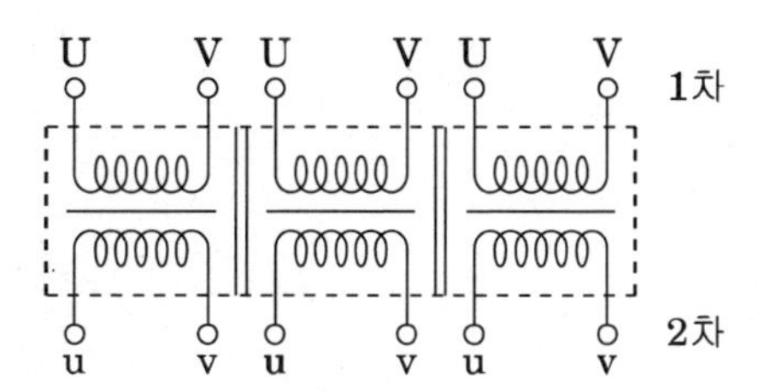

(1) 이 변압기를 △-△로 결선하시오.(주어진 도면에 직접 그리시오.)

(2) △-△ 결선으로 운전하던 중 한 상의 변압기에 고장이 생겨 이것을 분리하고 나머지 2대로 3상 전력을 공급하고자 한다. 이 때 사용하는 결선의 명칭은 무엇이며, 이 결선과 △결선의 출력비는 몇[%]가 되는지 계산하고 결선도를 완성하시오.(주어진 도면에 직접 그리시오.)

① 결선의 명칭

② △결선과의 출력비

③ 결선도

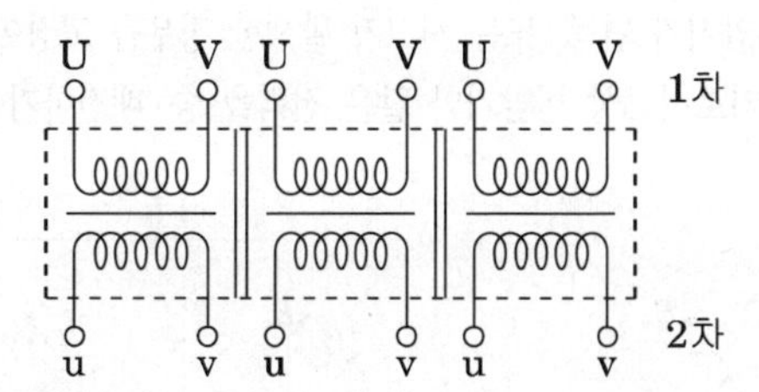

(3) $\Delta-\Delta$ 결선시의 장점을 2가지만 쓰시오.

(4) "(2)"문항에서 변압기 1대의 이용률은 몇 [%]인가?

[작성답안]

(1)

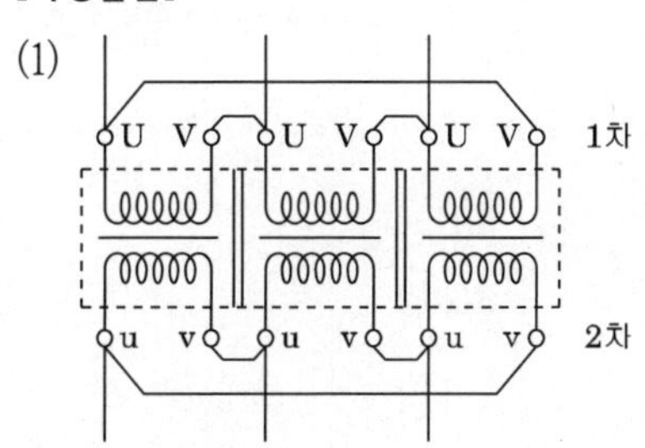

(2) ① 결선의 명칭 : V-V 결선

② 계산 : $\text{출력비} = \dfrac{\text{V결선출력}}{\triangle\text{결선 출력}} = \dfrac{P_V}{P_\triangle} = \dfrac{\sqrt{3}\,P_1}{3P_1} \times 100 = 57.735[\%]$

답 : 57.74[%]

③ 결선도

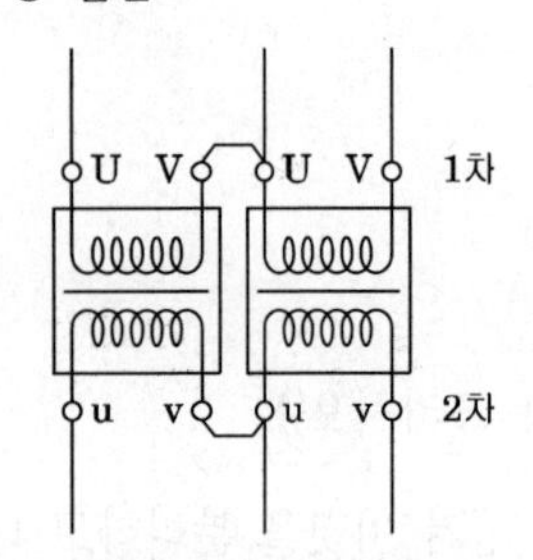

(3) ① 제3고조파 전류가 △결선 내를 순환하여 선간에 나타나지 않는다.

② 단상 변압기 1대 고장시 V-V 결선으로 운전할 수 있다.

(4) 계산 : $\text{이용률} = \dfrac{\text{3상용량}}{\text{2대의 용량}} = \dfrac{\sqrt{3}\,P_1}{2P_1} = 0.866$

답 : 86.6[%]

[핵심] V결선

△-△ 결선에서 1대의 단상변압기가 단락, 또는 사고가 발생한 경우를 고장이 발생된 변압기를 제거시킨 결선법으로 즉, 2대의 단상변압기로서 3상 변압기와 같은 전력을 송·배전하기 위한 방식을 V결선이라 한다.

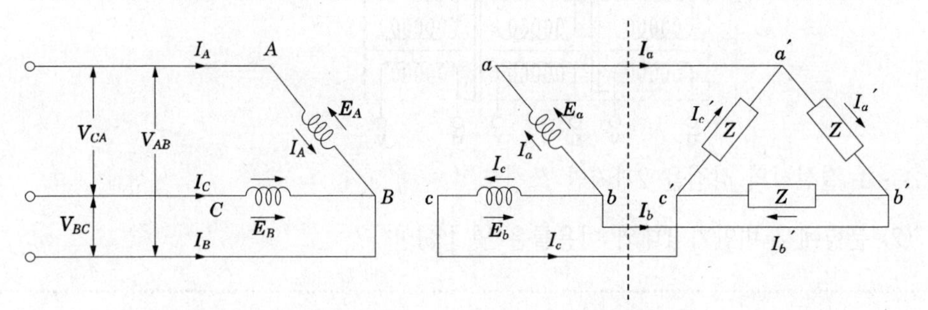

$$P_v = VI\cos\left(\frac{\pi}{6}+\phi\right) + VI\cos\left(\frac{\pi}{6}-\phi\right) = \sqrt{3}\ VI\cos\phi\ [\text{W}]$$

$$P_v = \sqrt{3}\,P_1$$

출력비 : $\dfrac{V}{\Delta} = \dfrac{\sqrt{3}\ VI\cos\phi}{3\ VI\cos\phi} \fallingdotseq 0.577$

이용률 : $\dfrac{\sqrt{3}\ VI}{2\ VI} = 0.866$

14

출제년도 08.09.20.(5점/부분점수 없음)

도로의 너비가 30 [m]인 곳의 양쪽으로 30 [m] 간격으로 지그재그식으로 등주를 배치하여 도로 위의 평균 조도를 6 [lx]가 되도록 하고자 한다. 도로면의 광속 이용률은 32 [%], 유지율은 80 [%]로 한다고 할 때 각 등주에 사용되는 수은등의 규격은 몇 [W]의 것을 사용하여야 하는지, 전광속을 계산하고, 주어진 수은등 규격표에서 찾아 쓰시오.

수은등의 규격표

크기 [W]	전광속 [lm]
100	2,200 ~ 3,000
200	4,000 ~ 5,500
250	7,700 ~ 8,500
300	10,000 ~ 11,000
500	13,000 ~ 14,000

[작성답안]

계산 : $F = \frac{EBS}{2M} = \frac{6 \times 30 \times 30}{2 \times 0.8 \times 0.32} = 10546.88$ [lm]

표에서 300 [W] 선정

답 : 300 [W]

[핵심] 도로조명

$$E = \frac{FNUM}{BS} \text{ [lx]}$$

여기서, E : 노면평균조도 [lx], F : 광원 1개 광속 [lm], N : 광원의 열수

M : 보수율, 감광보상률 D의 역수, B : 도로의 폭 [m], S : 광원의 간격 [m]

U : 빔 이용률
- 50 [%] 이상, 피조면 도달 0.75
- 20 ~ 50 [%] 이상, 피조면 도달 0.5
- 25 [%] 이하, 피조면 도달 0.4

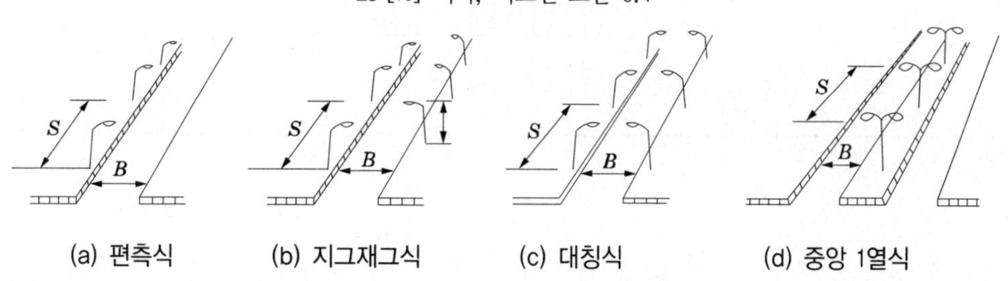

(a) 편측식 (b) 지그재그식 (c) 대칭식 (d) 중앙 1열식

15 출제년도 89.96.08.(9점/각 문항당 3점)

시퀀스도를 보고 다음 각 물음에 답하시오. (단, R_1, R_2, R_3는 보조 릴레이 이다.)

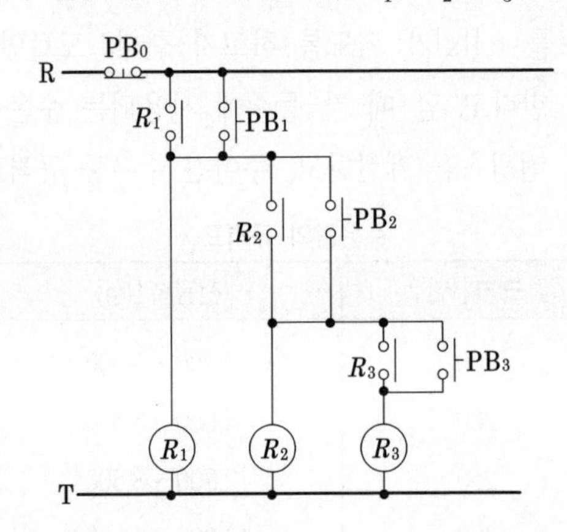

(1) 전원 측의 가장 가까운 누름버튼스위치 PB_1으로부터 PB_2, PB_3, PB_0까지 "ON" 조작할 경우의 동작사항을 간단히 설명하시오. (단, 여기에서 "ON"조작은 누름 버튼스위치를 눌러주는 역할을 말한다.)

(2) 최초에 PB_2를 "ON" 조작한 경우에는 동작상황이 어떻게 되는가?

(3) 타임차트의 누름버튼스위치 PB_1, PB_2, PB_3, PB_0와 같은 타이밍으로 "ON" 조작하였을 때 타임차트의 R_1, R_2, R_3의 동작상태를 그림으로 완성하시오.

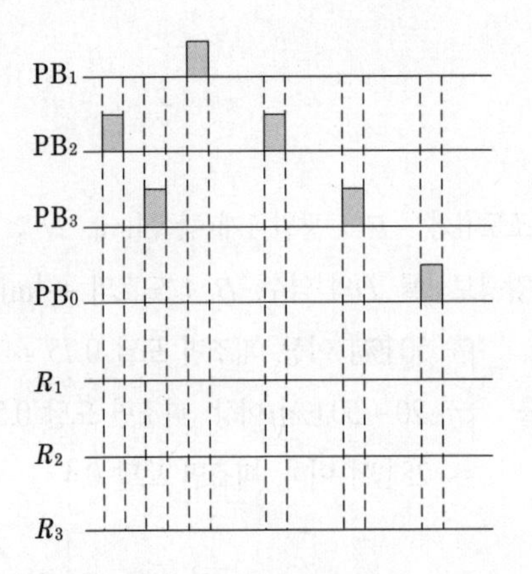

[작성답안]

(1) PB_1, PB_2, PB_3 순서대로 누르면 R_1, R_2, R_3가 순서대로 동작한다. PB_0를 누르면 R_1, R_2, R_3가 동시에 정지한다.

(2) 동작하지 않는다.

(3)

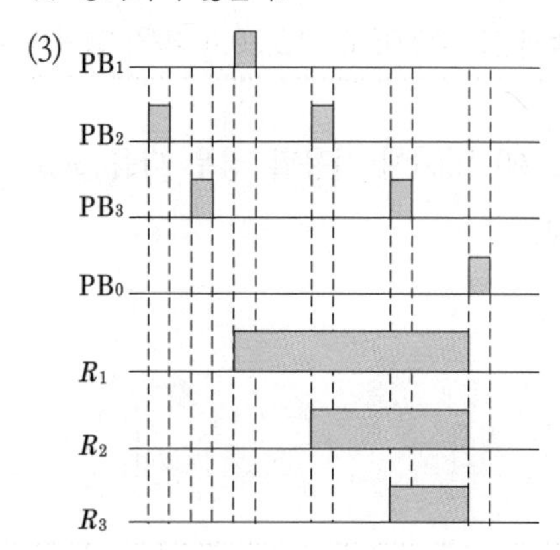

2008

2009년 1회 기출문제 해설

※ 다음 물음에 답을 해당 답란에 답하시오.

1 출제년도 00.05.09.18.20.(6점/각 항목당 2점)

50 [Hz]로 설계된 3상 유도 전동기를 동일 전압으로 60 [Hz]에 사용할 경우 다음 요소는 어떻게 변화하는지를 수치를 이용하여 설명하시오.

(1) 무부하 전류

(2) 온도 상승

(3) 속도

[작성답안]

(1) 5/6으로 감소

(2) 5/6으로 감소

(3) 6/5로 증가

[핵심]

① 무부하전류(여자전류) : 여자전류는 코일에 흐르는 전류 이므로 $I_0 = \dfrac{V_1}{2\pi f L}$ 주파수에 반비례한다.

② 온도상승 : 철손은 fB^2에 비례하여 $\dfrac{60}{50}\left(\dfrac{50}{60}\right)^2 = \dfrac{50}{60}$으로 온도는 감소한다.

③ 속도 : 유도전동기의 속도는 $N=(1-s)\dfrac{120f}{p}$ [rpm] 이므로 주파수에 비례한다.

2 출제년도 09.19.(6점/각 문항당 2점)

3상 3선식 배전선로의 1선당 저항이 3[Ω], 리액턴스가 2[Ω]이고 수전단 전압이 6000[V], 수전단에 용량 480[kW] 역률0.8(지상)의 3상 평형 부하가 접속되어 있을 경우에 송전단 전압 V_s, 송전단 전력 P_s 및 송전단 역률 $\cos\theta_s$를 구하시오.

(1) 송전단 전압

(2) 송전단 전력

(3) 송전단 역률

[작성답안]

(1) 계산 : $V_s = V_r + \sqrt{3}I(R\cos\theta + X\sin\theta) = V_r + \dfrac{P_r}{V_r}(R + X\tan\theta)$

$$= 6000 + \frac{480 \times 10^3}{6000} \times (3 + 2 \times \frac{0.6}{0.8}) = 6360[V]$$

답 : 6360[V]

(2) 계산 : $I = \dfrac{P_r}{\sqrt{3}V_r\cos\theta_r} = \dfrac{480000}{\sqrt{3} \times 6000 \times 0.8} = 57.74[A]$

$P_s = P_r + 3I^2R = 480 + 3 \times 57.74^2 \times 3 \times 10^{-3} = 510[kW]$

답 : 510[kW]

(3) 계산 : $\cos\theta_s = \dfrac{P_s}{P_a} = \dfrac{P_s}{\sqrt{3}V_sI}$

$$\cos\theta_s = \frac{510 \times 10^3}{\sqrt{3} \times 6360 \times 57.74} = 0.8018 = 80.18[\%]$$

답 : 80.18 [%]

[핵심] 전압강하

① 전압강하 $e = \dfrac{P}{V}(R + X\tan\theta)$ [V]

② 전압강하율 $\epsilon = \dfrac{e}{V} \times 100 = \dfrac{P}{V^2}(R + X\tan\theta) \times 100$ [%]

③ 전력손실 $P_L = \dfrac{P^2R}{V^2\cos^2\theta}$ [kW]

④ 전력손실률 $k = \dfrac{P_L}{P} \times 100 = \dfrac{PR}{V^2\cos^2\theta} \times 100$ [%]

3

출제년도 09.(5점/부분점수 없음)

버스덕트 배선은 옥내의 노출 장소 또는 점검 가능한 은폐장소의 건조한 장소에 한하여 시설할 수 있다. 버스덕트의 종류 5가지를 쓰시오.

[작성답안]

① 피더 버스덕트 ② 익스팬션 버스덕트

③ 탭붙이 버스덕트 ④ 트랜스포지션 버스덕트 ⑤ 플러그인 버스덕트

4

출제년도 09.(5점/각 문항당 1점, 모두 맞으면 5점)

가스 또는 분진폭발위험장소에서 전기기계 · 기구를 사용하는 경우에는 그 증기 · 가스 또는 분진에 대하여 적합한 방폭 성능을 가진 방폭구조 전기기계 · 기구를 선정하여야 한다. 주어진 예를 참조하여 다음 각 방폭 구조에 대하여 설명하시오.

(예) 내압 방폭 구조 : 전폐 구조로 용기 내부에서 폭발이 생겨도 용기가 압력에 견디고 외부의 폭발성 가스에 인화될 우려가 없는 구조

(1) 압력 방폭 구조

(2) 유입 방폭 구조

(3) 안전증 방폭 구조

(4) 본질안전 방폭 구조

[작성답안]

(1) 내압방폭구조(內壓防爆構造) : 용기 내부에 보호기체, 예를 들면 신선한 공기 또는 불연성가스를 압입(壓入)하여 내압(內壓)을 유지함으로써 폭발성가스가 침입하는 것을 방지하는 구조를 말한다.

(2) 유입방폭구조(油入防爆構造) : 불꽃, 아크 또는 점화원(點火原)이 될 수 있는 고온 발생의 우려가 있는 부분의 유중(油中)에 넣어 유면상(油面上)에 존재하는 폭발성가스에 인화될 우려가 없도록 한 구조를 말한다.

(3) 안전증가방폭구조(安全增加防爆構造) : 상시운전 중에 불꽃, 아크 또는 과열이 발생되면 안 되는 부분에 이들이 발생되는 것을 방지하도록 구조상 또는 온도상승에 대하여 특히 안전도를 증가시킨 구조를 말한다.

(4) 본질(本質)안전방폭구조 : 상시 운전 중이나 사고시(단락·지락·단선 등)에 발생하는 불꽃, 아크 또는 열에 의하여 폭발성가스에 점화가 되지 않는 것이 점화시험 또는 기타의 방법에 의하여 확인된 구조를 말한다.

5

출제년도 09.(5점/부분점수 없음)

그림과 같은 회로에서 최대 전력이 전달되기 위한 권수비(N_1 : N_2)는?

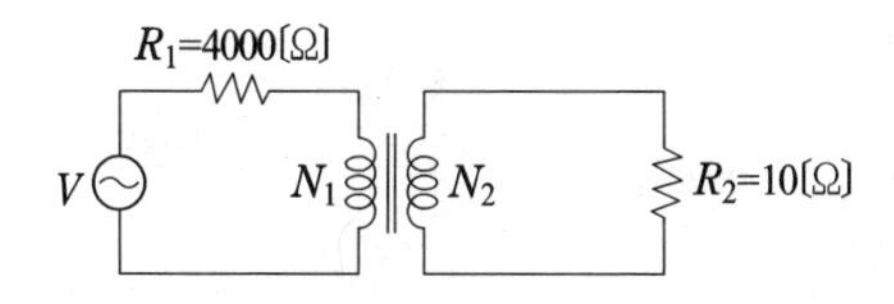

[작성답안]

계산 : 2차측을 1차 측으로 환산한 저항 $R_{21} = a^2 R_2 = 10a^2$

최대전력 전달조건 $R_1 = R_{21}$에서 $4000 = 10a^2$

$\therefore\ a = 20$

$\therefore\ a = \dfrac{N_1}{N_2}$에서 $N_1 : N_2 = 20 : 1$

답 : 20 : 1

6

출제년도 09.(5점/부분점수 없음)

사람의 접촉 우려가 있는 장소의 접지공사에 관한 사항이다. 철주에 절연전선을 사용하여 접지 공사를 그림과 같이 노출 시공하고자 한다. 다음 각 물음에 답하시오.

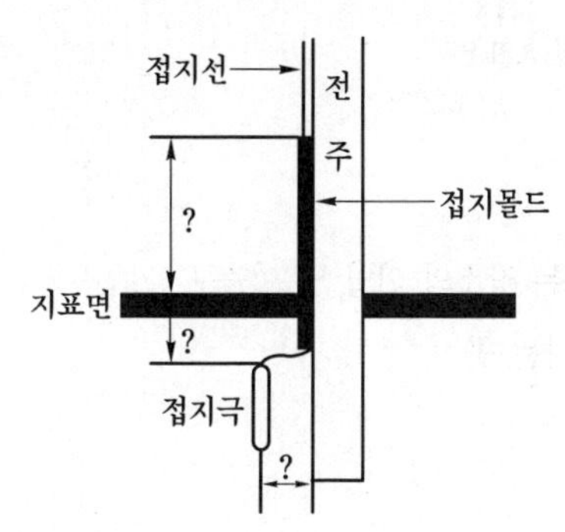

(1) 접지극의 지하 매설 깊이는 몇 [m]이상이어야 하는가?

(2) 전주와 접지극의 이격 거리는 몇 [m]이상이어야 하는가?

(3) 지표상 접지 몰드의 높이는 몇 [m]까지로 하여야 하는가?

[작성답안]

(1) 0.75 [m]　　(2) 1 [m]　　(3) 2 [m]

7 출제년도 09.(5점/부분점수 없음)

그림에서 피뢰기 시설이 의무화되어 있는 장소를 도면에 ●로 표시하시오.

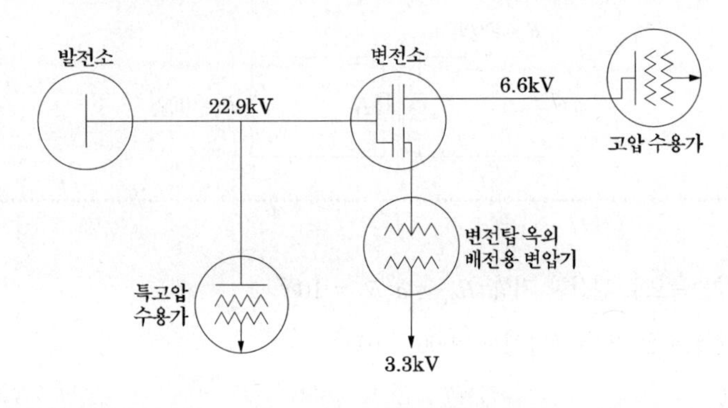

[작성답안]

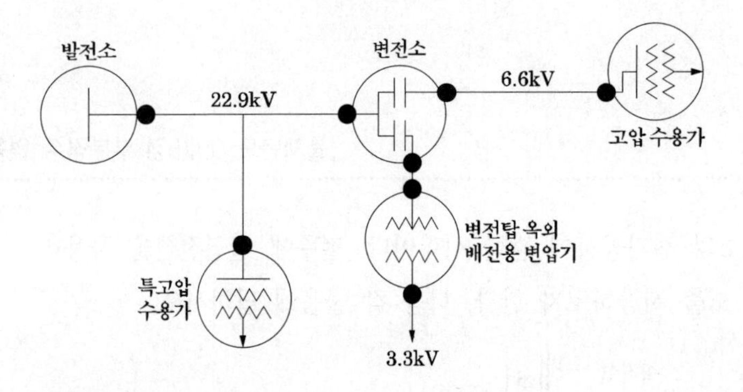

[핵심] 피뢰기의 설치위치

- 고압 특고압 수용가의 인입구
- 발전소, 변전소 또는 이에 준하는 장소의 인입 및 인출구
- 가공전선로와 지중전선로가 만나는 곳
- 배전용 변압기 1차측

8 출제년도 05.09.(7점/각 문항당 2점, 모두 맞으면 7점)

변압기 설비에 대한 다음 각 물음에 답하시오.

(1) 22.9[kV-Y] 배전용 주상변압기의 1차측이 22900[V]인 경우에 2차측은 220[V]이다. 저압측을 210[V]로 하자면 1차측은 어느 탭 전압에 접속하는 것이 가장 적당한가? (단, 탭 전압은 20000[V], 21000[V], 22000[V], 23000[V], 24000[V]이다.)

(2) H종 절연 변압기는 백화점, 병원, 극장, 지하상가 등 화재가 발생했을 때 더 큰 사고로의 진전을 방지하기 위하여 주로 많이 사용되고 있다. 이 변압기의 주요 특성으로 장점을 3가지만 쓰시오.

(3) H종 절연 건식 변압기를 설치하면 이 변압기는 유입식 변압기에 비하여 충격파 내전압이 작기 때문에, 계통에 서지가 발생될 경우를 예상하여 어떤 것을 설치할 필요가 있는가?

[작성답안]

(1) 계산 : $V_T' = \dfrac{V_2 \times V_T}{V_2'}$ 에서 $V_T' = \dfrac{220 \times 22900}{210} = 24000$ [V]

답 : 24000[V]

(2) 장점

- 기름을 사용하지 않으므로 화재의 위험성이 없다.
- 내습성 내약품성이 우수하다.
- 소형 경량이다.

그 외

- 큐비클 내부에 설치하기 편리하다.
- 기름이 없으므로 보수 유지에 유리하다.

(3) 서지흡수기

[핵심] 변압기 탭

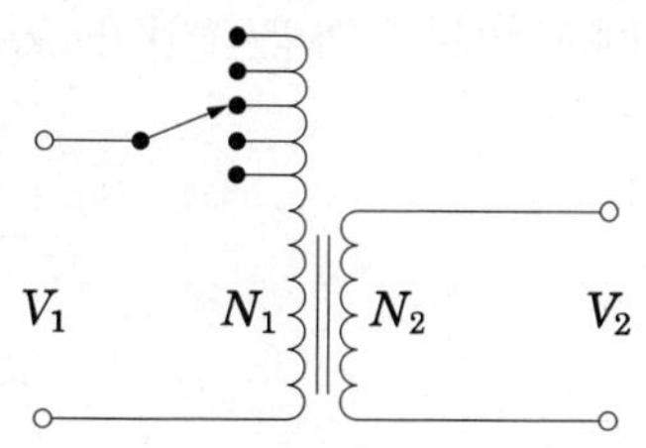

2009

일반적으로 1차(고압)측 권선의 중간 단자를 인출하여 설치된다. 탭 절환이란 이것을 조정하여 권수비를 바꾸어 전압을 조정하는 장치이다. 변압기 탭의 설치 및 조정(절환)의 목적은 1차(수전단) 전압의 변동에 의해 2차측의 전압이 소정의 정격전압으로부터 변동한 경우, 이를 정격전압으로 하는 데에 그 목적이 있다.

$$V_T{}' = \frac{V_2 \times V_T}{V_2{}'}$$

여기서 V_2 : 변경전 2차전압　　　$V_2{}'$: 변경후 2차전압

V_T : 변경전 1차 탭전압　　　$V_T{}'$: 변경후 1차 탭전압

9

출제년도 09.20.(5점/각 문항당 2점, 모두 맞으면 5점)

주변압기가 3상 Δ결선(6.6[kV] 계통)일 때 지락사고시 지락보호에 대하여 답하시오.

(1) 지락보호에 사용하는 변성기 및 계전기의 명칭을 각 1개씩 쓰시오.

① 변성기

② 계전기

(2) 영상전압을 얻기 위하여 단상 PT 3대를 사용하는 경우 접속방법을 간단히 설명하시오.

[작성답안]

(1) ① 변성기

- 접지형 계기용 변압기(GPT)
- 영상 변류기(ZCT)

② 계전기

- 지락과전압 계전기
- 선택접지 계전기

(2) 3대의 단상PT를 사용하여 1차측을 Y결선하여 중성점을 직접 접지하고, 2차측은 개방△결선 (broken delta connection) 한다.

[핵심] SGR과 DGR

계전기	용 도	차 이 점
SGR	지락보호	ZCT와 조합해서 사용하며 케이블 차폐접지는 반드시 ZCT를 관통하여 접지하고 GPT의 후단에 ZCT설치
DGR	〃	CT와 조합해서 사용하며 CT비 300/5A 이하의 경우 CT 잔류회로 방식채용 CT비 400/5A의 경우 3권선 CT사용 계전기에 탭 레인지 0.05A~0.5A 있음

10

출제년도 92.05.07.09.18.21.(13점/각 문항당 2점, 모두 맞으면 13점)

3층 사무실용 건물에 3상 3선식의 6000 [V]를 수전하여 200 [V]로 체강하여 수전하는 설비를 하였다. 각 종 부하설비가 주어진 표1, 2와 같을 때 다음 각 물음에 답하시오. (단, 각 물음에 대한 답은 계산 과정을 모두 쓰면서 답하도록 한다.)

[표 1] 동력 부하 설비

사용 목적	용량 [kW]	대수	상용 동력 [kW]	하계 동력 [kW]	동계 동력 [kW]
난방 관계					
• 보일러 펌프	6.0	1			6.0
• 오일 기어 펌프	0.4	1			0.4
• 온수 순환 펌프	3.0	1			3.0
공기 조화 관계					
• 1, 2, 3층 패키지 콤프레셔	7.5	6		45.0	
• 콤프레셔 팬	5.5	3	16.5		
• 냉각수 펌프	5.5	1		5.5	
• 쿨링 타워	1.5	1		1.5	
급수배수 관계					
• 양수 펌프	3.0	1	3.0		
기타					
• 소화 펌프	5.5	1	5.5		
• 셔터	0.4	2	0.8		
합 계			25.8	52.0	9.4

[표 2] 조명 및 콘센트 부하 설비

사용 목적	와트수 [W]	설치 수량	환산 용량 [VA]	총용량 [VA]	비 고
전등관계					
• 수은등 A	200	4	260	1040	200 [V] 고역률
• 수은등 B	100	8	140	1120	100 [V] 고역률
• 형광등	40	820	55	45100	200 [V] 고역률
• 백열 전등	60	10	60	600	
콘센트 관계					
• 일반 콘센트		80	150	12000	2P 15 [A]
• 환기팬용 콘센트		8	55	440	
• 히터용 콘센트	1500	2		3000	
• 복사기용 콘센트		4		3600	
• 텔레타이프용 콘센트		2		2400	
• 룸 쿨러용 콘센트		6		7200	
기타					
• 전화 교환용 정류기		1		800	
계				77300	

[주] 변압기 용량(제작 회사에서 시판)
단상, 3상 공히 5, 10, 15, 20, 30, 50, 75, 100, 150 [kVA]

[표 3] 변압기 용량

상 별	제작회사에서 시판되는 표준용량 [kVA]
단상 3상	5, 10, 15, 20, 30, 50, 75, 100, 150, 200, 250, 300 [kVA]

(1) 동계 난방 때 온수 순환 펌프는 상시 운전하고, 보일러용과 오일 기어 펌프의 수용률이 65 [%]일 때 난방 동력 수용 부하는 몇 [kW]인가?

(2) 동력 부하의 역률이 전부 70 [%]라고 한다면 피상 전력은 각각 몇 [kVA]인가? (단, 상용 동력, 하계 동력, 동계 동력별로 각각 계산하시오.)

① 상용 동력

② 하계 동력

③ 동계 동력

(3) 총 전기 설비 용량은 몇 [kVA]를 기준으로 하여야 하는가?

(4) 전등의 수용률은 60 [%], 콘센트 설비의 수용률은 70 [%]라고 한다면 몇 [kVA]의 단상 변압기에 연결하여야 하는가? (단, 전화 교환용 정류기는 100 [%] 수용률로서 계산 결과에 포함시키며 변압기 예비율(여유율)은 무시한다.)

(5) 동력 설비 부하의 수용률이 모두 55 [%]라면 동력 부하용 3상 변압기의 용량은 몇 [kVA]인가? (단, 동력 부하의 역률은 70 [%]로 하며 변압기의 예비율은 무시한다.)

(6) 단상과 3상 변압기의 200[V]의 전류계용으로 사용되는 변류기의 1차측 정격전류는 각각 몇 [A]인가? (단, 정격전류는 75, 100, 150, 200, 300, 400, 500 이고, 최대 전류비값의 1.2배로 결정한다.)

① 단상

② 3상

[작성답안]

(1) 계산 : 수용부하$=3+6.0\times0.65+0.4\times0.65=7.16$ [kW]

답 : 7.16 [kW]

(2) ① 계산 : 상용 동력의 피상 전력$=\dfrac{25.8}{0.7}=36.86$ [kVA]

답 : 36.86 [kVA]

② 계산 : 하계 동력의 피상 전력$=\dfrac{52.0}{0.7}=74.29$ [kVA]

답 : 74.29 [kVA]

③ 계산 : 동계 동력의 피상 전력$=\dfrac{9.4}{0.7}=13.43$ [kVA]

답 : 13.43 [kVA]

(3) 계산 : $36.86+74.29+77.3=188.45$ [kVA]

답 : 188.45 [kVA]

(4) 계산 : 전등 관계 :$(1040+1120+45100+600)\times 0.6\times 10^{-3}=28.72$ [kVA]

콘센트 관계 :$(12000+440+3000+3600+2400+7200)\times 0.7\times 10^{-3}=20.05$ [kVA]

기타 : $800\times 1\times 10^{-3}=0.8$ [kVA]

$28.72+20.05+0.8=49.57$ [kVA]

단상 변압기 용량 50 [kVA]선정

답 : 50 [kVA]

(5) 계산 : 동계 동력과 하계 동력 중 큰 부하를 기준하여 상용 동력과 합산하여 계산한다.

$$\frac{(25.8+52.0)}{0.7}\times 0.55=61.13 \text{ [kVA]}$$

3상 변압기 용량 75 [kVA]선정

답 : 75 [kVA]

(6) ① 단상 변압기 2차측 변류기

$$I=\frac{50\times 10^3}{200}\times 1.2=300 \text{ [A]}$$

표준품 300/5 선정

답 : 300

② 3상 변압기 2차측 변류기

$$I=\frac{75\times 10^3}{\sqrt{3}\times 200}\times 1.2=259.81 \text{ [A]}$$

표준품 300/5 선정

답 : 300

11

출제년도 09.(14점/각 문항당 4점, 모두 맞으면 14점)

도면은 CB 1차측에 PT를 CB 2차측에 CT를 시설하는 경우에 대한 특별고압 수전설비 결선도의 계통을 나타낸 미완성 도면이다. 이 도면을 이용하여 다음 각 물음에 답하시오.

(1) 점선으로 표시된 [ ] 안에 들어갈 기계기구의 그림기호를 그리고, [ ] 옆에 기계기구에 해당되는 약호를 쓰시오.

(2) 도면에서 SC의 우리말 명칭을 쓰고 여기에 부착되어 있는 DC의 역할에 대하여 쓰시오.

- SC의 명칭
- DC의 역할

(3) $\Delta-\mathrm{Y}$ 변압기의 결선도와 $\Delta-\Delta$ 변압기의 결선도를 그리시오.

- $\Delta-\mathrm{Y}$ 변압기 결선도
- $\Delta-\Delta$ 변압기 결선도

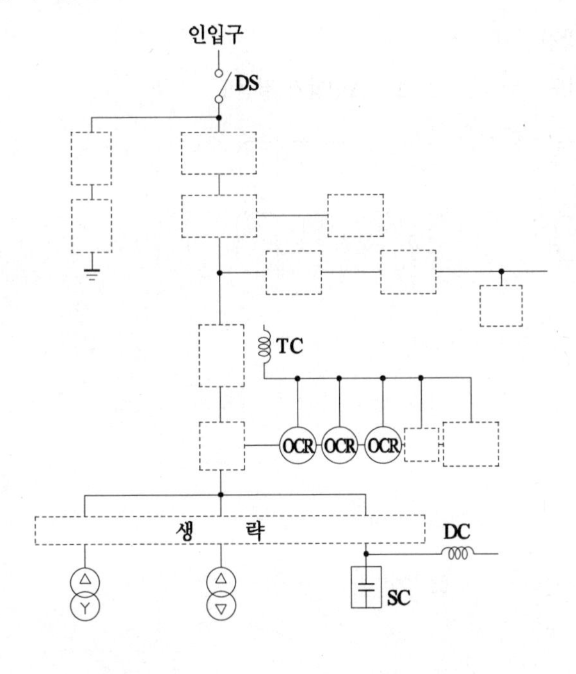

[작성답안]

(1)

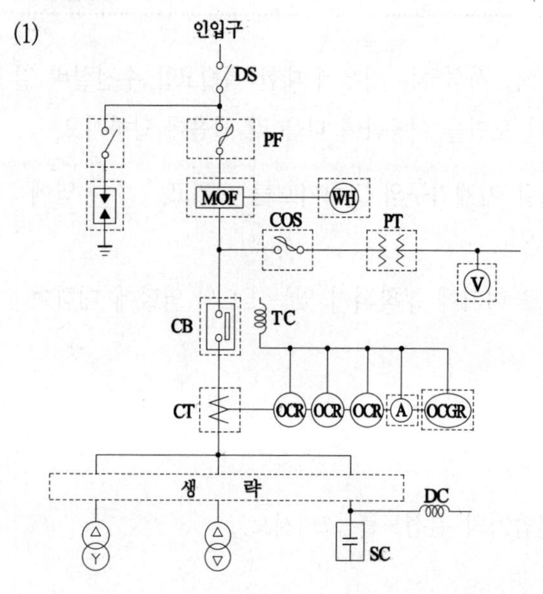

(2) SC : 전력용 콘덴서

DC : 잔류 전하 방전

(3) $\Delta-$Y 변압기 결선도 $\Delta-\Delta$변압기 결선도

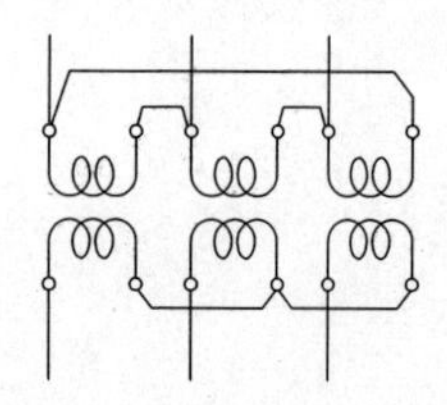

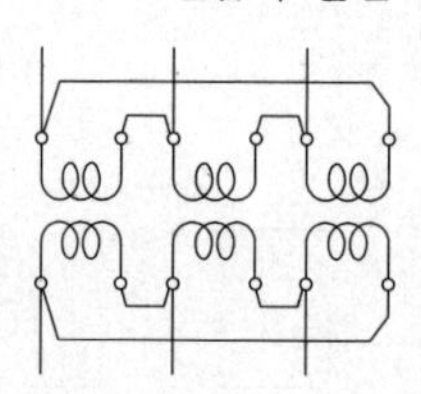

12

출제년도 09.(5점/부분점수 없음)

전압 200[V]인 20[kVA]와 30[kVA]의 단상 변압기를 각 1대씩 갖는 변전설비가 있다. 이 변전설비에서 다음 그림과 같이 200[V], 30[kW], 역률 0.8인 3상 평형부하에 전력을 공급함과 동시에 30[kVA] 변압기에서 전등부하(역률 1.0)에 전력을 공급하고자 한다. 변압기가 과부하되지 않는 범위 내에서 60[W]의 전구를 몇 개까지 점등할 수 있는가?
(단, $\cos^{-1}0.8 = 36.87°$, $\cos 66.87° = 0.39$, $\sin 66.87° = 0.92$)

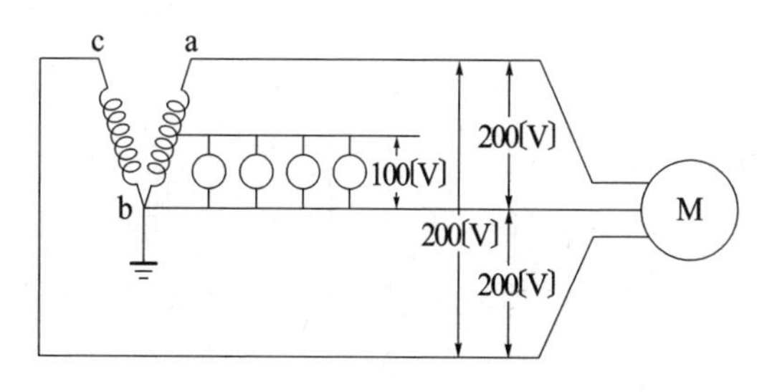

[작성답안]

계산 : 30[kVA]변압기 정격전류 $I = \frac{P}{V} = \frac{30000}{200} = 150[A]$

3상 부하전류 $I_3 = \frac{P}{\sqrt{3}\,V\cos\theta}[A]$ 에서 $I_3 = \frac{30000}{\sqrt{3}\times200\times0.8} = 108.25[A]$

선전류 I_3의 위상 ϕ는 선간전압 V보다 $(30°+\theta)$ 늦으므로

$\phi = -(30° + \cos^{-1}0.8) = -(30° + 36.87°) = -66.87°$

$\therefore\ I_3 = 108.25\angle -66.87°[A]$

변압기에서 추가로 공급할 수 있는 전류를 I_1은 선간전압과 동상이므로

$I = \sqrt{(I_3\ \cos\phi + I_1)^2 + (I_3\ \sin\phi)^2}$ 에서 $I_1 = \sqrt{I^2 - (I_3\ \sin\phi)^2} - I_3\ \cos\phi\ [A]$

$I_1 = \sqrt{150^2 - (108.25\times\sin 66.87)^2} - 108.25\times\cos 66.87$

$= \sqrt{150^2 - (108.25\times0.92)^2} - 108.25\times0.39 = 69.95\ [A]$

전등 1등 당 전류 $I_0 = \frac{60}{100} = 0.6[A]$ 이므로 전구 수는 $n = \frac{I_1}{I_0} = \frac{69.95}{0.6} = 116.58[등]$

답 : 116[등]

2009

13 출제년도 96.09.19.(10점/각 문항당 5점)

스위치 S_1, S_2, S_3, S_4 에 의하여 직접 제어되는 계전기 A_1, A_2, A_3, A_4 가 있다. 전등 X, Y, Z가 동작표와 같이 점등되었다고 할 때 다음 각 물음에 답하시오.

A_1	A_2	A_3	A_4	X	Y	Z
0	0	0	0	0	1	0
0	0	0	1	0	0	0
0	0	1	0	0	0	0
0	0	1	1	0	0	0
0	1	0	0	0	0	0
0	1	0	1	0	0	0
0	1	1	0	1	0	0
0	1	1	1	1	0	0
1	0	0	0	0	0	0
1	0	0	1	0	0	1
1	0	1	0	0	0	0
1	0	1	1	1	1	0
1	1	0	0	0	0	1
1	1	0	1	0	0	1
1	1	1	0	0	0	0
1	1	1	1	1	0	0

•출력 램프 X에 대한 논리식

$$X = \overline{A_1}A_2A_3\overline{A_4} + \overline{A_1}A_2A_3A_4 + A_1A_2A_3A_4 + A_1\overline{A_2}A_3A_4 = A_3(\overline{A_1}A_2 + A_1A_4)$$

•출력 램프 Y에 대한 논리식

$$Y = \overline{A_1}\,\overline{A_2}\,\overline{A_3}\,\overline{A_4} + A_1\overline{A_2}A_3A_4 = \overline{A_2}(\overline{A_1}\,\overline{A_3}\,\overline{A_4} + A_1A_3A_4)$$

•출력 램프 Z에 대한 논리식

$$Z = A_1\overline{A_2}\,\overline{A_3}A_4 + A_1A_2\overline{A_3}\,\overline{A_4} + A_1A_2\overline{A_3}A_4 = A_1\overline{A_3}(A_2 + A_4)$$

(1) 답란에 미완성 부분을 최소 접점수로 접점 표시를 하고 접점 기호를 써서 유접점 회로를 완성하시오. (예 : a_1 $\overline{a_1}$)

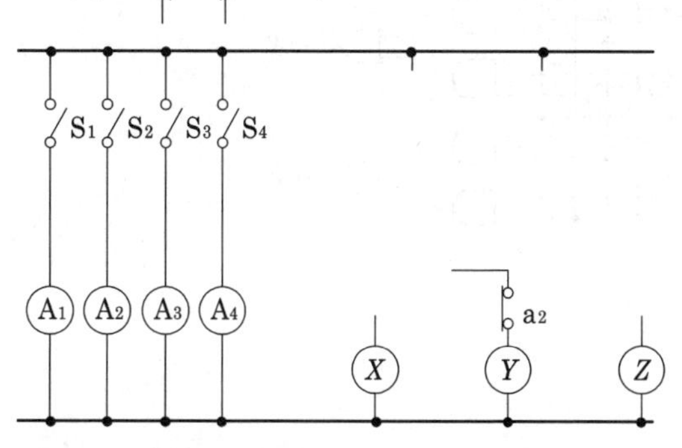

(2) 답란에 미완성 무접점 회로도를 완성하시오.

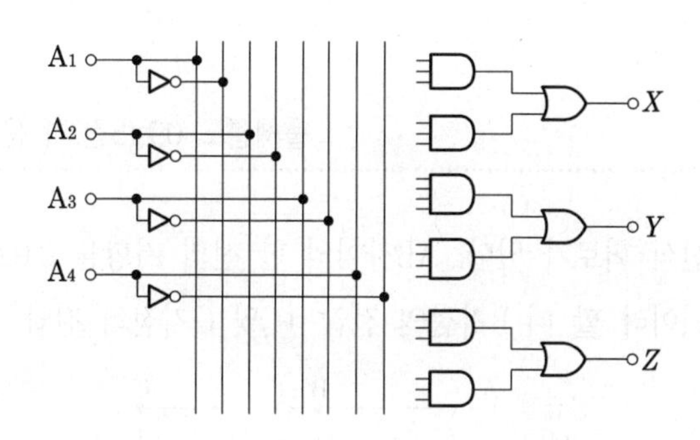

[작성답안]

(1)

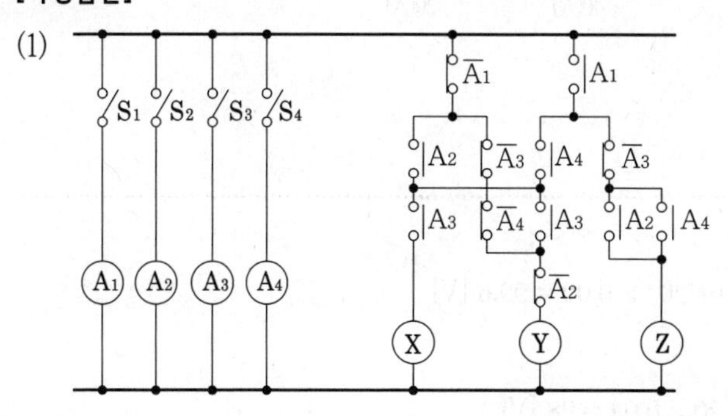

(2)

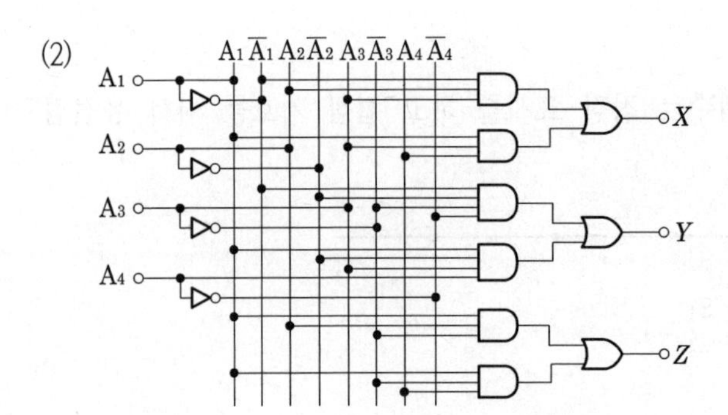

14

출제년도 09.(5점/각 문항당 2점, 모두 맞으면 5점)

다음과 같은 단상 2선식 회로가 있다. AB사이의 한 선의 저항을 0.02 [Ω], BC 사이의 한 선의 저항을 0.04 [Ω]이라 할 때 B지점의 전압 V_B및 C지점의 전압 V_C를 구하시오.

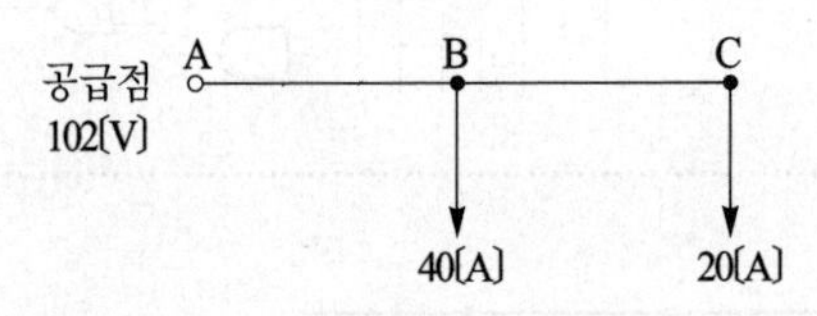

(1) B지점의 전압 V_B

(2) C지점의 전압 V_C

[작성답안]

(1) 계산 : $V_B = V_A - 2IR = 102 - 2(40 + 20) \times 0.02 = 99.6$ [V]

답 : 99.6 [V]

(2) 계산 : $V_C = V_B - 2IR = 99.6 - 2 \times 20 \times 0.04 = 98$ [V]

답 : 98 [V]

2009년 2회 기출문제 해설

※ 다음 물음에 답을 해당 답란에 답하시오.

1

출제년도 09.20(5점/부분점수 없음)

3상 3선식 6600[V]인 변전소에서 저항 6[Ω] 리액턴스 8[Ω]의 송전선을 통하여 역률 0.8의 부하에 전력을 공급할 때 수전단 전압을 6000[V] 이상으로 유지하기 위해서 걸 수 있는 부하는 최대 몇 [kW]까지 가능 하겠는가?

[작성답안]

계산 : 전압강하 $e = \frac{P}{V}(R + X\tan\theta)$ 에서

$$P = \frac{e \times V}{R + X\tan\theta} \times 10^{-3} = \frac{(6600 - 6000) \times 6000}{6 + 8 \times \frac{0.6}{0.8}} \times 10^{-3} = 300[\text{kW}]$$

답 : 300[kW]

[핵심] 전압강하

① 전압강하 $e = \frac{P}{V}(R + X\tan\theta)$ [V]

② 전압강하율 $\epsilon = \frac{e}{V} \times 100 = \frac{P}{V^2}(R + X\tan\theta) \times 100$ [%]

③ 전력손실 $P_L = \frac{P^2 R}{V^2 \cos^2\theta}$ [kW]

④ 전력손실률 $k = \frac{P_L}{P} \times 100 = \frac{PR}{V^2 \cos^2\theta} \times 100$ [%]

2

출제년도 91.92.97.09.(6점/부분점수 없음)

12×18[m]인 사무실의 조도를 200[lx]로 할 경우에 광속 4600[lm]의 형광등 40[W] 2등용을 시설할 경우 사무실의 최소 분기 회로수는 얼마가 되는가? (단, 40[W] 2등용 형광등 기구 1개의 전류는 0.87[A]이고, 조명률 50%, 감광보상률1.3, 전기방식은 단상 2선식으로서 1회로의 전류는 최대 16[A]로 제한한다.)

[작성답안]

계산 : $N = \dfrac{EAD}{FU} = \dfrac{200 \times 12 \times 18 \times 1.3}{4600 \times 0.5} = 24.42$ [등]

$\therefore$ 25등 선정

$\therefore n = \dfrac{25 \times 0.87}{16} = 1.36$ [회로]

답 : 16 [A] 분기 2회로 선정

[핵심] 조명설계

① 실지수

방의 면적이 같은 2개의 방에 같은 수의 광원을 설치하여도 방의 모양이 다른 경우에는 작업면상의 조도는 다르게 된다. 그래서 천정, 바닥이 장방형인 방은 가로 X, 세로 Y 두 변의 평균을 한 변으로 하는 정방형인 방과 동일하다고 하는 이론에 의해 실지수 $R.I$를 다음 식과 같이 결정한다.

$$R.I = \frac{XY}{H(X+Y)}$$

실지수	5.0	4.0	3.0	2.5	2.0	1.5	1.25	1.0	0.8	0.6
기호	A	B	C	D	E	F	G	H	I	J

② 조도계산

N개의 램프에서 방사되는 빛을 평면상의 면적 A[㎡]에 모두 집중 조사할 수 있다고 하고 램프 1개당 광속을 F [lm]이라 하면, 그 면의 평균조도를

$$E = \frac{F \cdot N}{A} \text{ [lx]}$$

로 나타낸다. 이러한 평균조도 계산은 광속법과 설계여건에 따라 ZCM (Zonal Cavity Method)법을 채택할 수 있다.

$$E = \frac{F \cdot N \cdot U \cdot M}{A}$$

여기서, E : 평균조도 [lx] F : 램프 1개당 광속 [lm] N : 램프수량 [개]
U : 조명률 M : 보수율, 감광보상률의 역수 A : 방의 면적 [㎡] (방의 폭×길이)

3

출제년도 07.08.09.13.(5점/각 문항당 2점, 모두 맞으면 5점)

다음 전선의 약호에 대한 명칭을 쓰시오.

(1) NRI(70)

(2) NFI(70)

[작성답안]

(1) 300/500[V] 기기 배선용 단심 비닐절연전선(70[℃])

(2) 300/500[V] 기기 배선용 유연성 단심 비닐절연전선(70[℃])

4

출제년도 97.06.09.(8점/각 항목당 1점, 모두 맞으면 8점)

그림은 특별고압 수변전설비 중 지락보호회로의 복선도의 일부분이다. ① ~ ⑤까지에 해당되는 부분의 각 명칭을 쓰시오.

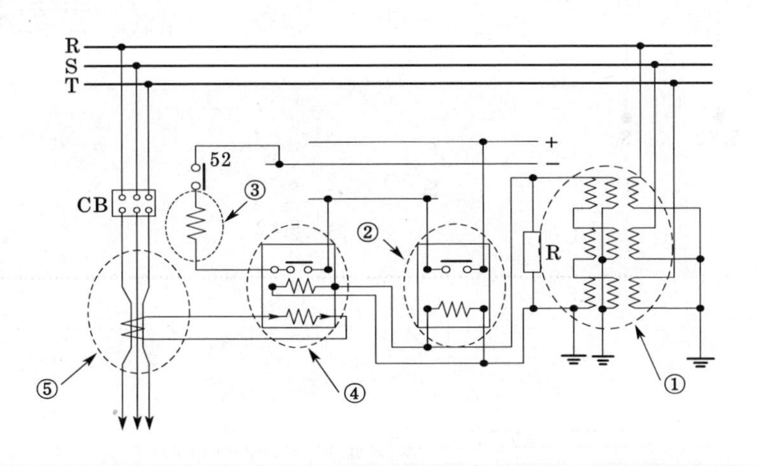

[작성답안]

① 접지형 계기용 변압기(GPT)

② 지락 과전압 계전기(OVGR)

③ 트립 코일(TC)

④ 선택 접지 계전기(SGR)

⑤ 영상 변류기(ZCT)

[핵심] SGR과 DGR

계전기	용 도	차 이 점
SGR	지락보호	ZCT와 조합해서 사용하며 케이블 차폐접지는 반드시 ZCT를 관통하여 접지하고 GPT의 후단에 ZCT설치
DGR	〃	CT와 조합해서 사용하며 CT비 300/5A 이하의 경우 CT 잔류회로 방식채용 CT비 400/5A의 경우 3권선 CT사용 계전기에 탭 레인지 0.05A~0.5A 있음

5

출제년도 09.18.20(6점/부분점수 없음)

3로스위치 4개를 사용한 3개소 점멸의 단선도를 참조하여 복선도를 완성하시오.

【단선도】

R J J 전원

S_3 $S_3 \times 2$ S_3

【복선도】

전원

S_3 $S_3 \times 2$ S_3

[작성답안]

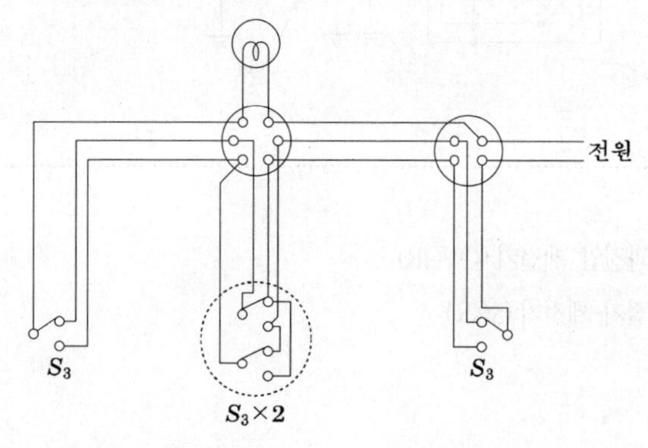

6

출제년도 09.15. ㊒ 22.(6점/각 항목당 1점, 모두 맞으면 6점)

전력계통에 일반적으로 사용되는 리액터에는 병렬 리액터, 한류 리액터, 직렬 리액터 및 소호 리액터 등이 있다. 이들 리액터의 설치목적을 쓰시오.

(1) 분로(병렬) 리액터

(2) 직렬 리액터

(3) 소호 리액터

(4) 한류 리액터

[작성답안]

(1) 페란티 현상 방지

(2) 제5고조파 제거

(3) 지락시 아크소호에 의한 지락전류 제한

(4) 단락전류 제한

2009

7

출제년도 04.09.新規.(5점/각 항목당 1점)

다음 (①), (②), (③), (④), (⑤) 안에 알맞은 내용을 쓰시오.

고압 및 특고압의 전로(131, 회전기, 정류기, 연료전지 및 태양전지 모듈의 전로, 변압기의 전로, 기구 등의 전로 및 직류식 전기철도용 전차선을 제외한다)는 표 132-1에서 정한 시험전압을 (①)사이(다심케이블은 심선 상호 간 및 심선과 대지 사이)에 연속하여 (②)가하여 절연내력을 시험하였을 때에 이에 견디어야 한다. 다만, 전선에 케이블을 사용하는 교류 전로로서 한국전기설비기준에서 정한 시험전압의 (③)의 직류전압을 전로와 대지 사이(다심케이블은 (④)사이)에 연속하여 (⑤)가하여 절연내력을 시험하였을 때에 이에 견디는 것에 대하여는 그러하지 아니하다.

[작성답안]

① 전로와 대지　　② 10분간　　③ 2배

④ 심선 상호 간 및 심선과 대지　　⑤ 10분간

8

출제년도 09.20.(5점/부분점수 없음)

45[kW]의 전동기를 사용하여 지상 10[m], 용량 300 [m^3]의 저수조에 물을 채우려한다. 펌프의 효율 85 [%], K=1.2 라면 몇 분 후에 물이 가득 차겠는가?

[작성답안]

계산 : $P=\frac{KHQ}{6.12\eta}=\frac{KH\frac{V}{t}}{6.12\eta}$ 에서 $t=\frac{KHV}{P\times 6.12\eta}=\frac{1.2\times 10\times 300}{45\times 6.12\times 0.85}=15.38$[분]

답 : 15.38[분]

[핵심] 펌프용 전동기 용량

$$P=\frac{9.8Q'HK}{\eta}=\frac{KQH}{6.12\eta}\text{ [kW]}$$

여기서, P : 전동기의 용량[kW], Q : 양수량[m^3/min], Q' : 양수량[m^3/sec], H : 양정(낙차)[m]

η : 펌프의 효율[%], K : 여유계수(1.1 ~ 1.2 정도)

9

출제년도 09.(6점/각 항목당 3점)

연가의 주목적은 선로정수의 평형이다. 연가의 효과를 2가지만 쓰시오.

[작성답안]

- 통신선에 대한 유도장해 경감
- 소호리액터 접지시 직렬공진에 의한 이상전압 상승 방지

그 외

- 각 상의 전압강하를 동일하게 한다.

[핵심] 연가

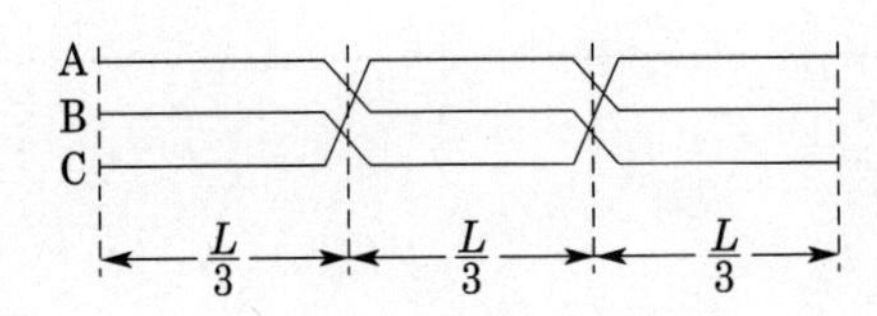

10

출제년도 89.09.10.(5점/부분점수 없음)

차단기 트립회로 전원방식의 일종으로서 AC전원을 정류해서 콘덴서에 충전시켜 두었다가 AC전원 정전시 차단기의 트립전원으로 사용하는 방식을 무엇이라 하는가?

[작성답안]

CTD 방식(콘덴서 트립 방식)

[핵심] 차단기 트립방식

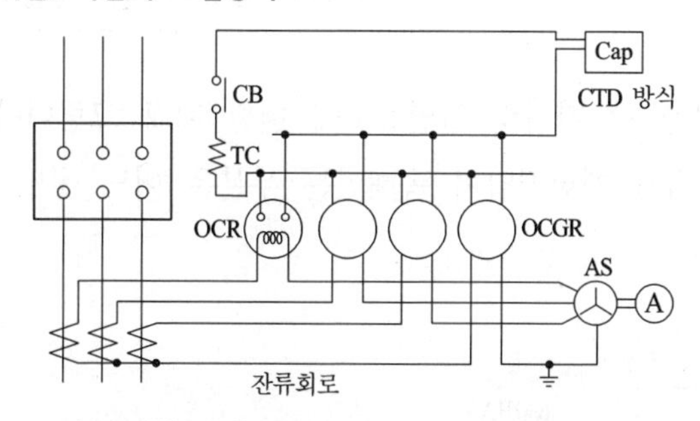

- 직류 전압 트립 방식 : 별도로 설치된 축전지 등의 제어용 직류 전원에 의해 트립되는 방식
- 과전류 트립 방식 : 차단기의 주회로에 접속된 변류기의 2차 전류에 의해 트립되는 방식
- 콘덴서 트립 방식 : 충전된 콘덴서의 에너지에 의해 트립되는 방식
- 부족 전압 트립 방식 : 부족 전압 트립 장치에 인가되어 있는 전압의 저하에 의해 트립되는 방식

11

출제년도 97.00.02.03.09.(6점/각 문항당 3점)

어떤 공장의 전기설비로 역률0.8, 용량 200[kVA]인 3상 평형유도부하가 사용되고 있다. 이 부하에 병렬로 전력용콘덴서를 설치하여 합성역률을 0.95로 개선하고자 할 경우 다음 각 물음에 답하시오.

(1) 전력용 콘덴서의 용량은 몇 [kVA]가 필요한가?

(2) 전력용 콘덴서에 직렬리액터를 설치할 때 용량은 몇 [kVA]를 설치하여야 하는가?

[작성답안]

(1) 계산 : $Q_c = P(\tan\theta_1 - \tan\theta_2) = 200 \times 0.8\left(\dfrac{\sqrt{1-0.8^2}}{0.8} - \dfrac{\sqrt{1-0.95^2}}{0.95}\right) = 67.41[\text{kVA}]$

답 : 67.41[kVA]

(2) 계산 : 콘덴서 용량의 6 [%]이므로 $67.41 \times 0.06 = 4.04$ [kVA]

답 : 4.04 [kVA]

[핵심] 직렬리액터

[이론상] 리액터 용량 = 콘덴서 용량×4[%]

[실제상] 리액터 용량 = 콘덴서 용량×6[%]

12

출제년도 03.09.(5점/부분점수 없음)

그림은 154 [kV] 계통의 절연협조를 위한 각 기기의 절연강도에 대한 비교 그림이다. 변압기, 선로애자, 개폐기 지지애자, 피뢰기 제한전압이 속해있는 부분은 어느 곳인지 그림의 ☐ 안에 쓰시오.

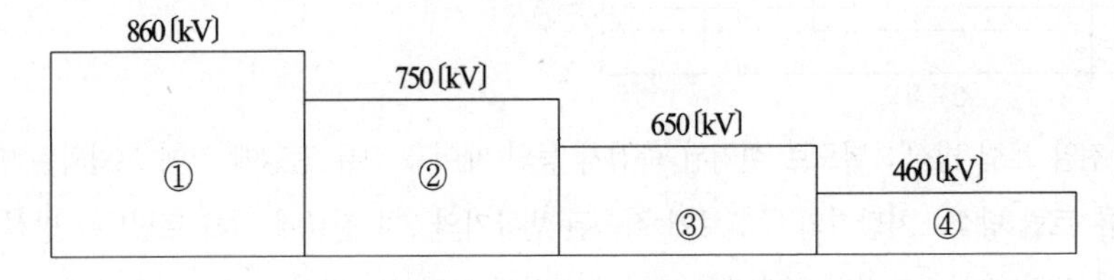

[작성답안]

① 선로애자 ② 개폐기 지지애자 ③ 변압기 ④ 피뢰기 제한전압

13

출제년도 00.03.04.09.17.18.21.(5점/부분점수 없음)

표와 같이 어느 수용가 A, B, C에 공급하는 배전선로의 최대전력은 600 [kW]이다. 이때 수용가의 부등률은 얼마인가?

수용가	설비용량 [kW]	수용률 [%]
A	400	70
B	400	60
C	500	60

[작성답안]

계산 : 부등률 $= \frac{(400 \times 0.7) + (400 \times 0.6) + (500 \times 0.6)}{600} = 1.37$

답 : 1.37

[핵심] 부등률

각 수용가에서의 최대 수용 전력의 발생 시각은 시간적으로 차이가 있으며 이 경우에 배전 변압기 또는 간선에서의 합성 최대 수용 전력은 각 수용가에서의 최대 수용 전력의 합보다 적게 되는데 이 비를 부등률이라 하며 이 값은 항상 1보다 크고, 백분율로 나타내지 않는다. 수용률과 더불어 배전 변압기 또는 배전 간선 등의 공급 설비 계획 자료로 사용된다.

부등률 = (개별 최대수용전력의 합) / (합성 최대수용전력) = (설비용량×수용률) / (합성최대수용전력)

2009

14

출제년도 94.01.05.09.(6점/부분점수 없음)

그림과 같은 무접점 논리 회로의 래더 다이어그램(ladder diagram)의 미완성 부분(점선 부분)을 그리시오. (단, 입·출력 번지의 할당은 다음과 같다.)

입력 : Pb_1(01), Pb_2(02), 출력 : GL(30), RL(31), 릴레이 : X(40)

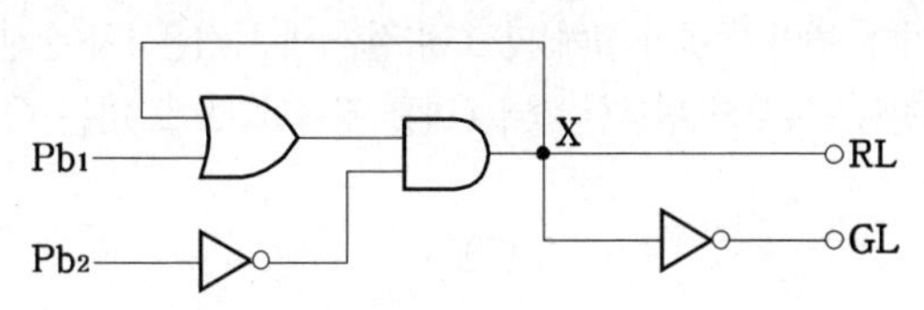

[작성답안]

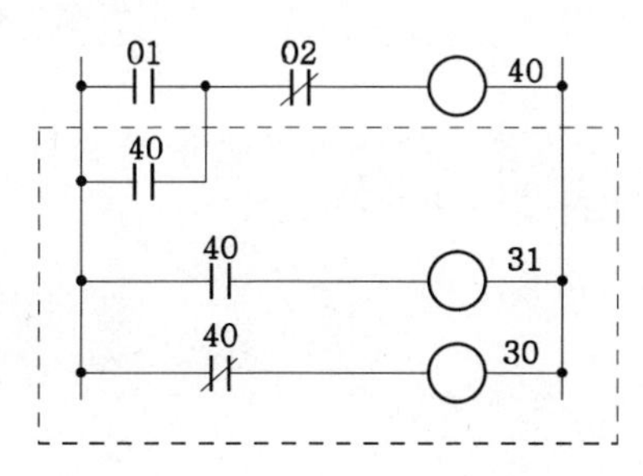

15 출제년도 09.10.(5점/부분점수 없음)

변압기 탭전압 6150[V], 6250[V], 6350[V], 6450[V], 6600[V]일 때 변압기 1차측 사용탭이 6600[V]인 경우 2차 전압이 97[V]이였다. 1차측 탭전압을 6150[V]로 하면 2차측 전압은 몇 [V]인가?

[작성답안]

계산 : $V_T' = \dfrac{V_2 \times V_T}{V_2'}$ 에서 $V_2' = \dfrac{V_2 \times V_T}{V_T'}$

$$V_2' = \frac{97 \times 6600}{6150} = 104.1 \text{ [V]}$$

답 : 104.1[V]

[핵심] 변압기 탭

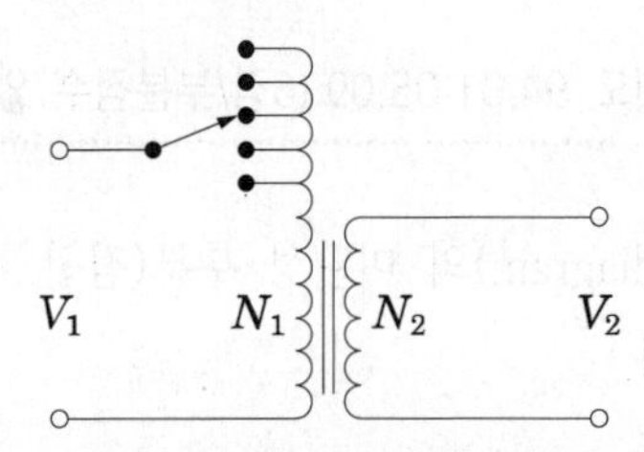

일반적으로 1차(고압)측 권선의 중간 단자를 인출하여 설치된다. 탭 절환이란 이것을 조정하여 권수비를 바꾸어 전압을 조정하는 장치이다. 변압기 탭의 설치 및 조정(절환)의 목적은 1차(수전단) 전압의 변동에 의해 2차측의 전압이 소정의 정격전압으로부터 변동한 경우, 이를 정격전압으로 하는 데에 그 목적이 있다.

$$V_T' = \frac{V_2 \times V_T}{V_2'}$$

여기서 V_2 : 변경전 2차전압

V_2' : 변경후 2차전압

V_T : 변경전 1차 탭전압

V_T' : 변경후 1차 탭전압

16 출제년도 09.18.20.(5점/각 항목당 1점)

과도적인 과전압을 제한하고 서지(Surge)전류를 분류하는 목적으로 사용되는 서지보호 장치(SPD : Surge Protective Device)에 대한 다음 물음에 답하시오.

(1) 기능에 따라 3가지로 분류하여 쓰시오.

(2) 구조에 따라 2가지로 분류하여 쓰시오.

[작성답안]

(1) 전압스위칭형 SPD, 전압제한형 SPD, 조합형 SPD

(2) 1포트 SPD, 2포트 SPD

[핵심] SPD

(1) 기능에 따른 SPD 3가지 종류

가. 전압 스위칭형 SPD

서지가 인가되지 않는 경우는 높은 임피던스 상태에 있으며 전압서지에 응답하여 급격하게 낮은 임피던스 값으로 변화하는 기능을 갖는 SPD를 말한다. 전압 스위칭형 SPD 는 여기에 사용되는 부품의 예로 에어갭, 가스방전관, 사이리스터형 SPD 가있다.

나. 전압 제한형 SPD

서지가 인가되지 않은 경우는 높은 임피던스 상태에 있으며 전압서지에 응답한 경우는 임피던스가 연속적으로 낮아지는 기능을 갖는 SPD를 말한다. 전압 제한형 SPD 는 여기에 사용되는 부품의 예로 배리스터나 억제형 다이오드가 있다.

다. 복합형 SPD

전압스위칭형 소자 및 전압제한형 소자의 모든 기능을 갖는 SPD를 말한다. 복합형 SPD 는 인가전압의 특성에 따라 전압스위칭, 전압 제한 또는 전압스위칭과 전압 제한의 두 가지 동작올 하는 것으로 가스방전관과 배리스터를 조합한 SPD 등이 었다.

(2) 구조에 따른 SPD 2가지 종류

구분	특징
1포트 SPD	1단자대(또는 2단자)를 갖는 SPD로 보호할 기기에 대해 서지를 분류하도록 접속하는 것이다.
2포트 SPD	2단자대(또는 4단자)를 갖는 SPD로 입력 단자대와 출력 단자대 간에 직렬임피던스가 있다. 주로 통신 · 신호계통에 사용되며 전원회로에 사용되는 경우는 드물다.

17

출제년도 09.(11점/각 문항당 2점, 모두 맞으면 11점)

CB 1차 측에 CT와 PT를 시설하는 경우의 특별고압 수전설비 결선도이다. 다음 물음에 답하시오.

(1) 일반적으로 수전설비에서 LA의 공칭방전전류가 2500[A]이면 정격전압(①)[kV]가 사용되는데, 공칭방전전류가 5000[A]이면 정격전압(②)[kV]가 사용된다.

(2) LA용 DS는 생략할 수 있으며, 22.9[kV-Y]용의 LA에는 (③)또는 (④)붙임형을 사용하여야 한다.

(3) 지중인입선의 경우 22.9[kV-Y]계통은 (⑤)케이블 또는 (⑥)를 사용하여야 한다.

(4) 여기에 사용할 수 있는 CB종류 3가지를 약호와 명칭을 정확히 쓰시오.

(5) MOF의 역할에 대하여 쓰시오.

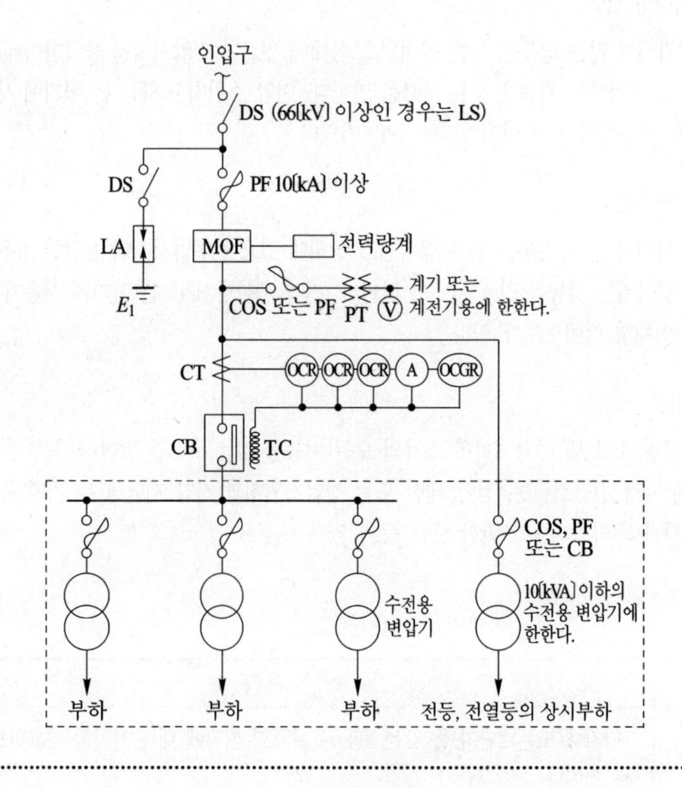

[작성답안]

(1) ① 18 [kV]　　② 72 [kV]

(2) ③ Disconnector　　④ Isolator

(3) ⑤ CNCV-W　　⑥ TR CNCV-W

(4) VCB(진공차단기), OCB(유입차단기), GCB(가스차단기)

(5) PT와 CT를 한 탱크 내에 설치하고 고전압, 대전류를 저전압(110[V]), 소전류(5[A])로 변압 · 변류하여 전력량계에 공급한다.

2009

2009년 3회 기출문제 해설

※ 다음 물음에 답을 해당 답란에 답하시오.

출제년도 09.(6점/부분점수 없음)

1

주어진 조건과 동작 설명을 이용하여 다음 각 물음에 답하시오.

【조건】

- 누름버튼스위치는 3개(BS_1, BS_2, BS_3)를 사용한다.
- 보조 릴레이는 3개(X_1, X_2, X_3)를 사용한다.

※ 보조릴레이 접점의 개수는 최소로 사용할 것

【동작 설명】

BS_1에 의하여 X_1이 여자되어 동작하던 중 BS_3을 누르면 X_3가 여자되어 동작하고 X_1은 복귀, 또 BS_2를 누르면 X_2가 여자되어 동작하고 X_3는 복귀한다. 즉, 항상 새로운 신호만 동작한다.

가. 선택 동작회로(신입신호 우선회로)의 시퀀스회로를 그리시오.

나. 위 문항 "가"의 타임 차트를 그리시오.

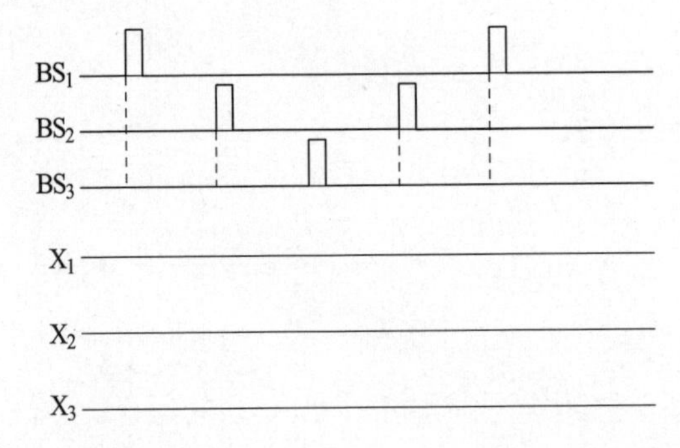

[작성답안]

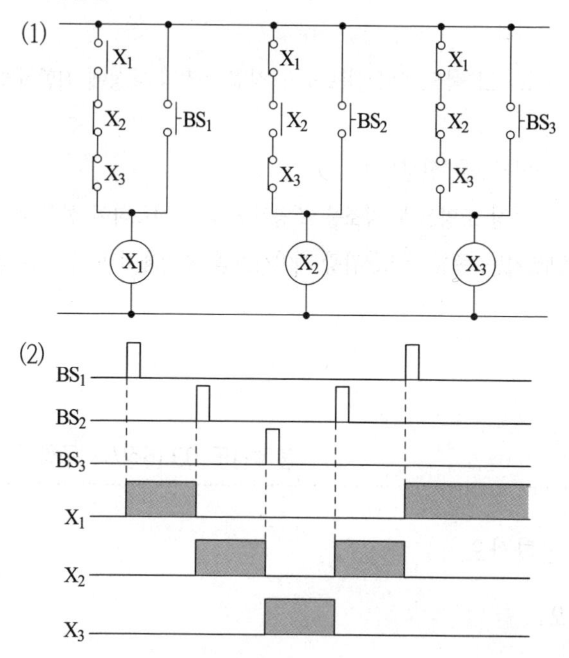

2009

2 출제년도 91.98.08.09.10.13.16.(5점/각 항목당 1점)

공장 조명 설계시 에너지 절약대책을 5가지만 쓰시오

[작성답안]

① 고효율 광원 채용 (LED 램프 채용, T5형광등 채용)

② 고조도 저휘도 반사갓 채용

③ 적절한 조광제어실시

④ 고역률 등기구 채용

⑤ 등기구의 적절한 보수 및 유지관리

그 외

⑥ 창측 조명기구 개별점등

⑦ 전반조명과 국부조명의 적절한 병용 (TAL조명)

⑧ 등기구의 격등제어 회로구성

[해설] 조명설비 에너지절약

① 적정 조도기준 : 작업장소별 적정 조도를 적용한다.

② 고효율 광원의 선정 : 할로겐램프, 3파장 형광등, HID램프, LED램프 등을 작업 목적과 대상에 적합하게 선정한다.

③ 고효율 조명기구의 선정 : 기구효율이 높은 조명기구를 선정한다.

④ 에너지 절감 조명설계 : 조명에너지 절약요소, 적정 조명설계, 공조용 조명기구 등을 검토하여 선정한다.

⑤ 에너지절감 조명시스템 적용 : 조명제어 시스템 기능, 종류, 용도, 감광 제어시스템, 조명제어용 기기, 조광 방식 등을 적용한다.

출제년도 09.(6점/각 문항당 2점)

3

패란티 현상에 대해서 다음 각 물음에 답하시오.

(1) 패란티 현상이란 무엇인지 쓰시오.

(2) 발생원인은 무엇인지 쓰시오.

(3) 발생 억제 대책에 대하여 쓰시오.

[작성답안]

(1) 수전단 전압이 송전단 전압보다 높아지는 현상을 말한다.

(2) 장거리 송전선로의 무부하 충전전류

(3) 분로리액터를 설치

[핵심] 분로 리액터(Shunt Reactors)

리액터는 송전선로 커패시턴스로 인한 무효전력을 보상해주어 전력망의 효율을 개선하고 안정성을 높이며, 페란티현상을 억제한다. 초고압 송전선 또는 지중 케이블의 충전용량을 보상하여 전압을 적정하게 유지하여야 하므로 변전소 모선에 부하와 병렬로 접속한다.

4 출제년도 09.(5점/부분점수 없음)

집합형으로 콘덴서를 설치할 경우와 비교하여, 전동기 단자에 개별로 콘덴서를 설치할 경우 예상되는 장점 및 단점을 각 1가지씩만 쓰시오.

[작성답안]

장점 : 역률개선의 효과가 크다.

단점 : 설치 면적과 설치비용이 많이 발생한다.

[핵심] 전력용 콘덴서 설치방법

전력용 콘덴서를 설치하는 장소는 구내계통, 부하의 조건, 설치효과, 보수 및 점검 등을 고려하여 검토하여야 한다. 설치방법은 일반적으로 3가지로 구분한다.

① 수전단 모선에 설치하는 방법 : 이 방법은 관리가 편리하고, 경제적이고, 무효전력의 변화에 대하여 신속한 대처가 가능하다. 다만, 선로의 개선효과는 기대 할 수 없다.

② 수전단 모선과 부하측에 분산하여 설치하는 방법 : 수전단 모선에 설치하는 방법보다 역률개선의 효과는 크다.

③ 부하측에 분산하여 설치하는 방법 : 이 방법이 가장 이상적이고 효과적인 역률개선 방법이다. 다만, 설치 면적과 설치 비용이 많이 발생하는 단점이 있다.

5 출제년도 93.09.10.(5점/부분점수 없음)

% 오차가 -3 [%]인 전압계로 측정한 값이 100 [V]라면 그 참값은 몇 [V]인가?

[작성답안]

계산 : 오차 $\epsilon = \dfrac{\text{측정값} - \text{참값}}{\text{참값}} \times 100 = \dfrac{M-T}{T} \times 100$ [%] 에서 $-0.03 = \dfrac{100-T}{T}$

$$T = \frac{100}{0.97} = 103.09 \text{ [V]}$$

답 : 103.09 [V]

[핵심] 오차와 보정

① 오차 (error)

어떤 측정에 있어서도 절대로 정확한 값을 알 수 있는 것은 어렵기 때문에 전기계기의 측정의 경우도 반드시 오차가 포함되어 있다. 따라서 오차를 계산하고 이를 보정해주어야 한다.

오차 $\epsilon_0 = M - T$

여기서 M : 측정값, T : 참값

오차를 오차율 (percentage error)로 표시하면 다음과 같다.

오차율 $\epsilon = \dfrac{M-T}{T} \times 100$ [%]

② 보정 (correction)

보정과 보정률 (percentage correction)은 다음과 같다.

보정 $\alpha_0 = T - M$

보정률 $\alpha = \dfrac{T-M}{M} \times 100$ [%]

6 출제년도 02.09.(14점/각 항목당 10점, 모두 맞으면 14점)

옥외의 간이 수변전설비에 대한 단선 결선도이다. 이 도면을 보고 다음 각 물음에 답하시오.

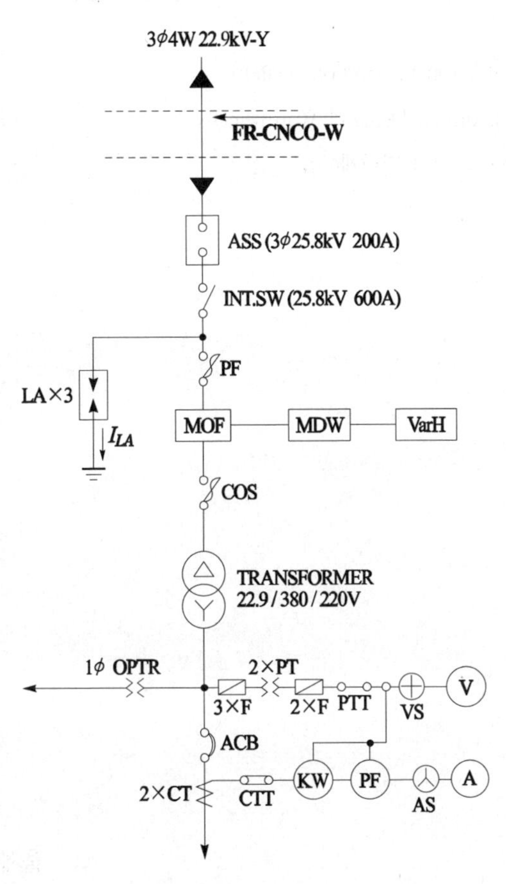

(1) 도면상의 ASS는 무엇인지 그 명칭을 쓰시오.

(2) 도면상의 MDW의 명칭은 무엇인지 쓰시오.

(3) 도면상의 전선 약호 FR-CNCO-W의 품명을 쓰시오.

(4) 22.9[kV-Y] 간이 수변전설비는 수전용량 몇 [kVA] 이하에 적용하는지 쓰시오.

(5) LA의 공칭 방전 전류는 몇 [A]를 적용하는지 쓰시오.

(6) 도면에서 PTT는 무엇인지 쓰시오.

(7) 도면에서 CTT는 무엇인지 쓰시오.

(8) 도면상의 기호 ⊕은 무엇인지 쓰시오.

(9) 도면상의 기호 Ⓐ은 무엇인지 쓰시오.

[작성답안]

(1) 자동 고장 구분 개폐기(Automatic Section Switch)

(2) 최대 수요 전력량계(Maximum Demand Wattmeter)

(3) 동심중성선 수밀형 저독성 난연 전력케이블

(4) 1000[kVA]

(5) 2500[A]

(6) 전압 시험 단자

(7) 전류 시험 단자

(8) 전압계용 전환 개폐기

(9) 전류계용 전환 개폐기

7

출제년도 09.(5점/각 문항당 1점)

다음은 일반 옥내배선에서 전등 · 전력 · 통신 · 신호 · 재해방지 · 피뢰설비 등의 배선, 기기 및 부착위치, 부착방법을 표시하는 도면에 사용되는 기호이다. 각 기호의 명칭을 쓰시오.

(1) ⊠　(2) ◪　(3) ⧓　(4) ⊟　(5) ⊟

[작성답안]

(1) 배전반　(2) 분전반　(3) 제어반　(4) 단자반　(5) 중간단자반

8

출제년도 89.97.98.00.03.05.06.15.21.(6점/각 문항당 2점)

CT 2대를 V결선하여 OCR 3대를 그림과 같이 연결하여 사용할 경우 다음 각 물음에 답하시오.

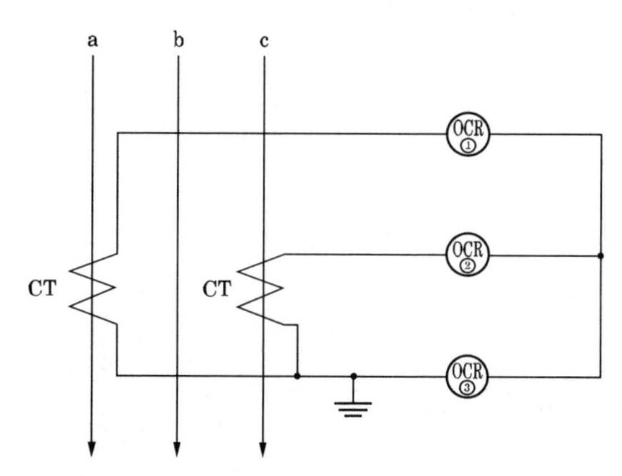

(1) 그림에서 CT의 변류비가 30/5 이고 변류기 2차측 전류를 측정하니 3[A]의 전류가 흘렀다면 수전 전력은 몇 [kW]인지 계산하시오. (단, 수전 전압은 22900[V], 역률 90[%]이다.)

(2) OCR는 주로 어떤 사고가 발생하였을 때 동작하는지 쓰시오.

(3) 통전 중에 있는 변류기 2차측 기기를 교체하고자 할 때 가장 먼저 취하여야 할 조치는 무엇인지 쓰시오

[작성답안]

(1) 계산 : $P=\sqrt{3}\,VI\cos\theta\times10^{-3}=\sqrt{3}\times22900\times\left(3\times\dfrac{30}{5}\right)\times0.9\times10^{-3}=642.56[\text{kW}]$

답 : 642.56[kW]

(2) 단락사고

(3) 변류기 2차측 단락

[핵심] 변류기의 결선

① 가동 접속

전류계에 흐르는 전류는 $\dot{I}_a+\dot{I}_c$ 이며, 이 전류는 b상의 전류와 같게 된다. 1차 전류와 전류계에 흐르는 전류는 아래와 같다.

$I_1=$ 전류계 Ⓐ 지시값 × CT 비

2009

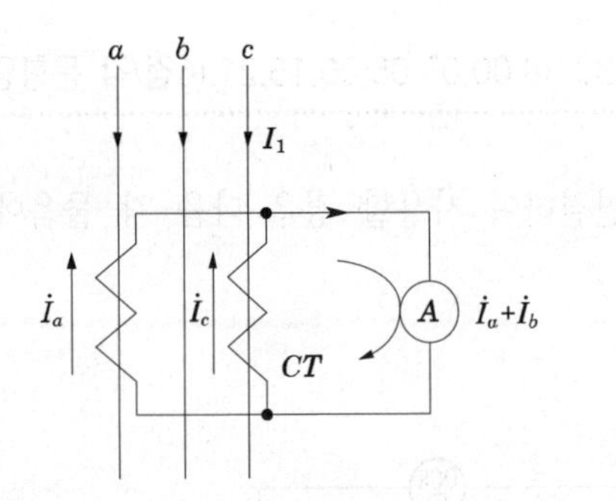

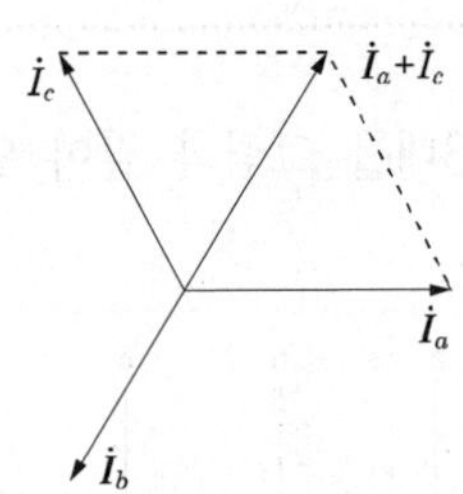

② 교차 접속

아래 그림과 같이 c상의 변류기를 반대로 접속한 것을 차동접속(교차 접속)이라 한다. 이 방식은 전류계에 흐르는 전류가 a상과 c상의 전류의 벡터차가 흐르게 된다.

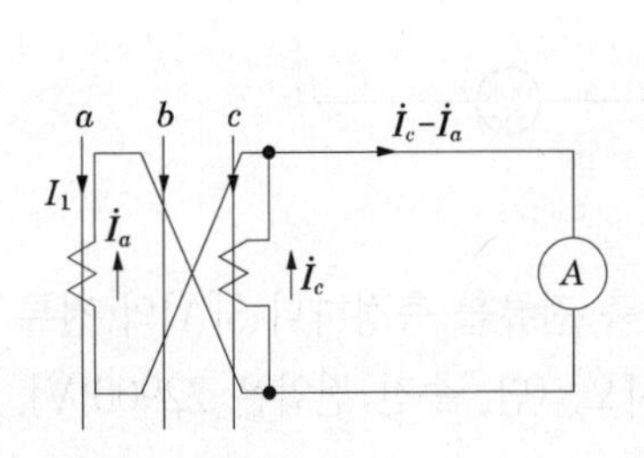

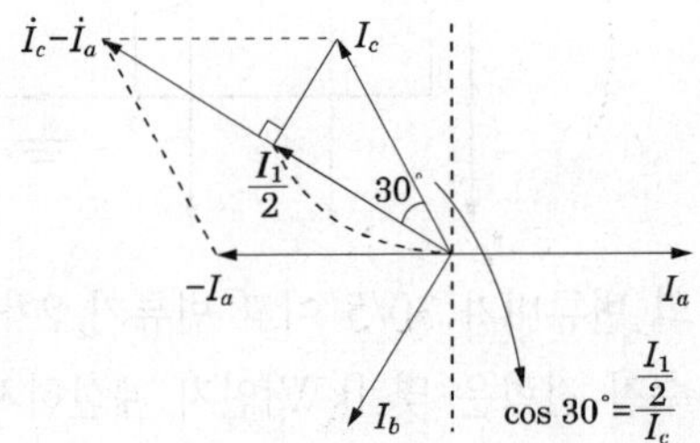

전류계에 흐르는 전류는 $\dot{I}_c - \dot{I}_a$ 이며, 이 전류는 벡터도와 같이 CT 2차 전류의 $\sqrt{3}$ 배 가 됨은 알 수 있다. 1차 전류는 아래와 같다.

$$I_1 = \text{전류계 Ⓐ 지시값} \times \frac{1}{\sqrt{3}} \times CT\text{비}$$

9

출제년도 09.(5점/부분점수 없음)

풍력발전 시스템의 특징을 4가지만 쓰시오.

[작성답안]

- 지속적으로 무제한 사용할 수 있다.
- 공해물질 배출이 없는 청정에너지이다.
- 대규모 단지의 경우 발전단가가 비교적 낮고 상용화가 가능한 에너지 발전설비이다.
- 에너지 밀도가 낮아 바람이 희박할 경우 발전이 힘들다.

그 외

- 초기투자비용이 크며, 소음이 발생한다.

10 출제년도 93.00.02.06.09.10.12.13.16.18.20.(5점/부분점수 없음)

부하가 유도전동기이며, 기동 용량이 150 [kVA]이고, 기동시 전압강하는 20 [%]이며, 발전기의 과도리액턴스가 25 [%]이다. 이 전동기를 운전할 수 있는 자가발전기의 최소 용량은 몇 [kVA]인지 계산하시오.

[작성답안]

계산 : 발전기 용량 ≧ 기동용량 [kVA] × 과도리액턴스 × $\left(\dfrac{1}{\text{허용 전압 강하}} - 1\right)$ × 여유율

$$= 150 \times 0.25 \times \left(\frac{1}{0.2} - 1\right) = 150\,[\text{kVA}]$$

답 : 150 [kVA]

[핵심] 발전기 용량

① 단순한 부하의 경우

전부하 정상 운전시의 소요 입력에 의한 용량에 의해 결정한다.

발전기 용량 [kVA] = 부하의 총 정격 입력 × 수용률 × 여유율

발전기 출력 $P = \dfrac{\Sigma W_L \times L}{\cos\theta}$ [kVA]

여기서, ΣW_L : 부하 입력 총계, L : 부하 수용률(비상용일 경우 1.0)

$\cos\theta$: 발전기의 역률(통상 0.8)

② 기동 용량이 큰 부하가 있을 경우, 전동기 시동에 대처하는 용량

자가 발전 설비에서 전동기를 기동할 때 큰 부하가 발전기에 갑자기 걸리게 됨으로 발전기의 단자 전압이 순간적으로 저하하여 개폐기의 개방 또는 엔진의 정지 등이 야기되는 수가 있다. 이런 경우 발전기의 정격 출력 [kVA]은 다음과 같다.

발전기 정격 출력 [kVA] ≧ $\left(\dfrac{1}{\text{허용 전압 강하}} - 1\right) \times X_d \times$ 기동용량

여기서

X_d : 발전기의 과도 리액턴스(보통 20~25 [%]),

허용 전압 강하 : 20~30 [%]

기동 용량 : 2대 이상의 전동기가 동시에 기동하는 경우는 2개의 기동 용량을 합한 값과 1대의 기동 용량인 때를 비교하여 큰 값의 쪽을 택한다.

기동용량 $= \sqrt{3}$ × 정격전압 × 기동전류 × $\dfrac{1}{1,000}$ [kVA]

11

출제년도 09.18.(6점/각 항목당 1점)

전력퓨즈(Power Fuse)는 고압, 특별고압 기기의 단락전류의 차단을 목적으로 사용되며, 소호방식에 따라 한류형(PF)과 비한류형(COS)이 있다. 다른 개폐기와 비교한 퓨즈의 장점과 단점을 각각 3가지씩만 쓰시오. (단, 가격, 크기, 무게 등 기술외적인 사항은 제외한다.)

[작성답안]

(1) 장점

① 릴레이나 변성기가 필요 없다.

② 고속도 차단한다.

③ 큰 차단 용량을 갖는다.

(2) 단점

① 재투입을 할 수 없다.

② 과도 전류로 용단되기 쉽고 결상을 일으킬 염려가 있다.

③ 동작시간, 전류특성을 자유로이 조정할 수 없다.

그 외

④ 비보호 영역이 있다.

⑤ 차단시 이상전압이 발생한다.

[핵심] 전력퓨즈의 장·단점

장점	단점
① 가격이 싸다. ② 소형 경량이다. ③ 릴레이나 변성기가 필요 없다. ④ 밀폐형 퓨즈는 차단시에 무소음 무방출이다. ⑤ 소형으로 큰 차단용량을 갖는다. ⑥ 보수가 간단하다. ⑦ 고속도 차단한다. ⑧ 한류형 퓨즈는 한류효과가 대단히 크다. ⑨ 차지하는 공간이 적고 장치 전체가 싼 값에 소형으로 처리된다. ⑩ 후비보호가 완벽하다.	① 재투입을 할 수 없다. ② 과도전류로 용단하기 쉽다. ③ 동작시간-전류특성을 계전기처럼 자유로이 조정할 수 없다. ④ 한류형 퓨즈에는 녹아도 차단하지 못하는 전류범위를 갖는 것이 있다. ⑤ 비보호영역이 있으며, 사용 중에 열화하여 동작하면 결상을 일으킬 염려가 있다. ⑥ 한류형은 차단시에 과전압을 발생한다. ⑦ 고 임피던스 접지계통의 접지보호는 할 수 없다.

12

출제년도 09.19.(6점/부분점수 없음)

PLC 프로그램을 보고 프로그램에 맞도록 주어진 PLC 접점 회로도를 완성하시오.

단, ① STR : 입력 A 접점 (신호)　② STRN : 입력 B 접점 (신호)
③ AND : AND A 접점　④ ANDN : AND B 접점
⑤ OR : OR A 접점　⑥ ORN : OR B 접점
⑦ OB : 병렬접속점　⑧ OUT : 출력
⑨ END : 끝　⑩ W : 각 번지 끝

어드레스	명령어	데이터	비고
01	STR	001	W
02	STR	003	W
03	ANDN	002	W
04	OB	-	W
05	OUT	100	W
06	STR	001	W
07	ANDN	002	W
08	STR	003	W
09	OB	-	W
10	OUT	200	W
11	END	-	W

• PLC 접점 회로도

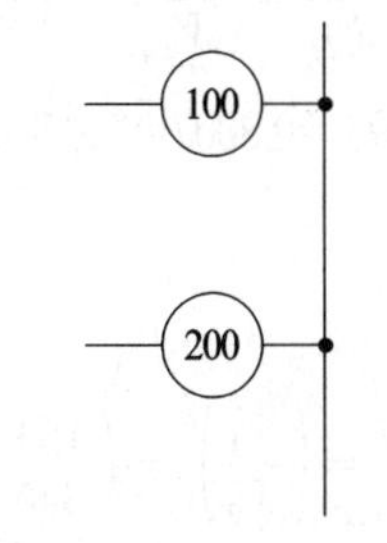

[작성답안]

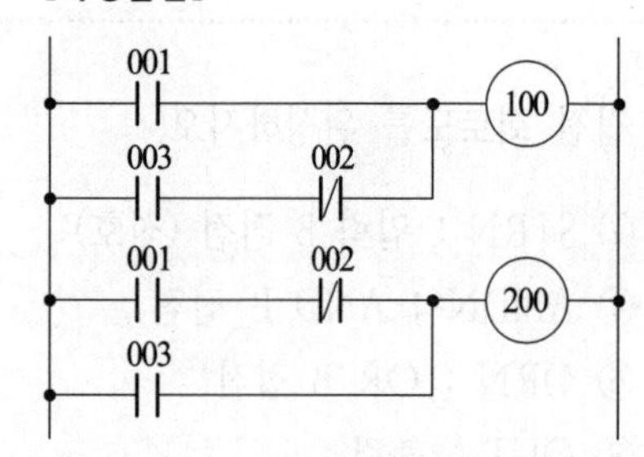

13

출제년도 89.93.95.99.02.06.07.13.17.18.20.22.(6점/각 문항당 2점)

송전선로 전압을 154[kV]에서 345[kV]로 승압할 경우 송전선로에 나타나는 효과에 대하여 다음 물음에 답하시오.

(1) 전력손실이 동일한 경우 공급능력의 증대는 몇 배인지 구하시오.

(2) 전력손실의 감소는 몇 [%]인지 구하시오.

(3) 전압강하율의 감소는 몇 [%]인지 구하시오.

[작성답안]

(1) 공급능력

계산 : $P \propto V$ 이므로 $\frac{P_2}{P_1} = \frac{V_2}{V_1} = \frac{345}{154} = 2.24$

답 : 2.24배

(2) 전력손실

계산 : $P_L \propto \frac{1}{V^2}$ 이므로 $\frac{P_{L2}}{P_{L1}} = \left(\frac{V_1}{V_2}\right)^2 = \left(\frac{154}{345}\right)^2 = 0.1993$

전력손실 감소분 =1-0.1993 =0.8007=80.07[%]

답 : 80.07[%]

(3) 전압강하율

계산 : $\epsilon \propto \frac{1}{V^2}$ 이므로 $\frac{\epsilon_2}{\epsilon_1} = \left(\frac{V_1}{V_2}\right)^2 = \left(\frac{154}{345}\right)^2 = 0.1993$

$\epsilon_2 = (\frac{154}{345})^2 \epsilon_1 = 0.1993\epsilon_1$

전압강하율 감소분 =1-0.1993 =0.8007=80.07[%]

답 : 80.07[%]

[핵심]

(1) 전력손실이 동일 하므로 전력손실 $P_L = 3I^2R$에서 전류 I는 일정하다.

∴ 공급능력은 $P = \sqrt{3}\,VI\cos\theta$ 에서 $P \propto V$ 가 된다.

(2) 전력손실 $P_L = \dfrac{P^2R}{V^2\cos^2\theta}$ 에서 $P_L \propto \dfrac{1}{V^2}$ 가 된다.

(3) 전압강하율 $\epsilon = \dfrac{e}{V}\times 100 = \dfrac{P}{V^2}(R + X\tan\theta)$ 에서 $\epsilon \propto \dfrac{1}{V^2}$ 가 된다

2009

14

출제년도 90.新規.(5점/부분점수 없음)

정격전류 15 [A]인 유도전동기 1대와 정격전류 3 [A]인 전열기 4대에 공급하는 저압 옥내간선을 보호할 과전류차단기의 선정에 필요한 설계전류를 구하시오.

[작성답안]

계산 : $I = I_M + I_H = 15 + 3\times 4 = 27$ [A]

답 : 27[A]

[핵심] 설계전류

회로의 설계전류(I_B)는 분기회로의 경우 부하의 효율, 역률, 부하율이 고려된 부하최대전류를 의미하며, 고조파 발생부하인 경우 고조파 전류에 의한 선전류 증가분이 고려되어야 한다. 또한 간선의 경우에는 추가로 수용율, 부하불평형, 장래 부하증가에 대한 여유 등이 고려되어야 한다.

$$I_B = \frac{\Sigma P}{k\,V}\alpha\,h\,\beta$$

여기서 k는 상계수 (단상 1, 3상 $\sqrt{3}$), V는 전압, α는 수용률, h는 고조파 발생에 의한 선전류 증가계수, β는 부하 불평형에 따른 선전류 증가계수를 말한다.

15 출제년도 09.21.(6점/각 문항당 3점)

그림과 같이 V결선과 Y결선된 변압기 한 상의 중심 0에서 110[V]를 인출하여 사용하고자 한다.

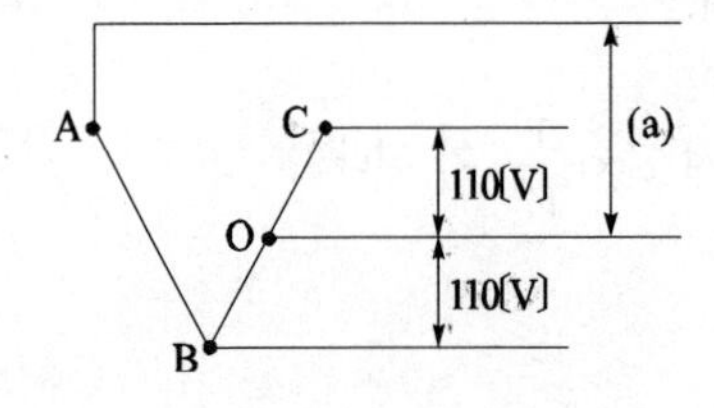

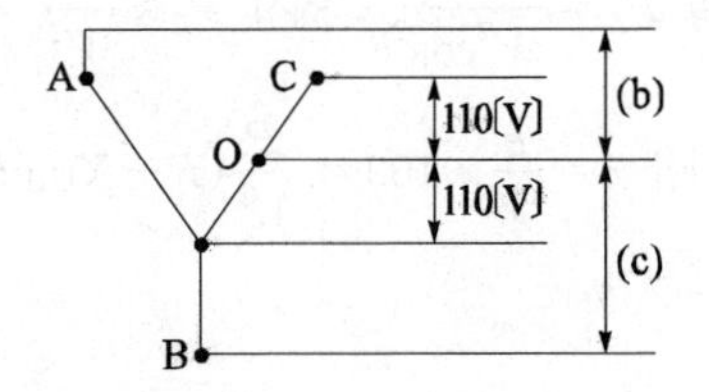

(1) 위 그림에서 (a)의 전압을 구하시오.

(2) 위 그림에서 (b)의 전압을 구하시오.

(3) 위 그림에서 (c)의 전압을 구하시오.

[작성답안]

(1) 계산 : $V_{AO}=220\angle 0°+110\angle -120°$

$$=220[\cos 0°+j\sin 0°]+110\left[\cos\left(-\frac{2}{3}\pi\right)+j\sin\left(-\frac{2}{3}\pi\right)\right]$$

$$=220+(-55-j55\sqrt{3})=165-j55\sqrt{3}$$

$$=\sqrt{165^2+(55\sqrt{3})^2}=190.53[V]$$

답 : 190.53[V]

(2) 계산 : $V_{AO}=110\angle 120°-220\angle 0°=110(\cos 120°+j\sin 120°)-220(\cos 0°+j\sin 0°)$

$$=110\left(-\frac{1}{2}+j\frac{\sqrt{3}}{2}\right)-220=-275+j55\sqrt{3}$$

$$=\sqrt{275^2+(55\sqrt{3})^2}=291.03[V]$$

답 : 291.03[V]

(3) 계산 : $V_{BO}=110\angle 120°-220\angle -120°$

$$=110[\cos 120°+j\sin 120°]-220[\cos(-120°)+j\sin(-120°)]$$

$$=110\left(-\frac{1}{2}+j\frac{\sqrt{3}}{2}\right)-220\left(-\frac{1}{2}-j\frac{\sqrt{3}}{2}\right)=55+j165\sqrt{3}$$

$$=\sqrt{55^2+(165\sqrt{3})^2}=291.03$$

답 : 291.03[V]

[핵심]

(1) $V_{AO}=\sqrt{(220\cos60°-110)^2+(220\sin60°)^2}=110\sqrt{3}=190.53$[V]

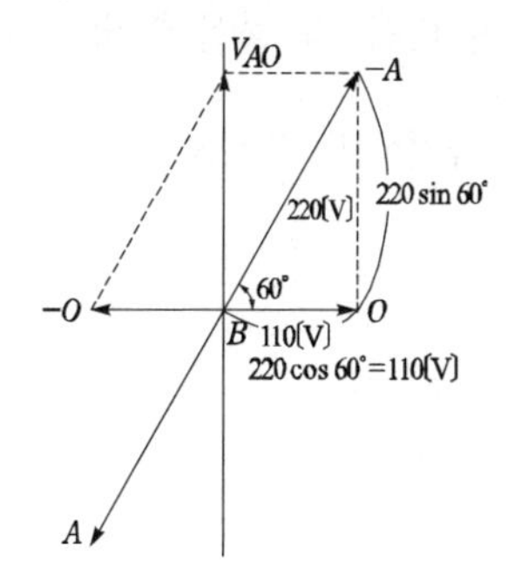

(2),(3) $V_{AO}=\sqrt{(220\cos60°+110)^2+(220\sin60°)^2}=\sqrt{220^2+(110\sqrt{3})^2}=291.03$[V]

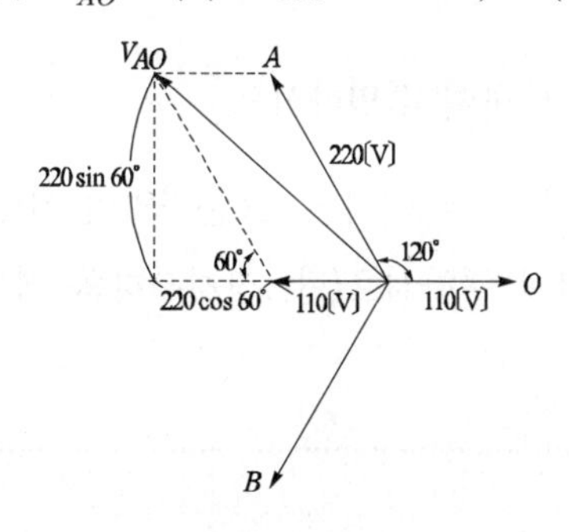

16

출제년도 09.(4점/부분점수 없음)

어떤 상가건물에서 6.6[kV]의 고압을 수전하여 220[V]의 저압으로 감압하여 옥내 배전을 하고 있다. 설비부하는 역률 0.8인 동력부하가 160[kW], 역률1인 전등이 40[kW], 역률 1인 전열기가 60[kW]이다. 부하의 수용률을 80[%]로 계산한다면, 변압기 용량은 최소 몇 [kVA] 이상이어야 하는지 계산하시오.

[작성답안]

계산 : 전등 및 전열기의 유효전력 : 40 + 60 = 100[kW]

동력부하의 유효전력 : 160[kW]

동력부하의 무효전력 : $Q=\frac{P}{\cos\theta}\times\sin\theta=\frac{160}{0.8}\times0.6=120$[kVar]

∴ 부하 설비 용량 = $\sqrt{(160+100)^2+120^2}=286.36$[kVA]

∴ 변압기 용량 = 부하 설비 용량 × 수용률 = 286.36 × 0.8 = 229.09[kVA]

답 : 229.09[kVA]

17

출제년도 99.02.09.18.21.(8점/각 문항당 2점)

예비전원설비에 이용되는 연축전지와 알칼리축전지에 대하여 다음 각 물음에 답하시오.

(1) 연축전지와 비교할 때 알칼리축전지의 장점과 단점을 1가지씩만 쓰시오.

- 장점 :
- 단점 :

(2) 연축전지와 알칼리축전지의 공칭전압은 각각 몇 [V]인지 쓰시오.

- 연축전지 :
- 알칼리축전지 :

(3) 축전지의 일상적인 충전방식 중 부동충전방식에 대하여 설명하시오.

(4) 연축전지의 정격용량이 200[Ah]이고, 상시부하가 15[kW]이며, 표준전압이 100[V]인 부동충전방식 충전기의 2차 전류는 몇 [A]인지 구하시오(단, 상시부하의 역률은 1로 간주한다).

[작성답안]

(1) 장점 : 충·방전 특성이 양호하다.

단점 : 연축전지 보다 공칭 전압이 낮다.

(2) 연축전지 : 2.0 [V]

알칼리축전지 : 1.2 [V]

(3) 축전지와 부하를 충전기에 병렬로 접속하여 사용하는 방식으로 축전지의 자기방전을 보충함과 동시에 일상적인 부하전류는 충전기가 공급하되, 충전기가 공급하기 어려운 일시적인 대전류 부하는 축전지가 공급하는 충전방식

(4) 계산 : $I_2 = \frac{200}{10} + \frac{15000}{100} = 170[A]$

답 : 170[A]

[핵심] 알칼리 축전지

- 장점
  - ㉠ 수명이 길다 (납 축전지의 3~4배)
  - ㉡ 진동과 충격에 강하다.
  - ㉢ 충방전 특성이 양호하다.
  - ㉣ 방전시 전압 변동이 작다.
  - ㉤ 사용 온도 범위가 넓다.

- 단점
  - ㉠ 납축전지보다 공칭 전압이 낮다.
  - ㉡ 가격이 비싸다.

구 분	연축전지	알칼리 축전지
공칭전압	2.0 [V/cell]	1.2 [V/cell]
과충, 방전에 대한 전기적 강도	약	강
수명	짧다	길다

2009

2010년 1회 기출문제 해설

※ 다음 물음에 답을 해당 답란에 답하시오.

1

출제년도 10.(5점/부분점수 없음)

역률을 0.7에서 0.9로 개선하면 전력손실은 개선 전의 몇 [%]가 되겠는가?

[작성답안]

계산 : $P_l = \dfrac{RP^2}{V^2\cos^2\theta}$ 에서 $P_l \propto \dfrac{1}{\cos^2\theta}$

$$\therefore P_l' = \frac{1}{\left(\frac{0.9}{0.7}\right)^2} \times P_l = 0.6049 P_l \text{ [kW]}$$

답 : 60.49[%]

[핵심] 역률개선

① 역률개선용 콘덴서 용량

$$Q_c = P\tan\theta_1 - P\tan\theta_2 = P(\tan\theta_1 - \tan\theta_2) = P\left(\frac{\sin\theta_1}{\cos\theta_1} - \frac{\sin\theta_2}{\cos\theta_2}\right)$$

$$= P\left(\frac{\sqrt{1-\cos^2\theta_1}}{\cos\theta_1} - \frac{\sqrt{1-\cos^2\theta_2}}{\cos\theta_2}\right) \text{[kVA]}$$

여기서, $\cos\theta_1$: 개선 전 역률, $\cos\theta_2$: 개선 후 역률

② 전력손실 $P_L = \dfrac{P^2R}{V^2\cos^2\theta}$ 에서 $P_L \propto \dfrac{1}{\cos\theta^2}$ 가 된다.

2

출제년도 00.02.04.06.09.10.12.16.18.20.(5점/부분점수 없음)

비상용 자가 발전기를 구입하고자 한다. 부하는 단일 부하로서 유도 전동기이며, 기동 용량이2000 [kVA]이고, 기동시 전압 강하는 20 [%]까지 허용하며, 발전기의 과도 리액턴스는 25[%]로 본다면 자가 발전기의 용량은 이론(계산)상 몇 [kVA] 이상의 것을 선정하여야 하는가?

[작성답안]

계산 : $P = \left(\frac{1}{0.2} - 1\right) \times 2000 \times 0.25 = 2000$ [kVA]

답 : 2000 [kVA]

[핵심] 발전기 용량

① 단순한 부하의 경우

전부하 정상 운전시의 소요 입력에 의한 용량에 의해 결정한다.

발전기 용량 [kVA] = 부하의 총 정격 입력 × 수용률 × 여유율

발전기 출력 $P = \frac{\Sigma W_L \times L}{\cos\theta}$ [kVA]

여기서, ΣW_L : 부하 입력 총계, L : 부하 수용률(비상용일 경우 1.0)

$\cos\theta$: 발전기의 역률(통상 0.8)

② 기동 용량이 큰 부하가 있을 경우, 전동기 시동에 대처하는 용량

자가 발전 설비에서 전동기를 기동할 때 큰 부하가 발전기에 갑자기 걸리게 됨으로 발전기의 단자 전압이 순간적으로 저하하여 개폐기의 개방 또는 엔진의 정지 등이 야기되는 수가 있다. 이런 경우 발전기의 정격 출력 [kVA]은 다음과 같다.

발전기 정격 출력 [kVA] ≥ $\left(\frac{1}{\text{허용 전압 강하}} - 1\right) \times X_d \times$기동용량

여기서, X_d : 발전기의 과도 리액턴스(보통 20~25 [%]),

허용 전압 강하 : 20~30 [%]

기동 용량 : 2대 이상의 전동기가 동시에 기동하는 경우는 2개의 기동 용량을 합한 값과 1대의 기동 용량인 때를 비교하여 큰 값의 쪽을 택한다.

기동용량 $= \sqrt{3} \times$ 정격전압 × 기동전류 × $\frac{1}{1,000}$ [kVA]

3 출제년도 10.21.(5점/부분점수 없음)

3상 3선식 송전선에서 한 선의 저항이 2.5 [Ω], 리액턴스가 5 [Ω]이고, 수전단의 선간 전압은 3 [kV], 부하역률이 0.8인 경우, 전압 강하율을 10 [%]라 하면 이 송전 선로는 몇 [kW]까지 수전할 수 있는가?

[작성답안]

계산 : 전압강하율 $\delta = \dfrac{P}{V_r^2}(R + X\tan\theta) \times 100[\%]$

$$\therefore\ P = \frac{\delta V_r^2}{R + X\tan\theta} \times 10^{-3}[\text{kW}]$$

$$\therefore\ P = \frac{0.1 \times (3 \times 10^3)^2}{2.5 + 5 \times \dfrac{0.6}{0.8}} \times 10^{-3} = 144[\text{kW}]$$

답 : 144[kW]

[핵심] 전압강하

① 전압강하 $e = \dfrac{P}{V}(R + X\tan\theta)\ [\text{V}]$

② 전압강하율 $\epsilon = \dfrac{e}{V} \times 100 = \dfrac{P}{V^2}(R + X\tan\theta) \times 100\ [\%]$

③ 전력손실 $P_L = \dfrac{P^2 R}{V^2 \cos^2\theta}\ [\text{kW}]$

④ 전력손실률 $k = \dfrac{P_L}{P} \times 100 = \dfrac{PR}{V^2 \cos^2\theta} \times 100\ [\%]$

4

출제년도 10.(6점/각 문항당 3점)

각각의 타임차트를 완성하시오.

구분	명령어	타임차트
(1) T-ON(ON-Delay)	Increment	S 출력
(2) T-OFF(OFF-Delay)	Decrement	S 출력

[작성답안]

(1)

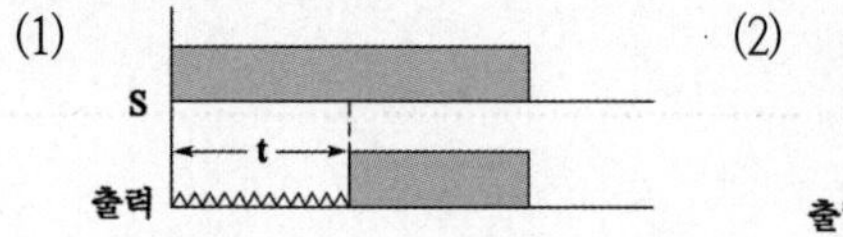

(2)

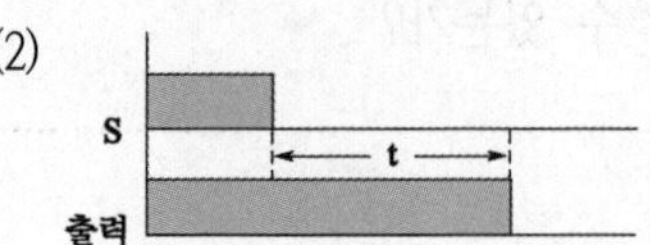

5 출제년도 98.00.03.04.10.13.(4점/각 문항당 2점)

표와 같은 수용가 A, B, C, D에 공급하는 배전 선로의 최대 전력이 700 [kW]라고 할 때 다음 각 물음에 답하시오.

수용가	설비용량 [kW]	수용률 [%]
A	300	70
B	300	50
C	400	60
D	500	80

(1) 수용가의 부등률은 얼마인가?

(2) 부등률이 크다는 것은 어떤 것을 의미하는가?

(3) 수용률의 의미를 간단히 설명하시오.

[작성답안]

(1) 계산 : $\text{부등률} = \dfrac{\text{설비 용량} \times \text{수용률}}{\text{합성 최대 전력}}$

$$= \frac{300 \times 0.7 + 300 \times 0.5 + 400 \times 0.6 + 500 \times 0.8}{700} = 1.43$$

답 : 1.43

(2) 최대 전력을 소비하는 기기의 사용 시간대가 서로 다른 것을 의미 한다.

(3) 설비용량에 대한 최대전력의 비를 백분율로 나타낸 것을 말한다.

$$\text{수용률} = \frac{\text{최대수용전력 [kW]}}{\text{부하설비용량 [kW]}} \times 100\ [\%]$$

[핵심] 부등률

각 수용가에서의 최대 수용 전력의 발생 시각은 시간적으로 차이가 있으며 이 경우에 배전 변압기 또는 간선에서의 합성 최대 수용 전력은 각 수용가에서의 최대 수용 전력의 합보다 적게 되는데 이 비를 부등률이라 하며 이 값은 항상 1보다 크고, 백분율로 나타내지 않는다. 수용률과 더불어 배전 변압기 또는 배전 간선 등의 공급 설비 계획 자료로 사용된다.

$$\text{부등률} = \frac{\text{개별 최대수용전력의 합}}{\text{합성 최대수용전력}} = \frac{\text{설비용량} \times \text{수용률}}{\text{합성최대수용전력}}$$

6

출제년도 92.10.(5점/부분점수 없음)

답안지의 그림은 고압 인입 케이블에 지락계전기를 설치하여 지락사고로부터 수전설비를 보호하고자 할 때에 케이블의 차폐를 접지하는 방법을 표시하려고 한다. 적당한 개소에 케이블의 접지표시를 도시하시오.

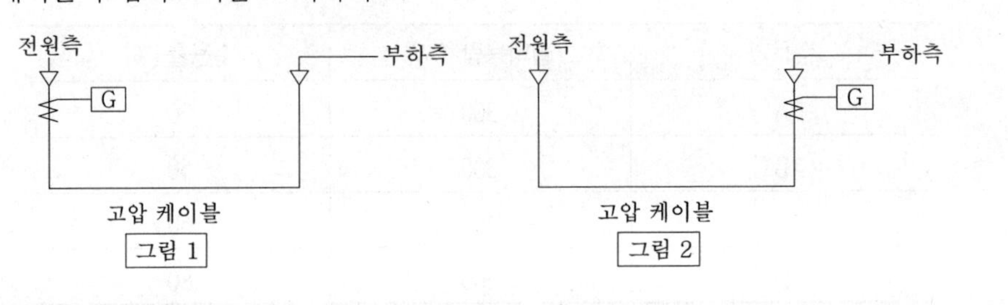

[작성답안]

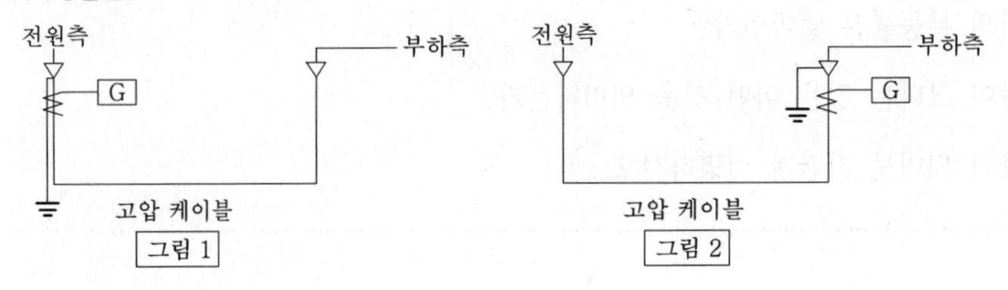

7

출제년도 10.16.20.(5점/부분점수 없음)

폭 24 [m]의 도로 양쪽에 30 [m] 간격으로 양쪽배열로 가로등를 배치하여 노면의 평균조도를 5 [lx]로 한다면 각 등주 상에 몇 [lm]의 전구가 필요한가? (단, 도로면에서의 광속이용률은 35 [%], 감광보상율은 1.3이다.)

[작성답안]

계산 : $F = \dfrac{\frac{1}{2}BSED}{U} = \dfrac{\frac{1}{2} \times 24 \times 30 \times 5 \times 1.3}{0.35} = 6685.71\,[\text{lm}]$

답 : 6685.71[lm]

[핵심] 대칭배열 도로조명

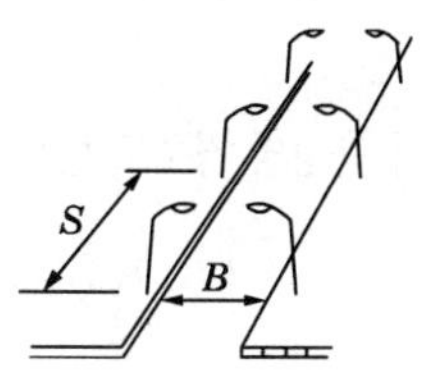

$$E=\frac{FNUM}{\frac{1}{2}BS}\text{ [lx]}$$

여기서, E : 노면평균조도 [lx] F : 광원 1개 광속 [lm] N : 광원의 열수

M : 보수율, 감광보상률 D의 역수 B : 도로의 폭 [m]

S : 광원의 간격 [m]

U : 빔 이용률
- 50 [%] 이상, 피조면 도달 0.75
- 20~50 [%]이상, 피조면 도달 0.5
- 25 [%] 이하, 피조면 도달 0.4

8

출제년도 93.09.10.(5점/부분점수 없음)

% 오차가 -3 [%]인 전압계로 측정한 값이 100 [V]라면 그 참값은 몇 [V]인가?

[작성답안]

계산 : 오차 $\epsilon=\frac{\text{측정값}-\text{참값}}{\text{참값}}\times 100=\frac{M-T}{T}\times 100\text{ [\%]}$ 에서 $-0.03=\frac{100-T}{T}$

$$T=\frac{100}{0.97}=103.09\text{ [V]}$$

답 : 103.09 [V]

[핵심] 오차와 보정

① 오차(error)

어떤 측정에 있어서도 절대로 정확한 값을 알 수 있는 것은 어렵기 때문에 전기계기의 측정의 경우도 반드시 오차가 포함되어 있다. 따라서 오차를 계산하고 이를 보정해주어야 한다.

오차 $\epsilon_0 = M - T$

여기서 M : 측정값, T : 참값

오차를 오차율(percentage error)로 표시하면 다음과 같다.

$$\text{오차율 } \epsilon = \frac{M-T}{T} \times 100 \ [\%]$$

② 보정(correction)

보정과 보정률(percentage correction)은 다음과 같다.

보정 $\alpha_0 = T - M$

$$\text{보정률 } \alpha = \frac{T-M}{M} \times 100 \ [\%]$$

9

출제년도 10.(5점/부분점수 없음)

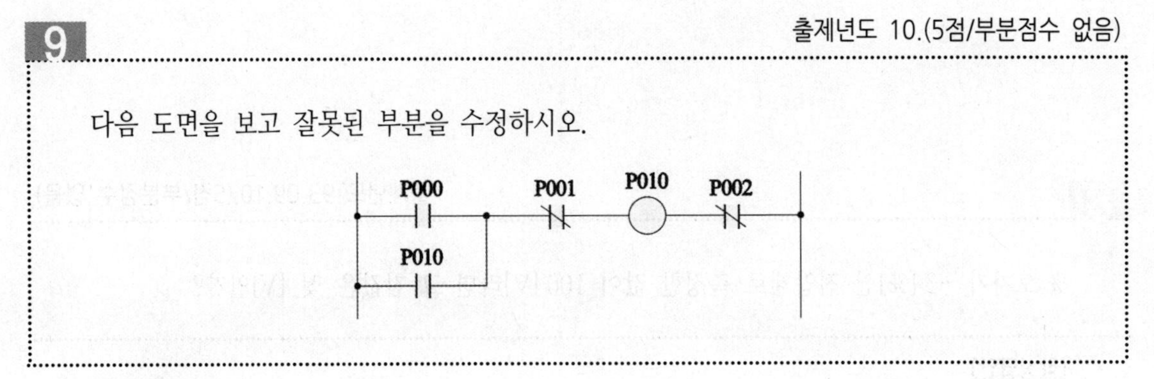

[작성답안]

P000 P001 P002 P010

P010

10

출제년도 89.94.01.06.10.(9점/각 항목당 3점)

어떤 건물의 연면적이 420 [m^2]이다. 이 건물에 표준부하를 적용하여 전등, 일반 동력 및 냉방 동력 공급용 변압기 용량은 각각 다음 표를 이용하여 구하시오. (단, 전등은 단상 부하로서 역률은 1이며, 일반 동력, 냉방 동력은 3상 부하로서 각 역률은 0.95, 0.9 이다.)

표준 부하

부 하	표준부하 [W/m^2]	수용률 [%]
전 등	30	75
일반 동력	50	65
냉방 동력	35	70

변압기 용량

상 별	용량 [kVA]
단상	3, 5, 7.5, 10, 15, 20, 30, 50
3상	3, 5, 7.5, 10, 15, 20, 30, 50

[작성답안]

① 전등 변압기 $Tr = 30 \times 420 \times 0.75 \times 10^{-3} = 9.45$ [kVA]

답 : 10 [kVA]

② 일반 동력 변압기 $Tr = \dfrac{50 \times 420 \times 0.65 \times 10^{-3}}{0.95} = 14.37$ [kVA]

답 : 15 [kVA]

③ 냉방 동력 변압기 $Tr = \dfrac{35 \times 420 \times 0.7 \times 10^{-3}}{0.9} = 11.43$ [kVA]

답 : 15 [kVA]

[핵심] 변압기 용량

① 변압기 용량

변압기 용량 [kW] ≥ 합성 최대 수용 전력 = $\dfrac{\text{부하 설비 합계 [kW]} \times \text{수용률}}{\text{부등률}}$

역률을 적용하여 [kW]의 부하를 [kVA]의 부하로 환산하여 구한다.

② 표준용량

3, 5, 7.5, 10, 15, 30, 50, 75, 100, 150, 200, 300, 500, 750, 1000, 1500, 2000, 3000, 4500, (5000), 6000, 7500, 10000, 15000, 20000, 30000, 45000, (50000), 60000, 90000, 100000, (120000), 150000, 200000, 250000, 300000 ( )는 준표준 규격이다.

2010

11

출제년도 04.10.19.(12점/(1) 8점, (2) 4점)

그림은 중형 환기 팬의 수동 운전 및 고장 표시등 회로의 일부이다. 이 회로를 이용하여 다음 각 물음에 답하시오.

(1) 88은 MC로서 도면에서는 출력기구이다. 도면에 표시된 기구에 대하여 다음과 해당되는 명칭을 그약호로 쓰시오. 단, 중복은 없고, NFB, ZCT, IM, 펜은 제외하며, 해당되는 기구가 여러 가지일 경우에는 모두 쓰도록 한다.

① 고장표시기구 ② 고장회복 확인기구

③ 기동기구 ④ 정지기구

⑤ 운전표시램프 ⑥ 정지표시램프

⑦ 고장표시램프 ⑧ 고장검출기구

(2) 그림의 점선으로 표시된 회로를 AND, OR, NOT 회로를 사용하여 로직회로를 그리시오. 로직소자는 3입력 이하로 한다.

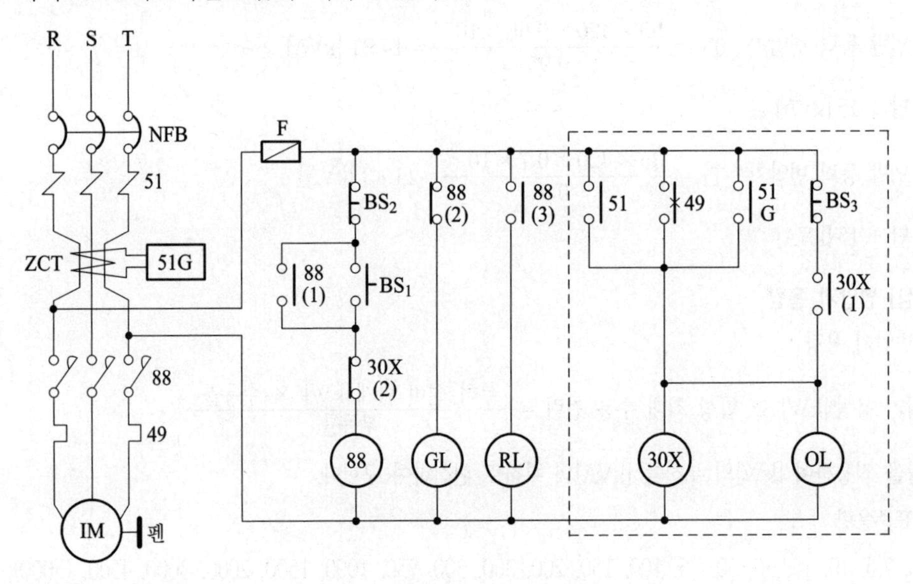

[작성답안]

(1) ① 30X ② BS_3 ③ BS_1 ④ BS_2

⑤ RL ⑥ GL ⑦ OL ⑧ 51, 51G, 49

(2)

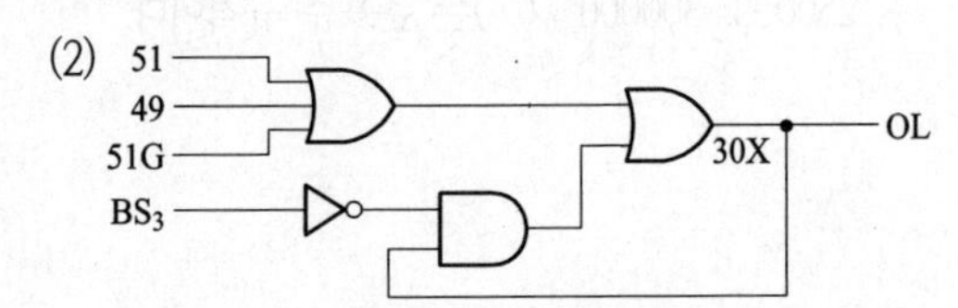

12 출제년도 01.10.16.20.(12점/각 문항당 3점)

그림은 고압 수전 설비 단선 결선도이다. 물음에 답하시오.

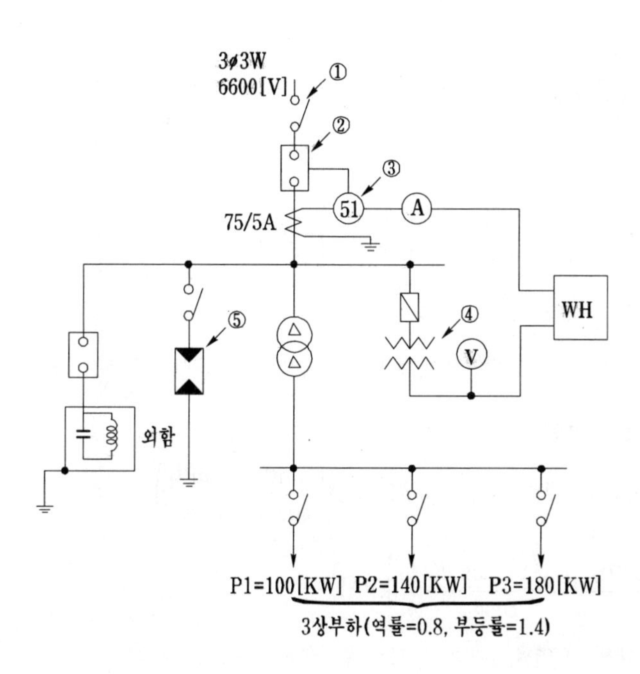

(1) 그림의 ① ~ ⑤의 명칭을 쓰시오.

(2) 피뢰기의 정격전압과 공칭방전전류는 얼마인지 쓰시오.

(3) 각 부하의 최대 전력이 그림과 같고 역률이 0.8, 부등률이 1.4일 때 변압기 1차 전류계 Ⓐ에 흐르는 전류의 최대치를 구하시오. 또 동일한 조건에서 합성 역률 0.92 이상으로 유지하기 위한 전력용 콘덴서의 최소용량은 몇 [kVA]인가?

- 전류 :
- 콘덴서 용량 :

(4) DC(방전 코일)의 설치 목적을 설명하시오.

[작성답안]

(1) ① 단로기 ② 교류 차단기 ③ 과전류 계전기 ④ 계기용 변압기 ⑤ 피뢰기

(2) 피뢰기 정격전압 : 7.5[kV], 방전전류 : 2500[A]

(3) • 전류 $P=\dfrac{100+140+180}{1.4}=300$ [kW]

$$I=\frac{300\times10^3}{\sqrt{3}\times6600\times0.8}\times\frac{5}{75}=2.19\ [\mathrm{A}]$$

답 : 2.19 [A]

• 콘덴서 용량 $Q=300\times\left(\dfrac{0.6}{0.8}-\dfrac{\sqrt{1-0.92^2}}{0.92}\right)=97.2$ [kVA]

답 : 97.2 [kVA]

(4) 콘덴서에 축적된 잔류전하를 방전하며, 콘덴서 재투입 시 콘덴서에 걸리는 과전압 방지한다.

[핵심] 역률개선 콘덴서 용량

$$Q_c=P\tan\theta_1-P\tan\theta_2=P(\tan\theta_1-\tan\theta_2)=P\left(\frac{\sin\theta_1}{\cos\theta_1}-\frac{\sin\theta_2}{\cos\theta_2}\right)$$

$$=P\left(\frac{\sqrt{1-\cos^2\theta_1}}{\cos\theta_1}-\frac{\sqrt{1-\cos^2\theta_2}}{\cos\theta_2}\right)\ [\mathrm{kVA}]$$

여기서, $\cos\theta_1$: 개선 전 역률, $\cos\theta_2$: 개선 후 역률

13

출제년도 08.10.15.(5점/각 항목당 1점)

변압기의 고장(소손(燒損)) 원인에 대하여 5가지만 쓰시오.

[작성답안]

• 권선의 상간단락

• 권선의 층간단락

• 고·저압 혼촉

• 지락 및 단락사고에 의한 과전류

• 절연물 및 절연유의 열화에 의한 절연내력 저하

[핵심] 변압기 보호장치

변압기에서 발생되는 고장의 종류에는

- 권선의 상간단락 및 층간단락
- 권선과 철심간의 절연파괴에 의한 지락고장
- 고·저압 권선의 혼촉
- 권선의 단선
- Bushing lead의 절연파괴 등이 있으며 이중에서도 가장 많이 발생되는 고장은 권선의 층간단락 및 지락이다.

가. 전기적 보호장치

변압기의 고장시에 나타나는 전압, 전류의 변화에 따라 동작하는 보호장치이다.

- 전류비율차동계전기(87T, 내부단락과 지락 주보호)
- 방향거리계전기(21, 2단계, 단락후비보호, 345kV MTR)
- 과전류계전기(51, 단락, 지락 후비보호)
- 과전압계전기(64, 지락후비보호)
- 피뢰기(충격과전압 침입방지)

나. 기계적 보호장치

변압기의 내부에 고장이 발생하면 내부의 압력이나 온도가 상승되고, 가스압의 변화가 일어나며, 이때 상승된 압력은 변압기의 외함을 파손시키고 절연유를 유출시켜 화재를 유발하기도 한다. 기계적인 보호장치는 변압기 고장시에 발생되는 압력, 온도, 가스압 등의 변화에 따라 동작하는 보호장치이다.

- 방압관 방압안전장치 96D
- 충격압력계전기 96P
- 부흐홀쯔계전기 96B11 96B12
- OLTC보호계전기 96B2(96T)
- 가스검출계전기(Gas Detecter Ry) 96G
- 유온도계 26Q1, 26Q2
- 권선온도계 26W1, 26W2
- 압력계 63N 63F
- 유면계 33Q1 33Q2
- 유류지시계 69Q

2010

14

출제년도 10.(5점/부분점수 없음)

CL램프와 PL램프를 스위치 하나로 동시에 점등 시키고자 한다. 다음의 미완성 도면을 완성하시오.

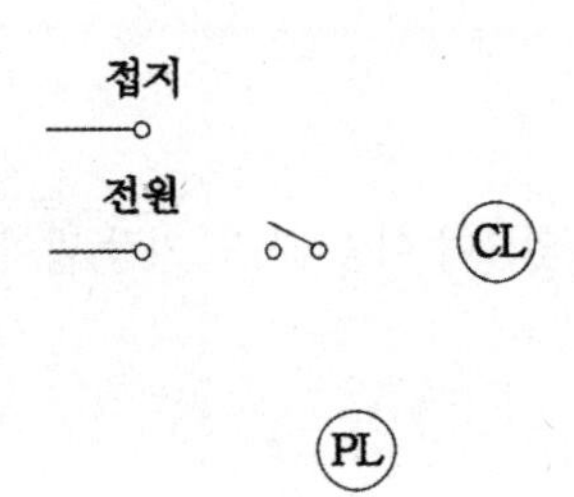

[작성답안]

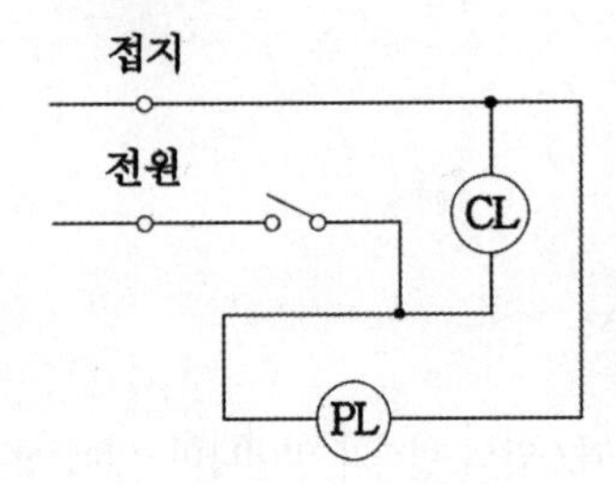

15

출제년도 10.(6점/부분점수 없음)

다음이 설명하고 있는 광원(램프)의 명칭을 쓰시오.

"반도체의 P-N접합구조를 이용하여 소수캐리어(전자 및 정공)를 만들어내고, 이들의 재결합에 의하여 발광시키는 원리를 이용한 광원(램프)으로 발광파장은 반도체에 첨가되는 불순물의 종류에 따라 다르다. 종래의 광원에 비해 소형이고 수명은 길며 전기에너지가 빛에너지로 직접 변환하기 때문에 전력소모가 적은 에너지 절감형 광원이다."

[작성답안]

LED 램프

16 출제년도 08.10.(5점/각 문항당 1점, 모두 맞으면 5점)

다음 그림은 사용이 편리하고 일반적인 접지저항을 측정하고자 할 때 널리 사용되는 전위차계법의 미완성 접속도이다. 다음 각 물음에 답하시오.

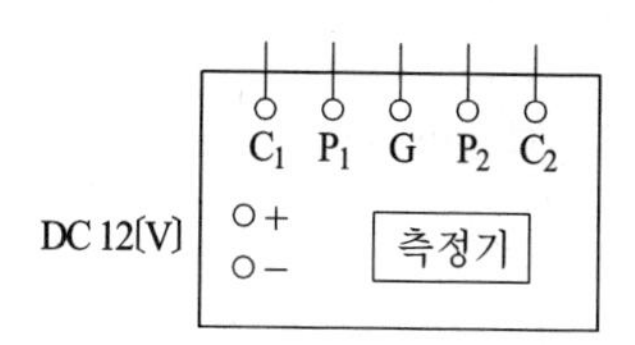

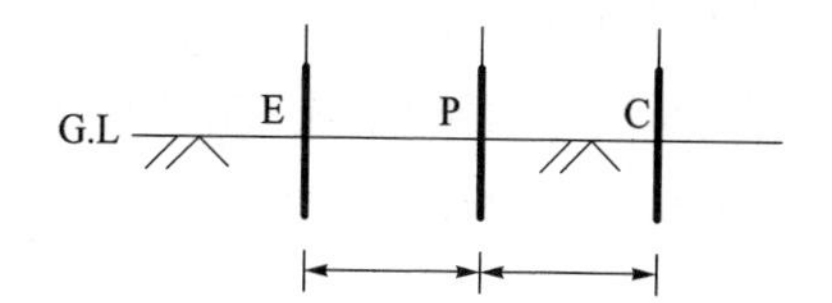

(1) 미완성 접속도를 완성하시오.

(2) 전극간 거리는 몇[m] 이상으로 하는가?

[작성답안]

(1)

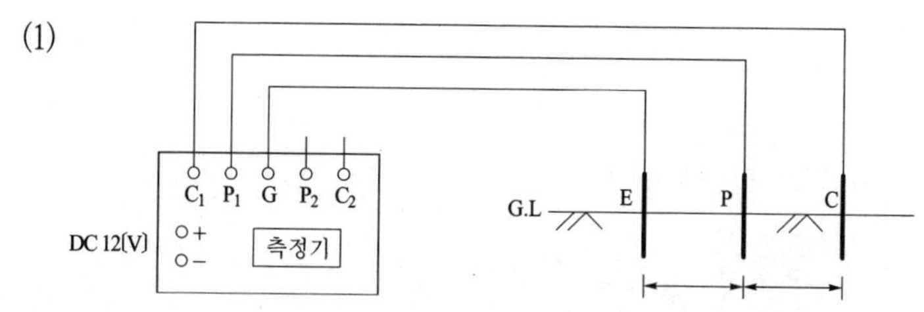

(2) 10[m]

[핵심] 전지식 접지저항계

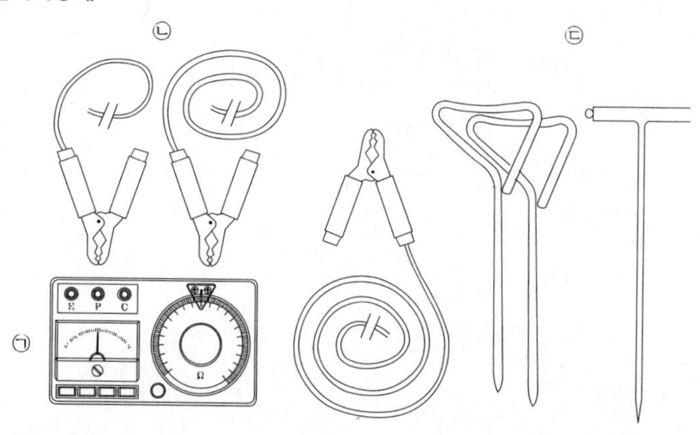

㉠ 전지식접지저항 측정기 ㉡ 접지극 및 보조전극 연결용 리드선 ㉢ 보조전극

2010

- 접지저항 측정기를 수평으로 놓고 측정용 부속품을 확인한다.
- 보조 접지봉을 습기가 있는 곳에 직선으로 10m 이상 간격을 두고 박는다.
- 측정기의 E 단자 Lead선을 접지극(접지도체)에 접속한다.
- 측정기의 P,C 단자 Lead선을 보조 접지극에 접속한다.
- 절환 S.W를 (B)점에 돌려 Push Button S.W를 눌러 지침이 눈금판의 청색대 내에 있는가 확인한다.(Battery Check)
- 절환 S.W를 [V]점에 돌려 지침이 10 [V] 이하(적색대)로 되어 있는가 확인한다.(접지전압 Check)
- 절환 S.W를 [Ω]점에 돌려놓는다.
- Push Button S.W를 누르면서 다이얼을 돌려 검류계의 지침이 중앙(0점)에 지시할 때 다이얼의 값을 읽는다.

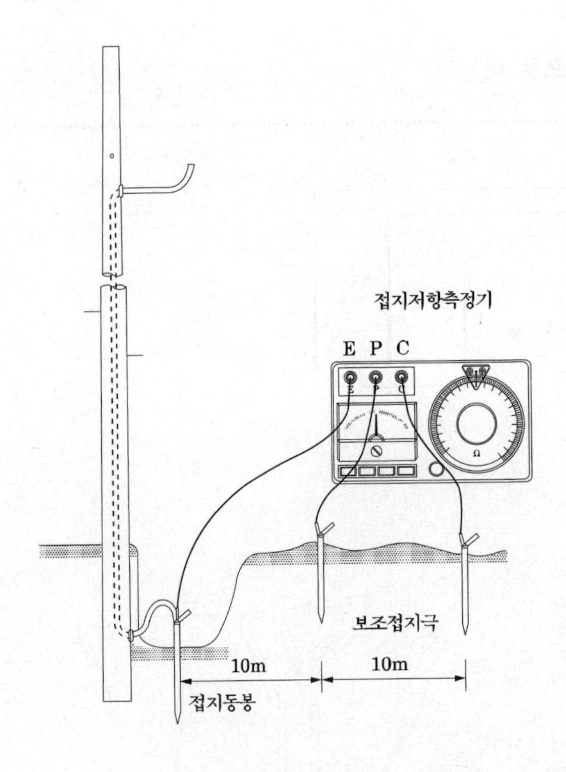

2010년 2회 기출문제 해설

※ 다음 물음에 답을 해당 답란에 답하시오.

1 출제년도 10.18.22.(9점/각 문항당 1점, 모두 맞으면 9점)

3상 154[kV] 시스템의 회로도와 조건을 이용하여 점 F에서 3상 단락고장이 발행하였을 때 단락전류 등을 154[kV], 100[MVA] 기준으로 계산하는 과정에 대한 다음 각 물음에 답하시오.

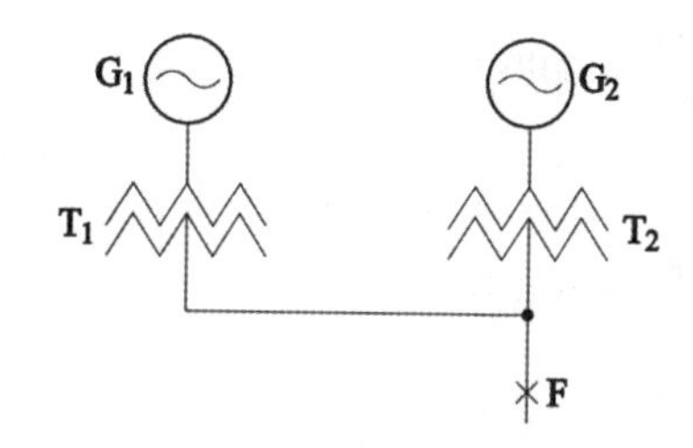

【조건】

① 발전기 G_1 : $S_{G1}=20$[MVA], $\%Z_{G1}=30$[%]

G_2 : $S_{G2}=5$[MVA], $\%Z_{G2}=30$[%]

② 변압기 T_1 : 전압 11/154[kV], 용량 : 20[MVA], $\%Z_{T1}=10$[%]

T_2 : 전압 6.6/154[kV], 용량 : 5[MVA], $\%Z_{T2}=10$[%]

③ 송전선로 : 전압 154[kV], 용량 : 20[MVA], $\%Z_{TL}=5$[%]

(1) 정격전압과 정격용량을 각각 154[kV], 100[MVA]로 할 때 정격전류(I_n)를 구하시오.

(2) 발전기(G_1, G_2), 변압기(T_1, T_2) 및 송전선로의 %임피던스 $\%Z_{G1}$, $\%Z_{G2}$, $\%Z_{T1}$, $\%Z_{T2}$, $\%Z_{TL}$을 각각 구하시오.

(3) 점 F 에서의 합성 임피던스를 구하시오.

(4) 점 F 에서의 3상 단락전류 I_s를 구하시오.

(5) 점 F 에서 설치할 차단기의 용량을 구하시오.

2010

[작성답안]

(1) 계산 : $I_n = \dfrac{100 \times 10^6}{\sqrt{3} \times 154 \times 10^3} = 374.9[A]$

답 : 374.9[A]

(2) ① 계산 : $\%Z_{G1} = 30 \times \dfrac{100}{20} = 150[\%]$

답 : 150[%]

② 계산 : $\%Z_{G2} = 30 \times \dfrac{100}{5} = 600[\%]$

답 : 600[%]

③ 계산 : $\%Z_{T1} = 10 \times \dfrac{100}{20} = 50[\%]$

답 : 50[%]

④ 계산 : $\%Z_{T2} = 10 \times \dfrac{100}{5} = 200[\%]$

답 : 200[%]

⑤ 계산 : $\%Z_{TL} = 5 \times \dfrac{100}{20} = 25[\%]$

답 : 25[%]

(3) 계산 : $\%Z = 25 + \dfrac{(150+50) \times (600+200)}{(150+50)+(600+200)} = 185[\%]$

답 : 185[%]

(4) 계산 : $I_s = \dfrac{100}{185} \times 374.9 = 202.65[A]$

답 : 202.65[A]

(5) 계산 : $P_s = \dfrac{100}{185} \times 100 = 54.05[MVA]$

답 : 54.05[MVA]

[핵심] %임피던스법

임피던스의 크기를 옴[Ω] 값 대신에 %값으로 나타내어 계산하는 방법으로 옴[Ω]법과 달리 전압환산을 할 필요가 없어 계산이 용이하므로 현재 가장 많이 사용되고 있다.

$$\%Z = \frac{I_n[A] \times Z[\Omega]}{E[V]} \times 100[\%] = \frac{P[kVA] \times Z[\Omega]}{10\,V^2[kV]}[\%]$$

$$P_S = \frac{100}{\%Z} P_N$$

여기서 P_N은 %임피던스를 결정하는 기준용량을 의미 한다.

2

출제년도 08.10.19.(5점/부분점수 없음)

차단기 명판에 BIL 150 [kV] 정격차단전류 20 [kA], 차단시간 3 [Hz], 솔레노이드형이 라고 기재되어 있다. 이 차단기의 정격전압[kV]를 구하시오.

[작성답안]

계산 : BIL = 절연계급 × 5 + 50 [kV]에서 절연계급 $= \frac{\text{BIL} - 50}{5}$ [kV]

$\therefore$ 절연계급 $= \frac{150 - 50}{5} = 20$ [kV]

공칭전압 = 절연계급 $\times 1.1 = 20 \times 1.1 = 22$ [kV]

정격전압 $V_n = 22 \times \frac{1.2}{1.1} = 24$ [kV]

$\therefore$ 정격전압 24 [kV] 선정

답 : 24 [kV]

[핵심] 기준충격절연강도

절연내력과 기준충격 절연강도 : BIL이란 Basic Impulse Insulation Level의 약자를 말한다. 뇌임펄스 내전압 시험값으로서 절연 레벨의 기준을 정하는 데 적용되며, BIL은 절연 계급 20호 이상의 비유효 접지계에 있어서는 다음과 같이 계산된다.

BIL = 절연계급 × 5 + 50[kV]

여기서, 절연계급은 전기기기의 절연강도를 표시하는 계급을 말하고, 공칭전압/1.1에 의해 계산된다.

차단기의 정격전압 [kV]	사용회로의 공칭 전압 [kV]	BIL [kV]
0.6	0.1, 0.2, 0.4	
3.6	3.3	45
7.2	6.6	60
24.0	22.0	150
72.0	66.0	350
168.0	154.0	750

2010

3

출제년도 07.10.(13점/각 항목당 1점)

다음은 정전시 조치사항이다. 점검방법에 따른 알맞은 점검절차를 보기에서 찾아 기호로 답란에 쓰시오.

【조건】

㉠ 수전용차단기 개방
㉡ 잔류전하의 방전
㉢ 단로기 또는 전력퓨즈의 개방
㉣ 단락접지용구의 취부
㉤ 수전용차단기의 투입
㉥ 보호계전기 및 시험회로의 결선
㉦ 보호계전기 시험
㉧ 저압개폐기의 개방
㉨ 검전의 실시
㉩ 안전표지류의 취부
㉪ 투입금지 표시찰 취부
㉫ 구분 또는 분기개폐기의 개방
㉬ 고압개폐기 또는 교류부하개폐기의 개방

순서	점검절차	점검방법
1		(1) 개방하기 전에 연락책임자와 충분한 협의를 실시하고 정전에 의하여 관계되는 기기의 장애가 없다는 것을 확인하다. (2) 동력개폐기를 개방한다. (3) 전등개폐기를 개방한다.
2		수동(자동)조작으로 수전용차단기를 개방한다.
3		고압고무장갑을 착용하고 고압검전기로 수전용차단기의 부하측 이후를 3상 모두 검전하고 무전압 상태를 확인한다.
4		(책임분계점의 구분개폐기 개방의 경우) (1) 지락계전기가 있는 경우는 차단기와 연동시험을 실시한다. (2) 지락계전기가 없는 경우는 수동조작으로 확실히 개방한다. (3) 개방한 개폐기의 조작봉(끈)은 제3자가 조작하지 않도록 높은 장소에 확실히 매어(lock) 놓는다.
5		개방한 개폐기의 조작봉을 고정하는 위치에서 보이기 쉬운 개소에 취부한다.
6		원칙적으로 첫 번째 상부터 순서대로 확실하게 충분한 각도로 개방한다.
7		고압케이블 및 콘덴서 등의 측정 후 잔류전하를 확실히 방전한다.
8		(1) 단락접지용구를 취부할 경우는 우선 먼저 접지금구를 접지선에 취부한다. (2) 다음에 단락접지 용구의 훅크부를 개방한 DS 또는 LBS 전원측 각 상에 취부 한다. (3) 안전표지판을 취부 하여 안전작업이 이루어지도록 한다.

9		공중이 들어가지 못하도록 위험구역에 안전네트(망) 또는 구획로프 등을 설치하여 위험표시를 한다.
10		(1) 릴레이측과 CT측을 회로테스터 등으로 확인한다. (2) 시험회로의 결선을 실시한다.
11		시험전원용 변압기 이외의 변압기 및 콘덴서 등의 개폐기를 개방한다.
12		수동(자동)조작으로 수전용차단기를 투입한다.
13		보호계전기 시험요령에 의해 실시한다.

[작성답안]

ⓞ ㉠ ㉧ ㉫ ㉪ ㉢ ㉡ ㉣ ㉩ ㉥ ㉬ ㉤ ㉦

4

출제년도 10.20.(5점/부분점수 없음)

송전용량 5000[kVA]인 설비가 있을 때 공급 가능한 용량은 부하 역률 80[%]에서 4000[kW]까지이다. 여기서, 부하 역률을 95[%]로 개선하는 경우 역률개선 전(80[%])에 비하여 공급 가능한 용량[kW]은 얼마가 증가되는지 구하시오.

[작성답안]

계산 : $P = P_a(\cos\theta_2 - \cos\theta_1) = 5000(0.95 - 0.8) = 750[\text{kW}]$

답 : 750[kW]

[핵심] 역률개선 콘덴서 용량

① 콘덴서 용량

$$Q_c = P\tan\theta_1 - P\tan\theta_2 = P(\tan\theta_1 - \tan\theta_2) = P\left(\frac{\sin\theta_1}{\cos\theta_1} - \frac{\sin\theta_2}{\cos\theta_2}\right)$$

$$= P\left(\frac{\sqrt{1-\cos^2\theta_1}}{\cos\theta_1} - \frac{\sqrt{1-\cos^2\theta_2}}{\cos\theta_2}\right)\ [\text{kVA}]$$

여기서, $\cos\theta_1$: 개선 전 역률, $\cos\theta_2$: 개선 후 역률

② 역률개선시 증가 할수 있는 부하

역률 개선에 따른 유효전력의 증가분 $\Delta P = P_a(\cos\theta_2 - \cos\theta_1)[\text{kW}]$

여기서, $\cos\theta_1$: 개선 전 역률 $\cos\theta_2$: 개선 후 역률

2010

3 출제년도 08.10.18.21.(10점/각 문항당 5점)

제5고조파 전류의 확대 방지 및 스위치 투입 시 돌입전류 억제를 목적으로 역률 개선용 콘덴서에 직렬 리액터를 설치하고자 한다. 콘덴서의 용량이 500[kVA]라고 할 때 다음 각 물음에 답하시오.

(1) 이론상 필요한 직렬 리액터의 용량[kVA]을 구하시오.

(2) 실제적으로 설치하는 직렬 리액터의 용량[kVA]을 구하시오.

- 리액터의 용량 :
- 사유 :

[작성답안]

(1) 계산 : 이론상 직렬리액터 용량$=500\times 0.04=20$[kVA]

답 : 20[kVA]

(2) 계산 : 실제의 직렬리액터 용량$=500\times 0.06=30$[kVA]

사유 : 주파수 변동 등을 고려하여 6[%]를 선정한다.

[핵심] 직렬리액터 (Series Reactor : SR)

대용량의 콘덴서를 설치하면 고조파 전류가 흘러 파형이 일그러지는 원인이 된다. 파형을 개선(제5고조파의 제거)하기 위해서 전력용 콘덴서와 직렬로 리액터를 설치한다. 직렬 리액터의 용량은 콘덴서 용량의 6 [%]가 표준정격으로 되어 있다.(계산상은 4 [%])

6

출제년도 05.10.(6점/모두 맞으면 6점, 하나 틀리면 3점, 2개이상 틀리면 0점)

그림은 갭형 피뢰기와 갭레스형 피뢰기의 구조를 나타낸 것이다. 화살표로 표시된 각 부분의 명칭을 쓰시오.

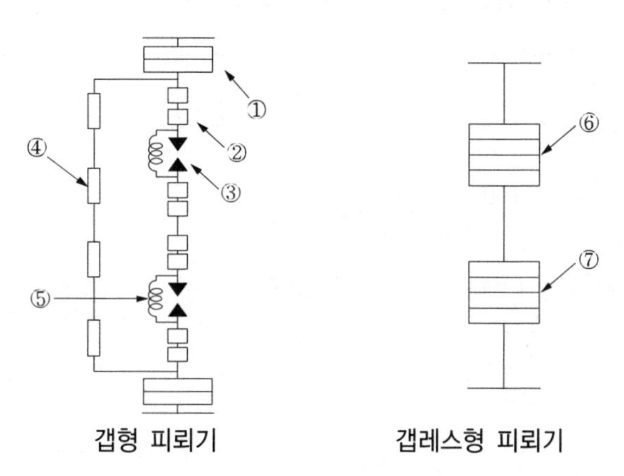

[작성답안]

① 특성요소 ② 주갭 ③ 측로갭 ④ 분로저항

⑤ 소호코일 ⑥ 특성요소 ⑦ 특성요소

2010

7

출제년도 95.96.00.02.05.(5점/각 항목당 1점)

그림은 콘센트의 종류를 표시한 옥내배선용 그림기호이다. 각 그림기호는 어떤 의미를 가지고 있는지 설명하시오.

(1) ⓒ$_{ET}$ (2) ⓒ$_{E}$

(3) ⓒ$_{WP}$ (4) ⓒ$_{H}$

(5) ⓒ$_{T}$

[작성답안]

(1) ⓒ$_{ET}$: 접지 단자붙이 (2) ⓒ$_{E}$: 접지극붙이

(3) ⓒ$_{WP}$: 방수형 (4) ⓒ$_{H}$: 의료용

(5) ⓒ$_{T}$: 걸림형

8

출제년도 84.90.91.96.10.(5점/부분점수 없음)

주상 변압기의 고압 측의 사용 탭이 6600[V]인 때에 저압 측의 전압이 190[V]였다. 저압측의 전압을 200[V]로 유지하기 위해서 고압측의 사용 탭은 얼마로 하여야 하는지 구하시오. (단, 변압기의 정격 전압은 6600/210[V]이다.)

[작성답안]

계산 : 고압측의 탭전압

$$V_T' = \frac{V_2 \times V_T}{V_2'} = \frac{190 \times 6600}{200} = 6270 \text{ [V]}$$

∴ 탭전압의 표준값이 6300 [V] 탭으로 선정한다.

답 : 6400 [V]

[핵심] 변압기 탭

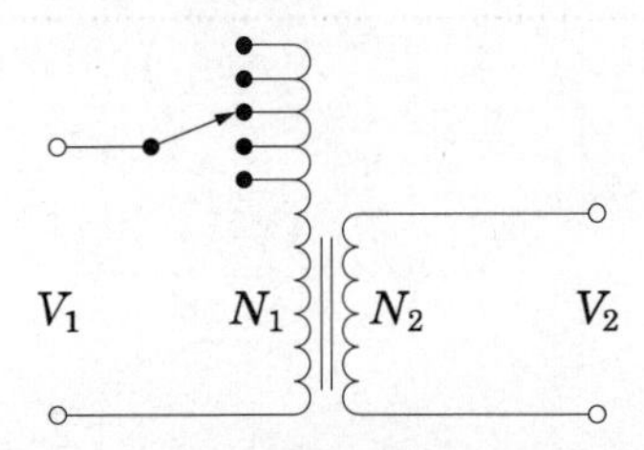

일반적으로 1차(고압)측 권선의 중간 단자를 인출하여 설치된다. 탭 절환이란 이것을 조정하여 권수비를 바꾸어 전압을 조정하는 장치이다. 변압기 탭의 설치 및 조정(절환)의 목적은 1차(수전단) 전압의 변동에 의해 2차측의 전압이 소정의 정격전압으로부터 변동한 경우, 이를 정격전압으로 하는 데에 그 목적이 있다.

$$V_T' = \frac{V_2 \times V_T}{V_2'}$$

여기서 V_2 : 변경전 2차전압

V_2' : 변경후 2차전압

V_T : 변경전 1차 탭전압

V_T' : 변경후 1차 탭전압

9

출제년도 87.91.97.00.01.07.08.10.(7점/각 문항당 1점, 모두 맞으면 7점)

시퀀스도의 동작 원리에서 자동차 차고의 셔터에 라이트가 비치면 PHS에 의해 자동으로 열리고, 또한 PB_1를 조작해도 열린다. 셔터를 닫을 때는 PB_2를 조작하면 셔터는 닫힌다. 리밋 스위치 LS_1은 셔터의 상한이고, LS_2는 셔터의 하한이다.

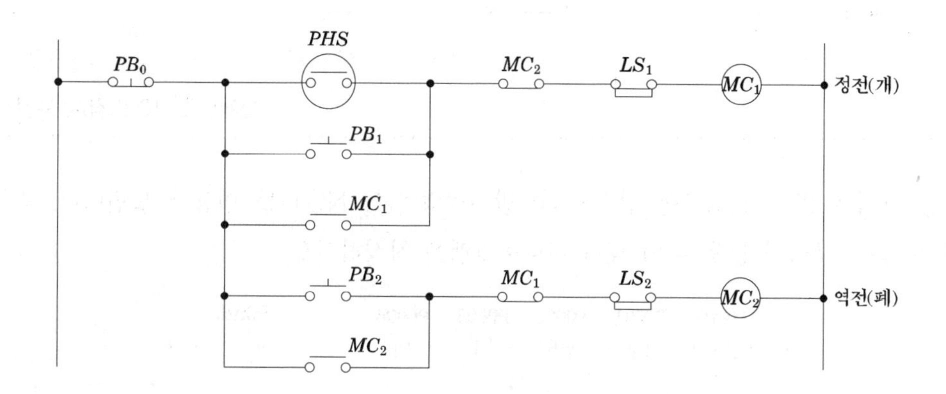

(1) MC_1, MC_2의 a접점은 어떤 역할을 하는 접점인가?

(2) MC_1, MC_2의 b접점은 어떤 역할을 하는가?

(3) LS_1, LS_2는 어떤 역할을 하는가?

(4) 시퀀스도에서 PHS(또는 PB_1)과 PB_2를 타임 차트와 같은 타이밍으로 ON 조작하였을 때의 타임 차트를 완성하여라.

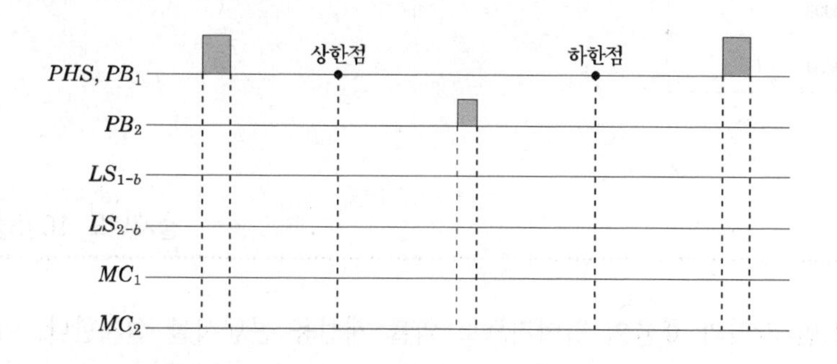

[작성답안]

(1) 자기 유지

(2) 인터록(동시 투입 방지)

(3) 셔터의 상·하한값을 감지하여 MC_1, MC_2를 소자시킨다.

(4)

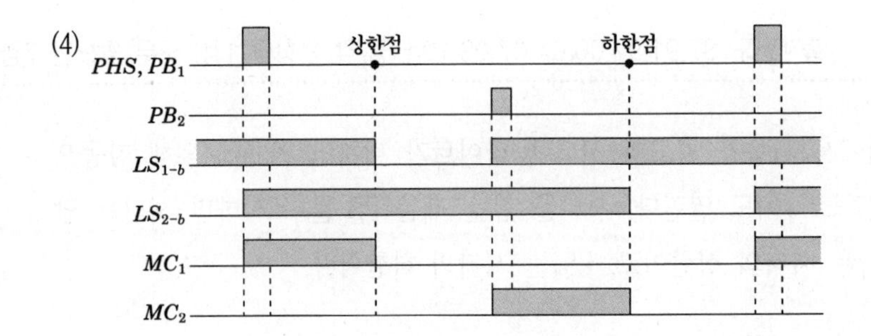

10

출제년도 10.(5점/부분점수 없음)

다음 그림은 PLC 프로그램 명령어 중 반전명령어(*, NOT)를 이용한 도면이다. 반전 명령어를 사용하지 않을 때의 래더 다이어그램을 작성하시오.

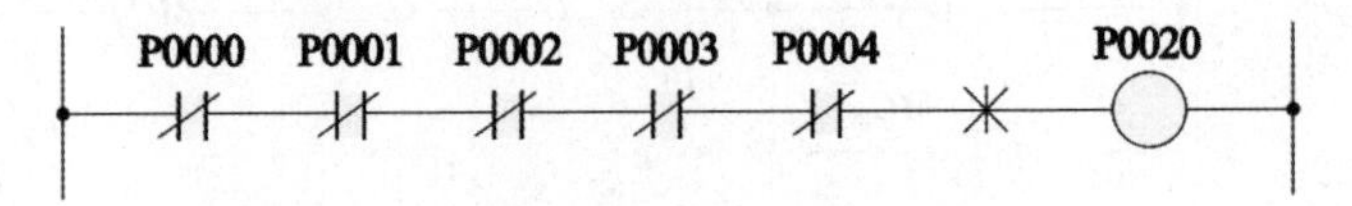

• 반전 명령어를 사용하지 않을 때의 래더 다이어그램

[작성답안]

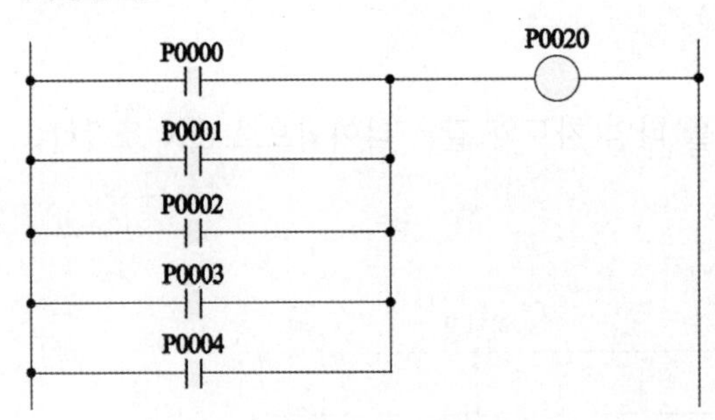

11

출제년도 10.(5점/부분점수 없음)

역률이 나쁘면 기기의 효율이 떨어지므로 역률 개선용 콘덴서를 설치한다. 어느 기기의 역률이 0.9 이었다면 이 기기의 무효율은 얼마나 되는지 구하시오.

[작성답안]

계산 : 무효율= $\sqrt{1-\cos\theta^2} = \sqrt{1-0.9^2} = 0.44$

답 : 0.44

12

출제년도 96.04.10.(5점/각 항목당 1점)

전력용콘덴서의 개폐제어는 크게 나누어 수동조작과 자동조작이 있다. 자동조작방식을 제어요소에 따라 분류할 때 그 제어요소는 어떤 것이 있는지 5가지만 답란에 쓰시오.

[작성답안]

- 수전점 무효전력
- 수전점 전압
- 수전점 역률
- 부하전류
- 개폐시간

[핵심] 콘덴서 제어방식

제어방식	적용	특징
수전점 무효전력에 의한 제어	모든 변동부하	부하의 종류에 관계없이 적용 가능하나, 순간적인 부하변동에 지연기능 부여
수전점 역률에 의한 제어	모든 변동부하	동일 역률이라 할지라도 부하의 크기에 따라 무효전력의 크기가 다르므로 적용하지 않음
모선전압에 의한 제어	전원 임피던스가 크고 전압변동률이 큰 계통	역률개선의 목적보다 전압강하를 억제할 것을 주목적으로 적용하는 경우로서, 전력회사에서 채용
프로그램에 의한 제어	하루 부하변동이 일정한 곳	시간의 조정과 조합으로 기능 변경이 가능하며, 조작이 간편하다
부하전류에 의한 제어	전류의 크기와 무효전력의 관계가 일정한 곳	변류기 2차측 전류만으로 적용이 가능하여 경제적인 방법이다. 단,부하의 변화에 대한 정확한 조사가 필요하다
특정부하 개폐에 의한 제어	변동하는 특정부하 이외의 무효전력이 거의 일정한 곳	개폐기 접점신호에 의해 동작하므로 가장 경제적인 방법이다

13 출제년도 92.93.10.11.(5점/부분점수 없음)

2,000 [lm]을 복사하는 전등 30개를 100 [m²]의 사무실에 설치하고 있다. 그 조명률을 0.5라고 하고, 감광보상률을 1.5라 하면 그 사무실의 평균 조도는 몇 [lx]인가?

[작성답안]

계산 : $E=\dfrac{FUN}{AD}=\dfrac{2,000\times0.5\times30}{100\times1.5}=200$ [lx]

답 : 200 [lx]

[핵심] 조명설계

① 실지수

방의 면적이 같은 2개의 방에 같은 수의 광원을 설치하여도 방의 모양이 다른 경우에는 작업면상의 조도는 다르게 된다. 그래서 천정, 바닥이 장방형인 방은 가로 X, 세로 Y 두 변의 평균을 한 변으로 하는 정방형인 방과 동일하다고 하는 이론에 의해 실지수 $R.I$를 다음 식과 같이 결정한다.

$$R.I=\frac{XY}{H(X+Y)}$$

실지수	5.0	4.0	3.0	2.5	2.0	1.5	1.25	1.0	0.8	0.6
기호	A	B	C	D	E	F	G	H	I	J

② 조도계산

N개의 램프에서 방사되는 빛을 평면상의 면적 A[m²]에 모두 집중 조사할 수 있다고 하고 램프 1개당 광속을 F[lm]이라 하면, 그 면의 평균조도를

$$E=\frac{F\cdot N}{A}\ [\text{lx}]$$

로 나타낸다. 이러한 평균조도 계산은 광속법과 설계여건에 따라 ZCM (Zonal Cavity Method)법을 채택할 수 있다.

$$E=\frac{F\cdot N\cdot U\cdot M}{A}$$

여기서, E : 평균조도 [lx]　　F : 램프 1개당 광속 [lm]
N : 램프수량 [개]　　U : 조명률
M : 보수율, 감광보상률의 역수　　A : 방의 면적 [m²] (방의 폭×길이)

14

출제년도 03.06.10.18.21.(5점/각 문항당 1점, 모두 맞으면 5점)

주어진 진리값 표는 3개의 리미트 스위치 LS_1, LS_2, LS_3에 입력을 주었을 때 출력 X와의 관계표이다. 이 표를 이용하여 다음 각 물음에 답하시오.

진리값 표

LS_1	LS_2	LS_3	X
0	0	0	0
0	0	1	0
0	1	0	0
0	1	1	1
1	0	0	0
1	0	1	1
1	1	0	1
1	1	1	1

(1) 진리값 표를 이용하여 다음과 같은 Karnaugh도를 완성하시오.

LS_3 \ LS_1, LS_2	0	0	0	1	1	1	1	0
0								
1								

(2) 물음 (1)항의 Karnaugh 도에 대한 논리식을 쓰시오.

(3) 진리값과 물음 (2)항의 논리식을 이용하여 이것을 무접점 회로도로 표시하시오.

[작성답안]

(1)

LS_3 \ LS_1, LS_2	0	0	0	1	1	1	1	0
0						1		
1				1		1		1

(2) $X = LS_1 LS_2 + LS_2 LS_3 + LS_1 LS_3 = LS_1(LS_2 + LS_3) + LS_2 LS_3$

(3)

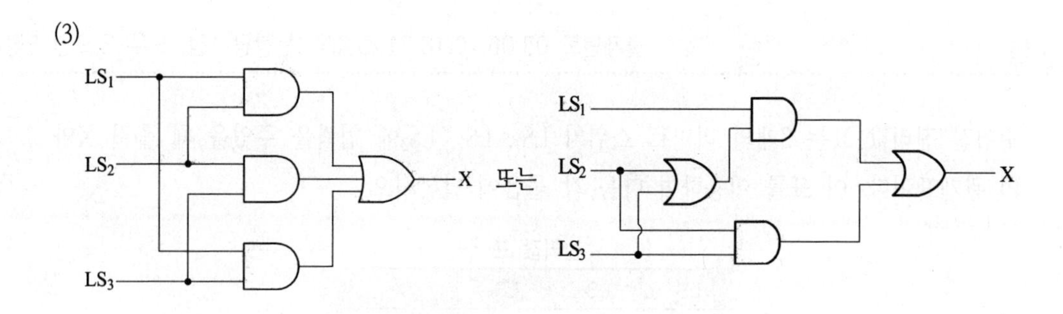

15

출제년도 97.00.04.06.10.11.14.20.(8점/각 문항당 2점, 모두 맞으면 8점)

그림과 같은 계통에서 측로 단로기 DS_3을 통하여 부하에 공급하고 차단기 CB를 점검하고자 할 때 다음 각 물음에 답하시오. (단, 평상시에 DS_3는 열려 있는 상태임.)

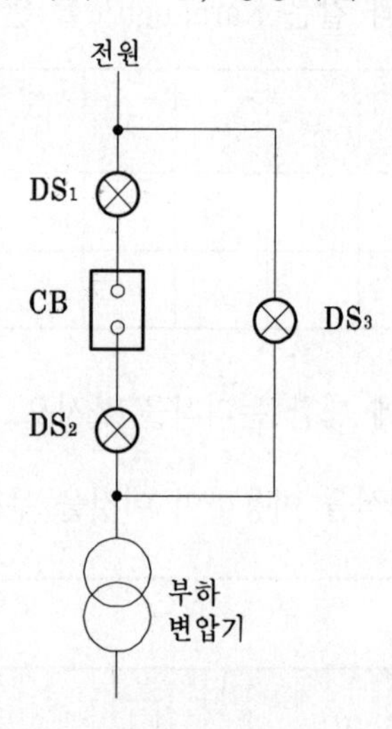

(1) 차단기 점검을 하기 위한 조작 순서를 쓰시오.

(2) CB의 점검이 완료된 후 정상 상태로 전환시의 조작 순서를 쓰시오.

(3) 도면과 같은 설비에서 차단기 CB의 점검 작업 중 발생할 수 있는 문제점을 설명하고 이러한 문제점을 해소하기 위한 방안을 설명하시오.

[작성답안]

(1) DS_3(ON) → CB(OFF) → DS_2(OFF) → DS_1(OFF)

(2) DS_2(ON) → DS_1(ON) → CB(ON) → DS_3(OFF)

(3) • 발생될 수 있는 문제점 : 차단기(CB)가 투입(ON)된 상태에서 단로기를 투입(ON)하거나 개방(OFF)하면 위험하다.

• 해소 방안 : 단로기(DS)와 차단기(CB)간에 인터록 장치를 한다. (부하 전류가 통전 중에는 회로의 개폐가 되지 않도록 시설한다.)

[핵심] 차단기와 단로기의 인터록

• 발생될 수 있는 문제점 : 차단기(CB)가 투입(ON)된 상태에서 단로기(DS_1, DS_2) 를 투입(ON)하거나 개방(OFF)하면 위험(감전 및 전기화상)하다.

• 해소 방안 : 단로기(DS)와 차단기(CB)간에 인터록 장치를 한다. (부하 전류가 통전 중에는 회로의 개폐가 되지 않도록 시설한다.)

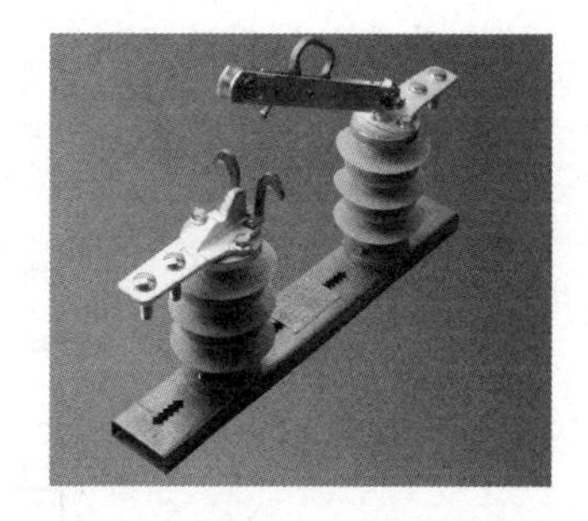

16

출제년도 10.13.20.22.(5점/부분점수 없음)

권상 하중이 18[ton]이며, 매분 6.5[m]의 속도로 끌어 올리는 권상용 전동기의 용량 [kW]을 구하시오. (단, 전동기를 포함한 기중기의 효율은 73[%]이다.)

[작성답안]

계산 : $P=\frac{W\cdot v}{6.12\eta}=\frac{18\times 6.5}{6.12\times 0.73}=26.19$[kW]

답 : 26.19[kW]

[핵심] 권상용 전동기 용량

$$P=\frac{9.8W\cdot v'}{\eta}=\frac{W\cdot v}{6.12\eta}\ [\text{kW}]$$

여기서, W : 권상 하중[ton] v : 권상 속도[m/min]

v' : 권상 속도[m/sec] η : 권상기 효율[%]

2010년 3회 기출문제 해설

※ 다음 물음에 답을 해당 답란에 답하시오.

1 출제년도 98.00.10.13.20(11점/각 문항당 2점, 모두 맞으면 11점)

어떤 변전실에서 그림과 같은 일부하 곡선 A, B, C 인 부하에 전기를 공급하고 있다. 이 변전실의 총 부하에 대한 다음 각 물음에 답하시오. 단, A, B, C의 역률은 시간에 관계없이 각각 80 [%], 100 [%] 및 60 [%]이며, 그림에서 부하 전력은 부하 곡선의 수치에 10^3을 한다는 의미임. 즉, 수직측의 5는 5×10^3[kW]라는 의미임.

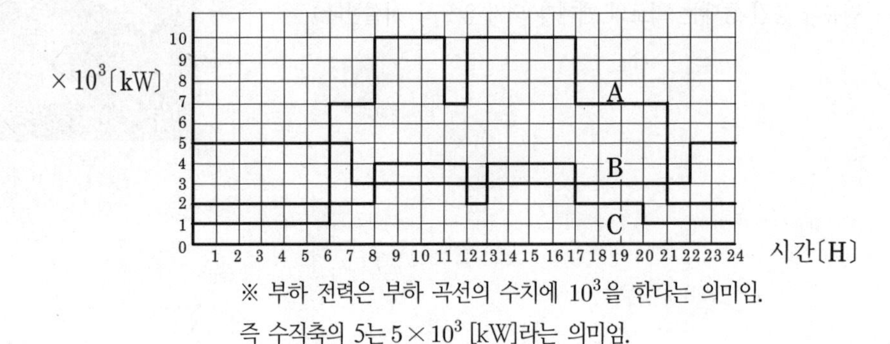

※ 부하 전력은 부하 곡선의 수치에 10^3을 한다는 의미임.
즉 수직축의 5는 5×10^3 [kW]라는 의미임.

(1) 합성 최대 전력은 몇 [kW]인가?

(2) A, B, C 각 부하에 대한 평균 전력은 몇 [kW]인가?

(3) 총 부하율은 몇 [%]인가?

(4) 부등률은 얼마인가?

(5) 최대 부하일 때의 합성 총 역률은 몇 [%]인가?

[작성답안]

(1) 합성 최대 전력은 도면에서 8~11시, 13~17시 이므로 $P=(10+4+3)\times10^3=17\times10^3$ [kW]

(2) $A=\dfrac{\{(1\times6)+(7\times2)+(10\times3)+(7\times1)+(10\times5)+(7\times4)+(2\times3)\}\times10^3}{24}$

$=5.88\times10^3$ [kW]

$B=\dfrac{\{(5\times7)+(3\times15)+(5\times2)\}\times10^3}{24}=3.75\times10^3$ [kW]

$C=\dfrac{\{(2\times8)+(4\times4)+(2\times1)+(4\times4)+(2\times3)+(1\times4)\}\times10^3}{24}=2.5\times10^3$ [kW]

(3) $\text{종합부하율}=\dfrac{\text{평균전력}}{\text{합성최대전력}}\times100=\dfrac{A,B,C\text{ 각 평균전력의 합계}}{\text{합성최대전력}}\times100[\%]$

$=\dfrac{(5.88+3.75+2.5)\times10^3}{17\times10^3}\times100=71.35$ [%]

(4) $\text{부등률}=\dfrac{A,B,C\text{ 각 최대전력의 합계}}{\text{합성최대전력}}=\dfrac{(10+5+4)\times10^3}{17\times10^3}=1.12$

(5) 계산 : 먼저 최대 부하시 Q를 구해보면

$Q=\dfrac{10\times10^3}{0.8}\times0.6+\dfrac{3\times10^3}{1}\times0+\dfrac{4\times10^3}{0.6}\times0.8=12833.33$ [kVar]

$\cos\theta=\dfrac{P}{\sqrt{P^2+Q^2}}=\dfrac{17000}{\sqrt{17000^2+12833.33^2}}\times100=79.81[\%]$

답 : 79.81[%]

[핵심] 부하율

① 부하율

공급 설비가 어느 정도 유효하게 사용되는가를 나타내며 부하율이 클수록 공급 설비가 유효하게 사용된다. 부하율은 다음 식에 의해 계산한다.

$\text{부하율}=\dfrac{\text{평균 수요 전력 [kW]}}{\text{최대 수요 전력 [kW]}}\times100\ [\%]$

부하율은 각 단위별(변압기, 전주, 수용가 등), 시기, 범위, 기간에 따라 달라지며, 부하율을 표시할 경우 기간, 범위를 반드시 명기한다. 예를 들어 일부하율, 월부하율 등으로 표시하여야 하며, 부하율은 기간이 길어질수록 작아진다. 부하율이 적다의 의미는 다음과 같다.

- 공급 설비를 유용하게 사용하지 못한다.
- 평균 수요 전력과 최대 수요 전력과의 차가 커지게 되므로 부하 설비의 가동률이 저하된다.

2010

② 종합부하율

$$\text{종합 부하율} = \frac{\text{평균 전력}}{\text{합성 최대 전력}} \times 100[\%] = \frac{\text{A, B, C 각 평균 전력의 합계}}{\text{합성 최대 전력}} \times 100[\%]$$

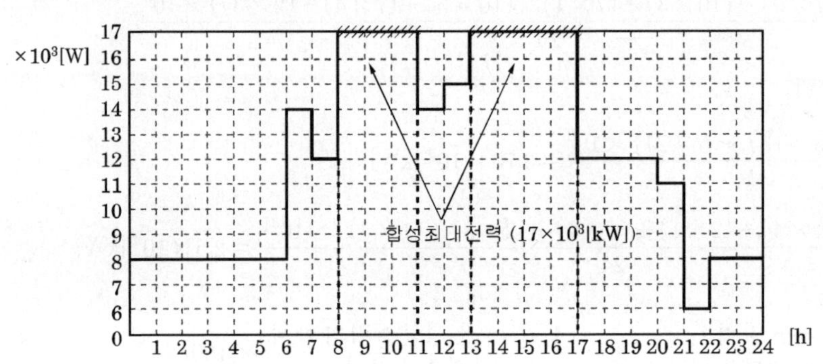

2

출제년도 96.07.10.(5점/부분점수 없음)

권수비가 33인 PT와 20인 CT를 그림과 같이 단상 고압 회로에 접속했을 때 전압계 ⓥ와 전류계 Ⓐ 및 전력계 Ⓦ의 지시가 98 [V], 4.2 [A], 352 [W]이었다면 고압 부하의 역률은 몇 [%]가 되겠는가? (단, PT의 2차 전압은 110 [V], CT의 2차 전류는 5 [A]이다.)

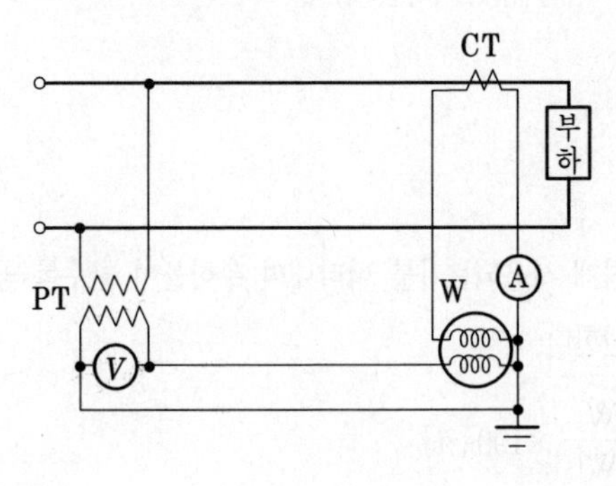

[작성답안]

계산 : 역률 $\cos\theta = \frac{P\,[W]}{VI\,[VA]} \times 100 = \frac{352}{98 \times 4.2} \times 100 = 85.52[\%]$

답 : 85.52[%]

3

출제년도 94.10.(5점/부분점수 없음)

지표면상 20 [m] 높이에 수조가 있다. 이 수조에 초당 0.2 [m^3]의 물을 양수하려고 한다. 여기에 사용되는 펌프 모터에 3상 전력을 공급하기 위하여 단상 변압기 2대를 사용하였다. 펌프 효율이 65 [%]이고, 펌프축 동력에 15 [%]의 여유를 둔다면 변압기 1대의 용량은 몇 [kVA]이며, 이 때 변압기를 어떠한 방법으로 결선하여야 하는가? (단, 펌프용 3상 농형 유도 전동기의 역률은 80 [%]로 가정한다.)

[작성답안]

① 변압기 1대의 용량

단상 변압기 2대를 V결선 출력 $P_V = \sqrt{3}\,P_1$ [kVA]

양수 펌프용 전동기 $P = \dfrac{9.8QHK}{\eta \times \cos\theta}$

$\therefore\ \sqrt{3}\,P_1 = \dfrac{9.8 \times 20 \times 0.2 \times 1.15}{0.65 \times 0.8} = 86.69$ [kVA]

$\therefore$ 변압기 1대 정격 용량 : $P_1 = \dfrac{86.69}{\sqrt{3}} = 50.05$ [kVA]

답 : 50.05 [kVA]

② 결선 : V결선

[핵심] 펌프용 전동기 용량

$$P = \frac{9.8Q'HK}{\eta} = \frac{KQH}{6.12\eta}\ \text{[kW]}$$

여기서, P : 전동기의 용량 [kW], Q : 양수량 [㎥/min], Q' : 양수량 [㎥/sec], H : 양정(낙차) [m]

η : 펌프의 효율 [%], K : 여유계수(1.1 ~ 1.2 정도)

2010

4

출제년도 92.96.00.10.15.(5점/각 문항당 2점, 모두 맞으면 5점)

LS, DS, CB가 그림과 같이 설치되었을 때의 조작 순서를 차례로 쓰시오.

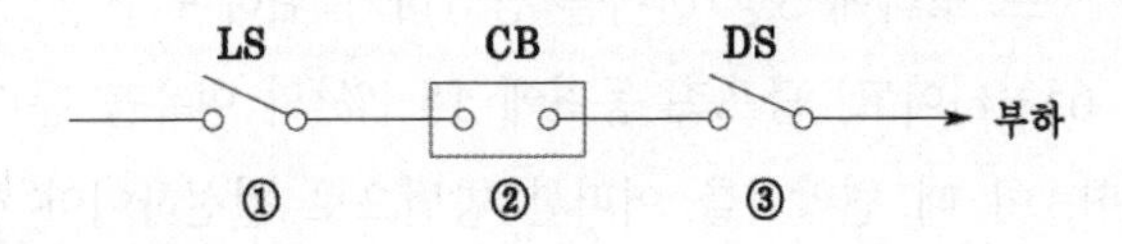

(1) 투입(ON)시의 조작 순서

(2) 차단(OFF)시의 조작 순서

[작성답안]

(1) ③ - ① - ②

(2) ② - ③ - ①

[핵심] 차단기와 단로기의 인터록

단로기는 부하전류를 차단하거나 개폐할 수 없으므로 차단기를 먼저 차단 시킨후 단로기를 조작하여야 함을 주의한다.

- 발생될 수 있는 문제점 : 차단기(CB)가 투입(ON)된 상태에서 단로기(DS_1, DS_2) 를 투입(ON)하거나 개방(OFF)하면 위험(감전 및 전기화상)하다.
- 해소 방안 : 단로기(DS)와 차단기(CB)간에 인터록 장치를 한다. (부하 전류가 통전 중에는 회로의 개폐가 되지 않도록 시설한다.)

5

출제년도 96.07.10.11.12.18.19.(6점/각 항목당 1점, 모두 맞으면 6점)

유입 변압기와 비교하여 몰드 변압기의 장점 5가지 쓰시오.

[작성답안]

- 자기 소화성이 우수 하므로 화재의 염려가 없다.
- 코로나 특성 및 임펄스 강도가 높다.
- 소형 경량화 할 수 있다.
- 습기, 가스, 염분 및 소손 등에 대해 안정하다.
- 보수 및 점검이 용이하다.

그 외

- 저진동 및 저소음
- 단시간 과부하 내량 크다.
- 전력손실이 감소

[핵심] 몰드변압기

고압 및 전압의 권선을 모두 에폭시 수지로 몰드한 고체 절연방식의 변압기를 몰드 변압기라 한다. 몰드 변압기는 난연성, 절연의 신뢰성, 보수 및 유지의 용이함을 위해 개발되었으며, 에너지 절약적인 측면은 유입변압기 보다 유리하다. 몰드변압기는 일반적으로 유입변압기보다 절연내력이 작으므로 VCB와 연결시 개폐서지에 대한 대책이 없으므로 SA(Surge Absorber)등을 설치하여 대책을 세워주어야 한다.

몰드 변압기를 유입 변압기와 비교하면 다음과 같은 특징이 있다.

① 난연성이 우수하다. 에폭시 수지에 무기물 충진제가 혼입된 구조로 되어 있으므로 자기 소호성이 우수하며, 불꽃 등에 착화하지 않는 특성이 있다.

② 신뢰성이 향상된다. 내코로나(Corona)특성, 임펄스 특성이 향상된다.

③ 소형, 경량화가 가능하다. 철심이 컴팩트화 되어 면적이 축소된다.

④ 무부하 손실이 줄어든다. 이것으로 인해 운전경비가 절감되고, 에너지가 절약이 된다.

⑤ 유지보수 점검이 용이하게 된다. 일반 유입변압기와 달리 절연유의 여과 및 교체가 없으며, 장기간 정지후 간단하게 재새용할 수 있으며, 먼지, 습기 등에 의한 절연내력이 영향을 받지 않는다.

⑥ 단시간 과부하 내량이 크다.

⑦ 소음이 적고 무공해운전이 가능하다.

⑧ 서지에 대한 대책을 수립하여야 한다. 사용장소는 건축전기설비, 병원, 지하상가나 주택이 근접하여 있는 공장이나 화학 플랜트 등의 특수 공장과 같이 재해가 인명에 직접 영향을 끼치는 장소에 좋으며, 특히 에너지절약 측면에서 적합하다.

6

출제년도 10.(10점/각 항목당 1점, 모두 맞으면 10점)

다음의 교류차단기의 약어와 소호원리에 대해 쓰시오.

종류	약어	소호원리
가스차단기		
공기차단기		
유입차단기		
진공차단기		
자기차단기		
기중차단기		

[작성답안]

종류	약어	소호원리
가스차단기	GCB	(육불화유황)가스를 흡수해서 차단
공기차단기	ABB	압축공기를 아크에 불어넣어서 차단
유입차단기	OCB	아크에 의한 절연유 분해가스의 흡부력(吸付力)을 이용하여 차단
진공차단기	VCB	고진공속에서 전자의 고속도 확산을 이용하여 차단
자기차단기	MBB	전자력을 이용하여 아크를 소호실 내로 유도하여 냉각차단
기중차단기	ACB	대기 중에서 아크를 길게 하여 소호실에서 냉각차단

7 출제년도 10.(5점/각 항목당 1점, 모두 맞으면 5점)

다음 그림을 보고 물음에 답하시오.

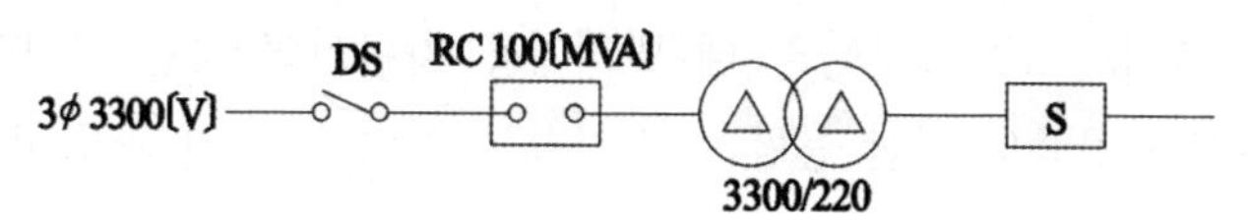

(1) RC100 [MVA] 가 의미하는 것은?

(2) [S] 의 심벌의 명칭은?

(3) 단선도로 표시된 변압기 그림을 복선도로 그리시오.

[작성답안]

(1) 단락차단용량 100 [MVA]

(2) 개폐기

(3)

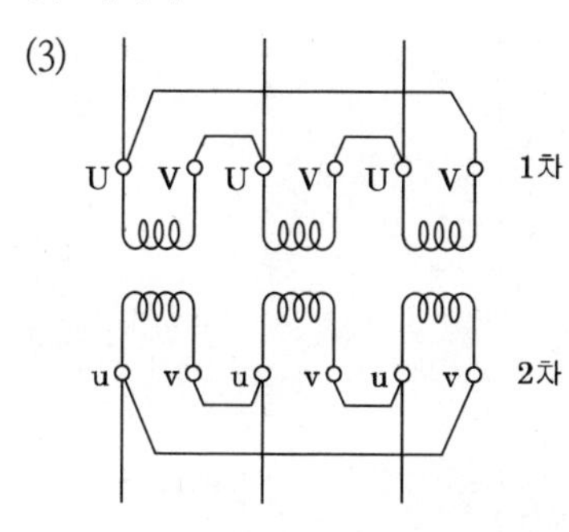

8 출제년도 06.10.(5점/각 문항당 2점, 모두 맞으면 5점)

발전기에 대한 다음 각 물음에 답하시오.

(1) 발전기의 출력이 500 [kVA]일 때 발전기용 차단기의 차단 용량을 산정하시오. (단, 변전소 회로측의 차단 용량은 30 [MVA]이며, 발전기 과도 리액턴스는 0.25로 한다.)

(2) 동기 발전기의 병렬 운전 조건 4가지를 쓰시오.

[작성답안]

(1) 계산

① 기준용량 30[MVA]

• 변전소측 $P_s = \dfrac{100}{\%Z_s} \times P_n$ 에서 $\%Z_s = \dfrac{P_n}{P_s} \times 100 = \dfrac{30}{30} \times 100 = 100[\%]$

• 발전기 $\%Z_g = \dfrac{30,000}{500} \times 25 = 1500[\%]$

② 차단용량

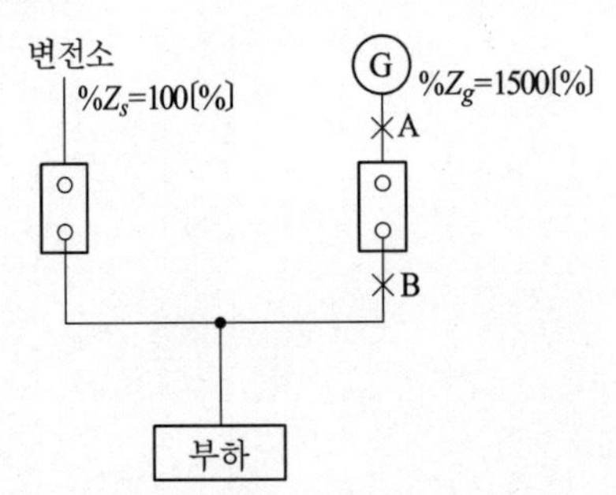

• A점에서 단락시 단락용량 $P_{sA} = \dfrac{100}{\%Z_s} \times P_n = \dfrac{100}{100} \times 30 = 30[\text{MVA}]$

• B점에서 단락시 단락용량 $P_{sB} = \dfrac{100}{\%Z_g} \times P_n = \dfrac{100}{1500} \times 30 = 2[\text{MVA}]$

차단기 용량은 P_{sA}와 P_{sB} 중에서 큰 값 기준하여 선정

답 : 30 [MVA]

(2) ① 기전력의 크기가 같을 것

② 기전력의 위상이 같을 것

③ 기전력의 주파수가 같을 것

④ 기전력의 파형이 같을 것

9 출제년도 95.07.10.(5점/부분점수 없음)

폭 5 [m], 길이 7.5 [m], 천장 높이 3.5 [m]의 방에 형광등 40 [W] 4등을 설치하니 평균 조도가 100 [lx]가 되었다. 40 [W] 형광등 1등의 전광속이 3000 [lm], 조명률 0.5일 때 감광보상률 D를 구하시오.

[작성답안]

계산 : $D=\dfrac{FUN}{EA}=\dfrac{3000\times 0.5\times 4}{100\times 5\times 7.5}=1.6$

답 : 1.6

[핵심] 조명설계

① 실지수

방의 면적이 같은 2개의 방에 같은 수의 광원을 설치하여도 방의 모양이 다른 경우에는 작업면상의 조도는 다르게 된다. 그래서 천정, 바닥이 장방형인 방은 가로 X, 세로 Y 두 변의 평균을 한 변으로 하는 정방형인 방과 동일하다고 하는 이론에 의해 실지수 $R.I$를 다음 식과 같이 결정한다.

$$R.I=\frac{XY}{H(X+Y)}$$

실지수	5.0	4.0	3.0	2.5	2.0	1.5	1.25	1.0	0.8	0.6
기호	A	B	C	D	E	F	G	H	I	J

② 조도계산

N개의 램프에서 방사되는 빛을 평면상의 면적 A[㎡]에 모두 집중 조사할 수 있다고 하고 램프 1개당 광속을 F[lm]이라 하면, 그 면의 평균조도를

$$E=\frac{F\cdot N}{A}\ [\text{lx}]$$

로 나타낸다. 이러한 평균조도 계산은 광속법과 설계여건에 따라 ZCM (Zonal Cavity Method)법을 채택할 수 있다.

$$E=\frac{F\cdot N\cdot U\cdot M}{A}$$

여기서, E : 평균조도 [lx] F : 램프 1개당 광속 [lm] N : 램프수량 [개]

U : 조명률 M : 보수율, 감광보상률의 역수 A : 방의 면적 [㎡] (방의 폭×길이)

10

출제년도 89.09.10.(5점/부분점수 없음)

차단기 트립회로 전원방식의 일종으로서 AC전원을 정류해서 콘덴서에 충전시켜 두었다가 AC전원 정전시 차단기의 트립전원으로 사용하는 방식을 무엇이라 하는가?

[작성답안]

CTD 방식(콘덴서 트립 방식)

[핵심] 차단기 트립방식

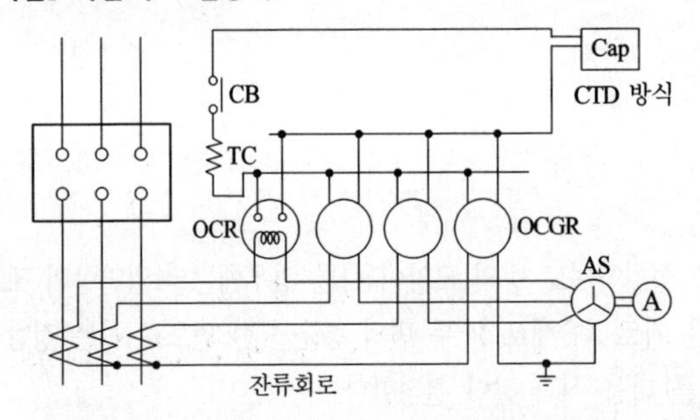

- 직류 전압 트립 방식 : 별도로 설치된 축전지 등의 제어용 직류 전원에 의해 트립되는 방식
- 과전류 트립 방식 : 차단기의 주회로에 접속된 변류기의 2차 전류에 의해 트립되는 방식
- 콘덴서 트립 방식 : 충전된 콘덴서의 에너지에 의해 트립되는 방식
- 부족 전압 트립 방식 : 부족 전압 트립 장치에 인가되어 있는 전압의 저하에 의해 트립되는 방식

11

출제년도 09.10.(5점/부분점수 없음)

변압기 탭전압 6150[V], 6250[V], 6350[V], 6450[V], 6600[V]일 때 변압기 1차측 사용탭이 6600[V]인 경우 2차 전압이 97[V]이였다. 1차측 탭전압을 6150[V]로 하면 2차측 전압은 몇 [V]인가?

[작성답안]

계산 : $V_T' = \dfrac{V_2 \times V_T}{V_2'}$ 에서 $V_2' = \dfrac{V_2 \times V_T}{V_T'}$

$$V_2' = \frac{97 \times 6600}{6150} = 104.1\ [V]$$

답 : 104.1[V]

[핵심] 변압기 탭

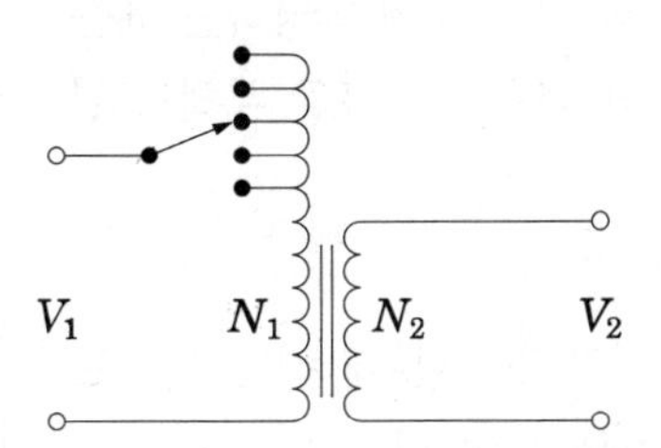

일반적으로 1차(고압)측 권선의 중간 단자를 인출하여 설치된다. 탭 절환이란 이것을 조정하여 권수비를 바꾸어 전압을 조정하는 장치이다. 변압기 탭의 설치 및 조정(절환)의 목적은 1차(수전단) 전압의 변동에 의해 2차측의 전압이 소정의 정격전압으로부터 변동한 경우, 이를 정격전압으로 하는 데에 그 목적이 있다.

$$V_T' = \frac{V_2 \times V_T}{V_2'}$$

여기서 V_2 : 변경전 2차전압

V_2' : 변경후 2차전압

V_T : 변경전 1차 탭전압

V_T' : 변경후 1차 탭전압

12

출제년도 99.01.10.新規.(6점/부분점수 없음)

평면도와 같은 건물에 대한 전기배선을 설계하기 위하여, 전등 및 소형 전기기계기구의 부하용량을 상정하여 분기회로수를 결정하고자 한다. 주어진 평면도와 표준부하를 이용하여 최대부하용량을 상정하고 최소분기 회로수를 결정하시오.

(단, 분기회로는 16 [A] 분기회로이며 배전전압은 220 [V]를 기준하고, 적용 가능한 부하는 최대값으로 상정할 것)

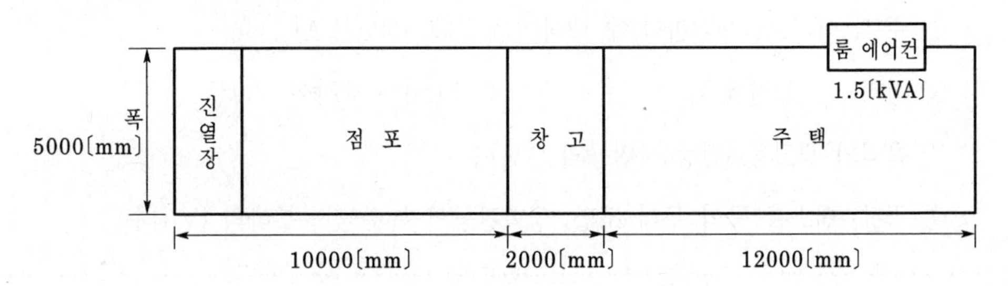

• 설비 부하 용량은 "①" 및 "②"에 표시하는 건물의 종류 및 그 부분에 해당하는 표준 부하에 바닥면적을 곱한 값과 "③"에 표시하는 건물 등에 대응하는 표준 부하[VA]를 합한 값으로 할 것

【참고사항】

가. 설비 부하 용량은 다만 "가" 및 "나"에 표시하는 종류 및 그 부분에 해당하는 표준 부하에 바닥 면적을 곱한 값에 "다"에 표시하는 건물 등에 대응하는 표준 부하 [VA]를 가한값으로 할 것

표준 부하

건축물의 종류	표준 부하[VA/m^2]
공장, 공회당, 사원, 교회, 극장, 영화관, 연회장 등	10
기숙사, 여관, 호텔, 병원, 학교, 음식점, 다방, 대중 목욕탕	20
사무실, 은행, 상점, 이발소, 미장원	30
주택, 아파트	40

[비고] 건물이 음식점과 주택 부분의 2 종류로 될 때에는 각각 그에 따른 표준 부하를 사용할 것

[비고] 학교와 같이 건물의 일부분이 사용되는 경우에는 그 부분만을 적용한다.

나. 건물(주택, 아파트 제외)중 별도 계산할 부분의 표준 부하

부분적인 표준 부하

건축물의 부분	표준부하[VA/m^2]
복도, 계단, 세면장, 창고, 다락	5
강당, 관람석	10

다. 표준 부하에 따라 산출한 수치에 가산하여야 할 [VA]수

① 주택, 아파트(1세대마다)에 대하여는 1000~500 [VA]

② 상점의 진열장에 대하여는 진열장 폭 1 [m]에 대하여 300 [VA]

③ 옥외의 광고등, 전광 사인등의 [VA]수

④ 극장, 댄스홀 등의 무대 조명, 영화관등의 특수 전등부하의 [VA]수

[작성답안]

① 건물의 종류에 대응한 부하용량

점포 : $10 \times 5 \times 30 = 1500$ [VA]

주택 : $12 \times 5 \times 40 = 2400$ [VA]

② 건물 중 별도 계산할 부분의 부하용량

창고 : $2 \times 5 \times 5 = 50$ [VA]

③ 표준부하에 따라 산출한 수치에 가산하여야 할 VA수

주택 1세대 : 1000 [VA]

진열창 : $5 \times 300 = 1500$ [VA]

룸 에어컨 : 1500 [VA]

∴ 최대 부하 용량 $P = 1500 + 2400 + 50 + 1000 + 1500 + 1500 = 7950$ [VA]

16 [A] 분기회로수 $N = \dfrac{7950}{16 \times 220} = 2.26$

답 : 최대 부하 용량 : 7950 [VA], 분기 회로수 : 16 [A] 분기 3회로

13

출제년도 10.(5점/부분점수 없음)

다음과 같은 래더 다이어그램을 보고 PLC 프로그램을 완성하시오. (단, 타이머 설정시간 Ton 는 0.1초 단위임.)

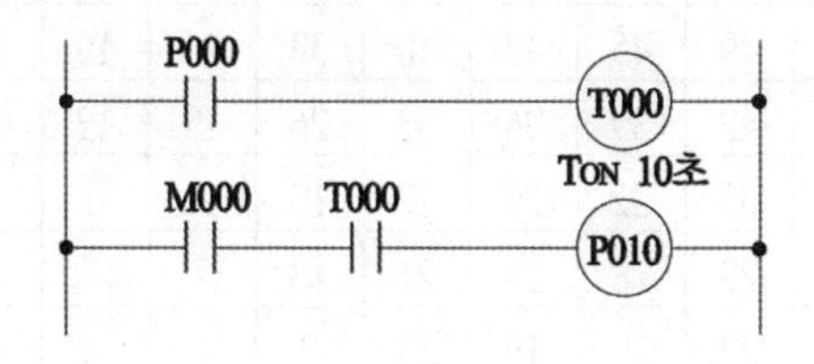

명령어	번지
LOAD	P000
TMR	(①)
DATA	(②)
(③)	M000
AND	(④)
(⑤)	P010

[작성답안]

① T000

② 100

③ LOAD

④ T000

⑤ OUT

14

출제년도 10.14.(5점/부분점수 없음)

정격출력 300 [kVA], 역률 80 [%]인 전동기 회로에 역률 개선용 콘덴서를 설치하여 역률 90 [%]로 개선하기 위하여 다음 표를 이용하여 콘덴서 용량을 구하시오.

	개선 후의 역률														
	1.0	0.99	0.98	0.97	0.96	0.95	0.94	0.93	0.92	0.91	0.9	0.875	0.85	0.825	0.8
개선 전의 역률 0.4	230	216	210	205	201	197	194	190	187	184	182	175	168	161	155
0.425	213	198	192	188	184	180	176	173	170	167	164	157	151	144	138
0.45	198	183	177	173	168	165	161	158	155	152	149	143	138	129	123
0.475	185	171	165	161	156	159	149	146	143	140	137	130	123	116	110
0.5	173	159	153	148	144	140	137	134	130	128	125	118	111	104	93
0.525	162	148	142	137	133	129	126	122	119	117	114	107	100	93	87
0.55	152	138	132	127	123	119	116	112	109	108	104	97	90	83	77
0.575	142	128	122	117	114	110	106	103	99	96	94	87	80	73	67
0.6	133	119	113	108	104	101	97	94	91	88	85	78	71	65	58
0.625	125	111	105	100	96	92	89	85	82	79	77	70	63	58	50
0.65	116	103	97	92	88	84	81	77	74	71	69	62	55	48	42
0.675	109	95	89	84	80	76	73	70	66	64	61	54	47	40	34
0.7	102	88	81	77	73	69	66	62	59	56	54	46	40	33	27
0.725	95	81	75	70	66	62	59	55	52	49	46	39	33	26	20
0.75	88	74	67	63	58	55	52	49	45	43	40	33	26	19	13
0.775	81	67	61	57	52	49	45	42	39	36	33	26	19	12	6.5
0.8	75	61	54	50	46	42	39	35	32	29	27	19	13	6	6
0.825	69	54	48	44	40	36	32	29	28	23	21	13	7		
0.85	62	48	42	37	33	29	26	22	19	16	14	7			
0.875	55	41	35	30	28	23	19	16	13	10	7				
0.9	48	34	28	23	19	16	12	9	6	2.8					

[작성답안]

계산 : 표에서 개선전역률 65 [%]와 개선후 역률 96 [%]가 만나는 곳 88 [%] 선정

콘덴서 소요용량 $Q_c = 300 \times 0.8 \times 0.27 = 64.8$ [kVA]

답 : 64.8 [kVA]

15

출제년도 88.06.08.10.(5점/부분점수 없음)

다음 그림의 회로는 어느 것인가 먼저 ON 조작된 측의 램프만 점등하는 병렬 우선 회로(PB_1 ON 시 L_1이 점등된 상태에서 L_2가 점등되지 않고, PB_2 ON 시 L_2가 점등된 상태에서 L_1이 점등되지 않는 회로)로 변경하여 그리시오. (단, 계전기 R_1, R_2의 보조 b접점 각 1개씩을 추가 사용하여 그리도록 한다.)

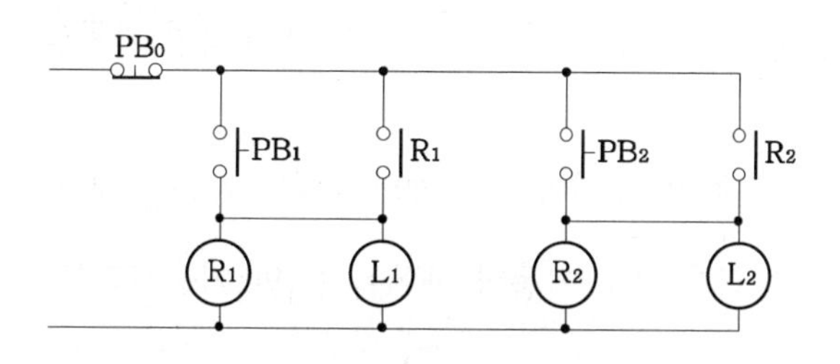

[작성답안]

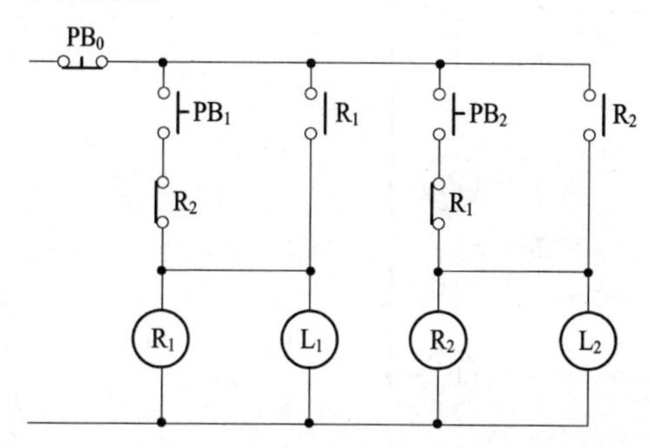

2010

16 출제년도 86.96.98.00.02.03.10.18.20.22.(12점/각 문항당 4점)

어느 회사에서 한 부지에 A, B, C의 세 공장을 세워 3대의 급수 펌프 P_1(소형), P_2(중형), P_3(대형)으로 다음 계획에 따라 급수 계획을 세웠다. 이 계획을 잘 보고 다음 물음에 답하시오.

【조건】

① 모든 공장 A, B, C가 휴무일 때 또는 그 중 한 공장만 가동할 때에는 펌프 P_1만 가동시킨다.

② 모든 공장 A, B, C중 어느 것이나 두 개의 공장만 가동할 때에는 P_2만 가동시킨다.

③ 모든 공장 A, B, C가 모두 가동할 때에는 P_3만 가동시킨다.

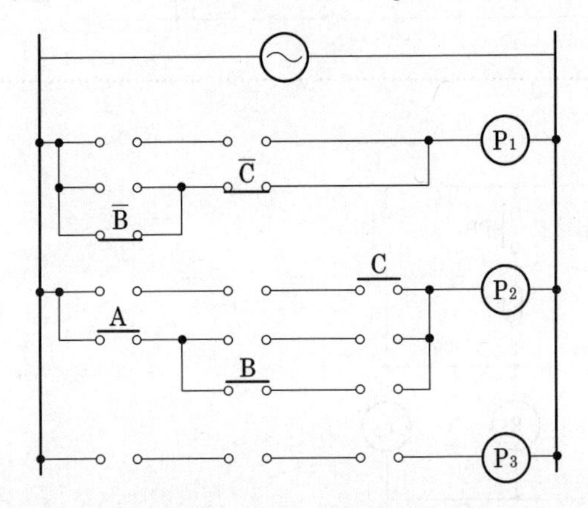

(1) 조건과 같은 진리표를 작성하시오.

A	B	C	P_1	P_2	P_3
0	0	0			
1	0	0			
0	1	0			
0	0	1			
1	1	0			
1	0	1			
0	1	1			
1	1	1			

(2) 미완성 시퀀스 도면에 접점과 그 기호를 삽입하여 도면을 완성하시오.

(3) P_1, P_2, P_3의 출력식을 가장 간단한 식으로 표현하시오.

※ 접점 심벌을 표시할 때는 A, B, C, $\overline{A}$, $\overline{B}$, $\overline{C}$ 등 문자 표시도 할 것

[작성답안]

(1)

A	B	C	P_1	P_2	P_3
0	0	0	1	0	0
1	0	0	1	0	0
0	1	0	1	0	0
0	0	1	1	0	0
1	1	0	0	1	0
1	0	1	0	1	0
0	1	1	0	1	0
1	1	1	0	0	1

(2)

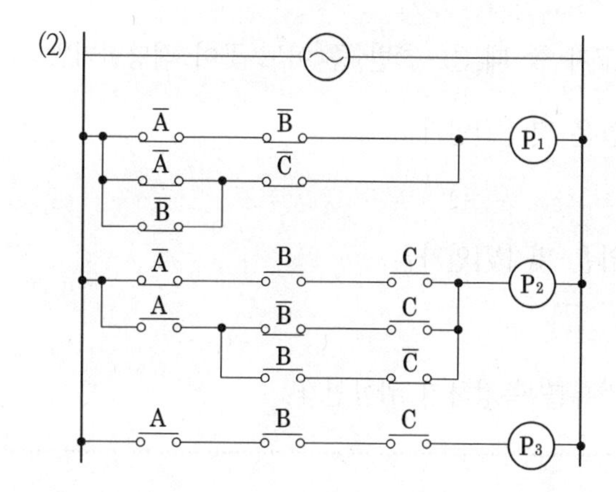

(3) $P_1 = \overline{A}\,\overline{B} + (\overline{A} + \overline{B})\overline{C}$

$P_2 = \overline{A}BC + A(\overline{B}C + B\overline{C})$

$P_3 = ABC$

2011년 1회 기출문제 해설

※ 다음 물음에 답을 해당 답란에 답하시오.

1

출제년도 96.00.04.11.(12점/각 문항당 2점, 모두 맞으면 12점)

그림은 최대 사용 전압 6900 [V]인 변압기의 절연 내력 시험을 위한 시험 회로도이다. 그림을 보고 다음 각 물음에 답하시오.

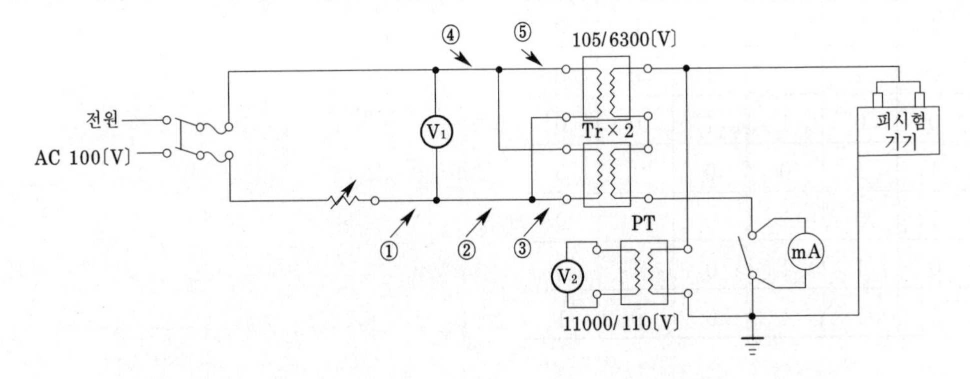

(1) 전원측 회로에 전류계 Ⓐ를 설치하고자 할 때 ①~⑤번 중 어느 곳이 적당한가?

(2) 시험시 전압계 V_1로 측정되는 전압은 몇 [V]인가?
(단, 소수점 이하는 반올림 할 것)

(3) 시험시 전압계 V_2로 측정되는 전압은 몇 [V]인가?

(4) PT의 설치 목적은 무엇인가?

(5) 전류계 [mA]의 설치 목적은 어떤 전류를 측정하기 위함인가?

[작성답안]

(1) ①

(2) 계산 : 절연 내력 시험 전압 : $V = 6900 \times 1.5 = 10350$[V]

전압계 : $V_1 = 10350 \times \frac{1}{2} \times \frac{105}{6300} = 86.25$ [V]

답 : 86 [V]

(3) 계산 : $\text{ⓥ}_2 = 6900 \times 1.5 \times \frac{110}{11000} = 103.5$ [V]

답 : 103.5 [V]

(4) 피시험기기의 절연 내력 시험 전압 측정

(5) 누설 전류의 측정

[핵심] 절연내력시험

구분	종류(최대사용전압을 기준으로)	시험전압
①	최대사용전압 7 [kV] 이하인 권선 (단, 시험전압이 500 [V] 미만으로 되는 경우에는 500 [V])	최대사용전압 ×1.5배
②	7 [kV]를 넘고 25 [kV] 이하의 권선으로서 중성선 다중접지식에 접속되는 것	최대사용전압 ×0.92배
③	7 [kV]를 넘고 60 [kV] 이하의 권선(중성선 다중접지 제외) (단, 시험전압이 10,500 [kV] 미만으로 되는 경우에는 10,500 [V])	최대사용전압 ×1.25배
④	60 [kV]를 넘는 권선으로서 중성점 비접지식 전로에 접속되는 것	최대사용전압 ×1.25배
⑤	60 [kV]를 넘는 권선으로서 중성점 접지식 전로에 접속하고 또한 성형결선의 권선의 경우에는 그 중성점에 T좌 권선과 주좌 권선의 접속점에 피뢰기를 시설하는 것 (단, 시험전압이 75 [kV] 미만으로 되는 경우에는 75 [kV])	최대사용전압 ×1.1배
⑥	60 [kV]를 넘는 권선으로서 중성점 직접 접지식 전로에 접속하는 것, 다만 170 [kV]를 초과하는 권선에는 그 중성점에 피뢰기를 시설하는 것	최대사용전압 ×0.72배
⑦	170 [kV]를 넘는 권선으로서 중성점 직접접지식 전로에 접속하고 또는 그 중성점을 직접 접지하는 것	최대사용전압 ×0.64배
(예시)	기타의 권선	최대사용전압 ×1.1배

2011

2

출제년도 08.10.19.(6점/부분점수 없음)

차단기 명판에 BIL 150 [kV] 정격차단전류 20 [kA], 차단시간 3 [Hz], 솔레노이드형이라고 기재되어 있다. 이 차단기의 정격전압[kV]를 구하시오.

[작성답안]

계산 : BIL = 절연계급 × 5 + 50 [kV]에서 절연계급 $= \dfrac{\text{BIL}-50}{5}$ [kV]

$\therefore$ 절연계급 $= \dfrac{150-50}{5} = 20$ [kV]

공칭전압 = 절연계급 $\times 1.1 = 20 \times 1.1 = 22$ [kV]

정격전압 $V_n = 22 \times \dfrac{1.2}{1.1} = 24$ [kV]

$\therefore$ 정격전압 24 [kV] 선정

답 : 24 [kV]

[핵심] 기준충격절연강도

절연내력과 기준충격 절연강도 : BIL이란 Basic Impulse Insulation Level의 약자를 말한다. 뇌임펄스 내전압 시험값으로서 절연 레벨의 기준을 정하는 데 적용되며, BIL은 절연 계급 20호 이상의 비유효 접지계에 있어서는 다음과 같이 계산된다.

BIL = 절연계급 × 5 + 50[kV]

여기서, 절연계급은 전기기기의 절연강도를 표시하는 계급을 말하고, 공칭전압/1.1에 의해 계산된다.

차단기의 정격전압 [kV]	사용회로의 공칭 전압 [kV]	BIL [kV]
0.6	0.1, 0.2, 0.4	
3.6	3.3	45
7.2	6.6	60
24.0	22.0	150
72.0	66.0	350
168.0	154.0	750

3

출제년도 08.11.17.18.20.(4점/각 항목당 1점)

단상 변압기 병렬운전 조건 4가지를 쓰시오.

[작성답안]

① 극성이 같을 것 ② 권수비 및 1차, 2차 정격전압이 같을 것

③ %임피던스 강하가 같을 것 ④ 저항과 누설리액턴스 비가 같을 것

[핵심] 변압기 병렬운전의 문제점

변압기의 병렬운전의 경우는 다음과 같은 문제점이 있다.

① 계통에 $\%Z$가 적어져 단락용량이 증대된다. 변압기의 병렬운전의 경우 변압기의 연결이 서로 병렬형태로 연결되어지므로 합성%임피던스가 작아진다. %임피던스의 작아짐은 다음 식에 의해 단락용량의 증대를 가져온다. 따라서, 단락용량을 고려하여 변압기의 %임피던스를 선정하고 병렬운전하여야 한다.

② 전 부하 운전시 변압기 허용 과부하율에 의한 변압기용량 증대로 손실증가 한다.

③ 차단기의 빈번한 동작에 의하여 차단기 수명이 단축된다.

4

출제년도 21.(6점/각 항목당 1점)

다음은 저압전로의 절연성능에 관한 표이다. 다음 빈 칸을 완성하시오.

전로의 사용전압 V	DC시험전압 V	절연저항 MΩ
SELV 및 PELV		
FELV, 500V 이하		
500V 초과		

[주] 특별저압(extra low voltage : 2차 전압이 AC 50V, DC 120V 이하)으로 SELV(비접지회로 구성) 및 PELV(접지회로 구성)은 1차와 2차가 전기적으로 절연된 회로, FELV는 1차와 2차가 전기적으로 절연되지 않은 회로

"특별저압(ELV, Extra Low Voltage)"이란 인체에 위험을 초래하지 않을 정도의 저압을 말한다. 여기서 SELV(Safety Extra Low Voltage)는 비접지회로에 해당되며, PELV(Protective Extra Low Voltage)는 접지회로에 해당된다.

2011

[작성답안]

전로의 사용전압 V	DC시험전압 V	절연저항 MΩ
SELV 및 PELV	250	0.5
FELV, 500V 이하	500	1.0
500V 초과	1,000	1.0

[핵심] 전기설비기술기준 저압전로의 절연성능

전선 상호간의 절연저항은 기계기구를 쉽게 분리가 곤란한 분기회로의 경우 기기 접속 전에 측정할 수 있다. 측정 시 영향을 주거나 손상을 받을 수 있는 SPD 또는 기타 기기 등은 측정 전에 분리시켜야 하고, 부득이하게 분리가 어려운 경우에는 시험전압을 250V DC로 낮추어 측정할 수 있지만 절연저항 값은 1MΩ 이상이어야 한다.

전로의 사용전압 V	DC시험전압 V	절연저항 MΩ
SELV 및 PELV	250	0.5
FELV, 500V 이하	500	1.0
500V 초과	1,000	1.0

[주] 특별저압(extra low voltage : 2차 전압이 AC 50V, DC 120V 이하)으로 SELV(비접지회로 구성) 및 PELV(접지회로 구성)은 1차와 2차가 전기적으로 절연된 회로, FELV는 1차와 2차가 전기적으로 절연되지 않은 회로

"특별저압(ELV, Extra Low Voltage)"이란 인체에 위험을 초래하지 않을 정도의 저압을 말한다. 여기서 SELV(Safety Extra Low Voltage/안전 특별저압)는 비접지회로에 해당되며, PELV(Protective Extra Low Voltage/보호 특별저압)는 접지회로에 해당된다.

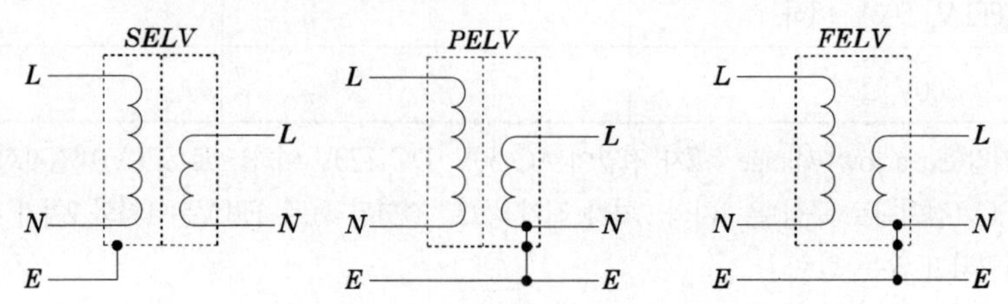

*FELV (Functional Extra Low Voltage/기능적 특별저압)

5

출제년도 07.11.13.14.17.(5점/부분점수 없음)

변류비 60/5인 변류기 2대를 그림과 같이 접속하였을 때, 전류계에 3 [A]의 전류가 흘렀다. CT 1차측에 전류를 구하시오.

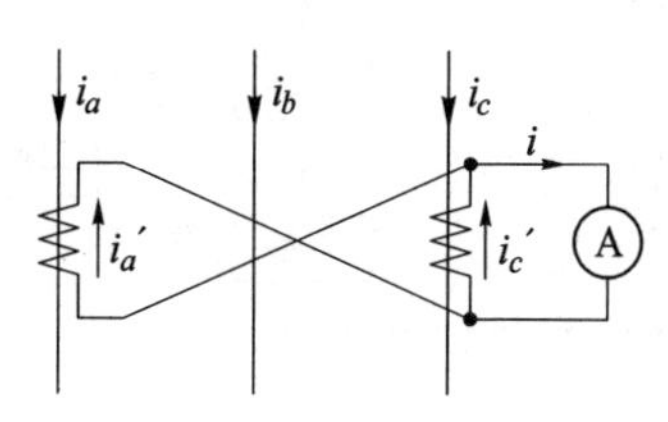

[작성답안]

계산 : 교차결선이므로

$$Ⓐ = \sqrt{3}\, i_a' = \sqrt{3}\, i_c' = 3[A]$$

$$\therefore\ i_a' = \frac{3}{\sqrt{3}}[A]$$

1차 전류 $I_a = a\, i_a' = \frac{60}{5} \times \frac{3}{\sqrt{3}} = 20.78[A]$

답 : 20.78[A]

[핵심] 변류기의 교차접속

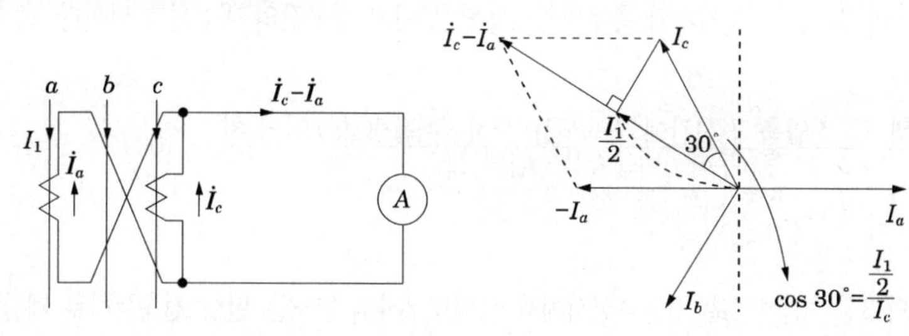

전류계에 흐르는 전류는 $\dot{I}_c - \dot{I}_a$ 이며, 이 전류는 벡터도와 같이 CT 2차 전류의 $\sqrt{3}$ 배 가 됨은 알 수 있다.

$$I_1 = \text{전류계 Ⓐ 지시값} \times \frac{1}{\sqrt{3}} \times CT\text{비}$$

6

출제년도 98.02.11.19.(5점/부분점수 없음)

그림과 같은 단상 3선식 선로에서 설비 불평형률은 몇 [%]인가?

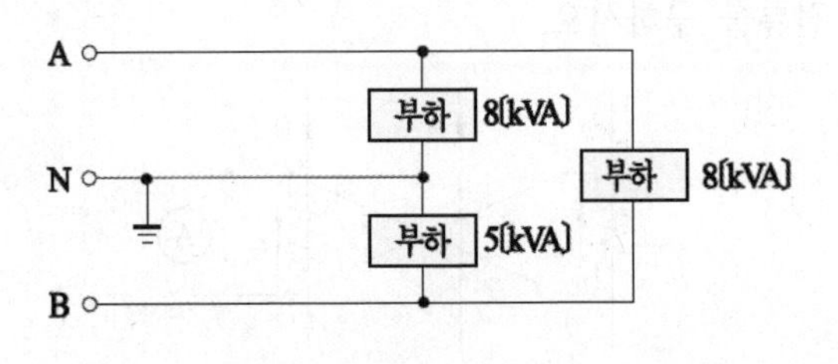

[작성답안]

계산 : 설비불평형률 $= \dfrac{8-5}{(8+5+8)\times\dfrac{1}{2}}\times 100 = 28.57[\%]$

답 : 28.57[%]

[핵심] 설비불평형률

① 설비불평형 단상

저압수전의 단상 3선식에서 중성선과 각 전압측 전선간의 부하는 평형이 되게 하는 것을 원칙으로 한다.

[주1] 부득이한 경우는 설비불평형률 40 [%]까지로 할 수 있다. 이 경우 설비불평형률이란 중성선과 각전압측 전선간에 접속되는 부하설비용량 [VA]차와 총부하설비용량 [VA]의 평균값의 비 [%]를 말한다. 즉 다음 식으로 나타낸다.

$$\text{설비불평형률} = \frac{\text{중성선과 각 전압측 전선간에 접속되는 부하설비용량 [kVA]의 차}}{\text{총 부하설비용량 [kVA]의 1/2}} \times 100\ [\%]$$

② 설비불평형 3상

저압, 고압 및 특고압수전의 3상 3선식 또는 3상 4선식에서 불평형부하의 한도는 단상 접속부하로 계산하여 설비불평형률을 30 [%] 이하로 하는 것을 원칙으로 한다. 다만, 다음 각 호의 경우는 이 제한에 따르지 않을 수 있다.

- 저압수전에서 전용변압기 등으로 수전하는 경우
- 고압 및 특고압수전에서 100 [kVA](kW) 이하의 단상부하인 경우
- 고압 및 특고압수전에서 단상부하용량의 최대와 최소의 차가 100 [kVA](kW) 이하인 경우
- 특고압수전에서 100 [kVA](kW) 이하의 단상변압기 2대로 역(逆)V결선하는 경우

[주] 이 경우의 설비불평형률이란 각 선간에 접속되는 단상부하 총설비용량 [VA]의 최대와 최소의 차와 총 부하설비용량 [VA] 평균값의 비 [%]를 말한다. 즉, 다음 식으로 나타낸다.

$$\text{설비불평형률} = \frac{\text{각 선간에 접속되는 단상 부하 총 설비용량 [kVA]의 최대와 최소의 차}}{\text{총 부하설비용량 [kVA]의 1/3}} \times 100\ [\%]$$

7

출제년도 97.02.11.(7점/각 문항당 1점, 모두 맞으면 7점)

다음 전기 설비에서 사용하는 그림 기호의 명칭을 쓰시오.

(1) ----□---- LD (2) ☒ (3) ●$_R$ (4) ◐$_{EX}$ (5) ◢

[작성답안]

(1) 라이팅 덕트

(2) 풀박스 및 접속 상자

(3) 리모콘 스위치

(4) 방폭형 콘센트

(5) 분전반

8

출제년도 95.11.(5점/부분점수 없음)

부하 전력이 480 [kW], 역률 80 [%]인 부하에 전력용 콘덴서 220 [kVA]를 설치하면 역률은 몇 [%]가 되는가?

[작성답안]

계산 : 무효전력 $Q = 480 \times \frac{0.6}{0.8} = 360[\text{kVar}]$

역률 $\cos\theta = \frac{480}{\sqrt{480^2 + (360-220)^2}} \times 100 = 96[\%]$

답 : 96[%]

9

출제년도 95.00.05.11.(6점/각 문항당 1점, 모두 맞으면 6점)

그림과 같은 부하 곡선을 보고 다음 각 물음에 답하시오.

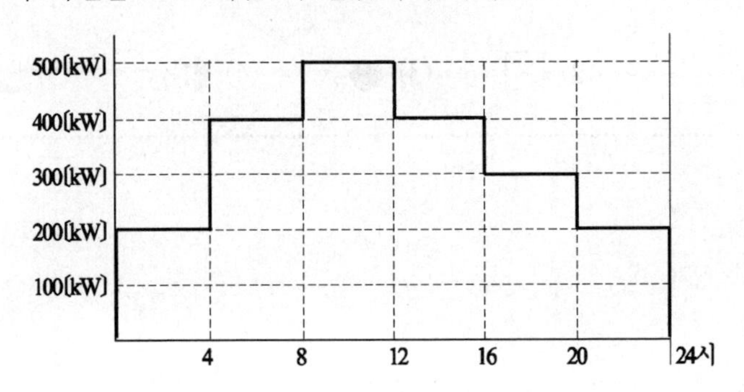

(1) 첨두 부하는 몇 [kW]인가?

(2) 첨두 부하가 지속되는 시간은 몇 시부터 몇 시까지인가?

(3) 일공급 전력량은 몇 [kWh]인가?

(4) 일부하율은 몇 [%]인가?

[작성답안]

(1) 500[kW]

(2) 8~12시

(3) 계산 : $W = (200+400+500+400+300+200) \times 4 = 8000$[kWh]

답 : 8000[kWh]

(4) 계산 : 일부하율 $= \dfrac{8000}{24 \times 500} \times 100 = 66.67$[%]

답 : 66.67[%]

[핵심] 부하관계용어

① 부하율

공급 설비가 어느 정도 유효하게 사용되는가를 나타내며 부하율이 클수록 공급 설비가 유효하게 사용된다. 부하율은 다음 식에 의해 계산한다.

$$\text{부하율} = \frac{\text{평균 수요 전력 [kW]}}{\text{최대 수요 전력 [kW]}} \times 100\ [\%]$$

부하율은 각 단위별(변압기, 전주, 수용가 등), 시기, 범위, 기간에 따라 달라지며, 부하율을 표시할 경우 기간, 범위를 반드시 명기한다. 예를 들어 일부하율, 월부하율 등으로 표시하여야 하며, 부하율은 기간이 길어질수록 작아진다. 부하율이 적다의 의미는 다음과 같다.

• 공급 설비를 유용하게 사용하지 못한다.

• 평균 수요 전력과 최대 수요 전력과의 차가 커지게 되므로 부하 설비의 가동률이 저하된다.

② 종합부하율

$$\text{종합 부하율} = \frac{\text{평균 전력}}{\text{합성 최대 전력}} \times 100[\%] = \frac{\text{A, B, C 각 평균 전력의 합계}}{\text{합성 최대 전력}} \times 100[\%]$$

③ 부등률

각 수용가에서의 최대 수용 전력의 발생 시각은 시간적으로 차이가 있으며 이 경우에 배전 변압기 또는 간선에서의 합성 최대 수용 전력은 각 수용가에서의 최대 수용 전력의 합보다 적게 되는데 이 비를 부등률이라 하며 이 값은 항상 1보다 크고, 백분율로 나타내지 않는다. 수용률과 더불어 배전 변압기 또는 배전 간선 등의 공급 설비 계획 자료로 사용된다.

$$\text{부등률} = \frac{\text{개별 최대수용전력의 합}}{\text{합성 최대수용전력}} = \frac{\text{설비용량} \times \text{수용률}}{\text{합성최대수용전력}}$$

④ 수용률

수용률은 시설되는 총 부하 설비용량에 대하여 실제로 사용하게 되는 부하의 최대 전력의 비를 나타내는 것으로서 다음 식에 의하여 구한다.

$$\text{수용률} = \frac{\text{최대수요전력 [kW]}}{\text{부하설비용량 [kW]}} \times 100\ [\%]$$

10

출제년도 94.96.07.11.12.14.17.(6점/각 문항당 2점)

송전단 전압 66 [kV], 수전단 전압 61 [kV]인 송전선로에서 수전단의 부하를 끊은 경우의 수전단 전압이 63 [kV]라 할 때 다음 각 물음에 답하시오.

(1) 전압강하율을 계산하시오.

(2) 전압변동률을 계산하시오.

[작성답안]

(1) 계산 : 전압강하율 $\varepsilon = \dfrac{V_s - V_r}{V_r} \times 100 = \dfrac{66-61}{61} \times 100 = 8.196\ [\%]$

답 : 8.2 [%]

(2) 계산 : 전압변동률 $\delta = \dfrac{V_{r0} - V_r}{V_r} \times 100 = \dfrac{63-61}{61} \times 100 = 3.278\ [\%]$

답 : 3.28 [%]

2011

11

출제년도 94.11.新規.(5점/부분점수 없음)

다음 보기의 부하에 대한 간선의 굵기를 결정하는 설계전류를 구하시오. 수용률이 60 [%] 일 때 전류는 최소 몇 [A]인가?

【보기】

- 전동기 : 40 [A] 이하 1대, 20 [A] 1대
- 히터 : 20 [A]

[작성답안]

계산 : $I = (40 + 20 + 20) \times 0.6 = 48[A]$

답 : 48[A]

[핵심] 설계전류

회로의 설계전류(I_B)는 분기회로의 경우 부하의 효율, 역률, 부하율이 고려된 부하최대전류를 의미하며, 고조파 발생부하인 경우 고조파 전류에 의한 선전류 증가분이 고려되어야 한다. 또한 간선의 경우에는 추가로 수용율, 부하불평형, 장래 부하증가에 대한 여유 등이 고려되어야 한다.

$$I_B = \frac{\Sigma P}{k\,V}\alpha\, h\, \beta$$

여기서 k는 상계수 (단상 1, 3상 $\sqrt{3}$), V는 전압, α는 수용률, h는 고조파 발생에 의한 선전류 증가계수, β는 부하 불평형에 따른 선전류 증가계수를 말한다.

12

출제년도 98.01.11(8점/각 문항당 2점, 모두 맞으면 8점)

그림과 같은 사무실에 조명 시설을 하려고 한다. 다음 주어진 조건을 이용하여 다음 각 물음에 답하시오.

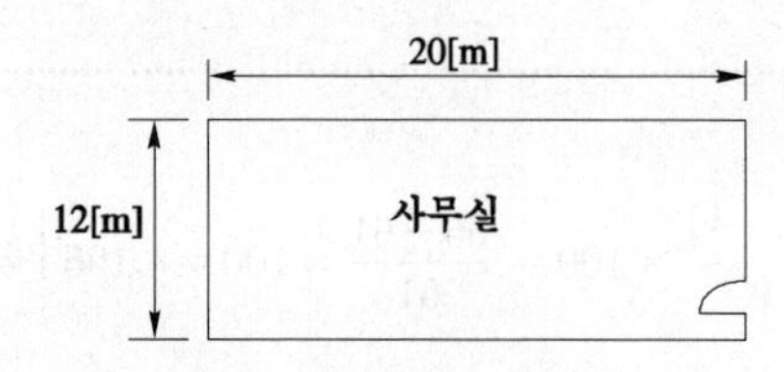

【조건】

- 천장고 3 [m]
- 조명률 0.45
- 보수율 0.75
- 조명 기구 FL 40 [W]×2등용 (이것을 1기구로 하고 이것의 광속은 5000 [lm])
- 분기 Breaker : 50 AF/30 AT

(1) 조도를 500 [lx]로 기준할 때 설치해야 할 기구수는? (배치를 고려하여 산정할 것)

(2) 분기 Breaker의 50 AF/30 AT에서 AF와 AT의 의미는 무엇인가?

(3) 조명 기구 배선에 사용할 수 있는 전선의 최소 굵기는 몇 [mm^2]인가? (단, 조명 기구는 200 [V]용이라 한다.)

[작성답안]

(1) 계산 : $FUN = EAD$ 에서 $N = \dfrac{EAD}{FU} = \dfrac{500 \times 12 \times 20 \times \dfrac{1}{0.75}}{5000 \times 0.45} = 71.11$ [등]

답 : 72 [등]

(2) AF : 차단기 프레임 전류

AT : 차단기 트립 전류

(3) 2.5[mm^2]

[핵심] 한국전기설비규정 231.3.1 저압 옥내배선의 사용전선

1. 저압 옥내배선의 전선은 단면적 2.5 mm^2 이상의 연동선 또는 이와 동등 이상의 강도 및 굵기의 것.
2. 옥내배선의 사용 전압이 400 V 이하인 경우로 다음 중 어느 하나에 해당하는 경우에는 제1을 적용하지 않는다.

가. 전광표시장치 기타 이와 유사한 장치 또는 제어 회로 등에 사용하는 배선에 단면적 1.5 mm^2 이상의 연동선을 사용하고 이를 합성수지관공사 · 금속관공사 · 금속몰드공사 · 금속덕트공사 · 플로어덕트공사 또는 셀룰러덕트공사에 의하여 시설하는 경우

나. 전광표시장치 기타 이와 유사한 장치 또는 제어회로 등의 배선에 단면적 0.75 mm^2 이상인 다심케이블 또는 다심 캡타이어케이블을 사용하고 또한 과전류가 생겼을 때에 자동적으로 전로에서 차단하는 장치를 시설하는 경우

13 출제년도 96.00.11.13.15.21.(5점/부분점수 없음)

어느 빌딩 수용가가 자가용 디젤 발전기 설비를 계획하고 있다. 발전기 용량 산출에 필요한 부하의 종류 및 특성이 다음과 같을 때 주어진 조건과 참고자료를 이용하여 전부하 운전을 하는데 필요한 발전기 용량 [kVA]을 답안지 빈칸을 채우면서 선정하시오. (수용률을 적용한 kVA 합계를 구할 때는 유효분과 무효분을 나누어 구한다.)

【조건】

① 전동기 기동시에 필요한 용량은 무시한다.

② 수용률 적용(동력) : 최대 입력 전동기 1대에 대하여 100 [%], 2대는 80 [%], 전등, 기타는 100 [%]를 적용한다.

③ 전등, 기타의 역률은 100 [%]를 적용한다.

부하의 종류	출력[Kw]	극수(극)	대수(대)	적용 부하	기동 방법
전동기	37	8	1	소화전 펌프	리액터 기동
	22	6	2	급수 펌프	리액터 기동
	11	6	2	배풍기	Y－△ 기동
	5.5	4	1	배수 펌프	직입 기동
전등, 기타	50	－	－	비상 조명	－

[표 1] 저압 특수 농형 2종 전동기(KSC 4202) [개방형·반밀폐형]

정격 출력 [kW]	극수	동기속도 [rpm]	전부하 특성		기동 전류 I_{st} 각상의 평균값 [A]	비고		
			효율 η [%]	역률 pf [%]		무부하 전류 I_0 각상의 전류값 [A]	전부하 전류 I 각상의 평균값 [A]	전부하 슬립 s [%]
5.5	4	1,800	82.5 이상	79.5 이상	150 이하	12	23	5.5
7.5			83.5 이상	80.5 이상	190 이하	15	31	5.5
11			84.5 이상	81.5 이상	280 이하	22	44	5.5
15			85.5 이상	82.0 이상	370 이하	28	59	5.0
(19)			86.0 이상	82.5 이상	455 이하	33	74	5.0
22			86.5 이상	83.0 이상	540 이하	38	84	5.0
30			87.0 이상	83.5 이상	710 이하	49	113	5.0
37			87.5 이상	84.0 이상	875 이하	59	138	5.0

5.5	6	1,200	82.0 이상	74.5 이상	150 이하	15	25	5.5
7.5			83.0 이상	75.5 이상	185 이하	19	33	5.5
11			84.0 이상	77.0 이상	290 이하	25	47	5.5
15			85.0 이상	78.0 이상	380 이하	32	62	5.5
(19)			85.5 이상	78.5 이상	470 이하	37	78	5.0
22			86.0 이상	79.0 이상	555 이하	43	89	5.0
30			86.5 이상	80.0 이상	730 이하	54	119	5.0
37			87.0 이상	80.0 이상	900 이하	65	145	5.0
5.5	8	900	81.0 이상	72.0 이상	160 이하	16	26	6.0
7.5			82.0 이상	74.0 이상	210 이하	20	34	5.5
11			83.5 이상	75.5 이상	300 이하	26	48	5.5
15			84.0 이상	76.5 이상	405 이하	33	64	5.5
(19)			85.5 이상	77.0 이상	485 이하	39	80	5.5
22			85.0 이상	77.5 이상	575 이하	47	91	5.0
30			86.5 이상	78.5 이상	760 이하	56	121	5.0
37			87.0 이상	79.0 이상	940 이하	68	148	5.0

[표 2] 자가용 디젤 표준 출력[kVA]

50	100	150	200	300	4,400

	효율[%]	역률[%]	입력[kVA]	수용률[%]	수용률 적용값[kVA]
37 × 1					
22 × 2					
11 × 2					
5.5 × 1					
50					
계	–	–	–	–	

○ 발전기 용량 : ________ [kVA]

[작성답안]

	효율 [%]	역률 [%]	입력 [kVA]	수용률 [%]	수용률 적용값 [kVA]
37×1	87	79	$\frac{37}{0.87 \times 0.79} = 53.83$	100	$P = 53.83 \times 0.79 = 42.53$[kW] $Q = 53.83 \times \sqrt{1-0.79^2} = 33$[kVar] $\therefore \sqrt{42.53^2 + 33^2} = 53.83$[kVA]
22×2	86	79	$\frac{22 \times 2}{0.86 \times 0.79} = 64.76$	80	$P = 64.76 \times 0.79 \times 0.8 = 40.93$[kW] $Q = 64.76 \times \sqrt{1-0.79^2} \times 0.8 = 31.76$[kVar] $\therefore \sqrt{40.93^2 + 31.76^2} = 51.81$[kVA]
11×2	84	77	$\frac{11 \times 2}{0.84 \times 0.77} = 34.01$	80	$P = 34.01 \times 0.77 \times 0.8 = 20.95$[kW] $Q = 34.01 \times \sqrt{1-0.77^2} \times 0.8 = 17.36$[kVar] $\therefore \sqrt{20.95^2 + 17.36^2} = 27.21$[kVA]
5.5×1	82.5	79.5	$\frac{5.5}{0.825 \times 0.795} = 8.39$	100	$P = 8.39 \times 0.795 = 6.67$[kW] $Q = 8.39 \times \sqrt{1-0.795^2} = 5.09$[kVar] $\therefore \sqrt{6.67^2 + 5.09^2} = 8.39$[kVA]
50	100	100	50	100	50[kVA]
계	–	–	–	–	$P = 42.53 + 40.93 + 20.95 + 6.67 + 50$ $= 161.08$[kW] $Q = 33 + 31.76 + 17.36 + 5.09 = 87.21$[kVar] $\therefore \sqrt{161.08^2 + 87.21^2} = 183.17$[kVA]

답 : 발전기의 표준용량 사용 200 [kVA]

14

출제년도 11.13.(5점/각 항목당 1점, 모두 맞으면 5점)

대지저항률을 낮추기 위한 저감재의 구비조건 4가지를 쓰시오.

[작성답안]

- 인축이나 식물에 대한 안전성을 확보해야 한다.
- 토양을 오염시키지 않아야 한다.
- 전기적으로 양도체이어야 하며, 주위의 토양보다 도전도가 좋아야 한다.
- 지속성이 있어야 한다.
- 저감재 사용 후 경년에 따른 변화가 없어야 하며, 계절에 따라 접지저항의 변화가 없어야 한다.
- 전극을 부식시키지 않아야 한다.
- 저감효과가 커야 한다.

[핵심] 접지저항의 저감 방법

물리적인 저감 방법과 화학적인 저감 방법으로 나눈다. 물리적인 저감방법은 다음과 같다.

- 접지봉의 병렬로 연결하며, 접지극의 면적을 증가시킨다.
- 접지극의 매설깊이를 깊게 한다. 심타공법, 보링공법 등이 있다.
- 매설지선을 설치한다. 매설지선은 철탑의 탑각접지저항을 줄이는데 사용한다.
- 평판접지전극을 사용하여 병렬 또는 직렬로 시공하다.
- Mesh 접지공법을 사용한다.

화학적 접지저항 저감방법은 접지극 주변의 토양을 개량하여 ρ를 저감하는 방법으로 일시적이며, 1~2년이 경과하면 거의 효과가 없다. 일반적으로 염, 황산암모니아, 탄산소다, 카본분말, 벤젠나이트 등을 토양에 혼합 사용한다.

화학적 접지저항 저감제는 다음과 같은 구비조건을 갖추어야 한다.

- 인축이나 식물에 대한 안전성을 확보해야 한다.
- 토양을 오염시키지 않아야 한다.
- 전기적으로 양도체이어야 하며, 주위의 토양보다 도전도가 좋아야 한다.
- 지속성이 있어야 한다.
- 저감재 사용 후 경년에 따른 변화가 없어야 하며, 계절에 다른 접지저항의 변화가 없어야 한다.
- 전극을 부식시키지 않아야 한다.
- 저감효과가 커야 한다.

접지저항 저감제로는 반응형저감제로 무공해성 화이트어스론, 티코겔 등이 사용된다. 비반응형 저감제는 공해성으로, 염, 황산암모니아, 탄산소다, 카본분말, 벨라이트 등이 사용된다.

15 출제년도 85.98.02.11(6점/부분점수 없음)

전원측 전압이 380 [V]인 3상 3선식 옥내 배선이 있다. 그림과 같이 250 [m] 떨어진 곳에서부터 10 [m] 간격으로 용량 5 [kVA]의 3상 동력을 5대 설치하려고 한다. 부하 말단까지의 전압 강하를 3 [%] 이하로 유지하려면 동력선의 굵기를 얼마로 선정하면 좋은지 표에서 산정하시오. (단, 전선으로는 도전율이 97 [%]인 일반용 단심 비닐절연전선을 사용하여 금속관 내에 설치하여 부하 말단까지 동일한 굵기의 전선을 사용한다.)

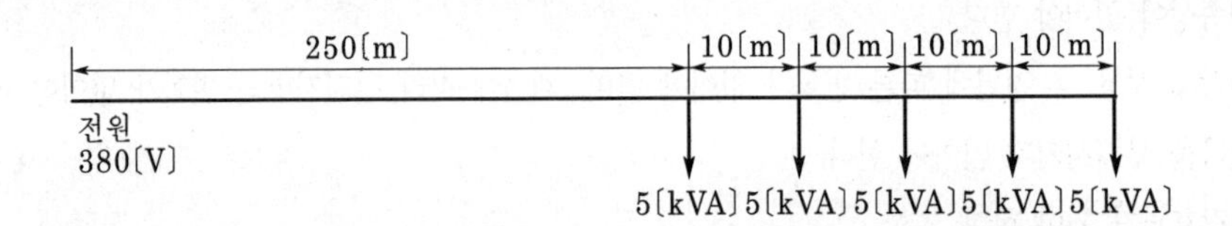

전선의 굵기 및 허용 전류

전선의 굵기[mm^2]	6	10	16	25	35	50
전선의 허용 전류[A]	43	62	82	97	113	133

[작성답안]

계산 : 부하의 중심 거리 $L=\dfrac{5\times250+5\times260+5\times270+5\times280+5\times290}{5+5+5+5+5}=270$ [m]

전부하 전류 $I=\dfrac{5\times10^3\times5}{\sqrt{3}\times380}\fallingdotseq 37.99$ [A]

전압 강하 $e=380\times0.03=11.4$ [V]

$\therefore\ e=11.4=\sqrt{3}\times37.99\times(270\times r)$ 에서 $r=\dfrac{11.4}{\sqrt{3}\times37.99\times270}=\dfrac{1}{58}\times\dfrac{100}{97}\times\dfrac{1}{A}$

$\therefore\ A=\dfrac{\sqrt{3}\times38\times270\times100}{11.4\times58\times97}=27.71$ [mm^2]

$\therefore$ 35[mm^2]선정

답 : 35[mm^2]

[핵심] 부하 중심점

$$L=\frac{i_1l_1+i_2l_2+i_3l_3+\cdots+i_nl_n}{i_1+i_2+i_3+\cdots+i_n}$$

16

출제년도 04.11.(12점/부분점수 없음)

울타리의 높이와 울타리로부터 충전 부분까지의 거리의 합계는 35[kV] 이하는 (①)[m], 35[kV] 초과 160[kV] 이하는 (②)[m], 160[kV] 초과 시 6[m]에 160[kV]를 초과하는 (③)[kV] 또는 그 단수마다 (④)[cm]를 더한 값 이상으로 한다.

[작성답안]

① 5[m]　　② 6[m]　　③ 10　　④12

[핵심] 한국전기설비규정 351.1 발전소 등의 울타리·담 등의 시설

울타리·담 등은 다음에 따라 시설하여야 한다.

가. 울타리·담 등의 높이는 2 m 이상으로 하고 지표면과 울타리·담 등의 하단사이의 간격은 0.15 m 이하로 할 것.

나. 울타리·담 등과 고압 및 특고압의 충전 부분이 접근하는 경우에는 울타리·담 등의 높이와 울타리·담 등으로부터 충전부분까지 거리의 합계는 [표 351.1-1]에서 정한 값 이상으로 할 것.

[표 351.1-1] 발전소 등의 울타리·담 등의 시설 시 이격거리

사용전압의 구분	울타리·담 등의 높이와 울타리·담 등으로부터 충전부분까지의 거리의 합계
35 kV 이하	5 m
35 kV 초과 160 kV 이하	6 m
160 kV 초과	6 m에 160 kV를 초과하는 10 kV 또는 그 단수마다 0.12 m를 더한 값

17

출제년도 05.11.14.17.19.22.(6점/각 문항당 2점)

그림과 같은 무접점의 논리 회로도를 보고 다음 각 물음에 답하시오.

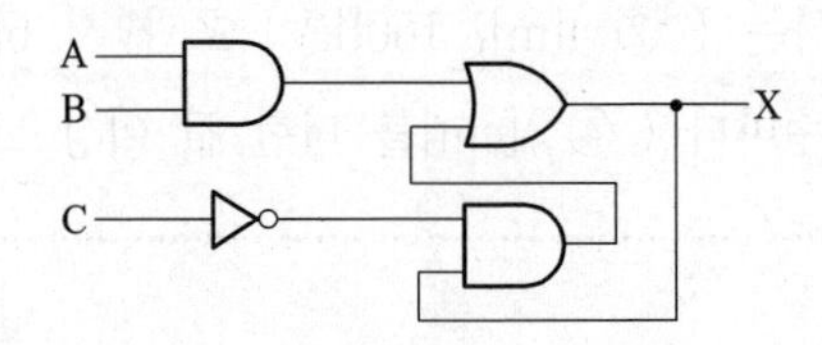

(1) 출력식을 나타내시오.

(2) 주어진 무접점 논리회로를 유접점 논리회로로 바꾸어 그리시오.

(3) 주어진 타임차트를 완성하시오.

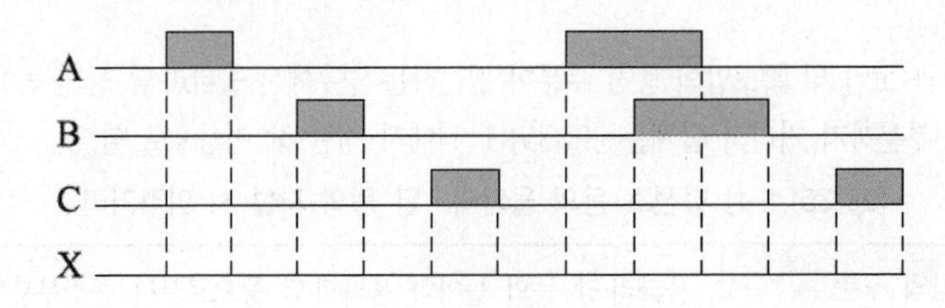

[작성답안]

(1) $X = AB + \overline{C}X$

(2)

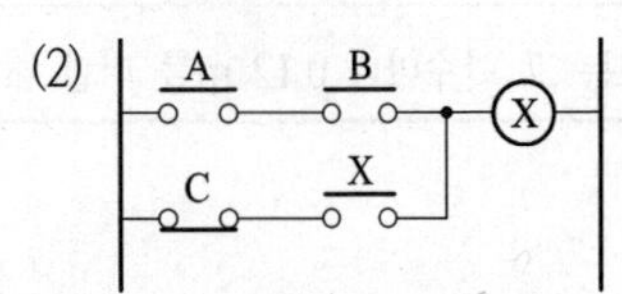

(3)

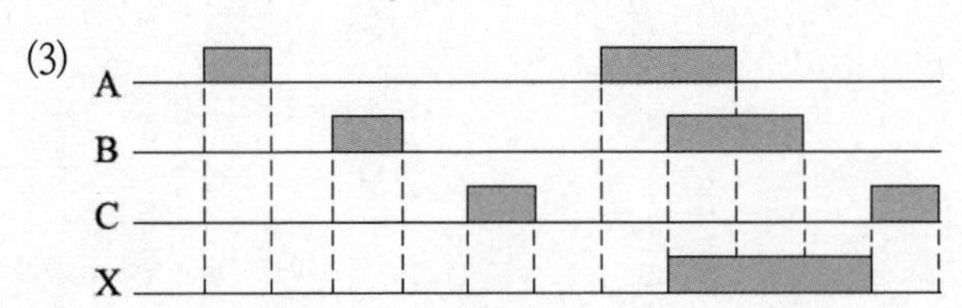

18

출제년도 88.05.11.(3점/부분점수 없음)

다음 표와 같은 부하설비가 있다. 여기에 공급할 변압기 용량을 구하시오. (단, 부등률은 1.2, 부하의 종합역률은 80[%]이다.)

수용가	설비용량[kW]	수용률[%]
A	60	60
B	40	50
C	20	70
D	30	65

[작성답안]

(1) 계산 : $\text{변압기용량} = \dfrac{\text{설비 용량} \times \text{수용률}}{\text{부등률} \times \text{역률}}$

$$= \frac{60 \times 0.6 + 40 \times 0.5 + 20 \times 0.7 + 30 \times 0.65}{1.2 \times 0.8} = 93.23\,[\text{kVA}]$$

∴ 100[kVA] 선정

답 : 100[kVA]

[핵심] 변압기 용량

① 변압기 용량

$$\text{변압기 용량[kW]} \geq \text{합성 최대 수용 전력} = \frac{\text{부하 설비 합계[kW]} \times \text{수용률}}{\text{부등률}}$$

역률을 적용하여 [kW]의 부하를 [kVA]의 부하로 환산하여 구한다.

② 표준용량

3, 5, 7.5, 10, 15, 30, 50, 75, 100, 150, 200, 300, 500, 750, 1000, 1500, 2000, 3000, 4500, (5000), 6000, 7500, 10000, 15000, 20000, 30000, 45000, (50000), 60000, 90000, 100000, (120000), 150000, 200000, 250000, 300000 ( )는 준표준 규격이다.

2011년 2회 기출문제 해설

※ 다음 물음에 답을 해당 답란에 답하시오.

1

출제년도 06.11.21.(5점/부분점수 없음)

그림과 같은 교류 100[V] 단상 2선식 분기 회로의 부하 중심점 거리를 구하시오.

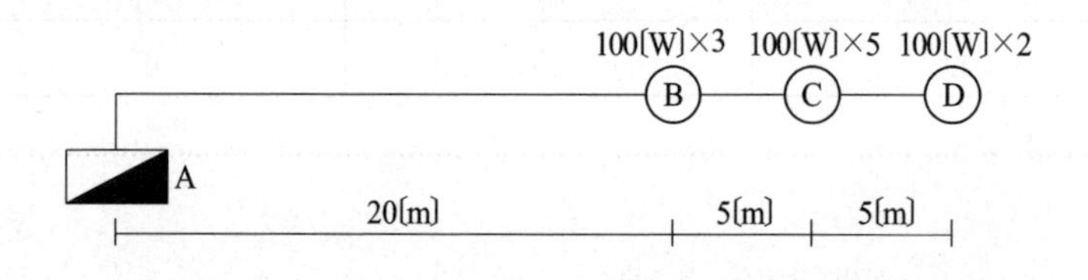

[작성답안]

계산 : $I=\dfrac{100\times3}{100}+\dfrac{100\times5}{100}+\dfrac{100\times2}{100}=10[A]$

$L=\dfrac{3\times20+5\times25+2\times30}{10}=24.5[m]$

답 : 24.5[m]

[핵심] 부하 중심점

$$L=\frac{i_1l_1+i_2l_2+i_3l_3+\cdots+i_nl_n}{i_1+i_2+i_3+\cdots+i_n}$$

2

출제년도 11.(5점/부분점수 없음)

가스절연 개폐장치(GIS)의 구성품 4가지를 쓰시오.

[작성답안]

차단기, 단로기, 변성기, 피뢰기

[핵심] GIS

GIS는 차단기, 단로기, 변성기, 피뢰기 등의 설비를 금속제 탱크 내에 일괄 수납하여 충전부는 고체절연물(스페이서)로 지지하고, 탱크내부에는 절연성능과 소호능력이 뛰어난 SF_6 가스를 일정한 압력으로 충전하고 밀봉한 시스템을 말한다.

3

출제년도 91.96.05.06.11.14.(5점/부분점수 없음)

대지전압이란 무엇과 무엇 사이인지 접지식 전로와 비접지식 전로를 따로 구분하여 설명하시오.

[작성답안]

- 접지식 전로 : 전선과 대지 사이의 전압
- 비접지식 전로 : 전선과 그 전로 중의 임의의 다른 전선 사이의 전압

4

출제년도 11.(4점/각 문항당 2점)

전력용 콘덴서 설치장소(2가지)와 전력용 콘덴서 및 직렬 리액터의 역할을 간단히 설명하시오.

(1) 전력용 콘덴서 설치 장소

(2) ① 전력용 콘덴서의 역할

② 직렬 리액터의 역할

[작성답안]

(1) • 수전단 모선에 설치하는 방법
• 수전단 모선과 부하측에 분산하여 설치하는 방법
• 부하측에 분산하여 설치하는 방법

(2) ① 역률 개선
② 제5고조파 제거

[핵심] 전력용 콘덴서와 직렬리액터

① 설치방법

전력용 콘덴서를 설치하는 장소는 구내계통, 부하의 조건, 설치효과, 보수 및 점검 등을 고려하여 검토하여야 한다. 설치방법은 일반적으로 3가지로 구분한다.

- 수전단 모선에 설치하는 방법
- 수전단 모선과 부하측에 분산하여 설치하는 방법
- 부하측에 분산하여 설치하는 방법

② 직렬리액터 (Series Reactor : SR)

대용량의 콘덴서를 설치하면 고조파 전류가 흘러 파형이 일그러지는 원인이 된다. 파형을 개선(제5고조파의 제거)하기 위해서 전력용 콘덴서와 직렬로 리액터를 설치한다. 직렬 리액터의 용량은 콘덴서 용량의 6 [%]가 표준정격으로 되어 있다.(계산상은 4 [%])

5 출제년도 11.(10점/각 문항당 2점)

공장들의 일부하곡선이 그림과 같을 때 다음 각 물음에 답하시오.

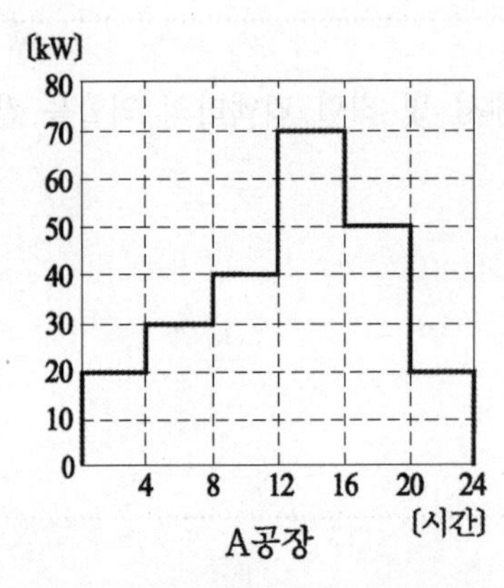

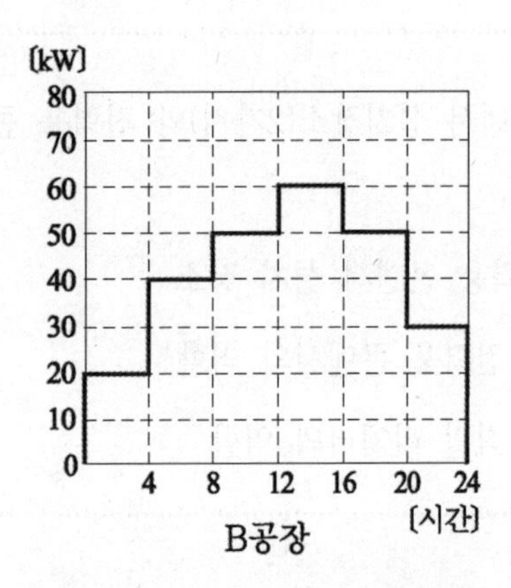

(1) A공장의 평균전력은 몇 [kW]인가?

(2) A공장의 첨두 부하가 지속되는 시간은 몇 시부터 몇 시까지인가?

(3) A, B 각 공장의 수용률은 얼마인가? (단, 설비용량은 공장 모두 80 [kW]이다.)

(4) A, B 각 공장의 일부하율은 얼마인가?

- A 공장
- B 공장

(5) A, B 각 공장 상호간의 부등률을 계산하고 부등률의 정의를 간단히 쓰시오.

- 계산
- 부등률의 정의

[작성답안]

(1) 계산 : $\text{평균전력} = \dfrac{(20+30+40+70+50+20) \times 4}{24} = 38.33[\text{kW}]$

답 : 38.33[kW]

(2) 12~16시

(3) • A 공장 수용률 $= \dfrac{70}{80} \times 100 = 87.5[\%]$

답 : 87.5[%]

• B 공장 수용률 $= \dfrac{60}{80} \times 100 = 75[\%]$

답 : 75[%]

(4) • A 공장 일부하율 $= \dfrac{38.33}{70} \times 100 = 54.76[\%]$

답 : 54.76[%]

• B 공장 일 부하율 $= \dfrac{(20+40+50+60+50+30) \times 4}{60 \times 24} \times 100 = 69.44[\%]$

답 : 69.44[%]

(5) • 계산 : 부등률 $= \dfrac{70+60}{70+60} = 1$

• 정의 : 합성 최대 수용 전력은 각 수용가에서의 최대 수용 전력의 합보다 적게 되는데 이 비를 부등률이라 한다.

[핵심] 부하관계용어

① 부하율

공급 설비가 어느 정도 유효하게 사용되는가를 나타내며 부하율이 클수록 공급 설비가 유효하게 사용된다. 부하율은 다음 식에 의해 계산한다.

$$\text{부하율} = \frac{\text{평균 수요 전력 [kW]}}{\text{최대 수요 전력 [kW]}} \times 100\ [\%]$$

부하율은 각 단위별(변압기, 전주, 수용가 등), 시기, 범위, 기간에 따라 달라지며, 부하율을 표시할 경우 기간, 범위를 반드시 명기한다. 예를 들어 일부하율, 월부하율 등으로 표시하여야 하며, 부하율은 기간이 길어질수록 작아진다. 부하율이 적다의 의미는 다음과 같다.

• 공급 설비를 유용하게 사용하지 못한다.

• 평균 수요 전력과 최대 수요 전력과의 차가 커지게 되므로 부하 설비의 가동률이 저하된다.

② 종합부하율

$$\text{종합 부하율} = \frac{\text{평균 전력}}{\text{합성 최대 전력}} \times 100[\%] = \frac{\text{A, B, C 각 평균 전력의 합계}}{\text{합성 최대 전력}} \times 100[\%]$$

2011

③ 부등률

각 수용가에서의 최대 수용 전력의 발생 시각은 시간적으로 차이가 있으며 이 경우에 배전 변압기 또는 간선에서의 합성 최대 수용 전력은 각 수용가에서의 최대 수용 전력의 합보다 적게 되는데 이 비를 부등률이라 하며 이 값은 항상 1보다 크고, 백분율로 나타내지 않는다. 수용률과 더불어 배전 변압기 또는 배전 간선 등의 공급 설비 계획 자료로 사용된다.

$$\text{부등률} = \frac{\text{개별 최대수용전력의 합}}{\text{합성 최대수용전력}} = \frac{\text{설비용량}\times\text{수용률}}{\text{합성최대수용전력}}$$

④ 수용률

수용률은 시설되는 총 부하 설비용량에 대하여 실제로 사용하게 되는 부하의 최대 전력의 비를 나타내는 것으로서 다음 식에 의하여 구한다.

6

출제년도 97.04.07.08.11.17.(6점/각 문항당 1점, 모두 맞으면 6점)

그림은 발전기의 상간 단락 보호 계전 방식을 도면화한 것이다. 이 도면을 보고 다음 각 물음에 답하시오.

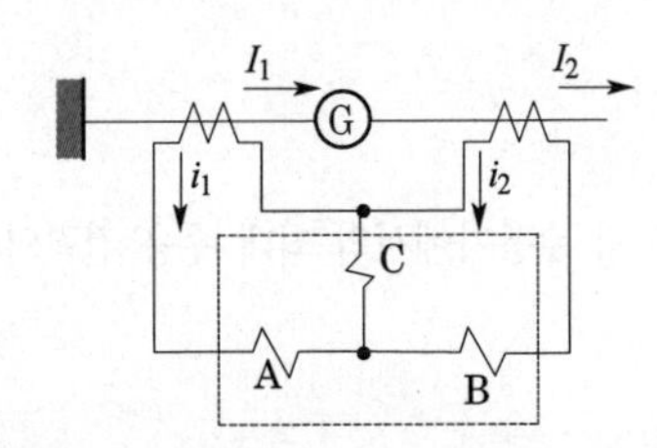

(1) 점선안의 계전기 명칭은?

(2) 동작 코일은 A, B, C 코일 중 어느 것인가?

(3) 발전기에 상간 단락이 생길 때 코일 C의 전류 i_d는 어떻게 표현되는가?

(4) 동기발전기를 병렬운전 시키기 위한 조건을 3가지만 쓰시오.

[작성답안]

(1) 비율 차동 계전기

(2) C 코일

(3) $i_d = |i_1 - i_2|$

(4) ① 기전력의 크기가 같을 것

② 기전력의 위상이 같을 것

③ 기전력의 주파수가 같을 것

그 외

④ 기전력의 파형이 같을 것

[핵심]

① 비율차동계전기

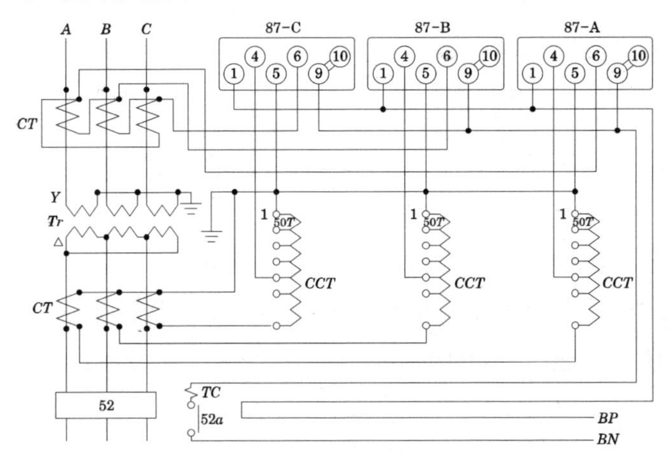

비율차동계전기는 변압기 투입시 여자 돌입 전류에 의한 오동작을 방지한 경우는 최소 35 [%]의 불평형 전류로 동작한다. 비율차동계전기 Tap선정은 차전류가 억제코일에 흐르는 전류에 대한 비율보다 계전기 비율을 크게 선정해야 한다.

2011

7 출제년도 90.08.10.11.12.(5점/부분점수 없음)

디젤 발전기를 5시간 전부하로 운전할 때 중유의 소비량이 287 [kg]이었다. 이 발전기의 정격 출력을 계산하시오.(단, 중유의 열량은 10^4 [kcal/kg], 기관효율 35.3 [%], 발전기효율 85.7 [%], 전부하시 발전기역률 85 [%]이다.)

[작성답안]

계산 : $P = \dfrac{BH\eta_g\eta_t}{860\,T\cos\theta} = \dfrac{287 \times 10^4 \times 0.353 \times 0.857}{860 \times 5 \times 0.85} = 237.547$ [kVA]

답 : 237.55 [kVA]

[핵심] 디젤 발전기의 출력

$$P = \frac{BH\eta_g\eta_t}{860\,T\cos\theta}\ [\mathrm{kVA}]$$

여기서 η_g : 발전기효율 η_t : 엔진효율 T : 운전시간 [h] B : 연료소비량 [kg]

H : 연료의 열량 [kcal/kg], 1 [kWh] = 860 [kcal]

8

출제년도 97.11.(5점/부분점수 없음)

어느 철강 회사에서 천장크레인의 권상용 전동기에 의하여 권상 중량 100 [ton]을 권상 속도 3 [m/min]로 권상하려고 한다. 권상용 전동기의 소요 출력은 몇 [kW] 정도이어야 하는가? (단, 권상기의 기계효율은 80 [%]이다.)

[작성답안]

계산 : $P = \frac{W \cdot v}{6.12\eta} = \frac{100 \times 3}{6.12 \times 0.8} = 61.27\,[\mathrm{kW}]$

답 : 61.27[kW]

[핵심] 전동기용량

① 펌프용 전동기 용량

$$P = \frac{9.8Q'HK}{\eta} = \frac{KQH}{6.12\eta}\ [\mathrm{kW}]$$

여기서, P : 전동기의 용량 [kW] Q : 양수량 [㎥/min]

Q' : 양수량 [㎥/sec] H : 양정(낙차) [m]

η : 펌프의 효율 [%] K : 여유계수 (1.1 ~ 1.2 정도)

② 권상용 전동기 용량

$$P = \frac{9.8\,W \cdot v'}{\eta} = \frac{W \cdot v}{6.12\eta}\ [\mathrm{kW}]$$

여기서, W : 권상 하중 [ton] v : 권상 속도 [m/min]

v' : 권상 속도 [m/sec] η : 권상기 효율 [%]

9

출제년도 88.97.03.05.11.20.(5점/부분점수 없음)

다음 그림과 같은 3상 3선식 380 [V] 수전의 경우 설비불평형률을 구하고 그림과 같은 설비가 양호하게 되었는지의 여부를 판단하시오. (단, Ⓗ는 전열기 부하이고, Ⓜ은 전동기 부하임.)

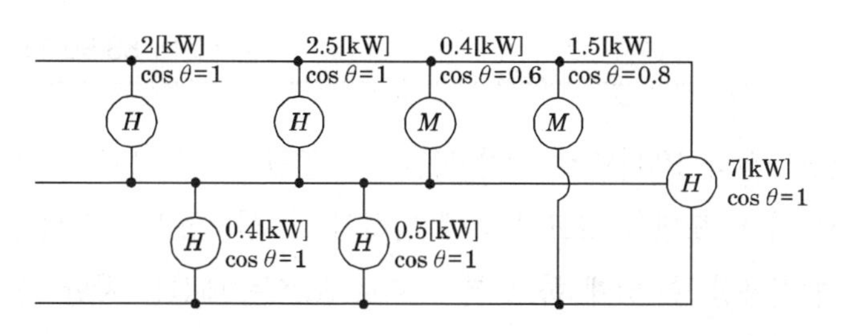

[작성답안]

계산 : $설비불평형률 = \dfrac{\left(2+2.5+\dfrac{0.4}{0.6}\right)-(0.4+0.5)}{\dfrac{1}{3}\left(2+2.5+\dfrac{0.4}{0.6}+0.4+0.5+\dfrac{1.5}{0.8}+7\right)} \times 100 = 85.67[\%]$

따라서 30[%]를 초과하므로 부적합하다.

답 : 85.67[%], 부적합하다.

[핵심] 설비불평형률

① 설비불평형 단상

저압수전의 단상 3선식에서 중성선과 각 전압측 전선간의 부하는 평형이 되게 하는 것을 원칙으로 한다.

[주1] 부득이한 경우는 설비불평형률 40 [%]까지로 할 수 있다. 이 경우 설비불평형률이란 중성선과 각전압측 전선간에 접속되는 부하설비용량 [VA]차와 총부하설비용량 [VA]의 평균값의 비 [%]를 말한다. 즉 다음 식으로 나타낸다.

$$설비불평형률 = \frac{중성선과\ 각\ 전압측\ 전선간에\ 접속되는\ 부하설비용량[kVA]의\ 차}{총\ 부하설비용량[kVA]의\ 1/2} \times 100\ [\%]$$

② 설비불평형 3상

저압, 고압 및 특고압수전의 3상 3선식 또는 3상 4선식에서 불평형부하의 한도는 단상 접속부하로 계산하여 설비불평형률을 30 [%] 이하로 하는 것을 원칙으로 한다. 다만, 다음 각 호의 경우는 이 제한에 따르지 않을 수 있다.

- 저압수전에서 전용변압기 등으로 수전하는 경우
- 고압 및 특고압수전에서 100 [kVA](kW) 이하의 단상부하인 경우
- 고압 및 특고압수전에서 단상부하용량의 최대와 최소의 차가 100 [kVA](kW) 이하인 경우

• 특고압수전에서 100 [kVA](kW) 이하의 단상변압기 2대로 역(逆)V결선하는 경우

[주] 이 경우의 설비불평형률이란 각 선간에 접속되는 단상부하 총설비용량 [VA]의 최대와 최소의 차와 총 부하설비용량 [VA] 평균값의 비 [%]를 말한다. 즉, 다음 식으로 나타낸다.

$$\text{설비불평형률} = \frac{\text{각 선간에 접속되는 단상 부하 총 설비용량 [kVA]의 최대와 최소의 차}}{\text{총 부하설비용량 [kVA]의 1/3}} \times 100\ [\%]$$

10

출제년도 88.96.11.(10점/각 문항당 2점)

다음 도면은 단상 2선식 100 [V]로 수전하는 철근 콘크리트 구조로 된 주택의 전등, 콘센트 설비 평면도이다. 도면을 보고 물음에 답하시오. (단, 형광등 시설은 원형 노출 콘센트를 설치하여 사용할 수 있게 하고 분기 회로 보호는 배선용 차단기를, 간선은 누전 차단기를 사용하는 것으로 한다.)

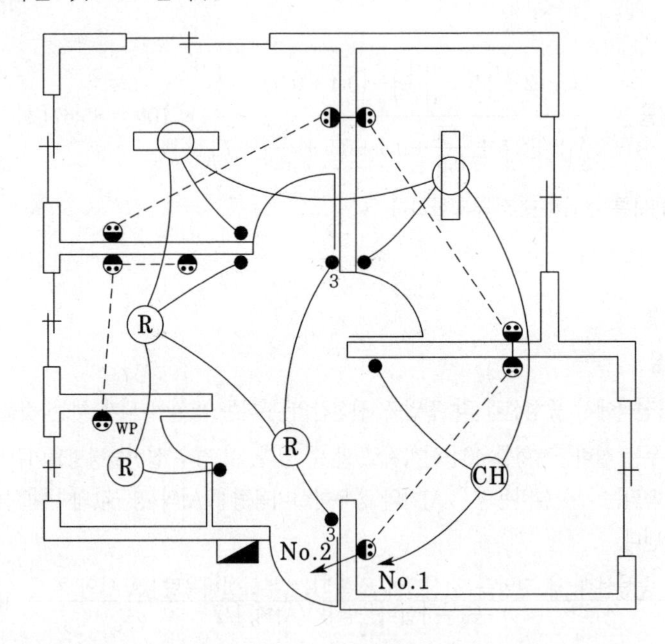

(1) 도면에서 실선과 파선으로 배선 표시가 되어 있는데 이들은 무슨 공사를 의미하는가?

(2) 분전반의 단선 결선도를 그리시오.

(3) 형광등은 40 [W] 2램프용을 시설할 경우 그 기호를 나타내어 보시오.

(4) ◐$_{WP}$로 표시된 콘센트의 설치 위치는 바닥면상 몇 [cm] 이상으로 하여야 하는가?

(5) 전선과 전선관을 제외한 전기 자재의 명칭과 수량을 기재하시오.

명 칭	수 량	명 칭	수 량	명 칭	수 량
샹데리아		누전 차단기		배선용 차단기	
원형 노출 콘센트		형광등 2등용		백열등	
매입 콘센트(일반)		텀블러 스위치(단극)		텀블러 스위치(3로)	
8각 박스		매입 콘센트(방수용)		4각 박스	
스위치 박스		콘센트 플레이트		스위치 플레이트	

[작성답안]

(1) 실선 : 천장 은폐 배선, 파선 : 바닥 은폐 배선

(2)

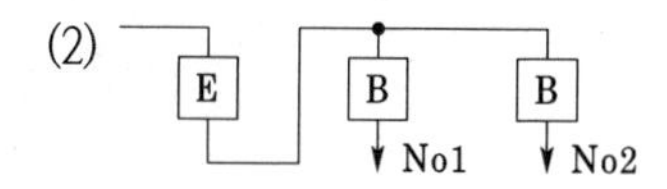

(3) F40×2

(4) 80 [cm]

(5)

명 칭	수량	명 칭	수량	명 칭	수량
샹데리아	1	누전 차단기	1	배선용 차단기	2
원형 노출 콘센트	2	형광등 2등용	2	백열등	3
매입 콘센트(일반)	8	텀블러 스위치(단극)	5	텀블러 스위치(3로)	2
8각 박스	5	매입 콘센트(방수용)	1	4각 박스	1
스위치 박스	16	콘센트 플레이트	9	스위치 플레이트	7

11

출제년도 11.(2점/부분점수 없음)

동작 시에 아크가 생기는 것은 목재의 벽 또는 천장 기타의 가연성 물체로부터 얼마 이상 떼어놓아야 하는가?

- 고압용의 것 : (①) 이상
- 특고압용의 것 : (②) 이상

[작성답안]

① 1[m]

② 2[m]

[핵심] 한국전기설비규정 341.7 아크를 발생하는 기구의 시설

고압용 또는 특고압용의 개폐기·차단기·피뢰기 기타 이와 유사한 기구(이하 이 조에서 "기구 등"이라 한다)로서 동작 시에 아크가 생기는 것은 목재의 벽 또는 천장 기타의 가연성 물체로부터 [표 341.8-1]에서 정한 값 이상 이격하여 시설하여야 한다.

[표 341.8-1] 아크를 발생하는 기구 시설 시 이격거리

기구 등의 구분	이격거리
고압용의 것	1 m 이상
특고압용의 것	2 m 이상(사용전압이 35 kV 이하의 특고압용의 기구 등으로서 동작할 때에 생기는 아크의 방향과 길이를 화재가 발생할 우려가 없도록 제한하는 경우에는 1 m 이상)

12

출제년도 98.00.11.15.18.(6점/각 문항당 2점)

CT 및 PT에 대한 다음 각 물음에 답하시오.

(1) CT는 운전 중에 개방하여서는 아니된다. 그 이유는?

(2) PT의 2차측 정격 전압과 CT의 2차측 정격 전류는 일반적으로 얼마로 하는가?

(3) 3상 간선의 전압 및 전류를 측정하기 위하여 PT와 CT를 설치할 때, 다음 그림의 결선도를 답안지에 완성하시오. 퓨즈와 접지가 필요한 곳에는 표시를 하시오. 퓨즈─⊠─, PT는 ─⧖─, CT는 ⧼로 표현하시오.

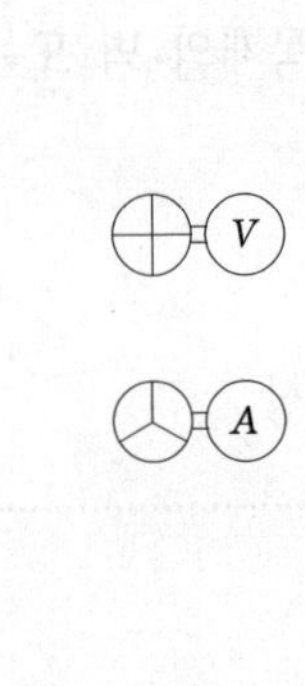

[작성답안]

(1) 변류기 2차 개방 시 1차 전류가 모두 여자 전류가 되어 자기포화현상에 의한 2차측 과전압이 발생하여 절연이 파괴될 수 있기 때문이다.

(2) PT의 2차 정격 전압 : 110 [V]

CT의 2차 정격 전류 : 5 [A]

(3)

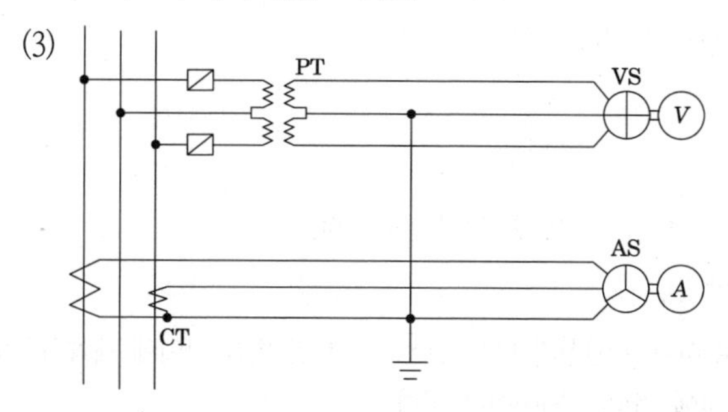

13

출제년도 11.新規.(5점/각 문항당 1점, 모두 맞으면 5점)

다음 각 물음에 답하시오.

(1) 풀용 수중조명등에 전기를 공급하기 위해서는 1차측 전로의 사용전압 및 2차측 전로의 사용전압이 각각 (①)이하 및 (②) 이하인 절연 변압기를 사용할 것.

(2) 수중조명등의 절연변압기는 그 2차측 전로의 사용전압이 (③) 이하인 경우는 1차권선과 2차권선 사이에 (④) 을 설치하고, 211과 140의 규정에 준하여 접지공사를 하여야 한다.

(3) 수중조명등의 절연변압기의 2차측 전로의 사용전압이 (⑤)를 초과하는 경우에는 그 전로에 지락이 생겼을 때에 자동적으로 전로를 차단하는 정격감도전류 30 mA 이하의 누전차단기를 시설하여야 한다.

[작성답안]

(1) ① 400[V] ② 150[V]

(2) ③ 30[V] ④ 금속제의 혼촉방지판

(3) ⑤ 30[V]

[핵심] 한국전기설비규정 234.14 수중조명등

1. 사용전압

수영장 기타 이와 유사한 장소에 사용하는 수중조명등(이하 "수중조명등"이라 한다)에 전기를 공급하기 위하서는 절연변압기를 사용하고, 그 사용전압은 다음에 의하여야 한다.

① 절연변압기의 1차측 전로의 사용전압은 400 V 이하일 것.

② 절연변압기의 2차측 전로의 사용전압은 150 V 이하일 것.

2. 전원장치

수중조명등에 전기를 공급하기 위한 절연변압기는 다음에 적합한 것이어야 한다.

① 절연변압기의 2차 측 전로는 접지하지 말 것.

② 절연변압기는 교류 5 kV의 시험전압으로 하나의 권선과 다른 권선, 철심 및 외함 사이에 계속적으로 1분간 가하여 절연내력을 시험할 경우, 이에 견디는 것이어야 한다.

3. 개폐기 및 과전류차단기

수중조명등의 절연변압기의 2차측 전로에는 개폐기 및 과전류차단기를 각 극에 시설하여야 한다.

4. 접지

① 수중조명등의 절연변압기는 그 2차측 전로의 사용전압이 30 V 이하인 경우는 1차권선과 2차권선 사이에 금속제의 혼촉방지판을 설치하고, 211과 140의 규정에 준하여 접지공사를 하여야 한다.

② 234.14.5 및 234.14.7에서 규정하는 장치는 견고한 금속제의 외함에 넣고, 또한 그 외함에는 211과 140의 규정에 준하여 접지공사를 하여야 한다.

③ 234.14.4에서 규정하는 용기 및 방호장치의 금속제부분에는 211과 140의 규정에 준하여 접지공사를 하여야 한다. 이 경우에 234.14.3에서 규정하는 이동전선 심선의 하나를 접지도체로 사용하고, 접지도체와의 접속은 234.14.3의 2의"다"에서 규정한 꽂음 접속기의 1극을 사용하여야 한다.

5. 누전차단기

수중조명등의 절연변압기의 2차측 전로의 사용전압이 30 V를 초과하는 경우에는 그 전로에 지락이 생겼을 때에 자동적으로 전로를 차단하는 정격감도전류 30 mA 이하의 누전차단기를 시설하여야 한다.

14

출제년도 09.11.12.新規(5점/각 항목당 1점)

다음 빈칸 ①~⑤에 알맞은 수치를 넣으시오.

그림과 같이 분기회로(S_2)의 보호장치(P_2)는 (P_2)의 전원 측에서 분기점(O) 사이에 다른 분기회로 또는 콘센트의 접속이 없고 ①의 위험과 ② 및 인체에 대한 위험성이 ③되도록 시설된 경우, 분기회로의 보호장치 (P_2)는 분기회로의 분기점(O)으로부터 ④까지 이동하여 설치할 수 있다.

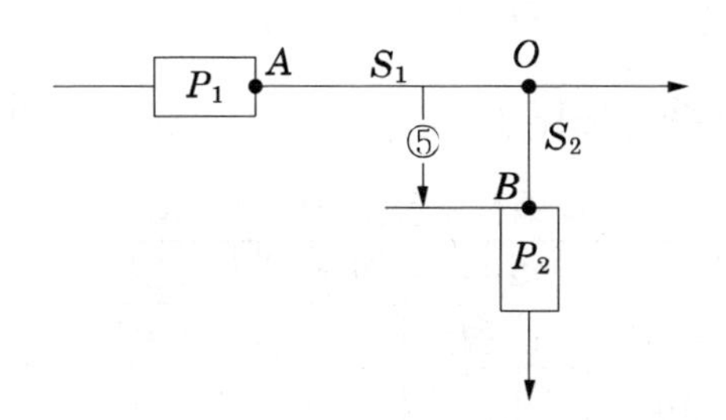

①	②	③	④	⑤

[작성답안]

①	②	③	④	⑤
단락	화재	최소화	3 [m]	3 [m]

[핵심] 한국전기설비규정 212.4.2 과부하 보호장치의 설치 위치

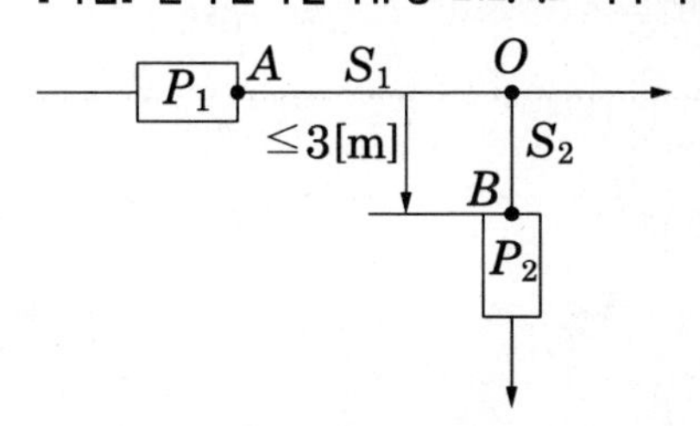

15 출제년도 83.88.91.96.02.11.19.(6점/각 문항당 2점)

비상용 조명으로 40 [W] 120등, 60 [W] 50등을 30분간 사용하려고 한다. 납 급방전형 축전지(HS형) 1.7 [V/cell]을 사용하여 허용 최저 전압 90 [V], 최저 축전지 온도를 5 [℃]로 할 경우참고 자료를 사용하여 물음에 답하시오. (단, 비상용 조명 부하의 전압은 100 [V]로 한다.)

(1) 비상용 조명 부하의 전류는?

(2) HS형 납 축전지의 셀 수는? (단, 1셀의 여유를 준다.)

(3) HS형 납 축전지의 용량 [Ah]은? (단, 경년 용량 저하율은 0.8이다.)

납 축전지 용량 환산 시간[K]

형 식	온 도 [℃]	10 분			30 분		
		1.6 [V]	1.7 [V]	1.8 [V]	1.6 [V]	1.7 [V]	1.8 [V]
CS	25	0.9	1.15	1.6	1.41	1.6	2.0
		0.8	1.06	1.42	1.34	1.55	1.88
	5	1.15	1.35	2.0	1.75	1.85	2.45
		1.1	1.25	1.8	1.75	1.8	2.35
	−5	1.35	1.6	2.65	2.05	2.2	3.1
		1.25	1.5	2.25	2.05	2.2	3.0
HS	25	0.58	0.7	0.93	1.03	1.14	1.38
	5	0.62	0.74	1.05	1.11	1.22	1.54
	−5	0.68	0.82	1.15	1.2	1.35	1.68

상단은 900 [Ah]를 넘는 것(2000 [Ah]까지), 하단은 900 [Ah] 이하인 것

[작성답안]

(1) 계산 : $I=\dfrac{P}{V}$에서 $I=\dfrac{40\times120+60\times50}{100}=78\,[\text{A}]$

답 : 78 [A]

(2) 계산 : $n=\dfrac{90}{1.7}=52.94$ [cell] 따라서, 1셀의 여유를 주어 54 [cell]로 정한다.

답 : 54 [cell]

(3) 계산 : 용량 환산 시간(K)은 HS형, 5 [℃], 30 [분], 1.7 [V]의 난에서 1.22 선정

축전지 용량 $C = \frac{1}{L}KI = \frac{1}{0.8} \times 1.22 \times 78 = 118.95$ [Ah]

답 : 118.95 [Ah]

16

출제년도 99.01.05.11(6점/각 문항당 2점)

답안지의 도면은 유도 전동기 M의 정·역회전 회로의 미완성 도면이다. 이 도면을 이용하여 다음에 답하시오. (단, 주 접점 및 보조 접점을 그릴 때에는 해당되는 접점의 명칭도 함께 쓰도록 한다.)

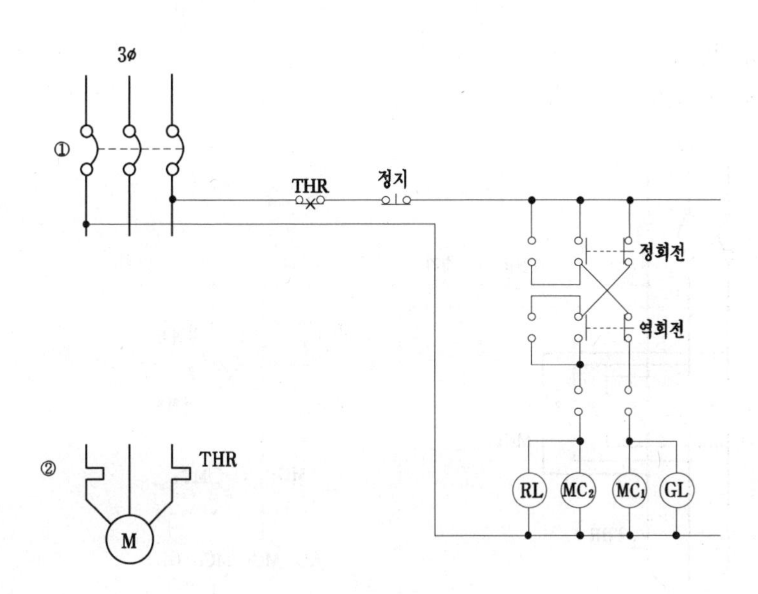

【동작조건】

- NFB를 투입한 다음
- 정회전용 누름 버튼 스위치를 누르면 전동기 M이 정회전하며, GL 램프가 점등된다.
- 정지용 누름 버튼 스위치를 누르면 전동기 M은 정지한다.
- 역회전용 누름 버튼 스위치를 누르면 전동기 M이 역회전하며, RL 램프가 점등된다.
- 과부하시에는 —o×o— 접점이 떨어져서 전동기가 멈추게 된다.

※ 정회전 또는 역회전 중에 회전 방향을 바꾸려면 전동기를 정지시킨 다음 회전 방향을 바꾸어야 한다.

※ 누름 버튼 스위치를 누르는 것은 눌렀다가 즉시 손을 떼는 것을 의미한다.

※ 정회전과 역회전의 방향은 임의로 결정하도록 한다.

(1) 도면의 ①, ②에 대한 우리말 명칭(기능)은 무엇인가?

(2) 정회전과 역회전이 되도록 주 회로의 미완성 부분을 완성하시오.

(3) 정회전과 역회전이 되도록 다음의 동작조건을 이용하여 미완성된 보조 회로를 완성하시오.

[작성답안]

(1) ① 배선용 차단기

② 열동계전기

(2), (3)

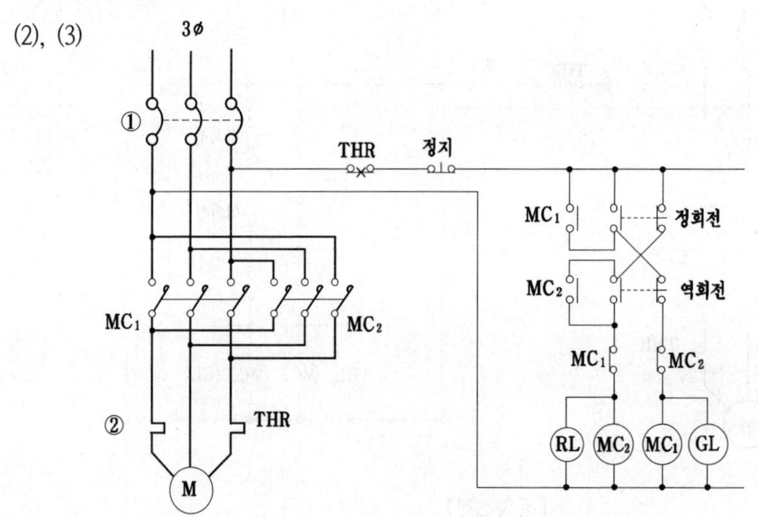

17

출제년도 11.22.(6점/부분점수 없음)

프로그램의 차례대로 PLC시퀀스(래더 다이어그램)를 그리시오. 여기서 시작 입력 LOAD, 출력 OUT, 타이머 TMR, 설정시간 DATA, 직렬 AND, 병렬 OR, 부정 NOT의 명령을 사용하며, P010~P012는 전자접촉기 MC를 각각 나타내며, P001과 P002는 버튼 스위치를 표시한 것이다.

(1)

	명령	번지
생략	LOAD	P001
	OR	M001
	LOAD NOT	P002
	OR	M000
	AND LOAD	–
	OUT	P017

(2)

	명령	번지
생략	LOAD	P001
	AND	M001
	LOAD NOT	P002
	AND	M000
	OR LOAD	–
	OUT	P017

[작성답안]

(1)

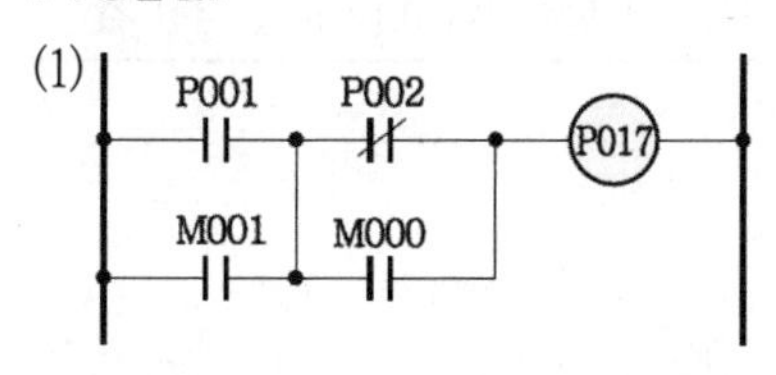

(2)

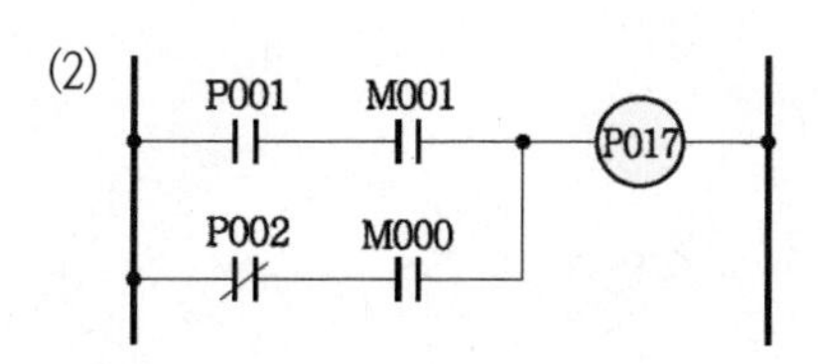

2011년 3회 기출문제 해설

※ 다음 물음에 답을 해당 답란에 답하시오.

1

출제년도 11.(5점/부분점수 없음)

154 [kV] 변압기가 설치된 옥외변전소에서 울타리를 시설하는 경우에 울타리로부터 충전부까지의 거리는 얼마 이상이 되어야 하는가? (단, 울타리의 높이는 2[m]이다.)

[작성답안]

계산 : 6 - 2 = 4 [m]

답 : 4[m]

[핵심] 한국전기설비규정 351.1 발전소 등의 울타리·담 등의 시설

울타리·담 등은 다음에 따라 시설하여야 한다.

가. 울타리·담 등의 높이는 2 m 이상으로 하고 지표면과 울타리·담 등의 하단사이의 간격은 0.15 m 이하로 할 것.

나. 울타리·담 등과 고압 및 특고압의 충전 부분이 접근하는 경우에는 울타리·담 등의 높이와 울타리·담 등으로부터 충전부분까지 거리의 합계는 [표 351.1-1]에서 정한 값 이상으로 할 것.

[표 351.1-1] 발전소 등의 울타리 · 담 등의 시설 시 이격거리

사용전압의 구분	울타리·담 등의 높이와 울타리·담 등으로부터 충전부분까지의 거리의 합계
35 kV 이하	5 m
35 kV 초과 160 kV 이하	6 m
160 kV 초과	6 m에 160 kV를 초과하는 10 kV 또는 그 단수마다 0.12 m를 더한 값

2

출제년도 11.(5점/부분점수 없음)

금속덕트에 넣는 저압 전선의 단면적(전선의 피복 절연물을 포함)은 금속 덕트 내부 단면적의 몇 [%] 이하가 되도록 해야 하는가?

[작성답안]

20[%]

[핵심] 한국전기설비규정 232.31 금속덕트공사

1. 전선은 절연전선(옥외용 비닐절연전선을 제외한다)일 것.
2. 금속덕트에 넣은 전선의 단면적(절연피복의 단면적을 포함한다)의 합계는 덕트의 내부 단면적의 20% (전광표시장치 기타 이와 유사한 장치 또는 제어회로 등의 배선만을 넣는 경우에는 50%) 이하일 것.

3

출제년도 21.(6점/각 항목당 1점)

외부 피뢰시스템에 대하여 다음 물음에 답하시오.

(1) 수뢰부시스템의 구성요소 3가지

(2) 피뢰시스템이 배치방법 3가지

[작성답안]

(1) 돌침, 수평도체, 메시도체

(2) 보호각법, 회전구체법, 메시법

[핵심] 한국전기설비규정 152.1 수뢰부시스템

1. 수뢰부시스템을 선정은 다음에 의한다.
   - 가. 돌침, 수평도체, 메시도체의 요소 중에 한 가지 또는 이를 조합한 형식으로 시설하여야 한다.
   - 나. 수뢰부시스템 재료는 KS C IEC 62305-3(피뢰시스템-제3부:구조물의 물리적 손상 및 인명위험)의 표6 (수뢰도체, 피뢰침, 대지 인입 붕괴 인하도선의 재료, 형상과 최소단면적)에 따른다.
   - 다. 자연적 구성부재가 KS C IEC 62305-3(피뢰시스템-제3부:구조물의 물리적 손상 및 인명위험)의 "5.2.5 자연적 구성부재"에 적합하면 수뢰부시스템으로 사용할 수있다.

2. 수뢰부시스템의 배치는 다음에 의한다.
   - 가. 보호각법, 회전구체법, 메시법 중 하나 또는 조합된 방법으로 배치하여야 한다.
   - 나. 건축물·구조물의 뾰족한 부분, 모서리 등에 우선하여 배치한다.

2011

3. 지상으로부터 높이 60m를 초과하는 건축물·구조물에 측뢰 보호가 필요한 경우에는 수뢰부시스템을 시설하여야 하며, 다음에 따른다.

가. 전체 높이 60 m를 초과하는 건축물 · 구조물의 최상부로부터 20 % 부분에 한하며, 피뢰시스템 등급 Ⅳ의 요구사항에 따른다.

나. 자연적 구성부재가 제1의 "다"에 적합하면, 측뢰 보호용 수뢰부로 사용할 수 있다.

4. 건축물 · 구조물과 분리되지 않은 수뢰부시스템의 시설은 다음에 따른다.

가. 지붕 마감재가 불연성 재료로 된 경우 지붕표면에 시설할 수 있다.

나. 지붕 마감재가 높은 가연성 재료로 된 경우 지붕재료와 다음과 같이 이격하여 시설한다.

(1) 초가지붕 또는 이와 유사한 경우 0.15 m 이상

(2) 다른 재료의 가연성 재료인 경우 0.1 m 이상

4

출제년도 11.(5점/부분점수 없음)

철주에 절연전선을 사용하여 접지공사를 하는 경우, 접지극은 지하 75[cm] 이상의 깊이에 매설하고 지표상 2[m]까지의 부분에는 합성수지관 등으로 덮어야 한다. 그 이유는 무엇인가?

[작성답안]

접지선이 사람이 접촉할 우려가 있는 경우 감전사고를 예방하기 위해

[핵심] 1.11 접지도체

1. 접지도체

가. 접지도체의 최소 단면적은 다음과 같다.

(1) 구리는 6 mm^2 이상

(2) 철제는 50 mm^2 이상

나. 접지도체에 피뢰시스템이 접속되는 경우, 접지도체의 단면적은 구리 16 mm^2 또는 철 50 mm^2 이상으로 하여야 한다.

2. 접지도체는 지하 0.75 m 부터 지표 상 2m 까지 부분은 합성수지관(두께 2 mm 미만의 합성수지제 전선관 및 가연성 콤바인덕트관은 제외한다) 또는 이와 동등 이상의 절연효과와 강도를 가지는 몰드로 덮어야 한다.

3. 특고압 · 고압 전기설비용 접지도체는 단면적 6 mm^2 이상의 연동선 또는 동등 이상의 단면적 및 강도를 가져야 한다.

4. 중성점 접지용 접지도체는 공칭단면적 16 mm^2 이상의 연동선 또는 동등 이상의 단면적 및 세기를 가져야 한다.

5

출제년도 97.07.11.(5점/부분점수 없음)

방의 크기가 가로 12 [m], 세로 24 [m], 높이 4 [m]이며, 6 [m]마다 기둥이 있고, 기둥 사이에 보가 있으며, 이중천장으로 실내마감 되어 있다. 이 방의 평균조도를 500 [lx]가 되도록 매입개방형 형광등 조명을 하고자 할 때 다음 조건을 이용하여 이 방의 조명에 필요한 등수를 구하시오.

【조건】

- 천장반사율 : 75 [%]
- 바닥반사율 : 30 [%]
- 벽반사율 : 50 [%]
- 창반사율 : 50 [%]
- 조명률 : 70 [%]
- 감광보상률 : 1.6
- 등의 보수상태 : 중간정도
- 안정기손실 : 개당 20 [W]
- 등의 광속 : 2200 [lm]

[작성답안]

계산 : 등수 $N=\dfrac{EAD}{FU}=\dfrac{500\times 12\times 24\times 1.6}{2200\times 0.7}=149.61$[등]

$\therefore$ 150등 선정

답 : 150[등]

[핵심] 조명설계

① 실지수

방의 면적이 같은 2개의 방에 같은 수의 광원을 설치하여도 방의 모양이 다른 경우에는 작업면상의 조도는 다르게 된다. 그래서 천정, 바닥이 장방형인 방은 가로 X, 세로 Y 두 변의 평균을 한 변으로 하는 정방형인 방과 동일하다고 하는 이론에 의해 실지수 $R.I$를 다음 식과 같이 결정한다.

$$R.I=\frac{XY}{H(X+Y)}$$

실지수	5.0	4.0	3.0	2.5	2.0	1.5	1.25	1.0	0.8	0.6
기호	A	B	C	D	E	F	G	H	I	J

② 조도계산

N개의 램프에서 방사되는 빛을 평면상의 면적 A[㎡]에 모두 집중 조사할 수 있다고 하고 램프 1개당 광속을 F[lm]이라 하면, 그 면의 평균조도를

$$E=\frac{F \cdot N}{A}\ [\mathrm{lx}]$$

로 나타낸다. 이러한 평균조도 계산은 광속법과 설계여건에 따라 ZCM (Zonal Cavity Method)법을 채택할 수 있다.

$$E=\frac{F \cdot N \cdot U \cdot M}{A}$$

여기서, E : 평균조도 [lx] F : 램프 1개당 광속 [lm] N : 램프수량 [개]

U : 조명률 M : 보수율, 감광보상률의 역수 A : 방의 면적 [㎡] (방의 폭×길이)

6

출제년도 07.11.15.(8점/각 문항당 4점)

정격용량 500 [kVA]의 변압기에서 배전선의 전력손실을 40 [kW]로 유지하면서 부하 L_1, L_2에 전력을 공급하고 있다. 지금 그림과 같이 전력용 콘덴서를 기존 부하와 병렬로 연결하여 합성 역률을 90 [%]로 개선하고 새로운 부하를 증설하려고 할 때 다음 물음에 답하시오. (단, 여기서 부하 L_1은 역률 60 [%], 180 [kW]이고, 부하 L_2의 전력은 120 [kW], 160 [kVar] 이다.)

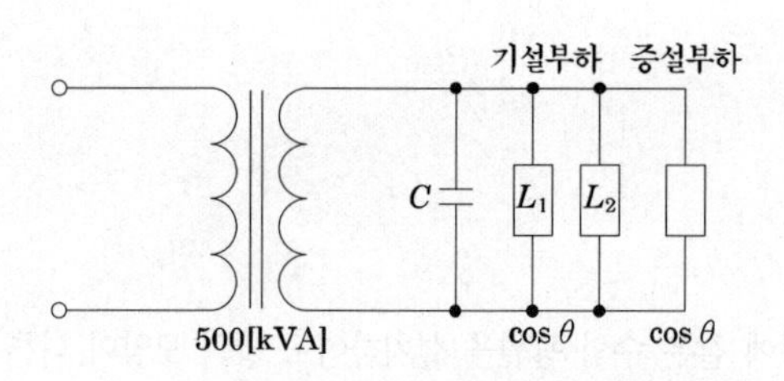

(1) 부하 L_1과 L_2의 합성용량 [kVA]과 합성역률은?

① 합성용량

② 합성역률

(2) 역률 개선시 변압기 용량의 한도까지 부하설비를 증설하고자 할 때 증설부하용량은 몇 [kW]인가?

[작성답안]

(1) ① 합성용량

계산 : 유효전력 $P = P_1 + P_2 = 180 + 120 = 300[\text{kW}]$

무효전력 $Q = Q_1 + Q_2 = \dfrac{P_1}{\cos\theta_1} \times \sin\theta_1 + Q_2 = \dfrac{180}{0.6} \times 0.8 + 160 = 400[\text{kVar}]$

합성용량 $P_a = \sqrt{P^2 + Q^2} = \sqrt{300^2 + 400^2} = 500[\text{kVA}]$

답 : 500 [kVA]

② 합성역률

계산 : $\cos\theta = \dfrac{P}{P_a} \times 100 = \dfrac{300}{500} \times 100 = 60[\%]$

답 : 60 [%]

(2) 계산 : 역률 개선후 유효전력 $P = P_a \cos\theta = 500 \times 0.9 = 450[\text{kW}]$

증설 부하 용량 $\triangle P = P - P_1 - P_2 - P_l = 450 - 180 - 120 - 40 = 110[\text{kW}]$

답 : 110 [kW]

[핵심] 역률개선 콘덴서 용량

① 콘덴서 용량

$$Q_c = P\tan\theta_1 - P\tan\theta_2 = P(\tan\theta_1 - \tan\theta_2) = P\left(\frac{\sin\theta_1}{\cos\theta_1} - \frac{\sin\theta_2}{\cos\theta_2}\right)$$

$$= P\left(\frac{\sqrt{1-\cos^2\theta_1}}{\cos\theta_1} - \frac{\sqrt{1-\cos^2\theta_2}}{\cos\theta_2}\right) [\text{kVA}]$$

여기서, $\cos\theta_1$: 개선 전 역률, $\cos\theta_2$: 개선 후 역률

② 역률개선시 증가 할수 있는 부하

역률 개선에 따른 유효전력의 증가분 $\Delta P = P_a(\cos\theta_2 - \cos\theta_1)[\text{kW}]$

여기서, $\cos\theta_1$: 개선 전 역률 $\cos\theta_2$: 개선 후 역률

2011

7

출제년도 88.97.03.05.11.20.(5점/부분점수 없음)

그림과 같은 단상 3선식 100/200 [V] 수전의 경우 설비 불평형률을 구하고 그림과 같은 설비가 양호하게 되었는지의 여부를 판단하시오. (단, Ⓗ는 전열기 부하이고, Ⓜ은 전동기 부하임.)

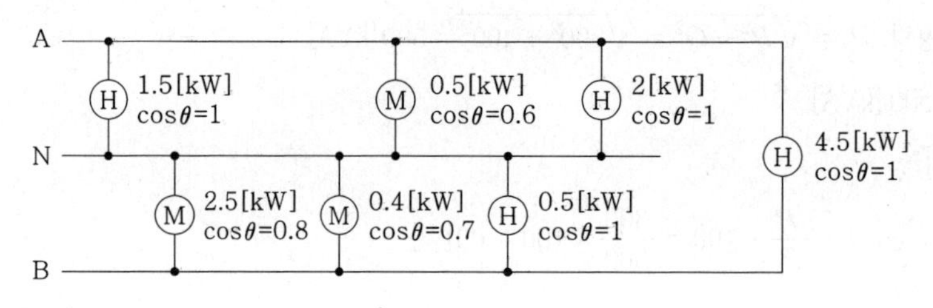

[작성답안]

계산 : $P_{AN} = 1.5 + \frac{0.5}{0.6} + 2 = 4.33$ [kVA]

$P_{BN} = \frac{2.5}{0.8} + \frac{0.4}{0.7} + 0.5 = 4.2$ [kVA]

$P_{AB} = 4.5$ [kVA]

$\therefore$ 불평형률$= \dfrac{4.33 - 4.2}{(4.33 + 4.2 + 4.5) \times \frac{1}{2}} \times 100 = 2[\%]$

따라서, 40 [%] 이하이므로 양호하다.

답 : 2 [%], 양호하다.

[핵심] 설비불평형률

① 설비불평형 단상

저압수전의 단상 3선식에서 중성선과 각 전압측 전선간의 부하는 평형이 되게 하는 것을 원칙으로 한다.

[주1] 부득이한 경우는 설비불평형률 40 [%]까지로 할 수 있다. 이 경우 설비불평형률이란 중성선과 각전압측 전선간에 접속되는 부하설비용량 [VA]차와 총부하설비용량 [VA]의 평균값의 비 [%]를 말한다. 즉 다음 식으로 나타낸다.

$$\text{설비불평형률} = \frac{\text{중성선과 각 전압측 전선간에 접속되는 부하설비용량 [kVA]의 차}}{\text{총 부하설비용량 [kVA]의 1/2}} \times 100\ [\%]$$

② 설비불평형 3상

저압, 고압 및 특고압수전의 3상 3선식 또는 3상 4선식에서 불평형부하의 한도는 단상 접속부하로 계산하여 설비불평형률을 30 [%] 이하로 하는 것을 원칙으로 한다. 다만, 다음 각 호의 경우는 이 제한에 따르지 않을 수 있다.

- 저압수전에서 전용변압기 등으로 수전하는 경우
- 고압 및 특고압수전에서 100 [kVA](kW) 이하의 단상부하인 경우
- 고압 및 특고압수전에서 단상부하용량의 최대와 최소의 차가 100 [kVA](kW) 이하인 경우
- 특고압수전에서 100 [kVA](kW) 이하의 단상변압기 2대로 역(逆)V결선하는 경우

[주] 이 경우의 설비불평형률이란 각 선간에 접속되는 단상부하 총설비용량 [VA]의 최대와 최소의 차와 총 부하설비용량 [VA] 평균값의 비 [%]를 말한다. 즉, 다음 식으로 나타낸다.

$$\text{설비불평형률} = \frac{\text{각 선간에 접속되는 단상 부하 총 설비용량 [kVA]의 최대와 최소의 차}}{\text{총 부하설비용량 [kVA]의 1/3}} \times 100\ [\%]$$

8 출제년도 97.02.08.11.12.13.14.15.(6점/각 문항당 3점)

도면과 같이 단상 변압기 3대가 있다. 다음 각 물음에 답하시오.

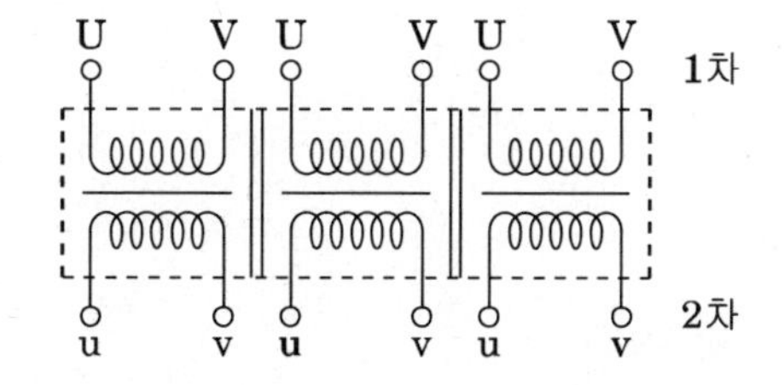

(1) 이 변압기를 △－△로 결선하시오.(주어진 도면에 직접 그리시오.)

(2) △－△ 결선으로 운전하던 중 한 상의 변압기에 고장이 생겨 이것을 분리하고 나머지 2대로 3상 전력을 공급하고자 한다. 이 때 사용하는 결선의 명칭은 무엇이며, 이 결선과 △결선의 출력비는 몇[%]가 되는지 계산하고 결선도를 완성하시오.(주어진 도면에 직접 그리시오.)

① 결선의 명칭

② △결선과의 출력비

③ 결선도

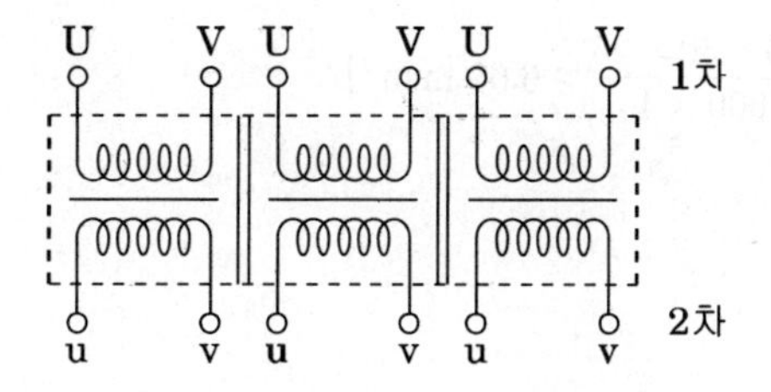

[작성답안]

(1)

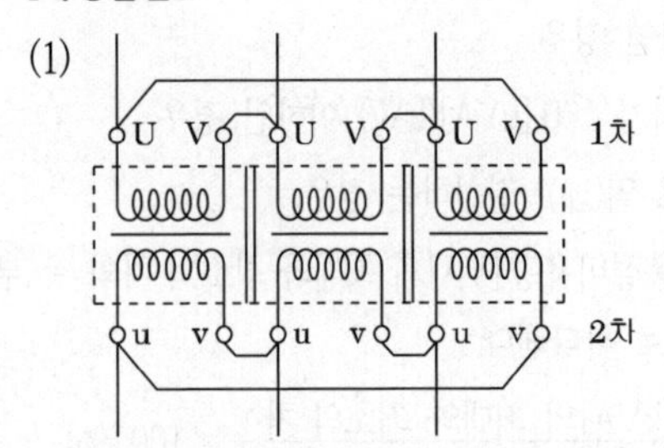

(2) ① 결선의 명칭 : V-V 결선

② 계산 : $\text{출력비} = \dfrac{\text{V결선 출력}}{\triangle\text{결선 출력}} = \dfrac{P_V}{P_\triangle} = \dfrac{\sqrt{3}\,P_1}{3P_1} \times 100 = 57.735[\%]$

답 : 57.74[%]

③ 결선도

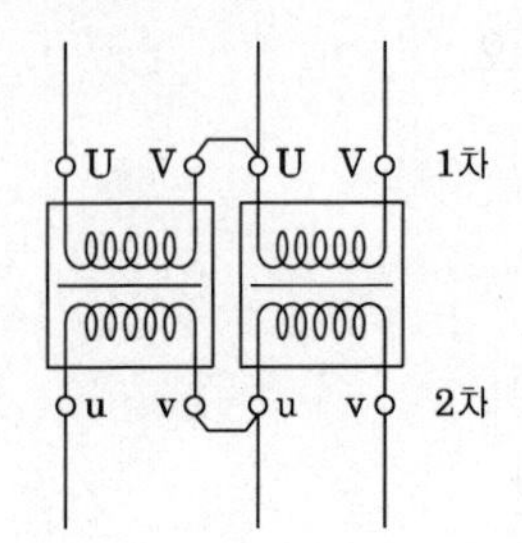

9

출제년도 96.04.11.14.17.(5점/부분점수 없음)

분전반에서 30 [m]인 거리에 5 [kW]의 단상 교류(2선식) 200 [V]의 전열기용 아웃트렛을 설치하여, 그 전압강하를 4 [V] 이하가 되도록 하려고 한다. 배선방법을 금속관공사로 한다고 할 때 여기에 필요한 전선의 굵기를 계산하고, 실제 사용되는 전선의 굵기를 산정하시오.

[작성답안]

계산 : $I = \dfrac{P}{E} = \dfrac{5000}{200} = 25\ [\text{A}]$

$$A = \frac{35.6LI}{1000e} = \frac{35.6 \times 30 \times 25}{1000 \times 4} = 6.68\ [\text{mm}^2]$$

답 : 10 [mm^2]

[핵심] 전선의 규격

① KSC IEC 전선규격

1.5, 2.5, 4, 6, 10, 16, 25, 35, 50, 70, 95, 120, 150, 185, 240, 300, 400, 500, 630 [mm^2]

② 전압강하

• 단상 2선식 : $e = \dfrac{35.6LI}{1,000A}$ ································· ①

• 3상 3선식 : $e = \dfrac{30.8LI}{1,000A}$ ································· ②

• 3상 4선식 : $e_1 = \dfrac{17.8LI}{1,000A}$ ································· ③

여기서, L : 거리 I : 정격전류 A : 케이블의 굵기

이며 ③의 식은 1선과 중성선간의 전압강하를 말한다.

10

출제년도 97.12.16.(5점/부분점수 없음)

그림에서 각 지점간의 저항을 동일하다고 가정하고 간선 AD사이에 전원을 공급하려고 한다. 전력손실이 최소로 될 수 있는지 계산하여 공급점을 선정하시오. (단, 각 점간의 저항은 각각 $R[\Omega]$이다.)

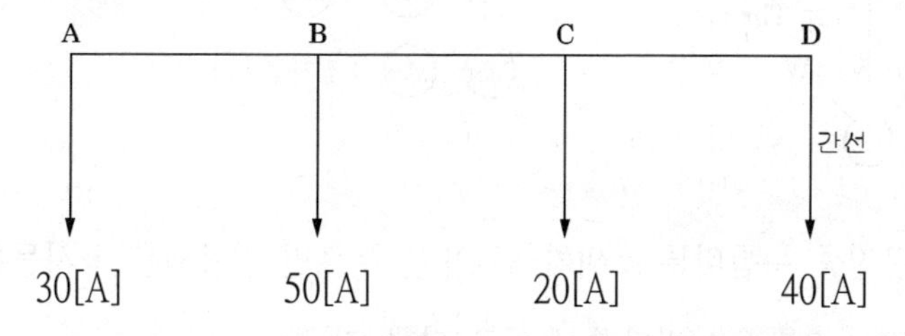

[작성답안]

계산 : ① 급전점 A

$P_{A\ell} = (50+20+40)^2R + (20+40)^2R + 40^2R = 17300R$

② 급전점 B

$P_{B\ell} = 30^2R + (20+40)^2R + 40^2R = 6100R$

③ 급전점 C

$P_{C\ell} = (30+50)^2R + 30^2R + 40^2R = 8900R$

④ 급전점 D

$P_{D\ell} = (30+50+20)^2R + (30+50)^2R + 30^2R = 17300R$

∴ 전력손실이 최소가 되는 점은 B점이 된다.

답 : B

11

출제년도 90.97.11.(10점/각 문항당 2점)

그림은 유도 전동기와 2개의 전자접촉기 MS_1, MS_2를 사용하여 정회전 운전(MS_1)과 역회전 운전(MS_2)이 가능하도록 설계된 회로이다. 이 회로를 보고 다음 물음에 답하시오.

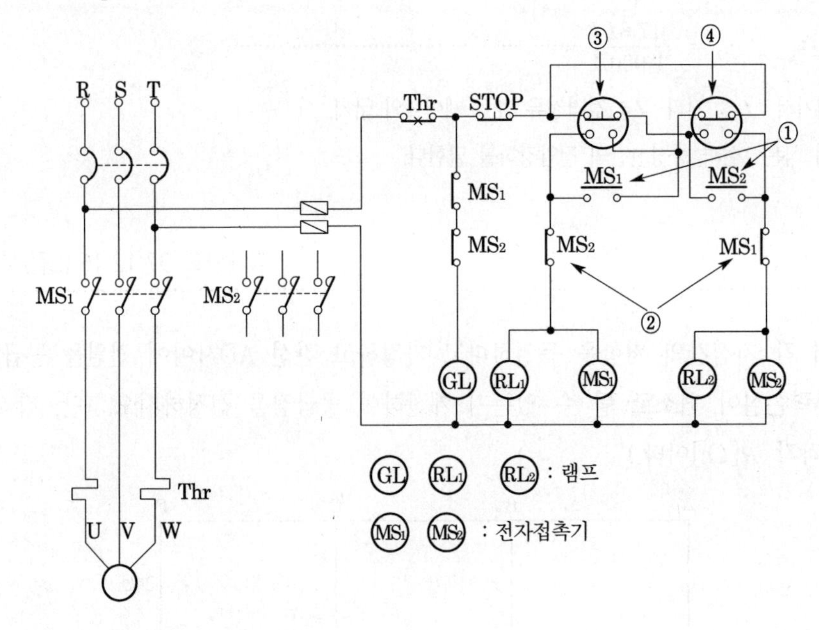

(1) 전동기 운전중 누름버튼 스위치 STOP을 누르면 점등되는 표시등은?

(2) ①번 접점의 역할은? (간단한 용어로 답할 것)

(3) ②번 접점의 역할은? (간단한 용어로 답할 것)

(4) 정회전 기동용 푸시 버튼 스위치의 번호는?

(5) Thr의 명칭과 용도는?

[작성답안]

(1) GL

(2) 자기유지

(3) 인터록

(4) ③

(5) 명칭 : 열동 계전기 (과부하계전기)

용도 : 과전류로부터 전동기의 소손을 방지

12

출제년도 91.94.05.11.(5점/각 항목당 1점)

배전 선로에 있어서 전압을 3 [kV]에서 6 [kV]로 상승시켰을 경우, 승압 전과 승압 후의 장점과 단점을 비교하여 설명하시오. (단, 수치 비교가 가능한 부분은 수치를 적용시켜 비교 설명하시오.)

[작성답안]

(1) 장점

① 전력 손실 75 [%] 경감된다.

② 전압 강하율 및 전압 변동률 75 [%] 경감된다.

③ 공급 전력 4배 증대된다.

(2) 단점

① 기기의 절연 레벨이 높아지므로 기기값이 비싸진다.

② 전선로 및 애자 등의 절연 레벨이 높아지므로 건설비가 많이 든다.

[핵심]

(1) 전력손실이 동일 하므로 전력손실 $P_L = 3I^2R$에서 전류 I는 일정하다.

∴ 공급능력은 $P = \sqrt{3}\,VI\cos\theta$ 에서 $P \propto V$ 가 된다.

(2) 전력손실 $P_L = \dfrac{P^2R}{V^2\cos^2\theta}$ 에서 $P_L \propto \dfrac{1}{V^2}$ 가 된다.

(3) 전압강하율 $\epsilon = \dfrac{e}{V} \times 100 = \dfrac{P}{V^2}(R + X\tan\theta)$ 에서 $\epsilon \propto \dfrac{1}{V^2}$ 가 된다.

13

출제년도 04.05.11.(5점/부분점수 없음)

정격전압 6000 [V], 용량 6000 [kVA]인 3상 교류 발전기에서 여자전류가 300 [A], 무부하 단자전압은 6000 [V], 단락전류 800 [A]라고 한다. 이 발전기의 단락비는 얼마인가?

[작성답안]

계산 : $I_n = \dfrac{P_n}{\sqrt{3}\,V_n} = \dfrac{6000 \times 10^3}{\sqrt{3} \times 6000} = 577.35$ [A]

$\therefore$ 단락비$(K_s) = \dfrac{I_s}{I_n} = \dfrac{800}{577.35} = 1.39$

답 : 1.39

[핵심] 단락비

단락비가 큰 발전기는 전기자 권선의 권수가 적고 자속량이 (증가)하기 때문에 부피가 크고, 중량이 무거우며, 동이 비교적 적고 철을 많이 사용하여 이른바 철기계가 되며 효율은 (낮다), 안정도의 (크)고 선로 충전용량의 증대가 된다.

$$K_s = \frac{\text{무부하에서 정격전압을 유기하는 데 필요한 계자전류}}{\text{정격전류와 같은 단락전류를 흘리는 데 필요한 계자전류}}$$

14

출제년도 97.00.04.06.10.11.14.20.(4점/부분점수 없음)

그림과 같은 계통에서 측로 단로기 DS_3을 통하여 부하에 공급하고 차단기 CB를 점검하고자 할 때 다음 각 물음에 답하시오. (단, 평상시에 DS_3는 열려 있는 상태임.)

(1) 차단기 점검을 하기 위한 조작 순서를 쓰시오.

(2) CB의 점검이 완료된 후 정상 상태로 전환시의 조작 순서를 쓰시오.

(3) 도면과 같은 설비에서 차단기 CB의 점검 작업 중 발생할 수 있는 문제점을 설명하고 이러한 문제점을 해소하기 위한 방안을 설명하시오.

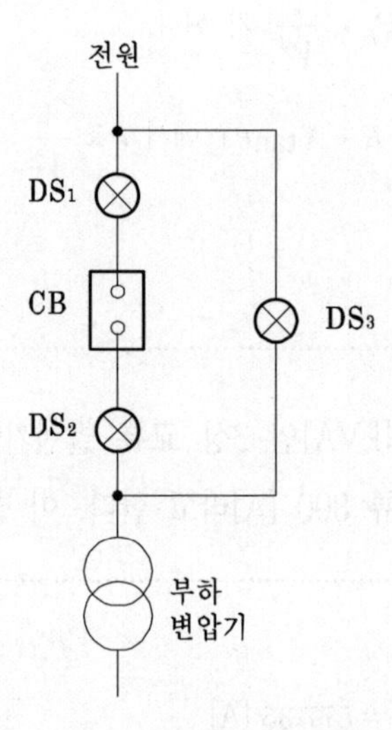

[작성답안]

(1) DS_3(ON) → CB(OFF) → DS_2(OFF) → DS_1(OFF)

(2) DS_2(ON) → DS_1(ON) → CB(ON) → DS_3(OFF)

(3) • 발생될 수 있는 문제점 : 차단기(CB)가 투입(ON)된 상태에서 단로기를 투입(ON)하거나 개방(OFF)하면 위험하다.

• 해소 방안 : 단로기(DS)와 차단기(CB)간에 인터록 장치를 한다. (부하 전류가 통전 중에는 회로의 개폐가 되지 않도록 시설한다.)

[핵심] 차단기와 단로기의 인터록

- 발생될 수 있는 문제점 : 차단기(CB)가 투입(ON)된 상태에서 단로기(DS_1, DS_2) 를 투입(ON)하거나 개방(OFF)하면 위험(감전 및 전기화상)하다.
- 해소 방안 : 단로기(DS)와 차단기(CB)간에 인터록 장치를 한다.
  (부하 전류가 통전 중에는 회로의 개폐가 되지 않도록 시설한다.)

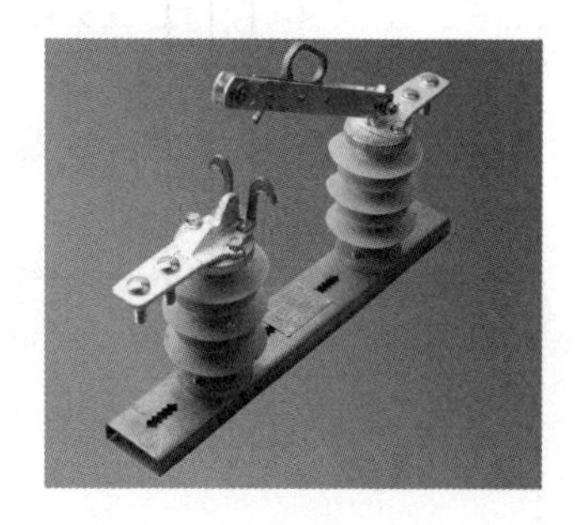

15 출제년도 89.95.00.04.06.10.11.15.16.17.18.19.21.(5점/부분점수 없음)

단상 2선식 220[V]의 옥내배선에서 소비전력 40[W], 역률 85[%]의 LED형광등 85등을 설치할 때 16[A] 분기회로 수는 최소 몇 회로인지 구하시오. (단, 한 회선의 부하전류는 분기회로 용량의 80[%]로 하고 수용률은 100[%]로 한다.)

[작성답안]

계산 : 부하용량 $P_a = \dfrac{40}{0.85} \times 85 = 4000[\text{VA}]$

분기회로수 $N = \dfrac{4000}{220 \times 16 \times 0.8} = 1.42[\text{회로}]$

답 : 16[A] 분기 2회로

[핵심] 분기회로수

$$\text{분기회로 수} = \frac{\text{상정 부하 설비의 합}[\text{VA}]}{\text{전압}[\text{V}] \times \text{분기 회로 전류}[\text{A}]}$$

16

출제년도 94.01.11.(6점/각 문항당 1점, 모두 맞으면 6점)

그림은 직류식 전자식 차단기의 제어회로를 예시하고 있다. 문제의 시퀀스도를 잘 숙지하고 각 물음의 (   ) 안의 알맞은 말을 쓰시오.

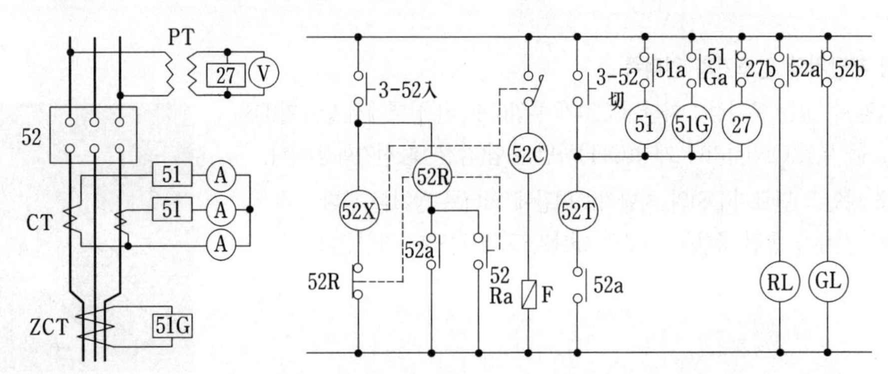

(1) 그림의 우측 도면에서 알 수 있듯이 3-52 스위치를 ON시키면 (①)이 (가)동작하여 52X의 접점이 CLOSE되고 (②)의 투입 코일에 전류가 통전되어 52의 차단기를 투입시키게 된다. 차단기 투입과 동시에 52a의 접점이 동작하여 52R가 통전(ON)되고 (③)의 코일을 개방시키게 된다.

(2) 회로도에서 [27]의 기기 명칭을 (④), [51]의 기기 명칭은 (⑤), [51G]의 기기명칭을 (⑥)라고 한다.

(3) 차단기의 개방 조작 및 트립 조작은 (⑦)의 코일이 통전됨으로써 가능하다.

(4) 지금 차단기가 개방되었다면 개방 상태 표시를 나타내는 표시 램프는 (⑧)이다.

[작성답안]

(1) ① 52X ② 52C ③ 52X

(2) ④ 부족 전압 계전기 ⑤ 과전류 계전기 ⑥ 지락 과전류 계전기

(3) ⑦ 52T

(4) ⑧ GL

[해설]

切 : 끊을 절, 入 : 들 입

2012년 1회 기출문제 해설

※ 다음 물음에 답을 해당 답란에 답하시오.

1

출제년도 11.12.(4점/부분점수 없음)

이상전압이 2차 기기에 악영향을 주는 것을 막기 위해 선로에 보호장치를 설치하는 회로이다. 그림 중 ①의 명칭을 쓰시오.

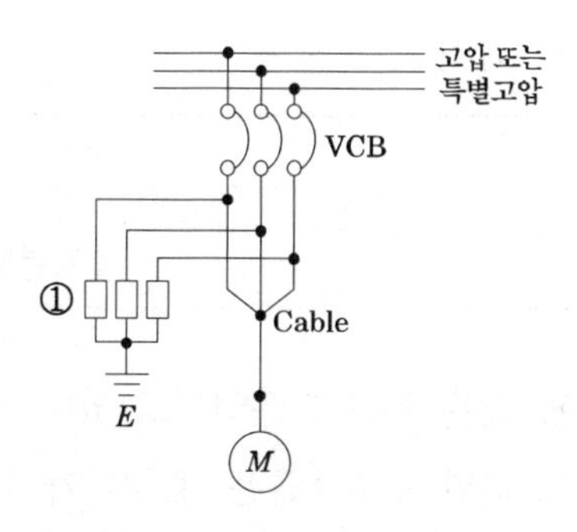

[작성답안]

서지흡수기

[핵심] 서지흡수기

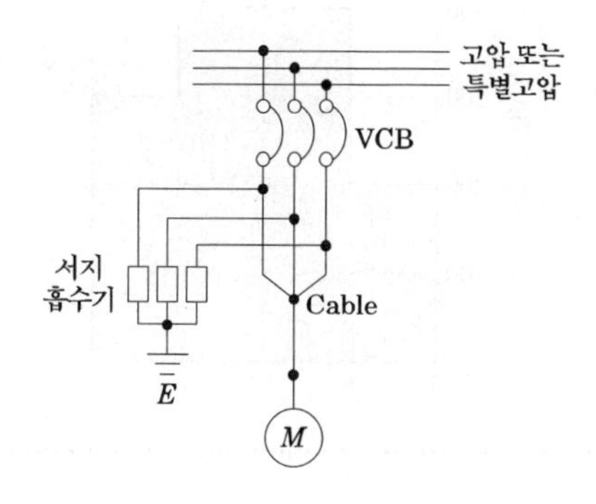

서지흡수기의 정격전압

공칭전압	3.3 [kV]	6.6 [kV]	22.9 [kV]
정격전압	4.5 [kV]	7.5 [kV]	18 [kV]
공칭방전전류	5 [kA]	5 [kA]	5 [kA]

서지흡수기의 적용범위

차단기 종류		VCB(진공차단기)				
전압 등급		3 [kV]	6 [kV]	10 [kV]	20 [kV]	30 [kV]
전동기		적 용	적 용	적 용	-	-
변압기	유입식	불필요	불필요	불필요	불필요	불필요
	몰드식	적 용	적 용	적 용	적 용	적 용
	건식	적 용	적 용	적 용	적 용	적 용
콘덴서		불필요	불필요	불필요	불필요	불필요
변압기와 유도기기와의 혼용 사용시		적 용	적 용	-	-	-

2

출제년도 04.12.17.20.(6점/부분점수 없음)

500 [kVA]의 변압기가 그림과 같은 부하로 운전되고 있다. 오전에는 역률 85 [%]로 오후에는 100 [%]로 운전된다고 하면 전일효율은 몇 [%]가 되겠는가? (단, 이 변압기의 철손은 6 [kW] 전부하시 동손은 10 [kW]라 한다.)

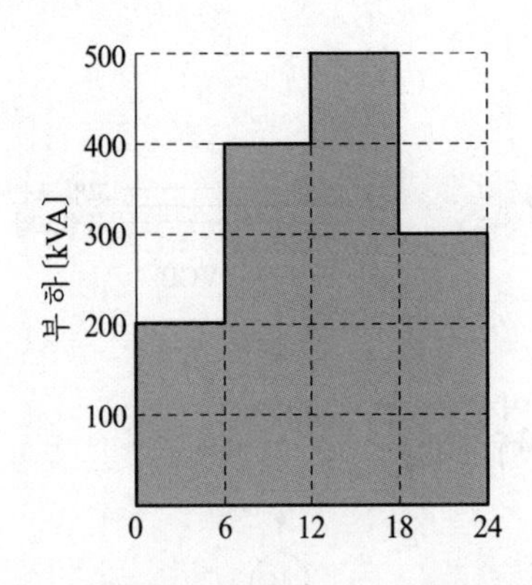

[작성답안]

계산 : 출력 $P=(200\times6\times0.85+400\times6\times0.85+500\times6\times1+300\times6\times1)=7860$ [kWh]

철손 $P_i=6\times24=144$ [kWh]

동손 $P_c=10\times\left\{\left(\frac{200}{500}\right)^2\times6+\left(\frac{400}{500}\right)^2\times6+\left(\frac{500}{500}\right)^2\times6+\left(\frac{300}{500}\right)^2\times6\right\}=129.6$ [kWh]

전일 효율 $\eta=\frac{7860}{7860+144+129.6}\times100=96.64$ [%]

답 : 96.64 [%]

[핵심] 전일효율

변압기의 전일효율 : $\eta_d = \dfrac{\sum h\, V_2 I_2 \cos\theta_2}{\sum h\, V_2 I_2 \cos\theta_2 + 24P_i + \sum h\, r_2 I_2^2} \times 100[\%]$

3 출제년도 95.05.12.17.(4점/부분점수 없음)

수전전압 6600[V], 수전전력 450[kW](역률 0.8)인 고압 수용가의 수전용 차단기에 사용하는 과전류 계전기의 사용탭은 몇 [A]인가? (단, CT의 변류비는 75/5로 하고 탭 설정값은 부하 전류의 150[%]로 한다.)

[작성답안]

계산 : $I_1 = \dfrac{450 \times 10^3}{\sqrt{3} \times 6600 \times 0.8} \times \dfrac{5}{75} \times 1.5 = 4.92[A]$

답 : 5 [A]

[핵심] 보호계전기 정정

① 순시탭 정정

변압기 1차측 단락사고에 대하여 동작하며, 2차 단락사고 및 변압기 여자 돌입전류(inrush current)에 동작하지 않는다.

- 변압기1차측 단락사고에 대하여 동작하여야 한다.
- 변압기2차측 (Magnetizing Inrush Current)에 동작하지 않도록 한다.
- TR 2차 3상단락전류의 150 [%]에 정정한다.
- 순시 Tap

  순시 Tap = 변압기2차 3상단락전류 × $\dfrac{2\text{차전압}}{1\text{차전압}}$ × 1.5 × $\dfrac{1}{\text{CT비}}$

② 한시탭 정정

I_t= 부하 전류 × $\dfrac{1}{\text{CT비}}$ × 설정값 [A]

설정값은 보통 전부하 전류의 1.5배로 적용하며, I_t값을 계산후 2 [A], 3 [A], 4 [A], 5 [A], 6 [A], 7 [A], 8 [A], 10 [A], 12 [A] 탭 중에서 가까운 탭을 선정한다.

③ 한시레버정정

수용설비일 경우 변압기2차 3상단락고장시 0.6초 이하에서 동작하도록 선정한다.

4

출제년도 11.12.14.17.(5점/부분점수 없음)

지표면상 20[m] 높이의 수조가 있다. 이 수조에 $18[m^3/min]$ 물을 양수하는 데 필요한 펌프용 전동기의 소요 동력은 몇 [kW]인가? (단, 펌프의 효율은 70[%]로 하고, 여유계수는 1.1로 한다.)

[작성답안]

계산 : $P=\frac{KQH}{6.12\eta}=\frac{20\times18\times1.1}{6.12\times0.7}=92.436[kW]$

답 : 92.44[kW]

[핵심] 전동기용량

① 펌프용 전동기 용량

$$P=\frac{9.8Q'HK}{\eta}=\frac{KQH}{6.12\eta}\ [kW]$$

여기서, P : 전동기의 용량[kW] Q : 양수량[m³/min] Q' : 양수량[m³/sec]
H : 양정(낙차)[m] η : 펌프의 효율[%] K : 여유계수(1.1 ~ 1.2 정도)

② 권상용 전동기 용량

$$P=\frac{9.8W\cdot v'}{\eta}=\frac{W\cdot v}{6.12\eta}\ [kW]$$

여기서, W : 권상 하중[ton] v : 권상 속도[m/min] v' : 권상 속도[m/sec]
η : 권상기 효율[%]

5

출제년도 96.07.10.11.12.18.19.(5점/각 항목당 1점)

유입 변압기와 비교하여 몰드 변압기의 장점 5가지 쓰시오.

[작성답안]

- 자기 소화성이 우수 하므로 화재의 염려가 없다.
- 코로나 특성 및 임펄스 강도가 높다.
- 소형 경량화 할 수 있다.
- 습기, 가스, 염분 및 소손 등에 대해 안정하다.
- 보수 및 점검이 용이하다.

그 외

- 저진동 및 저소음
- 단시간 과부하 내량 크다.
- 전력손실이 감소

[핵심] 몰드변압기

고압 및 전압의 권선을 모두 에폭시 수지로 몰드한 고체 절연방식의 변압기를 몰드 변압기라 한다. 몰드 변압기는 난연성, 절연의 신뢰성, 보수 및 유지의 용이함을 위해 개발되었으며, 에너지 절약적인 측면은 유입변압기 보다 유리하다. 몰드변압기는 일반적으로 유입변압기보다 절연내력이 작으므로 VCB와 연결시 개폐서지에 대한 대책이 없으므로 SA(Surge Absorber)등을 설치하여 대책을 세워주어야 한다.

몰드 변압기를 유입 변압기와 비교하면 다음과 같은 특징이 있다.

① 난연성이 우수하다. 에폭시 수지에 무기물 충진제가 혼입된 구조로 되어 있으므로 자기 소호성이 우수하며, 불꽃 등에 착화하지 않는 특성이 있다.

② 신뢰성이 향상된다. 내코로나(Corona)특성, 임펄스 특성이 향상된다.

③ 소형, 경량화가 가능하다. 철심이 컴팩트화 되어 면적이 축소된다.

④ 무부하 손실이 줄어든다. 이것으로 인해 운전경비가 절감되고, 에너지가 절약이 된다.

⑤ 유지보수 점검이 용이하게 된다. 일반 유입변압기와 달리 절연유의 여과 및 교체가 없으며, 장기간 정지후 간단하게 재새용할 수 있으며, 먼지, 습기 등에 의한 절연내력이 영향을 받지 않는다.

⑥ 단시간 과부하 내량이 크다.

⑦ 소음이 적고 무공해운전이 가능하다.

⑧ 서지에 대한 대책을 수립하여야 한다. 사용장소는 건축전기설비, 병원, 지하상가나 주택이 근접하여 있는 공장이나 화학 플랜트 등의 특수 공장과 같이 재해가 인명에 직접 영향을 끼치는 장소에 좋으며, 특히 에너지절약 측면에서 적합하다.

6 출제년도 12.(5점/각 문항당 1점)

그림과 같은 심벌의 명칭을 구체적으로 쓰시오.

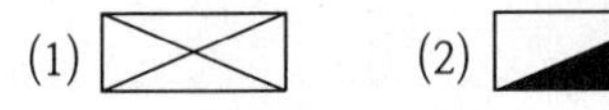 (2)  (3)  (4) 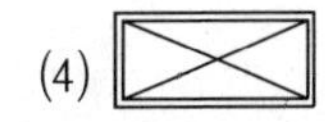 (5) 

[작성답안]

(1) 배전반 (2) 분전반 (3) 제어반 (4) 재해방지 전원회로용 배전반 (5) 재해방지 전원회로용 분전반

7

출제년도 12.(9점/각 문항당 4점, 모두 맞으면 9점)

주어진 조건을 이용하여 다음의 시퀀스 회로를 그리시오.

【조 건】

- 푸시버튼 스위치 4개(PBS_1, PBS_2, PBS_3, PBS_4)
- 보조 릴레이 3개(X_1, X_2, X_3)
- 계전기의 보조 a접점 또는 보조 b접점을 추가 또는 삭제하여 작성하되 불필요한 접점을 사용하지 않도록 할 것이며 보조 접점에는 접점의 명칭을 기입하도록 할 것

먼저 수신한 입력 신호만을 동작시키고 그 다음 입력 신호를 주어도 동작하지 않도록 회로를 구성하고 타임차트를 그리시오.

(1)

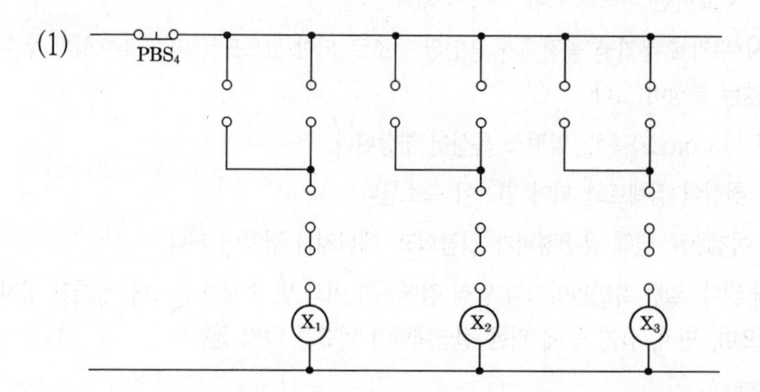

(2)

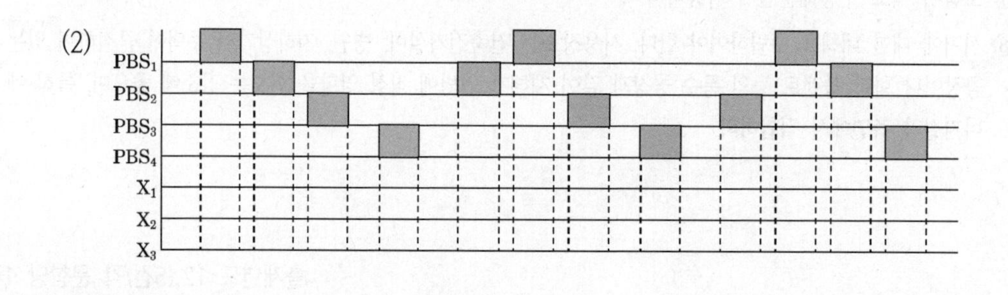

[작성답안]

(1)

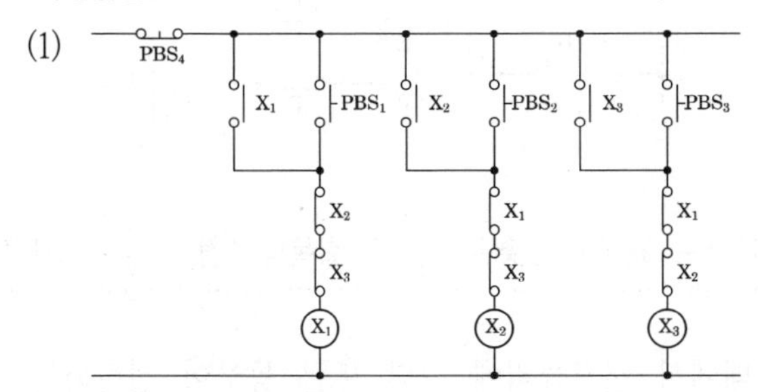

(2)

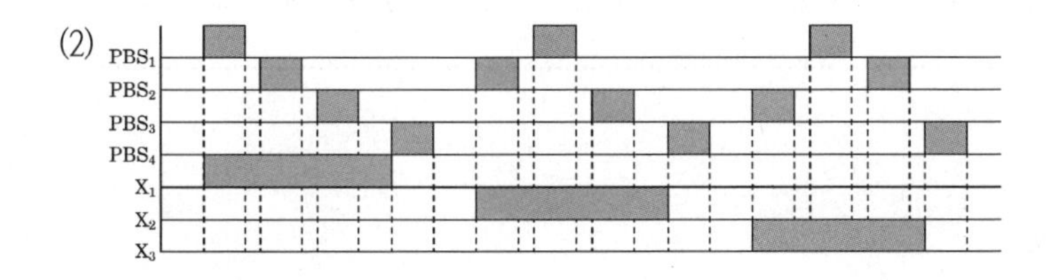

8

출제년도 90.94.95.96.12.(6점/각 항목당 2점)

반도체의 스위칭 이론을 이용하여 표현된 무접점식인 논리 기호는 아래의 "예"와 같이 접점에 의하여 표시할 수 있다.

(예)

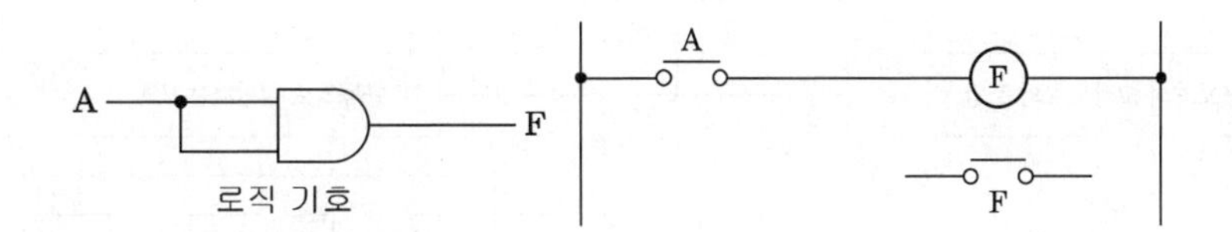

다음의 로직 기호를 앞의 (예)와 같이 유접점으로 표현하시오.

(1) A, B — F　(2) A, B — F　(3) A, B — F

[작성답안]

(1)

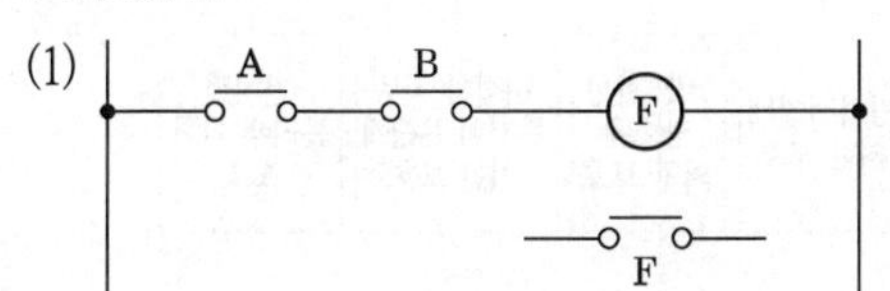

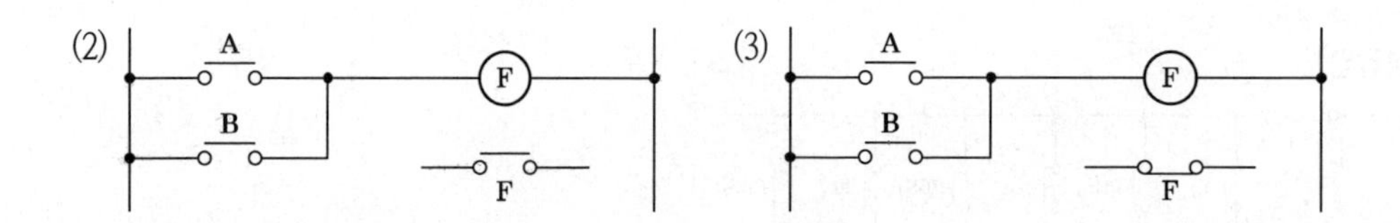

9

출제년도 98.01.12.新規(5점/각 항목당 1점, 모두 맞으면5점)

전기설비가 정상으로 운영하고 있는 상태에서 전기설비에 사람 또는 동물이 접촉되는 경우를 대비하여 감전예방을 위한 보호방법으로 직접접촉예방 방법 4가지를 쓰시오.

[작성답안]

- 충전부의 절연에 의한 보호
- 격벽 또는 외함에 의한 보호
- 장애물에 의한 보호
- 손의 접근한계 외측 설치에 따른 보호

그 외

- 누전차단기에 의한 추가 보호

[핵심] 감전보호

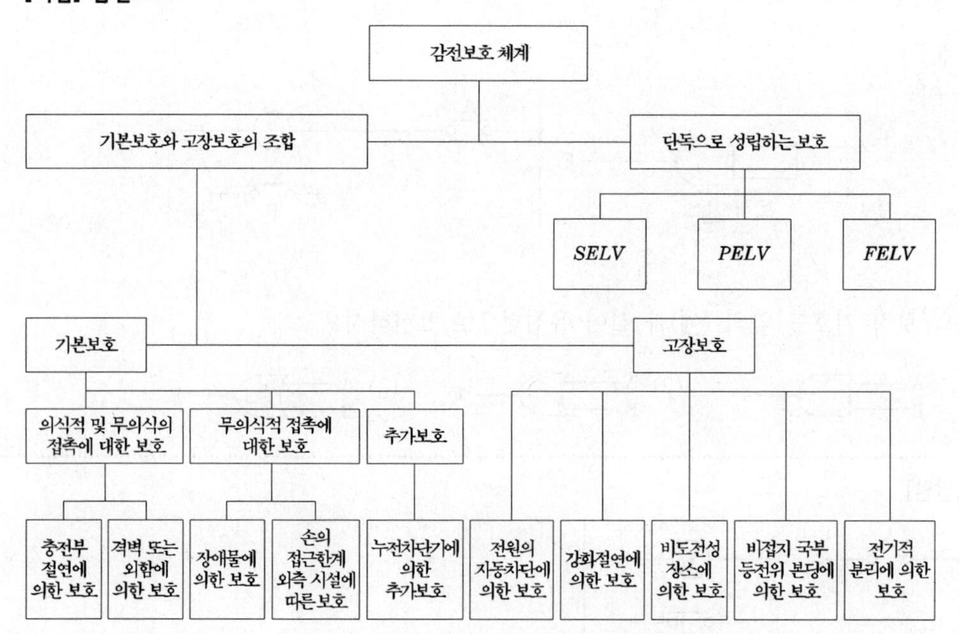

10

출제년도 97.02.08.11.12.13.14.15.(10점/각 문항당 2점, 모두 맞으면 10점)

도면과 같이 단상 변압기 3대가 있다. 다음 각 물음에 답하시오.

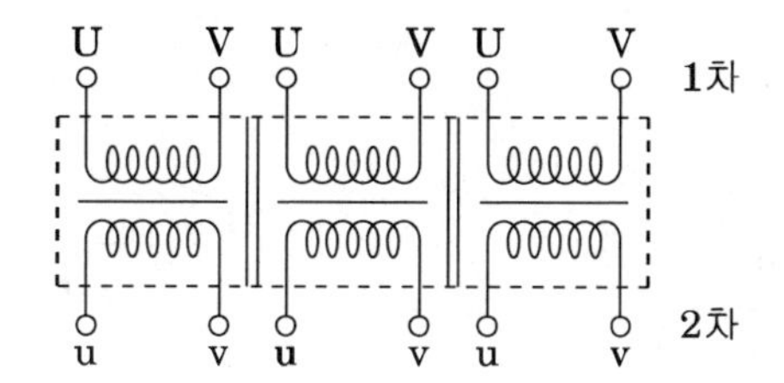

(1) 이 변압기를 △－△로 결선하시오.(주어진 도면에 직접 그리시오.)

(2) △－△ 결선으로 운전하던 중 한 상의 변압기에 고장이 생겨 이것을 분리하고 나머지 2대로 3상 전력을 공급하고자 한다. 이 때 사용하는 결선의 명칭은 무엇이며, 이 결선과 △결선의 출력비는 몇[%]가 되는지 계산하고 결선도를 완성하시오.(주어진 도면에 직접 그리시오.)

① 결선의 명칭

② △결선과의 출력비

③ 결선도

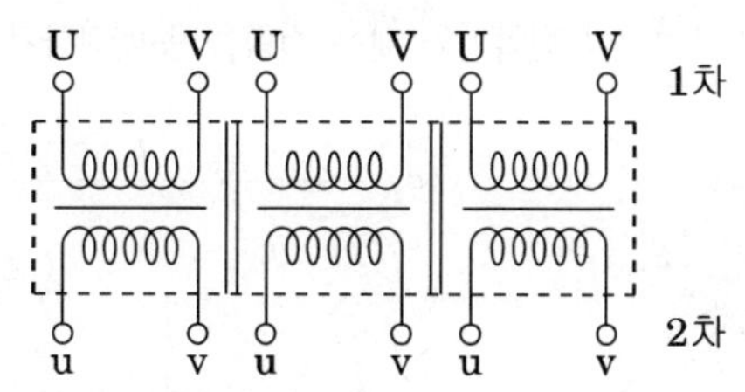

(3) $\Delta-\Delta$ 결선시의 장점을 2가지만 쓰시오.

(4) "(2)"문항에서 변압기 1대의 이용률은 몇 [%]인가?

[작성답안]

(1)

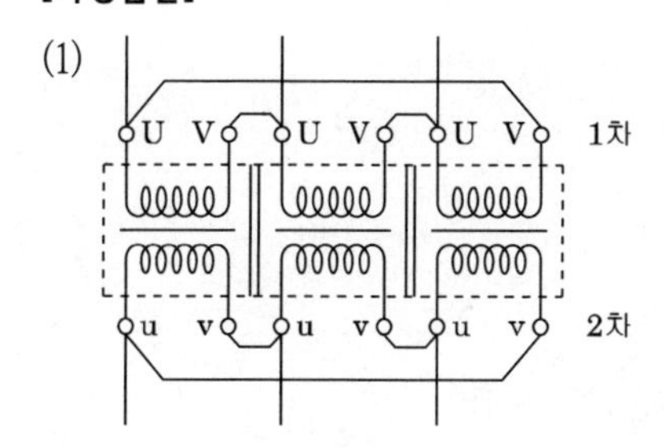

(2) ① 결선의 명칭 : V-V 결선

② 계산 : $\text{출력비} = \dfrac{\text{V결선 출력}}{\triangle\text{결선 출력}} = \dfrac{P_V}{P_\triangle} = \dfrac{\sqrt{3}\,P_1}{3P_1} \times 100 = 57.735[\%]$

답 : 57.74[%]

③ 결선도

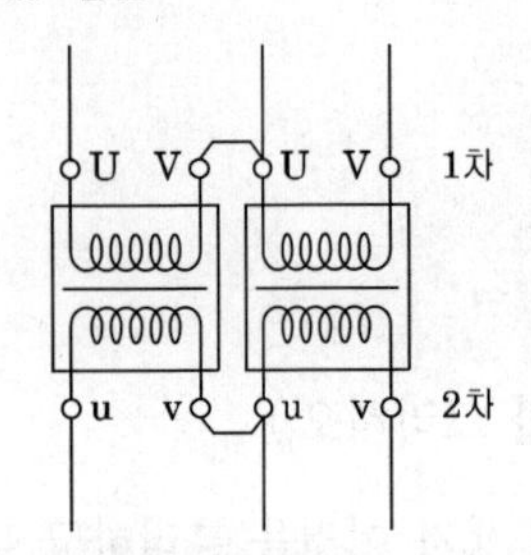

(3) ① 제3고조파 전류가 △결선 내를 순환하여 선간에 나타나지 않는다.

② 단상 변압기 1대 고장시 V-V 결선으로 운전할 수 있다.

(4) 계산 : $\text{이용률} = \dfrac{\text{3상용량}}{\text{2대의 용량}} = \dfrac{\sqrt{3}\,P_1}{2P_1} = 0.866$

답 : 86.6[%]

[핵심] V결선

△-△ 결선에서 1대의 단상변압기가 단락, 또는 사고가 발생한 경우를 고장이 발생된 변압기를 제거시킨 결선법으로 즉, 2대의 단상변압기로서 3상 변압기와 같은 전력을 송배전하기 위한 방식을 V결선이라 한다.

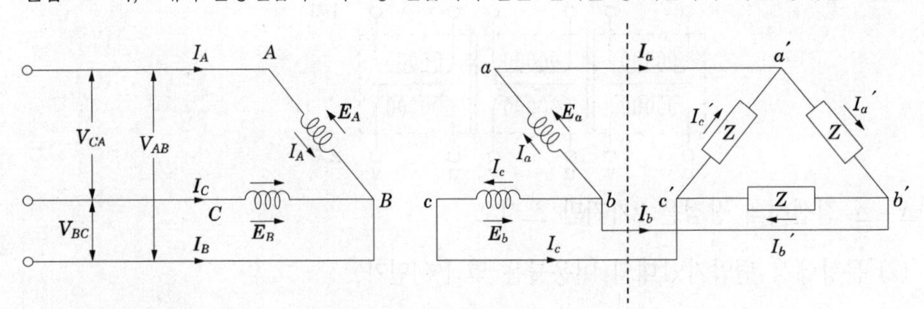

$$P_v = VI\cos\left(\frac{\pi}{6}+\phi\right) + VI\cos\left(\frac{\pi}{6}-\phi\right) = \sqrt{3}\,VI\cos\phi\ [\text{W}]$$

$$P_v = \sqrt{3}\,P_1$$

출력비 : $\dfrac{V}{\Delta} = \dfrac{\sqrt{3}\,VI\cos\phi}{3\,VI\cos\phi} \fallingdotseq 0.577$

이용률 : $\dfrac{\sqrt{3}\,VI}{2\,VI} = 0.866$

11

출제년도 90.95.98.12.19.(14점/(1)6점, (2)5점, (3)3점)

회로도는 펌프용 3.3[kV] 모터 및 GPT 단선 결선도이다. 회로도를 보고 다음 물음에 답하시오.

(1) ①~⑥으로 표시된 보호 계전기 및 기기의 명칭을 쓰시오.

(2) ⑦~⑪로 표시된 전기기계 기구의 명칭과 용도를 간단히 기술하시오.

(3) 펌프용 모터의 출력이 260[kW], 역률 85[%]인 뒤진 역률 부하를 95[%]로 개선하는 데 필요한 전력용 콘덴서의 용량을 계산하시오.

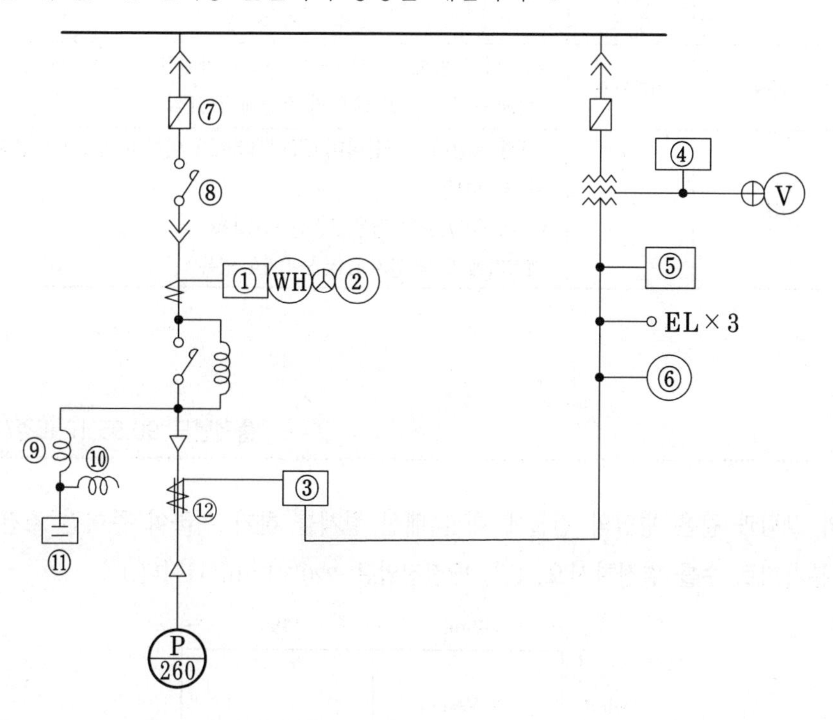

[작성답안]

(1) ① 과전류 계전기　② 전류계　③ 선택 지락 계전기

④ 부족 전압 계전기　⑤ 지락 과전압 계전기　⑥ 영상 전압계

(2) ⑦ 명칭 : 전력 퓨즈

용도 : 단락 사고시 기기를 전로로부터 분리하여 사고확대 방지

⑧ 명칭 : 개폐기

용도 : 전동기의 기동 정지

⑨ 명칭 : 직렬 리액터

용도 : 제5고조파의 제거

⑩ 명칭 : 방전 코일

용도 : 잔류 전하의 방전

⑪ 명칭 : 전력용 콘덴서

용도 : 역률 개선

(3) 계산 : $Q_c = P(\tan\theta_1 - \tan\theta_2) = 260\left(\frac{\sqrt{1-0.85^2}}{0.85} - \frac{\sqrt{1-0.95^2}}{0.95}\right) = 75.68$ [kVA]

답 : 75.68 [kVA]

[핵심] SGR과 DGR

계전기	용 도	차 이 점
SGR	지락보호	ZCT와 조합해서 사용하며 케이블 차폐접지는 반드시 ZCT를 관통하여 접지하고 GPT의 후단에 ZCT설치
DGR	〃	CT와 조합해서 사용하며 CT비 300/5A 이하의 경우 CT 잔류회로 방식채용 CT비 400/5A의 경우 3권선 CT사용 계전기에 탭 레인지 0.05A~0.5A 있음

12

출제년도 90.95.12.(6점/부분점수 없음)

아래의 그림과 같은 평면의 건물에 대한 배선 설계를 하기 위하여 주어진 조건을 이용하여 분기회로 수를 결정하시오. (단, 배전전압은 220[V], 16[A]이다.)

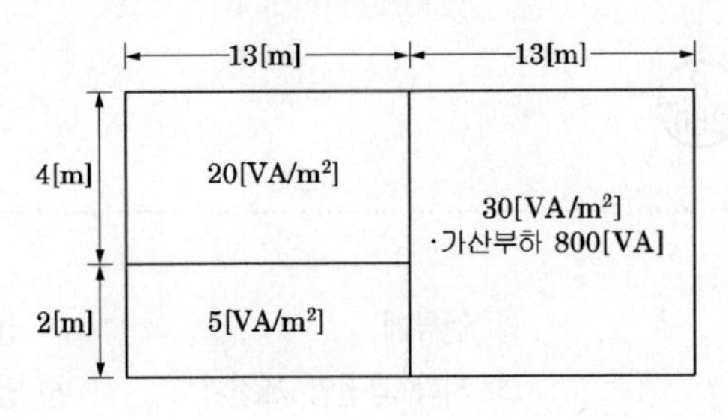

[작성답안]

계산 : 설비부하용량 P = 바닥면적 × 부하밀도 + 가산부하

$$= (13\times4\times20)+(13\times2\times5)+(13\times6\times30)+800 = 4310[\text{VA}]$$

$$\text{분기회로 수 N} = \frac{\text{설비 부하용량[VA]}}{\text{사용전압[V]}\times\text{분기회로 전류[A]}} = \frac{4310}{220\times16} = 1.22$$

답 : 16[A] 분기 2회로

13

출제년도 01.04.06.12.(6점/각 문항당 1점, 모두 맞으면 6점)

그림은 자가용 수변전 설비 주회로의 절연 저항 측정시험에 대한 배치도이다. 다음 각 물음에 답하시오.

(1) 절연 저항 측정에서 Ⓐ기기의 명칭을 쓰고 개폐 상태를 밝히시오.

(2) 기기 Ⓑ의 명칭은 무엇인가?

(3) 절연 저항계의 L단자와 E단자의 접속은 어느 개소에 하여야 하는가?

(4) 절연 저항계의 지시가 잘 안정되지 않을 때에는 통상 어떻게 하여야 하는가?

(5) Ⓒ의 고압 케이블과 절연 저항계의 단자 L, G, E와의 접속은 어떻게 하여야 하는가?

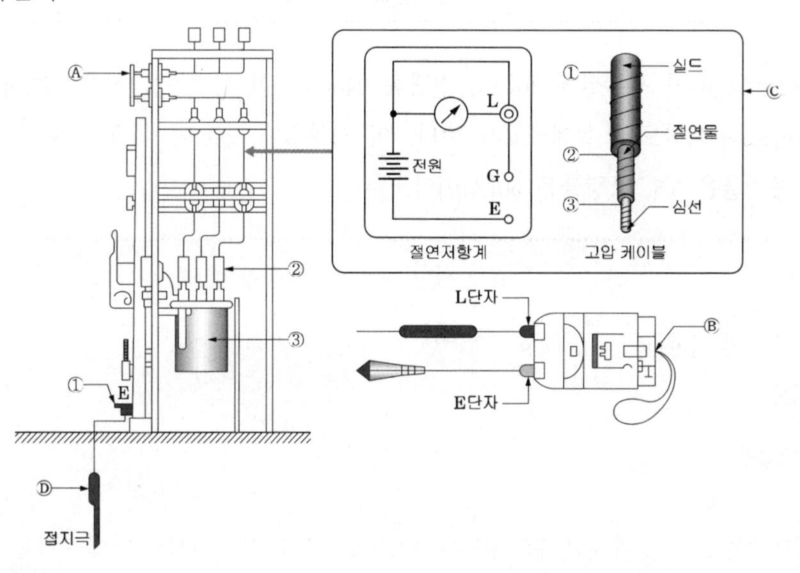

[작성답안]

(1) 단로기 : 개방 상태

(2) 절연 저항계

(3) L 단자 : 선로측　　E 단자 : 접지극 ①

(4) 1분 후 다시 측정한다.

(5) L 단자 : ③　　G 단자 : ②　　E 단자 : ①

2012

[핵심] 케이블 절연저항

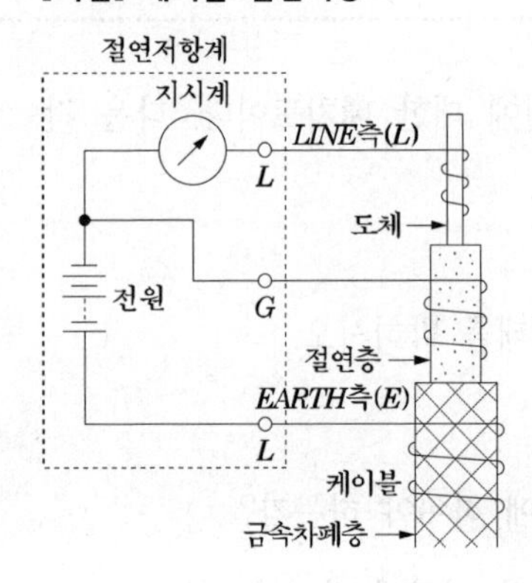

14

출제년도 88.92.94.96.00.01.12.15.19.(5점/부분점수 없음)

평면이 12×24[m]인 사무실에 40[W], 전광속 2400[lm]인 형광등을 사용하여 평균 조도를 120[lx]로 유지하도록 설계하고자 한다. 이 사무실에 필요한 형광등 수를 산정하시오. (단, 유지율은 0.8, 조명률은 50[%]이다.)

[작성답안]

계산 : $N = \dfrac{DES}{FU} = \dfrac{120 \times 12 \times 24}{2400 \times 0.5 \times 0.8} = 36$ [등]

답 : 36 [등]

[핵심] 조명설계

① 실지수

방의 면적이 같은 2개의 방에 같은 수의 광원을 설치하여도 방의 모양이 다른 경우에는 작업면상의 조도는 다르게 된다. 그래서 천정, 바닥이 장방형인 방은 가로 X, 세로 Y 두 변의 평균을 한 변으로 하는 정방형인 방과 동일하다고 하는 이론에 의해 실지수 $R.I$를 다음 식과 같이 결정한다.

$$R.I = \frac{XY}{H(X+Y)}$$

실지수	5.0	4.0	3.0	2.5	2.0	1.5	1.25	1.0	0.8	0.6
기호	A	B	C	D	E	F	G	H	I	J

② 조도계산

N개의 램프에서 방사되는 빛을 평면상의 면적 A[㎡]에 모두 집중 조사할 수 있다고 하고 램프 1개당 광속을 F[lm]이라 하면, 그 면의 평균조도를

$$E = \frac{F \cdot N}{A} \text{ [lx]}$$

로 나타낸다. 이러한 평균조도 계산은 광속법과 설계여건에 따라 ZCM (Zonal Cavity Method)법을 채택할 수 있다.

$$E = \frac{F \cdot N \cdot U \cdot M}{A}$$

여기서, E : 평균조도[lx] F : 램프 1개당 광속[lm] N : 램프수량[개]

U : 조명률 M : 보수율, 감광보상률의 역수 A : 방의 면적[㎡] (방의 폭×길이)

15

출제년도 12.(4점/부분점수 없음)

2전력계법에 의해 3상부하의 전력을 측정한결과 지시값이 $W_1 = 200$[kW], $W_2 = 800$[kW]이었다. 이 부하의 역률은 몇 [%]인가?

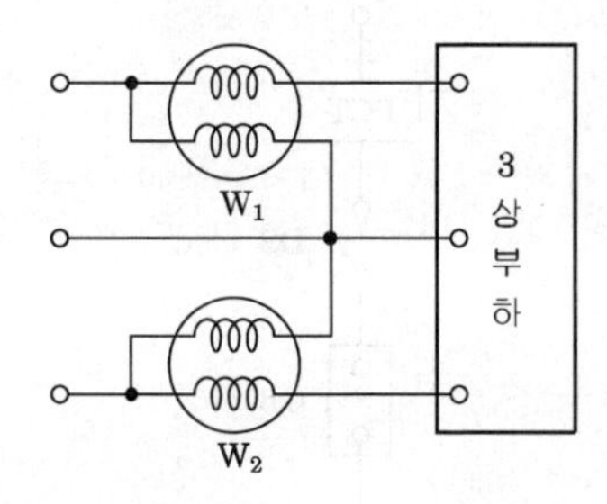

[작성답안]

계산 : 유효전력 $P = P_1 + P_2$

피상전력 $P_a = \sqrt{P^2 + P_r^2} = 2\sqrt{P_1^2 + P_2^2 - P_1 P_2}$

$$\cos\theta = \frac{200 + 800}{2\sqrt{200^2 + 800^2 - 200 \times 800}} \times 100 = 69.337[\%]$$

답 : 69.34[%]

[핵심] 2전력계법

유효전력 $P = W_1 + W_2$ [W]

무효전력 $P_r = \sqrt{3}(W_1 - W_2)$ [Var]

역률 $\cos\theta = \dfrac{W_1 + W_2}{\sqrt{(W_1 + W_2)^2 + 3(W_1 - W_2)^2}} = \dfrac{W_1 + W_2}{\sqrt{4W_1^2 + 4W_2^2 - 4W_1 W_2}} = \dfrac{W_1 + W_2}{2\sqrt{W_1^2 + W_2^2 - W_1 W_2}}$

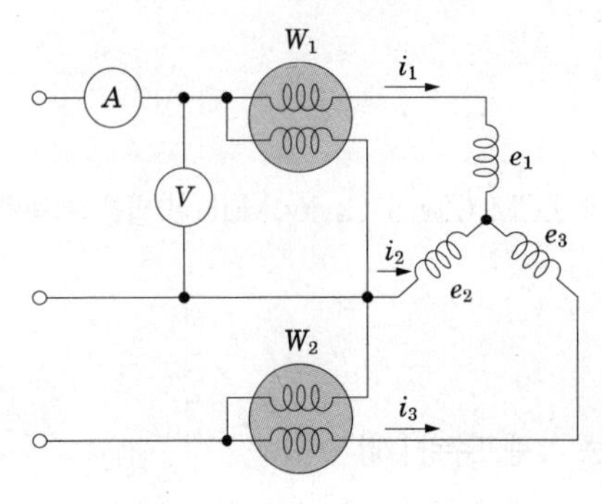

16

출제년도 12.(5점/부분점수 없음)

다음의 자가용 고압 수변전 설비에 대한 그림을 보고 아래 물음에 답하시오.

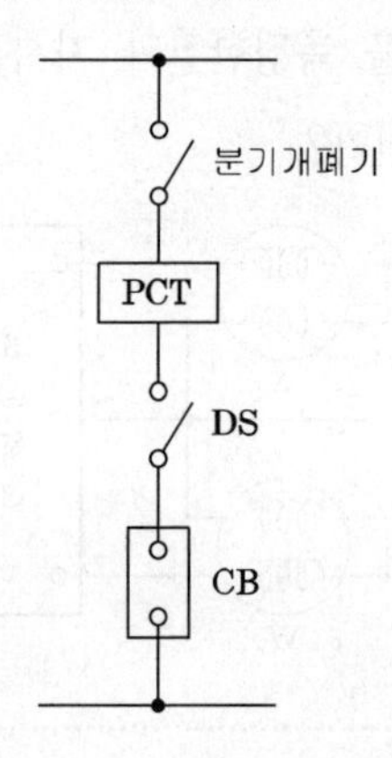

정기점검을 행할 경우 작업순서는 (①), (②)의 순서로 개방한 후 전력회사에 요구하여 (③)를 개방시키고, 정전에 의해 송전이 정지되었을 경우 접지용구를 설치한다.

[작성답안]

① CB　　② DS　　③ 분기개폐기

[핵심] 차단기와 단로기의 인터록

- 발생될 수 있는 문제점 : 차단기(CB)가 투입(ON)된 상태에서 단로기(DS_1, DS_2) 를 투입(ON)하거나 개방(OFF)하면 위험(감전 및 전기화상)하다.
- 해소 방안 : 단로기(DS)와 차단기(CB)간에 인터록 장치를 한다. (부하 전류가 통전 중에는 회로의 개폐가 되지 않도록 시설한다.)

2012년 2회 기출문제 해설

※ 다음 물음에 답을 해당 답란에 답하시오.

1 출제년도 04.12.19.(5점/(1) 3점, (2) 2점)

송전 계통의 중성점 접지방식에서 어떻게 접지하는 것을 유효접지(effective grounding)라 하는지를 설명하고, 유효접지의 가장 대표적인 접지 방식 한가지만 쓰시오.

(1) 설명

(2) 접지방식

[작성답안]

• 설명 : 1선지락 사고시 건전상의 전압상승을 상규 대지전압의 1.3배를 넘지 않도록 접지 임피던스를 조절해서 접지하는 것을 말한다.

• 접지방식 : 직접접지방식

[핵심] 중성점 접지방식

중성점 접지방식의 종류는 중성점에 접지되는 임피던스의 크기에 따라 결정된다.

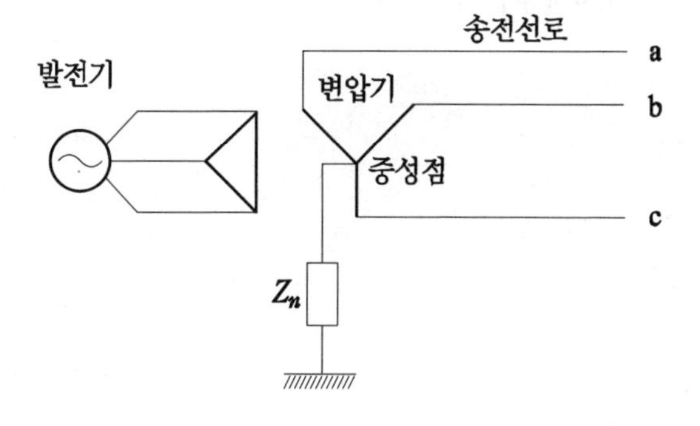

① 비접지 방식($Z_N = \infty$)

② 직접접지 방식($Z_N = 0$)

③ 저항접지 방식($Z_N = R$)

④ 소호 리액터 접지방식($Z_N = jX$)

2

출제년도 12.(5점/부분점수 없음)

MOF에 대하여 간략히 설명하시오.

[작성답안]

PT와 CT를 한 탱크내에 내장한 것으로 고전압·대전류를 저전압·소전류로 변성하여 전력량계에 전원을 공급해주는 기기이다.

3

출제년도 12.22.(4점/부분점수 없음)

다음 논리회로의 출력을 논리식으로 나타내고 간략화 하시오.

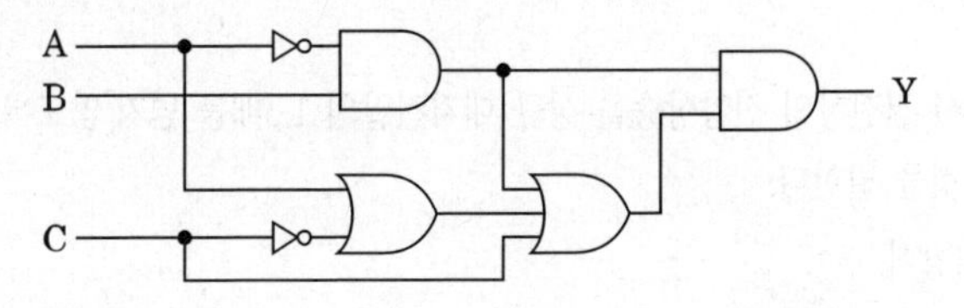

[작성답안]

$Y = (\overline{A} \cdot B)(\overline{A} \cdot B + A + \overline{C} + C) = (\overline{A} \cdot B)(\overline{A} \cdot B + A + 1) = \overline{A} \cdot B$

[핵심] 논리연산

① 분배 법칙

$A + (B \cdot C) = (A + B) \cdot (A + C)$ $A \cdot (B + C) = A \cdot B + A \cdot C$

② 불대수

$A \cdot 0 = 0$	$A + 0 = A$
$A \cdot 1 = A$	$A + 1 = 1$
$A + A = A$	$A \cdot A = A$
$A \cdot \overline{A} = 0$	$A + \overline{A} = 1$

③ De Morgan의 정리

$\overline{A + B} = \overline{A}\ \overline{B}$	$A + B = \overline{\overline{A}\ \overline{B}}$
$\overline{AB} = \overline{A} + \overline{B}$	$AB = \overline{\overline{A} + \overline{B}}$

4 출제년도 08.12.16.(5점/각 항목당 1점)

접지공사에서 접지저항을 저감시키는 방법을 5가지만 쓰시오.

[작성답안]

① 접지극의 길이를 길게한다.

② 접지극을 병렬접속한다.

③ 접지봉의 매설깊이를 깊게한다.(또는 심타접지공법으로 시공한다)

④ 접지저항 저감제를 사용한다.

⑤ 메쉬(mesh)접지를 시행한다.

[핵심] 접지저항 저감방법

접지저항의 저감 방법은 물리적인 저감 방법과 화학적인 저감 방법으로 나눈다. 물리적인 저감방법은 다음과 같다.

- 접지봉의 병렬로 연결하며, 접지극의 면적을 증가시킨다.
- 접지극의 매설깊이를 깊게 한다. 심타공법, 보링공법 등이 있다.
- 매설지선을 설치한다. 매설지선은 철탑의 탑각접저항을 줄이는데 사용한다.
- 평판접지전극을 사용하여 병렬 또는 직렬로 시공하다.
- Mesh 접지공법을 사용한다.

화학적 접지저항 저감방법은 접지극 주변의 토양을 개량하여 ρ를 저감하는 방법으로 일시적이며, 1~2년이 경과하면 거의 효과가 없다. 일반적으로 염, 황산암모니아, 탄산소다, 카본분말, 벤젠나이트 등을 토양에 혼합 사용한다.

2012

5 출제년도 12.(5점/부분점수 없음)

다음 그림에서 ⓥ가 지시하는 것은 무엇인가?

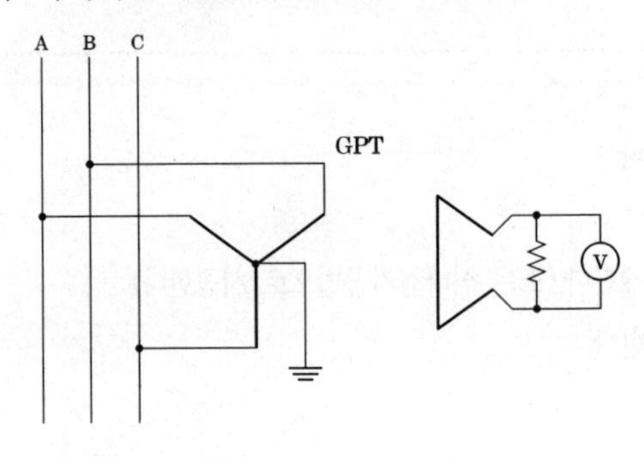

[작성답안]

영상전압

[핵심] GPT(접지형 계기용변압기)

접지형 계기용 변압기는 비접지 계통에서 지락 사고시의 영상전압을 검출한다. 아래 그림에서 접지형 계기용 변압기는 정상상태가 된다. 정상 운전시에는 영상전압이 평형상태가 된다. 이때 각상의 전압은 $110/\sqrt{3}$ [V]가 되고 120° 의 위상 차이가 있기 때문에 평형이 되고 이들의 합은 0 [V]가 된다.

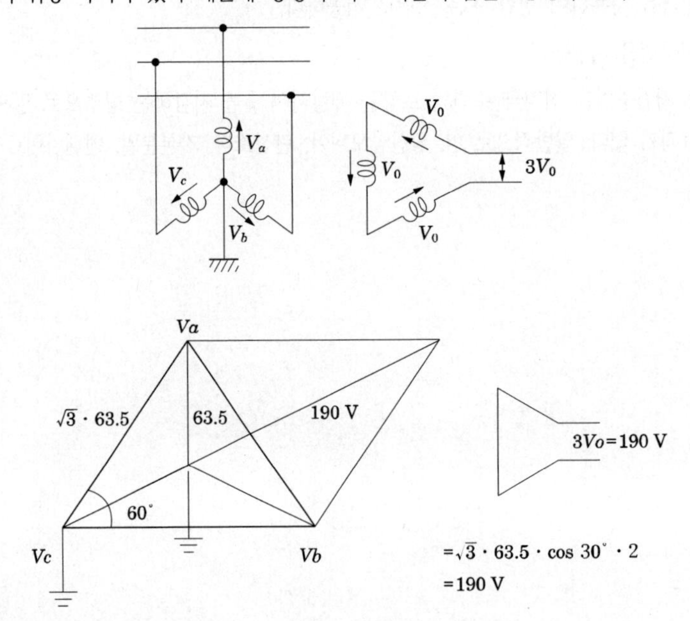

6

출제년도 04.12.(5점/부분점수 없음)

계기용 변압기(2개)와 변류기(2개)를 부속하는 3상3선식 전력량계를 결선하시오.(단, 1, 2, 3은 상순을 표시하고, P1, P2, P3은 계기용 변압기에 1S, 1L, 3S, 3L은 변류기에 접속하는 단자이다.)

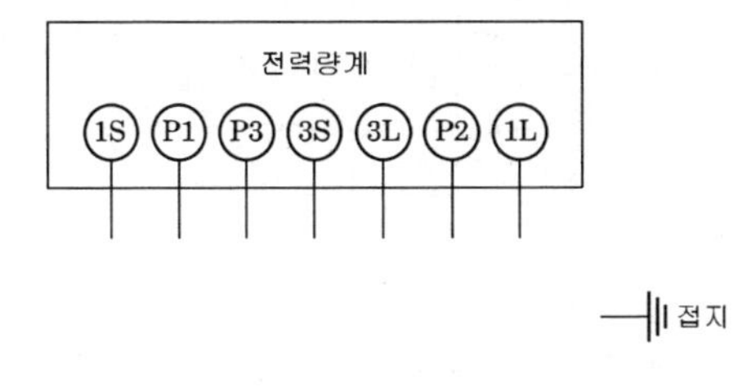

[작성답안]

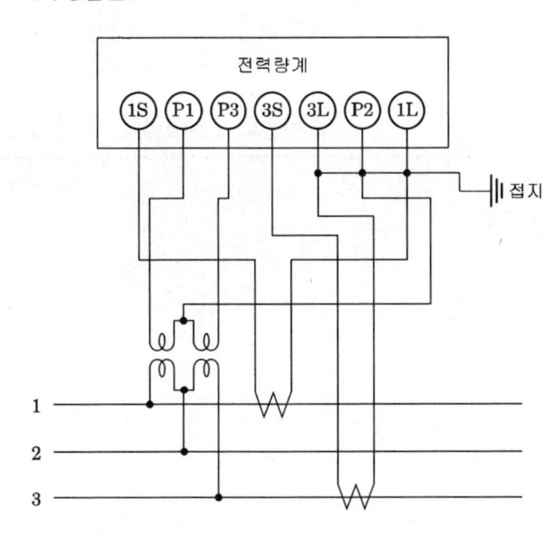

2012

[핵심] 전력량계 결선

① 3상 3선식, 단상 3선식

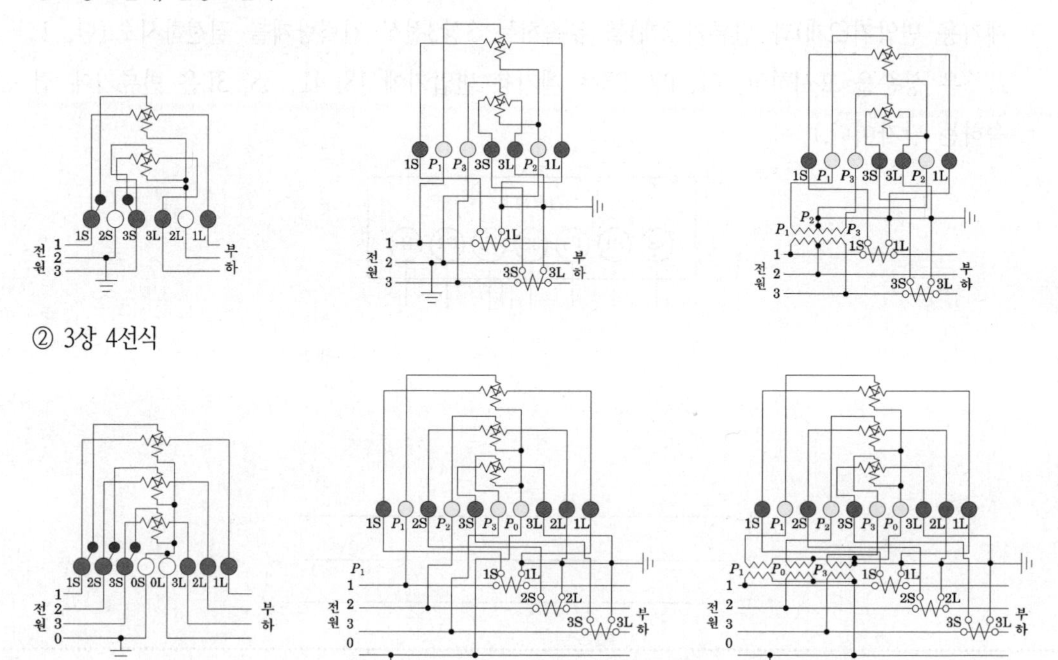

② 3상 4선식

7

출제년도 12.(8점/각 문항당 2점)

전기설비에서 사용되는 다음 용어의 정의를 쓰시오.

(1) 간선

(2) 단락전류

(3) 사용전압

(4) 분기회로

[작성답안]

(1) 간선 : 인입구에서 분기과전류차단기에 이르는 배선으로서 분기회로의 분기점에서 전원측의 부분을 말한다.

(2) 단락전류 : 전로의 선간이 임피던스가 적은 상태로 접촉되었을 경우에 그 부분을 통하여 흐르는 큰 전류를 말한다.

(3) 사용전압 : 보통의 사용상태에서 그 회로에 가하여지는 선간전압을 말한다.

(4) 분기회로 : 간선에서 분기하여 분기과전류차단기를 거쳐서 부하에 이르는 사이의 배선을 말한다.

[핵심] 용어

① 내선규정 1300-1 "ㄱ"에 관한 용어

- 간선(幹線)이란 인입구에서 분기과전류차단기에 이르는 배선으로서 분기회로의 분기점에서 전원측의 부분을 말한다.
- 개거(開渠)란 지표 또는 지상에 시설하는 철근콘크리트제의 견고한 배선구(덕트 또는 도랑이라고 한다)를 말한다.
- 고온장소(高溫場所)란 주위온도가 보통사용 상태에서 30℃를 초과하는 장소를 말한다.
- 과부하전류(過負荷電流)란 기기에 대하여는 그 정격전류, 전선에 대하여 그 허용전류를 어느 정도 초과하여 그 계속되는 시간을 합하여 생각하였을때, 기기 또는 전선의 손상방지를 위한 자동차단을 필요로 하는 전류를 말한다.
- 과전류(過電流)란 과부하 전류 및 단락전류를 말한다.
- 과전류차단기(過電流遮斷器)란 배선용차단기, 퓨즈, 기중차단기(ACB)와 같이 과부하전류 및 단락전류를 자동차단하는 기능을 가지는 기구를 말한다.

② 내선규정 1300-2 "ㄴ"에 관한 용어

- 내화성(耐火性)이란 사용 중 닿게 될지도 모르는 불꽃, 아크 또는 고열에 의하여 연소되는 일이 없고 또한 실용상 지장을 주는 변형 또는 변질을 하지 않는 성질을 말한다.
- 누전차단기(漏電遮斷器)란 누전차단장치를 하나로 하여 용기 속에 넣어서 제작한 것으로서 용기 밖에서 수동으로 전로를 개폐 및 자동차단 후에 복귀가 가능한 것을 말한다.
- 누전차단장치(漏電遮斷裝置)란 전로에 지락이 생겼을 경우에 부하기기, 금속제 외함 등에 발생하는 고장전압 또는 지락전류를 검출하는 부분과 차단기 부분을 조합하여 자동적으로 전로를 차단하는 장치를 말한다.

③ 내선규정 1330-3 "ㄷ"에 관한 용어

- 단락전류(短絡電流)란 전로의 선간이 임피던스가 적은 상태로 접촉되었을 경우에 그 부분을 통하여 흐르는 큰 전류를 말한다.
- 대지전압(對地電壓)이란 접지식 전로에서 전선과 대지 사이의 전압을 말하고 또 비접지식 전로에서 전선과 전로중 임의의 다른 전선 사이의 전압을 말한다.
- 대형전기기계기구(大形電氣機械器具)란 정격 소비전력 3 kW이상의 가정용 전기기계기구를 말한다.

④ 내선규정 1300-6 "ㅂ"에 관한 용어

- 배선기구(配線器具)란 개폐기, 과전류차단기, 접속기 기타 이와 유사한 기구를 말한다.
- 배선용차단기(配線用遮斷器)란 전자작용 또는 바이메탈의 작용에 의하여 과전류를 검출하고 자동으로 차단하는 과전류차단기로 그 최소동작전류(동작하고 안하는 전류한계)가 정격전류의 100%와 125%사이에 있고 또 외부에서 수동, 전자적 또는 전동적으로 조작할 수 있는 것을 말한다.

- 뱅크(bank)란 전로에 접속된 변압기 또는 콘덴서의 결선상 단위(結線上 單位)를 말한다.
- 버스덕트란 나모선(裸母線) 및 절연모선을 금속제의 함내(函內)에 넣은 것을 말한다.
- 보안공사란 저압 또는 고압의 가공전선이 다른 시설물과 접근교차하는 경우의 시설방법 중 일반적으로 규정되어 있는 시설방법보다도 강화하여야 할 점(전선의 굵기, 목주의 풍압하중에 대한 안전율, 말구(末口)의 굵기 및 지지물의 경간)을 규정한 공통의 공사방법을 말한다.
- 본질(本質)안전방폭구조란 상시 운전 중이나 사고시(단락·지락·단선 등)에 발생하는 불꽃, 아크 또는 열에 의하여 폭발성가스에 점화가 되지 않는 것이 점화시험 또는 기타의 방법에 의하여 확인된 구조를 말한다.
- 부식성가스 등이 있는 장소란 산류(酸類), 알칼리류, 염소산칼리, 표백분, 염료 혹은 인조비료의 제조공장, 동·아연 등의 제련소, 전기분동소(分銅所), 전기도금공장, 개방형 축전지실 또는 이들과 유사한 장소를 말한다.
- 분기개폐기(分岐開閉器)란 간선과 분기회로의 분기점에서 부하측으로 설치하는 개폐기 중 전원측에 가장 가깝게 설치한 개폐기(개폐기를 겸하는 배선용 차단기를 포함한다)를 말한다.
- 분기회로(分岐回路)란 간선에서 분기하여 분기과전류차단기를 거쳐서 부하에 이르는 사이의 배선을 말한다.
- 분전반(分電盤)이란 분기과전류차단기 및 분기개폐기를 집합하여 설치한 것(주개폐기나 인입구장치를 설치하는 경우도 포함한다)을 말한다.
- 분진위험장소(粉塵危險場所)란 폭연성분진·도전성분진·가연성분진 또는 타기 쉬운 섬유가 존재하기 때문에 전기설비가 점화원이 되어 폭발 또는 화재를 일으킬 우려가 있는 장소를 말한다.
- 불연성(不燃性)이란 사용 중 닿게 될지도 모르는 불꽃, 아크 또는 고열에 의하여 연소되지 않은 성질을 말한다.
- 비포장(非包裝)퓨즈란 포장퓨즈 이외의 퓨즈를 말하고 방출형퓨즈를 포함한다.

⑤ 1300-7 "ㅅ"에 관한 용어

- 사용전압(使用電壓)이란 보통의 사용상태에서 그 회로에 가하여지는 선간전압을 말한다.

⑥ 1300-8 "ㅇ"에 관한 용어

- 액세스플로어(Movable Floor 또는 OA Floor)란 주로 컴퓨터실, 통신기계실, 사무실 등에서 배선, 기타의 용도를 위한 2중 구조의 바닥을 말한다.
- 우선 내(雨線 內)란 옥측의 처마 또는 이와 유사한 것의 선단에서 연직선(鉛直線)에 대하여 45° 각도로 그은 선내의 옥측 부분으로 통상의 강우상태에서 비를 맞지 않는 부분을 말한다.

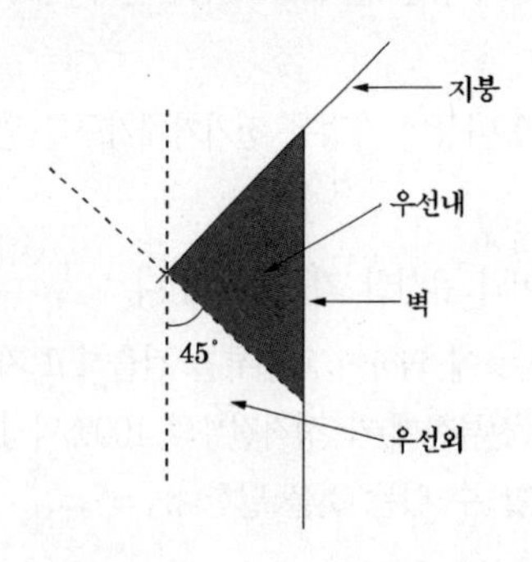

- 우선 외(雨線 外)란 옥측에서 우선 내 이외의 부분을 말한다.
- 이격거리란 떨어져야 할 물체의 표면간의 최단거리를 말한다.

⑦ 1300-9 "ㅈ"에 관한 용어

- 전기자동차란 접속식 하이브리드 전기 자동차를 포함하여 내장한 축전지부터 에너지의 전부 또는 일부를 얻는 모든 도로 자동차를 말한다.
- 절연전선(絕緣電線)이란 450/750V 이하 염화 비닐절연전선, 450/750V 이하 고무 절연전선, 고압 절연전선 및 특고압 절연전선을 말한다.
- 접지측전선(接地側電線)이란 저압전로에서 기술상의 필요에 따라 접지한 중성선 또는 접지된 전선을 말한다.
- 접촉전압(接觸電壓)이란 지락이 발생된 전기기계기구의 금속제 외함 등에 사람이나 가축이 닿을 때 생체에 가하여지는 전압을 말한다.
- 정격전압(定格電壓)이란 전기사용기계기구·배선기구 등에서 사용상 기준이 되는 전압을 말한다. 보통 명판에 기재되며 점멸기, 소켓, 고리퓨즈 등 명판이 없는 것은 각인(刻印), 형출(形出)문자 등으로 표시된다.
- 정격차단용량(定格遮斷容量)이란 과전류차단기가 어떤 정해진 조건에서 차단할 수 있는 차단용량의 한계를 말한다.
- 중성선(中性線)이란 다선식전로에서 전원의 중성극에 접속된 전선을 말한다.
- 지락전류(地絡電流)란 지락에 의하여 전로의 외부로 유출되어 화재, 사람이나 동물의 감전 또는 전로나 기기의 손상 등 사고를 일으킬 우려가 있는 전류를 말한다.
- 전기기계기구의 내압방폭구조(內壓防爆構造)란 용기 내부에 보호기체, 예를 들면 신선한 공기 또는 불연성가스를 압입(壓入)하여 내압(內壓)을 유지함으로써 폭발성가스가 침입하는 것을 방지하는 구조를 말한다.
- 전기기계기구의 내압방폭구조(耐壓防爆構造)란 전폐(全閉)구조로서 용기내부에 가스가 폭발하여도 용기가 그 압력에 견디고 또한 외부의 폭발성가스에 인화될 우려가 없는 구조를 말한다.
- 전기기계기구의 방폭(防爆)구조란 가스증기위험장소에서 사용에 적합하도록 특별히 고려한 구조를 말하며, 내압방폭구조(耐壓防爆構造), 내압방폭구조(內壓防爆構造), 유입(油入)방폭구조, 안전증가방폭구조, 본질(本質)안전방폭구조 및 특수방폭구조와 분진위험장소에서 사용에 적합하도록 고려한 분진방폭구조를 구별한다.
- 전기기계기구의 분진방폭방진구조란 분진위험장소에서 사용에 적합하도록 특별히 고려한 방진구조로서 외부의 분진에 점화되지 않도록 한 것을 말한다. 방진성의 정도에 따라서 보통방진구조와 특수방진구조의 2종류로 나누고, 이 중 분진방폭특수방진구조란 폭연성 분진이 존재하는 장소에서도 사용할 수 있도록 특히 방진성을 높인 구조의 것을 말한다.
- 전기기계기구의 안전증가방폭구조(安全增加防爆構造)란 상시운전 중에 불꽃, 아크 또는 과열이 발생되면 안 되는 부분에 이들이 발생되는 것을 방지하도록 구조상 또는 온도상승에 대하여 특히 안전도를 증가시킨 구조를 말한다.

• 전기기계기구의 유입방폭구조(油入防爆構造)란 불꽃, 아크 또는 점화원(點火原)이 될 수 있는 고온 발생의 우려가 있는 부분의 유중(油中)에 넣어 유면상(油面上)에 존재하는 폭발성가스에 인화될 우려가 없도록 한 구조를 말한다.

⑧ 1300-11 "ㅋ"에 관한 용어

• 큐비클이란 배전반·보안개폐장치 등을 집합체로 조합하여 금속제의 함내에 넣은 단위폐쇄형 수전장치를 말한다.

⑨ 1300-13 "ㅍ"에 관한 용어

• 포장(包裝)퓨즈란 가용체(可熔體)를 절연물 또는 금속으로 충분히 포장한 구조의 플러그퓨즈로서 정격차단용량 이내의 전류를 용융금속 또는 아크를 방출하지 않고 안전하게 차단할 수 있는 것을 말한다.

⑩ 1300-14 "ㅎ"에 관한 용어

• 한류(限流)퓨즈란 단락전류를 신속히 차단하며 또한 흐르는 단락전류의 값을 제한하는 성질을 가지는 퓨즈로서 이 성질에 관하여 일정한 규격에 적합한 것을 말한다.

8

출제년도 03.05.12.(5점/부분점수 없음)

수전전압 22.9[kV] 변압기 용량 3000[kVA]의 수전설비를 계획할 때 외부와 내부의 이상전압으로부터 계통의 기기를 보호하기 위해 설치해야 할 기기의 명칭과 그 설치위치를 설명하시오. (단, 변압기는 몰드형으로서 변압기 1차의 주차단기는 진공차단기를 사용하고자 한다.)

(1) 낙뢰 등 외부 이상전압

(2) 개폐 이상전압 등 내부 이상전압

[작성답안]

(1) 기기명 : 피뢰기(LA)

설치위치 : 수전실 인입구 장치(단로기) 2차측

(2) 기기명 : 서지흡수기(SA)

설치위치 : 진공 차단기 2차측과 몰드형 변압기 1차측 사이

[핵심] 서지흡수기의 설치

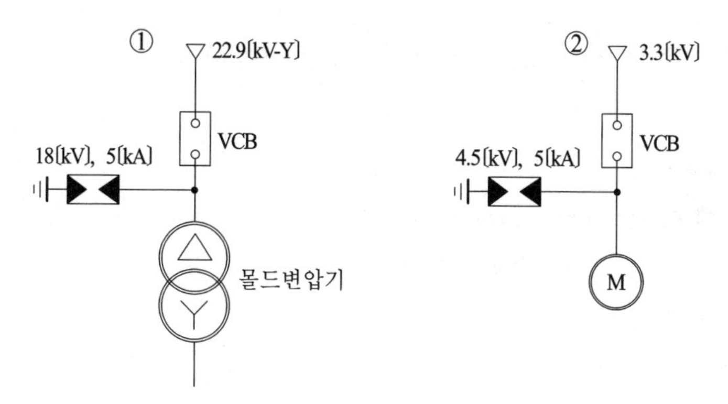

9

출제년도 12.(5점/부분점수 없음)

고압회로의 지락보호를 위하여 검출기로 관통형 영상변류기를 사용할 경우 케이블의 실드접지의 접지점은 원칙적으로 케이블 1회선에 대하여 1개소로 한다. 그러나, 케이블의 길이가 길게 되어 케이블 양단에 실드 접지를 하게 되는 경우 양끝의 접지는 다른 접지선과 접속하면 안 되는데, 그 이유는 무엇인가?

[작성답안]

케이블 양단에 실드 접지를 하는 경우는 양끝의 접지가 다른 접지선과 접속하게 될 경우 지락사고시 지락전류 의 일부분이 다른 접지선의 접지점을 통하여 흐르게 되어 그 결과 지락계전기에의 입력이 감소하여 감출감도가 저하되므로 지락계전기가 동작하지 않을 수도 있기 때문이다.

10

출제년도 97.00.02.03.05.07.08.09.12.15.(5점/각 문항당 2점, 모두 맞으면 5점)

어떤 공장의 전기설비로 역률 0.8, 용량 200[kVA]인 3상 유도부하가 사용되고 있다. 이 부하에 병렬로 전력용 콘덴서를 설치하여 합성 역률을 0.95로 개선할 경우 다음 각 물음에 답하시오.

(1) 전력용 콘덴서의 용량은 몇 [kVA]가 필요한가?

(2) 전력용 콘덴서의 직렬리액터를 함께 설치할 때 설치하는 이유와 용량은 몇 [kVA]를 설치하여야 하는지를 쓰시오.

[작성답안]

(1) 계산 : $Q_c = P(\tan\theta_1 - \tan\theta_2) = 200 \times 0.8 \times \left(\frac{0.6}{0.8} - \frac{\sqrt{1-0.95^2}}{0.95}\right) = 67.410[\text{kVA}]$

답 : 67.41[kVA]

(2) 이유 : 제5고조파를 제거하여 파형개선

콘덴서 용량의 4[%]일 때 $67.41 \times 0.04 = 2.696[\text{kVA}]$

콘덴서 용량의 6[%]일 때 $67.41 \times 0.06 = 4.044[\text{kVA}]$

답 : 이론상 2.7[kVA], 실제상 4.04[kVA]

[핵심] 직렬리액터

[이론상] 리액터 용량 = 콘덴서 용량 × 4[%]

[실제상] 리액터 용량 = 콘덴서 용량 × 6[%]

11

출제년도 89.97.98.02.12.13.17.18.(7점/각 문항당 3점, 모두 맞으면 7점)

그림은 어느 생산공장의 수전설비의 계통도이다. 이 계통도와 뱅크의 부하용량표, 변류기 규격표를 보고 다음 각 물음에 답하시오.(용량산출시 제시되지 않은 조건은 무시한다.)

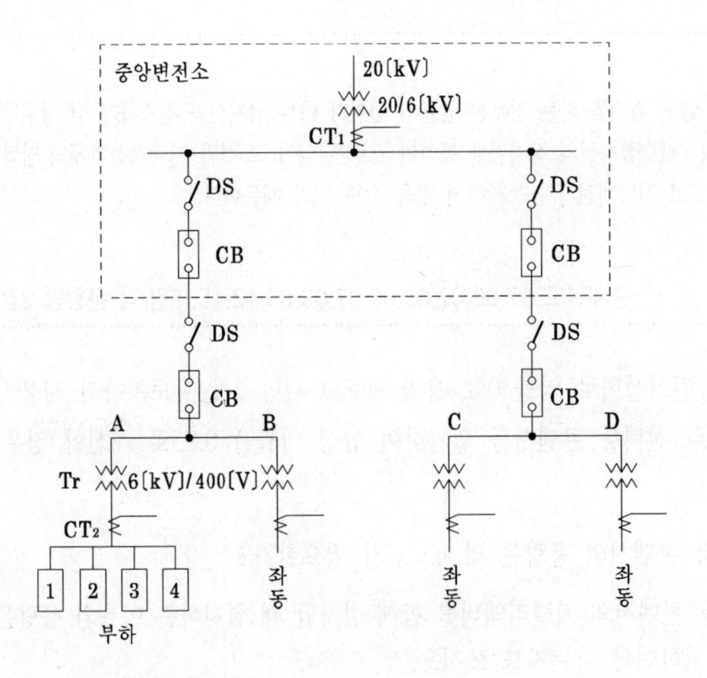

뱅크의 부하 용량표

피더	부하 설비 용량[kW]	수용률[%]
1	125	80
2	125	80
3	500	60
4	600	84

변류기 규격표

항 목	변 류 기
정격 1차 전류[A]	5, 10, 15, 20, 30, 40 50, 75, 100, 150, 200 300, 400, 500, 600, 750 1000, 1500, 2000, 2500
정격 2차 전류[A]	5

(1) A, B, C, D 뱅크에 같은 부하가 걸려 있으며, 각 뱅크의 부등률은 1.1이고 전부하 합성역률은 0.8이다. 중앙변전소 변압기 용량을 구하시오.

(2) 변류기 CT_1, CT_2의 변류비를 구하시오. (단, 1차 수전 전압은 20000/6000 [V], 2차 수전전압은 6000/400 [V]이며 변류비는 1.25배로 결정한다.)

[작성답안]

(1) 계산 : A 뱅크의 최대수요전력$=\dfrac{125\times0.8+125\times0.8+500\times0.6+600\times0.84}{1.1\times0.8}=1140.91$ [kVA]

A, B, C, D 각 뱅크간의 부등률은 없으므로

$STr=1140.91\times4=4563.64$ [kVA]

답 : 5000 [kVA]

(2) 계산 :

① CT_1

$$I_1=\frac{4563.64}{\sqrt{3}\times6}\times1.25=548.92\ [A]$$

∴ 표에서 600/5 선정

② CT_2

$$I_1=\frac{1140.91}{\sqrt{3}\times0.4}\times1.25=2058.45\ [A]$$

∴ 표에서 2500/5 선정

답 : ① CT_1 : 600/5

② CT_2 : 2500/5

2012

[핵심] 변압기 용량

① 변압기 용량

변압기 용량[kW] ≥ 합성 최대 수용 전력 = $\dfrac{\text{부하 설비 합계[kW]} \times \text{수용률}}{\text{부등률}}$

역률을 적용하여 [kW]의 부하를 [kVA]의 부하로 환산하여 구한다.

② 표준용량

3, 5, 7.5, 10, 15, 30, 50, 75, 100, 150, 200, 300, 500, 750, 1000, 1500, 2000, 3000, 4500, (5000), 6000, 7500, 10000, 15000, 20000, 30000, 45000, (50000), 60000, 90000, 100000, (120000), 150000, 200000, 250000, 300000 ( )는 준표준 규격이다.

12

출제년도 99.03.04.11.12.14.17.18.(5점/각 문항당 2점, 모두 맞으면 5점)

분전반에서 30[m]의 거리에 2.5[W]의 교류 단상 220[V]전열용 아웃트렛을 설치하여 전압 강하를 2[%]이내가 되도록 하고자 한다. 이곳의 배선 방법을 금속관공사로 한다고 할 때, 다음 각 물음에 답하시오.

(1) 전선의 굵기를 선정하고자 할 때 고려하여야 할 사항을 3가지만 쓰시오.

(2) 전선은 450/750[V] 일반용 단심 비닐절연전선을 사용한다고 할 때 본문내용에 따른 전선의 굵기를 계산하고, 규격품의 굵기로 답하시오.

[작성답안]

(1) • 허용전류
- 전압강하
- 기계적 강도

(2) 계산 : $I = \dfrac{P}{E} = \dfrac{2500}{220} = 11.36[\text{A}]$

$$A = \frac{35.6LI}{1000e} = \frac{35.6 \times 30 \times 11.36}{1000 \times (220 \times 0.02)} = 2.76[\text{mm}^2]$$

$\therefore$ 4[mm^2] 선정

답 : 4[mm^2]

[핵심] 전압강하와 전선의 굵기

① KSC IEC 전선규격

1.5, 2.5, 4, 6, 10, 16, 25, 35, 50, 70, 95, 120, 150, 185, 240, 300, 400, 500, 630 [mm^2]

② 전압강하

- 단상 2선식 : $e = \dfrac{35.6LI}{1,000A}$ ·································· ①
- 3상 3선식 : $e = \dfrac{30.8LI}{1,000A}$ ·································· ②
- 3상 4선식 : $e_1 = \dfrac{17.8LI}{1,000A}$ ·································· ③

여기서, L : 거리 I : 정격전류 A : 케이블의 굵기

이며 ③의 식은 1선과 중성선간의 전압강하를 말한다.

13

출제년도 93.97.06.12.20.(6점/각 문항당 3점)

예비 전원으로 이용되는 축전지에 대한 다음 각 물음에 답하시오.

(1) 그림과 같은 부하 특성을 갖는 축전지를 사용할 때 보수율이 0.8, 최저 축전지 온도 5 [℃], 허용 최저 전압 90 [V]일 때 몇 [Ah] 이상인 축전지를 선정하여야 하는가? (단, $I_1 = 60$[A], $I_2 = 50$[A], $K_1 = 1.15$, $K_2 = 0.91$, 셀(cell)당 전압은 1.06 [V/cell]이다.)

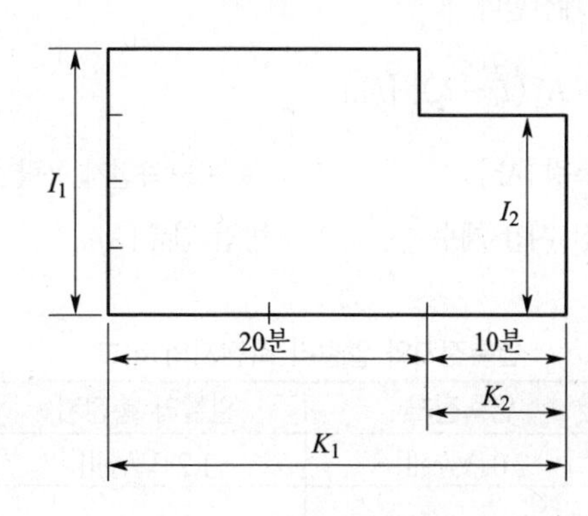

(2) 연 축전지와 알칼리 축전지의 공칭 전압은 각각 몇 [V]인가?

• 연 축전지

• 알칼리 축전지

[작성답안]

(1) $C = \frac{1}{L}[K_1 I_1 + K_2(I_2 - I_1)] = \frac{1}{0.8}[1.15 \times 60 + 0.91(50 - 60)] = 74.88$ [Ah]

$\therefore$ 74.88 [Ah]

답 : 74.88[Ah]

(2) • 연 축전지 : 2 [V]

• 알칼리 축전지 : 1.2 [V]

[핵심] 축전지용량

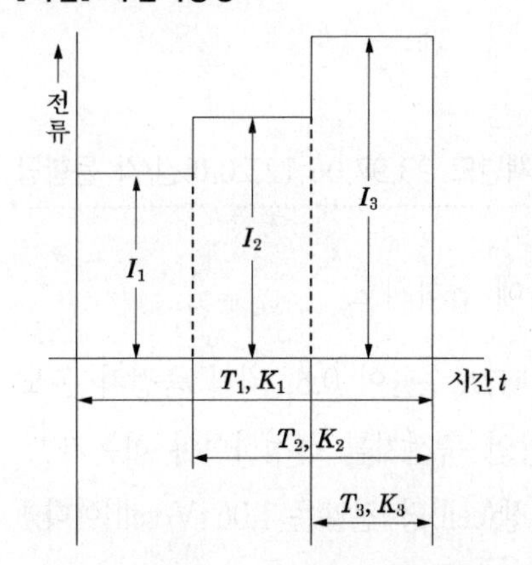

축전지 용량은 아래의 식으로 계산한다.

$$C = \frac{1}{L}[K_1 I_1 + K_2(I_2 - I_1) + K_3(I_3 - I_2)] \text{ [Ah]}$$

여기서, C : 축전지 용량 [Ah]　　L : 보수율 (축전지 용량 변화의 보정값)

K : 용량 환산 시간 계수　　I : 방전 전류 [A]

연축전지와 알칼리 축전지의 비교

구 분	연축전지	알칼리 축전지	비 고
공칭전압	2.0 [V/cell]	1.2 [V/cell]	수치로 기록할 것
과충, 방전에 대한 전기적 강도	약	강	강, 약으로 표기
수명	짧다	길다	길다. 짧다로 표현

14 출제년도 93.99.01.04.08.12.13.15.(4점/부분점수 없음)

길이 20[m], 폭 10[m], 천장 높이 5[m], 유지율은 80[%], 조명률은 50[%]이다. 작업면의 평균 조도를 120[lx]로 할 때 소요광속은 얼마인가?

[작성답안]

계산 : $FN = \dfrac{DES}{U} = \dfrac{ES}{UM} = \dfrac{120 \times 20 \times 10}{0.5 \times 0.8} = 60000[\text{lm}]$

답 : 60000[lm]

[핵심] 조명설계

① 실지수

방의 면적이 같은 2개의 방에 같은 수의 광원을 설치하여도 방의 모양이 다른 경우에는 작업면상의 조도는 다르게 된다. 그래서 천정, 바닥이 장방형인 방은 가로 X, 세로 Y 두 변의 평균을 한 변으로 하는 정방형인 방과 동일하다고 하는 이론에 의해 실지수 $R.I$를 다음 식과 같이 결정한다.

$$R.I = \frac{XY}{H(X+Y)}$$

실지수	5.0	4.0	3.0	2.5	2.0	1.5	1.25	1.0	0.8	0.6
기호	A	B	C	D	E	F	G	H	I	J

② 조도계산

N개의 램프에서 방사되는 빛을 평면상의 면적 A[㎡]에 모두 집중 조사할 수 있다고 하고 램프 1개당 광속을 F[lm]이라 하면, 그 면의 평균조도를

$$E = \frac{F \cdot N}{A} [\text{lx}]$$

로 나타낸다. 이러한 평균조도 계산은 광속법과 설계여건에 따라 ZCM (Zonal Cavity Method)법을 채택할 수 있다.

$$E = \frac{F \cdot N \cdot U \cdot M}{A}$$

여기서, E : 평균조도[lx] F : 램프 1개당 광속[lm] N : 램프수량[개]
U : 조명률 M : 보수율, 감광보상률의 역수 A : 방의 면적[㎡] (방의 폭×길이)

15

출제년도 92.93.97.06.12.(7점/각 문항당 1점, 모두 맞으면 7점)

그림은 전동기 5대가 동작할 수 있는 제어 회로 설계도이다. 회로를 완전히 숙지한 다음 (　) 안에 알맞은 말을 넣어 완성하여라.

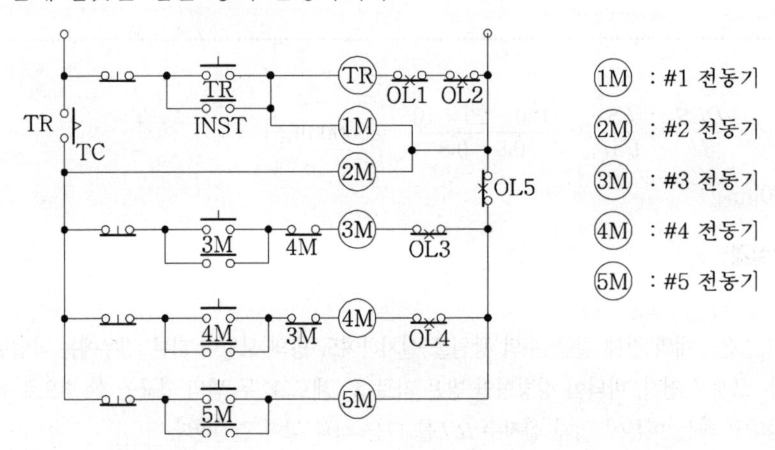

(1) #1 전동기가 기동하면 일정 시간 후에 (①) 전동기가 기동하고 #1 전동기가 운전 중에 있는 한 (②) 전동기도 운전된다.

(2) #1, #2 전동기가 운전 중이 아니면 (①) 전동기는 기동할 수 없다.

(3) #4 전동기가 운전 중일 때 (①) 전동기는 기동할 수 없으며 #3 전동기가 운전 중일 때 (②) 전동기는 기동할 수 없다.

(4) #1 또는 #2 전동기의 과부하 계전기가 트립하면 (①) 전동기가 정지한다.

(5) #5 전동기의 과부하 계전기가 트립하면 (①) 전동기가 정지한다.

[작성답안]

(1) ① #2, ② #2

(2) ① #3 #4 #5

(3) ① #3, ② #4

(4) ① #1 #2 #3 #5 또는 #1 #2 #4 #5

(5) ① #3 #5 또는 #4 #5

16

출제년도 99.12.(10점/각 문항당 3점, 모두 맞으면 10점)

특별고압 가공 전선로(22.9[kV－Y])로부터 수전하는 어느 수용가의 특별고압 수전 설비의 단선 결선도이다. 다음 각 물음에 답하시오.

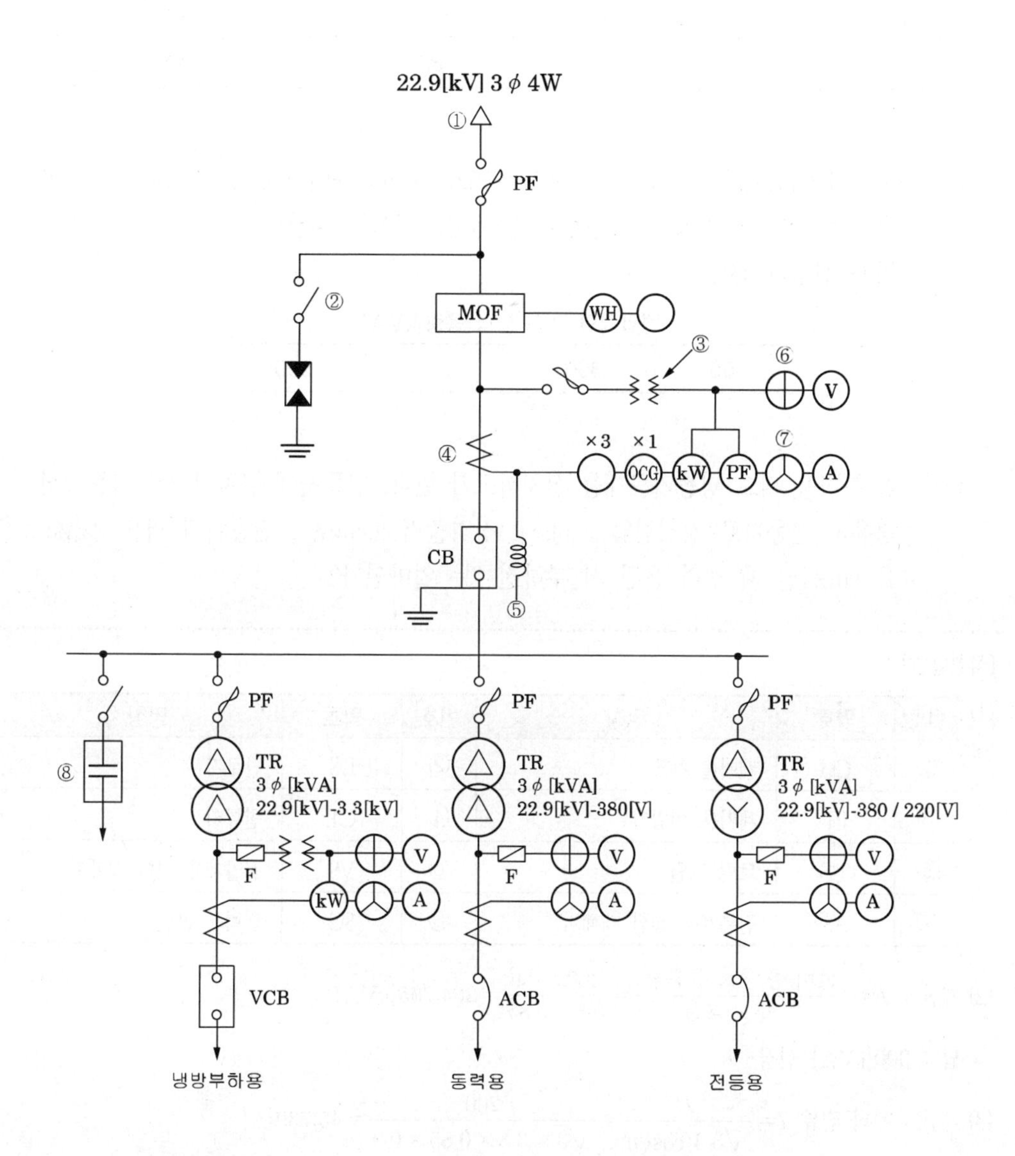

(1) ①~⑧에 해당되는 것의 명칭과 약호를 쓰시오.

번호	약호	명칭	번호	약호	명칭
①			②		
③			④		
⑤			⑥		
⑦			⑧		

(2) 동력부하의 용량은 300[kW], 수용률은 0.6, 부하역률이 80[%], 효율이 85[%]일 때 이 동력용 3상 변압기의 용량은 몇 [kVA]인지를 계산하고, 주어진 변압기의 용량을 선정하시오.

변압기의 표준 정격 용량[kVA]

200	300	400	500

(3) 냉방 부하용 터보 냉동기 1대를 설치하고자 한다. 냉동기에 설치된 전동기는 3상 농형유도 전동기로 정격전압 3.3[kV], 정격출력 200[kW], 전동기의 역률 85[%], 효율 90[%]일 때 정격 운전 시 부하전류는 얼마인가?

[작성답안]

(1)

번호	약호	명칭	번호	약호	명칭
①	CH	케이블 헤드	②	DS	단로기
③	PT	계기용 변압기	④	CT	변류기
⑤	TC	트립 코일	⑥	VS	전압계용 절환 개폐기
⑦	AS	전류계용 절환 개폐기	⑧	SC	전력용 콘덴서

(2) 계산 : $P = \dfrac{\text{설비 용량} \times \text{수용률}}{\text{역률} \times \text{효율}} = \dfrac{300 \times 0.6}{0.8 \times 0.85} = 264.705[\text{kVA}]$

답 : 300[kVA] 선정

(3) 계산 : 부하 전류 $I = \dfrac{P}{\sqrt{3}\, V\cos\theta\eta} = \dfrac{200}{\sqrt{3} \times 3.3 \times 0.85 \times 0.9} = 45.739[\text{A}]$

답 : 45.74[A]

17 출제년도 12.15.(3점/부분점수 없음)

다음의 그림은 변압기 절연유의 열화 방지를 위한 습기제거 장치로서 흡습제와 절연유가 주입되는 2개의 용기로 이루어져 있다. 하부에 부착된 용기는 외부공기와 직접적인 접촉을 막아주기 위한 용기로, 표시된 눈금(용기의 2/3 정도)까지 절연유를 채워 관리되어야 한다. 이 변압기 부착물의 명칭을 쓰시오.

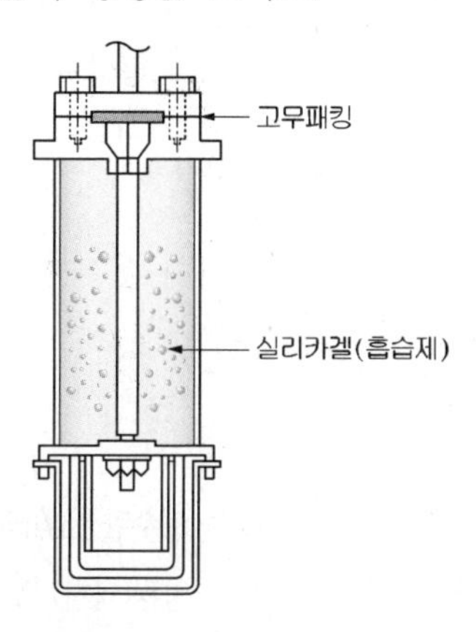

[작성답안]

흡습 호흡기

[핵심] 콘서베이터와 흡습 호흡기

변압기는 온도 변화 및 부하변동에 의해 기름의 온도가 변화하고 부피가 수축, 팽창하므로 외부의 공기가 유입한다. 이것을 변압기의 호흡작용이라고 한다. 호흡작용으로 인해 수분 및 불순물이 혼입하여, 절연내력의 저하, 장기간 사용하면 화학적으로 변화가 일어나게 되어, 침전물이 생긴다. 이를 변압기유의 열화라 한다. 변압기의 열화방지를 위한 컨서베이터(conservator)를 변압기 상부에 설치하여 열화방지한다.

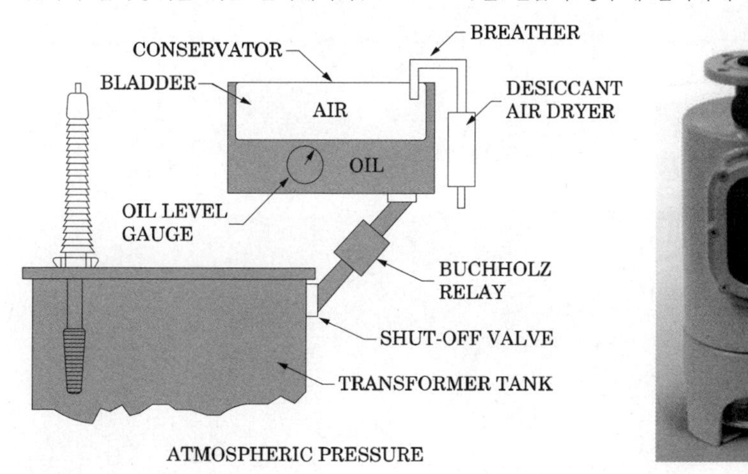

18

출제년도 09.12.18.(5점/부분점수 없음)

지표면상 15 [m] 높이의 수조가 있다. 이 수조에 시간 당 5000[m³] 물을 양수하는데 필요한 펌프용 전동기의 소요 동력은 몇 [kW]인가? (단, 펌프의 효율은 55 [%]로 하고, 여유계수는 1.1로 한다.)

[작성답안]

계산 : $P = \frac{KQH}{6.12\eta} = \frac{1.1 \times \frac{5000}{60} \times 15}{6.12 \times 0.55} = 408.5[\text{kW}]$

답 : 408.5[kW]

[핵심] 펌프용 전동기용량

$$P = \frac{9.8Q'HK}{\eta} = \frac{KQH}{6.12\eta}\ [\text{kW}]$$

여기서, P : 전동기의 용량 [kW]　　Q : 양수량 [m³/min]

Q' : 양수량 [m³/sec]　　H : 양정(낙차) [m]

η : 펌프의 효율 [%]　　K : 여유계수(1.1 ~ 1.2 정도)

2012년 3회 기출문제 해설

※ 다음 물음에 답을 해당 답란에 답하시오.

1 출제년도 89.02.06.12.(6점/각 문항당 2점)

계기용 변압기(PT)와 전압 절환 개폐기(VS 혹은 VCS)로 모선 전압을 측정하고자 한다.

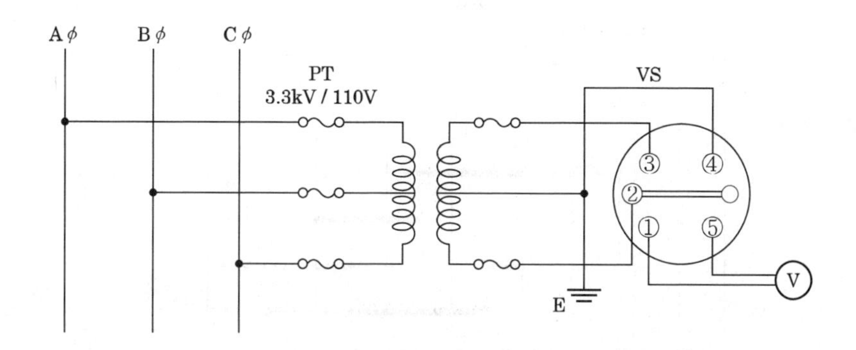

(1) V_{AB} 측정시 VS 단자 중 단락되는 접점을 2가지 쓰시오.

(2) V_{BC} 측정시 VS 단자 중 단락되는 접점을 2가지 쓰시오.

(3) PT 2차측을 접지하는 이유를 기술하시오.

[작성답안]

(1) ①-③, ④-⑤

(2) ①-②, ④-⑤

(3) 이유 : 고저압 혼촉사고로 인한 2차측의 전위 상승을 방지하기 위함

[핵심] 캠스위치

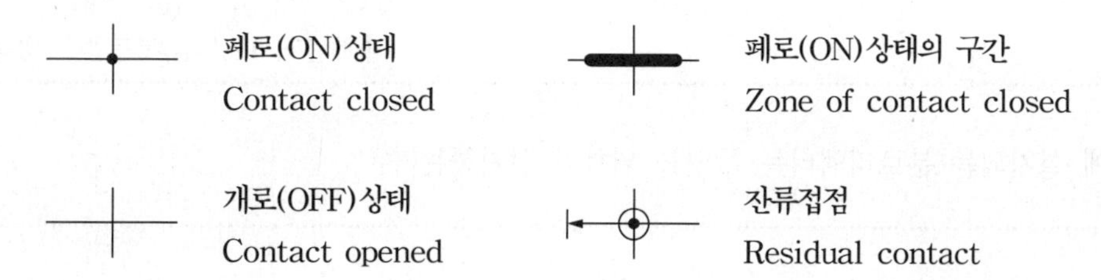

2012

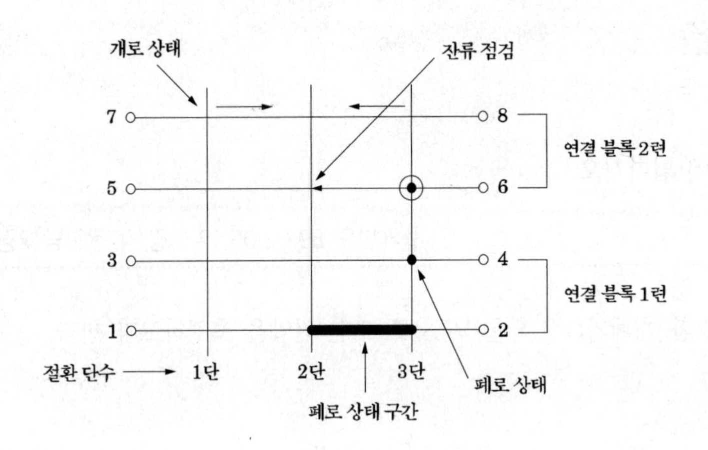

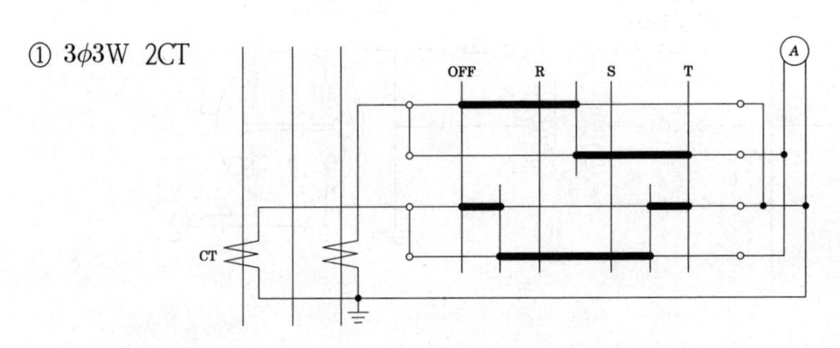

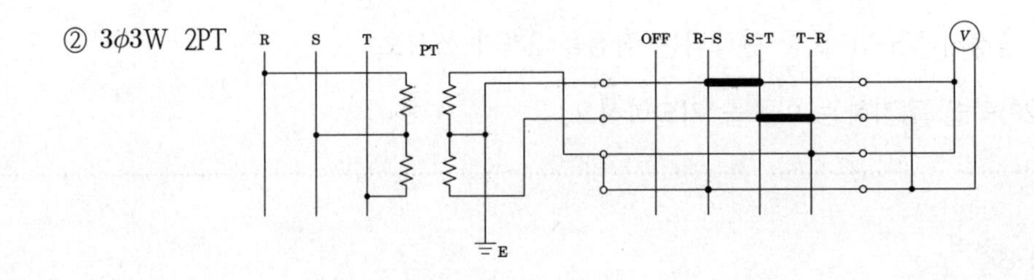

2

출제년도 12.(5점/부분점수 없음)

전력 계통에 설치되는 분로리액터는 무엇을 위하여 설치하는가?

[작성답안]

페란티 현상의 방지

3 출제년도 12.19.新規(5점/부분점수 없음)

380/220[V] 3상 4선식 선로에서 180[m] 떨어진 곳에 다음표와 같이 부하가 연결되어 있다. 간선의 굵기를 결정하는데 필요한 설계전류를 구하시오. (단, 전압강하는 3%로 한다.)

종류	출력	수량	역률×효율	수용률
급수펌프	380V/7.5kW	4	0.7	0.7
소방펌프	380V/20kW	2	0.7	0.7
전열기	220V/10kW	3(각상 평형배치)	1	0.5

[작성답안]

계산 : 급수펌프의 전류 $I_M = \dfrac{7.5 \times 10^3 \times 4}{\sqrt{3} \times 380 \times 0.7} \times 0.7 = 45.58[A]$

소방펌프의 전류 $I_M = \dfrac{20 \times 10^3 \times 2}{\sqrt{3} \times 380 \times 0.7} \times 0.7 = 60.77[A]$

전열기 전류 $I_M = \dfrac{10 \times 10^3}{220 \times 1} \times 0.5 = 22.73$

간선의 설계전류 $I_B = I_M + I_H = 45.58 + 60.77 + 22.73 = 129.08[A]$

답 : 139.72[A]

[핵심] 도체와 과부하 보호장치 사이의 협조

과부하에 대해 케이블(전선)을 보호하는 장치의 동작특성은 다음의 조건을 충족해야 한다.

$I_B \leq I_n \leq I_Z$ ··················· ①

$I_2 \leq 1.45 \times I_Z$ ··················· ②

I_B : 회로의 설계전류

I_Z : 케이블의 허용전류

I_n : 보호장치의 정격전류

I_2 : 보호장치가 규약시간 이내에 유효하게 동작하는 것을 보장하는 전류

1. 조정할 수 있게 설계 및 제작된 보호장치의 경우, 정격전류 I_n은 사용현장에 적합하게 조정된 전류의 설정값이다.
2. 보호장치의 유효한 동작을 보장하는 전류 I_2는 제조자로부터 제공되거나 제품 표준에 제시되어야 한다.

3. 식 2에 따른 보호는 조건에 따라서는 보호가 불확실한 경우가 발생할 수 있다. 이러한 경우에는 식 2에 따라 선정된 케이블 보다 단면적이 큰 케이블을 선정하여야 한다.

4. I_B는 선도체를 흐르는 설계전류이거나, 함유율이 높은 영상분 고조파(특히 제3고조파)가 지속적으로 흐르는 경우 중성선에 흐르는 전류이다.

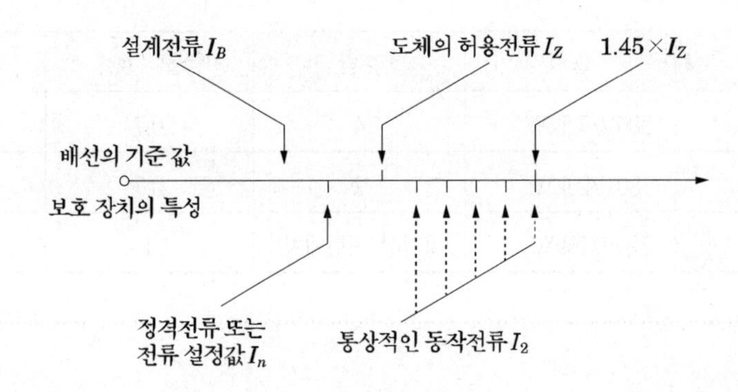

4

출제년도 12.(6점/부분점수 없음)

그림과 같은 부하특성을 갖는 축전지를 사용할 때 보수율이 0.8, 최저 축전지 온도 5[℃], 허용 최저 전압 90[V]일 때 몇 [Ah] 이상인 축전지를 선정하여야 하는가?
(단, $K_1 = 1.15$, $K_2 = 0.95$이고 셀당 전압은 1.06[V/cell]이다.)

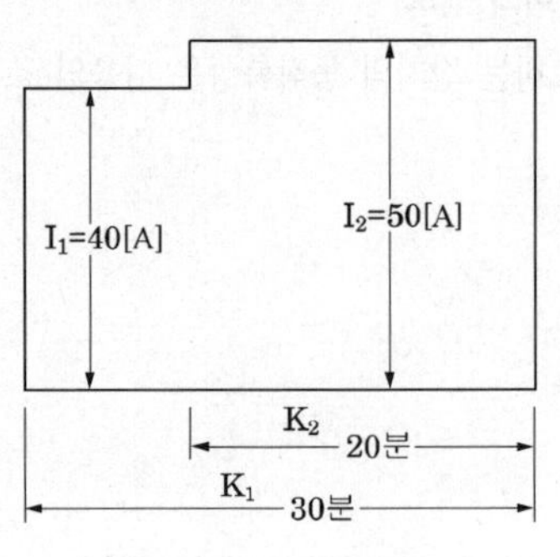

[작성답안]

계산 : $C = \frac{1}{L}\{K_1 I_1 + K_2(I_2 - I_1)\} = \frac{1}{0.8} \times \{1.15 \times 40 + 0.95 \times (50-40)\} = 69.375$[Ah]

답 : 69.38[Ah]

[핵심] 축전지용량

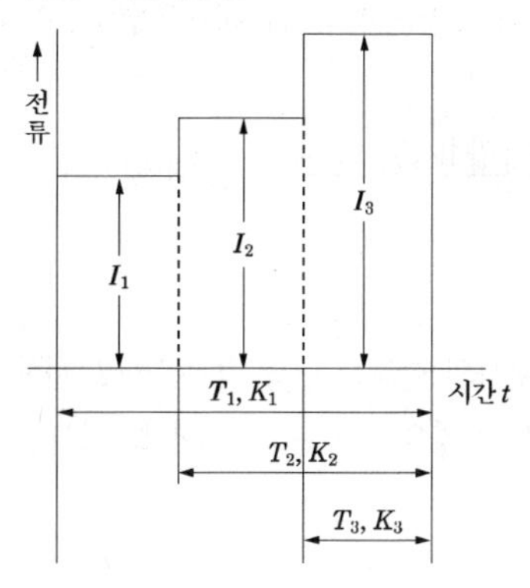

축전지 용량은 아래의 식으로 계산한다.

$$C = \frac{1}{L}[K_1 I_1 + K_2(I_2 - I_1) + K_3(I_3 - I_2)] \text{ [Ah]}$$

여기서, C : 축전지 용량[Ah]　　L : 보수율(축전지 용량 변화의 보정값)

K : 용량 환산 시간 계수　　I : 방전 전류[A]

5

출제년도 07.12.(4점/부분점수 없음)

그림과 같은 3상 3선식 배전선로에서 불평형률을 구하시오.

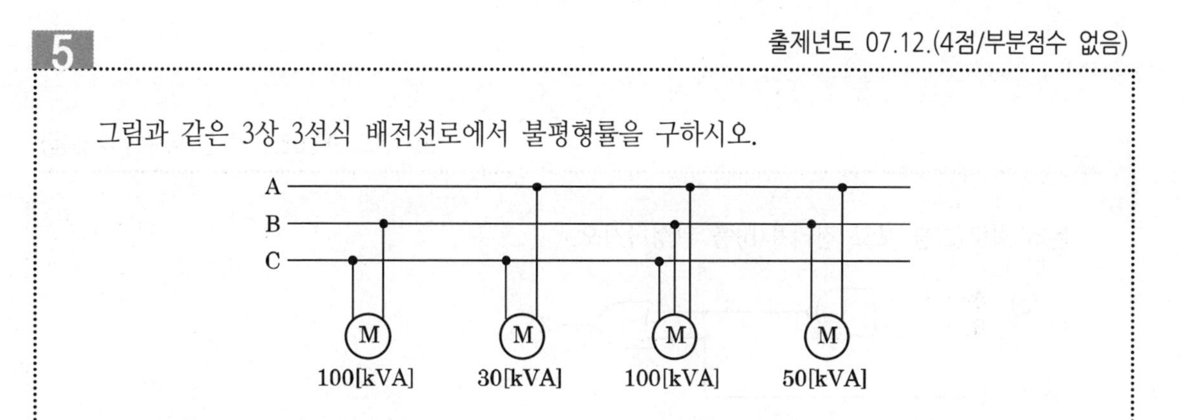

[작성답안]

계산 : 설비불평형률 $= \dfrac{100-30}{(100+30+100+50)\times\dfrac{1}{3}} \times 100 = 75[\%]$

답 : 75[%]

[핵심] 설비불평형률

① 설비불평형 단상

저압수전의 단상 3선식에서 중성선과 각 전압측 전선간의 부하는 평형이 되게 하는 것을 원칙으로 한다.

2012

[주1] 부득이한 경우는 설비불평형률 40 [%]까지로 할 수 있다. 이 경우 설비불평형률이란 중성선과 각전압측 전선간에 접속되는 부하설비용량 [VA]차와 총부하설비용량 [VA]의 평균값의 비 [%]를 말한다. 즉 다음 식으로 나타낸다.

$$설비불평형률 = \frac{중성선과\ 각\ 전압측\ 전선간에\ 접속되는\ 부하설비용량[kVA]의\ 차}{총\ 부하설비용량[kVA]의\ 1/2} \times 100\,[\%]$$

② 설비불평형 3상

저압, 고압 및 특고압수전의 3상 3선식 또는 3상 4선식에서 불평형부하의 한도는 단상 접속부하로 계산하여 설비불평형률을 30 [%] 이하로 하는 것을 원칙으로 한다. 다만, 다음 각 호의 경우는 이 제한에 따르지 않을 수 있다.

- 저압수전에서 전용변압기 등으로 수전하는 경우
- 고압 및 특고압수전에서 100 [kVA](kW) 이하의 단상부하인 경우
- 고압 및 특고압수전에서 단상부하용량의 최대와 최소의 차가 100 [kVA](kW) 이하인 경우
- 특고압수전에서 100 [kVA](kW) 이하의 단상변압기 2대로 역(逆)V결선하는 경우

[주] 이 경우의 설비불평형률이란 각 선간에 접속되는 단상부하 총설비용량 [VA]의 최대와 최소의 차와 총 부하설비용량 [VA] 평균값의 비 [%]를 말한다. 즉, 다음 식으로 나타낸다.

$$설비불평형률 = \frac{각\ 선간에\ 접속되는\ 단상\ 부하\ 총\ 설비용량[kVA]의\ 최대와\ 최소의\ 차}{총\ 부하설비용량[kVA]의\ 1/3} \times 100\,[\%]$$

6

출제년도 99.03.12.(4점/부분점수 없음)

논리 회로(a)를 보고 진리표(b)를 완성하시오.

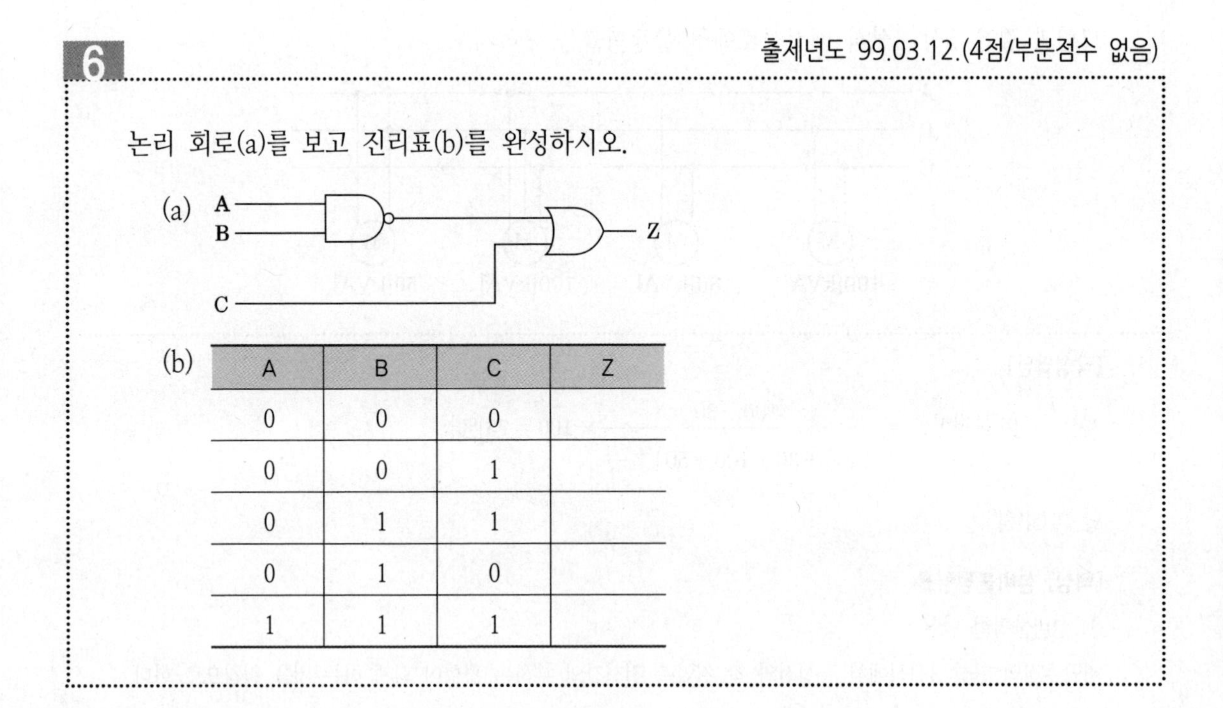

(b)

A	B	C	Z
0	0	0	
0	0	1	
0	1	1	
0	1	0	
1	1	1	

[작성답안]

A	B	C	Z
0	0	0	1
0	0	1	1
0	1	1	1
0	1	0	1
1	1	1	1

7

출제년도 92.94.00.04.06.11.12.(5점/부분점수 없음)

단상2선식 220[V]로 공급되는 전동기가 절연열화로 인하여 외함에 전압이 인가될 때 사람이 접촉하였다. 이때의 접촉전압은 몇 [V]인가? (단, 변압기 2차측 접지저항은 9[Ω], 전로의 저항은 1[Ω], 전동기 외함의 접지저항은 100[Ω]이다.)

[작성답안]

계산 : $E_t = \frac{R_3}{R_2 + R_3} \times V = \frac{100}{10+100} \times 220 = 200[\text{V}]$

답 : 200[V]

[핵심] 접촉전압

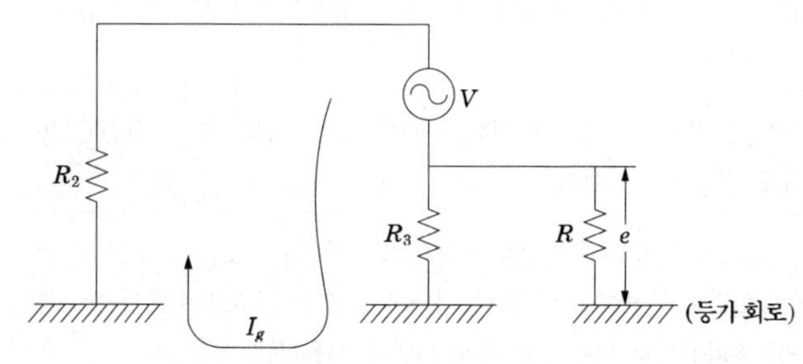

(1) 인체 비 접촉시 전압

• 지락 전류 $I_g = \frac{V}{R_2 + R_3}$

• 대지 전압 $e = I_g R_3 = \frac{V}{R_2 + R_3} R_3$

(2) 인체 접촉시 전압

• 인체에 흐르는 전류 $I = \dfrac{V}{R_2 + \dfrac{RR_3}{R+R_3}} \times \dfrac{R_3}{R+R_3} = \dfrac{R_3}{R_2(R+R_3)+RR_3} \times V$

• 접촉전압 $E_t = IR = \dfrac{RR_3}{R_2(R+R_3)+RR_3} \times V$

8

출제년도 05.12.(6점/각 항목당 1점, 모두 맞으면 6점)

농형유도전동기의 기동법 4가지를 쓰시오.

[작성답안]

• 직입기동　　　　• Y-△기동

• 기동보상기법　　• 리액터 기동법

[핵심] 3상 유도전동기 기동방식

전동기 형식	기동법	기동법의 특징
농 형	직입기동	전동기에 직접 전원을 접속하여 기동하는 방식으로 5[kW] 이하의 소용량에 사용
	Y-△기동	1차 권선을 Y접속으로 하여 전동기를 기동시 상전압을 감압하여 기동하고 속도가 상승되어 운전속도에 가깝게 도달하였을 때 △접속으로 바꿔 큰 기동전류를 흘리지 않고 기동하는 방식으로 보통 5.5~37[kW] 정도의 용량에 사용
	기동보상기법	기동전압을 떨어뜨려서 기동전류를 제한하는 기동방식으로 고전압 농형 유도 전동기를 기동할 때 사용
권선형	2차저항기동	유도전동기의 비례추이 특성을 이용하여 기동하는 방법으로 회전자 회로에 슬립링을 통하여 가변저항을 접속하고 그의 저항을 속도의 상승과 더불어 순차적으로 바꾸어서 적게 하면서 기동하는 방법
	2차임피던스기동	회전자 회로에 고정저항과 리액터를 병렬 접속한 것을 삽입하여 기동하는 방법

9

다음 회로는 환기팬의 자동운전회로이다. 이 회로와 동작 개요를 보고 다음 각 물음에 답하시오.

【동작 개요】

① 연속 운전을 할 필요가 없는 환기용 팬 등의 운전 회로에서 기동 버튼에 의하여 운전을 개시하면 그 다음에는 자동적으로 운전 정지를 반복하는 회로이다.

② 기동 버튼 PB_1을 "ON"조작하면 타이머 ⓉⓁ의 설정 시간만 환기팬이 운전하고 자동적으로 정지한다. 그리고 타이머 T_2의 설정 시간에만 정지하고 재차 자동적으로 운전을 개시한다.

③ 운전 도중에 환기팬을 정지시키려고 할 경우에는 버튼 스위치 PB_2를 "ON"조작하여 행한다.

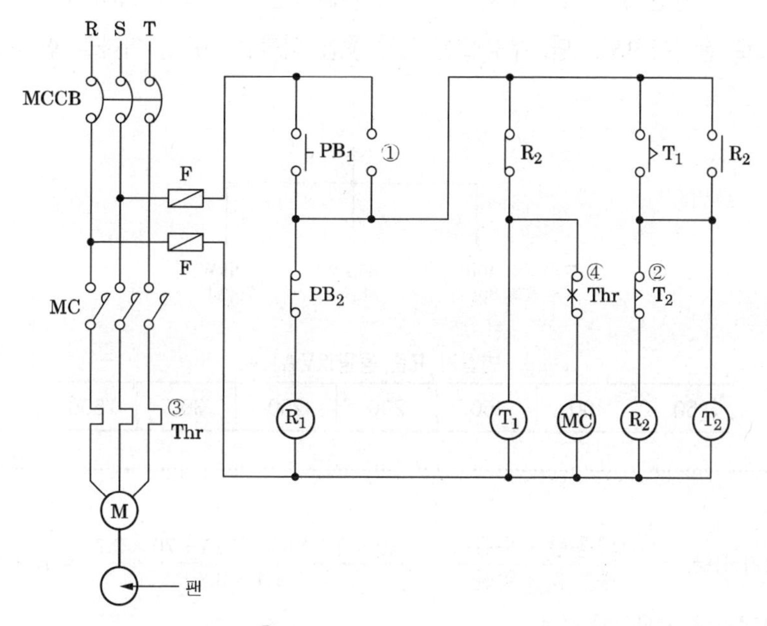

(1) 위 시퀀스도에서 릴레이 R_1에 의하여 자기 유지될 수 있도록 ①로 표시된 곳에 접점 기호를 그려 넣으시오.

(2) ②로 표시된 접점 기호의 명칭과 동작을 간단히 설명하시오.

(3) Thr로 표시된 ③, ④의 명칭과 동작을 간단히 설명하시오.

[작성답안]

(1) R_1

(2) 명칭 : 한시동작 순시복귀 b접점

동작 : 타이머 T_2가 여자되면 일정 시간 후 개로되어 R_2와 T_2를 소자시킨다. T_2가 소자시에는 즉시 복귀한다.

(3) 명칭 : ③ 열동 계전기, ④ 수동 복귀 b접점

동작 : 전동기에 과전류가 흐르면 ③이 동작하여 ④접점이 개로되어 전동기를 정지시키고 복귀는 수동으로 한다.

10

출제년도 95.03.12.(5점/부분점수 없음)

부하 설비 및 수용률이 그림과 같은 경우 이곳에 공급할 변압기 Tr의 용량을 계산하여 표준용량으로 결정하시오. (단, 부등률은 1.1, 종합 역률은 80[%] 이하로 한다.)

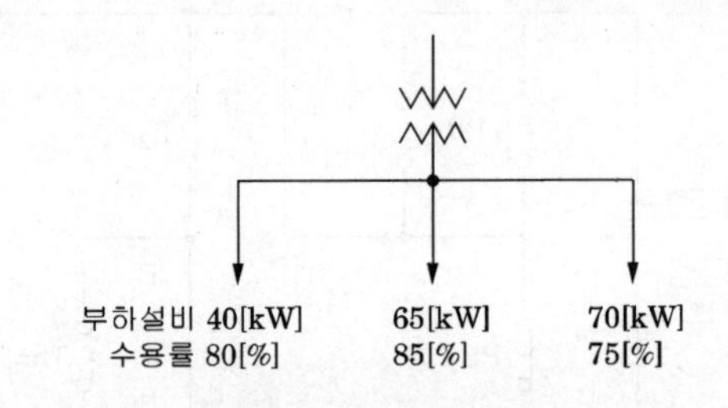

변압기 표준 용량[kVA]

50	100	150	200	250	300	500

[작성답안]

계산 : $\text{변압기 용량} = \dfrac{\text{설비용량} \times \text{수용률}}{\text{부등률} \times \text{역률}} = \dfrac{40 \times 0.8 + 65 \times 0.85 + 70 \times 0.75}{1.1 \times 0.8} = 158.806[\text{kVA}]$

∴ 표준용량 200[kVA] 선정

답 : 200[kVA]

[핵심] 변압기 용량

① 변압기 용량

$\text{변압기 용량[kW]} \geq \text{합성 최대 수용 전력} = \dfrac{\text{부하 설비 합계[kW]} \times \text{수용률}}{\text{부등률}}$

역률을 적용하여 [kW]의 부하를 [kVA]의 부하로 환산하여 구한다.

② 표준용량

3, 5, 7.5, 10, 15, 30, 50, 75, 100, 150, 200, 300, 500, 750, 1000, 1500, 2000, 3000, 4500, (5000), 6000, 7500, 10000, 15000, 20000, 30000, 45000, (50000), 60000, 90000, 100000, (120000), 150000, 200000, 250000, 300000 ( )는 준표준 규격이다.

11

출제년도 98.12.(4점/부분점수 없음)

서지흡수기(Surge Absorber)의 기능을 쓰시오.

[작성답안]

개폐서지 등 이상전압으로부터 변압기 등 기기보호하기 위해 개폐 서지를 발생하는 차단기 후단과 보호하여야할 기기 전단 사이에 설치한다.

[핵심] 서지흡수기

최근에 몰드변압기의 채용이 증가하고 있으며, 아울러 몰드변압기 앞단에 진공차단기가 채용되고 있다. 그런데, 몰드변압기의 기준충격절연강도(BIL)가 95 [kV] (22 [kV]급)이며, 진공차단기의 개폐서지로 인하여 몰드변압기의 절연이 악화될 우려가 있으므로 몰드변압기를 보호하기 위해서 설치된다.

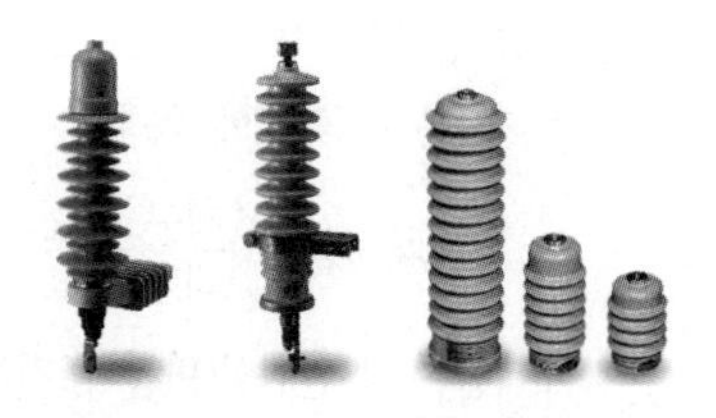

서지흡수기의 적용범위

차단기 종류		V C B(진공차단기)				
전압 등급		3 [kV]	6 [kV]	10 [kV]	20 [kV]	30 [kV]
전동기		적 용	적 용	적 용	–	–
변압기	유입식	불필요	불필요	불필요	불필요	불필요
	몰드식	적 용	적 용	적 용	적 용	적 용
	건식	적 용	적 용	적 용	적 용	적 용
콘덴서		불필요	불필요	불필요	불필요	불필요
변압기와 유도기기와의 혼용 사용시		적 용	적 용	–	–	–

서지흡수기의 정격전압

공칭전압	3.3 [kV]	6.6 [kV]	22.9 [kV]
정격전압	4.5 [kV]	7.5 [kV]	18 [kV]
공칭방전전류	5 [kA]	5 [kA]	5 [kA]

12

출제년도 12.(5점/각 문항당 2점, 모두 맞으면 5점)

수용률의 정의와 수용률의 의미를 간단히 설명하시오.

[작성답안]

정의 : $수용률 = \frac{최대수요전력[kW]}{부하설비용량[kW]} \times 100[\%]$

수용률은 시설되는 총 부하 설비용량에 대하여 실제로 사용하게 되는 부하의 최대 전력의 비를 나타내는 것을 말한다.

의미 : 수용 설비가 동시에 사용되는 정도를 나타내며 주상 변압기 등의 적정공급 설비용량을 파악하기 위하여 사용한다.

[핵심] 부하관계용어

① 부하율

공급 설비가 어느 정도 유효하게 사용되는가를 나타내며 부하율이 클수록 공급 설비가 유효하게 사용된다. 부하율은 다음 식에 의해 계산한다.

$$부하율 = \frac{평균\ 수요\ 전력[kW]}{최대\ 수요\ 전력[kW]} \times 100[\%]$$

부하율은 각 단위별(변압기, 전주, 수용가 등), 시기, 범위, 기간에 따라 달라지며, 부하율을 표시할 경우 기간, 범위를 반드시 명기한다. 예를 들어 일부하율, 월부하율 등으로 표시하여야 하며, 부하율은 기간이 길어질수록 작아진다. 부하율이 적다의 의미는 다음과 같다.

- 공급 설비를 유용하게 사용하지 못한다.
- 평균 수요 전력과 최대 수요 전력과의 차가 커지게 되므로 부하 설비의 가동률이 저하된다.

② 종합부하율

$$종합\ 부하율 = \frac{평균\ 전력}{합성\ 최대\ 전력} \times 100[\%] = \frac{A, B, C\ 각\ 평균\ 전력의\ 합계}{합성\ 최대\ 전력} \times 100[\%]$$

③ 부등률

각 수용가에서의 최대 수용 전력의 발생 시각은 시간적으로 차이가 있으며 이 경우에 배전 변압기 또는 간선에서의 합성 최대 수용 전력은 각 수용가에서의 최대 수용 전력의 합보다 적게 되는데 이 비를 부등률이라 하며 이 값은 항상 1보다 크고, 백분율로 나타내지 않는다. 수용률과 더불어 배전 변압기 또는 배전 간선 등의 공급 설비 계획 자료로 사용된다.

$$부등률 = \frac{개별\ 최대수용전력의\ 합}{합성\ 최대수용전력} = \frac{설비용량 \times 수용률}{합성최대수용전력}$$

④ 수용률

수용률은 시설되는 총 부하 설비용량에 대하여 실제로 사용하게 되는 부하의 최대 전력의 비를 나타내는 것으로서 다음 식에 의하여 구한다.

$$\text{수용률} = \frac{\text{최대수요전력 [kW]}}{\text{부하설비용량 [kW]}} \times 100\ [\%]$$

13

출제년도 12.(7점/부분점수 없음)

주어진 진리표를 이용하여 다음 각 물음에 답하시오.

진리표

A	B	C	출력
0	0	0	P_1
0	0	1	P_1
0	1	0	P_1
0	1	1	P_2
1	0	0	P_1
1	0	1	P_2
1	1	0	P_2

(1) P_1, P_2의 출력식을 각각 쓰시오.

(2) 무접점 회로도를 그리시오

[작성답안]

(1) $P_1 = \overline{A}\,\overline{B} + (\overline{A} + \overline{B})\overline{C}$

$P_2 = \overline{A}BC + A(\overline{B}C + B\overline{C})$

(2)

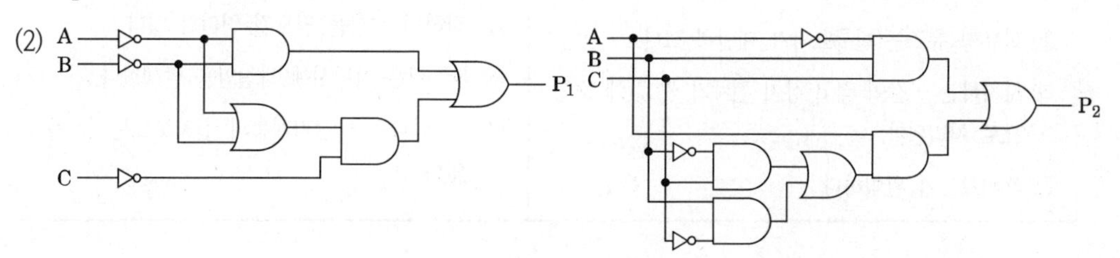

[핵심]

$$P_1 = \overline{A}\,\overline{B}\,\overline{C} + \overline{A}\,\overline{B}C + \overline{A}B\overline{C} + A\overline{B}\,\overline{C}$$

$$= \overline{A}\,\overline{B}\,\overline{C} + \overline{A}\,\overline{B}\,\overline{C} + \overline{A}\,\overline{B}\,\overline{C} + \overline{A}\,\overline{B}C + \overline{A}B\overline{C} + A\overline{B}\,\overline{C}$$

$$= \overline{A}\,\overline{B}(\overline{C}+C) + \overline{A}\,\overline{C}(\overline{B}+B) + \overline{B}\,\overline{C}(\overline{A}+A) \text{(단, } \overline{C}+C=1,\ \overline{B}+B=1,\ \overline{A}+A=1)$$

$$= \overline{A}\,\overline{B} + \overline{A}\,\overline{C} + \overline{B}\,\overline{C} = \overline{A}\,\overline{B} + (\overline{A}+\overline{B})\overline{C}$$

14

출제년도 12.17.(4점/각 항목당 1점)

차단기에 비하여 전력용 퓨즈의 장점 4가지를 쓰시오.

[작성답안]

① 가격이 싸다.

② 소형 경량이다.

③ 릴레이나 변성기가 필요 없다.

④ 고속도 차단한다.

[핵심] 전력퓨즈의 장·단점

장점	단점
① 가격이 싸다. ② 소형 경량이다. ③ 릴레이나 변성기가 필요 없다. ④ 밀폐형 퓨즈는 차단시에 무소음 무방출이다. ⑤ 소형으로 큰 차단용량을 갖는다. ⑥ 보수가 간단하다. ⑦ 고속도 차단한다. ⑧ 한류형 퓨즈는 한류효과가 대단히 크다. ⑨ 차지하는 공간이 적고 장치 전체가 싼 값에 소형으로 처리된다. ⑩ 후비보호가 완벽하다.	① 재투입을 할 수 없다. ② 과도전류로 용단하기 쉽다. ③ 동작시간-전류특성을 계전기처럼 자유로이 조정 할 수 없다. ④ 한류형 퓨즈에는 녹아도 차단하지 못하는 전류범위를 갖는 것이 있다. ⑤ 비보호영역이 있으며, 사용 중에 열화하여 동작하면 결상을 일으킬 염려가 있다. ⑥ 한류형은 차단시에 과전압을 발생한다. ⑦ 고 임피던스 접지계통의 접지보호는 할 수 없다.

15

도면은 154[kV]를 수전하는 어느 공장의 수전설비에 대한 단선도이다. 이 단선도를 보고 다음 각 물음에 답하시오.

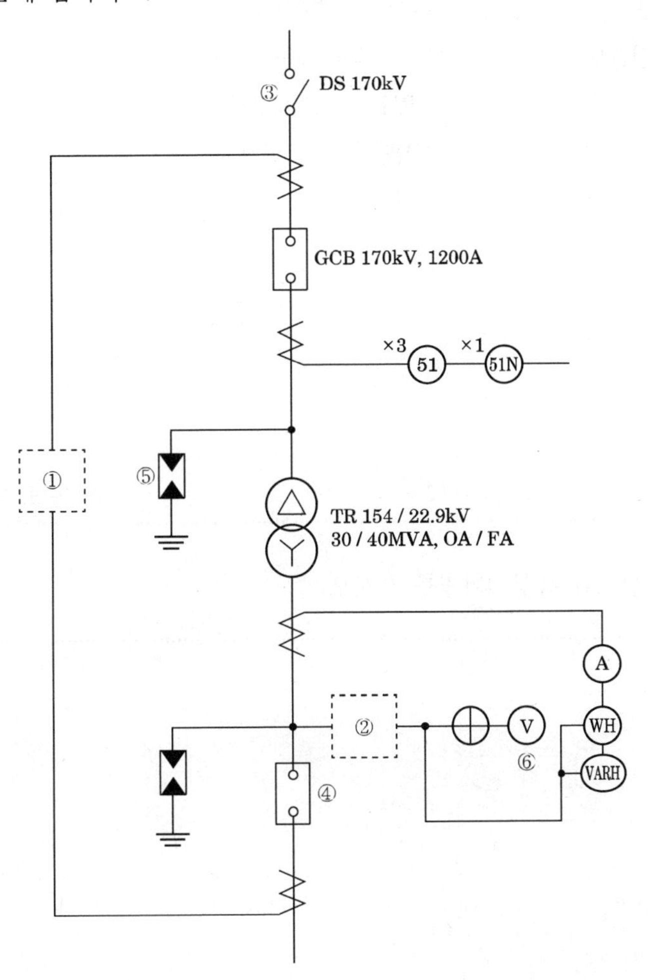

(1) ①에 설치되어야 할 기기의 심벌을 그리고, 그 명칭을 쓰시오.

(2) ②에 설치되어야 할 기기의 심벌을 그리고, 그 명칭을 쓰시오.

(3) 51, 51N의 기구번호의 명칭은?

(4) GCB, VARH의 용어는?

(5) ③~⑥에 해당하는 명칭을 쓰시오.

[작성답안]

(1) 심벌 (87T) 명칭 : 주변압기 차동 계전기

(2) 심벌 —⧘⧘— 명칭 : 계기용변압기

(3) 51 : 교류 과전류계전기 51N : 중성점 과전류계전기

(4) GCB : 가스 차단기 VARH : 무효전력량계

(5) ③ 단로기 ④ 차단기

⑤ 피뢰기 ⑥ 전압계

16

출제년도 12.(4점/부분점수 없음)

보호 계전기에 필요한 특성 4가지를 쓰시오.

[작성답안]

① 선택성

② 신뢰성

③ 감도

④ 속도

[핵심] 보호계전기

① 보호계전기의 기본기능

- 확실성 : 보호계전기는 오동작이 없고 정확한 동작을 유지 해야 한다.
- 선택성 : 사고의 선택차단, 복구, 정전구간의 최소화 해야 한다.
- 신속성 : 주어진 주건에서 신속하게 동작하여야 한다.

② 보호계전기의 구성

- 검출부 : 고장을 검출하는 부분으로 PT, CT, ZCT, GPT등이 해당된다.
- 판정부 : 동작을 결정하는 부분으로 보호계전기의 스프링, 억제코일, 정정탭 등이 해당된다.
- 동작부 : 접점을 구동하는 부분으로 가동코일, 가동철편, 유도 원판 등이 해당된다.

17

출제년도 95.99.01.05.12.13.20.22.(6점/각 문항당 2점)

그림과 같은 평형 3상 회로로 운전하는 유도전동기가 있다. 이 회로에 그림과 같이 2개의 전력계 W_1, W_2, 전압계 Ⓥ, 전류계 Ⓐ를 접속한 후 지시값은 다음과 같다.

- 전력계 W_1 : 5.8 [kW]
- 전력계 W_2 : 3.5 [kW]
- 전압계 V : 220 [V]
- 전류계 A : 30 [A]

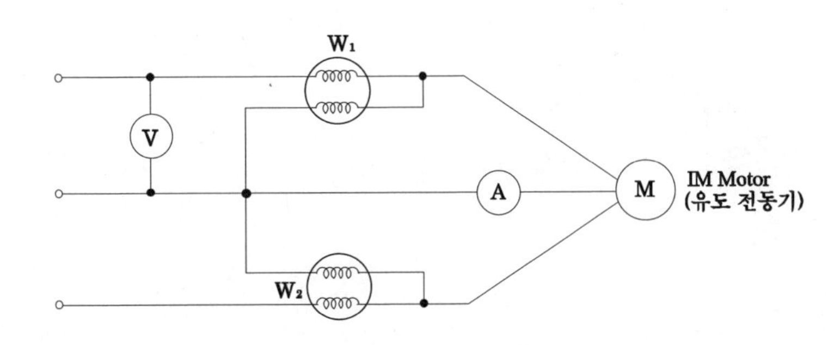

(1) 이 유도전동기의 역률은 몇 [%]인가?

(2) 역률을 90 [%]로 개선시키려면 몇 [kVA] 용량의 콘덴서가 필요한가?

(3) 이 전동기로 만일 매분 20 [m]의 속도로 물체를 권상한다면 몇 [ton]까지 가능한가? (단, 종합효율은 80 [%]로 한다.)

[작성답안]

(1) 계산 : 전력 $P = W_1 + W_2 = 5.8 + 3.5 = 9.3[\text{kW}]$

피상전력 $P_a = \sqrt{3}\,VI = \sqrt{3} \times 220 \times 30 \times 10^{-3} = 11.43[\text{kVA}]$

$\therefore$ 역률 $\cos\theta = \dfrac{P}{P_a} \times 100 = \dfrac{9.3}{11.43} \times 100 = 81.36[\%]$

답 : 81.36[%]

(2) 계산 : $Q = P\left(\dfrac{\sin\theta_1}{\cos\theta_1} - \dfrac{\sin\theta_2}{\cos\theta_2}\right) = 9.3 \times \left(\dfrac{\sqrt{1-0.81^2}}{0.81} - \dfrac{\sqrt{1-0.9^2}}{0.9}\right) = 2.228[\text{kVA}]$

답 : 2.23[kVA]

(3) 계산 : $P = \dfrac{GV}{6.12\eta}[\text{kW}]$ 에서 $G = \dfrac{6.12\,P\eta}{V} = \dfrac{6.12 \times 9.3 \times 0.8}{20} = 2.276\,[\text{ton}]$

답 : 2.28[ton]

2012

[핵심] 2전력계법

유효전력 $P = W_1 + W_2$ [W]

무효전력 $P_r = \sqrt{3}(W_1 - W_2)$ [Var]

역률 $\cos\theta = \dfrac{W_1 + W_2}{\sqrt{(W_1+W_2)^2 + 3(W_1 - W_2)^2}} = \dfrac{W_1 + W_2}{\sqrt{4W_1^2 + 4W_2^2 - 4W_1W_2}} = \dfrac{W_1 + W_2}{2\sqrt{W_1^2 + W_2^2 - W_1W_2}}$

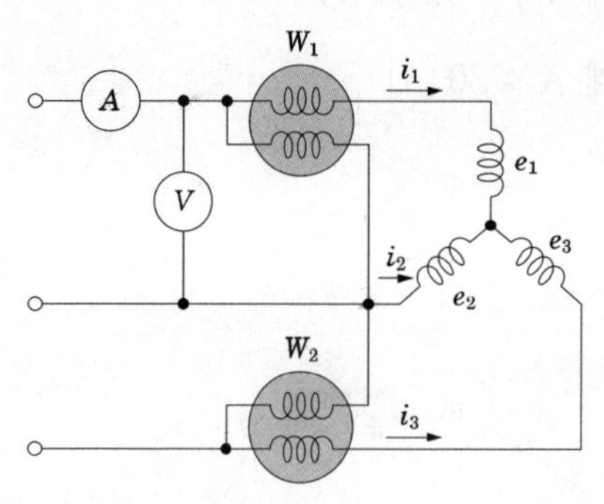

18

출제년도 96.01.12.(6점/각 문항당 1점, 모두 맞으면 6점)

일반적 조명기구의 그림 기호에 문자와 숫자가 다음과 같이 방기되어 있다. 그 의미를 쓰시오.

(1) H500　　(2) N200

(3) F40　　(4) X200

(5) M200

[작성답안]

(1) 500[W] 수은등　　(2) 200[W] 나트륨등

(3) 40[W] 형광등　　(4) 200[W] 크세논 램프

(5) 200[W] 메탈 할라이드등

2013년 1회 기출문제 해설

※ 다음 물음에 답을 해당 답란에 답하시오.

1 출제년도 89.96.08.13.17.(4점/각 문항당 1점, 모두 맞으면 4점)

그림과 같은 시퀀스회로를 보고 다음 각 물음에 답하시오. (단, R_1, R_2, R_3는 보조릴레이 이다.)

(1) 전원측에 가장 가까운 푸시버튼 PB_1으로부터 PB_2, PB_3, PB_0까지 "ON" 조작할 경우의 동작사항을 간단히 설명하시오. 여기서 ON 조작은 누름버튼 스위치를 눌러주는 역할을 말한다.

PB_1 ON	
PB_2 ON	
PB_3 ON	
PB_0 ON	

(2) 최초에 PB_2를 "ON" 조작한 경우에는 동작상황은 어떻게 되는가?

(3) 타임차트의 누름버튼스위치 PB_1, PB_2, PB_3, PB_0와 같은 타이밍으로 "ON" 조작하였을 때 타임차트의 R_1, R_2, R_3의 동작상태를 그림으로 완성하시오.

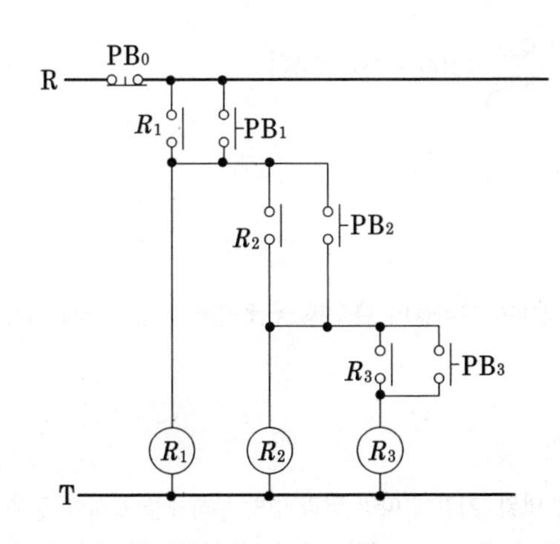

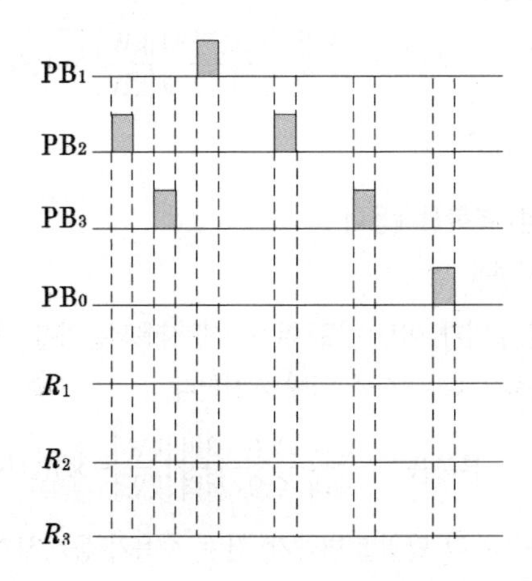

[작성답안]

(1)

PB_1 ON	R_1이 여자되고 자기유지된다.
PB_2 ON	R_1이 여자된 상태에서 R_2가 여자되고 자기유지된다.
PB_3 ON	R_1, R_2가 여자된 상태에서 R_3가 여자되고 자기유지된다.
PB_0 ON	R_1, R_2, R_3 모두 동시에 소자된다.

(2) 동작하지 않는다

(3)

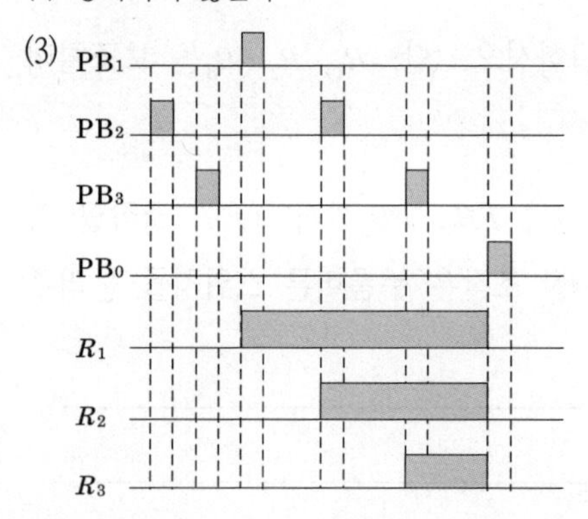

2

출제년도 13.(5점/부분점수 없음)

최대사용전력이 625[kW]인 공장의 시설용량은 800[kW]이다. 이 공장의 수용률을 계산하시오.

[작성답안]

계산 : $수용률 = \frac{최대\ 수요\ 전력[kW]}{부하\ 설비\ 합계[kW]} \times 100 = \frac{625}{800} \times 100 = 78.125[\%]$

답 : 78.13[%]

[핵심] 부하관계용어

① 부하율

공급 설비가 어느 정도 유효하게 사용되는가를 나타내며 부하율이 클수록 공급 설비가 유효하게 사용된다. 부하율은 다음 식에 의해 계산한다.

$$부하율 = \frac{평균\ 수요\ 전력[kW]}{최대\ 수요\ 전력[kW]} \times 100[\%]$$

부하율은 각 단위별(변압기, 전주, 수용가 등), 시기, 범위, 기간에 따라 달라지며, 부하율을 표시할 경우 기간, 범위를 반드시 명기한다. 예를 들어 일부하율, 월부하율 등으로 표시하여야 하며, 부하율은 기간이 길어질수록 작아진다. 부하율이 적다의 의미는 다음과 같다.

• 공급 설비를 유용하게 사용하지 못한다.
• 평균 수요 전력과 최대 수요 전력과의 차가 커지게 되므로 부하 설비의 가동률이 저하된다.

② 종합부하율

$$종합\ 부하율 = \frac{평균\ 전력}{합성\ 최대\ 전력} \times 100[\%] = \frac{A,\ B,\ C\ 각\ 평균\ 전력의\ 합계}{합성\ 최대\ 전력} \times 100[\%]$$

③ 부등률

각 수용가에서의 최대 수용 전력의 발생 시각은 시간적으로 차이가 있으며 이 경우에 배전 변압기 또는 간선에서의 합성 최대 수용 전력은 각 수용가에서의 최대 수용 전력의 합보다 적게 되는데 이 비를 부등률이라 하며 이 값은 항상 1보다 크고, 백분율로 나타내지 않는다. 수용률과 더불어 배전 변압기 또는 배전 간선 등의 공급 설비 계획 자료로 사용된다.

$$부등률 = \frac{개별\ 최대수용전력의\ 합}{합성\ 최대수용전력} = \frac{설비용량 \times 수용률}{합성최대수용전력}$$

④ 수용률

수용률은 시설되는 총 부하 설비용량에 대하여 실제로 사용하게 되는 부하의 최대 전력의 비를 나타내는 것으로서 다음 식에 의하여 구한다.

$$수용률 = \frac{최대수요전력[kW]}{부하설비용량[kW]} \times 100[\%]$$

3

출제년도 新規(5점/부분점수 없음)

한국전기설비규정에서 분기회로 (S_2)의 보호장치 (P_2)는 (P_2)의 전원 측에서 분기점(O) 사이에 다른 분기회로 또는 콘센트의 접속이 없고, 단락의 위험과 화재 및 인체에 대한 위험성이 최소화 되도록 시설된 경우, 분기회로의 보호장치 (P_2)는 분기회로의 분기점(O)으로부터 이동하여 시설할 때 그림을 그리시오.

[작성답안]

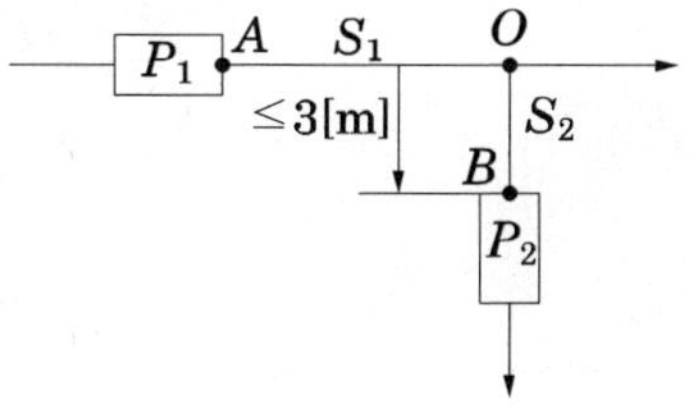

[핵심]

한국전기설비규정 212.4.2 과부하 보호장치의 설치 위치

2013

4

출제년도 13.(5점/부분점수 없음)

다중접지 계통에서 수전변압기를 단상 2부싱 변압기로 Y-Δ 결선하는 경우에 1차측 중성점은 접지하지 않고 부동(Floating)시켜야 한다. 그 이유를 설명하시오.

[작성답안]

1차측 변압기 1상의 COS가 차단되는 경우 변압기는 역V결선이 되어 과부하로 소손될 우려가 있기 때문

5

출제년도 13.(5점/각 항목당 1점, 모두 맞으면 5점)

동력 부하설비로 많이 사용되는 전동기를 합리적으로 선정하기 위하여 고려할 사항 4가지를 쓰시오.

[작성답안]

① 부하의 토크-속도특성

② 용도에 알맞은 기계적 형식

③ 운전 형식에 적당한 정격 및 냉각방식

④ 사용 장소의 상황에 알맞은 보호방식

[핵심] 전동기 선정의 고려항목

- 부하 토크 및 속도 특성에 적합한 것을 선정
- 운전 형식에 적당한 정격 및 냉각 방식에 따라 선정
- 사용 장소의 상황에 알맞은 보호 방식에 따라 선정
- 고장이 적고 신뢰도가 높으며, 운전비가 싼 것을 선정
- 가급적 정격 출력인 기기를 선정
- 용도에 알맞은 기계적 형식의 것을 선정

6

출제년도 13.(4점/각 문항당 2점)

간접조명 방식에서 천장 밑의 휘도를 균일하게 하기 위하여 등기구 사이의 간격과 천장과 등기구와의 거리는 얼마로 하는 게 적합한가? (단, 작업면에서 천장까지의 거리는 2[m]이다.)

(1) 등기구 사이의 간격

(2) 천장과 등기구와의 거리

[작성답안]

(1) 계산 $S \leq 1.5H = 1.5 \times 2 = 3[\text{m}]$

답 : 3[m]

(2) 계산 : 간접 조명일 때 $H = H_0$ 이므로 $H_0 = \frac{S}{5} = \frac{3}{5} = 0.6[\text{m}]$

답 : 0.6[m]

[핵심] 등간격

최대간격 S는 작업면으로부터 광원까지 높이H의 1.5배로 한다.

$S \leqq 1.5H$

그리고 등과 벽사이 간격 S_0는

$S_0 \leqq \frac{1}{2}H$

$S_0 \leqq \frac{1}{3}H$ (벽측을 사용할 경우)

7

출제년도 13.(5점/각 문항당 2점, 모두 맞으면 5점)

다음 물음에 답하시오.

(1) 전력퓨즈는 과전류 중 주로 어떤 전류의 차단을 목적으로 하는가?

(2) 전력퓨즈의 단점을 보완하기 위한 대책을 3가지만 쓰시오.

[작성답안]

(1) 단락 전류

(2) ① 최소 차단전류 이하에서 전력퓨즈가 동작하지 않도록 큰 정격전류를 선정하며, 최소 차단전류 이하에서는 차단기 등으로 보호한다.

② 과도전류가 안전하게 통전하기 위해서는 안전통전 특성 안에 들어가도록 큰 정격전류를 선정한다.

③ 회로의 절연강도가 퓨즈의 과전압값보다 높아야 한다.

[핵심] 전력퓨즈

① 전력퓨즈

전력퓨즈는 고압 및 특고압의 선로에서 선로와 기기를 단락으로부터 보호하기 위해 사용되는 차단장치이다.

- 부하전류를 안전하게 통전한다.
- 일정치 이상의 과전류는 차단하여 선로나 기기를 보호한다.

② 전력퓨즈의 장·단점

장점	단점
① 가격이 싸다. ② 소형 경량이다. ③ 릴레이나 변성기가 필요 없다. ④ 밀폐형 퓨즈는 차단시에 무소음 무방출이다. ⑤ 소형으로 큰 차단용량을 갖는다. ⑥ 보수가 간단하다. ⑦ 고속도 차단한다. ⑧ 한류형 퓨즈는 한류효과가 대단히 크다. ⑨ 차지하는 공간이 적고 장치 전체가 싼 값에 소형으로 처리된다. ⑩ 후비보호가 완벽하다.	① 재투입을 할 수 없다. ② 과도전류로 용단하기 쉽다. ③ 동작시간-전류특성을 계전기처럼 자유로이 조정 할 수 없다. ④ 한류형 퓨즈에는 녹아도 차단하지 못하는 전류범위를 갖는 것이 있다. ⑤ 비보호영역이 있으며, 사용 중에 열화하여 동작하면 결상을 일으킬 염려가 있다. ⑥ 한류형은 차단시에 과전압을 발생한다. ⑦ 고 임피던스 접지계통의 접지보호는 할 수 없다.

퓨즈의 단점 보안대책은 다음과 같다.

① 용도를 한정한다. 퓨즈의 동작을 단락고장으로 정격전류를 선정하며, 과부하를 차단하는 경우, 차단 후 재투입하는 경우 등은 퓨즈를 사용하지 않는다.

② 과소정격을 배제한다. 최소 차단전류 이하에서 전력퓨즈가 동작하지 않도록 큰 정격전류를 선정하며, 최소 차단전류 이하에서는 차단기 등으로 보호한다.

③ 과도전류가 안전하게 통전하기 위해서는 안전통전 특성 안에 들어가도록 큰 정격전류를 선정한다.

④ 퓨즈가 용단된 경우는 3상을 모두 교체하는 것이 바람직하다.

⑤ 회로의 절연강도가 퓨즈의 과전압값보다 높아야 한다.

8 출제년도 89.93.95.99.02.06.07.13.17.18.20.22.(6점/각 문항당 2점)

공급전압을 220[V]에서 380[V]로 승압할 경우 저압간선에 나타나는 효과로서 다음 각 물음에 답하시오.

(1) 공급능력 증대는 몇 배인가?

(2) 전력손실의 감소는 몇 [%]인가?

(3) 전압강하율의 감소는 몇 [%]인가?

[작성답안]

(1) 계산 : $P \propto V$ 이므로 $\dfrac{P_2}{P_1} = \dfrac{V_2}{V_1} = \dfrac{380}{220} = 1.727$

답 : 1.73배

(2) 계산 : $P_L \propto \dfrac{1}{V^2}$ 이므로 $P_L' = \left(\dfrac{220}{380}\right)^2 P_L = 0.3352 P_L$

$\therefore$ 감소는 $= (1 - 0.3352) \times 100 = 66.48[\%]$

답 : 66.48[%]

(3) 계산 : $\epsilon \propto \dfrac{1}{V^2}$ 이므로 $\epsilon' = \left(\dfrac{220}{380}\right)^2 \epsilon = 0.3352\epsilon$

$\therefore$ 감소는 $= (1 - 0.3352) \times 100 = 0.6648[\%]$

답 : 66.48[%]

[핵심]

(1) 전력손실이 동일 하므로 전력손실 $P_L = 3I^2R$에서 전류 I는 일정하다.

$\therefore$ 공급능력은 $P = \sqrt{3}\, VI\cos\theta$ 에서 $P \propto V$ 가 된다.

(2) 전력손실 $P_L = \dfrac{P^2 R}{V^2 \cos^2\theta}$ 에서 $P_L \propto \dfrac{1}{V^2}$ 가 된다.

(3) 전압강하율 $\epsilon = \dfrac{e}{V} \times 100 = \dfrac{P}{V^2}(R + X\tan\theta)$ 에서 $\epsilon \propto \dfrac{1}{V^2}$ 가 된다.

2013

9 출제년도 13.(5점/각 항목당 2점, 모두 맞으면 5점)

변압기 보호를 위하여 과전류계전기의 탭(Tap)과 레버(Lever)를 정정하였다고 한다. 과전류 계전기에서 탭(Tap)과 레버(Lever)는 각각 무엇을 정정하는지를 쓰시오.

[작성답안]

- 탭 : 과전류계전기의 최소동작전류
- 레버 : 과전류계전기의 동작시간

[핵심] 보호계전기 정정

① 순시탭 정정

변압기 1차측 단락사고에 대하여 동작하며, 2차 단락사고 및 변압기 여자 돌입전류(inrush current)에 동작하지 않는다.

- 변압기1차측 단락사고에 대하여 동작하여야 한다.
- 변압기2차측 (Magnetizing Inrush Current)에 동작하지 않도록 한다.
- TR 2차 3상단락전류의 150 [%]에 정정한다.
- 순시 Tap

$$\text{순시 Tap} = \text{변압기2차 3상단락전류} \times \frac{\text{2차전압}}{\text{1차전압}} \times 1.5 \times \frac{1}{\text{CT비}}$$

② 한시탭 정정

$$I_t = \text{부하 전류} \times \frac{1}{\text{CT비}} \times \text{설정값 [A]}$$

설정값은 보통 전부하 전류의 1.5배로 적용하며, I_t값을 계산후 2 [A], 3 [A], 4 [A], 5 [A], 6 [A], 7 [A], 8 [A], 10 [A], 12 [A] 탭 중에서 가까운 탭을 선정한다.

③ 한시레버정정

수용설비일 경우 변압기2차 3상단락고장시 0.6초 이하에서 동작하도록 선정한다.

10

출제년도 89.95.11.13.20.(5점/부분점수 없음)

가로가 12[m], 세로가 18[m], 방바닥에서 천장까지의 높이가 3.8[m]인 방에서 조명기구를 천장에 직접 설치하고자 한다. 이 방의 실지수를 구하시오. (단, 작업이 책상 위에서 행하여지며, 작업면은 방바닥에서 0.85[m]이다.)

[작성답안]

계산 : 실지수 $K = \dfrac{X \times Y}{H(X+Y)} = \dfrac{12 \times 18}{2.95 \times (12+18)} = 2.440$

답 : 2.44

[핵심] 조명설계

① 실지수

방의 면적이 같은 2개의 방에 같은 수의 광원을 설치하여도 방의 모양이 다른 경우에는 작업면상의 조도는 다르게 된다. 그래서 천정, 바닥이 장방형인 방은 가로 X, 세로 Y 두 변의 평균을 한 변으로 하는 정방형인 방과 동일하다고 하는 이론에 의해 실지수 $R.I$를 다음 식과 같이 결정한다.

$$R.I = \frac{XY}{H(X+Y)}$$

실지수	5.0	4.0	3.0	2.5	2.0	1.5	1.25	1.0	0.8	0.6
기호	A	B	C	D	E	F	G	H	I	J

② 조도계산

N개의 램프에서 방사되는 빛을 평면상의 면적 A[㎡]에 모두 집중 조사할 수 있다고 하고 램프 1개당 광속을 F[lm]이라 하면, 그 면의 평균조도를

$$E = \frac{F \cdot N}{A} \text{ [lx]}$$

로 나타낸다. 이러한 평균조도 계산은 광속법과 설계여건에 따라 ZCM (Zonal Cavity Method)법을 채택할 수 있다.

$$E = \frac{F \cdot N \cdot U \cdot M}{A}$$

여기서, E : 평균조도 [lx] F : 램프 1개당 광속 [lm] N : 램프수량 [개]
U : 조명률 M : 보수율, 감광보상률의 역수 A : 방의 면적 [㎡] (방의 폭×길이)

11 출제년도 13.18.(5점/각 문항당 2점, 모두 맞으면 5점)

다음 그림은 배전반에서 계측을 하기위한 계기용 변성기이다. 아래 그림을 보고 명칭, 약호, 심벌, 역할에 알맞은 내용을 쓰시오.

구분		
명칭		
약호		
심벌		
역할		

[작성답안]

구분		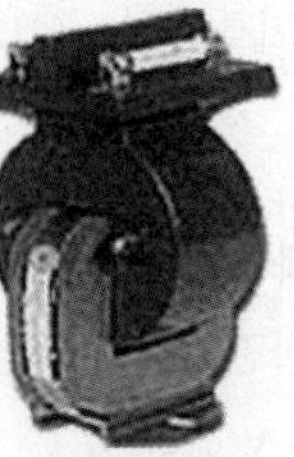
명칭	변류기	계기용변압기
약호	CT	PT
심벌	CT	
역할	대전류를 소전류로 변성하여 계기 및 계전기에 공급한다.	고전압을 저전압으로 변성하여 계기 및 계전기 등의 전원으로 사용한다.

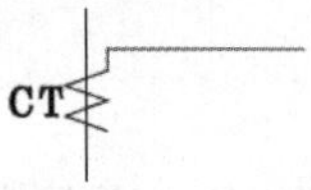

12

출제년도 13.(4점/각 문항당 1점, 모두 맞으면 4점)

도면은 어느 수용가의 옥외간이 수전설비이다. 다음 물음에 답하시오.

(1) MOF에서 부하용량에 적당한 CT비를 산출하시오. (단, CT 1차측 전류의 여유율은 1.25배로 한다.)

(2) LA의 정격전압은 얼마인가?

(3) 도면에서 D/M, VAR는 무엇인지 쓰시오.

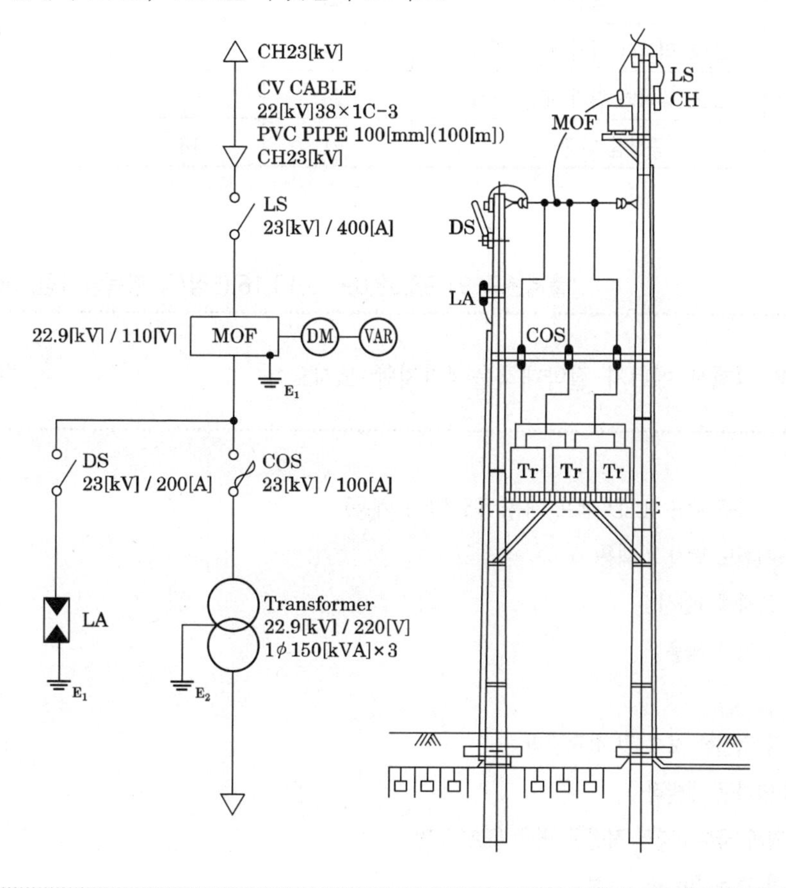

[작성답안]

(1) 계산 : $I = \dfrac{P}{\sqrt{3} \times 정격전압} = \dfrac{150 \times 3 \times 10^3}{\sqrt{3} \times 22900} = 11.35[\text{A}]$

$\therefore\ 11.35 \times 1.25 = 14.187$

$\therefore$ 15/5 선정

답 : 15/5

(2) 18[kV]

(3) D/M : 최대 수요전력계

VAR : 무효전력계

[핵심] 피뢰기 정격전압

전력계통		정격전압	
공칭전압	중성점 접지방식	송전선로	배전선로
345	유효접지	288	
154	유효접지	144	
66	소호 리액터 접지 또는 비접지	72	
22	소호 리액터 접지 또는 비접지	24	
22.9	중성점 다중 접지	21	18

13

출제년도 91.98.08.09.10.13.16.(5점/각 항목당 1점, 모두 맞으면 5점)

공장 조명 설계시 에너지 절약대책을 4가지만 쓰시오

[작성답안]

① 고효율 등기구 채용 (LED 램프 채용, T5형광등 채용)

② 고조도 저휘도 반사갓 채용

③ 적절한 조광제어실시

④ 고역률 등기구 채용

그 외

⑤ 등기구의 적절한 보수 및 유지관리

⑥ 창측 조명기구 개별점등

⑦ 전반조명과 국부조명의 적절한 병용 (TAL조명)

⑧ 등기구의 격등제어 회로구성

[해설] 조명설비 에너지절약

① 적정 조도기준 : 작업장소별 적정 조도를 적용한다.

② 고효율 광원의 선정 : 할로겐램프, 3파장 형광등, HID램프, LED램프 등을 작업 목적과 대상에 적합하게 선정한다.

③ 고효율 조명기구의 선정 : 기구효율이 높은 조명기구를 선정한다.

④ 에너지 절감 조명설계 : 조명에너지 절약요소, 적정 조명설계, 공조용 조명기구 등을 검토하여 선정한다.

⑤ 에너지절감 조명시스템 적용 : 조명제어 시스템 기능, 종류, 용도, 감광 제어시스템, 조명제어용 기기, 조광 방식 등을 적용한다.

14

출제년도 13.14.15.22.(5점/각 문항당 1점, 모두 맞으면 5점)

$\Delta-\Delta$ 결선으로 운전하던 중 한상의 변압기에 고장이 생겨 이것을 분리하고 나머지 2대로 3상 전력을 공급하고자 한다. 다음 각 물음에 답하시오.

(1) 결선의 명칭을 쓰시오.

(2) 이용률은 몇 [%]인가?

(3) 변압기 2대의 3상 출력은 $\Delta-\Delta$ 결선시의 변압기 3대의 출력과 비교할 때 몇 [%] 정도인가?

[작성답안]

(1) V－V 결선

(2) 계산 : $\text{이용률 } U=\dfrac{V\text{결선시 출력}}{\text{변압기 2대의 출력}}=\dfrac{\sqrt{3}P}{2P}=\dfrac{\sqrt{3}}{2}=0.866=86.6[\%]$

답 : 86.6[%]

(3) 계산 : $\text{출력비}=\dfrac{\text{고장후의 출력}}{\text{고장전의 출력}}=\dfrac{P_V}{P_\Delta}=\dfrac{\sqrt{3}P}{3P}=\dfrac{1}{\sqrt{3}}\fallingdotseq 0.5774=57.74[\%]$

답 : 57.74[%]

[핵심] V결선

△-△ 결선에서 1대의 단상변압기가 단락, 또는 사고가 발생한 경우를 고장이 발생된 변압기를 제거시킨 결선법으로 즉, 2대의 단상변압기로서 3상 변압기와 같은 전력을 송배전하기 위한 방식을 V결선이라 한다.

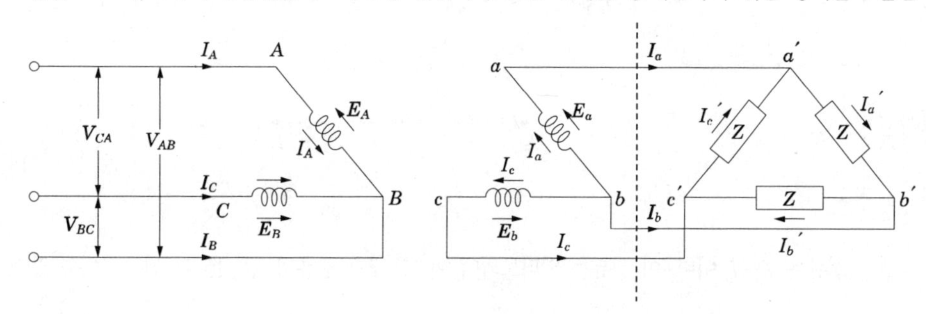

$$P_v = VI\cos\left(\frac{\pi}{6}+\phi\right)+VI\cos\left(\frac{\pi}{6}-\phi\right)=\sqrt{3}\,VI\cos\phi\ [\text{W}]$$

$P_v = \sqrt{3} P_1$

출력비 : $\frac{V}{\Delta} = \frac{\sqrt{3}\, VI\cos\phi}{3\, VI\cos\phi} ≒ 0.577$

이용률 : $\frac{\sqrt{3}\, VI}{2\, VI} = 0.866$

15 출제년도 07.11.13.14.17.(5점/부분점수 없음)

변류비 30/5인 변류기 2대를 그림과 같이 접속하였을 때, 전류계에 2[A]의 전류가 흘렀다. CT 1차측에 전류를 구하시오.

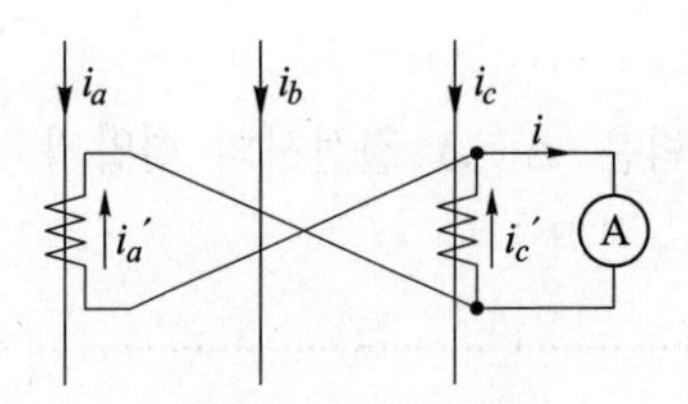

[작성답안]

계산 : 교차결선이므로

$Ⓐ = \sqrt{3}\, i_a' = \sqrt{3}\, i_c' = 2[A]$

$\therefore\ i_a' = \frac{2}{\sqrt{3}}[A]$

1차 전류 $I_a = a\, i_a' = \frac{30}{5} \times \frac{2}{\sqrt{3}} = 6.93[A]$

답 : 6.93[A]

[핵심] 변류기의 교차접속

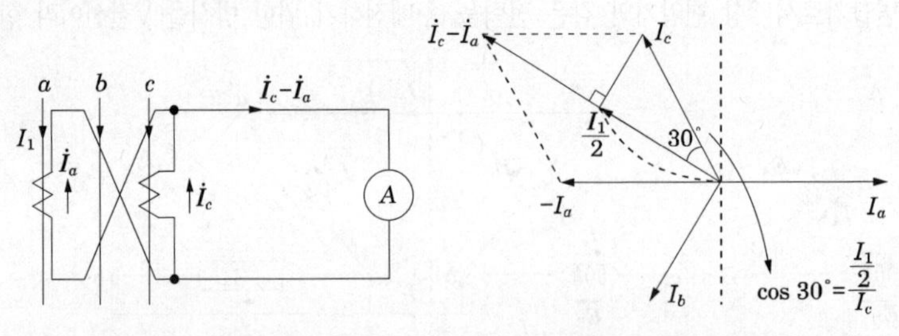

전류계에 흐르는 전류는 $\dot{I}_c - \dot{I}_a$ 이며, 이 전류는 벡터도와 같이 CT 2차 전류의 $\sqrt{3}$ 배 가 됨은 알 수 있다.

$I_1 =$ 전류계 Ⓐ 지시값 $\times \frac{1}{\sqrt{3}} \times$ CT비

16

출제년도 93.01.13.14.(5점/부분점수 없음)

CIRCUIT BREAKER(차단기)와 DISCONNECTING SWITCH(단로기)의 차이점을 설명하시오.

[작성답안]

- 차단기(CB) : 정상적인 부하 전류를 개폐하거나 또는 기기나 계통에서 발생한 고장 전류를 차단하여 고장 개소를 제거할 목적으로 사용된다.
- 단로기(DS) : 전선로나 전기기기의 수리, 점검을 하는 경우 차단기로 차단된 무부하 상태의 전로를 확실하게 열기 위하여 사용되는 개폐기로서 부하 전류 및 고장 전류를 차단하는 기능은 없다.

17

출제년도 07.08.11.13.21.(8점/각 문항당 2점)

부하에 병렬로 콘덴서를 설치하고자 한다. 다음 조건을 참고하여 각 물음에 답하시오.

【조 건】

부하1은 역률이 60[%]이고, 유효전력 180[kW], 부하2는 유효전력 120[kW]이고, 무효전력이 160[kVar]이며, 배전 전력손실은 40[kW]이다.

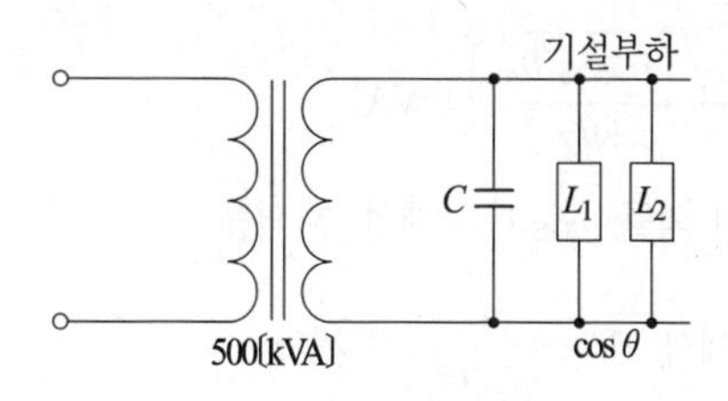

(1) 부하1과 부하2의 합성 용량은 몇 [kVA]인가?

(2) 부하1과 부하2의 합성 역률은 얼마인가?

(3) 합성 역률을 90[%]로 개선하는데 필요한 콘덴서 용량은 몇 [kVA]인가?

(4) 역률 개선 시 배전의 전력손실은 몇 [kW]인가?

[작성답안]

(1) 계산 : 유효전력 $P = P_1 + P_2 = 180 + 120 = 300[\text{kW}]$

무효전력 $Q = P_1 \tan\theta_1 + Q_2 = 180 \times \dfrac{0.8}{0.6} + 160 = 400\ [\text{kVar}]$

피상전력 $P_a = \sqrt{300^2 + 400^2} = 500[\text{kVA}]$

답 : 500 [kVA]

(2) 계산 : 합성역률 $\cos\theta = \dfrac{P}{P_a} \times 100 = \dfrac{300}{500} \times 100 = 60[\%]$

답 : 60[%]

(3) 계산 : $Q_c = P(\tan\theta_1 - \tan\theta_2) = 300\left(\dfrac{0.8}{0.6} - \dfrac{\sqrt{1-0.9^2}}{0.9}\right) = 254.7[\text{kVA}]$

답 : 254.7[kVA]

(4) 전력손실은 역률의 제곱에 반비례 한다.

계산 : $P_L{}' = \dfrac{1}{\left(\dfrac{0.9}{0.6}\right)^2} \times 40 = 17.78[\text{kW}]$

답 : 17.78 [kW]

[핵심] 역률개선

① 역률개선용 콘덴서 용량

$$Q_c = P\tan\theta_1 - P\tan\theta_2 = P(\tan\theta_1 - \tan\theta_2) = P\left(\frac{\sin\theta_1}{\cos\theta_1} - \frac{\sin\theta_2}{\cos\theta_2}\right)$$

$$= P\left(\frac{\sqrt{1-\cos^2\theta_1}}{\cos\theta_1} - \frac{\sqrt{1-\cos^2\theta_2}}{\cos\theta_2}\right)[\text{kVA}]$$

여기서, $\cos\theta_1$: 개선 전 역률, $\cos\theta_2$: 개선 후 역률

② 전력손실 $P_L = \dfrac{P^2 R}{V^2 \cos^2\theta}$ 에서 $P_L \propto \dfrac{1}{\cos\theta^2}$ 가 된다.

18

출제년도 91.92.94.96.99.07.13.22.(5점/부분점수 없음)

그림과 같이 80[kW], 70[kW], 50[kW] 부하 설비에 수용률이 각각 60[%], 70[%], 80[%]로 할 경우 변압기 용량은 몇 [kVA]가 필요한지 선정하시오. (단, 부등률은 1.1, 종합부하 역률은 90[%]이다.)

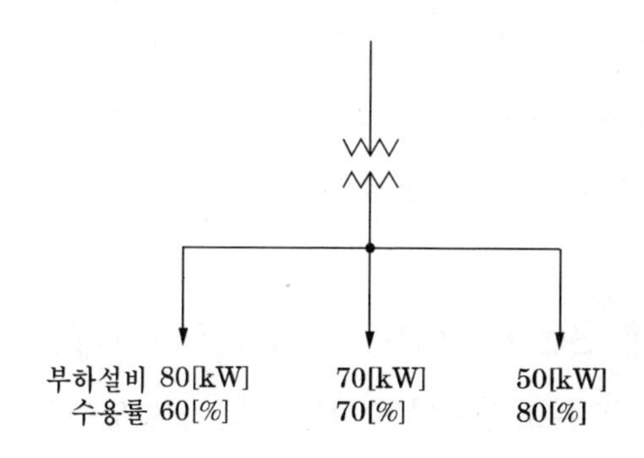

변압기 표준용량[kVA]

50	75	100	150	200	300

[작성답안]

계산 : 변압기 용량 $= \dfrac{\text{각 부하 최대수용전력의 합}}{\text{부등률} \times \text{역률}} = \dfrac{\text{설비용량} \times \text{수용률}}{\text{부등률} \times \text{역률}}$[kVA]

$= \dfrac{80 \times 0.6 + 70 \times 0.7 + 50 \times 0.8}{1.1 \times 0.9} = 138.383$[kVA]

∴ 150[kVA] 선정

답 : 150[kVA]

[핵심] 변압기 용량

① 변압기 용량

변압기 용량[kW] ≥ 합성 최대 수용 전력 $= \dfrac{\text{부하 설비 합계[kW]} \times \text{수용률}}{\text{부등률}}$

역률을 적용하여 [kW]의 부하를 [kVA]의 부하로 환산하여 구한다.

② 표준용량

3, 5, 7.5, 10, 15, 30, 50, 75, 100, 150, 200, 300, 500, 750, 1000, 1500, 2000, 3000, 4500, (5000), 6000, 7500, 10000, 15000, 20000, 30000, 45000, (50000), 60000, 90000, 100000, (120000), 150000, 200000, 250000, 300000 ( )는 준표준 규격이다.

2013년 2회 기출문제 해설

※ 다음 물음에 답을 해당 답란에 답하시오.

1

출제년도 08.13.(5점/부분점수 없음)

정격 용량 700[kVA]인 변압기에서 지상 역률 65[%]의 부하에 700[kVA]를 공급하고 있다. 역률 90[%]로 개선하여 변압기의 전용량까지 부하에 공급하고자 한다. 다음 각 물음에 답하시오.

(1) 소요되는 전력용 콘덴서의 용량은 몇 [kVA]인가?

(2) 역률 개선에 따른 유효 전력의 증가분은 몇 [kW]인가?

[작성답안]

(1) 계산 : 역률 개선 전 무효전력 $P_{r1} = P_a \sin\theta = 700 \times \sqrt{1-0.65^2} = 531.95$[kVar]

역률 개선 후 무효전력 $P_{r2} = P_a \sin\theta_2 = 700 \times \sqrt{1-0.9^2} = 305.12$[kVar]

콘덴서 용량 $Q = P_{r1} - P_{r2} = 531.95 - 305.12 = 226.83$[kVar]

답 : 226.83[kVA]

(2) 계산 : 유효전력 증가분 $\Delta P = P_a(\cos\theta_2 - \cos\theta_1) = 700 \times (0.9 - 0.65) = 175$[kW]

답 : 175[kW]

[핵심] 역률개선 콘덴서 용량

① 콘덴서 용량

$$Q_c = P\tan\theta_1 - P\tan\theta_2 = P(\tan\theta_1 - \tan\theta_2) = P\left(\frac{\sin\theta_1}{\cos\theta_1} - \frac{\sin\theta_2}{\cos\theta_2}\right)$$

$$= P\left(\frac{\sqrt{1-\cos^2\theta_1}}{\cos\theta_1} - \frac{\sqrt{1-\cos^2\theta_2}}{\cos\theta_2}\right) \text{[kVA]}$$

여기서, $\cos\theta_1$: 개선 전 역률, $\cos\theta_2$: 개선 후 역률

② 역률개선시 증가 할수 있는 부하

역률 개선에 따른 유효전력의 증가분 $\Delta P = P_a(\cos\theta_2 - \cos\theta_1)$[kW]

여기서, $\cos\theta_1$: 개선 전 역률　　$\cos\theta_2$: 개선 후 역률

2

출제년도 89.97.98.02.12.13.17.18.(7점/각 문항당 3점, 모두 맞으면 7점)

그림은 어느 생산공장의 수전설비의 계통도이다. 이 계통도와 뱅크의 부하용량표, 변류기 규격표를 보고 다음 각 물음에 답하시오.(용량산출시 제시되지 않은 조건은 무시한다.)

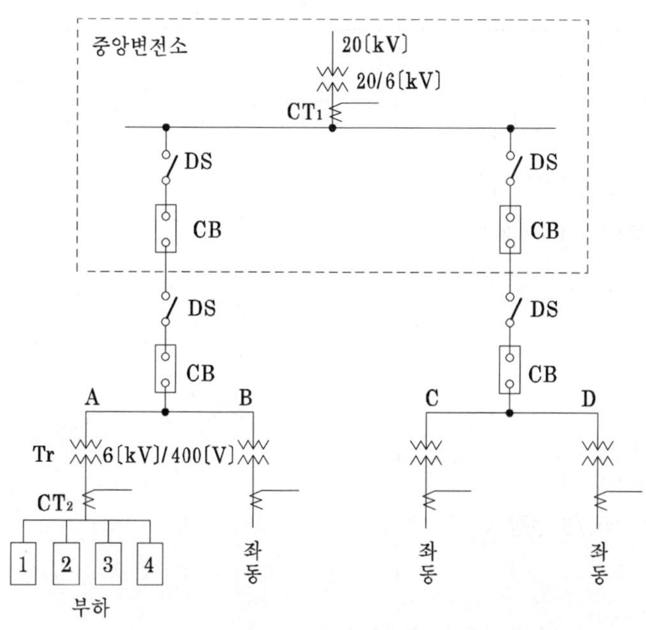

뱅크의 부하 용량표

피더	부하 설비 용량[kW]	수용률[%]
1	125	80
2	125	80
3	500	60
4	600	84

변류기 규격표

항　목	변 류 기
정격 1차 전류[A]	5, 10, 15, 20, 30, 40 50, 75, 100, 150, 200 300, 400, 500, 600, 750 1000, 1500, 2000, 2500
정격 2차 전류[A]	5

(1) A, B, C, D 뱅크에 같은 부하가 걸려 있으며, 각 뱅크의 부등률은 1.1이고 전부하 합성역률은 0.8이다. 중앙변전소 변압기 용량을 구하시오.

(2) 변류기 CT_1, CT_2의 변류비를 구하시오. (단, 1차 수전 전압은 20000/6000 [V], 2차 수전전압은 6000/400 [V]이며 변류비는 1.25배로 결정한다.)

[작성답안]

(1) 계산 : A 뱅크의 최대수요전력$=\dfrac{125\times0.8+125\times0.8+500\times0.6+600\times0.84}{1.1\times0.8}=1140.91$ [kVA]

A, B, C, D 각 뱅크간의 부등률은 없으므로

$STr=1140.91\times4=4563.64$ [kVA]

답 : 5000 [kVA]

(2) 계산 :

① CT_1

$$I_1=\frac{4563.64}{\sqrt{3}\times6}\times1.25=548.92\ \text{[A]}$$

∴ 표에서 600/5 선정

② CT_2

$$I_1=\frac{1140.91}{\sqrt{3}\times0.4}\times1.25=2058.45\ \text{[A]}$$

∴ 표에서 2500/5 선정

답 : ① CT_1 : 600/5　　② CT_2 : 2500/5

[핵심] 변압기 용량

① 변압기 용량

변압기 용량[kW] ≥ 합성 최대 수용 전력 $=\dfrac{\text{부하 설비 합계[kW]}\times\text{수용률}}{\text{부등률}}$

역률을 적용하여 [kW]의 부하를 [kVA]의 부하로 환산하여 구한다.

② 표준용량

3, 5, 7.5, 10, 15, 30, 50, 75, 100, 150, 200, 300, 500, 750, 1000, 1500, 2000, 3000, 4500, (5000), 6000, 7500, 10000, 15000, 20000, 30000, 45000, (50000), 60000, 90000, 100000, (120000), 150000, 200000, 250000, 300000 ( )는 준표준 규격이다.

3

출제년도 96.13.(7점/각 문항당 3점, 모두 맞으면 7점)

3상 유도 전동기의 정·역 회로도이다. 다음 물음에 답하시오.

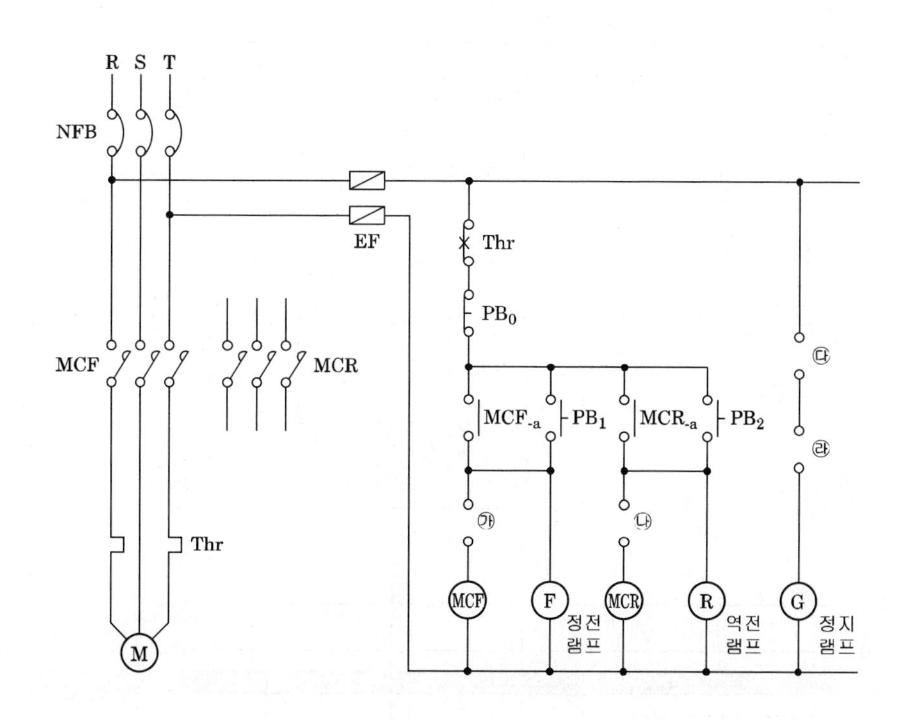

(1) 주회로 및 보조회로의 미완성 부분(㉮ ~ ㉱)을 완성하시오.

(2) 타임차트를 완성하시오.

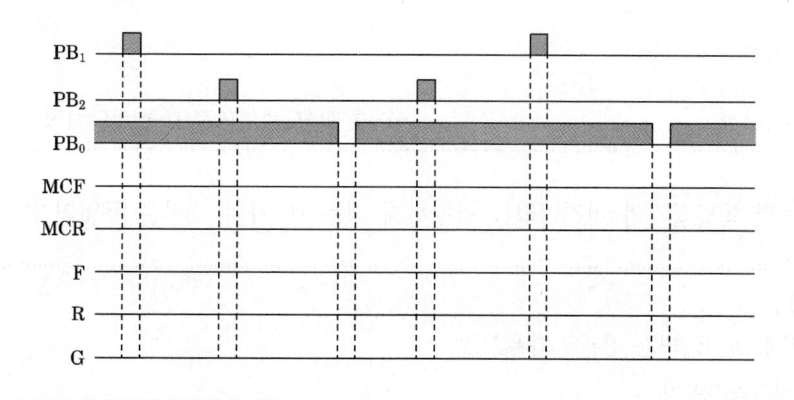

[작성답안]

(1)

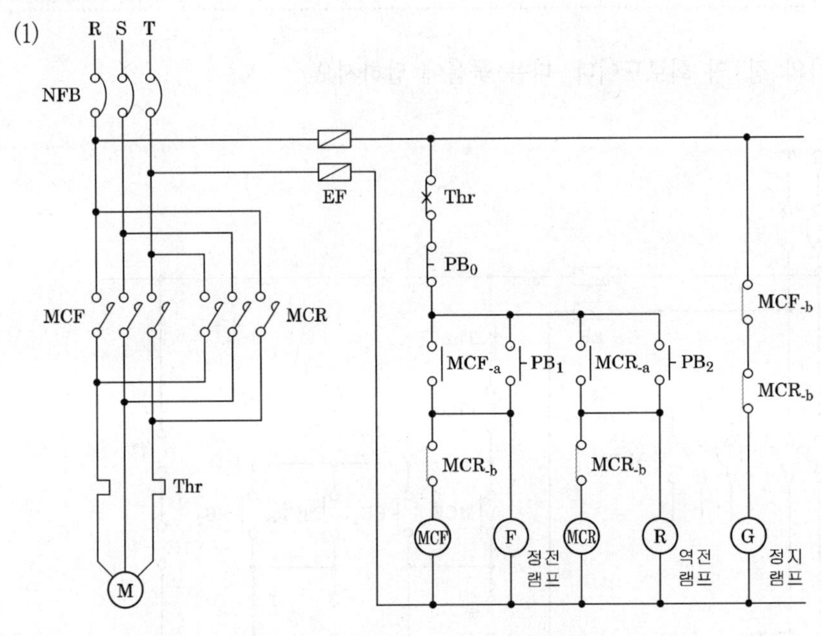

(2)

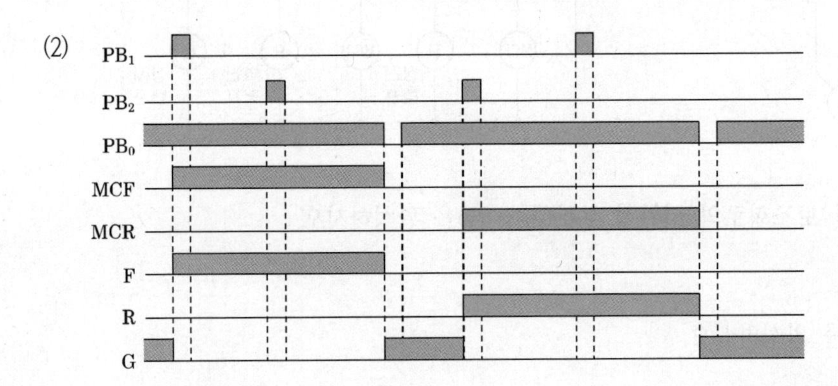

4

출제년도 13.(5점/각 항목당 1점, 모두 맞으면 5점)

허용 가능한 독립접지의 이격거리를 결정하게 되는 세 가지 요인은 무엇인가?

[작성답안]

① 접지전극으로 유입되는 전류의 최대값

② 전위 상승의 허용치

③ 그 지점의 대지저항률(Soil Resistivity)

[핵심] 독립접지

접지대상물을 개별적으로 접지하는 방식으로 접지극과 접지극 사이의 간격은 20m 이상을 이격해야 한다. 접지의 전위상승에 따른 이격거리는 다음 세가지 요인에 의해 결정된다.

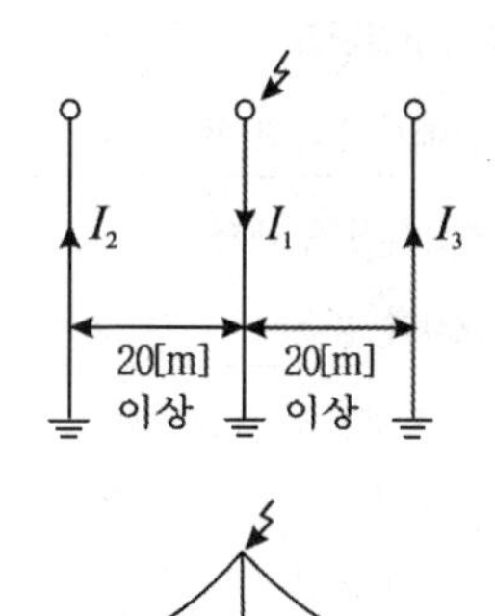

① 접지전극으로 유입되는 전류의 최대값

② 전위 상승의 허용치

③ 그 지점의 대지저항률(Soil Resistivity)

이러한 요인을 분석하여 허용 가능한 독립접지의 이격거리를 결정하게 된다.

5

출제년도 93.96.13.(6점/각 항목당 2점)

수변전 설비에 설치하고자 하는 파워 퓨즈(전력용 퓨즈)는 사용 장소, 정격 전압, 정격 전류 등을 고려하여 구입하여야 하는데, 이외에 고려하여야 할 주요 특성을 3가지만 쓰시오.

[작성답안]

① 용단 특성

② 전차단 특성

③ 단시간 허용 특성

[핵심] 퓨즈의 특성

① 용단 특성

Fuse에 전류가 흐르기 시작하여 용단할 때까지의 전류와 시간과의 관계를 나타낸 특성으로 시간은 규약시간, 전류는 규약전류로 나타낸다.

<table>
<tr><th rowspan="2">퓨즈의 종류</th><th colspan="3">용단특성</th><th rowspan="2">반복과전류특성</th></tr>
<tr><th>不용단특성</th><th>10s 용단특성</th><th>0.1s 용단특성</th></tr>
<tr><td>T (변압기용)</td><td rowspan="4">1.3배의 정격전류에서 2시간</td><td>≥2.5×정격전류
≤10×정격전류</td><td>≥12×정격전류
≤25×정격전류</td><td>10×정격전류,
0.1s에서 100회 용단</td></tr>
<tr><td>M (전동기용)</td><td>≥6×정격전류
≤10×정격전류</td><td>≥15×정격전류
≤35×정격전류</td><td>5×정격전류,10s에서
1,000회 용단</td></tr>
<tr><td>T/M
(변압기 및 전동기용)</td><td>≥6×정격전류
≤10×정격전류</td><td>≥12×정격전류
≤25×정격전류</td><td>10×정격전류, 0.1s에서
100회 용단 또한 5×정격전류, 10s에서
1,000회 용단</td></tr>
<tr><td>G</td><td>≥2×정격전류
≤5×정격전류</td><td colspan="2">≥7×(정격전류/100)0.25×
≤20×(정격전류/100)0.25×정격전류</td></tr>
<tr><td>C (콘덴서용)</td><td>1.43배의 정격전류에서 2시간</td><td colspan="2">60s 용단전류≤10×정격전류</td><td>70×정격전류, 0.02s에서
100회 용단</td></tr>
</table>

② 전차단 특성

정격전압이 인가된 상태에서 Fuse가 용단, 발호하고 아크가 완전히 소호할 때까지의 전류와 시간과의 관계를 말한다.

전차단시간

- 한류형의 경우 : 용단시간(0.1㎐) + 아크시간(0.4㎐) = 0.5㎐
- 비 한류형의 경우 : 용단시간(0.1㎐) + 아크시간(0.55㎐) = 0.65㎐

③ 단시간 허용 특성

Fuse를 정해진 조건으로 사용하는 경우 열화되는 일이 없이 그 Fuse에 흐를 수 있는 전류와 시간과의 관계를 나타내는 특성.

6 출제년도 13.15.17.(5점/부분점수 없음)

비상용 조명 부하 110 [V]용 100 [W] 58등, 60 [W] 50등이 있다. 방전 시간 30분, 축전지 HS형 54 [cell], 허용 최저 전압 100 [V], 최저 축전지 온도 5 [℃]일 때 축전지 용량은 몇 [Ah]인가? (단, 경년 용량 저하율 0.8, 용량 환산 시간 : $K=1.2$이다.)

[작성답안]

계산 : 부하 전류 $I=\dfrac{100\times58+60\times50}{110}=80$ [A]

$\therefore$ 축전지 용량 : $C=\dfrac{1}{L}KI=\dfrac{1}{0.8}\times1.2\times80=120$ [Ah]

답 : 120 [Ah]

[핵심] 축전지용량

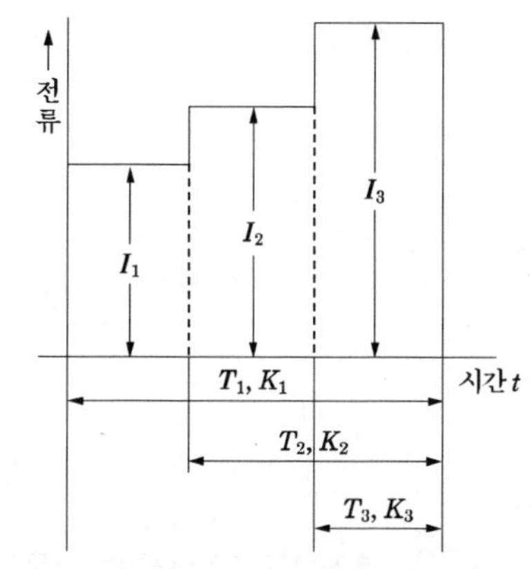

축전지 용량은 아래의 식으로 계산한다.

$$C=\frac{1}{L}[K_1I_1+K_2(I_2-I_1)+K_3(I_3-I_2)]\ \text{[Ah]}$$

여기서, C : 축전지 용량 [Ah]　　L : 보수율 (축전지 용량 변화의 보정값)

K : 용량 환산 시간 계수　　I : 방전 전류 [A]

7

출제년도 08.13.14.15.(5점/부분점수 없음)

전부하에서 동손 100[W], 철손 50[W]인 변압기에서 최대 효율을 나타내는 부하는 몇 [%] 인가?

[작성답안]

계산 : 변압기 최대효율조건 $P_i=m^2P_c$ 에서 $m=\sqrt{\dfrac{P_i}{P_c}}$

$$m=\sqrt{\frac{P_i}{P_c}}\times100=\sqrt{\frac{50}{100}}\times100=70.71\,[\%]$$

답 : 70.71[%]

[핵심] 변압기 효율(efficiency)

① 전부하 효율 $\eta = \frac{P_n \cos\theta}{P_n \cos\theta + P_i + I^2 r} \times 100$ [%]

전부하시 $I^2 r = P_i$ 의 조건이 만족되면 효율이 최대가 된다.

② m부하시의 효율 $\eta = \frac{m V_{2n} I_{2n} \cos\theta}{m V_{2n} I_{2n} \cos\theta + P_i + m^2 {I_{2n}}^2 r_{21}} \times 100$ [%]

$P_i = m^2 P_c$ 이 최대 효율조건이며, 최대 효율일 경우 부하율은 다음과 같다.

$m = \sqrt{\frac{P_i}{P_c}}$

③ 전일효율 $\eta_d = \frac{\sum h V_2 I_2 \cos\theta_2}{\sum h V_2 I_2 \cos\theta_2 + 24 P_i + \sum h r_2 I_2^2} \times 100$ [%]

8

출제년도 13.(4점/각 항목당 1점

그림은 22.9[kV−Y] 1000[kVA] 이하에 적용 가능한 특별 고압 간이 수전 설비 표준 결선도이다. 그림에서 표시된 ①~④까지의 명칭을 쓰시오.

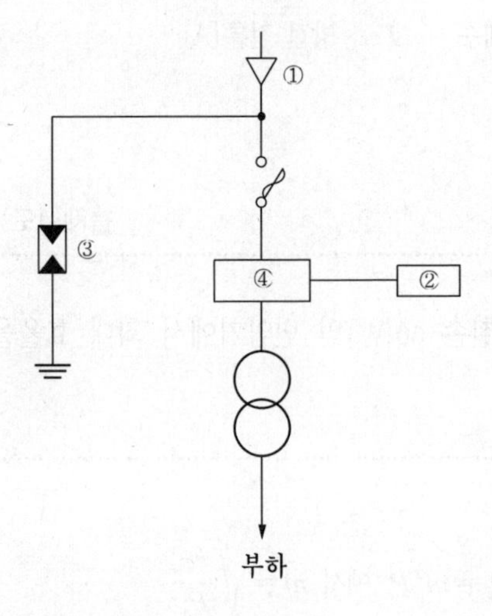

[작성답안]

① 케이블헤드 ② 전력량계 ③ 피뢰기 ④ 전력수급용 계기용 변성기

[핵심] 간이수전설비 표준결선도

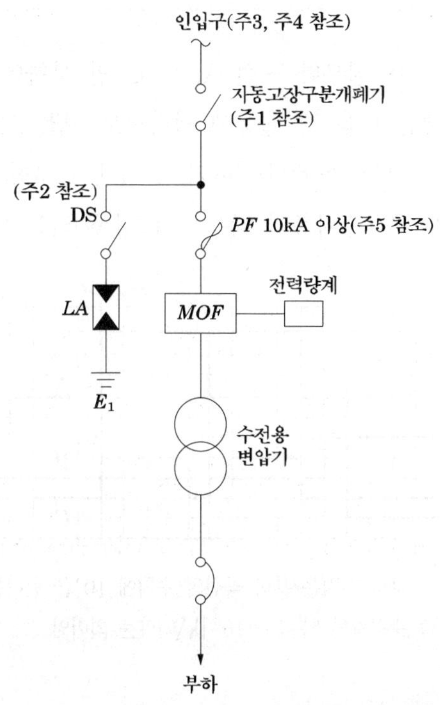

22.9 [kV−Y] 1,000 [kVA] 이하를 시설하는 경우

[주1] LA용 DS는 생략할 수 있으며 22.9 [kV - Y]용의 LA는 Disconnector(또는 Isolator) 붙임형을 사용하여야 한다.

[주2] 인입선을 지중선으로 시설하는 경우로서 공동 주택 등 사고시 정전 피해가 큰 수전 설비 인입선은 예비선을 포함하여 2회선으로 시설하는 것이 바람직하다.

[주3] 지중인입선의 경우에 22.9 [kV−Y] 계통은 $CNCV-W$ 케이블(수밀형) 또는 $TR\ CNCV-W$(트리억제형)을 사용하여야 한다. 다만, 전력구·공동구·덕트·건물구내 등 화재의 우려가 있는 장소에서는 $FR\ CNCO-W$(난연) 케이블을 사용하는 것이 바람직하다.

[주4] 300 [kVA] 이하인 경우 PF 대신 COS(비대칭 차단 전류 10 [kA] 이상의 것)을 사용할 수 있다.

[주5] 간이 수전 설비는 PF의 용단 등에 의한 결상 사고에 대한 대책이 없으므로 변압기 2차측에 설치되는 주차단기에는 결상 계전기 등을 설치하여 결상 사고에 대한 보호 능력이 있도록 함이 바람직하다.

9

출제년도 98.00.10.13.20(11점/각 문항당 2점, 모두 맞으면 11점)

어떤 변전실에서 그림과 같은 일부하 곡선 A, B, C 인 부하에 전기를 공급하고 있다. 이 변전실의 총 부하에 대한 다음 각 물음에 답하시오. (단, A, B, C의 역률은 시간에 관계없이 각각 80 [%], 100 [%] 및 60 [%]이며, 그림에서 부하 전력은 부하 곡선의 수치에 10^3을 한다는 의미임. 즉, 수직측의 5는 5×10^3[kW]라는 의미임.)

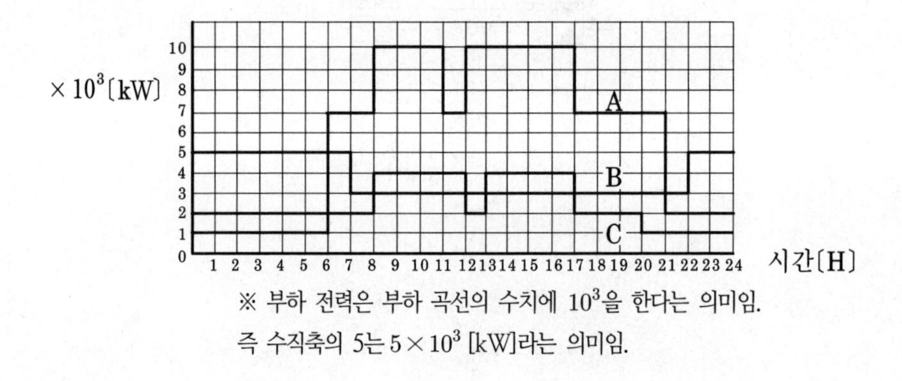

※ 부하 전력은 부하 곡선의 수치에 10^3을 한다는 의미임.
즉 수직축의 5는 5×10^3 [kW]라는 의미임.

(1) 합성 최대 전력은 몇 [kW]인가?

(2) A, B, C 각 부하에 대한 평균 전력은 몇 [kW]인가?

(3) 총 부하율은 몇 [%]인가?

(4) 부등률은 얼마인가?

(5) 최대 부하일 때의 합성 총 역률은 몇 [%]인가?

[작성답안]

(1) 합성 최대 전력은 도면에서 8~11시, 13~17시 이므로 $P=(10+4+3)\times10^3=17\times10^3$ [kW]

(2) $A=\dfrac{\{(1\times6)+(7\times2)+(10\times3)+(7\times1)+(10\times5)+(7\times4)+(2\times3)\}\times10^3}{24}$

$=5.88\times10^3$ [kW]

$B=\dfrac{\{(5\times7)+(3\times15)+(5\times2)\}\times10^3}{24}=3.75\times10^3$ [kW]

$C=\dfrac{\{(2\times8)+(4\times4)+(2\times1)+(4\times4)+(2\times3)+(1\times4)\}\times10^3}{24}=2.5\times10^3$ [kW]

(3) $종합부하율 = \frac{평균전력}{합성최대전력} \times 100 = \frac{A, B, C \text{ 각 평균전력의 합계}}{합성최대전력} \times 100[\%]$

$$= \frac{(5.88 + 3.75 + 2.5) \times 10^3}{17 \times 10^3} \times 100 = 71.35\ [\%]$$

(4) $부등률 = \frac{A, B, C \text{ 각 최대전력의 합계}}{합성최대전력} = \frac{(10 + 5 + 4) \times 10^3}{17 \times 10^3} = 1.12$

(5) 계산 : 먼저 최대 부하시 Q를 구해보면

$$Q = \frac{10 \times 10^3}{0.8} \times 0.6 + \frac{3 \times 10^3}{1} \times 0 + \frac{4 \times 10^3}{0.6} \times 0.8 = 12833.33\ [\text{kVar}]$$

$$\cos\theta = \frac{P}{\sqrt{P^2 + Q^2}} = \frac{17000}{\sqrt{17000^2 + 12833.33^2}} \times 100 = 79.81[\%]$$

답 : 79.81[%]

[핵심] 부하율

① 부하율

공급 설비가 어느 정도 유효하게 사용되는가를 나타내며 부하율이 클수록 공급 설비가 유효하게 사용된다. 부하율은 다음 식에 의해 계산한다.

$$부하율 = \frac{평균\ 수요\ 전력[\text{kW}]}{최대\ 수요\ 전력[\text{kW}]} \times 100\,[\%]$$

부하율은 각 단위별(변압기, 전주, 수용가 등), 시기, 범위, 기간에 따라 달라지며, 부하율을 표시할 경우 기간, 범위를 반드시 명기한다. 예를 들어 일부하율, 월부하율 등으로 표시하여야 하며, 부하율은 기간이 길어질수록 작아진다. 부하율이 적다의 의미는 다음과 같다.

- 공급 설비를 유용하게 사용하지 못한다.
- 평균 수요 전력과 최대 수요 전력과의 차가 커지게 되므로 부하 설비의 가동률이 저하된다.

② 종합부하율

$$종합\ 부하율 = \frac{평균\ 전력}{합성\ 최대\ 전력} \times 100[\%] = \frac{\text{A, B, C 각 평균 전력의 합계}}{합성\ 최대\ 전력} \times 100[\%]$$

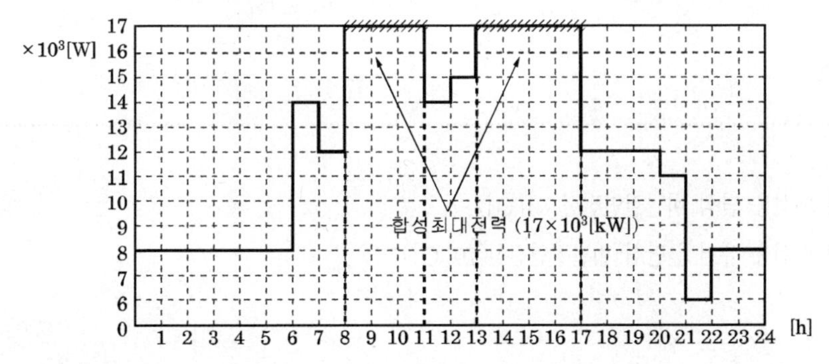

10

출제년도 90.13.(5점/부분점수 없음)

차단기의 정격 전압이 7.2[kV]이고 3상 정격 차단 전류가 20[kA]인 수용가의 수전용 차단기의 차단 용량은 몇 [MVA]인가? (단, 여유율은 고려하지 않는다.)

[작성답안]

계산 : $P_s = \sqrt{3}\, V_n I_s = \sqrt{3} \times$ 정격 전압 $\times$ 정격 차단 전류 $= \sqrt{3} \times 7.2 \times 20 = 249.415$[MVA]

답 : 249.42[MVA]

[핵심] 차단기 용량

$P_s =$ 기준용량[MVA] $\times \dfrac{100}{\%Z}$ [MVA]

정격차단용량 $= \sqrt{3} \times$ 정격전압 $\times$ 정격차단전류 [MVA]

11

출제년도 07.08.09.13.(4점/각 문항당 2점)

다음 전선의 약호에 대한 명칭을 쓰시오.

(1) NRI(70)

(2) NFI(70)

[작성답안]

(1) 300/500[V] 기기 배선용 단심 비닐절연전선(70[℃])

(2) 300/500[V] 기기 배선용 유연성 단심 비닐절연전선(70[℃])

12

출제년도 13.(4점/각 항목당 1점)

다음 기기의 용어를 간단하게 설명하시오.

(1) 점멸기

(2) 단로기

(3) 차단기

(4) 전자접촉기

[작성답안]

(1) 전등 등의 점멸에 상용(常用)하는 개폐기(텀블러스위치 등)를 말한다.

(2) 회로를 수리 및 점검시 전원으로부터 분리할 목적으로 사용하는 개폐기를 말한다.

(3) 과부하, 단락 등의 이상 상태가 되면 회로를 차단하는 장치를 말한다.

(4) 전자석으로 제어되는 개폐기로, 대전류 개폐에 사용하는 접촉기를 말한다.

13

출제년도 13.(5점/각 항목당 1점, 모두 맞으면 5점)

선로 보호용 피뢰기 설치 시 점검사항 3가지를 쓰시오.

[작성답안]

① 피뢰기 애자부분 손상여부를 점검 한다.

② 피뢰기 1, 2차 측 단자 및 단자볼트 이상 유무를 점검한다.

③ 피뢰기 1, 2차 절연저항을 측정한다.

[핵심] 선로 보호용 피뢰기 설치

1. 피뢰기의 점검

① 피뢰기 애자부분 손상여부를 점검 한다.

② 피뢰기 1, 2차 측 단자 및 단자볼트 이상 유무를 점검한다.

③ 피뢰기 1, 2차 절연저항을 측정한다.

2. 피뢰기의 절연저항 측정방법

① 1,000[V] 메가(Megger)로 측정한다.

② 메가로 피뢰기 1, 2차 양단간 금속부분의 절연저항을 측정한다.

③ 측정한 절연저항 값이 1,000MΩ 이상이면 양호

3. 피뢰기 설치장소

① 발, 변전소 모선으로부터 배전선로의 인출개소

② 가공선과 지중선과의 접속개소

③ R/C, S/E, 차단기, 구분개폐기 등의 개폐장치의 전원 및 부하 측의 각상, 단 환상망이 구성되지 않는 분기선로는 부하 측 생략 가능

④ 콘덴서의 전원 측 각상

⑤ 주상변압기 1차측, (단, 200m 구간 내에 피뢰기가 설치되어 있을 때는 생략 가능)

⑥ 기타 필요개소

14

출제년도 13.(5점/부분점수 없음)

CT와 AS와 전류계 결선도를 그리고 필요한 곳에 접지를 하시오.

[작성답안]

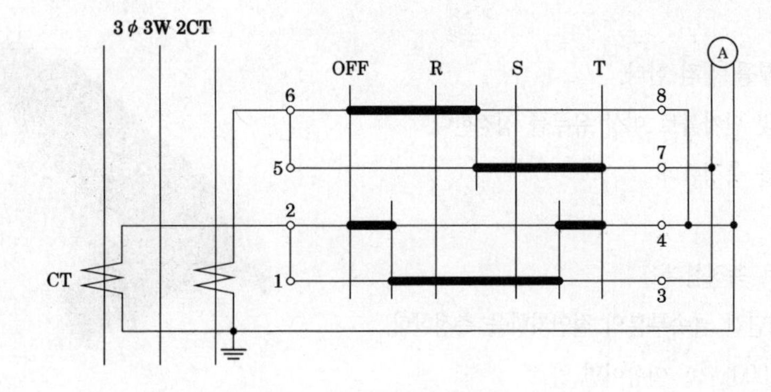

[핵심] 캠스위치

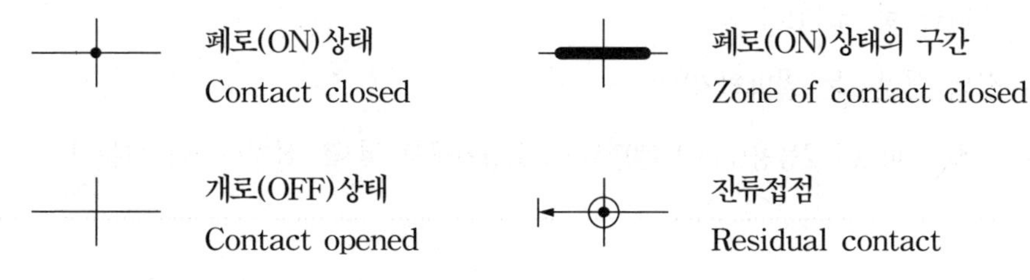

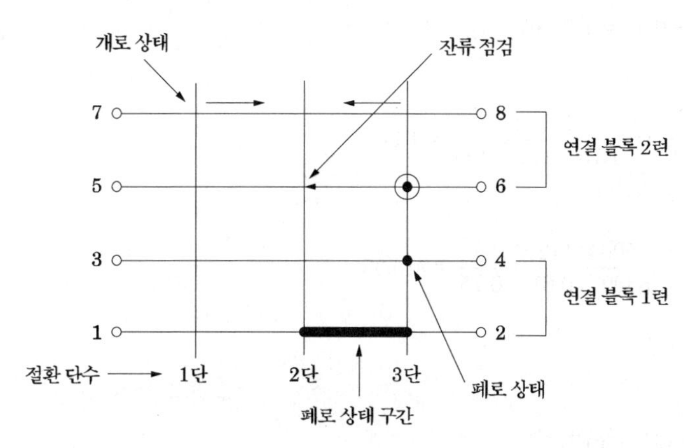

15

출제년도 05.13.22.(6점/각 문항당 2점)

폭 12[m], 길이 18[m], 천장 높이 3.1[m], 작업면(책상 위)높이 0.85[m]인 사무실이 있다. 이 사무실의 천장은 백색 택스로 마감하였으며, 벽면은 옅은 크림색으로 마감하였고, 실내조도는 500[lx], 조명기구는 40W 2등용(H형) 팬던트를 설치하고자 한다. 이 때 다음 조건을 이용하여 각 물음의 설계를 하도록 하시오.

【조 건】

- 천장의 반사율은 50[%], 벽의 반사율은 30[%]로서 H형 팬던트의 기구를 사용할 때 조명률은 0.61로 한다.
- H형 팬던트 기구의 보수율은 0.75로 하도록 한다.
- H형 팬던트의 길이는 0.5[m]이다.
- 램프의 광속은 40[W] 1등당 3300[lm]으로 한다.
- 조명기구의 배치는 5열로 배치하도록 하고, 1열당 등수는 동일하게 한다.

2013

(1) 광원의 높이는 몇 [m]인가?

(2) 이 사무실의 실지수는 얼마인가?

(3) 이 사무실에는 40[W] 2등용(H형) 팬던트의 조명기구를 몇 조 설치하여야 하는가?

[작성답안]

(1) 계산 : $H(\text{등고}) = 3.1 - 0.85 - 0.5 = 1.75[\text{m}]$

답 : 1.75[m]

(2) 계산 : 실지수 $K = \dfrac{X \times Y}{H(X+Y)} = \dfrac{12 \times 18}{1.75 \times (12+18)} = 4.114$

답 : 4.11

(3) 계산 : $N = \dfrac{DES}{FU} = \dfrac{ES}{FUM} = \dfrac{500 \times (12 \times 18)}{3300 \times 0.61 \times 0.75} = 71.535$

∴ 72[등]

2등용이므로 $\dfrac{72}{2} = 36[\text{조}]$

5열로 배치 하면 $5(\text{열}) \times 8(\text{행}) = 40\text{조}$

답 : 40[조]

[핵심] 조명설계

① 실지수

방의 면적이 같은 2개의 방에 같은 수의 광원을 설치하여도 방의 모양이 다른 경우에는 작업면상의 조도는 다르게 된다. 그래서 천정, 바닥이 장방형인 방은 가로 X, 세로 Y 두 변의 평균을 한 변으로 하는 정방형인 방과 동일하다고 하는 이론에 의해 실지수 $R.I$를 다음 식과 같이 결정한다.

$$R.I = \frac{XY}{H(X+Y)}$$

실지수	5.0	4.0	3.0	2.5	2.0	1.5	1.25	1.0	0.8	0.6
기호	A	B	C	D	E	F	G	H	I	J

② 조도계산

N개의 램프에서 방사되는 빛을 평면상의 면적 $A[\text{m}^2]$에 모두 집중 조사할 수 있다고 하고 램프 1개당 광속을 F[lm]이라 하면, 그 면의 평균조도를

$$E = \frac{F \cdot N}{A}\ [\text{lx}]$$

로 나타낸다. 이러한 평균조도 계산은 광속법과 설계여건에 따라 ZCM (Zonal Cavity Method)법을 채택할 수 있다.

$$E = \frac{F \cdot N \cdot U \cdot M}{A}$$

여기서, E : 평균조도[lx] F : 램프 1개당 광속[lm] N : 램프수량[개]
U : 조명률 M : 보수율, 감광보상률의 역수 A : 방의 면적[m²](방의 폭×길이)

16

출제년도 94.04.13. ㊒ 22.(5점/부분점수 없음)

1000[kVA] 단상 변압기 3대를 $\Delta-\Delta$ 결선의 1뱅크로 하여 사용하고 있는 변전소가 있다. 지금 부하의 증가로 동일한 용량의 단상 변압기 1대를 추가하여 운전하려고 할 때, 다음 물음에 답하시오.

(1) 3상의 최대 부하에 대응할 수 있는 결선법은 무엇인가?

(2) 최대 몇 [kVA]의 3상 부하에 대응할 수 있겠는가?

[작성답안]

(1) V－V결선 2뱅크

(2) 계산 : V－V결선 2뱅크이므로

$$P = 2P_V = 2 \times \sqrt{3}\,P_1 = 2 \times \sqrt{3} \times 1000 = 3464.101\,[\text{kVA}]$$

답 : 3464.1[kVA]

[핵심] V결선

$\Delta-\Delta$ 결선에서 1대의 단상변압기가 단락, 또는 사고가 발생한 경우를 고장이 발생된 변압기를 제거시킨 결선법으로 즉, 2대의 단상변압기로서 3상 변압기와 같은 전력을 송배전하기 위한 방식을 V결선이라 한다.

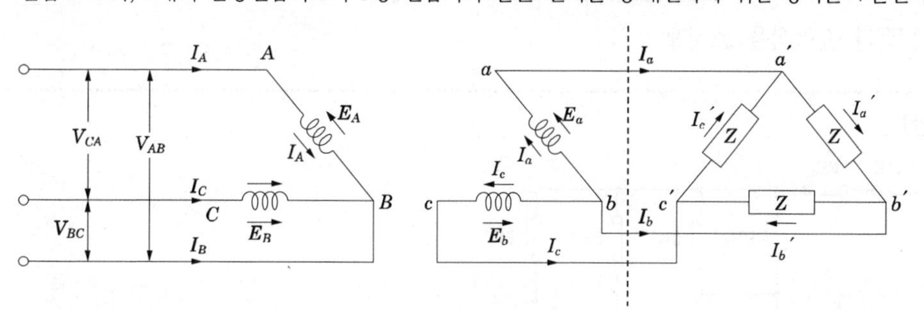

$$P_v = VI\cos\left(\frac{\pi}{6}+\phi\right) + VI\cos\left(\frac{\pi}{6}-\phi\right) = \sqrt{3}\,VI\cos\phi\,[\text{W}]$$

$$P_v = \sqrt{3}\,P_1$$

출력비 : $\frac{V}{\Delta} = \frac{\sqrt{3}\,VI\cos\phi}{3\,VI\cos\phi} \fallingdotseq 0.577$ 이용률 : $\frac{\sqrt{3}\,VI}{2\,VI} = 0.866$

2013년 3회 기출문제 해설

※ 다음 물음에 답을 해당 답란에 답하시오.

1

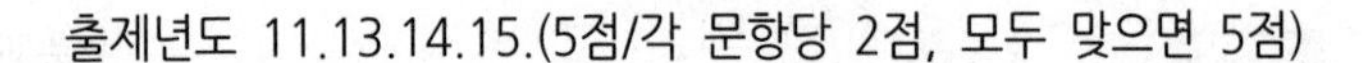
출제년도 11.13.14.15.(5점/각 문항당 2점, 모두 맞으면 5점)

아래 회로도를 보고 물음에 답하시오.

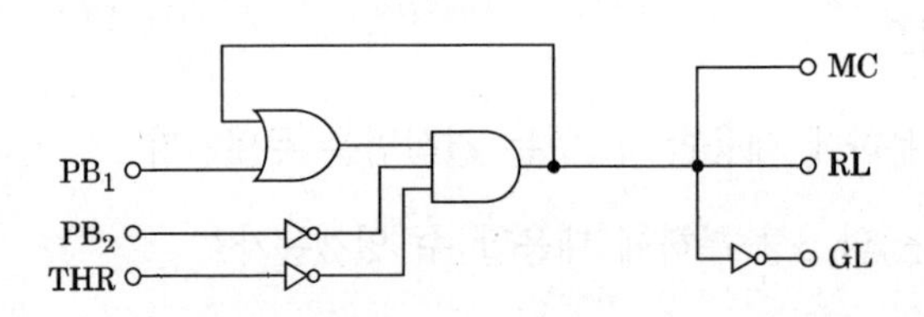

(1) 답안지의 시퀀스 회로도를 완성하시오.

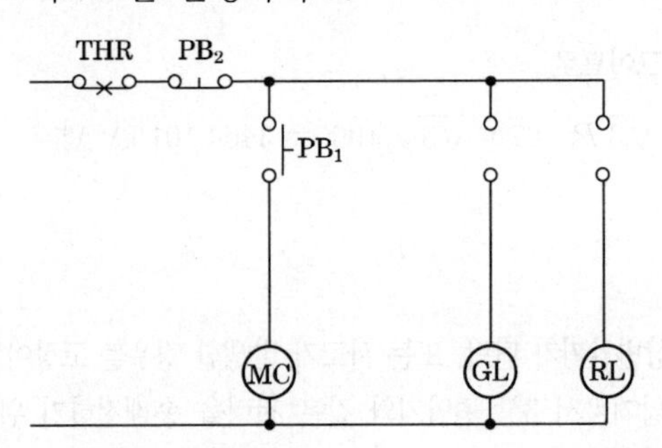

(2) MC의 출력식을 쓰시오.

[작성답안]

(1)

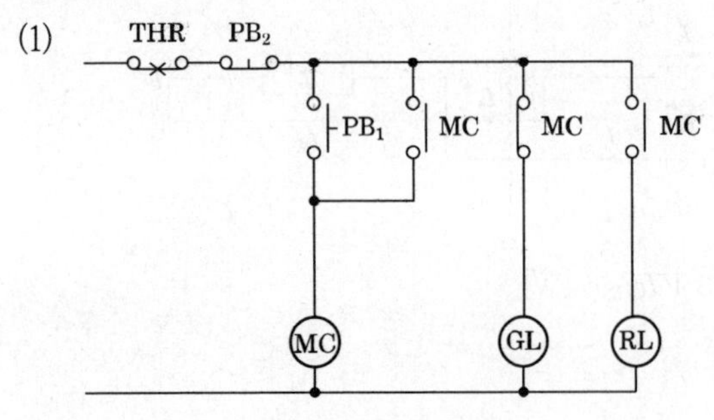

(2) $MC = (PB_1 + MC) \cdot \overline{PB_2} \cdot \overline{THR}$

2

출제년도 13.19.(5점/(1) 3점, (2) 2점)

최대사용전압이 22.9[kV]인 중성점 다중접지 방식의 절연내력 시험전압은 몇 [V]이며, 이 시험전압을 몇 분간 가하여 이에 견디어야 하는가?

(1) 시험전압

(2) 시험시간

[작성답안]

(1) 계산 : 절연내력시험전압 = 최대사용전압 × 배수 = 22900 × 0.92 = 21,068[V]

답 : 21,068[V]

(2) 가하는 시간 : 연속하여 10분

[핵심] 절연내력시험

최대 사용 전압	시 험 전 압	최저 시험 전압	예
7 [kV]이하	1.5배	500 [V]	6,600 → 9,900
7 [kV] 초과 25 [kV] 이하 중성점 다중 접지 방식	0.92배		22,900 → 21,068
7 [kV] 초과 비접지식 모든 전압	1.25배	10,500 [V]	66,000 → 82,500
60 [kV] 초과 중성점 접지식	1.1배	75,000 [V]	66,000 → 72,600
60 [kV] 초과 중성점 직접 접지식	0.72배		154,000 → 110,880 345,000 → 248,400
170 [kV] 넘는 중성점 직접 접지식 구내에만 적용	0.64배		345,000 → 220,800

3

출제년도 89.93.95.99.02.06.07.13.17.18.20.(6점/각 문항당 2점)

가정용 110 [V] 전압을 220 [V]로 승압할 경우 전력손실의 감소는 몇 [%]인가?

[작성답안]

계산 : $P_L \propto \frac{1}{V^2}$ 이므로 $P_L' = \left(\frac{110}{220}\right)^2 P_L = 0.25 P_L$

∴ 감소는 $1 - 0.25 = 0.75$

답 : 75 [%]

[핵심]

(1) 전력손실이 동일 하므로 전력손실 $P_L = 3I^2R$에서 전류 I는 일정하다.

$\therefore$ 공급능력은 $P = \sqrt{3}\,VI\cos\theta$ 에서 $P \propto V$ 가 된다.

(2) 전력손실 $P_L = \dfrac{P^2R}{V^2\cos^2\theta}$ 에서 $P_L \propto \dfrac{1}{V^2}$ 가 된다.

(3) 전압강하율 $\epsilon = \dfrac{e}{V} \times 100 = \dfrac{P}{V^2}(R + X\tan\theta)$ 에서 $\epsilon \propto \dfrac{1}{V^2}$ 가 된다.

4

출제년도 95.05.13.(5점/부분점수 없음)

3상 4선식 22.9[kV] 수전 설비의 부하 전류가 30[A]이다. 60/5[A]의 변류기를 통하여 과부하 계전기를 시설하였다. 120[%]의 과부하에서 차단기를 동작시키려면 과부하 트립 전류값은 몇 [A]로 설정해야 하는가?

[작성답안]

계산 : I_t= 부하 전류 × $\dfrac{1}{\text{CT비}}$ × 설정값 [A]

$$I_t = 30 \times \frac{5}{60} \times 1.2 = 3\,[\text{A}]$$

답 : 3[A]

[핵심] 보호계전기 정정

① 순시탭 정정

변압기 1차측 단락사고에 대하여 동작하며, 2차 단락사고 및 변압기 여자 돌입전류(inrush current)에 동작하지 않는다.

- 변압기1차측 단락사고에 대하여 동작하여야 한다.
- 변압기2차측 (Magnetizing Inrush Current)에 동작하지 않도록 한다.
- TR 2차 3상단락전류의 150 [%]에 정정한다.
- 순시 Tap

순시 Tap = 변압기2차 3상단락전류 × $\dfrac{\text{2차전압}}{\text{1차전압}}$ × 1.5 × $\dfrac{1}{\text{CT비}}$

② 한시탭 정정

I_t= 부하 전류 × $\frac{1}{\text{CT비}}$ × 설정값 [A]

설정값은 보통 전부하 전류의 1.5배로 적용하며, I_t값을 계산후 2 [A], 3 [A], 4 [A], 5 [A], 6 [A], 7 [A], 8 [A], 10 [A], 12 [A] 탭 중에서 가까운 탭을 선정한다.

③ 한시레버정정

수용설비일 경우 변압기2차 3상단락고장시 0.6초 이하에서 동작하도록 선정한다.

5

출제년도 95.99.01.05.12.13.20.22.(9점/각 문항당 3점)

평형 3상 회로에 그림과 같은 유도 전동기가 있다. 이 회로에 2개의 전력계와 전압계 및 전류계를 접속하였더니 그 지시값은 $W_1 = 6.24[\text{kW}]$, $W_2 = 3.77[\text{kW}]$, 전압계의 지시는 200[V], 전류계의 지시는 34[A]이었다. 이 때 다음 각 물음에 답하시오.

(1) 부하에 소비되는 전력을 구하시오.

(2) 부하의 피상전력을 구하시오.

(3) 이 유도 전동기의 역률은 몇 [%]인가?

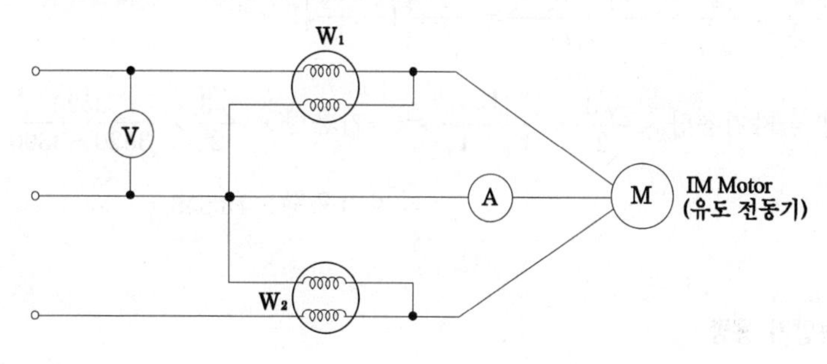

[작성답안]

(1) 계산 : $P = W_1 + W_2 = 6.24 + 3.77 = 10.01[\text{kW}]$

답 : 10.01[kW]

(2) 계산 : $P_a = \sqrt{3}\,VI = \sqrt{3} \times 200 \times 34 \times 10^{-3} = 11.777[\text{kVA}]$

답 : 11.78[kVA]

(3) 계산 : $\cos\theta = \frac{P}{P_a} \times 100 = \frac{10.01}{11.78} \times 100 = 84.974[\%]$

답 : 84.97[%]

[핵심] 2전력계법

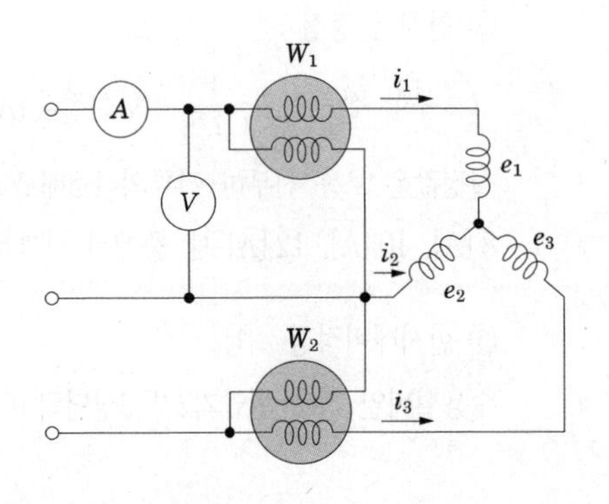

유효전력 $P = W_1 + W_2$ [W]

무효전력 $P_r = \sqrt{3}(W_1 - W_2)$ [Var]

역률

$$\cos\theta = \frac{W_1 + W_2}{\sqrt{(W_1+W_2)^2 + 3(W_1 - W_2)^2}}$$

$$= \frac{W_1 + W_2}{\sqrt{4W_1^2 + 4W_2^2 - 4W_1W_2}} = \frac{W_1 + W_2}{2\sqrt{W_1^2 + W_2^2 - W_1W_2}}$$

6

출제년도 13.19.(5점/부분점수 없음)

전압비가 3300/220[V]인 단권 변압기 2대를 V결선으로 해서 부하에 전력을 공급하고자 한다. 공급할 수 있는 최대용량은 자기용량의 몇 배인가?

[작성답안]

계산 : $\dfrac{\text{자기용량}}{\text{부하용량}} = \dfrac{2}{\sqrt{3}} \times \dfrac{(V_1 - V_2)I_1}{V_1 I_1} = \dfrac{2}{\sqrt{3}}\left(1 - \dfrac{V_2}{V_1}\right)$

$$\text{부하용량} = \text{자기용량} \times \frac{\sqrt{3}}{2} \times \frac{V_2}{V_2 - V_1} = \text{자기용량} \times \frac{\sqrt{3}}{2} \times \frac{3520}{3520 - 3300}$$

$$= \text{자기용량} \times 13.856$$

답 : 13.86배

[핵심] V결선 승압기 용량

그림과 같이 2대의 단권 변압기를 이용하여 V결선하면 변압기 등가용량과 2차측 출력비는 $\dfrac{1}{0.866}$ 이고,

단권변압기이므로 $\left(1 - \dfrac{V_2}{V_1}\right)$가 된다.

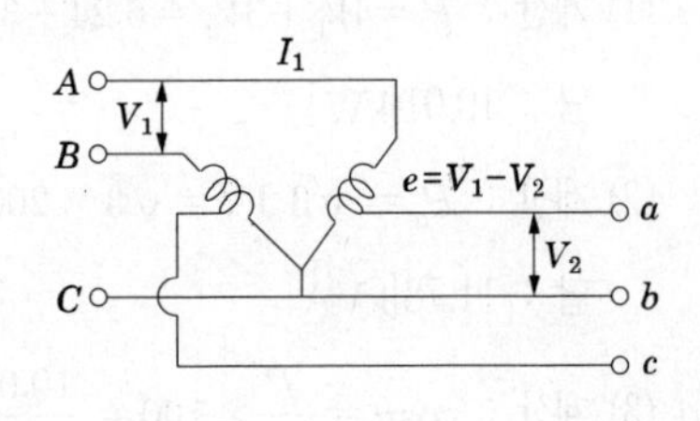

따라서, 용량비는 다음과 같다.

$$\frac{\text{자기용량}}{\text{부하용량}} = \frac{2}{\sqrt{3}} \times \frac{(V_1 - V_2)I_1}{V_1 I_1} = \frac{2}{\sqrt{3}}\left(1 - \frac{V_2}{V_1}\right)$$

$$\therefore P_s = \frac{2}{\sqrt{3}}\left(1 - \frac{V_2}{V_1}\right)P = \frac{1}{0.866}\left(1 - \frac{V_2}{V_1}\right)P \text{ 가 된다.}$$

7

출제년도 99.00.13.(6점/각 문항당 1점, 모두 맞으면 6점)

사용 전압 200[V]인 3상 유도 전동기를 간선에 연결하려고 한다. 주어진 표를 이용하여 다음 물음에 답하시오. (단, 공사방법 B1, XLPE 절연전선을 사용하는 경우이다.)

상 수	전 압	용 량	대 수	기동방법
3상	200 [V]	3.7 [kW]	1대	직입 기동
		7.5 [kW]	1대	직입 기동
		15 [kW]	1대	기동 보상기 사용

(1) 간선에 흐르는 전체전류는 몇 [A]인가?

(2) 간선의 굵기는 몇 [mm^2]인가?

(3) 간선 과전류 차단기의 용량을 주어진 표를 이용하여 구하시오.

(4) 간선 개폐기의 용량을 주어진 표를 이용하여 구하시오.

[표 1] 3상 농형 유도전동기의 규약전류 값

출력 [kW]	규약전류 [A]	
	200 [V]용	380 [V]용
0.2	1.8	0.95
0.4	3.2	1.68
0.75	4.8	2.53
1.5	8.0	4.21
2.2	11.1	5.84
3.7	17.4	9.16
5.5	26	13.68
7.5	34	17.89
11	48	25.26
15	65	34.21
18.5	79	41.58

2013

22	93	48.95
30	124	65.26
37	152	80
45	190	100
55	230	121
75	310	163
90	360	189.5
110	440	231.6
132	500	263

[비고 1] 사용하는 회로의 전압이 220 [V]인 경우는 200 [V]인 것의 0.9배로 한다.

[비고 2] 고효율 전동기는 제작자에 따라 차이가 있으므로 제작자의 기술자료를 참조할 것

[표 2] 200 [V] 3상 유도전동기의 간선의 굵기 및 기구의 용량 (B종 퓨즈의 경우) (동선)

전동기 [kW] 수의 총계 [kW] 이하	최대 사용 전류 [A] 이하	배선종류에 의한 간선의 최소 굵기 [mm^2]						직입기동 전동기 중 최대용량의 것											
		공사방법 A1 3개선		공사방법 B1 3개선		공사방법 C1 3개선		0.75 이하	1.5	2.2	3.7	5.5	7.5	11	15	18.5	22	30	37–55
								기동기사용 전동기 중 최대용량의 것											
								–	–	–	5.5	7.5	11 15	18.5 22	–	30 37	–	45	55
		PVC	XLPE EPR	PVC	XLPE EPR	PVC	XLPE EPR	과전류차단기 (A) – (칸 위 숫자) 개폐기용량 (A) – (칸 아래 숫자)											
3	15	2.5	2.5	2.5	2.5	2.5	2.5	15 30	20 30	30 30	–	–	–	–	–	–	–	–	–
4.5	20	4	2.5	2.5	2.5	2.5	2.5	20 30	20 30	30 30	50 60	–	–	–	–	–	–	–	–
6.3	30	6	4	6	4	4	2.5	30 30	30 30	50 60	50 60	75 100	–	–	–	–	–	–	–
8.2	40	10	6	10	6	6	4	50 60	50 60	50 60	75 100	75 100	100 100	–	–	–	–	–	–
12	50	16	10	10	10	10	6	50 60	50 60	50 60	75 100	75 100	100 100	150 200	–	–	–	–	–
15.7	75	35	25	25	16	16	16	75 100	75 100	75 100	75 100	100 100	100 100	150 200	150 200	–	–	–	–
19.5	90	50	25	35	25	25	16	100 100	100 100	100 100	100 100	100 100	150 200	150 200	200 200	200 200	–	–	–
23.2	100	50	35	35	25	35	25	100 100	100 100	100 100	100 100	100 100	150 200	150 200	200 200	200 200	200 200	–	–
30	125	70	50	50	35	50	35	150 200	150 200	150 200	150 200	150 200	150 200	150 200	200 200	200 200	200 200	–	–

37.5	150	95	70	70	50	70	50	150 200	150 200	150 200	150 200	150 200	150 200	150 200	200 200	300 300	300 300	300 300	-
45	175	120	70	95	50	70	50	200 200	200 200	200 200	200 200	200 200	200 200	200 200	200 200	300 300	300 300	300 300	300 300
52.5	200	150	95	95	70	95	70	200 200	200 200	200 200	200 200	200 200	200 200	200 200	200 200	300 300	300 300	400 400	400 400
63.7	250	240	150	-	95	120	95	300 300	300 300	300 300	300 300	300 300	300 300	300 300	300 300	300 300	400 400	400 400	500 600
75	300	300	185	-	120	185	120	300 300	300 300	300 300	300 300	300 300	300 300	300 300	300 300	300 300	400 400	400 400	500 600
86.2	350	-	240	-	-	240	150	400 400	400 400	400 400	400 400	400 400	400 400	400 400	400 400	400 400	400 400	400 400	600 600

[비고 1] 최소 전선의 굵기는 1회선에 대한 것이며, 2회선 이상인 경우는 복수회로 보정계수를 적용하여야 한다.

[비고 2] 공사방법 A1은 벽 내의 전선관에 공사한 절연전선 또는 단심케이블, B1은 벽면의 전선판에 공사한 절연전선 또는 단심케이블, C는 벽면에 공사한 단심 또는 다심케이블을 시설하는 경우의 전선의 굵기를 표시하였다.

[비고 3] 「전동기 중 최대의 것」에는 동시 기동하는 경우를 포함함.

[비고 4] 과전류차단기의 용량은 해당 조항에 규정되어 있는 범위에서 실용상 거의 최댓값을 표시함.

[비고 5] 과전류차단기의 선정은 최대용량의 정격전류의 3배에 다른 전동기의 정격전류의 합계를 가산한 값 이하를 표시함.

[비고 6] 고리퓨즈는 300 [A] 이하에서 사용하여야 한다.

[답안적성]

(1) 계산 : 표1의 규약전류에 의한 최대사용전류 $I = 17.4 + 34 + 65 = 116.4$[A]

답 : 116.4[A]

(2) 과정 : 전동기 [kW]수의 총계 = 3.7 + 7.5 + 15 = 26.2 [kW]

표의 30 [kW]란과 공사방법 B1의 XLPE란의 35 [mm^2] 선정

답 : 35 [mm^2]

(3) 과정 : 전동기 [kW]수의 총계 = 3.7 + 7.5 + 15 = 26.2 [kW]

표의 30 [kW]란과 기동기사용 15[kW]와 만나는 곳 칸위 150[A]선정

답 : 150[A]

(3) 과정 : 전동기 [kW]수의 총계 = 3.7 + 7.5 + 15 = 26.2 [kW]

표의 30 [kW]란과 기동기사용 15[kW]와 만나는 곳 칸아래 200[A]선정

답 : 200[A]

2013

8 출제년도 99.01.07.13.(8점/각 문항당 2점, 모두 맞으면 8점)

그림과 같은 교류 단상 3선식 선로를 보고 다음 각 물음에 답하시오.

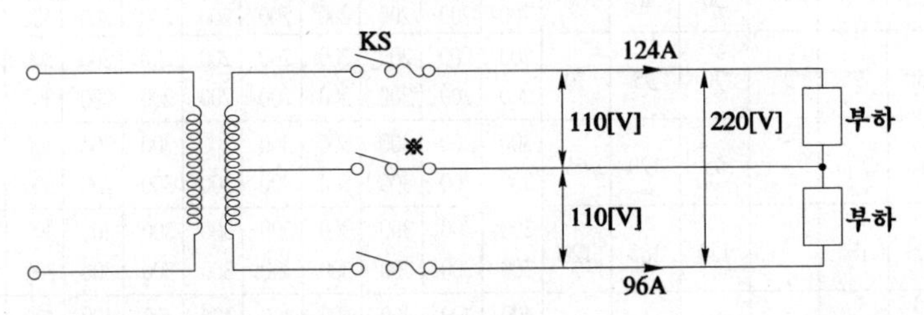

(1) 도면의 잘못된 부분을 고쳐서 그리고 잘못된 부분에 대한 이유를 설명하시오.

(2) 부하 불평형률은 몇 [%]인가?

(3) 도면에서 ※부분에 퓨즈를 넣지 않고 동선을 연결하였다. 옳은 방법인지의 여부를 구분하고 그 이유를 설명하시오.

[작성답안]

(1)

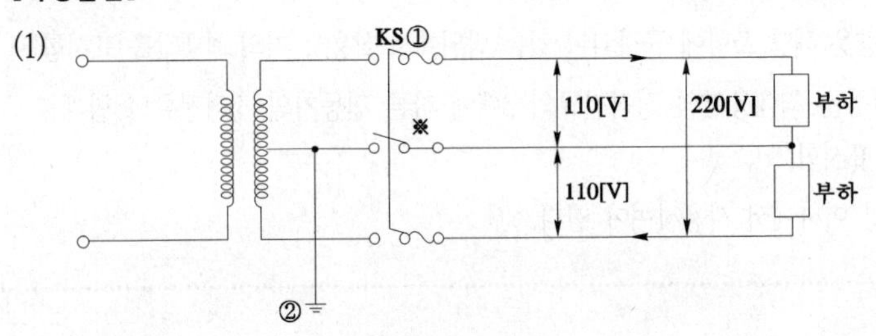

① 개폐기는 3극 동시에 개폐하여야 한다.

이유 : 동시에 개폐되지 않을 경우 전압불평형이 나타날 수 있다.

② 변압기의 2차측 중성선에는 중성점 접지공사를 하여야 한다.

이유 : 1, 2차 혼촉시 2차측 전위상승 억제

(2) 설비불평형률$= \dfrac{124-96}{\dfrac{1}{2}(124+96)} \times 100 = 25.45$ [%]

답 : 25.45 [%]

(3) 옳은 방법이다.

이유 : 퓨즈가 용단되는 경우에는 경부하측의 전위가 상승되어 전압불평형이 발생하기 때문

9

출제년도 85.96.99.00.13.16.19.(5점/부분점수 없음)

그림과 같은 분기회로 전선의 단면적을 산출하여 적당한 굵기를 선정하시오.

① 배전 방식은 단상 2선식 교류 200[V]로 한다.

② 사용 전선은 450/750[V] 일반용 단심 비닐절연전선이다.

③ 사용 전선관은 후강전선관으로 하며, 전압 강하는 최원단에서 2[%]로 보고 계산한다.

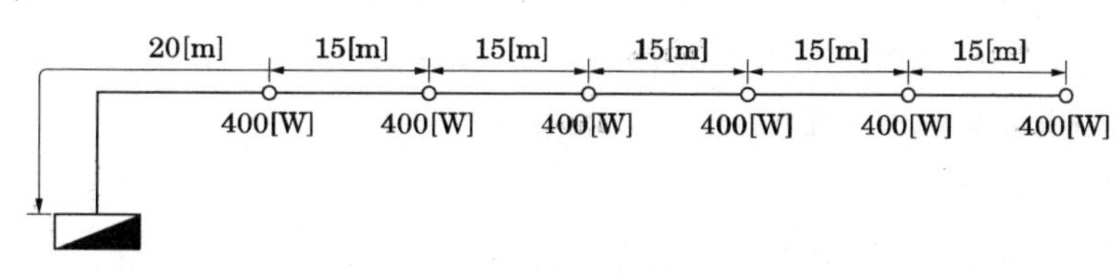

[작성답안]

계산 : 부하 중심까지의 거리 $L=\dfrac{400\times20+400\times35+400\times50+400\times65+400\times80+400\times95}{400+400+400+400+400+400}$

$=57.5[\mathrm{m}]$

$I=\dfrac{400\times6}{200}=12[\mathrm{A}]$

$e=200\times0.02=4[\mathrm{V}]$

$A=\dfrac{35.6LI}{1000e}=\dfrac{35.6\times57.5\times12}{1000\times4}=6.141[\mathrm{mm}^2]\fallingdotseq6.14[\mathrm{mm}^2]$

$\therefore$ 10[mm²]선정

답 : $10[\mathrm{mm}^2]$

[핵심] 부하중심점

$L=\dfrac{\Sigma 전류\times 길이}{\Sigma 전류}=\dfrac{\Sigma 전압\times 전류\times 길이}{\Sigma 전압\times 전류}=\dfrac{\Sigma 전력\times 길이}{\Sigma 전력}$

10

출제년도 13.22.(5점/부분점수 없음)

옥내에 시설되는 단상전동기에 과부하 보호장치를 하지 않아도 되는 전동기의 용량은 몇 [kW] 이하인가?

[작성답안]

0.2[kW]

[핵심] 한국전기설비규정 212.6.3 저압전로 중의 전동기 보호용 과전류보호장치의 시설

옥내에 시설하는 전동기(정격 출력이 0.2[kW] 이하인 것을 제외한다. 이하 여기에서같다)에는 전동기가 손상될 우려가 있는 과전류가 생겼을 때에 자동적으로 이를 저지하거나 이를 경보하는 장치를 하여야 한다. 다만, 다음의 어느 하나에 해당하는경우에는 그러하지 아니하다.

가. 전동기를 운전 중 상시 취급자가 감시할 수 있는 위치에 시설하는 경우

나. 전동기의 구조나 부하의 성질로 보아 전동기가 손상될 수 있는 과전류가 생길 우려가 없는 경우

다. 단상전동기[KS C 4204(2013)의 표준정격의 것을 말한다]로써 그 전원측 전로에 시설하는 과전류 차단기의 정격전류가 16 A(배선차단기는 20 A) 이하인 경우

11

출제년도 13.21.(6점/각 항목당 1점)

다음은 저압전로의 절연성능에 관한 표이다. 다음 빈 칸을 완성하시오.

전로의 사용전압 V	DC시험전압 V	절연저항 MΩ
SELV 및 PELV		
FELV, 500V 이하		
500V 초과		

[주] 특별저압(extra low voltage : 2차 전압이 AC 50V, DC 120V 이하)으로 SELV(비접지회로 구성) 및 PELV(접지회로 구성)은 1차와 2차가 전기적으로 절연된 회로, FELV는 1차와 2차가 전기적으로 절연되지 않은 회로

"특별저압(ELV, Extra Low Voltage)"이란 인체에 위험을 초래하지 않을 정도의 저압을 말한다. 여기서 SELV(Safety Extra Low Voltage)는 비접지회로에 해당되며, PELV(Protective Extra Low Voltage)는 접지회로에 해당된다.

[작성답안]

전로의 사용전압 V	DC시험전압 V	절연저항 MΩ
SELV 및 PELV	250	0.5
FELV, 500V 이하	500	1.0
500V 초과	1,000	1.0

[핵심] 전기설비기술기준 저압전로의 절연성능

전선 상호간의 절연저항은 기계기구를 쉽게 분리가 곤란한 분기회로의 경우 기기 접속 전에 측정할 수 있다. 측정 시 영향을 주거나 손상을 받을 수 있는 SPD 또는 기타 기기 등은 측정 전에 분리시켜야 하고, 부득이하게 분리가 어려운 경우에는 시험전압을 250V DC로 낮추어 측정할 수 있지만 절연저항 값은 1MΩ 이상이어야 한다.

전로의 사용전압 V	DC시험전압 V	절연저항 MΩ
SELV 및 PELV	250	0.5
FELV, 500V 이하	500	1.0
500V 초과	1,000	1.0

[주] 특별저압(extra low voltage : 2차 전압이 AC 50V, DC 120V 이하)으로 SELV(비접지회로 구성) 및 PELV(접지회로 구성)은 1차와 2차가 전기적으로 절연된 회로, FELV는 1차와 2차가 전기적으로 절연되지 않은 회로

"특별저압(ELV, Extra Low Voltage)"이란 인체에 위험을 초래하지 않을 정도의 저압을 말한다. 여기서 SELV(Safety Extra Low Voltage/안전 특별저압)는 비접지회로에 해당되며, PELV(Protective Extra Low Voltage/보호 특별저압)는 접지회로에 해당된다.

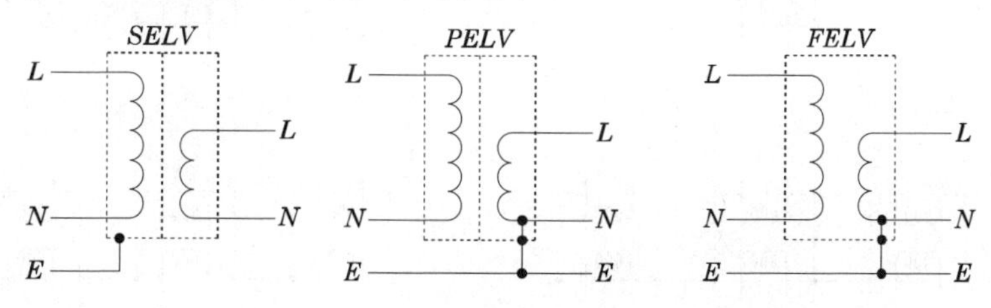

*FELV (Functional Extra Low Voltage/기능적 특별저압)

12

출제년도 13.18.21.(5점/부분점수 없음)

어떤 발전소의 발전기가 13.2[kV], 용량 93000[kVA], %임피던스 95[%]일 때, 임피던스는 몇 [Ω]인가?

[작성답안]

계산 : $\%Z = \dfrac{PZ}{10\,V^2}$ 에서 $Z = \dfrac{\%Z \times 10\,V^2}{P} = \dfrac{95 \times 10 \times 13.2^2}{93000} = 1.78[\Omega]$

답 : 1.78[Ω]

[핵심] %임피던스법

임피던스의 크기를 옴[Ω] 값 대신에 %값으로 나타내어 계산하는 방법으로 옴[Ω]법과 달리 전압환산을 할 필요가 없어 계산이 용이하므로 현재 가장 많이 사용되고 있다.

$$\%Z = \frac{I_n[\mathrm{A}] \times Z[\Omega]}{E[\mathrm{V}]} \times 100[\%] = \frac{P[\mathrm{kVA}] \times Z[\Omega]}{10\,V^2[\mathrm{kV}]}[\%]$$

13

출제년도 13.(8점/각 문항당 4점)

다음 미완성 도면의 Y－Y 변압기 결선도와 Δ－Δ 변압기 결선도를 완성하시오.
(단, 필요한 곳에는 접지를 포함하여 완성시키도록 한다.)

(1) Y－Y

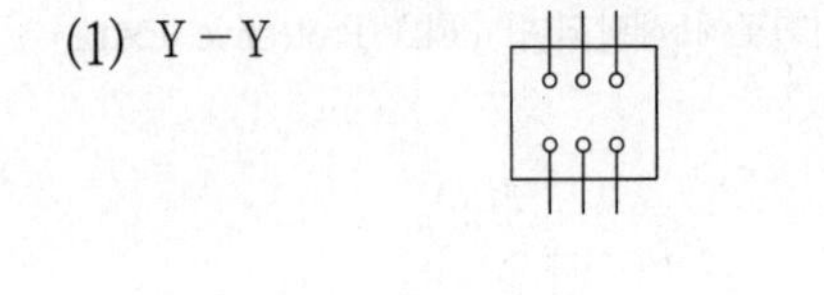

(2) Δ－Δ

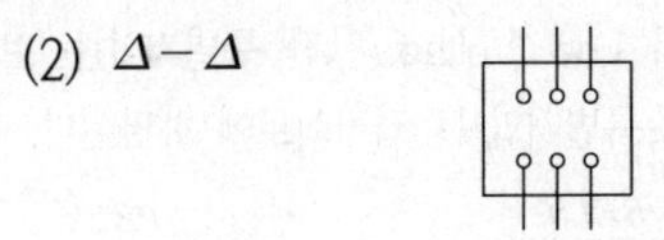

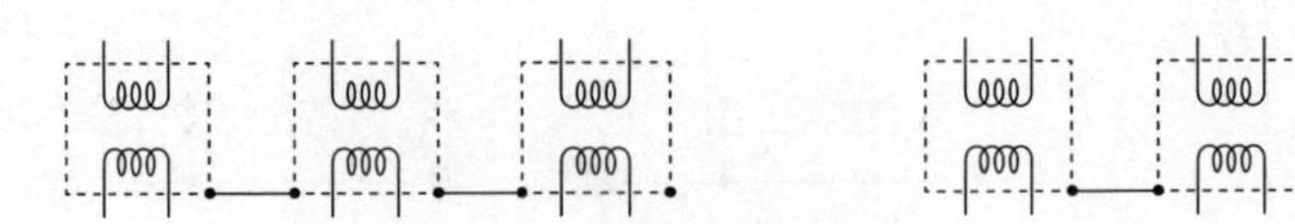

[작성답안]

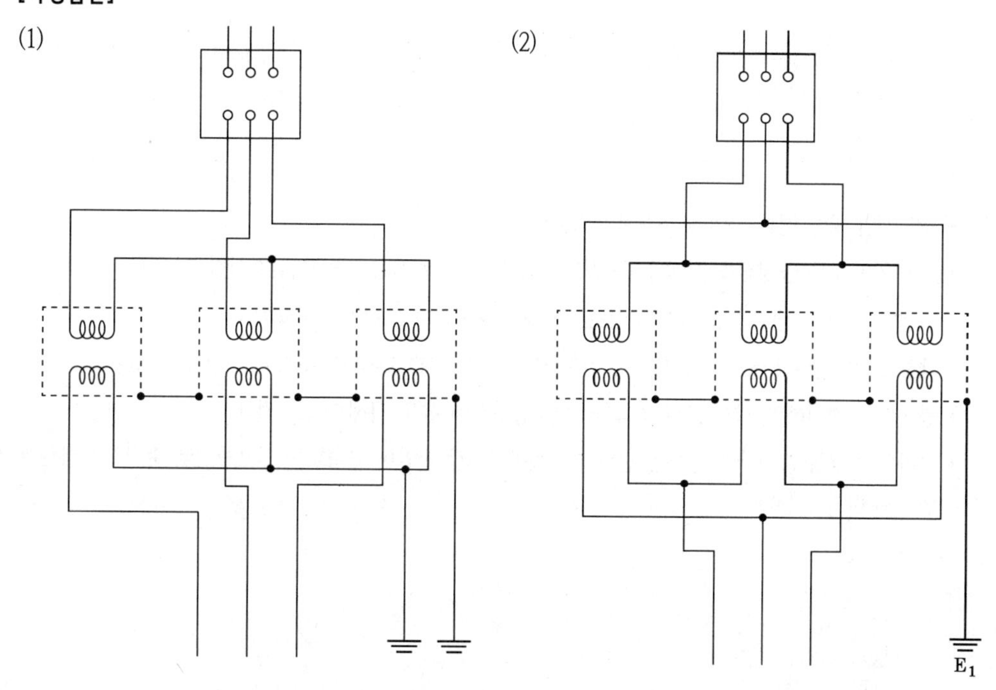

[핵심] 변압기 결선

① △ − △ 결선

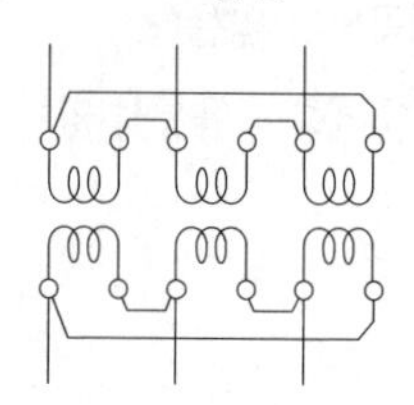

- 제3고조파 전류가 △결선 내를 순환하므로 정현파 교류 전압을 유기하여 기전력의 파형이 왜곡되지 않는다.
- 1상분이 고장이 나면 나머지 2대로써 V결선 운전이 가능하다.
- 각 변압기의 상전류가 선전류의 $1/\sqrt{3}$ 이 되어 대전류에 적당하다.
- 중성점을 접지할 수 없으므로 지락 사고의 검출이 곤란하다.
- 권수비가 다른 변압기를 결선 하면 순환 전류가 흐른다.
- 각 상의 임피던스가 다를 경우 3상 부하가 평형이 되어도 변압기의 부하 전류는 불평형이 된다.

② $Y-Y$ 결선

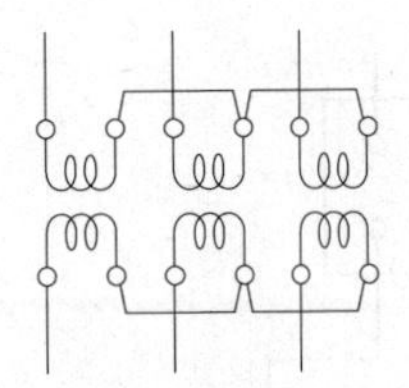

- 1차 전압, 2차 전압 사이에 위상차가 없다.
- 1차, 2차 모두 중성점을 접지할 수 있으며 고압의 경우 이상 전압을 감소시킬 수 있다.
- 상전압이 선간 전압의 $1/\sqrt{3}$ 배이므로 절연이 용이하여 고전압에 유리하다.
- 제3고조파 전류의 통로가 없으므로 기전력의 파형이 제3고조파를 포함한 왜형파가 된다.
- 중성점을 접지하면 제3고조파 전류가 흘러 통신선에 유도 장해를 일으킨다.
- 부하의 불평형에 의하여 중성점 전위가 변동하여 3상 전압이 불평형을 일으키므로 송, 배전 계통에 거의 사용하지 않는다.

③ $\Delta-Y$ 결선

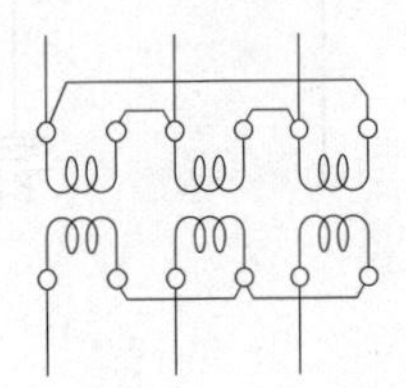

- 한 쪽 Y결선의 중성점을 접지 할 수 있다.
- Y결선의 상전압은 선간 전압의 $1/\sqrt{3}$ 이므로 절연이 용이하다.
- 1, 2차 중에 Δ결선이 있어 제3고조파의 장해가 적고, 기전력의 파형이 왜곡되지 않는다.
- $Y-\Delta$ 결선은 강압용으로, $\Delta-Y$ 결선은 승압용으로 사용할 수 있어서 송전 계통에 융통성 있게 사용된다.
- 1, 2차 선간전압 사이에 30° 의 위상차가 있다.
- 1상에 고장이 생기면 전원 공급이 불가능해진다.
- 중성점 접지로 인한 유도 장해를 초래한다.

14

출제년도 95.03.08.11.13.(5점/부분점수 없음)

"부하율"에 대하여 설명하고 부하율이 적다는 것은 무엇을 의미하는지 2가지만 쓰시오.

[작성답안]

- 부하율 : 일정기간 중의 최대 수요 전력에 대한 평균 수요전력의 비를 의미한다.

$$\text{부하율} = \frac{\text{평균 수요 전력 [kW]}}{\text{최대 수요 전력 [kW]}} \times 100\ [\%]$$

- 부하율이 적다의 의미

  ① 공급 설비를 유용하게 사용하지 못한다.

  ② 평균 수요 전력과 최대 수요 전력과의 차가 커지게 되므로 부하 설비의 가동률이 저하된다.

15

출제년도 98.00.03.13.(6점/각 문항당 3점)

어떤 작업장의 실내에 조명 설비를 하고자 한다. 조명 설비의 설계에 필요한 다음 각 물음에 답하시오.

【조 건】

- 방바닥에서 0.8[m]의 높이에 있는 작업면에서 모든 작업이 이루어진다고 한다.
- 작업장의 면적은 가로 20[m]×세로 25[m]이다.
- 방바닥에서 천장까지의 높이는 4[m]이다.
- 이 작업장의 평균 조도는 180[lx]가 되도록 한다.
- 등기구는 40[W] 형광등을 사용하며, 형광등 1개의 전광속은 3000[lm]이다.
- 조명률은 0.7, 감광 보상률은 1.4로 한다.

(1) 이 작업장의 실지수는 얼마인가?

(2) 이 작업장에 필요한 평균 조도를 얻으려면 형광등은 몇 등이 필요한가?

[작성답안]

(1) 계산 : $H(\text{등고}) = 4 - 0.8 = 3.2\,[\text{m}]$

$$\text{실지수 } K = \frac{X \times Y}{H(X+Y)} = \frac{20 \times 25}{3.2 \times (20+25)} = 3.472$$

답 : 3.47

(2) 계산 : $N = \dfrac{DES}{FU} = \dfrac{180 \times (20 \times 25) \times 1.4}{3000 \times 0.7} = 60$

답 : 60[등]

2013

[핵심] 조명설계

① 실지수

방의 면적이 같은 2개의 방에 같은 수의 광원을 설치하여도 방의 모양이 다른 경우에는 작업면상의 조도는 다르게 된다. 그래서 천정, 바닥이 장방형인 방은 가로 X, 세로 Y 두 변의 평균을 한 변으로 하는 정방형인 방과 동일하다고 하는 이론에 의해 실지수 $R.I$를 다음 식과 같이 결정한다.

$$R.I = \frac{XY}{H(X+Y)}$$

실지수	5.0	4.0	3.0	2.5	2.0	1.5	1.25	1.0	0.8	0.6
기호	A	B	C	D	E	F	G	H	I	J

② 조도계산

N개의 램프에서 방사되는 빛을 평면상의 면적 A[㎡]에 모두 집중 조사할 수 있다고 하고 램프 1개당 광속을 F[lm]이라 하면, 그 면의 평균조도를

$$E = \frac{F \cdot N}{A} \text{ [lx]}$$

로 나타낸다. 이러한 평균조도 계산은 광속법과 설계여건에 따라 ZCM (Zonal Cavity Method)법을 채택할 수 있다.

$$E = \frac{F \cdot N \cdot U \cdot M}{A}$$

여기서, E : 평균조도[lx] F : 램프 1개당 광속[lm] N : 램프수량[개]

U : 조명률 M : 보수율, 감광보상률의 역수 A : 방의 면적[㎡] (방의 폭×길이)

16

출제년도 84.94.13.(5점/부분점수 없음)

주변압기의 용량이 1300[kVA], 전압 22900/3300[V] 3상 3선식 전로의 2차측에 설치하는 단로기의 단락 강도는 몇 [kA] 이상이어야 하는가? (단, 주변압기의 %임피던스는 3[%]이다.)

[작성답안]

계산 : $I_n = \frac{P_n}{\sqrt{3} \cdot V_n} = \frac{1300 \times 10^3}{\sqrt{3} \times 3300} = 227.44[\text{A}]$

단락 강도 $I_s = \frac{100}{\%Z} I_n = \frac{100}{3} \times 227.44 \times 10^{-3} = 7.581[\text{kA}]$

답 : 7.58[kA]

2014년 1회 기출문제 해설

※ 다음 물음에 답을 해당 답란에 답하시오.

1

출제년도 97.99.03.07.14.(6점/각 문항당 3점)

그림과 같은 계통의 기기의 A점에서 완전 지락이 발생하였다. 이때 다음 각 물음에 답하시오.

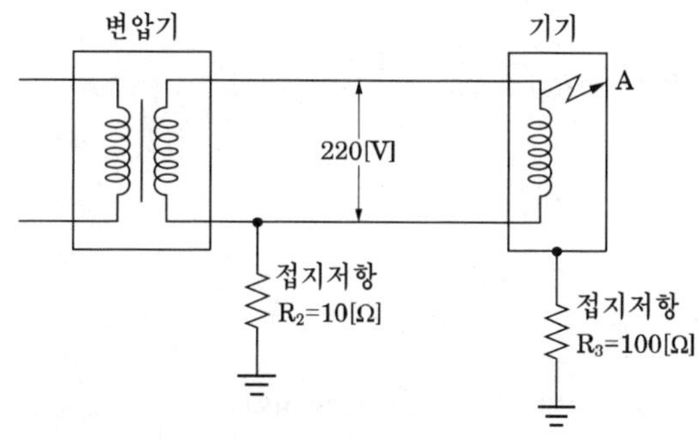

(1) 이 기기의 외함에 인체가 접촉하고 있지 않은 경우, 이 외함의 대지전압은 몇 [V]인가?

(2) 이 기기의 외함에 인체가 접촉하였을 경우, 인체를 통하여 흐르는 전류는 몇 [mA]인가? (단, 인체의 저항은 3000[Ω]으로 한다.)

[작성답안]

(1) 계산 : 대지전압 $e = \dfrac{R_3}{R_2 + R_3} \times E = \dfrac{100}{10+100} \times 220 = 200[\text{V}]$

답 : 200[V]

(2) 계산 : 인체에 흐르는 전류 $I_g = \dfrac{V}{R_2 + \dfrac{R_3 \times R_{tch}}{R_3 + R_{tch}}} \times \dfrac{R_3}{R_3 + R_{tch}} = \dfrac{220}{10 + \dfrac{100 \times 3000}{100+3000}} \times \dfrac{100}{100+3000}$

$= 0.06647[\text{A}] = 66.47[\text{mA}]$

답 : 66.47[mA]

2014

[핵심] 접촉전압

(1) 인체 비 접촉시 전압

- 지락 전류 $I_g = \dfrac{V}{R_2 + R_3}$

- 대지 전압 $e = I_g R_3 = \dfrac{V}{R_2 + R_3} R_3$

(2) 인체 접촉시 전압

- 인체에 흐르는 전류 $I = \dfrac{V}{R_2 + \dfrac{RR_3}{R+R_3}} \times \dfrac{R_3}{R+R_3} = \dfrac{R_3}{R_2(R+R_3)+RR_3} \times V$

- 접촉전압 $E_t = IR = \dfrac{RR_3}{R_2(R+R_3)+RR_3} \times V$

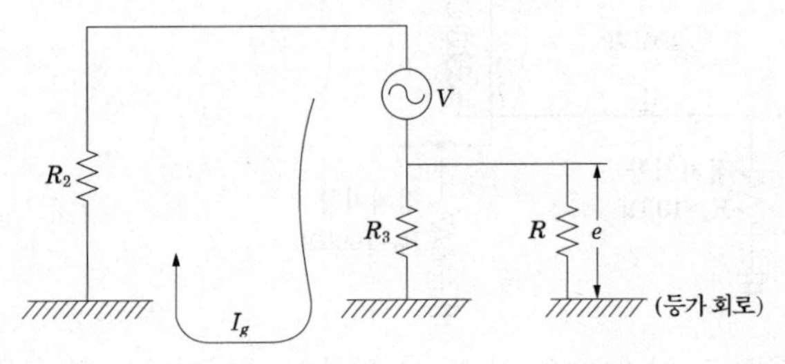

2

출제년도 14.19.(6점/각 문항당 3점)

용량 30[kVA]의 단상 주상 변압기가 있다. 이 변압기의 어느 날의 부하가 30[kW]로 4시간, 24[kW]로 8시간 및 8[kW]로 10시간이었다고 할 경우, 이 변압기의 일부하율 및 전일 효율을 계산하시오. (단, 부하의 역률은 1, 변압기의 전부하 동손은 500[W], 철손은 200[W]이다.)

(1) 일부하율

(2) 전일효율

[작성답안]

(1) 계산 : 일부하율 $= \dfrac{\text{평균전력}}{\text{최대전력}} \times 100 = \dfrac{\dfrac{\text{사용전력량[kWh]}}{24[\text{h}]}}{\text{최대전력[kW]}} \times 100$

$$= \frac{30 \times 4 + 24 \times 8 + 8 \times 10}{24 \times 30} \times 100 = 54.444[\%]$$

답 : 54.44[%]

(2) 계산 : 전일효율 $\eta = \frac{출력}{출력+손실} \times 100$

$$출력 = 30 \times 4 + 24 \times 8 + 8 \times 10 = 392[kWh],\ 철손 = 200 \times 24 \times 10^{-3} = 4.8[kWh]$$

$$동손 = \left[4 \times \left(\frac{30}{30}\right)^2 \times 500 + 8 \times \left(\frac{24}{30}\right)^2 \times 500 + 10 \times \left(\frac{8}{30}\right)^2 \times 500\right] \times 10^{-3} = 4.91[kWh]$$

$$전일효율\ \eta = \frac{392}{392 + 4.8 + 4.91} \times 100 = 97.582[\%]$$

답 : 97.58[%]

[핵심] 전일효율

변압기의 전일효율 : $\eta_d = \frac{\sum h V_2 I_2 \cos\theta_2}{\sum h V_2 I_2 \cos\theta_2 + 24P_i + \sum h r_2 I_2^2} \times 100[\%]$

3

출제년도 85.98.02.11.14.18.(5점/부분점수 없음)

3상 3선식 6.6[kV]로 수전하는 수용가의 수전점에서 100/5[A] CT 2대와 6600/110[V] PT 2대를 사용하여 CT 및 PT 2차측에서 측정한 3상 전력이 300[W]이었다면 수전전력은 몇 [kW]인지 계산하시오.

[작성답안]

계산 : 수전전력 = 전력계의 지시값(측정값) × PT비 × CT비

$$P = 300 \times \frac{6600}{110} \times \frac{100}{5} \times 10^{-3} = 360[kW]$$

답 : 360[kW]

[핵심] 전력량계

괄호 안의 숫자(기준전류)와 괄호 밖의 숫자(정격전류)의 배수를 가지고 Ⅱ형(200%), Ⅲ형(300%), Ⅳ형(400%)으로 구분하고 있다.

- Ⅱ형 계기 : (1/20×정격전류) ~ (정격전류)
- Ⅲ형 계기 : (1/30×정격전류) ~ (정격전류)
- Ⅳ형 계기 : (1/40×정격전류) ~ (정격전류)

5(2.5) [A] 는 Ⅱ형 계기이고(정격전류가 기준전류의 2배), 5 [A]는 정격전류로 이는 최대 사용할 수 있는 전류값이며, 주어진 오차를 만족하는 최소 전류범위는 0.25 [A] (1/20×5 [A]) 이다. 0.25 [A] 이하에서도 사용할 수는 있으나, 0.25 [A] 이하에서는 오차를 시험하지는 않는다는 것을 말한다.

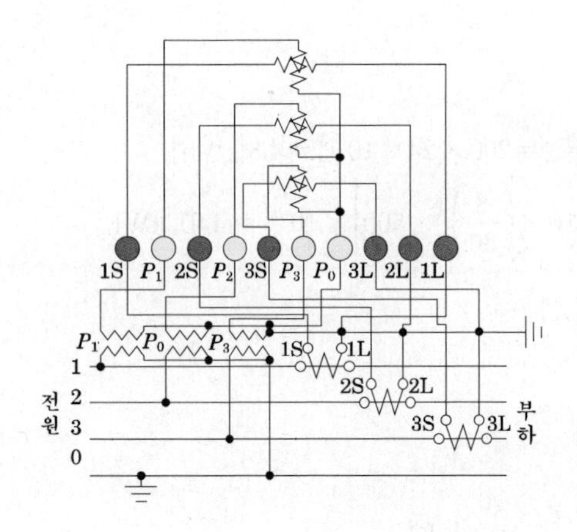

4

출제년도 97.99.03.14.(6점/각 문항당 2점)

축전지에 대한 다음 각 물음에 답하시오.

(1) 연축전지의 초기 고장으로 전 셀(cell)의 전압 불균형이 크고, 비중이 낮았을 때 추정할 수 있는 고장의 원인은 무엇인가?

(2) 연축전지와 알칼리축전지의 1셀당 공칭전압은 몇 [V]인가?

(3) 알칼리축전지에 불순물이 혼입되었다면 어떤 현상이 나타나는가?

[작성답안]

(1) 사용 개시시의 충전 보충 부족, 균등 충전의 부족

(2) 연축전지 : 2[V/cell], 알칼리축전지 : 1.2[V/cell]

(3) 전해액의 착색 및 용량의 감소

[핵심] 축전지 고장의 원인과 현상

현 상		추정 원인
초기 고장	• 전체 셀 전압의 불균형이 크고 비중이 낮다.	• 사용 개시시의 충전 보충 부족
	• 단전지 전압의 비중 저하, 전압계의 역전	• 역접속
사용중 고장	• 전체 셀 전압의 불균형이 크고 비중이 낮다.	• 부동충전전압이 낮다. • 균등 충전의 부족 • 방전후의 회복충전 부족
	• 어떤 셀만의 전압, 비중이 극히 낮다.	• 국부단락
	• 전체 셀의 비중이 높다. • 전압은 정상	• 액면 저하 • 보수시 묽은 황산의 혼입

• 충전 중 비중이 낮고 전압은 높다. • 방전 중 전압은 낮고 용량이 감퇴한다.	• 방전 상태에서 장기간 방치 • 충전 부족의 상태에서 장기간 사용 • 극판 노출 • 불순물 혼입
• 전해액의 변색, 충전하지 않고 방치 중에도 다량으로 가스가 발생한다.	• 불순물 혼입
• 전해액의 감소가 빠르다.	• 충전 전압이 높다. • 실온이 높다.
• 축전지의 현저한 온도 상승, 또는 소손	• 충전장치의 고장 • 과충전 • 액면 저하로 인한 극판의 노출 • 교류 전류의 유입이 크다.

5

출제년도 14.(5점/부분점수 없음)

다음 회로에서 전원전압이 공급될 때 최대 전류계의 측정 범위가 500[A]인 전류계로 전 전류값이 1500[A]인 전류를 측정하려고 한다. 전류계와 병렬로 몇 [Ω]의 저항을 연결하면 측정이 가능한지 계산하시오. (단, 전류계의 내부저항은 100[Ω]이다.)

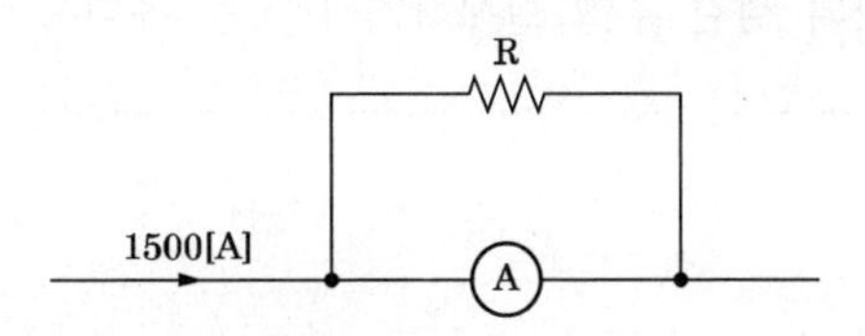

[작성답안]

계산 : $I_a = \dfrac{R_s}{R_s + R_a} \times I$ 에서 $\dfrac{I}{I_a} = \dfrac{R_s + R_a}{R_s} = 1 + \dfrac{R_a}{R_s}$ 이므로 $\dfrac{1500}{500} = 1 + \dfrac{100}{R_s}$

$\therefore\ R_s = 50[\Omega]$

답 : 50[Ω]

[핵심] 배율기와 분류기

(1) 배율기

전압계의 측정범위를 확대하기 위하여 내부저항 $r_a[\Omega]$인 전압계에 직렬로 접속하는 저항R_m을 배율기라 한다.

$V_a = Ir_a$ [V], $I = \dfrac{V}{r_a + R_m}$ 이므로

$$V_a = \frac{r_a}{r_a + R_m} \cdot V$$

$$\therefore \; V = \frac{r_a + R_m}{r_a} \cdot V_a = \left(1 + \frac{R_m}{r_a}\right) V_a$$

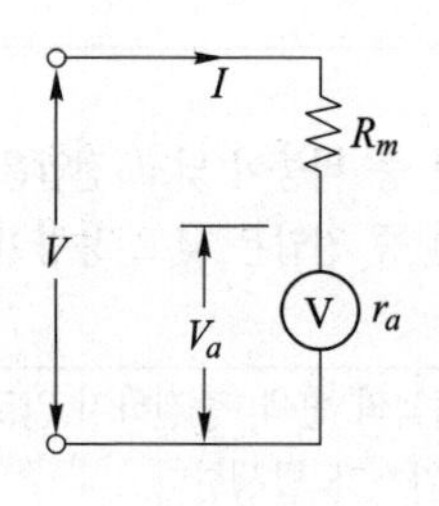

배율 $m = \dfrac{V}{V_a} = 1 + \dfrac{R_m}{r_a}$

(2) 분류기

전류계의 측정범위를 확대하기 위하여 내부저항 $r_a[\Omega]$인 전류계에 병렬로 접속하는 저항R_s를 분류기라 한다.

$$I_a = \frac{R_s}{r_a + R_s} \times I$$

$$\therefore \; I = \frac{r_a + R_s}{R_s} \times I_a = \left(1 + \frac{r_a}{R_s}\right) \times I_a$$

배율 $m = \dfrac{I}{I_a} = 1 + \dfrac{r_a}{R_s}$

6

출제년도 14.(3점/각 항목당 1점)

전기설비의 보수점검작업의 점검 후에 실시하여야 하는 유의사항을 3가지만 쓰시오.

[작성답안]

- 단락접지기구의 철거
- 표지판 또는 시건장치 철거
- 직업자에 대한 위험요소 확인 및 제거

[핵심] 한국전기안전공사 전기안전요령에 관한 지침

정전작업 시 조치사항

단계조치	협의사항	실무사항
작업 전	1) 작업지휘자의 임명 2) 정전범위, 조작순서 3) 개폐기의 위치 4) 단락접지개소 5) 계획변경에 대한 조치 6) 송전 시의 안전 확인	1) 작업지휘자에 의한 작업내용의 주지 철저 2) 개로개폐기의 시건 또는 표시 3) 잔류전하의 방전 4) 검전기에 의한 정전 확인 5) 단락접지 6) 일부 정전작업 시 정전선로 및 활선선로의 표시 7) 근접활선에 대한 방호

작업 중		1) 작업지휘자에 의한 지휘 2) 개폐기의 관리 3) 단락접지의 수시확인 4) 근접활선에 대한 방호
작업 종료 시		1) 단락접지기구의 철거 2) 표지의 철거 3) 작업자에 대한 위험이 없는 것을 확인 4) 개폐기를 투입해서 송전 재개

7 출제년도 14.15.16.(7점/각 항목당 2점, 모두 맞으면 7점)

배전용 변전소에 접지 공사를 하고자 한다. 접지 목적을 3가지만 쓰도록 하시오.

[작성답안]

① 감전 방지

② 기기의 손상 방지

③ 보호 계전기의 확실한 동작

[핵심] 접지의 목적

① 전기회로의 접지목적

이상적으로 접지저항이 "0" [Ω], 즉 전위상승이 없으면 아무런 장해가 없으나, 실제로는 접지저항이 존재하며 전위상승으로 인한 인체감전, 기기손상, 잡음발생, 오동작 등 여러 장해가 발생함으로 이를 방지하고 최소화하는 것이 접지의 목적이다. 따라서 접지시 상용주파뿐만 아니라 충격전압에 대해서도 낮은 저항값을 갖도록 하여야 한다. 계통접지의 목적은 다음과 같다.

- 낙뢰, 개폐서지 등에 의한 이상전압을 억제한다.
- 전력계통에서 발생하는 대지전위의 상승을 억제한다.
- 지락사고시 발생하는 지락전류를 검출하여 보호 계전기의 동작을 확실하게 한다.
- 고저압 혼촉에 의한 저압측 전위상승을 억제하여 저압측에 연결된 기계기구의 절연을 보호한다.

② 접지설계시 고려사항

접지설비를 설계할 경우 다음 사항을 고려하여 설계하여야 한다.

- 인체의 허용전류 값
- 토지의 고유저항 및 접지저항 값
- 토양의 성질
- 인체의 허용전류
- 접지전위상승
- 접지전위상승
- 접지극 및 접지선의 크기와 형상
- 대지의 고유저항
- 보폭전압과 접촉전압

2014

8 출제년도 11.12.14.(5점/부분점수 없음)

건물옥상 수조에 분당 1500[ℓ]씩 물을 올리려 한다. 지하수조에서 옥상수조까지의 양정이 50[m]일 경우 전동기 용량은 몇 [kW]이상으로 하여야 하는지 계산하시오. (단, 배관의 손실은 양정의 30[%]로 하며, 펌프 및 전동기 종합효율은 80[%], 여유계수는 1.1로 한다.)

[작성답안]

계산 : $P=\dfrac{HQ_mK}{6.12\eta}$ [kW]

$Q_m = 1500[\ell/\text{min}] = 1.5[\text{m}^3/\text{min}]$

$H = 50+50\times 0.3 = 65[\text{m}]$

$P=\dfrac{KQH}{6.12\eta}=\dfrac{1.1\times 1.5\times 65}{6.12\times 0.8}=21.905[\text{kW}]$

답 : 21.91[kW]

[핵심] 전동기용량

① 펌프용 전동기 용량

$$P=\frac{9.8Q'HK}{\eta}=\frac{KQH}{6.12\eta}\ [\text{kW}]$$

여기서, P : 전동기의 용량[kW]

Q : 양수량[㎥/min]

Q' : 양수량[㎥/sec]

H : 양정(낙차) [m]

η : 펌프의 효율[%]

K : 여유계수(1.1 ~ 1.2 정도)

② 권상용 전동기 용량

$$P=\frac{9.8W\cdot v'}{\eta}=\frac{W\cdot v}{6.12\eta}\ [\text{kW}]$$

여기서, W : 권상 하중[ton]

v : 권상 속도[m/min]

v' : 권상 속도[m/sec]

η : 권상기 효율[%]

9

출제년도 14.(5점/부분점수 없음)

계기정수 1200[Rev/kWh], 승률 1, 적산전력계의 원판이 50초에 12회전을 할 때, 평균 전력은 몇 [kW]인지 계산하시오.

[작성답안]

계산 : $P_M = \dfrac{3600 \cdot n}{t \cdot k} \times CT\text{비} \times PT\text{비}$

$P_M = \dfrac{3600 \times 12}{50 \times 1200} = 0.72[\text{kW}]$

답 : 0.72[kW]

[핵심] 전력량계

$P = \dfrac{3{,}600 \cdot n}{t \cdot k} \times \text{CT비} \times \text{PT비} \, [\text{kW}]$

여기서, n : 회전수[회], t : 시간[sec], k : 계기정수[rev/kWh]

10

출제년도 11.14.(5점/부분점수 없음)

그림과 같은 논리회로를 유접점 회로로 변환하여 그리시오.

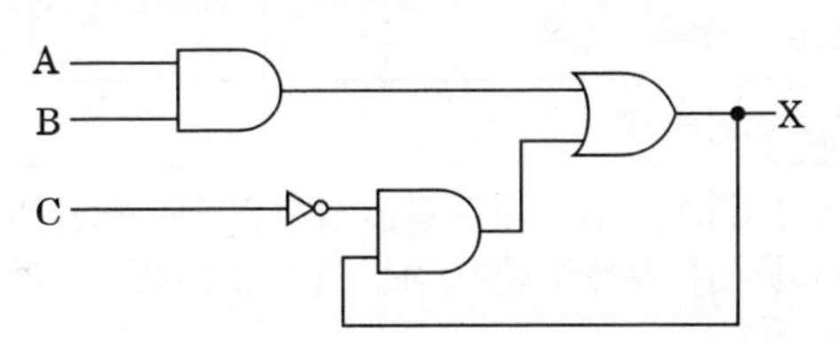

[작성답안]

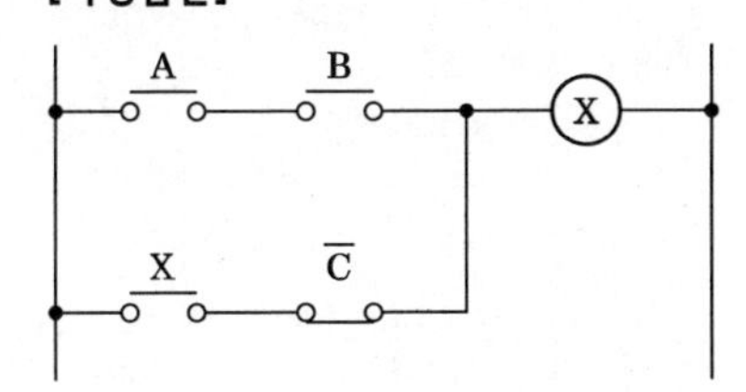

2014

11 출제년도 12.14.20.21.(5점/부분점수 없음)

3상 4선식 교류 380 [V], 10 [kVA]부하가 변전실 배전반에서 50 [m] 떨어져 설치되어 있다. 허용전압강하는 얼마이며 이 경우 배전용 케이블의 최소 굵기는 얼마로 하여야 하는지 계산하시오. (단, 전기사용장소 내 시설한 변압기이며, 케이블은 IEC 규격에 의한다.)

전선규격 [mm^2]

1.5	2.5	4	6	10	16	25	35	50

[작성답안]

계산 : $I=\dfrac{P}{\sqrt{3}\,V}=\dfrac{10\times 10^3}{\sqrt{3}\times 380}=15.19$ [A]

전압강하는 저압수전 기타의 경우 5%적용 한다.

전압강하 $e=220\times 0.05=11$[V]

$A=\dfrac{17.8LI}{1{,}000e}$ 에서 $A=\dfrac{17.8\times 50\times 15.19}{1{,}000\times 220\times 0.05}=1.23[mm^2]$

옥내 배선의 최소 굵기가 $2.5mm^2$이므로 $2.5mm^2$ 선정

답 : 전압강하 11[V], 전선의 굵기 2.5 [mm^2]

[핵심] 한국전기설비규정 232.3.9 수용가 설비에서의 전압강하

1. 다른 조건을 고려하지 않는다면 수용가 설비의 인입구로부터 기기까지의 전압강하는 [표 232.3-1]의 값 이하이어야 한다.

[표 232.3-1] 수용가설비의 전압강하

설비의 유형	조명 (%)	기타 (%)
A - 저압으로 수전하는 경우	3	5
B - 고압 이상으로 수전하는 경우[a]	6	8

[a]가능한 한 최종회로 내의 전압강하가 A 유형의 값을 넘지 않도록 하는 것이 바람직하다.
사용자의 배선설비가 100 m를 넘는 부분의 전압강하는 미터 당 0.005% 증가할 수 있으나 이러한 증가분은 0.5%를 넘지 않아야 한다.

2. 다음의 경우에는 표 232.3-1보다 더 큰 전압강하를 허용할 수 있다.
   가. 기동 시간 중의 전동기
   나. 돌입전류가 큰 기타 기기

3. 다음과 같은 일시적인 조건은 고려하지 않는다.
   가. 과도과전압
   나. 비정상적인 사용으로 인한 전압 변동

12 출제년도 91.98.07.14.20.(5점/부분점수 없음)

전원 전압이 100 [V]인 회로에서 600 [W]의 전기솥 1대, 350 [W]의 다리미 1대, 150 [W]의 텔레비젼 1대를 사용할 때 10 [A]의 고리 퓨즈는 어떻게 되겠는지 그 상태와 그 이유를 설명하시오.

- 상태 :
- 이유 :

[작성답안]

부하 전류 $I = \dfrac{600+350+150}{100} = 11$ [A]

상태 : 용단되지 않는다.

이유 : 4 A 초과 16 A 미만의 경우 불용단 전류는 1.5배이므로 용단되어서는 안된다.

[핵심] 한국전기설비규정 212.3.4 보호장치의 특성

1. 과전류 보호장치는 KS C 또는 KS C IEC 관련 표준(배선차단기, 누전차단기, 퓨즈등의 표준)의 동작특성에 적합하여야 한다.
2. 과전류차단기로 저압전로에 사용하는 범용의 퓨즈(「전기용품 및 생활용품 안전관리법」에서 규정하는 것을 제외한다)는 [표 212.3-1]에 적합한 것이어야 한다.

[표 212.3-1] 퓨즈(gG)의 용단특성

정격전류의 구분	시 간	정격전류의 배수	
		불용단전류	용단전류
4 A 이하	60분	1.5배	2.1배
4 A 초과 16 A 미만	60분	1.5배	1.9배
16 A 이상 63 A 이하	60분	1.25배	1.6배
63 A 초과 160 A 이하	120분	1.25배	1.6배
160 A 초과 400 A 이하	180분	1.25배	1.6배
400 A 초과	240분	1.25배	1.6배

13

출제년도 14.(5점/각 항목당 1점)

기존 광원에 비하여 LED 램프의 특성 5가지만 쓰시오.

[작성답안]

- 수명이 길다.
- 효율이 좋다.
- 발열 및 자외선이 적다.
- 소형 및 경량이다.
- 친환경적이다.

[핵심] 발광다이오드(Light emitting diode)

고체 발광소자로서 일반 전기자기의 표시등이나 숫자 표시등에 사용되어 왔다. 초창기는 휘도가 낮고 광색이 한계가 있었으나 새로운 원료의 개발과 생산기술의 발전됨에 따라 백색을 포함한 가시광선 광역의 모든 색을 표현할수 있는 고휘도 LED가 개발되어 광원으로 사용이 가능하게 되었다.

- 수명이 길다.
- 낮은 소비전력을 갖는다.
- 높은 신뢰성을 갖는다.
- 일반 조명으로는 사용될수 있다.(형광등, 할로겐램프 대용)
- 사용범위가 넓다.(교통신호등, 항공유도등, 대형 전광판)
- 충격에 강하다.
- 소형 경량이다.
- 환경오염이 적다.
- 점등 속도가 매우 빠르다.
- 고주파 점등으로 인한 다른 기기에 노이즈를 발생할 수 있다.

14

출제년도 14.(5점/부분점수 없음)

수전단 상전압 22000[V], 전류 400[A], 선로의 저항 $R=3[\Omega]$, 리액턴스 $X=5[\Omega]$일 때 전압강하율은 몇[%]인가? (단, 수전단 역률은 0.8 이다.)

[작성답안]

계산 : 전압강하율 $\delta=\dfrac{I(R\cos\theta+X\sin\theta)}{E_r}\times 100=\dfrac{400\times(3\times 0.8+5\times 0.6)}{22000}\times 100=9.82[\%]$

답 : 9.82[%]

[핵심] 전압강하

① 전압강하 $e=I(R\cos\theta+X\sin\theta)=\dfrac{P}{V}(R+X\tan\theta)$ [V]

② 전압강하율 $\epsilon=\dfrac{e}{V}\times 100=\dfrac{P}{V^2}(R+X\tan\theta)\times 100$ [%]

③ 전력손실 $P_L=\dfrac{P^2R}{V^2\cos^2\theta}$ [kW]

④ 전력손실률 $k=\dfrac{P_L}{P}\times 100=\dfrac{PR}{V^2\cos^2\theta}\times 100$ [%]

15

출제년도 93.01.13.14.(5점/부분점수 없음)

CIRCUIT BREAKER(차단기)와 DISCONNECTING SWITCH(단로기)의 차이점을 설명하시오.

[작성답안]

- 차단기(CB) : 정상적인 부하 전류를 개폐하거나 또는 기기나 계통에서 발생한 고장 전류를 차단하여 고장 개소를 제거할 목적으로 사용된다.
- 단로기(DS) : 전선로나 전기기기의 수리, 점검을 하는 경우 차단기로 차단된 무부하 상태의 전로를 확실하게 열기 위하여 사용되는 개폐기로서 부하 전류 및 고장 전류를 차단하는 기능은 없다.

16

출제년도 89.14.(14점/각 문항당 2점, 모두 맞으면 14점)

다음 도면은 어느 수변전설비의 단선 계통도이다. 도면을 읽고 물음에 답하시오.

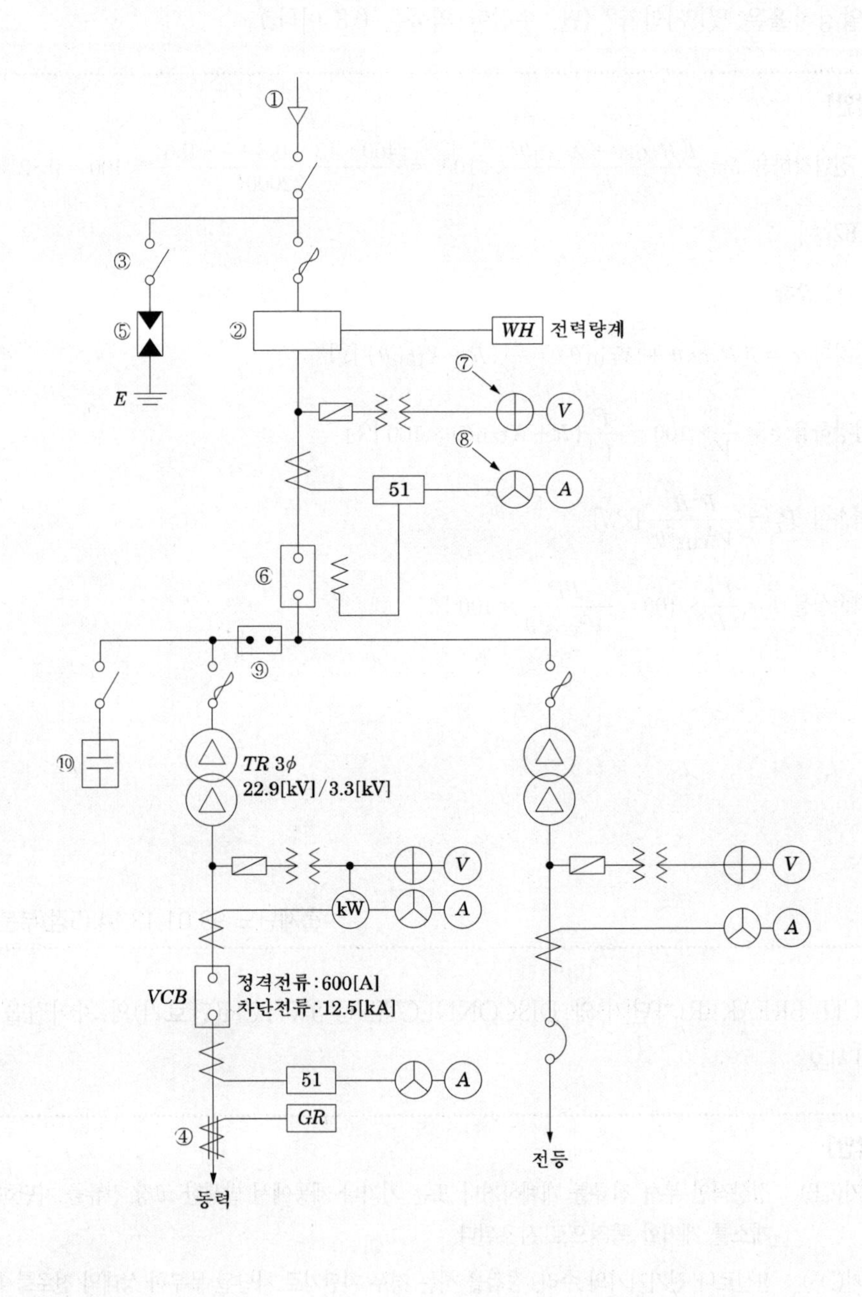

(1) 도면에 표시한 ①~⑩번까지의 약호와 명칭을 쓰시오.

(2) ⑩번에 직렬리액터와 방전 코일이 부착된 상태로 복선도를 그리시오.

(3) 동력용 $\Delta-\Delta$결선 변압기의 복선도를 그리시오.

(4) 동력 부하로 3상 유도전동기 20[kW], 역률 60[%](지상) 부하가 연결되어 있다. 이 부하의 역률을 80[%]로 개선하는데 필요한 전력용 콘덴서의 용량은 몇 [kVA]인지 계산하시오.

[작성답안]

(1)

순번	약 호	명 칭	순번	약 호	명 칭
①	CH	케이블헤드	⑥	CB	차단기
②	MOF	전력수급용계기용변성기	⑦	VS	전압계용절환개폐기
③	DS	단로기	⑧	AS	전류계용절환개폐기
④	ZCT	영상변류기	⑨	OS	유입개폐기
⑤	LA	피뢰기	⑩	SC	전력용콘덴서

(2)

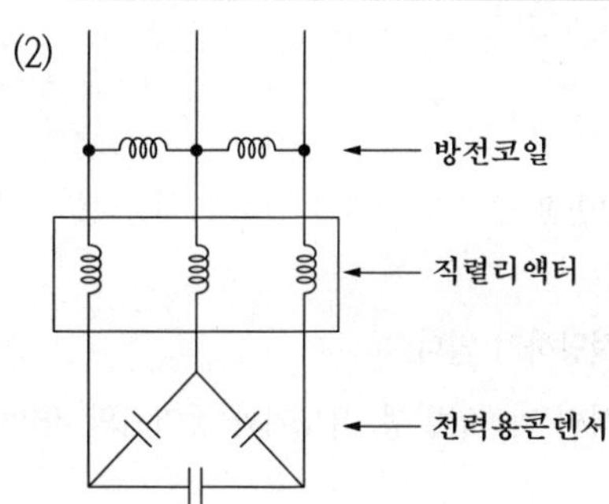

(3)

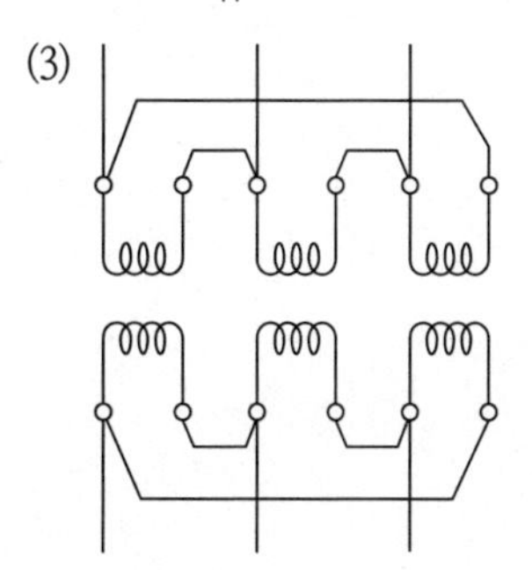

(4) 계산 : $Q_c = P(\tan\theta_1 - \tan\theta_2) = 20 \times \left(\frac{0.8}{0.6} - \frac{0.6}{0.8}\right) = 11.666[\text{kVA}]$

답 : 11.67[kVA]

17

출제년도 14.(4점/부분점수 없음)

직렬 콘덴서를 사용하는 목적에 대하여 쓰시오.

[작성답안]

선로의 유도성 리액턴스를 보상하여 전압강하의 경감한다.

[핵심] 직렬콘덴서

직렬콘덴서는 장거리 송전선로에 설치하여 선로의 유도성 리액턴스를 보상하여 전압강하를 경감하기 위한 것으로 장거리 송전선로의 중간에 1개소 또는 몇 개소에 콘덴서를 직렬로 삽입한다.

선로의 합성리액턴스 $X = X_L - X_C$ 로 감소한다. 이는 선로의 등가적인 길이가 짧아지는 것과 같다. 따라서 직렬 콘덴서는 송전전압에 비하여 지나치게 긴 선로에 사용하는 것이 효과적이며, 작동이 신속하고, 부하변동에 대하여 자율적이므로 전기로와 같이 빈번하게 변동되는 부하가 있는 회로의 전압맥동개선에 효과적이다. 또한, 직렬콘덴서는 선로의 리액턴스를 변화시킬뿐 이므로 부하의 역률개선에는 효과가 없으며, 수전단의 전압을 항상 일정하게 유지할 수는 없다. 직렬콘덴서 설치시의 특징

- 전압강하보상
- 수전단의 전압변동경감
- 송전용량증대
- 선로의 정태 안정도 증가
- 전력조류제어
- 부하의 역률이 나쁜 선로일수록 효과가 좋다. 즉 시동이 빈번한 부하가 연결된 선로에 적용하는 것이 좋다.
- 효과가 부하의 역률에 좌우되어 역률변동이 큰 선로에는 적당하지 않다.
- 변압기의 자기포화와 관련된 철공진, 선로개폐기 단락고장시의 과전압발생, 유도기와 동기기의 자기여자 및 난조 등의 이상현상을 일으킬 수가 있다.

18

출제년도 93.99.14.(5점/부분점수 없음)

방의 넓이가 12[m²]이고, 이 방의 천장높이는 3[m]이다. 조명률 50[%], 감광보상률 1.3, 작업면의 평균조도를 150[lx]로 할 때 소요광속은 몇 [lm]이면 되는지 계산하시오.

[작성답안]

계산 : $FN = \dfrac{DES}{U} = \dfrac{1.3 \times 150 \times 12}{0.5} = 4680[\mathrm{lm}]$

답 : 4680[lm]

[핵심] 조명설계

① 실지수

방의 면적이 같은 2개의 방에 같은 수의 광원을 설치하여도 방의 모양이 다른 경우에는 작업면상의 조도는 다르게 된다. 그래서 천정, 바닥이 장방형인 방은 가로 X, 세로 Y 두 변의 평균을 한 변으로 하는 정방형인 방과 동일하다고 하는 이론에 의해 실지수 $R.I$를 다음 식과 같이 결정한다.

$$R.I = \frac{XY}{H(X+Y)}$$

실지수	5.0	4.0	3.0	2.5	2.0	1.5	1.25	1.0	0.8	0.6
기호	A	B	C	D	E	F	G	H	I	J

② 조도계산

N개의 램프에서 방사되는 빛을 평면상의 면적 A[㎡]에 모두 집중 조사할 수 있다고 하고 램프 1개당 광속을 F[lm]이라 하면, 그 면의 평균조도를

$$E = \frac{F \cdot N}{A}\ [\mathrm{lx}]$$

로 나타낸다. 이러한 평균조도 계산은 광속법과 설계여건에 따라 ZCM (Zonal Cavity Method)법을 채택할 수 있다.

$$E = \frac{F \cdot N \cdot U \cdot M}{A}$$

여기서, E : 평균조도[lx] F : 램프 1개당 광속[lm] N : 램프수량[개]

U : 조명률 M : 보수율, 감광보상률의 역수 A : 방의 면적[㎡] (방의 폭×길이)

2014

2014년 2회 기출문제 해설

※ 다음 물음에 답을 해당 답란에 답하시오.

1

출제년도 01.02.14.19.(4점/각 문항당 1점, 모두 맞으면 4점)

역률을 개선하는 원리를 간단히 설명하시오

[작성답안]

부하에 병렬로 콘덴서를 설치하여 진상 전류를 흘려줌으로서 무효전력을 감소시켜 역률을 개선한다.

[핵심] 역률개선

① 역률개선효과

- 변압기와 배전선의 전력 손실 경감
- 전압 강하의 감소
- 전원설비 용량의 여유 증가
- 전기 요금의 감소

② 과보상

- 앞선 역률에 의한 전력 손실이 생긴다.
- 모선 전압의 과상승
- 전원설비 용량의 여유감소로 과부하가 될 수 있다.
- 고조파 왜곡의 증대

2

출제년도 14.22.(5점/부분점수 없음)

3상 송전선의 각 선의 전류가 $I_a = 220 + j50$, $I_b = -150 - j300$, $I_c = -50 + j150$ 일 때 이것과 병행으로 가설된 통신선에 유기되는 전자유도 전압의 크기는 몇 [V]인가?
(단, 송전선과 통신선 사이 상호 임피던스는 15[Ω]이다.)

[작성답안]

계산 : $I_a + I_b + I_c = 220 + j50 - 150 - j300 - 50 + j150 = 20 - j100$[A]

$|I_a + I_b + I_c| = \sqrt{20^2 + 100^2}$[A]

$\therefore E_m = -j\omega M\ell \times (I_a + I_b + I_c) = 15 \times \sqrt{(20^2 + 100)^2} = 1529.705$[V]

답 : 1529.71[V]

[핵심] 전자유도

(1) 전자유도전압 $E_m = -j\omega Ml\,3I_o$

E_m : 전자 유도전압, M : 상호 인덕턴스, l : 통신선과 전력선의 병행길이

$3I_o = 3\times$ 영상 전류 = 지락 전류

(2) 유도장해 방지대책

① 전력선측 대책(5가지)

- 송전선로를 될 수 있는 대로 통신 선로로부터 멀리 떨어져 건설한다.
- 중성점을 접지할 경우 저항값을 가능한 큰 값으로 한다.
- 고속도 지락 보호 계전 방식을 채용한다.
- 차폐선을 설치한다.
- 지중전선로 방식을 채용한다.

② 통신선측 대책(5가지)

- 절연 변압기를 설치하여 구간을 분리한다.
- 연피케이블을 사용한다.
- 통신선에 우수한 피뢰기를 사용한다.
- 배류 코일을 설치한다.
- 전력선과 교차시 수직교차한다.

3 출제년도 12.14.(5점/부분점수 없음)

수용률의 식을 나타내고 설명하시오.

[작성답안]

식 : 수용률 = $\dfrac{\text{최대수요전력 [kW]}}{\text{부하설비용량 [kW]}} \times 100\ [\%]$

설명 : 수용률은 시설되는 총 부하 설비용량에 대하여 실제로 사용하게 되는 부하의 최대 전력의 비를 나타내는 것을 말한다.

[핵심] 부하관계용어

① 부하율

공급 설비가 어느 정도 유효하게 사용되는가를 나타내며 부하율이 클수록 공급 설비가 유효하게 사용된다. 부하율은 다음 식에 의해 계산한다.

$$\text{부하율} = \frac{\text{평균 수요 전력}[\text{kW}]}{\text{최대 수요 전력}[\text{kW}]} \times 100\,[\%]$$

부하율은 각 단위별(변압기, 전주, 수용가 등), 시기, 범위, 기간에 따라 달라지며, 부하율을 표시할 경우 기간, 범위를 반드시 명기한다. 예를 들어 일부하율, 월부하율 등으로 표시하여야 하며, 부하율은 기간이 길어질수록 작아진다. 부하율이 적다의 의미는 다음과 같다.

- 공급 설비를 유용하게 사용하지 못한다.
- 평균 수요 전력과 최대 수요 전력과의 차가 커지게 되므로 부하 설비의 가동률이 저하된다.

② 종합부하율

$$\text{종합 부하율} = \frac{\text{평균 전력}}{\text{합성 최대 전력}} \times 100\,[\%] = \frac{\text{A, B, C 각 평균 전력의 합계}}{\text{합성 최대 전력}} \times 100\,[\%]$$

③ 부등률

각 수용가에서의 최대 수용 전력의 발생 시각은 시간적으로 차이가 있으며 이 경우에 배전 변압기 또는 간선에서의 합성 최대 수용 전력은 각 수용가에서의 최대 수용 전력의 합보다 적게 되는데 이 비를 부등률이라 하며 이 값은 항상 1보다 크고, 백분율로 나타내지 않는다. 수용률과 더불어 배전 변압기 또는 배전 간선 등의 공급 설비 계획 자료로 사용된다.

$$\text{부등률} = \frac{\text{개별 최대수용전력의 합}}{\text{합성 최대수용전력}} = \frac{\text{설비용량} \times \text{수용률}}{\text{합성최대수용전력}}$$

④ 수용률

수용률은 시설되는 총 부하 설비용량에 대하여 실제로 사용하게 되는 부하의 최대 전력의 비를 나타내는 것으로서 다음 식에 의하여 구한다.

$$\text{수용률} = \frac{\text{최대수요전력}[\text{kW}]}{\text{부하설비용량}[\text{kW}]} \times 100\,[\%]$$

4

출제년도 14.22.(5점/부분점수 없음)

150[kVA], 22.9[kV]/380-220[V], %저항은 3[%], %리액턴스 4[%]일 때 정격전압에서 단락 전류는 정격전류의 몇 배인가? (단, 전원측의 임피던스는 무시한다.)

[작성답안]

계산 : $\%Z = \sqrt{3^2 + 4^2} = 5[\%]$

$I_s = \frac{100}{\%Z} \times I_n$ 이므로, $I_s = \frac{100}{5} \times I_n = 20I_n$

답 : 20배

[핵심] %임피던스법

임피던스의 크기를 옴[Ω] 값 대신에 %값으로 나타내어 계산하는 방법으로 옴[Ω]법과 달리 전압환산을 할 필요가 없어 계산이 용이하므로 현재 가장 많이 사용되고 있다.

$$\%Z=\frac{I_n[A]\times Z[\Omega]}{E[V]}\times 100[\%]=\frac{P[kVA]\times Z[\Omega]}{10V^2[kV]}[\%]$$

5

출제년도 13.14.(5점/부분점수 없음)

다음 주어진 조건을 이용하여 A점에 대한 법선조도와 수평면 조도를 계산하시오. (단, 전등 전광속은 20000[lm]이며, 광도의 θ는 그래프상에서 값을 읽는다.)

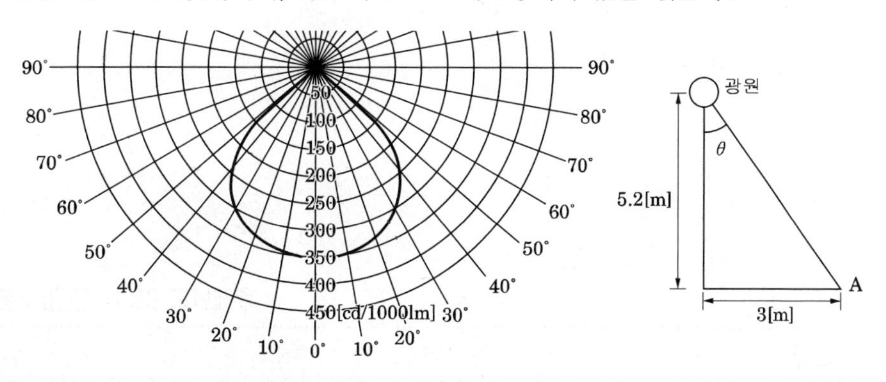

[작성답안]

① 법선조도

계산 : $\ell=\sqrt{5.2^2+3^2}=6[m]$, $\cos\theta=\frac{5.2}{6}=0.866$ 이므로 $\theta=\cos^{-1}0.866=30°$

표에서 30° 에서 배광곡선과 만나는 지점 300[cd/1000lm] 이므로

$$I=\frac{300}{1000}\times 20000=6000[cd]$$

법선조도 $E_n=\frac{I}{\ell^2}=\frac{6000}{6^2}=166.666[lx]$

답 : 166.67[lx]

② 수평면 조도

계산 : $E_h=\frac{I}{\ell^2}\times\cos\theta=\frac{6000}{6^2}\times 0.866=144.333[lx]$

답 : 144.33[lx]

[핵심] 조도

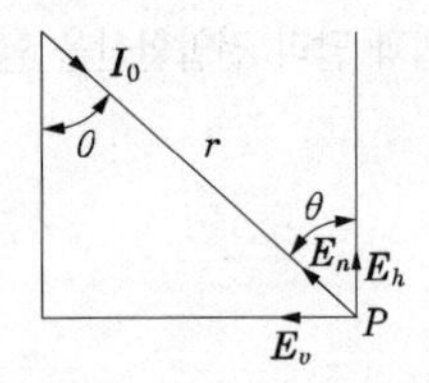

① 법선조도 $E_n = \frac{I}{r^2}$ [lx]

② 수평면 조도 $E_h = E_n \cos\theta = \frac{I}{r^2}\cos\theta = \frac{I}{h^2}\cos^3\theta$ [lx]

③ 수직면 조도 $E_v = E_n \sin\theta = \frac{I}{r^2}\sin\theta = \frac{I}{h^2}\sin\theta\cos^2\theta$ [lx]

6

출제년도 08.14.(5점/부분점수 없음)

단상 500[kVA], 변압기 3대를 Δ－Y결선으로 하였을 경우 저압측에 설치하는 차단기 용량은 몇 [MVA]인가? (단, 변압기의 임피던스는 5[%]이다.)

[작성답안]

계산 : $P_s = \frac{100}{\%Z} \times P_n = \frac{100}{5} \times 500 \times 3 \times 10^{-3} = 30$[MVA]

답 : 30 [MVA]

[핵심] %임피던스법

임피던스의 크기를 옴[Ω] 값 대신에 %값으로 나타내어 계산하는 방법으로 옴[Ω]법과 달리 전압환산을 할 필요가 없어 계산이 용이하므로 현재 가장 많이 사용되고 있다.

$$\%Z = \frac{I_n[\text{A}] \times Z[\Omega]}{E[\text{V}]} \times 100[\%] = \frac{P[\text{kVA}] \times Z[\Omega]}{10\,V^2[\text{kV}]}[\%]$$

7

출제년도 88.91.98.13.14.(5점/부분점수 없음)

부하설비 용량이 A는 30[kW], B는 25[kW], C는 50[kW], D는 40[kW]인 수용가가 있다. 이 수용장소의 수용률이 A와 B는 각 80[%], C와 D는 각 60[%]이며 부등률은 1.3일 때 종합 최대 전력은 몇 [kW]인가?

[작성답안]

계산 : $\text{최대 전력} = \dfrac{\text{각 수용가 최대전력의 합}}{\text{부등률}} = \dfrac{(30+25)\times 0.8+(50+40)\times 0.6}{1.3} = 75.384[\text{kW}]$

답 : 75.38[kW]

[핵심] 부등률

각 수용가에서의 최대 수용 전력의 발생 시각은 시간적으로 차이가 있으며 이 경우에 배전 변압기 또는 간선에서의 합성 최대 수용 전력은 각 수용가에서의 최대 수용 전력의 합보다 적게 되는데 이 비를 부등률이라 하며 이 값은 항상 1보다 크고, 백분율로 나타내지 않는다. 수용률과 더불어 배전 변압기 또는 배전 간선 등의 공급 설비 계획 자료로 사용된다.

$$\text{부등률} = \frac{\text{개별 최대수용전력의 합}}{\text{합성 최대수용전력}} = \frac{\text{설비용량}\times\text{수용률}}{\text{합성최대수용전력}}$$

8

출제년도 10.14.(5점/부분점수 없음)

전등, 콘센트만 사용하는 220[V], 총 부하산정용량 12000[VA]의 부하가 있다. 이 부하의 분기회로수를 구하시요.(단, 16[A] 분기회로로 한다.)

[작성답안]

계산 : $\text{분기회로수} = \dfrac{\text{설비 부하 용량[VA]}}{\text{사용전압[V]}\times\text{전류[A]}} = \dfrac{12000}{220\times 16} = 3.41[\text{회로}]$

답 : 16[A]분기 4회로

[핵심] 분기회로수

$$\text{분기회로 수} = \frac{\text{상정 부하 설비의 합 [VA]}}{\text{전압[V]}\times\text{분기 회로 전류[A]}}$$

9

출제년도 14.(5점/부분점수 없음)

변전소의 주요 기능을 4가지만 쓰시오.

[작성답안]

- 전압의 변성과 조정
- 전력의 집중과 배분
- 전력 조류제어
- 전압의 조정

[핵심] 변전소의 주요 기능

변전소에 요구되는 주요기능은 다음과 같다.

(1) 전압의 변성 : 전력의 경제적 수송

(2) 전력의 집중과 배분

(3) 전압조정 : 전기의 품질 유지

(4) 전력조류 제어 : 전압조정과 무효전류에 의한 손실경감

10

출제년도 14.(3점/부분점수 없음)

$AB+A(B+C)+B(B+C)$를 불대수를 이용하여 간소화하시오.

[작성답안]

$AB+A(B+C)+B(B+C)$

$=A\cdot B+A\cdot C+B+B\cdot C$

$=B(A+1+C)+A\cdot C$

$=B+A\cdot C$

[핵심] 논리연산

① 분배 법칙

$A+(B\cdot C)=(A+B)\cdot(A+C)$ $A\cdot(B+C)=A\cdot B+A\cdot C$

② 불대수

$A\cdot 0=0$ $A+0=A$

$A\cdot 1=A$ $A+1=1$

$A+A=A$ $A\cdot A=A$

$A\cdot\overline{A}=0$ $A+\overline{A}=1$

③ De Morgan의 정리

$\overline{A+B}=\overline{A}\,\overline{B}$ $A+B=\overline{\overline{A}\,\overline{B}}$

$\overline{AB}=\overline{A}+\overline{B}$ $AB=\overline{\overline{A}+\overline{B}}$

11

출제년도 88.95.03.06.11.14.19.(15점/각 문항당 3점)

아래 도면은 어느 수전설비의 단선 결선도이다. 도면을 보고 다음의 물음에 답하시오.

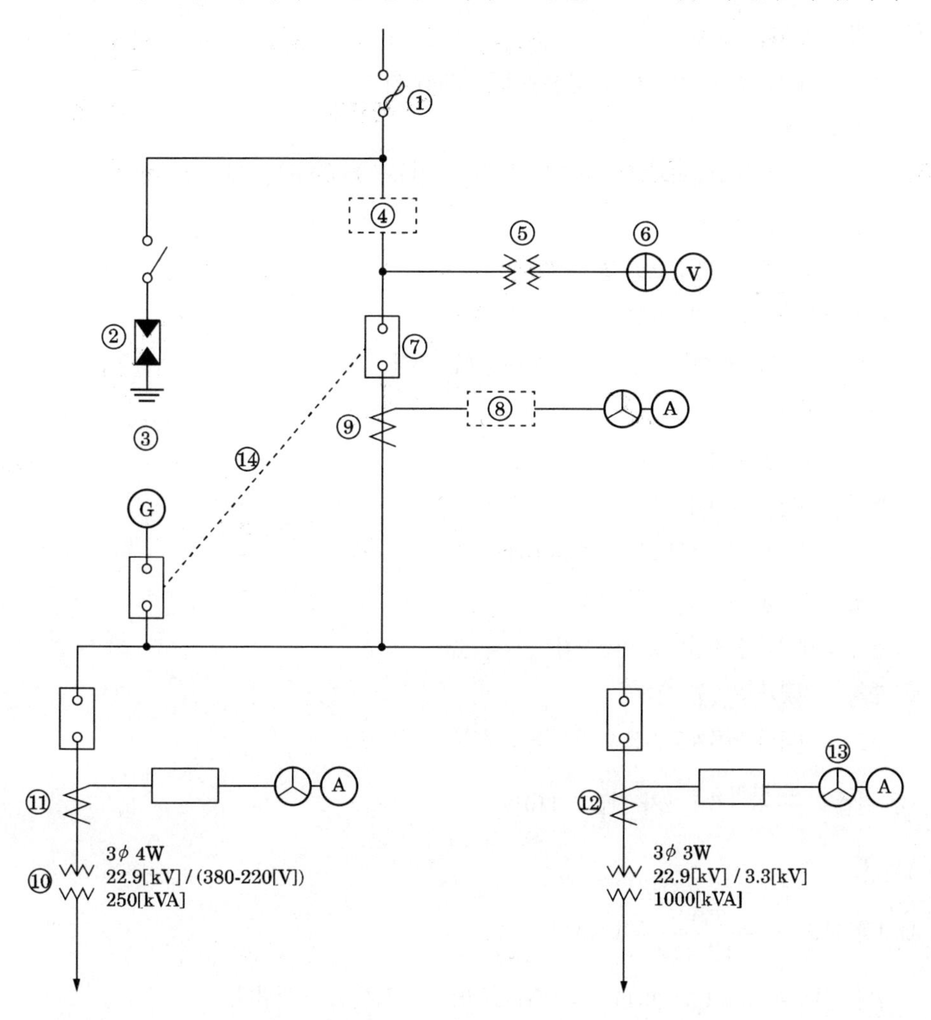

(1) ① ~ ②, ④ ~ ⑨ 그리고 ⑬에 해당되는 부분의 명칭과 용도를 쓰시오.

(2) ⑤의 1, 2차 전압은?

(3) ⑩의 2차측 결선방법은?

(4) ⑪, ⑫의 1, 2차 전류는? (단, CT 정격 전류는 부하 정격 전류의 1.5배로 한다.)

(5) ⑭의 명칭 및 용도는?

2014

[작성답안]

(1) ① 명칭 : 전력퓨즈

용도 : 단락전류 차단

② 명칭 : 피뢰기

용도 : 이상전압 내습시 대지로 방전시키고 속류를 차단

④ 명칭 : 전력수급용 계기용 변성기

용도 : 전력량을 산출하기 위해서 PT 및 CT를 하나의 함에 내장한 것

⑤ 명칭 : 계기용변압기

용도 : 고전압을 저전압으로 변성시킴

⑥ 명칭 : 전압계용 절환 개폐기

용도 : 하나의 전압계로 3상의 전압을 측정하는 절환 개폐기

⑦ 명칭 : 차단기

용도 : 고장전류 차단 및 부하전류 개폐

⑧ 명칭 : 과전류 계전기

용도 : 과부하 및 단락사고 시 차단기 개방

⑨ 명칭 : 계기용 변류기

용도 : 대전류를 소전류로 변류시킴

⑬ 명칭 : 전류계용 절환 개폐기

용도 : 하나의 전류계로 3상의 전류를 측정하는 절환 개폐기

(2) 1차 전압 : $\frac{229000}{\sqrt{3}}$[V], 2차 전압 : 110[V]

(3) Y결선

(4) ⑪ 1차 전류 $= \frac{250}{\sqrt{3} \times 22.9} = 6.3$[A]

2차 전류 $= 6.3 \times 1.5 = 9.45$ 그러므로 CT비는 10/5선정로 선정한다.

$\therefore\ 6.3 \times \frac{5}{10} = 3.15$[A]

⑫ 1차 전류 $= \frac{1000}{\sqrt{3} \times 22.9} = 25.21$[A]

2차 전류 $= 25.21 \times 1.5 = 37.8$ 그러므로 CT비는 40/5선정로 선정한다.

$\therefore\ 25.21 \times \frac{5}{40} = 3.15$[A]

(5) 명칭 : 인터록

용도 : 상시전원과 예비전원의 동시 투입 방지

12 출제년도 08.09.14.18.(6점/각 항목당 1점)

수전설비의 수전실 등의 시설에 있어서 변압기, 배전반 등 수전설비의 주요부분이 유지하여야 할 거리 기준은 원칙적으로 정하고 있다. 수전설비의 배전반 등의 최소유지거리에 대하여 표에 기기별 최소 유지거리 ①~⑥을 완성하시오.

위치별 / 기기별	앞면 또는 조작·계측면	뒷면 또는 점검면	열상호간 (점검하는 면)
특고압 배전반	① [m]	② [m]	③ [m]
저압 배전반	④ [m]	⑤ [m]	⑥ [m]

[작성답안]

위치별 / 기기별	앞면 또는 조작·계측면	뒷면 또는 점검면	열상호간 (점검하는 면)
특고압 배전반	1.7 [m]	0.8 [m]	1.4 [m]
저압 배전반	1.5 [m]	0.6 [m]	1.2 [m]

[핵심] 수변전설비의 배전반 등의 최소유지거리

위치별 / 기기별	앞면 또는 조작·계측면	뒷면 또는 점검면	열상호간 (점검하는 면)	기타의 면
특고압 배전반	1.7 [m]	0.8 [m]	1.4 [m]	-
고압 배전반	1.5 [m]	0.6 [m]	1.2 [m]	-
저압 배전반	1.5 [m]	0.6 [m]	1.2 [m]	-
변압기 등	0.6 [m]	0.6 [m]	1.2 [m]	0.3 [m]

[비고 1] 앞면 또는 조작계측 면은 배전반 앞에서 계측기를 판독할 수 있거나 필요조작을 할 수 있는 최소거리임.

[비고 2] 뒷면 또는 점검 면은 사람이 통행할 수 있는 최소거리임. 무리 없이 편안히 통행하기 위하여 0.9[m] 이상으로 함이 좋다

[비고 3] 열상호간(점검하는 면)은 기기류를 2열 이상 설치하는 경우를 말하며 배전반류의 내부에 기기가 설치되는 경우는 이의 인출을 대비 하여 내장기기의 최대 폭에 적절한 안전거리(통상 0.3[m]이상)를 가산한 거리를 확보하는 것이 좋다.

[비고 4] 기타 면은 변압기 등을 벽 등에 연하여 설치하는 경우 최소 확보거리이다. 이 경우도 사람의 통행이 필요할 경우는 0.6[m] 이상으로 함이 바람직하다.

13

출제년도 97.04.07.14.(9점/부분점수 없음)

단상 변압기 3대의 △－△결선 방식을 그리고 장점 3가지와 단점 3가지를 쓰시오.

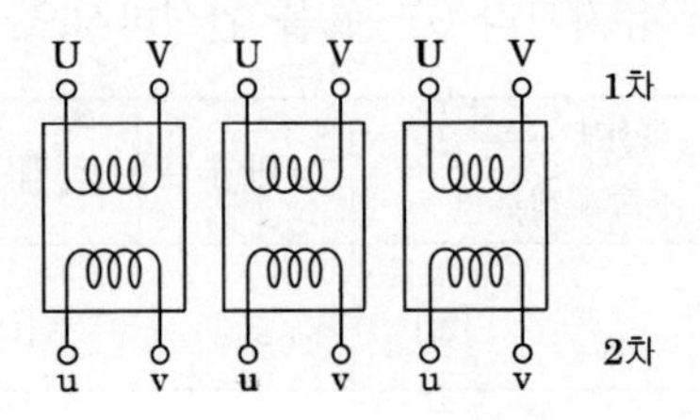

[작성답안]

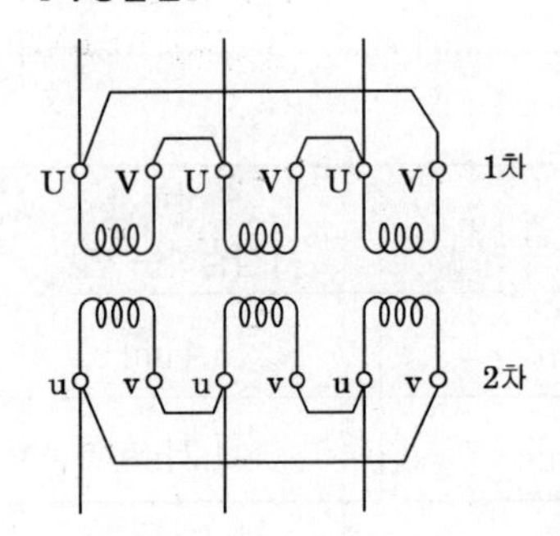

(1) 장점

- 제3고조파 전류가 △결선 내를 순환하므로 정현파 교류 전압을 유기하여 기전력의 파형이 왜곡되지 않는다.
- 1상분이 고장이 나면 나머지 2대로써 V결선 운전이 가능하다.
- 각 변압기의 상전류가 선전류의 $1/\sqrt{3}$ 이 되어 대전류에 적당하다.

(2) 단점

- 중성점을 접지할 수 없으므로 지락 사고의 검출이 곤란하다.
- 권수비가 다른 변압기를 결선 하면 순환 전류가 흐른다.
- 각 상의 임피던스가 다를 경우 3상 부하가 평형이 되어도 변압기의 부하 전류는 불평형이 된다.

[핵심] 변압기 결선

① △－△ 결선

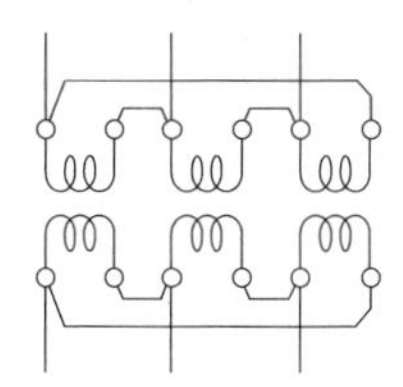

- 제3고조파 전류가 △결선 내를 순환하므로 정현파 교류 전압을 유기하여 기전력의 파형이 왜곡되지 않는다.
- 1상분이 고장이 나면 나머지 2대로써 V결선 운전이 가능하다.
- 각 변압기의 상전류가 선전류의 $1/\sqrt{3}$ 이 되어 대전류에 적당하다.
- 중성점을 접지할 수 없으므로 지락 사고의 검출이 곤란하다.
- 권수비가 다른 변압기를 결선 하면 순환 전류가 흐른다.
- 각 상의 임피던스가 다를 경우 3상 부하가 평형이 되어도 변압기의 부하 전류는 불평형이 된다.

② $Y-Y$ 결선

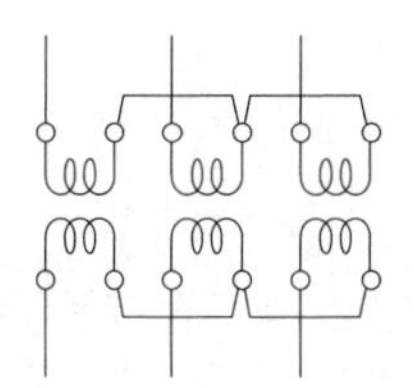

- 1차 전압, 2차 전압 사이에 위상차가 없다.
- 1차, 2차 모두 중성점을 접지할 수 있으며 고압의 경우 이상 전압을 감소시킬 수 있다.
- 상전압이 선간 전압의 $1/\sqrt{3}$ 배이므로 절연이 용이하여 고전압에 유리하다.
- 제3고조파 전류의 통로가 없으므로 기전력의 파형이 제3고조파를 포함한 왜형파가 된다.
- 중성점을 접지하면 제3고조파 전류가 흘러 통신선에 유도 장해를 일으킨다.
- 부하의 불평형에 의하여 중성점 전위가 변동하여 3상 전압이 불평형을 일으키므로 송, 배전 계통에 거의 사용하지 않는다.

③ $\Delta - Y$ 결선

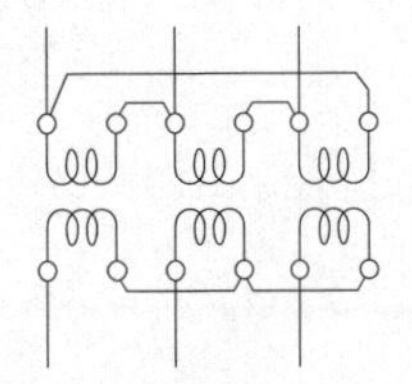

- 한 쪽 Y결선의 중성점을 접지 할 수 있다.
- Y결선의 상전압은 선간 전압의 $1/\sqrt{3}$ 이므로 절연이 용이하다.
- 1, 2차 중에 Δ 결선이 있어 제3고조파의 장해가 적고, 기전력의 파형이 왜곡되지 않는다.
- $Y-\Delta$ 결선은 강압용으로, $\Delta - Y$ 결선은 승압용으로 사용할 수 있어서 송전 계통에 융통성 있게 사용된다.
- 1, 2차 선간전압 사이에 30° 의 위상차가 있다.
- 1상에 고장이 생기면 전원 공급이 불가능해진다.
- 중성점 접지로 인한 유도 장해를 초래한다.

14

출제년도 89.93.97.99.01.02.14.(5점/부분점수 없음)

어떤 공장에서 500[kVA]의 변압기에 역률 60[%]의 부하 500[kVA]가 접속되어 있다. 이 부하와 병렬로 콘덴서를 접속해서 합성 역률을 90[%]로 개선하면 부하는 몇 [kW] 증가시킬 수 있는가?

[작성답안]

계산 : $\Delta P = P_2 - P_1 = P_a \cdot \cos\theta_2 - P_a \cdot \cos\theta_1 = P_a(\cos\theta_2 - \cos\theta_1) = 500 \times (0.9 - 0.6) = 150\,[\text{kW}]$

답 : $150\,[\text{kW}]$

[핵심] 역률개선 콘덴서 용량

$$Q_c = P\tan\theta_1 - P\tan\theta_2 = P(\tan\theta_1 - \tan\theta_2) = P\left(\frac{\sin\theta_1}{\cos\theta_1} - \frac{\sin\theta_2}{\cos\theta_2}\right)$$

$$= P\left(\frac{\sqrt{1-\cos^2\theta_1}}{\cos\theta_1} - \frac{\sqrt{1-\cos^2\theta_2}}{\cos\theta_2}\right)[\text{kVA}]$$

15

출제년도 13.14.(5점/부분점수 없음)

철손과 동손이 같을 때 변압기 효율은 최고로 된다. 단상 220[V], 50[kVA] 변압기의 정격전압에서 철손 10[W], 전부하동손 160[W]일 때 효율이 가장 크게 되는 부하율은 몇 [%] 인가?

[작성답안]

계산 : $P_i = m^2 P_c$ 에서 $m = \sqrt{\dfrac{P_i}{P_c}} = \sqrt{\dfrac{10}{160}} = \dfrac{1}{4}$

$\therefore$ 25[%]

답 : 25[%]

[핵심] 변압기 효율 (efficiency)

① 전부하 효율 $\eta = \dfrac{P_n \cos\theta}{P_n \cos\theta + P_i + I^2 r} \times 100$ [%]

전부하시 $I^2 r = P_i$ 의 조건이 만족되면 효율이 최대가 된다.

② m부하시의 효율 $\eta = \dfrac{m V_{2n} I_{2n} \cos\theta}{m V_{2n} I_{2n} \cos\theta + P_i + m^2 {I_{2n}}^2 r_{21}} \times 100$ [%]

$P_i = m^2 P_c$ 이 최대 효율조건이며, 최대 효율일 경우 부하율은 다음과 같다.

$m = \sqrt{\dfrac{P_i}{P_c}}$

③ 전일효율 $\eta_d = \dfrac{\sum h V_2 I_2 \cos\theta_2}{\sum h V_2 I_2 \cos\theta_2 + 24 P_i + \sum h r_2 I_2^2} \times 100$ [%]

16

출제년도 91.96.06.11.14.(5점/부분점수 없음)

대지전압이란 무엇과 무엇 사이인지 접지식 전로와 비접지식 전로를 따로 구분하여 설명하시오.

[작성답안]

- 접지식 전로 : 전선과 대지 사이의 전압
- 비접지식 전로 : 전선과 그 전로 중의 임의의 다른 전선 사이의 전압

17 출제년도 14.(5점/부분점수 없음)

다음 PLC에 대한 내용에 대하여 아래 그림의 기능을 쓰시오

명칭	기호	기능
NOT	—✕—	

[작성답안]

입력 신호를 반전시켜 출력하는 명령어

[핵심]

내 용	명 령 어	부 호	기 능
시작 입력	LOAD(STR)	a	독립된 하나의 회로에서 a접점에 의한 논리 회로의 시작 명령
	LOAD NOT	b	독립된 하나의 회로에서 b접점에 의한 논리 회로의 시작 명령
직렬 접속	AND	a	독립된 바로 앞의 회로와 a접점의 직렬 회로 접속, 즉 a접점 직렬
	AND NOT	b	독립된 바로 앞의 회로와 b접점의 직렬 회로 접속, 즉 b접점 직렬
병렬 접속	OR	a	독립된 바로 위의 회로와 a접점의 병렬 회로 접속, 즉 a접점 병렬
	OR NOT	b	독립된 바로 위의 회로와 b접점의 병렬 회로 접속, 즉 b접점 병렬
출 력	OUT		회로의 결과인 출력 기기(코일)표시와 내부 출력(보조 기구 기능-코일)표시

2014년 3회 기출문제 해설

※ 다음 물음에 답을 해당 답란에 답하시오.

1

출제년도 14.19.(4점/부분점수 없음)

최대 눈금 250[V] 전압계 V_1, V_2를 직렬로 접속하여 측정하면 몇[V]까지 측정할 수 있는가?(단 전압계 내부 저항 V_1은 15[kΩ], V_2는 18[kΩ]으로 한다.

[작성답안]

계산 : $V=\dfrac{R_v}{R_m+R_v}V_0$ 에서 $250=\dfrac{18}{15+18}\times V$

$\therefore\ V=\dfrac{250(15+18)}{18}=458.333[\text{V}]$

답 : 458.33[V]

[핵심] 전압분배법칙

$E_2=IR_2$이고 $I=\dfrac{E}{R_1+R_2}$ 이므로 $E_2=\dfrac{E}{R_1+R_2}\times R_2=\dfrac{R_2}{R_1+R_2}E$

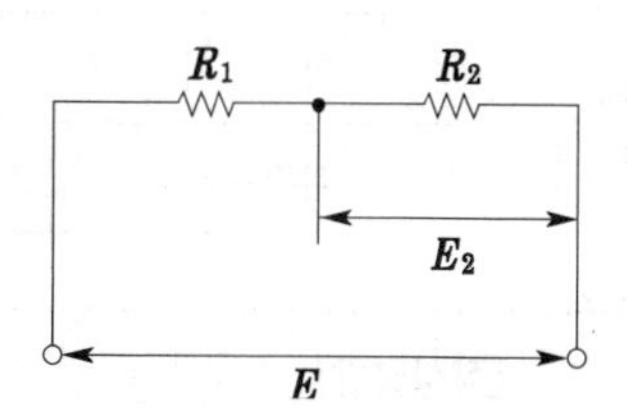

즉, 위 식에서 각각의 전압강하는 저항값에 비례한다는 것을 알 수 있다.
이것을 전압분배법칙이라 한다.

2

출제년도 14.20.(5점/부분점수 없음)

어떤 콘덴서 3개를 선간 전압 3300 [V], 주파수 60 [Hz]의 선로에 △로 접속하여 60 [kVA]가 되도록 하려면 콘덴서 1개의 정전 용량[μF]은 약 얼마로 하여야 하는가?

[작성답안]

계산 : △결선이므로 $Q_C=3\times 2\pi fCV^2\times 10^{-9}[\text{kVA}]$

$\therefore\ C=\dfrac{Q_c\times 10^9}{6\pi fV^2}=\dfrac{60\times 10^9}{6\pi\times 60\times 3300^2}=4.87[\mu F]$

답 : 4.87[μF]

[핵심]

$Q = 3EI_c = 3E \times 2\pi fCE = 6\pi fCE^2$

① Y결선 $E = \dfrac{V}{\sqrt{3}}$ 이므로 $Q = 6\pi fC\left(\dfrac{V}{\sqrt{3}}\right)^2 = 2\pi fCV^2$

② △결선 $E = V$ 이므로 $Q = 6\pi fCV^2$

3

출제년도 14.(4점/부분점수 없음)

피뢰기와 피뢰침의 차이를 간단히 쓰시오.

항 목	피뢰기(lightning arrester)	피뢰침(lightning rod)
사용목적		
접 지		
취부위치		

[작성답안]

항 목	피뢰기(lightning arrester)	피뢰침(lightning rod)
사용목적	이상전압(낙뢰 또는 개폐시 발생하는 전압)으로부터 전력설비의 기기를 보호	건축물과 내부의 사람이나 물체를 뇌해로부터 보호
접지	방전 경우에만 접지	상시 접지
취부위치	•발전소·변전소 또는 이에 준하는 장소의 가공전선 인입구 및 인출구 •가공전선로에 접속하는 배전용 변압기의 고압측 및 특고압측 •고압 및 특고압 가공전선로로부터 공급을 받는 수용장소의 인입구 •가공전선로와 지중전선로가 접속되는 곳	•지면상 20 [m]를 초과하는 건축물이나 공작물 •소방법에서 정한 위험물, 화약류 저장소, 옥외탱크 저장소 등

4 출제년도 89.94.08.10.12.14.17.(4점/부분점수 없음)

매분 18[m³]의 물을 높이 15[m]인 탱크에 양수하는데 필요한 전력을 V결선한 변압기로 공급한다면, 여기에 필요한 단상 변압기 1대의 용량은 몇[kVA]인가? (단, 펌프와 전동기의 합성 효율은 68[%]이고, 전동기의 전부하 역률은 89[%]이며, 펌프의 축동력은 15[%]의 여유를 본다고 한다.)

[작성답안]

계산 : $P=\dfrac{HQK}{6.12\times\eta\times\cos\theta}$[kVA] 에서 $P=\dfrac{18\times15\times1.15}{6.12\times0.68}=74.611$[kW]

$P_V=\sqrt{3}P_1=\dfrac{74.611}{0.89}=83.833$[kVA]

단상 변압기 1대용량 $P_1=\dfrac{83.833}{\sqrt{3}}=48.4$[kVA]

답 : 48.4[kVA]

[핵심]

① 펌프용 전동기용량

$$P=\frac{9.8Q'HK}{\eta}=\frac{KQH}{6.12\eta}\ [\text{kW}]$$

여기서, P : 전동기의 용량[kW] Q : 양수량[㎥/min]

Q' : 양수량[㎥/sec] H : 양정(낙차) [m]

η : 펌프의 효율[%] K : 여유계수

② V결선

△-△ 결선에서 1대의 단상변압기가 단락, 또는 사고가 발생한 경우를 고장이 발생된 변압기를 제거시킨 결선법으로 즉, 2대의 단상변압기로서 3상 변압기와 같은 전력을 송배전하기 위한 방식을 V결선이라 한다.

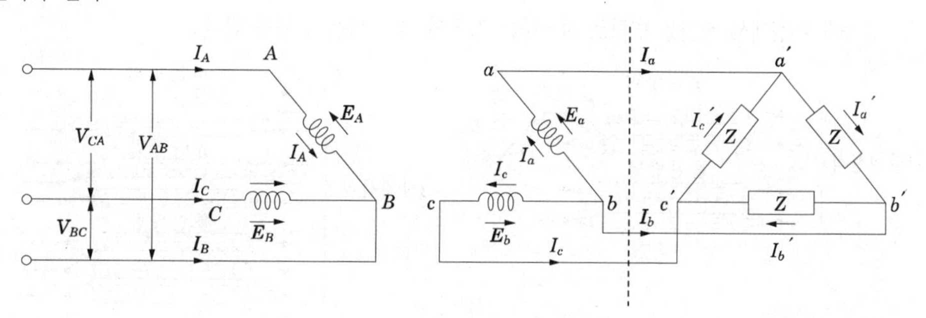

2014

$P_v = VI\cos\left(\frac{\pi}{6}+\phi\right) + VI\cos\left(\frac{\pi}{6}-\phi\right) = \sqrt{3}\,VI\cos\phi$ [W]

$P_v = \sqrt{3}\,P_1$

출력비 : $\frac{V}{\Delta} = \frac{\sqrt{3}\,VI\cos\phi}{3\,VI\cos\phi} ≒ 0.577$

이용률 : $\frac{\sqrt{3}\,VI}{2\,VI} = 0.866$

5

출제년도 14.(4점/부분점수 없음)

금속관 배선의 교류 회로에서 1회로의 전선 전부를 동일 관내에 넣는 것을 원칙으로 하는데 그 이유는 무엇인가?

[작성답안]

전자적 평형

[핵심] 전선의 병렬 사용

교류 회로에서 전선을 병렬로 사용하는 경우에는 "전선의 병렬사용"의 규정에 따르며, 관 내에 전자적 불평형이 생기지 아니하도록 시설하여야 한다.

[주] 금속관 배선에서 전선을 병렬로 사용하는 경우의 예는 다음 그림과 같다.

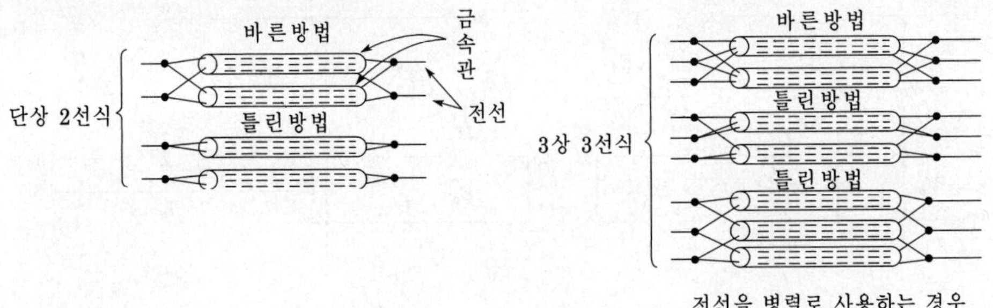

전선을 병렬로 사용하는 경우

6

출제년도 14.17.(4점/각 문항당 2점)

조명의 전등효율(Lamp Efficiency), 발광효율(Luminous Efficiency)에 대하여 설명하시오.

(1) 전등효율

(2) 발광효율

[작성답안]

(1) 전등효율

전력소비에 대한 발산광속의 비를 전등효율이라 한다.

$$\eta = \frac{F}{P} \text{ [lm/W]}$$

(2) 발광효율

방사속에 대한 광속의 비를 발광효율이라 한다.

$$\eta = \frac{F}{\phi} \text{ [lm/W]}$$

7

출제년도 14.(4점/각 항목당 1점, 모두 맞으면 3점)

이도가 작거나 클 때의 영향을 3가지 쓰시오.

[작성답안]

① 지지물의 높이를 좌우한다.

② 이도가 크면 전선은 그만큼 좌우로 크게 진동해서 다른 상의 전선에 접촉하거나 수목에 접촉할 우려가 있다.

③ 이도가 작으면 이에 반비례해서 전선의 장력이 증가하며 심할 경우에는 전선의 단선 우려가 있다.

[핵심] 이도

이도의 계산 : $D = \dfrac{w\,S^2}{8T}$ [m]

전선의 길이 : $L = S + \dfrac{8D^2}{3S}$

8

출제년도 14.(4점/각 문항당 2점)

22.9[kV]인 3상4선식의 다중 접지 방식에서 다음 각 장소에 시설되는 피뢰기의 정격전압은 몇 [kV] 이어야 하는가?

(1) 배전선로

(2) 변전선로

[작성답안]

(1) 18[kV]　　　(2) 21[kV]

[핵심] 피뢰기 정격전압

전력계통		정격전압	
공칭전압	중성점 접지방식	송전선로	배전선로
345	유효접지	288	
154	유효접지	144	
66	소호 리액터 접지 또는 비접지	72	
22	소호 리액터 접지 또는 비접지	24	
22.9	중성점 다중 접지	21	18

[주] 22.9[kV] 이하의 경우는 배전선로용을 적용한다.

9

출제년도 94.96.07.11.12.14.17.(6점/각 문항당 2점)

3상 4선식 송전선에서 한 선의 저항이 10[Ω], 리액턴스가 20[Ω]이고, 송전단 전압이 6600[V], 수전단 전압은 6100[V]이었다. 수전단의 부하를 끊은 경우 수전단 전압이 6300[V]라 할 때 다음 각 물음에 답하시오. (단, 부하의 역률은 0.8이다.)

(1) 전압강하율을 계산하시오.

(2) 전압변동률을 계산하시오.

(3) 이 송전선로의 수전 가능한 전력[kW]를 구하시오.

[작성답안]

(1) 계산 : $\delta=\dfrac{e}{V_r}\times 100=\dfrac{V_s-V_r}{V_r}\times 100=\dfrac{6600-6100}{6100}\times 100=8.2[\%]$

답 : 8.2[%]

(2) 계산 : $\varepsilon=\dfrac{V_{r0}-V_r}{V_r}\times 100=\dfrac{6300-6100}{6100}\times 100=3.28[\%]$

답 : 3.28[%]

(3) 계산 : $e=\dfrac{P}{V_r}(R+X\tan\theta)$에서 $e=V_s-V_r=6600-6100=500[\text{V}]$

$$P=\frac{500\times 6100}{10+20\times\dfrac{0.6}{0.8}}\times 10^{-3}=122[\text{kW}]$$

답 : 122[kW]

[핵심] 전압강하율과 전압변동률

① 전압강하율

전압강하율은 수전전압에 대한 전압강하의 비를 백분율로 나타낸 것이다.

$$\varepsilon=\frac{e}{V_r}\times 100=\frac{V_s-V_r}{V_r}\times 100=\frac{\sqrt{3}\,I(R\cos\theta_r+X\sin\theta_r)}{V_r}\times 100\ [\%]$$

$$\varepsilon=\frac{P}{V^2}(R+X\tan\theta)\times 100\ [\%]$$

위 식에서 전압강하율은 전압의 제곱에 반비례함을 알 수 있다. 전압변동률은 수전전압에 대한 전압변동의 비를 백분율로 나타낸 것을 말한다.

② 전압변동률

$$\delta=\frac{V_{r_0}-V_r}{V_r}\times 100\ [\%]$$

여기서, V_{r_0} : 무부하 상태에서의 수전단 전압

V_r : 정격부하 상태에서의 수전단 전압

δ : 전압변동률

10

출제년도 97.00.07.11.13.14.(5점/부분점수 없음)

그림의 적산 전력계에서 간선 개폐기까지의 거리는 10[m]이고, 간선 개폐기에서 전동기, 전등까지의 분기회로의 거리를 각각 20[m]라 한다. 간선과 분기선의 전압 강하를 각각 2[V]로 할 때 부하 전류를 계산하고, 표를 이용하여 전선의 굵기를 구하시오. (단, 모든 역률은 1로 가정한다.)

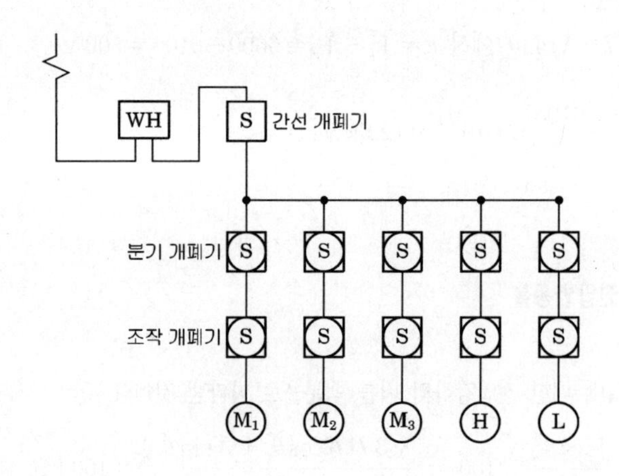

- M_1 : 380[V] 3상 전동기 10[kW]
- M_2 : 380[V] 3상 전동기 15[kW]
- M_3 : 380[V] 3상 전동기 20[kW]
- H : 220[V] 단상 전열기 3[kW]
- L : 220[V] 형광등 40[W]×2등용, 10개

전선 최대 길이(3상 3선식 · 380[V] · 전압 강하 3.8[V])

전류 [A]	전선의 굵기[mm²]												
	2.5	4	6	10	16	25	35	50	95	150	185	240	300
	전선 최대 길이[m]												
1	534	854	1281	2135	3416	5337	7472	10674	20281	32022	39494	51236	64045
2	267	427	640	1067	1708	2669	3736	5337	10140	16011	19747	25618	32022
3	178	285	427	712	1139	1779	2491	3558	6760	10674	13165	17079	21348
4	133	213	320	534	857	1334	1868	2669	5070	8006	9874	12809	16011
5	107	171	256	427	683	1067	1494	2135	4056	6404	7899	10247	12809
6	89	142	213	356	569	890	1245	1779	3380	5337	6582	8539	10674
7	76	122	183	305	488	762	1067	1525	2897	4575	5642	7319	9149
8	67	107	160	267	427	667	934	1334	2535	4003	4937	6404	8006
9	59	95	142	237	380	593	830	1186	2253	3558	4388	5693	7116
12	44	71	107	178	285	445	623	890	1690	2669	3291	4270	5337
14	38	61	91	152	244	381	534	762	1449	2287	2821	3660	4575
15	36	57	85	142	228	356	498	712	1352	2135	2633	3416	4270
16	33	53	80	133	213	334	467	667	1268	2001	2468	3202	4003
18	30	47	71	119	190	297	415	593	1127	1779	2194	2846	3558
25	21	34	51	85	137	213	299	427	811	1281	1580	2049	2562
35	15	24	37	61	98	152	213	305	579	915	1128	1464	1830
45	12	19	28	47	76	119	166	237	451	712	878	1139	1423

[주] 1. 전압강하가 2[%] 또는 3[%]의 경우, 전선길이는 각각 이 표의 2배 또는 3배가 된다. 다른 경우에도 이 예에 따른다.

2. 전류가 20[A] 또는 200[A] 경우의 전선길이는 각각 이 표 전류 2[A] 경우의 1/10 또는 1/100이 된다. 다른 경우에도 이 예에 따른다.

3. 이 표는 평형부하의 경우에 대한 것이다.

4. 이 표는 역률 1로 하여 계산한 것이다.

[작성답안]

① 간선의 전선 굵기

M_1의 부하전류$=\dfrac{10\times10^3}{\sqrt{3}\times380}=15.193 \fallingdotseq 15.19[A]$

M_2의 부하전류$=\dfrac{15\times10^3}{\sqrt{3}\times380}=22.790 \fallingdotseq 22.79[A]$

M_3의 부하전류$=\dfrac{20\times10^3}{\sqrt{3}\times380}=30.386 \fallingdotseq 30.39[A]$

H의 부하전류$=\dfrac{3\times10^3}{220}=13.636 \fallingdotseq 13.64[A]$

L의 부하전류$=\dfrac{(40\times2)\times10}{220}=3.636 \fallingdotseq 3.64[A]$

$\therefore\ I=15.15[A]+22.70[A]+30.39[A]+13.64[A]+3.64[A]=85.65[A]$

$$\therefore\ L=\frac{10\times\dfrac{85.65}{8}}{\dfrac{2}{3.8}}=203.418[m]$$

표에서 8[A]와 203.418[m]를 초과하는 267[m]에 만나는 굵기는 10[mm^2]를 선정

② 분기 회로의 전선 굵기

M_1의 부하전류$=\dfrac{20\times\dfrac{15.19}{1}}{\dfrac{2}{3.8}}=577.22[m]\rightarrow$표에서 4[$mm^2$]선정

M_2의 부하전류$=\dfrac{20\times\dfrac{22.79}{1}}{\dfrac{2}{3.8}}=866.02[m]\rightarrow$표에서 4[$mm^2$]선정

M_3의 부하전류$=\dfrac{20\times\dfrac{30.39}{1}}{\dfrac{2}{3.8}}=1154.82[m]\rightarrow$표에서 4[$mm^2$]선정

H의 부하전류$=\dfrac{20\times\dfrac{13.64}{1}}{\dfrac{2}{3.8}}=518.32[m]\rightarrow$표에서 4[$mm^2$]선정

L의 부하전류$=\dfrac{20\times\dfrac{3.64}{1}}{\dfrac{2}{3.8}}=138.32[m]\rightarrow$표에서 4[$mm^2$]선정

[핵심] 전선최대길이

$$\text{전선 최대 길이} = \frac{\text{배선 설계의 길이} \times \dfrac{\text{부하의 최대 사용 전류}[A]}{\text{표의 전류}[A]}}{\dfrac{\text{배선 설계의 전압 강하}[V]}{\text{표의 전압 강하}[V]}}$$

11

출제년도 97.07.11.13.14.17.(5점/부분점수 없음)

변류비 40/5인 CT 2개를 그림과 같이 접속할 때 전류계에 2[A]가 흐른다면 CT 1차측에 흐르는 전류는 몇 [A]인가?

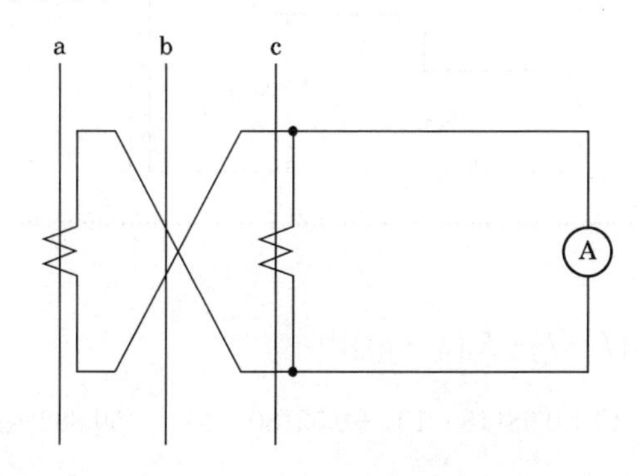

[작성답안]

계산 $I_1 = \text{전류계 Ⓐ 지시값} \times \frac{1}{\sqrt{3}} \times \text{CT비} = 2 \times \frac{1}{\sqrt{3}} \times \frac{40}{5} = 9.237[A]$

답 : 9.24[A]

[핵심] 변류기 접속

① 가동접속

$I_1 = \text{전류계 Ⓐ 지시값} \times \text{CT비}$

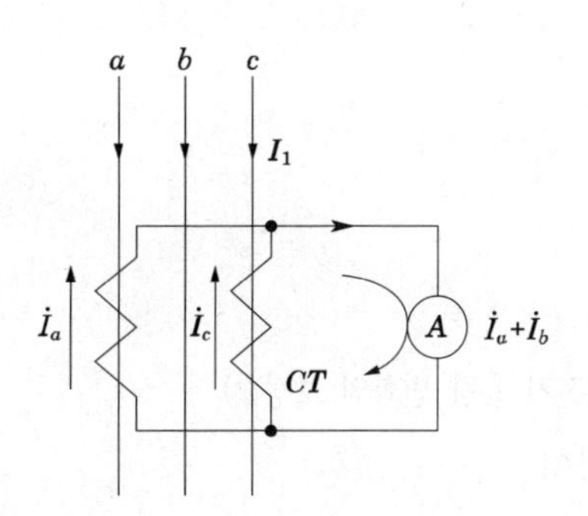

② 교차접속

$I_1 = \text{전류계 Ⓐ 지시값} \times \frac{1}{\sqrt{3}} \times \text{CT비}$

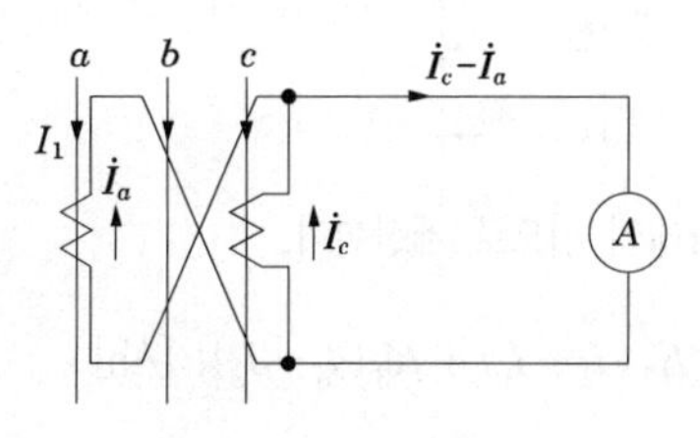

2014

12

출제년도 96.98.99.00.03.06.11.14.(4점/부분점수 없음)

다음과 같은 부하 특성의 소결식 알칼리 축전지의 용량 저하율은 0.85이고, 최저 축전지 온도는 5[℃], 허용 최저 전압은 1.06[V/cell]일 때 축전지 용량은 몇 [Ah]인가? (단, 여기서 용량 환산 시간은 $K_1 = 1.22$, $K_2 = 0.98$, $K_3 = 0.52$ 이다.

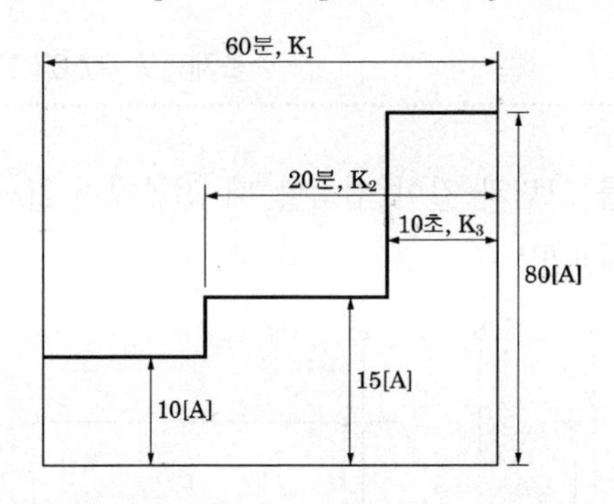

[작성답안]

계산 : $C = \frac{1}{L}\{K_1 I_1 + K_2(I_2 - I_1) + K_3(I_3 - I_2)\}$

$= \frac{1}{0.85}\{1.22 \times 10 + 0.98(15-10) + 0.52(80-15)\} = 59.882[\text{Ah}]$

답 : 59.88[Ah]

[핵심] 축전지용량

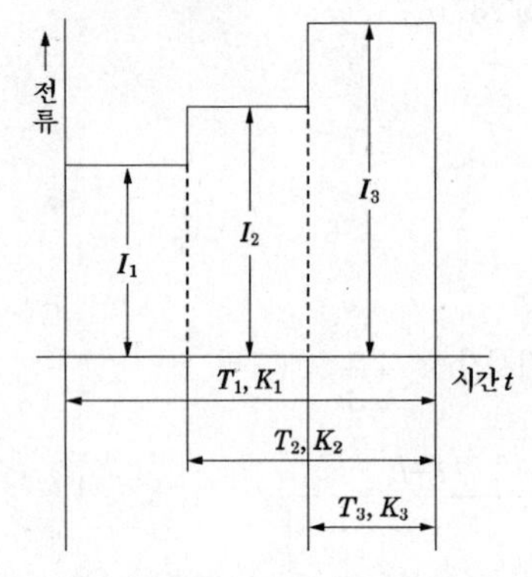

축전지 용량은 아래의 식으로 계산한다.

$$C = \frac{1}{L}[K_1 I_1 + K_2(I_2 - I_1) + K_3(I_3 - I_2)] \ [\text{Ah}]$$

여기서, C : 축전지 용량[Ah] L : 보수율(축전지 용량 변화의 보정값)

K : 용량 환산 시간 계수 I : 방전 전류[A]

13 출제년도 85.93.99.03.14.22.(4점/각 문항당 2점)

그림과 같이 전등만의 2군 수용가가 각각 한 대씩의 변압기를 통해서 전력을 공급받고 있다. 각 군 수용가의 총설비용량은 각각 30[kW] 및 50[kW]라고 한다. 각 군 수용가에 사용할 변압기의 용량을 선정하시오. 또한 고압 간선에 걸리는 최대 부하는 얼마가 되겠는가?

- 30[kW] 수용률 : 0.5
- 50[kW] 수용률 : 0.6
- 변압기 상호간의 부등률 1.2

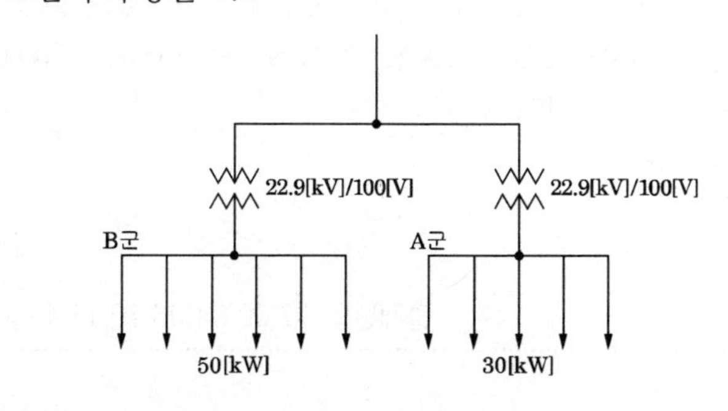

변압기 표준 용량[kVA]

5	10	15	20	25	30	50	75	100

(1) A군

(2) B군

(3) 합성최대수용전력[kW]

[작성답안]

(1) A군

계산 : 최대수용전력$=30 \times 0.5 = 15$[kVA]

답 : 표준용량 15[kVA]변압기

(2) B군

계산 : 최대수용전력$=50 \times 0.6 = 30$[kVA]

답 : 표준용량 30[kVA]변압기

(3) 합성최대수용전력

계산 : 합성최대수용전력$=\dfrac{\text{각 부하설비의 최대수용전력의 합}}{\text{부등률}}=\dfrac{15+30}{1.2}=37.5[\text{kW}]$

답 : 37.5[kW]

[핵심] 변압기 용량

① 변압기 용량

변압기 용량[kW] $\geq$ 합성 최대 수용 전력 $=\dfrac{\text{부하 설비 합계[kW]} \times \text{수용률}}{\text{부등률}}$

역률을 적용하여 [kW]의 부하를 [kVA]의 부하로 환산하여 구한다.

② 표준용량

3, 5, 7.5, 10, 15, 30, 50, 75, 100, 150, 200, 300, 500, 750, 1000, 1500, 2000, 3000, 4500, (5000), 6000, 7500, 10000, 15000, 20000, 30000, 45000, (50000), 60000, 90000, 100000, (120000), 150000, 200000, 250000, 300000 ( )는 준표준 규격이다.

14

출제년도 97.00.04.06.10.11.14.20.(4점/부분점수 없음)

그림과 같은 계통에서 측로 단로기 DS_3을 통하여 부하에 공급하고 차단기 CB를 점검하고자한다. 차단기 점검을 하기 위한 조작 순서를 쓰시오. (단, 평상시에 DS_3는 열려 있는 상태이다.)

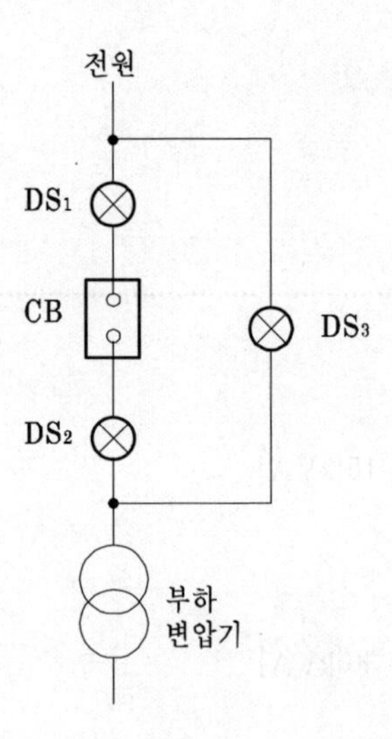

[작성답안]

DS_3(ON) → CB(OFF) → DS_2(OFF) → DS_1(OFF)

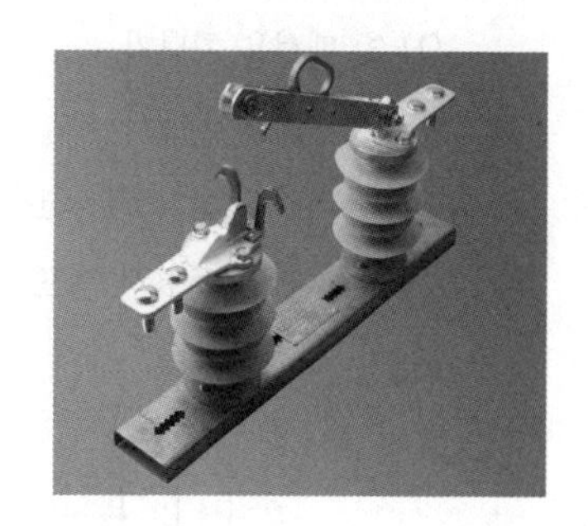

[핵심] 차단기와 단로기의 인터록

- 발생될 수 있는 문제점 : 차단기(CB)가 투입(ON)된 상태에서 단로기(DS_1, DS_2) 를 투입(ON)하거나 개방(OFF)하면 위험(감전 및 전기화상)하다.
- 해소 방안 : 단로기(DS)와 차단기(CB)간에 인터록 장치를 한다.
  (부하 전류가 통전 중에는 회로의 개폐가 되지 않도록 시설한다.)

15

출제년도 00.03.14.20.(9점/각 문항당 3점)

그림과 같은 유도 전동기의 미완성 시퀀스 회로도를 보고 다음 각 물음에 답하시오.

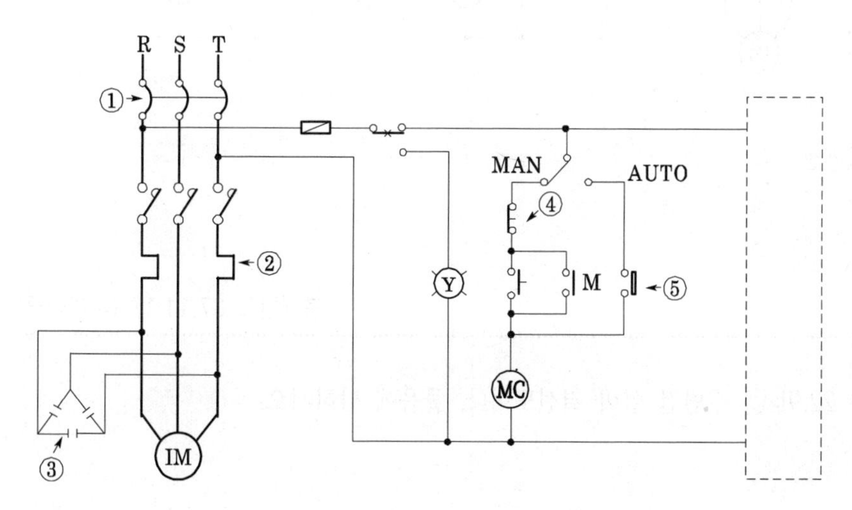

(1) 도면에 표시된 ①~⑤의 명칭을 쓰시오.

(2) 도면에 그려져 있는 Ⓨ등은 어떤 역할을 하는 등인가?

(3) 전동기가 정지하고 있을 때는 녹색등 Ⓖ가 점등되고, 전동기가 운전중일 때는 녹색등 Ⓖ가 소등되고 적색등 Ⓡ이 점등되도록 표시등 Ⓖ, Ⓡ을 회로의 [ ] 내에 설치하시오.

(4) ③의 역할을 쓰시오.

[작성답안]

(1) ① 배선용 차단기　　　② 열동 계전기

③ 전력용 콘덴서　　　④ 누름버튼 스위치 b접점

⑤ 리밋 스위치 접점 a접점

(2) 과부하 동작 표시 램프

(3)

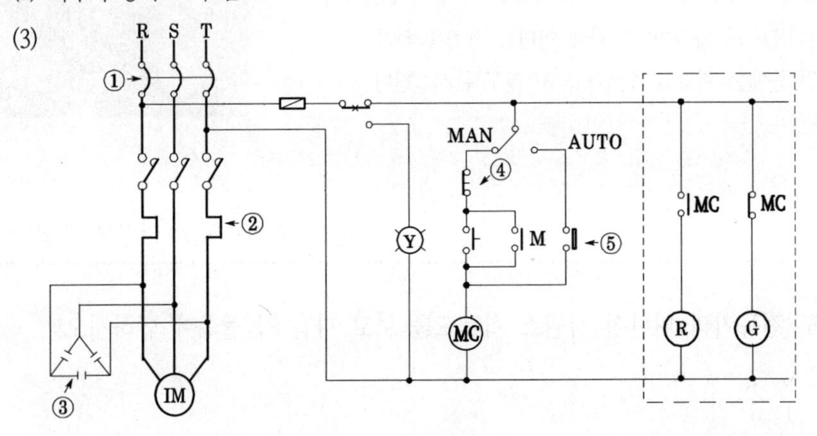

(4) 역률개선

16

출제년도 07.11.13.14.(6점/각 문항당 1점)

다음은 22.9[kV] 수변전 설비 결선도이다. 물음에 답하시오.

(1) 22.9[kV－Y] 계통에서는 수전 설비 지중 인입선으로 어떤 케이블을 사용하여야 하는가?

(2) ①, ②의 약호는?

(3) ③의 ATS 기능은 무엇인가?

(4) $\Delta - Y$ 변압기의 결선도를 그리시오.

(5) DS 대신 사용 할 수 있는 기기는?

(6) 전력용 퓨즈의 가장 큰 단점은 무엇인가?

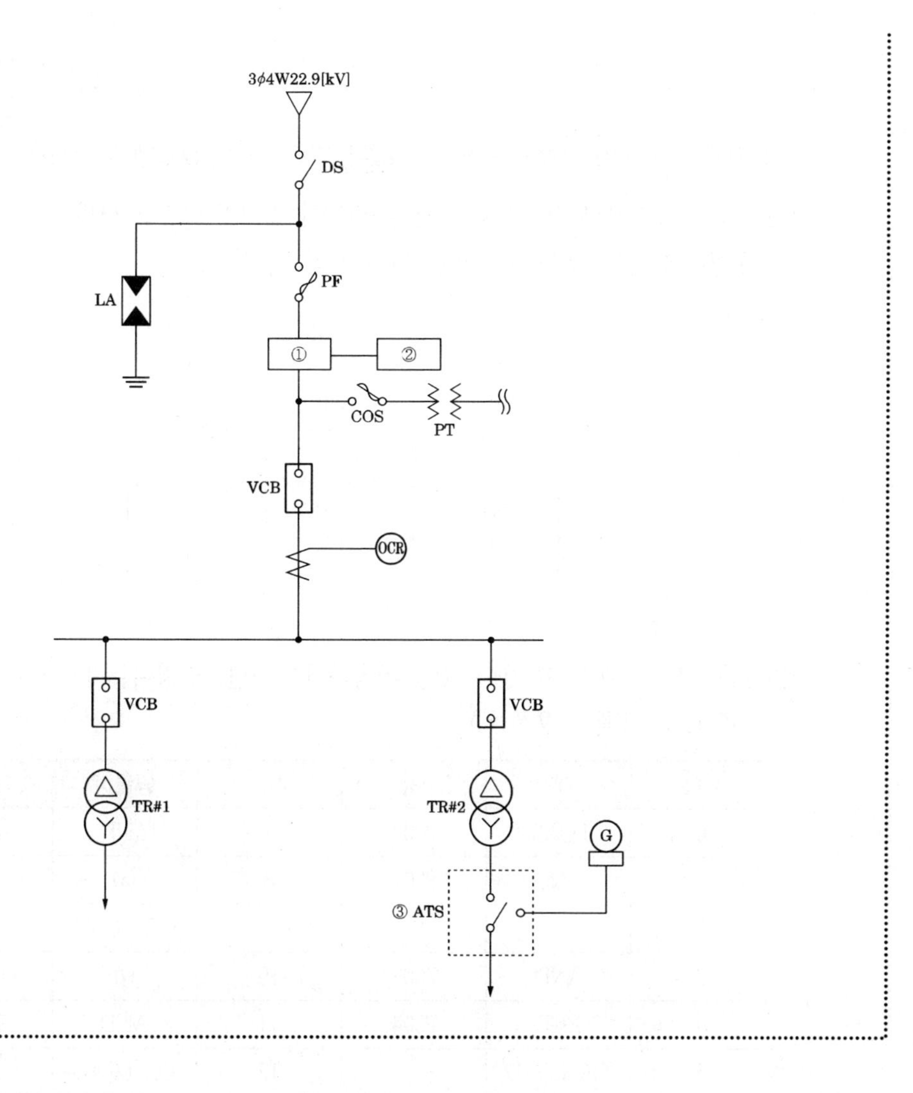

[작성답안]

(1) CNCV-W(수밀형), TR-CNCV-W(트리억제형)

(2) ① MOF ② WH

(3) ATS는 저압측(변압기2차측)에 설치되어 정전이 발생하였을 경우 변압기 상호간 절체 또는 중요 부하에 발전기를 작동시켜서 전원을 공급하는 자동 절체한다.

(4)

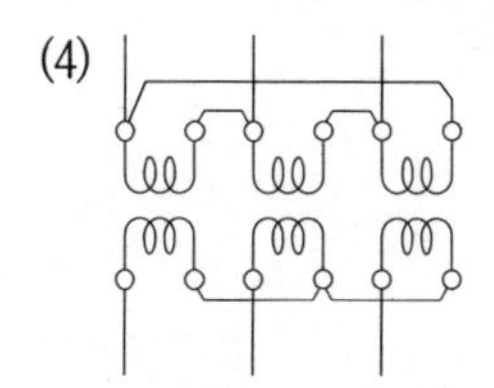

(5) 자동고장 구분 개폐기(ASS)

(6) 재사용 불가

17

출제년도 13.14.18.(4점/각 문항당 2점)

그림과 같은 PLC시퀀스(래더 다이어그램)가 있다. 다음 물음에 답하시오

(1) PLC 프로그램에서의 신호 흐름은 P002가 겹치지 않도록 단방향이므로 시퀀스를 수정해야 한다. 문제의 도면을 바르게 작성하시오.

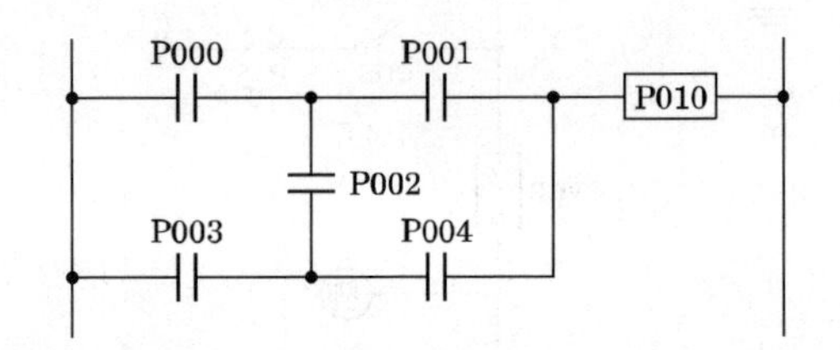

(2) PLC 프로그램을 표 ①~⑧에 완성하시오. (단, 명령어는 LOAD, AND, OR, NOT, OUT를 사용한다.)

STEP	OP	add	주소	명령어	번지
0	LOAD	P000	7	AND	P002
1	AND	P001	8	(5)	⑥
2	①	②	9	OR LOAD	
3	AND	P002	10	⑦	⑧
4	AND	P004	11	AND	P004
5	OR LOAD		12	OR LOAD	
6	③	④	13	OUT	P010

[작성답안]

(1)

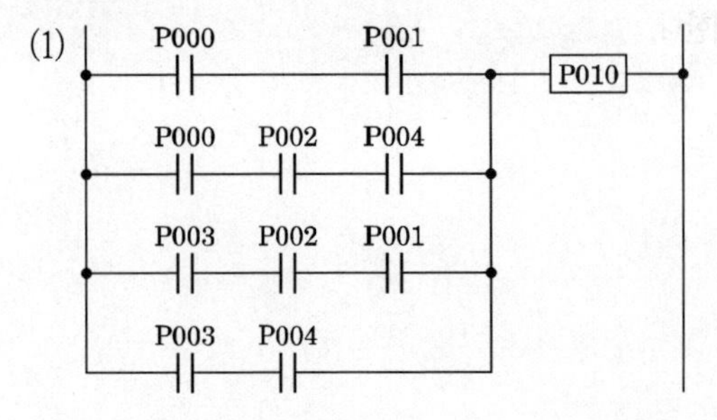

(2) ① LOAD, ② P000, ③ LOAD, ④ P003, ⑤ AND, ⑥ P001, ⑦ LOAD, ⑧ P003

2015년 1회 기출문제 해설

※ 다음 물음에 답을 해당 답란에 답하시오.

1

출제년도 01.04.12.13.15.(4점/부분점수 없음)

길이 24[m], 폭 12[m], 천장높이 5.5[m], 조명률 50[%]의 어떤 사무실에서 전광속 6000 [lm]의 32W × 2등용 형광등을 사용하여 평균 조도가 300[lx]되려면, 이 사무실에 필요한 형광등 수량을 구하시오. (단, 유지율은 80[%]로 계산한다.)

[작성답안]

계산 : $N = \dfrac{EAD}{FU} = \dfrac{300 \times 24 \times 12 \times \dfrac{1}{0.8}}{6000 \times 0.5} = 36[\text{등}]$

답 : 36등

[핵심] 조명설계

① 실지수

방의 면적이 같은 2개의 방에 같은 수의 광원을 설치하여도 방의 모양이 다른 경우에는 작업면상의 조도는 다르게 된다. 그래서 천정, 바닥이 장방형인 방은 가로 X, 세로 Y 두 변의 평균을 한 변으로 하는 정방형인 방과 동일하다고 하는 이론에 의해 실지수 $R.I$를 다음 식과 같이 결정한다.

$$R.I = \frac{XY}{H(X+Y)}$$

실지수	5.0	4.0	3.0	2.5	2.0	1.5	1.25	1.0	0.8	0.6
기호	A	B	C	D	E	F	G	H	I	J

② 조도계산

N개의 램프에서 방사되는 빛을 평면상의 면적 A[m²]에 모두 집중 조사할 수 있다고 하고 램프 1개당 광속을 F[lm]이라 하면, 그 면의 평균조도를

$$E = \frac{F \cdot N}{A} \text{ [lx]}$$

로 나타낸다. 이러한 평균조도 계산은 광속법과 설계여건에 따라 ZCM (Zonal Cavity Method)법을 채택할 수 있다.

$$E = \frac{F \cdot N \cdot U \cdot M}{A}$$

여기서, E : 평균조도[lx] F : 램프 1개당 광속[lm] N : 램프수량[개]

U : 조명률 M : 보수율, 감광보상률의 역수 A : 방의 면적[㎡] (방의 폭×길이)

2

출제년도 03.15.11.15.22.(5점/부분점수 없음)

콜라우시브리지에 의해 접지저항을 측정한 경우 접지판 상호간의 저항이 그림과 같다면 G_3의 접지 저항 값은 몇 [Ω]인지 계산하시오.

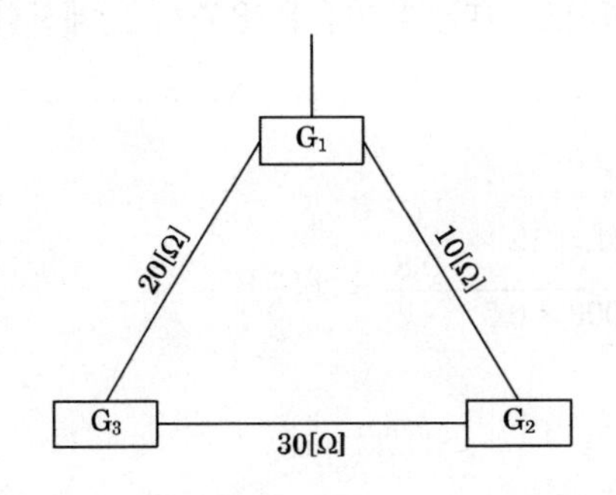

[작성답안]

계산 : G_3의 접지 저항값 $= \frac{1}{2} \times (20 + 30 - 10) = 20[\Omega]$

답 : $20[\Omega]$

[핵심] 접지저항 측정

① 콜라우시 브리지법

콜라우시 브리지법은 미끄럼줄 브리지의 원리와 동일한 방법으로 사용하나 내부 전원으로 직류 전원과 배율기를 가지고 있어 측정 소자의 특성을 고려한 측정을 할 수 있다.

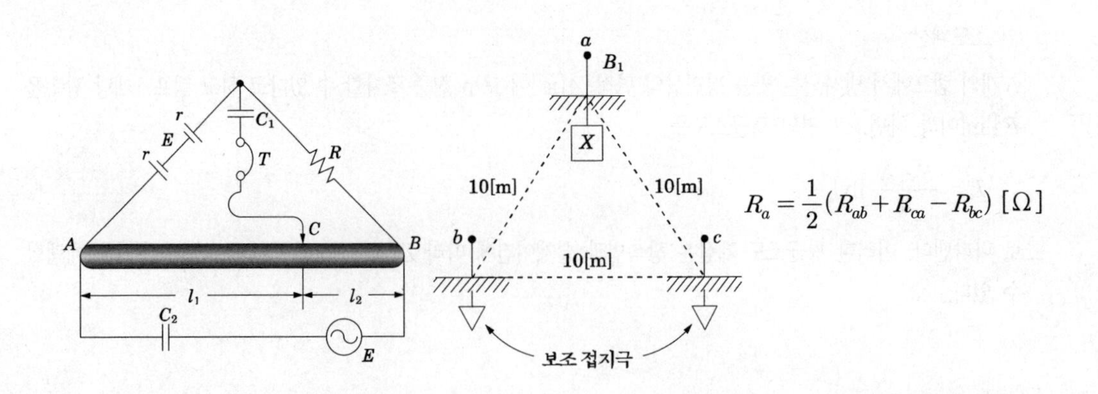

$$R_a = \frac{1}{2}(R_{ab} + R_{ca} - R_{bc})\ [\Omega]$$

② 접지저항계법

그림과 같이 접지저항계를 연결한다. E는 접지단자, P는 전압, C는 전류단자로 각각 연결하며, 보조접지전극은 10 [m] 거리에 이격하여 시설하고 누름버튼 스위치를 눌러 눈금으로 접지저항을 측정한다.

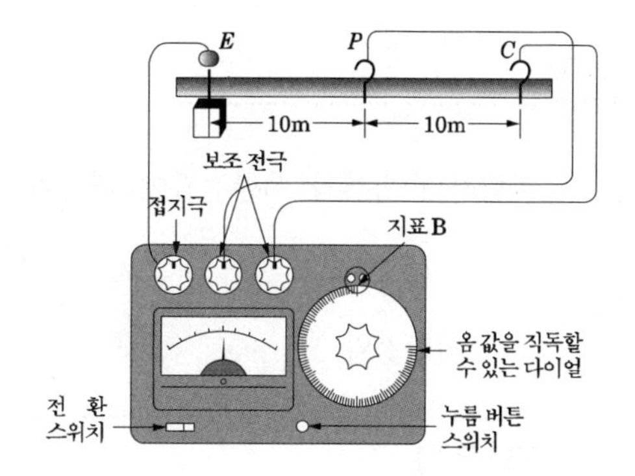

3

출제년도 08.13.14.15.(5점/부분점수 없음)

200 [kVA]의 단상변압기가 있다. 철손은 1.6 [kW]이고 전부하 동손은 2.4 [kW]이다. 역률 80[%]에서의 최대효율을 계산하시오.

[작성답안]

계산 : 최대효율조건 $P_i = m^2 P_c$ 에서

$$m = \sqrt{\frac{P_i}{P_c}} = \sqrt{\frac{1.6}{2.4}}$$

$$\eta = \frac{mP_a\cos\theta}{mP_a\cos\theta + P_i + m^2 P_c} \times 100 = \frac{\sqrt{\frac{1.6}{2.4}} \times 200 \times 0.8}{\sqrt{\frac{1.6}{2.4}} \times 200 \times 0.8 + 1.6 + 1.6} \times 100 = 97.609$$

답 : 97.61 [%]

[핵심] 변압기 효율 (efficiency)

① 전부하 효율 $\eta = \dfrac{P_n \cos\theta}{P_n \cos\theta + P_i + I^2 r} \times 100$ [%]

전부하시 $I^2 r = P_i$ 의 조건이 만족되면 효율이 최대가 된다.

② m부하시의 효율 $\eta = \dfrac{m V_{2n} I_{2n} \cos\theta}{m V_{2n} I_{2n} \cos\theta + P_i + m^2 {I_{2n}}^2 r_{21}} \times 100$ [%]

$P_i = m^2 P_c$ 이 최대 효율조건이며, 최대 효율일 경우 부하율은 다음과 같다.

$$m = \sqrt{\frac{P_i}{P_c}}$$

③ 전일효율 $\eta_d = \dfrac{\sum h V_2 I_2 \cos\theta_2}{\sum h V_2 I_2 \cos\theta_2 + 24 P_i + \sum h r_2 I_2^2} \times 100$ [%]

4 출제년도 14.15.(4점/각 항목당 2점)

피뢰기의 속류와 제한전압에 대하여 설명하시오.

- 속류
- 제한전압

[작성답안]

- 피뢰기의 속류 : 방전 종료 후 계속해서 피뢰기를 통하여 흐르는 상용주파의 전류를 말한다.
- 제한전압 : 충격파 전류가 흐르고 있을 때의 피뢰기 단자전압을 말한다.

[핵심] 피뢰기의 용어

① 충격방전개시전압 (Impulse Spark Over Voltage)

피뢰기의 양단자사이에 충격전압이 인가되어 피뢰기가 방전하는 경우 그 초기에 방전 전류가 충분히 형성되어 단자간 전압강하가 시작하기 이전에 도달하는 단자전압의 최고전압을 말한다.

② 제한전압

충격전류가 방전으로 저하되어서 피뢰기의 단자간에 남게되는 충격전압, 즉 뇌서지의 전류가 피뢰기를 통과할 때 피뢰기의 양단자간 전압강하로 이것은 피뢰기 동작중 계속해서 걸리고 있는 단자전압의 파고치로 표시한다.

③ 속류 (Follow Current)

피뢰기의 속류란 방전현상이 실절적으로 끝난후 계속하여 전력계통에서 공급되어 피뢰기에 흐르는 전류를 말한다.

④ 정격전압 (Rated Voltage)

선로단자와 접지단자에 인가한 상태에서 소정의 단위 동작책무를 소정의 회수로 반복수행할 수 있는 정격주파수의 상용주파전압 최고한도를 규정한값(실효치)를 말한다.

5

출제년도 10.15.(6점/부분점수 없음)

그림과 같은 22 [kV], 3상 1회선 선로의 F점에서 3상 단락고장이 발생하였다면 고장전류[A]는 얼마인지 계산하시오.

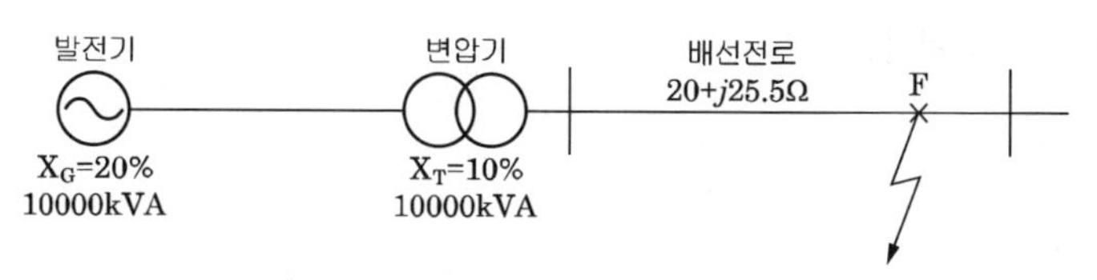

[작성답안]

계산 : $Z_\ell = 20 + j25.5$ 에서 10000[kVA] 기준으로 하면

$$\%Z_\ell = \frac{P_a Z}{10V^2} = \frac{10000 \times (20 + j25.5)}{10 \times 22^2} = 41.32 + j52.69[\%]$$

$$\%Z_{total} = \%X_G + \%X_T + \%Z_\ell = j20 + j10 + 41.32 + j52.69 = 41.32 + j82.69[\%]$$

$$\%Z_{total} = \sqrt{41.32^2 + 82.69^2} = 92.44[\%]$$

$$I_s = \frac{100}{\%Z} \times I_n = \frac{100}{\%Z} \times \frac{P_a}{\sqrt{3} \times V} = \frac{100}{92.44} \times \frac{10000}{\sqrt{3} \times 22} = 283.89[\text{A}]$$

답 : 283.89[A]

[핵심] %임피던스법

임피던스의 크기를 옴[Ω] 값 대신에 %값으로 나타내어 계산하는 방법으로 옴[Ω]법과 달리 전압환산을 할 필요가 없어 계산이 용이하므로 현재 가장 많이 사용되고 있다.

$$\%Z = \frac{I_n[\text{A}] \times Z[\Omega]}{E[\text{V}]} \times 100[\%] = \frac{P[\text{kVA}] \times Z[\Omega]}{10V^2[\text{kV}]}[\%]$$

6

출제년도 01.06.15.(5점/각 항목당 1점)

다음 그림기호의 명칭을 쓰시오.

(1)	(2)	(3)	(4)	(5)

[작성답안]

(1) 배전반

(2) 제어반

(3) 재해방지 전원회로용 배전반

(4) 재해방지 전원회로용 분전반

(5) 분전반

7

(01.05.06.09.14.15.(11점/(1)4점, (2)3점,(3)(4)2점)

주어진 도면을 보고 다음 각 물음에 답하시오. (단, 변압기의 2차측은 고압이다.)

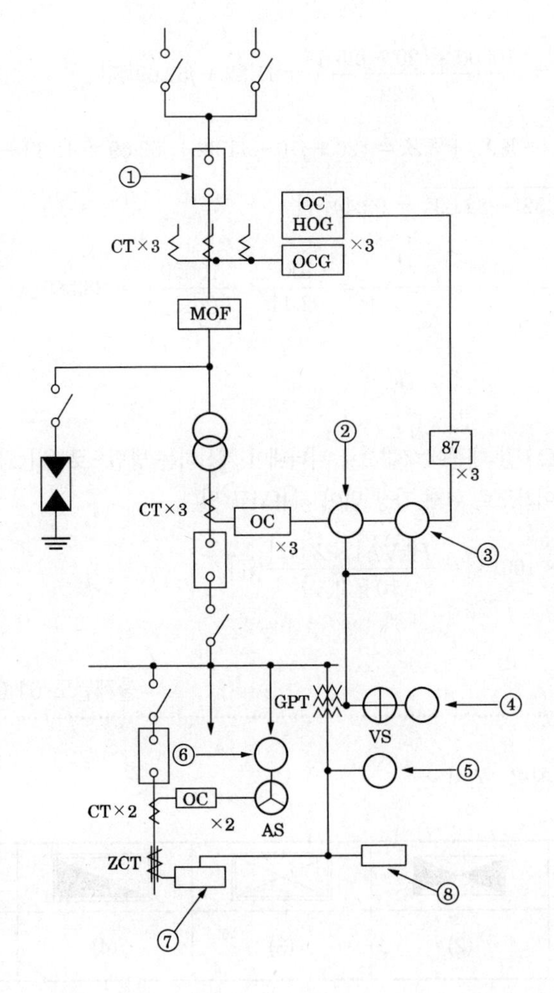

(1) 도면의 ①~⑧까지의 약호와 우리말 명칭을 쓰시오.

번호	약호	명칭	번호	약호	명칭
①			⑤		
②			⑥		
③			⑦		
④			⑧		

(2) 변압기 결선이 △-Y 결선일 경우 비율차동계전기(87)의 결선을 완성하시오. (단, 위상 보정이 되지 않는 계전기이며, 변류기 결선에 의하여 위상을 보정한다.)

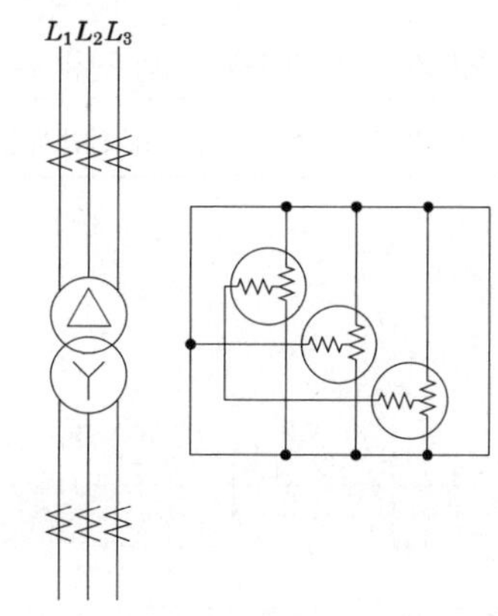

(3) 도면상의 약호 중 AS와 VS의 명칭 및 용도를 간단히 설명하시오.

약호	명 칭	용 도
AS		
VS		

(4) 피뢰기(LA)의 접지공사의 접지 저항은 몇 [Ω]이하 이어야 하는가?

[작성답안]

(1)

번호	약호	명칭	번호	약호	명칭
①	CB	교류 차단기	⑤	V_0	영상 전압계
②	kW	전력계	⑥	A	전류계
③	PF	역률계	⑦	SGR	선택 지락 계전기
④	V	전압계	⑧	OVGR	지락 과전압 계전기

(2)

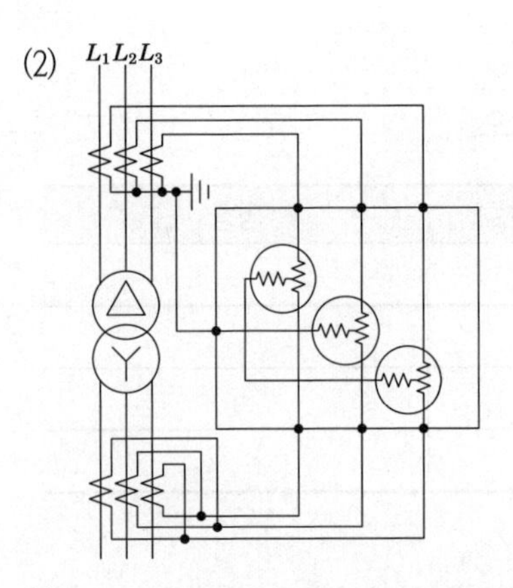

(3)

약호	명 칭	용 도
AS	전류계용 절환개폐기	3상 각 상의 전류를 1대의 전류계로 측정하기 위한 절환개폐기
VS	전압계용 절환개폐기	3상 각 상의 전압을 1대의 전압계로 측정하기 위한 절환개폐기

(4) 10[Ω]

[핵심] 비율차동계전기

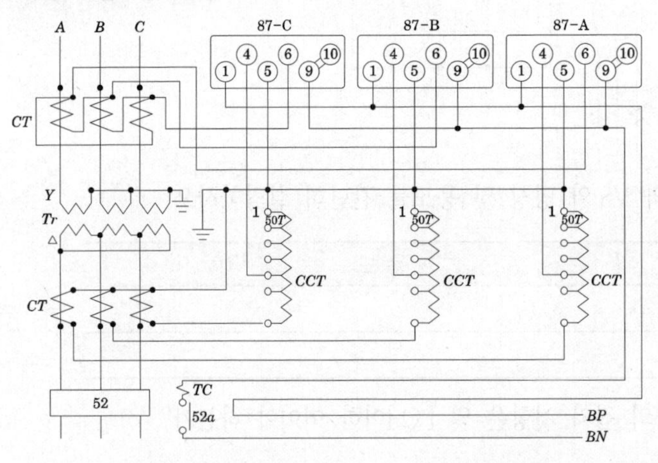

비율차동계전기는 변압기 투입시 여자 돌입 전류에 의한 오동작을 방지한 경우는 최소 35 [%]의 불평형 전류로 동작한다. 비율차동계전기 Tap선정은 차전류가 억제코일에 흐르는 전류에 대한 비율보다 계전기 비율을 크게 선정해야 한다.

8

출제년도 15.(5점/부분점수 없음)

무접점 제어회로의 출력 Z에 대한 논리식을 입력요소가 모두 나타나도록 전개하시오. (단, A, B, C, D는 푸시버튼스위치 입력이다.)

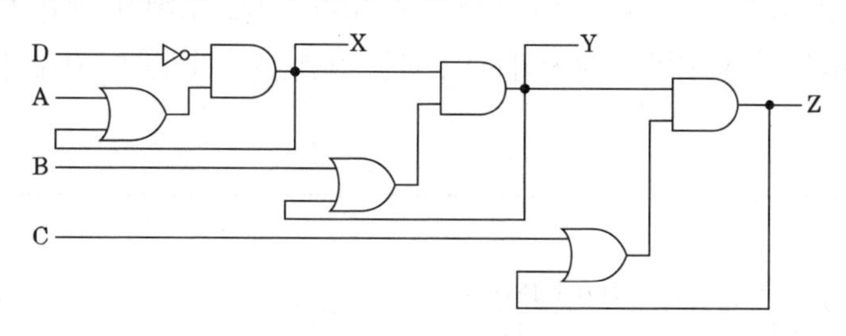

[작성답안]

논리식 : $Z = \overline{D} \cdot (A+X) \cdot (B+Y) \cdot (C+Z)$

9

출제년도 新規(5점/부분점수 없음)

한국전기설비규정에서 분기회로 (S_2)의 보호장치 (P_2)는 (P_2)의 전원 측에서 분기점(O) 사이에 다른 분기회로 또는 콘센트의 접속이 없고, 단락의 위험과 화재 및 인체에 대한 위험성이 최소화 되도록 시설된 경우, 분기회로의 보호장치 (P_2)는 분기회로의 분기점 (O)으로부터 이동하여 시설할 때 그림을 그리시오.

[작성답안]

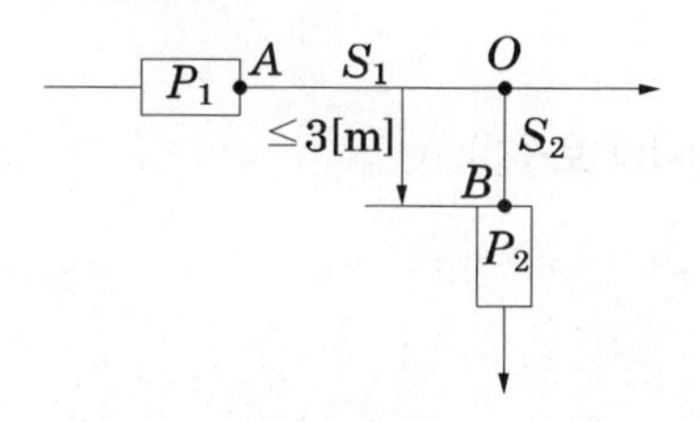

[핵심]

한국전기설비규정 212.4.2 과부하 보호장치의 설치 위치

10

비상용 조명부하의 사용전압이 110[V] 이고, 100[W]용 18등, 60[W]용 25등이 있다. 방전시간 30분 축전지 HS형 54[cell], 허용 최저전압 100[V], 최저 축전지 온도 5[℃]일 때 축전지 용량은 몇 [Ah]인지 계산하시오. (단, 경년용량 저하율이 0.8, 용량 환산시간 k = 1.2 이다.)

[작성답안]

계산 : 부하전류 $I=\dfrac{P}{V}$ 에서 $I=\dfrac{100\times18+60\times25}{110}=30[\mathrm{A}]$

$\therefore C=\dfrac{1}{L}KI=\dfrac{1}{0.8}\times1.2\times30=45[\mathrm{Ah}]$

정답 : 45[Ah]

[핵심] 축전지용량

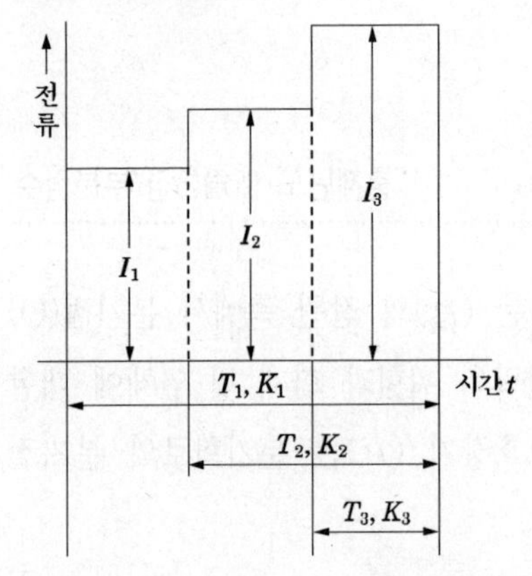

축전지 용량은 아래의 식으로 계산한다.

$C=\dfrac{1}{L}[K_1I_1+K_2(I_2-I_1)+K_3(I_3-I_2)]$ [Ah]

여기서, C : 축전지 용량[Ah]　　L : 보수율(축전지 용량 변화의 보정값)

K : 용량 환산 시간 계수　　I : 방전 전류[A]

11 출제년도 15.20.(5점/각 항목당 1점)

협소한 면적의 대형 건축물 내에 설치된 여러 설비의 접지를 공통으로 묶어서 사용하는 공통접지의 특징 중 장점 5가지를 쓰시오.

[작성답안]

① 접지전극의 수가 적어지고 단순해지기 때문에 설비시공시 공사비가 경제적이다

② 접지선이 짧아져 접지계통이 단순해지기 때문에 보수점검이 용이하다.

③ 각 접지전극이 병렬로 되면 독립접지에 비하여 합성저항이 낮아지고 건축구조체를 이용하면 접지저항이 더욱 낮아지기 때문에 공용접지의 이점이 생긴다.

④ 접지전극중 하나가 불능이 되어도 타극으로 보완할 수 있어서 접지의 신뢰도가 향상된다.

⑤ 접지면적이 독립접지에 비교하여 작은 면적으로 시공할 수 있다.

그 외

⑥ 각 설비간에 전위차가 발생하지 않는다.

[핵심] 공통접지와 통합접지

공 통 접 지	통 합 접 지
고압 및 특고압 접지계통과 저압 접지계통이 등전위가 되도록 공통으로 접지하는 방식을 말한다.	전기설비, 통신설비, 피뢰설비 및 수도관, 가스관, 철근, 철골 등을 모두 함께 접지하여 그들 간에 전위차가 없도록 함으로써 인체의 감전 우려를 최소화하는 방식을 말한다. (건물 내의 사람이 접촉할 수 있는 모든 도전부가 등전위를 형성 하도록 한다.)
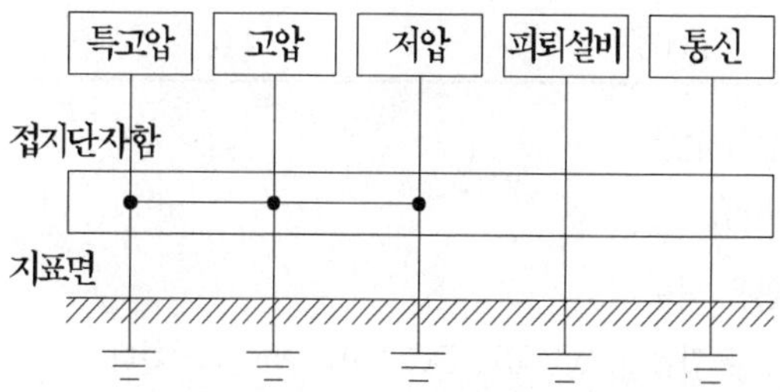 특고압 / 고압 / 저압 / 피뢰설비 / 통신 접지단자함 지표면	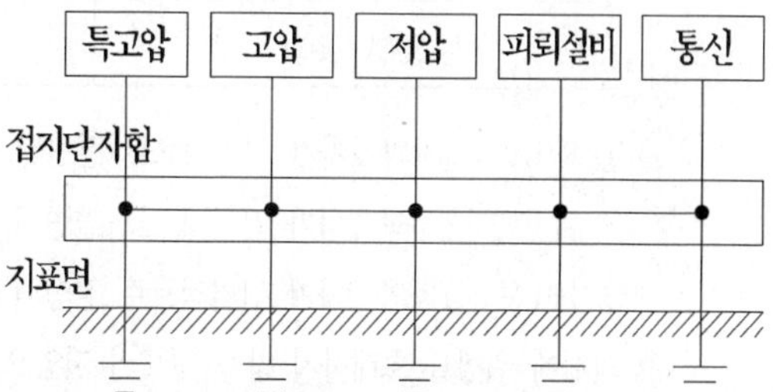 특고압 / 고압 / 저압 / 피뢰설비 / 통신 접지단자함 지표면

12

출제년도 新規.(9점/각 문항당 3점)

전로의 절연저항에 대한 다음 각 물음에 답하시오.

(1) 전로의 사용 전압의 구분에 빠른 절연저항 값은 몇 [MΩ] 이상이어야 하는지 그 값을 표에 쓰시오.

전로의 사용전압 V	DC시험전압 V	절연저항 MΩ
SELV 및 PELV	250	
FELV, 500V 이하	500	
500V 초과	1000	

(2) 물음 (1)에서 표에 기록되어 있는 SELV 및 PELV FELV가 적용되는 곳을 쓰시오.

(3) 특별저압의 의미를 쓰시오.

[작성답안]

(1)

전로의 사용전압 V	DC시험전압 V	절연저항 MΩ
SELV 및 PELV	250	0.5
FELV, 500V 이하	500	1.0
500V 초과	1,000	1.0

(2) ① SELV : 1차와 2차가 전기적으로 절연된 비접지회로

② PELV : 1차와 2차가 전기적으로 절연된 접지회로

③ FELV : 1차와 2차가 전기적으로 절연되지 않은 회로

(3) 인체에 위험을 초래하지 않을 정도의 저압으로 2차 전압이 AC 50V, DC 120V 이하를 말한다.

[핵심] 한국전기설비규정 132 전로의 절연저항 및 절연내력

사용전압이 저압인 전로의 절연성능은 기술기준 제52조를 충족하여야 한다. 다만, 저압 전로에서 정전이 어려운 경우 등 절연저항 측정이 곤란한 경우 저항성분의 누설전류가 1 mA 이하이면 그 전로의 절연성능은 적합한 것으로 본다.

전로의 사용전압 V	DC시험전압 V	절연저항 MΩ
SELV 및 PELV	250	0.5
FELV, 500V 이하	500	1.0
500V 초과	1,000	1.0

[주] 특별저압(extra low voltage : 2차 전압이 AC 50V, DC 120V 이하)으로 SELV(비접지회로 구성) 및 PELV(접지회로 구성)은 1차와 2차가 전기적으로 절연된 회로, FELV는 1차와 2차가 전기적으로 절연되지 않은 회로

"특별저압(ELV, Extra Low Voltage)"이란 인체에 위험을 초래하지 않을 정도의 저압을 말한다. 여기서 SELV(Safety Extra Low Voltage)는 비접지회로에 해당되며, PELV(Protective Extra Low Voltage)는 접지회로에 해당된다.

13

출제년도 02.06.10.11.13.15.(6점/각 문항당 2점)

그림은 어느 공장의 하루의 전력부하곡선이다. 이 그림을 보고 다음 각 물음에 답하시오. (단, 설비용량은 80 kW이다.)

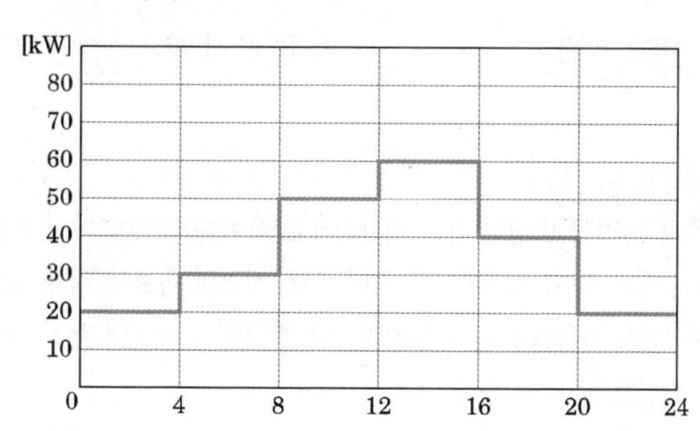

(1) 공장의 평균전력은?

(2) 공장의 일부하율은?

(3) 이 공장의 수용률은?

[작성답안]

(1) 계산 : 평균전력 $= \dfrac{(20+30+50+60+40+20)\times 4}{24} = 36.666[\text{kW}]$

답 : 36.67[kW]

(2) 계산 : 일부하율 $= \frac{\text{평균전력}}{\text{최대전력}} = \frac{36.67}{60} \times 100 = 61.116[\%]$

답 : $61.12[\%]$

(3) 계산 : 수용률 $= \frac{\text{최대전력}}{\text{설비용량}} = \frac{60}{80} \times 100 = 75[\%]$

답 : $75[\%]$

[핵심] 부하관계용어

① 부하율

공급 설비가 어느 정도 유효하게 사용되는가를 나타내며 부하율이 클수록 공급 설비가 유효하게 사용된다. 부하율은 다음 식에 의해 계산한다.

$$\text{부하율} = \frac{\text{평균 수요 전력}[kW]}{\text{최대 수요 전력}[kW]} \times 100\,[\%]$$

부하율은 각 단위별(변압기, 전주, 수용가 등), 시기, 범위, 기간에 따라 달라지며, 부하율을 표시할 경우 기간, 범위를 반드시 명기한다. 예를 들어 일부하율, 월부하율 등으로 표시하여야 하며, 부하율은 기간이 길어질수록 작아진다. 부하율이 적다의 의미는 다음과 같다.

- 공급 설비를 유용하게 사용하지 못한다.
- 평균 수요 전력과 최대 수요 전력과의 차가 커지게 되므로 부하 설비의 가동률이 저하된다.

② 종합부하율

$$\text{종합 부하율} = \frac{\text{평균 전력}}{\text{합성 최대 전력}} \times 100[\%] = \frac{\text{A, B, C 각 평균 전력의 합계}}{\text{합성 최대 전력}} \times 100[\%]$$

③ 부등률

각 수용가에서의 최대 수용 전력의 발생 시각은 시간적으로 차이가 있으며 이 경우에 배전 변압기 또는 간선에서의 합성 최대 수용 전력은 각 수용가에서의 최대 수용 전력의 합보다 적게 되는데 이 비를 부등률이라 하며 이 값은 항상 1보다 크고, 백분율로 나타내지 않는다. 수용률과 더불어 배전 변압기 또는 배전 간선 등의 공급 설비 계획 자료로 사용된다.

$$\text{부등률} = \frac{\text{개별 최대수용전력의 합}}{\text{합성 최대수용전력}} = \frac{\text{설비용량} \times \text{수용률}}{\text{합성최대수용전력}}$$

④ 수용률

수용률은 시설되는 총 부하 설비용량에 대하여 실제로 사용하게 되는 부하의 최대 전력의 비를 나타내는 것으로서 다음 식에 의하여 구한다.

$$\text{수용률} = \frac{\text{최대수요전력}[kW]}{\text{부하설비용량}[kW]} \times 100\,[\%]$$

14

출제년도 88.97.00.12.15.(5점/부분점수 없음)

다음과 같이 주어진 동작설명과 보기를 이용하여 3상 유도전동기의 직입기동 제어회로의 미완성 부분을 주어진 보기의 명칭 및 접점수를 준수하여 회로를 완성하시오.

【동작설명】

- PB_2(기동)를 누른 후 놓으면, MC는 자기유지 되며, MC에 의하여 전동기가 운전된다.
- PB_1(정지)을 누르면, MC는 소자 되며, 운전 중인 전동기는 정지된다.
- 과부하에 의하여 전자식 과전류 계전기(EOCR)가 동작되면, 운전 중인 전동기는 동작을 멈추며, X_1 릴레이가 여자 되고, X_1 릴레이 접점에 의하여 경보벨이 동작한다.
- 경보벨 동작 중 PB_3을 눌렀다 놓으면, X_2 릴레이가 여자되어 경보벨의 동작은 멈추지만 전동기는 기동되지 않는다.
- 전자식 과전류 계전기(EOCR)가 복귀되면 X_1, X_2 릴레이가 소자된다.
- 전동기가 운전중이면 RL(적색), 정지되면 GL(녹색) 램프가 점등된다.

【보 기】

약 호	명 칭	약 호	명 칭
MCCB	배선용차단기(3P)	PB_1	누름버튼스위치(전동기 정지용, 1b)
MC	전자개폐기(주접점 3a, 보조접점 2a1b)	PB_2	누름버튼스위치(전동기 기동용, 1a)
EOCR	전자식 과전류 계전기(보조접점 1a1b)	PB_3	누름버튼스위치(경보벨 정지용, 1a)
X_1	경보 릴레이(1a)	RL	적색 표시등
X_2	경보 정지 릴레이(1a1b)	GL	녹색 표시등
M	3상 유도전동기	B( )	경보벨

【회로도】

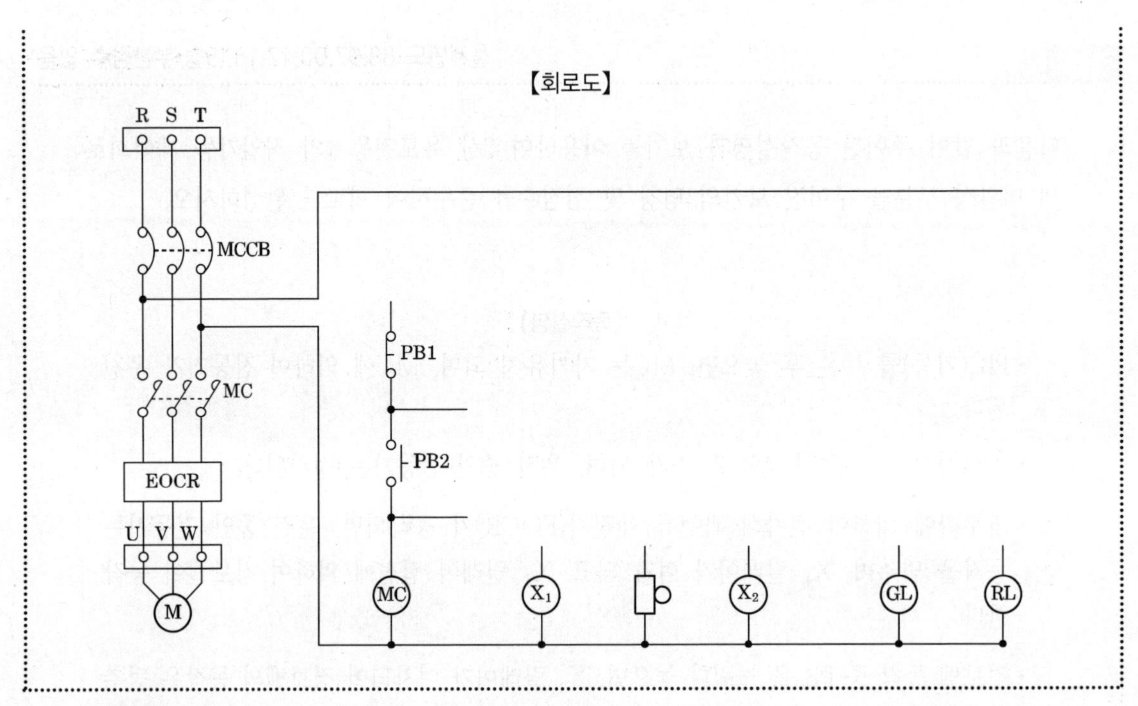
R S T
MCCB
MC
EOCR
U V W
M
PB1
PB2
MC
X1
X2
GL
RL

[작성답안]

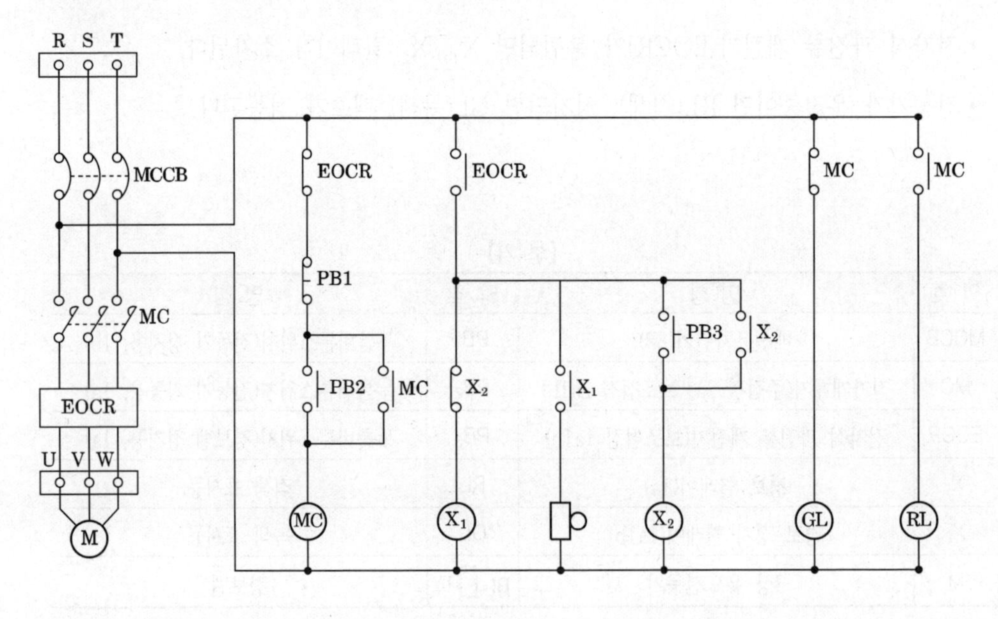
R S T
MCCB
MC
EOCR
U V W
M
EOCR
EOCR
MC
MC
PB1
PB3
X2
PB2
MC
X2
X1
MC
X1
X2
GL
RL

15

출제년도 12.15.16.19.22.(5점/부분점수 없음)

그림과 같은 교류 3상 3선식 전로에 연결된 3상 평형부하가 있다. 이 때 c상의 P점이 단선된 경우, 이 부하의 소비전력은 단선 전 소비전력에 비하여 어떻게 되는지 관계식을 이용하여 설명하시오.(단, 선간 전압은 E[V]이며, 부하의 저항은 R[Ω]이다.)

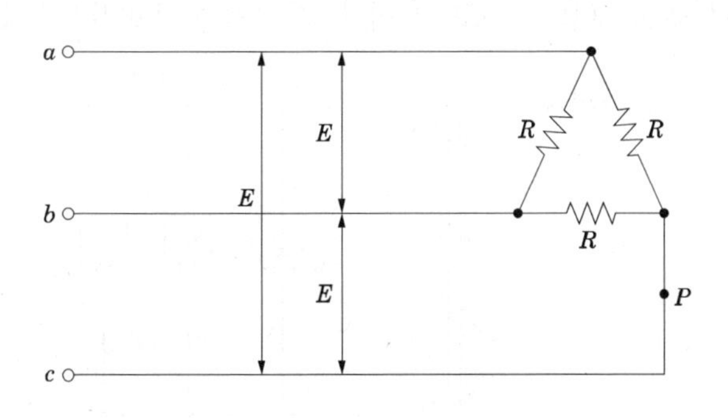

[작성답안]

① 단선전 소비전력 $P = 3 \times \frac{E^2}{R}$

② 단선 후 전력

P점 단선시 합성저항 $R_0 = \frac{2R \times R}{2R + R} = \frac{2}{3} \times R$

P점 단선시 부하의 소비전력 $P' = \frac{E^2}{R_0} = \frac{E^2}{\frac{2}{3} \times R} = \frac{3}{2} \times \frac{E^2}{R}$

$\therefore \frac{P}{P'} = \frac{\frac{3E^2}{2R}}{\frac{3E^2}{R}} = \frac{1}{2}$ 이므로 $\frac{1}{2}$배

답 : $\frac{1}{2}$배

16

정격용량 500[kVA]의 변압기에서 배전선의 전력손실을 40[kW]로 유지하면서 부하 L_1, L_2에 전력을 공급하고 있다. 지금 그림과 같이 전력용 콘덴서를 기존 부하와 병렬로 연결하여 합성 역률을 90[%]로 개선하려고 할 때 다음 각 물음에 답하시오. (단, 여기서 부하 L_1은 역률 60[%], 180[kW]이고, 부하 L_2의 전력은 120 [kW], 160[kVar]이다.)

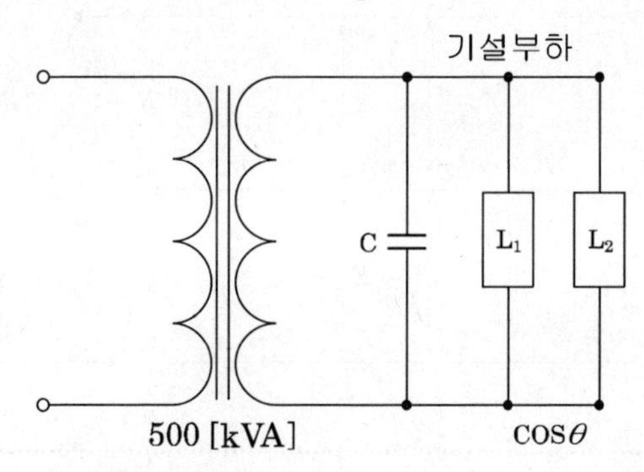

(1) 부하 L_1과 L_2의 합성용량[kVA]을 구하시오.

(2) 부하 L_1과 L_2의 합성역률을 구하시오.

(3) 합성역률을 90%로 개선하는데 필요한 콘덴서 용량(Q_c)[kVar] 을 구하시오.

[작성답안]

(1) 계산 : $P = P_1 + P_2 = 180 + 120 = 300$[kW]

$$P_r = P_{r1} + P_{r2} = P_1 \times \frac{\sin\theta_1}{\cos\theta_1} + P_{r2} = 180 \times \frac{0.8}{0.6} + 160 = 400\text{[kVar]}$$

합성용량 $P_a = \sqrt{P^2 + P_r^2} = \sqrt{300^2 + 400^2} = 500$[kVA]

답 : 500[kVA]

(2) 계산 : $\cos\theta = \frac{P}{P_a} = \frac{300}{500} \times 100 = 60$[%]

답 : 60[%]

(3) 계산 : 콘덴서용량 $(Q_c) = 300 \times \left(\frac{0.8}{0.6} - \frac{\sqrt{1-0.9^2}}{0.9}\right) = 254.703$[kVar]

답 : 254.7[kVar]

[핵심] 역률개선 콘덴서 용량

① 콘덴서 용량

$$Q_c = P\tan\theta_1 - P\tan\theta_2 = P(\tan\theta_1 - \tan\theta_2) = P\left(\frac{\sin\theta_1}{\cos\theta_1} - \frac{\sin\theta_2}{\cos\theta_2}\right)$$

$$= P\left(\frac{\sqrt{1-\cos^2\theta_1}}{\cos\theta_1} - \frac{\sqrt{1-\cos^2\theta_2}}{\cos\theta_2}\right) \text{ [kVA]}$$

여기서, $\cos\theta_1$: 개선 전 역률, $\cos\theta_2$: 개선 후 역률

② 역률개선시 증가 할수 있는 부하

역률 개선에 따른 유효전력의 증가분 $\Delta P = P_a(\cos\theta_2 - \cos\theta_1)$ [kW]

여기서, $\cos\theta_1$: 개선 전 역률 $\cos\theta_2$: 개선 후 역률

17

출제년도 06.15.(8점/(1)2점, (2)4점, (3)2점)

그림과 같은 대칭 3상 회로에서 운전되는 유도전동기에 전력계, 전압계, 전류계를 접속하고 각 계기의 지시를 측정하니 전력계 W_1 = 6.57 [kW], W_2 = 4.38 [kW], 전압계 V = 220 [V], 전류계 I = 30.41[A] 이었다. (단, 전압계와 전류계는 회로에 정상적으로 연결된 상태이다.)

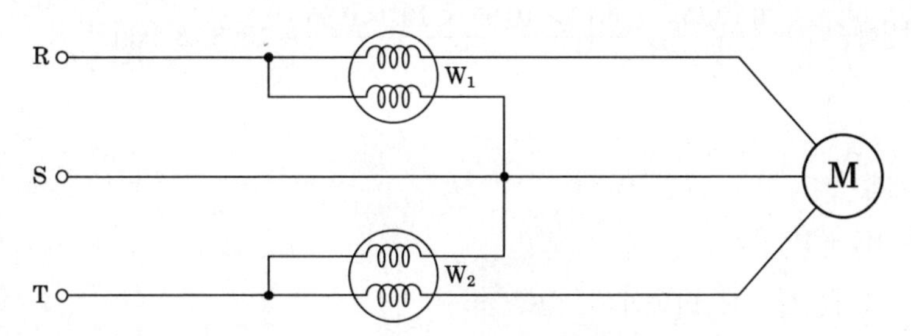

(1) 전압계와 전류계를 설치하여 전압, 전류를 측정하기 위한 적당한 위치를 회로도에 직접 그려 넣으시오.

(2) 2전력계법에 의해 피상전력[kVA]과 유효전력[kW], 역률을 각각 계산하시오.

- 피상전력
- 유효전력
- 역률

(3) 이 유도전동기로 30[m/min]의 속도로 물체를 권상한다면 몇 [kg]까지 가능한지 계산하시오. (단, 종합효율은 85[%]로 한다.)

[작성답안]

(1)

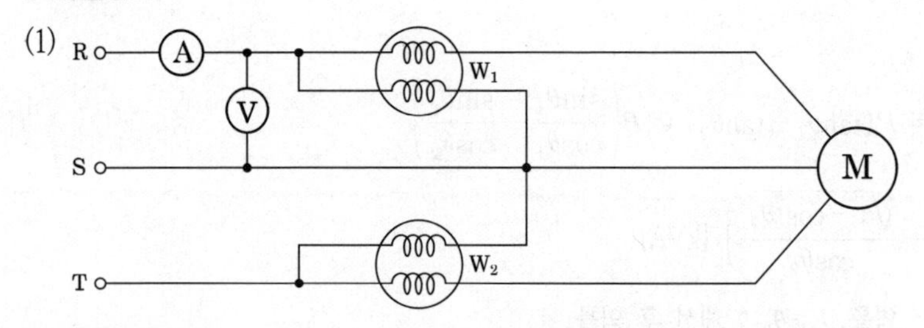

(2) ① 유효전력

계산 : 전력 $P = W_1 + W_2 = 6.57 + 4.38 = 10.95$[kW]

답 : 10.95[kW]

② 피상전력

계산 : 피상전력 $P_a = 2\sqrt{W_1^2 + W_2^2 - W_1 W_2} = 2\sqrt{6.57^2 + 4.38^2 - 6.57 \times 4.38} = 11.588$[kVA]

답 : 11.59[kVA]

③ 역률

계산 : 역률 $\cos\theta = \frac{P}{P_a} \times 100 = \frac{10.95}{11.59} \times 100 = 94.477$[%]

답 : 94.48[%]

(3) 계산 : 권상하중 $G = \frac{6.12 P\eta}{V} = \frac{6.12 \times 10.95 \times 10^3 \times 0.85}{30} = 1898.73$ [kg]

답 : 1898.73[kg]

[핵심] 2전력계법

유효전력 $P = W_1 + W_2$ [W]

무효전력 $P_r = \sqrt{3}(W_1 - W_2)$ [Var]

역률 $\cos\theta = \frac{W_1 + W_2}{\sqrt{(W_1 + W_2)^2 + 3(W_1 - W_2)^2}} = \frac{W_1 + W_2}{\sqrt{4W_1^2 + 4W_2^2 - 4W_1 W_2}} = \frac{W_1 + W_2}{2\sqrt{W_1^2 + W_2^2 - W_1 W_2}}$

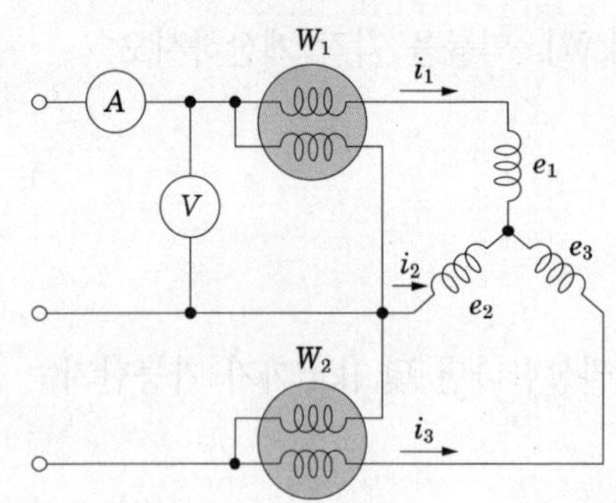

2015년 2회 기출문제 해설

※ 다음 물음에 답을 해당 답란에 답하시오.

1

출제년도 98.08.15.(5점/각 항목당 1점)

다음은 특고압 계통에서 22.9 [kV-Y], 1000[kVA] 이하를 시설하는 경우의 특고압 간이 수전설비 결선도 주의사항이다. 다음 "가"~"마"의 ( )에 알맞은 내용을 답란에 쓰시오.

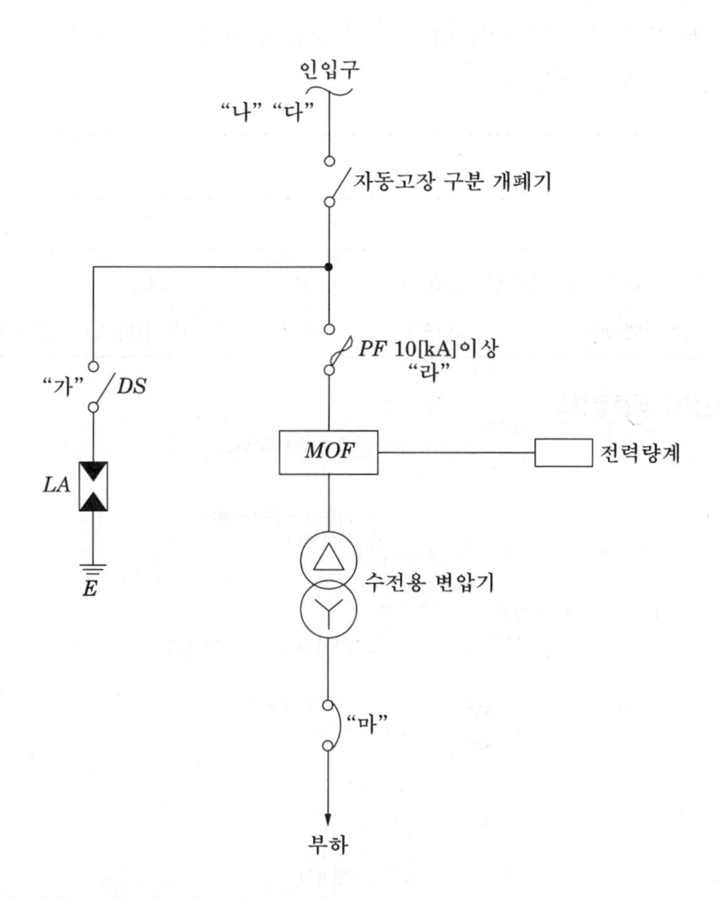

가. LA용 DS는 생략할 수 있으며, 22.9[kV-Y]용의 LA는 Disconnector(또는 Isolator)붙임 형을 사용하여야 한다.

나. 인입선을 지중선으로 시설하는 경우로 공동주택 등 고장 시 정전피해가 큰 경우는 예비 지중선을 포함하여 (①)회선으로 시설하는 것이 바람직하다.

다. 지중인입선의 경우에 22.9 [kN-Y] 계통은 CNCV-W케이블(수밀형) 또는 (②) 을(를) 사용하여야 한다. 다만, 전력구・공동구・덕트・건물구내 등 화재의 우려가 있는 장소에서는 (③) 케이블을 사용하는 것이 바람직하다.

라. 300 [kVA] 이하의 경우는 PF 대신 (④)(비대칭 차단전류 10[kA] 이상의 것)을 사용할 수 있다.

마. 특고압 간이수전설비는 PF의 용단 등의 결상사고에 대한 대책이 없으므로 변압기 2차 측에 설치되는 주차단기에는 (⑤) 등을 설치하여 결상사고에 대한 보호 능력이 있도록 함이 바람직하다.

[작성답안]

①	②	③	④	⑤
2회선	TR CNCV-W (트리억제형)	FR CNCO-W (난연)	COS (비대칭 차단전류 10[kA] 이상의 것)	결상 계전기

[핵심] 간이수전설비 표준결선도

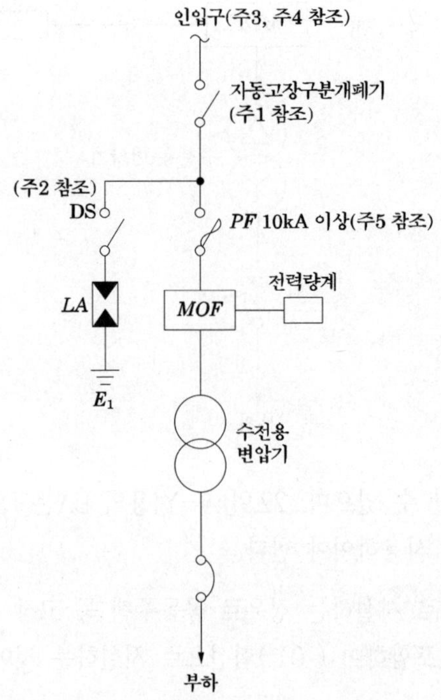

22.9 [kV-Y] 1,000 [kVA] 이하를 시설하는 경우

[주1] LA용 DS는 생략할 수 있으며 22.9 [kV - Y]용의 LA는 Disconnector(또는 Isolator) 붙임형을 사용하여야 한다.

[주2] 인입선을 지중선으로 시설하는 경우로서 공동 주택 등 사고시 정전 피해가 큰 수전 설비 인입선은 예비선을 포함하여 2회선으로 시설하는 것이 바람직하다.

[주3] 지중인입선의 경우에 22.9 [kV-Y] 계통은 $CNCV-W$ 케이블(수밀형) 또는 $TR\ CNCV-W$(트리억제형)을 사용하여야 한다. 다만, 전력구·공동구·덕트·건물구내 등 화재의 우려가 있는 장소에서는 $FR\ CNCO-W$(난연) 케이블을 사용하는 것이 바람직하다.

[주4] 300 [kVA] 이하인 경우 PF 대신 COS (비대칭 차단 전류 10 [kA] 이상의 것)을 사용할 수 있다.

[주5] 간이 수전 설비는 PF의 용단 등에 의한 결상 사고에 대한 대책이 없으므로 변압기 2차측에 설치되는 주차단기에는 결상 계전기 등을 설치하여 결상 사고에 대한 보호 능력이 있도록 함이 바람직하다.

2

출제년도 15.(5점/각 항목당 1점, 모두 맞으면 5점)

다음 내용에서 ①~③에 알맞은 내용을 답란에 쓰시오.

"회로의 전압은 주로 변압기의 자기포화에 의하여 변형이 일어나는데 (①)을(를) 접속함으로서 이 변형이 확대되는 경우가 있어 전동기, 변압기 등의 소음증대, 계전기의 오동작 또는 기기의 손실이 증대 되는 등의 장해를 일으키는 경우가 있다. 그러기 때문에 이러한 장해의 발생 원인이 되는 전압파형의 찌그러짐을 개선할 목적으로 (①)와(과) (②)로(으로) (③)을(를) 설치한다."

①	②	③

[작성답안]

①	②	③
전력용 콘덴서	직렬	직렬 리액터

[핵심] 직렬리액터 (Series Reactor : SR)

대용량의 콘덴서를 설치하면 고조파 전류가 흘러 파형이 일그러지는 원인이 된다. 파형을 개선(제5고조파의 제거)하기 위해서 전력용 콘덴서와 직렬로 리액터를 설치한다. 직렬 리액터의 용량은 콘덴서 용량의 6 [%]가 표준정격으로 되어 있다.(계산상은 4 [%])

3

출제년도 95.15.18.20.(6점/각 항목당 2점)

전기기기 및 송변전 선로의 고장 시 회로를 자동차단하는 고압차단기의 종류 3가지와 각각의 소호매체를 답란에 쓰시오.

고압차단기	소호매체

[작성답안]

고압차단기	소호매체
가스차단기	SF_6가스
유입차단기	절연유
공기차단기	압축공기

[핵심] 차단기의 종류

① 진공차단기(VCB : Vacuum Circuit Breaker)

진공을 소호매질로 하는 VI(Vacuum Interrupter)를 적용한 차단기로서 전력의 송수전, 절체 및 정지 등을 계획적으로 수행하는 외에 전력 계통에 고장 발생시 신속히 자동 차단하는 책무를 보호장치로 사용된다.

② 자기차단기(MBB : Magnetic Blast Circuit Breaker)

대기 중에서 전자력을 이용하여 아크를 소호실내로 유도해서 냉각차단

- 화재 위험이 없다.
- 보수 점검이 비교적 쉽다.
- 압축 공기 설비가 필요 없다.
- 전류 절단에 의한 과전압을 발생하지 않는다.
- 회로의 고유 주파수에 차단 성능이 좌우되는 일이 없다.

③ 가스차단기 (GCB : Gas Circuit Breaker)

고성능 절연특성을 가진 특수가스 (SF_6)를 이용해서 차단한다. SF_6 가스 차단기의 특징은 다음과 같다.

- 밀폐구조이므로 소음이 없다.
- 절연내력이 공기의 2~3배, 소호 능력은 공기의 100~200배
- 근거리 고장 등 가혹한 재기전압에 대해서도 성능이 우수
- SF_6 는 무독, 무취, 무해, 가스이므로 유독가스를 발생하지 않는다.

④ 공기차단기 (ACB : Air Blast Circuit Breaker)

압축된 공기를 아크에 불어 넣어서 차단

⑤ 유입차단기 (OCB : Oil Circuit Breaker)

소호실에서 아크에 의한 절연유 분해 가스의 흡부력을 이용해서 차단

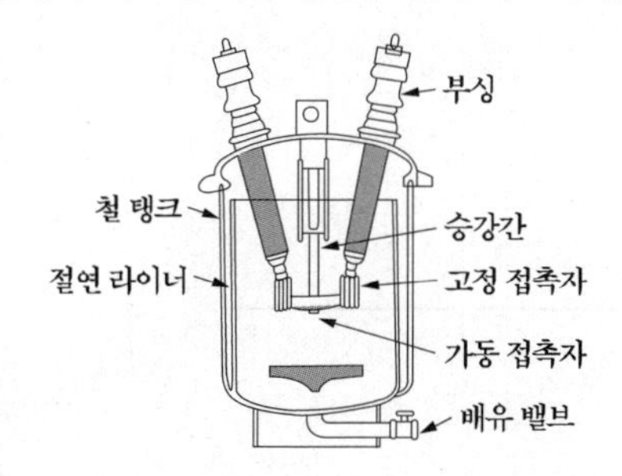

- 보수가 번거롭다.
- 방음설비가 필요 없다.
- 공기보다 소호 능력이 크다.
- 부싱 변류기를 사용할 수 있다.

4 출제년도 11.14.15.(6점/각 문항당 3점)

3상 유도전동기의 기동 회로이다. 무접점 회로를 보고 다음 각 물음에 답하시오.

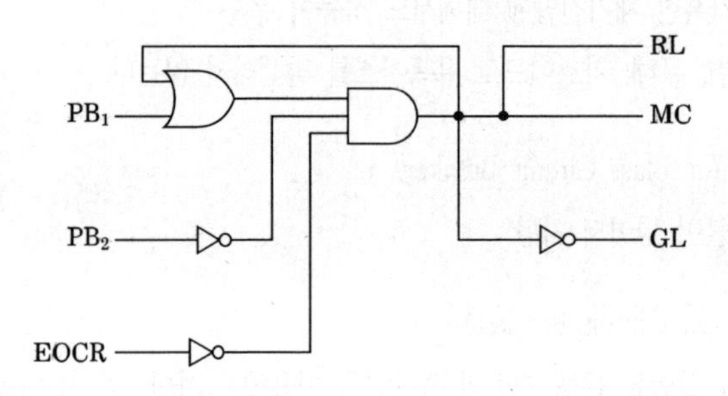

(1) 유접점 회로도를 완성하시오.

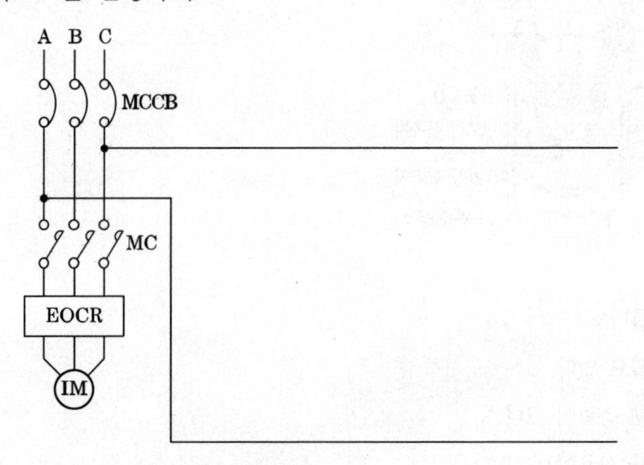

(2) MC, RL, GL 의 논리식을 각각 쓰시오.

[작성답안]

(1)

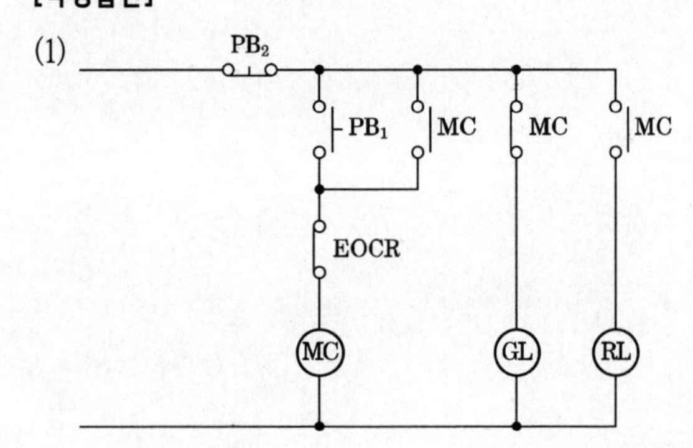

(2) $MC = (PB_1 + MC) \cdot \overline{PB_2} \cdot \overline{EOCR}$

$RL = MC$

$GL = \overline{MC}$

5

출제년도 06.10.13.15.(7점/각 문항당 2점, 모두 맞으면 7점)

수전전압 22.9[kV], 가공전선로의 %Z가 5[%]일 때 수전점의 단락 전류가 3000[A]인 경우 기준용량과 수전용 차단기의 차단용량을 구하고, 다음 표에서 차단기의 정격 용량을 선정하시오.

차단기의 정격용량(MVA)							
50	75	100	150	250	300	400	500

(1) 기준용량

(2) 차단용량

(3) 차단기 정격용량 선정

[작성답안]

(1) 계산 : $I_s = \frac{100}{\%Z} I_n$이므로 $I_n = \frac{I_s \times \%Z}{100} = \frac{3000 \times 5}{100} = 150[A]$

$\therefore P_n = \sqrt{3} \times V_n I_n = \sqrt{3} \times 22.9 \times 150 \times 10^{-3} = 5.949$

답 : 5.95[MVA]

(2) 계산 : 차단용량 $P_s = \sqrt{3}\, V_n I_s = \sqrt{3} \times 25.8 \times 3 = 134.061[MVA]$

답 : 134.06[MVA]

(3) 차단용량이 134.06[MVA] 이므로 표에서 150[MVA] 선정

답 : 150[MVA]

[핵심] %임피던스법

임피던스의 크기를 옴[Ω] 값 대신에 %값으로 나타내어 계산하는 방법으로 옴[Ω]법과 달리 전압환산을 할 필요가 없어 계산이 용이하므로 현재 가장 많이 사용되고 있다.

$$\%Z = \frac{I_n[A] \times Z[\Omega]}{E[V]} \times 100[\%] = \frac{P[kVA] \times Z[\Omega]}{10V^2[kV]}[\%]$$

6

출제년도 15.(5점/부분점수 없음)

변압기의 임피던스 전압에 대하여 설명하시오.

[작성답안]

변압기를 2차를 단락한 상태에서 1차측에 저전압을 가하여 1차 단락전류가 1차 정격전류와 같게 흐를 때, 이때 가한 전압을 임피던스 전압이라 한다.

[핵심] 변압기 단락시험

변압기 2차를 단락한 상태에서 슬라이닥스를 조정하여 1차측 단락 전류가 1차 정격 전류와 같게 흐를 때(전류계의 지시값이 정격 전류값이 되었을 때) 1차측 단자 전압을 임피던스 전압이라 한다. 또 이때 입력을 임피던스 와트(전부하 동손)이라 한다.

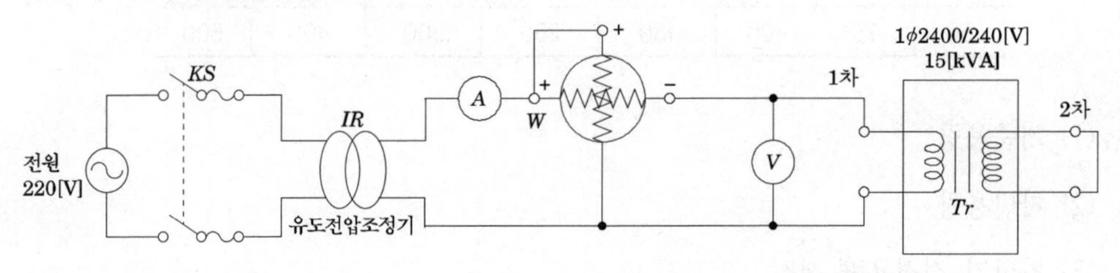

7

출제년도 12.13.14.15.(5점/부분점수 없음)

5500[lm] 의 광속을 발산하는 전등 20개를 가로 10 m × 세로 20 m의 방에 설치하였다. 이 방의 평균조도를 구하시오. (단, 조명률은 0.5, 감광보상률 1.3 이다.)

[작성답안]

계산 : $E = \dfrac{FUN}{DS} = \dfrac{5500 \times 0.5 \times 20}{1.3 \times 10 \times 20} = 211.538[\text{lx}]$

답 : $211.54[\text{lx}]$

[핵심] 조명설계

① 실지수

방의 면적이 같은 2개의 방에 같은 수의 광원을 설치하여도 방의 모양이 다른 경우에는 작업면상의 조도는 다르게 된다. 그래서 천정, 바닥이 장방형인 방은 가로 X, 세로 Y 두 변의 평균을 한 변으로 하는 정방형인 방과 동일하다고 하는 이론에 의해 실지수 $R.I$를 다음 식과 같이 결정한다.

$$R.I = \frac{XY}{H(X+Y)}$$

실지수	5.0	4.0	3.0	2.5	2.0	1.5	1.25	1.0	0.8	0.6
기호	A	B	C	D	E	F	G	H	I	J

② 조도계산

N개의 램프에서 방사되는 빛을 평면상의 면적 A[㎡]에 모두 집중 조사할 수 있다고 하고 램프 1개당 광속을 F[lm]이라 하면, 그 면의 평균조도를

$$E = \frac{F \cdot N}{A} \text{[lx]}$$

로 나타낸다. 이러한 평균조도 계산은 광속법과 설계여건에 따라 ZCM (Zonal Cavity Method)법을 채택할 수 있다.

$$E = \frac{F \cdot N \cdot U \cdot M}{A}$$

여기서, E : 평균조도[lx] F : 램프 1개당 광속[lm] N : 램프수량[개]
U : 조명률 M : 보수율, 감광보상률의 역수 A : 방의 면적[㎡] (방의 폭×길이)

8

출제년도 13.15.(5점/부분점수 없음)

어느 수용가의 변압기 용량의 조합은 전등 800[kW], 동력 1200[kW]라고 한다. 수용률은 60[%]이고, 부등률은 전등 1.2, 동력 1.5, 전등과 동력 상호간은 1.4이다. 여기에 공급되는 변전시설용량[kVA]을 구하시오. (단, 부하 전력손실은 5%로 하며, 역률은 1로 계산한다.)

[작성답안]

계산 : $\text{변압기 용량} = \dfrac{\text{설비용량} \times \text{수용률}}{\text{부등률} \times \text{역률}} = \dfrac{\dfrac{800 \times 0.6}{1.2} + \dfrac{1200 \times 0.6}{1.5}}{1.4 \times 1} \times 1.05 = 660\text{[kVA]}$

답 : 660[kVA]

[핵심] 변압기 용량

$\text{변압기 용량[kW]} \geq \text{합성 최대 수용 전력} = \dfrac{\text{부하 설비 합계[kW]} \times \text{수용률}}{\text{부등률}}$

역률을 적용하여 [kW]의 부하를 [kVA]의 부하로 환산하여 구한다.

9

출제년도 12.15.(4점/부분점수 없음)

실부하 6000[kW], 역률 85[%]로 운전하는 공장에서 역률을 95[%] 개선하는 데 필요한 콘덴서 용량을 구하시오.

[작성답안]

계산 : $Q = P(\tan\theta_1 - \tan\theta_2) = 6000 \times \left(\frac{\sqrt{1-0.85^2}}{0.85} - \frac{\sqrt{1-0.95^2}}{0.95} \right) = 1746.361[\text{kVA}]$

답 : 1746.36[kVA]

[핵심] 역률개선 콘덴서 용량

$$Q_c = P\tan\theta_1 - P\tan\theta_2 = P(\tan\theta_1 - \tan\theta_2) = P\left(\frac{\sqrt{1-\cos^2\theta_1}}{\cos\theta_1} - \frac{\sqrt{1-\cos^2\theta_2}}{\cos\theta_2} \right) [\text{kVA}]$$

여기서, $\cos\theta_1$: 개선 전 역률, $\cos\theta_2$: 개선 후 역률

10

출제년도 15.(6점/각 항목당 2점)

농형 유도전동기의 일반적인 속도제어 방법 3가지를 쓰시오.

[작성답안]

전원전압 제어법

극수 변환법

주파수 변환법

[핵심] 유도전동기 속도제어

- 농형 유도 전동기의 속도 제어법
  - ① 주파수 제어법
  - ② 극수 제어법
  - ③ 전원 전압 제어법
- 권선형 유도 전동기의 속도 제어법
  - ① 2차 저항법
  - ② 2차 여자법

11

출제년도 03.05.08.15.(8점/(1)(5)1점, (6)3점)

변류기(CT) 2대를 V결선하여 OCR 3대를 그림과 같이 연결하였다. 그림을 보고 다음 각 물음에 답하시오.

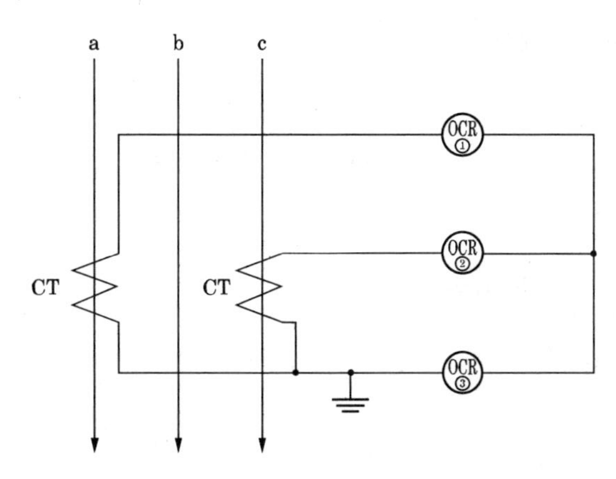

(1) 우리나라에서 사용하는 변류기(CT)의 극성은 일반적으로 어떤 극성을 사용하는지 쓰시오.

(2) 변류기 2차측에 접속하는 외부 부하임피던스를 무엇이라고 하는지 쓰시오.

(3) ③번에 OCR에 흐르는 전류는 어떤 상의 전류인지 쓰시오.

(4) OCR은 주로 어떤 사고가 발생하였을 때 작동하는지 쓰시오.

(5) 이 전로는 어떤 배전방식을 취하고 있는지 쓰시오.

(6) 그림에서 CT의 변류비가 30/5이고, 변류기 2차측 전류를 측정하였더니 3[A]이였다면 수전전력은 약 몇 kW인지 계산하시오. (단, 수전전압은 22900[V]이고, 역률은 90[%]이다.)

[작성답안]

(1) 감극성

(2) 부담

(3) b상전류

(4) 단락사고

(5) 3상3선식 비접지방식

(6) 계산 : $P=\sqrt{3}\ VI\cos\theta=\sqrt{3}\times 22900\times\left(3\times\dfrac{30}{5}\right)\times 0.9\times 10^{-3}=642.556[\mathrm{kW}]$

답 : $642.56[\mathrm{kW}]$

[핵심] 변류기의 결선

① 가동 접속

전류계에 흐르는 전류는 $\dot{I}_a + \dot{I}_c$ 이며, 이 전류는 b상의 전류와 같게 된다. 1차 전류와 전류계에 흐르는 전류는 아래와 같다.

$I_1 =$ 전류계 Ⓐ 지시값 × CT비

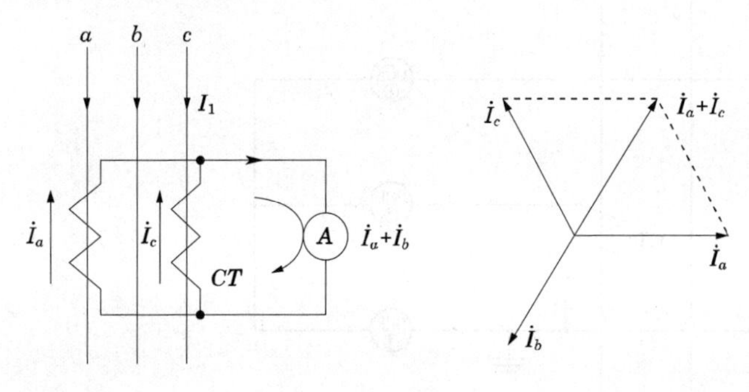

② 교차 접속

아래 그림과 같이 c상의 변류기를 반대로 접속한 것을 차동접속(교차 접속)이라 한다. 이 방식은 전류계에 흐르는 전류가 a상과 c상의 전류의 벡터차가 흐르게 된다.

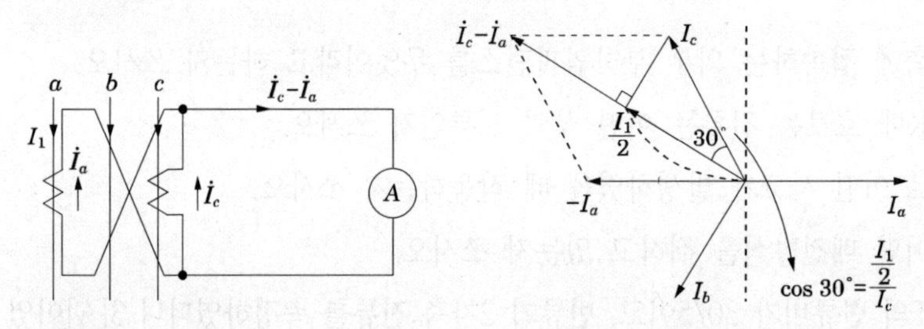

전류계에 흐르는 전류는 $\dot{I}_c - \dot{I}_a$ 이며, 이 전류는 벡터도와 같이 CT 2차 전류의 $\sqrt{3}$ 배 가 됨은 알 수 있다. 1차 전류는 아래와 같다.

$I_1 =$ 전류계 Ⓐ 지시값 $\times \frac{1}{\sqrt{3}} \times CT$비

12

출제년도 10.11.15.(5점/부분점수 없음)

무게 2.5[t]의 물체를 매분 25[m]의 속도로 권상하는 권상용 전동기의 출력은 몇 [kW]로 하면 되는지 계산하시오. (단, 권상기 효율은 80[%], 여유계수는 1.1)

[작성답안]

계산 : $P=\dfrac{GV}{6.12\eta}$[kW] 에서 $P=\dfrac{2.5\times25\times1.1}{6.12\times0.8}=14.04$[kW]

답 : 14.04[kW]

[핵심] 전동기용량

① 펌프용 전동기 용량

$$P=\frac{9.8Q'HK}{\eta}=\frac{KQH}{6.12\eta}\ [\text{kW}]$$

여기서, P : 전동기의 용량[kW] Q : 양수량[㎥/min] Q' : 양수량[㎥/sec]
H : 양정(낙차)[m] η : 펌프의 효율[%] K : 여유계수(1.1 ~ 1.2 정도)

② 권상용 전동기 용량

$$P=\frac{9.8W\cdot v'}{\eta}=\frac{W\cdot v}{6.12\eta}\ [\text{kW}]$$

여기서, W : 권상 하중[ton] v : 권상 속도[m/min] v' : 권상 속도[m/sec] η : 권상기 효율[%]

13 출제년도 新規(6점/부분점수 없음)

3상 3선식 380[V]회로에 이 그림과 같이 부하가 연결되어 있다. 간선의 허용전류를 구하기 위한 설계전류를 구하시오. (단, 전동기의 평균역률은 80[%]이다.)

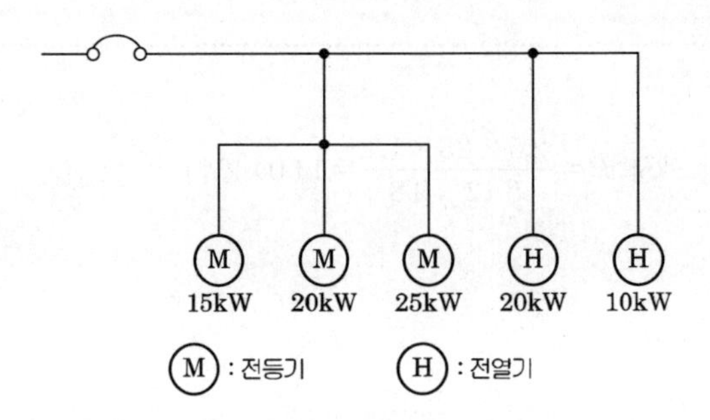

[작성답안]

계산 : $\Sigma I_M = \dfrac{P}{\sqrt{3}\,V\cos\theta} = \dfrac{(15+20+25)\times 10^3}{\sqrt{3}\times 380\times 0.8} = 113.95[A]$

전동기의 유효 전류는 $I = 113.95\times 0.8 = 91.16[A]$

전동기의 무효 전류 $I_r = 113.95\times\sqrt{1-0.8^2} = 68.37[A]$

전열기의 유효전류 $\Sigma I_H = \dfrac{(20+10)\times 10^3}{\sqrt{3}\times 380\times 1.0} = 45.58[A]$

∴ 간선의 설계 전류 $I_a = \sqrt{(91.16+45.58)^2+(68.37)^2} = 152.88[A]$

답 : 152.88[A]

[핵심] 설계전류

회로의 설계전류(I_B)는 분기회로의 경우 부하의 효율, 역률, 부하율이 고려된 부하최대전류를 의미하며, 고조파 발생부하인 경우 고조파 전류에 의한 선전류 증가분이 고려되어야 한다. 또한 간선의 경우에는 추가로 수용율, 부하불평형, 장래 부하증가에 대한 여유 등이 고려되어야 한다.

$$I_B = \frac{\Sigma P}{k\,V}\alpha h \beta$$

여기서 k는 상계수 (단상 1, 3상 $\sqrt{3}$), V는 전압, α는 수용률, h는 고조파 발생에 의한 선전류 증가계수, β는 부하 불평형에 따른 선전류 증가계수를 말한다.

14

출제년도 14.15.(4점/각 항목당 1점)

역률 개선에 대한 효과를 4가지 쓰시오.

[작성답안]

- 변압기와 배전선의 전력 손실 경감
- 전압 강하의 감소
- 전원설비 용량의 여유 증가
- 전기 요금의 감소

[핵심] 역률개선효과와 과보상

① 역률개선효과

역률을 개선하는 주 목적은 전력손실을 경감하기 위한 것이다.

- 변압기와 배전선의 전력 손실 경감
- 전압 강하의 감소
- 전원설비 용량의 여유 증가
- 전기 요금의 감소

② 과보상

- 앞선 역률에 의한 전력 손실이 생긴다.
- 모선 전압의 과상승
- 전원설비 용량의 여유감소로 과부하가 될 수 있다.
- 고조파 왜곡의 증대

15 출제년도 97.02.08.11.12.13.14.15.(7점/각 문항당 3점, 모두 맞으면 7점)

도면과 같이 단상 변압기 3대가 있다. 다음 각 물음에 답하시오.

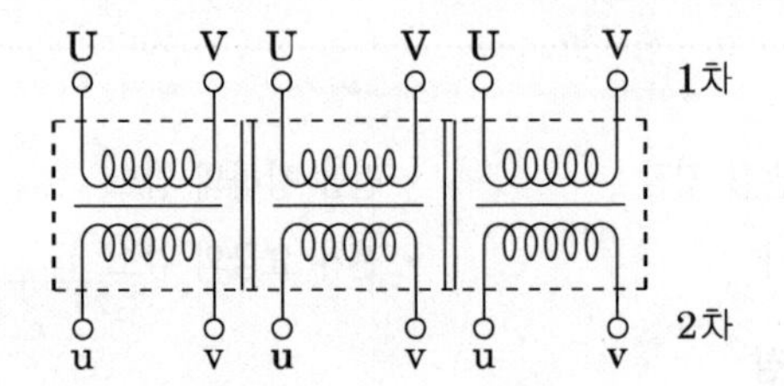

(1) 이 변압기를 △-△로 결선하시오.(주어진 도면에 직접 그리시오.)

(2) △-△ 결선으로 운전하던 중 한 상의 변압기에 고장이 생겨 이것을 분리하고 나머지 2대로 3상 전력을 공급하고자 한다. 이 때 사용하는 결선의 명칭은 무엇이며, 이 결선과 △결선의 출력비는 몇[%]가 되는지 계산하고 결선도를 완성하시오.(주어진 도면에 직접 그리시오.)

① 결선의 명칭

② △결선과의 출력비

③ 결선도

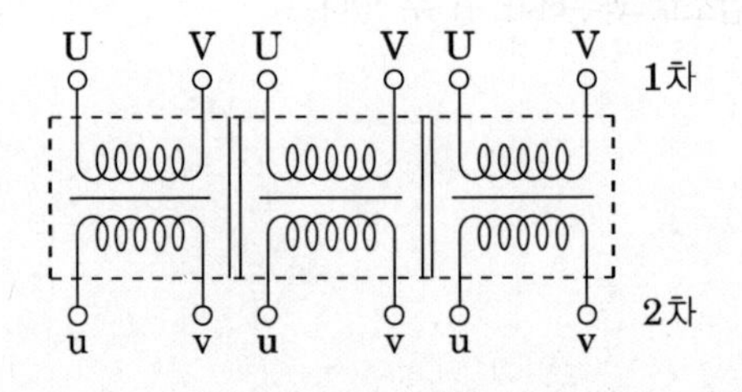

[작성답안]

(1)

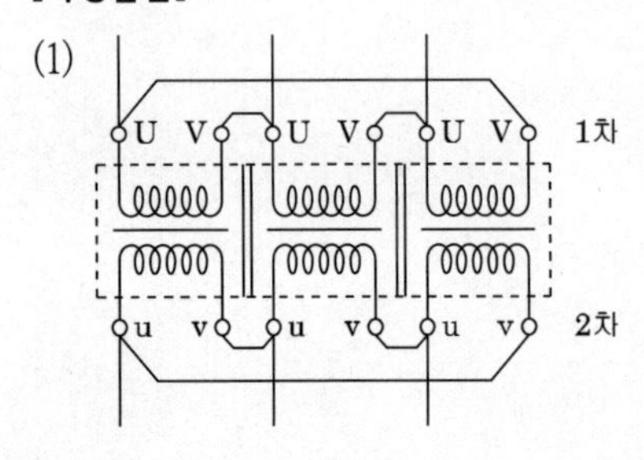

(2) ① 결선의 명칭 : V-V 결선

② 계산 : $\text{출력비} = \dfrac{\text{V결선출력}}{\triangle\text{결선 출력}} = \dfrac{P_V}{P_\triangle} = \dfrac{\sqrt{3}\,P_1}{3P_1} \times 100 = 57.735[\%]$

답 : 57.74[%]

③ 결선도

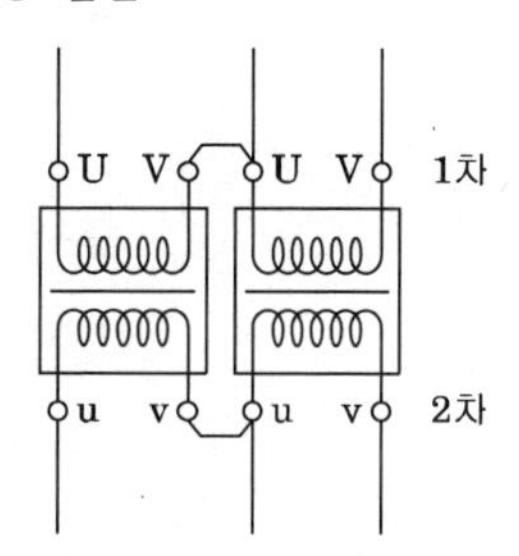

[핵심] V결선

△-△ 결선에서 1대의 단상변압기가 단락, 또는 사고가 발생한 경우를 고장이 발생된 변압기를 제거시킨 결선법으로 즉, 2대의 단상변압기로서 3상 변압기와 같은 전력을 송배전하기 위한 방식을 V결선이라 한다.

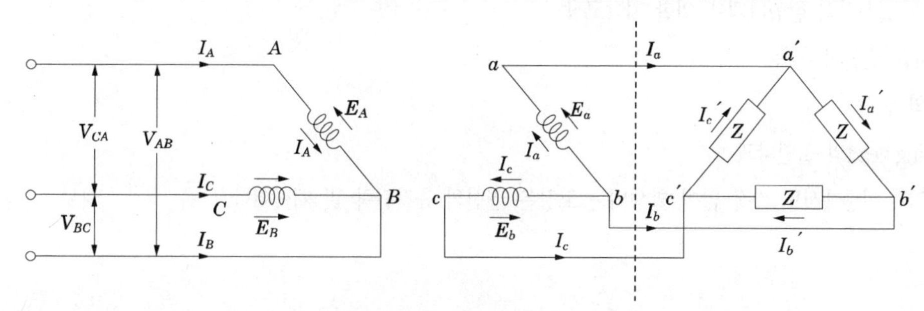

$$P_v = VI\cos\left(\frac{\pi}{6}+\phi\right) + VI\cos\left(\frac{\pi}{6}-\phi\right) = \sqrt{3}\,VI\cos\phi\ [\text{W}]$$

$$P_v = \sqrt{3}\,P_1$$

출력비 : $\dfrac{V}{\Delta} = \dfrac{\sqrt{3}\,VI\cos\phi}{3\,VI\cos\phi} \fallingdotseq 0.577$

이용률 : $\dfrac{\sqrt{3}\,VI}{2\,VI} = 0.866$

16 출제년도 08.10.15.(5점/각 항목당 1점)

변압기의 고장(소손(燒損)) 원인에 대하여 5가지만 쓰시오.

[작성답안]

- 권선의 상간단락
- 권선의 층간단락
- 고·저압 혼촉
- 지락 및 단락사고에 의한 과전류
- 절연물 및 절연유의 열화에 의한 절연내력 저하

[핵심] 변압기의 고장

변압기에서 발생되는 고장의 종류에는

- 권선의 상간단락 및 층간단락
- 권선과 철심간의 절연파괴에 의한 지락고장
- 고·저압 권선의 혼촉
- 권선의 단선
- Bushing lead의 절연파괴

등이 있으며 이중에서도 가장 많이 발생되는 고장은 권선의 층간단락 및 지락이다.

17

제년도 15.22.(6점/부분점수 없음)

접지저항을 측정하기 위하여 보조접지극 A, B와 접지극 E 상호간에 접지저항을 측정한 결과 그림과 같은 저항값을 얻었다. E의 접지저항은 몇 [Ω] 인지 구하시오.

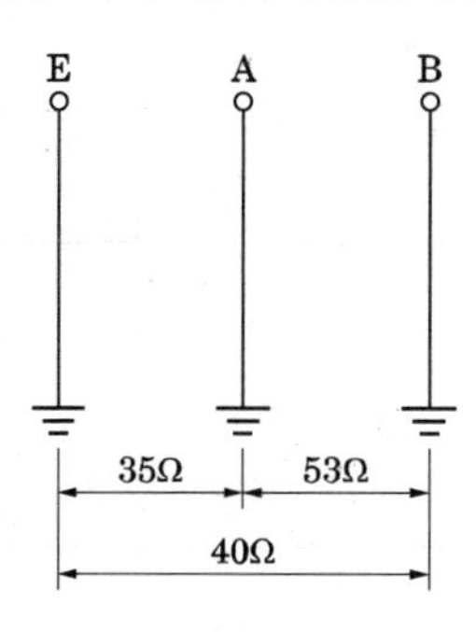

[작성답안]

계산 : $R_E = \frac{1}{2}(R_{EA} + R_{EB} - R_{AB}) = \frac{1}{2}(40 + 35 - 53) = 11[\Omega]$

답 : $11[\Omega]$

[핵심] 콜라우시 브리지법

콜라우시 브리지법은 미끄럼줄 브리지의 원리와 동일한 방법으로 사용하나 내부 전원으로 직류 전원과 배율기를 가지고 있어 측정 소자의 특성을 고려한 측정을 할 수 있다.

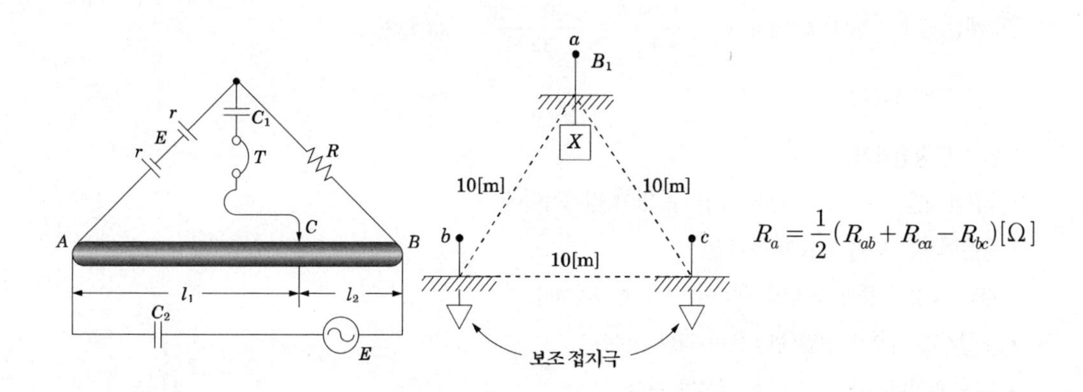

$$R_a = \frac{1}{2}(R_{ab} + R_{ca} - R_{bc})[\Omega]$$

18

출제년도 93.99.04.06.16.(9점/(1)(2)3점, (3)~(5)1점)

그림과 같은 단상 변압기에서 입력 전압 V_1을 V_2로 승압하고자 한다. 다음 각 물음에 답하시오. (단, 단상 변압기 1차 측 전압은 3150[V], 2차 측은 210[V] 이다.)

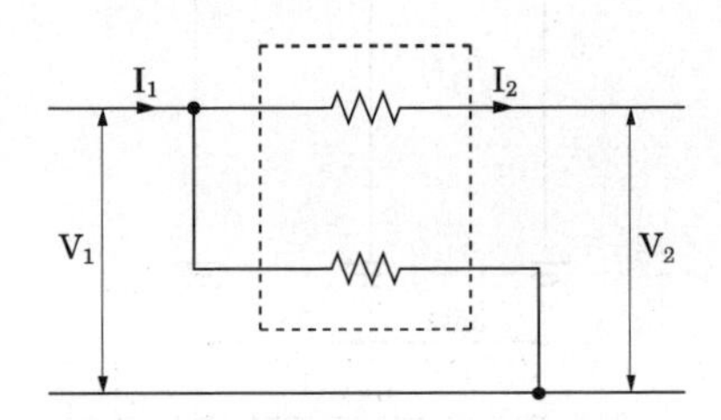

(1) V_1이 3000[V]인 경우, V_2는 몇 [V]가 되는지 계산하시오.

(2) I_1 이 25[A]인 경우 I_2 는 몇 [A]가 되는지 계산하시오. (단, 변압기의 임피던스, 여자전류 및 손실은 무시한다.)

[작성답안]

(1) 계산 : $V_2 = V_1 \times \left(1+\frac{1}{a}\right) = 3000 \times \left(1+\frac{1}{\frac{3150}{210}}\right) = 3200[\mathrm{V}]$

답 : 3200[V]

(2) 계산 : $V_1 I_1 = V_2 I_2$ 에서 $I_2 = \frac{V_1 \times I_1}{V_2} = \frac{3000 \times 25}{3200} = 23.438[\mathrm{A}]$

답 : 23.44[A]

[핵심] 단권변압기

- 1권선 변압기이므로 동량을 줄일 수 있어 경제적이다.
- 동손이 감소하여 효율이 좋아진다.
- 부하 용량이 등가 용량에 비하여 커져 경제적이다.
- 누설자속 감소로 전압 변동률이 작다.
- 누설 임피던스가 적어 단락 전류가 크다.
- 1차측에 이상전압이 발생시 2차측에도 고전압이 걸려 위험하다.
- 단락전류가 크게 되므로 열적, 기계적 강도가 커야 된다.

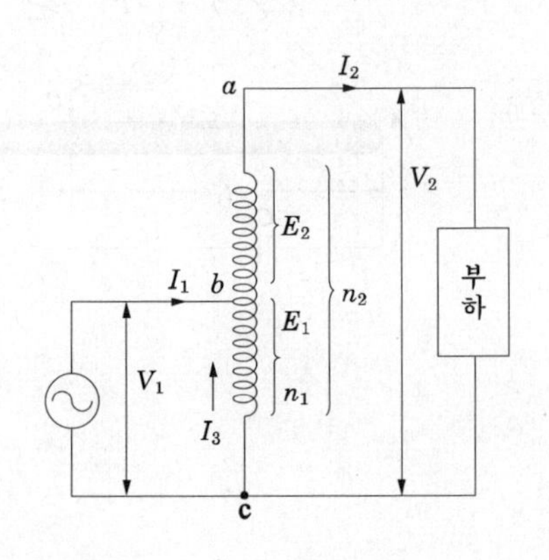

2015년 3회 기출문제 해설

※ 다음 물음에 답을 해당 답란에 답하시오.

1

출제년도 15.(5점/각 항목당 1점, 모두 맞으면 5점)

지중전선로의 지중함 시설시 시설기준을 3가지만 쓰시오.

[작성답안]

- 지중함은 견고하고 차량 기타 중량물의 압력에 견디는 구조일 것.
- 지중함은 그 안의 고인 물을 제거할 수 있는 구조로 되어 있을 것.
- 지중함의 뚜껑은 시설자 이외의 자가 쉽게 열 수 없도록 시설할 것.

그 외

- 폭발성 또는 연소성의 가스가 침입할 우려가 있는 것에 시설하는 지중함으로서 그 크기가 1 [m^3] 이상인 것에는 통풍장치 기타 가스를 방산시키기 위한 적당한 장치를 시설할 것.

[핵심] 한국전기설비규정 334.2 지중함의 시설

지중전선로에 사용하는 지중함은 다음에 따라 시설하여야 한다.

가. 지중함은 견고하고 차량 기타 중량물의 압력에 견디는 구조일 것.

나. 지중함은 그 안의 고인 물을 제거할 수 있는 구조로 되어 있을 것.

다. 폭발성 또는 연소성의 가스가 침입할 우려가 있는 것에 시설하는 지중함으로서 그 크기가 1 [m^3] 이상인 것에는 통풍장치 기타 가스를 방산시키기 위한 적당한 장치를 시설할 것.

라. 지중함의 뚜껑은 시설자이외의 자가 쉽게 열 수 없도록 시설할 것.

2

출제년도 09.15. ㈜ 22.(4점/각 항목당 1점)

전력계통에 일반적으로 사용되는 리액터에는 병렬 리액터, 한류 리액터, 직렬 리액터 및 소호 리액터 등이 있다. 이들 리액터의 설치목적을 쓰시오.

(1) 분로(병렬) 리액터

(2) 직렬 리액터

(3) 소호 리액터

(4) 한류 리액터

[작성답안]

(1) 페란티 현상 방지

(2) 제5고조파 제거

(3) 지락시 아크소호에 의한 지락전류 제한

(4) 단락전류 제한

[핵심] 분로 리액터(Shunt Reactors)

리액터는 송전선로 커패시턴스로 인한 무효전력을 보상해주어 전력망의 효율을 개선하고 안정성을 높이며, 페란티현상을 억제한다. 초고압 송전선 또는 지중 케이블의 충전용량을 보상하여 전압을 적정하게 유지하여야 하므로 변전소 모선에 부하와 병렬로 접속한다.

3

출제년도 88.99.02.05.15.19.(5점/각 문항당 1점, 모두 맞으면 5점)

어떤 변전소의 공급 구역 내의 총 부하 용량은 전등 600[kW], 동력 800[kW]이다. 각 수용률은 전등 60[%], 동력 80[%]이고, 각 수용가 간의 부등률은 전등 1.2, 동력 1.6이며, 또한 변전소에서 전등 부하와 동력 부하 간의 부등률을 1.4라 하고, 배전선(주상 변압기 포함)의 전력 손실을 전등부하, 동력 부하 각각 10[%]라 할 때 다음 각 물음에 답하시오.

(1) 전등의 종합 최대 수용 전력은 몇 [kW]인가?

(2) 동력의 종합 최대 수용 전력은 몇 [kW] 인가?

(3) 변전소에 공급하는 최대 전력은 몇 [kW] 인가?

[작성답안]

(1) 계산 : $P = \frac{600 \times 0.6}{1.2} = 300[\mathrm{kW}]$

답 : 300[kW]

(2) 계산 : $P = \frac{800 \times 0.8}{1.6} = 400[\mathrm{kW}]$

답 : 400[kW]

(3) 계산 : $P = \frac{300+400}{1.4} \times 1.1 = 550[\mathrm{kW}]$

답 : 550[kW]

[핵심] 부하관계용어

① 부하율

공급 설비가 어느 정도 유효하게 사용되는가를 나타내며 부하율이 클수록 공급 설비가 유효하게 사용된다. 부하율은 다음 식에 의해 계산한다.

$$\text{부하율} = \frac{\text{평균 수요 전력}[\mathrm{kW}]}{\text{최대 수요 전력}[\mathrm{kW}]} \times 100[\%]$$

부하율은 각 단위별(변압기, 전주, 수용가 등), 시기, 범위, 기간에 따라 달라지며, 부하율을 표시할 경우 기간, 범위를 반드시 명기한다. 예를 들어 일부하율, 월부하율 등으로 표시하여야 하며, 부하율은 기간이 길어질수록 작아진다. 부하율이 적다의 의미는 다음과 같다.

- 공급 설비를 유용하게 사용하지 못한다.
- 평균 수요 전력과 최대 수요 전력과의 차가 커지게 되므로 부하 설비의 가동률이 저하된다.

② 종합부하율

$$\text{종합 부하율} = \frac{\text{평균 전력}}{\text{합성 최대 전력}} \times 100[\%] = \frac{\text{A, B, C 각 평균 전력의 합계}}{\text{합성 최대 전력}} \times 100[\%]$$

③ 부등률

각 수용가에서의 최대 수용 전력의 발생 시각은 시간적으로 차이가 있으며 이 경우에 배전 변압기 또는 간선에서의 합성 최대 수용 전력은 각 수용가에서의 최대 수용 전력의 합보다 적게 되는데 이 비를 부등률이라 하며 이 값은 항상 1보다 크고, 백분율로 나타내지 않는다. 수용률과 더불어 배전 변압기 또는 배전 간선 등의 공급 설비 계획 자료로 사용된다.

$$\text{부등률} = \frac{\text{개별 최대수용전력의 합}}{\text{합성 최대수용전력}} = \frac{\text{설비용량} \times \text{수용률}}{\text{합성최대수용전력}}$$

④ 수용률

수용률은 시설되는 총 부하 설비용량에 대하여 실제로 사용하게 되는 부하의 최대 전력의 비를 나타내는 것으로서 다음 식에 의하여 구한다.

$$\text{수용률} = \frac{\text{최대수요전력}[\mathrm{kW}]}{\text{부하설비용량}[\mathrm{kW}]} \times 100[\%]$$

4

출제년도 94.04.15.16.(10점/(1)(2)(3)2점, (4) 4점)

피뢰기에 대한 다음 각 물음에 답하시오.

(1) 현재 사용되고 있는 교류용 피뢰기의 주요 구조는 무엇과 무엇으로 구성되어 있는가?

(2) 피뢰기의 정격전압이라고 하는 것은 어떤 전압을 말하는가?

(3) 피뢰기의 제한전압은 어떤 전압을 말하는가?

(4) 피뢰기의 기능상 필요한 구비조건을 4가지만 쓰시오.

[작성답안]

(1) 직렬갭과 특성요소

(2) 속류를 차단할 수 있는 교류 최고전압

(3) 충격전류가 방전으로 저하되어서 피뢰기의 단자간에 남게되는 충격전압

(4) ① 상용 주파 방전 개시 전압이 높을 것

② 충격 방전 개시 전압이 낮을 것

③ 방전내량이 크면서 제한 전압이 낮을 것

④ 속류 차단 능력이 클 것

[핵심] 피뢰기

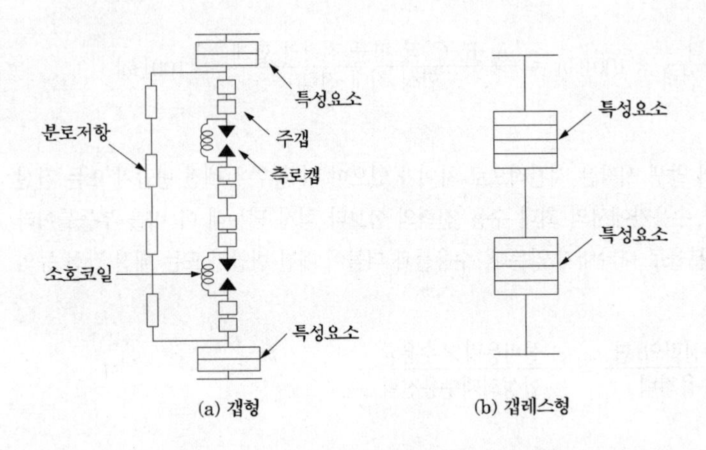

(a) 갭형 (b) 갭레스형

5 출제년도 97.03.05.15.20.(5점/각 항목당 1점, 모두 맞으면 5점)

다음과 같은 값을 측정하는데 가장 적당한 것은?

(1) 단선인 전선의 굵기

(2) 옥내전등선의 절연저항

(3) 접지저항(브리지로 답할 것)

[작성답안]

(1) 와이어 게이지

(2) 메거

(3) 콜라우시 브리지

[핵심] 측정

(1) 저항이 측정

저항값을 1 [Ω] 미만이라 하면 저저항이라 하고, 1 [Ω]~ 1 [MΩ]인 경우는 중저항, 1 [MΩ] 이상은 고저항이라 한다. 저항을 측정하기 위해서는 일반적으로 옴의 법칙을 이용하여 구할 수 있고, 저저항을 측정하는 경우는 전압계와 전류계를 이용하여, 옴의 법칙으로 정확하게 저항값을 구하기 힘들므로 오차를 줄이기 위해 전압강하법, 전위차계법, 캘빈 더블 브리지법 등을 이용하여 저항을 측정한다.

① 저저항 측정

- 전압강하법
- 전위차계법
- 캘빈더블브리지법

② 중저항 측정

- 전압강하법
- 지시계기 사용법
- 휘트스톤 브리지법

③ 고저항 측정

- 직편법(검류계법)
- 전압계법
- 절연저항계법

④ 특수저항측정

- 검류계내부저항의 측정 : 검류계의 내부저항은 중저항에 해당함으로 휘트스톤 브리지법을 이용하는 방법으로 검류계의 내부저항을 측정한다.
- 전지의 내부저항 측정 : 전지의 내부저항의 측정에는 내부저항이 큰 전압계를 이용하는 방법과 기전력을 동시에 측정할 수 있는 전류계법, 브리지를 이용하는 방법 등이 있다.
- 전해액의 저항측정 : 전해액은 전기분해에 의해 분극작용이 생김으로 이로 인한 역기전력으로 전해액의 저항 측정시 실제 저항값보다 크게 측정된다. 그러므로 분극작용에 영향을 받지 않는 측정법이 필요하며, 콜라우시 브리지법(kohlrausch bridge), 스트라우드법(stroud)와 핸더슨법(henderson) 등이 있다.
- 접지저항측정 : 접지저항을 측정하는 방법은 콜라우시 브리지법과 접지저항계를 이용하는 방법이 있다.

(2) 전선의 굵기 측정 : 와이어게이지

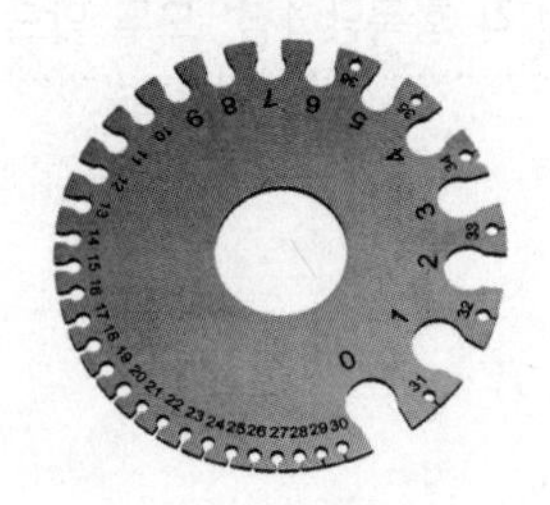

6

출제년도 13.15.(5점/부분점수 없음)

정격출력 37[kW], 역률 0.8, 효율 0.82 인 3상 유도 전동기가 있다. 변압기를 V결선하여 전원을 공급하고자 한다면 변압기 1대의 최소용량은 몇 [kVA]이어야 하는가?

[작성답안]

계산 : $P_V = \sqrt{3}\,P_1 = \dfrac{37}{0.8\times 0.82} = 56.4[\mathrm{kVA}]$

$\therefore\ P_1 = \dfrac{P_V}{\sqrt{3}} = \dfrac{56.4}{\sqrt{3}} = 32.562[\mathrm{kVA}]$

답 : 32.56[kVA]

7

출제년도 15.(5점/각 항목당 1점, 모두 맞으면 5점)

옥내 저압 배선을 설계하고자 한다. 이때 시설 장소의 조건에 관계없이 한 가지 배선방법으로 배선하고자 할 때 옥내에는 건조한 장소, 습기진 장소, 노출배선 장소, 은폐배선을 하여야 할 장소, 점검이 불가능한 장소 등으로 되어 있다고 한다면 적용 가능한 배선방법은 어떤 방법이 있는지 그 방법을 4가지만 쓰시오. (단, 사용전압이 400[V] 이하인 경우이다.)

[작성답안]

① 금속관 배선
② 합성수지관 배선(CD관 제외)
③ 비닐피복 2종 가요전선관
④ 케이블 배선

8 출제년도 96.99.01.03.08.15.(13점/(1)각 항목당 1점, (2)(3)1점, 모두 맞으면 13점)

어느 공장에서 예비 전원을 얻기 위한 전기시동방식 수동제어장치의 디젤 엔진 3상 교류 발전기를 시설하게 되었다. 발전기는 사이리스터식 정지 자여자 방식을 채택하고 전압은 자동과 수동으로 조정 가능하게 하였을 경우, 다음 각 물음에 답하시오.

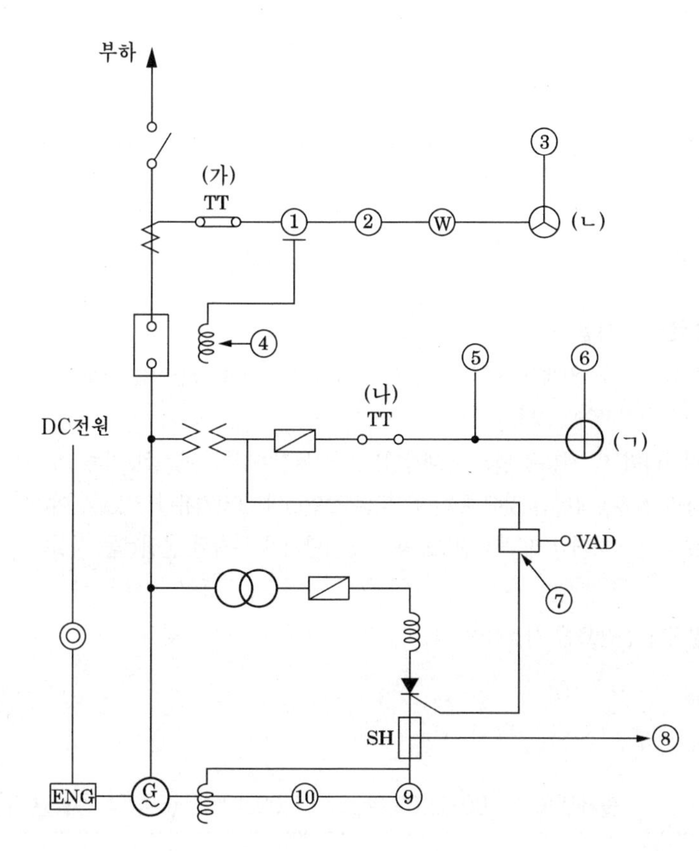

[약호]

ENG : 전기기동식 디젤 엔진
G : 정지여자식 교류 발전기
TG : 타코제너레이터
AVR : 자동전압 조정기
VAD : 전압 조정기
VA : 교류 전압계
AA : 교류 전류계
CR : 사이리스터 정류기
SR : 가포화 리액터
CT : 변류기
PT : 계기용 변압기
W : 지시 전력계
Fuse : 퓨즈
F : 주파수계
TrE : 여자용 변압기
RPM : 회전수계
Wh : 전력량계
CB : 차단기
DA : 직류전류계
TC : 트립 코일
SH : 분류기
OC : 과전류 계전기
DS : 단로기
※ ◎ 엔진 기동용 푸시 버튼

(1) 도면에서 ①~⑩에 해당되는 부분의 명칭을 주어진 약호로 답하시오.

(2) 도면에서 (가) ─▭─ 와 (나) ─o─o─는 무엇을 의미하는가?

(3) 도면에서 (ㄱ)와 (ㄴ)는 무엇을 의미하는가?

[작성답안]

(1) ① OC ② WH ③ AA ④ TC ⑤ F
⑥ VA ⑦ AVR ⑧ DA ⑨ RPM ⑩ TG

(2) (가) 전류시험단자 (나) 전압시험단자

(3) (ㄱ) 전압계용 전환개폐기 (ㄴ) 전류계용 전환개폐기

9

출제년도 03.15.(4점/각 문항당 2점)

욕실 등 인체가 물에 젖어있는 상태에서 물을 사용하는 장소에 콘센트를 시설하는 경우에 설치하여야 하는 인체감전보호용 누전차단기의 정격감도전류와 동작시간은 얼마 이하를 사용하여야 하는가?

(1) 정격감도전류

(2) 동작시간

[작성답안]

(1) 정격감도전류 : 15[mA] 이하

(2) 동작시간 : 0.03[sec] 이하

[핵심] 한국전기설비규정 234.5 콘센트의 시설

욕조나 샤워시설이 있는 욕실 또는 화장실 등 인체가 물에 젖어있는 상태에서 전기를 사용하는 장소에 콘센트를 시설하는 경우에는 다음에 따라 시설하여야한다.

(1) 「전기용품 및 생활용품 안전관리법」의 적용을 받는 인체감전보호용 누전차단기(정격감도전류 15 mA 이하, 동작시간 0.03초 이하의 전류동작형의 것에 한한다) 또는 절연변압기(정격용량 3 kVA 이하인 것에 한한다)로 보호된 전로에 접속하거나, 인체감전보호용 누전차단기가 부착된 콘센트를 시설하여야 한다.

(2) 콘센트는 접지극이 있는 방적형 콘센트를 사용하여 211과 140의 규정에 준하여 접지하여야 한다.

10

출제년도 97.00.02.03.05.07.08.09.12.15.(6점/각 문항당 3점)

어떤 공장의 전기설비로 역률 0.8, 용량 200[kVA]인 3상 유도부하가 사용되고 있다. 이 부하에 병렬로 전력용 콘덴서를 설치하여 합성 역률을 0.95로 개선할 경우 다음 각 물음에 답하시오.

(1) 전력용 콘덴서의 용량은 몇 [kVA]가 필요한가?

(2) 전력용 콘덴서의 직렬리액터를 함께 설치할 때 설치하는 이유와 용량은 몇 [kVA]를 설치하여야 하는지를 쓰시오.

[작성답안]

(1) 계산 : $Q_c = P(\tan\theta_1 - \tan\theta_2) = P\left(\frac{\sin\theta_1}{\cos\theta_1} - \frac{\sin\theta_2}{\cos\theta_2}\right)$

$$= 200 \times 0.8 \times \left(\frac{0.6}{0.8} - \frac{\sqrt{1-0.95^2}}{0.95}\right) = 67.410\,[\text{kVA}]$$

답 : 67.41[kVA]

(2) 이유 : 제5고조파를 제거하여 파형 개선

계산상 용량 : $67.41 \times 0.04 = 2.696\,[\text{kVA}]$

주파수 변동을 고려한 실제용량 : $67.41 \times 0.06 = 4.044\,[\text{kVA}]$

[핵심] 직렬리액터 (Series Reactor : SR)

대용량의 콘덴서를 설치하면 고조파 전류가 흘러 파형이 일그러지는 원인이 된다. 파형을 개선(제5고조파의 제거)하기 위해서 전력용 콘덴서와 직렬로 리액터를 설치한다. 직렬 리액터의 용량은 콘덴서 용량의 6 [%]가 표준정격으로 되어 있다.(계산상은 4 [%])

11

출제년도 92.96.00.10.15.(4점/각 문항당 2점)

LS, DS, CB가 그림과 같이 설치되었을 때의 조작 순서를 차례로 쓰시오.

LS CB DS → 부하

① ② ③

(1) 투입(ON)시의 조작 순서

(2) 차단(OFF)시의 조작 순서

[작성답안]

(1) ③ - ① - ②　　　(2) ② - ③ - ①

[핵심] 차단기와 단로기의 인터록

단로기는 부하전류를 차단하거나 개폐할 수 없으므로 차단기를 먼저 차단 시킨후 단로기를 조작하여야 함을 주의한다.

- 발생될 수 있는 문제점 : 차단기(CB)가 투입(ON)된 상태에서 단로기(DS_1, DS_2) 를 투입(ON)하거나 개방(OFF)하면 위험(감전 및 전기화상)하다.
- 해소 방안 : 단로기(DS)와 차단기(CB)간에 인터록 장치를 한다. (부하 전류가 통전 중에는 회로의 개폐가 되지 않도록 시설한다.)

12

출제년도 12.15.(3점/부분점수 없음)

다음의 그림은 변압기 절연유의 열화 방지를 위한 습기제거 장치로서 흡습제와 절연유가 주입되는 2개의 용기로 이루어져 있다. 하부에 부착된 용기는 외부공기와 직접적인 접촉을 막아주기 위한 용기로, 표시된 눈금(용기의 2/3 정도)까지 절연유를 채워 관리되어야 한다. 이 변압기 부착물의 명칭을 쓰시오.

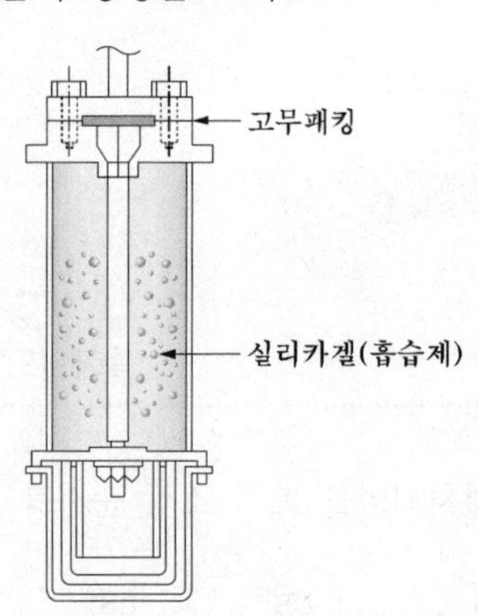

[작성답안]

흡습 호흡기

[핵심] 콘서베이터와 흡습 호흡기

변압기는 온도 변화 및 부하변동에 의해 기름의 온도가 변화하고 부피가 수축, 팽창하므로 외부의 공기가 유입한다. 이것을 변압기의 호흡작용이라고 한다. 호흡작용으로 인해 수분 및 불순물이 혼입하여, 절연내력의 저하, 장기간 사용하면 화학적으로 변화가 일어나게 되어, 침전물이 생긴다. 이를 변압기유의 열화라 한다. 변압기의 열화방지를 위한 컨서베이터(conservator)를 변압기 상부에 설치하여 열화방지한다.

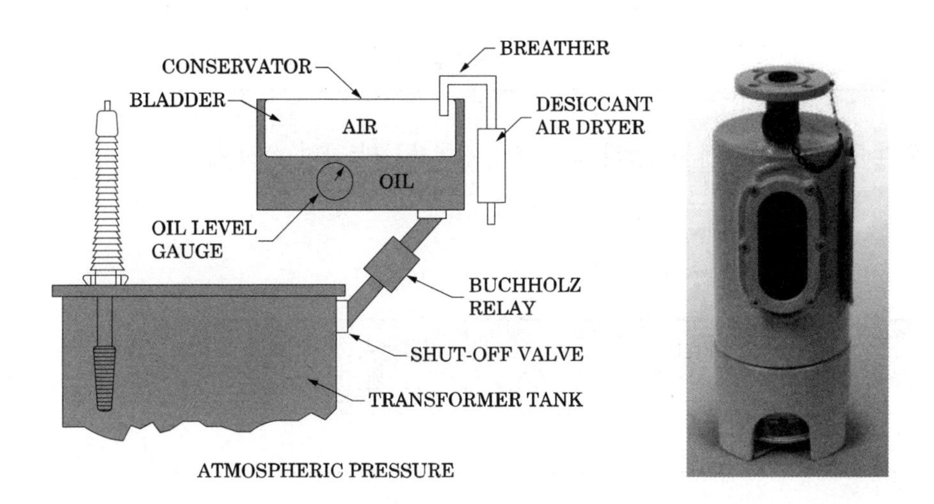

13

출제년도 89.15.(5점/부분점수 없음)

조명용 변압기의 주요 사양은 다음과 같다. 전원측 %임피던스를 무시할 경우 변압기의 2차측 단락전류는 몇 [kA]인가?

- 상수 : 단상
- 용량 : 50[kVA]
- 전압 : 3.3[kV]/220[V]
- %임피던스 : 3[%]

[작성답안]

계산 : 단락전류 $I_s = \frac{100}{\%Z} \times I_n = \frac{100}{\%Z} \times \frac{P}{V} = \frac{100}{3} \times \frac{50 \times 10^3}{220} \times 10^{-3} = 7.58[\text{kA}]$

답 : 7.58[kA]

[핵심] %임피던스법

임피던스의 크기를 옴[Ω] 값 대신에 %값으로 나타내어 계산하는 방법으로 옴[Ω]법과 달리 전압환산을 할 필요가 없어 계산이 용이하므로 현재 가장 많이 사용되고 있다.

$$\%Z = \frac{I_n[\text{A}] \times Z[\Omega]}{E[\text{V}]} \times 100[\%] = \frac{P[\text{kVA}] \times Z[\Omega]}{10\,V^2[\text{kV}]}[\%]$$

14 출제년도 15.(5점/각 항목당 2점, 모두 맞으면 5점)

소세력 회로의 정의와 최대 사용전압과 최대 사용전류를 구분하여 쓰시오.

- 정의
- 구분

소세력 회로의 최대 사용전압의 구분	과전류 차단기의 정격전류

[작성답안]

- 정의 : 전자 개폐기의 조작회로 또는 초인벨·경보벨 등에 접속하는 전로로서 최대 사용전압이 60 [V] 이하인 것으로 대지전압이 300 [V] 이하인 강 전류 전기의 전송에 사용하는 전로와 변압기로 결합되는 것을 말한다.
- 최대사용전압과 최대 사용전류의 구분

소세력 회로의 최대 사용전압의 구분	과전류 차단기의 정격전류
15 [V] 이하	5 [A]
15 [V] 초과 30 [V] 이하	3 [A]
30 [V] 초과 60 [V] 이하	1.5 [A]

[핵심] 한국전기설비규정 241.14 소세력 회로(小勢力回路)

전자 개폐기의 조작회로 또는 초인벨·경보벨 등에 접속하는 전로로서 최대 사용전압이 60 [V] 이하인 것(최대사용전류가, 최대 사용전압이 15 [V] 이하인 것은 5 [A] 이하, 최대 사용전압이 15 [V]를 초과하고 30 [V] 이하인 것은 3 [A] 이하, 최대 사용전압이 30 [V]를 초과하는 것은 1.5 [A] 이하인 것에 한한다)(이하 "소세력 회로"라 한다)은 다음에 따라 시설하여야 한다.

241.14.1 사용전압

소세력 회로에 전기를 공급하기 위한 절연변압기의 사용전압은 대지전압 300 [V] 이하로 하여야 한다.

241.14.2 전원장치

1. 소세력 회로에 전기를 공급하기 위한 변압기는 절연변압기 이어야 한다.
2. 제1의 절연변압기의 2차 단락전류는 소세력 회로의 최대사용전압에 따라 [표 241.14-1]에서 정한 값 이하의 것일 것. 다만, 그 변압기의 2차측 전로에 [표 241.14-1]에서 정한 값 이하의 과전류 차단기를 시설하는 경우에는 그러하지 아니하다.

[표 241.14-1] 절연변압기의 2차 단락전류 및 과전류차단기의 정격전류

소세력 회로의 최대 사용전압의 구분	2차 단락전류	과전류 차단기의 정격전류
15 [V] 이하	8 [A]	5 [A]
15 [V] 초과 30 [V] 이하	5 [A]	3 [A]
30 [V] 초과 60 [V] 이하	3 [A]	1.5 [A]

15

출제년도 15.(5점/각 항목당 2점, 모두 맞으면 5점)

일정기간 사용한 연축전지를 점검하였더니 전 셀의 전압이 불균일하게 나타났다면, 어느 방식으로 충전하여야 하는지 충전방식과 명칭과 그 충전방식에 대해 설명하시오.

[작성답안]

명칭 : 균등충전방식

설명 : 각 전해조에서 일어나는 전위차를 보정하기 위하여 1~3개월 마다 1회씩 정전압으로 10~12시간 충전하여 각 전해조의 용량을 균일화하기 위한 방식

[핵심] 축전지의 충전방식

① 보통충전 : 필요시 표준시간으로 행하는 충전방식

② 급속충전 : 단시간에 보통충전 전류의 2~3배의 전류로 행하는 충전방식

③ 부동충전 : 전지의 자기 방전을 보충함과 동시에 상용 부하에 대한 전력 공급은 충전기가 부담하도록 하되 충전기가 부담하기 어려운 일시적인 대전류 부하는 축전지로 하여금 부담하게 하는 방식

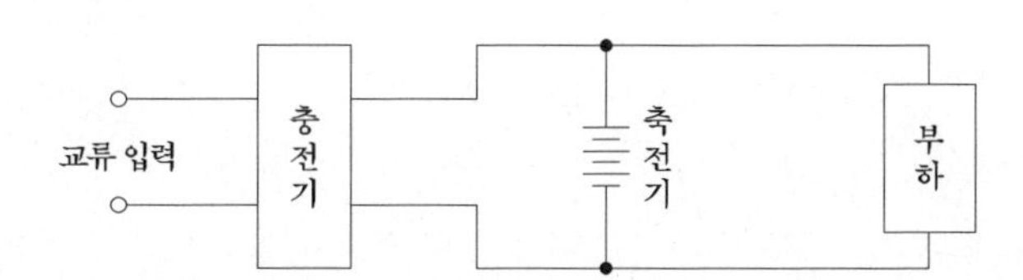

④ 세류충전 : 자기 방전량만을 항시 충전하는 부동 충전 방식의 일종

⑤ 균등충전 : 부동 충전 방식에 의하여 사용할 때 각 전해조에서 일어나는 전위차를 보정하기 위하여 1~3개월 마다 1회씩 정전압으로 10~12시간 충전하여 각 전해조의 용량을 균일화하기 위한 방식

16

출제년도 05.15.(6점/각 문항당 2점)

그림과 같은 사무실에서 평균조도를 150[lx]로 할 때 다음 각 물음에 답하시오.

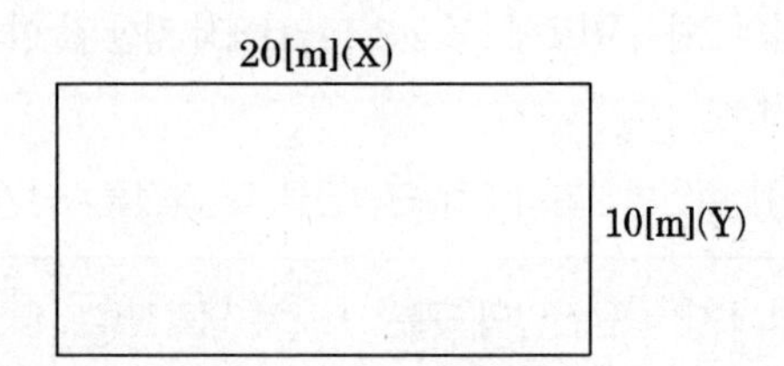

- 32[W]형광등이며 광속은 2900[lm]으로 한다.
- 조명률은 0.6, 감광보상률은 1.2로 한다.
- 건물의 천장 높이는 3.85[m]이며 작업면의 높이는 0.85[m]로 한다.
- 가장 경제적으로 설계한다.
- 주어지지 않은 조건은 무시한다.

(1) 이 사무실에 필요한 형광등의 수를 구하시오.

(2) 실지수를 구하시오.

(3) 양호한 전반 조명이라면 등간격은 등높이의 몇 배 이하로 해야 하는가?

[작성답안]

(1) 계산 : $N = \dfrac{EAD}{FU} = \dfrac{150 \times 20 \times 10 \times 1.2}{2900 \times 0.6} = 20.69$[등]

$\therefore$ 21등 선정

답 : 21[등]

(2) 실지수 $= \dfrac{XY}{H(X+Y)} = \dfrac{20 \times 10}{(3.85-0.85)(20+10)} = 2.22$

답 : 2.22

(3) 1.5배

[핵심] 조명설계

① 실지수

방의 면적이 같은 2개의 방에 같은 수의 광원을 설치하여도 방의 모양이 다른 경우에는 작업면상의 조도는 다르게 된다. 그래서 천정, 바닥이 장방형인 방은 가로 X, 세로 Y 두 변의 평균을 한 변으로 하는 정방형인 방과 동일하다고 하는 이론에 의해 실지수 $R.I$를 다음 식과 같이 결정한다.

$$R.I = \frac{XY}{H(X+Y)}$$

실지수와 분류 기호표

실지수	5.0	4.0	3.0	2.5	2.0	1.5	1.25	1.0	0.8	0.6
기호	A	B	C	D	E	F	G	H	I	J

② 조도계산

N개의 램프에서 방사되는 빛을 평면상의 면적 A[㎡]에 모두 집중 조사할 수 있다고 하고 램프 1개당 광속을 F[lm]이라 하면, 그 면의 평균조도를

$$E = \frac{F \cdot N}{A} \text{ [lx]}$$

로 나타낸다. 이러한 평균조도 계산은 광속법과 설계여건에 따라 ZCM (Zonal Cavity Method)법을 채택할 수 있다.

$$E = \frac{F \cdot N \cdot U \cdot M}{A}$$

여기서, E : 평균조도 [lx] F : 램프 1개당 광속 [lm] N : 램프수량 [개]

U : 조명률 M : 보수율, 감광보상률의 역수 A : 방의 면적 [㎡] (방의 폭×길이)

17

출제년도 05.15.(5점/부분점수 없음)

연면적 350[m²]의 주택이 있다. 이 때 전등, 전열용 부하는 30[VA/m²]이며, 2500[VA] 용량의 에어컨이 2대 가설되어 있으며, 사용하는 전압은 220[V] 단상이고 예비 부하로 3500[VA]가 필요하다면 분전반의 분기회로수는 몇 회로인가? (단, 에어컨은 30[A] 전용 회선으로 하고 기타는 20[A] 분기 회로로 한다.)

[작성답안]

계산 : ① 소형 기계 기구 및 전등

상정 부하 $= 350 \times 30 + 3500 = 14000$ [VA]

분기 회로수 $n = \dfrac{14000}{20 \times 220} = 3.18$회로

∴ 20 [A] 분기 4회로 선정

② 에어컨

분기 회로수 $n = \dfrac{2500 \times 2}{30 \times 220} = 0.76$회로

30 [A] 분기 1회로 선정

답 : 20 [A] 분기 4회로, 에어컨 전용 30 [A] 분기 1회로

[핵심]

분기회로수는 소수 발생시 절상하며, 대형기계기구는 문제의 조건을 따르며 조건이 없을 경우 기준은 3[kW] 이상을 기준으로 함을 주의한다.

18

출제년도 05.13.15.21.(5점/부분점수 없음)

다음은 컨베이어시스템 제어회로의 도면이다. 3대의 컨베이어가 A → B → C 순서로 기하며, C → B → A 순서로 정지한다고 할 때, 시스템도와 타임차트도를 보고 PLC 프로그램 입력 ①~⑤를 답안지에 완성하시오.

【시스템도】

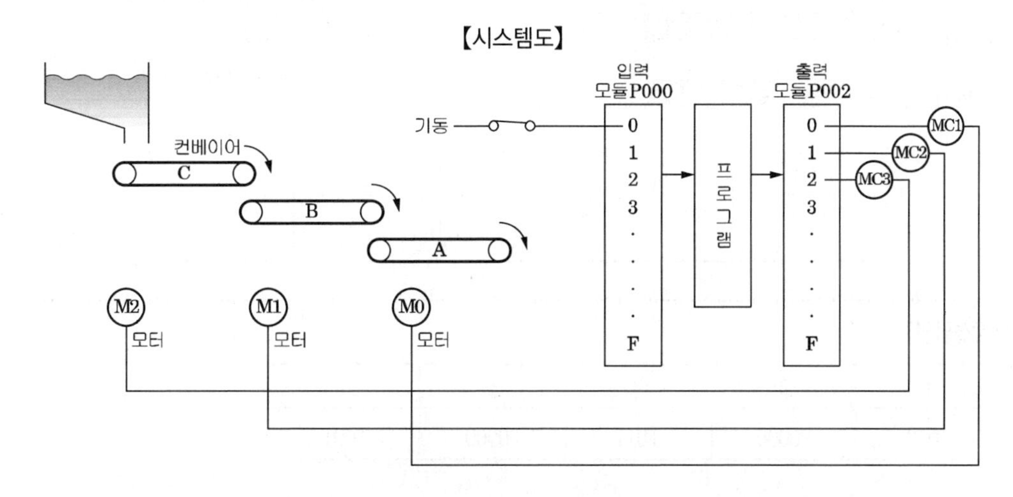

【프로그램 입력】

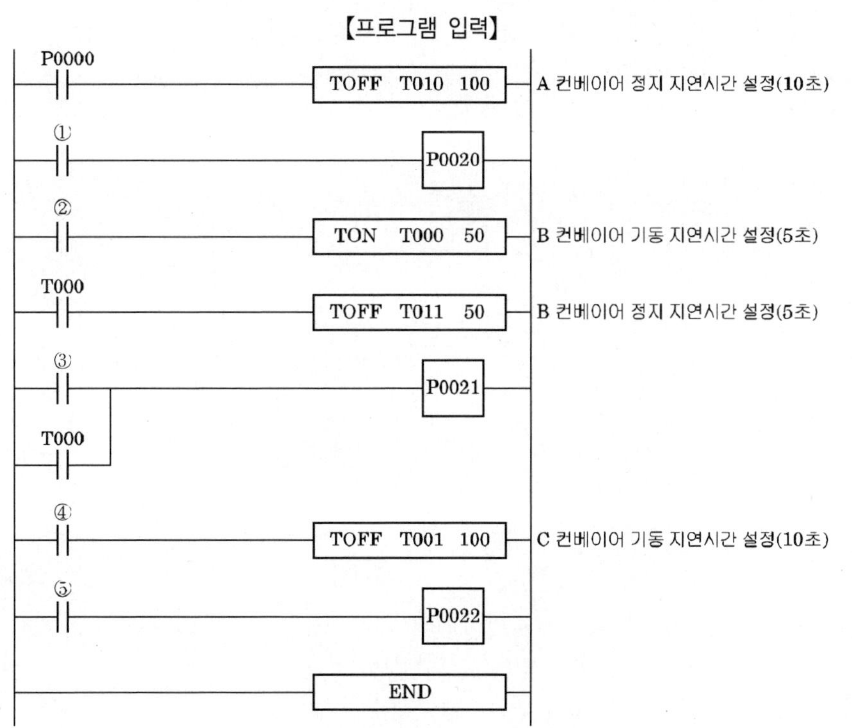

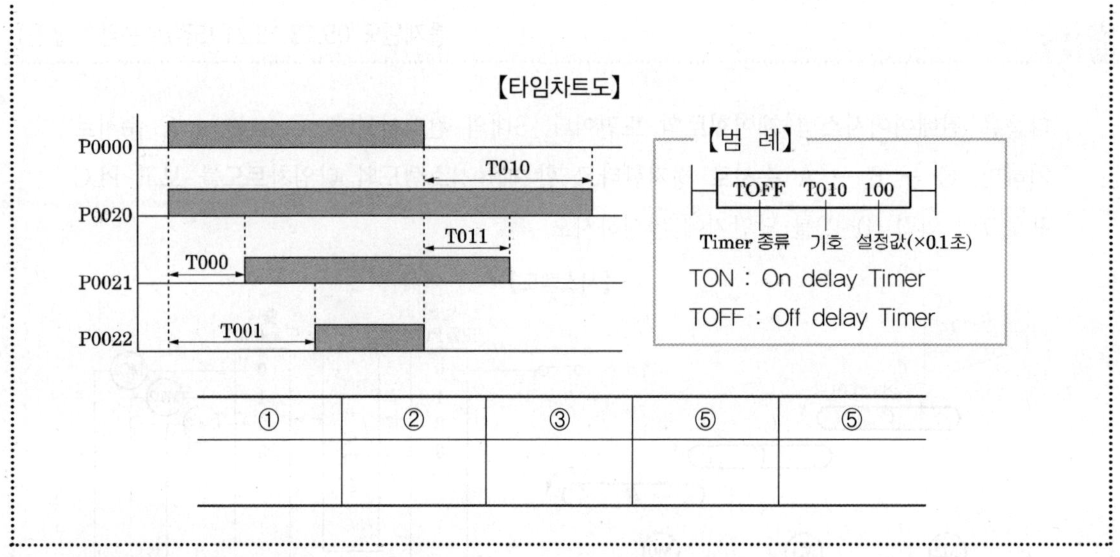

[작성답안]

①	②	③	⑤	⑤
T010	P0000	T011	P0000	T001

2016년 1회 기출문제 해설

※ 다음 물음에 답을 해당 답란에 답하시오.

1 출제년도 08.10.16.(5점/부분점수 없음)

폭 24[m]의 도로 양쪽에 30[m] 간격으로 지그재그 식으로 가로등을 배열하여 평균조도를 5[lx]로 한다면 이 때 가로등의 광속[lm]을 얼마인지 구하시오. (단, 가로면에서의 광속 이용률은 35[%], 감광보상률 1.3이다.)

[작성답안]

계산 : $F=\dfrac{EAD}{U}=\dfrac{5\times\left(24\times30\times\dfrac{1}{2}\right)\times1.3}{0.35}=6685.714[\text{lm}]$

답 : 6685.71[lm]

[핵심] 지그재그식 도로조명

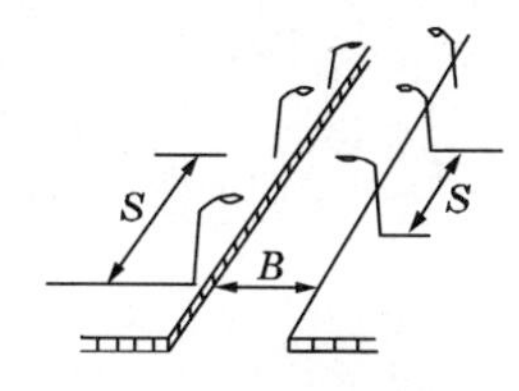

$$E=\frac{FNUM}{BS}[\text{lx}]$$

여기서, E : 노면평균조도[lx], F : 광원 1개 광속[lm], N : 광원의 열수
M : 보수율, 감광보상률 D의 역수, B : 도로의 폭[m], S : 광원의 간격[m]

U : 빔 이용률
- 50[%] 이상, 피조면 도달 0.75
- 20 ~ 50[%] 이상, 피조면 도달 0.5
- 25[%] 이하, 피조면 도달 0.4

2

출제년도 16.(5점/각 항목당 1점)

변압기 2차측 단락전류 억제 대책을 고압회로와 저압회로로 나누어 설명하시오.

(1) 고압회로의 억제 대책 (2가지)

(2) 저압회로의 억제 대책 (3가지)

[작성답안]

(1) 계통 전압의 격상

계통 분할방식 채용

(2) 한류리액터 사용

캐스케이드 보호방식

고임피던스 기기의 채용

[핵심] 단락전류

① 단락전류 억제대책

- 고임피던스 기기의 채용
- 한류리액터의 사용
- 계통분할방식
- 격상전압 도입에 의한 계통분할
- 직류연계에 의한 교류계통의 분할
- 캐스 캐이드 방식

② 캐스 캐이드 방식

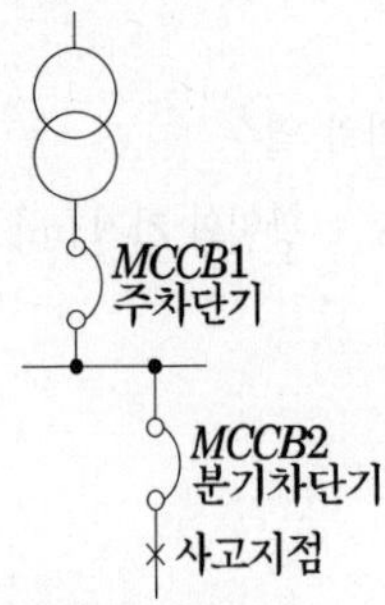

Cascade Back-up

캐스 캐이드 방식 채용시 주의점

- 상위차단기의 순시 트립전류치는 분기회로 정격 차단용량의 80% 이하를 유지해야 한다.
- 회로의 단락전류는 캐스 캐이드를 넘어서는 안된다.
- 각 차단기는 특성이 같아야 하므로 제조업체에서 권장하는 것을 사용한다.

3

출제년도 16.19.(6점/각 문항당 3점)

어느 공장의 수전설비에서 100 [kVA]단상 변압기 3대를 △결선하여 273 [kW] 부하에 전력을 공급하고 있다. 변압기 1대가 고장이 발생하여 단상변압기 2대로 V결선하여 전력을 공급할 경우 다음 각 물음에 답하시오. (단, 부하역률은 1로 계산한다.)

(1) V결선으로 공급할 수 있는 최대전력[kW]을 구하시오.

(2) V결선 상태에서 273 [kW]부하 모두를 연결할 때 과부하율[%]을 쓰시오.

[작성답안]

(1) 계산 : $P_V = \sqrt{3}\,P_1 \cos\theta = \sqrt{3} \times 100 \times 1 = 173.21$ [kW]

답 : 173.21 [kW]

(2) 계산 : $\text{과부하율} = \dfrac{\text{부하용량}}{\text{변압기 공급용량}} \times 100 = \dfrac{273}{173.21} \times 100 = 157.61$ [%]

답 : 157.61 [%]

[핵심] $V-V$ **결선**

△－△결선에서 1대의 단상변압기가 단락, 또는 사고가 발생한 경우를 고장이 발생된 변압기를 제거시킨 결선법으로 즉, 2대의 단상변압기로서 3상 변압기와 같은 전력을 송·배전하기 위한 방식을 $V-V$결선이라 한다.

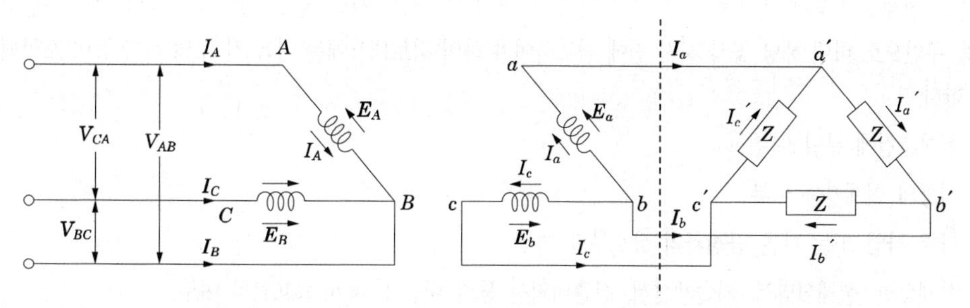

$P_v = \sqrt{3}\,P_1$ (2대의 변압기를 V결선으로 사용하면 1대의 용량에 $\sqrt{3}$ 배만큼 공급할 수 있다.)

① 출력비 $\dfrac{V}{\Delta} = \dfrac{\sqrt{3}\,VI\cos\phi}{3\,VI\cos\phi} \fallingdotseq 0.577$

② 이용률 $\dfrac{\sqrt{3}\,VI}{2\,VI} = 0.866$

4 출제년도 16.(5점/각 항목당 1점)

감리원은 공사시작 전에 설계도서의 적정여부를 검토하여야 한다. 설계도서 검토 시 포함하여야 하는 검토내용 5가지만 쓰시오.

[작성답안]

① 현장조건에 부합 여부

② 시공의 실제가능 여부

③ 다른 사업 또는 다른 공정과의 상호부합 여부

④ 설계도면, 설계설명서, 기술계산서, 산출내역서 등의 내용에 대한 상호일치 여부

⑤ 설계도서의 누락, 오류 등 불명확한 부분의 존재여부

그 외

⑥ 발주자가 제공한 물량 내역서와 공사업자가 제출한 산출내역서의 수량일치 여부

⑦ 시공 상의 예상 문제점 및 대책 등

[핵심] 전력시설물 감리업무수행지침 제8조(설계도서 등의 검토)

① 감리원은 설계도면, 설계설명서, 공사비 산출내역서, 기술계산서, 공사계약서의 계약내용과 해당 공사의 조사 설계보고서 등의 내용을 완전히 숙지하여 새로운 방향의 공법개선 및 예산절감을 도모하도록 노력하여야 한다.

② 감리원은 설계도서 등에 대하여 공사계약문서 상호 간의 모순되는 사항, 현장 실정과의 부합여부 등 현장 시공을 주안으로 하여 해당 공사 시작 전에 검토하여야 하며 검토내용에는 다음 각 호의 사항 등이 포함되어야 한다.

1. 현장조건에 부합 여부
2. 시공의 실제가능 여부
3. 다른 사업 또는 다른 공정과의 상호부합 여부
4. 설계도면, 설계설명서, 기술계산서, 산출내역서 등의 내용에 대한 상호일치 여부
5. 설계도서의 누락, 오류 등 불명확한 부분의 존재여부
6. 발주자가 제공한 물량 내역서와 공사업자가 제출한 산출내역서의 수량일치 여부
7. 시공 상의 예상 문제점 및 대책 등

③ 감리원 제2항의 검토결과 불합리한 부분, 착오, 불명확하거나 의문사항이 있을 때에는 그 내용과 의견을 발주자에게 보고하여야 한다. 또한, 공사업자에게도 설계도서 및 산출내역서 등을 검토하도록 하여 검토결과를 보고 받아야 한다.

5

출제년도 94.07.16.21.(6점/부분점수 없음)

그림과 같은 수전설비에서 변압기나 부하설비에서 사고가 발생하였을 때 가장 먼저 개로해야 하는 기기의 명칭을 쓰시오.

전원
LS
DS_1
VCB
DS_2
Tr
부하

[작성답안]

진공차단기(VCB)

[해설] 차단기와 단로기의 인터록

단로기(DS)와 차단기(CB)간에 인터록 장치를 한다. (부하 전류가 통전 중에는 회로의 개폐가 되지 않도록 시설한다.)

6

출제년도 16.(5점/부분점수 없음)

PLC 프로그램 작도시 주의사항 중 출력 뒤에 접점을 사용할 수 없다. 문제의 도면을 바르게 고쳐 그리시오.

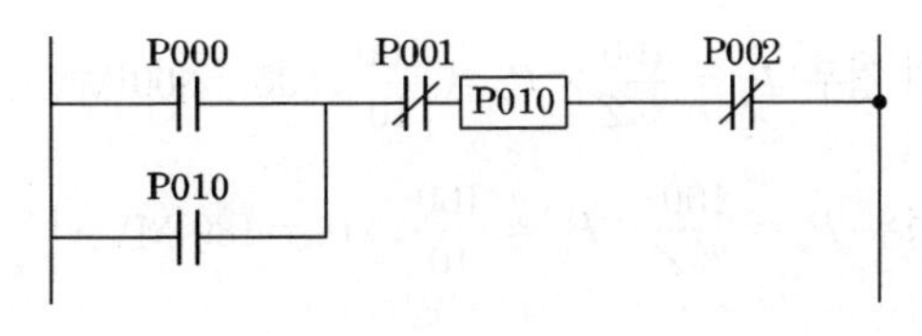

[작성답안]

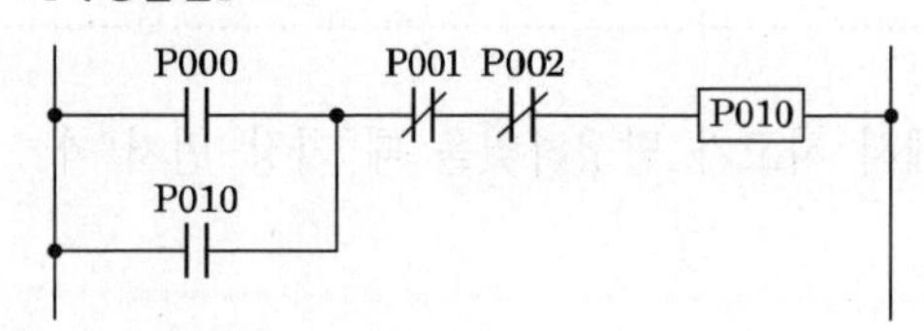

7

출제년도 16.(7점/각 문항당 2점, 모두 맞으면 7점)

아래 그림과 같은 3상 교류회로에서 차단기 a, b, c의 차단용량을 각각 구하시오.

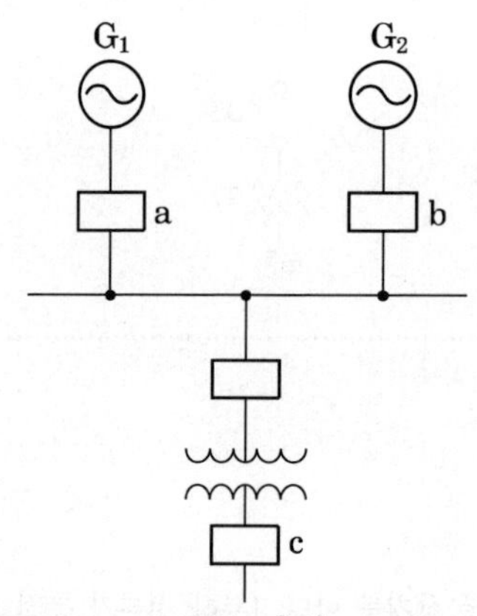

- %리액턴스 : 발전기 10[%], 변압기 7[%]
- 발전기 용량 : G1-18000[kVA], G2-30000[kVA]
- 변압기 T : 40000[kVA]

(1) 차단기 a의 차단용량을 구하시오.

(2) 차단기 b의 차단용량을 구하시오.

(3) 차단기 c의 차단용량을 구하시오.

[작성답안]

(1) 계산 : 발전기 쪽 고장의 경우 $P_s = \frac{100}{\%Z} \times P_n = \frac{100}{10} \times 30 = 300[\text{MVA}]$

변압기 쪽 고장의 경우 $P_s = \frac{100}{\%Z} \times P_n = \frac{100}{10} \times 18 = 180[\text{MVA}]$

∴ 300[MVA]선정

답 : 300[MVA]

(2) 계산 : 발전기 쪽 고장의 경우 $P_s = \frac{100}{\%Z} \times P_n = \frac{100}{10} \times 18 = 180[\text{MVA}]$

변압기 쪽 고장의 경우 $P_s = \frac{100}{\%Z} \times P_n = \frac{100}{10} \times 30 = 300[\text{MVA}]$

$\therefore$ 300[MVA]선정

답 : 300[MVA]

(3) 계산 : 기준용량 40[MVA]로 환산

$$\%x'_{G_1} = \frac{40}{18} \times 10 = 22.22[\%]$$

$$\%x'_{G_2} = \frac{40}{30} \times 10 = 13.33[\%]$$

$$\%Z_t = \frac{22.22 \times 13.33}{22.22 + 13.33} + 7 = 15.33[\%]$$

$$P_s = \frac{100}{\%Z} \times P_n = \frac{100}{15.33} \times 40 = 260.926[\text{MVA}]$$

답 : 260.93[MVA]

[핵심] %임피던스법

임피던스의 크기를 옴[Ω] 값 대신에 %값으로 나타내어 계산하는 방법으로 옴[Ω]법과 달리 전압환산을 할 필요가 없어 계산이 용이하므로 현재 가장 많이 사용되고 있다.

$$\%Z = \frac{I_n[\text{A}] \times Z[\Omega]}{E[\text{V}]} \times 100[\%] = \frac{P[\text{kVA}] \times Z[\Omega]}{10\,V^2[\text{kV}]}[\%]$$

$$P_S = \frac{100}{\%Z} P_N$$

여기서 P_N은 %임피던스를 결정하는 기준용량을 의미 한다.

8

출제년도 16.(5점/부분점수 없음)

3상 전원에 접속된 △결선의 콘덴서를 Y결선으로 바꾸면 진상 용량이 이떻게 되는지 관계식을 이용하여 설명하시오.

[작성답안]

△결선의 경우 $Q = 3VI_d = 3 \times 2\pi f C_d V^2 \times 10^{-3}[\text{kVA}]$

Y결선의 경우 $Q = \sqrt{3}\,VI_s = \sqrt{3} \times 2\pi f C_s \frac{V^2}{\sqrt{3}} \times 10^{-3}[\text{kVA}]$

$\therefore \dfrac{Q_Y}{Q_\Delta} = \dfrac{1}{3}$배

Y로 결선할 경우 Δ결선시의 1/3배가 된다.

[핵심]

설명하는 문제이므로 답만 적을 경우는 오답으로 처리됨을 주의한다.

9 출제년도 02.05.07.12.16.21.(10점/각 문항당 3점, 모두 맞으면 10점)

어떤 인텔리전트 빌딩에 대한 등급별 추정 전원 용량에 대한 다음 표를 이용하여 각 물음에 답하시오.

등급별 추정 전원 용량 [VA/m^2]

내용 \ 등급별	0등급	1등급	2등급	3등급
조 명	32	22	22	29
콘 센 트	–	13	5	5
사무자동화(OA) 기기	–	–	34	36
일반동력	38	45	45	45
냉방동력	40	43	43	43
사무자동화(OA)동력	–	2	8	8
합 계	110	125	157	166

(1) 연면적 10000 [m^2]인 인텔리전트 2등급인 사무실 빌딩의 전력 설비 부하의 용량을 다음 표에 의하여 구하도록 하시오.

부하 내용	면적을 적용한 부하용량 [kVA]
조 명	
콘 센 트	
OA 기기	
일반동력	
냉방동력	
OA 동력	
합 계	

(2) 물음 "(1)"에서 조명, 콘센트, 사무자동화기기의 적정 수용률은 0.7, 일반동력 및 사무자동화 동력의 적정 수용률은 0.5, 냉방동력의 적정 수용률은 0.8이고, 주변압기 부등률은 1.2로 적용한다. 이때 전압방식을 2단 강압 방식으로 채택할 경우 변압기의 용량에 따른 변전설비의 용량을 산출하시오. (단, 조명, 콘센트, 사무자동화 기기를 3상 변압기 1대로, 일반동력 및 사무자동화 동력을 3상 변압기 1대로, 냉방동력을 3상 변압기 1대로 구성하고, 상기 부하에 대한 주변압기 1대를 사용하도록 하며, 변압기 용량은 일반 규격 용량으로 정하도록 한다.)

- 계산 :

- 조명, 콘센트, 사무자동화 기기에 필요한 변압기 용량 산정
- 일반동력, 사무자동화동력에 필요한 변압기 용량 산정
- 냉방동력에 필요한 변압기 용량 산정
- 변압기 용량 산정

(3) 주변압기에서부터 각 부하에 이르는 변전설비의 단선 계통도를 간단하게 그리시오.

[작성답안]

(1)

부하 내용	면적을 적용한 부하용량[kVA]
조 명	$22 \times 10000 \times 10^{-3} = 220$ [kVA]
콘 센 트	$5 \times 10000 \times 10^{-3} = 50$ [kVA]
OA 기기	$34 \times 10000 \times 10^{-3} = 340$ [kVA]
일반동력	$45 \times 10000 \times 10^{-3} = 450$ [kVA]
냉방동력	$43 \times 10000 \times 10^{-3} = 430$ [kVA]
OA 동력	$8 \times 10000 \times 10^{-3} = 80$ [kVA]
합 계	$157 \times 10000 \times 10^{-3} = 1570$ [kVA]

(2) • 조명, 콘센트, 사무자동화 기기에 필요한 변압기 용량 산정

$Tr_1 = (220 + 50 + 340) \times 0.7 = 427$ [kVA] $\therefore$ 500 [kVA]

• 일반동력, 사무자동화동력에 필요한 변압기 용량 산정

$Tr_2 = (450 + 80) \times 0.5 = 265$ [kVA] $\therefore$ 300 [kVA]

• 냉방동력에 필요한 변압기 용량 산정

$Tr_3 = 430 \times 0.8 = 344$ [kVA] $\therefore$ 500 [kVA]

• 주변압기 용량

$$\text{산정STr} = \frac{427+265+344}{1.2} = 863.33\ [\text{kVA}] \qquad \therefore\ 1000\ [\text{kVA}]$$

(3)

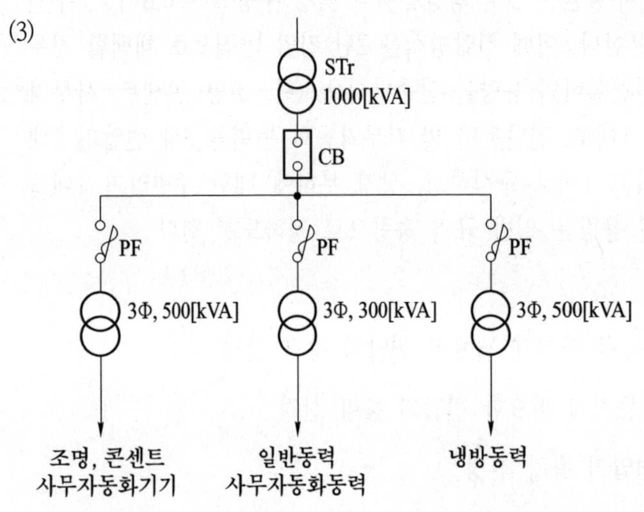

[핵심] 변압기 용량

$$\text{변압기 용량}[\text{kW}] \geq \text{합성 최대 수용 전력} = \frac{\text{부하 설비 합계}[\text{kW}] \times \text{수용률}}{\text{부등률}}$$

역률을 적용하여 [kW]의 부하를 [kVA]의 부하로 환산하여 구한다.

10 출제년도 16.(6점/특징 3점, 장점 각 항목당 1점)

폐쇄형 수배전반(Metal Clad Switchgear)의 특징과 장점 3가지만 쓰시오.

• 특징

• 개방형 수배전반과 비교할 때 폐쇄형 수배전반의 장점 3가지

[작성답안]

• 특징

① 충전부는 접지된 금속제함속에 있으므로 안전하게 운전할 수 있다.

② 단위 회로마다 구획이 되어 사고가 발생할 경우, 사고확대가 방지가 된다.

③ 표준화로 제작이 가능하다.

• 장점

① 충전부는 접지된 금속제함속에 있으므로 안전하게 운전할 수 있다.

② 표준화로 제작할 수 있고, 호환성이 좋아 시공, 유지보수 및 증설에 용이하다.

③ 공사 현장에서 조립시공만 행하므로 제품의 신뢰도가 높고, 현지작업이 용이하여 공사기간이 단축된다.

그 외

④ 전용면적을 줄일 수 있다.

⑤ Metal Clad Switchgear 및 Cubicle에서는 차단기 등을 간단히 인출할 수 있으므로 기기의 보수 점검이 유리해진다. 또한 작업이 안전하게 진행된다.

[핵심] 메탈 클래드

수전설비를 구성하는 기기를 단위폐쇄 배전반이라 불리는 금속제외 함(函)에 넣어서 수전설비를 구성하는 것으로 큐비클 내부에서 모선실, 차단기실 등을 접지된 금속으로 구획하여 칸을 만든 것을 메탈 클래드라 한다.

폐쇄형 수배전반은 개방형 수배전반형에 비하여 다음과 같은 특징이 있다.

① 충전부는 접지된 금속제함속에 있으므로 안전하게 운전할 수 있다. 단위회로마다 구획이 되어 사고가 발생할 경우, 사고확대가 방지된다.

② 표준화로 제작할 수 있고, 호환성이 좋아 시공, 유지보수 및 증설에 용이하다.

③ 공사 현장에서 조립시공만 행하므로 제품의 신뢰도가 높고, 현지작업이 용이하여 공사기간이 단축된다. 또한 공사비도 저렴해진다.

④ 전용면적을 줄일 수 있다.

⑤ Metal Clad Switchgear 및 Cubicle에서는 차단기 등을 간단히 인출할 수 있으므로 기기의 보수 점검이 유리해진다. 또한 작업이 안전하게 진행된다.

11

출제년도 09.16.(3점/부분점수 없음)

전기설비로 유입되는 뇌서지를 피보호물의 절연내력 이하로 제한함으로써 기기를 안전하게 보호하기 위해서 기기의 전단에 설치되며, 과도적인 과전압을 제한하고 서지전류를 분류하는 것을 목적으로 설치하는 장치를 쓰시오.

[작성답안]

서지보호기 (SPD : Surge Protective Device)

[핵심] SPD

(1) 기능에 따른 SPD 3가지 종류

가. 전압 스위칭형 SPD

서지가 인가되지 않는 경우는 높은 임피던스 상태에 있으며 전압서지에 응답하여 급격하게 낮은 임피던스 값으로 변화하는 기능을 갖는 SPD를 말한다. 전압 스위칭형 SPD는 여기에 사용되는 부품의 예로 에어갭, 가스방전관, 사이리스터형 SPD가 있다.

나. 전압 제한형 SPD

서지가 인가되지 않은 경우는 높은 임피던스 상태에 있으며 전압서지에 응답한 경우는 임피던스가 연속적으로 낮아지는 기능을 갖는 SPD를 말한다. 전압 제한형 SPD는 여기에 사용되는 부품의 예로 배리스터나 억제형 다이오드가 있다.

다. 복합형 SPD

전압스위칭형 소자 및 전압제한형 소자의 모든 기능을 갖는 SPD를 말한다. 복합형 SPD 는 인가전압의 특성에 따라 전압스위칭, 전압 제한 또는 전압스위칭과 전압 제한의 두 가지 동작을 하는 것으로 가스방전관과 배리스터를 조합한 SPD 등이 었다.

(2) 구조에 따른 SPD 2가지 종류

구분	특징
1포트 SPD	1단자대(또는 2단자)를 갖는 SPD로 보호할 기기에 대해 서지를 분류하도록 접속하는 것이다.
2포트 SPD	2단자대(또는 4단자)를 갖는 SPD로 입력 단자대와 출력 단자대 간에 직렬임피던스가 있다. 주로 통신·신호계통에 사용되며 전원회로에 사용되는 경우는 드물다.

12

출제년도 09.16.17.(5점/부분점수 없음)

10[kW]의 전동기를 사용하여 지상 5[m], 용량 500[m³]의 저수조에 물을 가득 채우려면, 시간은 몇 분이 소요되는지 구하시오. (단, 펌프의 효율은70[%], 여유계수 K=1.2 이다.)

[작성답안]

계산 : $P = \dfrac{HQK}{6.12\eta t}$ [kW]

$$\therefore t = \frac{HQK}{P \times 6.12\eta} = \frac{5 \times 500 \times 1.2}{10 \times 6.12 \times 0.7} = 70.028[\text{min}]$$

답 : 70.03[분]

[핵심] 펌프용 전동기용량

$$P = \frac{9.8Q'HK}{\eta} = \frac{KQH}{6.12\eta} \text{ [kW]}$$

여기서, P : 전동기의 용량 [kW]
Q : 양수량 [m³/min]
Q' : 양수량 [m³/sec]
H : 양정(낙차) [m]
η : 펌프의 효율 [%]
K : 여유계수(1.1 ~ 1.2 정도)

13

출제년도 93.01.16.20.(5점/부분점수 없음)

다음과 같은 특성의 축전지 용량 C를 구하시오. (단, 축전지 사용 시의 보수율 0.8, 축전지 온도 5[℃], 허용최저전압 90[V], 셀당 전압1.06[V/cell], $K_1=1.15$, $K_2=0.92$)

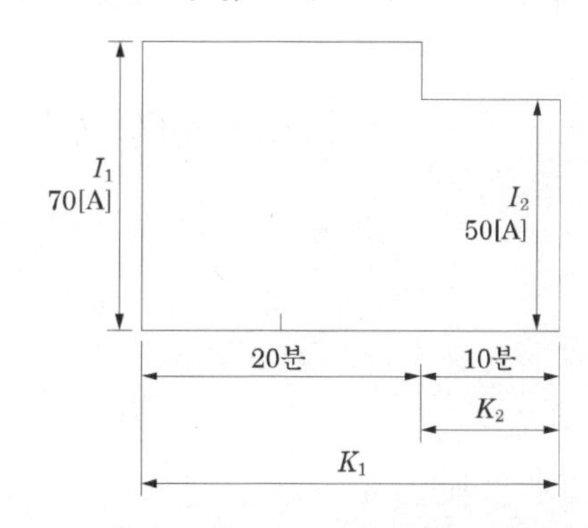

[작성답안]

계산 : $C = \frac{1}{L}[K_1 I_1 + K_2(I_2 - I_1)] = \frac{1}{0.8} \times [(1.15 \times 70) + 0.92 \times (50 - 70)] = 77.625[\text{Ah}]$

답 : 77.63[Ah]

[핵심] 시간 경과와 함께 방전전류가 감소하는 부하의 경우 축전지용량

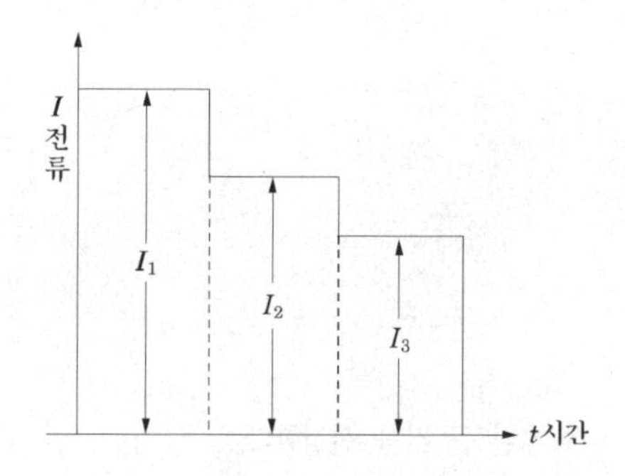

위 그림과 같이 시간경과와 함께 방전전류가 감소하고 있는 경우는 전류가 감소하기 직전까지 부하의 특성마다 부하특성곡선을 잘라서 축전지 용량을 각각 구한다. 이렇게 구한 축전지 용량의 크기를 비교해서 가장 큰 용량을 축전지 용량으로 선정한다.

• 첫 번째

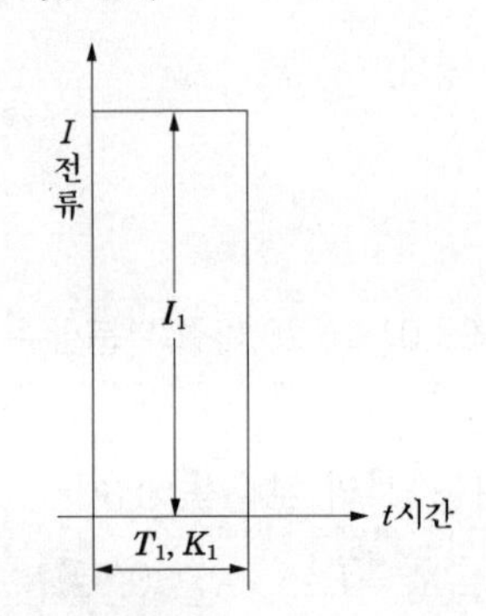

$$C_A = \frac{1}{L} K_1 I_1$$

• 두 번째

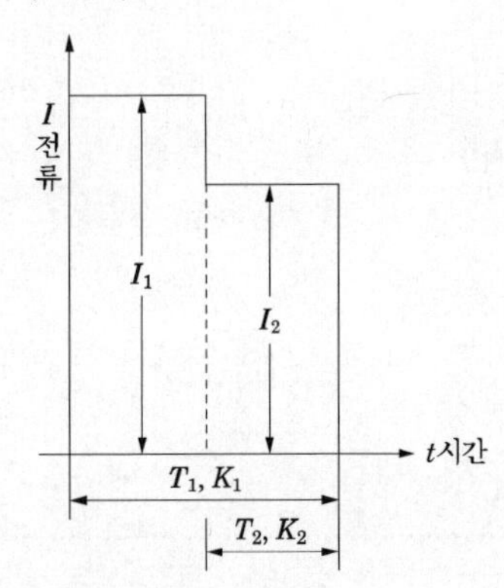

$$C_B = \frac{1}{L} [K_1 I_1 + K_2 (I_2 - I_1)]$$

• 세 번째

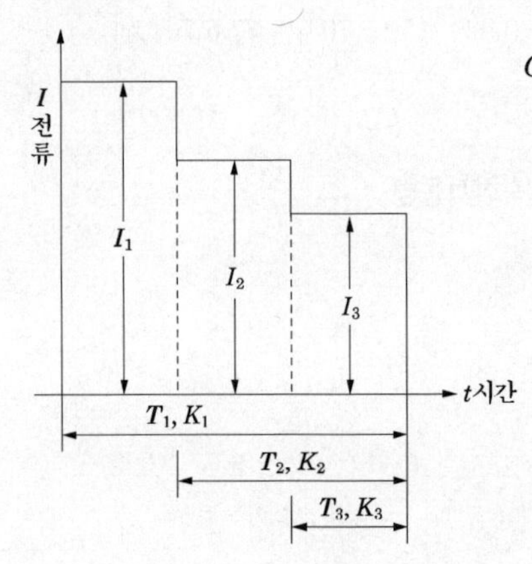

$$C_C = \frac{1}{L} [K_1 I_1 + K_2 (I_2 - I_1) + K_3 (I_3 - I_2)]$$

축전지 용량은 각 구간별로 구분 계산한 값 C_A, C_B, C_C 중에서 제일 큰 값을 선정한다.

14

출제년도 12.16.22.(5점/부분점수 없음)

22.9[kV−Y]수전설비의 부하 전류가 40[A]일 때 변류기(CT) 60/5[A]의 2차측에 과전류계전기를 시설하여 120[%]의 과부하에서 부하를 차단시키고자 한다. 과전류 계전기의 탭 설정값을 구하시오.

[작성답안]

계산 : $I_{tap} = 40 \times \frac{5}{60} \times 1.2 = 4[A]$

∴ 4[A] 선정

답 : 4[A]

[핵심] 보호계전기 정정

① 순시탭 정정

변압기 1차측 단락사고에 대하여 동작하며, 2차 단락사고 및 변압기 여자 돌입전류(inrush current)에 동작하지 않는다.

- 변압기1차측 단락사고에 대하여 동작하여야 한다.
- 변압기2차측 (Magnetizing Inrush Current)에 동작하지 않도록 한다.
- TR 2차 3상단락전류의 150 [%]에 정정한다.
- 순시 Tap

  순시 Tap = 변압기2차 3상단락전류 × $\frac{\text{2차전압}}{\text{1차전압}}$ × 1.5 × $\frac{1}{\text{CT비}}$

② 한시탭 정정

I_t= 부하 전류 × $\frac{1}{\text{CT비}}$ × 설정값 [A]

설정값은 보통 전부하 전류의 1.5배로 적용하며, I_t값을 계산 후 2 [A], 3 [A], 4 [A], 5 [A], 6 [A], 7 [A], 8 [A], 10 [A], 12 [A] 탭 중에서 가까운 탭을 선정한다.

③ 한시레버정정

수용설비일 경우 변압기2차 3상단락고장시 0.6초 이하에서 동작하도록 선정한다.

15

출제년도 16.(7점/각 항목당 1점, 모두 맞으면 7점)

그림과 같은 직류 분권 전동기가 있다. 단자전압 220[V], 보극을 포함한 전기자 회로 저항 0.06[Ω], 계자 회로 저항 180[Ω], 무부하 공급전류 4[A], 전부하시 공급전류 40[A], 무부하시 회전속도 1800[rpm]이라고 한다. 이 전동기에 대하여 다음 각 물음에 답하시오.

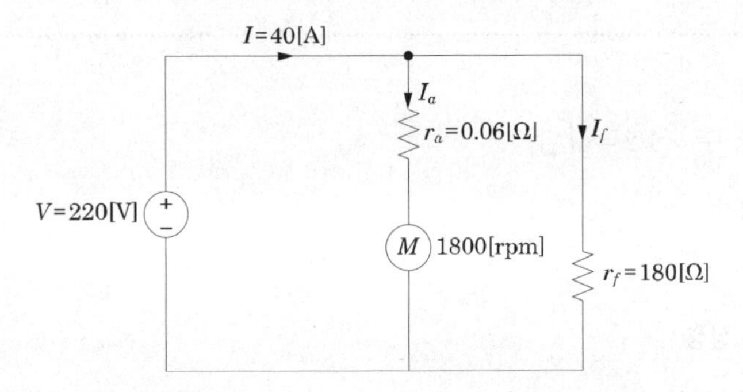

(1) 전부하시 출력은 몇 [kW]인지 구하시오.

(2) 전부하시 효율[%]을 구하시오.

(3) 전부하시 회전속도[rpm]를 구하시오.

(4) 전부하시 토크[N·m]를 구하시오.

[작성답안]

(1) 계산 : $I_f = \dfrac{V}{R_f} = \dfrac{220}{180} = 1.22[\text{A}]$

$I_a = I - I_f = 40 - 1.22 = 38.78[\text{A}]$

$E' = V - I_a R_a = 220 - 38.78 \times 0.06 = 217.67[\text{V}]$

$\therefore\ P = E' \cdot I_a = 217.67 \times 38.78 \times 10^{-3} = 8.44[\text{kW}]$

답 : 8.44[[kW]

(2) 계산 : $\eta = \dfrac{\text{출력}}{\text{입력}} \times 100 = \dfrac{E \cdot I_a}{V \cdot I} \times 100 = \dfrac{8.44 \times 10^3}{220 \times 40} \times 100 = 95.91[\%]$

답 : 95.91[%]

(3) 계산 : 무부하시 $I_a = 4 - \dfrac{220}{180} = 2.78$[A]

무부하시 $E' = V - I_a R_a = 220 - 2.78 \times 0.06 = 219.83$[V]

전부하시 $E' = V - I_a R_a = 220 - 38.78 \times 0.06 = 217.67$[V]

$\dfrac{N'}{N} = \dfrac{E'}{E}$ 에서 $N' = N \times \dfrac{E'}{E} = 1800 \times \dfrac{217.67}{219.83} = 1782.31$[rpm]

답 : 1782.31[rpm]

(4) 계산 : $T = 9.55 \times \dfrac{P}{N}$[N·m]

$T = 9.55 \times \dfrac{8.44 \times 10^3}{1782.31} = 45.223$[N·m]

답 : 45.22 [N·m]

2016

16

출제년도 16.(3점/부분점수 없음)

다음 ( ) 안의 알맞은 내용을 답란에 쓰시오.

저압옥내전선로의 경우는 수용가의 인입구에 가까운 곳에 쉽게 개폐할 수 있는 개폐기 및 과전류차단기 등의 인입구장치를 시설하여야 한다. 인입구장치를 시설하는 장소에서 개폐기의 합계가 ( ) 개 이하이고 이들 개폐기를 집합하여 시설하는 경우 전용의 인입 개폐기를 생략 할 수 있다.

[작성답안]

답 : 6

[핵심] 내선규정 1450-8 인입구장치 부근의 배선

전용인입개폐기를 생략할 수 있는 경우

저압옥내전선로의 경우는 수용가의 인입구에 가까운 곳에 쉽게 개폐할 수 있는 개폐기 및 과전류차단기 등의 인입구장치를 시설하여야 한다. 인입구장치를 시설하는 장소에서 개폐기의 합계가 6개 이하이고 이들 개폐기를 집합하여 시설하는 경우 전용의 인입 개폐기를 생략 할 수 있다.

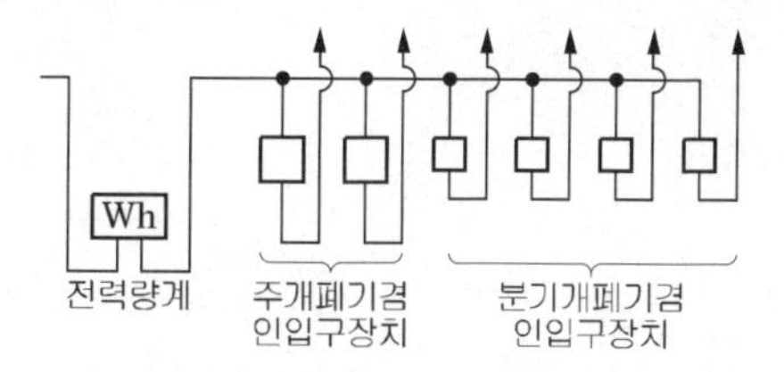

17

출제년도 88.91.96.01.03.16.21.(5점/부분점수 없음)

수전단 전압 3000[V]인 3상 3선식 배전선로의 역률 0.8(지상), 520[kW]의 부하가 접속되어 있다. 이 부하에 동일 역률의 부하 80[kW]를 추가하여 600[kW]로 부하를 증가시키되 부하와 병렬로 전력용 콘덴서를 설치하여 수전단 전압 및 선로 전류를 일정하게 불변으로 유지하고자 할 때, 이 경우에 필요한 전력용 콘덴서 용량[kVA]을 구하시오.

[작성답안]

계산 : 부하 증가 후의 역률 $\cos\theta_2$는 $\dfrac{P_1}{\sqrt{3}\,V\cos\theta_1} = \dfrac{P_2}{\sqrt{3}\,V\cos\theta_2}$ 에서

$$\cos\theta_2 = \frac{P_2}{P_1}\cos\theta_1 = \frac{600}{520}\times 0.8 = 0.9231$$

∴ 콘덴서 용량 $Q_c = P(\tan\theta_1 - \tan\theta_2)$

$$Q_c = 600\left(\frac{0.6}{0.8} - \frac{\sqrt{1-0.9231^2}}{0.9231}\right) = 200.04[\text{kVA}]$$

답 : 200.04[kVA]

[핵심] 역률개선용 콘덴서 용량

$$Q_c = P\tan\theta_1 - P\tan\theta_2 = P(\tan\theta_1 - \tan\theta_2) = P\left(\frac{\sqrt{1-\cos^2\theta_1}}{\cos\theta_1} - \frac{\sqrt{1-\cos^2\theta_2}}{\cos\theta_2}\right)[\text{kVA}]$$

여기서, $\cos\theta_1$: 개선 전 역률, $\cos\theta_2$: 개선 후 역률

18

출제년도 97.16.(10점/각 문항당 1점, 모두 맞으면 10점)

도면은 3상 유도전동기의 $Y-\triangle$기동회로이다. 도면을 보고 다음 각 물음에 답하시오.

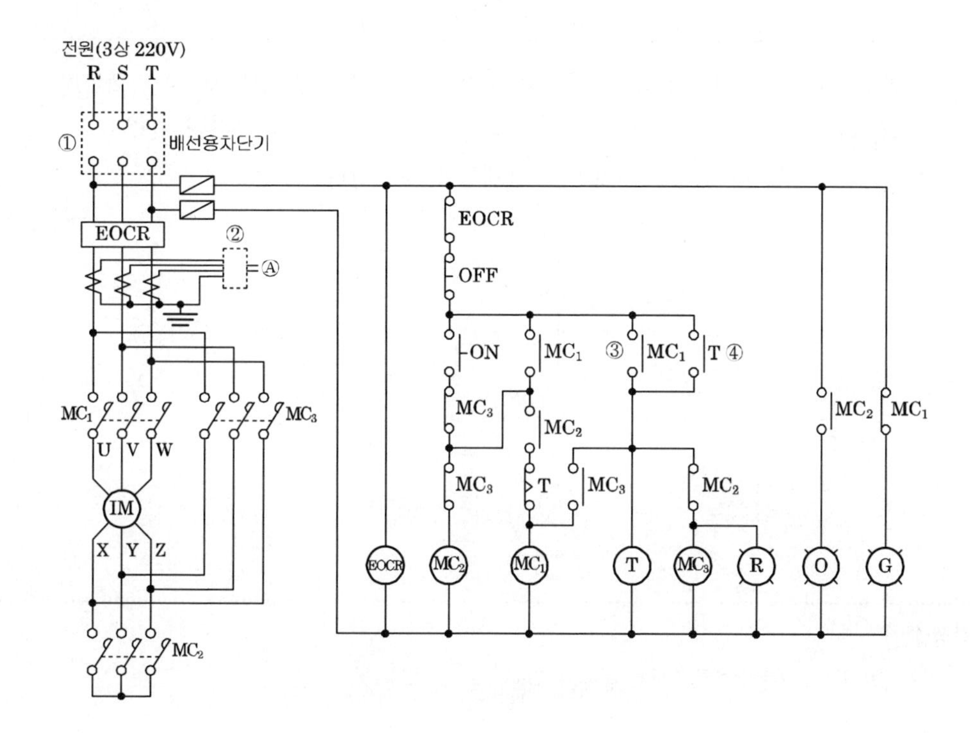

(1) $Y-\triangle$기동회로를 사용하는 이유를 쓰시오.

(2) 회로에서 ①의 배선용차단기 그림기호를 3상 복선도용으로 나타내시오.

(3) 회로에서 ②의 명칭과 단선도용 그림기호를 그리시오.

- 명칭
- 그림기호

(4) EOCR의 명칭과 언제 동작하는지를 쓰시오.

- 명칭
- 설명

(5) 회로에서 MC_2가 여자될 때에는 MC_3는 여자될 수 없으며, 또한 MC_3가 여자될 때에는 MC_2는 여자될 수 없다. 이러한 회로를 무슨 회로라 하는지 쓰시오.

(6) 회로에서 표시등 R, O, G의 용도를 각각 쓰시오.

Ⓡ	Ⓞ	Ⓖ

(7) 회로에서 ③번 접점과 ④번 접점이 동작하여 이루는 회로를 자기유지회로라 한다. 다음의 유접점 자기유지회로를 무접점자기유지회로로 바꾸어 그리시오. (단, OR, AND, NOT 게이트 각 1개씩만 사용한다.)

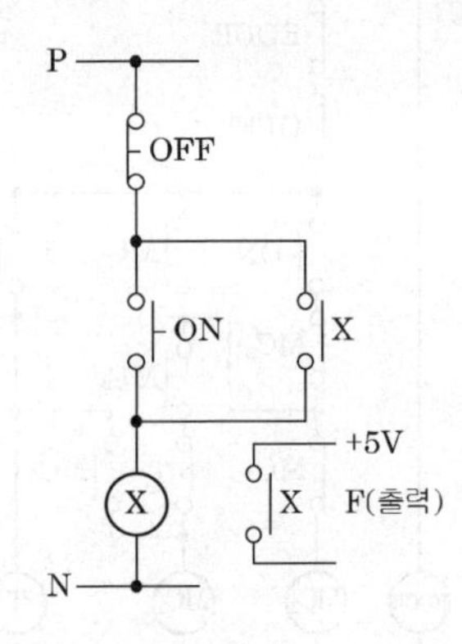

[작성답안]

(1) 직입기동시보다 기동전류를 1/3로 줄이기 위해서

(2)

(3) 명칭 : 전류계용 전환개폐기

그림기호 :

(4) 명칭 : 전자식 과전류계전기

설명 : 전동기의 과부하 및 결상, 지락, 단락 등에 동작하여 전동기를 보호한다.

(5) 인터록회로

(6)

Ⓡ	Ⓞ	Ⓖ
△운전표시등	Y기동표시등	정지표시등

(7)

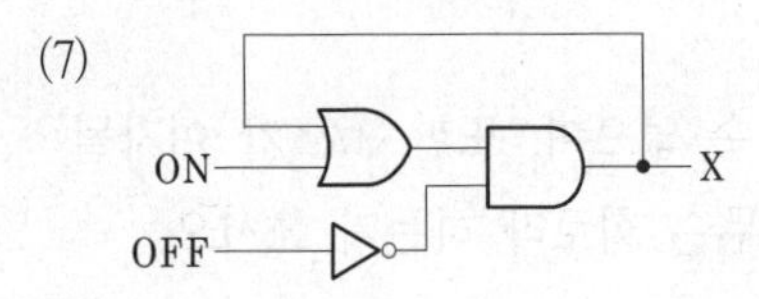

2016년 2회 기출문제 해설

※ 다음 물음에 답을 해당 답란에 답하시오.

1

출제년도 08.12.16.(5점/각 항목당 1점)

접지공사에서 접지저항을 저감시키는 방법을 5가지만 쓰시오.

[작성답안]

① 접지극의 길이를 길게한다.

② 접지극을 병렬접속한다.

③ 접지봉의 매설깊이를 깊게한다.(또는 심타접지공법으로 시공한다)

④ 접지저항 저감제를 사용한다.

⑤ 메쉬(mesh)접지를 시행한다.

[핵심] 접지저항 저감방법

접지저항의 저감 방법은 물리적인 저감 방법과 화학적인 저감 방법으로 나눈다. 물리적인 저감방법은 다음과 같다.

- 접지봉의 병렬로 연결하며, 접지극의 면적을 증가시킨다.
- 접지극의 매설깊이를 깊게 한다. 심타공법, 보링공법 등이 있다.
- 매설지선을 설치한다. 매설지선은 철탑의 탑각접저항을 줄이는데 사용한다.
- 평판접지전극을 사용하여 병렬 또는 직렬로 시공하다.
- Mesh 접지공법을 사용한다.

화학적 접지저항 저감방법은 접지극 주변의 토양을 개량하여 ρ를 저감하는 방법으로 일시적이며, 1~2년이 경과하면 거의 효과가 없다. 일반적으로 염, 황산암모니아, 탄산소다, 카본분말, 벤젠나이트 등을 토양에 혼합 사용한다.

2

출제년도 16.(5점/부분점수 없음)

서지 흡수기(Surge Absorber)의 주요 기능에 대하여 설명하시오

[작성답안]

개폐서지 등의 이상전압으로부터 몰드변압기 등의 기계기구를 보호한다.

[핵심] 서지흡수기

최근에 몰드변압기의 채용이 증가하고 있으며, 아울러 몰드변압기 앞단에 진공차단기가 채용되고 있다. 그런데, 몰드변압기의 기준충격절연강도(BIL)가 95 [kV] (22 [kV]급)이며, 진공차단기의 개폐서지로 인하여 몰드변압기의 절연이 악화될 우려가 있으므로 몰드변압기를 보호하기 위해서 설치된다.

서지흡수기의 적용범위

차단기 종류		V C B(진공차단기)				
전압 등급		3 [kV]	6 [kV]	10 [kV]	20 [kV]	30 [kV]
전동기		적 용	적 용	적 용	–	–
변압기	유입식	불필요	불필요	불필요	불필요	불필요
	몰드식	적 용	적 용	적 용	적 용	적 용
	건식	적 용	적 용	적 용	적 용	적 용
콘덴서		불필요	불필요	불필요	불필요	불필요
변압기와 유도기기와의 혼용 사용시		적 용	적 용	–	–	–

서지흡수기의 정격전압

공칭전압	3.3 [kV]	6.6 [kV]	22.9 [kV]
정격전압	4.5 [kV]	7.5 [kV]	18 [kV]
공칭방전전류	5 [kA]	5 [kA]	5 [kA]

3

출제년도 08.16.(5점/각 항목당 1점)

발전기실의 위치를 선정할 때 고려하여야 할 사항을 5가지 쓰시오.

[작성답안]

① 엔진기초는 건물기초와 무관한 장소로 한다.

② 실내환기를 충분히 할 수 있는 장소이어야 하며, 온도상승을 억제해야 한다.

③ 발전기실의 구조는 중량물의 운반, 설치 및 보수유지가 용이한 장소이어야 한다.

④ 급배기가 용이하고 엔진 및 배기관의 소음 및 진동이 주위 환경에 영향을 주지 않아야 한다.

그 외

⑤ 급유 및 냉각수 공급이 가능한 장소이어야 한다.

⑥ 전기실과 가까운 장소이어야 한다.

4

출제년도 16.22.(5점/각 문항당 2점, 모두 맞으면 5점)

주어진 조건에 의하여 1년 이내 최대 전력 3000[kW], 월 기본요금 6490[원/kW], 월간 평균역률이 95[%]일 때 1개월의 기본요금을 구하시오. 또한 1개월간의 사용 전력량이 54만[kWh], 전력량요금 89[원/kWh]라 할 때 1개월의 총 전력요금은 얼마인가를 계산하시오.

역률의 값에 따라 전력요금은 할인 또는 할증되며 역률 90[%]를 기준으로 하여 1[%] 늘 때마다 기본요금이 1[%]할인되며, 1[%]나빠질 때 마다 1[%]의 할증요금을 지불해야 한다.

(1) 기본요금을 구하시오.

(2) 1개월의 총 전력요금을 구하시오.

[작성답안]

(1) 계산 : $3000 \times 6490 \times (1-0.05) = 18,496,500$[원]

답 : 18,496,500[원]

(2) 계산 : $18,496,500 + 540,000 \times 89 = 66,556,500$[원]

답 : 66,556,500[원]

5

출제년도 16.(5점/각 항목당 1점)

다음 그림기호의 정확한 명칭(구체적으로 기록)을 쓰시오.

CT	TS	┤├	┤├	Wh

[작성답안]

CT	TS	┤├	┤├	Wh
변류기(상자)	타임스위치	축전지	콘덴서	전력량계 (상자들이 또는 후드붙이)

6

출제년도 97.12.16.(5점/부분점수 없음)

그림에서 각 지점간의 저항을 동일하다고 가정하고 간선 AD사이에 전원을 공급하려고 한다. 전력손실이 최소로 될 수 있는지 계산하여 공급점을 선정하시오. (단, 각 점간의 저항은 각각 $R[\Omega]$이다.)

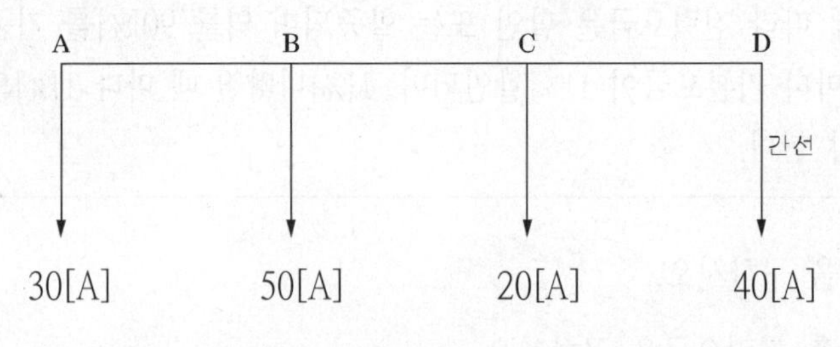

[작성답안]

계산 : ① 급전점 A

$$P_{A\ell} = (50+20+40)^2R + (20+40)^2R + 40^2R = 17300R$$

② 급전점 B

$$P_{B\ell} = 30^2R + (20+40)^2R + 40^2R = 6100R$$

③ 급전점 C

$P_{C\ell}=(30+50)^2R+30^2R+40^2R=8900R$

④ 급전점 D

$P_{D\ell}=(30+50+20)^2R+(30+50)^2R+30^2R=17300R$

∴ 전력손실이 최소가 되는 점은 B점이 된다.

답 : B

[핵심] 전압강하

① 전압강하 $e=\dfrac{P}{V}(R+X\tan\theta)$ [V]

② 전압강하율 $\epsilon=\dfrac{e}{V}\times 100=\dfrac{P}{V^2}(R+X\tan\theta)\times 100$ [%]

③ 전력손실 $P_L=\dfrac{P^2R}{V^2\cos^2\theta}$ [kW]

④ 전력손실률 $k=\dfrac{P_L}{P}\times 100=\dfrac{PR}{V^2\cos^2\theta}\times 100$ [%]

7 출제년도 11.16.(4점/각 항목당 2점)

전력용 콘덴서에 직렬리액터를 반드시 넣어야 하는 경우를 2가지 쓰고, 그 효과를 설명하시오.

경우	효과

[작성답안]

경우	효과
부하 설비에 의한 고조파 발생의 경우	고조파에 의한 파형의 일그러짐을 방지
콘덴서 투입시 발생하는 돌입전류에 의해 전원계통 및 부하설비에 악영향을 미칠 우려가 있는 경우	콘덴서 투입시의 돌입전류를 제한

[핵심] 직렬리액터 (Series Reactor : SR)

① 직렬리액터 (Series Reactor : SR)

대용량의 콘덴서를 설치하면 고조파 전류가 흘러 파형이 일그러지는 원인이 된다. 파형을 개선(제5고조파의 제거)하기 위해서 전력용 콘덴서와 직렬로 리액터를 설치한다. 직렬 리액터의 용량은 콘덴서 용량의 6 [%]가 표준정격으로 되어 있다.(계산상은 4 [%])

② 직렬 리액터의 사용목적

- 콘덴서 사용시 고조파에 의한 전압파형의 왜곡방지
- 콘덴서 투입시 돌입전류 억제
- 콘덴서 개방시 재점호한 경우 모선의 과전압 억제
- 고조파 발생원에 의한 고조파전류의 유입억제와 계전 오동작 방지

8

출제년도 97.00.03.11.16.(5점/각 항목당 2점, 모두 맞으면 5점)

변류기의 1차측에 전류가 흐르는 상태에서 2차측을 개방하면 어떤 문제점이 있는지 2가지를 쓰시오

[작성답안]

- 2차측에 과전압이 발생한다.
- 2차측 권선의 절연이 파괴된다.

[핵심] 변류기 2차개방

변류기의 2차측을 개방하면 변류기 1차측 부하 전류가 모두 여자 전류가 되어 변류기 2차측에 고전압을 유기하여 변류기의 절연을 파괴할 수 있다. 따라서 2차측은 개방하여서는 안된다. 따라서 변류기 2차측의 전류계를 교환할 경우 변류기 2차를 단락상태로 유지한 다음 전류계를 교환하여야 한다.

9 출제년도 95.99.02.16.(5점/각 문항당 1점)

그림의 회로는 농형 유도 전동기의 직류여자방식 제어기기의 접속도이다. 회로도 동작 설명을 참고하여 다음 각 물음에 대한 알맞은 내용을 답란에 쓰시오.

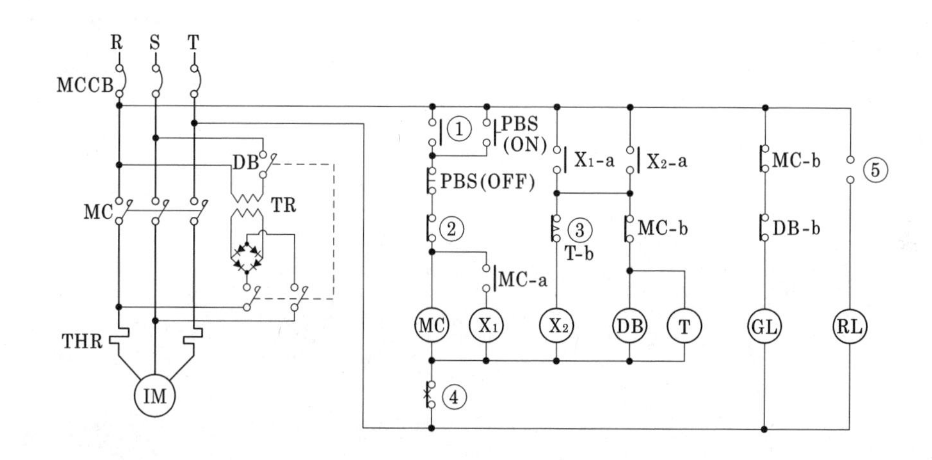

【동작설명】

- 운전용 푸시버튼 스위치 PBS(ON)을 눌렀다 놓으면 MC가 여자되어 주 접점 MC가 투입, 전동기는 기동하기 시작하며 운전을 계속한다.
- 운전을 정지하기 위하여 정지용 푸시버튼 스위치PBS(OFF)를 눌렀다 놓으면 MC가 소자되어 주 접점 MC가 떨어지고, 직류 제동용 전자 접촉기 DB가 투입되어 전동기에는 직류가 흐른다.
- 타이머 T에 설정한 시간만큼 직류 제동 전류가 흐른 후 직류가 차단되고 각 접점은 운전 전의 상태로 복귀되고 전동기는 정지하게 된다.

(1) ①번 심벌의 기호를 쓰시오.

(2) ②번 심벌의 기호를 쓰시오.

(3) 정지용 푸시버튼 PBS(OFF)를 누르면 타이머 T에 통전하여 설정(set)한 시간만큼 타이머 T가 동작하여 직류제어용 직류 전원을 차단하게 된다. 타이머 T에 의해 조작 받는 계전기 혹은 전자접촉기의 심벌 2가지를 도면 중에서 선택하여 그리시오.

(4) ④번 심벌의 기호를 쓰시오.

(5) (RL)은 운전 중 점등하는 램프이다. ④는 어느 보조계전기의 어느 접점을 사용하는지 운전중의 접점상태를 그리시오.

[작성답안]

(1) MC-a

(2) DB-b

(3) (X_2), (DB)

(4) THR-b 접점

(5) X_1-a

10 출제년도 07.16.(7점/각 문항당 2점, 모두 맞으면 7점)

단상변압기 3대를 △-△결선으로 완성하고, 단상변압기 1대 고장으로 2대를 V결선하여 사용시 장점과 단점을 각각 2가지만 쓰시오.

(1) △-△ 결선도

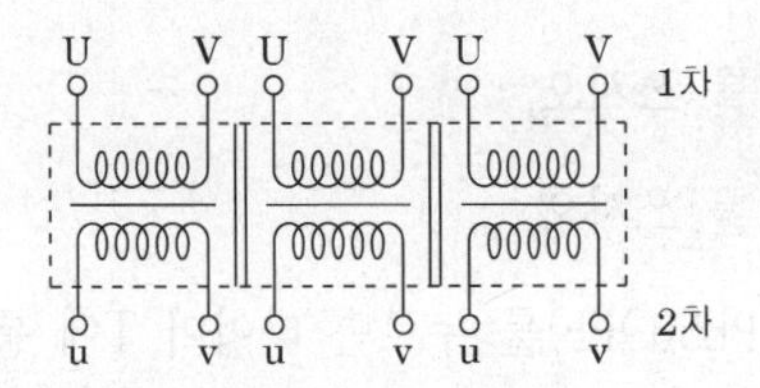

(2) 장점(2가지)

(3) 단점(2가지)

[작성답안]

(1)

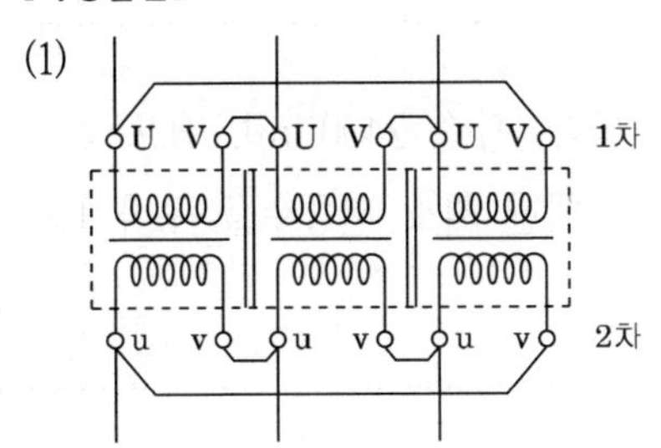

(2) 장점

- △-△결선에서 1대의 변압기 고장시 2대의 변압기로 3상 부하에 전력을 공급할 수 있다.
- 설치방법이 간단하고, 소용량 이면 가격이 저렴하다.

(3) 단점

- △-△결선에 비해 이용률이 86.6[%]가 된다.
- △-△결선에 비해 출력비가 57.7[%]가 된다.

[핵심] V결선

△-△ 결선에서 1대의 단상변압기가 단락, 또는 사고가 발생한 경우를 고장이 발생된 변압기를 제거시킨 결선법으로 즉, 2대의 단상변압기로서 3상 변압기와 같은 전력을 송배전하기 위한 방식을 V결선이라 한다.

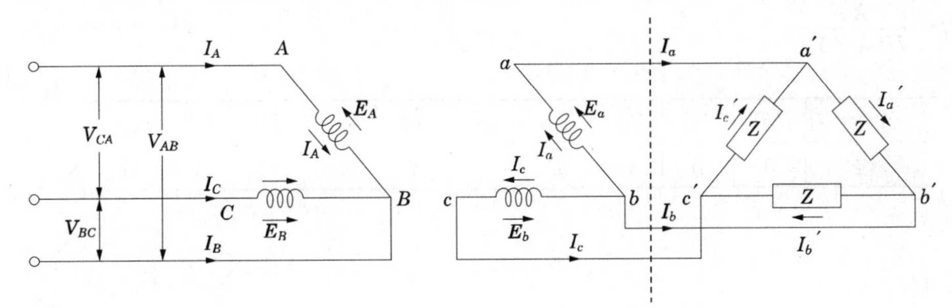

$$P_v = VI\cos\left(\frac{\pi}{6}+\phi\right)+VI\cos\left(\frac{\pi}{6}-\phi\right)=\sqrt{3}\,VI\cos\phi\ [\mathrm{W}]$$

$$P_v=\sqrt{3}\,P_1$$

출력비 : $\dfrac{V}{\Delta}=\dfrac{\sqrt{3}\,VI\cos\phi}{3\,VI\cos\phi}\fallingdotseq 0.577$

이용률 : $\dfrac{\sqrt{3}\,VI}{2\,VI}=0.866$

11

출제년도 90.94.97.02.05.16.(5점/부분점수 없음)

면적이 400[m²]인 사무실의 조도를 300[lx]로 하고자 한다. 광속 2400[lm], 램프 전류 0.4[A], 36[W]인 형광 램프를 사용할 경우 이 사무실에 대한 최소 전등수를 구하시오. (단, 조명률 0.7, 감광보상률 1.2이다.)

[작성답안]

계산 : $N = \dfrac{EAD}{FU} = \dfrac{300 \times 400 \times 1.2}{2400 \times 0.7} = 85.71$[등]

$\therefore$ 86[등] 선정

답 : 86[등]

[핵심] 조명설계

① 실지수

방의 면적이 같은 2개의 방에 같은 수의 광원을 설치하여도 방의 모양이 다른 경우에는 작업면상의 조도는 다르게 된다. 그래서 천정, 바닥이 장방형인 방은 가로 X, 세로 Y 두 변의 평균을 한 변으로 하는 정방형인 방과 동일하다고 하는 이론에 의해 실지수 $R.I$를 다음 식과 같이 결정한다.

$$R.I = \frac{XY}{H(X+Y)}$$

실지수	5.0	4.0	3.0	2.5	2.0	1.5	1.25	1.0	0.8	0.6
기호	A	B	C	D	E	F	G	H	I	J

② 조도계산

N개의 램프에서 방사되는 빛을 평면상의 면적 A[㎡]에 모두 집중 조사할 수 있다고 하고 램프 1개당 광속을 F[lm]이라 하면, 그 면의 평균조도를

$$E = \frac{F \cdot N}{A} \text{ [lx]}$$

로 나타낸다. 이러한 평균조도 계산은 광속법과 설계여건에 따라 ZCM (Zonal Cavity Method)법을 채택할 수 있다.

$$E = \frac{F \cdot N \cdot U \cdot M}{A}$$

여기서, E : 평균조도[lx] F : 램프 1개당 광속[lm] N : 램프수량[개]

U : 조명률 M : 보수율, 감광보상률의 역수 A : 방의 면적[㎡] (방의 폭×길이)

12

출제년도 16.(6점/각 문항당 3점)

경간 200[m]인 가공 송전선로가 있다. 전선 1[m]당 무게는 2.0[kg/m]이고 풍압하중은 없다고 한다. 인장강도 4000[kg]의 전선을 사용할 때 이도와 전선의 실제길이를 구하시오. (단, 전선의 안전율은 2.2이다.)

(1) 이도

(2) 전선의 실제길이

[작성답안]

(1) 계산 : $D=\dfrac{WS^2}{8T}=\dfrac{2\times 200^2}{8\times \dfrac{4000}{2.2}}=5.5[\text{m}]$

답 : 5.5[m]

(2) 계산 : $L=S+\dfrac{8D^2}{3S}=200+\dfrac{8\times 5.5^2}{3\times 200}=200.40[\text{m}]$

답 : 200.4[m]

[핵심] 이도

이도의 영향

① 지지물의 높이를 좌우한다.

② 이도가 크면 전선은 그만큼 좌우로 크게 진동해서 다른 상의 전선에 접촉하거나 수목에 접촉할 우려가 있다.

③ 이도가 작으면 이에 반비례해서 전선의 장력이 증가하며 심할 경우에는 전선의 단선 우려가 있다.

이도의 계산 : $D=\dfrac{w\,S^2}{8T}[\text{m}]$

전선의 길이 : $L=S+\dfrac{8D^2}{3S}$

13

출제년도 08.09.11.12.16.18.(6점/부분점수 없음)

지표면상 5[m] 높이에 수조가 있다. 이 수조에 초당 1[m³]의 물을 양수하는데 펌프 효율이 70[%]이고, 펌프 축동력에 20[%]의 여유를 줄 경우 펌프용 전동기의 용량[kW]을 구하시오. (단, 펌프용 3상 농형 유도전동기의 역률을 100[%]로 한다.)

[작성답안]

계산 : $P = \frac{9.8QHK}{\eta} = \frac{9.8 \times 1 \times 5 \times 1.2}{0.7} = 84[\text{kW}]$

답 : 84[kW]

[핵심] 펌프용 전동기 용량

$$P = \frac{9.8Q'HK}{\eta} = \frac{KQH}{6.12\eta}\ [\text{kW}]$$

여기서, P : 전동기의 용량[kW] Q : 양수량[m³/min] Q' : 양수량[m³/sec] H : 양정(낙차)[m]

η : 펌프의 효율[%] K : 여유계수(1.1 ~ 1.2 정도)

14

출제년도 91.98.08.09.10.13.16.(5점/각 항목당 1점, 모두 맞으면 5점)

공장 조명 설계시 에너지 절약대책을 4가지만 쓰시오

[작성답안]

① 고효율 등기구 채용 (LED 램프 채용, T5형광등 채용)

② 고조도 저휘도 반사갓 채용

③ 적절한 조광제어실시

④ 고역률 등기구 채용

그 외

⑤ 등기구의 적절한 보수 및 유지관리

⑥ 창측 조명기구 개별점등

⑦ 전반조명과 국부조명의 적절한 병용 (TAL조명)

⑧ 등기구의 격등제어 회로구성

[해설] 조명설비 에너지절약

① 적정 조도기준 : 작업장소별 적정 조도를 적용한다.

② 고효율 광원의 선정 : 할로겐램프, 3파장 형광등, HID램프, LED램프 등을 작업 목적과 대상에 적합하게 선정한다.

③ 고효율 조명기구의 선정 : 기구효율이 높은 조명기구를 선정한다.

④ 에너지 절감 조명설계 : 조명에너지 절약요소, 적정 조명설계, 공조용 조명기구 등을 검토하여 선정한다.

⑤ 에너지절감 조명시스템 적용 : 조명제어 시스템 기능, 종류, 용도, 감광 제어시스템, 조명제어용 기기, 조광 방식 등을 적용한다.

15

출제년도 16.(4점/부분점수 없음)

4극 60[Hz] 3상 유도전동기를 회전계로 측정한 결과 회전수가 1710[rpm] 이었다.
이 전동기의 슬립은 몇[%]인지 구하시오.

[작성답안]

계산 : $N_s = \dfrac{120f}{P} = \dfrac{120 \times 60}{4} = 1800[\text{rpm}]$

$\therefore\ s = \dfrac{N_s - N}{N_s} \times 100[\%] = \dfrac{1800 - 1710}{1800} \times 100 = 5[\%]$

답 : 5[%]

16

출제년도 16.(4점/부분점수 없음)

설계감리업무 수행지침의 용어 정의 중 전력시설물의 현장적용 적합성 및 생애주기비용 등을 검토하는 것을 무엇이라 하는지 쓰시오.

[작성답안]

설계의 경제성 검토

[핵심] 설계감리업무 수행지침의 용어 정의

1. 용어

(1) 설계의 경제성 검토

전력시설물의 현장적용 적합성 및 생애주기비용 등을 검토하는 것을 말한다.

(2) 검토

설계자의 설계용역에 포함되어 있는 중요사항과 해당 설계용역과 관련한 발주자의 요구사항에 대하여 설계자 제출서류, 현장 실정 등 그 내용을 설계감리원이 숙지하고, 설계감리원의 경험과 기술을 바탕으로 하여 적합성 여부를 파악하는 것을 말하며, 사안에 따라 검토의견을 발주자에 보고 또는 설계자에게 제출하여야 한다.

17

출제년도 16.(5점/부분점수 없음)

부하개폐기(LBS)의 기능을 설명하시오.

[작성답안]

수변전 설비의 인입구 개폐기로 사용되며, 부하전류를 개폐할 수 있으나(정상 상태에서 소정의 전류를 투입, 차단, 통전하고 그 전로의 단락상태에서 이상전류까지 투입 가능), 고장전류를 차단할 수 없으므로 한류퓨즈와 직렬로 사용한다.

[핵심] 부하 개폐기

부하 개폐기(LBS)는 부하 전류를 개폐할 수 있는 단로기로 3상 연동으로 투입, 개방토록 되어 있다. 또한 부하개폐기는 고장전류를 차단 할 수 없으므로 고장전류를 차단 할 수 있는 한류퓨즈와 직렬로 조합하여 사용한다.

18

도면은 고압 수전 설비의 단선 결선도이다. 도면을 보고 다음 각 물음에 알맞은 답을 작성하시오. (단, 인입선은 케이블이다.)

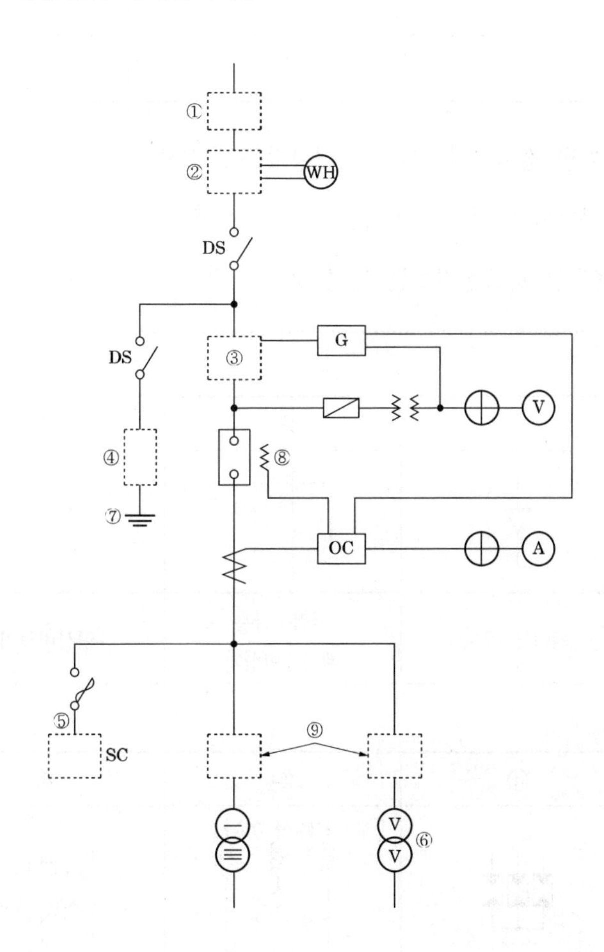

(1) ①~③까지의 그림기호를 단선도로 그리고 그림기호에 대한 우리말 명칭을 쓰시오.

	①	②	③
그림기호			
명칭			

(2) ④~⑥까지의 그림기호를 복선도로 그리고 그림기호에 대한 우리말 명칭을 쓰시오.

	④	⑤	⑥
그림기호			
명칭			

(3) ⑦에 하여야 할 접지공사사의 접지저항값을 쓰시오.

(4) 장치 ⑧의 약호와 이것을 설치하는 목적을 쓰시오.

(5) ⑨번에 사용되는 보호장치로는 어떤 것이 가장 적당한지 쓰시오.

[작성답안]

(1)

	①	②	③
그림기호		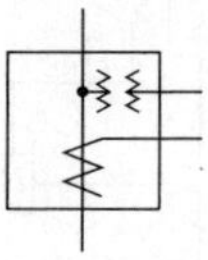	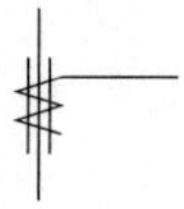
명칭	케이블 헤드	전력수급용 계기용변성기	영상변류기

(2)

	④	⑤	⑥
그림기호		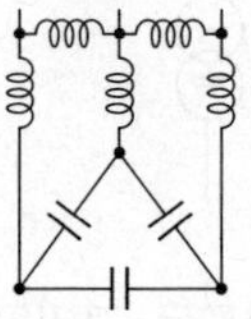	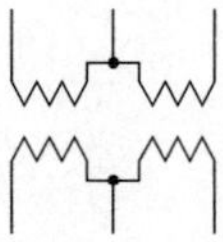
명칭	피뢰기	전력용 콘덴서	V-V결선 변압기

(3) 10[Ω]

(4) 약호 : TC

목적 : 사고시 계전기에 의해 트립코일의 동작전류가 공급되면 여자되어 차단기를 개방시킨다.

(5) COS (컷아웃 스위치)

[핵심] 한국전기설비규정 341.14 피뢰기의 접지

고압 및 특고압의 전로에 시설하는 피뢰기 접지저항 값은 10 [Ω] 이하로 하여야 한다.

19 출제년도 16.19.(5점/부분점수 없음)

총 설비부하가 250[kW], 수용률 65[%], 부하역률 85[%]인 수용가에 전력을 공급하기 위한 변압기 용량[kVA]을 계산하고 표준용량으로 답하시오.

[작성답안]

계산 : $변압기용량 = \frac{설비용량 \times 수용률}{부등률 \times 역률} = \frac{250 \times 0.65}{0.85} = 191.18[kVA]$

∴ 200[kVA] 선정

답 : 200[kVA]

[핵심] 변압기 용량

$변압기\ 용량[kW] \geq 합성\ 최대\ 수용\ 전력 = \frac{부하\ 설비\ 합계[kW] \times 수용률}{부등률}$

역률을 적용하여 [kW]의 부하를 [kVA]의 부하로 환산하여 구한다.

2016년 3회 기출문제 해설

※ 다음 물음에 답을 해당 답란에 답하시오.

1 출제년도 16.(4점/부분점수 없음)

다음 ( ) 안에 공통으로 들어갈 내용을 답란에 쓰시오.

- 감리원은 공사업자로부터 ( )을(를) 사전에 제출받아 다음 각 호의 사항을 고려하여 공사업자가 제출한 날부터 7일 이내에 검토·확인하여 승인 한 후 시공할 수 있도록 하여야 한다. 다만, 7일 이내에 검토·확인이 불가능한 때에는 사유 등을 명시하여 통보하고, 통보사항이 없는 때에는 승인한 것으로 본다.
  1. 설계도면, 설계설명서 또는 관계 규정에 일치하는지 여부
  2. 현장의 시공기술자가 명확하게 이해할 수 있는지 여부
  3. 실제시공 가능 여부
  4. 안정선의 확보 여부
  5. 계산의 정확성
  6. 제도의 품질 및 선명성, 도면작성 표준에 일치 여부
  7. 도면으로 표시 곤란한 내용은 시공시 유의사항으로 작성되었는지 등의 검토
- ( )은(는) 설계도면 및 설계설명서 등에 불명확한 부분을 명확하게 해줌으로써 시공상의 착오방지 및 공사의 품질을 확보하기 위한 수단으로 사용한다.

[작성답안]

시공상세도

[해설] 전력시설물 감리업무수행지침 제31조(시공상세도 승인)

① 감리원은 공사업자로부터 시공상세도를 사전에 제출받아 다음 각 호의 사항을 고려하여 공사업자가 제출한 날부터 7일 이내에 검토·확인하여 승인 한 후 시공할 수 있도록 하여야 한다. 다만, 7일 이내에 검토·확인이 불가능한 때에는 사유 등을 명시하여 통보하고, 통보사항이 없는 때에는 승인한 것으로 본다.

1. 설계도면, 설계설명서 또는 관계 규정에 일치하는지 여부
2. 현장의 시공기술자가 명확하게 이해할 수 있는지 여부
3. 실제시공 가능 여부

4. 안정성의 확보 여부

5. 계산의 정확성

6. 제도의 품질 및 선명성, 도면작성 표준에 일치 여부

7. 도면으로 표시 곤란한 내용은 시공시 유의사항으로 작성되었는지 등의 검토

② 시공상세도는 설계도면 및 설계설명서 등에 불명확한 부분을 명확하게 해줌으로써 시공 상의 착오방지 및 공사의 품질을 확보하기 위한 수단으로 다음 각 호의 사항에 대한 것과 공사 설계설명서에서 작성하도록 명시한 시공상세도에 대하여 작성하였는지를 확인한다. 다만, 발주자가 특별 설계설명서에 명시한 사항과 공사 조건에 따라 감리원과 공사업자가 필요한 시공상세도를 조정 할 수 있다.

1. 시설물의 연결·이음부분의 시공 상세도
2. 매몰시설물의 처리도
3. 주요 기기 설치도
4. 규격, 치수 등이 불명확하여 시공에 어려움이 예상되는 부위의 각종 상세도면

2

출제년도 14.15.16.(5점/각 문항당 1점, 모두 맞으면 5점)

송전계통의 중성점을 접지하는 목적을 3가지만 쓰시오.

[작성답안]

• 건전상 대지전위상승을 억제하여 전선로 및 기기의 절연레벨을 경감한다.

• 지락전류를 검출하여 보호계전기의 동작을 확실하게 한다.

• 뇌, 아크 지락 등에 의한 이상전압의 경감 및 발생을 방지한다.

그 외

• 1선지락시 지락전류의 크기를 제한하여 안정도를 향상시킨다.

[핵심] 중성점 접지방식

중성점 접지방식의 종류는 중성점에 접지되는 임피던스의 크기에 따라 결정된다.

① 비접지 방식($Z_N = \infty$)

② 직접접지 방식($Z_N = 0$)

③ 저항접지 방식($Z_N = R$)

④ 소호 리액터 접지방식($Z_N = jX$)

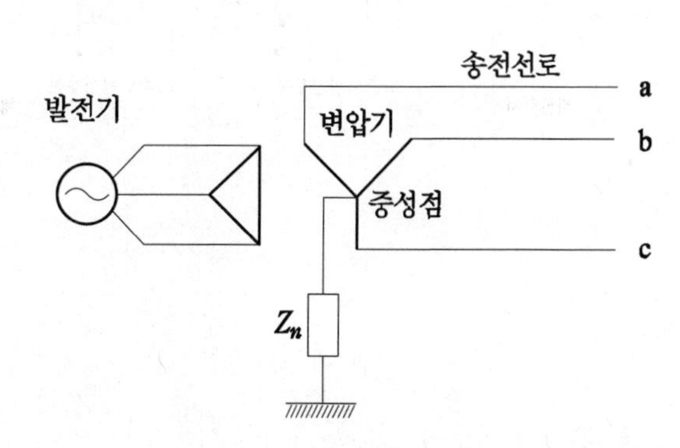

3

출제년도 16.21.(5점/부분점수 없음)

다음 그림은 TN 계통의 TN-C방식 저압배전선로 접지계통이다. 중성선(N), 보호선(PE) 등의 범례 기호를 활용하여 노출 도전성 부분의 접지 계통 결선도를 완성하시오.

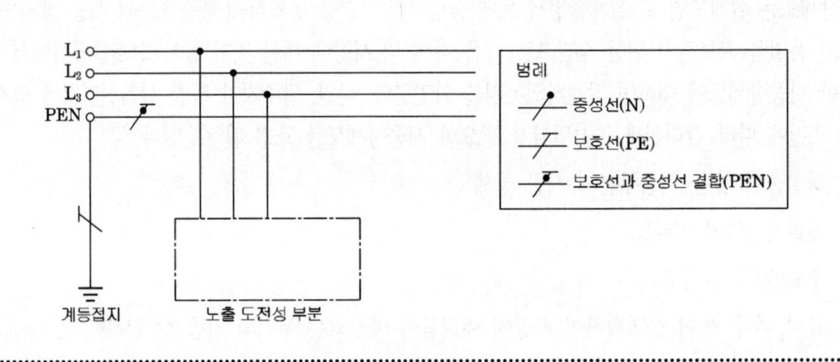

[작성답안]

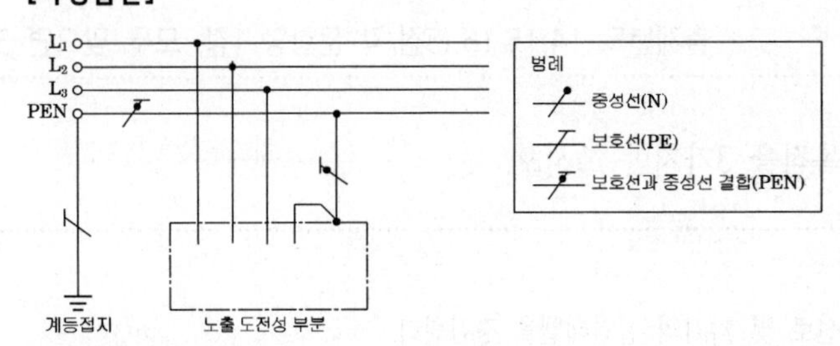

[핵심] 접지방식

① TN-C방식 ② TN-C-S 방식

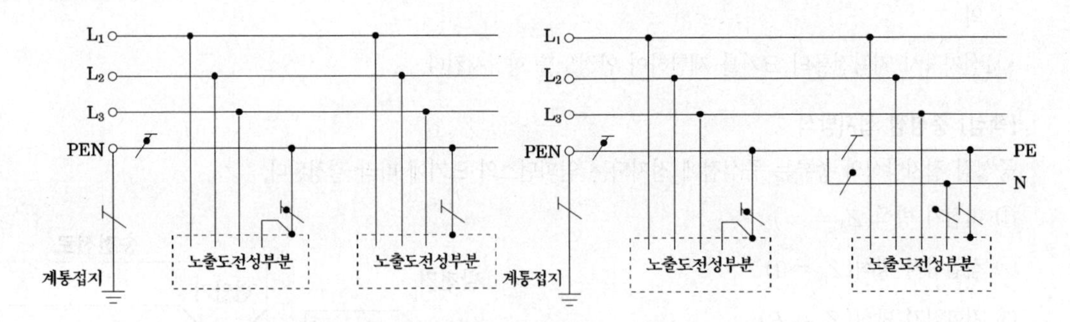

③ TN-S 방식

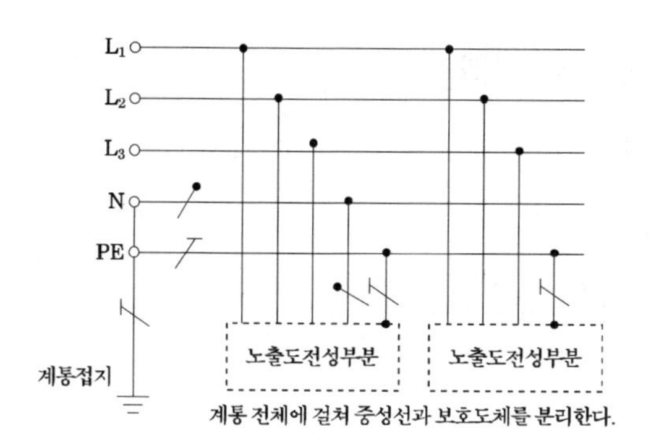

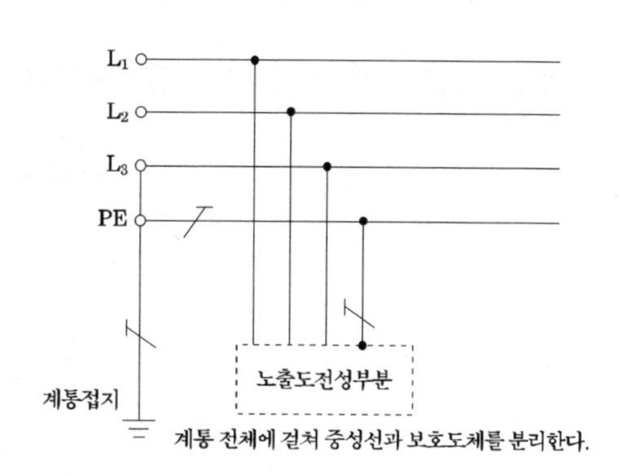

4

출제년도 16.(5점/각 항목당 1점)

다음 전선 약호의 품명을 쓰시오.

약 호	품 명
ACSR	
CNCV-W	
FR CNCO-W	
LPS	
VCT	

[작성답안]

약 호	품 명
ACSR	강심알루미늄 연선
CN-CV-W	동심중성선 수밀형 전력케이블
FR CNCO-W	동심중성선 수밀형 저독성 난연 전력케이블
LPS	300/500[V] 연질비닐시스 케이블
VCT	0.6/1[kV] 비닐절연 비닐캡타이어 케이블

5

출제년도 01.10.16.20.(12점/각 문항당 3점)

그림은 고압 수전 설비 단선 결선도이다. 물음에 답하시오.

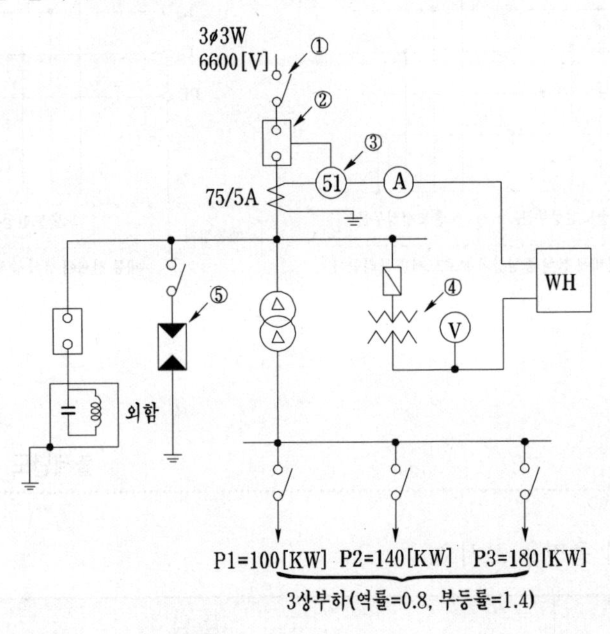

(1) 그림의 ① ~ ⑤의 명칭을 쓰시오.

(2) 피뢰기의 정격전압과 공칭방전전류는 얼마인지 쓰시오.

(3) 각 부하의 최대 전력이 그림과 같고 역률이 0.8, 부등률이 1.4일 때 변압기 1차 전류계 Ⓐ에 흐르는 전류의 최대치를 구하시오. 또 동일한 조건에서 합성 역률 0.92 이상으로 유지하기 위한 전력용 콘덴서의 최소용량은 몇 [kVA]인가?

- 전류
- 콘덴서 용량

(4) DC(방전 코일)의 설치 목적을 설명하시오.

[작성답안]

(1) ① 단로기 ② 교류 차단기 ③ 과전류 계전기
④ 계기용 변압기 ⑤ 피뢰기

(2) 피뢰기 정격전압 : 7.5[kV]
방전전류 : 2500[A]

(3) 전류 $P = \dfrac{100+140+180}{1.4} = 300\ [\text{kW}]$

$$I = \frac{300 \times 10^3}{\sqrt{3} \times 6600 \times 0.8} \times \frac{5}{75} = 2.19\ [\text{A}]$$

답 : 2.19 [A]

콘덴서 용량 : $Q = 300 \times \left(\dfrac{0.6}{0.8} - \dfrac{\sqrt{1-0.92^2}}{0.92} \right) = 97.2\ [\text{kVA}]$

답 : 97.2 [kVA]

(4) 콘덴서에 축적된 잔류전하를 방전하며, 콘덴서 재투입 시 콘덴서에 걸리는 과전압 방지한다.

[핵심] 방전코일 (Discharging Coil : DC 또는 DSC)

콘덴서를 회로로부터 분리했을 때 전하가 잔류 함으로써 일어나는 위험의 방지와 재투입할 때 콘덴서에 걸리는 과전압의 방지를 위해서 방전코일을 설치한다. 방전코일은 개로 후 5초 이내 50 [V] 이하로 저하시킬 능력이 있는 것을 설치하는 것이 바람직하다.

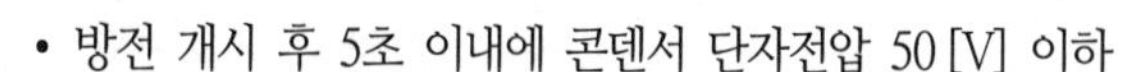

- 방전 개시 후 5초 이내에 콘덴서 단자전압 50 [V] 이하
- 절연저항 500 [MΩ] 이상
- 최고사용전압은 정격전압의 115 [%] 이하(24시간 평균치 110 [%] 이하)

6

출제년도 89.95.00.04.06.10.11.15.16.17.18.19.21.(5점/부분점수 없음)

단상 2선식 220[V]의 옥내배선에서 소비전력 40[W], 역률 85[%]의 LED형광등 85등을 설치할 때 16[A] 분기회로 수는 최소 몇 회로인지 구하시오. (단, 한 회선의 부하전류는 분기회로 용량의 80[%]로 하고 수용률은 100[%]로 한다.)

[작성답안]

계산 : 부하용량 $P_a = \dfrac{40}{0.85} \times 85 = 4000[\text{VA}]$

분기회로수 $N = \dfrac{4000}{220 \times 16 \times 0.8} = 1.42[\text{회로}]$

답 : 16[A] 분기 2회로

[핵심] 분기회로수

$$\text{분기회로 수} = \frac{\text{상정 부하 설비의 합 [VA]}}{\text{전압[V]} \times \text{분기 회로 전류[A]}}$$

7 출제년도 16.(6점/(1)2점, (2)4점)

그림과 같은 저압 배선방식의 명칭과 특징을 4가지만 쓰시오.

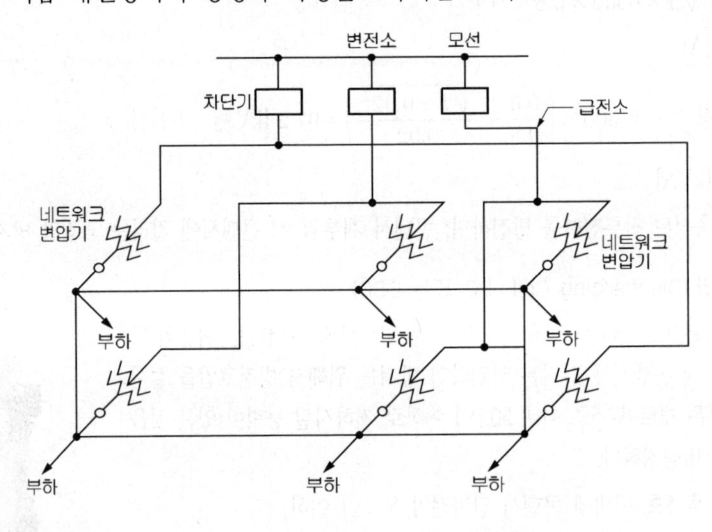

(1) 명칭

(2) 특징(4가지)

[작성답안]

(1) 저압 네트워크방식

(2) 특징 4가지

- 무정전 공급이 가능하여 배전의 신뢰도가 가장 높다.
- 플리커 및 전압변동이 적다.
- 전력손실이 감소된다.
- 기기의 이용률이 향상된다.

그 외

- 부하 증가에 대한 적응성이 좋다.
- 변전소의 수를 줄일 수 있다.
- 특별한 보호장치가 필요하다.

[해설] 망상식(network system)

어느 회선에 사고가 일어나더라도 다른 회선에서 무정전으로 공급할 수 있기 때문에 다음과 같은 여러 가지 장점을 지니고 있다.

① 무정전 공급이 가능해서 공급 신뢰도가 높다.

② 플리커, 전압 변동률이 적다.

③ 전력 손실이 감소된다.

④ 기기의 이용률이 향상된다.

⑤ 부하 증가에 대한 적응성이 좋다.

⑥ 변전소의 수를 줄일 수 있다.

이 방식의 단점으로서는

① 건설비가 비싸다.

② 특별한 보호 장치를 필요로 한다. (네트워크 프로텍터 : 저압용 차단기, 방향성 계전기, Fuse)

8

출제년도 08.16.21.(5점/부분점수 없음)

폭 8[m]의 2차선 도로에 가로등을 도로 한 쪽 배열로 50[m] 간격으로 설치하고자 한다. 도로면의 평균 조도를 5[lx]로 설계할 경우 가로등 1등당 필요한 광속을 구하시오.
(단, 감광보상률은 1.5, 조명률은 0.43으로 한다.)

[작성답안]

계산 : $F = \dfrac{EAD}{U} = \dfrac{5 \times 8 \times 50 \times 1.5}{0.43} = 6976.744[\mathrm{lm}]$

답 : 6976.74[lm]

[핵심] 한쪽 배열(편측 배열) 도로조명

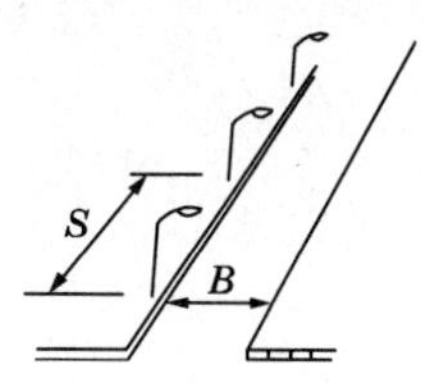

$$E = \frac{FNUM}{BS}[\mathrm{lx}]$$

여기서, E : 노면평균조도[lx], F : 광원 1개 광속[lm], N : 광원의 열수

M : 보수율, 감광보상률 D의 역수, B : 도로의 폭[m], S : 광원의 간격[m]

U : 빔 이용률
- 50[%] 이상, 피조면 도달 0.75
- 20 ~ 50[%] 이상, 피조면 도달 0.5
- 25[%] 이하, 피조면 도달 0.4

9

출제년도 98.16.17.(5점/부분점수 없음)

부하용량이 900[kW]이고, 전압이 3상 380[V]인 수용가 전기설비의 계기용 변류기를 결정하고자 한다. 다음 조건에 알맞은 변류기를 주어진 표에서 찾아 선정하시오.

- 수용가의 인입회로에 설치하는 것으로 한다.
- 부하 역률은 0.9로 계산한다.
- 실제 사용하는 정도의 1차 전류용량으로 하며 여유율은 1.25배로 한다.

변류기의 정격

1차 정격전류[A]	400	500	600	750	1000	1500	2000	2500
2차 정격전류[A]	5							

[작성답안]

계산 : $I_1 = \dfrac{P}{\sqrt{3}\, V\cos\theta} \times 1.25 = \dfrac{900 \times 10^3}{\sqrt{3} \times 380 \times 0.9} \times 1.25 = 1899.18$[A]

∴ 표준규격 2000/5 선정

답 : 2000/5

[핵심] 변류비

변류비는 다음과 같이 구한다.

① 1차 전류를 구한다.

② 여유율을 적용한다.

③ 1차 정격을 선정하여 변류비를 선정한다.

$$1차전류(I_1) = \frac{2차권선}{1차권선} \times 2차전류 = \frac{N_2}{N_1} \times I_2$$

$$\frac{N_2}{N_1} = \frac{I_1}{I_2} = 변류비(CT비)$$

1차 전류	5, 10, 15, 20, 30, 40, 50, 75, 100, 150, 200, 300, 400, 500 [A]
2차 전류	5 [A]
정격 부담	5, 10, 15, 25, 40, 100 [VA]

10

출제년도 95.16.22.(5점/부분점수 없음)

그림과 같은 시퀀스 회로에서 접점 "A"가 닫혀서 폐회로가 될 때 표시등 PL의 동작사항을 설명하시오. (단, X는 보조릴레이, $T_1 - T_2$는 타이머(On delay)이며 설정시간은 1초이다.)

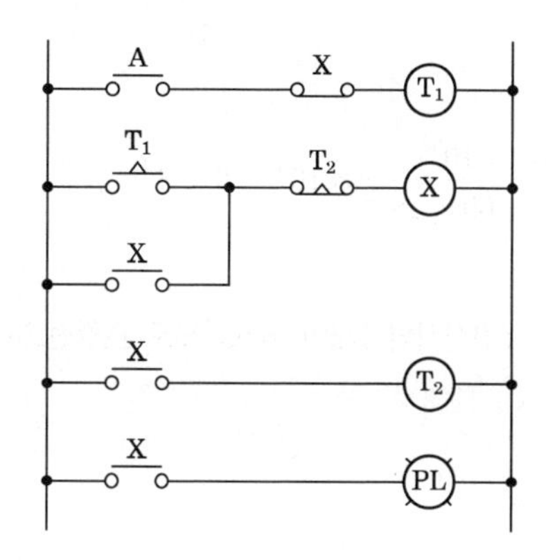

[작성답안]

"A"가 닫혀서 폐회로

T_1이 여자되면 1초 후 X가 여자되고 X에 의해 PL이 점등 되고 T_2가 여자된다.

다음 1초 후 T_2의 b접점에 의해 X가 소자되어 PL이 소등된다. 이때 다시 T_1이 여자된다.

즉, PL은 1초후 점등 1초후 소등을 반복한다.

11

출제년도 16.17.21.(8점/(1)(2)3점, (3)2점)

10[kVar]의 전력용 콘덴서를 설치하고자 할 때 필요한 콘덴서의 정전용량[μF]을 각각 구하시오. (단, 사용전압은 380[V]이고, 주파수는 60[Hz]이다.)

(1) 단상 콘덴서 3대를 Y결선할 때 콘덴서의 정전용량[μF]

(2) 단상 콘덴서 3대를 △결선할 때 콘덴서의 정전용량[μF]

(3) 콘덴서는 어떤 결선으로 하는 것이 유리한지 설명하시오.

[작성답안]

(1) 계산 : $Q=3\omega C\left(\frac{V}{\sqrt{3}}\right)^2=\omega CV^2$

$$\therefore\ C=\frac{Q}{\omega V^2}=\frac{10\times10^3}{2\pi\times60\times380^2}\times10^6=183.70\,[\mu\text{F}]$$

답 : 183.7[μF]

(2) 계산 : $Q=3\omega CV^2$

$$\therefore\ C=\frac{Q}{3\omega V^2}=\frac{10\times10^3}{3\times2\pi\times60\times380^2}\times10^6=61.23\,[\mu\text{F}]$$

답 : 61.23[μF]

(3) △결선시 콘덴서 정전용량은 Y결선시의 1/3이 필요하므로 △결선으로 하는 것이 유리하다.

[핵심]

$Q=3EI_c=3E\times2\pi fCE=6\pi fCE^2$

① Y결선 $E=\frac{V}{\sqrt{3}}$ 이므로 $Q=6\pi fC\left(\frac{V}{\sqrt{3}}\right)^2=2\pi fCV^2$

②△결선 $E=V$ 이므로 $Q=6\pi fCV^2$

12

출제년도 85.97.16.(5점/부분점수 없음)

부하의 허용 최저전압이 DC 115[V]이고, 축전지와 부하간의 전선에 의한 전압강하가 5[V]이다. 직렬로 접속한 축전지가 55셀일 때 축전지 셀당 허용 최저전압을 구하시오.

[작성답안]

계산 : $V=\frac{V_a+V_e}{n}=\frac{115+5}{55}=2.18\,[\text{V/cell}]$

답 : 2.18[V/cell]

[핵심] 허용최저전압

$$V=\frac{V_a+V_c}{N}\ [\text{V/cell}]$$

여기서, V : 허용최저전압 [V/cell], V_a : 부하의 허용최저전압[V]

N : 직렬 접속된 셀수 V_c : 축전지와 부하간에 접속된 전압강하의 합

13 출제년도 85.96.99.00.13.16.19.(6점/부분점수 없음)

그림과 같은 분기회로의 전선 굵기를 표준 굵기로 산정하시오. (단, 전압강하는 2 [V] 이하이고, 배선 방식은 교류 220 [V] 단상 2선식이며, 후강전선관 공사로 한다고 한다.)

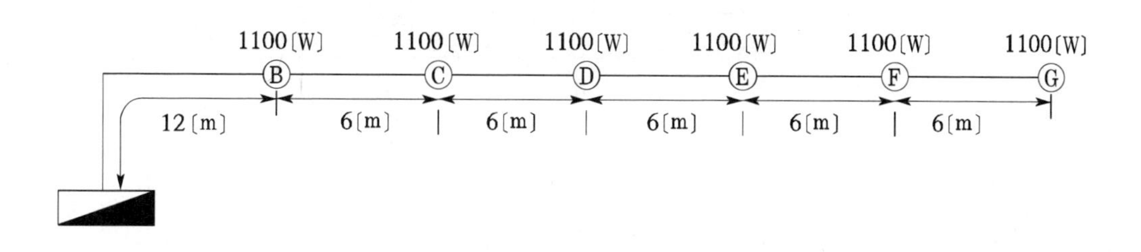

[작성답안]

부하 중심점 : $L = \dfrac{i_1 l_1 + i_2 l_2 + i_3 l_3 + \cdots + i_n l_n}{i_1 + i_2 + i_3 + \cdots + i_n}$

$$L = \frac{5 \times 12 + 5 \times 18 + 5 \times 24 + 5 \times 30 + 5 \times 36 + 5 \times 42}{5+5+5+5+5+5} = 27 \text{ [m]}$$

부하 전류 : $I = \dfrac{1100 \times 6}{220} = 30$ [A]

∴ 전선의 굵기 $A = \dfrac{35.6LI}{1000e} = \dfrac{35.6 \times 27 \times 30}{1000 \times 2} = 14.42$ [mm^2]

그러므로, 공칭 단면적 16 [mm^2] 선정

답 : 16 [mm^2]

[핵심] 전선의 굵기와 전압강하

① KSC IEC 전선규격

1.5, 2.5, 4, 6, 10, 16, 25, 35, 50, 70, 95, 120, 150, 185, 240, 300, 400, 500, 630 [mm^2]

② 전압강하

- 단상 2선식 : $e = \dfrac{35.6LI}{1,000A}$ ································· ①
- 3상 3선식 : $e = \dfrac{30.8LI}{1,000A}$ ································· ②
- 3상 4선식 : $e_1 = \dfrac{17.8LI}{1,000A}$ ································· ③

여기서, L : 거리, I : 정격전류, A : 케이블의 굵기 이며 ③의 식은 1선과 중성선간의 전압강하를 말한다.

14

출제년도 16.(4점/부분점수 없음)

다음 진리표(Truth Table)는 어떤 논리회로를 나타낸 것인지 명칭과 논리기호로 나타내시오.

입력		출력
A	B	
0	0	0
0	1	0
1	0	0
1	1	1

[작성답안]

명칭 : AND회로

기호 : A, B ─ (AND) ─ 출력

[핵심] AND회로

AND회로는 A그리고 B가 동시에 입력이 가해질 경우 출력이 생기는 회로이다.

① 무접점 회로

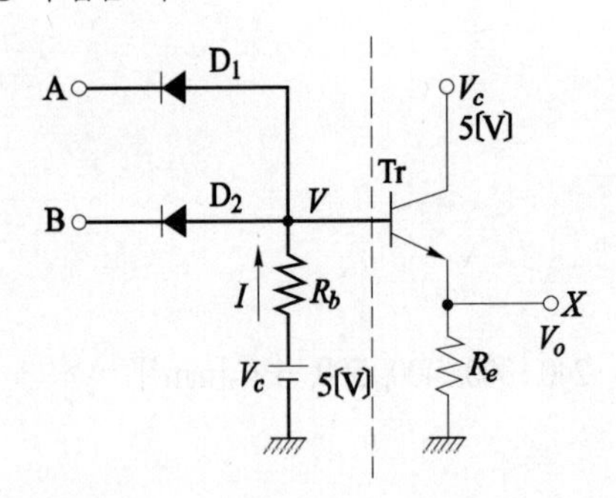

② 진리표

A	B	X
0	0	0
0	1	0
1	0	0
1	1	1

③ 논리기호의 동작

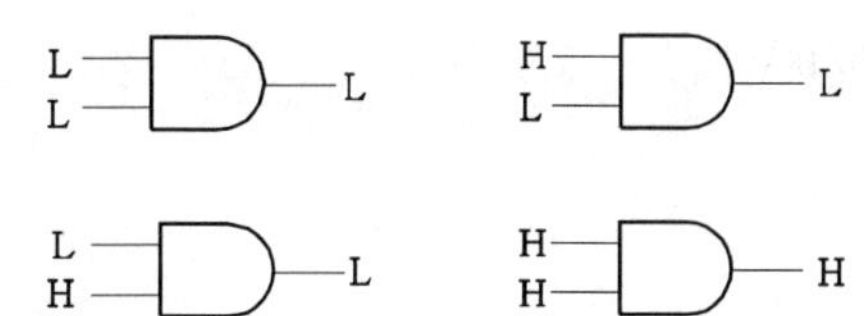

15

출제년도 85.93.99.03.14.16.(6점/각 문항당 3점)

다음과 같은 전등부하 계통에 전력을 공급하고 있다. 다음 각 물음에 답하시오.
(단, 부하의 역률은 1이다.)

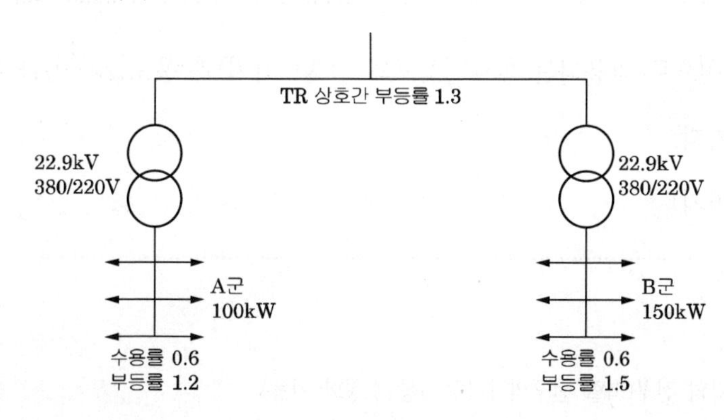

(1) 수용가의 변압기 용량[kVA]을 각각 구하시오.

① A군 수용가

② B군 수용가

(2) 고압간선에 걸리는 최대부하[kW]를 구하시오.

[작성답안]

(1) ① A군 수용가

계산 : $TR_A = \dfrac{100 \times 0.6}{1.2 \times 1} = 50[\text{kVA}]$

답 : 50[kVA]

② B군 수용가

계산 : $TR_B = \dfrac{150 \times 0.6}{1.5 \times 1} = 60[\text{kVA}]$

답 : 60[kVA]

(2) 계산 : 최대부하= $\dfrac{\dfrac{100 \times 0.6}{1.2} + \dfrac{150 \times 0.6}{1.5}}{1.3} = 84.62[kW]$

답 : 84.62[kW]

[핵심] 변압기 용량

변압기 용량[kW] ≥ 합성 최대 수용 전력 = $\dfrac{\text{부하 설비 합계[kW]} \times \text{수용률}}{\text{부등률}}$

역률을 적용하여 [kW]의 부하를 [kVA]의 부하로 환산하여 구한다.

16

출제년도 16.(5점/각 항목당 1점)

조명설비의 광원으로 활용되는 할로겐램프의 장점(3가지)과 용도(2가지)를 각각 쓰시오.

(1) 장점(3가지)

(2) 용도(2가지)

[작성답안]

(1) 장점(3가지)

- 초소형, 경량의 전구(백열 전구의 1/10 이상 소형화 가능)
- 단위광속이 크다.
- 수명이 백열 전구에 비하여 2배로 길다.

그 외

- 연색성이 좋다.
- 휘도가 높다.
- 별도의 점등장치가 필요하지 않다.
- 정확한 빔을 가지고 있다.
- 열충격에 강하다.
- 배광제어가 용이하다.

(2) 용도(2가지)

- 자동차용, 복사기용 전구
- 무대 또는 상점의 스포트라이트

그 외

- 스튜디오 등의 스포트라이트

17 출제년도 16.(5점/각 문항당 1점, 모두 맞으면 5점)

다음은 수용률, 부등률 및 부하율을 나타낸 것이다. (   ) 안의 알맞은 내용을 답란에 쓰시오.

(1) 수용률 $= \dfrac{\text{최대수용전력}}{(\ ①\ )} \times 100[\%]$

(2) 부등률 $= \dfrac{(\ ②\ )}{\text{합성최대수용전력}}$

(3) 부하율 $= \dfrac{\text{부하의 평균수용전력}}{(\ ③\ )} \times 100[\%]$

①	②	③

[작성답안]

①	②	③
설비용량	각 부하의 최대수요전력의 합	부하의 최대수요전력

[핵심] 부하관계용어

최대 부하 $= \text{부하설비의 합계} \times \dfrac{\text{수용률}}{\text{부등률}}$

↑

부 하 율 $= \dfrac{\text{평균 수용전력(일정기간) [kW]}}{\text{최대 수용전력(일정기간) [kW]}} \times 100\,[\%]$

↓

$= \dfrac{\text{부하의 평균전력}}{\text{총 설비용량}} \times \dfrac{\text{부등률}}{\text{수용률}}$

수 용 률 $= \dfrac{\text{최대 수용전력}}{\text{총 설비용량}} \times 100\,[\%]$

↓

부 등 률 $= \dfrac{\text{각 개의 최대 수용전력의 합}}{\text{합성 최대수용전력}} \geq 1$

18

출제년도 16.17.(4점/각 항목당 1점)

축전지를 사용 중 충전하는 방식을 4가지만 쓰시오.

[작성답안]

- 보통충전방식
- 부동충전방식
- 급속충전방식
- 세류충전방식

그 외

- 균등충전방식

[핵심] 충전방식

(1) 보통 충전 : 필요할 때마다 표준 시간율로 소정의 충전을 하는 방식

(2) 세류 충전 : 축전지의 자기 방전을 보충하기 위하여 부하를 off 한 상태에서 미소 전류로 항상 충전하는 방식을 말한다. 자기방전(Self Discharge)이란 충전된 2차전지가 방치해 둔 시간과 함께 용량이 감소되어 저장된 전기에너지가 전지 내에서 소모되는 현상을 말한다.

(3) 균등 충전 : 각 전해조에서 일어나는 전위차를 보정하기 위하여 1~3개월 마다 1회, 정전압 충전하여 각 전해조의 용량을 균일화하기 위하여 행하는 충전방식

(4) 부동 충전 : 축전지의 자기 방전을 보충함과 동시에 사용 부하에 대한 전력공급은 충전기가 부담하도록 하되 충전기가 부담하기 어려운 일시적인 대 전류의 부하는 축전지가 부담하도록 하는 방식

(5) 급속 충전 : 짧은 시간에 보통 충전 전류의 2~3배의 전류로 충전하는 방식

2017년 1회 기출문제 해설

※ 다음 물음에 답을 해당 답란에 답하시오.

1

출제년도 17.(6점/각 항목앙 1점, 모두 맞으면 6점)

피뢰기 정기점검항목을 4가지 쓰시오.

[작성답안]

1차, 2차측 단자 및 단자볼트 이상유무 점검

애자부분 손상여부 점검

절연저항측정

접지저항측정

[핵심] 정기점검 사항중 외관검사의 항목

- 애자 부분의 균열 또는 손상 등을 확인한다.
- 설치위치 및 설치 상태의 적정여부를 확인한다.
- 타 시설물과의 이격거리 및 설치 높이의 적정 여부를 확인한다.
- 취급자가 쉽게 접촉할 수 없도록 시설 하였는지를 확인한다.
- 접지선의 굵기가 적정한지를 확인한다.

2

출제년도 17.(5점/각 항목당 1점)

"비상주감리원"이란 감리업체에 근무하면서 상주감리원의 업무를 기술적·행정적으로 지원하는 사람을 말한다. 비상주 감리원의 업무 5가지를 쓰시오.

[작성답안]

- 설계도서 등의 검토
- 상주감리원이 수행하지 못하는 현장 조사분석 및 시공상의 문제점에 대한 기술검토와 민원사항에 대한 현지조사 및 해결방안 검토
- 중요한 설계변경에 대한 기술검토
- 설계변경 및 계약금액 조정의 심사
- 기성 및 준공검사

그 외

- 정기적(분기 또는 월별)으로 현장 시공상태를 종합적으로 점검·확인·평가하고 기술지도
- 공사와 관련하여 발주자(지원업무수행자 포함)가 요구한 기술적 사항 등에 대한 검토

[핵심] 제5조(감리원의 근무수칙)

비상주감리원은 다음 각 호에 따라 업무를 수행하여야 한다.

1. 설계도서 등의 검토
2. 상주감리원이 수행하지 못하는 현장 조사분석 및 시공상의 문제점에 대한 기술검토와 민원사항에 대한 현지조사 및 해결방안 검토
3. 중요한 설계변경에 대한 기술검토
4. 설계변경 및 계약금액 조정의 심사
5. 기성 및 준공검사
6. 정기적(분기 또는 월별)으로 현장 시공상태를 종합적으로 점검·확인·평가하고 기술지도
7. 공사와 관련하여 발주자(지원업무수행자 포함)가 요구한 기술적 사항 등에 대한 검토
8. 그 밖에 감리업무 추진에 필요한 기술지원 업무

3

출제년도 17.(5점/각 항목당 1점, 모두 맞으면 5점)

역률 과보상시 나타나는 현상 3가지를 쓰시오.

[작성답안]

- 전력손실의 증가
- 단자전압 상승
- 계전기 오동작

[핵심] 역률개선효과와 과보상

① 역률개선효과

역률을 개선하는 주 목적은 전력손실을 경감하기 위한 것이다.

- 변압기와 배전선의 전력 손실 경감
- 전압 강하의 감소
- 전원설비 용량의 여유 증가
- 전기 요금의 감소

② 과보상

- 앞선 역률에 의한 전력 손실이 생긴다.
- 모선 전압의 과상승
- 전원설비 용량의 여유감소로 과부하가 될 수 있다.
- 고조파 왜곡의 증대

4

출제년도 96.98.04.17.22.(5점/각 항목당 1점)

다음 조건에 있는 콘센트의 그림기호를 그리시오.

(1) 벽붙이용　(2) 천장에 부착하는 경우

(3) 바닥에 부착하는 경우　(4) 방수형

(5) 2구용

(1)	(2)	(3)	(4)	(5)

[작성답안]

(1)	(2)	(3)	(4)	(5)
◐ (벽붙이 콘센트 기호)	⊙ (천장 콘센트 기호)	⊙ (바닥 콘센트 기호, 아래 ▲)	◐ $_{WP}$	◐ $_2$

5

출제년도 98.02.17.22.(4점/각 항목당 2점)

부하율을 식으로 표시하고 부하율이 높다는 것은 무엇을 의미 하는지 쓰시오.

- 식
- 의미(2가지)

[작성답안]

- 식 : 부하율$=\frac{평균전력}{최대전력}\times 100[\%]$
- 의미

  ① 부하율이 클수록 공급 설비가 유효하게 사용한다.

  ② 평균 수요 전력과 최대 수요 전력과의 차가 작아지므로 부하 설비의 가동률이 향상된다.

[핵심] 부하율

공급 설비가 어느 정도 유효하게 사용되는가를 나타내며 부하율이 클수록 공급 설비가 유효하게 사용된다. 부하율은 다음 식에 의해 계산한다.

$$부하율=\frac{평균\ 수요\ 전력\ [kW]}{최대\ 수요\ 전력\ [kW]}\times 100\ [\%]$$

부하율은 각 단위별(변압기, 전주, 수용가 등), 시기, 범위, 기간에 따라 달라지며, 부하율을 표시할 경우 기간, 범위를 반드시 명기한다. 예를 들어 일부하율, 월부하율 등으로 표시하여야 하며, 부하율은 기간이 길어질수록 작아진다.

6

출제년도 08.17.22.(5점/각 항목당 1점, 모두 맞으면 5점)

전기사업자는 그가 공급하는 전기의 품질(표준전압, 표준주파수)을 허용오차 범위 안에서 유지하도록 전기사업법에 규정되어 있다. 다음 표의 빈칸 ①~④에 표준전압·표준주파수에 대한 허용오차를 정확하게 쓰시오.

표준전압·표준주파수	허용오차
110 볼트	①
220 볼트	②
380 볼트	③
60 헤르츠	④

[작성답안]

① 110볼트의 상하로 6볼트 이내

② 220볼트의 상하로 13볼트 이내

③ 380볼트의 상하로 38볼트 이내

④ 60헤르츠 상하로 0.2헤르츠 이내

[핵심] 전기사업법 시행규칙 제18조(전기의 품질기준)<개정 2021.7.21.>

전기사업법 시행규칙 별표3

표준전압·표준주파수 및 허용오차(제18조관련)

1. 표준전압 및 허용오차

표준전압	허용오차
110 볼트	110볼트의 상하로 6볼트 이내
220 볼트	220볼트의 상하로 13볼트 이내
380 볼트	380볼트의 상하로 38볼트 이내

2. 표준주파수 및 허용오차

표준 주파수	허용오차
60 헤르츠	60헤르츠 상하로 0.2헤르츠 이내

3. 비고

제1호 및 제2호 외의 구체적인 품질유지항목 및 그 세부기준은 산업자원부장관이 정하여 고시한다.

7

출제년도 14.17.(5점/부분점수 없음)

그림과 같은 무접점의 논리회로를 보고 유접점 회로로 변환하여 그리시오.

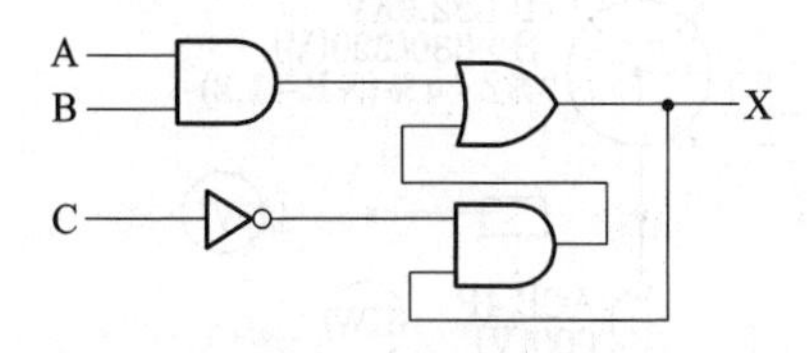

[작성답안]

8 출제년도 97.07.17.(12점/각 문항당 2점, 모두 맞으면 12점)

다음 도면을 보고 물음에 답하시오.

(1) LA의 명칭 및 기능은?

- 명칭 :
- 기능 :

(2) VCB의 필요한 최소 차단 용량은 몇 [MVA]인가?

(3) C 부분의 계통도에 그려져야 할 것들 중에서 그 종류를 5가지만 쓰도록 하시오.

(4) ACB의 최소 차단 전류는 몇 [kA]인가?

(5) 최대 부하 800 [kVA], 역률 80 [%]라 하면 변압기에 의한 전압 변동률은 몇 [%]인가?

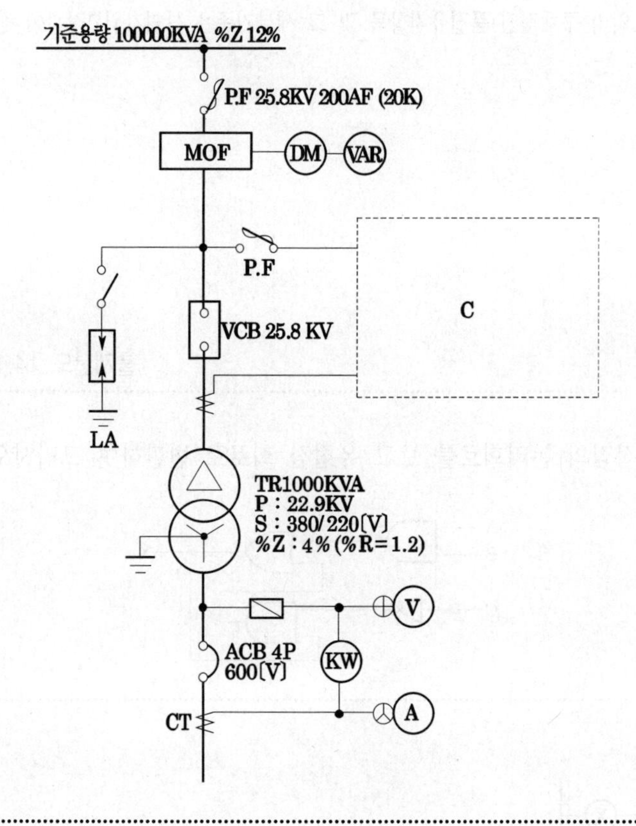

[작성답안]

(1) 명칭 : 피뢰기

기능 : 이상 전압이 내습하면 이를 대지로 방전시키고, 속류를 차단한다.

(2) 계산 : 전원측 %Z가 100 [MVA]에 대하여 12 [%]이므로

$P_s = \frac{100}{\%Z} \times P_n$ [MVA]에서

$P_s = \frac{100}{12} \times 100 = 833.33$ [MVA]

답 : 833.33 [MVA]

(3) ① 계기용 변압기 ② 전압계 ③ 과전류 계전기

④ 전력계 ⑤ 역률계

그 외

⑥ 전류계 ⑦ 전압계용 전환 개폐기

⑧ 전류계용 전환 개폐기 ⑨ 트립코일

⑩ 지락과전류계전기

(4) 계산 : 변압기 %Z를 100 [MVA]로 환산하면 $\frac{100000}{1000} \times 4 = 400$ [%]

합성 $\%Z = 12 + 400 = 412$ [%]

단락 전류 $I_s = \frac{100}{\%Z} \times I_n = \frac{100}{412} \times \frac{100 \times 10^6}{\sqrt{3} \times 380} \times 10^{-3} = 36.88$ [kA]

답 : 36.88 [kA]

(5) 계산 : %저항 강하 $p = 1.2 \times \frac{800}{1000} = 0.96$ [%]

%리액턴스 강하 $q = \sqrt{4^2 - 1.2^2} \times \frac{800}{1000} = 3.05$ [%]

전압 변동률 $\epsilon = p\cos\theta + q\sin\theta$

$\therefore \epsilon = 0.96 \times 0.8 + 3.05 \times 0.6 = 2.6$ [%]

답 : 2.6 [%]

[핵심]

(3)

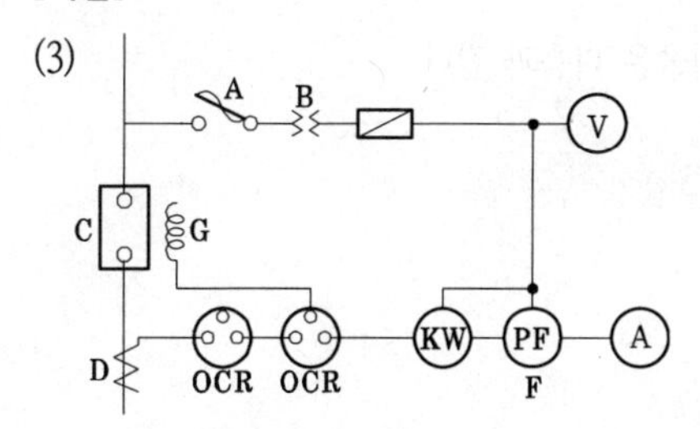

9

출제년도 04.12.17.20.(6점/부분점수 없음)

500 [kVA]의 변압기가 그림과 같은 부하로 운전되고 있다. 오전에는 역률 85 [%]로 오후에는 100 [%]로 운전된다고 하면 전일효율은 몇 [%]가 되겠는가? (단, 이 변압기의 철손은 6 [kW] 전부하시 동손은 10 [kW]라 한다.)

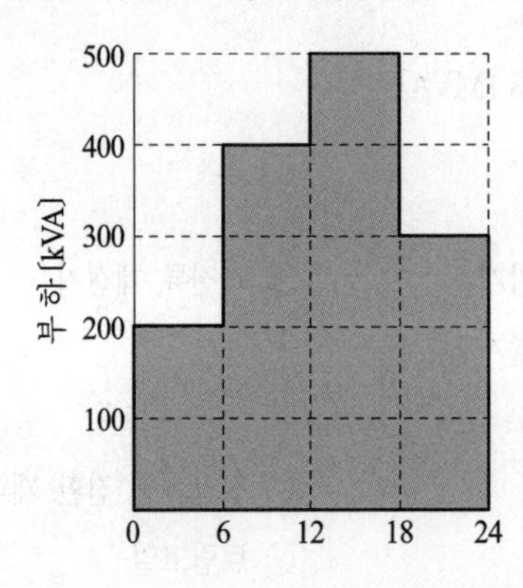

[작성답안]

계산 : 출력 $P=(200\times6\times0.85+400\times6\times0.85+500\times6\times1+300\times6\times1)=7860$ [kWh]

철손 $P_i=6\times24=144$ [kWh]

동손 $P_c=10\times\left\{\left(\frac{200}{500}\right)^2\times6+\left(\frac{400}{500}\right)^2\times6+\left(\frac{500}{500}\right)^2\times6+\left(\frac{300}{500}\right)^2\times6\right\}=129.6$ [kWh]

전일 효율 $\eta=\frac{7860}{7860+144+129.6}\times100=96.64$ [%]

답 : 96.64 [%]

[핵심] 변압기 효율 (efficiency)

① 전부하 효율 $\eta=\frac{P_n\cos\theta}{P_n\cos\theta+P_i+I^2r}\times100$ [%]

전부하시 $I^2r=P_i$ 의 조건이 만족되면 효율이 최대가 된다.

② m부하시의 효율 $\eta=\frac{m\,V_{2n}\,I_{2n}\cos\theta}{m\,V_{2n}\,I_{2n}\cos\theta+P_i+m^2I_{2n}^{\;2}\,r_{21}}\times100$ [%]

$P_i=m^2P_c$ 이 최대 효율조건이며, 최대 효율일 경우 부하율은 다음과 같다.

$$m=\sqrt{\frac{P_i}{P_c}}$$

③ 전일효율 $\eta_d=\frac{\sum h\,V_2I_2\cos\theta_2}{\sum h\,V_2I_2\cos\theta_2+24P_i+\sum h\,r_2I_2^2}\times100$ [%]

10

출제년도 07.11.13.14.17.(5점/부분점수 없음)

변류비 30/5인 변류기 2대를 그림과 같이 접속하였을 때, 전류계에 2 [A]의 전류가 흘렀다. CT 1차측에 전류를 구하시오.

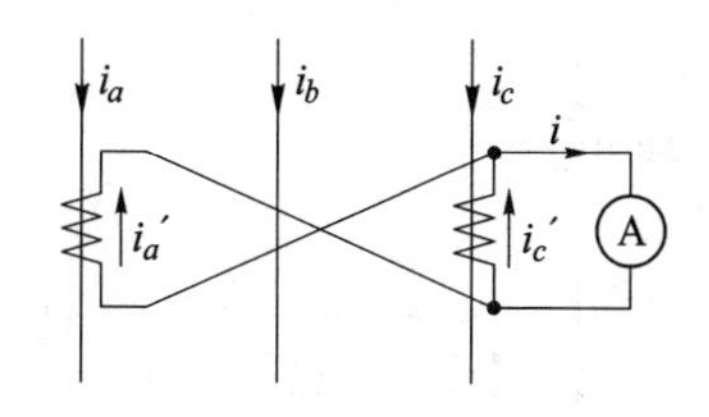

[작성답안]

계산 : 교차결선이므로

$$Ⓐ = \sqrt{3}\, i_a' = \sqrt{3}\, i_c' = 2[\text{A}]$$

$$\therefore\ i_a' = \frac{2}{\sqrt{3}}[\text{A}]$$

1차 전류 $I_a = a\, i_a' = \frac{30}{5} \times \frac{2}{\sqrt{3}} = 6.93[\text{A}]$

답 : 6.93 [A]

[핵심] 변류기의 교차접속

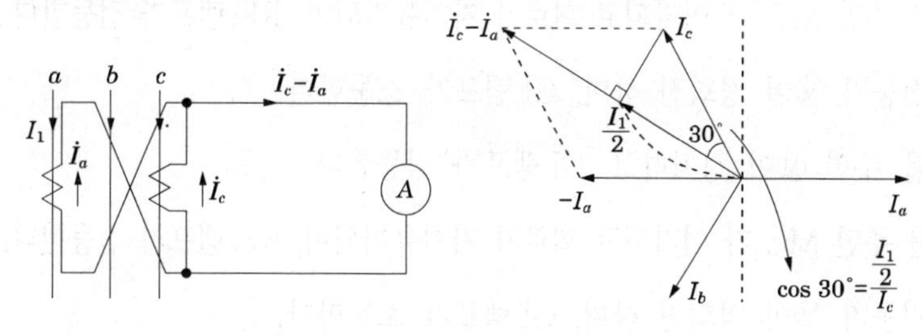

전류계에 흐르는 전류는 $\dot{I}_c - \dot{I}_a$ 이며, 이 전류는 벡터도와 같이 CT 2차 전류의 $\sqrt{3}$ 배 가 됨은 알 수 있다.

$$I_1 = \text{전류계 Ⓐ 지시값} \times \frac{1}{\sqrt{3}} \times CT\text{비}$$

11

출제년도 17.(5점/부분점수 없음)

다음 주어진 도면은 전동기의 정·역 운전 회로도의 일부분이다. 주 회로에 알맞은 제어 회로를 주어진 동작설명과 같은 시퀀스 도를 완성하시오.

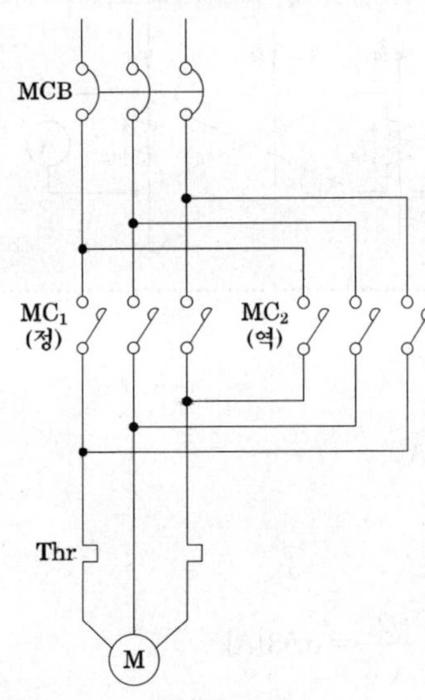

【동작설명】

① 제어회로에 전원이 인가되면 GL램프가 점등된다.

② 푸시버튼(BS_1)을 주면 MC_1이 여자되고 회로가 자기유지되며, RL_1램프가 점등한다.

③ MC_1에 의해 전동기 Ⓜ이 정회전 하며, GL램프가 소등한다.

④ 푸시버튼(BS_3)을 주면 Ⓜ이 정지하고, GL램프가 점등한다.

⑤ 푸시버튼(BS_2)를 주면 MC_2가 여자되고 회로가 자기유지되며, RL_2램프가 점등한다.

⑥ MC_2에 의해 전동기 Ⓜ이 역회전 하며, GL램프가 소등한다.

⑦ 푸시버튼(BS_3)을 주면 Ⓜ이 정지하고, GL램프가 점등한다.

⑧ MC_1 MC_2가 동시동작 하지 않도록 MC의 b접점을 이용하여 인터록으로 동시투입을 방지한다.

⑨ 운전 중 이상 전류가 흘러 열동 계전기 Thr이 트립되면 MC_1 (MC_2)이 복구하고 Ⓜ이 정지하며, RL_1(RL_2)이 소등되고, GL이 소등됨과 동시에 경보 표시 램프 OL이 점등한다. 고장이 회복되면 수동, 혹은 자동으로 Thr이 회복되고 OL 램프가 소등된다.

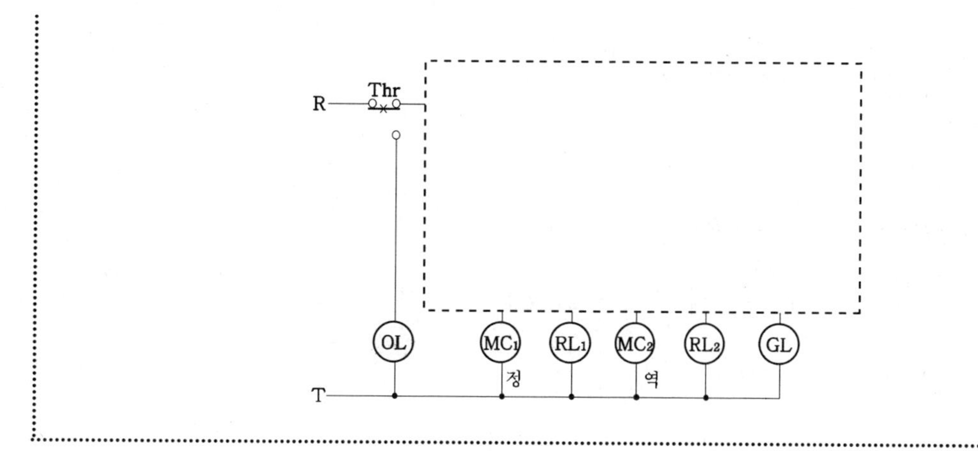

[작성답안]

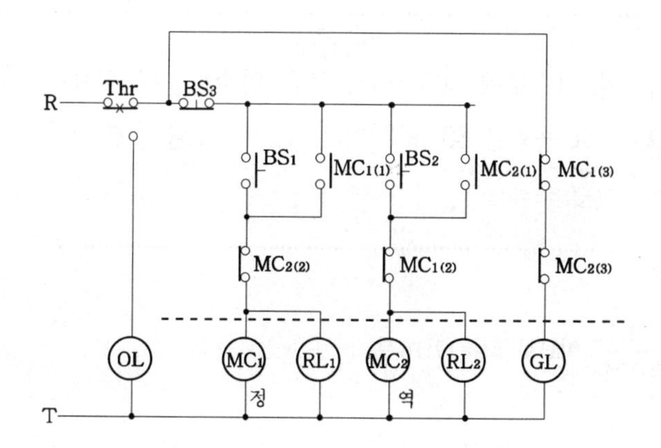

12

출제년도 16.17.21.(6점/각 문항당 3점)

40[kVA], 3상 380[V], 60[Hz]용 전력용 콘덴서를 설치하고자 할 때, 콘덴서의 결선방식에 따른 정전용량을 구하시오.

(1) 단상 콘덴서 3대를 Y결선 할 때 콘덴서의 정전용량은 몇[μF]인가?

(2) 단상 콘덴서 3대를 Δ결선 할 때 콘덴서의 정전용량은 몇[μF]인가?

[작성답안]

(1) 계산 : $C_s = \dfrac{Q}{2\pi f V^2} = \dfrac{40 \times 10^3}{2\pi \times 60 \times 380^2} \times 10^6 = 734.79[\mu\text{F}]$

답 : 734.79 [μF]

(2) 계산 : $C_d = \frac{Q}{6\pi f V^2} = \frac{40 \times 10^3}{6\pi \times 60 \times 380^2} \times 10^6 = 244.93[\mu\text{F}]$

답 : 244.93 [μF]

[핵심]

$Q = 3EI_c = 3E \times 2\pi fCE = 6\pi fCE^2$

① Y결선 $E = \frac{V}{\sqrt{3}}$ 이므로 $Q = 6\pi fC\left(\frac{V}{\sqrt{3}}\right)^2 = 2\pi fCV^2$

② △결선 $E = V$ 이므로 $Q = 6\pi fCV^2$

13

출제년도 09.12.16.17.(6점/부분점수 없음)

지표면상 7[m] 높이의 저수조가 있다. 이 저수조에 300 [m³] 물을 양수하는데 필요한 시간은 몇 분인가? (단, 펌프용 전동기의 소요 동력은 30 [kW]이다. 펌프의 효율은 80 [%]로 하고, 여유계수는 1.2로 한다.)

[작성답안]

계산 : $P = \frac{HQK}{6.12\eta}$ 에서 $30 = \frac{7 \times 300 \times 1.2}{6.12 \times 0.8 \times t}$ 이므로 $t = 17.16$분

답 : 17.16[분]

[핵심] 펌프용 전동기 용량

$P = \frac{9.8Q'HK}{\eta} = \frac{QHK}{6.12\eta}$ [kW]

여기서, P : 전동기의 용량 [kW] Q : 양수량 [m³/min] Q' : 양수량 [m³/sec]

H : 양정(낙차) [m] η : 펌프의 효율 [%] K : 여유계수(1.1 ~ 1.2 정도)

14

출제년도 17.(3점/부분점수 없음)

전기사용장소의 1차와 2차가 전기적으로 절연되지 않은 회로의 사용 전압이 500 [V] 미만인 경우, 전로의 전선 상호간 및 전로와 대지간의 절연저항은 개폐기 또는 차단기로 구분할 수 있는 전로마다 얼마 이상 이어야 하는가? 절연저항 값을 쓰시오.

[작성답안]

1 [MΩ]

[핵심] 전기설비기술기준 제52조(저압전로의 절연성능)

전기사용 장소의 사용전압이 저압인 전로의 전선 상호간 및 전로와 대지 사이의 절연저항은 개폐기 또는 과전류차단기로 구분할 수 있는 전로마다 다음 표에서 정한 값 이상이어야 한다. 다만, 전선 상호간의 절연저항은 기계기구를 쉽게 분리가 곤란한 분기회로의 경우 기기 접속 전에 측정할 수 있다.

또한, 측정 시 영향을 주거나 손상을 받을 수 있는 SPD 또는 기타 기기 등은 측정 전에 분리시켜야 하고, 부득이하게 분리가 어려운 경우에는 시험전압을 250[V] DC로 낮추어 측정할 수 있지만 절연저항 값은 1[MΩ] 이상이어야 한다.

전로의 사용전압 [V]	DC시험전압 [V]	절연저항 [MΩ]
SELV 및 PELV	250	0.5
FELV, 500[V] 이하	500	1.0
500[V] 초과	1,000	1.0

[주] 특별저압(extra low voltage : 2차 전압이 AC 50[V], DC 120[V] 이하)으로 SELV(비접지회로 구성) 및 PELV(접지회로 구성)은 1차와 2차가 전기적으로 절연된 회로, FELV는 1차와 2차가 전기적으로 절연되지 않은 회로

"특별저압(ELV, Extra Low Voltage)"이란 인체에 위험을 초래하지 않을 정도의 저압을 말한다. 여기서 SELV(Safety Extra Low Voltage)는 비접지회로에 해당되며, PELV(Protective Extra Low Voltage)는 접지회로에 해당된다.

15

출제년도 93.95.00.11.17.18.19.(5점/부분점수 없음)

단상 2선식 220 [V]의 옥내 배선에서 소비 전력 40 [W], 역률 80 [%]의 형광등 180 [등]을 설치할 때 16 [A]의 분기회로의 최소 분기 회로수를 구하시오. (단, 한 회로의 부하 전류는 분기 회로 용량의 80 [%]로 한다.)

[작성답안]

계산 : $\text{분기회로 수} = \dfrac{\text{상정 부하 설비의 합[VA]}}{\text{전압[V]} \times \text{분기 회로 전류[A]}}$

$= \dfrac{\dfrac{40}{0.8} \times 180}{220 \times 16 \times 0.8} = 3.196\text{회로}$

∴ 16[A] 분기 4회로 선정

답 : 16 [A] 분기 4회로

16

출제년도 89.96.17.新規.(6점/각 문항당 3점)

단상 2선식 220[V]의 전원을 사용하는 간선에 24[A] 전동기 1대와 전등 부하전류의 합계가 8[A], 정격전류 5[A] 전열기 2대를 접속하는 부하설비가 있다. 다음 물음에 답하시오.(단, 전동기의 기동 계급은 고려하지 않는다)

(1) 전원을 공급하는 간선의 설계전류는 몇 [A]인가?

(2) 도체의 허용전류가 설계전류의 2배의 경우 간선에 설치하는 과전류 차단기의 정격전류를 다음 규격에서 최대값으로 선정하시오.

과전류 차단기 정격전류
50, 60, 75, 100, 125, 150, 175 [A]

[작성답안]

(1) 계산 : $I_a = 24 + (8 + 5 \times 2) = 42[A]$

답 : 42[A]

(2) 계산 : $I_B \le I_n \le I_Z$ 에서 $42 \le I_n \le 84$이므로 75[A] 선정

답 : 75[A]

[핵심] 도체와 과부하 보호장치 사이의 협조

과부하에 대해 케이블(전선)을 보호하는 장치의 동작특성은 다음의 조건을 충족해야 한다.

$I_B \le I_n \le I_Z$ ················ ①

$I_2 \le 1.45 \times I_Z$ ················ ②

I_B : 회로의 설계전류

I_Z : 케이블의 허용전류

I_n : 보호장치의 정격전류

I_2 : 보호장치가 규약시간 이내에 유효하게 동작하는 것을 보장하는 전류

1. 조정할 수 있게 설계 및 제작된 보호장치의 경우, 정격전류 I_n은 사용현장에 적합하게 조정된 전류의 설정값이다.
2. 보호장치의 유효한 동작을 보장하는 전류 I_2는 제조자로부터 제공되거나 제품 표준에 제시되어야 한다.
3. 식 2에 따른 보호는 조건에 따라서는 보호가 불확실한 경우가 발생할 수 있다. 이러한 경우에는 식 2에 따라 선정된 케이블 보다 단면적이 큰 케이블을 선정하여야 한다.
4. I_B는 선도체를 흐르는 설계전류이거나, 함유율이 높은 영상분 고조파(특히 제3고조파)가 지속적으로 흐르는 경우 중성선에 흐르는 전류이다.

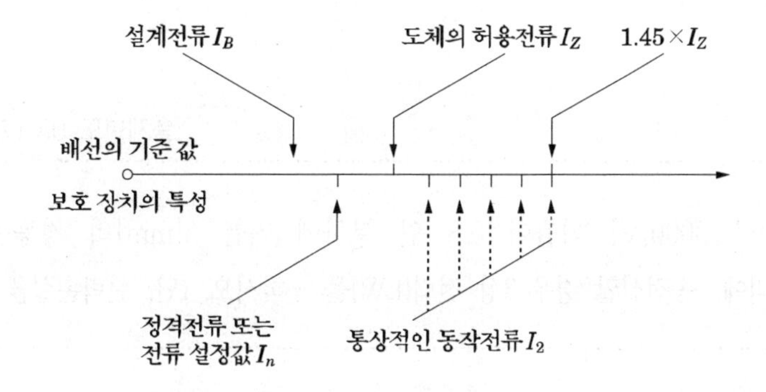

17

출제년도 96.04.11.14.17.(5점/부분점수 없음)

분전반에서 30 [m]인 거리에 5 [kW]의 단상 교류(2선식) 200 [V]의 전열기용 아웃트렛을 설치하여, 그 전압강하를 4 [V] 이하가 되도록 하려고 한다. 배선방법을 금속관공사로 한다고 할 때 여기에 필요한 전선의 굵기를 계산하고, 실제 사용되는 전선의 굵기를 산정하시오.

[작성답안]

계산 : $I = \frac{P}{E} = \frac{5000}{200} = 25$ [A]

$$A = \frac{35.6LI}{1000e} = \frac{35.6 \times 30 \times 25}{1000 \times 4} = 6.68 \text{ [mm}^2\text{]}$$

답 : 10 [mm^2]

[핵심] 전선의 규격

① KSC IEC 전선규격

1.5, 2.5, 4, 6, 10, 16, 25, 35, 50, 70, 95, 120, 150, 185, 240, 300, 400, 500, 630 [mm^2]

② 전압강하

- 단상 2선식 : $e = \dfrac{35.6LI}{1,000A}$ ······························ ①
- 3상 3선식 : $e = \dfrac{30.8LI}{1,000A}$ ······························ ②
- 3상 4선식 : $e_1 = \dfrac{17.8LI}{1,000A}$ ······························ ③

여기서, L : 거리 I : 정격전류 A : 케이블의 굵기

이며 ③의 식은 1선과 중성선간의 전압강하를 말한다.

18

출제년도 08.17.(6점/부분점수 없음)

수전 전압 3상 3000[V] 역률이 0.8 인 부하에 지름 5[mm]의 경동선을 사용하여 20[km]의 거리에 송전선할 경우 3상 전력[kW]을 구하시오. (단, 전력손실율 10[%] 이다.)

[작성답안]

계산 : $k = \dfrac{P\rho\, 4l}{V^2\cos^2\theta\, \pi d^2}$ 에서

$$0.1 = \frac{P \times \dfrac{1}{55} \times 10^{-6} \times 4 \times 20 \times 10^3}{3000^2 \times 0.8^2 \times \pi(5 \times 10^{-3})^2} \text{ 이므로}$$

$$P = \frac{0.1 \times 3000^2 \times 0.8^2 \times \pi(5 \times 10^{-3})^2}{\dfrac{1}{55} \times 10^{-6} \times 4 \times 20 \times 10^3} \times 10^{-3} = 31.10[\text{kW}]$$

답 : 31.1 [kW]

[핵심] 전력손실률

① 전력손실률 $k = \dfrac{P_L}{P} \times 100 = \dfrac{PR}{V^2\cos^2\theta} \times 100$ [%]

② 선로 1선의 저항 $R = \rho\dfrac{l}{A} = \rho\dfrac{4l}{\pi d^2}$ [Ω]

2017년 2회 기출문제 해설

※ 다음 물음에 답을 해당 답란에 답하시오.

1

출제년도 17.(5점/각 항목당 1점)

다음 표의 고압가공인입선의 지표상 높이가 몇 [m]인지 쓰시오. (단, 내선규정에 따른다.)

시설 조건	전선의 높이 [m]
도로(농로 기타의 교통이 복잡하지 않는 도로 및 횡단보도교는 제외한다)의 노면상	① 이상
철도 또는 레일면상	② 이상
횡단보도교의 노면상	③ 이상
상기 이외의 지표상	④ 이상
공장구내 등에서 해당 전선(가공케이블은 제외한다)의 아래쪽에 위험하다는 표시를 할 때의 지표상	⑤ 이상

[작성답안]

① 6 [m]　② 6.5 [m]　③ 3.5 [m]　④ 5 [m]　⑤ 3.5 [m]

[핵심] 고압가공인입선의 높이 (내선규정 3220-1)

시설 조건	전선의 높이 [m]
도로(농로 기타의 교통이 복잡하지 않는 도로 및 횡단보도교는 제외한다)의 노면상	6.0 이상
철도 또는 레일면상	6.5 이상
횡단보도교의 노면상	3.5 이상
상기 이외의 지표상	5.0 이상
공장구내 등에서 해당 전선(가공케이블은 제외한다)의 아래쪽에 위험하다는 표시를 할 때의 지표상	3.5 이상

2

출제년도 94.04.17.(4점/각 항목당 1점)

부하설비의 역률이 90[%] 이하로 저하하는 경우, 수용가의 예상 될 수 있는 손해 4가지를 쓰시오.

[작성답안]

① 전력손실이 커진다.

② 전기요금이 증가한다.

③ 전압강하가 커진다.

④ 전원설비가 부담하는 용량이 증가한다.

[핵심] 역률개선

① 역률개선효과

- 변압기와 배전선의 전력 손실 경감
- 전압 강하의 감소
- 전원설비 용량의 여유 증가
- 전기 요금의 감소

② 과보상

- 앞선 역률에 의한 전력 손실이 생긴다.
- 모선 전압의 과상승
- 전원설비 용량의 여유감소로 과부하가 될 수 있다.
- 고조파 왜곡의 증대

3

출제년도 13.15.17.(5점/부분점수 없음)

비상용 조명 부하 110 [V]용 100 [W] 58등, 60 [W] 50등이 있다. 방전 시간 30분, 축전지 HS형 54 [cell], 허용 최저 전압 100 [V], 최저 축전지 온도 5 [℃]일 때 축전지 용량은 몇 [Ah]인가? (단, 경년 용량 저하율 0.8, 용량 환산 시간 : $K=1.2$이다.)

[작성답안]

계산 : 부하 전류 $I=\dfrac{100\times 58+60\times 50}{110}=80$ [A]

∴ 축전지 용량 : $C=\dfrac{1}{L}KI=\dfrac{1}{0.8}\times 1.2\times 80=120$ [Ah]

답 : 120 [Ah]

[핵심] 축전지용량

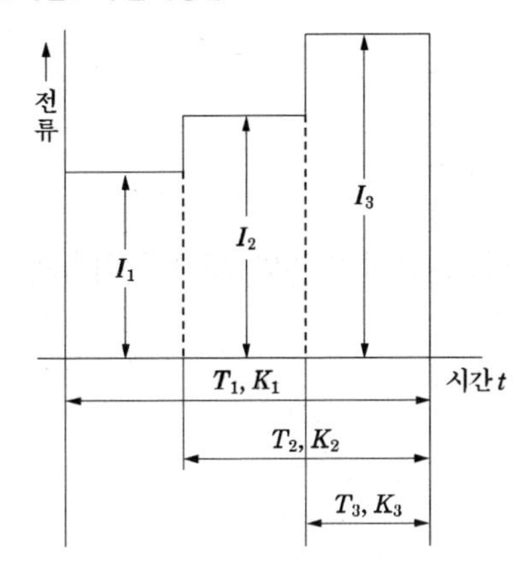

축전지 용량은 아래의 식으로 계산한다.

$$C = \frac{1}{L}[K_1 I_1 + K_2 (I_2 - I_1) + K_3 (I_3 - I_2)] \text{ [Ah]}$$

여기서, C : 축전지 용량[Ah]　　L : 보수율(축전지 용량 변화의 보정값)

K : 용량 환산 시간 계수　　I : 방전 전류[A]

4

출제년도 04.07.17.(12점/각 문항당 3점)

그림은 154 [kV]를 수전하는 어느 공장의 수전설비 도면의 일부분이다. 이 도면을 보고 다음 각 물음에 답하시오.

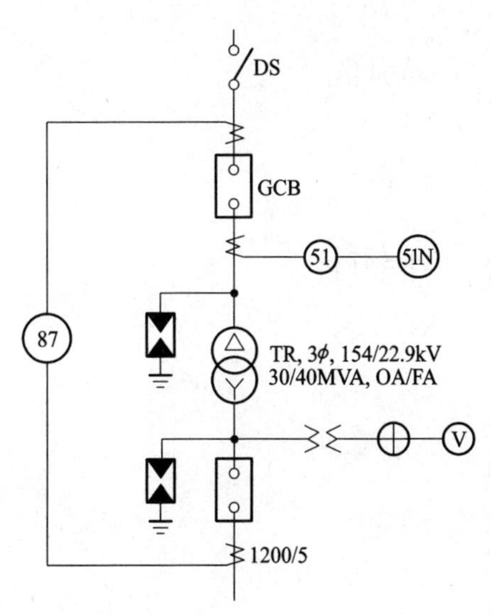

(1) 그림에서 87과 51N의 명칭은 무엇인가?

- 87
- 51N

(2) 154/22.9 [kV] 변압기에서 FA 용량기준으로 154 [kV]측의 전류와 22.9 [kV]측의 전류는 몇 [A]인가?

① 154 [kV]측

② 22.9 [kV]측

(3) GCB에는 주로 어떤 절연재료를 사용하는가?

(4) △-Y 변압기의 복선도를 그리시오.

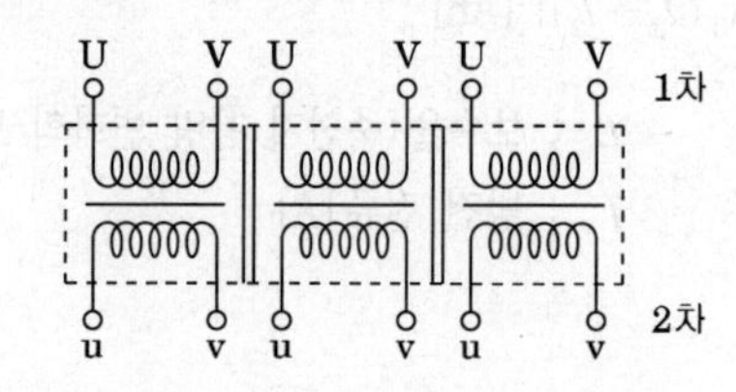

[작성답안]

(1) • 87 : 전류차동계전기

• 51N : 중성점 과전류계전기

(2) • 154 [kV]측

계산 : $I=\dfrac{40000}{\sqrt{3}\times 154}=149.96$ [A]

답 : 149.96 [A]

• 22.9 [kV]측

계산 : $I=\dfrac{40000}{\sqrt{3}\times 22.9}=1008.47$ [A]

답 : 1008.47 [A]

(3) SF_6 (육불화황) 가스

(4)

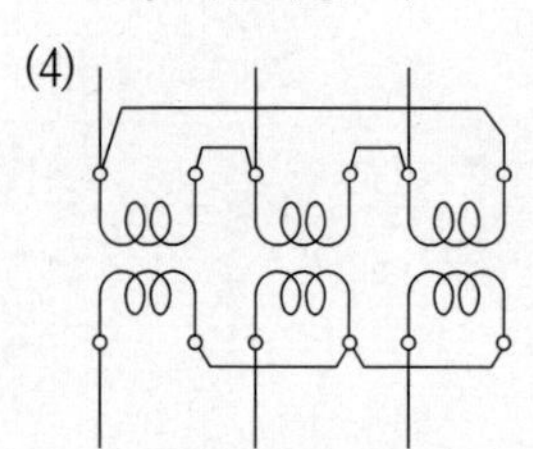

[핵심] 비율차동계전기용 변류기의 전류계산

비율차동계전기는 변압기 투입시 여자 돌입 전류에 의한 오동작을 방지한 경우는 최소 35 [%]의 불평형 전류로 동작한다. 비율차동계전기 Tap선정은 차전류가 억제코일에 흐르는 전류에 대한 비율보다 계전기 비율을 크게 선정해야 한다.

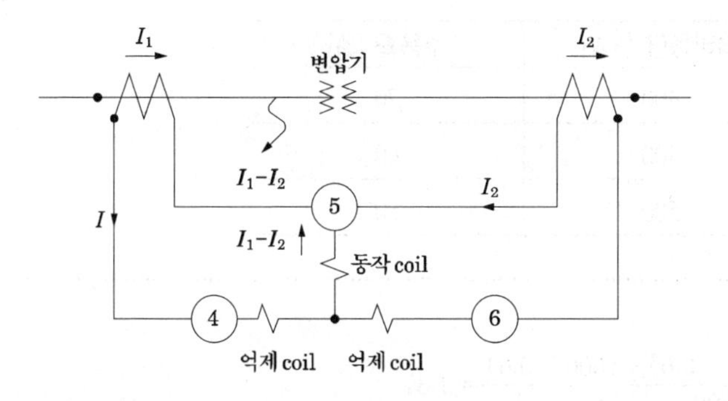

① 변압기의 정격용량 2,000 [kVA] ($Y-\triangle$ 접속)

② 변압기의 1차 정격전압 : 22,900 [V](Y접속), 1차측 변류기의 변류비 : 50/5 [A]($\triangle$ 접속)

③ 변압기의 2차 정격전압 : 3,300 [V]($\triangle$ 접속), 2차측 변류기의 변류비 : 400/5 [A](Y접속)

	변압기 Y측	변압기 $\triangle$측
정격1차전류 $I_p = \dfrac{\text{정격용량}}{\sqrt{3} \times \text{선간전압}}$	50.4 [A]	349.9 [A]
변류비 $N = \dfrac{\text{변류기정격1차전류}}{\text{변류기정격2차전류}}$	10	80
변류기의 2차전류 $i_s = \dfrac{i_p}{N}$	5.04 [A]	4.37 [A]
변류기 접속	$\triangle$	Y
변압기 1차 및 2차측 변류기의 2차측 전류 변류기 $\triangle$ 접속 $i_s\Delta = \sqrt{3}\, i_s$ 변류기 Y접속 $i_s Y = i_s$	8.72 [A]	4.37 [A]

5 출제년도 00.03.04.09.17.18.21.(5점/부분점수 없음)

표와 같이 어느 수용가 A, B, C에 공급하는 배전선로의 최대전력은 600 [kW]이다. 이때 수용가의 부등률은 얼마인가?

수용가	설비용량 [kW]	수용률 [%]
A	400	70
B	400	60
C	500	60

[작성답안]

계산 : $\text{부등률} = \dfrac{(400 \times 0.7) + (400 \times 0.6) + (500 \times 0.6)}{600} = 1.37$

답 : 1.37

[핵심] 부등률

각 수용가에서의 최대 수용 전력의 발생 시각은 시간적으로 차이가 있으며 이 경우에 배전 변압기 또는 간선에서의 합성 최대 수용 전력은 각 수용가에서의 최대 수용 전력의 합보다 적게 되는데 이 비를 부등률이라 하며 이 값은 항상 1보다 크고, 백분율로 나타내지 않는다. 수용률과 더불어 배전 변압기 또는 배전 간선 등의 공급 설비 계획 자료로 사용된다.

$$\text{부등률} = \frac{\text{개별 최대수용전력의 합}}{\text{합성 최대수용전력}} = \frac{\text{설비용량} \times \text{수용률}}{\text{합성최대수용전력}}$$

6

출제년도 01.07.09.15.17.(5점/각 항목당 1점, 모두 맞으면 5점)

전력 계통에 이용되는 리액터에 대하여 그 설치 목적을 쓰시오.

(1) 분로(병렬) 리액터

(2) 직렬 리액터

(3) 소호 리액터

(4) 한류 리액터

2017

[작성답안]

(1) 페란티 현상의 방지

(2) 제5고조파의 제거

(3) 지락 전류의 제한

(4) 단락 전류의 제한

7

출제년도 08.17.18.20.(4점/각 항목당 1점)

단상 변압기의 병렬 운전 조건 4가지를 쓰시오.

[작성답안]

① 극성이 일치할 것

② 정격 전압(권수비)이 같은 것

③ %임피던스 강하(임피던스 전압)가 같을 것

④ 내부 저항과 누설 리액턴스의 비가 같을 것

[핵심] 변압기 병렬운전의 문제점

변압기의 병렬운전의 경우는 다음과 같은 문제점이 있다.

① 계통에 $\%Z$가 적어져 단락용량이 증대된다. 변압기의 병렬운전의 경우 변압기의 연결이 서로 병렬형태로 연결되어 지므로 합성%임피던스가 작아진다. %임피던스의 작아짐은 다음 식에 의해 단락용량의 증대를 가져온다. 따라서, 단락용량을 고려하여 변압기의 %임피던스를 선정하고 병렬운전하여야 한다.

② 전 부하 운전시 변압기 허용 과부하율에 의한 변압기용량 증대로 손실증가 한다.

③ 차단기의 빈번한 동작에 의하여 차단기 수명이 단축된다.

8 출제년도 07.11.12.14.17.(6점/각 문항당 2점)

3상 4선식 송전선에서 한 선의 저항이 10 [Ω], 리액턴스가 20 [Ω]이고, 송전단 전압이 6600 [V], 수전단 전압이 6100 [V]이었다. 수전단의 부하를 끊은 경우 수전단 전압이 6300 [V], 부하 역률이 0.8일 때 다음 물음에 답하시오.

(1) 전압 강하율을 구하시오.

(2) 전압 변동률을 구하시오.

(3) 최대로 송전할 수 있는 전력은 몇 [kW]인가?

[작성답안]

(1) 전압 강하율 : $\epsilon = \dfrac{V_s - V_r}{V_r} \times 100 = \dfrac{6600-6100}{6100} \times 100 = 8.2$ [%]

답 : 8.2 [%]

(2) 전압 변동률 : $\epsilon = \dfrac{V_{r0} - V_r}{V_r} \times 100 = \dfrac{6300-6100}{6100} \times 100 = 3.28$ [%]

답 : 3.28 [%]

(3) 전압강하 $e = V_s - V_r = 6600 - 6100 = 500$[V]

$e = \dfrac{P(R+X\tan\theta)}{V_r}$ 에서 $P = \dfrac{e\,V_r}{R+X\tan\theta} = \dfrac{500 \times 6100}{10+20\times\dfrac{0.6}{0.8}} \times 10^{-3} = 122$[kW]

답 : 122 [kW]

[핵심] 전압변동률과 전압강하율

① 전압변동률

전압변동률은 수전전압에 대한 전압변동의 비를 백분율로 나타낸 것을 말한다.

$$\delta = \frac{V_{r_0} - V_r}{V_r} \times 100 \text{ [\%]}$$

여기서, V_{r_0} : 무부하 상태에서의 수전단 전압 V_r : 정격부하 상태에서의 수전단 전압

② 전압강하율

$$\epsilon = \frac{e}{V_r} \times 100 = \frac{V_s - V_r}{V_r} \times 100 = \frac{\sqrt{3}\,I(R\cos\theta_r + X\sin\theta_r)}{V_r} \times 100 \text{ [\%]}$$

여기서, V_s : 송전단 전압 V_r : 정격부하 상태에서의 수전단 전압

9

출제년도 89.96.13.17.(8점/각 문항당 2점, 모두 맞으면 7점)

그림과 같은 시퀀스회로를 보고 다음 각 물음에 답하시오. (단, R_1, R_2, R_3는 보조릴레이이다.)

(1) 전원측에 가장 가까운 푸시버튼 PB_1으로부터 PB_2, PB_3, PB_0까지 "ON" 조작할 경우의 동작사항을 간단히 설명하시오. 여기서 ON 조작은 누름버튼 스위치를 눌러주는 역할을 말한다.

PB_1 ON	
PB_2 ON	
PB_3 ON	
PB_0 ON	

(2) 최초에 PB_2를 "ON" 조작한 경우에는 동작상황은 어떻게 되는가?

(3) 타임차트의 누름버튼스위치 PB_1, PB_2, PB_3, PB_0와 같은 타이밍으로 "ON" 조작하였을 때 타임차트의 R_1, R_2, R_3의 동작상태를 그림으로 완성하시오.

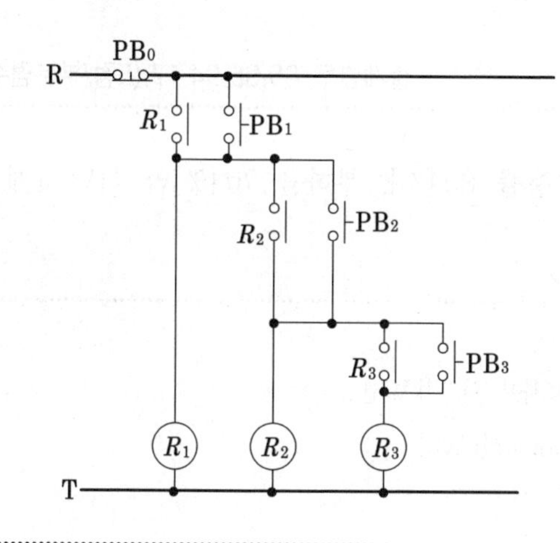

PB1
PB2
PB3
PB0
R_1
R_2
R_3

[작성답안]

(1)

PB_1 ON	R_1이 여자되고 자기유지된다.
PB_2 ON	R_1이 여자된 상태에서 R_2가 여자되고 자기유지된다.
PB_3 ON	R_1, R_2가 여자된 상태에서 R_3가 여자되고 자기유지된다.
PB_0 ON	R_1, R_2, R_3 모두 동시에 소자된다.

(2) 동작하지 않는다.

(3)

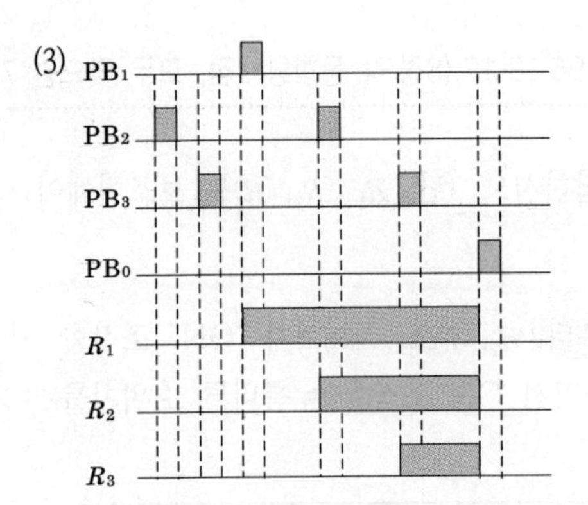

10

출제년도 85.86.94.17.(5점/부분점수 없음)

200 [kW]의 설비 용량을 가진 공장이 수용률 80 [%], 부하율 70 [%]라 하면 1개월 (30일) 사용 전력량은 몇 [kWh]인가?

[작성답안]

계산 : 사용 전력량 = 설비 용량×수용률×부하율×사용 시간 [kWh]

$\therefore \ W = 200 \times 0.8 \times 0.7 \times (30 \times 24) = 80640$ [kWh]

답 : 80640 [kWh]

[핵심] 전력량

① $W = Pt =$ 평균전력 × 시간[kWh]

② 평균전력 = 설비용량×수용률×부하율

③ 부하율 = $\dfrac{\text{평균 수요 전력 [kW]}}{\text{최대 수요 전력 [kW]}} \times 100$ [%]

11

출제년도 93.17.(5점/부분점수 없음)

50[Hz]로 사용하던 역률개선용 콘덴서를 같은 전압의 60[Hz]로 사용하면 전류는 어떻게 되는가? 전류비로 구하시오. (단, 인가전압 변동은 없다.)

[작성답안]

계산 : 콘덴서에 흐르는 전류는 $I_c = 2\pi fCV$ 에서 주파수에 비례하므로

$$\frac{60\,Hz\text{ 전류 } I_c'}{50\,Hz\text{ 전류 } I_c} = \frac{60}{50} = \frac{6}{5}$$

답 : $\frac{6}{5}$ 또는 1.2

12

출제년도 95.07.10.17.22.(5점/부분점수 없음)

폭 5 [m], 길이 7.5 [m], 천장 높이 3.5 [m]의 방에 형광등 40 [W] 4등을 설치하니 평균조도가 100 [lx]가 되었다. 40 [W] 형광등 1등의 전광속이 3000 [lm], 조명률 0.5일 때 감광보상률을 구하시오.

[작성답안]

계산 : $D = \frac{FUN}{EA} = \frac{3000 \times 0.5 \times 4}{100 \times 5 \times 7.5} = 1.6$

답 : 1.6

[핵심] 조도계산

N개의 램프에서 방사되는 빛을 평면상의 면적 A[㎡]에 모두 집중 조사할 수 있다고 하고 램프 1개당 광속을 F [lm]이라 하면, 그 면의 평균조도를

$E = \frac{F \cdot N}{A}$ [lx]로 나타낸다.

이러한 평균조도 계산은 광속법과 설계여건에 따라 ZCM (Zonal Cavity Method)법을 채택할 수 있다.

$$E = \frac{F \cdot N \cdot U \cdot M}{A}$$

여기서, E : 평균조도 [lx]　　F : 램프 1개당 광속 [lm]

N : 램프수량 [개]　　U : 조명률

M : 보수율, 감광보상률의 역수　　A: 방의 면적 [㎡] (방의 폭×길이)

13

출제년도 97.06.09.17.(5점/각 항목당 1점)

다음은 특고압 수전설비 중 지락보호 회로의 복선도이다. ①번부터 ⑤번까지의 각 부분의 명칭을 쓰시오.

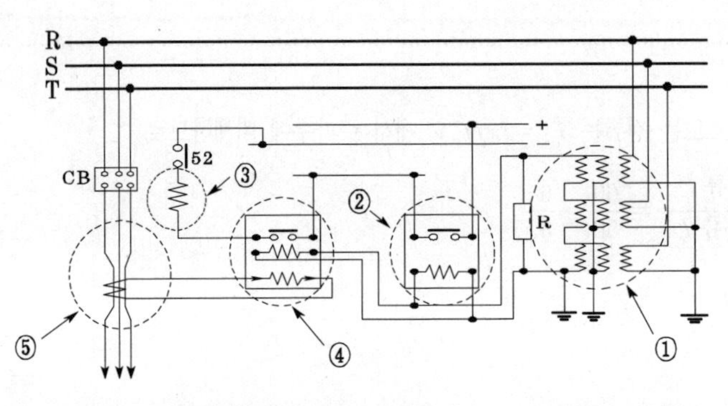

[작성답안]

① 접지형 계기용 변압기(GPT)

② 지락 과전압 계전기(OVGR)

③ 트립 코일(TC)

④ 선택 접지 계전기(SGR)

⑤ 영상 변류기(ZCT)

[핵심] SGR과 DGR

계전기	용 도	차 이 점
SGR	지락보호	ZCT와 조합해서 사용하며 케이블 차폐접지는 반드시 ZCT를 관통하여 접지하고 GPT의 후단에 ZCT설치
DGR	〃	CT와 조합해서 사용하며 CT비 300/5A 이하의 경우 CT 잔류회로 방식채용 CT비 400/5A의 경우 3권선 CT사용 계전기에 탭 레인지 0.05A~0.5A 있음

14

출제년도 17.(5점/각 항목당 1점)

책임 설계감리원이 설계감리의 기성 및 준공을 처리한 때에는 다음 각 호의 준공서류를 구비하여 발주자에게 제출하여야 한다. 준공서류 중 감리기록 서류 5가지를 쓰시오. (단, 설계감리업무 수행지침에 따른다.)

[작성답안]

설계감리일지

설계감리지시부

설계감리기록부

설계감리요청서

설계자와 협의사항 기록부

15

출제년도 09.16.17.(5점/각 항목당 1점, 모두 맞으면 5점)

다음 표에 충전방식에 대해 3가지를 쓰고 각각에 대하여 간단히 설명 하시오.

충전방식	설명

[작성답안]

충전방식	설명
보통 충전	필요할 때마다 표준 시간율로 소정의 충전을 하는 방식
세류 충전	축전지의 자기 방전을 보충하기 위하여 부하를 off 한 상태에서 미소 전류로 항상 충전하는 방식
균등 충전	각 전해조에서 일어나는 전위차를 보정하기 위하여 1~3개월 마다 1회, 정전압 충전하여 각 전해조의 용량을 균일화하기 위하여 행하는 충전방식

[핵심] 충전방식

(1) 보통 충전 : 필요할 때마다 표준 시간율로 소정의 충전을 하는 방식

(2) 세류 충전 : 축전지의 자기 방전을 보충하기 위하여 부하를 off 한 상태에서 미소 전류로 항상 충전하는 방식을 말한다. 자기방전(Self Discharge)이란 충전된 2차전지가 방치해 둔 시간과 함께 용량이 감소되어 저장된 전기에너지가 전지 내에서 소모되는 현상을 말한다.

(3) 균등 충전 : 각 전해조에서 일어나는 전위차를 보정하기 위하여 1~3개월 마다 1회, 정전압 충전하여 각 전해조의 용량을 균일화하기 위하여 행하는 충전방식

(4) 부동 충전 : 축전지의 자기 방전을 보충함과 동시에 사용 부하에 대한 전력공급은 충전기가 부담하도록 하되 충전기가 부담하기 어려운 일시적인 대 전류의 부하는 축전지가 부담하도록 하는 방식

(5) 급속 충전 : 짧은 시간에 보통 충전 전류의 2~3배의 전류로 충전하는 방식

16

출제년도 17.(6점/(1)2점, (2)4점)

그림은 저압 배전선로에 접속되어 있는 2대 이상의 배전용 변압기를 이용한 배전방식이다. 다음 그림과 같은 배전방식의 명칭과 이 배전방식의 특징 4가지를 쓰시오.
(단, 특징은 단상변압기 1대와 저압 배전선로를 구성하는 방식과 비교한 경우이다.)

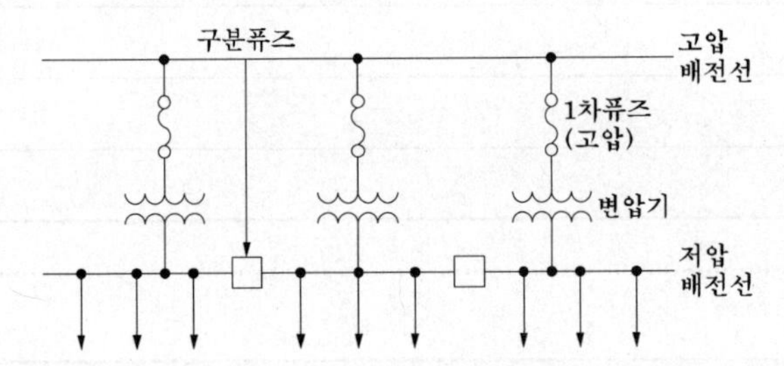

(1) 명칭

(2) 특징

[작성답안]

(1) 저압뱅킹방식

(2) ① 변압기의 공급 전력을 서로 융통시킴으로써 변압기 용량을 저감할 수 있다.

② 전압 변동 및 전력 손실이 경감된다.

③ 부하의 증가에 대응할 수 있는 탄력성이 향상된다.

④ 고장 보호 방식이 적당할 때 공급 신뢰도는 향상된다.

17

출제년도 17.22.(5점/각 문항당 2점, 모두 맞으면 5점)

어느 단상 변압기의 2차 전압 2300[V], 2차 정격전류 43.5[A], 2차측에서 본 합성저항이 0.66[Ω], 무부하손 1000[W]이다. 전부하시 역률 100[%] 및 80[%] 일 때의 효율을 각각 구하시오.

(1) 전부하시 역률 100[%] 경우 효율

(2) 전부하시 역률 80[%] 경우 효율

[작성답안]

(1) 계산 : $\eta = \dfrac{P\cos\theta}{P\cos\theta + P_i + P_c} \times 100 = \dfrac{2300 \times 43.5 \times 1}{2300 \times 43.5 \times 1 + 1000 + 43.5^2 \times 0.66} \times 100 = 97.8[\%]$

답 : 97.8[%]

(2) 계산 : $\eta = \dfrac{P\cos\theta}{P\cos\theta + P_i + P_c} \times 100 = \dfrac{2300 \times 43.5 \times 0.8}{2300 \times 43.5 \times 0.8 + 1000 + 43.5^2 \times 0.66} \times 100 = 97.27[\%]$

답 : 97.27[%]

[핵심] 변압기 효율 (efficiency)

① 전부하 효율 $\eta = \dfrac{P_n \cos\theta}{P_n \cos\theta + P_i + I^2 r} \times 100\ [\%]$

전부하시 $I^2 r = P_i$ 의 조건이 만족되면 효율이 최대가 된다.

② m부하시의 효율 $\eta = \dfrac{m V_{2n} I_{2n} \cos\theta}{m V_{2n} I_{2n} \cos\theta + P_i + m^2 {I_{2n}}^2 r_{21}} \times 100\ [\%]$

$P_i = m^2 P_c$ 이 최대 효율조건이며, 최대 효율일 경우 부하율은 다음과 같다.

$m = \sqrt{\dfrac{P_i}{P_c}}$

③ 전일효율 $\eta_d = \dfrac{\sum h V_2 I_2 \cos\theta_2}{\sum h V_2 I_2 \cos\theta_2 + 24 P_i + \sum h r_2 I_2^2} \times 100\ [\%]$

18

출제년도 98.16.17.(5점/부분점수 없음)

부하 용량이 300 [kW]이고, 전압이 3상 380 [V]인 전기 설비의 계기용 변류기 1차 전류를 계산하고, 그 값을 기준으로 변류기의 1차 정격전류를 아래 조건 선정하시오.

【조 건】

- 수용가의 인입 회로나 전력용 변압기의 1차측에 설치하는 것임.
- 실제 사용하는 정도의 1차 전류용량을 산정할 것.
- 부하 역률은 1로 계산한다.
- 변류기 1차 정격전류[A]는 300, 400, 600, 800, 1000 중에서 선정한다.

[작성답안]

계산 : $I = \frac{P}{\sqrt{3}\,V\cos\theta} \times 1.25 \sim 1.5$[A]

$I = \frac{300 \times 10^3}{\sqrt{3} \times 380 \times 1} \times 1.25 \sim 1.5 = 569.75 \sim 683.7$[A]

∴ 변류비 600/5를 선정

답 : 600[A]

[핵심] 변류비

변류비는 다음과 같이 구한다.

① 1차 전류를 구한다.

② 여유율을 적용한다.

③ 1차 정격을 선정하여 변류비를 선정한다.

$$1차전류(I_1) = \frac{2차권선}{1차권선} \times 2차전류 = \frac{N_2}{N_1} \times I_2$$

$$\frac{N_2}{N_1} = \frac{I_1}{I_2} = 변류비(CT비)$$

1차 전류	5, 10, 15, 20, 30, 40, 50, 75, 100, 150, 200, 300, 400, 500 [A]
2차 전류	5 [A]
정격 부담	5, 10, 15, 25, 40, 100 [VA]

2017년 3회 기출문제 해설

※ 다음 물음에 답을 해당 답란에 답하시오.

1

출제년도 89.95.01.02.17.(5점/각 문항당 1점, 모두 맞으면 5점)

변전소에 200 [Ah]의 연 축전지가 55개 설치되어 있다. 다음 각 물음에 답하시오.

(1) 묽은 황산의 농도는 표준이고, 액면이 저하하여 극판이 노출되어 있다. 어떤 조치를 하여야하는가?

(2) 부동 충전시에 알맞은 전압은?

(3) 충전시에 발생하는 가스의 종류는?

(4) 충전이 부족할 때 극판에 발생하는 현상을 무엇이라고 하는가?

[작성답안]

(1) 표준농도의 묽은 황산액을 보충한다.

(2) 계산 : 부동 충전 전압은 2.15 [V/cell]

$\therefore V = 2.15 \times 55 = 118.25$ [V]

답 : 118.25 [V]

(3) 수소(H_2) 가스

(4) 설페이션 현상

[핵심]

① 부동 충전 전압

CS형(클래드식) → 2.15 [V/cell]

HS형(페이스트식)→ 2.18 [V/cell]

② 설페이션(Sulfation) 현상

납 축전지를 방전 상태에서 오랫동안 방치하여 두면 극판의 황산 납이 회백색으로 변하며(황산화 현상) 내부 저항이 대단히 증가하여 충전시 전해액의 온도 상승이 크고 황산의 비중 상승이 낮으며 가스의 발생이 심하다. 그러므로, 전지의 용량이 감퇴하고 수명이 단축된다.

2

출제년도 89.97.98.02.12.13.17.18.(7점/각 문항당 3점, 모두 맞으면 7점)

그림은 어느 생산공장의 수전설비의 계통도이다. 이 계통도와 뱅크의 부하용량표, 변류기 규격표를 보고 다음 각 물음에 답하시오.(용량산출시 제시되지 않은 조건은 무시한다.)

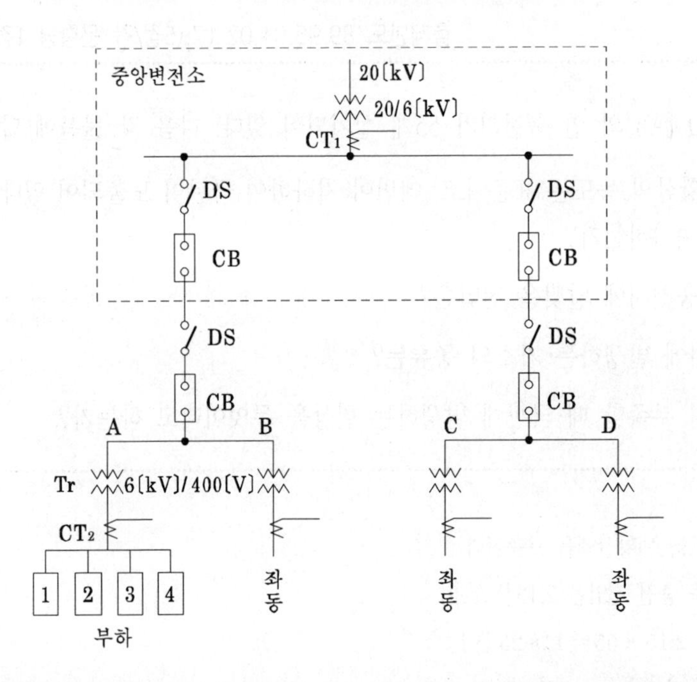

뱅크의 부하 용량표

피더	부하 설비 용량[kW]	수용률[%]
1	125	80
2	125	80
3	500	60
4	600	84

변류기 규격표

항 목	변 류 기
정격 1차 전류[A]	5, 10, 15, 20, 30, 40 50, 75, 100, 150, 200 300, 400, 500, 600, 750 1000, 1500, 2000, 2500
정격 2차 전류[A]	5

(1) A, B, C, D 뱅크에 같은 부하가 걸려 있으며, 각 뱅크의 부등률은 1.1이고 전부하 합성역률은 0.8이다. 중앙변전소 변압기 용량을 구하시오.

(2) 변류기 CT_1, CT_2의 변류비를 구하시오. (단, 1차 수전 전압은 20000/6000 [V], 2차 수전전압은 6000/400 [V]이며 변류비는 1.25배로 결정한다.)

[작성답안]

(1) 계산 : A 뱅크의 최대수요전력$=\dfrac{125\times0.8+125\times0.8+500\times0.6+600\times0.84}{1.1\times0.8}=1140.91$ [kVA]

A, B, C, D 각 뱅크간의 부등률은 없으므로

$STr=1140.91\times4=4563.64$ [kVA]

답 : 5000 [kVA]

(2) 계산 :

① CT_1

$$I_1=\frac{4563.64}{\sqrt{3}\times6}\times1.25=548.92 \text{ [A]}$$

∴ 표에서 600/5 선정

② CT_2

$$I_1=\frac{1140.91}{\sqrt{3}\times0.4}\times1.25=2058.45 \text{ [A]}$$

∴ 표에서 2500/5 선정

답 : ① CT1 : 600/5 ② CT2 : 2500/5

[핵심] 변압기 용량

① 변압기 용량

변압기 용량[kW] $\geq$ 합성 최대 수용 전력 = $\dfrac{\text{부하 설비 합계[kW]} \times \text{수용률}}{\text{부등률}}$

역률을 적용하여 [kW]의 부하를 [kVA]의 부하로 환산하여 구한다.

② 표준용량

3, 5, 7.5, 10, 15, 30, 50, 75, 100, 150, 200, 300, 500, 750, 1000, 1500, 2000, 3000, 4500, (5000), 6000, 7500, 10000, 15000, 20000, 30000, 45000, (50000), 60000, 90000, 100000, (120000), 150000, 200000, 250000, 300000 ( )는 준표준 규격이다.

3

출제년도 97.02.17.(7점/각 문항당 1점, 모두 맞으면 7점)

옥내 배선용 그림 기호에 대한 다음 각 물음에 답하시오.

(1) 일반적인 콘센트의 그림 기호는 (:)이다. 어떤 경우에 사용되는가?

(2) 점멸기의 그림 기호로 $●_{2P}$, $●_{3}$의 의미는 어떤 의미인가?

(3) 배선용 차단기, 누전 차단기의 그림 기호를 그리시오.

(4) HID등으로서 M400, N400의 의미는 무엇인가?

[작성답안]

(1) 벽에 부착하는 경우

(2) 2극 스위치, 3로 스위치

(3) 배선용 차단기 : [B], 누전 차단기 : [E]

(4) M400 : 메탈할라이드등 400[W]

N400 : 나트륨등 400[W]

4

출제년도 17.(5점/부분점수 없음)

사무실의 크기가 12[m]×24[m]이다. 이 사무실의 평균조도를 150[lx] 이상으로 하고자 한다. 이곳에 다운라이트(LED 150[W] 사용)로 배치하고자 할 때, 시설하여야 할 최소 등기구는 몇 [개]인가? (단, LED 150[W]의 전광속은 2450[lm], 기구의 조명률은 0.7, 감광보상률 1.4로 한다.)

[작성답안]

계산 : $N=\dfrac{EAD}{FU}=\dfrac{150\times(12\times24)\times1.4}{2450\times0.7}=35.27[개]$

∴ 36[개] 선정

답 : 36[개]

[핵심] 조명설계

① 실지수

방의 면적이 같은 2개의 방에 같은 수의 광원을 설치하여도 방의 모양이 다른 경우에는 작업면상의 조도는 다르게 된다. 그래서 천정, 바닥이 장방형인 방은 가로 X, 세로 Y 두 변의 평균을 한 변으로 하는 정방형인 방과 동일하다고 하는 이론에 의해 실지수 $R.I$를 다음 식과 같이 결정한다.

$$R.I = \frac{XY}{H(X+Y)}$$

실지수	5.0	4.0	3.0	2.5	2.0	1.5	1.25	1.0	0.8	0.6
기호	A	B	C	D	E	F	G	H	I	J

② 조도계산

N개의 램프에서 방사되는 빛을 평면상의 면적 A[㎡]에 모두 집중 조사할 수 있다고 하고 램프 1개당 광속을 F[lm]이라 하면, 그 면의 평균조도를

$$E = \frac{F \cdot N}{A} \text{ [lx]}$$

로 나타낸다. 이러한 평균조도 계산은 광속법과 설계여건에 따라 ZCM (Zonal Cavity Method)법을 채택할 수 있다.

$$E = \frac{F \cdot N \cdot U \cdot M}{A}$$

여기서, E : 평균조도 [lx] F : 램프 1개당 광속 [lm] N : 램프수량 [개]
U : 조명률 M : 보수율, 감광보상률의 역수 A : 방의 면적 [㎡] (방의 폭×길이)

5 출제년도 17.(6점/각 항목당 2점)

다음 용어의 정의를 쓰시오.

- 변전소
- 개폐소
- 급전소

[작성답안]

- 변전소 : 밖으로부터 전송받은 전기를 변전소 안에 시설한 변압기·전동발전기·회전변류기·정류기 그 밖의 기계기구에 의하여 변성하는 곳
- 개폐소 : 개폐기 및 기타 장치에 의하여 전로를 개폐하는 곳
- 급전소 : 전력계통의 운용에 관한 지시 및 급전조작을 하는 곳

[핵심] 전기설비기술기준 제3조 (정의)

1. "발전소"란 발전기 · 원동기 · 연료전지 · 태양전지 · 해양에너지발전설비 · 전기저장장치 그 밖의 기계기구[비상용 예비전원을 얻을 목적으로 시설하는 것 및 휴대용 발전기를 제외한다]를 시설하여 전기를 생산[원자력, 화력, 신재생에너지 등을 이용하여 전기를 발생시키는 것과 양수발전, 전기저장장치와 같이 전기를 다른 에너지로 변환하여 저장 후 전기를 공급하는 것]하는 곳을 말한다.
2. "변전소"란 변전소의 밖으로부터 전송받은 전기를 변전소 안에 시설한 변압기·전동발전기·회전변류기·정류기 그 밖의 기계기구에 의하여 변성하는 곳으로서 변성한 전기를 다시 변전소 밖으로 전송하는 곳을 말한다.
3. "개폐소"란 개폐소 안에 시설한 개폐기 및 기타 장치에 의하여 전로를 개폐하는 곳으로서 발전소 · 변전소 및 수용장소 이외의 곳을 말한다.
4. "급전소"란 전력계통의 운용에 관한 지시 및 급전조작을 하는 곳을 말한다.
5. "전선"이란 강전류 전기의 전송에 사용하는 전기 도체, 절연물로 피복한 전기 도체 또는 절연물로 피복한 전기 도체를 다시 보호 피복한 전기 도체를 말한다.
6. "전로"란 통상의 사용 상태에서 전기가 통하고 있는 곳을 말한다.
7. "전선로"란 발전소 · 변전소 · 개폐소, 이에 준하는 곳, 전기사용장소 상호간의 전선(전차선을 제외한다) 및 이를 지지하거나 수용하는 시설물을 말한다.
8. "전기기계기구"란 전로를 구성하는 기계기구를 말한다.
9. "연접 인입선"이란 한 수용장소의 인입선에서 분기하여 지지물을 거치지 아니하고 다른 수용 장소의 인입구에 이르는 부분의 전선을 말한다. 여기에서 "인입선"이란 가공인입선[가공전선로의 지지물로부터 다른 지지물을 거치지 아니하고 수용장소의 붙임점에 이르는 가공전선(가공전선로의 전선을 말한다. 이하 같다)을 말한다] 및 수용장소의 조영물(토지에 정착한 시설물 중 지붕 및 기둥 또는 벽이 있는 시설물을 말한다. 이하 같다)의 옆면 등에 시설하는 전선으로서 그 수용장소의 인입구에 이르는 부분의 전선을 말한다.
10. "전차선"이란 전차의 집전장치와 접촉하여 동력을 공급하기 위한 전선을 말한다.
11. "전차선로"란 전차선 및 이를 지지하는 시설물을 말한다.
12. "배선"이란 전기사용 장소에 시설하는 전선(전기기계기구 내의 전선 및 전선로의 전선을 제외한다)을 말한다.
13. "약전류전선"이란 약전류 전기의 전송에 사용하는 전기 도체, 절연물로 피복한 전기 도체 또는 절연물로 피복한 전기 도체를 다시 보호 피복한 전기 도체를 말한다.
14. "약전류전선로"란 약전류전선 및 이를 지지하거나 수용하는 시설물(조영물의 옥내 또는 옥측에 시설하는 것을 제외한다)을 말한다.
15. "광섬유케이블"이란 광신호의 전송에 사용하는 보호 피복으로 보호한 전송매체를 말한다.
16. "광섬유케이블선로"란 광섬유케이블 및 이를 지지하거나 수용하는 시설물(조영물의 옥내 또는 옥측에 시설하는 것을 제외한다)을 말한다.

17. “지지물”이란 목주·철주·철근 콘크리트주 및 철탑과 이와 유사한 시설물로서 전선·약전류전선 또는 광섬유케이블을 지지하는 것을 주된 목적으로 하는 것을 말한다.
18. “조상설비”란 무효전력을 조정하는 전기기계기구를 말한다.
19. “전력보안 통신설비”란 전력의 수급에 필요한 급전·운전·보수 등의 업무에 사용되는 전화 및 원격지에 있는 설비의 감시·제어·계측·계통보호를 위해 전기적·광학적으로 신호를 송·수신하는 제 장치·전송로 설비 및 전원 설비 등을 말한다.
20. “전기철도”란 전기를 공급받아 열차를 운행하여 여객이나 화물을 운송하는 철도를 말한다.
21. “극저주파 전자계(Extremely Low Frequency Electric and Magnetic Fields : ELF EMF)”라 함은 0Hz를 제외한 300Hz 이하의 전계와 자계를 말한다.
22. “수로”란 취수설비, 침사지, 도수로, 헤드탱크, 서지탱크, 수압관로 및 방수로를 말한다.
23. “설계홍수위(flood water level : FWL)”란 설계홍수량이 저수지로 유입될 경우에 여수로 방류량과 저수지내의 저류효과를 고려하여 상승할 수 있는 가장 높은 수위를 말한다. 일반적으로 설계홍수량은 빈도별 홍수유량을 기준으로 산정한다.
24. “최고수위(maximum water level : MWL)”란 가능최대홍수량이 저수지로 유입될 경우에 여수로 방류량과 저수지내의 저류효과를 고려하여 상승할 수 있는 가장 높은 수위를 말한다. 최고수위는 설계홍수위와 같거나, 빈도홍수를 설계홍수량으로 채택한 댐의 경우는 설계홍수위보다 높다.
25. “가능최대홍수량(probable maximum flood : PMF)”이란 가능최대강수량(probable maximum precipitation : PMP)으로 인한 홍수량을 말하며, 유역에서의 가능최대 강수량이란 주어진 지속시간 동안 어느 특정 위치에 주어진 유역면적에 대하여 연중 어느 지정된 기간에 물리적으로 발생할 수 있는 이론적 최대 강수량을 말한다.
26. “탈황, 탈질설비”란 연소시 발생하는 배연가스 중 황화합물과 질소화합물의 농도를 저감하는 설비로서 보일러, 압력용기 및 배관의 부속설비에 포함한다.
27. “해양에너지발전설비”란 조력, 조류, 파력, 해수 온도차 등으로 해양의 조수, 해류, 파도, 온도차 등을 변환시켜 전력을 생산하는 설비를 말한다.
28. “전기저장장치”란 전기를 저장하고 공급하는 시스템을 말한다.
29. “스털링엔진”이란 실린더 내부의 밀봉된 작동유체의 가열·냉각 등의 온도변화에 따른 체적변화에 의한 운동에너지를 이용하는 외연기관을 말한다.
30. “직류전계(DC Electric Fields)”란 0Hz인 직류전로와 공간전하에 의해 형성되는 정전계(Static Electric Fields)를 말한다.
31. “직류자계(DC Magnetic Fields)”란 0Hz인 직류전로에서 형성되는 정자계(Static Magnetic Fields)를 말한다.
32. “소수력발전설비”란 물의 위치에너지 및 운동에너지를 변환시켜 전력을 생산하는 설비로 시설용량 5,000kW 이하를 말한다.

6

출제년도 17.(4점/각 항목당 2점)

전기안전관리자의 공사의 감리업무중 공사종류 2가지를 쓰시오.

[작성답안]

비상용예비발전설비의 설치, 변경공사로서 총공사비가 1억원 미만인 공사

전기수용설비의 증설 또는 변경공사로서 총공사비가 5천만원 미만인 공사

[핵심] 전기안전관리자의 직무에 관한 고시

제13조【공사 감리】

① 전기안전관리자는 시행규칙 제30조제2항제6호에 따라 다음 각 호의 전기설비 공사의 경우에는 감리업무를 수행할 수 있다.

1. 비상용예비발전설비의 설치, 변경공사로서 총공사비가 1억원 미만인 공사
2. 전기수용설비의 증설 또는 변경공사로서 총공사비가 5천만원 미만인 공사

② 전기안전관리자는 전기설비 공사가 설계도서 및 전기설비기술기준 등에 적합하게 시공되는지 여부를 확인하여야 한다.

③ 전기안전관리자는 전기설비 공사 중 불합리한 부분, 착오 및 불명확한 부분 등에 대하여는 그 내용과 의견을 관련자 및 소유자에게 보여 주어야 한다.

④ 전기안전관리자는 전기설비 공사가 설계도서와 상이하게 진행되거나 공사의 품질에 중대한 결함이 예상되는 경우에는 소유자와 사전협의하여 공사를 중지 할 수 있다.

7

출제년도 17.18.20.(6점/부분점수 없음)

지상역률 80[%]인 60[kW] 부하에 지상역률 60[%]의 40[kW]부하를 연결하였다. 이때 합성역률을 90 [%]로 개선하는데 필요한 콘덴서 용량은 몇[kVA]인가?

[작성답안]

계산 : 유효전력 $P = 60 + 40 = 100[\text{kW}]$

무효전력 $Q = 60 \times \dfrac{0.6}{0.8} + 40 \times \dfrac{0.8}{0.6} = 98.33[\text{kVar}]$

$\therefore$ 역률 $\cos\theta = \dfrac{100}{\sqrt{100^2 + 98.33^2}} \times 100 = 71.30[\%]$

$\therefore$ 콘덴서 용량 $Q_c = 100 \times \left(\dfrac{\sqrt{1-0.713^2}}{0.713} - \dfrac{\sqrt{1-0.9^2}}{0.9} \right) = 49.907[\text{kVA}]$

답 : 49.91[kVA]

[핵심] 역률개선용 콘덴서 용량

$$Q_c = P\tan\theta_1 - P\tan\theta_2 = P(\tan\theta_1 - \tan\theta_2) = P\left(\frac{\sqrt{1-\cos^2\theta_1}}{\cos\theta_1} - \frac{\sqrt{1-\cos^2\theta_2}}{\cos\theta_2}\right)[\text{kVA}]$$

여기서, $\cos\theta_1$: 개선 전 역률, $\cos\theta_2$: 개선 후 역률

8

출제년도 89.94.08.10.12.14.17.(5점/부분점수 없음)

매분 18[m³]의 물을 높이 15[m]인 탱크에 양수하는데 필요한 전력을 V결선한 변압기로 공급한다면, 여기에 필요한 단상 변압기 1대의 용량은 몇[kVA]인가? (단, 펌프와 전동기의 합성 효율은 68[%]이고, 전동기의 전부하 역률은 89[%]이며, 펌프의 축동력은 15[%]의 여유를 본다고 한다.)

[작성답안]

계산 : $P = \frac{HQK}{6.12 \times \eta \times \cos\theta}$[kVA] 에서 $P = \frac{18 \times 15 \times 1.15}{6.12 \times 0.68} = 74.611$[kW]

$$P_V = \sqrt{3}P_1 = \frac{74.611}{0.89} = 83.833[\text{kVA}]$$

단상 변압기 1대용량 $P_1 = \frac{83.833}{\sqrt{3}} = 48.4$[kVA]

답 : 48.4[kVA]

[핵심]

① 펌프용 전동기용량

$$P = \frac{9.8Q'HK}{\eta} = \frac{KQH}{6.12\eta}\ [\text{kW}]$$

여기서, P : 전동기의 용량[kW]　Q : 양수량[㎥/min]　Q' : 양수량[㎥/sec]
H : 양정(낙차)[m]　η : 펌프의 효율[%]　K : 여유계수

② V결선

△-△ 결선에서 1대의 단상변압기가 단락, 또는 사고가 발생한 경우를 고장이 발생된 변압기를 제거시킨 결선법으로 즉, 2대의 단상변압기로서 3상 변압기와 같은 전력을 송배전하기 위한 방식을 V결선이라 한다.

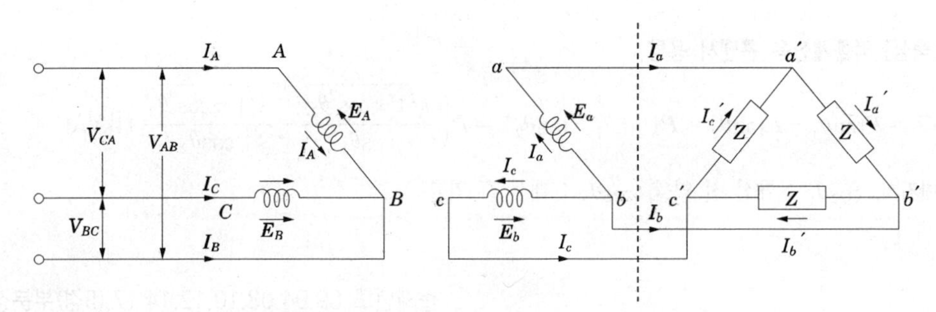

$$P_v = VI\cos\left(\frac{\pi}{6}+\phi\right) + VI\cos\left(\frac{\pi}{6}-\phi\right) = \sqrt{3}\,VI\cos\phi\ [\mathrm{W}]$$

$$P_v = \sqrt{3}\,P_1$$

출력비 : $\dfrac{V}{\Delta} = \dfrac{\sqrt{3}\,VI\cos\phi}{3\,VI\cos\phi} \fallingdotseq 0.577$

이용률 : $\dfrac{\sqrt{3}\,VI}{2\,VI} = 0.866$

9

출제년도 12.17.(4점/각 항목당 1점)

차단기에 비하여 전력용 퓨즈의 장점 4가지를 쓰시오.

[작성답안]

① 가격이 싸다. ② 소형 경량이다.
③ 릴레이나 변성기가 필요 없다. ④ 고속도 차단한다.

[핵심] 전력퓨즈의 장·단점

장점	단점
① 가격이 싸다. ② 소형 경량이다. ③ 릴레이나 변성기가 필요 없다. ④ 밀폐형 퓨즈는 차단시에 무소음 무방출이다. ⑤ 소형으로 큰 차단용량을 갖는다. ⑥ 보수가 간단하다. ⑦ 고속도 차단한다. ⑧ 한류형 퓨즈는 한류효과가 대단히 크다. ⑨ 차지하는 공간이 적고 장치 전체가 싼 값에 소형으로 처리된다. ⑩ 후비보호가 완벽하다.	① 재투입을 할 수 없다. ② 과도전류로 용단하기 쉽다. ③ 동작시간-전류특성을 계전기처럼 자유로이 조정 할 수 없다. ④ 한류형 퓨즈에는 녹아도 차단하지 못하는 전류범위를 갖는 것이 있다. ⑤ 비보호영역이 있으며, 사용 중에 열화하여 동작하면 결상을 일으킬 염려가 있다. ⑥ 한류형은 차단시에 과전압을 발생한다. ⑦ 고 임피던스 접지계통의 접지보호는 할 수 없다.

10 출제년도 02.17.(12점/각 문항당 2점, 모두 맞으면 12점)

주어진 도면과 동작설명을 보고 다음 각 물음에 답하시오.

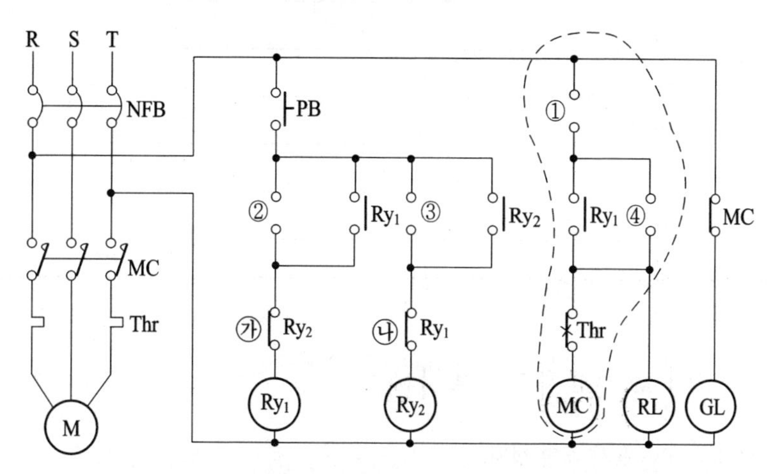

【동작설명】

① 누름 버튼 스위치 PB를 누르면 릴레이 Ry_1이 여자되어 MC를 여자시켜 전동기가 기동되며 PB에서 손을 떼어도 전동기는 계속 운전된다.

② 다시 PB를 누르면 릴레이 Ry_2가 여자되어 MC는 소자되며 전동기는 정지한다.

③ 다시 PB를 누름에 따라서 ①과 ②의 동작을 반복하게 된다.

(1) ①~④ 접점을 그리고 기호를 적으시오.

(2) ㉮, ㉯의 릴레이 b접점이 서로 작용하는 역할에 대하여 이것을 무슨 접점이라 하는가?

(3) 운전 중에 과전류로 인하여 Thr이 작동되면 점등되는 램프는 어떤 램프인가?

(4) 그림의 점선 부분을 논리식(출력식)과 무접점 논리회로로 표시하시오.

- 논리식
- 논리회로

(5) 동작에 관한 타임차트를 완성하시오.

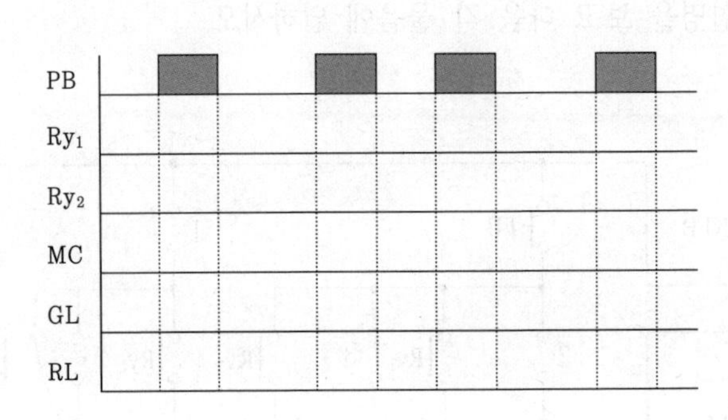

[작성답안]

(1) ① Ry_2 ② MC ③ MC ④ MC

(2) 인터록 접점(Ry_1, Ry_2 동시 투입 방지)

(3) GL 램프

(4) • 논 리 식

$$MC = \overline{Ry_2}\,(Ry_1 + MC) \cdot \overline{Thr}$$

• 논리회로

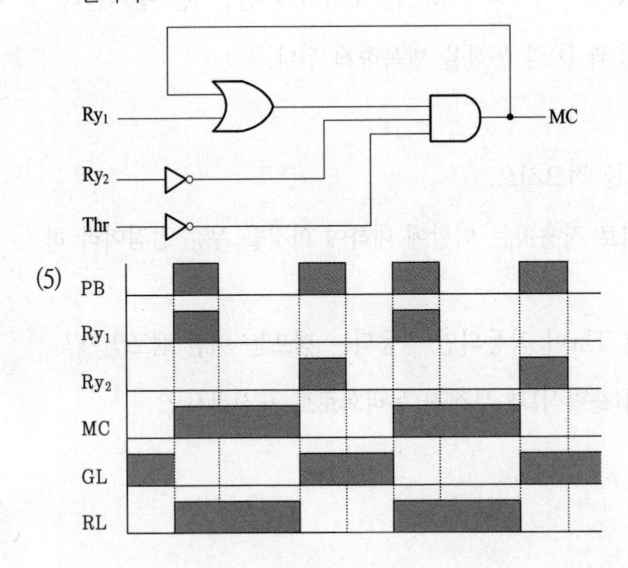

11

출제년도 17.(6점/부분점수 없음)

다음의 결선도는 PT 및 CT의 미완성 결선도이다. 그림기호를 그리고 약호들을 사용하여 결선도를 완성하시오.

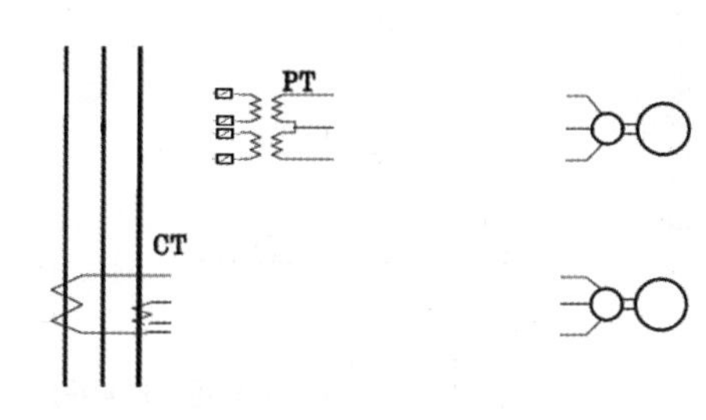

[작성답안]

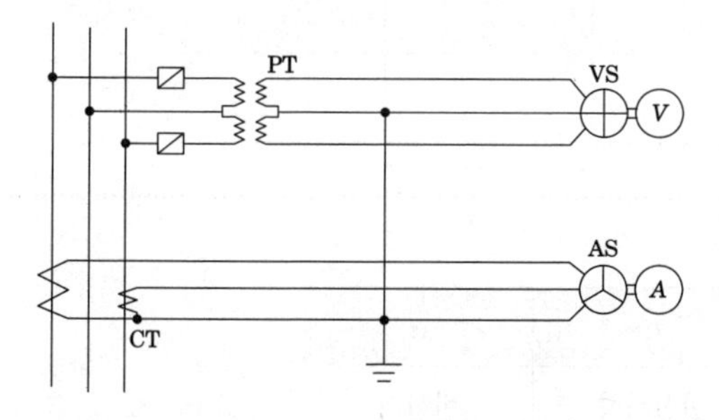

12

출제년도 17.(5점/각 항목당 1점, 모두 맞으면5점)

몰드변압기의 절연파괴 원인 4가지를 쓰시오.

[작성답안]

- 낙뢰의 침투
- 전원 재투입 및 순간정전에 의한 개폐 Surge
- 콘덴서의 개폐 또는 이상
- Reactor 소손

그 외

- 과부하 및 단락전류
- 기계적인 충격
- 지락 및 단락사고에 의한 과전류
- 절연물 열화에 의한 절연내력 저하

13 출제년도 17.(4점/각 항목당 1점)

다음 곡선의 계전기 명칭을 쓰시오.

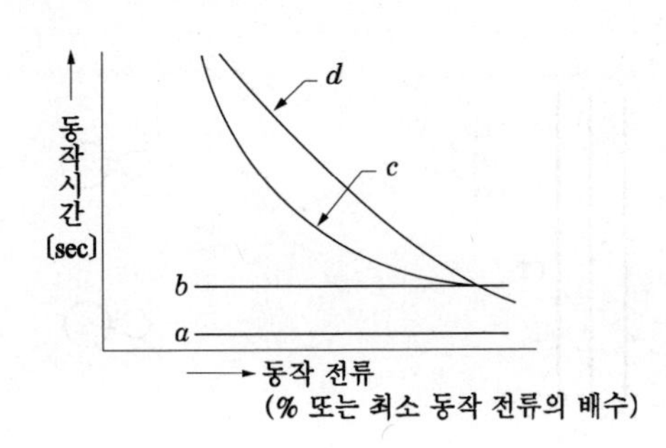

	a	b	c	d
명칭				

[작성답안]

	a	b	c	d
명칭	순한시계전기	정한시계전기	반한시성 정한시 계전기	반한시 계전기

[핵심]

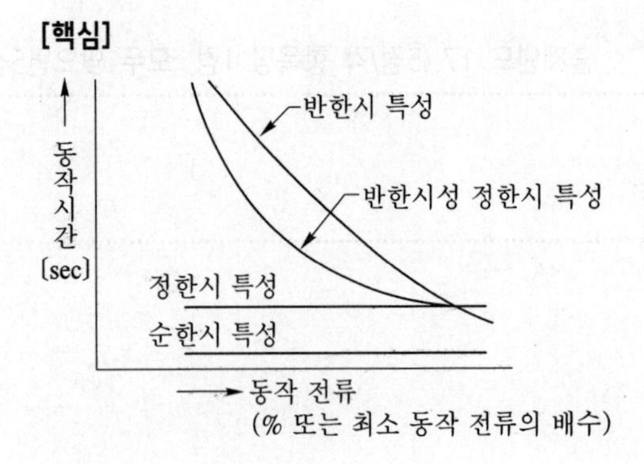

14 출제년도 17.22.(6점/각 문항당 2점)

그림은 변압기의 절연 내력을 시험하기 위한 회로도이다. 그림을 보고 다음 각 물음에 답하시오.

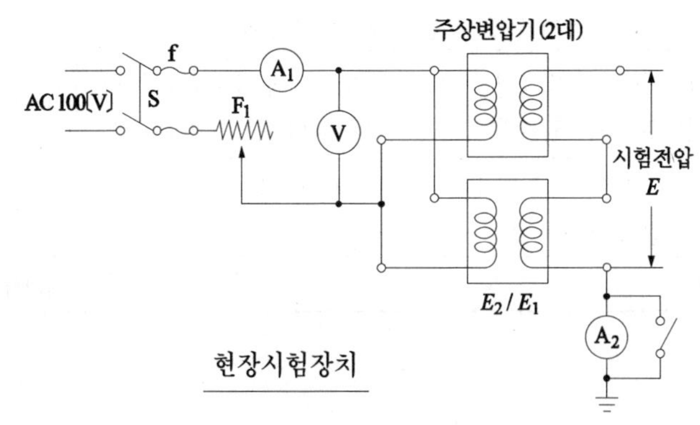

(1) 시험시 A_1전류계로 측정하는 전류는 무엇인가?

(2) 시험시 A_2전류계로 측정되는 전류는 무엇인가?

(3) 시험시 V의 전압계로 절연 내력시험 측정전압을 6[kV]로 설정하면 최대사용전압은 몇[V]가 되는가?

[작성답안]

(1) 절연내력시험 전류

(2) 피시험기기의 누설 전류

(3) 계산 : 시험전압 = 최대사용전압 × 1.5 이므로

$$최대사용전압 = \frac{6000}{1.5} = 4000[V]$$

답 : 4000[V]

[핵심] 절연내력시험

구분	종류(최대사용전압을 기준으로)	시험전압
①	최대사용전압 7 [kV] 이하인 권선 (단, 시험전압이 500 [V] 미만으로 되는 경우에는 500 [V])	최대사용전압 ×1.5배
②	7 [kV]를 넘고 25 [kV] 이하의 권선으로서 중성선 다중접지식에 접속되는 것	최대사용전압 ×0.92배
③	7 [kV]를 넘고 60 [kV] 이하의 권선(중성선 다중접지 제외) (단, 시험전압이 10,500 [kV] 미만으로 되는 경우에는 10,500 [V])	최대사용전압 ×1.25배

④	60 [kV]를 넘는 권선으로서 중성점 비접지식 전로에 접속되는 것	최대사용전압 ×1.25배
⑤	60 [kV]를 넘는 권선으로서 중성점 접지식 전로에 접속하고 또한 성형 결선의 권선의 경우에는 그 중성점에 T좌 권선과 주좌 권선의 접속점에 피뢰기를 시설하는 것 (단, 시험전압이 75 [kV] 미만으로 되는 경우에는 75 [kV])	최대사용전압 ×1.1배
⑥	60 [kV]를 넘는 권선으로서 중성점 직접 접지식 전로에 접속하는 것, 다만 170 [kV]를 초과하는 권선에는 그 중성점에 피뢰기를 시설하는 것	최대사용전압 ×0.72배
⑦	170 [kV]를 넘는 권선으로서 중성점 직접접지식 전로에 접속하고 또는 그 중성점을 직접 접지하는 것	최대사용전압 ×0.64배
(예시)	기타의 권선	최대사용전압 ×1.1배

15

출제년도 97.04.07.08.11.17.(6점/각 문항당 1점, 모두 맞으면 6점)

그림은 발전기의 상간 단락 보호 계전 방식을 도면화한 것이다. 이 도면을 보고 다음 각 물음에 답하시오.

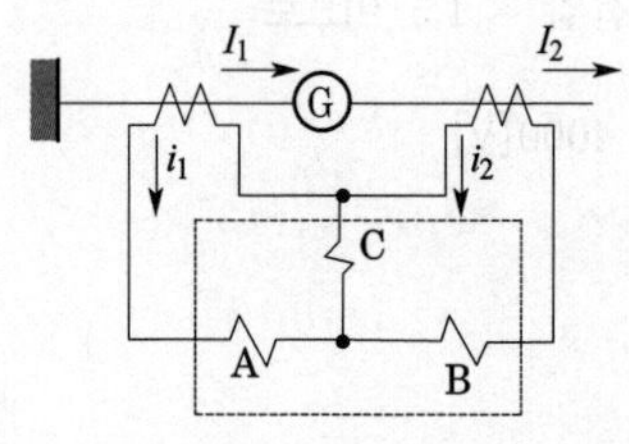

(1) 점선안의 계전기 명칭은?

(2) 동작 코일은 A, B, C 코일 중 어느 것인가?

(3) 발전기에 상간 단락이 생길 때 코일 C의 전류 i_d는 어떻게 표현되는가?

(4) 동기발전기를 병렬운전 시키기 위한 조건을 3가지만 쓰시오.

[작성답안]

(1) 비율 차동 계전기

(2) C 코일

(3) $i_d = |i_1 - i_2|$

(4) ① 기전력의 크기가 같을 것

② 기전력의 위상이 같을 것

③ 기전력의 주파수가 같을 것

④ 기전력의 파형이 같을 것

[핵심]

① 비율차동계전기

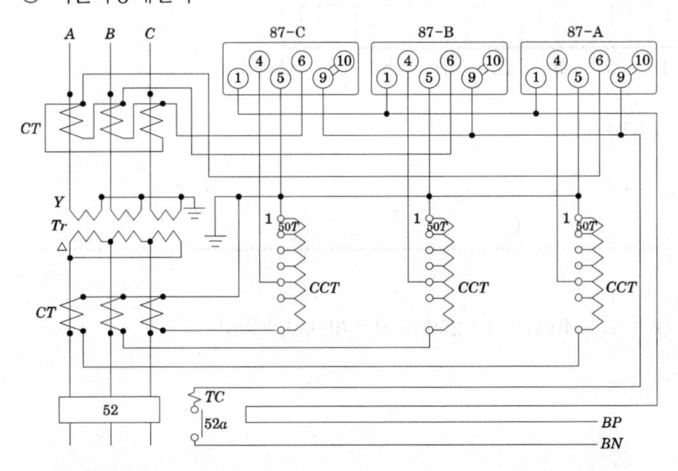

비율차동계전기는 변압기 투입시 여자 돌입 전류에 의한 오동작을 방지한 경우는 최소 35 [%]의 불평형 전류로 동작한다. 비율차동계전기 Tap선정은 차전류가 억제코일에 흐르는 전류에 대한 비율보다 계전기 비율을 크게 선정해야 한다.

16

출제년도 95.00.05.17.(4점/각 문항당 2점)

그림과 같은 부하 곡선을 보고 다음 각 물음에 답하시오.

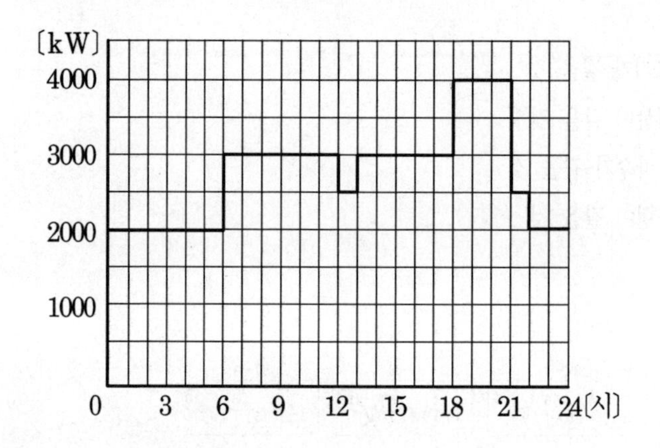

(1) 일공급 전력량은 몇 [kWh]인가?

(2) 일부하율은 몇 [%]인가?

[작성답안]

(1) $W = 2000 \times (6+2) + 3000 \times (6+5) + 4000 \times 3 + 2500 \times 2 = 66000$ [kWh]

(2) 일부하율$= \dfrac{66000}{24 \times 4000} \times 100 = 68.75$ [%]

[핵심] 부하율

공급 설비가 어느 정도 유효하게 사용되는가를 나타내며 부하율이 클수록 공급 설비가 유효하게 사용된다. 부하율은 다음 식에 의해 계산한다.

$$부하율 = \frac{평균\ 수요\ 전력\ [kW]}{최대\ 수요\ 전력\ [kW]} \times 100\ [\%]$$

부하율은 각 단위별(변압기, 전주, 수용가 등), 시기, 범위, 기간에 따라 달라지며, 부하율을 표시할 경우 기간, 범위를 반드시 명기한다. 예를 들어 일부하율, 월부하율 등으로 표시하여야 하며, 부하율은 기간이 길어질수록 작아진다. 부하율이 적다의 의미는 다음과 같다.

- 공급 설비를 유용하게 사용하지 못한다.
- 평균 수요 전력과 최대 수요 전력과의 차가 커지게 되므로 부하 설비의 가동률이 저하된다.

17

출제년도 17.(5점/각 항목당 1점)

다음은 제어계의 조절부 동작에 의한 분류이다. 다음 ①~⑤ 안에 들어갈 제어계를 쓰시오.

(①) 제어	이 제어는 각각의 이점을 살리고 있으므로 가장 우수한 제어 동작이다. 이 동작으로 제어를 하는 경우에는 오프셋이 없고 응답이 빠른 제어를 할 수 있다.
(②) 제어	이것은 구조가 간단하나 설정값과 제어결과, 즉 검출값 편차의 크기에 비례하여 조작부를 제어하는 것으로 정상 오차를 수반한다. 사이클링은 없으나 잔류편차(off-set)가 생기는 결점이 있다.
(③) 제어	제어계 오차가 검출될 때 오차가 변화하는 속도에 비례하여 조작량을 가감산하도록 하는 동작으로 오차가 커지는 것을 미리 방지하는데 있다.
(④) 제어	오차의 크기와 오차가 발생하고 있는 시간에 대해 둘러싸고 있는 면적을 말하고, 적분값의 크기에 비례하여 조작부를 제어하는 것으로, 잔류오차가 없도록 제어할 수 있는 장점이 있다.
(⑤) 제어	제어 결과에 빨리 도달하도록 미분 동작을 부가한 것이다. 응답 속응성의 개선에 사용된다.

[작성답안]

① 비례 적분 미분

② 비례

③ 미분

④ 적분

⑤ 비례 미분

[핵심]

① ON-OFF제어 : 이 제어는 각각의 이점을 살리고 있으므로 가장 우수한 제어 동작이다. 이 동작으로 제어를 하는 경우에는 오프셋이 없고 응답이 빠른 제어를 할 수 있다.

② 비례 적분(PI) : 비례 동작에 의해 발생하는 잔류편차를 소멸시키기 위해 적분 동작을 부가시킨 제어동작으로서 제어 결과가 진동적으로 되기 쉽다.

[핵심] 몰드변압기 이상 현상에 따른 대책

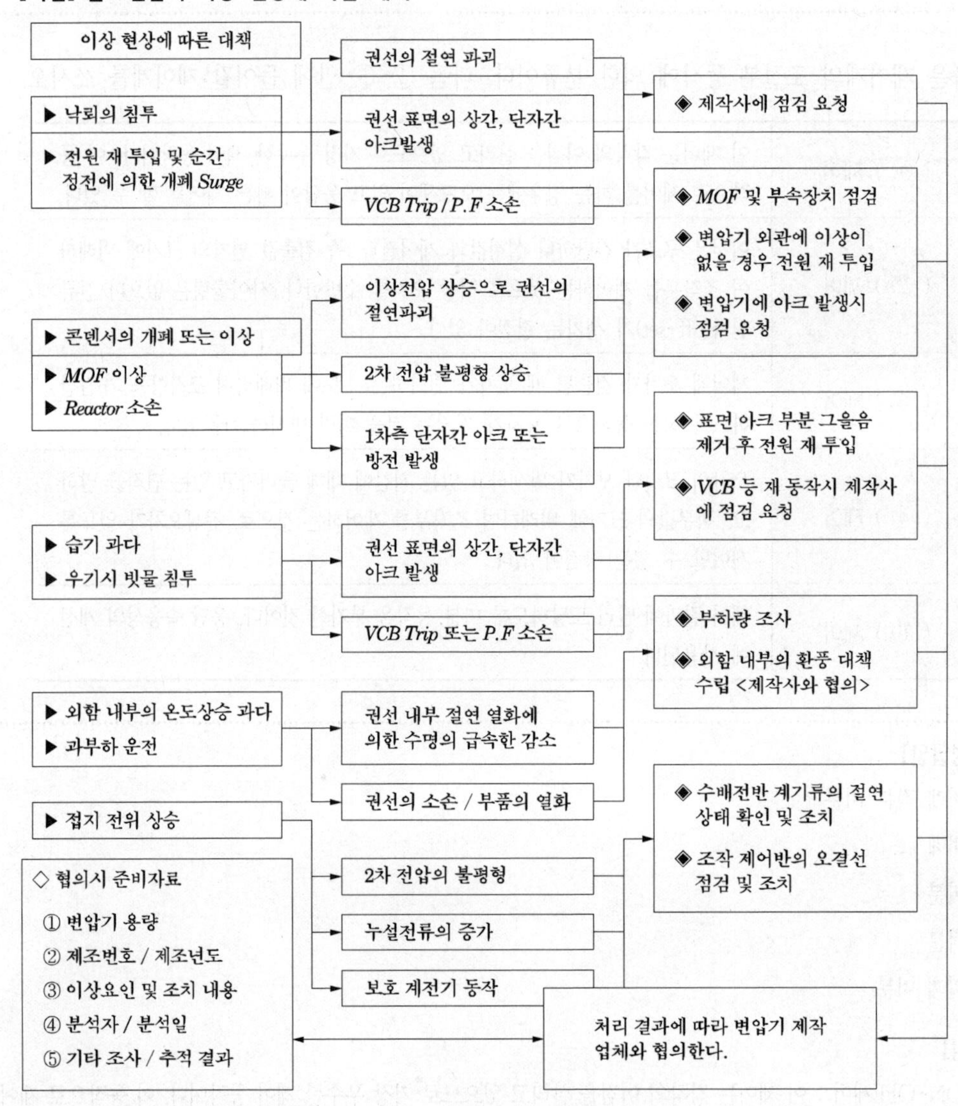

18

출제년도 17.(3점/각 항목당 1점)

특고압 가공전선과 저고압 가공전선 등의 접근 또는 교차에 관한 내용이다 다음 ①~③에 들어갈 내용을 쓰시오.

> 특별고압 가공전선이 저고압 가공전선과 접근시 특별고압 가공 전선로는 1차 접근상태로 시설되는 경우 (①) 특별고압 보안공사에 의하여야 한다.
>
> 특별고압 가공전선과 저, 고압 가공전선등 또는 이들의 지지물이나 지주 사이의 이격 거리는 (②) 이며, 사용전압이 60000[V]초과시 10000[V] 또는 그 단수마다 (③) [cm] 더한 거리 이다.

①	②	③

[작성답안]

①	②	③
제3종	2m	12 cm

[핵심] 한국전기설비규정 333.26 특고압 가공전선과 저고압 가공전선 등의 접근 또는 교차

1. 특고압 가공전선이 가공약전류전선 등 저압 또는 고압의 가공전선이나 저압 또는 고압의 전차선(이하에서 "저고압 가공전선 등"이라 한다)과 제1차 접근상태로 시설되는 경우에는 다음에 따라야 한다.
   가. 특고압 가공전선로는 제3종 특고압 보안공사에 의할 것.
   나. 특고압 가공전선과 저고압 가공 전선 등 또는 이들의 지지물이나 지주 사이의 이격거리는 [표 333.26-1]에서 정한 값 이상일 것.

[표 333.26-1] 특고압 가공전선과 저고압 가공전선 등의 접근 또는 교차 시 이격거리(제1차 접근상태)

사용전압의 구분	이 격 거 리
60 kV 이하	2 m
60 kV 초과	2 m에 사용전압이 60 kV를 초과하는 10 kV 또는 그 단수마다 0.12 m 을 더한 값

2018년 1회 기출문제 해설

※ 다음 물음에 답을 해당 답란에 답하시오.

1

출제년도 07.18.20.(5점/부분점수 없음)

다음 ( )에 알맞은 내용을 쓰시오.

"임의의 면에서 한 점의 조도는 광원의 광도 및 입사각 θ의 코사인에 비례하고 거리의 제곱에 반비례한다. 이와 같이 입사각의 코사인에 비례하는 것을 Lambert의 코사인 법칙이라 한다. 또 광선과 피조면의 위치에 따라 조도를 (①)조도, (②)조도, (③)조도 등으로 분류할 수 있다.

[작성답안]

① 법선

② 수평면

③ 수직면

[핵심]

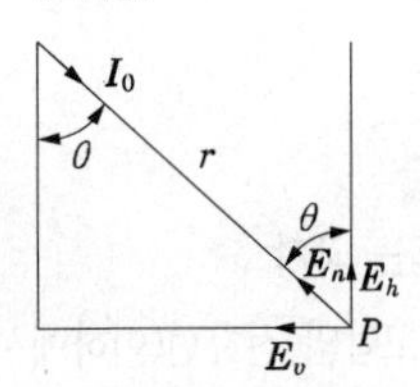

① 법선조도 $E_n = \dfrac{I}{r^2}$ [lx]

② 수평면 조도 $E_h = E_n \cos\theta = \dfrac{I}{r^2}\cos\theta = \dfrac{I}{h^2}\cos^3\theta$ [lx]

③ 수직면 조도 $E_v = E_n \sin\theta = \dfrac{I}{r^2}\sin\theta = \dfrac{I}{h^2}\sin\theta\cos^2\theta$ [lx]

2

출제년도 10.18.22.(9점/각 항목당 1점)

3상 154[kV] 시스템의 회로도와 조건을 이용해여 점 F에서 3상 단락고장이 발생하였을 때 단락전류 등을 154[KV], 100[MVA] 기준으로 계산하는 과정에 대한 다음 각 물음에 답하시오.

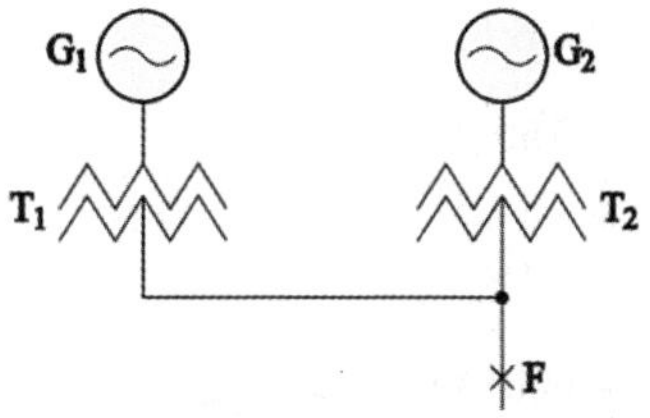

G1 G2 T1 T2 F

【조건】

① 발전기 G_1: $S_{G1} = 20$[MVA], $\%Z_{G1} = 30[\%]$

G_1: $S_{G2} = 5$[MVA], $\%Z_{G2} = 30[\%]$

② 변압기 T_1 : 전압 11/154[kV], 용량 20[MVA], $\%Z_{T1} = 10[\%]$

T_2 : 전압 6.6/154[kV], 용량 5[MVA], $\%Z_{T2} = 10[\%]$

③ 송전선로 : 전압 154[kV], 용량 20[MVA], $\%Z_{TL} = 5[\%]$

(1) 정격전압과 정격용량을 각각 154[kV], 100[MVA]로 할 때 정격전류(I_n)를 구하시오.

(2) 발전기 (G_1, G_2), 변압기(T_1, T_2) 및 송전선로의 %임피던스 $\%Z_{G1}$, $\%Z_{G2}$, $\%Z_{T1}$, $\%Z_{T2}$, $\%Z_{TL}$을 각각 구하시오.

① $\%Z_{G1}$

② $\%Z_{G2}$

③ $\%Z_{T1}$

④ $\%Z_{T2}$

⑤ $\%Z_{TL}$

(3) 점 F에서 합성 %임피던스를 구하시오.

2018

(4) 점 F에서의 3상 단락전류 I_s를 구하시오.

(5) 점 F에서 설치할 차단기의 용량을 구하시오.

[작성답안]

(1) 계산 : $I_n = \frac{100 \times 10^6}{\sqrt{3} \times 154 \times 10^3} = 374.9[A]$

답 : 374.9[A]

(2) ① 계산 : $\%Z_{G1} = 30 \times \frac{100}{20} = 150[\%]$

답 : 150[%]

② 계산 : $\%Z_{G2} = 30 \times \frac{100}{5} = 600[\%]$

답 : 600[%]

③ 계산 : $\%Z_{T1} = 10 \times \frac{100}{20} = 50[\%]$

답 : 50[%]

④ 계산 : $\%Z_{T2} = 10 \times \frac{100}{5} = 200[\%]$

답 : 200[%]

⑤ 계산 : $\%Z_{TL} = 5 \times \frac{100}{20} = 25[\%]$

답 : 25[%]

(3) 계산 : $\%Z = \%Z_{TL} + \frac{(\%Z_{G1} + \%Z_{T1}) \times (\%Z_{G2} + \%Z_{T2})}{(\%Z_{G1} + \%Z_{T1}) + (\%Z_{G2} + \%Z_{T2})}$

$$= 25 + \frac{(150+50) \times (600+200)}{(150+50) + (600+200)} = 185[\%]$$

답 : 185[%]

(4) 계산 : $I_s = \frac{100}{\%Z} I_n = \frac{100}{185} \times 374.9 = 202.65[A]$

답 : 202.65[A]

(5) $P_s = \sqrt{3} \times 170 \times 202.65 \times 10^{-3} = 59.67[MVA]$

답 : 59.67[MVA]

또는 $P_s = \frac{100}{185} \times 100 = 54.05[MVA]$

답 : 54.05[MVA]

3

출제년도 08.10.18.21.(5점/각 문항당 2점, 모두 맞으면 5점)

제5고조파 전류의 확대 방지 및 스위치 투입 시 돌입전류 억제를 목적으로 역률 개선용 콘덴서에 직렬 리액터를 설치하고자 한다. 콘덴서의 용량이 500[kVA]라고 할 때 다음 각 물음에 답하시오.

(1) 이론상 필요한 직렬 리액터의 용량[kVA]을 구하시오.

(2) 실제적으로 설치하는 직렬 리액터의 용량[kVA]을 구하시오.

- 리액터의 용량 :
- 사유 :

2018

[작성답안]

(1) 계산 : 이론상 직렬리액터 용량 $= 500 \times 0.04 = 20$[kVA]

답 : 20[kVA]

(2) 계산 : 실제의 직렬리액터 용량 $= 500 \times 0.06 = 30$[kVA]

사유 : 주파수 변동 등을 고려하여 6[%]를 선정한다.

[핵심] 직렬리액터 (Series Reactor : SR)

대용량의 콘덴서를 설치하면 고조파 전류가 흘러 파형이 일그러지는 원인이 된다. 파형을 개선(제5고조파의 제거)하기 위해서 전력용 콘덴서와 직렬로 리액터를 설치한다. 직렬 리액터의 용량은 콘덴서 용량의 6 [%]가 표준정격으로 되어 있다.(계산상은 4 [%])

4

출제년도 89.95.00.04.06.10.11.15.16.17.18.19.21.(5점/부분점수 없음)

단상 2선식 200 [V]의 옥내배선에서 소비전력 40 [W], 역률 80 [%]의 형광등을 160 [등] 설치할때 이 시설을 16 [A]의 분기회로로 하려고 한다. 이 때 필요한 분기선은 최소 몇 회선이필요한가? (단, 한 회로의 부하전류는 분기회로 용량의 80 [%]로 하고 수용률은 100[%]로 한다.)

[작성답안]

계산 : $\text{분기회로수} = \dfrac{\text{상정 부하 설비의 합}}{\text{전압} \times \text{전류}} = \dfrac{\dfrac{40}{0.8} \times 160}{200 \times 16 \times 0.8} = 3.125\text{회로}$

$\therefore$ 16[A] 분기 4회로 선정

답 : 16 [A] 분기 4회로

[핵심] 분기회로수

$$\text{분기회로 수} = \frac{\text{상정 부하 설비의 합[VA]}}{\text{전압[V]} \times \text{분기 회로 전류[A]}}$$

5

출제년도 17.18.20.(5점/부분점수 없음)

지상역률 80[%]인 100[kW] 부하에 지상역률 60[%]의 70[kW]부하를 연결하였다. 이때 합성역률을 90 [%]로 개선하는데 필요한 콘덴서 용량은 몇[kVA]인가?

[작성답안]

계산 : 유효전력 $P = 100 + 70 = 170[\text{kW}]$

무효전력 $Q = 100 \times \dfrac{0.6}{0.8} + 70 \times \dfrac{0.8}{0.6} = 168.33[\text{kVar}]$

합성역률 $\cos\theta = \dfrac{170}{\sqrt{170^2 + 168.33^2}} \times 100 = 71.06[\%]$

콘덴서 용량 $Q_c = 170 \times \left(\dfrac{\sqrt{1-0.7106^2}}{0.7106} - \dfrac{\sqrt{1-0.9^2}}{0.9} \right) = 85.99[\text{kVA}]$

답 : 85.99[kVA]

[핵심] 역률개선 콘덴서 용량

$$Q_c = P\tan\theta_1 - P\tan\theta_2 = P(\tan\theta_1 - \tan\theta_2) = P\left(\frac{\sin\theta_1}{\cos\theta_1} - \frac{\sin\theta_2}{\cos\theta_2}\right)$$

$$= P\left(\frac{\sqrt{1-\cos^2\theta_1}}{\cos\theta_1} - \frac{\sqrt{1-\cos^2\theta_2}}{\cos\theta_2}\right)[\text{kVA}]$$

6

출제년도 18.(12점/각 문제당 3점)

$3\phi 4W$ 22.9 [kV] 수전설비 단선결선도를 보고 다음 각 물음에 답하시오.

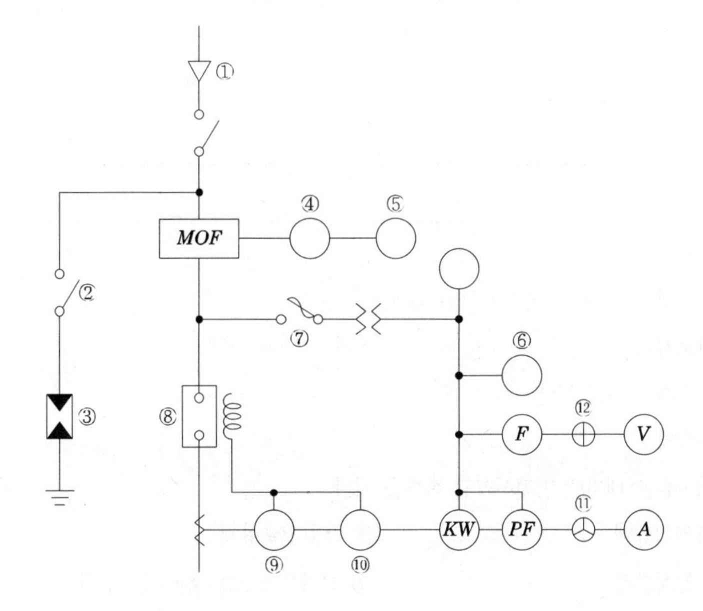

(1) ①의 심벌의 용도를 쓰시오.

- 용도

(2) ②의 심벌의 명칭과 용도를 쓰시오.

- 명칭
- 용도

(3) ③의 심벌의 명칭과 용도를 쓰시오.

- 명칭
- 용도

(4) ④부터 ⑫까지의 심벌의 명칭을 쓰시오.

④	⑤	⑥
⑦	⑧	⑨
⑩	⑪	⑫

[작성답안]

(1) • 용도 : 가공전선과 케이블 단말(종단) 접속

(2) • 명칭 : 단로기

• 용도 : 피뢰기를 전로로부터 완전 개방

(3) • 명칭 : 피뢰기

• 용도 : 뇌전류를 대지로 방전시키고 속류를 차단

(4) ④ 최대수요전력량계 ⑤ 무효전력량계

⑥ 지락과전압계전기 ⑦ 전력퓨즈 또는 컷아웃스위치

⑧ 차단기 ⑨ 과전류계전기

⑩ 지락과전류계전기 ⑪ 전류계용 전환개폐기

⑫ 전압계용 전환개폐기

7

출제년도 92.05.07.09.12.18.20.(14점/각 문항당 2점)

3층 사무실용 건물에 3상 3선식의 6000[V]를 200[V]로 강압하여 수전하는 설비이다. 각종 부하 설비가 표와 같을 때 참고자료를 이용하여 다음 물음에 답하시오.

동력 부하 설비

사용 목적	용량 [kW]	대수	상용 동력 [kW]	하계 동력 [kW]	동계 동력 [kW]
난방 관계					
• 보일러 펌프	6.7	1			6.7
• 오일 기어 펌프	0.4	1			0.4
• 온수 순환 펌프	3.7	1			3.7
공기 조화 관계					
• 1, 2, 3층 패키지 콤프레셔	7.5	6		45.0	
• 콤프레셔 팬	5.5	3	16.5		
• 냉각수 펌프	5.5	1		5.5	
• 쿨링 타워	1.5	1		1.5	
급수배수 관계					
• 양수 펌프	3.7	1	3.7		
기타					
• 소화 펌프	5.5	1	5.5		
• 셔터	0.4	2	0.8		
합 계			26.5	52.0	10.8

조명 및 콘센트 부하 설비

사용 목적	와트수 [W]	설치 수량	환산 용량 [VA]	총용량 [VA]	비 고
전등관계					
• 수은등 A	200	2	260	520	200 [V] 고역률
• 수은등 B	100	8	140	1120	100 [V] 고역률
• 형광등	40	820	55	45100	200 [V] 고역률
• 백열 전등	60	20	60	1200	
콘센트 관계					
• 일반 콘센트		70	150	10500	2P 15 [A]
• 환기팬용 콘센트		8	55	440	
• 히터용 콘센트	1500	2		3000	
• 복사기용 콘센트		4		3600	
• 텔레타이프용 콘센트		2		2400	
• 룸 쿨러용 콘센트		6		7200	
기타					
• 전화 교환용 정류기		1		800	
계				75880	

변압기용량

상별	제작회사에서 시판되는 표준용량 [kVA]
단상 / 3상	5, 10, 15, 20, 30, 50, 75, 100, 150, 200, 250, 300

【조건】

1. 동력부하의 역률은 모두 70 [%]이며, 기타는 100 [%]로 간주한다.
2. 조명 및 콘센트 부하설비의 수용률은 다음과 같다.
   - 전등설비 : 60 [%]
   - 콘센트설비 : 70 [%]
   - 전화교환용 정류기 : 100 [%]

3. 변압기 용량 산출시 예비율(여유율)은 고려하지 않으며 용량은 표준규격으로 답하도록 한다.

4. 변압기 용량 산정시 필요한 동력부하설비의 수용률은 전체 평균 65 [%]로 한다.

(1) 동계 난방 때 온수 순환 펌프는 상시 운전하고, 보일러용과 오일 기어 펌프의 수용률이 55 [%]일 때 난방 동력 수용 부하는 몇 [kW]인가?

(2) 상용 동력, 하계 동력, 동계 동력에 대한 피상전력은 몇 [kVA]가 되겠는가?

① 상용 동력

② 하계 동력

③ 동계 동력

(3) 이 건물의 총 전기설비 용량은 몇 [kVA]를 기준으로 하여야 하는가?

(4) 조명 및 콘센트 부하설비에 대한 단상변압기의 용량은 최소 몇 [kVA]가 되어야 하는가?

(5) 동력 부하용 3상 변압기의 용량은 몇 [kVA]가 되겠는가?

(6) 단상과 3상 변압기의 1차측 전류계용으로 사용되는 변류기의 1차측 정격전류는 각각 몇 [A]인가?

① 단상

② 3상

(7) 역률개선을 위하여 각 부하마다 전력용 콘덴서를 설치하려고 할 때 보일러 펌프의 역률을 95 [%]로 개선하려면 몇 [kVA]의 전력용 콘덴서가 필요한가?

[작성답안]

(1) 계산 : 수용부하 $= 3.7 + (6.7 + 0.4) \times 0.55 = 7.61$ [kW]

답 : 7.61 [kW]

(2) ① 계산 : 상용 동력의 피상 전력 $= \frac{26.5}{0.7} = 37.86$ [kVA]

답 : 37.86 [kVA]

② 계산 : 하계 동력의 피상 전력$=\dfrac{52.0}{0.7}=74.29$ [kVA]

답 : 74.29 [kVA]

③ 계산 : 동계 동력의 피상 전력$=\dfrac{10.8}{0.7}=15.43$ [kVA]

답 : 15.43 [kVA]

(3) 계산 : $37.86+74.29+75.88=188.03$ [kVA]

답 : 188.03 [kVA]

(4) 계산 : 전등 관계 : $(520+1120+45100+1200)\times 0.6\times 10^{-3}=28.76$ [kVA]

콘센트 관계 : $(10500+440+3000+3600+2400+7200)\times 0.7\times 10^{-3}=19$ [kVA]

기타 : $800\times 1\times 10^{-3}=0.8$ [kVA]

∴ 변압기용량 $=28.76+19+0.8=48.56$ [kVA]

∴ 단상 변압기 용량 50 [kVA] 선정

답 : 50 [kVA]

(5) 계산 : 동계 동력과 하계 동력 중 큰 부하를 기준하고 상용 동력과 합산하여 계산한다.

∴ 변압기용량 $=\dfrac{(26.5+52.0)}{0.7}\times 0.65=72.89$ [kVA]

∴ 3상 변압기 용량 75 [kVA]선정

답 : 75 [kVA]

(6) ① 단상 변압기 1차측 변류기

계산 : $I=\dfrac{50\times 10^3}{6\times 10^3}\times(1.25\sim1.5)=10.42\sim12.5$ [A]

∴ 10.42~12.5 [A] 사이에 표준품이 없으므로 10 [A]

답 : 10[A]

② 3상 변압기 1차측 변류기

계산 : $I=\dfrac{75\times 10^3}{\sqrt{3}\times 6\times 10^3}\times(1.25\sim1.5)=9.02\sim10.83$ [A]

∴ 10 [A] 선정

답 : 10[A]

(7) 계산 : $Q_c=P(\tan\theta_1-\tan\theta_2)=6.7\left(\dfrac{\sqrt{1-0.7^2}}{0.7}-\dfrac{\sqrt{1-0.95^2}}{0.95}\right)=4.63$ [kVA]

답 : 4.63 [kVA]

8

출제년도 15.18.20(6점/각 항목당 1점)

고압차단기의 종류를 3가지와 각각의 소호매체를 답란에 쓰시오.

고압 차단기	소호매체

[작성답안]

고압 차단기	소호매체
진공차단기	고진공 상태
가스차단기	SF_6 가스
유입차단기	절연유

[핵심] 차단기의 종류

① 진공차단기 (VCB : Vacuum Circuit Breaker)

진공을 소호매질로 하는 VI(Vacuum Interrupter)를 적용한 차단기로서 전력의 송수전, 절체 및 정지 등을 계획적으로 수행하는 외에 전력 계통에 고장 발생시 신속히 자동 차단하는 책무를 보호장치로 사용된다.

② 자기차단기 (MBB : Magnetic Blast Circuit Breaker)

대기 중에서 전자력을 이용하여 아크를 소호실내로 유도해서 냉각차단

- 화재 위험이 없다.
- 보수 점검이 비교적 쉽다.
- 압축 공기 설비가 필요 없다.
- 전류 절단에 의한 과전압을 발생하지 않는다.
- 회로의 고유 주파수에 차단 성능이 좌우되는 일이 없다.

③ 가스차단기 (GCB : Gas Circuit Breaker)

고성능 절연특성을 가진 특수가스 (SF_6)를 이용해서 차단한다. SF_6 가스 차단기의 특징은 다음과 같다.

- 밀폐구조이므로 소음이 없다.
- 절연내력이 공기의 2~3배, 소호 능력은 공기의 100~200배
- 근거리 고장 등 가혹한 재기전압에 대해서도 성능이 우수
- SF_6는 무독, 무취, 무해, 가스이므로 유독가스를 발생하지 않는다.

④ 공기차단기 (ACB : Air Blast Circuit Breaker)

압축된 공기를 아크에 불어 넣어서 차단

⑤ 유입차단기 (OCB : Oil Circuit Breaker)

소호실에서 아크에 의한 절연유 분해 가스의 흡부력을 이용해서 차단

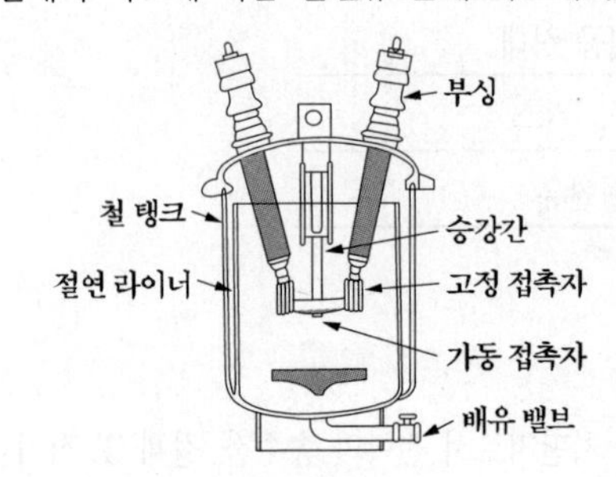

- 보수가 번거롭다.
- 방음설비가 필요 없다.
- 공기보다 소호 능력이 크다.
- 부싱 변류기를 사용할 수 있다.

9 출제년도 99.03.04.11.12.14.17.18.(5점/부분점수 없음)

분전반에서 25 [m]의 거리에 4 [kW]의 교류 단상 200 [V] 전열기를 설치하였다. 배선 방법을 금속관 공사로 하고 전압 강하를 1 [%] 이하로 하기 위해서 전선의 굵기를 얼마로 선정하는것이 적당한가? (단, 전선규격은 1.5 , 2.5 4, 6, 10, 16 ,25, 35에서 선정한다.)

[작성답안]

계산 : 전류 $I=\frac{P}{V}=\frac{4\times10^3}{200}=20[A]$

전압강하 $e=200\times0.01=2[V]$

전선의 굵기 $A=\frac{35.6LI}{1000e}=\frac{35.6\times25\times20}{1000\times2}=8.9[mm^2]$

조건에서 표준규격 $10[mm^2]$선정

답 : $10[mm^2]$

[핵심] 전압강하와 전선의 굵기

① KSC IEC 전선규격

1.5, 2.5, 4, 6, 10, 16, 25, 35, 50, 70, 95, 120, 150, 185, 240, 300, 400, 500, 630 $[mm^2]$

② 전압강하

- 단상 2선식 : $e=\frac{35.6LI}{1,000A}$ ················ ①
- 3상 3선식 : $e=\frac{30.8LI}{1,000A}$ ················ ②
- 3상 4선식 : $e_1=\frac{17.8LI}{1,000A}$ ················ ③

여기서, L : 거리 I : 정격전류 A : 케이블의 굵기

이며 ③의 식은 1선과 중성선간의 전압강하를 말한다.

2018

10 출제년도 99.02.18.21.(8점/각 문항당 2점)

예비 전원 설비에 이용되는 연축전지와 알칼리 축전지에 대하여 다음 각 물음에 답하시오.

(1) 연축전지와 비교할 때 알칼리 축전지의 장점과 단점을 1가지씩 쓰시오.

- 장점 :
- 단점 :

(2) 연축전지와 알칼리축전지의 공칭전압은 몇 [V]인가?

- 연축전지 :
- 알칼리축전지 :

(3) 축전지의 일상적인 충전방식 중 부동충전방식에 대하여 간단히 설명하시오.

(4) 연축전지의 정격용량이 200 [Ah]이고, 상시부하가 15 [kW]이며, 표준전압이 100 [V]인 부동충전방식 충전기의 2차 전류는 몇 [A]인가? (단, 상시부하의 역률은 1로 간주한다.)

[작성답안]

(1) 장점 : 충·방전 특성이 양호하다.

단점 : 연축전지 보다 공칭 전압이 낮다.

(2) 연축전지 : 2.0 [V]

알칼리축전지 : 1.2 [V]

(3) 축전지와 부하를 충전기에 병렬로 접속하여 사용하는 방식으로 축전지의 자기방전을 보충함과 동시에 일상적인 부하전류는 충전기가 공급하되, 충전기가 공급하기 어려운 일시적인 대전류 부하는 축전지가 공급하는 충전방식

(4) 계산 : 2차 충전 전류 $I_2 = \frac{200}{10} + \frac{15 \times 10^3}{100} = 170$ [A]

답 : 170 [A]

[핵심] 알칼리 축전지

① 장점

- 수명이 길다 (납 축전지의 3~4배)
- 진동과 충격에 강하다.
- 충·방전 특성이 양호하다.
- 방전시 전압 변동이 작다.
- 사용 온도 범위가 넓다.

② 단점

- 납축전지보다 공칭 전압이 낮다.
- 가격이 비싸다.

구　분	연축전지	알칼리 축전지
공칭전압	2.0 [V/cell]	1.2 [V/cell]
과충, 방전에 대한 전기적 강도	약	강
수명	짧다	길다

11

출제년도 18.21.(4점/각 항목당 2점)

지중전선로는 케이블을 사용하여 관로식, 암거식, 직접 매설식에 의하여 시설하여야 한다. 케이블의 매설깊이는 관로식인 경우와 직접 매설식(차량 및 기타 중량물의 압력을 받을 우려가 있는 경우임)인 경우에는 얼마 이상으로 하여야 하는가?

시실장소	매설깊이
관로식	①
직접매설식	②

[작성답안]

① 1.0 [m]

② 1.0 [m]

[핵심] 한국전기설비규정 지중전선로의 시설

1. 지중 전선로는 전선에 케이블을 사용하고 또한 관로식·암거식(暗渠式) 또는 직접 매설식에 의하여 시설하여야 한다.
2. 지중 전선로를 관로식 또는 암거식에 의하여 시설하는 경우에는 다음에 따라야 한다.
   가. 관로식에 의하여 시설하는 경우에는 매설 깊이를 1.0 m 이상으로 하되, 매설 깊이가 충분하지 못한 장소에는 견고하고 차량 기타 중량물의 압력에 견디는 것을 사용할 것. 다만 중량물의 압력을 받을 우려가 없는 곳은 0.6 m 이상으로 한다.
   나. 암거식에 의하여 시설하는 경우에는 견고하고 차량 기타 중량물의 압력에 견디는 것을 사용할 것.
3. 지중 전선을 냉각하기 위하여 케이블을 넣은 관내에 물을 순환시키는 경우에는 지중 전선로는 순환수 압력에 견디고 또한 물이 새지 아니하도록 시설하여야 한다.
4. 지중 전선로를 직접 매설식에 의하여 시설하는 경우에는 매설 깊이를 차량 기타 중량물의 압력을 받을 우려가 있는 장소에는 1.0 m 이상, 기타 장소에는 0.6 m 이상으로 하고 또한 지중 전선을 견고한 트라프 기타 방호물에 넣어 시설하여야 한다. 다만, 다음의 어느 하나에 해당하는 경우에는 지중전선을 견고한 트라프 기타 방호물에 넣지 아니하여도 된다.

12 출제년도 00.05.09.18.20.(6점/각 항목당 2점)

50 [Hz]로 설계된 3상 유도 전동기를 동일 전압으로 60 [Hz]에 사용할 경우 다음 요소는 어떻게 변화하는지를 수치를 이용하여 설명하시오.

(1) 무부하 전류

(2) 온도 상승

(3) 속도

[작성답안]

(1) 5/6으로 감소

(2) 5/6으로 감소

(3) 6/5로 증가

[핵심]

① 무부하전류(여자전류) : 여자전류는 코일에 흐르는 전류 이므로 $I_0 = \dfrac{V_1}{2\pi fL}$ 주파수에 반비례한다.

② 온도상승 : 철손은 fB^2에 비례하여 $\dfrac{60}{50}\left(\dfrac{50}{60}\right)^2 = \dfrac{50}{60}$으로 온도는 감소한다.

③ 속도 : 유도전동기의 속도는 $N=(1-s)\dfrac{120f}{p}$ [rpm] 이므로 주파수에 비례한다.

2018

13

출제년도 09.12.18.(5점/부분점수 없음)

지표면상 15 [m] 높이의 수조가 있다. 이 수조에 시간 당 5000[m³] 물을 양수하는데 필요한 펌프용 전동기의 소요 동력은 몇 [kW]인가? (단, 펌프의 효율은 55 [%]로 하고, 여유계수는 1.1로 한다.)

[작성답안]

계산 : $P = \dfrac{KQH}{6.12\eta} = \dfrac{1.1 \times \dfrac{5000}{60} \times 15}{6.12 \times 0.55} = 408.5[kW]$

답 : 408.5[kW]

[핵심] 펌프용 전동기용량

$$P = \frac{9.8Q'HK}{\eta} = \frac{KQH}{6.12\eta} \text{ [kW]}$$

여기서, P : 전동기의 용량 [kW] $\quad Q$: 양수량 [m³/min]

Q' : 양수량 [m³/sec] $\quad H$: 양정(낙차) [m]

η : 펌프의 효율 [%] $\quad K$: 여유계수(1.1 ~ 1.2 정도)

14

출제년도 03.09.18.20.(5점/각 문항당 2점, 모두 맞으면 5점)

다음은 어느 계전기 회로의 논리식이다. 이 논리식을 이용하여 다음 각 물음에 답하시오. (단, A,B,C는 입력이고 X는 출력이다.)

논리식 : $X=\overline{A}B+C$

(1) 이 논리식을 무접점 시퀀스도(논리회로)로 그리시오.

(2) 물음(1)번에서 무접점 시퀀스도로 표현된 것을 2입력 NAND만으로 등가 하여 그리시오.

[작성답안]

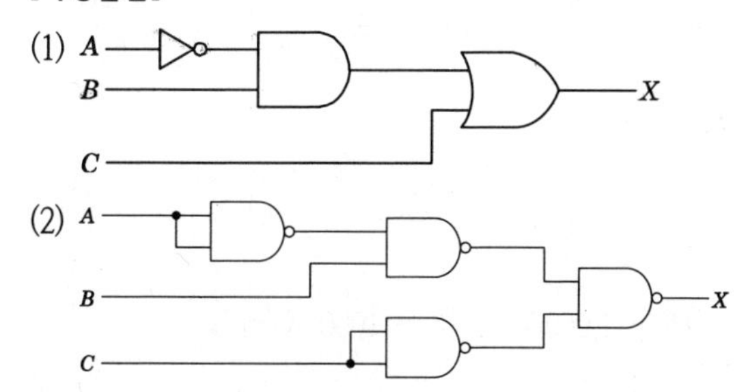

[핵심] NAND회로의 구성

아래의 원리를 이용하여 NAND회로로 구성할 수 있다.

15 출제년도 18.(6점/부분점수 없음)

태양광모듈 1장의 출력이 300[W], 변환효율이 20[%]일 때, 발전용량 12[kW]인 태양광 발전소의 최소 설치 필요 면적은 몇 $[m^2]$인가? (단, 일사량은 $1000[W/m^2]$이며, 이격거리는 고려하지 않는다.)

[작성답안]

계산 : 변환효율 $\eta = \dfrac{P_m}{AS} \times 100[\%]$

모듈 1장의 면적 $A = \dfrac{P_m}{\eta S} \times 100 = \dfrac{300}{20 \times 1000} \times 100 = 1.5[m^2]$

발전용량이 12000[W] 이므로 모듈의 수는 $N = \dfrac{12000}{300} = 40[EA]$ 이므로

태양광 발전소의 최소 설치면적 = $40 \times 1.5 = 60[m^2]$

답 : $60[m^2]$

[핵심] 태양광

① 일사량 S : 대기권의 태양광 $1,370[W/m^2]$ → 지표면 $1,060[W/m^2]$ → $1000[W/m^2]$

② 모듈변환효율 $\eta = \dfrac{P_m[W]}{A[m^2] \times 1000[W/m^2]} \times 100[\%]$

여기서, P_m : 모듈출력[W], A : 모듈면적$[m^2]$

2018년 2회 기출문제 해설

※ 다음 물음에 답을 해당 답란에 답하시오.

1

출제년도 13.14.18.(8점/ 부분점수 없음)

PLC 프로그램에서의 신호 흐름은 P002가 겹치지 않도록 단방향이므로 시퀀스를 수정해야 한다. 문제의 도면을 바르게 작성하시오.

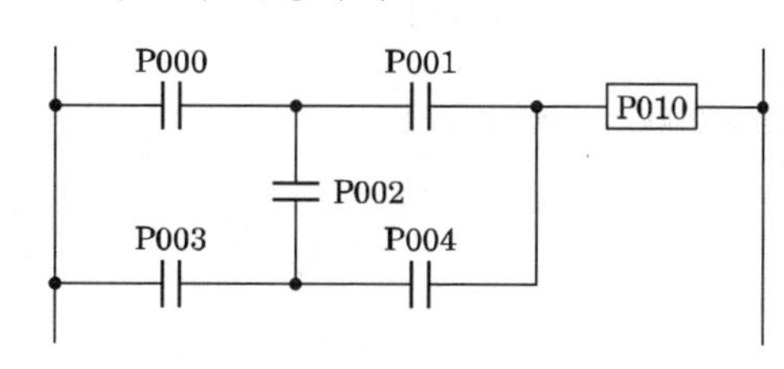

[작성답안]

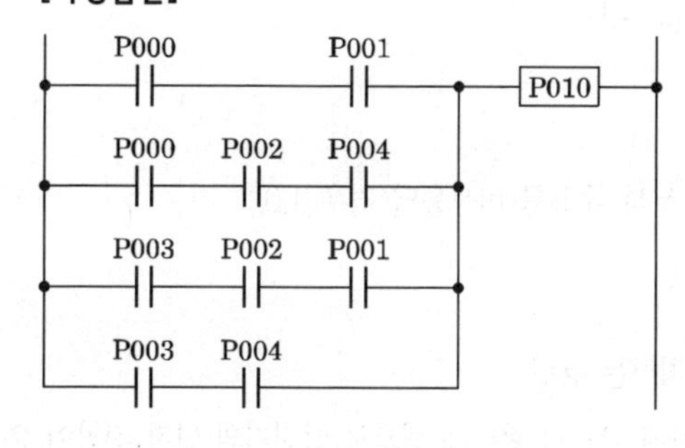

2

출제년도 93.00.02.06.09.10.12.16.18.20.(5점/부분점수 없음)

부하가 유도 전동기이며 기동용량이 2000 [kVA]이고, 기동 시 전압강하는 20[%]이며, 발전기의 과도 리액턴스가 25 [%]이다. 자가 발전기의 정격용량은 몇 [kVA] 이상이어야 하는지 계산하시오.

[작성답안]

계산 : 발전기 정격 출력[kVA] $\geq \left(\dfrac{1}{\text{허용 전압 강하}} - 1 \right) \times X_d \times$기동용량

$$P \geq \left(\frac{1}{0.2} - 1 \right) \times 0.25 \times 2000 = 2000[\text{kVA}]$$

답 : 2000[kVA]

[핵심] 발전기 용량

① 단순한 부하의 경우

전부하 정상 운전시의 소요 입력에 의한 용량에 의해 결정한다.

발전기 용량 = 부하의 총 정격 입력 × 수용률 × 여유율 [kVA]

발전기 출력 $P = \dfrac{\Sigma W_L \times L}{\cos\theta}$ [kVA]

여기서, ΣW_L : 부하 입력 총계　　L : 부하 수용률(비상용일 경우 1.0)

$\cos\theta$: 발전기의 역률(통상 0.8)

② 기동 용량이 큰 부하가 있을 경우, 전동기 시동에 대처하는 용량

자가 발전 설비에서 전동기를 기동할 때 큰 부하가 발전기에 갑자기 걸리게 됨으로 발전기의 단자 전압이 순간적으로 저하하여 개폐기의 개방 또는 엔진의 정지 등이 야기되는 수가 있다. 이런 경우 발전기의 정격 출력 [kVA]은 다음과 같다.

발전기 정격 출력[kVA] $\geq \left(\dfrac{1}{\text{허용 전압 강하}} - 1 \right) \times X_d \times$기동용량

여기서, X_d : 발전기의 과도 리액턴스(보통 20~25 [%])

허용 전압 강하 : 20~30 [%]

기동 용량 : 2대 이상의 전동기가 동시에 기동하는 경우는 2개의 기동 용량을 합한 값과 1대의 기동 용량인 때를 비교하여 큰 값의 쪽을 택한다.

기동용량 $= \sqrt{3} \times$ 정격전압 × 기동전류 $\times \dfrac{1}{1,000}$ [kVA]

3

출제년도 09.18.20.(5점/각 항목당 2점)

과도적인 과전압을 제한하고 서지(Surge)전류를 분류하는 목적으로 사용되는 서지보호 장치(SPD : Surge Protective Device)를 기능에 따라 3가지로 분류하고, 구조에 따라 2가지 분류하여 쓰시오.

(1) 기능에 따라 3가지로 분류하시오.

(2) 구조에 따라 2가지로 분류하시오.

[작성답안]

(1) • 전압 스위칭형SPD • 전압 제한형SPD • 복합형SPD

(2) • 1포트SPD • 2포트SPD

[핵심] SPD

(1) 기능에 따른 SPD 3가지 종류

가. 전압 스위칭형 SPD

서지가 인가되지 않는 경우는 높은 임피던스 상태에 있으며 전압서지에 응답하여 급격하게 낮은 임피던스 값으로 변화하는 기능을 갖는 SPD를 말한다. 전압 스위칭형 SPD 는 여기에 사용되는 부품의 예로 에어갭, 가스방전관, 사이리스터형 SPD 가있다.

나. 전압 제한형 SPD

서지가 인가되지 않은 경우는 높은 임피던스 상태에 있으며 전압서지에 응답한 경우는 임피던스가 연속적으로 낮아지는 기능을 갖는 SPD를 말한다. 전압 제한형 SPD 는 여기에 사용되는 부품의 예로 배리스터나 억제형 다이오드가 있다.

다. 복합형 SPD

전압스위칭형 소자 및 전압제한형 소자의 모든 기능을 갖는 SPD를 말한다. 복합형 SPD 는 인가전압의 특성에 따라 전압스위칭, 전압 제한 또는 전압스위칭과 전압 제한의 두 가지 동작올 하는 것으로 가스방전관과 배리스터를 조합한 SPD 등이 었다.

(2) 구조에 따른 SPD 2가지 종류

구분	특징
1포트 SPD	1단자대(또는 2단자)를 갖는 SPD로 보호할 기기에 대해 서지를 분류하도록 접속하는 것이다.
2포트 SPD	2단자대(또는 4단자)를 갖는 SPD로 입력 단자대와 출력 단자대 간에 직렬임피던스가 있다. 주로 통신·신호계통에 사용되며 전원회로에 사용되는 경우는 드물다.

4 출제년도 08.09.14.18.(6점/각 항목당 1점)

수전설비의 수전실 등의 시설에 있어서 변압기, 배전반 등 수전설비의 주요부분이 유지하여야 할 거리 기준은 원칙적으로 정하고 있다. 수전설비의 배전반 등의 최소유지거리에 대하여 표에 기기별 최소 유지거리 ①~⑥을 완성하시오.

기기별 \ 위치별	앞면 또는 조작 · 계측면	뒷면 또는 점검면	열상호간 (점검하는 면)
특고압 배전반	① [m]	② [m]	③ [m]
저압 배전반	④ [m]	⑤ [m]	⑥ [m]

[작성답안]

기기별 \ 위치별	앞면 또는 조작 · 계측면	뒷면 또는 점검면	열상호간 (점검하는 면)
특고압 배전반	1.7 [m]	0.8 [m]	1.4 [m]
저압 배전반	1.5 [m]	0.6 [m]	1.2 [m]

[핵심] 수변전설비의 배전반 등의 최소유지거리

기기별 \ 위치별	앞면 또는 조작 · 계측면	뒷면 또는 점검면	열상호간 (점검하는 면)	기타의 면
특고압 배전반	1.7 [m]	0.8 [m]	1.4 [m]	-
고압 배전반	1.5 [m]	0.6 [m]	1.2 [m]	-
저압 배전반	1.5 [m]	0.6 [m]	1.2 [m]	-
변압기 등	0.6 [m]	0.6 [m]	1.2 [m]	0.3 [m]

[비고 1] 앞면 또는 조작계측 면은 배전반 앞에서 계측기를 판독할 수 있거나 필요조작을 할 수 있는 최소거리임.

[비고 2] 뒷면 또는 점검 면은 사람이 통행할 수 있는 최소거리임. 무리 없이 편안히 통행하기 위하여 0.9[m] 이상으로 함이 좋다

[비고 3] 열상호간(점검하는 면)은 기기류를 2열 이상 설치하는 경우를 말하며 배전반류의 내부에 기기가 설치되는 경우는 이의 인출을 대비 하여 내장기기의 최대 폭에 적절한 안전거리(통상 0.3[m]이상)를 가산한 거리를 확보하는 것이 좋다.

[비고 4] 기타 면은 변압기 등을 벽 등에 연하여 설치하는 경우 최소 확보거리이다. 이 경우도 사람의 통행이 필요할 경우는 0.6[m] 이상으로 함이 바람직하다.

5

출제년도 85.98.02.11.14.18.(5점/부분점수 없음)

3상 3선식 6.6 [kV]로 수전하는 수용가의 수전점에 6600/110 [V] PT 2대, 100/5 [A] CT 2대를 정확히 결선하여 CT 및 PT의 2차측에서 측정한 전력이 300 [W]라면 수전 전력은 몇 [kW]인가?

[작성답안]

계산 : 수전전력 = 측정 전력(전력계의 지시값) × CT비 × PT비

$$\therefore\ P = 300 \times \frac{100}{5} \times \frac{6600}{110} \times 10^{-3} = 360[\text{kW}]$$

답 : 360[kW]

6

출제년도 96.07.10.11.12.18.19.(5점/각 항목당 1점)

유입 변압기와 비교하여 몰드 변압기의 장점 5가지 쓰시오.

[작성답안]

- 자기 소화성이 우수 하므로 화재의 염려가 없다.
- 코로나 특성 및 임펄스 강도가 높다.
- 소형 경량화 할 수 있다.
- 습기, 가스, 염분 및 소손 등에 대해 안정하다.
- 보수 및 점검이 용이하다.

그 외

- 저진동 및 저소음
- 단시간 과부하 내량 크다.
- 전력손실이 감소

[핵심] 몰드변압기

고압 및 전압의 권선을 모두 에폭시 수지로 몰드한 고체 절연방식의 변압기를 몰드 변압기라 한다. 몰드 변압기는 난연성, 절연의 신뢰성, 보수 및 유지의 용이함을 위해 개발되었으며, 에너지 절약적인 측면은 유입변압기 보다 유리하다. 몰드변압기는 일반적으로 유입변압기보다 절연내력이 작으므로 VCB와 연결시 개폐서지에 대한 대책이 없으므로 SA(Surge Absorber)등을 설치하여 대책을 세워주어야 한다.

몰드 변압기를 유입 변압기와 비교하면 다음과 같은 특징이 있다.

① 난연성이 우수하다. 에폭시 수지에 무기물 충진제가 혼입된 구조로 되어 있으므로 자기 소호성이 우수하며, 불꽃 등에 착화하지 않는 특성이 있다.

② 신뢰성이 향상된다. 내코로나(Corona)특성, 임펄스 특성이 향상된다.

③ 소형, 경량화가 가능하다. 철심이 컴펙트화 되어 면적이 축소된다.

④ 무부하 손실이 줄어든다. 이것으로 인해 운전경비가 절감되고, 에너지가 절약이 된다.

⑤ 유지보수 점검이 용이하게 된다. 일반 유입변압기와 달리 절연유의 여과 및 교체가 없으며, 장기간 정지후 간단하게 재사용할 수 있으며, 먼지, 습기 등에 의한 절연내력이 영향을 받지 않는다.

⑥ 단시간 과부하 내량이 크다.

⑦ 소음이 적고 무공해운전이 가능하다.

⑧ 서지에 대한 대책을 수립하여야 한다. 사용장소는 건축전기설비, 병원, 지하상가나 주택이 근접하여 있는 공장이나 화학 플랜트 등의 특수 공장과 같이 재해가 인명에 직접 영향을 끼치는 장소에 좋으며, 특히 에너지절약 측면에서 적합하다.

7

출제년도 09.19.(6점/각 문항당 2점)

3로스위치 4개를 사용한 3개소 점멸의 단선도를 참조하여 복선도를 완성하시오.

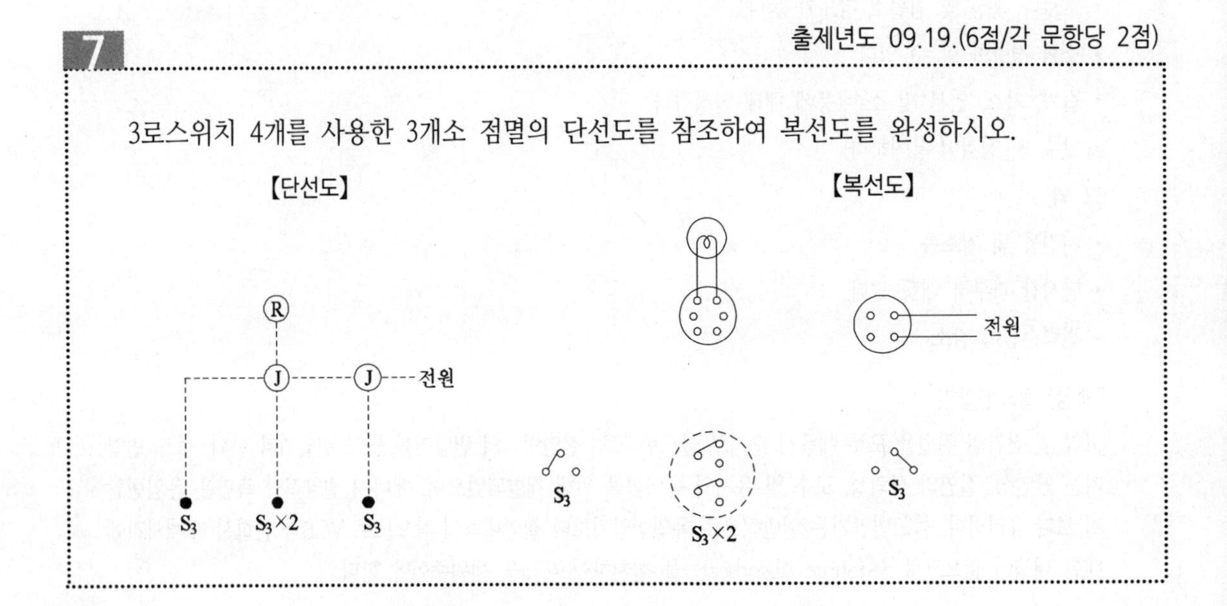

[작성답안]

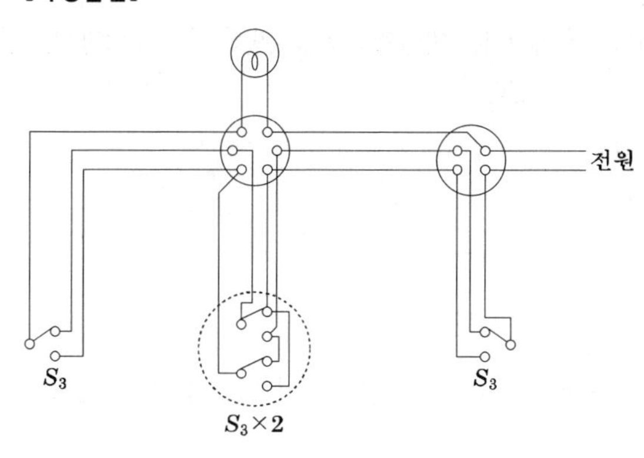

[핵심] 3개소 전멸

① 3로 스위치 2개와 4로 스위치 1개를 사용한 경우 ② 3로 스위치 4개를 사용한 경우

S3-1
S4
S3-2
L

S3-1
S3-2
S3-3
S3-4
L

8

출제년도 13.21.18.(5점/부분점수 없음)

어떤 발전소의 발전기가 13.2[kV], 용량 93000[kVA], %임피던스 95[%]일 때, 임피던스 Z_s는 몇[Ω]인지 구하시오.

[작성답안]

계산 : $\%Z = \dfrac{PZ}{10V^2}$

$$Z = \frac{\%Z \times 10V^2}{P} = \frac{95 \times 10 \times 13.2^2}{93000} = 1.779[\Omega]$$

답: 1.78[Ω]

[핵심] %임피던스법

임피던스의 크기를 옴[Ω] 값 대신에 %값으로 나타내어 계산하는 방법으로 옴[Ω]법과 달리 전압환산을 할 필요가 없어 계산이 용이하므로 현재 가장 많이 사용되고 있다.

$$\%Z = \frac{I_n[\text{A}] \times Z[\Omega]}{E[\text{V}]} \times 100[\%] = \frac{P[\text{kVA}] \times Z[\Omega]}{10\,V^2[\text{kV}]}[\%]$$

9

출제년도 18.21.(5점/각 문항당 2점, 모두 맞으면 5점)

아래 내용을 읽고 송전선로에 사용되는 접지방식을 각각 쓰시오.

(1) 송전계통의 중성점 접지 방식 4가지를 쓰시오.

(2) 유효접지란 1선지락 사고시 건전상의 전압상승이 상규 대지전압의 몇배를 넘지 않도록 접지 임피던스를 조절해서 접지하는 것을 말하는가?

[작성답안]

(1) • 비접지방식 • 저항접지방식

• 직접접지방식 • 소호리액터접지방식

(2) • 1.3배

[핵심] 중성점 접지방식

중성점 접지방식의 종류는 중성점에 접지되는 임피던스의 크기에 따라 결정된다.

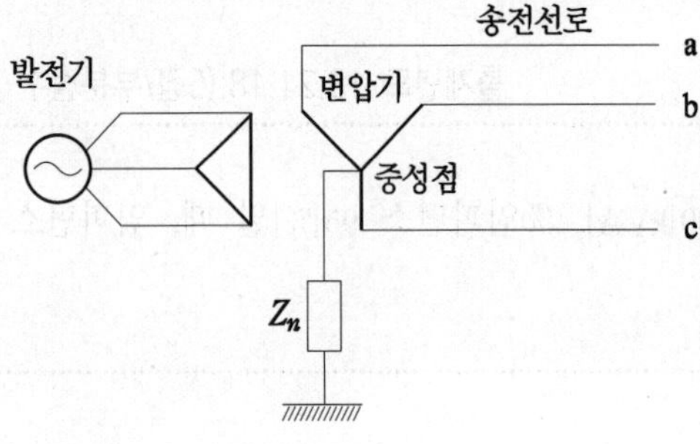

① 비접지 방식($Z_N = \infty$)

② 직접접지 방식($Z_N = 0$)

③ 저항접지 방식($Z_N = R$)

④ 소호 리액터 접지방식($Z_N = jX$)

10

출제년도 13.18.(5점/각 문항당 2점, 모두 맞으면 5점)

다음 그림은 배전반에서 계측을 하기위한 계기용 변성기이다. 아래 그림을 보고 명칭, 약호, 심벌, 역할에 알맞은 내용을 쓰시오.

구분		
명칭		
약호		
심벌		
역할		

[작성답안]

구분		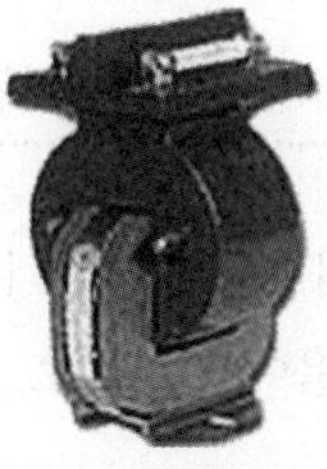
명칭	변류기	계기용변압기
약호	CT	PT
심벌	CT	
역할	대전류를 소전류로 변성하여 계기 및 계전기에 공급한다.	고전압을 저전압으로 변성하여 계기 및 계전기 등의 전원으로 사용한다.

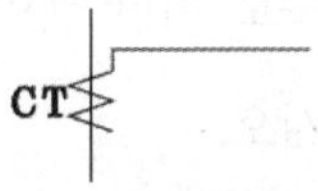

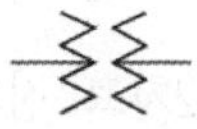

2018

11

출제년도 18.(5점/부분점수 없음)

다음 유접점 회로도를 보고 MC, RL, GL 의 논리식을 각각 쓰시오.

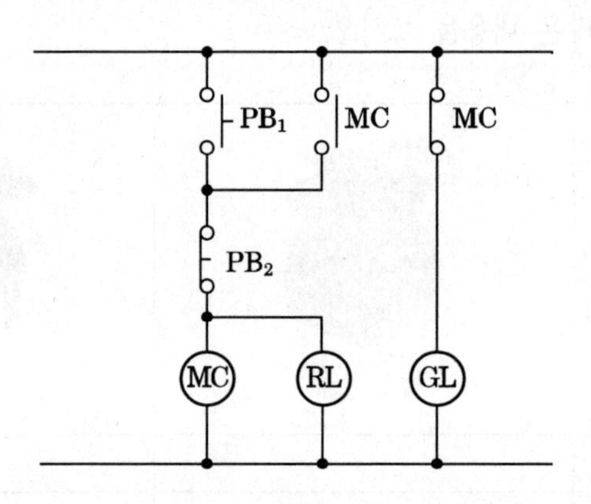

[작성답안]

$MC = (PB_1 + MC) \cdot \overline{PB_2}$

$RL = MC$

$GL = \overline{MC}$

12

출제년도 01.18.20.(14점/(1)~(4) 각 문항당 2점, (5) 5점, 모두 맞으면 14점)

그림은 인입변대에 22.9 [kV] 수전 설비를 설치하여 380/220 [V]를 사용하고자 한다. 다음 각 물음에 답하시오.

(1) DM 및 VAR의 명칭을 쓰시오.

(2) 도면에 사용된 LA의 수량은 몇 개이며 정격 전압은 몇 [kV]인가?

(3) 22.9 [kV-Y] 계통에 사용하는 것은 주로 어떤 케이블이 사용되는가?

(4) 변압기 2차측 접지 공사의 목적을 쓰시오.

(5) 주어진 도면을 단선도로 그리시오.

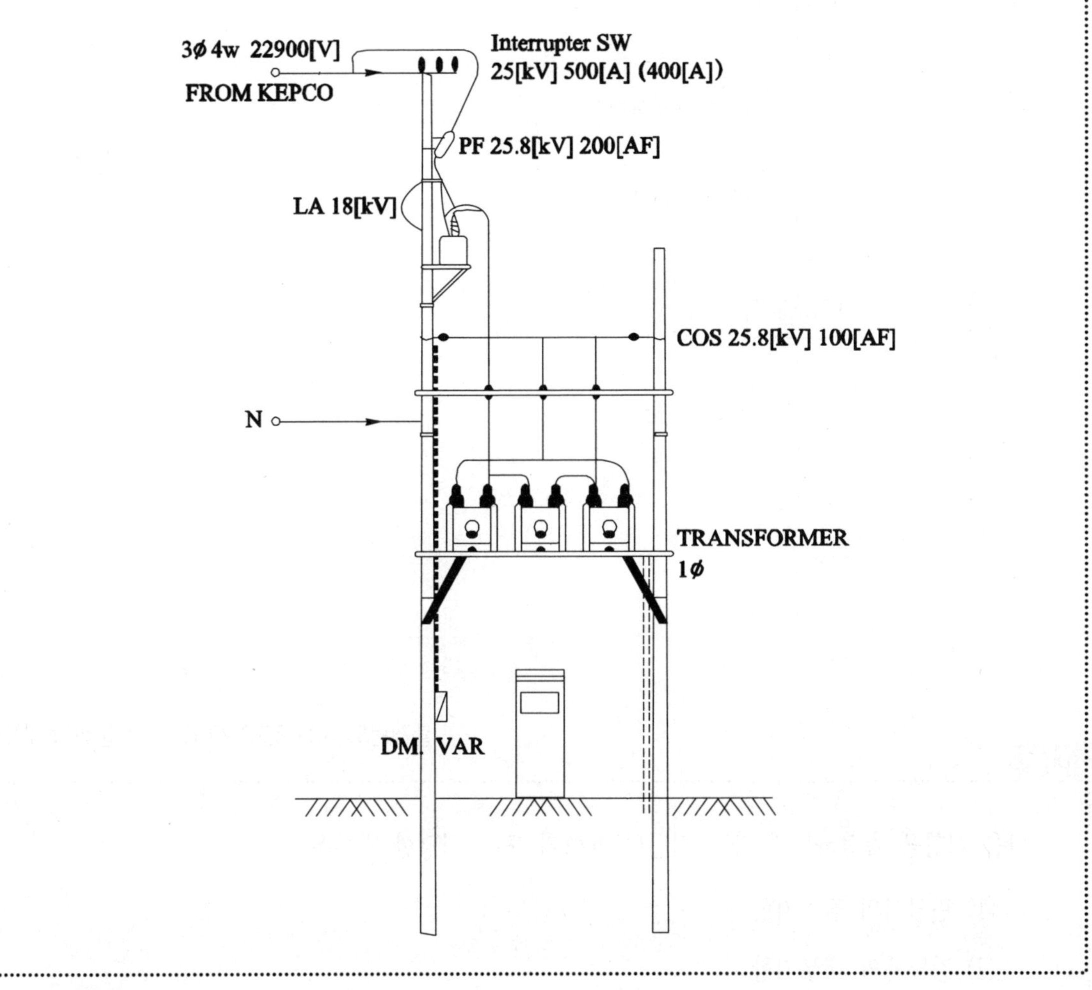

[작성답안]

(1) DM : 최대 수요 전력량계

VAR : 무효 전력계

(2) LA의 수량 : 3개

정격 전압 : 18 [kV]

(3) CNCV-W 케이블(수밀형) 또는, TR CNCV-W(트리억제형)

(4) 1차와 2차 혼촉시 저압측 전위상승을 억제하여 저압측에 연결된 기계기구의 절연을 보호한다.

(5)

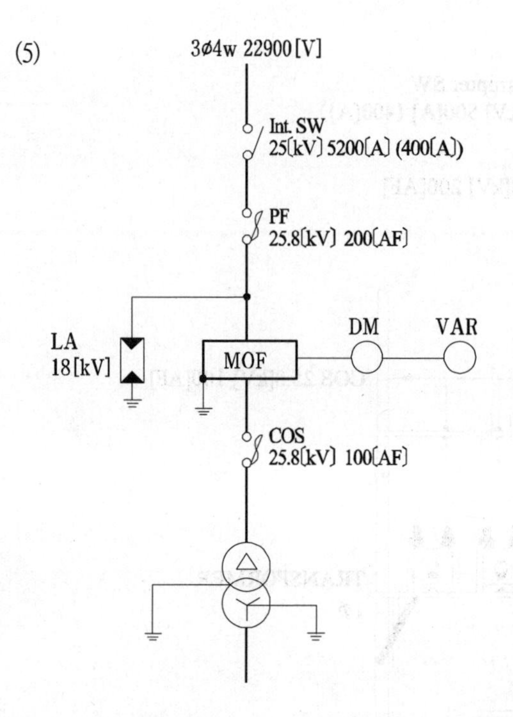

출제년도 98.08.18.22.(5점/각 문항당 1점)

13

다음 저항을 측정하는데 가장 적당한 계측기 또는 적당한 방법은?

(1) 변압기의 절연저항

(2) 검류계의 내부저항

(3) 전해액의 저항

(4) 배전선의 전류

(5) 접지극의 접지저항

[작성답안]

① 절연저항계 (Megger)

② 휘이스톤 브리지

③ 콜라우시 브리지

④ 후크온 메터

⑤ 접지저항계

[핵심] 저항의 측정

저항값을 1 [Ω] 미만이라 하면 저저항이라 하고, 1 [Ω]~ 1 [MΩ]인 경우는 중저항, 1 [MΩ] 이상은 고저항이라 한다. 저항을 측정하기 위해서는 일반적으로 옴의 법칙을 이용하여 구할 수 있고, 저저항을 측정하는 경우는 전압계와 전류계를 이용하여, 옴의 법칙으로 정확하게 저항값을 구하기 힘들므로 오차를 줄이기 위해 전압강하법, 전위차계법, 캘빈 더블 브리지법 등을 이용하여 저항을 측정한다.

① 저저항 측정

- 전압강하법 • 전위차계법 • 캘빈더블브리지법

② 중저항 측정

- 전압강하법 • 지시계기 사용법 • 휘트스톤 브리지법

③ 고저항 측정

- 직편법(검류계법) • 전압계법 • 절연저항계법

④ 특수저항측정

- 검류계내부저항의 측정 : 검류계의 내부저항은 중저항에 해당함으로 휘트스톤 브리지법을 이용하는 방법으로 검류계의 내부저항을 측정한다.
- 전지의 내부저항 측정 : 전지의 내부저항의 측정에는 내부저항이 큰 전압계를 이용하는 방법과 기전력을 동시에 측정할 수 있는 전류계법, 브리지를 이용하는 방법 등이 있다.
- 전해액의 저항측정 : 전해액은 전기분해에 의해 분극작용이 생김으로 이로 인한 역기전력으로 전해액의 저항 측정시 실제 저항값보다 크게 측정된다. 그러므로 분극작용에 영향을 받지 않는 측정법이 필요하며, 콜라우시 브리지법(kohlrausch bridge), 스트라우드법(stroud)와 핸더슨법(henderson) 등이 있다.
- 접지저항측정 : 접지저항을 측정하는 방법은 콜라우시 브리지법과 접지저항계를 이용하는 방법이 있다.

14

출제년도 08.11.17.18.20.(5점/각 항목당 1점/모두 맞으면 5점)

변압기 병렬운전조건 중 3가지를 기술하시오.

[작성답안]

① 극성이 일치할 것

② 정격 전압(권수비)이 같은 것

③ %임피던스 강하(임피던스 전압)가 같을 것

그 외

④ 내부 저항과 누설 리액턴스의 비가 같을 것

[핵심] 변압기 병렬운전의 문제점

변압기의 병렬운전의 경우는 다음과 같은 문제점이 있다.

① 계통에 $\%Z$가 적어져 단락용량이 증대된다. 변압기의 병렬운전의 경우 변압기의 연결이 서로 병렬형태로 연결되어 지므로 합성%임피던스가 작아진다. %임피던스의 작아짐은 다음 식에 의해 단락용량의 증대를 가져온다. 따라서, 단락용량을 고려하여 변압기의 %임피던스를 선정하고 병렬운전하여야 한다.

② 전 부하 운전시 변압기 허용 과부하율에 의한 변압기용량 증대로 손실증가 한다.

③ 차단기의 빈번한 동작에 의하여 차단기 수명이 단축된다.

15

출제년도 93.01.03.06.18.(5점/부분점수 없음)

그림은 어느 공장의 일부하 곡선이다. 이 공장에서의 일부하율은 몇 [%]인가?

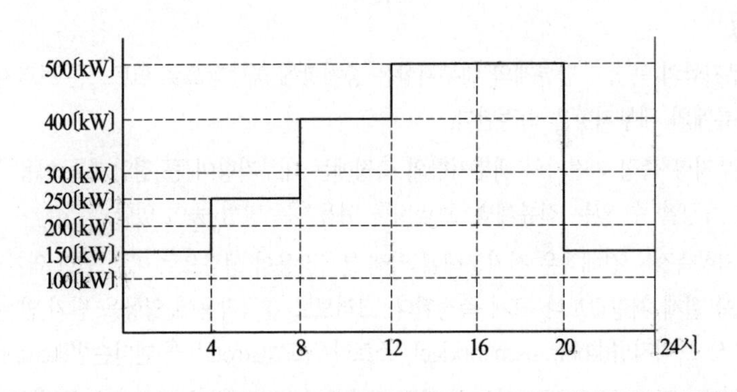

[작성답안]

$$\text{계산 : 부하율} = \frac{(150\times4+250\times4+400\times4+500\times8+150\times4)\times\frac{1}{24}}{500}\times100 = 65\ [\%]$$

답 : 65 [%]

[핵심] 부하율

공급 설비가 어느 정도 유효하게 사용되는가를 나타내며 부하율이 클수록 공급 설비가 유효하게 사용된다. 부하율은 다음 식에 의해 계산한다.

$$\text{부하율} = \frac{\text{평균 수요 전력 [kW]}}{\text{최대 수요 전력 [kW]}}\times100\ [\%]$$

부하율은 각 단위별(변압기, 전주, 수용가 등), 시기, 범위, 기간에 따라 달라지며, 부하율을 표시할 경우 기간, 범위를 반드시 명기한다. 예를 들어 일부하율, 월부하율 등으로 표시하여야 하며, 부하율은 기간이 길어질수록 작아진다. 부하율이 적다의 의미는 다음과 같다.

- 공급 설비를 유용하게 사용하지 못한다.
- 평균 수요 전력과 최대 수요 전력과의 차가 커지게 되므로 부하 설비의 가동률이 저하된다.

16 출제년도 96.98.18.(11점/각 문항당 2점, 모두 맞으면 11점)

도면은 어느 수용가의 수전설비 결선도이다. 이 결선도를 보고 다음 각 물음에 답하시오.

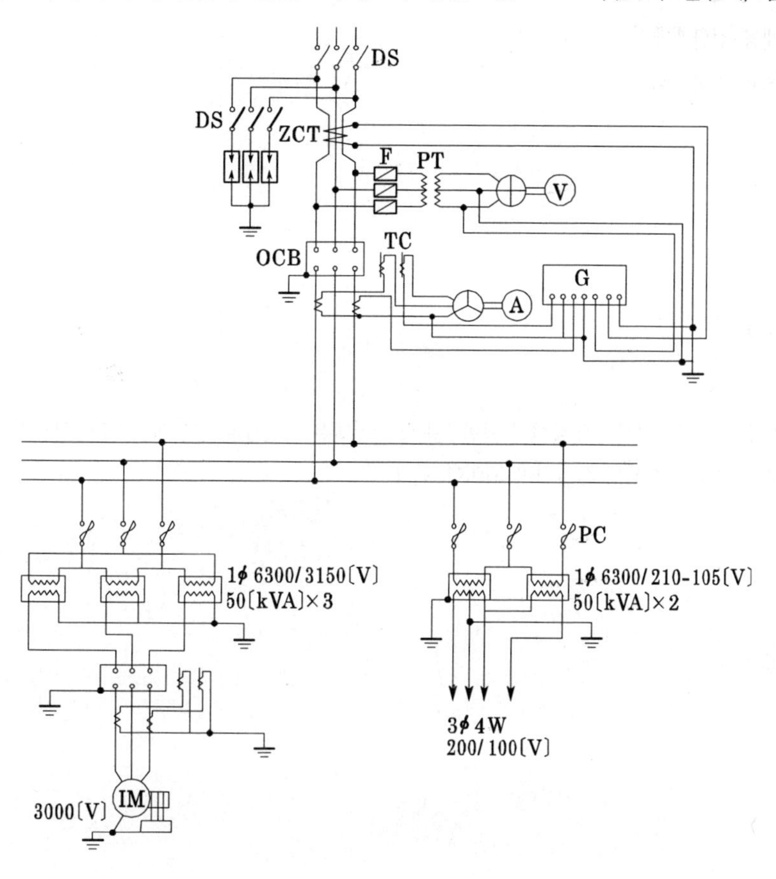

(1) ZCT의 명칭과 역할은?

(2) 도면에서 ⊕의 명칭을 쓰시오.

(3) 도면에서 ⊗의 명칭을 쓰시오.

(4) 6300/3150 [V] 단상 변압기 3대의 2차측 결선이 잘못되어 있다. 이 부분을 올바르게 고쳐서 그리시오.

(5) 도면에서 TC는 무엇을 나타내는지 쓰시오.

[작성답안]

(1) • 영상변류기

• 지락(영상)전류의 검출

(2) • 전압계용 전환개폐기

(3) • 전류계용 전환개폐기

(4)

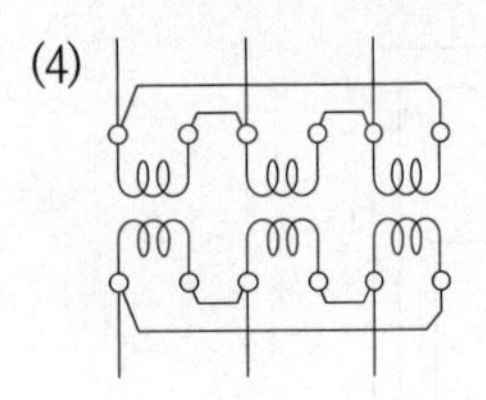

(5) • 트립코일

[핵심]

전동기용 변압기 2차측 결선이 Y결선이 되면 2측 선간전압은 3150의 $\sqrt{3}$ 배가 되어 전동기에 과전압이 인가된다. 따라서 2차측 결선은 △결선이 되어야 한다.

2018년 3회 기출문제 해설

※ 다음 물음에 답을 해당 답란에 답하시오.

1

출제년도 03.06.10.18.21.(6점/각 문항당 2점)

주어진 진리값 표는 3개의 리미트 스위치 LS_1, LS_2, LS_3에 입력을 주었을 때 출력 X와의 관계표이다. 이 표를 이용하여 다음 각 물음에 답하시오.

진리값 표

LS_1	LS_2	LS_3	X
0	0	0	0
0	0	1	0
0	1	0	0
0	1	1	1
1	0	0	0
1	0	1	1
1	1	0	1
1	1	1	1

(1) 진리값 표를 이용하여 다음과 같은 Karnaugh도를 완성하시오.

LS_3 \ LS_1, LS_2	0 0	0 1	1 1	1 0
0				
1				

(2) 물음 (1)항의 Karnaugh 도에 대한 논리식을 쓰시오.

(3) 진리값과 물음 (2)항의 논리식을 이용하여 이것을 무접점 회로도로 표시하시오.

[작성답안]

(1)

LS_3 \ LS_1, LS_2	0 0	0 1	1 1	1 0
0			1	
1		1	1	1

(2) $X = LS_1 LS_2 + LS_2 LS_3 + LS_1 LS_3 = LS_1 (LS_2 + LS_3) + LS_2 LS_3$

(3)

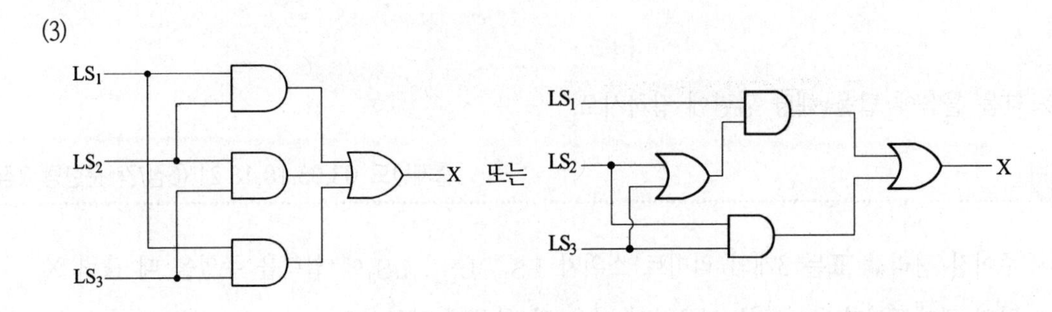

2 출제년도 89.97.98.02.12.13.17.18.(7점/각 문항당 2점, 모두 맞으면 7점)

그림은 어느 생산공장의 수전설비의 계통도이다. 이 계통도와 뱅크의 부하용량표, 변류기 규격표를 보고 다음 각 물음에 답하시오.

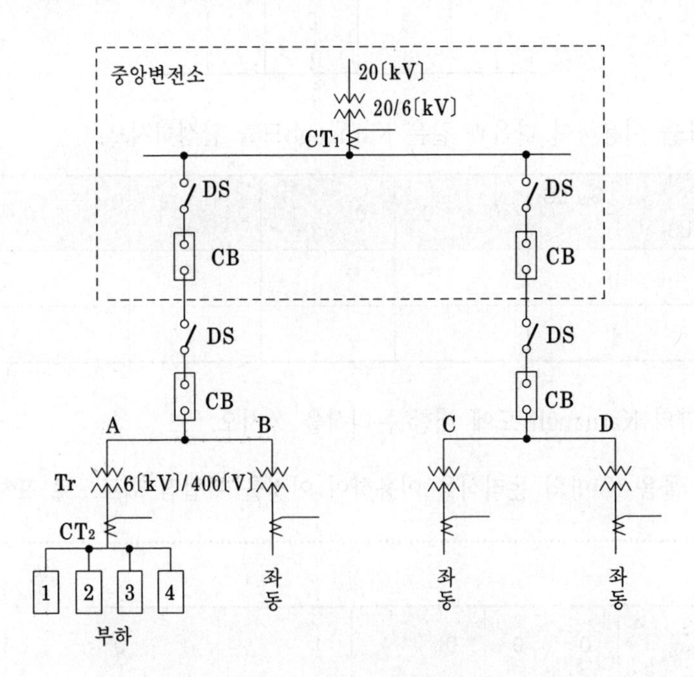

뱅크의 부하 용량표

피더	부하 설비 용량[kW]	수용률[%]
1	125	80
2	125	80
3	500	70
4	600	84

변류기 규격표

	항 목	변 류 기
변류기	정격 1차 전류	5, 10, 15, 20, 30, 40, 50, 75, 100, 150, 200, 300, 400, 500, 600, 750, 1000, 1500, 2000, 3000
	정격 2차 전류	5

(1) A, B, C, D 뱅크에 같은 부하가 걸려 있으며, 주 변압기 부등률은 1.3이고 전부하 합성 역률은 0.8이다. 중앙변전소의 변압기 용량을 표준 규격으로 답하시오.

(2) 변류기 CT_1의 변류비를 구하시오. (단, 변압기 용량을 기준하며 변류비는 1.2배로 결정한다.)

(3) A뱅크 변압기 용량을 선정하고 CT_2의 변류비를 구하시오. (단, 변류비는 1.15배로 결정한다.)

[작성답안]

(1) 계산 : A 뱅크의 최대수요전력 $= \dfrac{125\times0.8+125\times0.8+500\times0.7+600\times0.84}{0.8} = 1317.5$ [kVA]

A, B, C, D 각 뱅크간의 부등률이 1.3이므로

중앙 변전소 변압기 용량 $= \dfrac{1317.5\times4}{1.3} = 4053.85$ [kVA]

∴ 5000[kVA] 선정

답 : 5000[kVA]

(2) 계산 : $I = \dfrac{4053.85}{\sqrt{3}\times6}\times1.2 = 468.10$ [A]이므로 표에서 500/5 선정

답 : 500/5

(3) 계산 : A 뱅크의 최대수요전력 $= \frac{125 \times 0.8 + 125 \times 0.8 + 500 \times 0.7 + 600 \times 0.84}{0.8} = 1317.5$ [kVA]

∴ 1500[kVA] 선정

$I = \frac{1317.5}{\sqrt{3} \times 0.4} \times 1.15 = 2186.89$ [A]이므로 표에서 2500/5 선정

답 : 2500/5

[핵심] 변압기 용량

① 변압기 용량

변압기 용량[kW] ≥ 합성 최대 수용 전력 = $\frac{\text{부하 설비 합계[kW]} \times \text{수용률}}{\text{부등률}}$

역률을 적용하여 [kW]의 부하를 [kVA]의 부하로 환산하여 구한다.

② 표준용량

3, 5, 7.5, 10, 15, 30, 50, 75, 100, 150, 200, 300, 500, 750, 1000, 1500, 2000, 3000, 4500, (5000), 6000, 7500, 10000, 15000, 20000, 30000, 45000, (50000), 60000, 90000, 100000, (120000), 150000, 200000, 250000, 300000 ( )는 준표준 규격이다.

3

출제년도 86.96.98.00.02.03.10.18.20.22.(12점/각 문항당 4점)

어느 회사에서 한 부지에 A, B, C의 세 공장을 세워 3대의 급수 펌프 P_1(소형), P_2(중형), P_3(대형)으로 다음 계획에 따라 급수 계획을 세웠다. 이 계획을 잘 보고 다음 물음에 답하시오.

【조건】

① 모든 공장 A, B, C가 휴무일 때 또는 그 중 한 공장만 가동할 때에는 펌프 P_1만 가동시킨다.

② 모든 공장 A, B, C중 어느 것이나 두 개의 공장만 가동할 때에는 P_2만 가동시킨다.

③ 모든 공장 A, B, C가 모두 가동할 때에는 P_3만 가동시킨다.

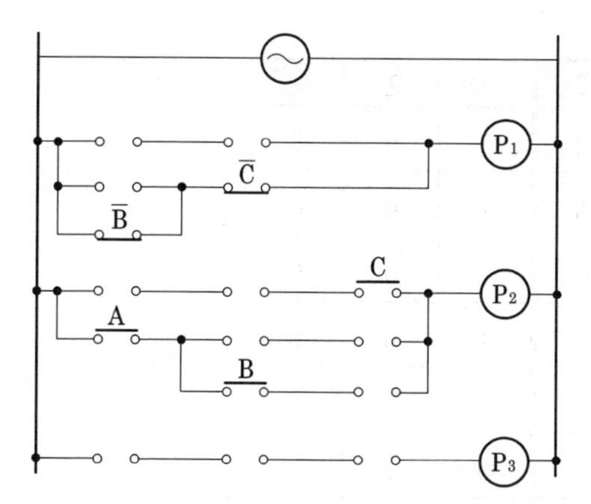

(1) 조건과 같은 진리표를 작성하시오.

A	B	C	P_1	P_2	P_3
0	0	0			
1	0	0			
0	1	0			
0	0	1			
1	1	0			
1	0	1			
0	1	1			
1	1	1			

(2) 미완성 시퀀스 도면에 접점과 그 기호를 삽입하여 도면을 완성하시오.

(3) P_1, P_2, P_3의 출력식을 가장 간단한 식으로 표현하시오.

※ 접점 심벌을 표시할 때는 A, B, C, $\overline{A}$, $\overline{B}$, $\overline{C}$ 등 문자 표시도 할 것

[작성답안]

(1)

A	B	C	P_1	P_2	P_3
0	0	0	1	0	0
1	0	0	1	0	0
0	1	0	1	0	0
0	0	1	1	0	0
1	1	0	0	1	0
1	0	1	0	1	0
0	1	1	0	1	0
1	1	1	0	0	1

(2)

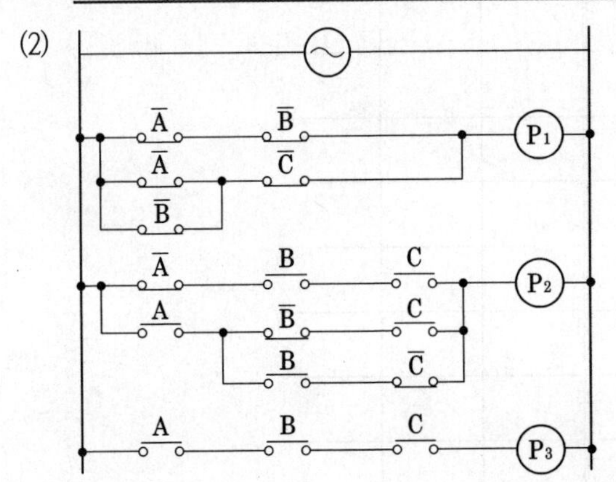

(3) $P_1 = \overline{A}\,\overline{B} + (\overline{A} + \overline{B})\overline{C}$

$P_2 = \overline{A}BC + A(\overline{B}C + B\overline{C})$

$P_3 = ABC$

[핵심]

$P_1 = \overline{A}\,\overline{B}\,\overline{C} + \overline{A}\,\overline{B}C + \overline{A}B\overline{C} + A\overline{B}\,\overline{C}$

$= \overline{A}\,\overline{B}\,\overline{C} + \overline{A}\,\overline{B}\,\overline{C} + \overline{A}\,\overline{B}\,\overline{C} + \overline{A}\,\overline{B}C + \overline{A}B\overline{C} + A\overline{B}\,\overline{C}$

$= \overline{A}\,\overline{B}(C + \overline{C}) + \overline{A}\,\overline{C}(B + \overline{B}) + \overline{B}\,\overline{C}(A + \overline{A}) = \overline{A}\,\overline{B} + (\overline{A} + \overline{B})\overline{C}$

$P_2 = \overline{A}BC + A\overline{B}C + AB\overline{C} = \overline{A}BC + A(\overline{B}C + B\overline{C})$

$P_3 = ABC$

4 출제년도 92.05.07.09.18.21.(13점/각 문항당 2점, 모두 맞으면 13점)

3층 사무실용 건물에 3상 3선식의 6000 [V]를 수전하여 200 [V]로 체강하여 수전하는 설비를 하였다. 각 종 부하설비가 주어진 표1, 2와 같을 때 다음 각 물음에 답하시오. (단, 각 물음에 대한 답은 계산 과정을 모두 쓰면서 답하도록 한다.)

[표 1] 동력 부하 설비

사용 목적	용량 [kW]	대수	상용 동력 [kW]	하계 동력 [kW]	동계 동력 [kW]
난방 관계					
• 보일러 펌프	6.0	1			6.0
• 오일 기어 펌프	0.4	1			0.4
• 온수 순환 펌프	3.0	1			3.0
공기 조화 관계					
• 1, 2, 3층 패키지 콤프레셔	7.5	6		45.0	
• 콤프레셔 팬	5.5	3	16.5		
• 냉각수 펌프	5.5	1		5.5	
• 쿨링 타워	1.5	1		1.5	
급수·배수 관계					
• 양수 펌프	3.0	1	3.0		
기타					
• 소화 펌프	5.5	1	5.5		
• 셔터	0.4	2	0.8		
합 계			25.8	52.0	9.4

[표 2] 조명 및 콘센트 부하 설비

사용 목적	와트수 [W]	설치 수량	환산 용량 [VA]	총용량 [VA]	비 고
전등관계					
• 수은등 A	200	4	260	1040	200 [V] 고역률
• 수은등 B	100	8	140	1120	100 [V] 고역률
• 형광등	40	820	55	45100	200 [V] 고역률
• 백열 전등	60	10	60	600	

콘센트 관계					
• 일반 콘센트		80	150	12000	2P 15 [A]
• 환기팬용 콘센트		8	55	440	
• 히터용 콘센트	1500	2		3000	
• 복사기용 콘센트		4		3600	
• 텔레타이프용 콘센트		2		2400	
• 룸 쿨러용 콘센트		6		7200	
기타					
• 전화 교환용 정류기		1		800	
계				77300	

[주] 변압기 용량(제작 회사에서 시판)

단상, 3상 공히 5, 10, 15, 20, 30, 50, 75, 100, 150 [kVA]

[표 3] 변압기 용량

상 별	제작회사에서 시판되는 표준용량 [kVA]
단상 3상	5, 10, 15, 20, 30, 50, 75, 100, 150, 200, 250, 300 [kVA]

(1) 동계 난방 때 온수 순환 펌프는 상시 운전하고, 보일러용과 오일 기어 펌프의 수용률이 65 [%]일 때 난방 동력 수용 부하는 몇 [kW]인가?

(2) 동력 부하의 역률이 전부 70 [%]라고 한다면 피상 전력은 각각 몇 [kVA]인가? (단, 상용 동력, 하계 동력, 동계 동력별로 각각 계산하시오.)

① 상용 동력

② 하계 동력

③ 동계 동력

(3) 총 전기 설비 용량은 몇 [kVA]를 기준으로 하여야 하는가?

(4) 전등의 수용률은 60 [%], 콘센트 설비의 수용률은 70 [%]라고 한다면 몇 [kVA]의 단상 변압기에 연결하여야 하는가? (단, 전화 교환용 정류기는 100 [%] 수용률로서 계산 결과에 포함시키며 변압기 예비율(여유율)은 무시한다.)

(5) 동력 설비 부하의 수용률이 모두 55 [%]라면 동력 부하용 3상 변압기의 용량은 몇 [kVA]인가? (단, 동력 부하의 역률은 70 [%]로 하며 변압기의 예비율은 무시한다.)

(6) 단상과 3상 변압기의 200[V]의 전류계용으로 사용되는 변류기의 1차측 정격전류는 각각 몇 [A]인가? (단, 정격전류는 75, 100, 150, 200, 300, 400, 500 이고, 최대 전류비값의 1.2배로 결정한다.)

① 단상

② 3상

[작성답안]

(1) 계산 : 수용부하$=3+6.0\times0.65+0.4\times0.65=7.16$ [kW]

답 : 7.16 [kW]

(2) ① 계산 : 상용 동력의 피상 전력$=\dfrac{25.8}{0.7}=36.86$ [kVA]

답 : 36.86 [kVA]

② 계산 : 하계 동력의 피상 전력$=\dfrac{52.0}{0.7}=74.29$ [kVA]

답 : 74.29 [kVA]

③ 계산 : 동계 동력의 피상 전력$=\dfrac{9.4}{0.7}=13.43$ [kVA]

답 : 13.43 [kVA]

(3) 계산 : $36.86+74.29+77.3=188.45$ [kVA]

답 : 188.45 [kVA]

(4) 계산 : 전등 관계 : $(1040+1120+45100+600)\times0.6\times10^{-3}=28.72$ [kVA]

콘센트 관계 : $(12000+440+3000+3600+2400+7200)\times0.7\times10^{-3}=20.05$ [kVA]

기타 : $800\times1\times10^{-3}=0.8$ [kVA]

$28.72+20.05+0.8=49.57$ [kVA]

단상 변압기 용량 50 [kVA]선정

답 : 50 [kVA]

(5) 계산 : 동계 동력과 하계 동력 중 큰 부하를 기준하여 상용 동력과 합산하여 계산한다.

$\dfrac{(25.8+52.0)}{0.7}\times0.55=61.13$ [kVA]

3상 변압기 용량 75 [kVA]선정

답 : 75 [kVA]

(6) ① 단상 변압기 2차측 변류기

$$I = \frac{50 \times 10^3}{200} \times 1.2 = 300 \text{ [A]}$$

표준품 300/5 선정

답 : 300

② 3상 변압기 2차측 변류기

$$I = \frac{75 \times 10^3}{\sqrt{3} \times 200} \times 1.2 = 259.81 \text{ [A]}$$

표준품 300/5 선정

답 : 300

5 출제년도 18.22.(4점/부분점수 없음)

미완성 부분의 단상변압기 3대의 △-Y 복선도를 그리시오.

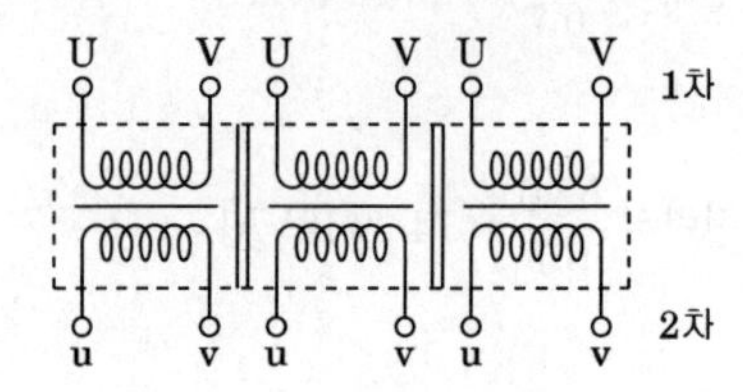

[작성답안]

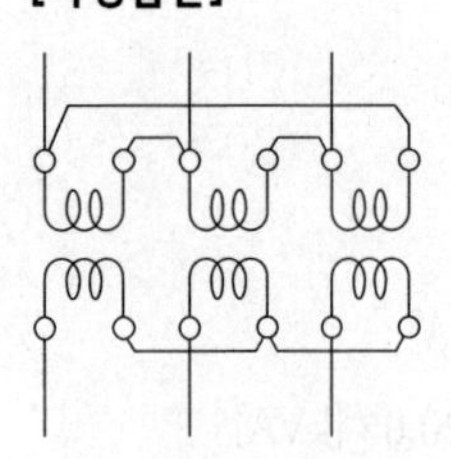

[핵심] 변압기 결선

① △ − △ 결선

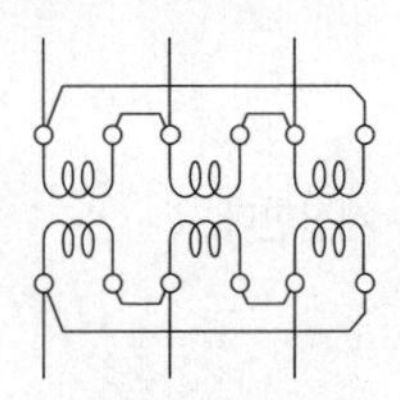

- 제3고조파 전류가 △결선 내를 순환하므로 정현파 교류 전압을 유기하여 기전력의 파형이 왜곡되지 않는다.

- 1상분이 고장이 나면 나머지 2대로써 V결선 운전이 가능하다.
- 각 변압기의 상전류가 선전류의 $1/\sqrt{3}$ 이 되어 대전류에 적당하다.
- 중성점을 접지할 수 없으므로 지락 사고의 검출이 곤란하다.
- 권수비가 다른 변압기를 결선 하면 순환 전류가 흐른다.
- 각 상의 임피던스가 다를 경우 3상 부하가 평형이 되어도 변압기의 부하 전류는 불평형이 된다.

② $Y-Y$ 결선

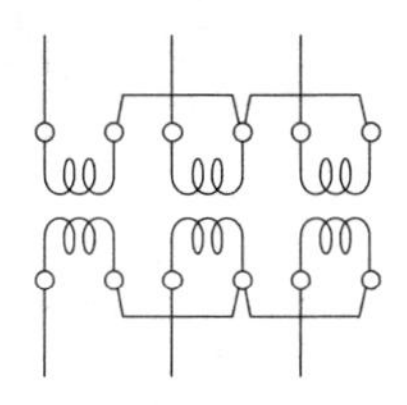

- 1차 전압, 2차 전압 사이에 위상차가 없다.
- 1차, 2차 모두 중성점을 접지할 수 있으며 고압의 경우 이상 전압을 감소시킬 수 있다.
- 상전압이 선간 전압의 $1/\sqrt{3}$ 배이므로 절연이 용이하여 고전압에 유리하다.
- 제3고조파 전류의 통로가 없으므로 기전력의 파형이 제3고조파를 포함한 왜형파가 된다.
- 중성점을 접지하면 제3고조파 전류가 흘러 통신선에 유도 장해를 일으킨다.
- 부하의 불평형에 의하여 중성점 전위가 변동하여 3상 전압이 불평형을 일으키므로 송, 배전 계통에 거의 사용하지 않는다.

③ $\Delta-Y$ 결선

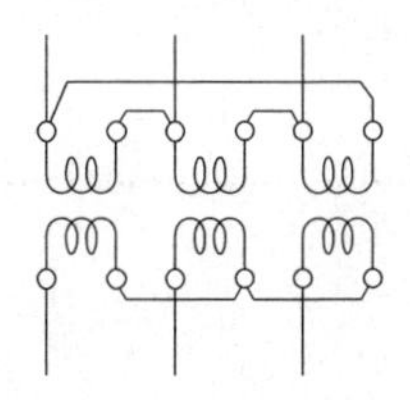

- 한 쪽 Y결선의 중성점을 접지 할 수 있다.
- Y결선의 상전압은 선간 전압의 $1/\sqrt{3}$ 이므로 절연이 용이하다.
- 1, 2차 중에 Δ결선이 있어 제3고조파의 장해가 적고, 기전력의 파형이 왜곡되지 않는다.
- $Y-\Delta$ 결선은 강압용으로, $\Delta-Y$ 결선은 승압용으로 사용할 수 있어서 송전 계통에 융통성 있게 사용된다.
- 1, 2차 선간전압 사이에 30° 의 위상차가 있다.
- 1상에 고장이 생기면 전원 공급이 불가능해진다.
- 중성점 접지로 인한 유도 장해를 초래한다.

6

출제년도 18.21.(5점/부분점수 없음)

FL-20D 형광등의 전압이 100 [V], 전류가 0.35 [A], 안정기의 손실이 5 [W]일 때 역률은 몇 [%]인가?

[작성답안]

계산 : 20[W] 형광등의 전체소비전력 $P = 20 + 5 = 25[\text{W}]$

$$\text{역률 } \cos\theta = \frac{P}{VI} \times 100 = \frac{25}{100 \times 0.35} \times 100 = 71.43[\%]$$

답 : 71.43 [%]

[핵심]

형광등은 안정기에 의해 점등되므로 형광등 전체의 소비전력은 안정기의 손실을 포함해야 한다.

7

출제년도 90.91.94.97.02.05.16.18.(5점/부분점수 없음)

바닥 면적 200 [m²]의 교실에 전광속 2500 [lm]의 40 [W] 형광등을 시설하여 평균 조도를 150 [lx]로 하자면 설치할 전등의 수는 몇[등]인가?
(단, 조명률 50 [%], 감광보상률 1.25로 한다.)

[작성답안]

계산 : $N = \dfrac{EAD}{FU} = \dfrac{150 \times 200 \times 1.25}{2500 \times 0.5} = 30$ [등]

답 : 30 [등]

[핵심] 조명설계

① 실지수

방의 면적이 같은 2개의 방에 같은 수의 광원을 설치하여도 방의 모양이 다른 경우에는 작업면상의 조도는 다르게 된다. 그래서 천정, 바닥이 장방형인 방은 가로 X, 세로 Y 두 변의 평균을 한 변으로 하는 정방형인 방과 동일하다고 하는 이론에 의해 실지수 $R.I$를 다음 식과 같이 결정한다.

$$R.I = \frac{XY}{H(X+Y)}$$

실지수	5.0	4.0	3.0	2.5	2.0	1.5	1.25	1.0	0.8	0.6
기호	A	B	C	D	E	F	G	H	I	J

② 조도계산

N개의 램프에서 방사되는 빛을 평면상의 면적 A[㎡]에 모두 집중 조사할 수 있다고 하고 램프 1개당 광속을 F[lm]이라 하면, 그 면의 평균조도를

$$E = \frac{F \cdot N}{A} \text{ [lx]}$$

로 나타낸다. 이러한 평균조도 계산은 광속법과 설계여건에 따라 ZCM (Zonal Cavity Method)법을 채택할 수 있다.

$$E = \frac{F \cdot N \cdot U \cdot M}{A}$$

여기서, E : 평균조도[lx] F : 램프 1개당 광속[lm] N : 램프수량[개]
U : 조명률 M : 보수율, 감광보상률의 역수 A : 방의 면적[㎡] (방의 폭×길이)

2018

8

출제년도 09.18.(6점/각 항목당 1점)

전력퓨즈(Power Fuse)는 고압, 특별고압 기기의 단락전류의 차단을 목적으로 사용되며, 소호방식에 따라 한류형(PF)과 비한류형(COS)이 있다. 다른 개폐기와 비교한 퓨즈의 장점과 단점을 각각 3가지씩만 쓰시오. (단, 가격, 크기, 무게 등 기술외적인 사항은 제외한다.)

[작성답안]

(1) 장점

① 릴레이나 변성기가 필요 없다.

② 고속도 차단한다.

③ 큰 차단 용량을 갖는다.

(2) 단점

① 재투입을 할 수 없다.

② 과도 전류로 용단되기 쉽고 결상을 일으킬 염려가 있다.

③ 동작시간, 전류특성을 자유로이 조정할 수 없다.

그 외

④ 비보호 영역이 있다.

⑤ 차단시 이상전압이 발생한다.

[핵심] 전력퓨즈의 장·단점

장점	단점
① 가격이 싸다. ② 소형 경량이다. ③ 릴레이나 변성기가 필요 없다. ④ 밀폐형 퓨즈는 차단시에 무소음 무방출이다. ⑤ 소형으로 큰 차단용량을 갖는다. ⑥ 보수가 간단하다. ⑦ 고속도 차단한다. ⑧ 한류형 퓨즈는 한류효과가 대단히 크다. ⑨ 차지하는 공간이 적고 장치 전체가 싼 값에 소형으로 처리된다. ⑩ 후비보호가 완벽하다.	① 재투입을 할 수 없다. ② 과도전류로 용단하기 쉽다. ③ 동작시간-전류특성을 계전기처럼 자유로이 조정 할 수 없다. ④ 한류형 퓨즈에는 녹아도 차단하지 못하는 전류범위를 갖는 것이 있다. ⑤ 비보호영역이 있으며, 사용 중에 열화하여 동작하면 결상을 일으킬 염려가 있다. ⑥ 한류형은 차단시에 과전압을 발생한다. ⑦ 고 임피던스 접지계통의 접지보호는 할 수 없다.

9

출제년도 89.93.95.99.02.06.07.13.17.18.20.22.(6점/각 문항당 2점)

송전선로 전압을 154[kV]에서 345[kV]로 승압할 경우 송전선로에 나타나는 효과에 대하여 다음 물음에 답하시오.

(1) 전력손실이 동일한 경우 공급능력의 증대는 몇 배인지 구하시오.

(2) 전력손실의 감소는 몇 [%]인지 구하시오.

(3) 전압강하율의 감소는 몇 [%]인지 구하시오.

[작성답안]

(1) 공급능력

계산 : $P \propto V$ 이므로 $\frac{P_2}{P_1} = \frac{V_2}{V_1} = \frac{345}{154} = 2.24$

답 : 2.24배

(2) 전력손실

계산 : $P_L \propto \frac{1}{V^2}$ 이므로 $\frac{P_{L2}}{P_{L1}} = \left(\frac{V_1}{V_2}\right)^2 = \left(\frac{154}{345}\right)^2 = 0.1993$

전력손실 감소분 =1-0.1993 =0.8007=80.07[%]

답 : 80.07[%]

(3) 전압강하율

계산 : $\epsilon \propto \frac{1}{V^2}$ 이므로 $\frac{\epsilon_2}{\epsilon_1} = \left(\frac{V_1}{V_2}\right)^2 = \left(\frac{154}{345}\right)^2 = 0.1993$

$\epsilon_2 = (\frac{154}{345})^2 \epsilon_1 = 0.1993\epsilon_1$

전압강하율 감소분 =1-0.1993 =0.8007=80.07[%]

답 : 80.07[%]

[핵심]

(1) 전력손실이 동일 하므로 전력손실 $P_L = 3I^2R$에서 전류 I 는 일정하다.

∴ 공급능력은 $P = \sqrt{3}\,VI\cos\theta$ 에서 $P \propto V$ 가 된다.

(2) 전력손실 $P_L = \frac{P^2R}{V^2\cos^2\theta}$ 에서 $P_L \propto \frac{1}{V^2}$ 가 된다.

(3) 전압강하율 $\epsilon = \frac{e}{V} \times 100 = \frac{P}{V^2}(R + X\tan\theta)$ 에서 $\epsilon \propto \frac{1}{V^2}$ 가 된다.

10

출제년도 18.(6점/부분점수 없음)

책임감리원은 감리업무 수행 중 긴급하게 발생되는 사항 또는 불특정하게 발생하는 중요사항에 대하여 발주자에게 수시로 보고하여야 한다. 또 책임감리원은 최종감리보고서를 감리기간 종료후 발주자에게 제출하여야 한다. 최종감리보고서에 포함될 서류 중 안전관리 실적 3가지를 쓰시오.

[작성답안]

답 : 안전관리조직, 교육실적, 안전점검실적

그 외

안전관리비 사용실적

[핵심] 제17조(감리보고 등)

책임감리원은 다음 각 호의 사항이 포함된 최종감리보고서를 감리기간 종료 후 14일 이내에 발주자에게 제출하여야 한다.

1. 공사 및 감리용역 개요 등(사업목적, 공사개요, 감리용역 개요, 설계용역 개요)
2. 공사추진 실적현황(기성 및 준공검사 현황, 공종별 추진실적, 설계변경 현황, 공사현장 실정보고 및 처리현황, 지시사항 처리, 주요인력 및 장비투입현황, 하도급 현황, 감리원 투입현황)
3. 품질관리 실적(검사요청 및 결과통보현황, 각종 측정기록 및 조사표, 시험장비 사용현황, 품질관리 및 측정자 현황, 기술검토실적 현황 등)
4. 주요기자재 사용실적(기자재 공급원 승인현황, 주요기자재 투입현황, 사용자재 투입현황)
5. 안전관리 실적(안전관리조직, 교육실적, 안전점검실적, 안전관리비 사용실적)
6. 환경관리 실적(폐기물발생 및 처리실적)
7. 종합분석

11

출제년도 18.(4점/각 항목당 2점)

다음 그림은 PLC기호이다. 명칭과 기능을 쓰시오.

LOAD	─┤├─	
LOAD NOT	─┤/├─	

[작성답안]

LOAD	─┤├─	시작입력 a접점, 독립된 하나의 회로에서 a접점에 의한 논리 회로의 시작 명령
LOAD NOT	─┤/├─	시작입력 b접점, 독립된 하나의 회로에서 b접점에 의한 논리 회로의 시작 명령

[핵심]

내 용	명령어	부 호	기 능
시작 입력	LOAD(STR)	├─┤├ a	독립된 하나의 회로에서 a접점에 의한 논리 회로의 시작 명령
	LOAD NOT	├─┤/├ b	독립된 하나의 회로에서 b접점에 의한 논리 회로의 시작 명령
직렬 접속	AND	┤├─┤├ a	독립된 바로 앞의 회로와 a접점의 직렬 회로 접속, 즉 a접점 직렬
	AND NOT	┤├─┤/├ b	독립된 바로 앞의 회로와 b접점의 직렬 회로 접속, 즉 b접점 직렬
병렬 접속	OR	(a접점 병렬)	독립된 바로 위의 회로와 a접점의 병렬 회로 접속, 즉 a접점 병렬
	OR NOT	(b접점 병렬)	독립된 바로 위의 회로와 b접점의 병렬 회로 접속, 즉 b접점 병렬
출 력	OUT	─○─┤	회로의 결과인 출력 기기(코일)표시와 내부 출력(보조 기구 기능-코일)표시

12

출제년도 18.20.21.(6점/각 항목당 2점)

천장매입 방법에 따른 건축화 조명 방식의 종류를 3가지만 쓰시오.

[작성답안]

① 매입 형광등 방식

② 다운 라이트 (down light) 방식

③ 핀 홀 라이트 (pin hole light) 방식

그 외

④ 코퍼 라이트 (coffer light) 방식

⑤ 라인 라이트 (line light) 방식

⑥ 광천장 조명

⑦ 루버천장 조면

[핵심] 건축화 조명

건축화 조명은 건축물의 천장이나 벽을 조명기구 겸용디자인으로 마무리하는 것으로서 조명기구의 배치방식에 의하면 거의 전반조명 방식에 해당되며, 조명기구 독립설치 방식에 비해 글레어의 제어나 빛의 공간배분 및 미관상 뛰어난 조명효과가 창출됨으로 이를 고려한다.

① 건축화 조명은 천장면 이용방식은 매입형광등, 라인라이트, 다운라이트, 핀홀라이트, 코퍼라이트와 광천장 조명, 루버천장조명 및 코오브조명의 형식을 사용한다.

② 벽면 이용방식은 코너조명, 코오니스조명, 밸런스조명 및 광창조명의 형식을 사용한다.

- 매입형광등 방식 : 가장 일반적인 천정 이용방식으로 "하면(下面) 개방형, 하면(下面) 확산판 설치형, 반매입형" 등이 있다.
- 다운라이트 방식 : 천장에 작은 구멍을 뚫고 조명기구를 매입하여 빛의 빔방향을 아래로 유효하게 조명한다. 사무실에 배치 할 경우 균등하게 배치하고 인테리어 적으로 배치 할 경우 random하게 배치한다.
- pin hole light : down-light의 일종으로 아래로 조사되는 구명을 적게 하거나 렌즈를 달아 복도에 집중 조사되도록 한다.
- coffer light : 대형의 down light라고도 볼 수 있으며 천정면을 둥글게 또는 사각으로 파내어 내부에 조명기구를 배치하여 조명하는 방법을 말하며 기구 하부에 확산판넬등을 배치한다.
- line light : 매입 형광등방식의 일종으로 형광등을 연속열로서 배치하는 것이며 형광등조명방식 중 가장 효과적인 조명방식이다. 이것은 종방향 line light, 황방향 line light, 사선 line light, 장방향 line light 등이 있다.
- 광천정 조명 : 실의 천정 전체를 조명기구화하는 방식으로 천정 조명 확산 판넬로서 유백색의 플라스틱판이 사용된다.
- 루버 조명 : 실의 천정면을 조명기구화 하는 방식으로 천정면 재료로서 루버를 사용하여 보호각을 증가시킨다.
- cove 조명 : 천정이나 벽면상부에 광원을 간접 조명화하여 천정면에 반사하여 조명하는 것을 말하며 효율은 대단히 나쁘지만 부드럽고 안정된 조명을 시행할 수 있다. 눈부심이 없고, 조도분포가 일정해 그림자가 없다.
- 코너(coner) 조명 : 천정과 벽면 사이에 조명기구를 배치하여 천정과 벽면에 동시에 조명하는 방법이다.
- 코오니스 (cornice) 조명 : 직접형광등기구를 벽면 위쪽에 설치하고, 목재나 금속판으로 광원을 숨김. 직접 빛이 벽면을 조명하는 방식
- 밸런스 (valance) 조명 : 벽에 형광등기구를 설치해 목재, 금속판 및 투과율이 낮은 재료로 광원을 숨기며 직접광은 아래쪽 벽이나 커튼을, 위쪽은 천장을 비추는 분위기 조명방식이다.
- 광창조명 : 지하실이나 자연광이 들어가지 않는 방에서 낮 동안 창문에서 채광되고 있는 청명한 느낌의 조명방식이다. 인공창의 뒷면에 형광등을 배치한다.

13

출제년도 02.18.(4점/부분점수 없음)

어느 공장의 3상 부하가 30 [kW]이고, 역률이 65 [%]이다. 이것의 역률을 90 [%]로 개선하려면 전력용 콘덴서 몇 [kVA]가 필요한가?

[작성답안]

계산 : $Q_c = P(\tan\theta_1 - \tan\theta_2) = 30 \times \left(\frac{\sqrt{1-0.65^2}}{0.65} - \frac{\sqrt{1-0.9^2}}{0.9} \right) = 20.54$ [kVA]

답 : 20.54[kVA]

[핵심] 역률개선 콘덴서 용량

$$Q_c = P\tan\theta_1 - P\tan\theta_2 = P(\tan\theta_1 - \tan\theta_2)$$

$$= P\left(\frac{\sin\theta_1}{\cos\theta_1} - \frac{\sin\theta_2}{\cos\theta_2} \right)$$

$$= P\left(\frac{\sqrt{1-\cos^2\theta_1}}{\cos\theta_1} - \frac{\sqrt{1-\cos^2\theta_2}}{\cos\theta_2} \right) \text{ [kVA]}$$

여기서, $\cos\theta_1$: 개선 전 역률, $\cos\theta_2$: 개선 후 역률

14

출제년도 12.18.(5점/부분점수 없음)

그림과 같이 A, B, C에는 고저차가 없으며, 경간 AB와 BC 사이에 전선이 가설되어 있다. 지금 경간 AC의 중점인 지지점 B에서 전선이 떨어졌다고 하면 전선의 이도 D_2는 전선이 떨어지기 전 D_1의 몇 배가 되는지 구하시오.

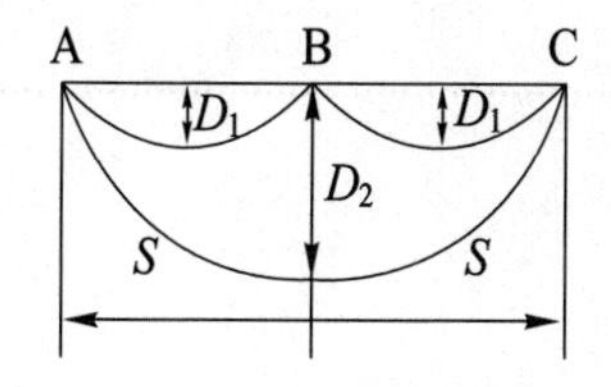

[작성답안]

계산 : 전선이 떨어지기 전과 떨어진후 길이가 변함 없으므로

$$L = \left(S + \frac{8D_1^2}{3S}\right) \times 2 = 2S + \frac{8D_2^2}{3 \times 2S}$$

$$2S + \frac{2 \times 8D_1^2}{3S} = 2S + \frac{8D_2^2}{3 \times 2S}$$

$$2D_1^2 = \frac{D_2^2}{2}$$

$$\therefore\ D_2 = 2D_1$$

답 : 2배

[핵심] 이도

이도의 영향

① 지지물의 높이를 좌우한다.

② 이도가 크면 전선은 그만큼 좌우로 크게 진동해서 다른 상의 전선에 접촉하거나 수목에 접촉할 우려가 있다.

③ 이도가 작으면 이에 반비례해서 전선의 장력이 증가하며 심할 경우에는 전선의 단선 우려가 있다.

이도의 계산 : $D = \frac{wS^2}{8T}$ [m]

전선의 길이 : $L = S + \frac{8D^2}{3S}$

15

출제년도 18.(6점/각 항목당 2점)

수전방식은 인입하는 회선수에 따라 분류 할 수 있다. 회선수에 따른 분류에서 1회선 수전방식의 특징을 쓰시오.

[작성답안]

① 간단하며 경제적이다.

② 주로 소규모 용량에 많이 쓰인다.

③ 선로 및 수전용 차단기 사고에 대비책이 없다 (1회선 고장시 전력공급이 불가능하다)

[핵심]

<table>
<tr><th colspan="2">명칭</th><th>장점</th><th>단점</th></tr>
<tr><td colspan="2">1회선 수전방식</td><td>① 간단하며 경제적이다</td><td>① 주로 소규모 용량에 많이 쓰인다
② 선로 및 수전용 차단기 사고에 대비책이 없다</td></tr>
<tr><td rowspan="3">2회선 수전 방식</td><td>루프수전 방식</td><td>① 임의의 배전선 또는 타 건물 사고에 의하여 루프가 개로 될 뿐이며, 정전은 되지 않는다
② 전압 변동률이 적다</td><td>① 루프회로에 걸리는 용량은 전 부하를 고려하여야 한다
② 수전방식이 복잡하다
③ 회로상 사고 복귀의 시간이 걸린다</td></tr>
<tr><td>평행2회 선방식</td><td>① 어느 한쪽의 수전선 사고에도 무정전 수전이 가능하다
② 단독 수전이 가능하다</td><td>① 수전선 보호장치와 2회선 평행 수전 장치가 필요하다
② 1회선분에 대한 설비비가 증가한다</td></tr>
<tr><td>예비선 수전방식</td><td>① 선로사고에 대비 할 수 있다
② 단독 수전이 가능하다</td><td>① 실질적으로 1회선 수전이라 할 수 있으며, 무정전 절체가 필요할 경우는 절체용 차단기가 필요하다
② 1회선분에 대한 설비비가 증가한다</td></tr>
<tr><td colspan="2">스폿 네트워크방식</td><td>① 무정전 공급
② 효율 운전이 가능하다
③ 전압 변동률이 적다
④ 전력손실이 감소한다
⑤ 부하증가에 대한 적응성이 크다
⑥ 기기 이용률이 향상된다
⑦ 2차 변전소를 감소 시킬 수 있다
⑧ 전등 전력의 일원화가 가능하다</td><td>① 설비 투자비 고가</td></tr>
</table>

16

출제년도 00.03.04.09.17.18.21.(5점/부분점수 없음)

표와 같이 어느 수용가 A, B, C에 공급하는 배전선로의 최대전력은 700 [kW]이다. 이 때 수용가의 부등률은 얼마인가?

수용가	설비용량 [kW]	수용률 [%]
A	500	60
B	700	50
C	700	50

[작성답안]

계산 : $\text{부등률} = \dfrac{(500\times0.6)+(700\times0.5)+(700\times0.5)}{700} = 1.43$

답 : 1.43

[핵심] 부등률

각 수용가에서의 최대 수용 전력의 발생 시각은 시간적으로 차이가 있으며 이 경우에 배전 변압기 또는 간선에서의 합성 최대 수용 전력은 각 수용가에서의 최대 수용 전력의 합보다 적게 되는데 이 비를 부등률이라 하며 이 값은 항상 1보다 크고, 백분율로 나타내지 않는다. 수용률과 더불어 배전 변압기 또는 배전 간선 등의 공급 설비 계획 자료로 사용된다.

$$\text{부등률} = \frac{\text{개별 최대수용전력의 합}}{\text{합성 최대수용전력}} = \frac{\text{설비용량}\times\text{수용률}}{\text{합성최대수용전력}}$$

2019년 1회 기출문제 해설

※ 다음 물음에 답을 해당 답란에 답하시오.

1

출제년도 03.06.19.21.(11점/(1) 4점, (2)3점, (3)2점, (4) 2점)

그림은 22.9 [kV] 특별고압 수전설비의 단선도이다. 이 도면을 보고 다음 각 물음에 답하시오.

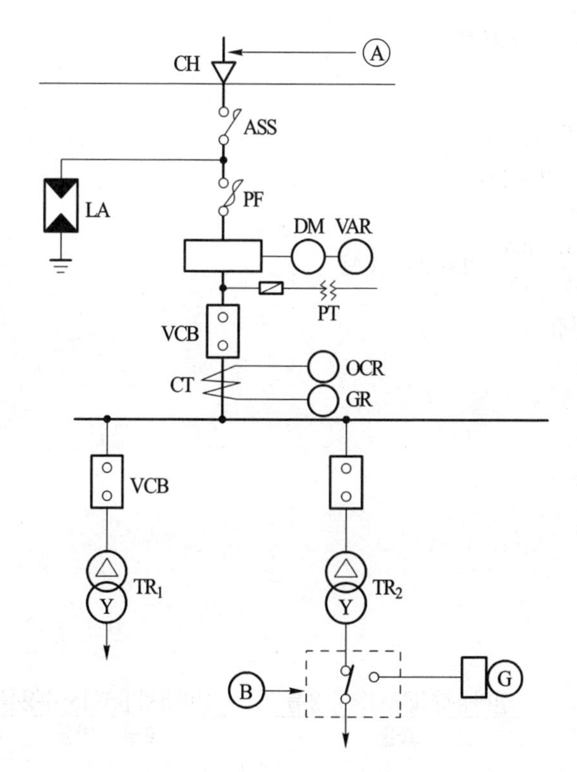

(1) 도면에 표시되어 있는 다음 약호의 명칭을 우리말로 쓰시오.

① ASS :

② LA :

③ VCB :

④ DM :

(2) TR_1쪽의 부하 용량의 합이 300 [kW]이고, 역률 및 효율이 각각 0.8, 수용률이 0.6 이라면 TR_1변압기의 용량은 몇 [kVA]가 적당한지를 계산하고 규격용량으로 답하시오.

(3) Ⓑ의 명칭은 무엇인가?

(4) 변압기의 결선도를 복선도로 그리시오.

[작성답안]

(1) ① ASS : 자동고장 구분개폐기

② LA : 피뢰기

③ VCB : 진공 차단기

④ DM : 최대 수요전력량계

(2) 계산 : $\mathrm{TR}_1 = \dfrac{300 \times 0.6}{0.8 \times 0.8} = 281.25$ [kVA]

답 : 300 [kVA] 선정

(3) 자동절체 스위치 (ATS)

(4)

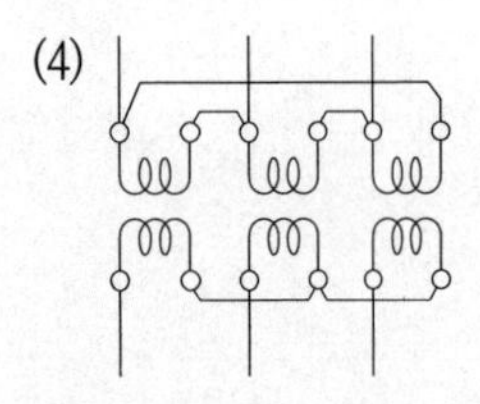

[핵심]

(2) 변압기 용량 [kVA] $\geq \dfrac{\text{설비용량 [kVA]} \times \text{수용률}}{\text{효율}} = \dfrac{\text{설비용량 [kW]} \times \text{수용률}}{\text{효율} \times \text{역률}}$

2

출제년도 14.19.(6점/각 항목당 3점)

용량 30[kVA]의 단상 주상 변압기가 있다. 이 변압기의 어느 날의 부하가 30[kW]로 4시간, 24[kW]로 8시간 및 8[kW]로 10시간이었다고 할 경우, 이 변압기의 일부하율 및 전일 효율을 계산하시오. (단, 부하의 역률은 1, 변압기의 전부하 동손은 500[W], 철손은 200[W]이다.)

(1) 일부하율

(2) 전일효율

[작성답안]

(1) 일부하율

계산 : 일부하율 $= \frac{\text{평균전력}}{\text{최대전력}} \times 100 = \frac{30\times4+24\times8+8\times10}{30\times24} \times 100 = 54.444[\%]$

답 : 54.44[%]

(2) 전일효율

계산 : 출력 $= 30\times4+24\times8+8\times10 = 392[\text{kWh}]$

철손 $= 200\times24\times10^{-3} = 4.8[\text{kWh}]$

동손 $= 500\times\left[4\times\left(\frac{30}{30}\right)^2+8\times\left(\frac{24}{30}\right)^2+10\times\left(\frac{8}{30}\right)^2\right]\times10^{-3} = 4.92[\text{kWh}]$

전일효율 $\eta = \frac{392}{392+4.8+4.92} \times 100 = 97.58[\%]$

답 : 97.58[%]

[핵심]

① 부하율

공급 설비가 어느 정도 유효하게 사용되는가를 나타내며 부하율이 클수록 공급 설비가 유효하게 사용된다. 부하율은 다음 식에 의해 계산한다.

$$\text{부하율} = \frac{\text{평균 수요 전력}[\text{kW}]}{\text{최대 수요 전력}[\text{kW}]} \times 100\,[\%]$$

부하율은 각 단위별(변압기, 전주, 수용가 등), 시기, 범위, 기간에 따라 달라지며, 부하율을 표시할 경우 기간, 범위를 반드시 명기한다. 예를 들어 일부하율, 월부하율 등으로 표시하여야 하며, 부하율은 기간이 길어질수록 작아진다.

② 전일효율

$$\eta_d = \frac{\sum h\,V_2 I_2 \cos\theta_2}{\sum h\,V_2 I_2 \cos\theta_2 + 24P_i + \sum h\,r_2 I_2^2} \times 100[\%]$$

3

출제년도 19.(4점/각 문항당 2점)

다음은 교류 발전소용 자동제어기구의 번호이다. 52C 52T의 각각 명칭 쓰시오

52T	(1)	52C	(2)

[작성답안]

(1) 차단기 Trip Coil (교류차단기 트립코일)

(2) 차단기 Closing Coil (교류차단기 투입코일)

4

출제년도 04.08.15.19.(8점/(1) (2) (3) (5) 1점, (4) 4점)

피뢰기는 이상전압이 기기에 침입했을 때 그 파고값을 저감시키기 위하여 뇌전류를 대지로 방전시켜 절연파괴를 방지하며, 방전에 의하여 생기는 속류를 차단하여 원래의 상태로 회복시키는 장치이다. 다음 각 물음에 답하시오.

(1) 갭형 피뢰기의 구성요소를 2가지를 쓰시오.

(2) 피뢰기의 정격전압이라고 하는 것은 어떤 전압을 말하는가?

(3) 피뢰기의 제한전압은 어떤 전압을 말하는가?

(4) 피뢰기의 기능상 필요한 구비조건을 4가지만 쓰시오.

(5) 충격방전개시전압이란 어떤 전압을 말하는가?

[작성답안]

(1) 직렬갭, 특성요소

(2) 속류를 차단할 수 있는 교류 최고전압

(3) 피뢰기 방전중 피뢰기 단자에 남게되는 충격전압

(4) ① 충격방전 개시 전압이 낮을 것

② 상용주파 방전개시 전압이 높을 것

③ 방전내량이 크면서 제한 전압이 낮을 것

④ 속류차단 능력이 충분할 것

(5) 피뢰기 단자간에 충격전압을 인가하였을 경우 방전을 개시하는 전압

[핵심] 피뢰기의 용어

① 충격방전개시전압(Impulse Spark Over Voltage)

피뢰기의 양단자사이에 충격전압이 인가되어 피뢰기가 방전하는 경우 그 초기에 방전 전류가 충분히 형성되어 단자간 전압강하가 시작하기 이전에 도달하는 단자전압의 최고전압을 말한다.

② 제한전압

충격전류가 방전으로 저하되어서 피뢰기의 단자간에 남게되는 충격전압, 즉 뇌서지의 전류가 피뢰기를 통과할 때 피뢰기의 양단자간 전압강하로 이것은 피뢰기 동작중 계속해서 걸리고 있는 단자전압의 파고치로 표시한다.

③ 속류(Follow Current)

피뢰기의 속류란 방전현상이 실질적으로 끝난후 계속하여 전력계통에서 공급되어 피뢰기에 흐르는 전류를 말한다.

④ 정격전압(Rated Voltage)

선로단자와 접지단자에 인가한 상태에서 소정의 단위 동작책무를 소정의 회수로 반복수행할 수 있는 정격주파수의 상용주파전압 최고한도를 규정한값(실효치)를 말한다.

5 출제년도 19.22.(5점/각 문항당 2점, 모두 맞으면 5점)

다음 변류기에 대하여 물음에 답하시오.

(1) 변류기 역할, 기능에 대해 서술하시오

(2) 변류기의 정격부담이란 무엇을 의미하는지 서술하시오

[작성답안]

(1) 회로의 대전류를 소전류로 변성하여 계기나 계전기에 공급하기 위한 목적으로 사용한다.

(2) 변류기 2차측 단자간에 접속되는 부하의 한도를 말하며 [VA]로 표시한다.

[핵심] 변류기의 부담

변류기의 부담이란 변류기 2차 단자에 접속하는 부하(계측기, 계기)가 2차 전류에 의해 소비되는 피상전력을 말한다. 변류기의 정격부담은 규정된 조건하에서 정해진 특성을 보증하는 변류기의 권선당 부담을 말한다. 변류기는 변류기의 정격부담보다 변류기의 부하 사용부담이 클 경우에는 변류기의 오차가 증가한다. 또 과전류특성도 나빠진다. 따라서 변류기의 부하로 보호계전기가 연결되어 있는 경우에는 특히 부담을 주의하여 선정하여야 한다. 변류기의 2차배선의 길이가 길 경우에는 배선의 임피던스에 의한 배선의 부담을 무시할 수 없고, 이것을 고려하여 변류기 부담을 선정해야 한다.

$Z=\frac{VA}{I^2}$ 여기서, Z : 변류기 2차권선의 임피던스 , VA : 변류기 2차권선의 정격부담,

I : 변류기 2차권선의 정격전류

6

출제년도 90.95.98.12.19.(14점/(1)6점, (2)5점, (3)3점)

회로도는 펌프용 3.3[kV] 모터 및 GPT 단선 결선도이다. 회로도를 보고 다음 물음에 답하시오.

(1) ①~⑥으로 표시된 보호 계전기 및 기기의 명칭을 쓰시오.

(2) ⑦~⑪로 표시된 전기기계 기구의 명칭과 용도를 간단히 기술하시오.

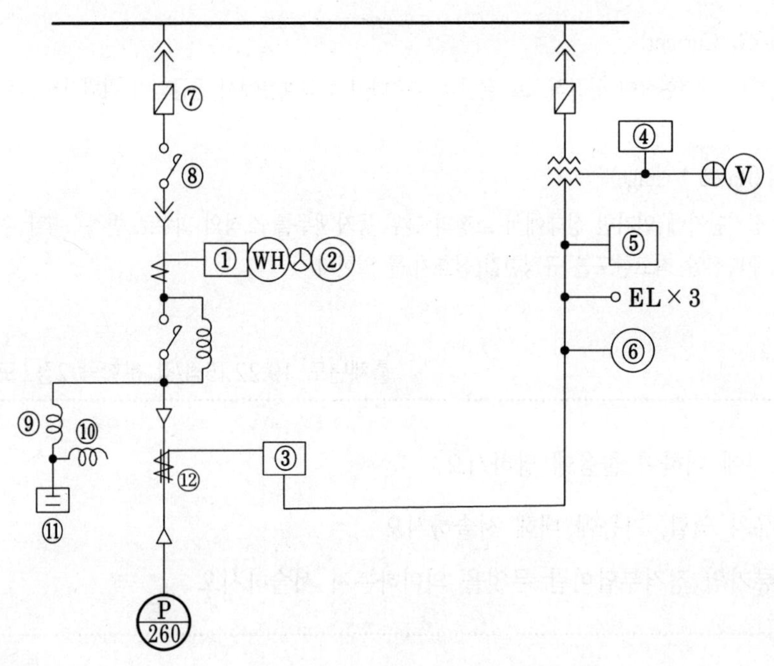

⑦ 명칭 :

용도 :

⑧ 명칭 :

용도 :

⑨ 명칭 :

용도 :

⑩ 명칭 :

용도 :

⑪ 명칭 :

용도 :

(3) 펌프용 모터의 출력이 260[kW], 역률 85[%]인 뒤진 역률 부하를 95[%]로 개선하는 데 필요한 전력용 콘덴서의 용량을 계산하시오.

[작성답안]

(1) ① 과전류 계전기 ② 전류계

③ 선택 지락 계전기 ④ 부족 전압 계전기

⑤ 지락 과전압 계전기 ⑥ 영상 전압계

(2) ⑦ 명칭 : 전력 퓨즈

용도 : 단락 사고시 기기를 전로로부터 분리하여 사고확대 방지

⑧ 명칭 : 개폐기

용도 : 전동기의 기동 정지

⑨ 명칭 : 직렬 리액터

용도 : 제5고조파의 제거

⑩ 명칭 : 방전 코일

용도 : 잔류 전하의 방전

⑪ 명칭 : 전력용 콘덴서

용도 : 역률 개선

(3) 계산 : $Q_c = P(\tan\theta_1 - \tan\theta_2) = 260\left(\frac{\sqrt{1-0.85^2}}{0.85} - \frac{\sqrt{1-0.95^2}}{0.95}\right) = 75.68$ [kVA]

답 : 75.68 [kVA]

[핵심] SGR과 DGR

계전기	용 도	차 이 점
SGR	지락보호	ZCT와 조합해서 사용하며 케이블 차폐접지는 반드시 ZCT를 관통하여 접지하고 GPT의 후단에 ZCT설치
DGR	〃	CT와 조합해서 사용하며 CT비 300/5A 이하의 경우 CT 잔류회로 방식채용 CT비 400/5A의 경우 3권선 CT사용 계전기에 탭 레인지 0.05A~0.5A 있음

7

출제년도 98.19.(6점/각 문항당 2점)

조명에서 사용되는 다음 용어의 정의를 설명하시오.

(1) 광속

(2) 조도

(3) 광도

[작성답안]

(1) 방사속(단위시간당 방사되는 에너지의 량)중 빛으로 느끼는 부분

(2) 어떤 면의 단위 면적당의 입사 광속

(3) 광원에서 어떤 방향에 대한 단위 입체각으로 발산되는 광속

[핵심] 조명 용어의 정의

(1) 광속 : F [lm] : 방사속(단위시간당 방사되는 에너지의 량)중 빛으로 느끼는 부분

(2) 광도 : I [cd] : 광원에서 어떤 방향에 대한 단위 입체각으로 발산되는 광속

(3) 조도 : E [lx] : 어떤 면의 단위 면적당의 입사 광속

(4) 휘도 : B [sb],[nt] : 광원의 임의의 방향에서 바라본 단위 투영 면적당의 광도

(5) 광속 발산도 : R [rlx] : 광원의 단위 면적으로부터 발산하는 광속

8

출제년도 93.95.00.11.17.18.19.(4점/부분점수 없음)

단상 2선식 200 [V]의 옥내 배선에서 소비 전력 60 [W], 역률 65 [%]의 형광등 100 [등]을 설치할 때 16 [A]의 분기회로의 최소 분기 회로수를 구하시오. (단, 한 회로의 부하 전류는 분기 회로 용량의 80 [%]로 한다.)

[작성답안]

계산 : $\text{분기회로 수} = \dfrac{\text{상정 부하 설비의 합 [VA]}}{\text{전압[V]} \times \text{전류 [A]}} = \dfrac{\dfrac{60}{0.65} \times 100}{200 \times 16 \times 0.8} = 3.61\text{회로}$

∴ 16[A] 분기 4회로 선정

답 : 16 [A] 분기 4회로

9

출제년도 13.19.(5점/(1) 3점, (2) 2점)

최대사용전압이 22.9[kV]인 중성점 다중접지 방식의 절연내력 시험전압은 몇 [V]이며, 이 시험전압을 몇 분간 가하여 이에 견디어야 하는가?

(1) 시험전압

(2) 시험시간

[작성답안]

(1) 계산 : 절연내력시험전압 = 최대사용전압 × 배수 = 22900 × 0.92 = 21,068[V]

답 : 21,068[V]

(2) 가하는 시간 : 연속하여 10분

[핵심] 절연내력시험

최대 사용 전압	시험전압	최저 시험전압	예
7 [kV]이하	1.5배	500 [V]	6,600 → 9,900
7 [kV] 초과 25 [kV] 이하 중성점 다중 접지 방식	0.92배		22,900 → 21,068
7 [kV] 초과 비접지식 모든 전압	1.25배	10,500 [V]	66,000 → 82,500
60 [kV] 초과 중성점 접지식	1.1배	75,000 [V]	66,000 → 72,600
60 [kV] 초과 중성점 직접 접지식	0.72배		154,000 → 110,880 345,000 → 248,400
170 [kV] 넘는 중성점 직접 접지식 구내에만 적용	0.64배		345,000 → 220,800

2019

10 출제년도 83.88.91.96.02.11.19.(6점/각 문항당 2점)

비상용 조명으로 40 [W] 120등, 60 [W] 50등을 30분간 사용하려고 한다. 납 급방전형 축전지(HS형) 1.7 [V/cell]을 사용하여 허용 최저 전압 90 [V], 최저 축전지 온도를 5 [℃]로 할 경우참고 자료를 사용하여 물음에 답하시오. (단, 비상용 조명 부하의 전압은 100 [V]로 한다.)

(1) 비상용 조명 부하의 전류는?

(2) HS형 납 축전지의 셀 수는? (단, 1셀의 여유를 준다.)

(3) HS형 납 축전지의 용량 [Ah]은? (단, 경년 용량 저하율은 0.8이다.)

납 축전지 용량 환산 시간[K]

형 식	온 도 [℃]	10 분			30 분		
		1.6[V]	1.7[V]	1.8[V]	1.6[V]	1.7[V]	1.8[V]
CS	25	0.9 0.8	1.15 1.06	1.6 1.42	1.41 1.34	1.6 1.55	2.0 1.88
	5	1.15 1.1	1.35 1.25	2.0 1.8	1.75 1.75	1.85 1.8	2.45 2.35
	-5	1.35 1.25	1.6 1.5	2.65 2.25	2.05 2.05	2.2 2.2	3.1 3.0
HS	25	0.58	0.7	0.93	1.03	1.14	1.38
	5	0.62	0.74	1.05	1.11	1.22	1.54
	-5	0.68	0.82	1.15	1.2	1.35	1.68

상단은 900 [Ah]를 넘는 것(2000 [Ah]까지), 하단은 900 [Ah] 이하인 것

[작성답안]

(1) 계산 : $I = \frac{P}{V}$에서 $I = \frac{40 \times 120 + 60 \times 50}{100} = 78$[A]

답 : 78 [A]

(2) 계산 : $n = \frac{90}{1.7} = 52.94$ [cell] 따라서, 1셀의 여유를 주어 54 [cell]로 정한다.

답 : 54 [cell]

(3) 계산 : 용량 환산 시간(K)은 HS형, 5 [℃], 30 [분], 1.7 [V]의 난에서 1.22 선정

축전지 용량 $C = \frac{1}{L}KI = \frac{1}{0.8} \times 1.22 \times 78 = 118.95$ [Ah]

답 : 118.95 [Ah]

[핵심] 축전지용량

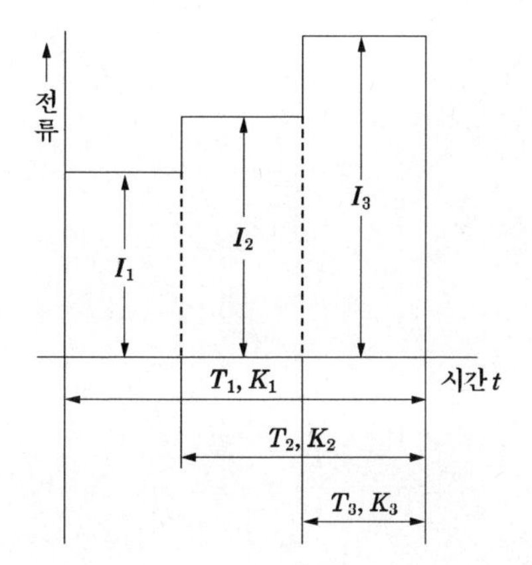

$$C = \frac{1}{L}[K_1 I_1 + K_2 (I_2 - I_1) + K_3 (I_3 - I_2)] \text{ [Ah]}$$

여기서, C : 축전지 용량 [Ah]

L : 보수율 (축전지 용량 변화의 보정값)

K : 용량 환산 시간 계수

I : 방전 전류 [A]

2019

11

출제년도 11.19.(5점/부분점수 없음)

바닥에서 3[m] 떨어진 높이에 300[cd]의 광원이 있다. 그 광원 밑에서 수평으로 4[m] 떨어진 지점의 수평면 조도를 구하시오

[작성답안]

계산 : $E_h = \frac{I}{r^2}\cos\theta = \frac{300}{3^2+4^2} \cdot \frac{3}{\sqrt{3^2+4^2}} = 7.20[\text{lx}]$

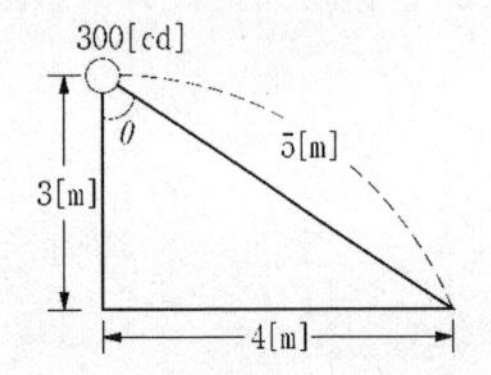

답 : 7.2[lx]

[핵심] 조도

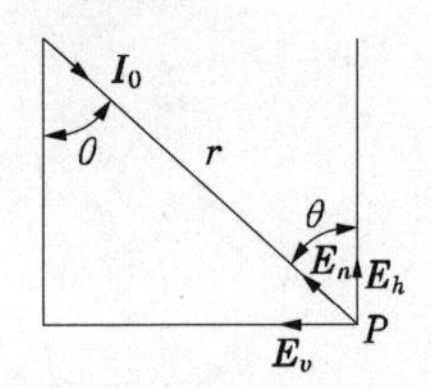

① 법선조도 $E_n = \frac{I}{r^2}$ [lx]

② 수평면 조도 $E_h = E_n\cos\theta = \frac{I}{r^2}\cos\theta = \frac{I}{h^2}\cos^3\theta$ [lx]

③ 수직면 조도 $E_v = E_n\sin\theta = \frac{I}{r^2}\sin\theta = \frac{I}{h^2}\sin\theta\cos^2\theta$ [lx]

12

출제년도 19.(5점/각 항목당 1점, 모두 맞으면 5점)

고압수전설비에 사용되는 큐비클을 주차단장치에 의하여 분류할 때 종류 3가지를 쓰시오.

[작성답안]

- CB형
- PF-CB형
- PF-S형

[핵심] 큐비클의 종류

CB형 : 차단기(CB)를 사용한것

PF-CB형 : 한류형 전력 퓨즈(PF)와 CB를 조합하여 사용하는 것

PF-S형 : PF와 고압 개폐기를 조합하여 사용하는 것

13

출제년도 19. 유 93.97.04.19.(6점/각 문항당 3점)

신설 공장의 부하 설비가 [표]와 같을 때 다음 각 물음에 답하시오.

변압기군	부하의 종류	출력[kW]	수용률[%]	부등률	역률[%]
A	플라스틱 압출기(전동기)	50	60	1.3	80
A	일반 동력 전동기	85	40	1.3	80
B	전등 조명	60	80	1.1	90
C	플라스틱 압출기	100	60	1.3	80

(1) 각 변압기군의 최대 수용 전력은 몇 [kW]인가?

① A 변압기의 최대 수용 전력

② B 변압기의 최대 수용 전력

③ C 변압기의 최대 수용 전력

(2) 변압기 효율은 98 [%]로 할 때 각 변압기의 최소 용량은 몇 [kVA]인가?

① A 변압기의 용량

② B 변압기의 용량

③ C 변압기의 용량

[작성답안]

(1) ① $P_A = \dfrac{50 \times 0.6 + 85 \times 0.4}{1.3} = 49.23$ [kW]

답 : 49.23 [kW]

② $P_B = \dfrac{60 \times 0.8}{1.1} = 43.64$ [kW]

답 : 43.64 [kW]

③ $P_C = \dfrac{100 \times 0.6}{1.3} = 46.15$ [kW]

답 : 46.15 [kW]

(2) ① $\mathrm{Tr_A} = \dfrac{50 \times 0.6 + 85 \times 0.4}{1.3 \times 0.8 \times 0.98} = 62.79$ [kVA]

답 : 62.72 [kVA]

② $\mathrm{Tr_B} = \dfrac{60 \times 0.8}{1.1 \times 0.9 \times 0.98} = 49.47$ [kVA]

답 : 49.47 [kVA]

③ $\mathrm{Tr_C} = \dfrac{100 \times 0.6}{1.3 \times 0.8 \times 0.98} = 58.87$ [kVA]

답 : 58.87 [kVA]

[핵심] 변압기 용량

변압기 용량 [kW] ≥ 합성 최대 수용 전력 = $\dfrac{\text{부하 설비 합계 [kW]} \times \text{수용률}}{\text{부등률}}$

역률을 적용하여 [kW]의 부하를 [kVA]의 부하로 환산하여 구한다.

14

출제년도 96.06.19.(5점/부분점수 없음)

어떤 변전소의 공급 구역내의 총 설비 용량은 전등 600 [kW], 동력 800 [kW]이다. 각 수용가의 수용률을 각각 전등 60 [%], 동력 80 [%]로 보고, 또 각 수용가간의 부등률은 전등 1.2, 동력 1.6이며 변전소에 전등 부하와 동력 부하간의 부등률이 1.4라 하면, 이 변전소에서 공급하는 최대 전력을 구하시오. (단, 배전선로(주상 변압기를 포함)의 전력 손실은 전등 부하, 동력 부하 모두 부하 전력의 10 [%] 이다.)

[작성답안]

계산 : 전등 부하 $P_N = \dfrac{600 \times 0.6}{1.2} = 300[\text{kW}]$

동력 부하 $P_M = \dfrac{800 \times 0.8}{1.6} = 400[\text{kW}]$

최대 부하 $P = \dfrac{300+400}{1.4} \times (1+0.1) = 550[\text{kW}]$

답 : 550 [kW]

[핵심] 부등률

각 수용가에서의 최대 수용 전력의 발생 시각은 시간적으로 차이가 있으며 이 경우에 배전 변압기 또는 간선에서의 합성 최대 수용 전력은 각 수용가에서의 최대 수용 전력의 합보다 적게 되는데 이 비를 부등률이라 하며 이 값은 항상 1보다 크고, 백분율로 나타내지 않는다. 수용률과 더불어 배전 변압기 또는 배전 간선 등의 공급 설비 계획 자료로 사용된다.

$$\text{부등률} = \frac{\text{개별 최대수용전력의 합}}{\text{합성 최대수용전력}} = \frac{\text{설비용량} \times \text{수용률}}{\text{합성최대수용전력}}$$

15

출제년도 17.19.(5점/부분점수 없음)

한시(time delay)보호계전기의 종류 4가지를 적으시오.

[작성답안]

- 순한시 계전기
- 정한시 계전기
- 반한시 계전기
- 반한시성 정한시 계전기

2019

[핵심] 보호계전기

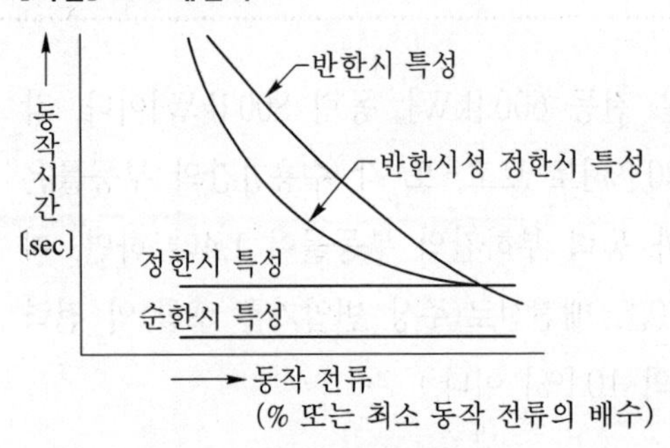

① 순한시 계전기 : 고장즉시 동작

② 정한시 계전기 : 고장후 일정시간이 경과하면 동작

③ 반한시 계전기 : 고장전류의 크기에 반비례하여 동작

④ 반한시성 정한시 계전기 : 반한시와 정한시 특성을 겸함

16

출제년도 19.(5점/부분점수 없음)

사용전압은 3상 380[V]이고, 주파수는 60[Hz]의 1[kVA]의 전력용 콘덴서를 설치하고자 할 때 필요한 콘덴서의 정전용량[μF]을 선정 하시오. (선정값 : 10, 15, 20, 30, 50, 75 [μF])

[작성답안]

계산 : $Q_C = 2\pi f C V^2 \times 10^{-9}$[kVA]에서 $C = \dfrac{Q_c \times 10^9}{2\pi f V^2} = \dfrac{1 \times 10^9}{2\pi \times 60 \times 380^2} = 18.37[\mu\text{F}]$

∴ 표준용량 20[μF]선정

답 : 20[μF]

[핵심] 콘덴서 용량

콘덴서 용량을 나타내는 방법은 kVar와 μF 두가지가 있다. 단위 환산 방법은 다음과 같다.

$$Q_c = 2\pi f C V^2 \times 10^{-9}[\text{kVar}]$$

$C = \dfrac{Q_c \times 10^9}{2\pi f C V^2}[\mu\text{F}]$ 여기서 C : 정전용량[μF] Q_c : 콘덴서용량 [kVar]

V : 정격전압 f : 주파수[Hz]

2019년 2회 기출문제 해설

※ 다음 물음에 답을 해당 답란에 답하시오.

1 출제년도 08.19.(4점/각 문항당 2점)

변압기와 고압 모터에 서지흡수기를 설치하고자 한다. 각각의 경우에 대하여 서지흡수기를 그려 넣고 각각의 공칭전압에 따른 서지흡수기의 정격(정격전압 및 공칭방전전류)도 함께 쓰시오.

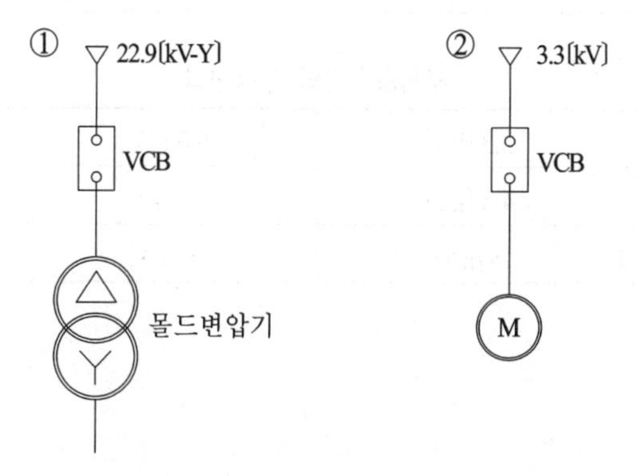

[작성답안]

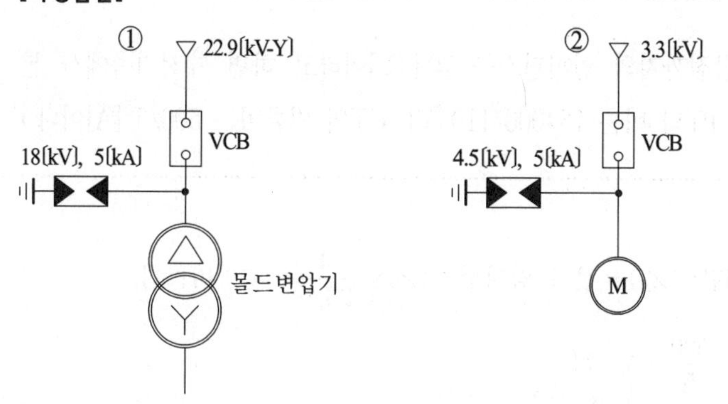

[핵심] 서지흡수기

최근에 몰드변압기의 채용이 증가하고 있으며, 아울러 몰드변압기 앞단에 진공차단기가 채용되고 있다. 그런데, 몰드변압기의 기준충격절연강도(BIL)가 95 [kV] (22 [kV]급)이며, 진공차단기의 개폐서지로 인하여 몰드변압기의 절연이 악화될 우려가 있으므로 몰드변압기를 보호하기 위해서 설치된다.

서지흡수기의 적용범위

차단기 종류		V C B(진공차단기)				
전압 등급		3 [kV]	6 [kV]	10 [kV]	20 [kV]	30 [kV]
전동기		적 용	적 용	적 용	-	-
변압기	유입식	불필요	불필요	불필요	불필요	불필요
	몰드식	적 용	적 용	적 용	적 용	적 용
	건식	적 용	적 용	적 용	적 용	적 용
콘덴서		불필요	불필요	불필요	불필요	불필요
변압기와 유도기기와의 혼용 사용시		적 용	적 용	-	-	-

서지흡수기의 정격전압

공칭전압	3.3 [kV]	6.6 [kV]	22.9 [kV]
정격전압	4.5 [kV]	7.5 [kV]	18 [kV]
공칭방전전류	5 [kA]	5 [kA]	5 [kA]

2

출제년도 03.07.19.21.(5점/부분점수 없음)

거리계전기의 설치점에서 고장점까지의 임피던스를 70 [Ω]이라고 하면 계전기측에서 본 임피던스는 몇 [Ω]인가? (단, PT의 비는 154000/110 [V], CT의 변류비는 500/5 [A]이다.)

[작성답안]

계산 : 거리 계전기측에서 본 임피던스(Z_R) = 선로 임피던스$(Z) \times \dfrac{1}{\text{PT 비}} \times$ C T 비 [Ω]

$$\therefore\ Z_R = 70 \times \frac{110}{154,000} \times \frac{500}{5} = 5\ [\Omega]$$

답 : 5 [Ω]

[핵심]

$$Z_R = \frac{V_2}{I_2} = \frac{\dfrac{1}{PT\text{비}} \times V_1}{\dfrac{1}{CT\text{비}} \times I_1} = \frac{CT\text{비}}{PT\text{비}} \times \frac{V_1}{I_1} = \frac{CT\text{비}}{PT\text{비}} \times Z_1 = \frac{110}{154000} \times \frac{500}{5} \times 70 = 5[\Omega]$$

3 출제년도 14.19.(5점/부분점수 없음)

최대 눈금 250[V]인 전압계 V_1, V_2를 직렬로 접속하여 측정하면 몇 [V]까지 측정 할 수 있는가? (단, 전압계 내부저항 V_1은 15[kΩ], V_2는 18[kΩ]으로 한다.)

[작성답안]

계산 : 전압분배법칙 $250 = \frac{18}{15+18}V$ 에서 $V = \frac{15+18}{18} \times 250 = 458.33$[V]

답 : 458.33[V]

[핵심] 전압분배법칙

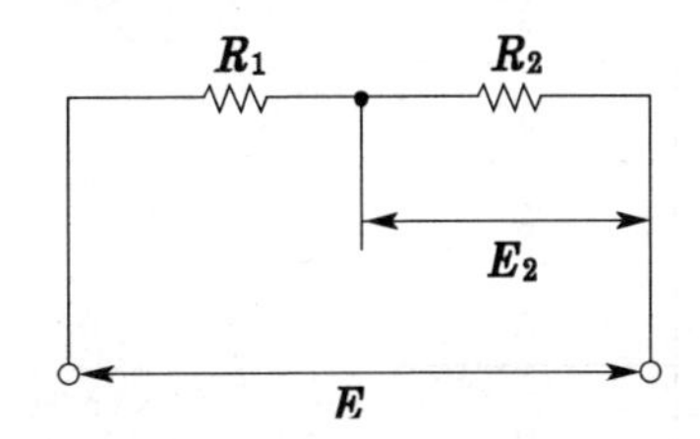

$E_2 = IR_2$이고 $I = \frac{E}{R_1+R_2}$ 이므로 $E_2 = \frac{E}{R_1+R_2} \times R_2 = \frac{R_2}{R_1+R_2}E$

즉, 위 식에서 각각의 전압강하는 저항값에 비례한다는 것을 알 수 있다.

이것을 전압분배법칙이라 한다.

4

출제년도 09.19.(8점/부분점수 없음)

PLC 프로그램을 보고 프로그램에 맞도록 주어진 PLC 접점 회로도를 완성하시오.

단, ① STR : 입력 A 접점 (신호)
② STRN : 입력 B 접점 (신호)
③ AND : AND A 접점
④ ANDN : AND B 접점
⑤ OR : OR A 접점
⑥ ORN : OR B 접점
⑦ OB : 병렬접속점
⑧ OUT : 출력
⑨ END : 끝
⑩ W : 각 번지 끝

어드레스	명령어	데이터	비고
01	STR	001	W
02	STR	003	W
03	ANDN	002	W
04	OB	–	W
05	OUT	100	W
06	STR	001	W
07	ANDN	002	W
08	STR	003	W
09	OB	–	W
10	OUT	200	W
11	END	–	W

• PLC 접점 회로도

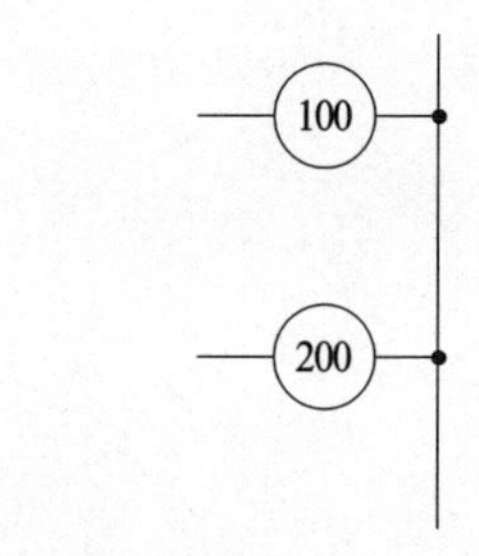

[작성답안]

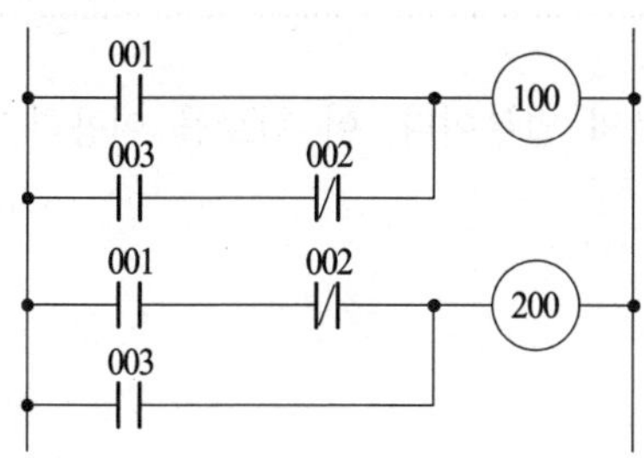

5 출제년도 05.11.14.17.19.22.(6점/각 문항당 2점)

그림과 같은 무접점의 논리 회로도를 보고 다음 각 물음에 답하시오.

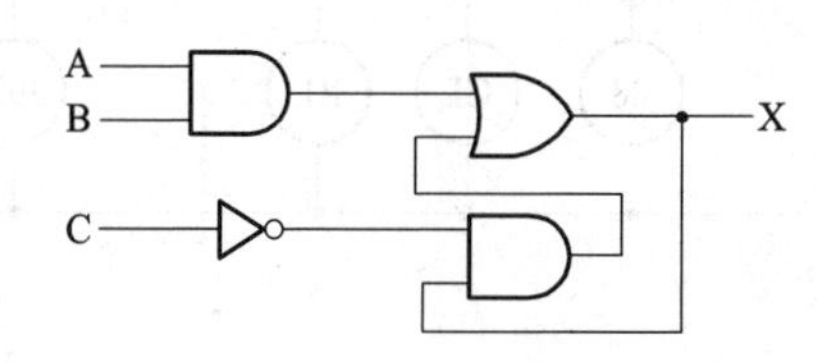

(1) 출력식을 나타내시오.

(2) 주어진 무접점 논리회로를 유접점 논리회로로 바꾸어 그리시오.

(3) 주어진 타임차트를 완성하시오.

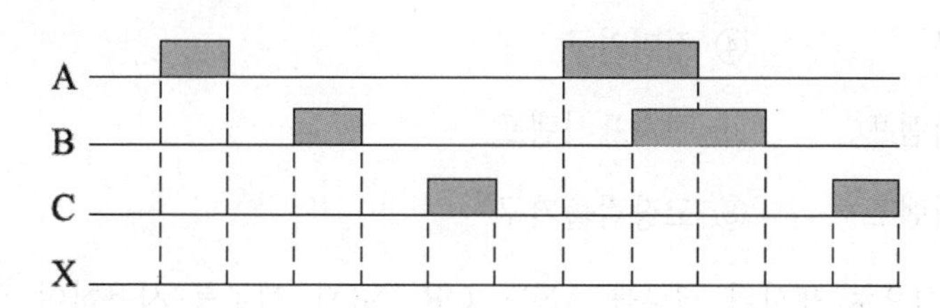

[작성답안]

(1) $X = AB + \overline{C}X$

(2)

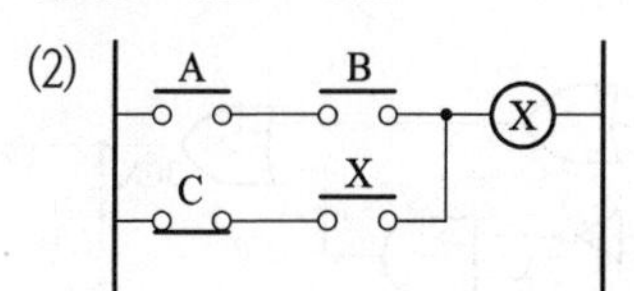

(3)

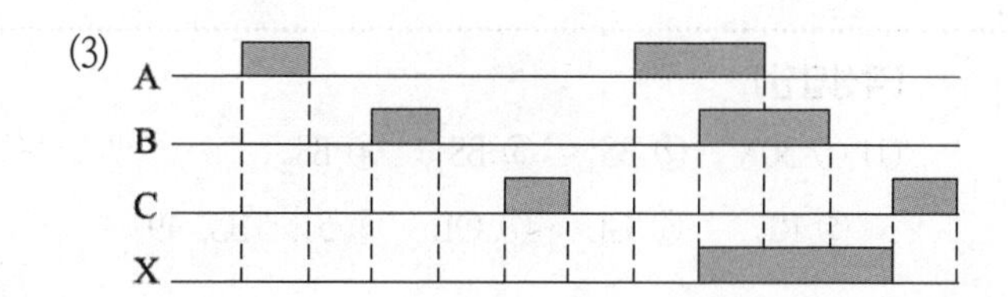

6

출제년도 04.10.19.(12점/(1) 8점, (2) 4점)

그림은 중형 환기 팬의 수동 운전 및 고장 표시등 회로의 일부이다. 이 회로를 이용하여 다음 각 물음에 답하시오.

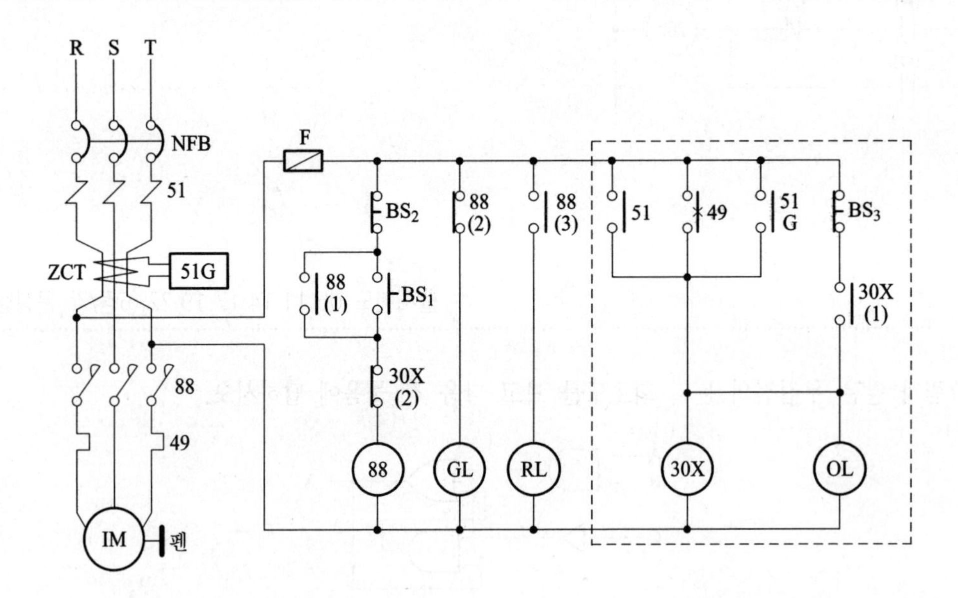

(1) 88은 MC로서 도면에서는 출력기구이다. 도면에 표시된 기구에 대하여 다음과 해당되는 명칭을 그 약호로 쓰시오. (단, 중복은 없고, NFB, ZCT, IM, 팬은 제외하며, 해당되는 기구가 여러 가지일 경우에는 모두 쓰도록 한다.)

① 고장표시기구　　② 고장회복 확인기구

③ 기동기구　　④ 정지기구

⑤ 운전표시램프　　⑥ 정지표시램프

⑦ 고장표시램프　　⑧ 고장검출기구

(2) 그림의 점선으로 표시된 회로를 AND, OR, NOT 회로를 사용하여 로직회로를 그리시오. 로직소자는 3입력 이하로 한다.

[작성답안]

(1) ① 30X　② BS_3　③ BS_1　④ BS_2

⑤ RL　⑥ GL　⑦ OL　⑧ 51, 51G, 49

(2)

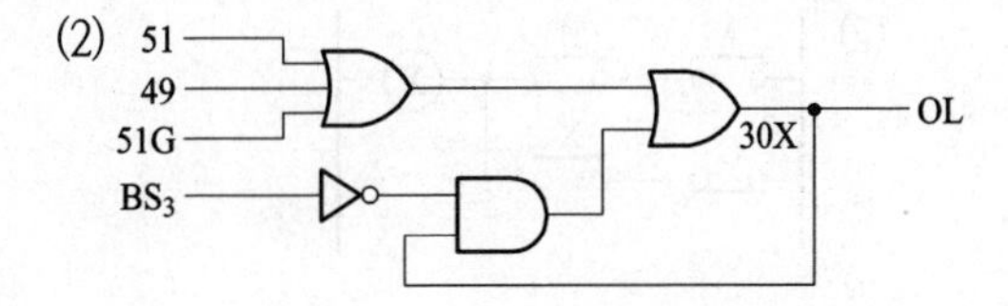

7 출제년도 09.19.(6점/각 문항당 2점)

3상 3선식 배전선로의 1선당 저항이 3[Ω], 리액턴스가 2[Ω]이고 수전단 전압이 6000[V], 수전단에 용량 480[kW] 역률0.8(지상)의 3상 평형 부하가 접속되어 있을 경우에 송전단 전압 V_s, 송전단 전력 P_s 및 송전단 역률 $\cos\theta_s$를 구하시오.

(1) 송전단 전압

(2) 송전단 전력

(3) 송전단 역률

[작성답안]

(1) 계산 : $V_s = V_r + \sqrt{3}\,I(R\cos\theta + X\sin\theta) = V_r + \frac{P_r}{V_r}(R + X\tan\theta)$

$$= 6000 + \frac{480\times10^3}{6000}\times(3 + 2\times\frac{0.6}{0.8}) = 6360[\text{V}]$$

답 : 6360[V]

(2) 계산 : $I = \frac{P_r}{\sqrt{3}\,V_r\cos\theta_r} = \frac{480000}{\sqrt{3}\times6000\times0.8} = 57.74[\text{A}]$

$P_s = P_r + 3I^2R = 480 + 3\times57.74^2\times3\times10^{-3} = 510[\text{kW}]$

답 : 510[kW]

(3) 계산 : $\cos\theta_s = \frac{P_s}{P_a} = \frac{P_s}{\sqrt{3}\,V_s I}$

$$\cos\theta_s = \frac{510\times10^3}{\sqrt{3}\times6360\times57.74} = 0.8018 = 80.18[\%]$$

답 : 80.18 [%]

[핵심] 전압강하

① 전압강하 $e = \frac{P}{V}(R + X\tan\theta)$ [V]

② 전압강하율 $\epsilon = \frac{e}{V}\times100 = \frac{P}{V^2}(R + X\tan\theta)\times100$ [%]

③ 전력손실 $P_L = \frac{P^2R}{V^2\cos^2\theta}$ [kW]

④ 전력손실률 $k = \frac{P_L}{P}\times100 = \frac{PR}{V^2\cos^2\theta}\times100$ [%]

8

출제년도 04.12.19.(5점/(1) 3점, (2) 2점)

송전 계통의 중성점 접지방식에서 어떻게 접지하는 것을 유효접지(effective grounding)라 하는지를 설명하고, 유효접지의 가장 대표적인 접지 방식 한가지만 쓰시오.

(1) 설명

(2) 접지방식

[작성답안]

- 설명 : 1선지락 사고시 건전상의 전압상승을 상규 대지전압의 1.3배를 넘지 않도록 접지 임피던스를 조절해서 접지하는 것을 말한다.
- 접지방식 : 직접접지방식

[핵심] 중성점 접지방식

중성점 접지방식의 종류는 중성점에 접지되는 임피던스의 크기에 따라 결정된다.

① 비접지 방식($Z_N = \infty$)

② 직접접지 방식($Z_N = 0$)

③ 저항접지 방식($Z_N = R$)

④ 소호 리액터 접지방식($Z_N = jX$)

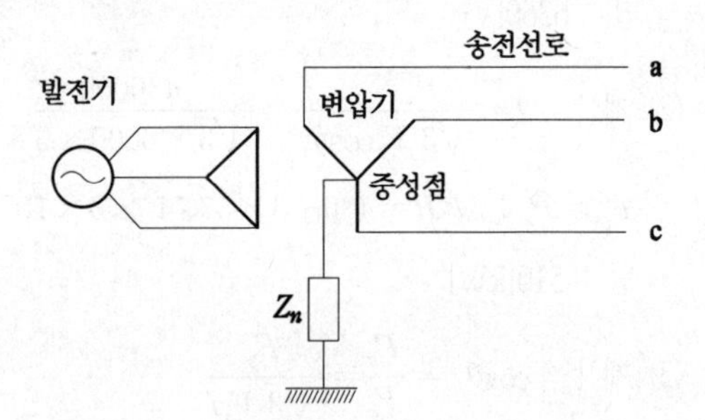

9 출제년도 19.(5점/각 문항당 1점, 모두 맞으면 5점)

다음 전동기의 회전방향으로 반대로 하려면 어떻게 해야 하는지 설명하시오.

(1) 직류 직권 전동기

(2) 3상 유도 전동기

(3) 단상 유도 전동기(분상기동법)

[작성답안]

(1) 전기자 권선 또는 계자 권선의 접속을 반대로 한다.

(2) 전원 3선중 2선의 접속을 반대로 한다.

(3) 기동 권선의 접속을 반대로 한다.

[핵심] 전동기의 역회전

3상 유도전동기를 역회전시키기 위해서는 회전자계의 방향을 반대로 공급해야 한다. 이 때 방법이 3상의 3선 중 임의의 2개 선의 접속을 바꾸면 회전자계의 방향이 반대가 되어 역회전한다. 단상 유도전동기는 회전자계가 없으므로 회전력을 얻기 위해 주권선 외에 기동권선을 두고 위상차를 주어 회전자계를 만든다.(2회전자계) 이때 회전자계의 방향으로 반대로 하면 역회전 하므로 기동권선의 방향을 반대로 접속하면 역회전 한다.

2019

10

출제년도 19.(5점/각 항목당 1점, 모두 맞으면 5점)

한국전기설비규정에 의한 저압케이블의 종류 3가지를 쓰시오.

[작성답안]

- 연피(鉛皮)케이블
- 클로로프렌외장(外裝)케이블
- 비닐외장케이블

그 외

- 폴리에틸렌외장케이블
- 무기물 절연케이블
- 금속외장케이블
- 저독성 난연 폴리올레핀외장케이블
- 300/500 V 연질 비닐시스케이블

[핵심] 한국전기설비규정 122.4 저압케이블

사용전압이 저압인 전로(전기기계기구 안의 전로를 제외한다)의 전선으로 사용하는 케이블은 「전기용품 및 생활용품 안전관리법」의 적용을 받는 것 이외에는 KS에 적합한 것으로 0.6/1 kV 연피(鉛皮)케이블, 클로로프렌외장(外裝)케이블, 비닐외장케이블, 폴리에틸렌외장케이블, 무기물 절연케이블, 금속외장케이블, 저독성 난연 폴리올레핀외장케이블, 300/500 V 연질 비닐시스케이블, 제2에 따른 유선텔레비전용 급전겸용 동축 케이블(그 외부도체를 접지하여 사용하는 것에 한한다)을 사용하여야 한다.

11

출제년도 96.08.19.(5점/각 항목당 1점)

축전지 설비에 대하여 다음 각 물음에 답하시오.

(1) 연(鉛)축전지의 전해액이 변색되며, 충전하지 않고 방치된 상태에서도 다량으로 가스가 발생되고 있다. 어떤 원인의 고장으로 추정되는가?

(2) 거치용 축전설비에서 가장 많이 사용되는 충전방식으로 자기방전을 보충함과 동시에 상용부하에 대한 전력공급은 충전기가 부담하도록 하되 충전기가 부담하기 어려운 일시적인 대전류 부하는 축전지로 하여금 부담하게 하는 충전 방식은?

(3) 연(鉛)축전지와 알칼리 축전지의 공칭전압은 몇 [V/셀]인가?

① 연(鉛)축전지

② 알칼리 축전지

(4) 축전지 용량을 구하는 식 $C_B = \frac{1}{L}[K_1I_1 + K_2(I_2 - I_1) + K_3(I_3 - I_2) \cdots\cdots + K_n(I_n - I_{n-1})]$ [Ah]에서 L은 무엇을 나타내는가?

[작성답안]

(1) 전해액의 불순물의 혼입

(2) 부동충전방식

(3) ① 연(鉛)축전지 : 2.0 [V/cell]

② 알칼리 축전지 : 1.2 [V/cell]

(4) 보수율

[핵심] 축전지 고장의 원인과 현상

현 상		추정 원인
초기 고장	• 전체 셀 전압의 불균형이 크고 비중이 낮다.	• 사용 개시시의 충전 보충 부족
	• 단전지 전압의 비중 저하, 전압계의 역전	• 역접속
사용 중 고장	• 전체 셀 전압의 불균형이 크고 비중이 낮다.	• 부동충전전압이 낮다. • 균등 충전의 부족 • 방전후의 회복충전 부족
	• 어떤 셀만의 전압, 비중이 극히 낮다.	• 국부단락
	• 전체 셀의 비중이 높다. • 전압은 정상	• 액면 저하 • 보수시 묽은 황산의 혼입
	• 충전 중 비중이 낮고 전압은 높다. • 방전 중 전압은 낮고 용량이 감퇴한다.	• 방전 상태에서 장기간 방치 • 충전 부족의 상태에서 장기간 사용 • 극판 노출 • 불순물 혼입
	• 전해액의 변색, 충전하지 않고 방치 중에도 다량으로 가스가 발생한다.	• 불순물 혼입
	• 전해액의 감소가 빠르다.	• 충전 전압이 높다. • 실온이 높다.
	• 축전지의 현저한 온도 상승, 또는 소손	• 충전장치의 고장 • 과충전 • 액면 저하로 인한 극판의 노출 • 교류 전류의 유입이 크다.

12

출제년도 88.99.02.05.15.19.(6점/각 문항당 2점)

어떤 변전소의 공급구역내의 총부하 용량은 전등 600 [kW], 동력 800 [kW]이다. 각 수용가의 수용률은 전등 60 [%], 동력 80 [%], 각 수용가간의 부등률은 전등 1.2, 동력 1.6이며, 또한 변전소에서 전등부하와 동력부하간의 부등률을 1.4라 하고, 배전선(주상변압기 포함)의 전력손실을 전등부하, 동력부하 각각 10 [%]라 할 때 다음 각 물음에 답하시오.

(1) 전등의 종합 최대 수용 전력은 몇 [kW]인가?

(2) 동력의 종합 최대 수용 전력은 몇 [kW]인가?

(3) 변전소에 공급하는 최대 전력은 몇 [kW]인가?

[작성답안]

(1) $P_N = \dfrac{600 \times 0.6}{1.2} = 300[\text{kW}]$

(2) $P_M = \dfrac{800 \times 0.8}{1.6} = 400[\text{kW}]$

(3) $P = \dfrac{300 + 400}{1.4} \times (1 + 0.1) = 550[\text{kW}]$

[핵심] 부등률

각 수용가에서의 최대 수용 전력의 발생 시각은 시간적으로 차이가 있으며 이 경우에 배전 변압기 또는 간선에서의 합성 최대 수용 전력은 각 수용가에서의 최대 수용 전력의 합보다 적게 되는데 이 비를 부등률이라 하며 이 값은 항상 1보다 크고, 백분율로 나타내지 않는다. 수용률과 더불어 배전 변압기 또는 배전 간선 등의 공급 설비 계획 자료로 사용된다.

$$\text{부등률} = \frac{\text{개별 최대수용전력의 합}}{\text{합성 최대수용전력}} = \frac{\text{설비용량} \times \text{수용률}}{\text{합성최대수용전력}}$$

13

출제년도 88.92.94.96.00.01.15.19.(4점/부분점수 없음)

12×24[m], 높이 5.5[m]인 사무실의 조도를 300[lx]로 할 경우에 광속 6000[lm]의 32W × 2등용 형광등을 사용하여 시설할 경우 필요한 형광등은 몇[등]이 되는가? (단, 조명율 50%, 보수율은 80[%]이다.)

[작성답안]

계산 : $N = \frac{EAD}{FU} = \frac{300 \times 12 \times 24 \times \frac{1}{0.8}}{6000 \times 0.5} = 36$ [등]

답 : 36[등]

[핵심] 조도계산

N개의 램프에서 방사되는 빛을 평면상의 면적 A[㎡]에 모두 집중 조사할 수 있다고 하고 램프 1개당 광속을 F[lm]이라 하면, 그 면의 평균조도를

$$E = \frac{F \cdot N}{A}$$ [lx]로 나타낸다.

이러한 평균조도 계산은 광속법과 설계여건에 따라 ZCM (Zonal Cavity Method)법을 채택할 수 있다.

$$E = \frac{F \cdot N \cdot U \cdot M}{A}$$

여기서, E : 평균조도 [lx] F : 램프 1개당 광속 [lm] N : 램프수량 [개]

U : 조명률 M : 보수율, 감광보상률의 역수 A : 방의 면적 [㎡] (방의 폭×길이)

14

출제년도 19.(12점/각 문항당 3점)

그림은 간이수전설비도이다. 다음 물음에 답하시오.

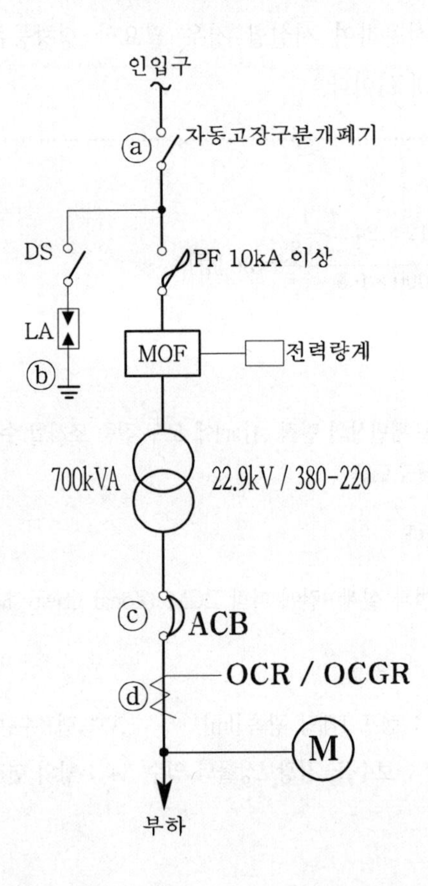

(1) 주어진 수변전설비에서 ⓐ 는 (①)kVA 이하 일때 사용하고 300kVA 이하일 경우 ASS대신 (②)을 사용 할 수 있다.

(2) ⓒ는 변압기 2차 개폐기 ACB이다. 보호요소 3가지를 쓰시오.

(3) ⓓ의 변류비를 구하시오. 변류기 1차 정격전류는 1000, 1200, 1500, 2000, 2500[A]이며, 2차 전류는 5[A]이다. 여유는 1.25배를 적용한다.

(4) 변압기의 단락전류가 정격전류(①)를 초과하는 변압기에 대해서는 제작자와 구매자가 합의하여 (②)미만의 단락 전류 지속 시간을 적용할 수 있다.

[작성답안]

(1) ① 1000

② 인터럽터 스위치(Interrupter switch)

(2) • 결상보호

• 단락보호

• 과부하보호

(3) 계산 : $I = \dfrac{700 \times 10^3}{\sqrt{3} \times 380} \times 1.25 = 1329.42\,[\mathrm{A}]$

∴ 1500/5 선정

답 : 1500/5

(4) ① 25배

② 2초

[핵심] KS C IEC60076-5 대칭 단락 전류의 지속시간

별도의 시간이 규정되어 있지 않다면 단락 회로가 견딜 수 있는 열 능력 계산을 위해 사용될 전류 I의 지속시간은 2초 이다.

비고 : 단권 변압기와 단락 전류가 정격 전류의 25배를 초과하는 변압기에 대해서는 제작자와 구매자가 합의하여 2초 미만의 단락 전류 지속 시간을 적용할 수 있다.

2019

15

출제년도 19.(5점/부분점수 없음)

다음 괄호 안에 들어갈 내용을 완성하시오.

> 전기방식설비의 전원장치는 (　　)(　　)(　　)(　　)로 구성되어 있으며
> 최대사용전압은 직류(　　)[V] 이하이다.

[작성답안]

전기방식설비의 전원장치는 (절연변압기)(정류기)(개폐기)(과전류차단기)로 구성되어 있으며 최대사용전압은 직류(60)[V] 이하이다.

[핵심] 한국전기설비규정 241.16.2 전원장치

전기부식방지용 전원장치는 다음에 적합한 것이어야 한다.

가. 전원장치는 견고한 금속제의 외함에 넣을 것.

나. 변압기는 절연변압기이고, 또한 교류 1 [kV]의 시험전압을 하나의 권선과 다른 권선·철심 및 외함과의 사이에 연속적으로 1분간 가하여 절연내력을 시험하였을 때 이에 견디는 것일 것.

[주] 전원장치는 절연변압기, 정류기, 개폐기, 과전류차단기를 말한다.

[핵심] 한국전기설비규정 241.16.3 전기부식방지 회로의 전압 등

전기부식방지 회로(전기부식방지용 전원장치로부터 양극 및 피방식체까지의 전로를 말한다. 이하 같다)의 사용전압은 직류 60 [V] 이하일 것. 연속부하가 있는 분기회로의 부하용량은 그 분기회로를 보호하는 과전류차단기의 정격 전류의 80[%]를 초과하지 않을 것

[주 1] 연속부하는 상시 3시간 이상 연속하여 사용하는 것을 말한다.

[주 2] 80[%]를 초과하여 사용하는 경우는 과전류차단기의 동작원리(트립 방식에 따라 주위온도의 영향을 받지 않는 것이 있다)와 전압변동범위 등을 고려하여 연속사용 상태에서 동작하지 않도록 유의할 것.

16

출제년도 19.(7점/각 문항당 3점, 모두 맞으면 7점)

다음 부하관계용어이다. 다음 물음에 답하시오.

(1) 다음 관계식을 쓰시오.

- 수용률
- 부등률
- 부하율

(2) 부하율은 수용률 및 부등률에 어떤 관계인가를 비례 · 반비례 관계로 답하시오.

[작성답안]

(1) • 수용률 $= \dfrac{\text{최대수용전력}}{\text{설비용량}} \times 100[\%]$

• 부등률 $= \dfrac{\text{각개 최대 수용전력의 합}}{\text{합성최대수용전력}}$

• 부하율 $= \dfrac{\text{평균수용전력}}{\text{최대수용전력}} \times 100[\%]$

(2) 부하율 $= \dfrac{\text{평균수용전력}}{\text{최대수용전력}} \times 100 = \dfrac{\text{평균수용전력}}{\dfrac{\text{각개 최대 수용전력의 합}}{\text{부등률}}} \times 100$

$= \dfrac{\text{평균수용전력} \times \text{부등률}}{\text{설비용량} \times \text{수용률}} \times 100[\%]$

∴ 부하율은 수용률에 반비례하고 부등률에 비례한다.

[핵심] 부하관계용어

최대 부하 $= \text{부하설비의 합계} \times \dfrac{\text{수용률}}{\text{부등률}}$

↑

부 하 율 $= \dfrac{\text{평균 수용전력(일정기간) [kW]}}{\text{최대 수용전력(일정기간) [kW]}} \times 100\,[\%]$

↓

$= \dfrac{\text{부하의 평균전력}}{\text{총 설비용량}} \times \dfrac{\text{부등률}}{\text{수용률}}$

수 용 률 $= \dfrac{\text{최대 수용전력}}{\text{총 설비용량}} \times 100\,[\%]$

↓

부 등 률 $= \dfrac{\text{각 개의 최대 수용전력의 합}}{\text{합성 최대수용전력}} \geq 1$

2019년 3회 기출문제 해설

※ 다음 물음에 답을 해당 답란에 답하시오.

1

출제년도 96.07.10.11.12.18.19.(6점/각 항목당 1점)

유입 변압기와 비교한 몰드 변압기의 장점 3가지와 단점 3가지를 쓰시오.

[작성답안]

(1) 장점

- 자기 소화성이 우수 하므로 화재의 염려가 없다.
- 코로나 특성 및 임펄스 강도가 높다.
- 소형 경량화 할 수 있다.

그 외

- 습기, 가스, 염분 및 소손 등에 대해 안정하다.
- 보수 및 점검이 용이하다.
- 저진동 및 저소음
- 단시간 과부하 내량 크다.
- 전력손실이 감소

(2) 단점

- 서지에 대한 대책을 수립하여야 한다.(전압 성능이 낮으므로 VCB와 같은 고속도 차단기와 조합할 경우 서지흡수기(Surge Absorber)를 채용해야 한다)
- 옥외 설치 및 대용량 제작이 곤란하다.
- HV측이 표면에 위치 하므로 운전 중 일 때, Coil표면에 인체가 접촉될 경우 위험하다.

[핵심] 몰드변압기

고압 및 전압의 권선을 모두 에폭시 수지로 몰드한 고체 절연방식의 변압기를 몰드 변압기라 한다. 몰드 변압기는 난연성, 절연의 신뢰성, 보수 및 유지의 용이함을 위해 개발되었으며, 에너지 절약적인 측면은 유입변압기 보다 유리하다. 몰드변압기는 일반적으로 유입변압기보다 절연내력이 작으므로 VCB와 연결시 개폐서지에 대한 대책이 없으므로 SA(Surge Absorber)등을 설치하여 대책을 세워주어야 한다.

몰드 변압기를 유입 변압기와 비교하면 다음과 같은 특징이 있다.

① 난연성이 우수하다. 에폭시 수지에 무기물 충진제가 혼입된 구조로 되어 있으므로 자기 소호성이 우수하며, 불꽃 등에 착화하지 않는 특성이 있다.

② 신뢰성이 향상된다. 내코로나(Corona)특성, 임펄스 특성이 향상된다.

③ 소형, 경량화가 가능하다. 철심이 컴펙트화 되어 면적이 축소된다.

④ 무부하 손실이 줄어든다. 이것으로 인해 운전경비가 절감되고, 에너지가 절약이 된다.

⑤ 유지보수 점검이 용이하게 된다. 일반 유입변압기와 달리 절연유의 여과 및 교체가 없으며, 장기간 정지후 간단하게 재새용할 수 있으며, 먼지, 습기 등에 의한 절연내력이 영향을 받지 않는다.

⑥ 단시간 과부하 내량이 크다.

⑦ 소음이 적고 무공해운전이 가능하다.

⑧ 서지에 대한 대책을 수립하여야 한다. 사용장소는 건축전기설비, 병원, 지하상가나 주택이 근접하여 있는 공장이나 화학 플랜트 등의 특수 공장과 같이 재해가 인명에 직접 영향을 끼치는 장소에 좋으며, 특히 에너지절약 측면에서 적합하다.

2

출제년도 04.19.(5점/각 문항당 2점, 모두 맞으면 5점)

220 [V], 11 [kVA]인 3상 유도전동기를 부하설비로 사용하는 곳이 있다. 이 곳의 어느 날 부하실적이 1일 사용 전력량 100 [kWh], 1일 최대전력 7 [kW], 최대 전류 일 때의 전류 값이 20 [A]이었을 경우, 다음 각 물음에 답하시오.

(1) 일 부하율은 몇 [%]인가?

(2) 최대 공급 전력일 때의 역률은 몇 [%]인가?

[작성답안]

(1) 계산 : $\text{부하율} = \dfrac{\text{평균수용전력}}{\text{최대수용전력}} \times 100 = \dfrac{100/24}{7} \times 100 = 59.52[\%]$

답 : 59.52[%]

(2) 계산 : $\cos\theta = \dfrac{P}{\sqrt{3}\,VI} = \dfrac{7 \times 10^3}{\sqrt{3} \times 220 \times 20} \times 100 = 91.85[\%]$

답 : 91.85[%]

[핵심] 부하율

공급 설비가 어느 정도 유효하게 사용되는가를 나타내며 부하율이 클수록 공급 설비가 유효하게 사용된다. 부하율은 다음 식에 의해 계산한다.

$$\text{부하율} = \frac{\text{평균 수요 전력}\,[\text{kW}]}{\text{최대 수요 전력}\,[\text{kW}]} \times 100\,[\%]$$

부하율은 각 단위별(변압기, 전주, 수용가 등), 시기, 범위, 기간에 따라 달라지며, 부하율을 표시할 경우 기간, 범위를 반드시 명기한다. 예를 들어 일부하율, 월부하율 등으로 표시하여야 하며, 부하율은 기간이 길어질수록 작아진다. 부하율이 적다의 의미는 다음과 같다.

- 공급 설비를 유용하게 사용하지 못한다.
- 평균 수요 전력과 최대 수요 전력과의 차가 커지게 되므로 부하 설비의 가동률이 저하된다.

3

출제년도 98.02.11.19.(5점/부분점수 없음)

그림과 같은 단상 3선식 선로에서 설비 불평형률은 몇 [%]인가?

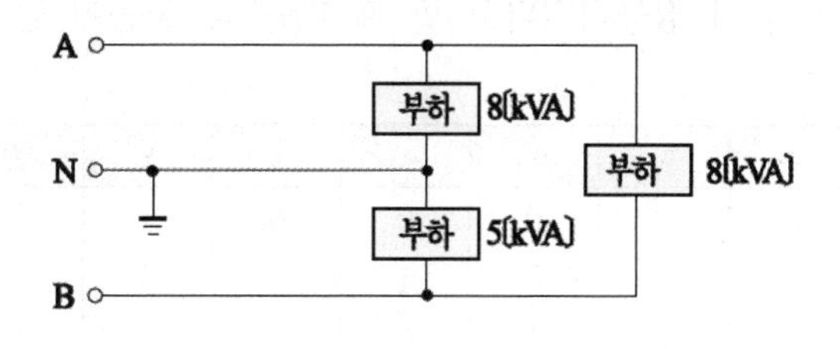

[작성답안]

계산 : 설비불평형률 $= \dfrac{8-5}{(8+5+8)\times\dfrac{1}{2}}\times 100 = 28.57[\%]$

답 : 28.57[%]

[핵심] 설비불평형률

① 설비불평형 단상

저압수전의 단상 3선식에서 중성선과 각 전압측 전선간의 부하는 평형이 되게 하는 것을 원칙으로 한다.

[주1] 부득이한 경우는 설비불평형률 40 [%]까지로 할 수 있다. 이 경우 설비불평형률이란 중성선과 각전압측 전선간에 접속되는 부하설비용량 [VA]차와 총부하설비용량 [VA]의 평균값의 비 [%]를 말한다. 즉 다음 식으로 나타낸다.

$$\text{설비불평형률} = \frac{\text{중성선과 각 전압측 전선간에 접속되는 부하설비용량 [kVA]의 차}}{\text{총 부하설비용량 [kVA]의 1/2}}\times 100\ [\%]$$

② 설비불평형 3상

저압, 고압 및 특고압수전의 3상 3선식 또는 3상 4선식에서 불평형부하의 한도는 단상 접속부하로 계산하여 설비불평형률을 30 [%] 이하로 하는 것을 원칙으로 한다. 다만, 다음 각 호의 경우는 이 제한에 따르지 않을 수 있다.

- 저압수전에서 전용변압기 등으로 수전하는 경우
- 고압 및 특고압수전에서 100 [kVA](kW) 이하의 단상부하인 경우
- 고압 및 특고압수전에서 단상부하용량의 최대와 최소의 차가 100 [kVA](kW) 이하인 경우
- 특고압수전에서 100 [kVA](kW) 이하의 단상변압기 2대로 역(逆)V결선하는 경우

[주] 이 경우의 설비불평형률이란 각 선간에 접속되는 단상부하 총설비용량 [VA]의 최대와 최소의 차와 총 부하설비용량 [VA] 평균값의 비 [%]를 말한다. 즉, 다음 식으로 나타낸다.

$$\text{설비불평형률} = \frac{\text{각 선간에 접속되는 단상 부하 총 설비용량 [kVA]의 최대와 최소의 차}}{\text{총 부하설비용량 [kVA]의 1/3}}\times 100\ [\%]$$

2019

4

출제년도 96.09.19.(10점/각 문항당 5점)

스위치 S_1, S_2, S_3, S_4 에 의하여 직접 제어되는 계전기 A_1, A_2, A_3, A_4 가 있다. 전등 X, Y, Z 가 동작표와 같이 점등되었다고 할 때 다음 각 물음에 답하시오.

A_1	A_2	A_3	A_4	X	Y	Z
0	0	0	0	0	1	0
0	0	0	1	0	0	0
0	0	1	0	0	0	0
0	0	1	1	0	0	0
0	1	0	0	0	0	0
0	1	0	1	0	0	0
0	1	1	0	1	0	0
0	1	1	1	1	0	0
1	0	0	0	0	0	0
1	0	0	1	0	0	1
1	0	1	0	0	0	0
1	0	1	1	1	1	0
1	1	0	0	0	0	1
1	1	0	1	0	0	1
1	1	1	0	0	0	0
1	1	1	1	1	0	0

- 출력 램프 X에 대한 논리식

$$X = \overline{A_1} A_2 A_3 \overline{A_4} + \overline{A_1} A_2 A_3 A_4 + A_1 A_2 A_3 A_4 + A_1 \overline{A_2} A_3 A_4 = A_3(\overline{A_1} A_2 + A_1 A_4)$$

- 출력 램프 Y에 대한 논리식

$$Y = \overline{A_1}\,\overline{A_2}\,\overline{A_3}\,\overline{A_4} + A_1 \overline{A_2} A_3 A_4 = \overline{A_2}(\overline{A_1}\,\overline{A_3}\,\overline{A_4} + A_1 A_3 A_4)$$

- 출력 램프 Z에 대한 논리식

$$Z = A_1 \overline{A_2}\,\overline{A_3} A_4 + A_1 A_2 \overline{A_3}\,\overline{A_4} + A_1 A_2 \overline{A_3} A_4 = A_1 \overline{A_3}(A_2 + A_4)$$

(1) 답란에 미완성 부분을 최소 접점수로 접점 표시를 하고 접점 기호를 써서 유접점 회로를 완성하시오. (예 : a_1 $\overline{a_1}$)

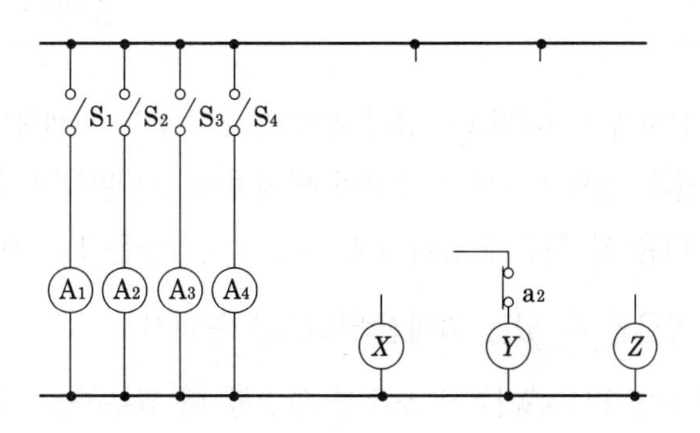

(2) 답란에 미완성 무접점 회로도를 완성하시오.

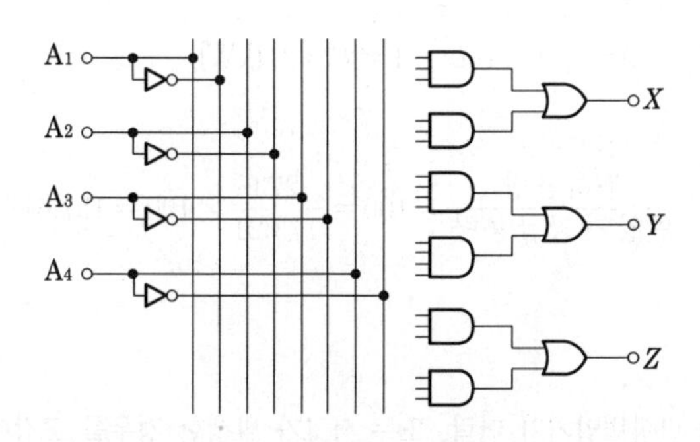

[작성답안]

(1)

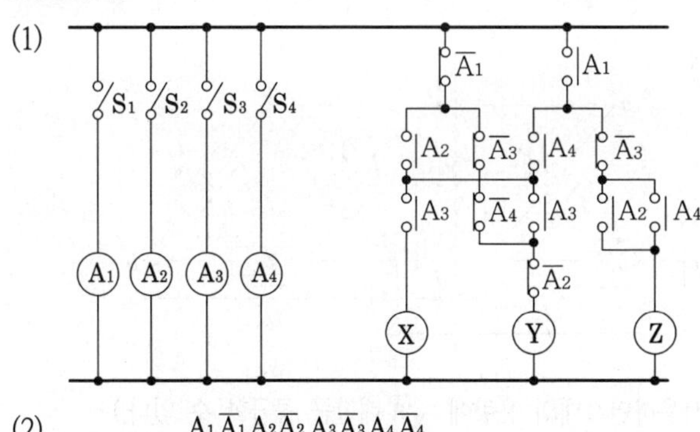

(2)

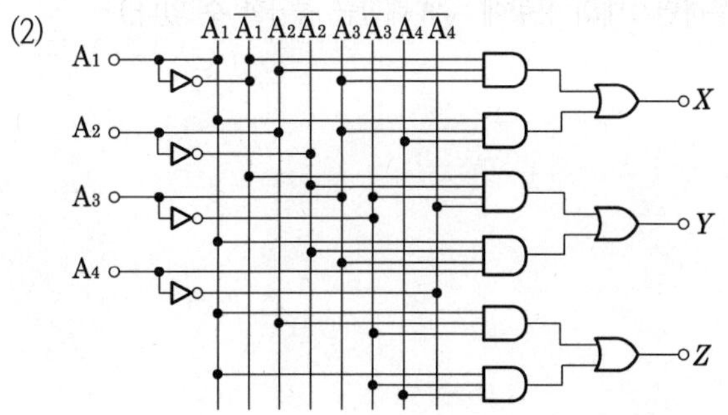

5 출제년도 16.19.(6점/각 문항당 3점)

어느 공장의 수전설비에서 100[kVA]단상 변압기 3대를 △결선하여 273[kW] 부하에 전력을 공급하고 있다. 변압기 1대가 고장이 발생하여 단상변압기 2대로 V결선하여 전력을 공급할 경우 다음 각 물음에 답하시오. (단, 부하역률은 1로 계산한다.)

(1) V결선으로 공급할 수 있는 최대전력[kW]을 구하시오.

(2) V결선 상태에서 273[kW]부하 모두를 연결할 때 과부하율[%]을 쓰시오.

[작성답안]

(1) 계산 : $P_V = \sqrt{3}\,P_1 \cos\theta = \sqrt{3} \times 100 \times 1 = 173.21$[kW]

답 : 173.21[kW]

(2) 계산 : $\text{과부하율} = \dfrac{\text{부하용량}}{\text{변압기 공급용량}} \times 100 = \dfrac{273}{173.21} \times 100 = 157.61$[%]

답 : 157.61[%]

[핵심] $V-V$**결선**

$\triangle - \triangle$결선에서 1대의 단상변압기가 단락, 또는 사고가 발생한 경우를 고장이 발생된 변압기를 제거시킨 결선법으로 즉, 2대의 단상변압기로서 3상 변압기와 같은 전력을 송·배전하기 위한 방식을 $V-V$결선이라 한다.

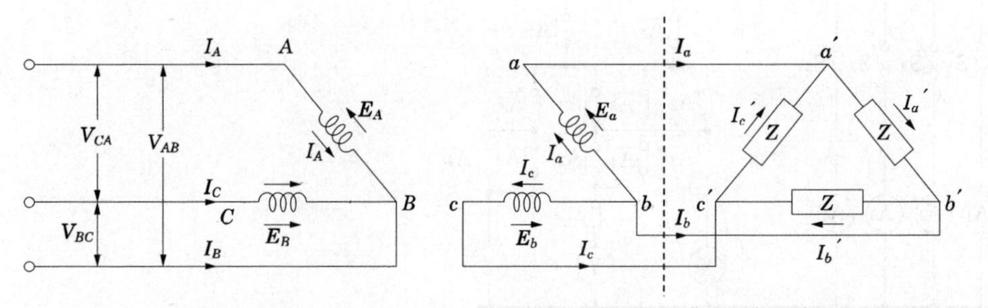

$P_v = \sqrt{3}\,P_1$ (2대의 변압기를 V결선으로 사용하면 1대의 용량에 $\sqrt{3}$ 배만큼 공급할 수 있다.)

① 출력비 $\dfrac{V}{\Delta} = \dfrac{\sqrt{3}\,VI\cos\phi}{3\,VI\cos\phi} \fallingdotseq 0.577$

② 이용률 $\dfrac{\sqrt{3}\,VI}{2\,VI} = 0.866$

6

그림과 같이 Δ결선된 배전선로에 접지콘덴서 $C_s = 2\ [\mu\text{F}]$를 사용할 때 A상에 지락이 발생한 경우의 지락전류[mA]를 구하시오. (단, 주파수 60 [Hz]로 한다.)

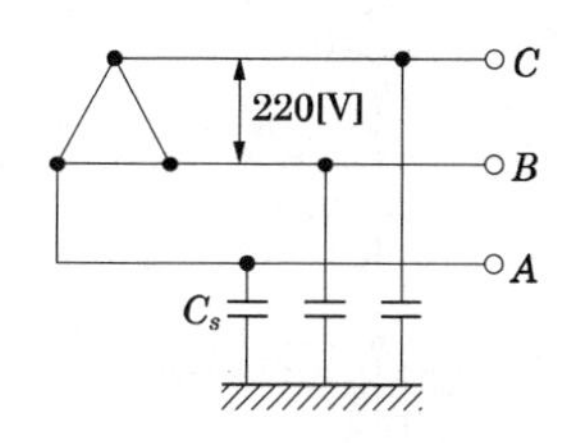

* 본 문제는 한국전기설비규정의 변경으로 문제가 성립되지 않아 유사문제로 변경하였습니다.

[작성답안]

계산 : $I_g = \sqrt{3}\,\omega C_s V = \sqrt{3} \times 2\pi \times 60 \times 2 \times 10^{-6} \times 220 \times 10^3 = 287.31\ [\text{mA}]$

답 : 287.31 [mA]

[핵심] 충전전류와 충전용량

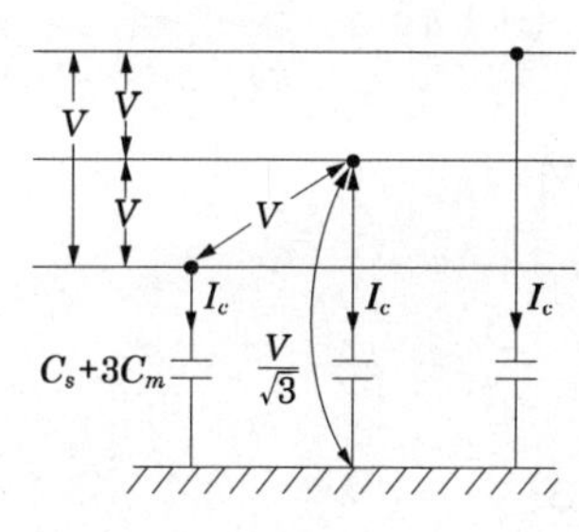

⇨

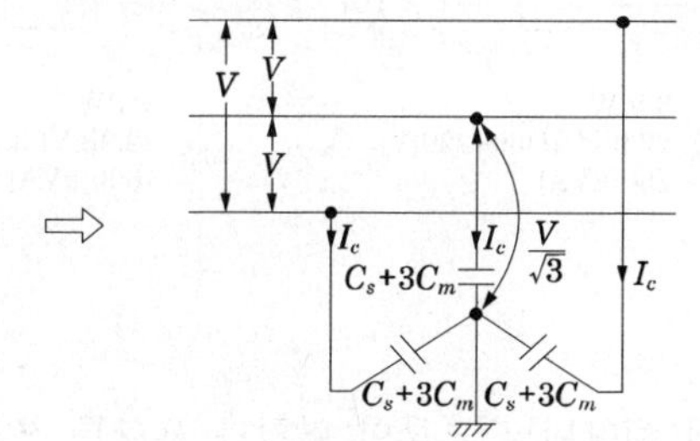

① 전선의 충전 전류 : $I_c = 2\pi f\, C \times \dfrac{V}{\sqrt{3}}$ [A]

② 전선로의 충전 용량 : $P_c = \sqrt{3}\, VI_C = 2\pi f\, CV^2 \times 10^{-3}$ [kVA]

여기서, C : 전선 1선당 정전 용량[F], V : 선간 전압[V], f : 주파수[Hz]

※ 선로의 충전전류 계산 시 전압은 변압기 결선과 관계없이 상전압 $\left(\dfrac{V}{\sqrt{3}}\right)$를 적용하여야 한다.

7

출제년도 88.95.03.11.14.19.(15점/(1)9점, (2)(3)(4)(6)1점, (5)2점)

아래 도면은 어느 수전설비의 단선 결선도이다. 물음에 답하시오.

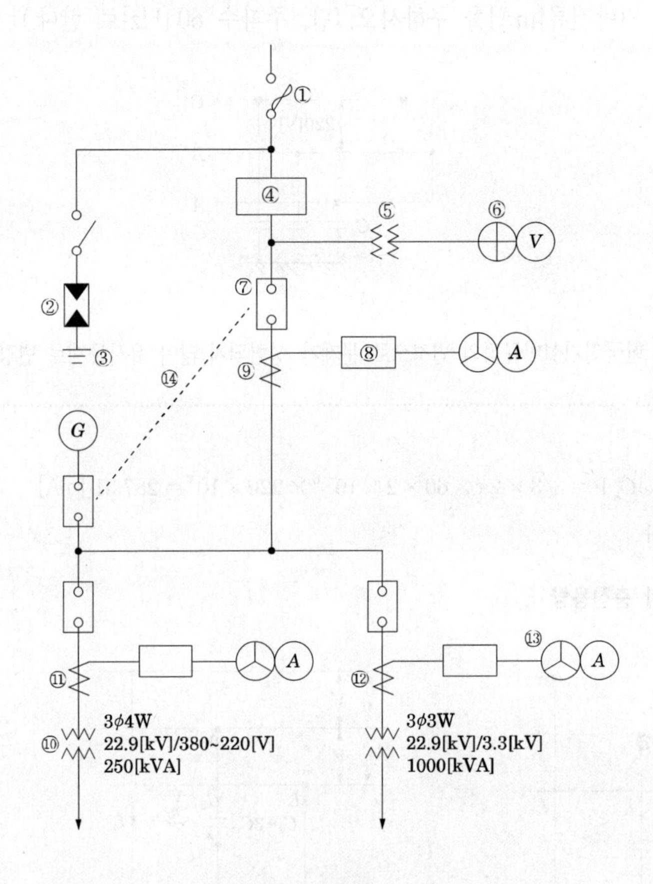

(1) ①~②, ④~⑨, ⑬에 해당되는 부분의 명칭과 용도를 쓰시오.

(2) ③의 접지 공사의 접지저항값은 얼마인가?

(3) ⑤의 1차, 2차 전압은?

1차 정격전압 [V]	2차정격전압 [V]
229000 229000 / $\sqrt{3}$ 22000 22000 / $\sqrt{3}$	110 110 / $\sqrt{3}$

(4) ⑩의 2차측 결선 방법은?

(5) ⑪, ⑫의 CT비는? (단, CT 정격 전류는 부하 정격 전류의 150%로 한다.)

(6) ⑭의 목적은?

[작성답안]

(1)

번호	명 칭	용 도
①	전력 퓨즈	일정값 이상의 과전류 및 단락 전류를 차단하여 사고 확대를 방지
②	피뢰기	이상 전압이 내습하면 이를 대지로 방전하고, 속류를 차단한다.
④	전력수급용 계기용 변성기	전력량을 적산하기 위하여 고전압을 저전압으로, 대전류를 소전류로 변성시켜 전력량계에 공급한다.
⑤	계기용 변압기	고전압을 저전압으로 변성시켜 계기 및 계전기 등의 전원으로 사용한다.
⑥	전압계용 전환 계폐기	1대의 전압계로 3상 각상의 전압을 측정하기 위한 전환 개폐기
⑦	교류 차단기	단락 사고, 과부하, 지락 사고 등 사고 전류와 부하 전류를 차단하기 위한 장치
⑧	과전류 계전기	계통에 과전류가 흐르면 동작하여 차단기의 트립 코일을 여자시킨다.
⑨	변류기	대전류를 소전류로 변성하여 계기 및 과전류 계전기에 공급한다.
⑬	전류계용 전환 개폐기	1대의 전류계로 3상 각상의 전류를 측정하기 위한 전환 개폐기

(2) 10[Ω]

(3) 1차 전압 : $\frac{22900}{\sqrt{3}}$[V], 2차 전압 : 110[V]

(4) Y결선

(5) ⑪ $I_1 = \frac{250}{\sqrt{3} \times 22.9} = 6.3$ [A]

$\therefore$ $6.3 \times 1.5 = 9.45$[A]이므로 변류비 10/5 선정

답 : 10/5

⑫ $I_1 = \frac{1000}{\sqrt{3} \times 22.9} = 25.21$ [A]

∴ $25.21 \times 1.5 = 37.82$ [A]이므로 변류비 40/5 선정

답 : 40/5

(6) 상용 전원과 예비 전원의 동시 투입을 방지한다. (인터록)

[핵심] 한국전기설비규정 341.14 피뢰기의 접지

고압 및 특고압의 전로에 시설하는 피뢰기 접지저항 값은 10 [Ω] 이하로 하여야 한다.

8

출제년도 12.15.16.19.22.(5점/부분점수 없음)

그림과 같은 교류 3상 3선식 전로에 연결된 3상 평형부하가 있다. 이 때 c상의 P점이 단선된 경우, 이 부하의 소비전력은 단선 전 소비전력에 비하여 어떻게 되는지 관계식을 이용하여 설명하시오. (단, 선간 전압은 E [V]이며, 부하의 저항은 R [Ω] 이다.)

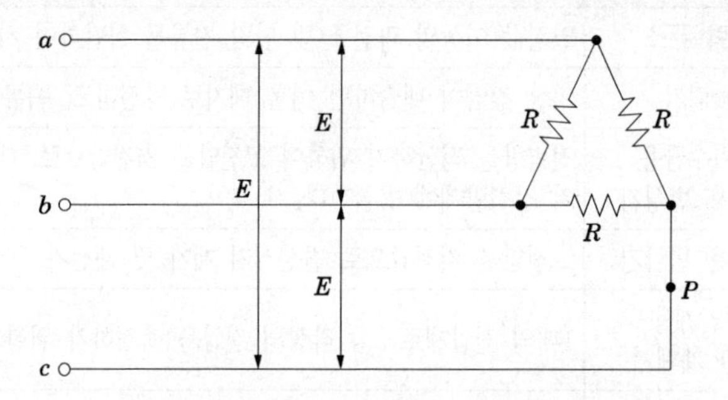

[작성답안]

① 단선전 소비전력 $P = 3 \times \frac{E^2}{R}$

② 단선 후 전력

P점 단선시 합성저항 $R_0 = \frac{2R \times R}{2R + R} = \frac{2}{3} \times R$

P점 단선시 부하의 소비전력 $P' = \frac{E^2}{R_0} = \frac{E^2}{\frac{2}{3} \times R} = \frac{3}{2} \times \frac{E^2}{R}$

$$\therefore \frac{P}{P'} = \frac{\frac{3E^2}{2R}}{\frac{3E^2}{R}} = \frac{1}{2}$$ 이므로 $\frac{1}{2}$배

답 : $\frac{1}{2}$배

9

출제년도 85.96.99.00.13.16.19.(6점/부분점수 없음)

그림과 같은 분기회로의 전선 굵기를 표준 굵기로 산정하시오. (단, 전압강하는 2 [V] 이하이고, 배선 방식은 교류 220 [V] 단상 2선식이며, 후강전선관 공사로 한다고 한다.)

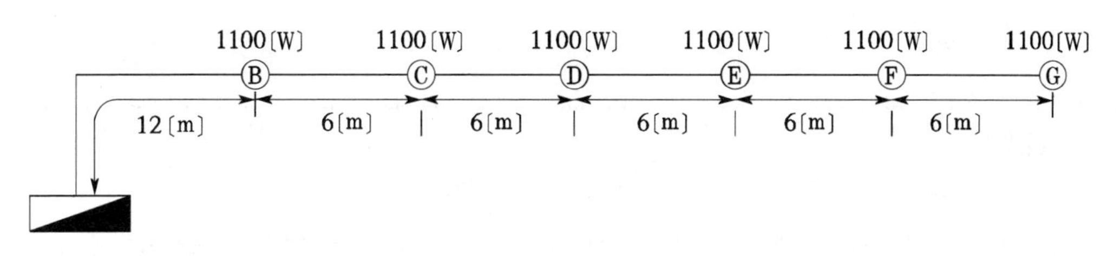

[작성답안]

계산 : 부하 중심점 : $L = \dfrac{i_1 l_1 + i_2 l_2 + i_3 l_3 + \cdots + i_n l_n}{i_1 + i_2 + i_3 + \cdots + i_n}$

$$L = \frac{5 \times 12 + 5 \times 18 + 5 \times 24 + 5 \times 30 + 5 \times 36 + 5 \times 42}{5+5+5+5+5+5} = 27 \text{ [m]}$$

부하 전류 : $I = \dfrac{1100 \times 6}{220} = 30$ [A]

∴ 전선의 굵기 $A = \dfrac{35.6LI}{1000e} = \dfrac{35.6 \times 27 \times 30}{1000 \times 2} = 14.42$ [mm^2]

그러므로, 공칭 단면적 16 [mm^2] 선정

답 : 16 [mm^2]

[핵심]

① KSC IEC 전선규격

1.5, 2.5, 4, 6, 10, 16, 25, 35, 50, 70, 95, 120, 150, 185, 240, 300, 400, 500, 630 [mm^2]

② 전압강하

- 단상2선식 : $e = \dfrac{35.6LI}{1,000A}$ ………………………………… ①
- 3상 3선식 : $e = \dfrac{30.8LI}{1,000A}$ ………………………………… ②
- 3상 4선식 : $e_1 = \dfrac{17.8LI}{1,000A}$ ………………………………… ③

여기서, L : 거리 I : 정격전류 A : 케이블의 굵기

이며 ③의 식은 1선과 중성선간의 전압강하를 말한다.

10 출제년도 98.12.19.(5점/부분점수 없음)

서지 흡수기(Surge Absorbor)의 기능과 어느 개소에 설치하는지 그 위치를 쓰시오.

- 기능
- 설치 위치

[작성답안]

- 기능 : 개폐서지 등 이상전압으로부터 변압기 등 기기보호한다.
- 설치위치 : 개폐 서지를 발생하는 차단기 후단과 보호하여야할 기기 전단 사이에 설치한다.

[핵심] 서지흡수기

최근에 몰드변압기의 채용이 증가하고 있으며, 아울러 몰드변압기 앞단에 진공차단기가 채용되고 있다. 그런데, 몰드변압기의 기준충격절연강도(BIL)가 95 [kV] (22 [kV]급)이며, 진공차단기의 개폐서지로 인하여 몰드변압기의 절연이 악화될 우려가 있으므로 몰드변압기를 보호하기 위해서 설치된다.

서지흡수기의 적용범위

차단기 종류		V C B(진공차단기)				
전압 등급		3 [kV]	6 [kV]	10 [kV]	20 [kV]	30 [kV]
전동기		적 용	적 용	적 용	-	-
변압기	유입식	불필요	불필요	불필요	불필요	불필요
	몰드식	적 용	적 용	적 용	적 용	적 용
	건식	적 용	적 용	적 용	적 용	적 용
콘덴서		불필요	불필요	불필요	불필요	불필요
변압기와 유도기기와의 혼용 사용시		적 용	적 용	-	-	-

11

출제년도 19.(5점/각 항목당 1점)

형광방전램프의 점등방법에서 점등회로의 종류 3가지를 쓰시오.

[작성답안]

글로우스타터회로

속시기동회로(래피드스타트 회로)

순시기동회로

[핵심]

형광등은 기동방식에 따라 스타터형(또는 예열기동형), 래피드스타터형(또는 속시기동형) 및 슬림라인형(또는 순시기동형)등으로 분류한다.

12

출제년도 19.新規.(5점/부분점수 없음)

380/220[V] 3상 4선식 선로에서 180[m] 떨어진 곳에 다음표와 같이 부하가 연결되어 있다. 간선의 굵기를 결정하는데 필요한 설계전류를 구하시오. (단, 전압강하는 3%로 한다.)

종류	출력	수량	역률×효율	수용률
급수펌프	380V/7.5kW	4	0.7	0.7
소방펌프	380V/20kW	2	0.7	0.7
전열기	220V/10kW	3(각상 평형배치)	1	0.5

[작성답안]

계산 : 급수펌프의 전류 $I_M = \dfrac{7.5 \times 10^3 \times 4}{\sqrt{3} \times 380 \times 0.7} \times 0.7 = 45.58[A]$

소방펌프의 전류 $I_M = \dfrac{20 \times 10^3 \times 2}{\sqrt{3} \times 380 \times 0.7} \times 0.7 = 60.77[A]$

전열기 전류 $I_M = \dfrac{10 \times 10^3}{220 \times 1} \times 0.5 = 22.73$

간선의 설계전류 $I_B = I_M + I_H = 45.58 + 60.77 + 22.73 = 129.08[A]$

답 : 139.72[A]

[핵심] 도체와 과부하 보호장치 사이의 협조

과부하에 대해 케이블(전선)을 보호하는 장치의 동작특성은 다음의 조건을 충족해야 한다.

$I_B \leq I_n \leq I_Z$ ·················· ①

$I_2 \leq 1.45 \times I_Z$ ·················· ②

I_B : 회로의 설계전류

I_Z : 케이블의 허용전류

I_n : 보호장치의 정격전류

I_2 : 보호장치가 규약시간 이내에 유효하게 동작하는 것을 보장하는 전류

1. 조정할 수 있게 설계 및 제작된 보호장치의 경우, 정격전류 I_n은 사용현장에 적합하게 조정된 전류의 설정값이다.
2. 보호장치의 유효한 동작을 보장하는 전류 I_2는 제조자로부터 제공되거나 제품 표준에 제시되어야 한다.
3. 식 2에 따른 보호는 조건에 따라서는 보호가 불확실한 경우가 발생할 수 있다. 이러한 경우에는 식 2에 따라 선정된 케이블 보다 단면적이 큰 케이블을 선정하여야 한다.
4. I_B는 선도체를 흐르는 설계전류이거나, 함유율이 높은 영상분 고조파(특히 제3고조파)가 지속적으로 흐르는 경우 중성선에 흐르는 전류이다.

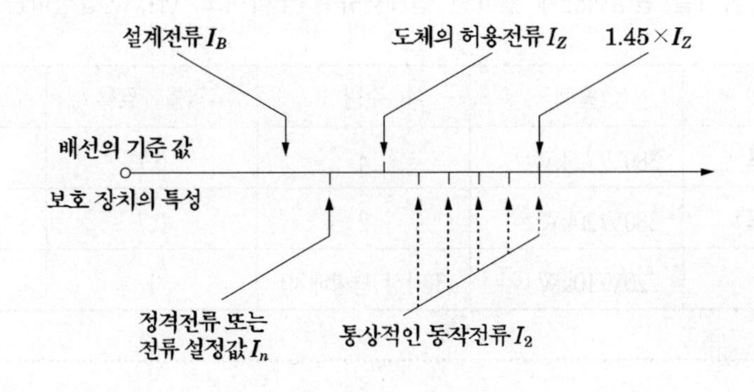

13 출제년도 89.94.98.00.02.06.19.(7점/각 항목당 1점)

전력 퓨즈에서 퓨즈에 대한 그 역할과 기능에 대해서 다음 각 물음에 답하시오.

(1) 퓨즈의 역할을 크게 2가지로 대별하여 간단하게 설명하시오.

•

•

(2) 퓨즈의 가장 큰 단점은 무엇인가?

(3) 주어진 표는 개폐장치(기구)의 동작 가능한 곳에 ○표를 한 것이다. ①~③은 어떤 개폐 장치이겠는가?

기능 \ 능력	회로 분리		사고 차단	
	무부하	부하	과부하	단락
퓨 즈	○			○
①	○	○	○	○
②	○	○	○	
③	○			

(4) 큐피클의 종류중 PF·S형 큐비클은 주 차단장치로서 어떤 것들을 조합하여 사용하는 것을 말하는가?

[작성답안]

(1) • 부하 전류는 안전하게 통전한다

• 어떤 일정값 이상의 과전류는 차단하여 전로나 기기를 보호한다.

(2) 재투입할 수 없다.

(3) ① 차단기 ② 개폐기 ③ 단로기

(4) 전력 퓨즈와 개폐기

[핵심] 전력퓨즈

① 전력퓨즈

전력퓨즈는 고압 및 특고압의 선로에서 선로와 기기를 단락으로부터 보호하기 위해 사용되는 차단장치이다.

- 부하전류를 안전하게 통전한다.
- 일정치 이상의 과전류는 차단하여 선로나 기기를 보호한다.

② 전력퓨즈의 장·단점

장점	단점
① 가격이 싸다. ② 소형 경량이다. ③ 릴레이나 변성기가 필요 없다. ④ 밀폐형 퓨즈는 차단시에 무소음 무방출이다. ⑤ 소형으로 큰 차단용량을 갖는다. ⑥ 보수가 간단하다. ⑦ 고속도 차단한다. ⑧ 한류형 퓨즈는 한류효과가 대단히 크다. ⑨ 차지하는 공간이 적고 장치 전체가 싼 값에 소형으로 처리된다. ⑩ 후비보호가 완벽하다.	① 재투입을 할 수 없다. ② 과도전류로 용단하기 쉽다. ③ 동작시간-전류특성을 계전기처럼 자유로이 조정 할 수 없다. ④ 한류형 퓨즈에는 녹아도 차단하지 못하는 전류범위를 갖는 것이 있다. ⑤ 비보호영역이 있으며, 사용 중에 열화하여 동작하면 결상을 일으킬 염려가 있다. ⑥ 한류형은 차단시에 과전압을 발생한다. ⑦ 고 임피던스 접지계통의 접지보호는 할 수 없다.

③ 기능비교

기구 명칭	정상 전류			이상 전류		
	통전	개	폐	통전	투입	차단
차단기	○	○	○	○	○	○
퓨 즈	○	×	×	×	×	○
단로기	○	△	×	○	×	×
개폐기	○	○	○	○	△	×

○ : 가능, △ : 때에 따라 가능, × : 불가능

14

출제년도 19.(5점/부분점수 없음)

50[Hz] 6600/210[V] 50[kVA]의 단상 변압기가 있다. 저압측이 단락하고 1차측에 170[V]의 전압을 가하니 1차측에 정격전류가 흘렀다. 이때 변압기에 입력이 700[W]라고 한다. 이 변압기에 역률 0.8의 정격부하를 걸었을 때의 전압변동률을 구하시오.

[작성답안]

계산 : $\%z = \dfrac{V_s}{V_{1n}} \times 100 = \dfrac{170}{6600} \times 100 = 2.58[\%]$

$p = \dfrac{P_s}{V_{1n} I_{1n}} \times 100 = \dfrac{700}{50 \times 10^3} \times 100 = 1.4[\%]$

$q = \sqrt{z^2 - p^2} = \sqrt{2.58^2 - 1.4^2} = 2.17[\%]$

$\therefore \epsilon = p\cos\theta + q\sin\theta = 1.4 \times 0.8 + 2.17 \times 0.6 = 2.42[\%]$

답 : 2.42[%]

[핵심] 전압변동률(Voltage regulation)

$$\epsilon = \frac{V_{20} - V_{2n}}{V_{2n}} \times 100 = p\cos\theta + q\sin\theta + \frac{100}{2}\left(q\cos\frac{\theta}{100} - p\sin\frac{\theta}{100}\right)^2$$

$$\fallingdotseq p\cos\theta + q\sin\theta + \frac{1}{200}(q\cos\theta - p\sin\theta)^2$$

$\therefore \ \epsilon \fallingdotseq p\cos\theta + q\sin\theta$

2019

15

출제년도 19.(5점/부분점수 없음)

설비용량이 350[kW] 수용률이 0.6 일 때 변압기 용량을 구하시오. (단, 역률은 0.7이다.)

[작성답안]

계산 : $T = \frac{350 \times 0.6}{0.7} = 300$ [kVA]

답 : 300[kVA]

[핵심] 변압기 용량

변압기 용량 [kW] ≥ 합성 최대 수용 전력 = $\frac{\text{부하 설비 합계 [kW]} \times \text{수용률}}{\text{부등률}}$

역률을 적용하여 [kW]의 부하를 [kVA]의 부하로 환산하여 구한다.

16

출제년도 19.(5점/부분점수 없음)

단상 2선식 분기회로에 3[kW] 부하가 접속되어있다. 부하단의 수전전압이 220[V]인 경우, 간선에서 분기된 분기점에서 부하까지 한 선당 저항이 0.03[Ω] 일때 부하에서 온전히 220[V]를 걸리게 하려면 분기점에서의 전압은 얼마여야 하는가?

[작성답안]

계산 : 전압강하 $e = 0.03 \times 2 \times \frac{3000}{220} = 0.82$[V]

분기점 전압 $V_s = V_r + e = 220 + 0.82 = 220.82$[V]

답 : 220.82[V]

2020년 1회 기출문제 해설

※ 다음 물음에 답을 해당 답란에 답하시오.

1 출제년도 90.98.04.20.(14점/각 문항당 1점, 모두 맞으면 14점)

주어진 도면은 어떤 수용가의 수전 설비의 단선 결선도이다. 도면과 참고표를 이용하여 물음에 답하시오.

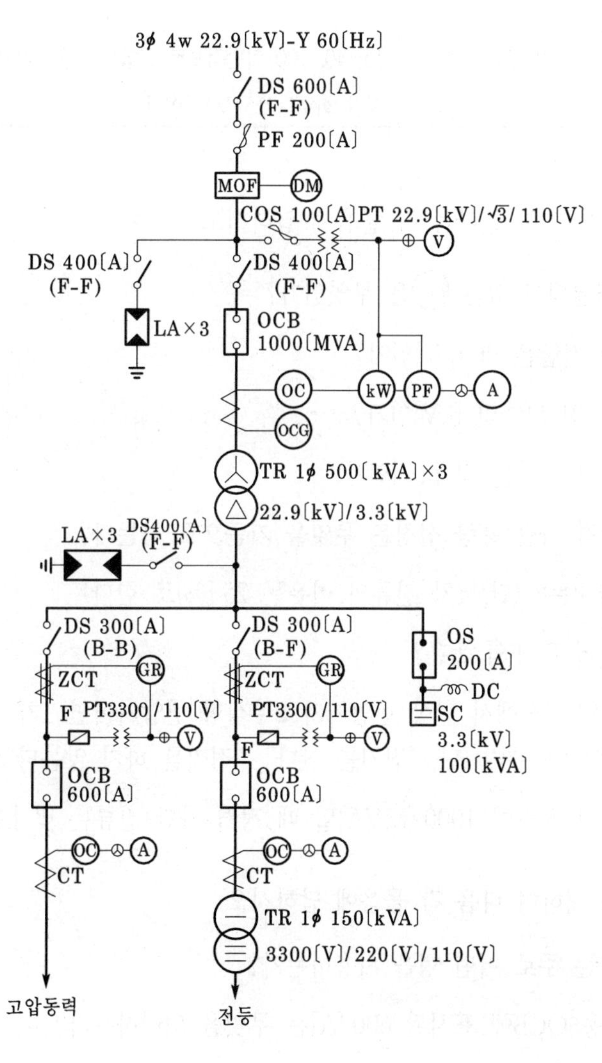

참고자료 계기용 변압 변류기 정격(일반 고압용)

종 별	정 격	
PT	1차 정격 전압 [V]	3300, 6000
	2차 정격 전압 [V]	110
	정격 부담 [VA]	50, 100, 200, 400
CT	1차 정격 전류 [A]	10, 15, 20, 30, 40, 50, 75, 100, 150, 200, 300, 400, 500, 600
	2차 정격 전류 [A]	5
	정격 부담 [VA]	15, 40, 100 일반적으로 고압 회로는 40 [VA] 이하, 저압 회로는 15 [VA] 이상

(1) 22.9 [kV] 측에 대하여 다음 각 물음에 답하시오.

① MOF에 연결되어 있는 (DM)은 무엇인가?

② DS의 정격 전압은 몇 [kV]인가?

③ LA의 정격 전압은 몇 [kV]인가?

④ OCB의 정격 전압은 몇 [kV]인가?

⑤ OCB의 정격 차단 용량 선정은 무엇을 기준으로 하는가?

⑥ CT의 변류비는? (단, 1차 전류의 여유는 25 [%]로 한다)

⑦ DS에 표시된 F - F의 뜻은?

⑧ 그림과 같은 결선에서 단상 변압기가 2부싱형 변압기이면 1차 중성점의 접지는 어떻게 해야 하는가? (단, "접지를 한다", "접지를 하지 않는다"로 답하시오.)

⑨ OCB의 차단 용량이 1000 [MVA]일 때 정격 차단 전류는 몇 [A]인가?

(2) 3.3 [kV]측에 대하여 다음 각 물음에 답하시오.

① 옥내용 PT는 주로 어떤 형을 사용하는가?

② 고압 동력용 OCB에 표시된 600 [A]는 무엇을 의미하는가?

③ 콘덴서에 내장된 DC의 역할은?

④ 전등 부하의 수용률이 70 [%]일 때 전등용 변압기에 걸 수 있는 부하 용량은 몇 [kW]인가?

[작성답안]

(1) ① 최대 수요 전력량계

② 25.8 [kV]

③ 18 [kV]

④ 25.8 [kV]

⑤ 단락 용량

⑥ 계산 : $I_1 = \dfrac{500 \times 3}{\sqrt{3} \times 22.9} \times 1.25 = 47.27$ [A]이므로 CT의 변류비는 50/5 선정

답 : 50/5

⑦ 접속 단자의 접속 방법이 표면 접속을 의미한다.

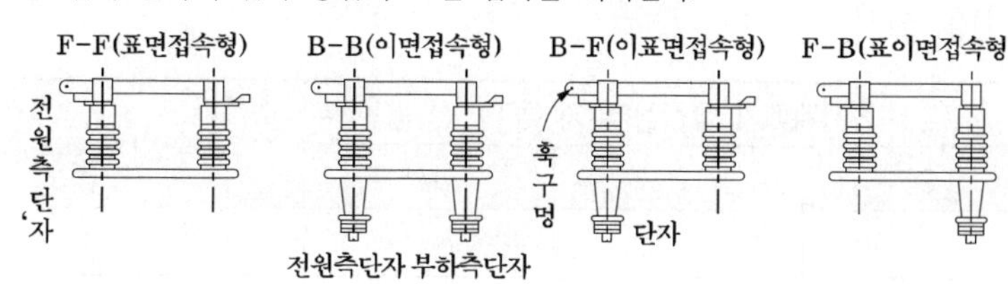

⑧ 접지를 하지 않는다.

⑨ 계산 : 정격 차단 용량= $\sqrt{3}$ × 정격 전압 × 정격 차단 전류 에서

$$I_S = \frac{P_S}{\sqrt{3}\,V} = \frac{1000 \times 10^3}{\sqrt{3} \times 25.8} = 22377.92 \text{ [A]}$$

답 : 22377.92 [A]

(2) ① 몰드형

② 정격 전류

③ 콘덴서에 축적된 잔류 전하 방전

④ 계산 : 부하 용량 $= \dfrac{150}{0.7} = 214.29$[kW]

답 : 214.29[kW]

2

출제년도 08.20.(7점/(1) 4점, (2) 3점)

그림은 3상 유도전동기의 Y-△ 기동법을 나타내는 결선도이다. 다음 물음에 답하시오.

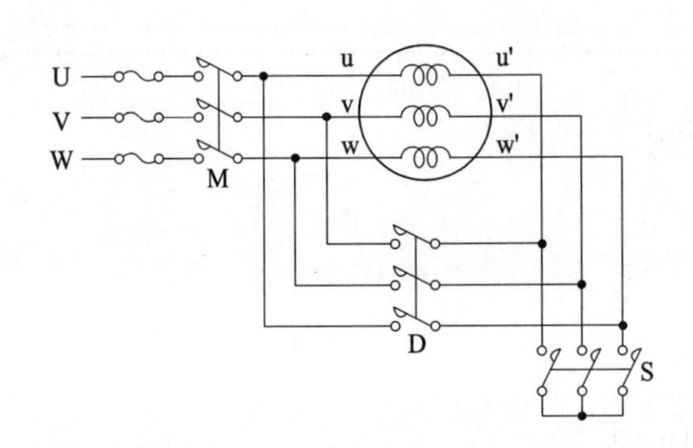

(1) 다음 표의 빈칸에 기동시 및 운전시의 전자개폐기 접점의 ON, OFF 상태 및 접속상태(Y결선, △결선)를 쓰시오.

구 분	전자개폐기 접점상태(ON,OFF)			접속상태
	S	D	M	
기동시				
운전시				

(2) 전전압 기동과 비교하여 Y-△기동법의 기동시 기동전압, 기동전류 및 기동토크는 각각 어떻게 되는가?

① 기동전압(선간전압)

② 기동전류

③ 기동토크

[작성답안]

(1)

구 분	전자개폐기 접점상태(ON,OFF)			접속상태
	S	D	M	
기동시	ON	OFF	ON	Y 결선
운전시	OFF	ON	ON	△ 결선

(2) ① 기동전압(선간전압) : $\frac{1}{\sqrt{3}}$배

② 기동전류 : $\frac{1}{3}$배

③ 기동토크 : $\frac{1}{3}$배

[핵심] Y-△ 기동법

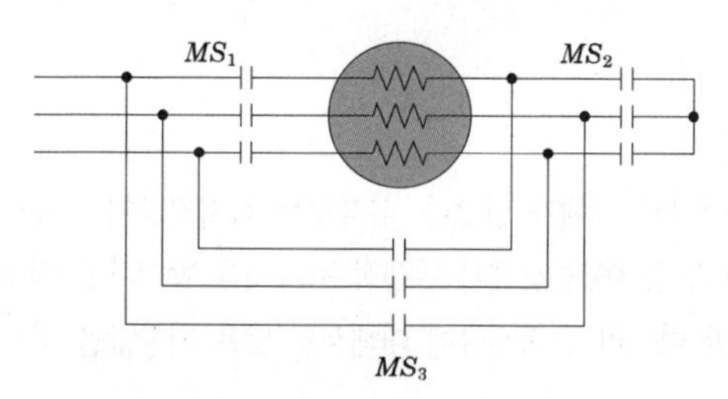

유도전동기 1차측을 Y결선으로 기동하여 충분히 가속한 다음 △결선으로 변경하여 운전하는 방식이다. 전동기 1차 권선은 각상의 양단의 단자가 필요하여 6개의 단자가 있으며, Y는 △결선시 보다 전압이 1/ $\sqrt{3}$ 배가 되며 토크는 1/3배가 된다. 기동전류도 1/3배가 된다. Y-△ 기동법은 주로 5.5 [kW]~35 [kW]의 농형유도전동기에 사용된다.

① 기동시 MS_1, MS_2가 여자되어 Y결선으로 기동한다.

② 타이머 설정 시간이 지나면 MS_2이 소자되고 MS_3가 여자되어 △결선으로 운전한다.

② Y와 △는 동시투입이 되어서는 안된다.(인터록)

3

출제년도 90.97.03.08.14.16.20.(7점/각 항목당 1점)

배전용 변전소에 접지 공사를 하고자 한다. 접지 목적을 3가지로 요약 설명하고, 중요한 접지개소를 3개소만 쓰도록 하시오.

- 접지목적
- 접지개소

[작성답안]

- 접지목적

① 감전 방지

② 기기의 손상 방지

③ 보호 계전기의 확실한 동작

• 접지개소

① 고압 및 특고압 기계기구 외함 및 철대접지

② 피뢰기 접지

③ 변압기의 안정권선(安定卷線)이나 유휴권선(遊休卷線) 또는 전압조정기의 내장권선(內藏卷線)

그 외

④ 변압기로 특고압전선로에 결합되는 고압전로의 방전장치

⑤ 고압 옥외전선을 사용하는 관 기타의 케이블을 넣는 방호장치의 금속제 부분

[핵심] 접지의 목적

① 전기회로의 접지목적

이상적으로 접지저항이 "0" [Ω], 즉 전위상승이 없으면 아무런 장해가 없으나, 실제로는 접지저항이 존재하며 전위상승으로 인한 인체감전, 기기손상, 잡음발생, 오동작 등 여러 장해가 발생함으로 이를 방지하고 최소화하는 것이 접지의 목적이다. 따라서 접지시 상용주파뿐만 아니라 충격전압에 대해서도 낮은 저항값을 갖도록 하여야 한다. 계통접지의 목적은 다음과 같다.

- 낙뢰, 개폐서지 등에 의한 이상전압을 억제한다.
- 전력계통에서 발생하는 대지전위의 상승을 억제한다.
- 지락사고시 발생하는 지락전류를 검출하여 보호 계전기의 동작을 확실하게 한다.
- 고저압 혼촉에 의한 저압측 전위상승을 억제하여 저압측에 연결된 기계기구의 절연을 보호한다.

② 접지설계시 고려사항

접지설비를 설계할 경우 다음 사항을 고려하여 설계하여야 한다.

- 인체의 허용전류 값
- 접지전위상승
- 토지의 고유저항 및 접지저항 값
- 접지극 및 접지선의 크기와 형상
- 보폭전압과 접촉전압

4

출제년도 09.20(5점/부분점수 없음)

3상 3선식 6600[V]인 변전소에서 저항 6[Ω] 리액턴스 8[Ω]의 송전선을 통하여 역률 0.8의 부하에 전력을 공급할 때 수전단 전압을 6000[V] 이상으로 유지하기 위해서 걸 수 있는 부하는 최대 몇 [kW]까지 가능 하겠는가?

[작성답안]

계산 : 전압강하 $e=\frac{P}{V}(R+X\tan\theta)$에서

$$P=\frac{e\times V}{R+X\tan\theta}\times 10^{-3}=\frac{(6600-6000)\times 6000}{6+8\times\frac{0.6}{0.8}}\times 10^{-3}=300[\text{kW}]$$

답 : 300[kW]

[핵심] 전압강하

① 전압강하 $e=\frac{P}{V}(R+X\tan\theta)$ [V]

② 전압강하율 $\epsilon=\frac{e}{V}\times 100=\frac{P}{V^2}(R+X\tan\theta)\times 100$ [%]

③ 전력손실 $P_L=\frac{P^2R}{V^2\cos^2\theta}$ [kW]

④ 전력손실률 $k=\frac{P_L}{P}\times 100=\frac{PR}{V^2\cos^2\theta}\times 100$ [%]

5

출제년도 89.15.20.(5점/부분점수 없음)

2020

건축물의 연면적 350 [m²]의 주택에 다음 조건과 같은 전기설비를 시설하고자 할 때 분전반에 사용할 20[A]와 30[A]의 분기회로수는 몇 회로로 하여야 하는지 총 분기회로수를 결정하시오. (단, 분전반의 전압은 220 [V] 단상이고 전등 및 전열 분기회로는 20[A], 에어콘은 30[A] 분기회로 이다.)

【조건】

- 전등과 전열용 부하는 25[VA/m²]
- 2,500[VA] 용량의 에어콘 2대
- 예비부하 3,500[VA]

[작성답안]

계산 : ① 전등 및 전열

$$20\,[\text{A}]\ \text{분기 회로수}=\frac{25\times 350+3500}{20\times 220}=2.78\text{회로}$$

∴ 3회로

② 에어컨

30 [A] 분기 회로수 $=\dfrac{2500\times 2}{30\times 220}=0.76$회로

∴ 1회로

답 : 총 분기회로수 4회로

[핵심]

문제의 요구사항은 총 분기회로수를 요구하고 있으므로 총 분기회로수를 답하여야 한다.

6

출제년도 16.20.(6점/각 항목당 3점)

경간 200 [m]인 가공 송전선로가 있다. 전선 1 [m]당 무게는 2.0 [kg]이고 풍압 하중이 없다고 한다. 인장 강도 4000 [kg]의 전선을 사용할 때 딥과 전선의 실제 길이를 구하시오. (단, 안전율은 2.2로 한다.)

[작성답안]

① 이도

계산 : $D=\dfrac{WS^2}{8T}=\dfrac{2.0\times 200^2}{8\times 4000/2.2}=5.5$ [m]

답 : 5.5 [m]

② 전선의 실제 길이

계산 : $L=S+\dfrac{8D^2}{3S}=200+\dfrac{8\times 5.5^2}{3\times 200}=200.4$ [m]

답 : 200.4 [m]

[핵심] 이도의 영향

① 지지물의 높이를 좌우한다.

② 이도가 크면 전선은 그만큼 좌우로 크게 진동해서 다른 상의 전선에 접촉하거나 수목에 접촉할 우려가 있다.

③ 이도가 작으면 이에 반비례해서 전선의 장력이 증가하며 심할 경우에는 전선의 단선 우려가 있다.

이도의 계산 : $D=\dfrac{w\,S^2}{8T}$ [m]

전선의 길이 : $L=S+\dfrac{8D^2}{3S}$

7

출제년도 96.01.03.20.(5점/각 문항당 2점, 모두 맞으면 5점)

200 [V], 15 [kVA]인 3상 유도전동기를 부하로 사용하는 공장이 있다. 이 공장이 어느 날 1일 사용전력량이 90 [kWh]이고, 1일 최대전력이 10 [kW]일 경우 다음 각 물음에 답하시오. (단, 최대전력일 때의 전류값은 43.3 [A]라고 한다.)

(1) 일 부하율은 몇 [%]인가?

(2) 최대전력일 때의 역률은 몇 [%]인가?

[작성답안]

(1) 계산 : 일 부하율$=\dfrac{90/24}{10}\times 100 = 37.5$ [%]

답 : 일 부하율은 37.5 [%]

(2) 계산 : $\cos\theta = \dfrac{P}{\sqrt{3}\,VI} = \dfrac{10\times 10^3}{\sqrt{3}\times 200\times 43.3}\times 100 = 66.67$ [%]

답 : $\cos\theta = 66.67$ [%]

[핵심] 부하율

최대 부하 = 부하설비의 합계 × $\dfrac{\text{수용률}}{\text{부등률}}$

↑

부 하 율 = $\dfrac{\text{평균 수용전력(일정기간) [kW]}}{\text{최대 수용전력(일정기간) [kW]}}\times 100$ [%]

↓ = $\dfrac{\text{부하의 평균전력}}{\text{총 설비용량}}\times\dfrac{\text{부등률}}{\text{수용률}}$

수 용 률 = $\dfrac{\text{최대 수용전력}}{\text{총 설비용량}}\times 100$ [%]

↓

부 등 률 = $\dfrac{\text{각 개의 최대 수용전력의 합}}{\text{합성 최대수용전력}}\geq 1$

① 부하율

공급 설비가 어느 정도 유효하게 사용되는가를 나타내며 부하율이 클수록 공급 설비가 유효하게 사용된다. 부하율은 다음 식에 의해 계산한다.

부하율 = $\dfrac{\text{평균 수요 전력 [kW]}}{\text{최대 수요 전력 [kW]}}\times 100$ [%]

2020

부하율은 각 단위별(변압기, 전주, 수용가 등), 시기, 범위, 기간에 따라 달라지며, 부하율을 표시할 경우 기간, 범위를 반드시 명기한다. 예를 들어 일부하율, 월부하율 등으로 표시하여야 하며, 부하율은 기간이 길어질수록 작아진다. 부하율이 적다의 의미는 다음과 같다.

- 공급 설비를 유용하게 사용하지 못한다.
- 평균 수요 전력과 최대 수요 전력과의 차가 커지게 되므로 부하 설비의 가동률이 저하된다.

② 종합부하율

$$\text{종합 부하율} = \frac{\text{평균 전력}}{\text{합성 최대 전력}} \times 100[\%] = \frac{\text{A, B, C 각 평균 전력의 합계}}{\text{합성 최대 전력}} \times 100[\%]$$

8

출제년도 93.97.06.12.20.(6점/각 문항당 3점)

예비 전원으로 이용되는 축전지에 대한 다음 각 물음에 답하시오.

(1) 그림과 같은 부하 특성을 갖는 축전지를 사용할 때 보수율이 0.8, 최저 축전지 온도 5 [℃], 허용 최저 전압 90 [V]일 때 몇 [Ah] 이상인 축전지를 선정하여야 하는가? (단, $I_1 = 60[\text{A}]$, $I_2 = 50[\text{A}]$, $K_1 = 1.15$, $K_2 = 0.91$, 셀(cell)당 전압은 1.06 [V/cell] 이다.)

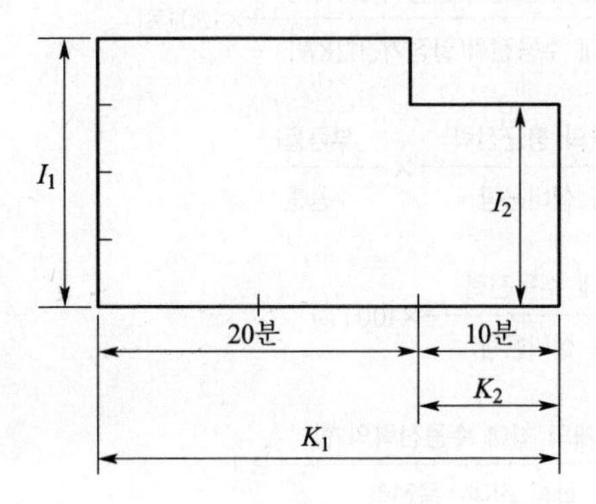

(2) 연 축전지와 알칼리 축전지의 공칭 전압은 각각 몇 [V]인가?

- 연 축전지
- 알칼리 축전지

[작성답안]

(1) $C = \frac{1}{L}[K_1 I_1 + K_2(I_2 - I_1)] = \frac{1}{0.8}[1.15 \times 60 + 0.91(50-60)] = 74.88$ [Ah]

$\therefore$ 74.88 [Ah]

답 : 74.88[Ah]

(2) • 연 축전지 : 2 [V]

• 알칼리 축전지 : 1.2 [V]

[핵심] 축전지용량

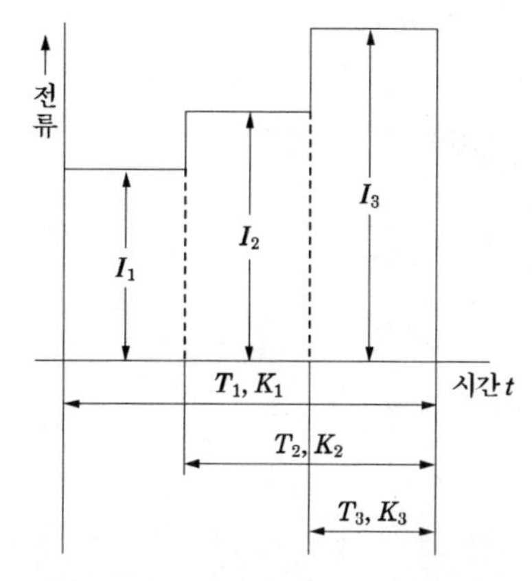

축전지 용량은 아래의 식으로 계산한다.

$$C = \frac{1}{L}[K_1 I_1 + K_2(I_2 - I_1) + K_3(I_3 - I_2)] \text{ [Ah]}$$

여기서, C : 축전지 용량 [Ah] L : 보수율 (축전지 용량 변화의 보정값)

K : 용량 환산 시간 계수 I : 방전 전류 [A]

연축전지와 알칼리 축전지의 비교

구 분	연축전지	알칼리 축전지	비 고
공칭전압	2.0 [V/cell]	1.2 [V/cell]	수치로 기록할 것
과충, 방전에 대한 전기적 강도	약	강	강, 약으로 표기
수명	짧다	길다	길다. 짧다로 표현

9

출제년도 98.00.20.(10점/각 문항당 2점)

도면은 사무실 일부의 조명 및 전열 도면이다. 주어진 조건을 이용하여 다음 각 물음에 답하시오.

【도면】

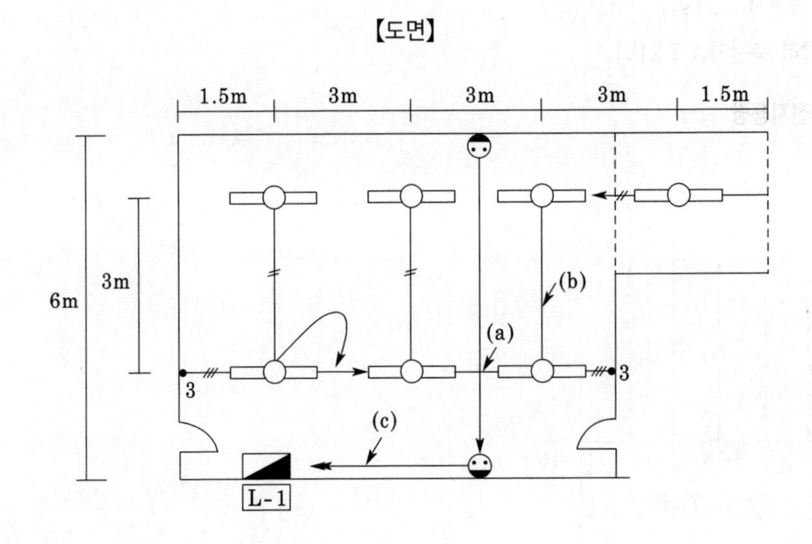

【조건】

- 층고 : 3.6 [m] 2중 천장
- 2중 천장과 천장 사이 : 1 [m]
- 조명 기구 : FL40×2 매입형
- 전선관 : 금속 전선관
- 콘크리트 슬라브 및 미장 마감

(1) 전등과 전열에 사용할 수 있는 전선의 최소 굵기는 얼마인가? (단, 접지선은 제외한다.)

① 전등

② 전열

(2) (a)와 (b)에 배선되는 전선수는 최소 몇 본이 필요한가?

(3) (c)에 사용될 전선의 종류와 전선의 굵기 및 전선 가닥수를 쓰시오. (단, 접지선은 제외한다.)

(4) 도면에서 박스(4각 박스 + 8각 박스)는 몇 개가 필요한가?

(5) 30AF/20AT에서 AF와 AT의 의미는 무엇인가?

[작성답안]

(1) ① 전등 2.5[mm^2]　　② 전열 2.5[mm^2]

(2) (a) 6가닥　　(b) 4가닥

(3) NR, 굵기 : 2.5 [mm^2], 4가닥

(4) 11개

(5) AF : 차단기 프레임 전류　　AT : 차단기 트립 전류

[핵심]

① 한국전기설비규정 231.3.1 저압 옥내배선의 사용전선

1. 저압 옥내배선의 전선은 단면적 2.5 [mm^2] 이상의 연동선 또는 이와 동등 이상의 강도 및 굵기의 것.
2. 옥내배선의 사용 전압이 400 [V] 이하인 경우로 다음중 어느 하나에 해당하는 경우에는 제1을 적용하지 않는다.
   가. 전광표시장치 기타 이와 유사한 장치 또는 제어 회로 등에 사용하는 배선에 단면적 1.5 [mm^2] 이상의 연동선을 사용하고 이를 합성수지관공사 · 금속관공사 · 금속몰드공사 · 금속덕트공사 · 플로어덕트공사 또는 셀룰러덕트공사에 의하여 시설하는 경우
   나. 전광표시장치 기타 이와 유사한 장치 또는 제어회로 등의 배선에 단면적 0.75 [mm^2] 이상인 다심케이블 또는 다심 캡타이어케이블을 사용하고 또한 과전류가 생겼을 때에 자동적으로 전로에서 차단하는 장치를 시설하는 경우

② 4각 박스

전선관 공사에 있어 전등 기구나 점멸기 또는 콘센트의 고정, 접속함으로 사용된다.

2020

10

출제년도 09.20.(5점/각 문항당 2점, 모두 맞으면 5점)

주변압기가 3상 Δ결선(6.6[kV] 계통)일 때 지락사고시 지락보호에 대하여 답하시오.

(1) 지락보호에 사용하는 변성기 및 계전기의 명칭을 각 1개씩 쓰시오.

① 변성기

② 계전기

(2) 영상전압을 얻기 위하여 단상 PT 3대를 사용하는 경우 접속방법을 간단히 설명하시오.

[작성답안]

(1) ① 변성기

- 접지형 계기용 변압기(GPT)
- 영상 변류기(ZCT)

② 계전기

- 지락과전압 계전기
- 선택접지 계전기

(2) 3대의 단상PT를 사용하여 1차측을 Y결선하여 중성점을 직접 접지하고, 2차측은 개방△결선 (broken delta connection) 한다.

[핵심] SGR과 DGR

계전기	용 도	차 이 점
SGR	지락보호	ZCT와 조합해서 사용하며 케이블 차폐접지는 반드시 ZCT를 관통하여 접지하고 GPT의 후단에 ZCT설치
DGR	〃	CT와 조합해서 사용하며 CT비 300/5A 이하의 경우 CT 잔류회로 방식채용 CT비 400/5A의 경우 3권선 CT사용 계전기에 탭 레인지 0.05A~0.5A 있음

11

출제년도 20.(5점/부분점수 없음)

어떤 수용가의 최대수용전력이 각각 200[W], 300[W], 800[W], 1,200[W] 및 2,500[W]이다. 이 수용가에 사용되는 주상변압기의 표준용량을 결정하시오. (단, 부등률은 1.14, 역률은 1로 한다.)

단상 변압기 표준용량

표준용량[kVA]	1, 2, 3, 5, 7.5, 10, 15, 20, 30, 50, 100, 150, 200

[작성답안]

계산 : 변압기 용량

$$Tr = \frac{\text{각 부하최대전력의 합}}{\text{부등률} \times \text{역률}} = \frac{200+300+800+1,200+2,500}{1.14 \times 1} \times 10^{-3} = 4.385\ [\text{kVA}]$$

∴ 5 [kVA]선정

답 : 5 [kVA]

[핵심] 변압기 용량

$$\text{변압기 용량}[\text{kW}] \geq \text{합성 최대 수용 전력} = \frac{\text{부하 설비 합계}[\text{kW}] \times \text{수용률}}{\text{부등률}}$$

역률을 적용하여 [kW]의 부하를 [kVA]의 부하로 환산하여 구한다.

12

출제년도 20.(5점/각 항목당 1점, 모두 맞으면 5점)

단상 유도 전동기의 기동방법을 3가지 쓰시오.

[작성답안]

- 반발 기동형
- 콘덴서 기동형
- 분상 기동형

그 외

- 세이딩 코일형

[핵심] 단상 유도전동기

단상유도 전동기는 교번자계를 전원으로 사용함으로 스스로 기동할 수 없는 특성이 있다. 따라서, 교번자계를 회전자계로 만들어 주어야 기동이 가능하다. 이러한 방법에 따라 단상 유도 전동기의 종류가 결정된다.

① 세이딩 코일형(shaded-pole motor)

고정자의 주 자극 옆에 작은 돌극을 만든다. 여기에 굵은 구리선으로 수 회 정도 감아 단락시킨 구조의 전동기이다. 1차 권선에 전압이 가해지면 자극내의 교번자속에 의해 세이딩 코일에 단락전류가 흐르게 되고, 이 전류의 자속이 주자속 보다 늦게 되어 위상차가 생기며 이것으로 인해 회전자계가 만들어 지며 회전하게 된다(2회전자계설). 세이딩 코일형 전동기는 회전방향을 바꿀 수 없는 특징이 있으며, 주로 소형의 팬, 선풍기와 같은 곳에 사용된다.

② 분상 기동형(split-phase ac induction motor)

서로 자기적인 위치를 달리하면서 병렬로 연결되어 있는 주권선과 보조 권선이 내장된 전동기를 분상 기동형 유도 전동기라 한다. 보조 권선은 기동을 담당하며, 기동시에만 연결되고, 운전이 되면 원심개폐기에 의해 개방된다. 두 권선은 리액턴스의 크기가 다르며 주권선이 리액턴스가 크고, 보조 권선이 리액턴스가 작아 위상차가 생겨 회전자계를 만들어 기동한다. 주로 1/2마력 까지 사용이 가능하며, 팬, 송풍기 등에 사용된다.

③ 콘덴서 전동기(capacitor ac induction motor)

주권선과 보조 권선이 있으며, 보조 권선에 콘덴서가 직렬로 연결되어 있는 전동기를 콘덴서 전동기라 한다. 주권선과 보조 권선의 위상차를 콘덴서가 주어 회전자계를 만들어 기동한다. 기동토크는 분상기동형 보다 크며, 콘덴서를 설치함으로 다른 방식보다 효율과 역률이 좋고, 진동과 소음도 적다. 1[HP] 이하에 많이 사용된다. 냉장고, 세탁기, 선풍기, 펌프 등 널리 사용된다. 콘덴서 전동기의 종류에는 기동할 때만 콘덴서를 사용하는 콘덴서 기동형 전동기(capacitor starting motor), 운전 중에도 콘덴서를 사용하는 영구 콘덴서 전동기(permanent capacitor motor), 2중 콘덴서 전동기(two-value capacitor motor) 등이 있다. 콘덴서 전동기에 사용하는 콘덴서는 기동용으로는 전해콘덴서, 운전용은 유입 콘덴서를 사용한다.

④ 반발형 전동기(repulsion motor)

단상 유도 전동기의 대부분은 농형회전자를 사용하나 반발 전동기는 회전자에 권선이 있어 권선형 단상 유도전동기라 부르기도 한다. 반발 전동기는 고정자 권선과 회전자 권선에서 발생하는 자기장 사이의 반발력을 이용한 것으로 기동토크가 크다. 영업용 냉장고, 컴프레셔, 펌프 등에 사용된다.

13

출제년도 20.(5점/각 항목당 1점, 모두 맞으면 5점)

조명방식중 기구 배치에 따른 조명방식의 종류 3가지를 쓰시오.

[작성답안]

① 전반조명 방식

② 국부조명 방식

③ 국부적 전반조명 방식

그 외

④ TAL 조명방식 (Task & Ambient Lighting)

[핵심] 기구배치에 따른 조명방식

① 전반조명 방식

조명대상 실내 전체를 일정하게 조명하는 것으로 대표적인 조명 방식이다. 이것은 계획과 설치가 용이하고, 책상의 배치나 작업대상물이 바뀌어도 대응이 용이한 방식이므로 이를 고려한다.

② 국부조명 방식

실내에서 각 구역별 필요 조도에 따라 부분적 또는 국소적으로 설치하는 것이며, 일반적으로 조명기구를 작업대에 직접 설치하거나 작업부의 천장에 매다는 형태이므로 이를 고려한다.

③ 국부적 전반조명 방식

넓은 실내공간에서 각 구역별 작업성이나 활동영역을 고려하여 일반적인 장소에는 평균조도로서 조명하고, 세밀한 작업을 하는 구역에는 고조도로 조명하는 방식이므로 이를 고려한다.

④ TAL 조명방식 (Task & Ambient Lighting)

TAL 조명방식은 작업구역(Task)에는 전용의 국부조명방식으로 조명하고, 기타 주변(Ambient) 환경에 대하여는 간접조명과 같은 낮은 조도레벨로 조명하는 방식을 말한다. 여기서 주변조명은 직접 조명방식도 포함되며, 사무실에서 사무자동화가 추진되면서 VDT(Visual Display Terminal) 직업환경에 따라 고안된 것으로서 이를 고려한다.

2020

14 출제년도 20.(5점/각 항목당 1점, 모두 맞으면 5점)

옥내에 시설하는 관등회로의 사용전압이 1[kV]를 초과하는 방전등으로서 방전관에 네온 방전관을 사용하는 경우 전선과 조영재 사이의 이격거리는 전개된 곳에서 다음표와 같다. 표를 완성하시오.

사용전압의 구분	이격거리
6 [kV] 이하	
6 [kV] 초과 9 [kV] 이하	
9 [kV] 초과	

[작성답안]

사용전압의 구분	이격거리
6 [kV] 이하	20[mm] 이상
6 [kV] 초과 9 [kV] 이하	30[mm] 이상
9 [kV] 초과	40[mm] 이상

[핵심] 한국전기설비규정 234.12.3 관등회로의 배선

1. 관등회로의 배선은 애자공사로 다음에 따라서 시설하여야 한다.

가. 전선은 네온관용 전선을 사용할 것.

나. 배선은 외상을 받을 우려가 없고 사람이 접촉될 우려가 없는 노출장소에 시설할 것.

다. 전선은 자기 또는 유리제 등의 애자로 견고하게 지지하여 조영재의 아랫면 또는 옆면에 부착하고 또한 다음과 같이 시설할 것. 다만, 전선을 노출장소에 시설할 경우로 공사 여건상 부득이한 경우는 조영재의 윗면에 부착할 수 있다.

(1) 전선 상호간의 이격거리는 60 [mm] 이상일 것.

(2) 전선과 조영재 이격거리는 노출장소에서 [표 234.12-1]에 따를 것.

[표 234.12-1] 전선과 조영재의 이격거리

사용전압의 구분	이격거리
6 [kV] 이하	20[mm] 이상
6 [kV] 초과 9 [kV] 이하	30[mm] 이상
9 [kV] 초과	40[mm] 이상

(3) 전선지지점간의 거리는 1 [m] 이하로 할 것.

(4) 애자는 절연성·난연성 및 내수성이 있는 것일 것.

15 출제년도 20.(6점/부분점수 없음)

전기기술인협회의 종합설계업으로 등록해야할 기술인력의 등록요건을 3가지 쓰시오.

[작성답안]

전기분야기술사 2명

설계사 2명

설계보조자 2명

[핵심] 설계업의 종류와 종류별 등록기준 및 영업범위(시행령 제27조제1항 관련)

<table>
<tr><th colspan="2" rowspan="2">종 류</th><th colspan="2">등 록 기 준</th><th rowspan="2">영업 범위</th></tr>
<tr><th>기술인력</th><th>자본금</th></tr>
<tr><td colspan="2">종합 설계업</td><td>전기분야기술사 2명,
설계사 2명,
설계보조자 2명</td><td>1억원 이상</td><td>전력시설물의
설계도서 작성</td></tr>
<tr><td rowspan="2">전 문
설계업</td><td>1종</td><td>전기분야기술사 1명,
설계사 1명,
설계보조자 1명</td><td>3천만원 이상</td><td>전력시설물의
설계도서 작성</td></tr>
<tr><td>2종</td><td>설계사 1명,
설계보조자 1명</td><td>1천만원 이상</td><td>일반용전기설비의
설계도서의 작성</td></tr>
</table>

[비고]

1. 설계보조자는 별표 1의 규정에 의한 초급기술자 이상의 전력기술인이어야 한다.
2. 기술인력은 상시근무하는 자를 말하며, 「국가기술자격법」에 의하여 그 자격이 정지된 자를 제외한다.
3. 제27조제2항의 규정에 의하여 금융기관 또는 전력기술인단체로부터 확인서를 발급받은 때에는 그에 해당하는 금액은 자본금에 포함한다.
4. 「엔지니어링산업진흥법」 에 의한 엔지니어링사업자로 신고한 자, 「기술사법」에 의한 기술사사무소 개설자로 등록한 자, 「소방시설공사업법」에 따른 소방시설설계업을 등록한 자가 설계업의 등록을 하는 경우에는 이미 보유하고 있는 기술인력 및 자본금은 위 기준에 포함한다.
5. 감리업자가 설계업 등록을 하는 경우에는 이미 보유하고 있는 기술인력 및 자본금은 위 기준에 포함한다.

16 출제년도 20.(4점/각 항목당 1점)

우리나라에서 통상적으로 사용하는 공칭전압에 대한 정격전압을 완성하시오.

공칭전압[kV]	정격전압[kV]
22.9	
154	
345	
765	

[작성답안]

공칭전압[kV]	정격전압[kV]
22.9	25.8
154	170
345	362
765	800

[핵심] 차단기의 정격전압(Rated Voltage)

정격전압이란 규정된 조건에 따라 기기에 인가될 수 있는 사용회로전압의 상한을 말하며 계통의 공칭전압에 따라 아래 표를 표준으로 한다.

공칭전압[kV]	정격전압[kV]	비 고
6.6	7.2	
22 또는 22.9	25.8	23kV 포함
66	72.5	
154	170	
345	362	
765	800	

2020년 2회 기출문제 해설

※ 다음 물음에 답을 해당 답란에 답하시오.

1

출제년도 15.20.(5점/각 항목당 1점)

협소한 면적의 대형 건축물 내에 설치된 여러 설비의 접지를 공통으로 묶어서 사용하는 접지를 공통접지라 한다. 공통접지의 특징 중 장점 5가지를 쓰시오.

[작성답안]

- 보수 점검이 쉽다.
  접지도체가 적어 접지계통이 단순해지기 때문에 보수 점검이 쉽다.
- 접지의 신뢰도가 향상된다.
  접지극 중 하나가 불능이 되어도 타 접지극으로 보완이 될 수 있다.
- 접지 저항 값이 감소한다.
  접지극이 복수일 경우 병렬접지의 효과로 합성 저항값이 감소한다.
- 전원측 접지와 부하 접지의 공용에 있어서 지락보호, 부하기기에 대한 접촉전압의 관점에서 유리해 진다.
- 접지저항이 극히 저하되므로 금속체에 접촉할 경우 감전의 우려가 적다.

[핵심] 공통접지와 통합접지

공 통 접 지	통 합 접 지
고압 및 특고압 접지계통과 저압 접지계통이 등전위가 되도록 공통으로 접지하는 방식을 말한다.	전기설비, 통신설비, 피뢰설비 및 수도관, 가스관, 철근, 철골 등을 모두 함께 접지하여 그들 간에 전위차가 없도록 함으로써 인체의 감전 우려를 최소화하는 방식을 말한다. (건물 내의 사람이 접촉할 수 있는 모든 도전부가 등전위를 형성 하도록 한다.)
특고압 / 고압 / 저압 / 피뢰설비 / 통신 접지단자함 지표면	특고압 / 고압 / 저압 / 피뢰설비 / 통신 접지단자함 지표면

2

출제년도 97.00.04.06.10.11.14.20.(4점/부분점수 없음)

그림과 같은 계통에서 측로 단로기 DS_3을 통하여 부하에 공급하고 차단기 CB를 점검하고자한다. 차단기 점검을 하기 위한 조작 순서를 쓰시오. (단, 평상시에 DS_3는 열려 있는 상태이다.)

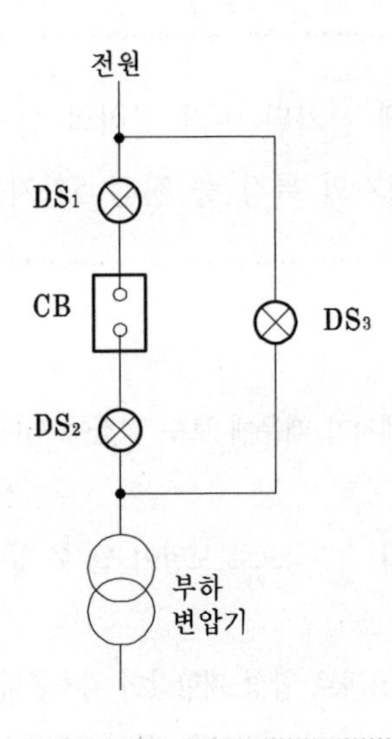

[작성답안]

DS_3(ON) → CB(OFF) → DS_2(OFF) → DS_1(OFF)

[핵심] 차단기와 단로기의 인터록

- 발생될 수 있는 문제점 : 차단기(CB)가 투입(ON)된 상태에서 단로기(DS_1, DS_2) 를 투입(ON)하거나 개방(OFF)하면 위험(감전 및 전기화상)하다.
- 해소 방안 : 단로기(DS)와 차단기(CB)간에 인터록 장치를 한다.
  (부하 전류가 통전 중에는 회로의 개폐가 되지 않도록 시설한다.)

3

출제년도 01.10.16.20.(12점/각 문항당 3점)

그림은 고압 수전 설비 단선 결선도이다. 물음에 답하시오.

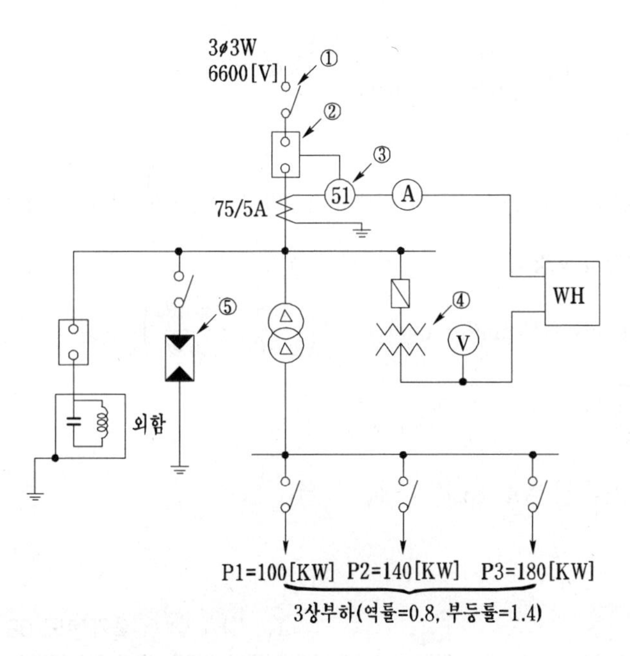

(1) 그림의 ① ~ ⑤의 명칭을 쓰시오.

(2) 피뢰기의 정격전압과 공칭방전전류는 얼마인지 쓰시오.

(3) 각 부하의 최대 전력이 그림과 같고 역률이 0.8, 부등률이 1.4일 때 변압기 1차 전류계 Ⓐ에 흐르는 전류의 최대치를 구하시오. 또 동일한 조건에서 합성 역률 0.92 이상으로 유지하기 위한 전력용 콘덴서의 최소용량은 몇 [kVA]인가?

- 전류 :
- 콘덴서 용량 :

(4) DC(방전 코일)의 설치 목적을 설명하시오.

[작성답안]

(1) ① 단로기 ② 교류 차단기 ③ 과전류 계전기 ④ 계기용 변압기 ⑤ 피뢰기

(2) 피뢰기 정격전압 : 7.5[kV], 방전전류 : 2500[A]

(3) • 전류 $P=\frac{100+140+180}{1.4}=300$ [kW]

$$I=\frac{300\times 10^3}{\sqrt{3}\times 6600\times 0.8}\times\frac{5}{75}=2.19\ [\text{A}]$$

답 : 2.19 [A]

• 콘덴서 용량 $Q=300\times\left(\frac{0.6}{0.8}-\frac{\sqrt{1-0.92^2}}{0.92}\right)=97.2$ [kVA]

답 : 97.2 [kVA]

(4) 콘덴서에 축적된 잔류전하를 방전하며, 콘덴서 재투입 시 콘덴서에 걸리는 과전압 방지한다.

[핵심] 역률개선 콘덴서 용량

$$Q_c=P\tan\theta_1-P\tan\theta_2=P(\tan\theta_1-\tan\theta_2)=P\left(\frac{\sin\theta_1}{\cos\theta_1}-\frac{\sin\theta_2}{\cos\theta_2}\right)$$

$$=P\left(\frac{\sqrt{1-\cos^2\theta_1}}{\cos\theta_1}-\frac{\sqrt{1-\cos^2\theta_2}}{\cos\theta_2}\right)\ [\text{kVA}]$$

여기서, $\cos\theta_1$: 개선 전 역률, $\cos\theta_2$: 개선 후 역률

4

출제년도 08.20.(4점/부분점수 없음)

주변압기 단상 22900/380 [V], 500 [kVA] 3대를 Y-Y 결선으로 하여 사용하고자 하는 경우 2차측에 설치해야할 차단기 용량은 몇 [MVA]로 하면 되는가? (단, 변압기의 %Z는 3 [%]로 계산하며, 그 외 임피던스는 고려하지 않는다.)

[작성답안]

계산 : 차단기 용량 $P=\frac{100}{3}\times 500\times 3\times 10^{-3}=50$[MVA]

답 : 50 [MVA]

[핵심] %임피던스법

임피던스의 크기를 옴 [Ω] 값 대신에 %값으로 나타내어 계산하는 방법으로 옴 [Ω]법과 달리 전압환산을 할 필요가 없어 계산이 용이하므로 현재 가장 많이 사용되고 있다.

$$\%Z=\frac{I_n[\text{A}]\times Z[\Omega]}{E[\text{V}]}\times 100[\%]=\frac{P[\text{kVA}]\times Z[\Omega]}{10\,V^2[\text{kV}]}[\%]$$

5

출제년도 15.18.20.(5점/각 항목당 1점, 모두 맞으면 5점)

전기기기 및 송변전 선로의 고장 시 회로를 자동 차단하는 고압차단기의 종류 3가지와 각각의 소호매체를 답란에 쓰시오.

고압차단기	소호매체

[작성답안]

고압차단기	소호매체
가스차단기	SF_6가스
유입차단기	절연유
공기차단기	압축공기

[핵심] 차단기의 종류

① 진공차단기 (VCB : Vacuum Circuit Breaker)

진공을 소호매질로 하는 VI(Vacuum Interrupter)를 적용한 차단기로서 전력의 송수전, 절체 및 정지 등을 계획적으로 수행하는 외에 전력 계통에 고장 발생시 신속히 자동 차단하는 책무를 보호장치로 사용된다.

② 자기차단기 (MBB : Magnetic Blast Circuit Breaker)

대기 중에서 전자력을 이용하여 아크를 소호실내로 유도해서 냉각차단

- 화재 위험이 없다.
- 보수 점검이 비교적 쉽다.
- 압축 공기 설비가 필요 없다.
- 전류 절단에 의한 과전압을 발생하지 않는다.
- 회로의 고유 주파수에 차단 성능이 좌우되는 일이 없다.

③ 가스차단기 (GCB : Gas Circuit Breaker)

고성능 절연특성을 가진 특수가스 (SF_6)를 이용해서 차단한다. SF_6 가스 차단기의 특징은 다음과 같다.

- 밀폐구조이므로 소음이 없다.
- 절연내력이 공기의 2~3배, 소호 능력은 공기의 100~200배
- 근거리 고장 등 가혹한 재기전압에 대해서도 성능이 우수
- SF_6는 무독, 무취, 무해, 가스이므로 유독가스를 발생하지 않는다.

④ 공기차단기 (ACB : Air Blast Circuit Breaker)

압축된 공기를 아크에 불어 넣어서 차단

⑤ 유입차단기 (OCB : Oil Circuit Breaker)

소호실에서 아크에 의한 절연유 분해 가스의 흡부력을 이용해서 차단

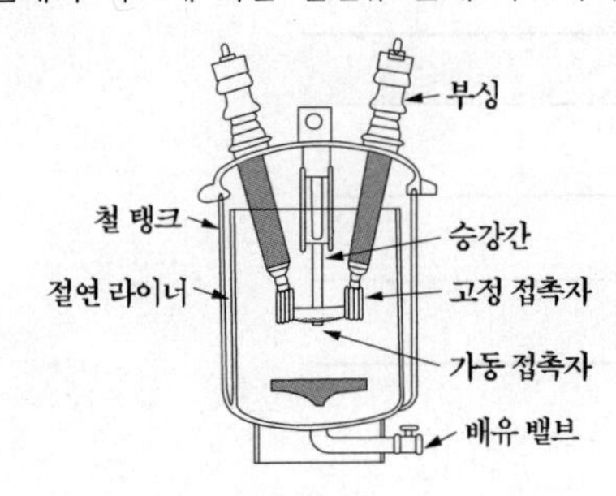

- 보수가 번거롭다.
- 방음설비가 필요 없다.
- 공기보다 소호 능력이 크다.
- 부싱 변류기를 사용할 수 있다.

6

출제년도 97.03.05.15.20.(5점/각 항목당 1점, 모두 맞으면 5점)

다음과 같은 값을 측정하는데 가장 적당한 것은?

(1) 단선인 전선의 굵기

(2) 옥내전등선의 절연저항

(3) 접지저항

[작성답안]

(1) 와이어 게이지

(2) 메거

(3) 콜라우시 브리지법에 의한 접지저항 측정

[핵심] 저항의 측정

저항값을 1 [Ω] 미만이라 하면 저저항이라 하고, 1 [Ω]~ 1 [MΩ]인 경우는 중저항, 1 [MΩ] 이상은 고저항이라 한다. 저항을 측정하기 위해서는 일반적으로 옴의 법칙을 이용하여 구할 수 있고, 저저항을 측정하는 경우는 전압계와 전류계를 이용하여, 옴의 법칙으로 정확하게 저항값을 구하기 힘들므로 오차를 줄이기 위해 전압강하법, 전위차계법, 캘빈 더블 브리지법 등을 이용하여 저항을 측정한다.

① 저저항 측정

- 전압강하법 • 전위차계법 • 캘빈더블브리지법

② 중저항 측정

- 전압강하법 • 지시계기 사용법 • 휘트스톤 브리지법

③ 고저항 측정

- 직편법(검류계법) • 전압계법 • 절연저항계법

④ 특수저항측정

- 검류계내부저항의 측정 : 검류계의 내부저항은 중저항에 해당함으로 휘트스톤 브리지법을 이용하는 방법으로 검류계의 내부저항을 측정한다.
- 전지의 내부저항 측정 : 전지의 내부저항의 측정에는 내부저항이 큰 전압계를 이용하는 방법과 기전력을 동시에 측정할 수 있는 전류계법, 브리지를 이용하는 방법 등이 있다.
- 전해액의 저항측정 : 전해액은 전기분해에 의해 분극작용이 생김으로 이로 인한 역기전력으로 전해액의 저항 측정시 실제 저항값보다 크게 측정된다. 그러므로 분극작용에 영향을 받지 않는 측정법이 필요하며, 콜라우시 브리지법(kohlrausch bridge), 스트라우드법(stroud)와 핸더슨법(henderson) 등이 있다.
- 접지저항측정 : 접지저항을 측정하는 방법은 콜라우시 브리지법과 접지저항계를 이용하는 방법이 있다.

2. 와이어게이지 : 전선의 굵기 측정

2020

7

출제년도 98.00.10.13.20(11점/각 문항당 2점, 모두 맞으면 11점)

어떤 변전실에서 그림과 같은 일부하 곡선 A, B, C 인 부하에 전기를 공급하고 있다. 이 변전실의 총 부하에 대한 다음 각 물음에 답하시오. (단, A, B, C의 역률은 시간에 관계없이 각각 80 [%], 100 [%] 및 60 [%]이며, 그림에서 부하 전력은 부하 곡선의 수치에 10^3을 한다는 의미임. 즉, 수직측의 5는 5×10^3[kW]라는 의미임.)

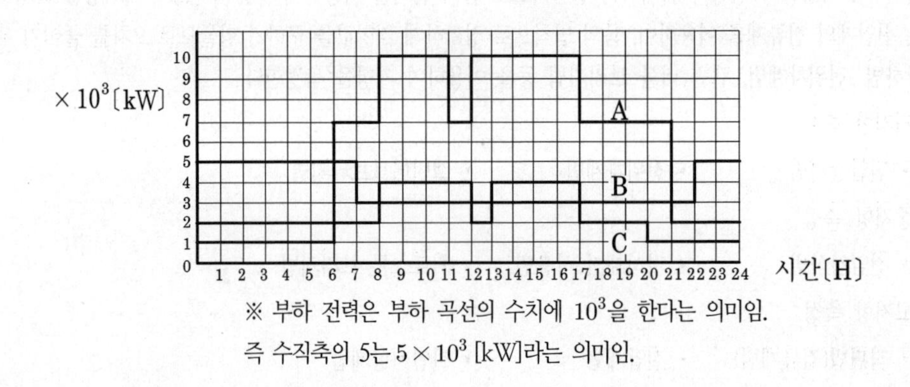

※ 부하 전력은 부하 곡선의 수치에 10^3을 한다는 의미임.
즉 수직축의 5는 5×10^3 [kW]라는 의미임.

(1) 합성 최대 전력은 몇 [kW]인가?

(2) A, B, C 각 부하에 대한 평균 전력은 몇 [kW]인가?

(3) 총 부하율은 몇 [%]인가?

(4) 부등률은 얼마인가?

(5) 최대 부하일 때의 합성 총 역률은 몇 [%]인가?

[작성답안]

(1) 합성 최대 전력은 도면에서 8~11시, 13~17시 이므로 $P=(10+4+3)\times10^3=17\times10^3$ [kW]

(2) $A=\dfrac{\{(1\times6)+(7\times2)+(10\times3)+(7\times1)+(10\times5)+(7\times4)+(2\times3)\}\times10^3}{24}$

$=5.88\times10^3$ [kW]

$B=\dfrac{\{(5\times7)+(3\times15)+(5\times2)\}\times10^3}{24}=3.75\times10^3$ [kW]

$C=\dfrac{\{(2\times8)+(4\times4)+(2\times1)+(4\times4)+(2\times3)+(1\times4)\}\times10^3}{24}=2.5\times10^3$ [kW]

(3) 종합부하율 $= \dfrac{\text{평균전력}}{\text{합성최대전력}} \times 100 = \dfrac{A, B, C \text{ 각 평균전력의 합계}}{\text{합성최대전력}} \times 100[\%]$

$$= \frac{(5.88 + 3.75 + 2.5) \times 10^3}{17 \times 10^3} \times 100 = 71.35\ [\%]$$

(4) 부등률 $= \dfrac{A, B, C \text{ 각 최대전력의 합계}}{\text{합성최대전력}} = \dfrac{(10 + 5 + 4) \times 10^3}{17 \times 10^3} = 1.12$

(5) 계산 : 먼저 최대 부하시 Q를 구해보면

$$Q = \frac{10 \times 10^3}{0.8} \times 0.6 + \frac{3 \times 10^3}{1} \times 0 + \frac{4 \times 10^3}{0.6} \times 0.8 = 12833.33\ [\text{kVar}]$$

$$\cos\theta = \frac{P}{\sqrt{P^2 + Q^2}} = \frac{17000}{\sqrt{17000^2 + 12833.33^2}} \times 100 = 79.81[\%]$$

답 : 79.81[%]

[핵심] 부하율

① 부하율

공급 설비가 어느 정도 유효하게 사용되는가를 나타내며 부하율이 클수록 공급 설비가 유효하게 사용된다. 부하율은 다음 식에 의해 계산한다.

부하율 $= \dfrac{\text{평균 수요 전력[kW]}}{\text{최대 수요 전력[kW]}} \times 100\ [\%]$

부하율은 각 단위별(변압기, 전주, 수용가 등), 시기, 범위, 기간에 따라 달라지며, 부하율을 표시할 경우 기간, 범위를 반드시 명기한다. 예를 들어 일부하율, 월부하율 등으로 표시하여야 하며, 부하율은 기간이 길어질수록 작아진다. 부하율이 적다의 의미는 다음과 같다.

- 공급 설비를 유용하게 사용하지 못한다.
- 평균 수요 전력과 최대 수요 전력과의 차가 커지게 되므로 부하 설비의 가동률이 저하된다.

② 종합부하율

종합 부하율 $= \dfrac{\text{평균 전력}}{\text{합성 최대 전력}} \times 100[\%] = \dfrac{\text{A, B, C 각 평균 전력의 합계}}{\text{합성 최대 전력}} \times 100[\%]$

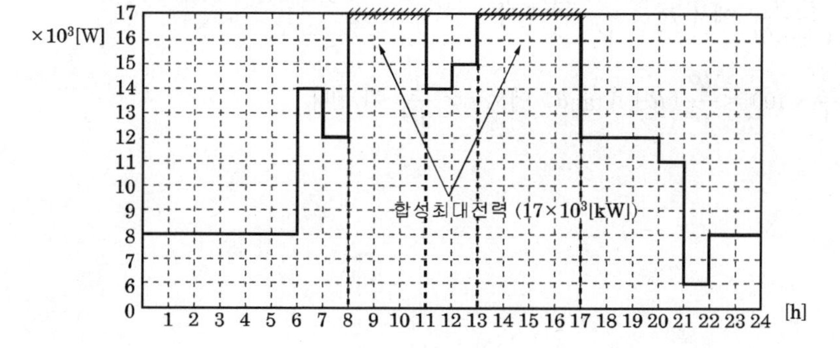

8 출제년도 89.93.95.99.02.06.07.13.17.18.20.22.(6점/각 문항당 2점)

가정용 110 [V] 전압을 220 [V]로 승압할 경우 저압간선에 나타나는 효과로서 다음 각 물음에 답하시오.

(1) 공급능력 증대는 몇 배인가?

(2) 전력손실의 감소는 몇 [%]인가?

(3) 전압강하율의 감소는 몇 [%]인가?

[작성답안]

(1) 계산 : $P \propto V$ 이므로 $\dfrac{P_2}{P_1} = \dfrac{V_2}{V_1} = \dfrac{220}{110} = 2$

답 : 2배

(2) 계산 : $P_L \propto \dfrac{1}{V^2}$이므로 $P_L' = \left(\dfrac{110}{220}\right)^2 P_L = 0.25P_L$

$\therefore$ 감소는 $1 - 0.25 = 0.75$

답 : 75 [%]

(3) 계산 : $\epsilon \propto \dfrac{1}{V^2}$ 이므로 $\epsilon' = \left(\dfrac{110}{220}\right)^2 \epsilon = 0.25\epsilon$

$\therefore$ 감소는 $1 - 0.25 = 0.75$

답 : 75 [%]

[핵심]

(1) 전력손실이 동일 하므로 전력손실 $P_L = 3I^2R$에서 전류 I는 일정하다.

$\therefore$ 공급능력은 $P = \sqrt{3}\,VI\cos\theta$ 에서 $P \propto V$ 가 된다.

(2) 전력손실 $P_L = \dfrac{P^2R}{V^2\cos^2\theta}$ 에서 $P_L \propto \dfrac{1}{V^2}$ 가 된다.

(3) 전압강하율 $\epsilon = \dfrac{e}{V} \times 100 = \dfrac{P}{V^2}(R + X\tan\theta)$ 에서 $\epsilon \propto \dfrac{1}{V^2}$ 가 된다.

9 출제년도 00.02.04.06.09.10.12.16.18.20.(5점/부분점수 없음)

비상용 자가 발전기를 구입하고자 한다. 부하는 단일 부하로서 유도 전동기이며, 기동 용량이2000 [kVA]이고, 기동시 전압 강하는 20 [%]까지 허용하며, 발전기의 과도 리액턴스는 25[%]로 본다면 자가 발전기의 용량은 이론(계산)상 몇 [kVA] 이상의 것을 선정하여야 하는가?

[작성답안]

계산 : $P=\left(\frac{1}{0.2}-1\right)\times 2000\times 0.25=2000$ [kVA]

답 : 2000 [kVA]

[핵심] 발전기 용량

① 단순한 부하의 경우

전부하 정상 운전시의 소요 입력에 의한 용량에 의해 결정한다.

발전기 용량[kVA] = 부하의 총 정격 입력 × 수용률 × 여유율

발전기 출력 $P=\frac{\Sigma W_L\times L}{\cos\theta}$ [kVA]

여기서, ΣW_L : 부하 입력 총계, L : 부하 수용률(비상용일 경우 1.0)

$\cos\theta$: 발전기의 역률(통상 0.8)

② 기동 용량이 큰 부하가 있을 경우, 전동기 시동에 대처하는 용량

자가 발전 설비에서 전동기를 기동할 때 큰 부하가 발전기에 갑자기 걸리게 됨으로 발전기의 단자 전압이 순간적으로 저하하여 개폐기의 개방 또는 엔진의 정지 등이 야기되는 수가 있다. 이런 경우 발전기의 정격 출력 [kVA]은 다음과 같다.

발전기 정격 출력[kVA] ≥ $\left(\frac{1}{\text{허용 전압 강하}}-1\right)\times X_d\times$기동용량

여기서, X_d : 발전기의 과도 리액턴스(보통 20~25 [%]),

허용 전압 강하 : 20~30 [%]

기동 용량 : 2대 이상의 전동기가 동시에 기동하는 경우는 2개의 기동 용량을 합한 값과 1대의 기동 용량인 때를 비교하여 큰 값의 쪽을 택한다.

기동용량 $=\sqrt{3}\times$ 정격전압 × 기동전류 × $\frac{1}{1,000}$ [kVA]

2020

10

출제년도 20.(5점/부분점수 없음)

그림과 같이 저항 3[Ω]과 용량 리액턴스 4[Ω]의 선로에 역률 0.6의 부하전류 15[A]가 흐른다. 이때 선로의 리액턴스를 무시할 경우 송전단 전압을 구하시오.

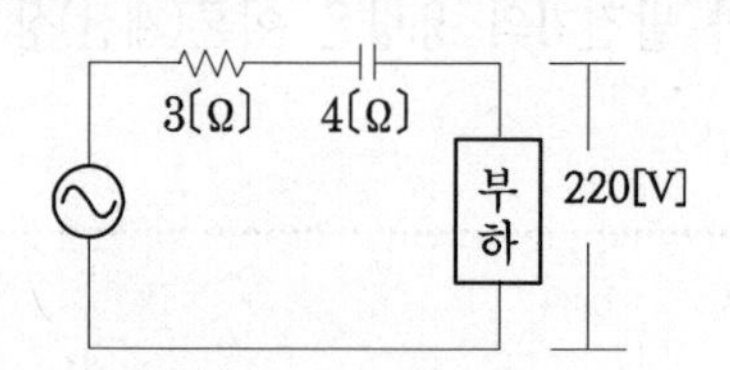

[작성답안]

계산 : $V_s = V_r + I(R\cos\theta + X\sin\theta) = V_r + IR\cos\theta = 220 + 3 \times 15 \times 0.6 = 247[V]$

답 : 247[V]

[핵심] 전압강하

① 전압강하 $e = I(R\cos\theta + X\sin\theta) = \frac{P}{V}(R + X\tan\theta)$ [V]

② 전압강하율 $\epsilon = \frac{e}{V} \times 100 = \frac{P}{V^2}(R + X\tan\theta) \times 100$ [%]

③ 전력손실 $P_L = \frac{P^2 R}{V^2 \cos^2\theta}$ [kW]

④ 전력손실률 $k = \frac{P_L}{P} \times 100 = \frac{PR}{V^2 \cos^2\theta} \times 100$ [%]

11

출제년도 18.20.21.(4점/각 항목당 1점)

건축화 조명은 건축물의 천장이나 벽을 조명기구 겸용디자인으로 마무리하는 것으로서 조명기구의 배치방식에 의하면 거의 전반조명 방식에 해당되며, 조명기구 독립설치 방식에 비해 글레어의 제어나 빛의 공간배분 및 미관상 뛰어난 조명효과가 창출된다. 다음 천정면을 이용하는 건축축화 조명의 종류를 4가지 쓰시오.

[작성답안]

① 매입 형광등 방식

② 다운 라이트 (down light) 방식

③ 핀 홀 라이트 (pin hole light) 방식

④ 코퍼 라이트 (coffer light) 방식

그 외

⑤ 라인 라이트 (line light) 방식　　　⑥ 광천장 조명

⑦ 루버천장 조면

[핵심] 건축화 조명

건축화 조명은 건축물의 천장이나 벽을 조명기구 겸용디자인으로 마무리하는 것으로서 조명기구의 배치방식에 의하면 거의 전반조명 방식에 해당되며, 조명기구 독립설치 방식에 비해 글레어의 제어나 빛의 공간배분 및 미관상 뛰어난 조명효과가 창출됨으로 이를 고려한다.

① 건축화 조명은 천장면 이용방식은 매입형광등, 라인라이트, 다운라이트, 핀홀라이트, 코퍼라이트와 광천장 조명, 루버천장조명 및 코오브조명의 형식을 사용한다.

② 벽면 이용방식은 코너조명, 코오니스조명, 밸런스조명 및 광창조명의 형식을 사용한다.

- 매입형광등 방식 : 가장 일반적인 천정 이용방식으로 "하면(下面) 개방형, 하면(下面) 확산판 설치형, 반매입형" 등이 있다.
- 다운라이트 방식 : 천장에 작은 구멍을 뚫고 조명기구를 매입하여 빛의 빔방향을 아래로 유효하게 조명한다. 사무실에 배치 할 경우 균등하게 배치하고 인테리어 적으로 배치 할 경우 random하게 배치한다.
- pin hole light : down-light의 일종으로 아래로 조사되는 구멍을 적게 하거나 렌즈를 달아 복도에 집중 조사되도록 한다.
- coffer light : 대형의 down light라고도 볼 수 있으며 천정면을 둥글게 또는 사각으로 파내어 내부에 조명기구를 배치하여 조명하는 방법을 말하며 기구 하부에 확산판넬등을 배치한다.
- line light : 매입 형광등방식의 일종으로 형광등을 연속열로서 배치하는 것이며 형광등조명방식 중 가장 효과적인 조명방식이다. 이것은 종방향 line light, 황방향 line light, 사선 line light, 장방향 line light 등이 있다.
- 광천정 조명 : 실의 천정 전체를 조명기구화하는 방식으로 천정 조명 확산 판넬로서 유백색의 플라스틱판이 사용된다.
- 루버 조명 : 실의 천정면을 조명기구화 하는 방식으로 천정면 재료로서 루버를 사용하여 보호각을 증가시킨다.
- cove 조명 : 천정이나 벽면상부에 광원을 간접 조명화하여 천정면에 반사하여 조명하는 것을 말하며 효율은 대단히 나쁘지만 부드럽고 안정된 조명을 시행할 수 있다. 눈부심이 없고, 조도분포가 일정해 그림자가 없다.
- 코너(coner) 조명 : 천정과 벽면 사이에 조명기구를 배치하여 천정과 벽면에 동시에 조명하는 방법이다.
- 코오니스 (cornice) 조명 : 직접형광등기구를 벽면 위쪽에 설치하고, 목재나 금속판으로 광원을 숨김. 직접빛이 벽면을 조명하는 방식
- 밸런스 (valance) 조명 : 벽에 형광등기구를 설치해 목재, 금속판 및 투과율이 낮은 재료로 광원을 숨기며 직접광은 아래쪽 벽이나 커튼을, 위쪽은 천장을 비추는 분위기 조명방식이다.
- 광창조명 : 지하실이나 자연광이 들어가지 않는 방에서 낮 동안 창문에서 채광되고 있는 청명한 느낌의 조명방식이다. 인공창의 뒷면에 형광등을 배치한다.

12

그림과 같은 유도 전동기의 미완성 시퀀스 회로도를 보고 다음 각 물음에 답하시오.

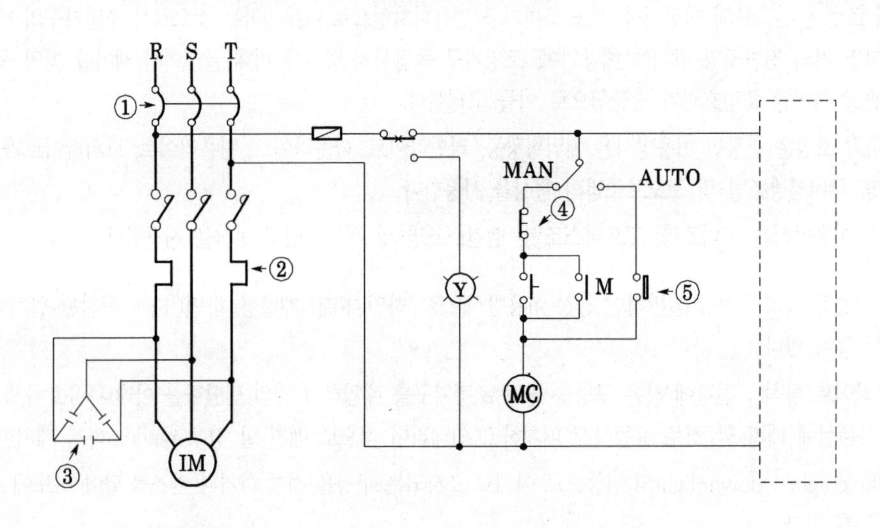

(1) 도면에 표시된 ①~⑤의 명칭을 쓰시오.

(2) 도면에 그려져 있는 Ⓨ등은 어떤 역할을 하는 등인가?

(3) 전동기가 정지하고 있을 때는 녹색등 Ⓖ가 점등되고, 전동기가 운전중일 때는 녹색등 Ⓖ가 소등되고 적색등 Ⓡ이 점등되도록 표시등 Ⓖ, Ⓡ을 회로의 ⬚ 내에 설치하시오.

[작성답안]

(1)

① 배선용 차단기

② 열동 계전기

③ 전력용 콘덴서

④ 누름버튼 스위치 b접점

⑤ 리밋 스위치 접점 a접점

(2) 과부하 동작 표시 램프

(3)

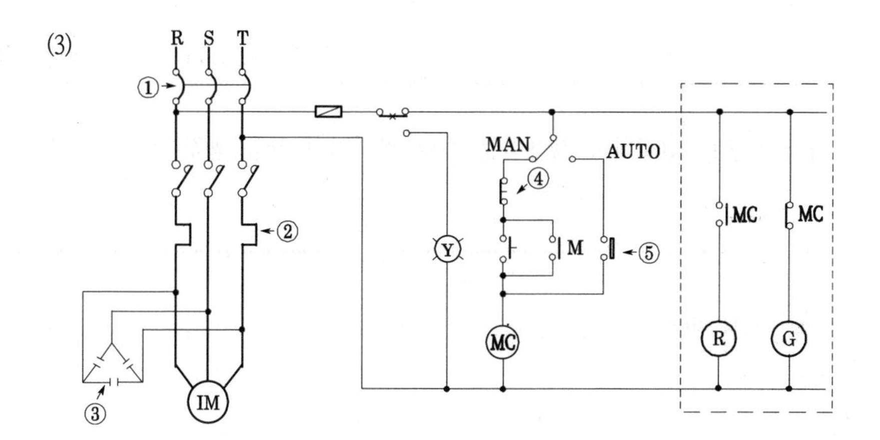

13

출제년도 93.20.(4점/부분점수 없음)

다음의 무접점 논리 회로(무접점 시퀀스 회로)를 유접점 시퀀스 회로로 바꾸시오.

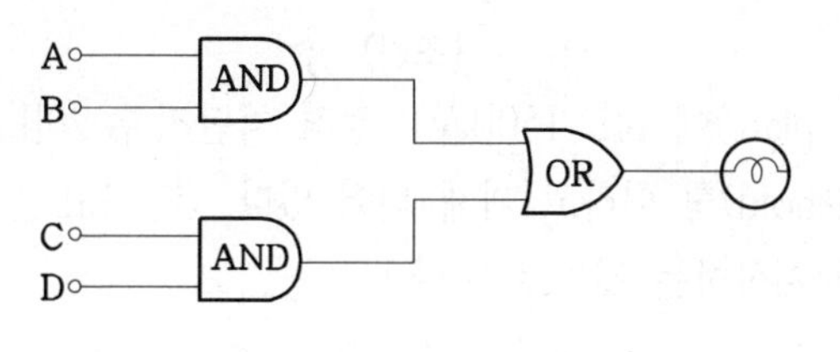

[작성답안]

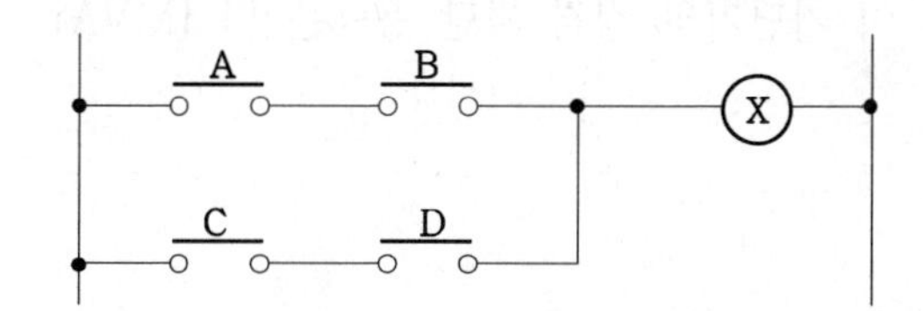

14

출제년도 13.20.(4점/각 항목당 1점)

역률 개선용 콘덴서와 직렬로 연결하여 사용하는 직렬 리액터의 사용 목적 4가지를 쓰시오.

[작성답안]

① 콘덴서 사용시 고조파에 의한 전압파형의 왜곡방지

② 콘덴서 투입시 돌입전류 억제

③ 콘덴서 개방시 재점호한 경우 모선의 과전압 억제

④ 고조파 발생원에 의한 고조파전류의 유입억제와 계전기 오동작 방지

[핵심] 직렬리액터 (Series Reactor : SR)

대용량의 콘덴서를 설치하면 고조파 전류가 흘러 파형이 일그러지는 원인이 된다. 파형을 개선(제5고조파의 제거)하기 위해서 전력용 콘덴서와 직렬로 리액터를 설치한다. 직렬 리액터의 용량은 콘덴서 용량의 6 [%]가 표준정격으로 되어 있다.(계산상은 4 [%])

15

출제년도 93.97.99.02.08.20(7점/(1)1점, (2)(3)3점)

주어진 조건을 참조하여 다음 각 물음에 답하시오.

【조건】

차단기 명판(name plate)에 BIL 150[kV], 정격 차단전류 20[kA], 차단시간 8 사이클, 솔레노이드(solenoid)형 이라고 기재 되어 있다. (단, BIL은 절연계급 20호 이상 비유효 접지계에서 계산하는 것으로 한다.)

(1) BIL 이란 무엇인가?

(2) 이 차단기의 정격전압은 25.8[kV]이다. 이 차단기의 정격 차단 용량은 몇 [MVA] 인가?

(3) 차단기의 트립방식 3가지를 쓰시오.

[작성답안]

(1) 기준충격절연강도

(2) 계산 : $P_s = \sqrt{3}\, V_n\, I_s = \sqrt{3} \times 25.8 \times 20 = 893.74$ [MVA]

답 : 893.74 [MVA]

(3) • 직류 전압 트립 방식

• 과전류 트립 방식

• 콘덴서 트립 방식

그 외

• 부족 전압 트립 방식

[핵심]

① 기준충격절연강도(Basic Impulse Insulation Level)

절연내력과 기준충격 절연강도 : BIL이란 Basic Impulse Insulation Level의 약자를 말한다. 뇌임펄스 내전압 시험값으로서 절연 레벨의 기준을 정하는 데 적용되며, BIL은 절연 계급 20호 이상의 비유효 접지계에 있어서는 다음과 같이 계산된다.

BIL = 절연계급 × 5 + 50[kV]

여기서, 절연계급은 전기기기의 절연강도를 표시하는 계급을 말하고, 공칭전압/1.1에 의해 계산된다.

② 차단기 트립방식

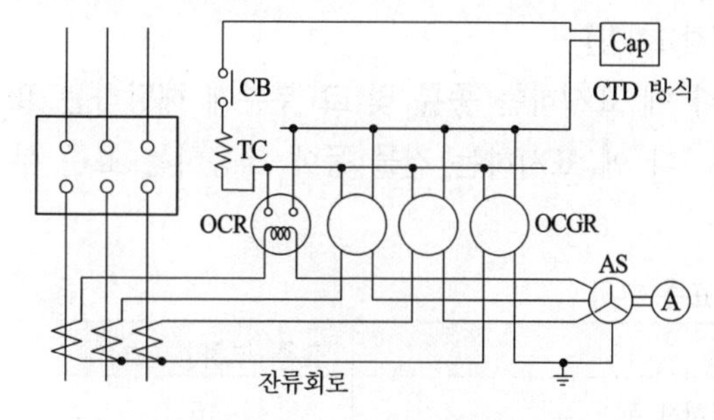

• 직류 전압 트립 방식 : 별도로 설치된 축전지 등의 제어용 직류 전원에 의해 트립되는 방식

• 과전류 트립 방식 : 차단기의 주회로에 접속된 변류기의 2차 전류에 의해 트립되는 방식

• 콘덴서 트립 방식 : 충전된 콘덴서의 에너지에 의해 트립되는 방식

• 부족 전압 트립 방식 : 부족 전압 트립 장치에 인가되어 있는 전압의 저하에 의해 트립되는 방식

16

출제년도 92.96.97.00.10.20.(10점/각 문항당 2점)

점포가 붙어 있는 주택이 그림과 같을 때 주어진 참고 자료를 이용하여 예상되는 설비 부하 용량을 상정하고, 분기 회로수는 원칙적으로 몇 회로로 하여야 하는지를 산정하시오. (단, 15[A] 분기회로로 하고 사용 전압은 220 [V]라고 한다.)

* RC 는 220V에서 3kW(110V 1.5kW)는 전용분기회로를 사용한다.
* 주어진 참고 자료의 수치 적용은 최대값을 적용하도록 한다.

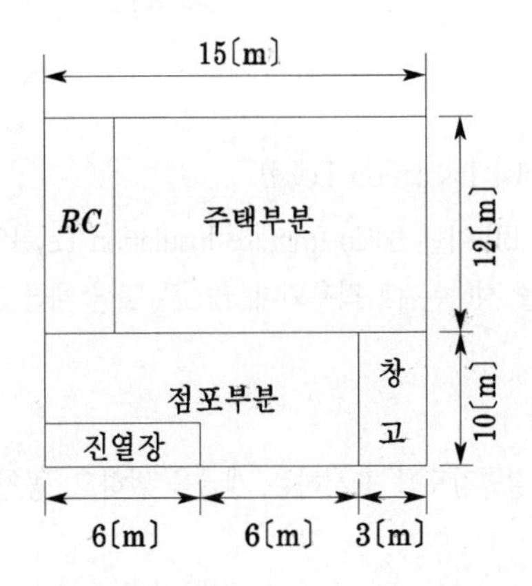

【참고사항】

가. 설비 부하 용량은 다만 “가” 및 “나”에 표시하는 종류 및 그 부분에 해당하는 표준 부하에 바닥 면적을 곱한 값에 “다”에 표시하는 건물 등에 대응하는 표준 부하 [VA]를 가한값으로 할 것

표준 부하

건축물의 종류	표준 부하[VA/m^2]
공장, 공회당, 사원, 교회, 극장, 영화관, 연회장 등	10
기숙사, 여관, 호텔, 병원, 학교, 음식점, 다방, 대중 목욕탕	20
사무실, 은행, 상점, 이발소, 미장원	30
주택, 아파트	40

[비고] 건물이 음식점과 주택 부분의 2 종류로 될 때에는 각각 그에 따른 표준 부하를 사용할 것

[비고] 학교와 같이 건물의 일부분이 사용되는 경우에는 그 부분만을 적용한다.

나. 건물(주택, 아파트 제외)중 별도 계산할 부분의 표준 부하

부분적인 표준 부하

건축물의 부분	표준부하 [VA/m^2]
복도, 계단, 세면장, 창고, 다락	5
강당, 관람석	10

다. 표준 부하에 따라 산출한 수치에 가산하여야 할 [VA]수

① 주택, 아파트(1세대마다)에 대하여는 1000~500 [VA]

② 상점의 진열장에 대하여는 진열장 폭 1 [m]에 대하여 300 [VA]

③ 옥외의 광고등, 전광 사인등의 [VA]수

④ 극장, 댄스홀 등의 무대 조명, 영화관등의 특수 전등부하의 [VA]수

(1) 소형 기계기구의 설비부하용량을 구하시오.

(2) 다음 괄호안에 들어갈 내용을 완성하시오.

사용 전압 220 [V]의 15 [A], 20 [A](배선용차단기에 한한다) 분기 회로수는"부하의 상정"에 따라 상정한 설비 부하 용량(전등 및 소형 전기 기계 기구에 한 한다)을 (①) [VA]로 나눈 값을 원칙으로 한다. (단, 사용 전압이 110 [V]인 경우에는 (②) [VA]로 나눈 값을 분기 회로수로 한다. 이 경우 계산 결과에 단수가 생겼을 때에는 절상한다.)

(3) 분기회로수를 사용전압이 220[V] 인 경우 몇 회로인지 구하시오.

(4) 분기회로수를 사용전압이 110[V] 인 경우 몇 회로인지 구하시오.

(5) 연속부하가 있는 분기회로의 부하용량은 그 분기회로를 보호하는 과전류차단기의 정격전류의 몇 [%]를 초과하지 않아야 하는가? (단, 연속부하는 상시 3시간 이상 연속하여 사용하는 것을 말한다.)

[작성답안]

(1) 계산 : $P = (15\times 12)\times 40 + (12\times 10)\times 30 + 6\times 300 + (3\times 10)\times 5 + 1000 = 13750$ [VA]

답 : 13750 [VA]

(2) ① 3300

② 1650

(3) 사용전압이 220 [V] 인 경우

설비부하 13750 [VA]를 3300 [VA]로 나누어 회로수를 구한다.

$\frac{13750}{3300} = 4.17$

가 되어 단수를 절상하면 5회로가 된다. 또한 그밖에 3 [kW]의 룸 에어컨이 설치되어 있으므로 별도 1회로를 추가하면 회로수는 6회로가 된다.

답 : 6회로

(4) 사용전압이 110 [V] 인 경우

설비부하 13750 [VA]를 1650 [VA] 나누어 회로수를 구한다.

$\frac{13750}{1650} = 8.33$

가 되어 단수를 절상하면 9회로가 된다. 또한 그밖에 3 [kW]의 룸 에어컨이 설치되어 있으므로 별도 1회로를 추가하면 회로수는 10회로가 된다.

답 : 10회로

(5) 80[%]

[핵심]

연속부하가 있는 분기회로의 부하용량은 그 분기회로를 보호하는 과전류차단기의 정격 전류의 80[%]를 초과하지 않을 것

[주 1] 연속부하는 상시 3시간 이상 연속하여 사용하는 것을 말한다.

[주 2] 80[%]를 초과하여 사용하는 경우는 과전류차단기의 동작원리(트립 방식에 따라 주위온도의 영향을 받지 않는 것이 있다)와 전압변동범위 등을 고려하여 연속사용 상태에서 동작하지 않도록 유의 할 것.

2020년 3회 기출문제 해설

※ 다음 물음에 답을 해당 답란에 답하시오.

1

출제년도 20.(5점/(1)3점, (2)2점)

단상 주상 변압기의 2차측(105 [V] 단자)에 1 [Ω]의 저항을 접속하고 1차측에 1 [A]의 전류가 흘렀을 때 1차 단자 전압이 900 [V]였다. 1차측 탭 전압[V]과 2차 전류[A]는 얼마인가? (단, 변압기 내부 임피던스는 무시한다.)

(1) 1차측 탭전압

(2) 2차측 전류

[작성답안]

(1) 계산 : $R_1 = a^2 R_2 = a^2 \times 1 = a^2$ [Ω]

$$I_1 = \frac{V_1}{R_1} = \frac{V_1}{a^2} = \frac{900}{a^2} = 1 \text{ [A]}$$

$\therefore a^2 = 900$ 에서 $a = 30$

$\therefore V_T = a V_2 = 30 \times 105 = 3150$ [V]

답 : 3150[V]

(2) 계산 : $I_2 = aI_1 = 30 \times 1 = 30$ [A]

답 : 30[A]

[핵심] 권수비

$$a = \frac{\dot{V_1}}{\dot{V_2}} = \frac{\dot{E_1}}{\dot{E_2}} = \frac{N_1}{N_2} = \frac{\dot{I_2}}{\dot{I_1}} \rightarrow a = \frac{V_1}{V_2} = \frac{Z_1 I_1}{Z_2 I_2} = \frac{Z_1}{Z_2} \cdot \frac{1}{a} \text{ 에서 } a^2 = \frac{Z_1}{Z_2}$$

2

출제년도 09.20.(5점/부분점수 없음)

45[kW]의 전동기를 사용하여 지상 10[m], 용량 300 [m^3]의 저수조에 물을 채우려한다. 펌프의 효율 85 [%], K=1.2 라면 몇 분 후에 물이 가득 차겠는가?

[작성답안]

계산 : $P=\dfrac{KHQ}{6.12\eta}=\dfrac{KH\dfrac{V}{t}}{6.12\eta}$ 에서 $t=\dfrac{KHV}{P\times 6.12\eta}=\dfrac{1.2\times 10\times 300}{45\times 6.12\times 0.85}=15.38$[분]

답 : 15.38[분]

[핵심] 펌프용 전동기 용량

$$P=\frac{9.8Q'HK}{\eta}=\frac{KQH}{6.12\eta}\ [\text{kW}]$$

여기서, P : 전동기의 용량 [kW], Q : 양수량 [㎥/min], Q' : 양수량 [㎥/sec], H : 양정(낙차) [m]

η : 펌프의 효율 [%], K : 여유계수(1.1 ~ 1.2 정도)

3

출제년도 20.(7점/각 문항당 3점, 모두 맞으면 7점)

다음 주어진 릴레이 시퀀스도를 논리회로로 표현하고 타임차트를 완성하시오

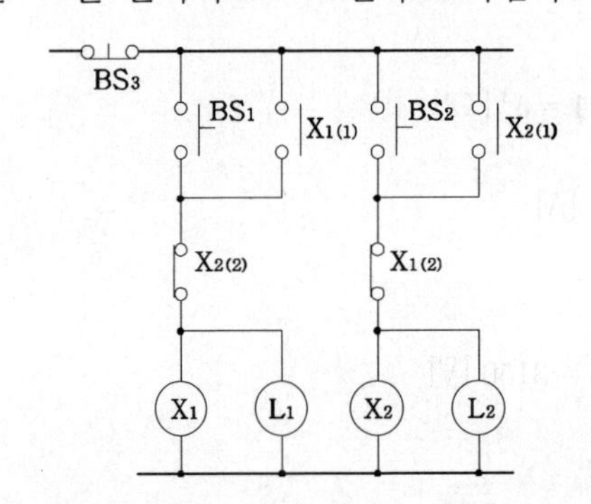

(1) 무접점 논리회로를 그리시오. (단, OR(2입력 1출력), AND(3입력 1출력), NOT만 을 사용하여 그리시오.)

(2) 주어진 타임차트를 완성하시오.

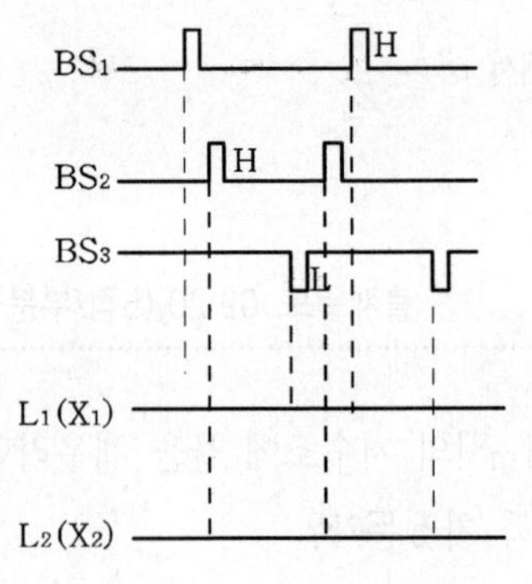

[작성답안]

(1)

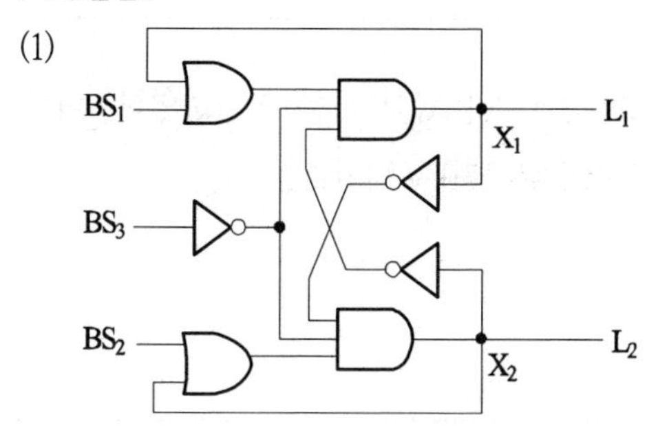

(2)

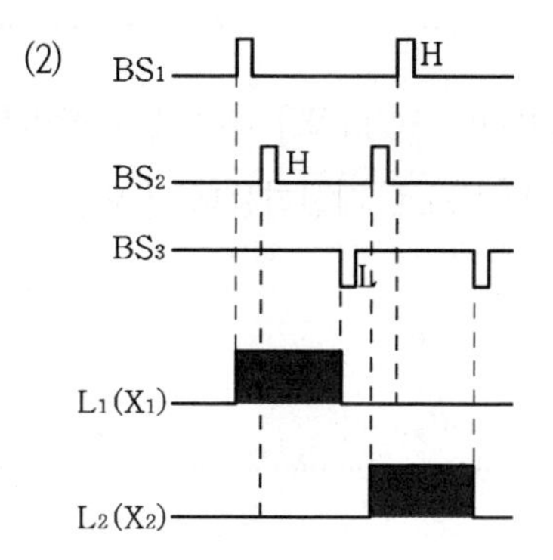

4

출제년도 03.09.18.20.(5점/각 문항당 2점, 모두 맞으면 5점)

다음은 어느 계전기 회로의 논리식이다. 이 논리식을 이용하여 다음 각 물음에 답하시오. (단, 여기서 A, B, C는 입력이고 X는 출력이다.)

논리식 : $X = \overline{A}B + C$

(1) 이 논리식을 무접점 시퀀스도(논리회로)로 나타내시오.

(2) 물음 (1)에서 무접점 시퀀스도로 표현된 것을 2입력 NAND gate만으로 등가 변환하시오.

[작성답안]

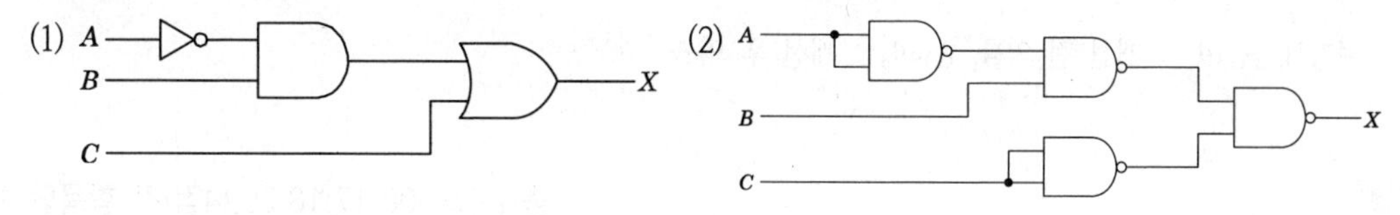

[핵심] NAND회로의 구성

아래의 원리를 이용하여 NAND회로로 구성할 수 있다.

5

출제년도 17.18.20.(5점/부분점수 없음)

지상역률 80[%]인 100[kW] 부하에 지상역률 60[%]의 70[kW]부하를 연결하였다. 이때 합성역률을 90 [%]로 개선하는데 필요한 콘덴서 용량은 몇[kVA]인가?

•계산 :

•답 :

[작성답안]

계산 : 유효전력 $P = 100 + 70 = 170[\text{kW}]$

무효전력 $Q = 100 \times \dfrac{0.6}{0.8} + 70 \times \dfrac{0.8}{0.6} = 168.33[\text{kVar}]$

합성역률 $\cos\theta = \dfrac{170}{\sqrt{170^2 + 168.33^2}} \times 100 = 71.06[\%]$

콘덴서용량 $Q_c = 170 \times \left(\dfrac{\sqrt{1-0.7106^2}}{0.7106} - \dfrac{\sqrt{1-0.9^2}}{0.9} \right) = 85.99[\text{kVA}]$

답 : 85.99[kVA]

[핵심] 역률개선용 콘덴서 용량

$$Q_c = P\tan\theta_1 - P\tan\theta_2 = P(\tan\theta_1 - \tan\theta_2) = P\left(\frac{\sin\theta_1}{\cos\theta_1} - \frac{\sin\theta_2}{\cos\theta_2}\right)$$

$$= P\left(\frac{\sqrt{1-\cos^2\theta_1}}{\cos\theta_1} - \frac{\sqrt{1-\cos^2\theta_2}}{\cos\theta_2}\right)[\text{kVA}]$$

여기서, $\cos\theta_1$: 개선 전 역률, $\cos\theta_2$: 개선 후 역률

6

출제년도 08.17.18.20.(4점/각 항목당 1점)

단상 변압기 병렬운전 조건 4가지를 쓰시오.

[작성답안]

① 극성이 같을 것

② 권수비 및 1차, 2차 정격전압이 같을 것

③ %임피던스 강하가 같을 것

④ 저항과 누설리액턴스 비가 같을 것

[핵심] 변압기 병렬운전의 문제점

변압기의 병렬운전의 경우는 다음과 같은 문제점이 있다.

① 계통에 $\%Z$가 적어져 단락용량이 증대된다. 변압기의 병렬운전의 경우 변압기의 연결이 서로 병렬형태로 연결되어 지므로 합성%임피던스가 작아진다. %임피던스의 작아짐은 다음 식에 의해 단락용량의 증대를 가져온다. 따라서, 단락용량을 고려하여 변압기의 %임피던스를 선정하고 병렬운전하여야 한다.

② 전 부하 운전시 변압기 허용 과부하율에 의한 변압기용량 증대로 손실증가 한다.

③ 차단기의 빈번한 동작에 의하여 차단기 수명이 단축된다.

7

출제년도 07.12.20.(5점/부분점수 없음)

그림과 같이 CT가 결선되어 있을 때 전류계 A_3의 지시는 얼마인가? (단, 부하전류 $I_1 = I_2 = I_3 = I$로 한다.)

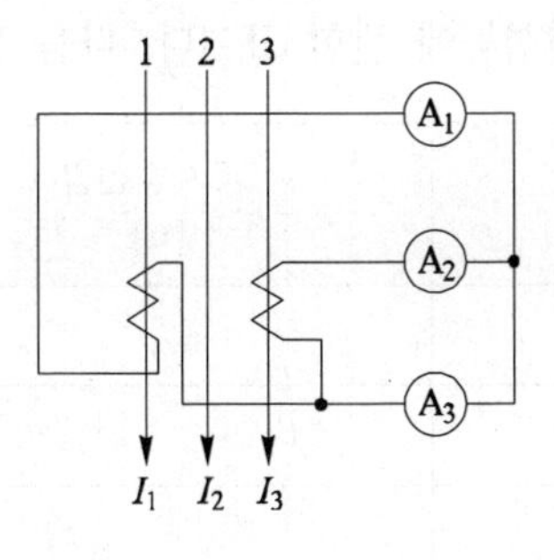

[작성답안]

계산 :

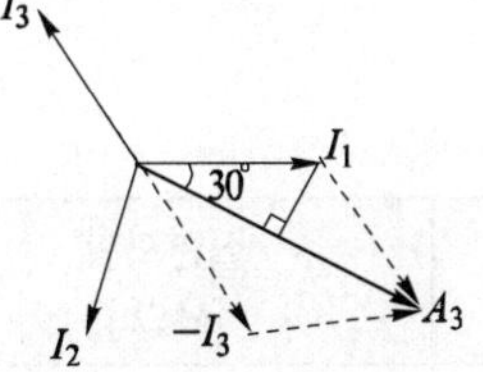

$$A_3 = \dot{I}_1 - \dot{I}_3 = 2 \times I_1 \cos 30° = \sqrt{3}\, I$$

답 : $\sqrt{3}\, I$

[핵심] 변류기 접속

① 가동접속

$I_1 =$ 전류계 Ⓐ 지시값 $\times$ CT비

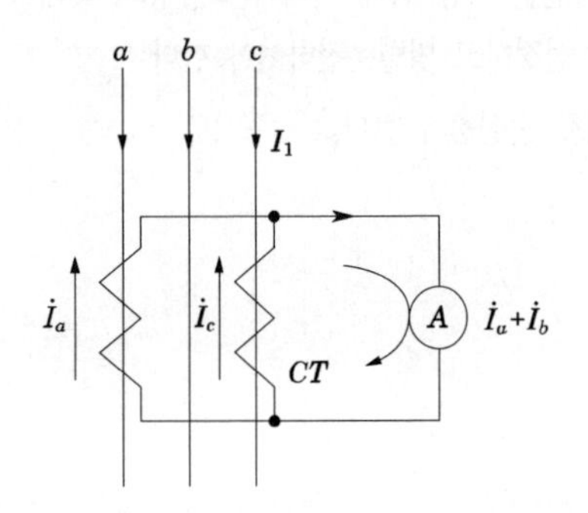

② 교차접속

$I_1 =$전류계 Ⓐ 지시값$\times \frac{1}{\sqrt{3}} \times$ CT비

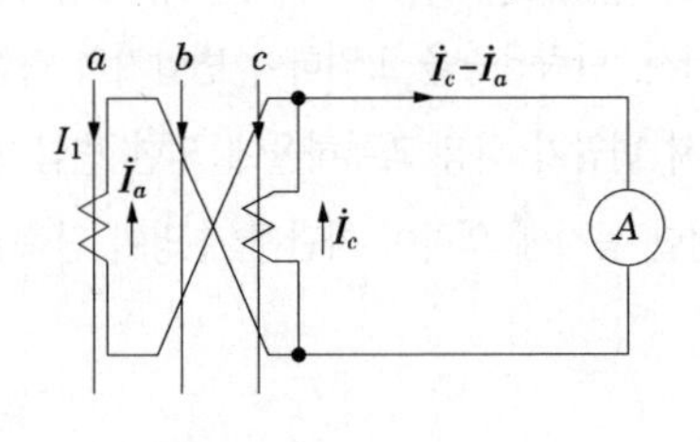

8

출제년도 05.11.15.20.(5점/(1)1점, (2)4점)

전로의 절연 저항에 대하여 다음 각 물음에 답하시오.

(1) 사용전압이 저압인 전로에서 정전이 어려운 경우 등 절연저항 측정이 곤란한 경우에는 누설전류는 얼마 이하로 유지하여야 하는가?

(2) 다음은 저압전로의 절연성능에 관한 표이다. 다음 빈 칸을 완성하시오.

전로의 사용전압 [V]	DC시험전압 [V]	절연저항 [MΩ]
SELV 및 PELV		
FELV, 500[V] 이하		
500[V] 초과		

[작성답안]

(1) 1 [mA]

(2)

전로의 사용전압 [V]	DC시험전압 [V]	절연저항 [MΩ]
SELV 및 PELV	250	0.5
FELV, 500[V] 이하	500	1.0
500[V] 초과	1,000	1.0

[핵심] 한국전기설비규정 132 전로의 절연저항 및 절연내력

사용전압이 저압인 전로의 절연성능은 기술기준 제52조를 충족하여야 한다. 다만, 저압 전로에서 정전이 어려운 경우 등 절연저항 측정이 곤란한 경우 저항성분의 누설전류가 1 [mA] 이하이면 그 전로의 절연성능은 적합한 것으로 본다.

전로의 사용전압 [V]	DC시험전압 [V]	절연저항 [MΩ]
SELV 및 PELV	250	0.5
FELV, 500[V] 이하	500	1.0
500[V] 초과	1,000	1.0

[주] 특별저압(extra low voltage : 2차 전압이 AC 50[V], DC 120[V] 이하)으로 SELV(비접지회로 구성) 및 PELV(접지회로 구성)은 1차와 2차가 전기적으로 절연된 회로, FELV는 1차와 2차가 전기적으로 절연되지 않은 회로

"특별저압(ELV, Extra Low Voltage)"이란 인체에 위험을 초래하지 않을 정도의 저압을 말한다. 여기서 SELV(Safety Extra Low Voltage)는 비접지회로에 해당되며, PELV(Protective Extra Low Voltage)는 접지회로에 해당된다.

2020

9

출제년도 09.18.20.(5점/각 항목당 1점)

과도적인 과전압을 제한하고 서지(Surge)전류를 분류하는 목적으로 사용되는 서지보호장치(SPD : Surge Protective Device)에 대한 다음 물음에 답하시오.

(1) 기능에 따라 3가지로 분류하여 쓰시오.

(2) 구조에 따라 2가지로 분류하여 쓰시오.

[작성답안]

(1) 전압스위칭형 SPD, 전압제한형 SPD, 조합형 SPD

(2) 1포트 SPD, 2포트 SPD

[핵심] SPD

(1) 기능에 따른 SPD 3가지 종류

가. 전압 스위칭형 SPD

서지가 인가되지 않는 경우는 높은 임피던스 상태에 있으며 전압서지에 응답하여 급격하게 낮은 임피던스 값으로 변화하는 기능을 갖는 SPD를 말한다. 전압 스위칭형 SPD는 여기에 사용되는 부품의 예로 에어갭, 가스방전관, 사이리스터형 SPD 가있다.

나. 전압 제한형 SPD

서지가 인가되지 않은 경우는 높은 임피던스 상태에 있으며 전압서지에 응답한 경우는 임피던스가 연속적으로 낮아지는 기능을 갖는 SPD를 말한다. 전압 제한형 SPD는 여기에 사용되는 부품의 예로 배리스터나 억제형 다이오드가 있다.

다. 복합형 SPD

전압스위칭형 소자 및 전압제한형 소자의 모든 기능을 갖는 SPD를 말한다. 복합형 SPD는 인가전압의 특성에 따라 전압스위칭, 전압 제한 또는 전압스위칭과 전압 제한의 두 가지 동작올 하는 것으로 가스방전관과 배리스터를 조합한 SPD 등이 었다.

(2) 구조에 따른 SPD 2가지 종류

구분	특징
1포트 SPD	1단자대(또는 2단자)를 갖는 SPD로 보호할 기기에 대해 서지를 분류하도록 접속하는 것이다.
2포트 SPD	2단자대(또는 4단자)를 갖는 SPD로 입력 단자대와 출력 단자대 간에 직렬임피던스가 있다. 주로 통신 · 신호계통에 사용되며 전원회로에 사용되는 경우는 드물다.

10

출제년도 10.16.20.(5점/부분점수 없음)

폭 24 [m]의 도로 양쪽에 30 [m] 간격으로 양쪽배열로 가로등를 배치하여 노면의 평균조도를 5 [lx]로 한다면 각 등주 상에 몇 [lm]의 전구가 필요한가? (단, 도로면에서의 광속이용률은 35 [%], 감광보상율은 1.3이다.)

[작성답안]

계산 : $F=\dfrac{\frac{1}{2}BSED}{U}=\dfrac{\frac{1}{2}\times 24\times 30\times 5\times 1.3}{0.35}=6685.71\,[\mathrm{lm}]$

답 : 6685.71[lm]

[핵심] 대칭배열 도로조명

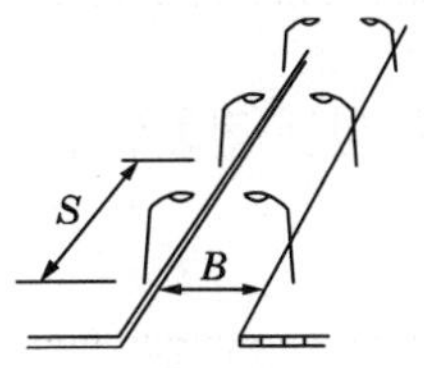

$$E=\frac{FNUM}{\frac{1}{2}BS}\,[\text{lx}]$$

여기서, E : 노면평균조도 [lx] F : 광원 1개 광속 [lm] N : 광원의 열수

M : 보수율, 감광보상률 D의 역수 B : 도로의 폭 [m]

S : 광원의 간격 [m]

U : 빔 이용률
- 50 [%] 이상, 피조면 도달 0.75
- 20~50 [%] 이상, 피조면 도달 0.5
- 25 [%] 이하, 피조면 도달 0.4

11

출제년도 95.20.(6점/부분점수 없음)

계약용량이 3000[kW] 기본요금이 4054[원/kW], 51[원/kWh]인 경우 1개월간 사용전력량이 540[MWh]이고 무효전력량이 350[MVarh] 인 경우 1개월간의 총 전력요금을 구하시오.

【조건】

역률이 90[%]기준으로 역률 60[%]까지 역률 1[%] 부족시 기본요금의 0.2[%]를 할증하며, 90[%]를 초과하는 경우 1[%] 초과시 기본요금의 0.2[%]를 할인한다.

[작성답안]

역률 : $\cos\theta=\frac{540}{\sqrt{540^2+350^2}}=0.84$

총 전력요금 = $3000\times4054\times(1+0.06\times0.2)+540\times10^3\times51=39{,}847{,}944$[원]

답 : 39,847,944[원]

[핵심]

역률 0.84는 0.9보다 0.06 부족하여 기본요금이 할증된다.

12

출제년도 20.(5점/부분점수 없음)

100[kVA] 단상변압기 3대를 Y-△결선한 경우 2차측 1상에 접속할 수 있는 전등부하는 최대 몇[kVA]인가? (단, 변압기는 과부하 되지 않아야 한다.)

[작성답안]

계산 : $P = 100 + \frac{1}{2} \times 100 = 150$ [kVA]

답 : 150 [kVA]

[핵심]

△결선의 경우 1상에는 전부하가 걸리며, 나머지 2상은 직렬로 연결되어 1/2부하를 분담한다. 전등부하는 단상부하에 해당한다.

13

출제년도 93.01.16.20.(5점/부분점수 없음)

다음과 같은 특성의 축전지 용량 C를 구하시오. (단, 축전지 사용 시의 보수율 0.8, 축전지 온도 5[℃], 셀당 전압1.06[V/cell], K_1 =1.15, K_2 =0.92 이다.)

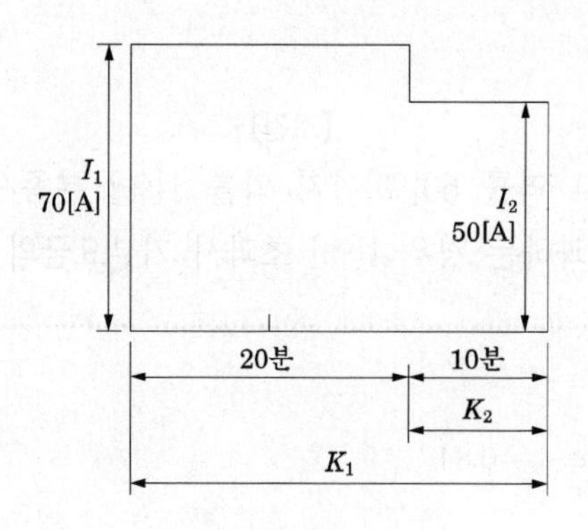

[작성답안]

계산 : $C = \frac{1}{L}[K_1 I_1 + K_2(I_2 - I_1)] = \frac{1}{0.8} \times [(1.15 \times 70) + 0.92 \times (50 - 70)] = 77.625[\text{Ah}]$

답 : 77.63[Ah]

[핵심] 축전지용량

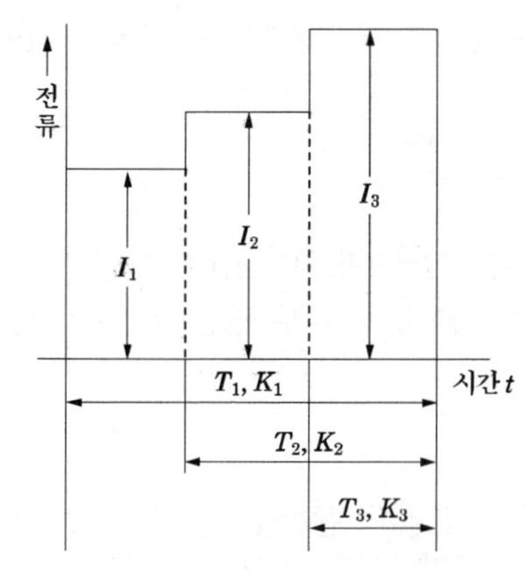

축전지 용량은 아래의 식으로 계산한다.

$$C = \frac{1}{L}[K_1 I_1 + K_2 (I_2 - I_1) + K_3 (I_3 - I_2)] \text{ [Ah]}$$

여기서, C : 축전지 용량 [Ah]　　L : 보수율 (축전지 용량 변화의 보정값)

K : 용량 환산 시간 계수　　I : 방전 전류 [A]

14

출제년도 04.20.(5점/각 문항당 2점, 모두 맞으면 5점)

200 [V], 10 [kVA]인 3상 유도전동기를 있다. 이 곳의 어느날 부하실적이 1일 사용 전력량 60 [kWh], 1일 최대전력 8 [kW], 최대 전류 일 때의 전류 값이 30 [A]이었을 경우, 다음 각 물음에 답하시오.

(1) 1일 부하율은 얼마인가?

(2) 최대 공급 전력일 때의 역률은 얼마인가?

[작성답안]

(1) 계산 : $\text{부하율} = \dfrac{\text{평균 수용 전력}}{\text{최대 수용 전력}} \times 100 = \dfrac{\frac{60}{24}}{8} \times 100 = 31.25 \text{ [\%]}$

답 : 31.25 [%]

(2) 계산 : $\cos\theta = \dfrac{P}{\sqrt{3}\, VI} = \dfrac{8 \times 10^3}{\sqrt{3} \times 200 \times 30} \times 100 = 76.98 \text{ [\%]}$

답 : 76.98 [%]

[핵심] 부하율

공급 설비가 어느 정도 유효하게 사용되는가를 나타내며 부하율이 클수록 공급 설비가 유효하게 사용된다. 부하율은 다음 식에 의해 계산한다.

$$\text{부하율} = \frac{\text{평균수용전력}}{\text{최대수용전력}} \times 100\,[\%]$$

부하율은 각 단위별(변압기, 전주, 수용가 등), 시기, 범위, 기간에 따라 달라지며, 부하율을 표시할 경우 기간, 범위를 반드시 명기한다. 예를 들어 일부하율, 월부하율 등으로 표시하여야 하며, 부하율은 기간이 길어질수록 작아진다.

15

출제년도 20.(5점/각 문항당 2점, 모두 맞으면 5점)

22900/380-220[V], 30[kVA]변압기로 공급되는 저압전로의 최대누설전류와 기술기준에 의한 최소절연저항이 값을 구하시오. (단, 1차와 2차가 전기적으로 절연되지 않은 회로이다.)

(1) 최대누설전류 [mA]

(2) 최소절연저항 [MΩ]

[작성답안]

(1) 계산 : $I = \dfrac{30 \times 10^3}{\sqrt{3} \times 380} \times \dfrac{1}{2000} = 0.02279\,[\text{A}]$

답 : 22.79[mA]

(2) 사용전압이 FELV, 500[V] 이하이므로 1[MΩ]

[핵심] 기술기준 제52조 (저압 전로의 절연 성능)

전로의 사용전압 [V]	DC시험전압 [V]	절연저항 [MΩ]
SELV 및 PELV	250	0.5
FELV, 500[V] 이하	500	1.0
500[V] 초과	1,000	1.0

[주] 특별저압(extra low voltage : 2차 전압이 AC 50[V], DC 120[V] 이하)으로 SELV(비접지회로 구성) 및 PELV(접지회로 구성)은 1차와 2차가 전기적으로 절연된 회로, FELV는 1차와 2차가 전기적으로 절연되지 않은 회로

16

출제년도 01.18.20.(14점/(1)~(4) 각 문항당 2점, (5) 5점, 모두 맞으면 14점)

그림은 인입변대에 22.9 [kV] 수전 설비를 설치하여 380/220 [V]를 사용하고자 한다. 다음 각 물음에 답하시오.

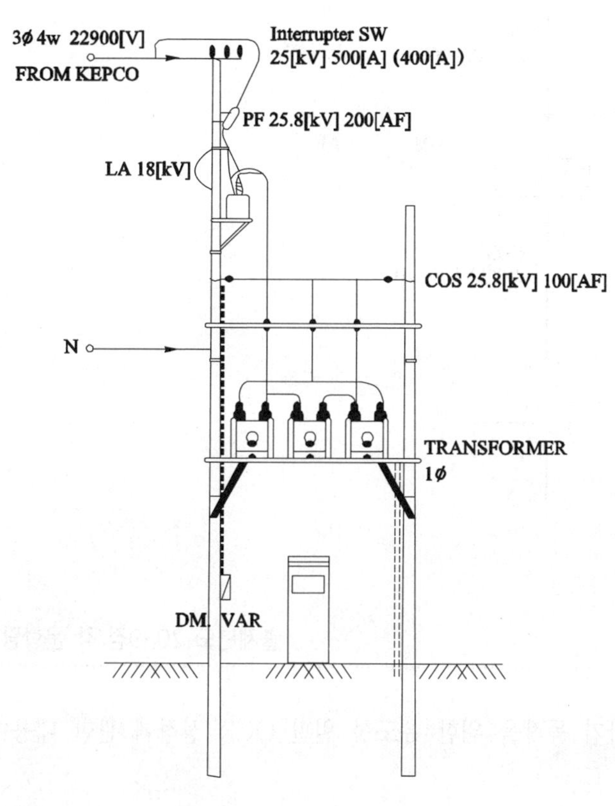

(1) DM 및 VAR의 명칭을 쓰시오.

(2) 도면에 사용된 LA의 수량은 몇 개이며 정격 전압은 몇 [kV]인가?

(3) 22.9 [kV-Y] 계통에 사용하는 것은 주로 어떤 케이블이 사용되는가?

(4) 변압기 2차측 접지 공사의 목적을 쓰시오.

(5) 주어진 도면을 단선도로 그리시오. (단, 피뢰기는 접지를 하여야 한다.)

[작성답안]

(1) DM : 최대 수요 전력량계 　　　VAR : 무효 전력계

(2) LA의 수량 : 3개 　　　　　　정격 전압 : 18 [kV]

(3) CNCV-W 케이블(수밀형) 또는, TR CNCV-W(트리억제형)

(4) 1차와 2차 혼촉시 저압측 전위상승을 억제하여 저압측에 연결된 기계기구의 절연을 보호한다.

(5)

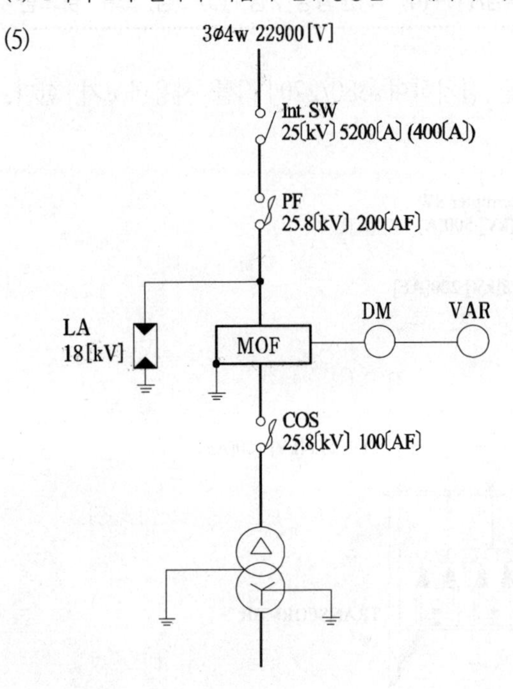

17

출제년도 20.(9점/각 문항당 2점, 모두 맞으면 9점)

다음 수전점 차단기 동작을 위한 유도형 원판 OCR 정정에 관한 내용이다. 다음 각 물음에 답하시오.

(1) 그림에서 유도형 원판 OCR을 정정하고자 한다. 변류비를 구하고 한시 탭 전류값을 선정하시오. (단, 변류비는 전부하 전류의 1.25배, 한시 탭 전류는 전부하 전류의 1.5배를 적용한다.)

(2) 변압기 2차의 3상 단락이 발생한 경우 유도형 원판 OCR의 순시 탭 전류값을 구하시오. 2차 3상 단락전류는 20087[A]이다. (단, 순시 탭 전류는 3상 단락전류의 1.5배를 적용한다.)

(3) 유도형 원판 OCR의 레버는 무엇을 의미하는지 쓰시오.

(4) 반한시 특성은 무엇을 의미 하는지 쓰시오.

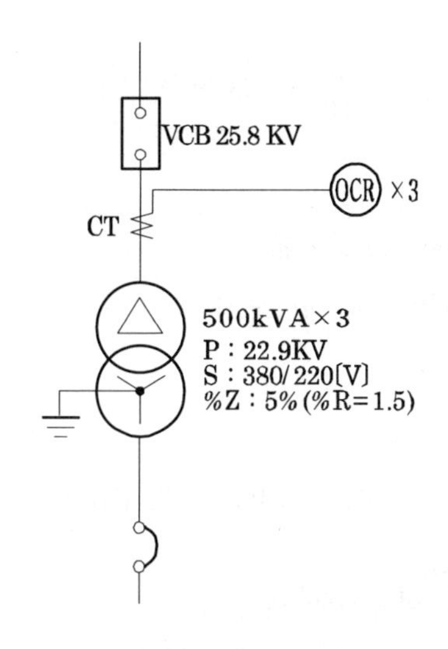

과전류계전기 규격

과전류계전기	항목	탭전류
	한시탭	3, 4, 5, 6, 7, 8, 9
	순시탭	20, 30, 40, 50, 60, 70, 80

변류기 규격

변류기	항목	변류기
	1차전류	5, 10, 15, 20, 30, 40, 50, 75, 100, 150, 200, 300, 400, 500, 600, 750 1000, 1500, 2000, 2500
	2차전류	5

[작성답안]

(1) 변류비 : $I = \dfrac{500 \times 10^3 \times 3}{\sqrt{3} \times 22.9 \times 10^3} \times 1.25 = 47.27[\text{A}]$

∴ 50/5선정

과전류계전기 한시 탭은 전부하 전류의 1.5배로 선정하므로

$$I = \frac{500 \times 10^3 \times 3}{\sqrt{3} \times 22.9 \times 10^3} \times 1.5 \times \frac{5}{50} = 5.67\,[\text{A}]$$

∴ 6[A] 탭 선정

답 : 변류비 50/5　한시탭 6[A]

(2) 3상 단락전류의 1.5배로 선정하므로

$$I = 20087 \times \frac{380}{22.9 \times 10^3} \times 1.5 \times \frac{5}{50} = 49.998\,[\text{A}]$$

답 : 50[A]

(3) 보호계전기의 한시요소의 동작시간을 정정하는 요소

(4) 보호계전기에서 고장전류와 동작시간이 반비례하는 특성

[핵심] 보호계전기 정정

① 순시탭 정정

변압기 1차측 단락사고에 대하여 동작하며, 2차 단락사고 및 변압기 여자 돌입전류(inrush current)에 동작하지 않는다.

- 변압기1차측 단락사고에 대하여 동작하여야 한다.
- 변압기2차측 (Magnetizing Inrush Current)에 동작하지 않도록 한다.
- TR 2차 3상단락전류의 150 [%]에 정정한다.
- 순시 Tap

$$\text{순시 Tap} = \text{변압기2차 3상단락전류} \times \frac{\text{2차전압}}{\text{1차전압}} \times 1.5 \times \frac{1}{\text{CT비}}$$

② 한시탭 정정

$$I_t = \text{부하 전류} \times \frac{1}{\text{CT비}} \times \text{설정값}\,[\text{A}]$$

설정값은 보통 전부하 전류의 1.5배로 적용하며, I_t값을 계산후 2 [A], 3 [A], 4 [A], 5 [A], 6 [A], 7 [A], 8 [A], 10 [A], 12 [A] 탭 중에서 가까운 탭을 선정한다.

③ 한시레버정정

수용설비일 경우 변압기2차 3상단락고장시 0.6초 이하에서 동작하도록 선정한다.

2020년 5회 기출문제 해설

※ 다음 물음에 답을 해당 답란에 답하시오.

1 출제년도 20.(5점/각 항목당 1점, 모두 맞으면 5점)

저압 케이블 회로의 누전점을 HOOK-ON 하려고 한다. 다음 각 물음에 답하시오.

(1) 저압 3상 4선식 선로의 합성전류를 HOOK-ON 미터로 아래 그림과 같이 측정하였다. 부하측에서 누전이 없는 경우 HOOK-ON 미터 지시값은 몇 [A]를 지시하는지 쓰시오.

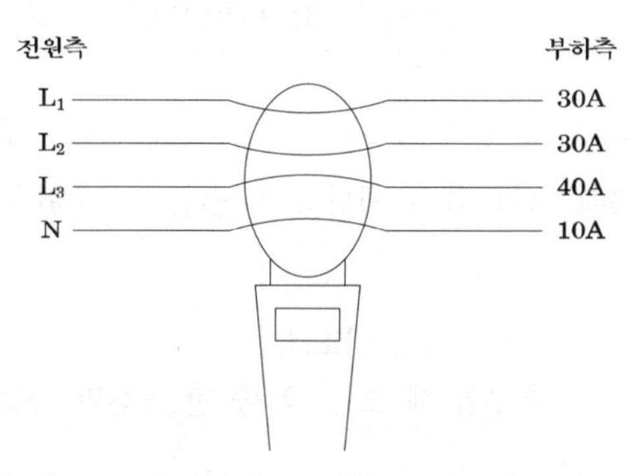

(2) 다른 곳에는 누전이 없고, G지점에서 3[A]가 누전되면 S지점에서 HOOK-ON 미터 검출 전류는 몇 [A]가 검출되고, K지점에서 HOOK-ON 미터 검출전류는 몇 [A]가 검출되는지 쓰시오.

- S지점에서의 검출 전류 :
- K지점에서의 검출 전류 :

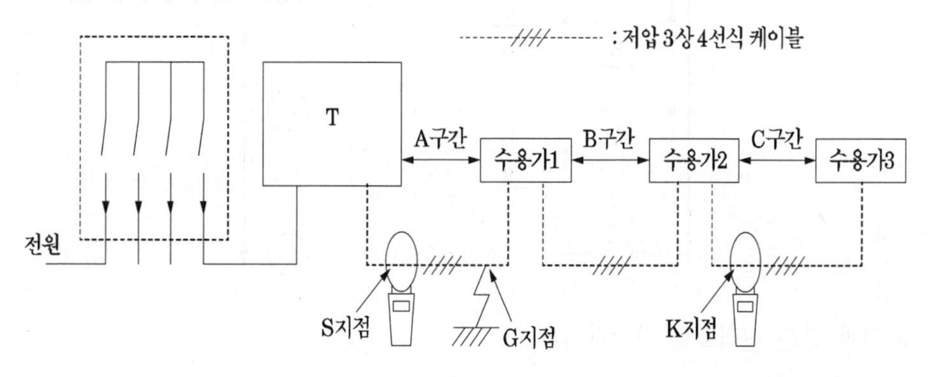

[작성답안]

(1) 0[A]를 지시한다.

(2) • S지점에서의 검출 전류 : 3[A]를 지시한다.

• K지점에서의 검출 전류 : 0[A]를 지시한다.

[핵심]

(1) L_3는 부하전류 30[A]와 지락전류 10[A]가 흐르며 10[A]는 중성선을 통해 흐르며 전류방향은 반대이다.

(2) • S지점에서의 검출 전류 : 지락전류가 흐르므로 3[A]를 지시한다.

• K지점에서의 검출 전류 : 지락전류가 흐르지 않으므로 0[A]를 지시한다.

2

출제년도 86.96.98.00.02.03.10.18.20.22(12점/각 문항당 4점)

어느 회사에서 한 부지에 A, B, C의 세 공장을 세워 3대의 급수 펌프 P_1(소형), P_2(중형), P_3(대형)으로 다음 계획에 따라 급수 계획을 세웠다. 이 계획을 잘 보고 다음 물음에 답하시오.

【조건】

① 모든 공장 A, B, C가 휴무일 때 또는 그 중 한 공장만 가동할 때에는 펌프 P_1만 가동시킨다.

② 모든 공장 A, B, C중 어느 것이나 두 개의 공장만 가동할 때에는 P_2만 가동시킨다.

③ 모든 공장 A, B, C가 모두 가동할 때에는 P_3만 가동시킨다.

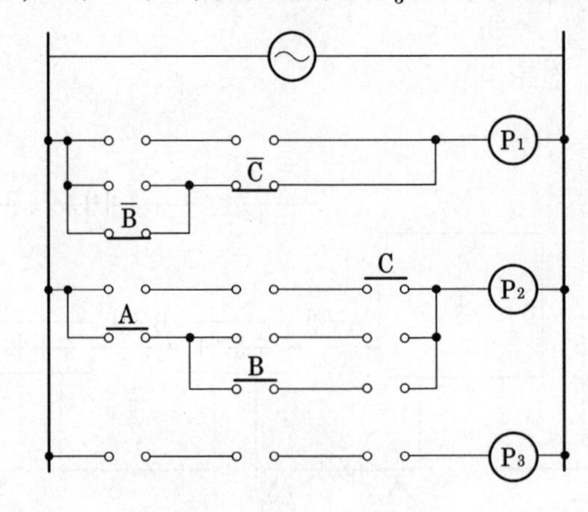

(1) 조건과 같은 진리표를 작성하시오.

A	B	C	P_1	P_2	P_3
0	0	0			
1	0	0			
0	1	0			
0	0	1			
1	1	0			
1	0	1			
0	1	1			
1	1	1			

(2) 미완성 시퀀스 도면에 접점과 그 기호를 삽입하여 도면을 완성하시오.

(3) P_1, P_2, P_3의 출력식을 가장 간단한 식으로 표현하시오.

※ 접점 심벌을 표시할 때는 A, B, C, $\overline{A}$, $\overline{B}$, $\overline{C}$ 등 문자 표시도 할 것

[작성답안]

(1)

A	B	C	P_1	P_2	P_3
0	0	0	1	0	0
1	0	0	1	0	0
0	1	0	1	0	0
0	0	1	1	0	0
1	1	0	0	1	0
1	0	1	0	1	0
0	1	1	0	1	0
1	1	1	0	0	1

(2)

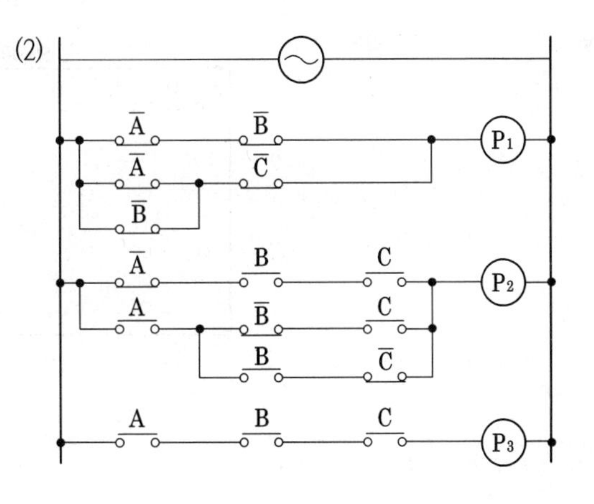

(3) $P_1 = \overline{A}\,\overline{B} + (\overline{A} + \overline{B})\overline{C}$

$P_2 = \overline{A}BC + A(\overline{B}C + B\overline{C})$

$P_3 = ABC$

3 출제년도 98.01.06.20.(10점/각 문항당 1점, 모두 맞으면 10점)

그림과 같은 철골 공장에 백열등의 전반 조명을 할 때 평균조도로 200 [lx]를 얻기 위한 광원의 소비전력을 구하려고 한다. 주어진 조건과 참고자료를 이용하여 다음 각 물음에 답하면서 순차적으로 구하도록 하시오.

【조건】

- 천장, 벽면의 반사율은 30 [%] 이다.
- 광원은 천장면하 1 [m]에 부착한다.
- 천장의 높이는 9 [m] 이다.
- 감광보상률은 보수 상태를 "양"으로 하며 적용한다.
- 배광은 직접 조명으로 한다.
- 조명 기구는 금속 반사갓 직부형이다.

【도면】

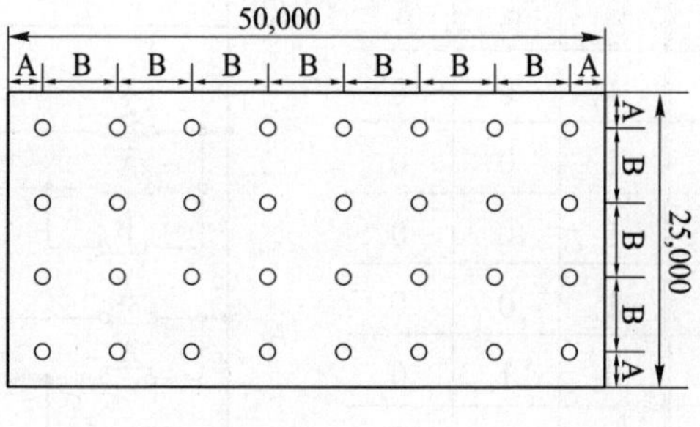

50,000
A B B B B B B B A
A B B B A
25,000

참고자료 [표 1] 각종 전등의 특성

(A) 백열등

형식	종별	유리구의 지름 (표준치) [mm]	길이 [mm]	베이스	초기 특성			50 [%] 수명에서의 효율 [lm/W]	수명 [h]
					소비 전력 [W]	광 속 [lm]	효율 [lm/W]		
L100V 10W	진공 단코일	55	101 이하	E26/25	10±0.5	76±8	7.6±0.6	6.5 이상	1500
L100V 20W	진공 단코일	55	101 〃	E26/25	20±1.0	175±20	8.7±0.7	7.3 〃	1500
L100V 30W	가스입단코일	55	108 〃	E26/25	30±1.5	290±30	9.7±0.8	8.8 〃	1000
L100V 40W	가스입단코일	55	108 〃	E26/25	40±2.0	440±45	11.0±0.9	10.0 〃	1000
L100V 60W	가스입단코일	50	114 〃	E26/25	60±3.0	760±75	12.6±1.0	11.5 〃	1000
L100V 100W	가스입단코일	70	140 〃	E26/25	100±5.0	1500±150	15.0±1.2	13.5 〃	1000
L100V 150W	가스입단코일	80	170 〃	E26/25	150±7.5	2450±250	16.4±1.3	14.8 〃	1000
L150V 200W	가스입단코일	80	180 〃	E26/25	200±10	3450±350	17.3±1.4	15.3 〃	1000
L100V 300W	가스입단코일	95	220 〃	E39/41	300±15	5550±550	18.3±1.5	15.8 〃	1000
L100V 500W	가스입단코일	110	240 〃	E39/41	500±25	9900±990	19.7±1.6	16.9 〃	1000
L100V 1000W	가스입단코일	165	332 〃	E39/41	1000±50	21000±2100	21.0±1.7	17.4 〃	1000
Ld100V 30W	가스입이중코일	55	108 〃	E26/25	30±1.5	330±35	11.1±0.9	10.1 〃	1000
Ld100V 40W	가스입이중코일	55	108 〃	E26/25	40±2.0	500±50	12.4±1.0	11.3 〃	1000
Ld100V 50W	가스입이중코일	60	114 〃	E26/25	50±2.5	660±65	13.2±1.1	12.0 〃	1000
Ld100V 60W	가스입이중코일	60	114 〃	E26/25	60±3.0	830±85	13.0±1.1	12.7 〃	1000
Ld100V 75W	가스입이중코일	60	117 〃	E26/25	75±4.0	1100±110	14.7±1.2	13.2 〃	1000
Ld100V 100W	가스입이중코일	65 또는 67	128 〃	E26/25	100±5.0	1570±160	15.7±1.3	14.1 〃	1000

[표 2] 조명률, 감광보상률 및 설치 간격

번호	배광 / 설치간격	조명 기구	감광보상률(D) 보수상태 양	중	부	반사율 ρ 천장 / 벽 / 실지수	0.75 / 0.5	0.75 / 0.3	0.75 / 0.1	0.50 / 0.5	0.50 / 0.3	0.50 / 0.1	0.30 / 0.3	0.30 / 0.1
							조명률 U[%]							
(1)	간접		전구			J0.6	16	13	11	12	10	08	06	05
	0.80 / 0		1.5	1.7	2.0	I0.8	20	16	15	15	13	11	08	07
	$S \leqq 1.2H$		형광등			H1.0	23	20	17	17	14	13	10	08
			1.7	2.0	2.5	G1.25	26	23	20	20	17	15	11	10
						F1.5	29	26	22	22	19	17	12	11
						E2.0	32	29	26	24	21	19	13	12
						D2.5	36	32	30	26	24	22	15	14
						C3.0	38	35	32	28	25	24	16	15
						B4.0	42	39	36	30	29	27	18	17
						A5.0	44	41	39	33	30	29	19	18
(2)	반간접		전구			J0.6	18	14	12	14	11	09	08	07
	0.70 / 0.10		1.4	1.5	1.7	I0.8	22	19	17	17	15	13	10	09
	$S \leqq 1.2H$		형광등			H1.0	26	22	19	20	17	15	12	10
			1.7	2.0	2.5	G1.25	29	25	22	22	19	17	14	12
						F1.5	32	28	25	24	21	19	15	14
						E2.0	35	32	29	27	24	21	17	15
						D2.5	39	35	32	29	26	24	19	18
						C3.0	42	38	35	31	28	27	20	19
						B4.0	46	42	39	34	31	29	22	21
						A5.0	48	44	42	36	33	31	23	22
(3)	전반확산		전구			J0.6	24	19	16	22	18	15	16	14
	0.40 / 0.40		1.3	1.4	1.5	I0.8	29	25	22	27	23	20	21	19
	$S \leqq 1.2H$		형광등			H1.0	33	28	26	30	26	24	24	21
			1.4	1.7	2.0	G1.25	37	32	29	33	29	26	26	24
						F1.5	40	36	31	36	32	29	29	26
						E2.0	45	40	36	40	36	33	32	29
						D2.5	48	43	39	43	39	36	34	33
						C3.0	51	46	42	45	41	38	37	34
						B4.0	55	50	47	49	45	42	40	38
						A5.0	57	53	49	51	47	44	41	40

(4)	반직접 0.25 0.55 $S \leqq H$		전구 1.3 1.4 1.5 형광등 1.6 1.7 1.8	J0.6	26	22	19	24	21	18	19	17
				I0.8	33	28	26	30	26	24	25	23
				H1.0	36	32	30	33	30	28	28	26
				G1.25	40	36	33	36	33	30	30	29
				F1.5	43	39	35	39	35	33	33	31
				E2.0	47	44	40	43	39	36	36	34
				D2.5	51	47	43	46	42	40	39	37
				C3.0	54	49	45	48	44	42	42	38
				B4.0	57	53	50	51	47	45	43	41
				A5.0	59	55	52	53	49	47	47	43
(5)	직접 0 0.75 $S \leqq 1.3H$		전구 1.3 1.4 1.5 형광등 1.4 1.7 2.0	J0.6	34	29	26	32	29	27	29	27
				I0.8	43	38	35	39	36	35	36	34
				H1.0	47	43	40	41	40	38	40	38
				G1.25	50	47	44	44	43	41	42	41
				F1.5	52	50	47	46	44	43	44	43
				E2.0	58	55	52	49	48	46	47	46
				D2.5	62	58	56	52	51	49	50	49
				C3.0	64	61	58	54	52	51	51	50
				B4.0	67	64	62	55	53	52	52	52
				A5.0	68	66	64	56	54	53	54	52

[표 3] 실지수 기호

기 호	A	B	C	D	E	F	G	H	I	J
실지수	5.0	4.0	3.0	2.5	2.0	1.5	1.25	1.0	0.8	0.6
범 위	4.5 이상	4.5 ~ 3.5	3.5 ~ 2.75	2.75 ~ 2.25	2.25 ~ 1.75	1.75 ~ 1.38	1.38 ~ 1.12	1.12 ~ 0.9	0.9 ~ 0.7	0.7 이하

2020

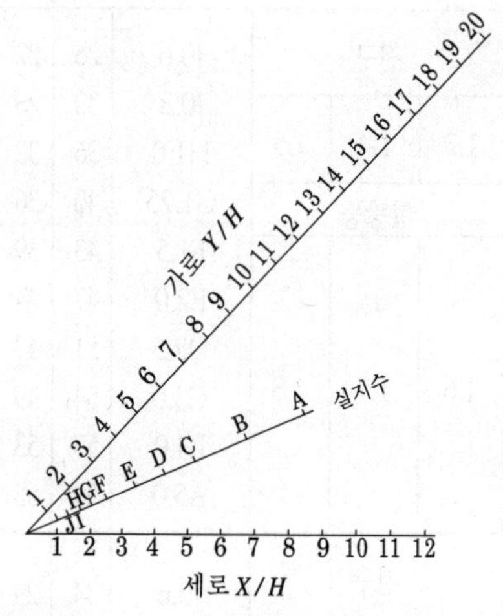

(1) 광원의 높이는 몇 [m]인가?

(2) 실지수의 기호와 실지수를 구하시오.

(3) 조명률은 얼마인가?

(4) 감광보상률은 얼마인가?

(5) 전 광속을 계산하시오.

(6) 전등 한 등의 광속은 몇 [lm]인가?

(7) 전등의 Watt 수는 몇 [W]를 선정하면 되는가?

[작성답안]

(1) 등고 $H = 9 - 1 = 8$ [m]

답 : 8[m]

(2) 계산 : 실지수 $= \dfrac{XY}{H(X+Y)} = \dfrac{50 \times 25}{8(50+25)} = 2.08$

∴ 표 3에서 실지수 기호는 E

답 : 실지수 2.08　　　실지수 기호 E

(3) 조명률 : 천장, 벽 반사율 30 [%], 실지수 E , 직접 조명이므로 표 2에서 조명률 47 [%] 선정

답 : 47[%]

(4) 감광보상률 : 보수 상태 양이므로 표 2에서 직접 조명, 전구란에서 1.3 선정

답 : 1.3

(5) 계산 : 전 광속 $NF = \frac{EAD}{U} = \frac{200 \times (50 \times 25) \times 1.3}{0.47} = 691489.36$ [lm]

답 : 691489.36[lm]

(6) 계산 : 1등당 광속은 등수가 32 이므로 $F = \frac{691489.36}{32} = 21609.04$ [lm]

답 : 21609.04[lm]

(7) 표 1의 전등 특성표에서 21000±2100 [lm]인 1000 [W] 선정

답 : 1000[W]

[핵심] 조명설계

① 실지수

방의 면적이 같은 2개의 방에 같은 수의 광원을 설치하여도 방의 모양이 다른 경우에는 작업면상의 조도는 다르게 된다. 그래서 천정, 바닥이 장방형인 방은 가로 X, 세로 Y 두 변의 평균을 한 변으로 하는 정방형인 방과 동일하다고 하는 이론에 의해 실지수 $R.I$를 다음 식과 같이 결정한다.

$$R.I = \frac{XY}{H(X+Y)}$$

실지수	5.0	4.0	3.0	2.5	2.0	1.5	1.25	1.0	0.8	0.6
기호	A	B	C	D	E	F	G	H	I	J

② 조도계산

N개의 램프에서 방사되는 빛을 평면상의 면적 A[㎡]에 모두 집중 조사할 수 있다고 하고 램프 1개당 광속을 F [lm]이라 하면, 그 면의 평균조도를

$$E = \frac{F \cdot N}{A} \text{ [lx]}$$

로 나타낸다. 이러한 평균조도 계산은 광속법과 설계여건에 따라 ZCM (Zonal Cavity Method)법을 채택할 수 있다.

$$E = \frac{F \cdot N \cdot U \cdot M}{A}$$

여기서, E : 평균조도 [lx] F : 램프 1개당 광속 [lm] N : 램프수량 [개]

U : 조명률 M : 보수율, 감광보상률의 역수 A : 방의 면적 [㎡] (방의 폭×길이)

2020

4

출제년도 04.12.17.20.(5점/부분점수 없음)

500 [kVA]의 변압기가 그림과 같은 부하로 운전되고 있다. 오전에는 역률 85 [%]로 오후에는 100 [%]로 운전된다고 하면 전일효율은 몇 [%]가 되겠는가? (단, 이 변압기의 철손은 6 [kW] 전부하시 동손은 10 [kW]라 한다.)

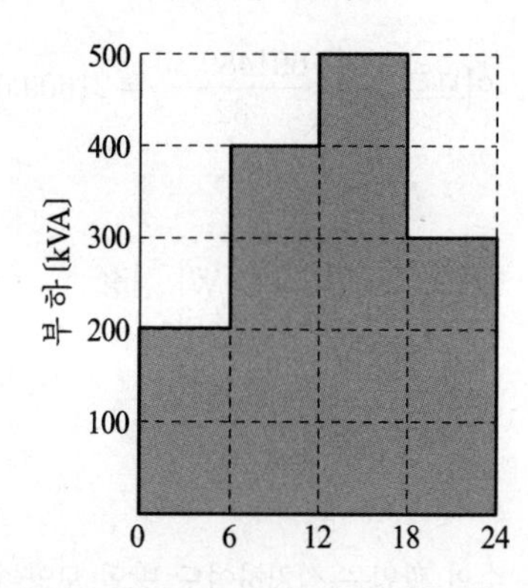

[작성답안]

계산 : 출력 $P = (200\times 6\times 0.85 + 400\times 6\times 0.85 + 500\times 6\times 1 + 300\times 6\times 1) = 7860$ [kWh]

철손 $P_i = 6\times 24 = 144$ [kWh]

동손 $P_c = 10\times\left\{\left(\frac{200}{500}\right)^2\times 6 + \left(\frac{400}{500}\right)^2\times 6 + \left(\frac{500}{500}\right)^2\times 6 + \left(\frac{300}{500}\right)^2\times 6\right\} = 129.6$ [kWh]

전일 효율 $\eta = \frac{7860}{7860+144+129.6}\times 100 = 96.64$ [%]

답 : 96.64 [%]

[핵심] 전일효율

변압기의 전일효율 : $\eta_d = \frac{\sum h\, V_2 I_2 \cos\theta_2}{\sum h\, V_2 I_2 \cos\theta_2 + 24P_i + \sum h\, r_2 I_2^2}\times 100[\%]$

5

출제년도 91.20.(5점/부분점수 없음)

그림과 같은 전선로의 단락 용량은 몇 [MVA]인가? (단, 그림의 수치는 10000 [kVA]를 기준으로 한 %리액턴스 값을 나타낸다.)

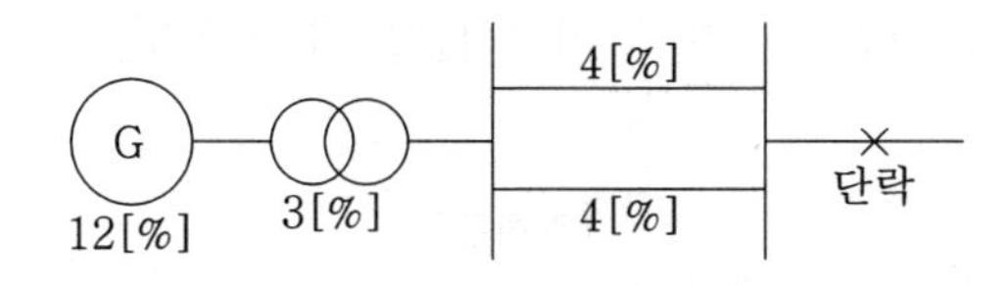

[작성답안]

계산 : 합성 $\%X = 12 + 3 + \frac{4 \times 4}{4 + 4} = 17[\%]$

$\therefore$ 단락 용량 $P_s = \frac{100}{\%Z} P_n \fallingdotseq \frac{100}{\%X} P_n = \frac{100}{17} \times 10000 \times 10^{-3} = 58.82$ [MVA]

답 : 58.82 [MVA]

[핵심] %임피던스법

임피던스의 크기를 옴[Ω] 값 대신에 %값으로 나타내어 계산하는 방법으로 옴[Ω]법과 달리 전압환산을 할 필요가 없어 계산이 용이하므로 현재 가장 많이 사용되고 있다.

$$\%Z = \frac{I_n[\text{A}] \times Z[\Omega]}{E[\text{V}]} \times 100[\%] = \frac{P[\text{kVA}] \times Z[\Omega]}{10\,V^2[\text{kV}]}[\%]$$

2020

6

출제년도 98.99.01.05.08.20.(6점/각 문항당 2점)

그림은 전동기의 정·역 변환이 가능한 미완성 시퀀스 회로도이다. 이 회로도를 보고 다음 각 물음에 답하시오. (단, 전동기는 가동 중 정·역을 곧바로 바꾸면 과전류와 기계적 손상이 발생되기 때문에 지연 타이머로 지연시간을 주도록 하였다.)

【주회로】

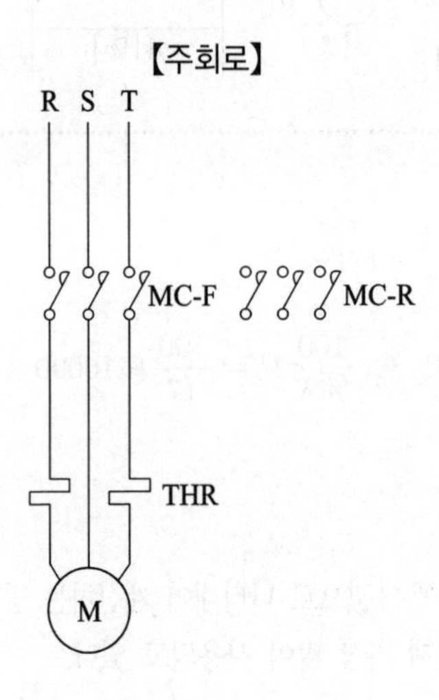

【보조회로】

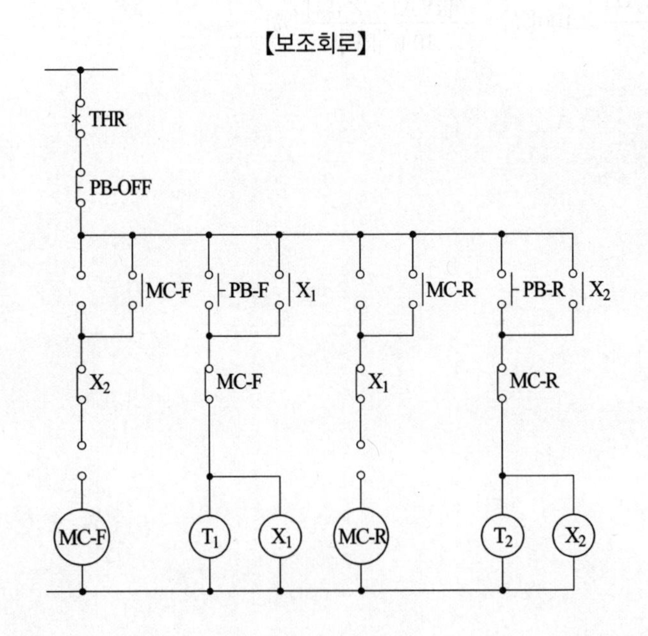

(1) 정·역 운전이 가능하도록 주어진 회로의 주회로의 미완성 부분을 완성하시오.

(2) 정·역 운전이 가능하도록 주어진 보조(제어)회로의 미완성 부분을 완성하시오. (단, 접점에는 접점 명칭을 반드시 기록하도록 하시오.)

(3) 주회로 도면에서 약호 THR은 무엇인가?

[작성답안]

(1)

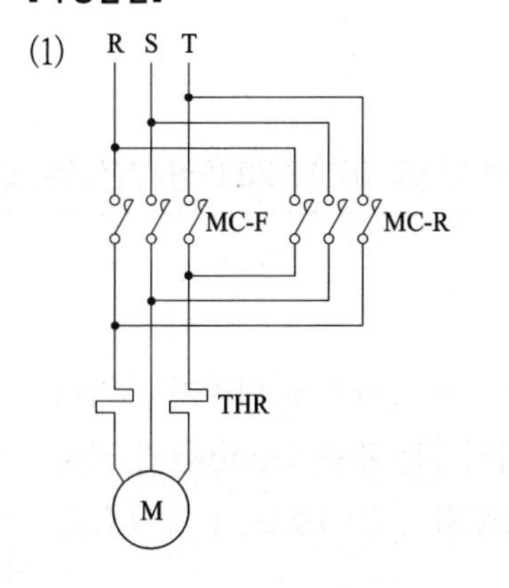

(2)

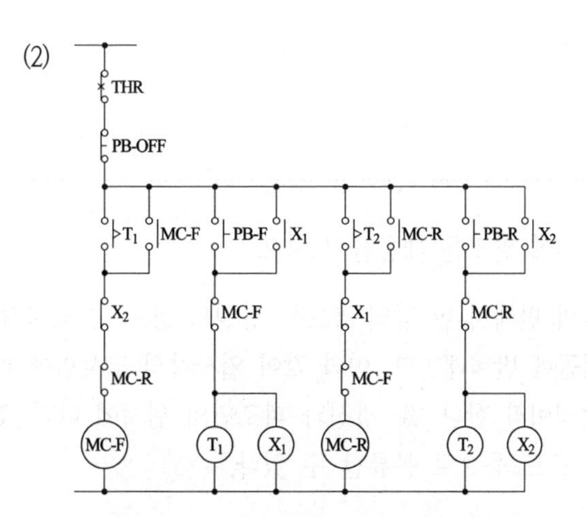

(3) 열동계전기 (또는 과부하 계전기)

7

출제년도 00.06.09.18.20.(6점/각 문항당 2점)

50 [Hz]로 설계된 3상 유도 전동기를 동일 전압으로 60 [Hz]에 사용할 경우 다음 요소는 어떻게 변화하는지를 수치를 이용하여 설명하시오.

(1) 무부하 전류

(2) 온도 상승

(3) 속도

[작성답안]

(1) 5/6으로 감소

(2) 5/6으로 감소

(3) 6/5로 증가

[핵심]

① 무부하전류(여자전류) : 여자전류는 코일에 흐르는 전류 이므로 $I_0 = \frac{V_1}{2\pi fL}$ 주파수에 반비례한다.

② 온도상승 : 철손은 fB^2에 비례하여 $\frac{60}{50}\left(\frac{50}{60}\right)^2 = \frac{50}{60}$으로 온도는 감소한다.

③ 속도 : 유도전동기의 속도는 $N=(1-s)\frac{120f}{p}$[rpm] 이므로 주파수에 비례한다.

8

출제년도 07.18.20.(5점/부분점수 없음)

다음 (　　)에 알맞은 내용을 쓰시오.

"임의의 면에서 한 점의 조도는 광원의 광도 및 입사각 θ의 코사인에 비례하고 거리의 제곱에 반비례한다. 이와 같이 입사각의 코사인에 비례하는 것을 Lambert의 코사인 법칙이라 한다. 또 광선과 피조면의 위치에 따라 조도를 (①)조도, (②)조도, (③)조도 등으로 분류할 수 있다."

[작성답안]

① 법선

② 수평면

③ 수직면

[핵심] 조도

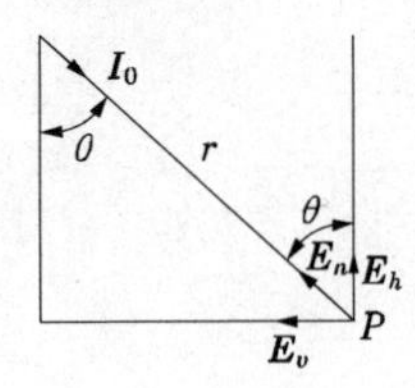

① 법선조도 $E_n = \frac{I}{r^2}$ [lx]

② 수평면 조도 $E_h = E_n\cos\theta = \frac{I}{r^2}\cos\theta = \frac{I}{h^2}\cos^3\theta$ [lx]

③ 수직면 조도 $E_v = E_n\sin\theta = \frac{I}{r^2}\sin\theta = \frac{I}{h^2}\sin\theta\cos^2\theta$ [lx]

9

출제년도 14.20.(5점/부분점수 없음)

어떤 콘덴서 3개를 선간 전압 3300 [V], 주파수 60 [Hz]의 선로에 △로 접속하여 60 [kVA]가 되도록 하려면 콘덴서 1개의 정전 용량[μF]은 약 얼마로 하여야 하는가?

[작성답안]

계산 : △결선이므로 $Q_C = 3 \times 2\pi f C V^2 \times 10^{-9}$[kVA]

$$\therefore\ C = \frac{Q_c \times 10^9}{6\pi f V^2} = \frac{60 \times 10^9}{6\pi \times 60 \times 3300^2} = 4.87[\mu F]$$

답 : 4.87[μF]

10

출제년도 10.13.20.22.(5점/부분점수 없음)

권상 하중이 18[ton]이며, 매분 6.5[m]의 속도로 끌어 올리는 권상용 전동기의 용량 [kW]을 구하시오. (단, 전동기를 포함한 기중기의 효율은 73[%]이다.)

[작성답안]

계산 : $P = \frac{W \cdot v}{6.12\eta} = \frac{18 \times 6.5}{6.12 \times 0.73} = 26.19$[kW]

답 : 26.19[kW]

[핵심] 권상용 전동기 용량

$$P = \frac{9.8\,W \cdot v'}{\eta} = \frac{W \cdot v}{6.12\eta}\ [\text{kW}]$$

여기서, W : 권상 하중[ton] v : 권상 속도[m/min]

v' : 권상 속도[m/sec] η : 권상기 효율[%]

11

출제년도 20.(5점/각 문항당 2점, 모두 맞으면5점)

다음 물음에 답하시오.

(1) 다음 그림의 논리식을 간략화 하시오.

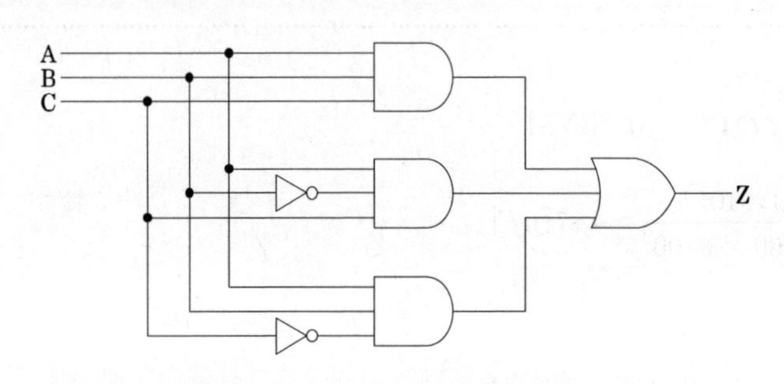

(2) 접점을 간략화하여 유접점을 그리시오.

[작성답안]

(1)

$$Z = ABC + A\overline{B}C + AB\overline{C}$$
$$= AB(C + \overline{C}) + A\overline{B}C$$
$$= AB + A\overline{B}C$$
$$= A(B + \overline{B}C)$$
$$= A(B + C)$$

(2)

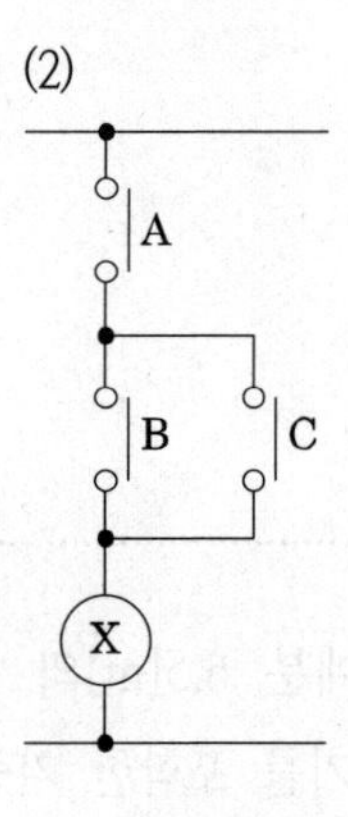

12 출제년도 09.18.20(6점/부분점수 없음)

3로스위치 4개를 사용한 3개소 점멸의 단선도를 참조하여 복선도를 완성하시오.

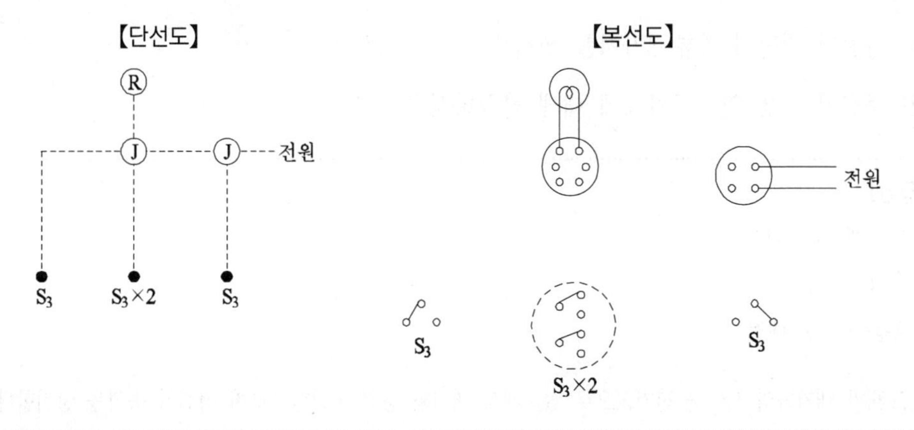

[작성답안]

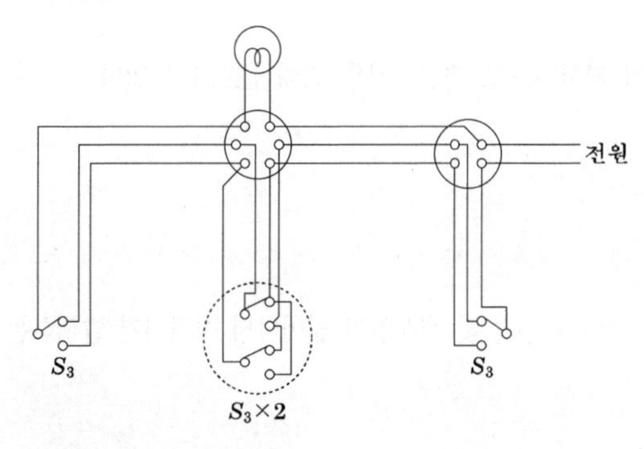

[핵심] 3개소 전멸

① 3로 스위치 2개와 4로 스위치 1개를 사용한 경우 ② 3로 스위치 4개를 사용한 경우

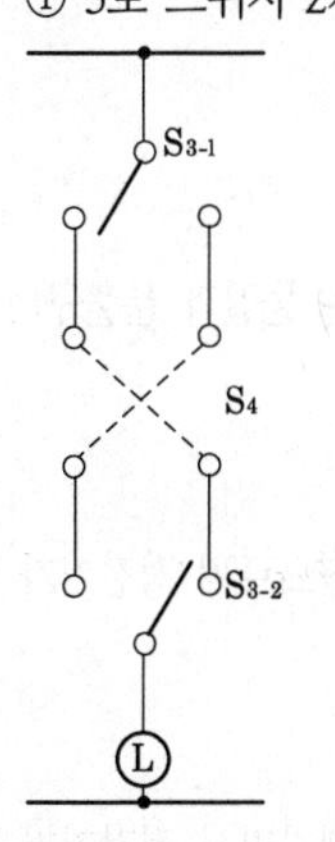

S3-1
S3-2
S3-3
S3-4
L

13 출제년도 20.(5점/각 항목당 1점)

다음 물음에 답하시오.

(1) 정전기 대전의 종류 3가지를 쓰시오.

(2) 정전기 발생 억제 2가지에 대해 작성하시오.

[작성답안]

(1) • 마찰에 의한 대전
• 박리에 의한 대전
• 유동에 의한 대전

(2) • 도체와 대지와의 사이를 전기적으로 접지해서 대지와 등전 위화함으로써 정전기 축적을 방지한다.
• 대전물체의 표면을 금속 또는 도전성 물질로 덮어 차폐한다.

그 외

• 프라스틱 제품 등은 습도가 증가되면 표면저항이 저하되므로 대전방지를 위해 습도를 높인다.
• 제전기를 사용한다.

[핵심] 대전

① 마찰대전

두 물체에 마찰이나 마찰에 의한 접촉위치의 이동으로 전하의 분리 및 재배열이 일어나서 정전기가 발생하는 현상을 말한다.

② 박리대전

서로 밀착되어 있는 물체가 떨어질 때 전하의 분리가 일어나 정전기가 발생하는 현상을 말한다.

③ 유동대전

액체류가 파이프 등 내부에서 유동할 때 액체와 관벽사이에 정전기가 발생한다.

④ 분출대전

분체류, 액체류, 기체류가 단면적이 작은 분출구를 통해 공기 중으로 분출되 때 분출하는 물질과 분출구와의 마찰로 인해 정전기가 발생한다.

⑤ 충돌 대전

분체류와 같은 입자상호간이나 입자와 고체와의 충돌에 의해 빠른 접촉, 분리가 행하여 짐으로써 정전기가 발생하는 현상이다.

⑥ 파괴 대전

고체나 분체류와 같은 물체가 파괴되었을 때 전하분리 또는 정전하와 부전하의 균형이 깨지면서 정전기가 발생하는 현상을 말한다.

⑦ 혼합대전

혼합대전은 액체 상호 등을 혼합할때 일어나는 대전 현상이다.

⑧ 심강대전, 부상대전

심강대전, 부상대전은 액체의 유동에 따라 액체 중에 분산된 기포 등 용해성의 물질(분산물질)이 유동이 정지함에 따라 비중차에 의해 탱크 내에서 심강 또는 부상할 때 일어나는 대전 현상이다.

⑨ 적하대전

적하대전(滴下帶電)은 액체가 액적으로 공기 중에 방출될 때 일어나는 대전현상이다.

⑩ 동결대전

동결대전은 극성기를 갖는 물 등이 동결하여 파괴할 때 일어나는 대전현상으로 파괴에 의한 대전의 일종이다.

⑪ 유도대전

유도대전은 대전물에 가까이 대전될 물체가 있을 때 이것이 정전유도를 받아 전하의 분포가 불균일하게 되며 대전된 것이 등가로 되는 현상이다.

14

출제년도 10.20.(5점/부분점수 없음)

송전용량 5000[kVA]인 설비가 있을 때 공급 가능한 용량은 부하 역률 80[%]에서 4000[kW]까지이다. 여기서, 부하 역률을 95[%]로 개선하는 경우 역률개선 전(80[%])에 비하여 공급 가능한 용량[kW]은 얼마가 증가되는지 구하시오.

[작성답안]

계산 : $P = P_a(\cos\theta_2 - \cos\theta_1) = 5000(0.95 - 0.8) = 750$[kW]

답 : 750[kW]

[핵심] 역률개선 콘덴서 용량

① 콘덴서 용량

$$Q_c = P\tan\theta_1 - P\tan\theta_2 = P(\tan\theta_1 - \tan\theta_2) = P\left(\frac{\sin\theta_1}{\cos\theta_1} - \frac{\sin\theta_2}{\cos\theta_2}\right)$$

$$= P\left(\frac{\sqrt{1-\cos^2\theta_1}}{\cos\theta_1} - \frac{\sqrt{1-\cos^2\theta_2}}{\cos\theta_2}\right) \text{ [kVA]}$$

여기서, $\cos\theta_1$: 개선 전 역률, $\cos\theta_2$: 개선 후 역률

② 역률개선시 증가 할수 있는 부하

역률 개선에 따른 유효전력의 증가분 $\Delta P = P_a(\cos\theta_2 - \cos\theta_1)$[kW]

여기서, $\cos\theta_1$: 개선 전 역률 $\cos\theta_2$: 개선 후 역률

15 출제년도 91.98.07.14.20.(5점/부분점수 없음)

전원 전압이 100 [V]인 회로에서 600 [W]의 전기솥 1대, 350 [W]의 다리미 1대, 150 [W]의 텔레비젼 1대를 사용할 때 10 [A]의 고리 퓨즈는 어떻게 되겠는지 그 상태와 그 이유를 설명하시오.

- 상태 :
- 이유 :

[작성답안]

부하 전류 $I = \dfrac{600+350+150}{100} = 11$ [A]

상태 : 용단되지 않는다.

이유 : 4 [A] 초과 16 [A] 미만의 경우 불용단 전류는 1.5배이므로 용단되어서는 안된다.

[핵심] 한국전기설비규정 212.3.4 보호장치의 특성

1. 과전류 보호장치는 KS C 또는 KS C IEC 관련 표준(배선차단기, 누전차단기, 퓨즈등의 표준)의 동작특성에 적합하여야 한다.
2. 과전류차단기로 저압전로에 사용하는 범용의 퓨즈(「전기용품 및 생활용품 안전관리법」에서 규정하는 것을 제외한다)는 [표 212.3-1]에 적합한 것이어야 한다.

[표 212.3-1] 퓨즈(gG)의 용단특성

정격전류의 구분	시 간	정격전류의 배수	
		불용단전류	용단전류
4 [A] 이하	60분	1.5배	2.1배
4 [A] 초과 16 [A] 미만	60분	1.5배	1.9배
16 [A] 이상 63 [A] 이하	60분	1.25배	1.6배
63 [A] 초과 160 [A] 이하	120분	1.25배	1.6배
160 [A] 초과 400 [A] 이하	180분	1.25배	1.6배
400 [A] 초과	240분	1.25배	1.6배

16 출제년도 12.14.20.21.(5점/부분점수 없음)

3상 4선식 교류 380 [V], 10 [kVA]부하가 변전실 배전반에서 50 [m] 떨어져 설치되어 있다. 허용전압강하는 얼마이며 이 경우 배전용 케이블의 최소 굵기는 얼마로 하여야 하는지 계산하시오. (단, 전기사용장소 내 시설한 변압기이며, 케이블은 IEC 규격에 의한다.)

전선규격 [mm^2]

1.5	2.5	4	6	10	16	25	35	50

[작성답안]

계산 : $I=\dfrac{P}{\sqrt{3}\,V}=\dfrac{10\times10^3}{\sqrt{3}\times380}=15.19$ [A]

전압강하는 저압수전 기타의 경우 5%적용 한다.

전압강하 $e=220\times0.05=11$[V]

$A=\dfrac{17.8LI}{1,000e}$ 에서 $A=\dfrac{17.8\times50\times15.19}{1,000\times220\times0.05}=1.23[mm^2]$

옥내 배선의 최소 굵기가 2.5[mm^2] 이므로 2.5[mm^2] 선정

답 : 전압강하 11[V], 전선의 굵기 2.5 [mm^2]

[핵심] 한국전기설비규정 232.3.9 수용가 설비에서의 전압강하

1. 다른 조건을 고려하지 않는다면 수용가 설비의 인입구로부터 기기까지의 전압강하는 [표 232.3-1]의 값 이하이어야 한다.

[표 232.3-1] 수용가설비의 전압강하

설비의 유형	조명 (%)	기타 (%)
A - 저압으로 수전하는 경우	3	5
B - 고압 이상으로 수전하는 경우[a]	6	8

[a]가능한 한 최종회로 내의 전압강하가 A 유형의 값을 넘지 않도록 하는 것이 바람직하다.
사용자의 배선설비가 100 [m]를 넘는 부분의 전압강하는 미터 당 0.005% 증가할 수 있으나 이러한 증가분은 0.5%를 넘지 않아야 한다.

2. 다음의 경우에는 [표 232.3-1]보다 더 큰 전압강하를 허용할 수 있다.
   가. 기동 시간 중의 전동기
   나. 돌입전류가 큰 기타 기기
3. 다음과 같은 일시적인 조건은 고려하지 않는다.
   가. 과도과전압
   나. 비정상적인 사용으로 인한 전압 변동

17

출제년도 20.(5점/각 항목당 2점)

전력시설물 공사감리업무 수행지침에 따른 검사절차에 대한 내용이다. 다음 (   )에 들어갈 내용을 답란에 쓰시오. (단, 반드시 전력시설물 공사감리업무 수행지침에 표현된 문구를 활용하여 쓰시오.)

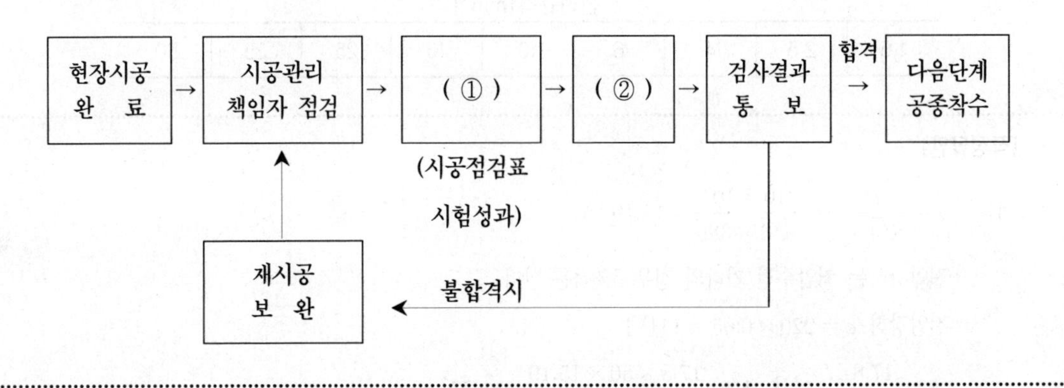

[작성답안]

① 검사 요청서 제출

② 감리원 현장 검사

[핵심] 전력시설물 감리업무수행지침 제34조(검사업무)

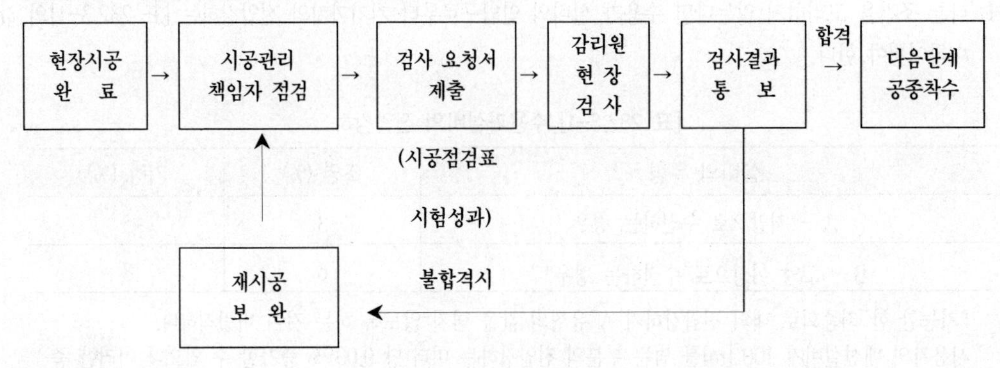

2021년 1회 기출문제 해설

※ 다음 물음에 답을 해당 답란에 답하시오.

1

출제년도 21.(6점/부분점수 없음)

전열기를 사용하여 15[ℓ]의 물을 5[℃]에서 60[℃]까지 상승시키는데 1시간 소요되었다면 전열기 용량은 몇 [kW]인가 구하시오. (단, 전열기의 효율은 76[%]이다.)

[작성답안]

계산 : $P = \dfrac{Cm\theta}{860\eta t} = \dfrac{1 \times 15 \times (60-5)}{860 \times 0.76 \times 1} = 1.26[\text{kW}]$

답 : 1.26[kW]

[핵심] 전열기 용량

$$P = \frac{P \times t}{t} = \frac{Cm(\theta_2 - \theta_1)}{860\eta t} \ [\text{kW}]$$

2

출제년도 92.05.07.09.18.21.(14점/각 문항당 14점)

3층 사무실용 건물에 3상 3선식의 6000 [V]를 수전하여 200 [V]로 체강하여 수전하는 설비를 하였다. 각 종 부하설비가 표와 같을 때 주어진 조건을 이용하여 다음 각 물음에 답하시오.

【조건】

1. 동력부하의 역률은 모두 70 [%]이며, 기타는 100 [%]로 간주한다.
2. 조명 및 콘센트 부하설비의 수용률은 다음과 같다.
   - 전등설비 : 60 [%]
   - 콘센트설비 : 70 [%]
   - 전화교환용 정류기 : 100 [%]

2021

3. 변압기 용량 산출시 예비율(여유율)은 고려하지 않으며 용량은 표준규격으로 답하도록 한다.

4. 변압기 용량 산정시 필요한 동력부하설비의 수용률은 전체 평균 65 [%]로 한다.

동력 부하 설비

사용 목적	용량 [kW]	대수	상용 동력 [kW]	하계 동력 [kW]	동계 동력 [kW]
난방 관계					
• 보일러 펌프	6.7	1			6.7
• 오일 기어 펌프	0.4	1			0.4
• 온수 순환 펌프	3.7	1			3.7
공기 조화 관계					
• 1, 2, 3층 패키지 콤프레셔	7.5	6		45.0	
• 콤프레셔 팬	5.5	3	16.5		
• 냉각수 펌프	5.5	1		5.5	
• 쿨링 타워	1.5	1		1.5	
급수·배수 관계					
• 양수 펌프	3.7	1	3.7		
기타					
• 소화 펌프	5.5	1	5.5		
• 셔터	0.4	2	0.8		
합　　계			26.5	52.0	10.8

조명 및 콘센트 부하 설비

사용 목적	와트수 [W]	설치 수량	환산 용량 [VA]	총용량 [VA]	비 고
전등관계					
• 수은등 A	200	2	260	520	200 [V] 고역률
• 수은등 B	100	8	140	1120	100 [V] 고역률
• 형광등	40	820	55	45100	200 [V] 고역률
• 백열 전등	60	20	60	1200	
콘센트 관계					
• 일반 콘센트		70	150	10500	2P 15 [A]
• 환기팬용 콘센트		8	55	440	
• 히터용 콘센트	1500	2		3000	
• 복사기용 콘센트		4		3600	
• 텔레타이프용 콘센트		2		2400	
• 룸 쿨러용 콘센트		6		7200	
기타					
• 전화 교환용 정류기		1		800	
계				75880	

(1) 동계 난방 때 온수 순환 펌프는 상시 운전하고, 보일러용과 오일 기어 펌프의 수용률이 55 [%]일 때 난방 동력 수용 부하는 몇 [kW]인가?

(2) 상용 동력, 하계 동력, 동계 동력에 대한 피상전력은 몇 [kVA]가 되겠는가?

① 상용 동력

② 하계 동력

③ 동계 동력

(3) 이 건물의 총 전기설비 용량은 몇 [kVA]를 기준으로 하여야 하는가?

(4) 조명 및 콘센트 부하설비에 대한 단상변압기의 용량은 최소 몇 [kVA]가 되어야 하는가?

(5) 동력 부하용 3상 변압기의 용량은 몇 [kVA]가 되겠는가?

(6) 단상과 3상 변압기의 2차측 전류계용으로 사용되는 변류기의 1차측 정격전류는 각각 몇 [A]인가?

① 단상

② 3상

(7) 역률개선을 위하여 각 부하마다 전력용 콘덴서를 설치하려고 할 때 보일러 펌프의 역률을 95 [%]로 개선하려면 몇 [kVA]의 전력용 콘덴서가 필요한가?

[작성답안]

(1) 계산 : 수용부하 $= 3.7 + (6.7 + 0.4) \times 0.55 = 7.61$ [kW]

답 : 7.61 [kW]

(2) ① 계산 : 상용 동력의 피상 전력 $= \dfrac{26.5}{0.7} = 37.86$ [kVA]

답 : 37.86 [kVA]

② 계산 : 하계 동력의 피상 전력 $= \dfrac{52.0}{0.7} = 74.29$ [kVA]

답 : 74.29 [kVA]

③ 계산 : 동계 동력의 피상 전력 $= \dfrac{10.8}{0.7} = 15.43$ [kVA]

답 : 15.43 [kVA]

(3) 계산 : $37.86 + 74.29 + 75.88 = 188.03$ [kVA]

답 : 188.03 [kVA]

(4) 계산 : 전등 관계 : $(520 + 1120 + 45100 + 1200) \times 0.6 \times 10^{-3} = 28.76$ [kVA]

콘센트 관계 : $(10500 + 440 + 3000 + 3600 + 2400 + 7200) \times 0.7 \times 10^{-3} = 19$ [kVA]

기타 : $800 \times 1 \times 10^{-3} = 0.8$ [kVA]

∴ $28.76 + 19 + 0.8 = 48.56$ [kVA]이므로 단상 변압기 용량은 50 [kVA]가 된다.

답 : 50 [kVA]

(5) 계산 : 동계 동력과 하계 동력 중 큰 부하를 기준하고 상용 동력과 합산하여 계산하면

$\dfrac{(26.5 + 52.0)}{0.7} \times 0.65 = 72.89$ [kVA]이므로 3상 변압기 용량은 75 [kVA]가 된다.

답 : 75 [kVA]

(6) ① 단상 변압기 2차측 변류기

계산 : $I = \frac{50 \times 10^3}{200} \times (1.25 \sim 1.5) = 312.5 \sim 375$ [A]

∴ 312.5~375 [A] 사이에 표준품이 없으므로 400/5 선정

답 : 400[A]

② 3상 변압기 2차측 변류기

계산 : $I = \frac{75 \times 10^3}{\sqrt{3} \times 200} \times (1.25 \sim 1.5) = 270.63 \sim 324.76$ [A]

∴ 300/5를 선정한다.

답 : 300 [A] 선정

(7) 계산 : $Q_c = P(\tan\theta_1 - \tan\theta_2) = 6.7\left(\frac{\sqrt{1-0.7^2}}{0.7} - \frac{\sqrt{1-0.95^2}}{0.95}\right) = 4.63$[kVA]

답 : 4.63 [kVA]

3

출제년도 21.(4점/각 항목당 2점)

전력시설물 감리업무수행지침중 부진공정 만회대책에 관한 내용이다. ( )안에 알맞은 내용을 답란에 쓰시오.

"감리원은 공사 진도율이 계획공정 대비 월간 공정실적이 ( )% 이상 지연되거나, 누계 공정실적이 ( )% 이상 지연될 때에는 공사업자에게 부진사유 분석, 만회대책 및 만회공정표를 수립하여 제출하도록 지시하여야 한다."

월간공정실적	누계공정실적

[작성답안]

월간공정실적	누계공정실적
10	5

2021

[핵심] 전력시설물 감리업무수행지침 제45조(부진공정 만회대책)

① 감리원은 공사 진도율이 계획공정 대비 월간 공정실적이 10% 이상 지연되거나, 누계공정 실적이 5% 이상 지연될 때에는 공사업자에게 부진사유 분석, 만회대책 및 만회공정표를 수립하여 제출하도록 지시하여야 한다.

② 감리원은 공사업자가 제출한 부진공정 만회대책을 검토·확인하고, 그 이행 상태를 주간단위로 점검·평가하여야 하며, 공사추진회의 등을 통하여 미 조치 내용에 대한 필요대책 등을 수립하여 정상 공정으로 회복할 수 있도록 조치하여야 한다.

③ 감리원은 검토·확인한 부진공정 만회대책과 그 이행상태의 점검·평가결과를 감리보고서에 수록하여 발주자에게 보고하여야 한다.

4

출제년도 99.02.09.18.21.(8점/각 문항당 2점)

예비전원설비에 이용되는 연축전지와 알칼리축전지에 대하여 다음 각 물음에 답하시오.

(1) 연축전지와 비교할 때 알칼리축전지의 장점과 단점을 1가지씩만 쓰시오.

- 장점 :
- 단점 :

(2) 연축전지와 알칼리축전지의 공칭전압은 각각 몇 [V]인지 쓰시오.

- 연축전지 :
- 알칼리축전지 :

(3) 축전지의 일상적인 충전방식 중 부동충전방식에 대하여 설명하시오.

(4) 연축전지의 정격용량이 200[Ah]이고, 상시부하가 10[kW]이며, 표준전압이 100[V]인 부동충전방식 충전기의 2차 전류는 몇 [A]인지 구하시오.(단, 상시부하의 역률은 1로 간주한다).

[작성답안]

(1) 장점 : 충·방전 특성이 양호하다.

단점 : 연축전지 보다 공칭 전압이 낮다.

(2) 연축전지 : 2.0 [V]

알칼리축전지 : 1.2 [V]

(3) 축전지와 부하를 충전기에 병렬로 접속하여 사용하는 방식으로 축전지의 자기방전을 보충함과 동시에 일상적인 부하전류는 충전기가 공급하되, 충전기가 공급하기 어려운 일시적인 대전류 부하는 축전지가 공급하는 충전방식

(4) 계산 : $I_2 = \frac{200}{10} + \frac{10 \times 10^3}{100} = 120[A]$

답 : 120[A]

[핵심] 알칼리 축전지

• 장점

㉠ 수명이 길다 (납 축전지의 3~4배)

㉡ 진동과 충격에 강하다.

㉢ 충·방전 특성이 양호하다.

㉣ 방전시 전압 변동이 작다.

㉤ 사용 온도 범위가 넓다.

• 단점

㉠ 납축전지보다 공칭 전압이 낮다.

㉡ 가격이 비싸다.

축전지의 특성비교

구분	연축전지	알칼리축전지
기 전 력	약 2.05 ~ 2.08[V/셀]	1.32[V/셀]
공 칭 전 압	2.0[V/셀]	1.2[V/셀]
셀 수	100[V]에 대해 42~55개	100[V]에 대해 80~85개
전기적 강도	과충방전에 약하다.	과충방전에 강하다.
충 전 시 간	길다.	짧다.
온 도 특 성	열등하다.	우수하다.
수 명	10~20년	30년 이상
정 격 용 량	10시간 방전	5시간 방전
가 격	싸다.	비싸다.
용 도	장시간, 일정전류 부하에 적당	단시간, 대전류 부하에 적당
충전 반응식	$PbO_2 + 2H_2SO_4 + Pb$	$2Ni(OH)_3 + 2H_2O + Cd$
방전 반응식	$PbSO_4 + 2H_2O + PbSO_4$	$2Ni(OH)_2 + Cd(OH)_2$

5 출제년도 21.(6점/각 항목당 1점)

건축화조명방식에서 천정면을 이용한 조명방식 3가지와 벽면을 이용하는 조명방식 3가지를 쓰시오.

- 천정면
- 벽면

[작성답안]

- 천정면
  - 다운라이트
  - 코퍼(coffer)라이트
  - 핀홀라이트
  - 그 외
  - 라인라이트
  - 광천정조명
  - 매입형광등
- 벽면
  - 밸런스(valance) 조명
  - 코오니스(cornice) 조명
  - 광창조명

[핵심] 건축화 조명

건축화 조명은 건축물의 천장이나 벽을 조명기구 겸용디자인으로 마무리하는 것으로서 조명기구의 배치방식에 의하면 거의 전반조명 방식에 해당되며, 조명기구 독립설치 방식에 비해 글레어의 제어나 빛의 공간배분 및 미관상 뛰어난 조명효과가 창출됨으로 이를 고려한다.

① 건축화 조명은 천장면 이용방식은 매입형광등, 라인라이트, 다운라이트, 핀홀라이트, 코퍼라이트와 광천장조명, 루버천장조명 및 코오브조명의 형식을 사용한다.

② 벽면 이용방식은 코너조명, 코오니스조명, 밸런스조명 및 광창조명의 형식을 사용한다.

- 매입형광등 방식 : 가장 일반적인 천정 이용방식으로 "하면(下面) 개방형, 하면(下面) 확산판 설치형, 반매입형" 등이 있다.
- 다운라이트 방식 : 천장에 작은 구멍을 뚫고 조명기구를 매입하여 빛의 빔방향을 아래로 유효하게 조명한다. 사무실에 배치 할 경우 균등하게 배치하고 인테리어 적으로 배치 할 경우 random하게 배치한다.
- pin hole light : down-light의 일종으로 아래로 조사되는 구멍을 적게 하거나 렌즈를 달아 복도에 집중 조사되도록 한다.

- coffer light : 대형의 down light라고도 볼 수 있으며 천정면을 둥글게 또는 사각으로 파내어 내부에 조명기구를 배치하여 조명하는 방법을 말하며 기구 하부에 확산판넬등을 배치한다.
- line light : 매입 형광등방식의 일종으로 형광등을 연속열로서 배치하는 것이며 형광등조명방식 중 가장 효과적인 조명방식이다. 이것은 종방향 line light, 황방향 line light, 사선 line light, 장방향 line light 등이 있다.
- 광천정 조명 : 실의 천정 전체를 조명기구화하는 방식으로 천정 조명 확산 판넬로서 유백색의 플라스틱판이 사용된다.
- 루버 조명 : 실의 천정면을 조명기구화 하는 방식으로 천정면 재료로서 루버를 사용하여 보호각을 증가시킨다.
- cove 조명 : 천정이나 벽면상부에 광원을 간접 조명화하여 천정면에 반사하여 조명하는 것을 말하며 효율은 대단히 나쁘지만 부드럽고 안정된 조명을 시행할 수 있다. 눈부심이 없고, 조도분포가 일정해 그림자가 없다.
- 코너(coner) 조명 : 천정과 벽면 사이에 조명기구를 배치하여 천정과 벽면에 동시에 조명하는 방법이다.
- 코오니스 (cornice) 조명 : 직접형광등기구를 벽면 위쪽에 설치하고, 목재나 금속판으로 광원을 숨김. 직접 빛이 벽면을 조명하는 방식
- 밸런스 (valance) 조명 : 벽에 형광등기구를 설치해 목재, 금속판 및 투과율이 낮은 재료로 광원을 숨기며 직접광은 아래쪽 벽이나 커튼을, 위쪽은 천장을 비추는 분위기 조명방식이다.
- 광창조명 : 지하실이나 자연광이 들어가지 않는 방에서 낮 동안 창문에서 채광되고 있는 청명한 느낌의 조명방식이다. 인공창의 뒷면에 형광등을 배치한다.

6

출제년도 21.(5점/부분점수 없음)

사용전압이 400[V] 초과의 저압 옥내 배선의 가능 여부를 시설장소에 따라 답안지 표의 빈칸에 O, X로 표시하시오. (단, O는 시설장소, X는 시설 불가능 표시를 의미한다.)

<table>
<tr><th rowspan="4">배선방법</th><th colspan="6">옥내 내선</th><th colspan="2" rowspan="3">옥측 배선</th></tr>
<tr><th colspan="2" rowspan="2">노출장소</th><th colspan="4">은폐장소</th></tr>
<tr><th colspan="2">검검가능</th><th colspan="2">점검 불가능</th></tr>
<tr><th>건조한 장소</th><th>습기가 많은 장소</th><th>건조한 장소</th><th>습가가 많은 장소</th><th>건조한 장소</th><th>습기가 많은 장소</th><th>우선내</th><th>우선외</th></tr>
<tr><td>합성수지관공사</td><td>O</td><td></td><td>O</td><td></td><td>O</td><td></td><td></td><td></td></tr>
</table>

[작성답안]

<table>
<tr><th rowspan="3">배선방법</th><th colspan="6">옥내 내선</th><th colspan="2" rowspan="2">옥측 배선</th></tr>
<tr><th colspan="2" rowspan="2">노출장소</th><th colspan="4">은폐장소</th></tr>
<tr><th colspan="2">검검가능</th><th colspan="2">점검 불가능</th></tr>
<tr><th></th><th>건조한 장소</th><th>습기가 많은 장소</th><th>건조한 장소</th><th>습가가 많은 장소</th><th>건조한 장소</th><th>습기가 많은 장소</th><th>우선내</th><th>우선외</th></tr>
<tr><td>합성수지관공사</td><td>○</td><td>○</td><td>○</td><td>○</td><td>○</td><td>○</td><td>○</td><td>○</td></tr>
</table>

7

출제년도 08.21(5점/부분점수 없음)

공동주택에 전력량계 1ϕ2W용 35개를 신설, 3ϕ4W용 7개를 사용이 종료되어 신품으로 교체하였다. 소요되는 공구손료 등을 제외한 직접 노무비를 계산하시오. (단, 인공 계산은 소수 셋째자리까지 구하며, 내선전공의 노임은 95,000원 이다.)

전력량계 및 부속장치 설치

(단위 : 대)

종 별	내선전공
전력량계 1ϕ2W용	0.14
〃 1ϕ3W용 및 3ϕ3W용	0.21
〃 3ϕ4W용	0.32
CT(저고압)	0.40
PT(저고압)	0.40
ZCT(영상변류기)	0.40
현수용 MOF(고압·특고압)	3.00
거치용 MOF(고압·특고압)	2.00
계기함	0.30
특수계기함	0.45
변성기함(저압·고압)	0.60

【해설】 ① 방폭 200 [%]

② 아파트 등 공동주택 및 기타 이와 유사한 동일 장소 내에서 10대를 초과하는 전력량계 설치시 추가 1대당 해당품의 70 [%]

③ 특수계기함은 3종 계기함, 농사용 계기함, 집합 계기함 및 저압 변류기용 계기함 등임.

④ 고압변성기함, 현수용 MOF 및 거치용 MOF(설치대 조립품 포함)를 주상설치 시 배전전공 적용

⑤ 철거 30 [%], 재사용 철거 50 [%]

[작성답안]

계산 : 내선전공 = $10\times0.14+(35-10)\times0.14\times0.7+7\times0.32(0.3+1)=6.762$[인]

직접노무비 = $6.762\times95{,}000=642{,}390$[원]

답 : 642,390[원]

[핵심]

① 전력량계 $1\phi2W$용 기본 10대까지의 신설품 : 10×0.14

② 전력량계 $1\phi2W$용 기본 10대를 초과하는 25대의 신설품 : $(35-10)\times0.14\times0.7$

③ 전력량계 $3\phi4W$용 7대 교체품 : $7\times0.32(0.3+1)=6.762$

교체는 "철거+신설"을 의미한다. 철거시 사용이 종료된 계기이므로 재사용 철거는 적용하지 않는다.

8

출제년도 09.21.(6점/각 문항당 3점)

그림과 같이 V결선과 Y결선된 변압기 한 상의 중심 0에서 110[V]를 인출하여 사용하고자 한다.

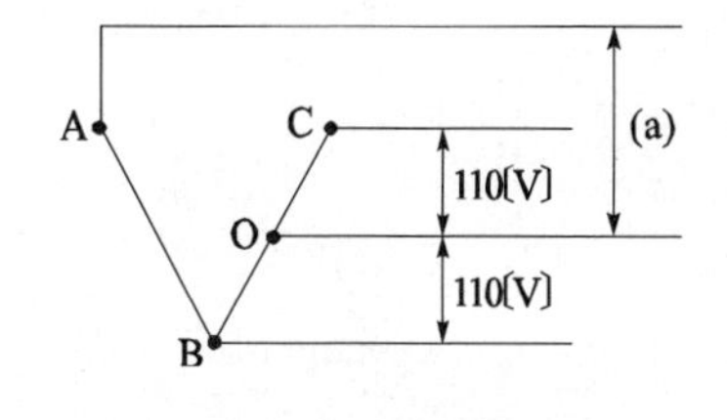

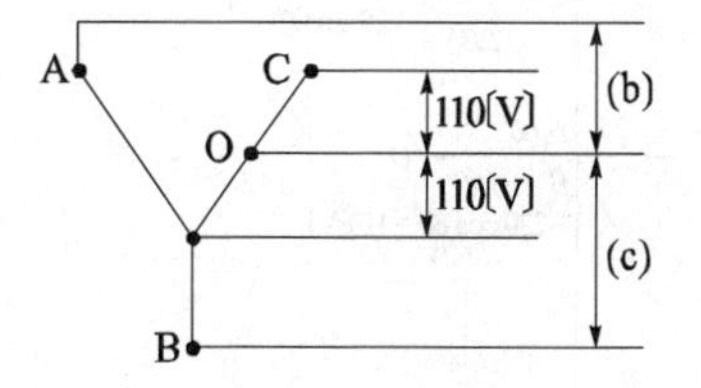

(1) 위 그림에서 (a)의 전압을 구하시오.

(2) 위 그림에서 (b)의 전압을 구하시오.

(3) 위 그림에서 (c)의 전압을 구하시오.

[작성답안]

(1) 계산 : $V_{AO} = 220\angle 0° + 110\angle -120°$

$$= 220[\cos 0° + j\sin 0°] + 110\left[\cos\left(-\frac{2}{3}\pi\right) + j\sin\left(-\frac{2}{3}\pi\right)\right]$$

$$= 220 + (-55 - j55\sqrt{3}) = 165 - j55\sqrt{3}$$

$$= \sqrt{165^2 + (55\sqrt{3})^2} = 190.53[\text{V}]$$

답 : 190.53[V]

(2) 계산 : $V_{AO} = 110\angle 120° - 220\angle 0° = 110(\cos 120° + j\sin 120°) - 220(\cos 0° + j\sin 0°)$

$$= 110\left(-\frac{1}{2} + j\frac{\sqrt{3}}{2}\right) - 220 = -275 + j55\sqrt{3}$$

$$= \sqrt{275^2 + (55\sqrt{3})^2} = 291.03[\text{V}]$$

답 : 291.03[V]

(3) 계산 : $V_{BO} = 110\angle 120° - 220\angle -120°$

$$= 110[\cos 120° + j\sin 120°] - 220[\cos(-120°) + j\sin(-120°)]$$

$$= 110\left(-\frac{1}{2} + j\frac{\sqrt{3}}{2}\right) - 220\left(-\frac{1}{2} - j\frac{\sqrt{3}}{2}\right) = 55 + j165\sqrt{3}$$

$$= \sqrt{55^2 + (165\sqrt{3})^2} = 291.03$$

답 : 291.03[V]

[핵심]

(1) $V_{AO} = \sqrt{(220\cos 60° - 110)^2 + (220\sin 60°)^2} = 110\sqrt{3} = 190.53[\text{V}]$

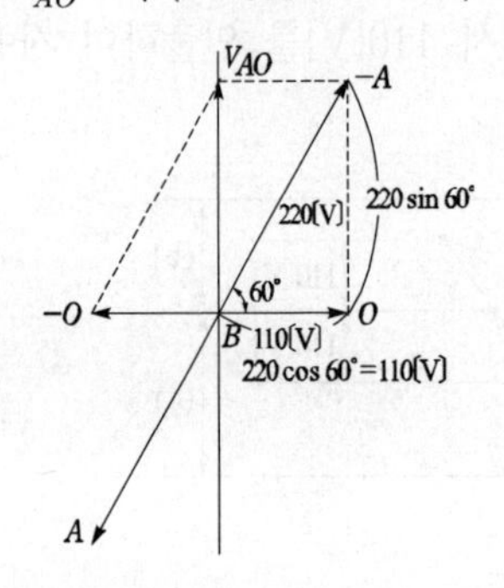

(2),(3) $V_{AO} = \sqrt{(220\cos 60° + 110)^2 + (220\sin 60°)^2} = \sqrt{220^2 + (110\sqrt{3})^2} = 291.03[V]$

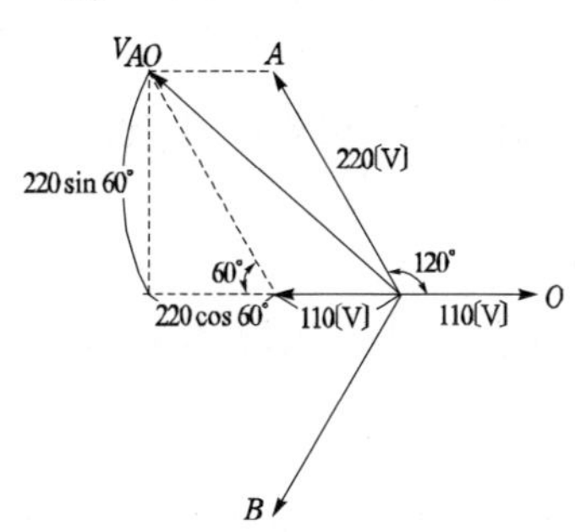

9

출제년도 94.02.21.(5점/부분점수 없음)

단상 부하가 a상 19[kVA], b상 25[kVA] c상 33[kVA] 및 3상 부하가 20[kVA]이 있다. 최소 3상 변압기 용량을 구하시오.

단상 변압기 표준용량

표준용량[kVA]	1, 2, 3, 5, 7.5, 10, 15, 20, 30, 50, 100, 150, 200

[작성답안]

계산 : 1상의 최대부하 $P_1 = 33 + \dfrac{20}{3} = 39.67[kVA]$

3상 변압기의 경우 단상변압기가 모두 동일용량이 되어야 하므로

$\therefore\ P_3 = 39.67 \times 3 = 119.01[kVA]$

∴ 표에서 150[kVA] 선정

답 : 150[kVA]

10　　출제년도 21.(4점/각 문항당 2점)

지중 전선로는 케이블을 사용하여 관로식, 암거식, 직접 매설식에 의하여 시설하여야 한다. 다음 물음에 답하시오.

(1) 관로식에 의하여 차량 및 기타 중량물의 압력을 받을 우려가 있는 경우 매설깊이는 얼마인가?

(2) 직접 매설식에 의하여 차량 및 기타 중량물의 압력을 받을 우려가 있는 경우 매설 깊이는 얼마인가?

[작성답안]

(1) 1 [m]

(2) 1 [m]

[핵심] 한국전기설비규정 지중전선로의 시설

1. 지중 전선로는 전선에 케이블을 사용하고 또한 관로식·암거식(暗渠式) 또는 직접 매설식에 의하여 시설하여야 한다.
2. 지중 전선로를 관로식 또는 암거식에 의하여 시설하는 경우에는 다음에 따라야 한다.
   가. 관로식에 의하여 시설하는 경우에는 매설 깊이를 1.0 m 이상으로 하되, 매설 깊이가 충분하지 못한 장소에는 견고하고 차량 기타 중량물의 압력에 견디는 것을 사용할 것. 다만 중량물의 압력을 받을 우려가 없는 곳은 0.6 m 이상으로 한다.
   나. 암거식에 의하여 시설하는 경우에는 견고하고 차량 기타 중량물의 압력에 견디는 것을 사용할 것.
3. 지중 전선을 냉각하기 위하여 케이블을 넣은 관내에 물을 순환시키는 경우에는 지중 전선로는 순환수 압력에 견디고 또한 물이 새지 아니하도록 시설하여야 한다.
4. 지중 전선로를 직접 매설식에 의하여 시설하는 경우에는 매설 깊이를 차량 기타 중량물의 압력을 받을 우려가 있는 장소에는 1.0 m 이상, 기타 장소에는 0.6 m 이상으로 하고 또한 지중 전선을 견고한 트라프 기타 방호물에 넣어 시설하여야 한다. 다만, 다음의 어느 하나에 해당하는 경우에는 지중전선을 견고한 트라프 기타 방호물에 넣지 아니하여도 된다.

11

출제년도 94.07.21.(3점/부분점수 없음)

변압기 2차측 내부고장 시 가장 먼저 차단되어야 할 것은 어느 것인가 기기의 명칭을 쓰시오.

전원 — LBS — VCB — TR — ACB — MCCB — 부하

[작성답안]

진공차단기

12

출제년도 21.(5점/부분점수 없음)

38 [mm²]의 경동연선을 사용해서 높이가 같고 경간이 100 [m]인 철탑에 가선하는 경우 이도는 얼마인가? (단, 이 경동연선의 인장하중은 1480 [kg], 안전율은 2.2이고 전선 자체의 무게는 0.334 [kg/m], 수평풍압하중 0.608[kg/m]라고 한다.)

[작성답안]

이도 $D = \dfrac{\sqrt{0.334^2 + 0.608^2} \times 100^2}{8 \times \dfrac{1480}{2.2}} = 1.29[\mathrm{m}]$

답 : 1.29[m]

[핵심] 이도

이도의 영향

① 지지물의 높이를 좌우한다.

② 이도가 크면 전선은 그만큼 좌우로 크게 진동해서 다른 상의 전선에 접촉하거나 수목에 접촉할 우려가 있다.

③ 이도가 작으면 이에 반비례해서 전선의 장력이 증가하며 심할 경우에는 전선의 단선 우려가 있다.

이도의 계산 : $D = \dfrac{w S^2}{8T}[\mathrm{m}]$

전선의 길이 : $L = S + \dfrac{8D^2}{3S}$

13 출제년도 90.09.10.21.(4점/부분점수 없음)

1차측 탭 전압이 22900[V]이고 2차측이 380/220[V] 일 때 2차측전압이 370[V] 로 측정되었다. 2차측 전압을 상승을 시키 위해서 탭 전압을 21900[V]로 할 때 2차측 전압을 구하시오.

[작성답안]

계산 : 1차에 가한 전압 : $V_1 \times \frac{380}{22900} = 370[V]$에서 $V_1 = 22297.37[V]$

2차에 나타난 전압 : $V_2 = 22297.37 \times \frac{380}{21900} = 386.90[V]$

답 : 386.9[V]

[핵심] 권수비

$$a = \frac{\dot{V_1}}{\dot{V_2}} = \frac{\dot{E_1}}{\dot{E_2}} = \frac{N_1}{N_2} = \frac{\dot{I_2}}{\dot{I_1}}$$

$$a = \frac{V_1}{V_2} = \frac{Z_1 I_1}{Z_2 I_2} = \frac{Z_1}{Z_2} \cdot \frac{1}{a} \text{ 에서 } a^2 = \frac{Z_1}{Z_2}$$

14

출제년도 91.95.21.(5점/부분점수 없음)

수용가 인입구의 전압이 22.9 [kV], 주차단기의 차단 용량이 200 [MVA]이다. 10 [MVA], 22.9/3.3 [kV] 변압기의 임피던스가 4.5 [%]일 때, 변압기 2차측에 필요한 차단기 용량을 다음 표에서 산정하시오.

차단기 정격용량[MVA]

10	20	30	50	75	100	150	250	300	400	500	750	1000

[작성답안]

계산 : 기준용량 10[MVA]로 하면

전원측 $\%Z = \frac{P_n}{P_s} \times 100 = \frac{10}{200} \times 100 = 5[\%]$

변압기 $\%Z_t = 4.5[\%]$

합성 $\%Z = 5 + 4.5 = 9.5[\%]$

변압기2차측 단락용량 $P_s = \frac{100}{9.5} \times 10 = 105.26[\text{MVA}]$

답 : 150[MVA]

[핵심] %임피던스법

임피던스의 크기를 옴[Ω] 값 대신에 %값으로 나타내어 계산하는 방법으로 옴[Ω]법과 달리 전압환산을 할 필요가 없어 계산이 용이하므로 현재 가장 많이 사용되고 있다.

$$\%Z = \frac{I_n[\text{A}] \times Z[\Omega]}{E[\text{V}]} \times 100[\%] = \frac{P[\text{kVA}] \times Z[\Omega]}{10\,V^2[\text{kV}]}[\%]$$

2021

15 출제년도 03.07.21.(5점/각 항목당 2점, 모두 맞으면 5점)

그림과 같은 무접점 릴레이 회로의 출력식 Z를 구하고 이것의 타임차트를 그리시오.

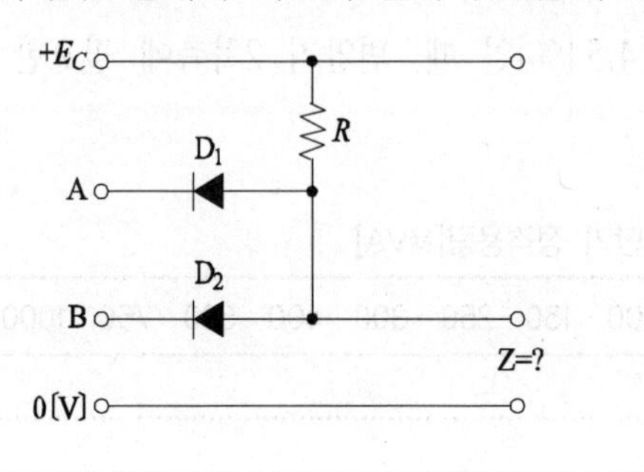

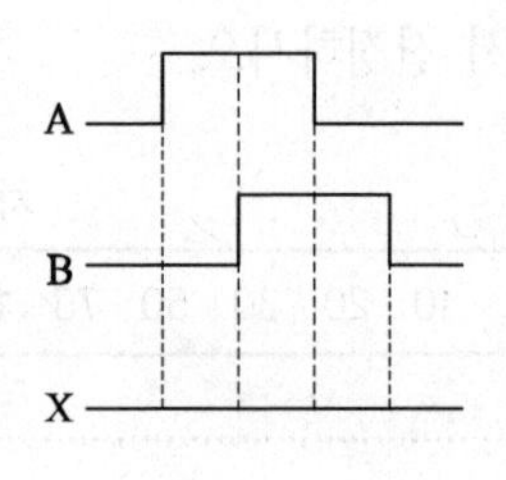

[작성답안]

- 출력식 : Z = A·B
- 타임차트

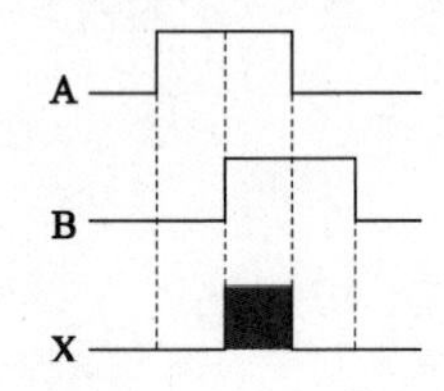

[핵심]

- 출력식 : Z = A·B
- 전자 릴레이 회로(유접점 회로)

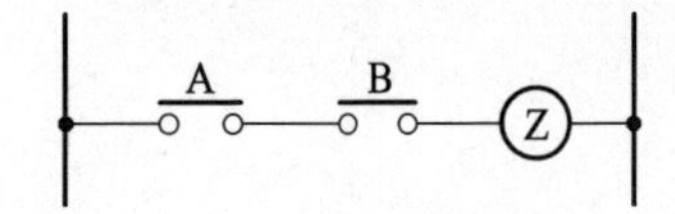

16

출제년도 03.06.10.18.21(6점/각 문항당 2점)

주어진 진리값 표는 3개의 리미트 스위치 LS_1, LS_2, LS_3에 입력을 주었을 때 출력 X와의 관계표이다. 이 표를 이용하여 다음 각 물음에 답하시오.

진리값 표

LS_1	LS_2	LS_3	X
0	0	0	0
0	0	1	0
0	1	0	0
0	1	1	1
1	0	0	0
1	0	1	1
1	1	0	1
1	1	1	1

(1) 진리값 표를 이용하여 다음과 같은 Karnaugh도를 완성하시오.

LS_3 \ LS_1, LS_2	0 0	0 1	1 1	1 0
0				
1				

(2) 물음 (1)항의 Karnaugh 도에 대한 논리식을 쓰시오.

(3) 진리값과 물음 (2)항의 논리식을 이용하여 이것을 무접점 회로도로 표시하시오.

[작성답안]

(1)

LS_3 \ LS_1, LS_2	0 0	0 1	1 1	1 0
0			1	
1		1	1	1

(2) $X = LS_1 LS_2 + LS_2 LS_3 + LS_1 LS_3 = LS_1(LS_2 + LS_3) + LS_2 LS_3$

2021

(3)

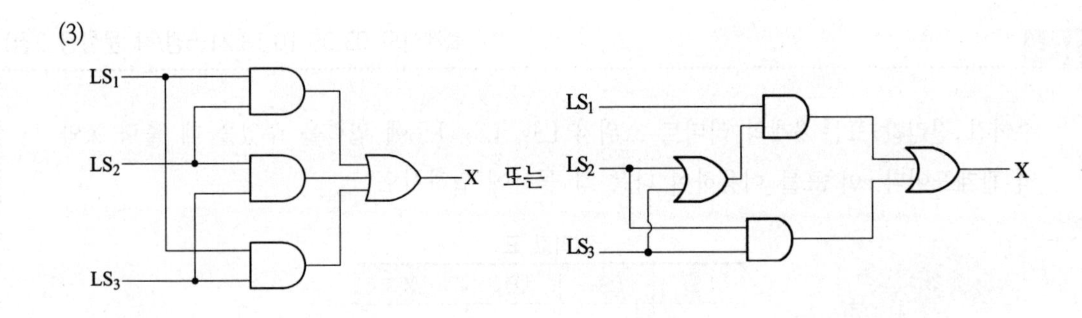

17

출제년도 16.21.(4점/부분점수 없음)

다음 그림은 TN-C 계통접지이다. 중성선(N), 보호선(PE), 보호선과 중선선을 겸한 선(PEN)을 도면을 완성하고 표시하시오. (단, 중성선은 ⊁, 보호선은 ⊁, 보호선과 중성선을 겸한 선 ⊁로 표시한다.)

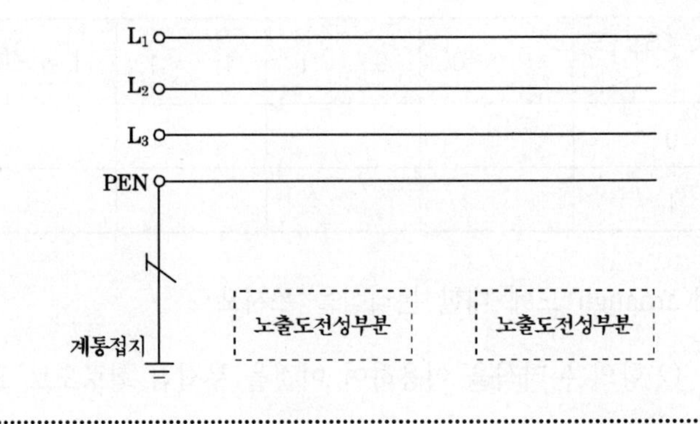

[작성답안]

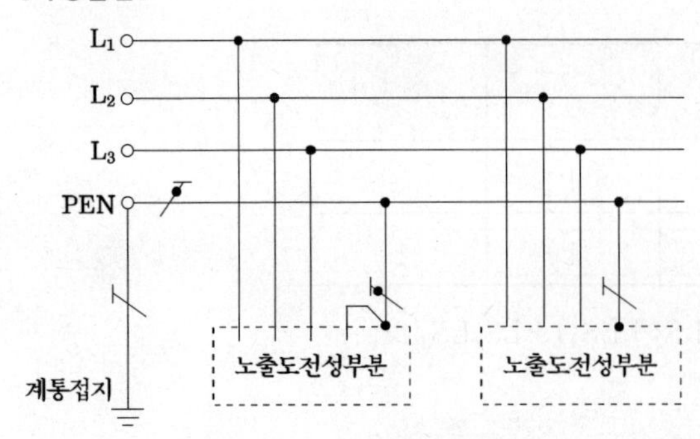

[핵심] 접지방식

① TN-C방식

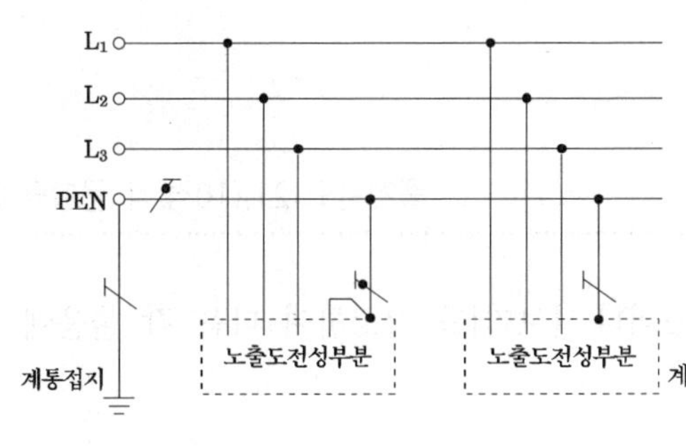

② TN-C-S 방식

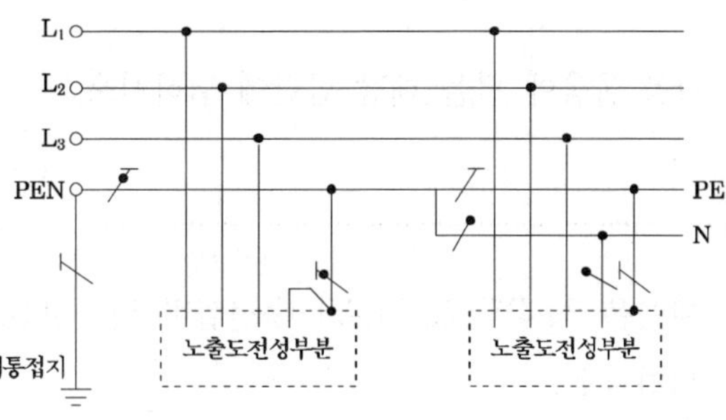

③ TN-S 방식

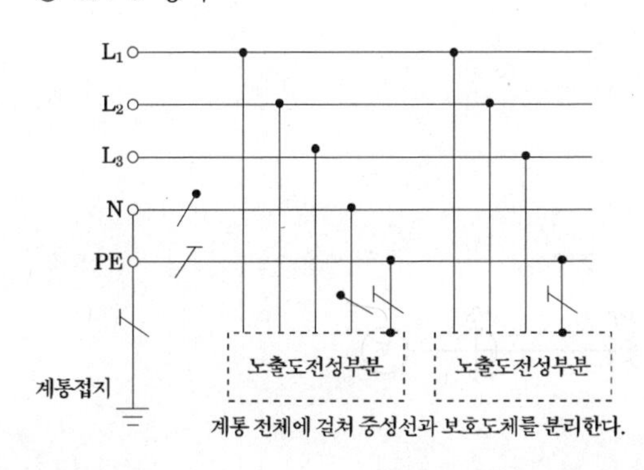

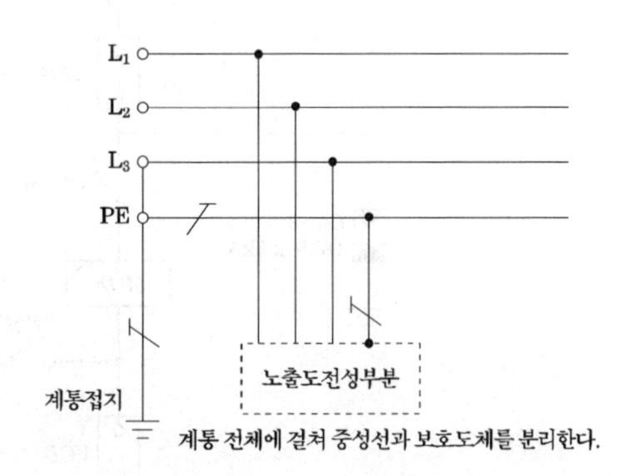

18

출제년도 89.95.00.04.06.10.11.15.16.17.18.19.21.(5점/부분점수 없음)

단상 2선식 220[V]의 옥내배선에서 소비전력 40[W], 역률 85[%]의 LED형광등 85등을 설치할 때 16[A] 분기회로 수는 최소 몇 회로인지 구하시오. (단, 한 회선의 부하전류는 분기회로 용량의 80[%]로 하고 수용률은 100[%]로 한다.)

[작성답안]

계산 : 부하용량 $P_a = \dfrac{40}{0.85} \times 85 = 4000[\text{VA}]$

분기회로수 $N = \dfrac{4000}{220 \times 16 \times 0.8} = 1.42[\text{회로}]$

답 : 16[A] 분기 2회로

[핵심] 분기회로수

$$\text{분기회로 수} = \frac{\text{상정 부하 설비의 합 [VA]}}{\text{전압[V]} \times \text{분기 회로 전류[A]}}$$

2021년 2회 기출문제 해설

※ 다음 물음에 답을 해당 답란에 답하시오.

1

출제년도 21.(10점/각 문항당 2점)

다음은 3Φ4W 22.9 [kV] 수전설비 단선결선도이다. [보기]를 참고하여 다음 각 물음에 답하시오.

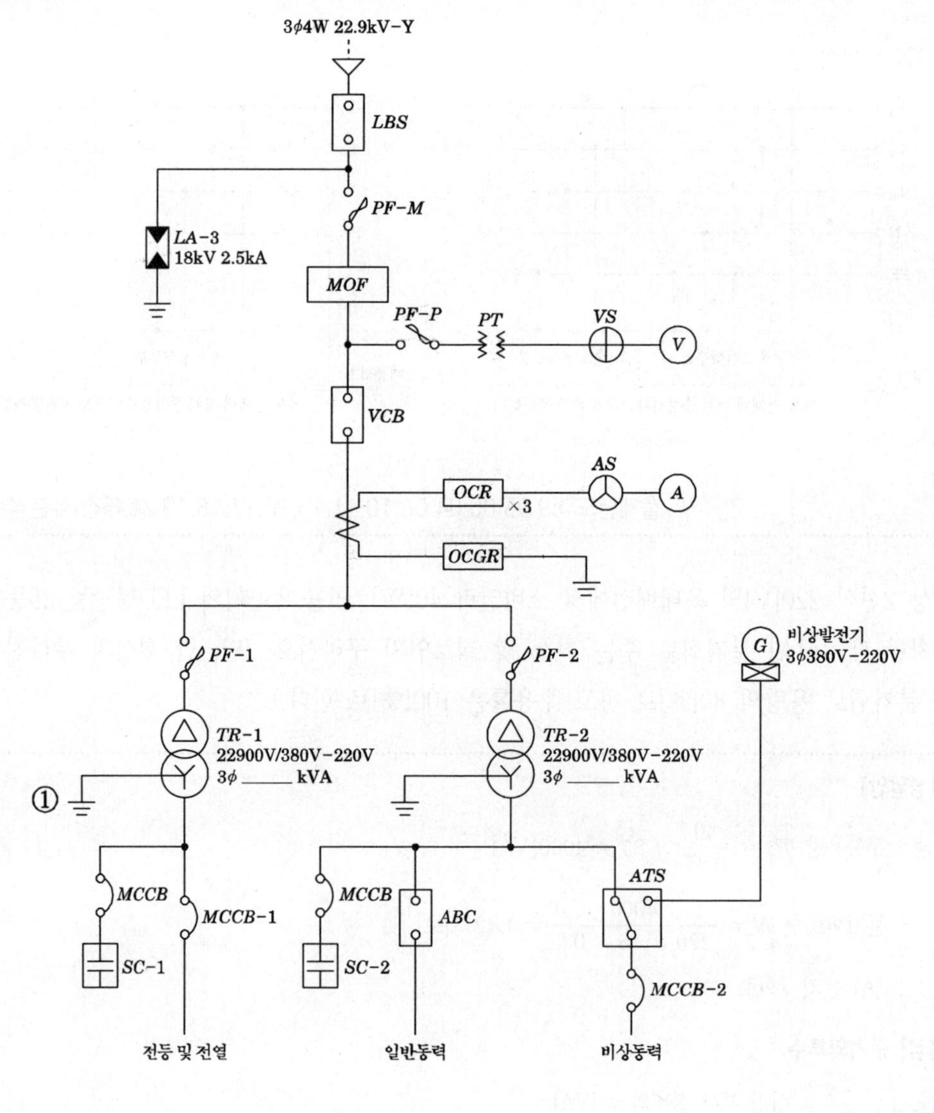

【조건】

- TR_1과 TR_2의 효율은 각각 90%이며 TR_2의 여유율은 15%로 한다.
- TR_1(수용률과 역률을 적용한) 부하설비용량(전등전열부하) : 390.42 [kVA]
- TR_2(수용률과 역률을 적용한) 부하설비용량(일반동력설비) : 110.3 [kVA]
- TR_2(수용률과 역률을 적용한) 부하설비용량(비상동력설비) : 75.5 [kVA]
- 변압기의 표준용량 [kVA] : 200, 300, 400, 500

(1) TR_1 변압기 용량을 선정하시오.

(2) TR_2 변압기 용량을 선정하시오.

(3) TR_1 변압기 2차 정격전류를 구하시오.

(4) ATS의 무엇을 위한 목적으로 사용되는가 쓰시오.

(5) TR_1 변압기 ①의 2차측을 중성점을 접지하는 목적이 무엇인가 쓰시오.

[작성답안]

(1) 계산 : $TR_1 = \dfrac{390.42}{0.9} = 433.8$ [kVA]

∴ 500 [kVA] 선정

답 : 500 [kVA]

(2) 계산 : $TR_2 = \dfrac{110.3 + 75.5}{0.9} \times 1.15 = 237.41$ [kVA]

∴ 300 [kVA] 선정

답 : 300 [kVA]

(3) 계산 : 2차 정격전류 $I_2 = \dfrac{500 \times 10^3}{\sqrt{3} \times 380} = 759.67$ [A]

답 : 759.67 [A]

(4) 저압측(변압기2차측)에 설치되어 정전이 발생하였을 경우 변압기 상호간 절체 또는 중요 부하에 발전기를 작동시켜서 전원을 공급하는 것을 목적으로 한다.

(5) 고저압 혼촉에 의한 저압측 전위상승을 억제하여 저압측에 연결된 기계기구의 절연을 보호한다.

2021

2

출제년도 18.21(5점/부분점수 5점)

FL-40D 형광등 전압이 220V, 전류가 0.25A, 안정기 손실이 5W일 때 형광등의 역률을 구하시오.

[작성답안]

계산 : 40[W] 형광등의 전체소비전력 $P = 40 + 5 = 45[\text{W}]$

역률 $\cos\theta = \dfrac{P}{VI} \times 100 = \dfrac{45}{220 \times 0.25} \times 100 = 81.82[\%]$

답 : 81.82 [%]

[핵심]

형광등은 안정기에 의해 점등되므로 형광등 전체의 소비전력은 안정기의 손실을 포함해야 한다.

3

출제년도 08.16.21.(5점/부분점수 없음)

폭 8[m]의 2차선 도로에 가로등을 도로 한 쪽 배열로 50[m] 간격으로 설치하고자 한다. 도로면의 평균 조도를 5[lx]로 설계할 경우 가로등 1등당 필요한 광속을 구하시오. (단, 감광보상률은 1.5, 조명률은 0.43으로 한다.)

[작성답안]

계산 : $F = \dfrac{EAD}{U} = \dfrac{5 \times 8 \times 50 \times 1.5}{0.43} = 6976.744[\text{lm}]$

답 : 6976.74[lm]

[핵심] 한쪽 배열(편측 배열) 도로조명

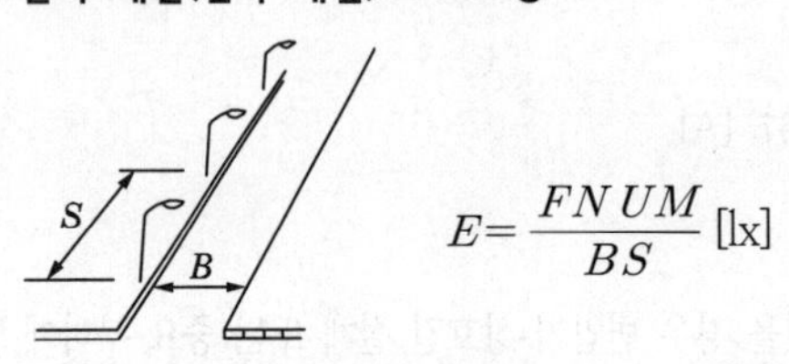

$E = \dfrac{FNUM}{BS}$ [lx]

여기서, E : 노면평균조도 [lx], F : 광원 1개 광속 [lm], N : 광원의 열수

M : 보수율, 감광보상률 D의 역수, B : 도로의 폭 [m], S : 광원의 간격 [m]

U : 빔 이용률
- 50 [%] 이상, 피조면 도달 0.75
- 20 ~ 50 [%] 이상, 피조면 도달 0.5
- 25 [%] 이하, 피조면 도달 0.4

4

출제년도 13.21.(5점/부분점수 없음)

어떤 발전소의 발전기가 13.2[kV], 용량 93000[kVA], %임피던스 95[%]일 때, 임피던스는 몇 [Ω]인가?

[작성답안]

계산 : $\%Z = \dfrac{PZ}{10V^2}$ 에서 $Z = \dfrac{\%Z \times 10V^2}{P} = \dfrac{95 \times 10 \times 13.2^2}{93000} = 1.78[\Omega]$

답 : 1.78[Ω]

5

출제년도 05.13.15.21.(5점/부분점수 없음)

다음은 컨베이어시스템 제어회로의 도면이다. 3대의 컨베이어가 A → B → C 순서로 기동하며, C → B → A 순서로 정지한다고 할 때, 시스템도와 타임차트도를 보고 PLC 프로그램 입력 ①~⑤를 답안지에 완성하시오.

【시스템도】

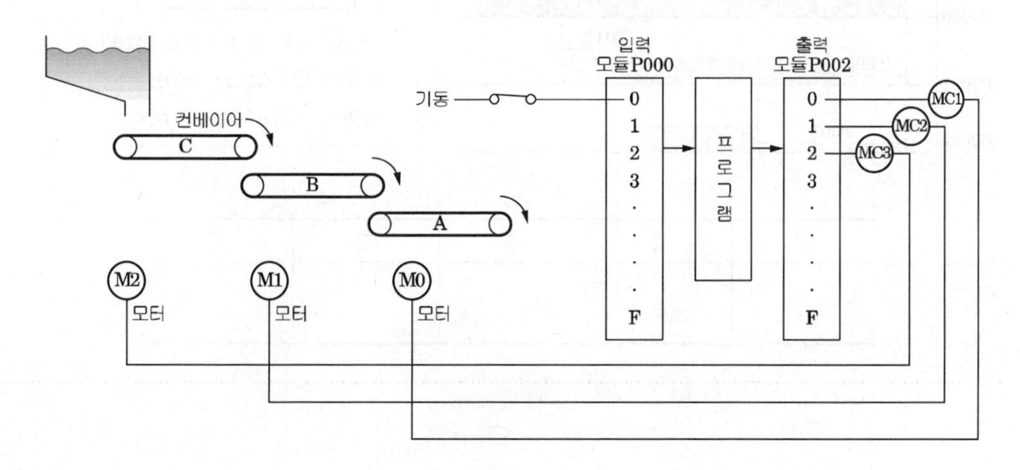

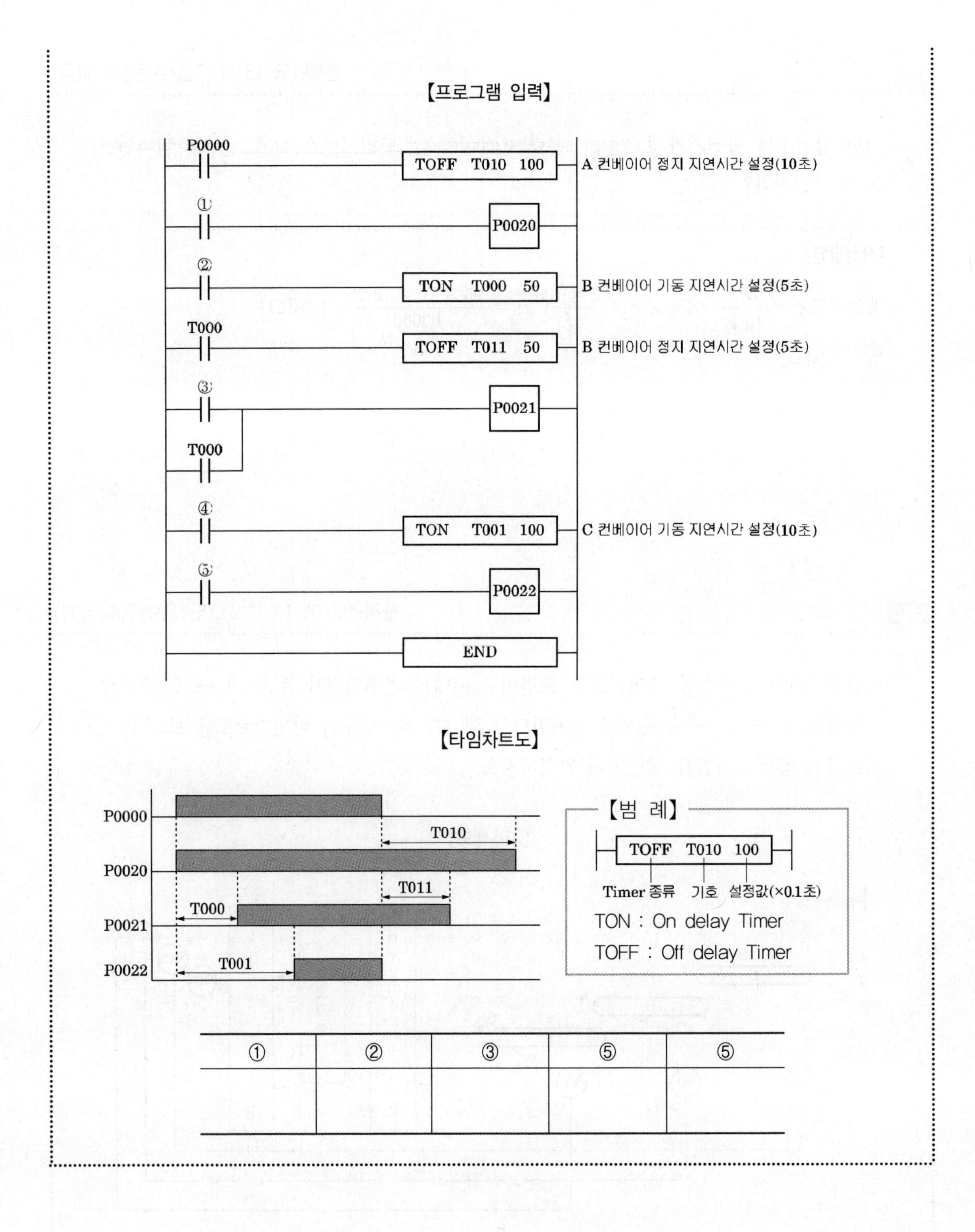
【프로그램 입력】
P0000
TOFF T010 100
A 컨베이어 정지 지연시간 설정(10초)
①
P0020
②
TON T000 50
B 컨베이어 기동 지연시간 설정(5초)
T000
TOFF T011 50
B 컨베이어 정지 지연시간 설정(5초)
③
P0021
T000
④
TON T001 100
C 컨베이어 기동 지연시간 설정(10초)
⑤
P0022
END
【타임차트도】
P0000
T010
P0020
T011
T000
P0021
T001
P0022
【범 례】
TOFF T010 100
Timer 종류
기호
설정값(×0.1초)
TON : On delay Timer
TOFF : Off delay Timer

①	②	③	⑤	⑤

[작성답안]

①	②	③	④	⑤
T010	P0000	T011	P0000	T001

[핵심]

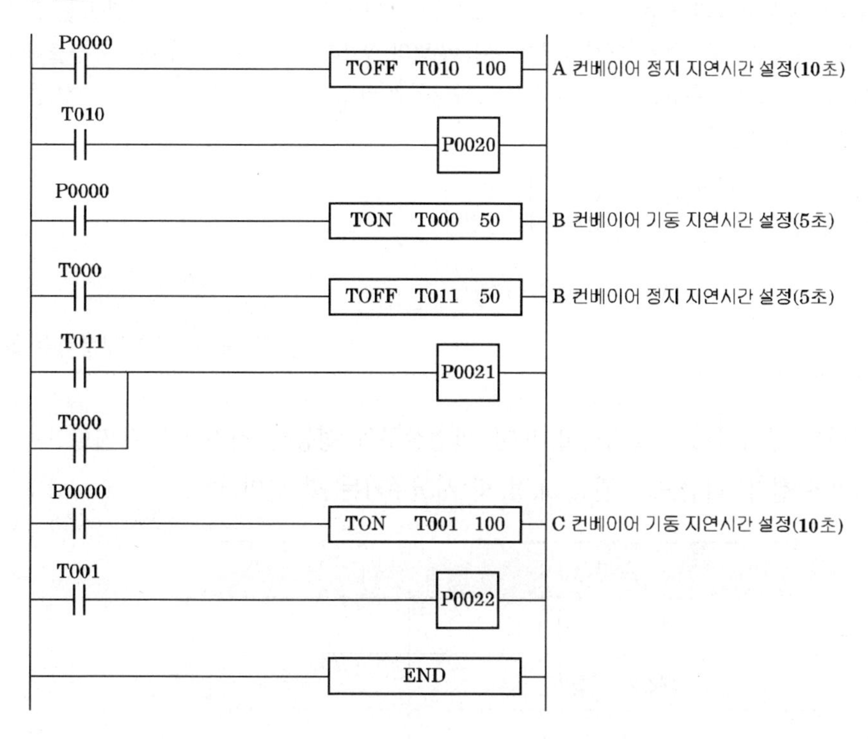

6

출제년도 00.03.04.09.17.18.21.(5점/부분점수 없음)

표와 같이 어느 수용가 A, B, C에 공급하는 배전선로의 최대전력은 700 [kW]이다. 이때 수용가의 부등률은 얼마인가?

수용가	설비용량 [kW]	수용률 [%]
A	500	60
B	700	50
C	700	50

[작성답안]

계산 : 부등률$=\dfrac{(500\times0.6)+(700\times0.5)+(700\times0.5)}{700}=1.43$

답 : 1.43

[핵심] 부등률

각 수용가에서의 최대 수용 전력의 발생 시각은 시간적으로 차이가 있으며 이 경우에 배전 변압기 또는 간선에서의 합성 최대 수용 전력은 각 수용가에서의 최대 수용 전력의 합보다 적게 되는데 이 비를 부등률이라 하며 이 값은 항상 1보다 크고, 백분율로 나타내지 않는다. 수용률과 더불어 배전 변압기 또는 배전 간선 등의 공급 설비 계획 자료로 사용된다.

$$부등률 = \frac{개별\ 최대수용전력의\ 합}{합성\ 최대수용전력} = \frac{설비용량\times수용률}{합성최대수용전력}$$

7

출제년도 21.(5점/부분점수 없음)

다음의 계측장비를 주기적으로 교정하고 또한 안전장구의 성능을 적정하게 유지할 수 있도록 시험하여야 한다. 다음표의 권장 교정 및 시험주기는 몇 년인가?

구분	년
절연 저항 측정기	
계전기 시험기	
접지저항 측정기	
절연저항계	
클램프미터	

[작성답안]

구분	년
절연저항 측정기	1
계전기 시험기	1
접지저항 측정기	1
절연시험기	1
클램프미터	1

[핵심] 전기안전관리자의 직무에 관한 고시 제9조(계측장비 교정 등)

계측장비 등 권장 교정 및 시험주기

구 분		권장 교정 및 시험주기(년)
계측 장비 교정	계전기 시험기	1
	절연내력 시험기	1
	절연유 내압 시험기	1
	적외선 열화상 카메라	1
	전원품질분석기	1
	절연저항 측정기(1,000V, 2,000MΩ)	1
	절연저항 측정기(500V, 100MΩ)	1
	회로시험기	1
	접지저항 측정기	1
	클램프미터	1
안전 장구 시험	특고압 COS 조작봉	1
	저압검전기	1
	고압·특고압 검전기	1
	고압절연장갑	1
	절연장화	1
	절연안전모	1

8

출제년도 16.17.21.(6점/각 문항당 3점)

40 [kVA], 3상 380 [V], 60 [Hz] 용 전력용 콘덴서의 결선방식에 따른 용량을 [μF]로 구하시오.

(1) △결선 인 경우 C_1 [μF]

(2) Y결선 인 경우 C_2 [μF]

[작성답안]

(1) 계산 : $Q = 3I_cE = 3 \times 2\pi f C_1 E^2$

$$C_1 = \frac{Q}{6\pi f E^2} = \frac{40 \times 10^3}{6\pi \times 60 \times 380^2} \times 10^6 = 244.93[\mu\text{F}]$$

답 : 244.93[μF]

(2) 계산 : $Q = 3I_cE = 3 \times 2\pi f C_2 E^2$

$$C_2 = \frac{Q}{6\pi f E^2} = \frac{40 \times 10^3}{6\pi \times 60 \times \left(\frac{380}{\sqrt{3}}\right)^2} \times 10^6 = 734.79[\mu\text{F}]$$

답 : 734.79[μF]

[핵심] 충전용량과 정전용량

$Q = 3EI_c = 3E \times 2\pi f CE = 6\pi f CE^2$

① Y결선 $E = \frac{V}{\sqrt{3}}$ 이므로 $Q = 6\pi f C\left(\frac{V}{\sqrt{3}}\right)^2 = 2\pi f CV^2$

②△결선 $E = V$ 이므로 $Q = 6\pi f CV^2$

9

출제년도 07.21.(4점/부분점수 없음)

그림과 같은 회로에서 단자전압이 V_0일 때 전압계의 눈금 V로 측정하기 위해서는 배율기의 저항 R_m은 얼마로 하여야하는지 유도과정을 쓰시오. (단, 전압계의 내부 저항은 R_v로 한다.)

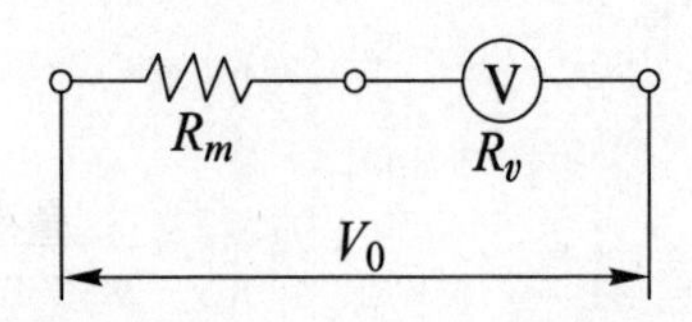

[작성답안]

계산 : $V = IR_v$, $I = \frac{V_0}{R_m + R_v}$ 이므로 $V = \frac{R_v}{R_m + R_v} V_0$

$$\therefore R_m = R_v\left(\frac{V_0}{V} - 1\right)$$

답 : $R_m = R_v\left(\frac{V_0}{V} - 1\right)$

[핵심] 배율기와 분류기

(1) 배율기

전압계의 측정범위를 확대하기 위하여 내부저항 $r_a[\Omega]$인 전압계에 직렬로 접속하는 저항R_m을 배율기라 한다.

$V_a = I r_a$ [V], $I = \dfrac{V}{r_a + R_m}$ 이므로

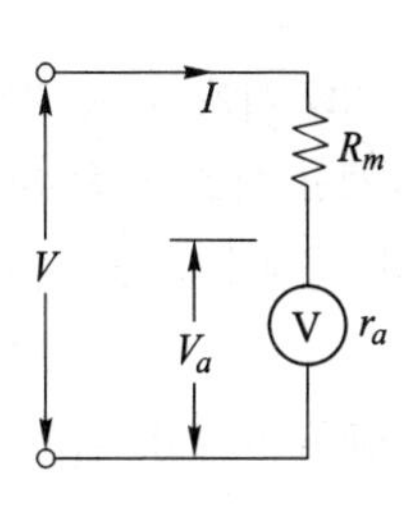

$$V_a = \frac{r_a}{r_a + R_m} \cdot V$$

$$\therefore \ V = \frac{r_a + R_m}{r_a} \cdot V_a = \left(1 + \frac{R_m}{r_a}\right) V_a$$

배율 $m = \dfrac{V}{V_a} = 1 + \dfrac{R_m}{r_a}$

(2) 분류기

전류계의 측정범위를 확대하기 위하여 내부저항 $r_a[\Omega]$인 전류계에 병렬로 접속하는 저항R_s를 분류기라 한다.

$$I_a = \frac{R_s}{r_a + R_s} \times I$$

$$\therefore \ I = \frac{r_a + R_s}{R_s} \times I_a = \left(1 + \frac{r_a}{R_s}\right) \times I_a$$

배율 $m = \dfrac{I}{I_a} = 1 + \dfrac{r_a}{R_s}$

10

출제년도 20.21.(5점/부분점수 없음)

3상 3선식 380[V]로 수전하는 부하전력이 10[kW], 구내배선의 길이는 10[m]이며 배선에서의 전압강하는 3%까지 허용하는 경우 구내배선의 굵기를 계산하시오.

전선규격[mm²]

1.5	2.5	4	6	10	16	25	35	50

[작성답안]

계산 : $A = \dfrac{30.8LI}{1000e} = \dfrac{30.8 \times 10 \times \dfrac{10 \times 10^3}{\sqrt{3} \times 380}}{1000 \times 380 \times 0.03} = 0.41[\text{mm}^2]$

옥내 배선의 최소 굵기가 2.5mm² 이므로 2.5mm² 선정

답 : 2.5[mm²]

[핵심] 전선의 굵기와 전압강하

① 한국전기설비규정 231.3.1 저압 옥내배선의 사용전선

1. 저압 옥내배선의 전선은 단면적 2.5 [mm^2] 이상의 연동선 또는 이와 동등 이상의 강도 및 굵기의 것.
2. 옥내배선의 사용 전압이 400 [V] 이하인 경우로 다음 중 어느 하나에 해당하는 경우에는 제1을 적용하지 않는다.
   가. 전광표시장치 기타 이와 유사한 장치 또는 제어 회로 등에 사용하는 배선에 단면적 1.5 [mm^2] 이상의 연동선을 사용하고 이를 합성수지관공사 · 금속관공사 · 금속몰드공사 · 금속덕트공사 · 플로어덕트공사 또는 셀룰러덕트공사에 의하여 시설하는 경우
   나. 전광표시장치 기타 이와 유사한 장치 또는 제어회로 등의 배선에 단면적 0.75 [mm^2] 이상인 다심케이블 또는 다심 캡타이어케이블을 사용하고 또한 과전류가 생겼을 때에 자동적으로 전로에서 차단하는 장치를 시설하는 경우

② KSC IEC 전선규격

1.5, 2.5, 4, 6, 10, 16, 25, 35, 50, 70, 95, 120, 150, 185, 240, 300, 400, 500, 630 [mm^2]

③ 전압강하

- 단상 2선식 : $e = \dfrac{35.6LI}{1,000A}$ ············ ①
- 3상 3선식 : $e = \dfrac{30.8LI}{1,000A}$ ············ ②
- 3상 4선식 : $e_1 = \dfrac{17.8LI}{1,000A}$ ············ ③

여기서, L : 거리, I : 정격전류, A : 케이블의 굵기 이며 ③의 식은 1선과 중성선간의 전압강하를 말한다.

11

출제년도 90.14.21.(5점/부분점수 없음)

WHM의 계기 정수는 2400 [rev/kWh]이고 소비전력이 500[W]이다. 전력량계 원판의 1분간 회전수는?

[작성답안]

계산 : rpm = 계기정수 × 전력 $= 2400 \times \dfrac{0.5}{60} = 20$ [rpm]

답 : 20 [rpm]

[핵심] 전력량계

$$P = \frac{3{,}600 \cdot n}{t \cdot k} \times \text{CT비} \times \text{PT비}\ [\text{kW}]$$

여기서, n : 회전수 [회], t : 시간 [sec] , k : 계기정수 [rev/kWh]

12

출제년도 89.97.98.00.03.05.06.15.21.(8점/(1)(3)(4)(5) 1점, (2)4점)

CT 2대를 V결선하여 OCR 3대를 그림과 같이 연결하여 사용할 경우 다음 각 물음에 답하시오.

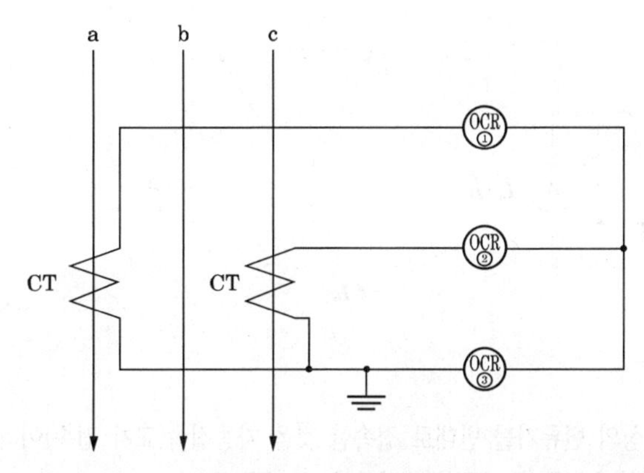

(1) 국내에서 사용되는 CT는 일반적으로 어떤 극성을 사용하는가?

(2) 도면에서 사용된 CT의 변류비가 40 : 5이고 변류기 2차측 전류를 측정하니 3 [A]의 전류가 흘렀다면 수전전력은 몇 [kW]인가? (단, 수전전압은 22900 [V]이고 역률은 90 [%]이다.)

(3) OCR 중에서 ③번 OCR에 흐르는 전류는 어떤 상의 전류인가?

(4) OCR의 어떤 경우 동작하는가 원인을 쓰시오.

(5) 통전 중에 있는 변류기 2차측 기기를 교체하고자 할 때 가장 먼저 취하여야 할 조치는 무엇인지를 설명하시오.

[작성답안]

(1) 감극성

(2) 계산 : $P = \sqrt{3}\, VI\cos\theta$ 에서

$$P = \sqrt{3} \times 22900 \times 3 \times \frac{40}{5} \times 0.9 \times 10^{-3} = 856.74\ [\text{kW}]$$

답 : 856.74 [kW]

(3) b상 전류

(4) 단락 사고 또는 과부하

(5) 2차측 단락

[핵심] 변류기의 결선

① 가동 접속

전류계에 흐르는 전류는 $\dot{I}_a + \dot{I}_c$ 이며, 이 전류는 b상의 전류와 같게 된다. 1차 전류와 전류계에 흐르는 전류는 아래와 같다.

$I_1 =$ 전류계 Ⓐ 지시값 × CT비

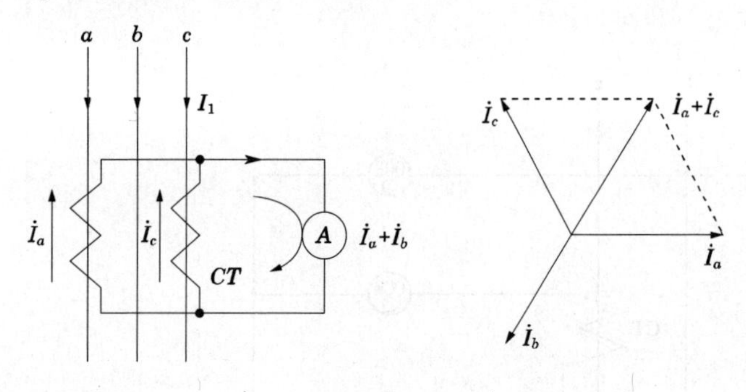

② 교차 접속

아래 그림과 같이 c상의 변류기를 반대로 접속한 것을 차동접속(교차 접속)이라 한다. 이 방식은 전류계에 흐르는 전류가 a상과 c상의 전류의 벡터차가 흐르게 된다.

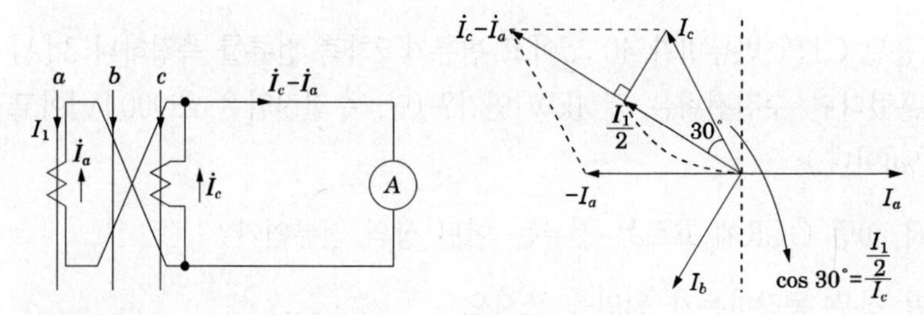

전류계에 흐르는 전류는 $\dot{I}_c - \dot{I}_a$ 이며, 이 전류는 벡터도와 같이 CT 2차 전류의 $\sqrt{3}$ 배 가 됨은 알 수 있다. 1차 전류는 아래와 같다.

$I_1 =$ 전류계 Ⓐ 지시값 $\times \frac{1}{\sqrt{3}} \times CT$비

13

출제년도 07.08.11.13.21.(8점/각 문항당 2점)

부하에 병렬로 콘덴서를 설치하고자 한다. 다음 조건을 참고하여 각 물음에 답하시오.

【조 건】

부하1은 역률이 60[%]이고, 유효전력 180[kW], 부하2는 유효전력 120[kW]이고, 무효전력이 160[kVar]이며, 배전 전력손실은 40[kW]이다.

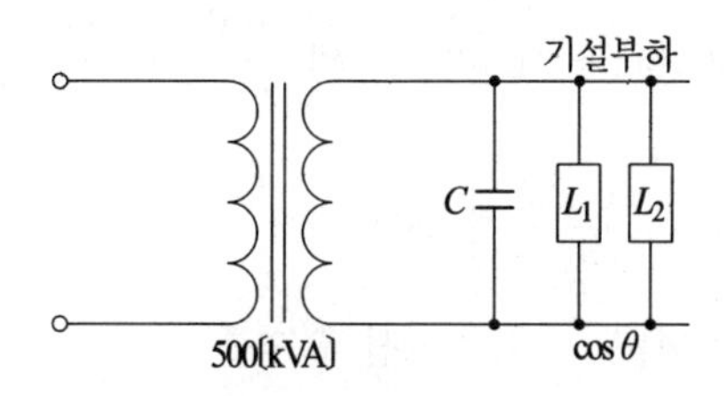

(1) 부하1과 부하2의 합성 용량은 몇 [kVA]인가?

(2) 부하1과 부하2의 합성 역률은 얼마인가?

(3) 합성 역률을 90[%]로 개선하는데 필요한 콘덴서 용량은 몇 [kVA]인가?

(4) 역률 개선 시 배전의 전력손실은 몇 [kW]인가?

[작성답안]

(1) 계산 : 유효전력 $P = P_1 + P_2 = 180 + 120 = 300[\text{kW}]$

무효전력 $Q = P_1 \tan\theta_1 + Q_2 = 180 \times \dfrac{0.8}{0.6} + 160 = 400\,[\text{kVar}]$

피상전력 $P_a = \sqrt{300^2 + 400^2} = 500\,[\text{kVA}]$

답 : 500 [kVA]

(2) 계산 : 합성역률 $\cos\theta = \dfrac{P}{P_a} \times 100 = \dfrac{300}{500} \times 100 = 60[\%]$

답 : 60[%]

(3) 계산 : $Q_c = P(\tan\theta_1 - \tan\theta_2) = 300\left(\dfrac{0.8}{0.6} - \dfrac{\sqrt{1-0.9^2}}{0.9}\right) = 254.7\,[\text{kVA}]$

답 : 254.7[kVA]

2021

(4) 전력손실은 역률의 제곱에 반비례 한다.

계산 : $P_L{}' = \dfrac{1}{\left(\dfrac{0.9}{0.6}\right)^2} \times 40 = 17.78[\text{kW}]$

답 : 17.78 [kW]

[핵심] 역률개선

① 역률개선용 콘덴서 용량

$$Q_c = P\tan\theta_1 - P\tan\theta_2 = P(\tan\theta_1 - \tan\theta_2) = P\left(\frac{\sin\theta_1}{\cos\theta_1} - \frac{\sin\theta_2}{\cos\theta_2}\right)$$

$$= P\left(\frac{\sqrt{1-\cos^2\theta_1}}{\cos\theta_1} - \frac{\sqrt{1-\cos^2\theta_2}}{\cos\theta_2}\right)[\text{kVA}]$$

여기서, $\cos\theta_1$: 개선 전 역률, $\cos\theta_2$: 개선 후 역률

② 전력손실 $P_L = \dfrac{P^2R}{V^2\cos^2\theta}$ 에서 $P_L \propto \dfrac{1}{\cos\theta^2}$ 가 된다.

14

출제년도 14.21.(5점/부분점수 없음)

송전전압 66[kV]의 3상 3선식 송전선에서 1선 지락사고로 영상전류 50[A]가 흐를 때 통신선에 유기되는 전자유도전압[V]을 구하시오. (단, 상호인덕턴스 0.06 [mH/km], 병행거리 30[km], 주파수는 60[Hz]이다.)

[작성답안]

계산 : $E_m = -j\omega Ml\,(3I_o) = -j2\pi \times 60 \times 0.06 \times 10^{-3} \times 30 \times 3 \times 50 = 101.79[\text{V}]$

답 : 101.79[V]

[핵심] 전자유도

① 전자유도전압 $E_m = -j\omega Ml\,3I_o$

E_m : 전자 유도전압, M : 상호 인덕턴스, l : 통신선과 전력선의 병행길이

$3I_o = 3 \times$ 영상 전류 = 지락 전류

② 유도장해 방지대책

전력선측 대책 (5가지)

- 송전선로를 될 수 있는 대로 통신 선로로부터 멀리 떨어져 건설한다.
- 중성점을 접지할 경우 저항값을 가능한 큰 값으로 한다.
- 고속도 지락 보호 계전 방식을 채용한다.
- 차폐선을 설치한다.
- 지중전선로 방식을 채용한다.

통신선측 대책 (5가지)

- 절연 변압기를 설치하여 구간을 분리한다.
- 연피케이블을 사용한다.
- 통신선에 우수한 피뢰기를 사용한다.
- 배류 코일을 설치한다.
- 전력선과 교차시 수직교차한다.

15

출제년도 14.21.22.(5점/부분점수 없음)

대지 고유저항률 500[Ω.m], 반경 0.01[m], 길이 2[m]인 접지봉을 전부 매입했다고 한다. 접지저항(대지저항)값은 얼마인가? (단, Tagg법으로 계산할 것)

[작성답안]

계산 : $R = \frac{\rho}{2\pi\ell} \times \ln\frac{2\ell}{r}$ [Ω]에서 $R = \frac{500}{2\pi \times 2} \times \ln\frac{2 \times 2}{0.01} = 238.39$ [Ω]

답 : 238.39 [Ω]

[핵심] 접지봉의 접지저항 계산식

$R = \frac{\rho}{2\pi l} ln\frac{2l}{r}$ [Ω] : Tagg

$R = \frac{\rho}{2\pi l}(\ln\frac{4l}{r} - 1)$ [Ω] : Dwight, Sunde

ρ : 대지저항률, t : 매설깊이, l : 전극의 길이, r : 전극의 반지름

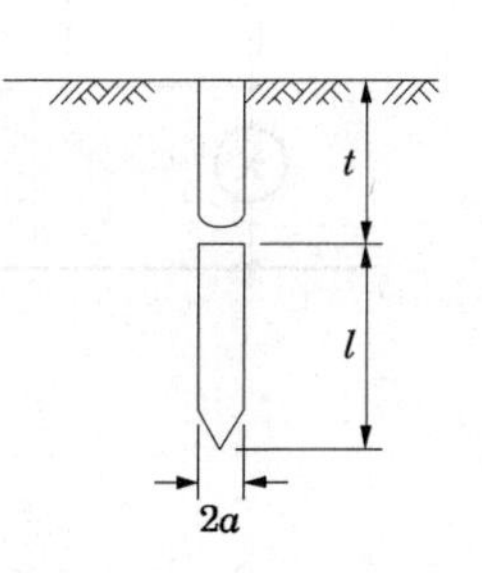

16 출제년도 21.(6점/각 문항당 3점)

다음 논리회로를 보고 물음에 답하시오.

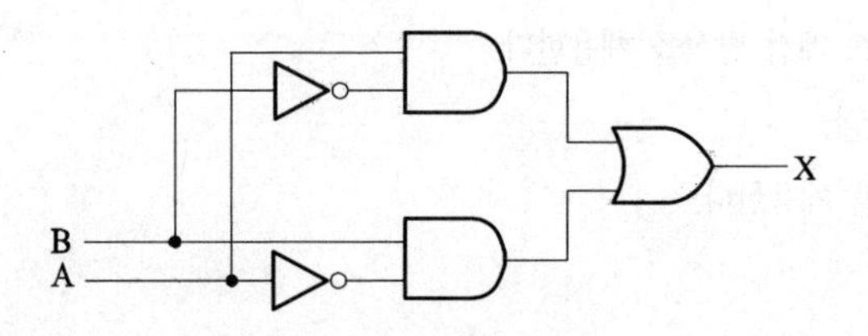

(1) 유접점 회로의 미완성된 부분을 완성하여 그리시오.

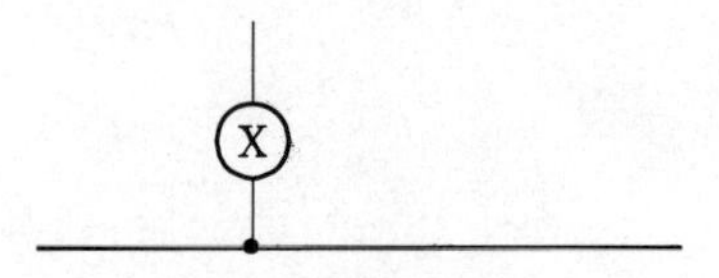

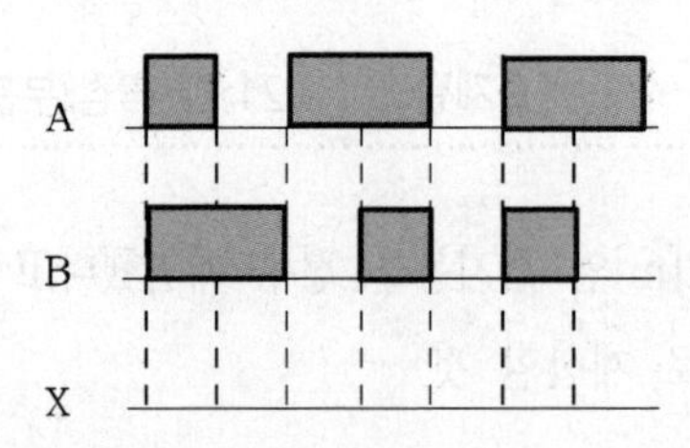

(2) 타임차트를 완성하시오.

A

B

X

[작성답안]

(1)

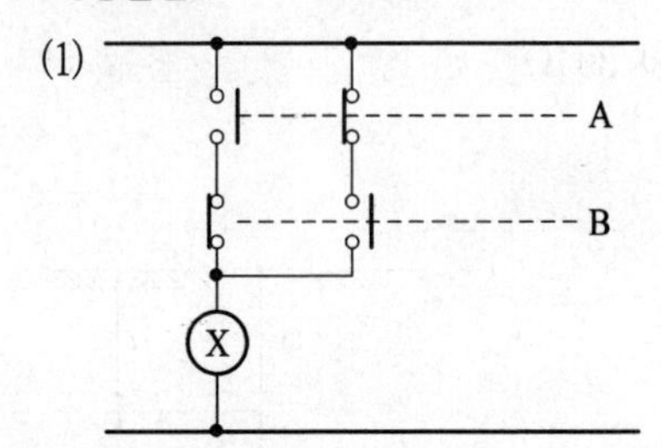

(2)

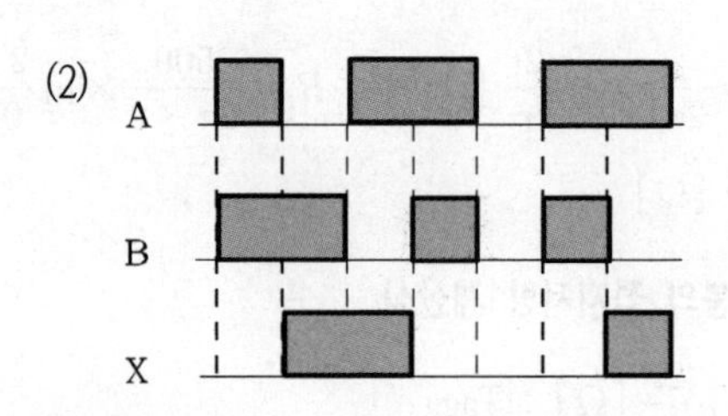

17

출제년도 99.01.02.21.(8점/각 문항당 2점, 모두 맞으면 8점)

$3\phi 4W$ Line에 WHM를 접속하여 전력량을 적산시키기 위한 결선도이다. 다음 물음을 보고 주어진 답안지에 계산식과 답을 쓰시오.

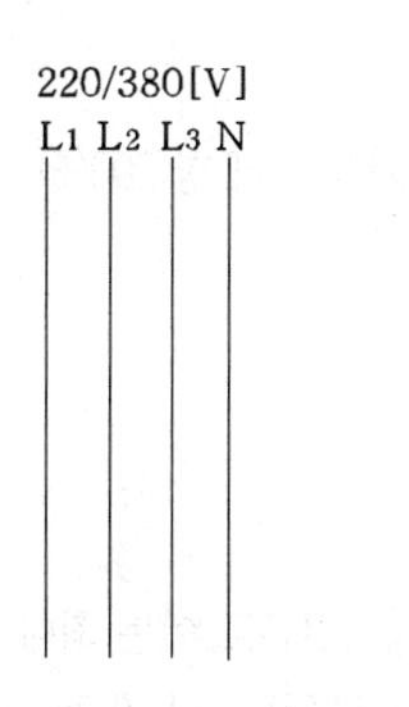

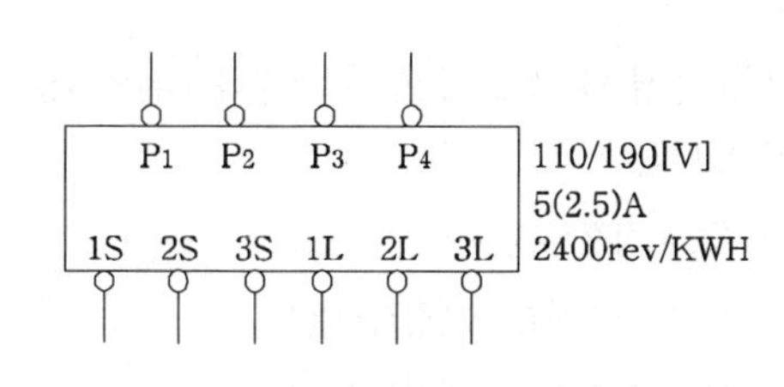

(1) WHM가 정상적으로 적산이 가능하도록 변성기를 추가하여 결선도를 완성하시오.

(2) 다음 의미하는 것을 쓰시오.

5A :

2.5A :

(3) PT비는 220/110, CT비는 300/5라 한다. 전력량계의 승률은 얼마인가?

[작성답안]

(1)

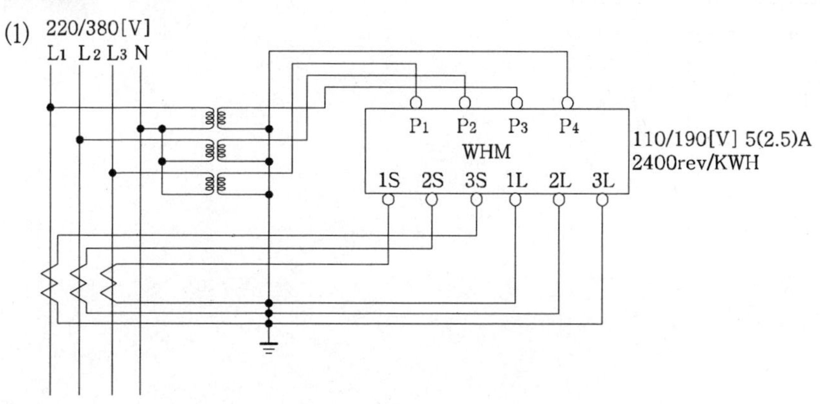

(2) 5A : 정격전류 5 [A]로 최대 부하 전류를 5 [A]까지 적용할 수 있다

2.5A : 주어진 오차를 만족하는 기준전류로 최소 전류범위는 0.25 [A] (1/20×5 [A]) 이므로 0.25 [A] 이하에서도 사용 할 수는 있으나, 0.25 [A] 이하에서는 오차를 시험하지는 않는다는 것을 의미한다.

(3) 승률 $m = \mathrm{CT}비 \times \mathrm{PT}비 = \frac{300}{5} \times \frac{220}{110} = 120$ [배]

[핵심] 전력량계

괄호 안의 숫자(기준전류)와 괄호 밖의 숫자(정격전류)의 배수를 가지고 Ⅱ형(200%), Ⅲ형(300%), Ⅳ형(400%)으로 구분하고 있다.

- Ⅱ형 계기 : (1/20×정격전류) ~ (정격전류)
- Ⅲ형 계기 : (1/30×정격전류) ~ (정격전류)
- Ⅳ형 계기 : (1/40×정격전류) ~ (정격전류)

5(2.5) [A] 는 Ⅱ형 계기이고(정격전류가 기준전류의 2배), 5 [A]는 정격전류로 이는 최대 사용할 수 있는 전류값이며, 주어진 오차를 만족하는 최소 전류범위는 0.25 [A] (1/20×5 [A]) 이다. 0.25 [A] 이하에서도 사용할 수는 있으나, 0.25 [A] 이하에서는 오차를 시험하지는 않는다는 것을 말한다.

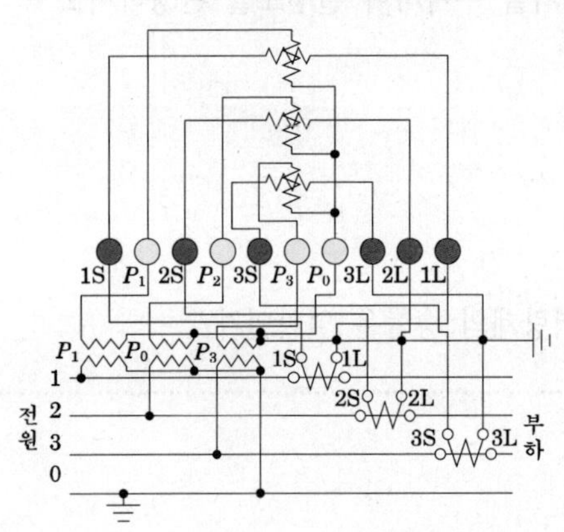

2021년 3회 기출문제 해설

※ 다음 물음에 답을 해당 답란에 답하시오.

1 출제년도 03.06.21.(11점/각 문항당 2점, 모두 맞으면 11점)

그림은 22.9 [kV] 특별고압 수전설비의 단선도이다. 이 도면을 보고 다음 각 물음에 답하시오.

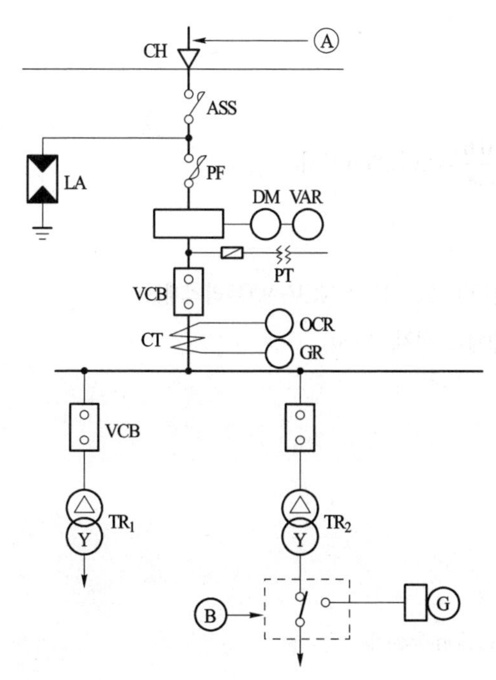

(1) 도면에 표시되어 있는 다음 약호의 명칭을 우리말로 쓰시오.

① ASS :

② LA :

③ VCB :

④ PF :

(2) TR_1쪽의 부하 용량의 합이 300 [kW]이고, 역률 및 효율이 각각 0.8, 수용률이 0.6이라면 TR_1 변압기의 용량은 몇 [kVA]가 적당한지를 계산하고 규격용량으로 답하시오.

(3) Ⓐ에는 어떤 종류의 케이블이 사용되는가?

(4) Ⓑ의 명칭은 무엇인가?

(5) 변압기의 결선도를 복선도로 그리시오.

[작성답안]

(1) ① ASS : 자동고장 구분개폐기

② LA : 피뢰기

③ VCB : 진공 차단기

④ PF : 전력퓨즈

(2) 계산 : $TR_1 = \dfrac{300 \times 0.6}{0.8 \times 0.8} = 281.25$ [kVA]

답 : 300 [kVA] 선정

(3) CNCV-W 케이블(수밀형) 또는 TR CNCV-W(트리억제형)

(4) 자동절체 개폐기(자동절체 스위치, ATS)

(5)

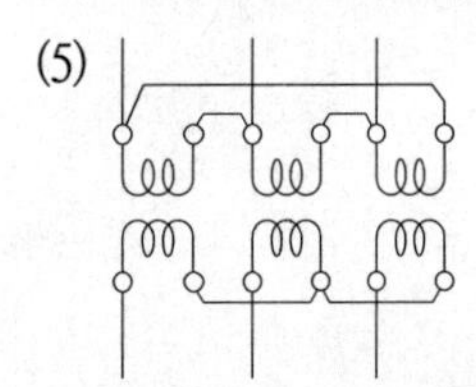

[핵심]

(1) ① ASS : Automatic Section Switch

② LA : Lightning Arresters

③ VCB : Vacuum Circuit Breaker

④ PF : Power Fuse

(2) 변압기 용량[kVA] $\geq \dfrac{\text{설비용량[kVA]} \times \text{수용률}}{\text{효율}} = \dfrac{\text{설비용량[kW]} \times \text{수용률}}{\text{효율} \times \text{역률}}$

(3) 지중인입선의 경우에 22.9[kV-Y] 계통은 CNCV-W 케이블(수밀형) 또는 TR CNCV-W(트리억제형)을 사용하여야 한다. 다만, 전력구·공동구·덕트·건물구내 등 화재의 우려가 있는 장소에서는 FR CNCO-W(난연) 케이블을 사용하는 것이 바람직하다.

2

도로의 너비가 25 [m]인 곳에 양쪽으로 30 [m] 간격으로 지그재그 식으로 등주를 배치하여 도로위의 평균조도를 5 [lx]가 되도록 하려면 각 등주에 사용되는 수은등은 몇 [W]의 것을 사용하면 되는 지를 주어진 표를 참조하여 답하시오. (단, 노면의 광속이용률은 30 [%], 유지율은 75 [%]로 한다.)

수은등의 광속

용량 [W]	전광속 [lm]
100	3200 ~ 3500
200	7700 ~ 8500
300	10000 ~ 11000
400	13000 ~ 14000
500	18000 ~ 20000

[작성답안]

계산 : $F = \dfrac{EBSD}{U} = \dfrac{5 \times \dfrac{25}{2} \times 30 \times \dfrac{1}{0.75}}{0.3} = 8333.33$ [lm]

표에서 광속이 7700 ~ 8500 [lm]인 200 [W] 선정

답 : 200[W]

[핵심] 지그재그 배치의 경우 면적

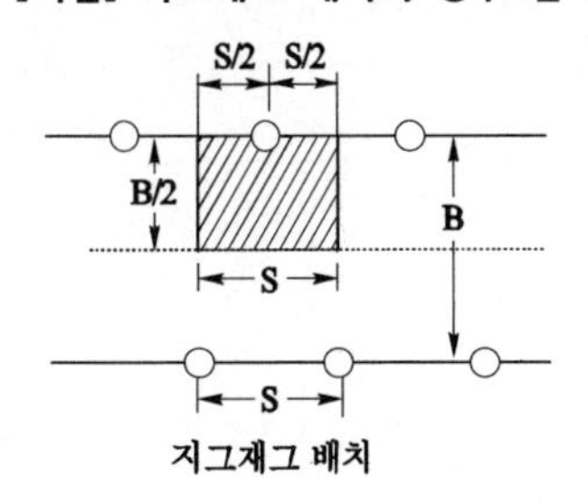

지그재그 배치

3

출제년도 10.21.(5점/부분점수 없음)

3상 3선식 송전선에서 한 선의 저항이 2.5 [Ω], 리액턴스가 5 [Ω]이고, 수전단의 선간 전압은 3 [kV], 부하역률이 0.8인 경우, 전압 강하율을 10 [%]라 하면 이 송전 선로는 몇 [kW]까지 수전할 수 있는가?

[작성답안]

계산 : 전압강하율 $\delta = \frac{P}{V_r^2}(R + X\tan\theta) \times 100[\%]$

$$\therefore P = \frac{\delta V_r^2}{R + X\tan\theta} \times 10^{-3}[\text{kW}]$$

$$\therefore P = \frac{0.1 \times (3 \times 10^3)^2}{2.5 + 5 \times \frac{0.6}{0.8}} \times 10^{-3} = 144[\text{kW}]$$

답 : 144[kW]

[핵심] 전압강하

① 전압강하 $e = \frac{P}{V}(R + X\tan\theta)$ [V]

② 전압강하율 $\epsilon = \frac{e}{V} \times 100 = \frac{P}{V^2}(R + X\tan\theta) \times 100$ [%]

③ 전력손실 $P_L = \frac{P^2 R}{V^2 \cos^2\theta}$ [kW]

④ 전력손실률 $k = \frac{P_L}{P} \times 100 = \frac{PR}{V^2 \cos^2\theta} \times 100$ [%]

4 출제년도 10.21.(5점/각 문항당 2점, 모두 맞으면 5점)

전압이 45[mV] 전류가 30[mA]인 가동 코일형 전압계의 내부저항을 구하고, 전압계를 100[V]의 전압계로 만들 경우 배율기 저항을 구하시오.

(1) 내부저항

(2) 100[V] 전압계로 만들 경우 배율기 저항

[작성답안]

(1) 계산 : $R_v = \frac{V}{I} = \frac{45 \times 10^{-3}}{30 \times 10^{-3}} = 1.5[\Omega]$

답 : 1.5[Ω]

(2) 계산 : $R_m = R_v\left(\frac{V_0}{V} - 1\right) = 1.5\left(\frac{100}{45 \times 10^{-3}} - 1\right) = 3331.83[\Omega]$

답 : 3331.83[Ω]

[핵심] 배율기와 분류기

(1) 배율기

전압계의 측정범위를 확대하기 위하여 내부저항 $r_a[\Omega]$인 전압계에 직렬로 접속하는 저항 R_m을 배율기라 한다.

$V_a = Ir_a$ [V], $I = \frac{V}{r_a + R_m}$ 이므로

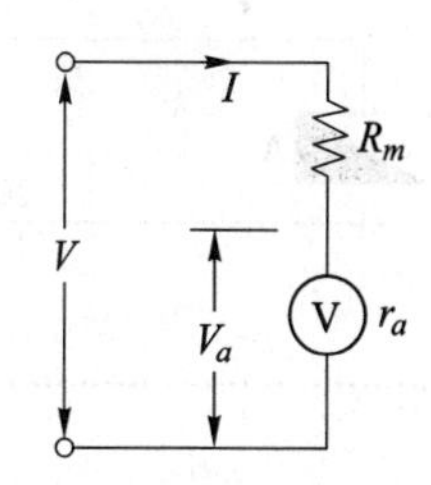

$$V_a = \frac{r_a}{r_a + R_m} \cdot V$$

$$\therefore\ V = \frac{r_a + R_m}{r_a} \cdot V_a = \left(1 + \frac{R_m}{r_a}\right)V_a$$

배율 $m = \frac{V}{V_a} = 1 + \frac{R_m}{r_a}$

(2) 분류기

전류계의 측정범위를 확대하기 위하여 내부저항 $r_a[\Omega]$인 전류계에 병렬로 접속하는 저항 R_s를 분류기라 한다.

$$I_a = \frac{R_s}{r_a + R_s} \times I$$

$$\therefore \ I = \frac{r_a + R_s}{R_s} \times I_a = \left(1 + \frac{r_a}{R_s}\right) \times I_a$$

$$\text{배율 } m = \frac{I}{I_a} = 1 + \frac{r_a}{R_s}$$

5 출제년도 06.11.21.(5점/부분점수 없음)

그림과 같은 교류 100[V] 단상 2선식 분기 회로의 부하 중심점 거리를 구하시오.

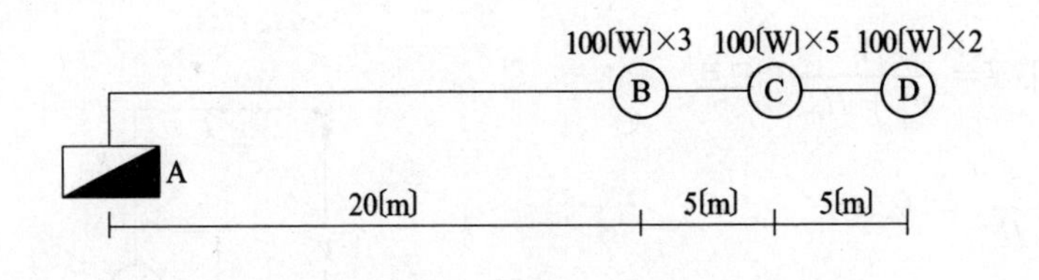

[작성답안]

계산 : $I = \frac{100 \times 3}{100} + \frac{100 \times 5}{100} + \frac{100 \times 2}{100} = 10[\text{A}]$

$$L = \frac{3 \times 20 + 5 \times 25 + 2 \times 30}{10} = 24.5[\text{m}]$$

답 : 24.5[m]

[핵심] 부하 중심점

$$L = \frac{i_1 l_1 + i_2 l_2 + i_3 l_3 + \cdots + i_n l_n}{i_1 + i_2 + i_3 + \cdots + i_n}$$

6

출제년도 21.(5점/부분점수 없음)

선간전압 22.9[kV], 주파수 60[Hz], 정전용량 0.03[μF/km], 유전체 역률 0.003의 경우 유전체 손실은 몇 [W/km] 인가?

[작성답안]

계산 : $P = 2\pi f C V^2 \tan\delta = 2\pi \times 60 \times 0.03 \times 10^{-6} \times 22900^2 \times 0.003 = 17.79$[W/km]

답 : 17.79 [W/km]

[핵심] 유전체손

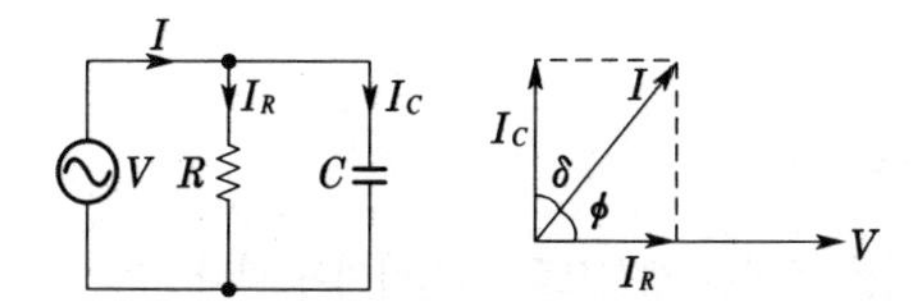

$\dfrac{I_R}{I_C} = \tan\delta$에서 $\quad I_R = I_C \tan\delta$

$$I_C = \omega C\, V = 2\pi f \cdot \left(\epsilon_s \times \frac{1}{4\pi} \times \frac{1}{9} \times 10^{-9}\right) \times \frac{S}{d} \cdot V$$

∴ 소비전력 $W = V \times I_R = V \times I_c \tan\delta = V^2 \times 2\pi f \left(\epsilon_s \times \frac{1}{4\pi} \times \frac{1}{9} \times 10^{-9}\right) \times \frac{S}{d} \times \tan\delta$[W]

∴ 단위 체적당 전력 $P = \dfrac{W}{S \cdot d} = \dfrac{V^2}{d^2} \times f \times \epsilon_s \tan\delta \times \dfrac{0.5}{9} \times 10^{-9}$ [W/m³]

$\qquad = \dfrac{5}{9} E^2 \times f \epsilon_s \tan\delta \times 10^{-12}$ [W/cm³]

여기서 E : 전계의 세기

2021

7 출제년도 21.(6점/각 항목당 1점)

외부 피뢰시스템에 대하여 다음 물음에 답하시오.

(1) 수뢰부시스템의 구성요소 3가지

(2) 피뢰시스템이 배치방법 3가지

[작성답안]

(1) 돌침, 수평도체, 메시도체

(2) 보호각법, 회전구체법, 메시법

[핵심] 한국전기설비규정 152.1 수뢰부시스템

1. 수뢰부시스템을 선정은 다음에 의한다.

가. 돌침, 수평도체, 메시도체의 요소 중에 한 가지 또는 이를 조합한 형식으로 시설하여야 한다.

나. 수뢰부시스템 재료는 KS C IEC 62305-3(피뢰시스템-제3부:구조물의 물리적 손상 및 인명위험)의 표6(수뢰도체, 피뢰침, 대지 인입 봉과 인하도선의 재료, 형상과 최소단면적)에 따른다.

다. 자연적 구성부재가 KS C IEC 62305-3(피뢰시스템-제3부:구조물의 물리적 손상 및 인명위험)의 "5.2.5 자연적 구성부재"에 적합하면 수뢰부시스템으로 사용할 수있다.

2. 수뢰부시스템의 배치는 다음에 의한다.

가. 보호각법, 회전구체법, 메시법 중 하나 또는 조합된 방법으로 배치하여야 한다.

나. 건축물·구조물의 뾰족한 부분, 모서리 등에 우선하여 배치한다.

3. 지상으로부터 높이 60m를 초과하는 건축물·구조물에 측뢰 보호가 필요한 경우에는 수뢰부시스템을 시설하여야 하며, 다음에 따른다.

가. 전체 높이 60 m를 초과하는 건축물·구조물의 최상부로부터 20 % 부분에 한하며, 피뢰시스템 등급 Ⅳ의 요구사항에 따른다.

나. 자연적 구성부재가 제1의 "다"에 적합하면, 측뢰 보호용 수뢰부로 사용할 수 있다.

4. 건축물·구조물과 분리되지 않은 수뢰부시스템의 시설은 다음에 따른다.

가. 지붕 마감재가 불연성 재료로 된 경우 지붕표면에 시설할 수 있다.

나. 지붕 마감재가 높은 가연성 재료로 된 경우 지붕재료와 다음과 같이 이격하여 시설한다.

(1) 초가지붕 또는 이와 유사한 경우 0.15 m 이상

(2) 다른 재료의 가연성 재료인 경우 0.1 m 이상

8

출제년도 18.21.(8점/(1) 4점, (2)(3) 2점)

중성점 접지에 관한 다음 물음에 답하시오.

(1) 송전 계통에서의 중성점 접지방식을 4가지 쓰시오.

(2) 우리나라의 154[kV], 345[kV] 송전계통에 적용되는 중성점 접지방식을 쓰시오.

(3) 유효접지는 1선지락 사고시 건전상 전위상승이 상규 대지전압의 몇 배를 넘지 않도록 접지 임피던스를 조절하여야 하는지 쓰시오.

[작성답안]

(1) 비접지방식
저항 접지방식
소호리액터 접지방식
직접 접지방식

(2) 유효접지방식 (직접접지방식)

(3) 1.3배

[핵심] 유효접지

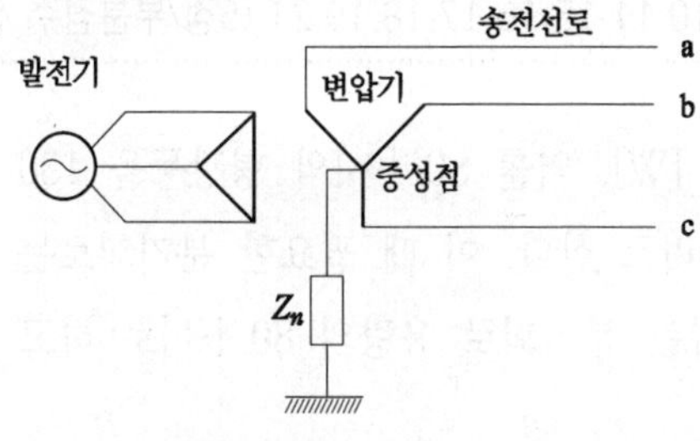

① 직접 접지 방식중 유효 접지 방식(effective grounding)은 지락사고 시 건전상의 전위상승이 상규대지 전압의 1.3배 이하가 되도록 하는 접지방식으로 전위상승이 최소가 된다.

② 유효 접지 조건

$$\frac{R_0}{X_1} \leqq 1 \qquad 0 \leqq \frac{X_0}{X_1} \leqq 3$$

여기서, R_0 : 영상저항, X_1 : 정상리액턴스, X_0 : 영상리액턴스

9

출제년도 11.21.(5점/각 항목당 1점, 모두 맞으면 5점)

특고압 변압기 내부고장 검출방법 3가지를 쓰시오.

[작성답안]

- 비율차동 계전기
- 브흐홀쯔 계전기
- 충격압력 계전기

그 외

- 온도 계전기

[핵심] 변압기 내부고장 검출방법은 다음과 같은 방식이 있다.

- 차동계전기(비율차동계전기)를 이용하는 방식
- 브흐홀쯔 계전기 이용방식
- 압력계전기 이용방식
- 온도계전기 이용방식 등

10

출제년도 89.95.00.04.06.10.11.15.16.17.18.19.21.(5점/부분점수 없음)

단상 2선식 220 [V]의 옥내배선에서 소비전력 40 [W], 역률 80 [%]의 형광등을 180 [등] 설치할 때 이 시설을 16 [A]의 분기회로로 하려고 한다. 이 때 필요한 분기회로는 최소 몇 회선이 필요한가? (단, 한 회로의 부하전류는 분기회로 용량의 80 [%]로 하고 수용률은 100 [%]로 한다.)

[작성답안]

계산 : 분기회로수 $n = \dfrac{\dfrac{40}{0.8} \times 180}{220 \times 16 \times 0.8} = 3.2$[회로]

답 : 16[A] 4분기회로

[핵심] 분기회로수

$$\text{분기회로 수} = \frac{\text{상정 부하 설비의 합 [VA]}}{\text{전압[V]} \times \text{분기 회로 전류[A]}}$$

11 출제년도 21.(5점/각 문항당 2점, 모두 맞으면 5점)

천정 직부 형광등이 가로6[m], 세로8[m], 높이 4.1[m]에 시설하려고 한다. 작업면의 높이가 0.8[m] 인 경우 등과 벽사이 최대간격을 구하시오.

(1) 벽면을 이용하지 않는 경우 등과 벽사이 최대간격

(2) 벽면을 이용하는 경우 등과 벽사이 최대간격

[작성답안]

(1) 계산 : $S_0 = \frac{1}{2}H = \frac{1}{2} \times (4.1 - 0.8) = 1.65\,[\mathrm{m}]$

답 : 1.65[m]

(2) 계산 : $S_0 = \frac{1}{3}H = \frac{1}{3} \times (4.1 - 0.8) = 1.1\,[\mathrm{m}]$

답 : 1.1[m]

[핵심] 조명기구의 간격과 배치

균등한 조도 분포를 얻기 위해 광원의 간격을 근접시키는 것이 좋으나, 이렇게 하면 램프를 많이 설치하여야 하므로 비경제적이다. 따라서, 경제적인 면을 고려하여 등 간격과 등의 크기를 결정하여야 한다.

작업면 위에 가설되는 등의 높이와 균등한 조도분포를 얻기 위한 등간격에는 적당한 관계를 정하여야 하며, 그림자가 작업에 산란을 일으키지 않도록 빛이 모든 방향으로부터 입사 되어야 한다. 직사조도는 광원의 밑에서 최대로 나타나며, 이곳으로부터 떨어짐에 따라 어두워짐으로 광원의 최대간격 S는 작업면으로부터 광원까지 높이H의 1.5배로 한다.

$S \leqq 1.5H$

그리고 등과 벽사이 간격 S_0는

$S_0 \leqq \frac{1}{2}H$

$S_0 \leqq \frac{1}{3}H$(벽측을 사용할 경우)

로 한다. 이 값은 절대적인 값이 아니라 조명기구, 조명방식등 조건에 의해 달라지는 값이다.

2021

12 출제년도 03.06.21.(6점/각 문항당 2점)

누름버튼 스위치 BS_1, BS_2, BS_3에 의하여 직접 제어되는 계전기 X_1, X_2, X_3가 있다. 이 계전기 3개가 모두 소자(복귀)되어 있을 때만 출력램프 L_1이 점등되고, 그 이외에는 출력램프 L_2가 점등되도록 계전기를 사용한 시퀀스 제어회로를 설계하려고 한다. 이 때 다음 각 물음에 답하시오.

(1) 본문 요구조건과 같은 진리표를 작성하시오.

입 력			출 력	
X_1	X_2	X_3	L_1	L_2
0	0	0		
0	0	1		
0	1	0		
0	1	1		
1	0	0		
1	0	1		
1	1	0		
1	1	1		

(2) 최소 접점수를 갖는 논리식을 쓰시오.

(3) 논리식에 대응되는 계전기 시퀀스 제어회로(유접점 회로)를 그리시오.

[작성답안]

(1)

입 력			출 력	
X_1	X_2	X_3	L_1	L_2
0	0	0	1	0
0	0	1	0	1
0	1	0	0	1
0	1	1	0	1
1	0	0	0	1
1	0	1	0	1
1	1	0	0	1
1	1	1	0	1

(2) $L_1 = \overline{X_1} \cdot \overline{X_2} \cdot \overline{X_3}$

$L_2 = \overline{X_1} \cdot \overline{X_2} \cdot X_3 + \overline{X_1} \cdot X_2 \cdot \overline{X_3} + \overline{X_1} \cdot X_2 \cdot X_3$

$+ X_1 \cdot \overline{X_2} \cdot \overline{X_3} + X_1 \cdot \overline{X_2} \cdot X_3 + X_1 \cdot X_2 \cdot \overline{X_3} + X_1 \cdot X_2 \cdot X_3 = X_1 + X_2 + X_3$

(3)

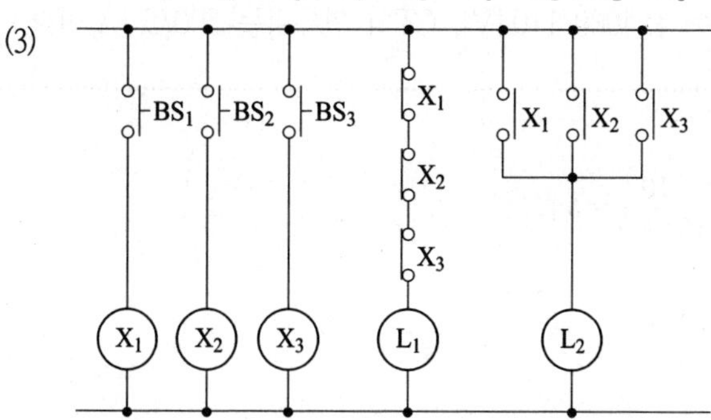

[핵심] 논리연산

① 분배 법칙

$A + (B \cdot C) = (A + B) \cdot (A + C)$ $A \cdot (B + C) = A \cdot B + A \cdot C$

② 불대수

$A \cdot 0 = 0$	$A + 0 = A$
$A \cdot 1 = A$	$A + 1 = 1$
$A + A = A$	$A \cdot A = A$
$A \cdot \overline{A} = 0$	$A + \overline{A} = 1$

③ De Morgan의 정리

$\overline{A + B} = \overline{A}\ \overline{B}$	$A + B = \overline{\overline{A}\ \overline{B}}$
$\overline{AB} = \overline{A} + \overline{B}$	$AB = \overline{\overline{A} + \overline{B}}$

13

출제년도 03.07.19.21.(5점/부분점수 없음)

거리계전기의 설치점에서 고장점까지의 임피던스를 70 [Ω]이라고 하면 계전기측에서 본 임피던스는 몇 [Ω]인가? (단, PT의 비는 154000/110 [V], CT의 변류비는 500/5 [A]이다.)

[작성답안]

계산 : $Z_{Ry} = Z_1 \times \dfrac{\text{CT 비}}{\text{PT 비}} = 70 \times \dfrac{500}{5} \times \dfrac{110}{154000} = 5\,[\Omega]$

답 : 5 [Ω]

[핵심]

$$Z_{Ry} = \frac{V_2}{I_2} = \frac{V_1 \times \dfrac{1}{\text{PT비}}}{I_1 \times \dfrac{1}{\text{CT비}}} = \frac{V_1}{I_1} \times \frac{\text{CT비}}{\text{PT비}} = Z_1 \times \frac{\text{CT비}}{\text{PT비}}$$

14

출제년도 08.10.18.21.(6점/각 문항당 3점)

제5고조파 전류의 확대 방지 및 스위치 투입시 돌입전류 억제를 목적으로 역률개선용 콘덴서에 직렬 리액터를 설치하고자 한다. 콘덴서의 용량이 500 [kVA]라고 할 때 다음 각 물음에 답하시오.

(1) 이론상 필요한 직렬 리액터의 용량은 몇 [kVA]인가?

(2) 실제적으로 설치하는 직렬 리액터의 용량은 몇 [kVA]인가?

- 리액터의 용량
- 사유

[작성답안]

(1) 계산 : $500 \times 0.04 = 20$ [kVA]

답 : 20[kVA]

(2) 리액터의 용량 : $500 \times 0.06 = 30$ [kVA]

사유 : 주파수 변동 등을 고려하여 6%를 선정한다.

[핵심] 직렬리액터

[이론상] 리액터 용량 = 콘덴서 용량 × 4[%]

[실제상] 리액터 용량 = 콘덴서 용량 × 6[%]

15

출제년도 98.21.(4점/부분점수 없음)

그림과 같은 논리회로의 출력을 가장 간단한 식으로 표현하시오.

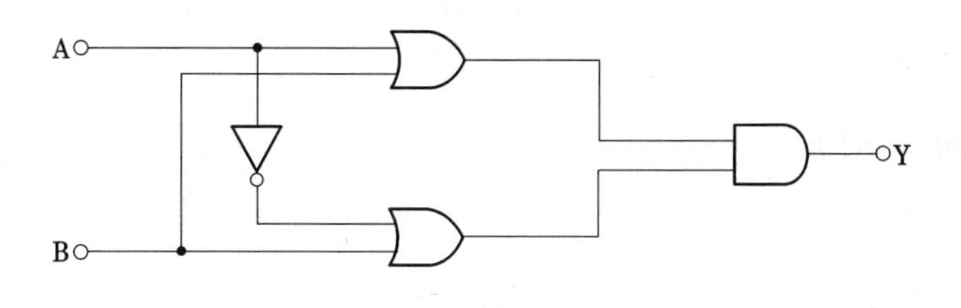

[작성답안]

$Y=(A+B)(\overline{A}+B)=A\overline{A}+\overline{A}B+AB+BB=\overline{A}B+AB+B=B(\overline{A}+A+1)=B$

[핵심] 논리연산

① 분배 법칙

$A+(B\cdot C)=(A+B)\cdot(A+C)$ $A\cdot(B+C)=A\cdot B+A\cdot C$

② 불대수

$A\cdot 0=0$	$A+0=A$
$A\cdot 1=A$	$A+1=1$
$A+A=A$	$A\cdot A=A$
$A\cdot\overline{A}=0$	$A+\overline{A}=1$

③ De Morgan의 정리

$\overline{A+B}=\overline{A}\,\overline{B}$	$A+B=\overline{\overline{A}\,\overline{B}}$
$\overline{AB}=\overline{A}+\overline{B}$	$AB=\overline{\overline{A}+\overline{B}}$

16

출제년도 21.(5점/(1)2점, (2)3점)

3상 유도전동기가 있다. 다음 물음에 답하시오.

【조건】

출력 : 30[kW]

전압 : 380/220[V]

역률 : 100[%]

과전류 차단기 동작시간 10초의 차단배율 : 5배

기동전류 : 전부하전류의 8배

기동방식 : 전전압 기동방식

(1) 유도 전동기의 정격전류를 계산하시오.

(2) 과전류 차단기의 정격전류를 선정하시오.

과전류 차단기의 정격전류[A]
10 25 50 100 200 225 300 400

[작성답안]

(1) 계산 : $I = \dfrac{P}{\sqrt{3}\ I} = \dfrac{30 \times 10^3}{\sqrt{3} \times 380} = 45.58[\mathrm{A}]$

답 : 45.58[A]

(2) 계산

① 최대 기동전류에 트립되지 않는 과전류 차단기 정격

전동기의 기동전류는 $I_{ms} = 45.58 \times 8 = 364.64[\mathrm{A}]$

$I_N = \dfrac{I_{ms}}{b} = \dfrac{364.64}{5} = 72.928[\mathrm{A}]$

(일반적으로 100A 이하에서는 3, 125A 이상에서는 5를 적용하면 된다.)

∴ 100[A] 선정

② 전동기 기동 돌입전류로 트립되지 않는 과전류 차단기의 정격

기동돌입전류는 기동전류의 1.5배를 적용하면 $I_{mi} = 364.64 \times 1.5 = 546.96[A]$

과전류 차단기 100[A] 선정시 순시차단배율은 225[A]이하의 경우 8배를 적용하면

$I_t = 100 \times 8 = 800[A]$

$\therefore I_N > I_{ms} \times 1.5 \times \frac{1}{8}$을 만족한다.

∴ ①과 ②의 조건을 만족하는 100[A] 선정

답 : 100[A]

17

출제년도 19.21.(4점/각 항목당 1점)

다음은 한국전기설비규정에서 정하는 수용가 설비에서의 전압강하에 관한 내용이다. 다른 조건을 고려하지 않는다면 수용가 설비의 인입구로부터 기기까지의 전압강하는 표의 값 이하로 하여야 한다. 다음 전압강하 표를 완성하시오.

수용가설비의 전압강하

설비의 유형	조명(%)	기타(%)
A-저압으로 수전하는 경우	(1)	(2)
B-고압 이상으로 수전하는 경우[a]	(3)	(4)

[a]가능한 한 최종회로 내의 전압강하가 A 유형의 값을 넘지 않도록 하는 것이 바람직하다. 사용자의 배선설비가 100[m]를 넘는 부분의 전압강하는 미터 당 0.005% 증가 할 수 있으나 이러한 증가분은 0.5%를 넘지 않아야 한다.

1		2		3		4	

[작성답안]

1	3	2	5	3	6	4	8

[핵심] 한국전기설비규정 232.3.9 수용가 설비에서의 전압강하

1. 다른 조건을 고려하지 않는다면 수용가 설비의 인입구로부터 기기까지의 전압강하는 표 232.3-1의 값 이하이어야 한다.

[표 232.3-1] 수용가설비의 전압강하

설비의 유형	조명 (%)	기타 (%)
A - 저압으로 수전하는 경우	3	5
B - 고압 이상으로 수전하는 경우[a]	6	8

[a]가능한 한 최종회로 내의 전압강하가 A 유형의 값을 넘지 않도록 하는 것이 바람직하다.
사용자의 배선설비가 100 m를 넘는 부분의 전압강하는 미터 당 0.005% 증가할 수 있으나 이러한 증가분은 0.5%를 넘지 않아야 한다.

2. 다음의 경우에는 표 232.3-1보다 더 큰 전압강하를 허용할 수 있다.
   가. 기동 시간 중의 전동기
   나. 돌입전류가 큰 기타 기기

3. 다음과 같은 일시적인 조건은 고려하지 않는다.
   가. 과도과전압
   나. 비정상적인 사용으로 인한 전압 변동

18

출제년도 94.10.11.12.21.(5점/부분점수 없음)

지표면상 10[m] 높이에 수조가 있다. 이 수조에 초당 1[m^3]의 물을 양수하는데 펌프용 전동기에 3상 전력을 공급하기 위해서 단상 변압기 2대를 V결선하였다. 펌프 효율이 70[%]이고, 펌프 축동력에 25[%] 여유를 두는 경우 다음 각 물음에 답하시오.
(단, 펌프용 3상 농형 유도전동기의 역률을 100[%]로 가정한다.)
펌프용 전동기의 소요 동력은 몇 [kW]인가?

[작성답안]

계산 : $P=\dfrac{9.8QHK}{\eta}$ [kW]에서 $P=\dfrac{9.8\times1\times10\times1.25}{0.7}=175$ [kW]

답 : 175 [kW]

[핵심] 펌프용 전동기 용량

$$P=\frac{9.8Q'HK}{\eta}=\frac{KQH}{6.12\eta}\ [\text{kW}]$$

여기서, P : 전동기의 용량 [kW]　Q : 양수량 [m^3/min]　Q' : 양수량 [m^3/sec]
H : 양정(낙차) [m]　η : 펌프의 효율 [%]　K : 여유계수(1.1 ~ 1.2 정도)

2022년 1회 기출문제 해설

※ 다음 물음에 답을 해당 답란에 답하시오.

1

출제년도 97.09.20.22.(5점/부분점수 없음)

500[kVA] 단상변압기 3대를 3상 △-△결선으로 사용하고 있었는데 부하증가로 500[kVA] 예비 변압기 1대를 추가하여 공급한다면 몇 [kVA]로 공급할 수 있는가?

[작성답안]

계산 : 동일 변압기가 4대 이므로 V-V 2뱅크 운전이 된다.

$P_v = 2\sqrt{3}P = 2\sqrt{3} \times 500 = 1732.05$[kVA]

답 : 1732.05[kVA]

2

출제년도 95.99.01.05.12.13.20.22.(6점/각 문항당 2점)

평형 3상 회로에 그림과 같은 유도 전동기가 있다. 이 회로에 2개의 전력계와 전압계 및 전류계를 접속하였더니 그 지시값은 $W_1 = 6.24$[kW], $W_2 = 3.77$[kW], 전압계의 지시는 200[V], 전류계의 지시는 34[A]이었다. 이 때 다음 각 물음에 답하시오.

(1) 부하에 소비되는 전력을 구하시오.

(2) 부하의 피상전력을 구하시오.

(3) 이 유도 전동기의 역률은 몇 [%]인가?

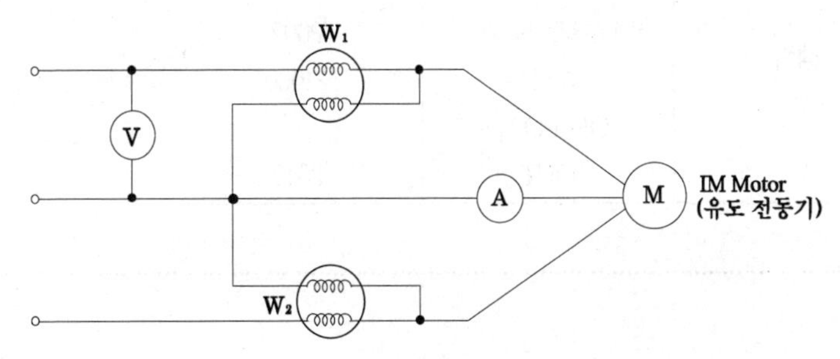

[작성답안]

(1) 계산 : $P = W_1 + W_2 = 6.24 + 3.77 = 10.01$[kW]

답 : 10.01[kW]

(2) 계산 : $P_a = \sqrt{3}\,VI = \sqrt{3} \times 200 \times 34 \times 10^{-3} = 11.777[\text{kVA}]$

답 : 11.78[kVA]

(3) 계산 : $\cos\theta = \dfrac{P}{P_a} \times 100 = \dfrac{10.01}{11.78} \times 100 = 84.974[\%]$

답 : 84.97[%]

3

출제년도 11.22.(6점/부분점수 없음)

프로그램의 차례대로 PLC시퀀스(래더 다이어그램)를 그리시오. 여기서 시작 입력 LOAD, 출력 OUT, 타이머 TMR, 설정시간 DATA, 직렬 AND, 병렬 OR, 부정 NOT의 명령을 사용하며, P010~P012는 전자접촉기 MC를 각각 나타내며, P001과 P002는 버튼 스위치를 표시한 것이다.

(1)

	명령	번지
생략	LOAD	P001
	OR	M001
	LOAD NOT	P002
	OR	M000
	AND LOAD	-
	OUT	P017

(2)

	명령	번지
생략	LOAD	P001
	AND	M001
	LOAD NOT	P002
	AND	M000
	OR LOAD	-
	OUT	P017

[작성답안]

(1)

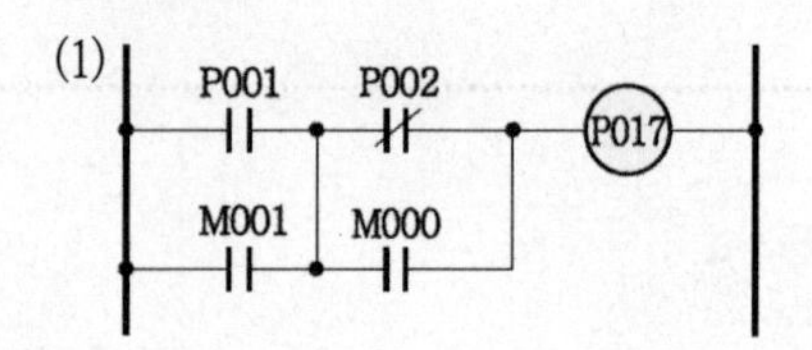

(2)

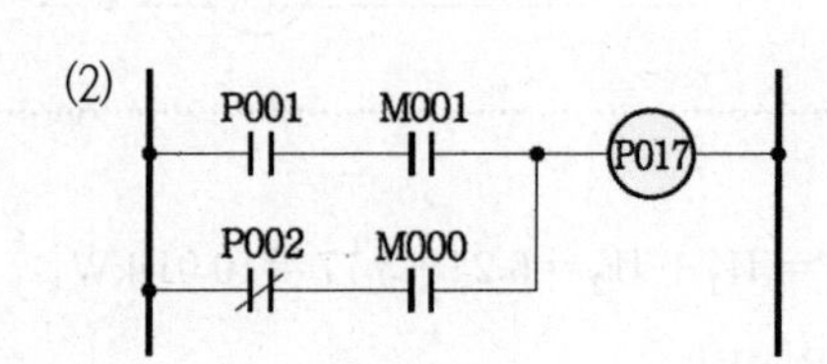

4 출제년도 98.08.18.22.(5점/각 문항당 1점)

다음 저항을 측정하는데 가장 적당한 계측기 또는 적당한 방법은?

(1) 변압기의 절연저항

(2) 검류계의 내부저항

(3) 전해액의 저항

(4) 배전선의 전류

(5) 접지극의 접지저항

[작성답안]

① 절연저항계 (Megger)
② 휘이스톤 브리지
③ 콜라우시 브리지
④ 후크온 메터
⑤ 접지저항계

5 출제년도 14.22.(5점/부분점수 없음)

3상 송전선의 각 선의 전류가 $I_a = 220 + j50$, $I_b = -150 - j300$, $I_c = -50 + j150$ 일 때 이것과 병행으로 가설된 통신선에 유기되는 전자유도 전압의 크기는 몇 [V]인가? (단, 송전선과 통신선 사이 상호 임피던스는 15[Ω]이다.)

[작성답안]

계산 : $I_a + I_b + I_c = 220 + j50 - 150 - j300 - 50 + j150 = 20 - j100$[A]

$|I_a + I_b + I_c| = \sqrt{20^2 + 100^2}$[A]

$\therefore E_m = -j\omega M\ell \times (I_a + I_b + I_c) = 15 \times \sqrt{(20^2 + 100)^2} = 1529.705$[V]

답 : 1529.71[V]

2022

6

출제년도 14.22.(5점/부분점수 없음)

150[kVA], 22.9[kV]/380-220[V], %저항은 3[%], %리액턴스 4[%]일 때 정격전압에서 단락 전류는 정격전류의 몇 배인가? (단, 전원측의 임피던스는 무시한다.)

[작성답안]

계산 : $\%Z = \sqrt{3^2+4^2} = 5[\%]$

$I_s = \frac{100}{\%Z} \times I_n$ 이므로, $I_s = \frac{100}{5} \times I_n = 20I_n$

답 : 20배

7

출제년도 12.16.22.(5점/부분점수 없음)

22.9[kV−Y]수전설비의 부하 전류가 40[A]일 때 변류기(CT) 60/5[A]의 2차측에 과전류계전기를 시설하여 120[%]의 과부하에서 부하를 차단시키고자 한다. 과전류 계전기의 탭 설정값을 구하시오.

[작성답안]

계산 : $I_{tap} = 40 \times \frac{5}{60} \times 1.2 = 4[\text{A}]$

$\therefore$ 4[A] 선정

답 : 4[A]

8

출제년도 20.22.(5점/부분점수 없음)

책임 설계감리원이 설계감리의 기성 및 준공을 처리한 때에는 다음 각 호의 준공서류를 구비하여 발주자에게 제출하여야 한다. (설계감리업무 수행지침에 따른다)

[작성답안]

- 설계감리일지
- 설계감리지시부
- 설계감리기록부
- 설계감리요청서
- 설계자와 협의사항 기록부

9

출제년도 15.22.(6점/부분점수 없음)

접지저항을 측정하기 위하여 보조접지극 A, B와 접지극 E 상호간에 접지저항을 측정한 결과 그림과 같은 저항값을 얻었다. E의 접지저항은 몇 [Ω] 인지 구하시오.

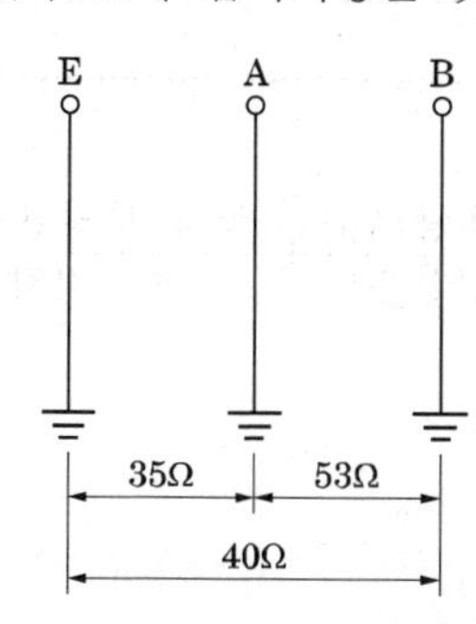

[작성답안]

계산 : $R_E = \frac{1}{2}(R_{EA} + R_{EB} - R_{AB}) = \frac{1}{2}(40 + 35 - 53) = 11[\Omega]$

답 : $11[\Omega]$

10

출제년도 19.(4점/각 문항당 2점)

다음은 교류 발전소용 자동제어기구의 번호이다. 52C 52T의 각각 명칭 쓰시오

52T	(1)
52C	(2)

[작성답안]

(1) 차단기 Trip Coil (교류차단기 트립코일)

(2) 차단기 Closing Coil (교류차단기 투입코일)

2022

11

출제년도 22. 유 87.88.00.04.12.13.17.(5점/부분점수 없음)

연축전지 용량이 100[Ah]이고 직류 상시 최대 부하전류가 90[A]인 경우 부동충전방식에 의한 정류기의 직류 정격 출력전류는 몇 [A]인가?

[작성답안]

계산 : 충전기 2차 전류[A]= $\dfrac{\text{축전지 용량[Ah]}}{\text{정격방전율[h]}} + \dfrac{\text{상시 부하용량[VA]}}{\text{표준전압[V]}}$

$$\therefore\ I = \frac{100}{10} + 90 = 100\ [\text{A}]$$

답 : 100[A]

12

출제년도 17.22.(5점/ 부분점수 없음)

그림과 같은 점광원으로부터 원뿔 밑면까지의 거리가 8 [m]이고, 밑면의 지름이 12 [m]인 원형면을 광속이 1570[lm] 통과하고 있을 때 이 점광원의 평균 광도 [cd]는? (단, π는 3.14로 계산할 것.)

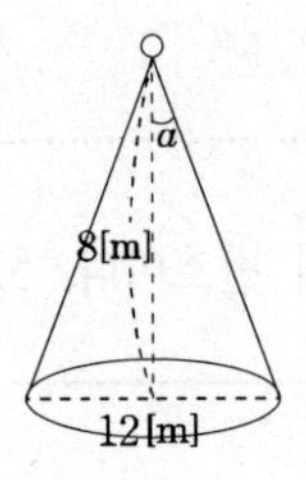

[작성답안]

계산 : $\cos\theta = \dfrac{8}{\sqrt{8^2+6^2}} = \dfrac{8}{10}$

$$F = \omega I = 2\pi(1-\cos\alpha)I$$

$$I = \frac{F}{2\pi(1-\cos\alpha)} = \frac{1570}{2\times 3.14(1-\frac{8}{10})} = 1250[\text{cd}]$$

답 : 1,250 [cd]

13

출제년도 20.22.(5점/부분점수 없음)

공칭 변류비가 100/5A 이다. 1차측에 400A를 흘렸을때 2차에 10A가 흘렀을 경우 비오차(%)는?

[작성답안]

$$\text{비오차} = \frac{\text{공칭변류비} - \text{측정변류비}}{\text{측정변류비}} \times 100\,[\%]$$

$$= \frac{100/5 - 400/10}{400/10} \times 100 = -50[\%]$$

답 : -50[%]

14

출제년도 96.98.12.22.(4점/부분점수 없음)

지름 30 [cm]인 완전 확산성 반구형 전구를 사용하여 평균 휘도가 0.3 [cd/cm²]인 천장등을 가설하려고 한다. 기구효율을 0.75라 하면, 이 전구의 광속은 몇 [lm] 정도이어야 하는지 계산하시오.(단, 광속발산도는 0.94 [lm/cm²]라 한다.)

[작성답안]

계산 : 광속 $F = R \cdot S = R \times \frac{\pi d^2}{2} = 0.94 \times \frac{\pi \times 30^2}{2} = 1328.894$ [lm]

기구효율이 0.75이므로 $\frac{F}{\eta} = \frac{1328.894}{0.75} = 1771.86$ [lm]

답 : 1771.86 [lm]

2022

15

출제년도 22.(12점/각문항당 3점)

다음 그림은 수변전설비의 단선결선도의 일부이다. 다음 물음에 답하시오.

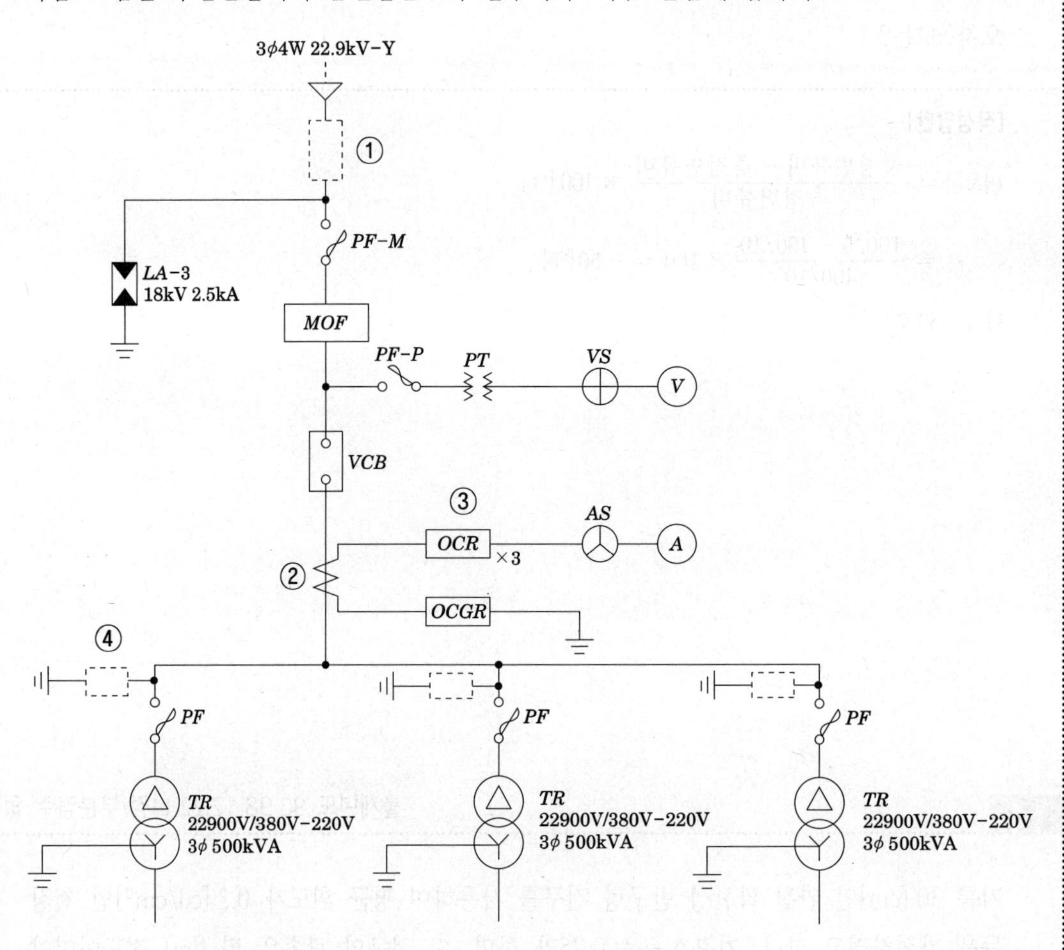

(1) 수변전 설비의 인입구 개폐기로 사용되며, 부하전류를 개폐할 수 있으나, 정상 상태에서 소정의 전류를 투입, 차단, 통전하고 그 전로의 단락상태에서 이상전류까지 투입 가능하며, 고장전류를 차단할 수 없으므로 한류퓨즈와 직렬로 사용하는 기기는 무엇인가?

(2) 도면에서 CT비를 구하시오. (단, 여유율은 1.25배를 적용한다.)

(3) OCR의 탭을 선정하시오. 변압기 전부하전류의 1.5배를 적용한다.

(4) 개폐서지 또는 순간과도전압등 이상전압으로부터 2차측 기기를 보호하는 장치는 무엇인가 쓰시오.

과전류계전기 규격

	항목	탭전류
과전류계전기	계전기타입	유도 원판형
	동작특성	반한시
	한시탭	3, 4, 5, 6, 7, 8, 9
	순시탭	20, 30, 40, 50, 60, 70, 80

변류기 규격

	항목	변류기
변류기	1차전류	5, 10, 15, 20, 30, 40, 50, 75, 100, 150, 200, 300, 400, 500, 600, 750 1000, 1500, 2000, 2500
	2차전류	5

[작성답안]

(1) 부하개폐기(LBS)

(2) 계산 : $I_1 = \dfrac{500 \times 3}{\sqrt{3} \times 22.9} \times 1.25 = 47.27$ [A]이므로 CT의 변류비는 50/5 선정

답 : 50/5

(3) 계산 : $I_t = \dfrac{500 \times 3}{\sqrt{3} \times 22.9} \times 1.5 \times \dfrac{5}{50} = 5.672$ [A]

∴ 6[A] 선정

답 : 6[A]

(4) 서지흡수기

16

출제년도 22.(4점/각 문항당 2점)

다음 전선의 명칭을 작성하시오.

(1) 450/750V HFIO

(2) 0.6/1kV PNCT

[작성답안]

(1) 450/750V 저독성 난연 폴리올레핀 절연전선

(2) 0.6/1kV 고무절연 캡타이어 케이블

17

출제년도 22.(4점/각 항목당 2점)

다음 표의 빈칸을 채오시오.

전선관공사	합성수지관공사, 금속관공사, 가요전선관공사
케이블트렁킹	(①), (②), 금속트렁킹공사
케이블덕트	플로어덕트공사, 셀룰러덕트공사, 금속덕트공사

[작성답안]

① 합성수지몰드공사

② 금속몰드공사

18

출제년도 03.10.22.(5점/각 문항당 2점, 모두 맞으면 5점)

다음 논리식에 대한 물음에 답하시오.(단, A, B, C는 입력이고 X는 출력이다.)

$$X=(A+B)\overline{C}$$

(1) 논리식을 로직 시퀀스로 나타내시오.

(2) 2입력 NOR GATE를 최소로 사용하여 동일한 출력이 되도록 회로를 변환하시오.

[작성답안]

(1)

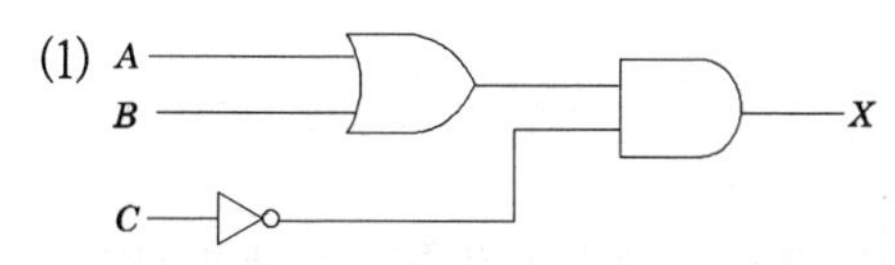

(2)

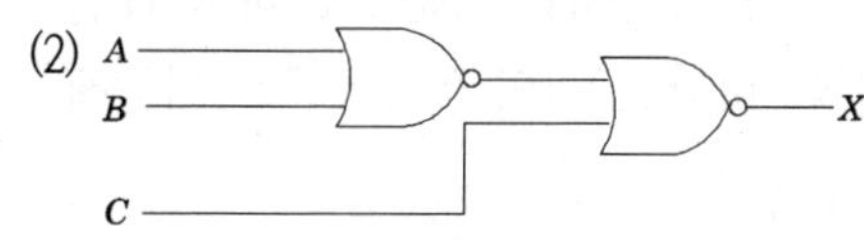

19

출제년도 22.(5점/각 항목당 2점)

3상 200[V], 60[Hz], 20[kW]의 부하의 역률은 60[%](지상)이다. 전력용 커패시터를 △결선 후 병렬로 설치하여 역률 80[%]로 개선하고자 한다. 다음 물음에 답하시오.

(1) 3상 전력용 커패시터의 용량[kVA]을 구하시오.

(2) 전력용 커패시터의 정전용량[μF]을 구하시오.

[작성답안]

(1) 계산 : $Q_c = P(\tan\theta_1 - \tan\theta_2) = 20\left(\frac{0.8}{0.6} - \frac{0.6}{0.8}\right) = 11.67$ [kVA]

답 : 11.67 [kVA]

(2) 계산 : $C = \frac{Q_c \times 10^9}{3 \times 2\pi f V^2} = \frac{11.67 \times 10^9}{6\pi \times 60 \times 200^2} = 257.96[\mu\text{F}]$

답 : 257.96[μF]

2022

2022년 2회 기출문제 해설

※ 다음 물음에 답을 해당 답란에 답하시오.

1

출제년도 16.22.(5점/각 문항당 2점, 모두 맞으면 5점)

주어진 조건에 의하여 1년 이내 최대 전력 3000[kW], 월 기본요금 6490[원/kW], 월간 평균역률이 95[%]일 때 1개월의 기본요금을 구하시오. 또한 1개월간의 사용 전력량이 54만[kWh], 전력량요금 89[원/kWh]라 할 때 1개월의 총 전력요금은 얼마인가를 계산하시오.

【조 건】

역률의 값에 따라 전력요금은 할인 또는 할증되며 역률 90[%]를 기준으로 하여 1[%] 늘 때마다 기본요금이 1[%]할인되며, 1[%]나빠질 때 마다 1[%]의 할증요금을 지불해야 한다.

(1) 기본요금을 구하시오.

(2) 1개월의 총 전력요금을 구하시오.

[작성답안]

(1) 계산 : $3000 \times 6490 \times (1-0.05) = 18,496,500$[원]

답 : 18,496,500[원]

(2) 계산 : $18,496,500 + 540,000 \times 89 = 66,556,500$[원]

답 : 66,556,500[원]

2

출제년도 22.(4점/각 항목당 1점)

다음은 조명에 관한 용어이다. 빈칸에 알맞은 기호와 단위를 적으시오.

휘도		광도		조도		광속발산도	
기호	단위	기호	단위	기호	단위	기호	단위

[작성답안]

휘도		광도		조도		광속발산도	
기호	단위	기호	단위	기호	단위	기호	단위
B	[sb] [nt]	I	[cd]	E	[lx]	R	[rlx]

3

출제년도 87.98.04.07.08.22.(5점/각 문항당 1점, 모두 맞으면 5점)

어떤 부하에 그림과 같이 접속된 전압계, 전류계 및 전력계의 지시가 각각 $V = 200$ [V], $I = 30$ [A], $W_1 = 5.96$ [kW], $W_2 = 2.36$ [kW]이다. 이 부하에 대하여 다음 각 물음에 답하시오.

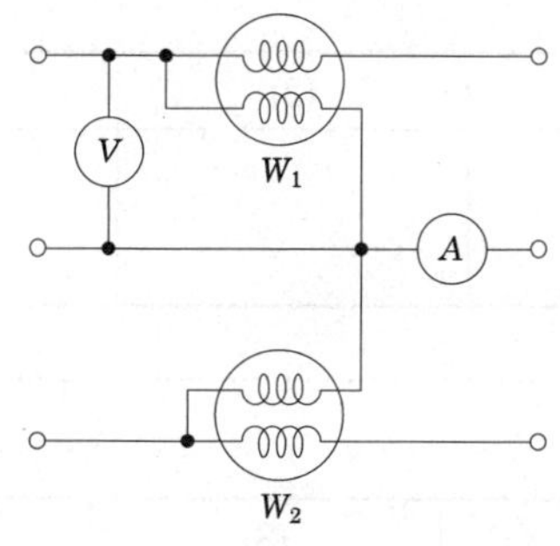

(1) 소비 전력은 몇 [kW]인가?

(2) 피상 전력은 몇 [kVA]인가?

(3) 부하 역률은 몇 [%]인가?

[작성답안]

(1) 계산 : $P = W_1 + W_2 = 5.96 + 2.36 = 8.32$ [kW]

답 : 8.32 [kW]

(2) 계산 : $P_a = \sqrt{3} \times VI = \sqrt{3} \times 200 \times 30 \times 10^{-3} = 10.39$ [kVA]

답 : 10.39 [kVA]

(3) 계산 : $\cos\theta = \dfrac{P}{P_a} = \dfrac{8.32}{10.39} \times 100 = 80.08$ [%]

답 : 80.08 [%]

4

출제년도 96.98.04.17.22.(5점/각 항목당 1점)

다음 조건에 있는 콘센트의 그림기호를 그리시오.

(1) 벽붙이용

(2) 천장에 부착하는 경우

(3) 바닥에 부착하는 경우

(4) 방수형

(5) 2구용

(1)	(2)	(3)	(4)	(5)

[작성답안]

(1)	(2)	(3)	(4)	(5)
			 WP	 2

5

출제년도 99.20.22.(5점/부분점수 없음)

송전거리가 40[km], 송전전력 10000[kW]일 경우 송전전압을 Still의 식에 의거하여 구하시오.

[작성답안]

계산 : $\text{사용 전압[kV]} = 5.5\sqrt{0.6 \times \text{송전 거리[km]} + \dfrac{\text{송전 전력[kW]}}{100}}$

$$V_s = 5.5\sqrt{0.6 \times 40 + \frac{10000}{100}} = 61.25[\text{kV}]$$

답 : 61.25[kV]

6

출제년도 95.16.22.(5점/부분점수 없음)

그림의 시퀀스 회로에서 A접점이 닫혀서 폐회로가 될 때 신호등 PL은 어떻게 동작하는가? 한 줄 이내로 답하시오. (단, X는 보조릴레이고 $T_1 \sim T_2$는 타이머(on delay)이며, 설정시간은 1초이다.)

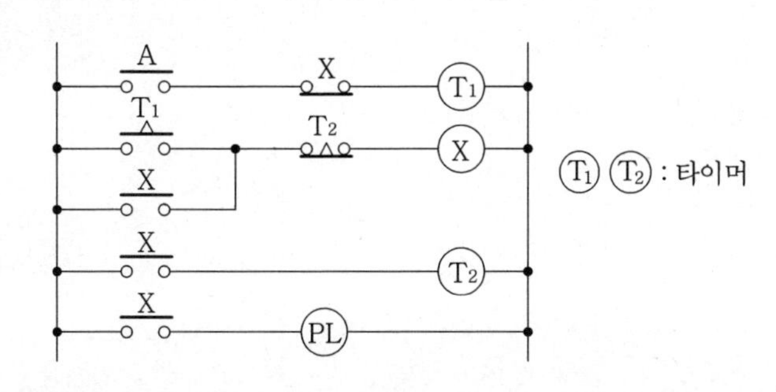

[작성답안]

PL은 T_1설정 시간(1초) 동안 소등하고 T_2 설정 시간(1초) 동안 점등한다(반복동작). A가 개로되면 반복을 중지한다.

7 출제년도 13.14.15.22.(5점/각 항목당 1점)

$\Delta-\Delta$ 결선으로 운전하던 중 한상의 변압기에 고장이 생겨 이것을 분리하고 나머지 2대로 3상 전력을 공급하고자 한다. 다음 각 물음에 답하시오.

(1) 결선의 명칭을 쓰시오.

(2) 이용률은 몇 [%]인가?

- 계산식
- 이용률

(3) 변압기 2대의 3상 출력은 $\Delta-\Delta$ 결선시의 변압기 3대의 출력과 비교할 때 몇 [%] 정도인가?

- 계산식
- 출력

[작성답안]

(1) V－V 결선

(2) 계산 : 이용률 $U=\dfrac{V\text{결선시 출력}}{\text{변압기 2대의 출력}}=\dfrac{\sqrt{3}\,P}{2P}=\dfrac{\sqrt{3}}{2}=0.866=86.6[\%]$

답 : 86.6[%]

(3) 계산 : 출력비$=\dfrac{\text{고장후의 출력}}{\text{고장전의 출력}}=\dfrac{P_V}{P_\Delta}=\dfrac{\sqrt{3}\,P}{3P}=\dfrac{1}{\sqrt{3}}\fallingdotseq 0.5774=57.74[\%]$

답 : 57.74[%]

8

출제년도 89.93.95.96.22.(6점/각 문항당 3점)

그림과 같은 단상 3선식 회로에서 중성선이 ×점에서 단선되었다면 부하 A 및 부하 B의 단자 전압은 몇 [V]인가?

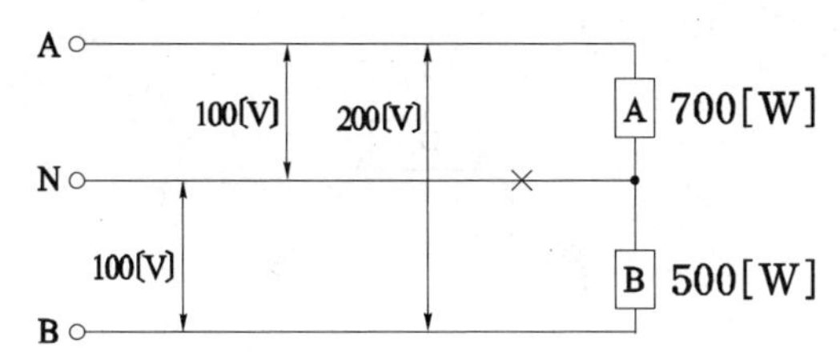

(1) 부하 A의 단자전압을 구하시오.

(2) 부하 B의 단자전압을 구하시오.

[작성답안]

계산 : 부하 A의 $R_A = \frac{V^2}{P_A} = \frac{100^2}{700} = 14.29\ [\Omega]$

부하 B의 $R_B = \frac{V^2}{P_B} = \frac{100^2}{500} = 20\ [\Omega]$

$$\therefore\ V_A = \frac{R_A}{R_A + R_B} \times V = \frac{14.29}{14.29+20} \times 200 = 83.35[V]$$

$$V_B = \frac{20}{14.29+20} \times 200 = 116.65\ [V]$$

답 : $V_A = 83.35[V]$, $V_B = 116.65[V]$

2022

9

출제년도 03.15.11.15.22.(5점/부분점수 없음)

콜라우시브리지에 의해 접지저항을 측정한 경우 접지판 상호간의 저항이 그림과 같다면 G_3의 접지 저항 값은 몇 [Ω]인지 계산하시오.

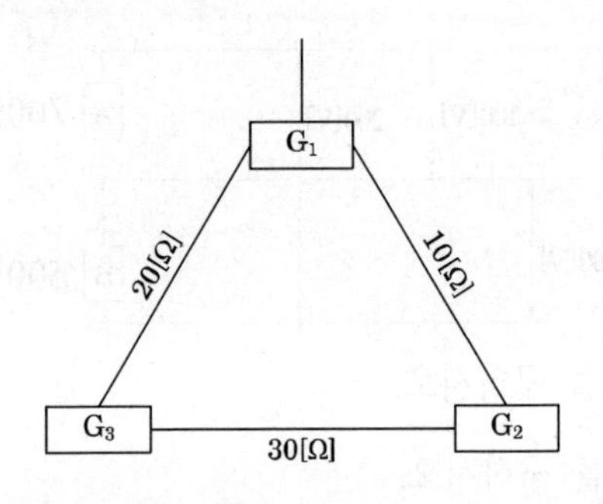

[작성답안]

계산 : G_3의 접지 저항값 $= \frac{1}{2} \times (20+30-10) = 20[\Omega]$

답 : 20[Ω]

10

출제년도 19.22.(5점/부분점수 없음)

역률이 0.8인 30 [kW] 전동기 부하와 25 [kW]의 전열기 부하에 전원을 공급하는 변압기가 있다. 이때 변압기 용량을 구하시오.

단상 변압기 표준용량

표준용량 [kVA]	1, 2, 3, 5, 7.5, 10, 15, 20, 30, 50, 75, 100, 150, 200

[작성답안]

계산 : 전동기의 유효전력 30[kW]

전동기의 무효전력 $30 \times \frac{0.6}{0.8} = 22.5$ [kVar]

전열기의 유효전력 25 [kW]

변압기에 걸리는 부하 $\sqrt{(30+25)^2 + 22.5^2} = 59.42$ [kVA]

수용률이 주어지지 않았으므로 변압기용량은 75 [kVA]을 선정한다.

답 : 75 [kVA]

11

출제년도 08.17.22.(5점/각 항목당 1점, 모두 맞으면 5점)

전기사업자는 그가 공급하는 전기의 품질(표준전압, 표준주파수)을 허용오차 범위 안에서 유지하도록 전기사업법에 규정되어 있다. 다음 표의 빈칸 ①~④에 표준전압·표준주파수에 대한 허용오차를 정확하게 쓰시오.

표준전압·표준주파수	허용오차
110 볼트	①
220 볼트	②
380 볼트	③
60 헤르츠	④

[작성답안]

① 110볼트의 상하로 6볼트 이내

② 220볼트의 상하로 13볼트 이내

③ 380볼트의 상하로 38볼트 이내

④ 60헤르츠 상하로 0.2헤르츠 이내

[핵심] 전기사업법 시행규칙 제18조(전기의 품질기준)〈개정 2021.7.21.〉

전기사업법 시행규칙 별표3

표준전압·표준주파수 및 허용오차(제18조관련)

1. 표준전압 및 허용오차

표준전압	허용오차
110 볼트	110볼트의 상하로 6볼트 이내
220 볼트	220볼트의 상하로 13볼트 이내
380 볼트	380볼트의 상하로 38볼트 이내

2. 표준주파수 및 허용오차

표준 주파수	허용오차
60 헤르츠	60헤르츠 상하로 0.2헤르츠 이내

3. 비고

제1호 및 제2호 외의 구체적인 품질유지항목 및 그 세부기준은 산업자원부장관이 정하여 고시한다.

12

출제년도 99.01.02.22.(6점/각 문항당 3점)

전동기를 제작하는 어떤 공장에 700 [kVA]의 변압기가 설치되어 있다. 이 변압기에 역률 65 [%]의 부하 700 [kVA]가 접속되어 있다고 할 때, 이 부하와 병렬로 전력용 콘덴서를 접속하여 합성 역률을 90 [%]로 유지하려고 한다. 다음 각 물음에 답하시오.

(1) 전력용 콘덴서의 용량은 몇 [kVA]가 필요한가?

(2) 이 변압기에 부하는 몇 [kW] 증가시켜 접속할 수 있는가?

[작성답안]

(1) 계산 : $Q_c = 700 \times 0.65\left(\dfrac{\sqrt{1-0.65^2}}{0.65} - \dfrac{\sqrt{1-0.9^2}}{0.9}\right) = 311.59$ [kVA]

답 : 311.59 [kVA]

(2) 계산 : $\Delta P = P_a(\cos\theta_2 - \cos\theta_1) = 700\,(0.9 - 0.65) = 175$ [kW]

답 : 175 [kW]

13

출제년도 22.(11점/각 문항당 3점, 모두 맞으면11)

다음 그림과 같이 클램프테스터로 전류를 측정하고자 한다. 주어진 조건을 참고하여 다음 각 물음에 답하시오.

【조건】

- 3상
- 정격전류 50[A]
- 공사방법 B2
- XLPE 사용
- 허용전압강하 2[%]
- 주위온도 40 ℃
- 분전반으로부터 전동기까지의 길이 70[m]

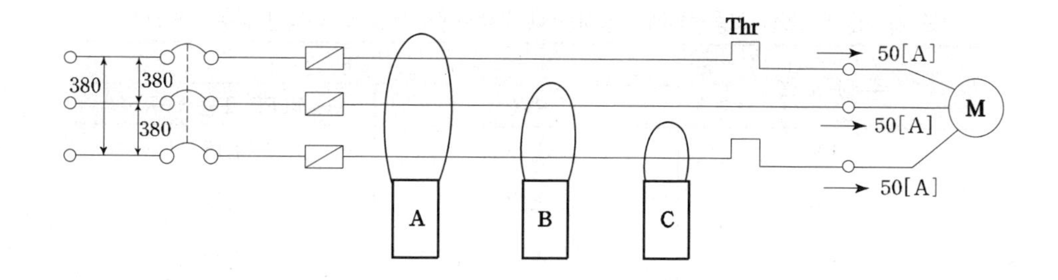

[표 1] XLPE 또는 EPR 절연, 3개 부하도체, 구리 또는 알루미늄
도체온도 : 90 ℃, 주위온도: 기중 30 ℃, 지중 20 ℃

도체의 공칭 단면적 mm^2	설치방법						
	A1	A2	B1	B2	C	D1	D2
1	2	3	4	5	6	7	8
구리							
1.5	17	16.5	20	19.5	22	21	23
2.5	23	22	28	26	30	28	30
4	31	30	37	35	40	36	39
6	40	38	48	44	52	44	49
10	54	51	66	60	71	58	65
16	73	68	88	80	96	75	84
25	95	89	117	105	119	96	107
35	117	109	144	128	147	115	129
50	141	130	175	154	179	135	153
70	179	164	222	194	229	167	188
95	216	197	269	233	278	197	226
120	249	227	312	268	322	223	257
150	285	259	342	300	371	251	287
185	324	295	384	340	424	281	324
240	380	346	450	398	500	324	375
300	435	396	514	455	576	365	419

[표 2] 기중케이블의 허용전류에 적용하는 대기 주위온도가 30℃ 이외인 경우의 보정계수

주위온도 ℃	절연체	
	PVC	XLPE 또는 EPR
10	1.22	1.15
15	1.17	1.12
20	1.12	1.08
25	1.06	1.04
35	0.94	0.96
40	0.87	0.91
45	0.79	0.87
50	0.71	0.82
55	0.61	0.76
60	0.50	0.71
65	–	0.65
70	–	0.58
75	–	0.50
80	–	0.41
85	–	–
90	–	–
95	–	–

(1) 공사방법과 주위 온도를 고려하여 전선의 굵기를 선정하시오. (단, 허용전압강하는 무시한다.)

(2) 허용전압강하를 고려하였을 때 전선의 굵기를 선정하고, (1)의 조건을 만족하는 표준규격을 선정하시오.

(3) 3상 평형이고 전동기가 정상운전 할 경우 A, B, C 클램프테스터에 표시되는 전류의 값을 다음 표에 기록하시오.

A	B	C

[작성답안]

(1) 표1에서 공사방법 B2에 60[A]에 보정계수 0.91 적용하면 54.6[A] 이므로 50[A]의 연속전류를 흘릴 수 있다.

∴ 전선의 굵기 10[mm^2]선정

답 : 10[mm^2]

(2) 전압강하를 고려한 전선의 굵기

$$A = \frac{17.8LI}{1,000e} = \frac{30.8 \times 70 \times 50}{1,000 \times 380 \times 0.02} = 14.18\ [mm^2]$$

∴ 전선의 굵기 16[mm^2] 선정

∴ (1)과 (2)의 조건을 모두 만족하는 16[mm^2] 선정

답 : • 전압강하를 고려한 전선의 굵기 : 16[mm^2]
• (1)과 (2)의 조건을 모두 만족하는 굵기 : 16[mm^2]

(3)

A	B	C
0[A]	50[A]	50[A]

2022

14

출제년도 85.93.99.03.14.22.(4점/각 문항당 1점, 모두 맞으면 4점)

그림과 같이 전등만의 2군 수용가가 각각 한 대씩의 변압기를 통해서 전력을 공급받고 있다. 각 군 수용가의 총설비용량은 각각 50[kW] 및 40[kW]라고 한다. 다음 물음에 답하시오.

- 50[kW] 수용률 : 0.6
- 40[kW] 수용률 : 0.7
- 변압기 상호간의 부등률 1.2

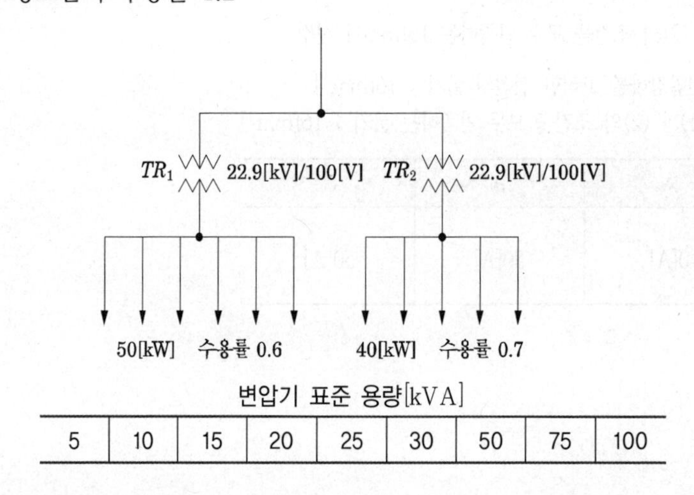

변압기 표준 용량[kVA]

5	10	15	20	25	30	50	75	100

(1) TR_1의 최대부하[kW]

(2) TR_2의 최대부하[kW]

(3) 합성최대수용전력[kW]

[작성답안]

(1) 계산 : 최대수용전력 $= 50 \times 0.6 = 30$ [kW]

답 : 30 [kW]

(2) 계산 : 최대수용전력 $= 40 \times 0.7 = 28$ [kW]

답 : 28 [kW]

(3) 합성최대수용전력

계산 : $\text{합성최대수용전력} = \dfrac{\text{각 부하설비의 최대수용전력의 합}}{\text{부등률}} = \dfrac{30+28}{1.2} = 48.33\,[\text{kW}]$

답 : 48.33 [kW]

15

출제년도 90.06.10.18.22(5점/각 문항당 2점, 모두 맞으면 5점)

어느 건물의 부하는 하루에 240 [kW]로 5시간, 100 [kW]로 8시간, 75 [kW]로 나머지 시간을 사용한다. 이에 따른 수전설비를 450 [kVA]로 하였을 때, 부하의 평균역률이 0.8인 경우 이 건물의 일부하율 [%]을 구하시오.

[작성답안]

계산 : $\text{부하율} = \dfrac{\text{평균 전력}}{\text{최대 수용 전력}} \times 100 = \dfrac{240 \times 5 + 100 \times 8 + 75 \times 11}{240 \times 24} \times 100 = 49.05\,[\%]$

답 : 49.05 [%]

16

출제년도 13.22.(6점/각 항목당 3점)

옥내에 시설되는 단상전동기에 관한 내용이다. 다음 빈칸에 알맞은 값을 쓰시오.

옥내에 시설하는 전동기(정격 출력이 0.2 kW 이하인 것을 제외한다. 이하 여기에서 같다)에는 전동기가 손상될 우려가 있는 과전류가 생겼을 때에 자동적으로 이를 저지하거나 이를 경보하는 장치를 하여야 한다. 다만, 다음의 어느 하나에 해당하는경우에는 그러하지 아니하다.

가. 전동기를 운전 중 상시 취급자가 감시할 수 있는 위치에 시설하는 경우

나. 전동기의 구조나 부하의 성질로 보아 전동기가 손상될 수 있는 과전류가 생길 우려가 없는 경우

다. 단상전동기[KS C 4204(2013)의 표준정격의 것을 말한다]로써 그 전원측 전로에 시설하는 과전류 차단기의 정격전류가 (①)(배선차단기는 ②) 이하인 경우

[작성답안]

① 16[A]

② 20[A]

2022

[핵심] 한국전기설비규정 212.6.3 저압전로 중의 전동기 보호용 과전류보호장치의 시설

옥내에 시설하는 전동기(정격 출력이 0.2 kW 이하인 것을 제외한다. 이하 여기에서 같다)에는 전동기가 손상될 우려가 있는 과전류가 생겼을 때에 자동적으로 이를 저지하거나 이를 경보하는 장치를 하여야 한다. 다만, 다음의 어느 하나에 해당하는경우에는 그러하지 아니하다.

가. 전동기를 운전 중 상시 취급자가 감시할 수 있는 위치에 시설하는 경우

나. 전동기의 구조나 부하의 성질로 보아 전동기가 손상될 수 있는 과전류가 생길 우려가 없는 경우

다. 단상전동기[KS C 4204(2013)의 표준정격의 것을 말한다]로써 그 전원측 전로에 시설하는 과전류 차단기의 정격전류가 16 A(배선차단기는 20 A) 이하인 경우

17

출제년도 96.22.(4점/각 항목당 1점)

다음 피뢰기의 구조에 따른 종류4가지를 쓰시오.

[작성답안]

갭 저항형 (GAP RESISTANCE TYPE)

갭 레스형(GAP LESS TYPE) : 특성요소(ZnO : 산화아연)로만 구성.

밸브 저항형 (VALVE RESISTANCE TYPE) : 직렬 갭 + 특성요소(SiC)

밸브형 (VALVE TYPE)

[해설]

피뢰기는 특고압가공 전선로에 의하여 수전하는 자가용 변전실의 입구에 설치하여 낙뢰나 혼촉사고 등에 의하여 이상전압이 발생하였을 때 선로와 기기를 보호한다. 피뢰기는 저항형, 밸브형, 밸브저항형, 방출형, 산화아연형(갭레스형), 지형 등이 있다.

18

출제년도 22.(4점/각 문항당 2점)

다음은 3상 농형 유도 전동기 기동방법이다. 다음 물음에 대한 답을 보기에서 골라 답하시오.

【조건】

직입기동, Y-델타 기동, 리액터기동, 콘돌퍼기동법

(1) 기동전류가 가장 큰 것은 무엇인가?

(2) 기동토크가 가장 큰 것은 무엇인가?

[작성답안]

(1) 직입기동 (2) 직입기동

[해설]

콘돌퍼 기동은 기동시 전동기의 인가전압을 기동보상기(단권변압기)로 내려서 기동하는 기동 보상기 방법의 일종으로 리액터 회로의 완충기동기로 전환 후 클로즈드트랜지션 하는 방법이다. 일반적으로 기동보상기의 탭은 50-65-80 (%)이며, 이때 기동토크는 25-42-64 (%)로변한다.

구분	전전압 직입기동	감 압 기 동			
		스타델타기동 (오픈트랜지션)	스타델타기동 (클로즈드트랜지션)	리액터기동	콘돌퍼기동 (기동보상기)
회로 구성	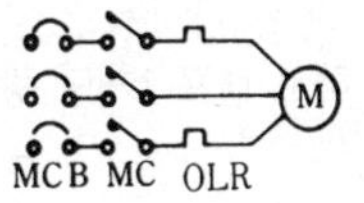 MCB MC OLR M	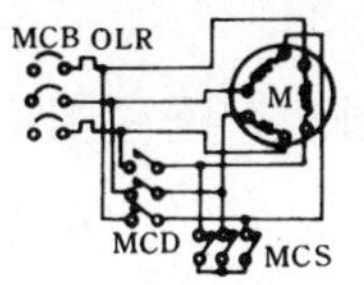 MCB OLR M MCD MCS	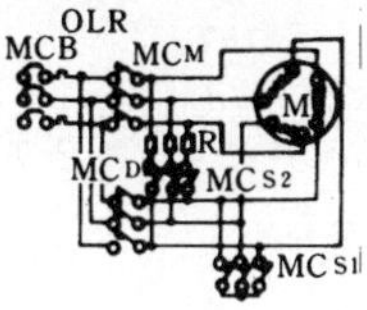 OLR MCB MCM M R MCD MCS2 MCS1	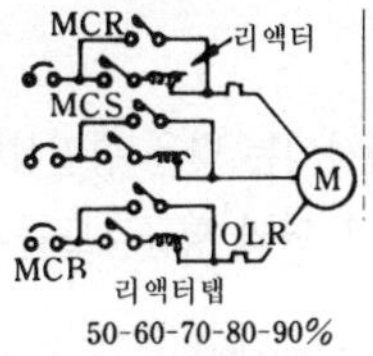 MCR 리액터 MCS M OLR MCB 리액터탭 50-60-70-80-90%	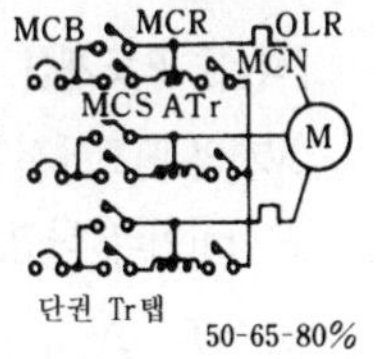 MCB MCR OLR MCN MCS ATr M 단권 Tr탭 50-65-80%
전류 특성 (선로 전류) %α	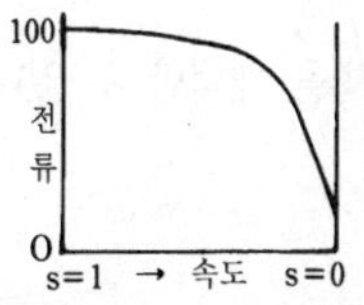 100 전류 0 s=1 → 속도 s=0	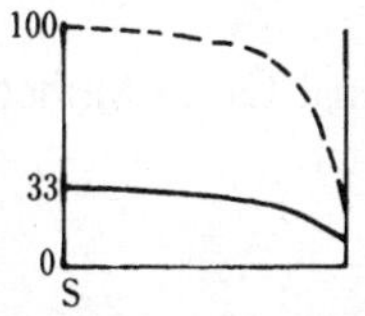 100 33 0 S	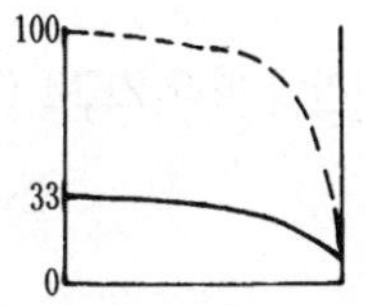 100 33 0	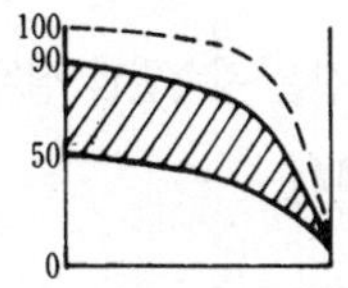 100 90 50 0	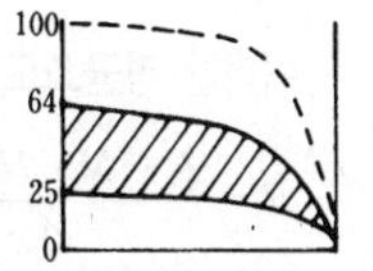 100 64 25 0
	I_S	$I_1 = I_S \times \frac{1}{3}$	$I_1 = I_S \times \frac{1}{3}$	$I_2 = I_2 \times \frac{V'}{V}$	$I_3 = I_S \times (\frac{V'}{V})^2$
	100%	33.3%	33.3%	50-60-70-80-90%	64-42-25%
토크 특성 %β	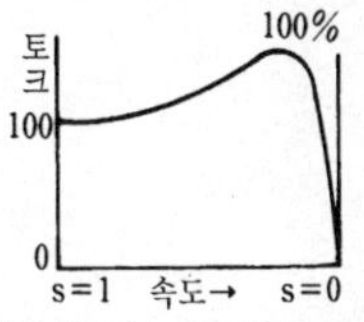 토크 100% 100 0 s=1 속도→ s=0	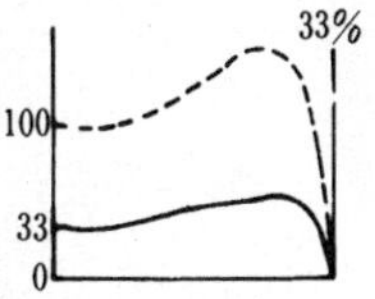 33% 100 33 0	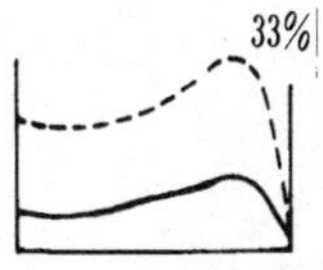 33%	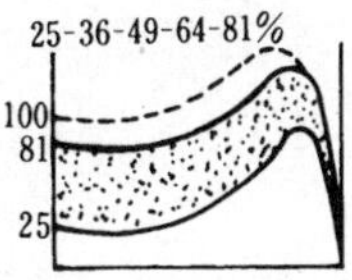 25-36-49-64-81% 100 81 25	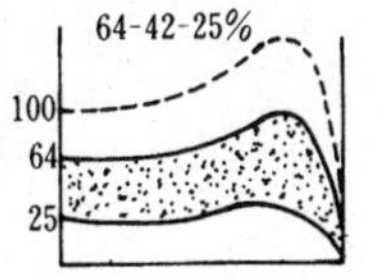 64-42-25% 100 64 25
	T_S	$T_1 = T_S \times \frac{1}{3}$	$T_1 = T_S \times \frac{1}{3}$	$T_2 = T_S \times (\frac{V'}{V})^2$	$T_3 = T_S \times (\frac{V'}{V})^2$
	100	33.3	33.3	25-36-49-64-81	64-42-24
가속성	가속토크 가장 큼 기동시의 쇼크 큼	토크증가 작음 최대토크 작음	토크증가 작음 최대토크 작음 델타전환시의 쇼크 작음	토크증가 큼 최대토크 가장큼 원활한 가속	토크증가 약간 작음 최대토크 약간 작음 원활한 가속

2022

19

출제년도 95.07.17.22.(5점/부분점수 없음)

폭 5 [m], 길이 7.5 [m], 천장 높이 3.5 [m]의 방에 형광등 40 [W] 4등을 설치하니 평균 조도가 100 [lx]가 되었다. 40 [W] 형광등 1등의 전광속이 3000 [lm], 조명률 0.5일 때 감광보상률을 구하시오.

[작성답안]

계산 : $D=\dfrac{FUN}{EA}=\dfrac{3000\times0.5\times4}{100\times5\times7.5}=1.6$

답 : 1.6

[핵심] 조도계산

N개의 램프에서 방사되는 빛을 평면상의 면적 A[㎡]에 모두 집중 조사할 수 있다고 하고 램프 1개당 광속을 F [lm]이라 하면, 그 면의 평균조도를

$E=\dfrac{F\cdot N}{A}$ [lx]로 나타낸다.

이러한 평균조도 계산은 광속법과 설계여건에 따라 ZCM (Zonal Cavity Method)법을 채택할 수 있다.

$$E=\frac{F\cdot N\cdot U\cdot M}{A}$$

여기서, E : 평균조도 [lx]　　F : 램프 1개당 광속 [lm]

N : 램프수량 [개]　　U : 조명률

M : 보수율, 감광보상률의 역수　　A: 방의 면적 [㎡] (방의 폭×길이)

2022년 3회 기출문제 해설

※ 다음 물음에 답을 해당 답란에 답하시오.

1

출제년도 86.96.98.00.02.03.10.18.20.22.(7점/각 문항당 4점)

어느 회사에서 한 부지에 A, B, C의 세 공장을 세워 3대의 급수 펌프 P_1(소형), P_2(중형), P_3(대형)으로 다음 계획에 따라 급수 계획을 세웠다. 이 계획을 잘 보고 다음 물음에 답하시오.

【조건】

① 모든 공장 A, B, C가 휴무일 때 또는 그 중 한 공장만 가동할 때에는 펌프 P_1만 가동시킨다.

② 모든 공장 A, B, C중 어느 것이나 두 개의 공장만 가동할 때에는 P_2만 가동시킨다.

③ 모든 공장 A, B, C가 모두 가동할 때에는 P_3만 가동시킨다.

(1) 조건과 같은 진리표를 작성하시오.

A	B	C	P_1	P_2	P_3
0	0	0			
1	0	0			
0	1	0			
0	0	1			
1	1	0			
1	0	1			
0	1	1			
1	1	1			

(2) P_1, P_2, P_3의 출력식을 가장 간단한 식으로 표현하시오.

(3) P_1, P_2의 논리회로를 그리시오.

※ 접점 심벌을 표시할 때는 A, B, C, $\overline{A}$, $\overline{B}$, $\overline{C}$ 등 문자 표시도 할 것

[작성답안]

(1)

A	B	C	P_1	P_2	P_3
0	0	0	1	0	0
1	0	0	1	0	0
0	1	0	1	0	0
0	0	1	1	0	0
1	1	0	0	1	0
1	0	1	0	1	0
0	1	1	0	1	0
1	1	1	0	0	1

(2) $P_1 = \overline{A}\,\overline{B} + (\overline{A} + \overline{B})\overline{C}$

$P_2 = \overline{A}BC + A(\overline{B}C + B\overline{C})$

$P_3 = ABC$

(3)

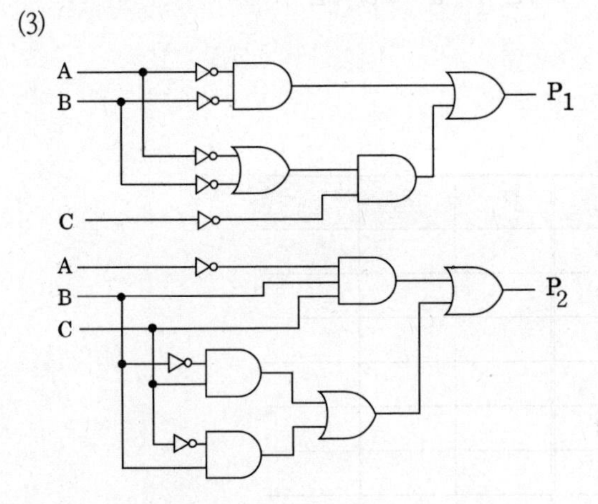

2 출제년도 12.15.16.19.22.(5점/부분점수 없음)

그림과 같은 교류 3상 3선식 전로에 연결된 3상 평형부하가 있다. 이 때 c상의 P점이 단선된 경우, 이 부하의 소비전력은 단선 전 소비전력에 비하여 어떻게 되는지 관계식을 이용하여 설명하시오. (단, 선간 전압은 E [V]이며, 부하의 저항은 R [Ω] 이다.)

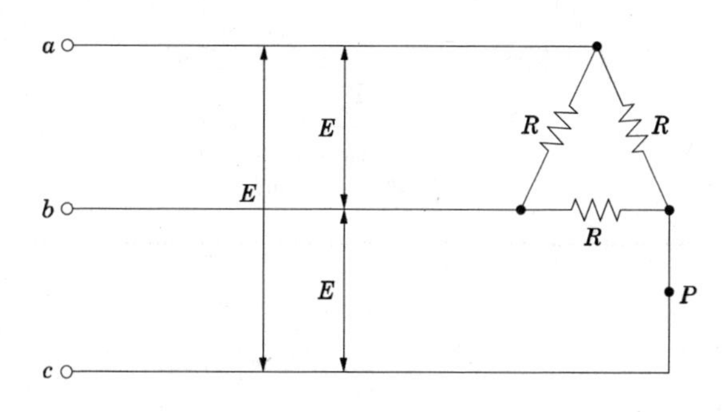

[작성답안]

① 단선전 소비전력 $P = 3 \times \dfrac{E^2}{R}$

② 단선 후 전력

P점 단선시 합성저항 $R_0 = \dfrac{2R \times R}{2R + R} = \dfrac{2}{3} \times R$

P점 단선시 부하의 소비전력 $P' = \dfrac{E^2}{R_0} = \dfrac{E^2}{\dfrac{2}{3} \times R} = \dfrac{3}{2} \times \dfrac{E^2}{R}$

$\therefore \dfrac{P}{P'} = \dfrac{\dfrac{3E^2}{2R}}{\dfrac{3E^2}{R}} = \dfrac{1}{2}$ 이므로 $\dfrac{1}{2}$배

답 : $\dfrac{1}{2}$배로 된다. (또는 50%로 된다.)

2022

3

출제년도 21.22.(5점/부분점수 없음)

다음 그림과 같이 두 개의 조명탑을 10[m] 간격을 두고 시설할 때 P점의 수평면 조도를 구하시오. (단, P점에서 광원으로 향하는 광도는 각각 1000[cd]이다.)

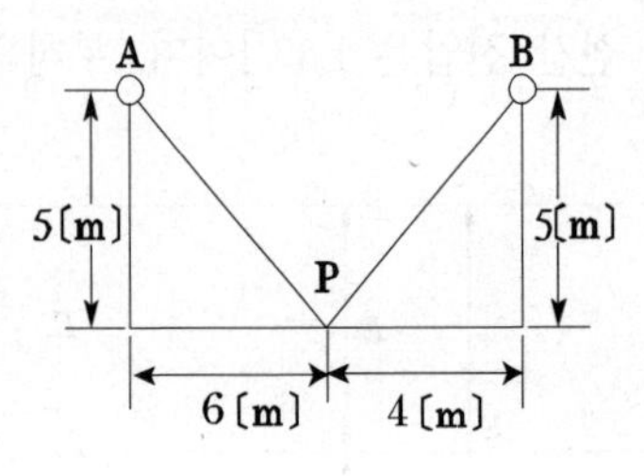

[작성답안]

계산 : 수평면조도

$$E_h = \frac{I}{r_1^2}\cos\theta_1 + \frac{I}{r_1^2}\cos\theta_2$$

$$= \frac{1000}{5^2+6^2}\times\frac{5}{\sqrt{5^2+6^2}} + \frac{1000}{4^2+5^2}\times\frac{5}{\sqrt{4^2+5^2}}$$

$$= 29.54[\text{lx}]$$

답 : 29.54[lx]

[핵심] 조도

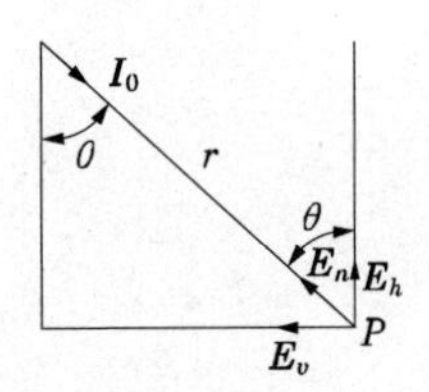

① 법선조도 $E_n = \frac{I}{r^2}$ [lx]

② 수평면 조도 $E_h = E_n\cos\theta = \frac{I}{r^2}\cos\theta = \frac{I}{h^2}\cos^3\theta$ [lx]

③ 수직면 조도 $E_v = E_n\sin\theta = \frac{I}{r^2}\sin\theta = \frac{I}{h^2}\sin\theta\cos^2\theta$ [lx]

4

출제년도 10.13.20.22.(5점/부분점수 없음)

권상 하중이 90[ton]이며, 매분 3[m]의 속도로 끌어 올리는 권상용 전동기의 용량[kW]을 구하시오. (단, 전동기를 포함한 기중기의 효율은 70[%]이다.)

[작성답안]

계산 : $P = \dfrac{W \cdot v}{6.12\eta} = \dfrac{90 \times 3}{6.12 \times 0.7} = 63.03[\text{kW}]$

답 : 63.03[kW]

5

출제년도 10.18.22.(9점/각 항목당 1점)

3상 154[kV] 시스템의 회로도와 조건을 이용해여 점 F에서 3상 단락고장이 발생하였을 때 단락전류 등을 154[KV], 10[MVA] 기준으로 하여 단락전류를 구하시오.

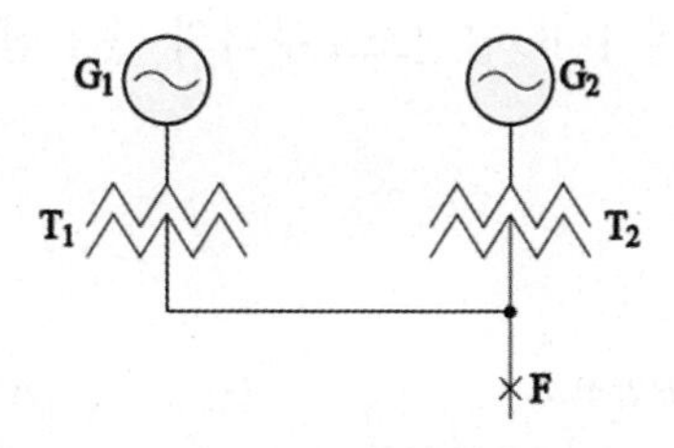

【조건】

① 발전기 G_1: $S_{G1} = 20[\text{MVA}]$, $\%Z_{G1} = 30[\%]$

G_1: $S_{G2} = 5[\text{MVA}]$, $\%Z_{G2} = 30[\%]$

② 변압기 T_1 : 전압 11/154[kV], 용량 20[MVA], $\%Z_{T1} = 10[\%]$

T_2 : 전압 11/154[kV], 용량 5[MVA], $\%Z_{T2} = 10[\%]$

③ 송전선로 : 전압 154[kV], 용량 20[MVA], $\%Z_{TL} = 5[\%]$

[작성답안]

계산 : $\%Z_{G1} = 30 \times \frac{10}{20} = 15[\%]$

$\%Z_{G2} = 30 \times \frac{10}{5} = 60[\%]$

$\%Z_{T1} = 10 \times \frac{10}{20} = 5[\%]$

$\%Z_{T2} = 10 \times \frac{10}{5} = 20[\%]$

$\%Z_{TL} = 5 \times \frac{10}{20} = 2.5[\%]$

$$\therefore \ \%Z = \%Z_{TL} + \frac{(\%Z_{G1} + \%Z_{T1}) \times (\%Z_{G2} + \%Z_{T2})}{(\%Z_{G1} + \%Z_{T1}) + (\%Z_{G2} + \%Z_{T2})} = 2.5 + \frac{(15+5) \times (60+20)}{(15+5) + (60+20)} = 18.5[\%]$$

$$\therefore \ I_s = \frac{100}{\%Z} I_n = \frac{100}{18.5} \times \frac{10 \times 10^6}{\sqrt{3} \times 154 \times 10^3} = 202.65[\mathrm{A}]$$

답 : 202.65[A]

[참고자료] 유사문제

다음 그림과 같은 계통에서 B 발전소로부터의 송전선의 인출구의 3상 단락전류를 계산하여라.

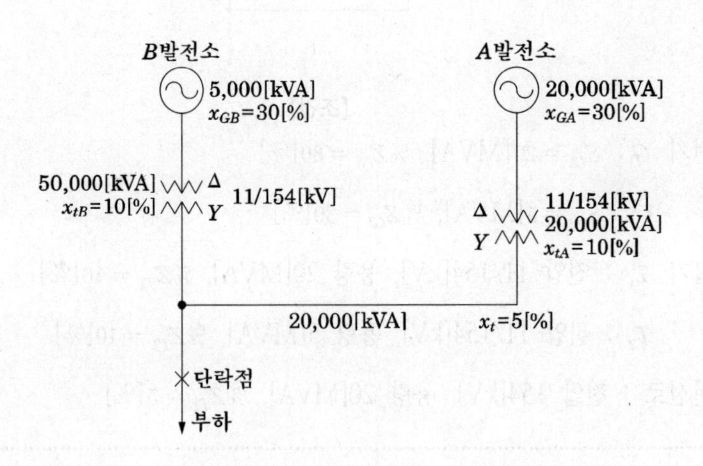

[작성답안]

(1) 먼저 Ω법으로 계산해 본다.

A 발전소 : $X_g = \dfrac{30 \times 10 \times 154^2}{20,000} = 356[\Omega]$

$X_t = \dfrac{10 \times 10 \times 154^2}{20,000} = 118.4[\Omega]$

$X_l = \dfrac{5 \times 10 \times 154^2}{20,000} = 59.2[\Omega]$

계 533.6[Ω]

B 발전소 : $X_g = \dfrac{30 \times 10 \times 154^2}{5,000} = 1,422[\Omega]$

$X_t = \dfrac{10 \times 10 \times 154^2}{5,000} = 474[\Omega]$

계 1,896[Ω]

고장점에서 집계하면

$X = \dfrac{533.6 \times 1,896}{533.6 + 1,896} = 416[\Omega]$

$\therefore I_s = \dfrac{89,000}{416} = 214[\mathrm{A}]$ $\left(\mathrm{E} = \dfrac{154,000}{\sqrt{3}} = 89,000[\mathrm{V}]\right)$

A 발전소로부터는 $I_s = 214 \times \dfrac{1,896}{1,896 + 533.6} = 167[\mathrm{A}]$

B 발전소로부터는 $I_s = 214 \times \dfrac{533.6}{1,896 + 533.6} = 47[\mathrm{A}]$

(2) 이번에는 이것을 %X법을 써서 계산해 본다. (단, 기준 용량은 10,000[kVA])

A 발전소 $X_g = 15[\%]$
$X_t = 5[\%]$
$X_l = 2.5[\%]$
계 22.5[%]

B 발전소 $X_g = 60[\%]$
$X_t = 20[\%]$
계 80[%]

고장점에서 집계하면

$X = \dfrac{22.5 \times 80}{22.5 + 80} = 17.55[\%]$

$\therefore I_s = \dfrac{100}{17.55}$ $\quad I = 5.69 \times \dfrac{10,000}{\sqrt{3} \times 154} = 214[\mathrm{A}]$

A 발전소로부터는 $I_s = 214 \times \dfrac{80}{102.5} = 167[\mathrm{A}]$

B 발전소로부터는 $I_s = 214 \times \dfrac{22.5}{102.5} = 47[\mathrm{A}]$

이상에서 Ω법을 쓰거나 %X법으로 계산하더라도 결과는 같다는 것을 알 수 있다.

6

출제년도 89.02.05.07.08.11.22.(12점/각 문항당 3점)

그림과 같은 3상 배전선이 있다. 변전소(A점)의 전압은 3,300 [V], 중간(B점) 지점의 부하는 60 [A], 역률 0.8(지상), 말단(C점)의 부하는 40 [A], 역률 0.8이다. AB 사이의 길이는 3 [km], BC 사이의 길이는 2 [km]이고, 선로의 [km]당 임피던스는 저항 0.9 [Ω], 리액턴스 0.4 [Ω]이다.

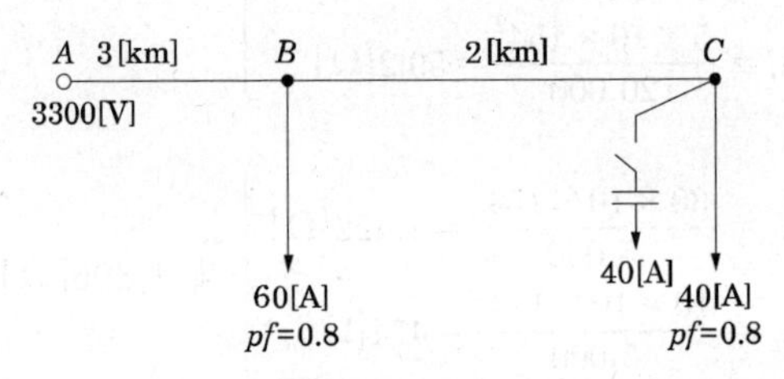

(1) 이 경우의 B점, C점의 전압은?

① B점

② C점

(2) C점에 전력용 콘덴서를 설치하여 진상 전류 40 [A]를 흘릴 때 B점, C점의 전압은?

① B점

② C점

[작성답안]

(1) 콘덴서 설치 전

① B점의 전압

계산 : $V_B = V_A - \sqrt{3}\, I_1 (R_1 \cos\theta + X_1 \sin\theta)$

$= 3300 - \sqrt{3} \times 100(2.7 \times 0.8 + 1.2 \times 0.6) = 2801.17$ [V]

답 : 2801.17 [V]

② C점의 전압

계산 : $V_C = V_B - \sqrt{3}\, I_2 (R_2 \cos\theta + X_2 \sin\theta)$

$= 2801.17 - \sqrt{3} \times 40(1.8 \times 0.8 + 0.8 \times 0.6) = 2668.15$ [V]

답 : 2668.15 [V]

(2) 콘덴서 설치 후

① B점의 전압

계산 : $V_B = V_A - \sqrt{3} \times [I_1\cos\theta \cdot R_1 + (I_1\sin\theta - I_C) \cdot X_1]$

$= 3300 - \sqrt{3} \times [100 \times 0.8 \times 2.7 + (100 \times 0.6 - 40) \times 1.2] = 2884.31$ [V]

답 : 2884.31 [V]

② C점의 전압

계산 : $V_C = V_B - \sqrt{3} \times [I_2\cos\theta \cdot R_2 + (I_2\sin\theta - I_C) \cdot X_2]$

$= 2884.31 - \sqrt{3} \times [40 \times 0.8 \times 1.8 + (40 \times 0.6 - 40) \times 0.8] = 2806.71$ [V]

답 : 2806.71 [V]

7

출제년도 12.22.(4점/부분점수 없음)

다음 논리회로의 출력을 논리식으로 나타내고 간략화 하시오.

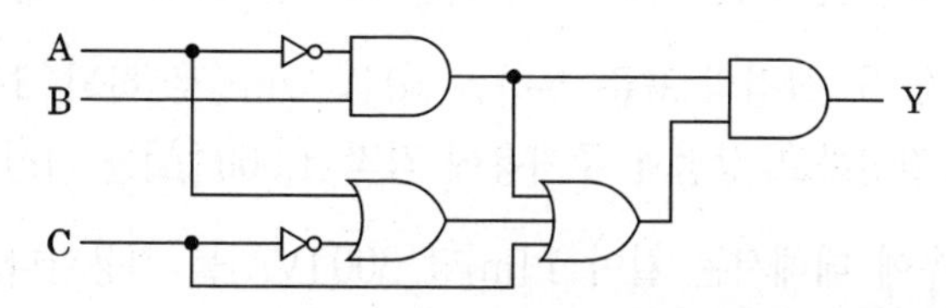

[작성답안]

$Y = (\overline{A} \cdot B)(\overline{A} \cdot B + A + \overline{C} + C) = (\overline{A} \cdot B)(\overline{A} \cdot B + A + 1) = \overline{A} \cdot B$

[핵심] 논리연산

① 분배 법칙

$A + (B \cdot C) = (A + B) \cdot (A + C)$　$A \cdot (B + C) = A \cdot B + A \cdot C$

② 불대수

$A \cdot 0 = 0$	$A + 0 = A$
$A \cdot 1 = A$	$A + 1 = 1$
$A + A = A$	$A \cdot A = A$
$A \cdot \overline{A} = 0$	$A + \overline{A} = 1$

③ De Morgan의 정리

$\overline{A + B} = \overline{A}\,\overline{B}$	$A + B = \overline{\overline{A}\,\overline{B}}$
$\overline{AB} = \overline{A} + \overline{B}$	$AB = \overline{\overline{A} + \overline{B}}$

2022

8

출제년도 97.02.13.22.(6점/각 문항당 3점)

그림과 같은 평면도의 2층 건물에 대한 배선설계를 하기 위하여 주어진 조건을 이용하여 1층 및 2층을 분리하여 분기회로수를 결정하고자 한다. 다음 각 물음에 답하시오.

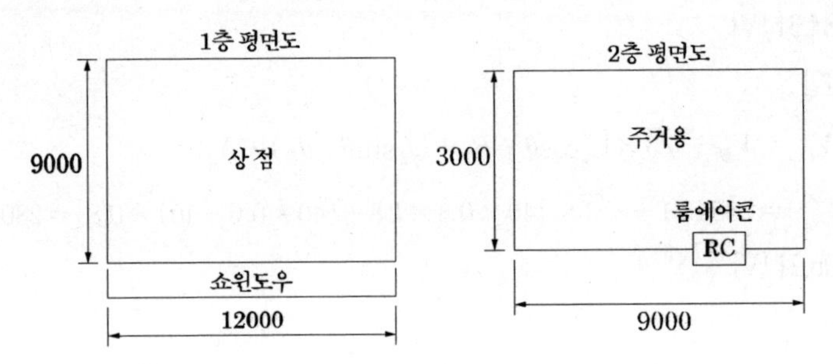

【조건】

- 분기 회로는 15 [A]분기 회로로 하고 80 [%]의 정격이 되도록 한다.
- 배전 전압은 220 [V]를 기준으로 하여 적용 가능한 최대 부하를 상정한다.
- 주택의 40 [VA/m²], 상점의 표준 부하는 30 [VA/m²]로 하되, 1층, 2층 분리하여 분기 회로수를 결정하고 상점과 주거용에 각각 1,000 [A]를 가산하여 적용한다.
- 상점의 쇼윈도우에 대해서는 길이 1 [m]당 300 [VA]를 적용한다.
- 옥외 광고등 500 [VA]짜리 1등을 적용한다.
- 예상이 곤란한 콘센트, 틀어 끼우는 접속기, 소켓 등이 있을 경우라도 이를 상정하지 않는다.
- RC는 별도분기회로로 한다.

(1) 1층의 부하용량과 분기회로수를 구하시오.

(2) 2층의 부하용량과 분기회로수를 구하시오.

[작성답안]

(1) 계산 : $P=(12\times9\times30)+12\times300+1,000+500=8340$ [VA]

$$\text{분기 회로수}=\frac{\text{부하용량}}{\text{사용전압}\times\text{분기회로전류}}=\frac{8340}{220\times15\times0.8}=3.16\ [\text{회로}]$$

∴ 15[A] 분기 4회로 선정

답 : 15 [A] 분기 2회로

(2) 계산 : $P=9\times3\times40+1,000=2080$ [VA]

$$\text{분기 회로수} = \frac{\text{부하용량}}{\text{사용전압}\times\text{분기회로전류}} = \frac{2080}{220\times15\times0.8} = 0.787\ [\text{회로}]$$

∴ 15 [A] 분기 1회로 선정, 에어콘 전용분기 1회로 선정

답 : 15 [A] 분기 2회로

[핵심] 분기회로수

$$\text{분기회로 수} = \frac{\text{상정 부하 설비의 합 [VA]}}{\text{전압[V]}\times\text{분기 회로 전류[A]}}$$

분기회로 수 산정시 소수점 이하는 절상한다.

9

출제년도 89.93.95.99.02.06.07.13.17.18.20.22.(6점/각 문항당 2점)

공급전압을 220[V]에서 380[V]로 승압할 경우 저압간선에 나타나는 효과로서 다음 각 물음에 답하시오.

(1) 공급능력 증대는 몇 배인가?

(2) 전력손실의 감소는 몇 [%]인가?

[작성답안]

(1) 계산 : $P\propto V$ 이므로 $\frac{P_2}{P_1}=\frac{V_2}{V_1}=\frac{380}{220}=1.727$

답 : 1.73배

(2) 계산 : $P_L\propto\frac{1}{V^2}$ 이므로 $P_L'=\left(\frac{220}{380}\right)^2P_L=0.3352P_L$

∴ 감소는 $=(1-0.3352)\times100=66.48$[%]

답 : 66.48[%]

[핵심]

(1) 전력손실이 동일 하므로 전력손실 $P_L=3I^2R$에서 전류 I는 일정하다.

∴ 공급능력은 $P=\sqrt{3}\,VI\cos\theta$ 에서 $P\propto V$ 가 된다.

(2) 전력손실 $P_L=\frac{P^2R}{V^2\cos^2\theta}$ 에서 $P_L\propto\frac{1}{V^2}$ 가 된다.

10

출제년도 19.22.(5점/각 문항당 2점, 모두 맞으면 5점)

계기용 변류기의 목적과 정격부담이 무엇을 의미하는지 서술하시오.

[작성답안]

- 목적 : 회로의 대전류를 소전류로 변성하여 계기나 계전기에 공급한다.
- 부담 : 변류기 2차측 단자간에 접속되는 부하의 한도를 말하며 [VA]로 표시한다.

[핵심] 변류기의 부담

변류기의 부담이란 변류기 2차 단자에 접속하는 부하(계측기, 계기)가 2차 전류에 의해 소비되는 피상전력을 말한다. 변류기의 정격부담은 규정된 조건하에서 정해진 특성을 보증하는 변류기의 권선당 부담을 말한다. 변류기는 변류기의 정격부담보다 변류기의 부하 사용부담이 클 경우에는 변류기의 오차가 증가한다. 또 과전류 특성도 나빠진다. 따라서 변류기의 부하로 보호계전기가 연결되어 있는 경우에는 특히 부담을 주의하여 선정하여야 한다. 변류기의 2차배선의 길이가 길 경우에는 배선의 임피던스에 의한 배선의 부담을 무시할 수 없고, 이것을 고려하여 변류기 부담을 선정해야 한다.

$$Z = \frac{VA}{I^2}$$

여기서, Z : 변류기 2차권선의 임피던스 , VA : 변류기 2차권선의 정격부담,
I : 변류기 2차권선의 정격전류

11

출제년도 96.98.04.17.22.(5점/각 항목당 1점)

다음 조건에 있는 심벌의 명칭을 쓰시오.

(1)	(2)	(3)	(4)	(5)
●$_{WP}$	●$_{T}$	(콘센트 심벌)$_{2}$	(콘센트 심벌)$_{3P}$	(콘센트 심벌)$_{E}$

[작성답안]

(1)	(2)	(3)	(4)	(5)
점멸기(방수형)	점멸기(타이머붙이)	콘센트(2구)	콘센트(3극)	콘센트(접지극붙이)

12

출제년도 05.13.22.(6점/각 문항당 2점)

폭 12[m], 길이 18[m], 천장 높이 3.1[m], 작업면(책상 위)높이 0.85[m]인 사무실이 있다. 이 사무실의 천장은 백색 텍스로 마감하였으며, 벽면은 옅은 크림색으로 마감하였고, 실내조도는 500[lx], 조명기구는 40[W] 2등용(H형) 팬던트를 설치하고자 한다. 이 때 다음 조건을 이용하여 각 물음의 설계를 하도록 하시오.

【조건】

- 천장의 반사율은 50[%], 벽의 반사율은 30[%]로서 H형 팬던트의 기구를 사용할 때 조명률은 0.61로 한다.
- H형 팬던트 기구의 보수율은 0.75로 하도록 한다.
- H형 팬던트의 길이는 0.5[m]이다.
- 램프의 광속은 40[W] 1등당 3300[lm]으로 한다.
- 조명기구의 배치는 5열로 배치하도록 하고, 1열당 등수는 동일하게 한다.

(1) 광원의 높이는 몇 [m]인가?

(2) 이 사무실의 실지수는 얼마인가?

(3) 이 사무실에는 40[W] 2등용(H형) 팬던트의 조명기구를 몇 조 설치하여야 하는가?

[작성답안]

(1) 계산 : $H(\text{등고}) = 3.1 - 0.85 - 0.5 = 1.75[\text{m}]$

답 : 1.75[m]

(2) 계산 : 실지수 $K = \dfrac{X \times Y}{H(X+Y)} = \dfrac{12 \times 18}{1.75 \times (12+18)} = 4.114$

답 : 4.11

(3) 계산 : $N = \dfrac{DES}{FU} = \dfrac{ES}{FUM} = \dfrac{500 \times (12 \times 18)}{3300 \times 0.61 \times 0.75} = 71.535$

∴ 72[등]

2등용이므로 $\dfrac{72}{2} = 36[\text{조}]$

5열로 배치 하면 $5(\text{열}) \times 8(\text{행}) = 40\text{조}$

답 : 40[조]

13

출제년도 17.22.(6점/각 문항당 2점)

그림은 변압기의 절연 내력을 시험하기 위한 회로도이다. 그림을 보고 다음 각 물음에 답하시오.

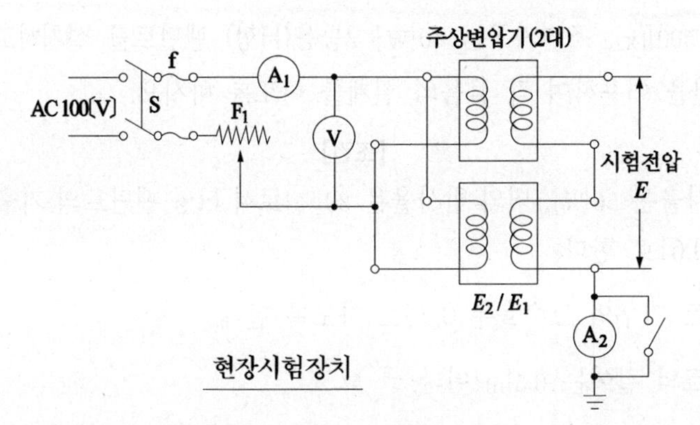

현장시험장치

(1) 시험시 A_1전류계로 측정하는 전류는 무엇인가?

(2) 시험시 A_2전류계로 측정되는 전류는 무엇인가?

(3) 절연 내력시험시 최대사용전압을 6[kV]로 설정하면 시험전압은 몇[V]가 되는가?

[작성답안]

(1) 절연내력시험 전류

(2) 피시험기기의 누설 전류

(3) 계산 : 시험전압 = 최대사용전압 × 1.5

∴ 시험전압 = 6000 × 1.5 = 9000[V]

답 : 9000[V]

14

출제년도 98.02.17.22.(5점/부분점수 없음)

부하율을 식으로 표시하고 부하율이 높다는 것은 무엇을 의미 하는지 쓰시오.

- 부하율의 식
- 부하율이 높다는 것의 의미

[작성답안]

- 식 : 부하율 = $\frac{평균전력}{최대전력} \times 100[\%]$
- 의미

  ① 부하율이 클수록 공급 설비가 유효하게 사용한다.

  ② 평균 수요 전력과 최대 수요 전력과의 차가 작아지므로 부하 설비의 가동률이 향상된다.

[핵심] 부하율

공급 설비가 어느 정도 유효하게 사용되는가를 나타내며 부하율이 클수록 공급 설비가 유효하게 사용된다. 부하율은 다음 식에 의해 계산한다.

$$부하율 = \frac{평균\ 수요\ 전력\ [kW]}{최대\ 수요\ 전력\ [kW]} \times 100\ [\%]$$

부하율은 각 단위별(변압기, 전주, 수용가 등), 시기, 범위, 기간에 따라 달라지며, 부하율을 표시할 경우 기간, 범위를 반드시 명기한다. 예를 들어 일부하율, 월부하율 등으로 표시하여야 하며, 부하율은 기간이 길어질수록 작아진다.

2022

15

출제년도 18.22.(4점/부분점수 없음)

미완성 부분의 단상변압기 3대의 △-Y 복선도를 그리시오.

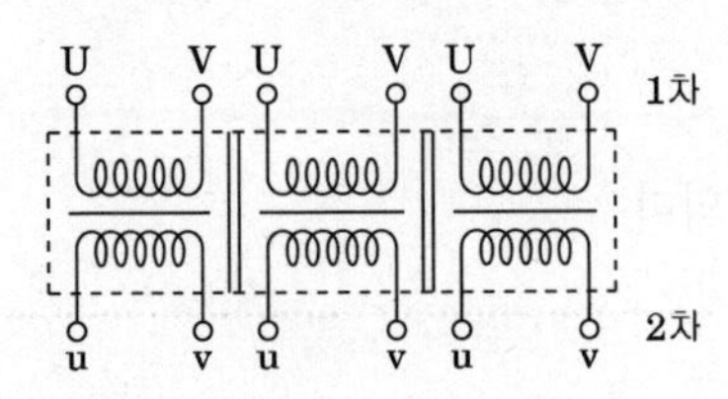

[작성답안]

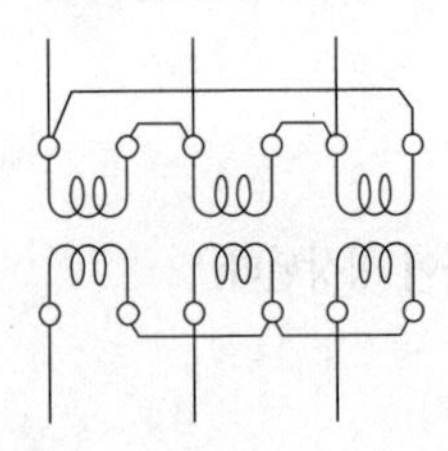

16

88.91.93.22.(5점/부분점수 없음)

연축전지의 정격용량 200 [Ah], 상시부하 22 [kW], 표준전압 220 [V]인 부동 충전 방식 충전기의 2차 전류(충전 전류)값은 얼마인가? (단, 상시 부하의 역률은 1로 간주한다.)

[작성답안]

계산 : 2차 충전 전류$(I_2) = \dfrac{\text{정격용량}}{\text{방전율}} + \dfrac{\text{상시 부하용량}}{\text{표준전압}}$ [A]

$\therefore\ I_2 = \dfrac{200}{10} + \dfrac{22 \times 10^3}{220} = 120[\text{A}]$

답 : 120 [A]

17

출제년도 91.92.94.96.99.07.22. ㉾ 13.(5점/부분점수 없음)

30 [kW], 20 [kW], 25 [kW]의 부하설비의 수용률이 각각 60 [%], 50 [%], 65 [%]로 되어 있는 경우 이것에 사용될 변압기 용량을 계산하여 변압기 표준 정격용량을 결정하시오. (단, 부등률은 1.1, 부하의 종합 역률은 85 [%]로 하며, 다른 요인은 무시한다.)

변압기 표준 정격용량
50, 75, 100, 150, 200, 300, 400 [kVA]

[작성답안]

계산 : 변압기 용량 ≥ 합성최대수용전력 $= \dfrac{\text{설비용량} \times \text{수용률}}{\text{부등률}}$

$$= \frac{30 \times 0.6 + 20 \times 0.5 + 25 \times 0.65}{1.1 \times 0.85} = 47.33\,[\text{kVA}]$$

답 : 50 [kVA] 선정

18

출제년도 22. ㉾ 14.(5점/부분점수 없음)

150[kVA], 22.9[kV]/380-220[V], %저항은 1.05[%], %리액턴스 4.92[%]일 때 정격전압에서 단락 전류는 정격전류의 몇 배인가? (단, 전원측의 임피던스는 무시한다.)

[작성답안]

계산 : $\%Z = \sqrt{1.05^2 + 4.92^2} = 5.03\,[\%]$

$I_s = \dfrac{100}{\%Z} \times I_n$ 이므로, $I_s = \dfrac{100}{5.03} \times I_n = 19.88 I_n$

답 : 19.88배

2022

2023년 1회 기출문제 해설

※ 다음 물음에 답을 해당 답란에 답하시오.

1 출제년도 12.14.23.(4점/부분점수 없음)

수용률을 식 쓰고, 수용률의 의미를 설명하시오.

(1) 식

(2) 의미

[작성답안]

(1) 식 : $수용률 = \frac{최대수요전력\ [kW]}{부하설비용량\ [kW]} \times 100\ [\%]$

(2) 의미 : 수용률은 시설되는 총 부하 설비용량에 대하여 실제로 사용하게 되는 부하의 최대 전력의 비를 나타내는 것을 말한다. (설비를 동시에 사용하는 정도)

2 출제년도 89.97.98.00.03.05.06.15.21.23.(6점/각 문항당 2점)

CT 2대를 V결선하고 OCR 3대를 그림과 같이 연결하여 사용할 경우 다음 각 물음에 답하시오.

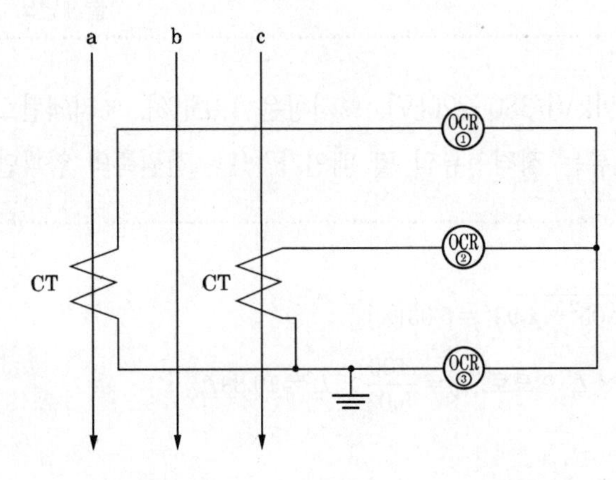

(1) 그림에서 CT의 변류비가 30/5 이고 변류기 2차측 전류를 측정하니 3[A]의 전류가 흘렀다면 수전 전력은 몇 [kW]인지 계산하시오. (단, 수전 전압은 22900[V], 역률 90[%]이다.)

(2) OCR는 주로 어떤 사고가 발생하였을 때 동작하는지 쓰시오.

(3) 통전 중에 있는 변류기 2차측 기기를 교체하고자 할 때 가장 먼저 취하여야 할 조치는 무엇인지 쓰시오

[작성답안]

(1) 계산 : $P=\sqrt{3}\,VI\cos\theta\times10^{-3}=\sqrt{3}\times22900\times\left(3\times\frac{30}{5}\right)\times0.9\times10^{-3}=642.56[\text{kW}]$

답 : 642.56[kW]

(2) 단락사고

(3) 변류기 2차측 단락

3

출제년도 23.(6점/부분점수 없음)

전력보안통신설비란 전력의 수급에 필요한 급전 · 운전 · 보수 등의 업무에 사용되는 전화 및 원격지에 있는 설비의 감시 · 제어 · 계측 · 계통보호를 위해 전기적 · 광학적으로 신호를 송 · 수신하는 제 장치 · 전송로 설비 및 전원 설비 등을 말한다. 전력보안통신설비를 시설하는 장소를 3곳만 쓰시오.

•

•

•

[작성답안]

• 송전선로

• 배전선로

• 발전소, 변전소 및 변환소

그 외

• 배전자동화 주장치가 시설되어 있는 배전센터, 전력수급조절을 총괄하는 중앙급전사령실

• 전력보안통신 데이터를 중계하거나, 교환장치가 설치된 정보통신실

[해설] 한국전기설비규정 362.1 전력보안통신설비의 시설 요구사항

전력보안통신설비의 시설 장소는 다음에 따른다.

가. 송전선로

(1) 66 kV, 154 kV, 345 kV, 765 kV계통 송전선로 구간(가공, 지중, 해저) 및 안전상 특히 필요한 경우에 전선로의 적당한 곳

(2) 고압 및 특고압 지중전선로가 시설되어 있는 전력구내에서 안전상 특히 필요한 경우의 적당한 곳

(3) 직류 계통 송전선로 구간 및 안전상 특히 필요한 경우의 적당한 곳

(4) 송변전자동화 등 지능형전력망 구현을 위해 필요한 구간

나. 배전선로

(1) 22.9 kV계통 배전선로 구간(가공, 지중, 해저)

(2) 22.9 kV계통에 연결되는 분산전원형 발전소

(3) 폐회로 배전 등 신 배전방식 도입 개소

(4) 배전자동화, 원격검침, 부하감시 등 지능형전력망 구현을 위해 필요한 구간

다. 발전소, 변전소 및 변환소

(1) 원격감시제어가 되지 아니하는 발전소·원격 감시제어가 되지 아니하는 변전소(이에 준하는 곳으로서 특고압의 전기를 변성하기 위한 곳을 포함한다)·개폐소, 전선로 및 이를 운용하는 급전소 및 급전분소 간

(2) 2개 이상의 급전소(분소) 상호 간과 이들을 통합 운용하는 급전소(분소) 간

(3) 수력설비 중 필요한 곳, 수력설비의 안전상 필요한 양수소(量水所) 및 강수량 관측소와 수력발전소 간

(4) 동일 수계에 속하고 안전상 긴급 연락의 필요가 있는 수력발전소 상호 간

(5) 동일 전력계통에 속하고 또한 안전상 긴급연락의 필요가 있는 발전소·변전소(이에 준하는 곳으로서 특고압의 전기를 변성하기 위한 곳을 포함한다) 및 개폐소 상호 간

(6) 발전소·변전소 및 개폐소와 기술원 주재소 간. 다만, 다음 어느 항목에 적합하고 또한 휴대용이거나 이동형 전력보안통신설비에 의하여 연락이 확보된 경우에는 그러하지 아니하다.

(가) 발전소로서 전기의 공급에 지장을 미치지 않는 곳

(나) 상주감시를 하지 않는 변전소(사용전압이 35 kV 이하의 것에 한한다)로서 그 변전소에 접속되는 전선로가 동일 기술원 주재소에 의하여 운용되는 곳

(7) 발전소·변전소(이에 준하는 곳으로서 특고압의 전기를 변성하기 위한 곳을 포함한다.)·개폐소·급전소 및 기술원 주재소와 전기설비의 안전상 긴급 연락의 필요가 있는 기상대·측후소·소방서 및 방사선 감시계측 시설물 등의 사이

라. 배전자동화 주장치가 시설되어 있는 배전센터, 전력수급조절을 총괄하는 중앙급전사령실

마. 전력보안통신 데이터를 중계하거나, 교환장치가 설치된 정보통신실

4

출제년도 99.01.02.22.23.(5점/각 문항당 3점)

어떤 공장에 300 [kVA]의 변압기에 역률 70 [%]의 부하 300 [kVA]가 접속되어 있다고 할 때, 합성역률을 95 [%]로 개선하기 위하여 전력용 콘덴서를 접속하면 부하는 몇 [kW] 증가시켜 접속할 수 있는가?

[작성답안]

계산 : $\Delta P = P_a(\cos\theta_2 - \cos\theta_1) = 300\,(0.95 - 0.7) = 75$ [kW]

답 : 75 [kW]

5

출제년도 95.98.00.04.06.23.(7점/(1)4점, (2)~(4)각 1점)

그림과 같은 방전 특성을 갖는 부하에 대한 각 물음에 답하시오.

방전 전류 [A] $I_1 = 500,\ I_2 = 300,\ I_3 = 80,\ I_4 = 180$

방전 시간 [분] $T_1 = 120,\ T_2 = 119,\ T_3 = 50,\ T_4 = 1$

용량 환산 시간 $K_1 = 2.49,\ K_2 = 2.49,\ K_3 = 1.46,\ K_4 = 0.57$

보수율은 0.8을 적용한다.

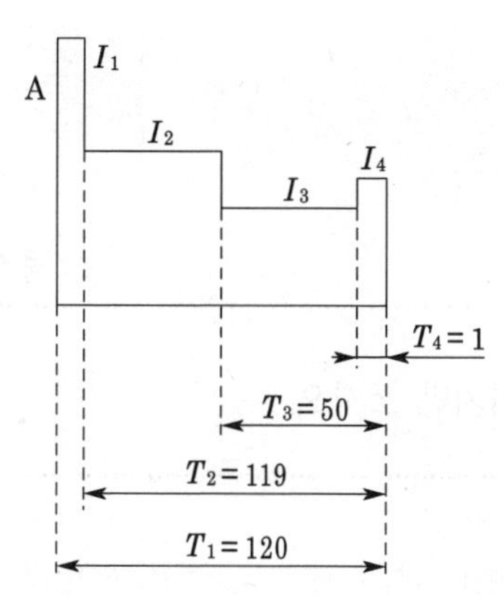

(1) 이와 같은 방전 특성을 갖는 축전지 용량은 몇 [Ah]인가?

(2) 납 축전지의 정격방전율은 몇 시간으로 하는가?

(3) 축전지의 공칭전압은 1셀당 몇 [V]인가?

(4) 예비전원으로 시설되는 축전지로부터 부하에 이르는 전로에는 개폐기와 또 무엇을 설치하는가?

[작성답안]

(1) 계산 : $C=\frac{1}{L}[K_1I_1+K_2(I_2-I_1)+K_3(I_3-I_2)+K_4(I_4-I_3)]$ [Ah]

$$=\frac{1}{0.8}[2.49\times500+2.49(300-500)+1.46(80-300)+0.57(180-80)]$$

$$=603.5\,[\text{Ah}]$$

답 : 603.5 [Ah]

(2) 10 시간율

(3) 2 [V]

(4) 과전류 차단기

6

출제년도 14.15.23.(6점/각 항목당 2점)

역률 개선에 대한 효과를 3가지만 쓰시오.

[작성답안]

- 변압기와 배전선의 전력 손실 경감
- 전압 강하의 감소
- 전원설비 용량의 여유 증가

그 외

- 전기 요금의 감소

7 출제년도 기사97.02. 산업23.(6점/부분점수 없음)

답안지의 그림은 3상 유도 전동기의 운전에 필요한 미완성 회로 도면이다. 이 회로를 이용하여 다음 요구 사항에 맞게 회로를 완성하시오.

【동작사항】

① 운전용 푸시버튼 PB_1을 누르면 MC가 여자되고 전동기가 운전한다. RL이 점등한다.

② 정지용 푸시버튼 PB_2를 누르면 MC가 소자되고 전동기가 정지한다. GL이 소등한다.

③ 전원 표시가 가능하도록 전원표시용 PL(파일럿램프) 1개를 도면에 설치한다.

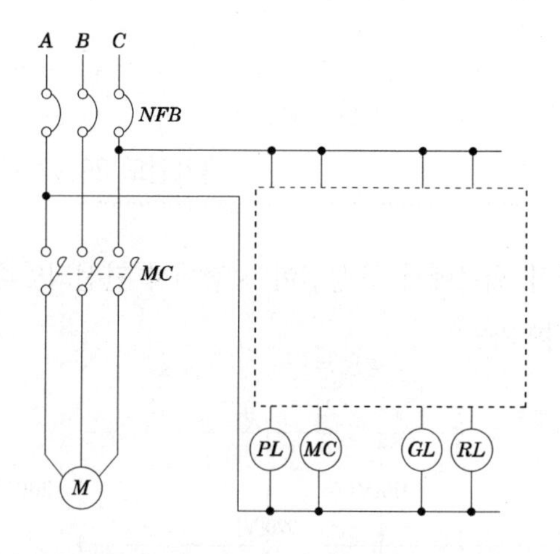

[작성답안]

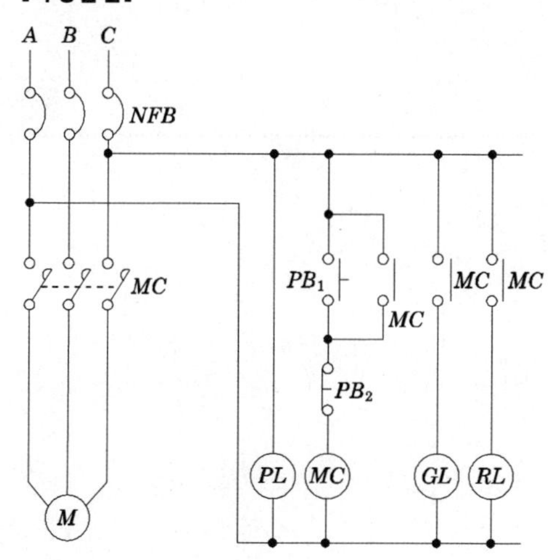

8

출제년도 94.23.(5점/부분점수 없음)

소비전력이 400 [kW]이고, 무효전력이 300 [kVar]의 부하에 대한 역률은 몇 [%]인가?

[작성답안]

계산 : $\cos\theta = \dfrac{\text{유효전력}}{\text{피상전력}} \times 100 = \dfrac{400}{\sqrt{400^2 + 300^2}} \times 100 = 80[\%]$

답 : 80[%]

9

출제년도 89.93.95.96.22.23.(6점/부분점수 없음)

그림과 같은 단상 3선식 회로에서 중성선이 ×점에서 단선되었다면 부하 A 및 부하 B의 단자 전압은 몇 [V]인가?

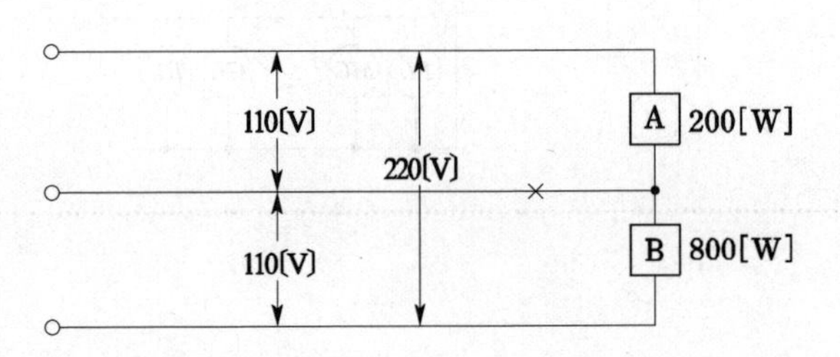

[작성답안]

계산 : 부하 A의 $R_A = \dfrac{110^2}{200} = 60.5\ [\Omega]$

부하 B의 $R_B = \dfrac{110^2}{800} = 15.13\ [\Omega]$

$\therefore\ V_A = \dfrac{60.5}{60.5 + 15.13} \times 220 = 175.99[V]$

$V_B = \dfrac{15.13}{60.5 + 15.13} \times 220 = 44.01\ [V]$

답 : $V_A = 175.99[V]$, $V_B = 44.01[V]$

10

출제년도 98.12.19.23.(5점/각 항목당 2점)

서지 흡수기(Surge Absorbor)의 주요기능과 어느 개소에 설치하는지 그 위치를 쓰시오.

- 주요기능
- 설치 위치

[작성답안]

- 주요기능 : 개폐서지 등 이상전압으로부터 변압기 등 기기보호한다.
- 설치위치 : 개폐 서지를 발생하는 차단기 후단과 보호하여야할 기기 전단 사이에 설치한다.
  (진공차단기 후단과 몰드변압기 전단 사이에 설치한다.)

11

출제년도 00.03.04.09.17.18.21.23.(4점/부분점수 없음)

22.9[kV] 배전선로에 표와 같이 어느 수용가 A, B, C가 접속되어 있다. 이 배전선로의 최대전력은 9300 [kW]일 때 수용가의 부등률은 얼마인가?

수용가	설비용량 [kW]	수용률 [%]
A	4500	80
B	5000	60
C	7000	50

[작성답안]

계산 : 부등률$=\dfrac{(4500\times0.8)+(5000\times0.6)+(7000\times0.5)}{9300}=1.09$

답 : 1.09

2023

12

출제년도 98.19.23.(6점/각 문항당 2점)

조명에서 사용되는 다음 용어의 정의를 설명하시오.

(1) 광속

(2) 조도

(3) 광도

[작성답안]

(1) 방사속(단위시간당 방사되는 에너지의 량)중 빛으로 느끼는 부분의 파장

(2) 어떤 면의 단위 면적당의 입사 광속

(3) 광원에서 어떤 방향에 대한 단위 입체각으로 발산되는 광속

13

출제년도 23.(5/부분점수 없음)

6극 50 [Hz]인 3상 권선형 유도 전동기의 전부하 회전수가 950 [rpm]의 정격 속도로 회전할 때 1차측 단자를 전환해서 상회전 방향을 반대로 바꾸어 역전 제동을 하는 경우 그 제동 토크를 전부하 토크와 같게 하기 위한 2차 삽입 저항 R 은 2차 1상의 저항 r에 몇 배인가? Y결선이다.

[작성답안]

동기속도 : $N_s = \dfrac{120f}{p} = \dfrac{120 \times 50}{6} = 1000$ [rpm]

슬립 : $s = \dfrac{N_s - N}{N_s} = \dfrac{1000-950}{1000} = 0.05$

역전 제동할 때에 슬립 : $s' = \dfrac{N_s - (-N)}{N_s} = \dfrac{1000-(-950)}{1000} = 1.95$

$s' = 1.95$ 에서 전부하 토크를 발생시키는데 필요한 2차 삽입 저항 R는

비례추이 : $\dfrac{r_2}{s} = \dfrac{r_2 + R}{s'}$ 에서 $\dfrac{r}{0.05} = \dfrac{r+R}{1.95}$

$\therefore\ R = 38r$

답 : 38배

14

출제년도 23.(5점/각 항목당 2점)

수변전설비의 주요기기인 변압기가 특고압 대용량변압기(뱅크용량 5000 kVA)일 때, 변압기 내부고장을 검출하는 방법으로 전기적 검출 방식과 기계적 검출방식을 사용하고 있다. 이들 방식에 사용되는 기기를 쓰시오.

(1) 전기적 검출방식 1가지 : (   )

(2) 기계적 검출장치 2가지 : (   ), (   )

[작성답안]

(1) 전기적 보호장치 1가지 : (비율차동계전기)

(2) 기계적 보호장치 2가지 : (브흐홀쯔계전기), (충격압력계전기)

[핵심] 변압기 보호장치

변압기에서 발생되는 고장의 종류에는

- 권선의 상간단락 및 층간단락
- 권선과 철심간의 절연파괴에 의한 지락고장
- 고·저압 권선의 혼촉
- 권선의 단선
- Bushing lead의 절연파괴 등이 있으며 이중에서도 가장 많이 발생되는 고장은 권선의 층간단락 및 지락이다.

가. 전기적 보호장치

변압기의 고장시에 나타나는 전압, 전류의 변화에 따라 동작하는 보호장치이다.

- 전류비율차동계전기(87T, 내부단락과 지락 주보호)
- 방향거리계전기(21, 2단계, 단락후비보호, 345kV MTR)
- 과전류계전기(51, 단락, 지락 후비보호)
- 과전압계전기(64, 지락후비보호)
- 피뢰기(충격과전압 침입방지)

나. 기계적 보호장치

변압기의 내부에 고장이 발생하면 내부의 압력이나 온도가 상승되고, 가스압의 변화가 일어나며, 이때 상승된 압력은 변압기의 외함을 파손시키고 절연유를 유출시켜 화재를 유발하기도 한다. 기계적인 보호장치는 변압기 고장시에 발생되는 압력, 온도, 가스압 등의 변화에 따라 동작하는 보호장치이다.

- 방압관 방압안전장치 96D
- 충격압력계전기 96P

- 부흐홀쯔계전기 96B11 96B12
- OLTC보호계전기 96B2(96T)
- 가스검출계전기(Gas Detecter Ry) 96G
- 유온도계 26Q1, 26Q2
- 권선온도계 26W1, 26W2
- 압력계 63N 63F
- 유면계 33Q1 33Q2
- 유류지시계 69Q

15

출제년도 23.(5점/각 문항당 2점)

부하설비 합계용량이 1000[kW], 수용률이 70[%], 역률이 85[%]인 경우 이 수용가의 수전설비 용량은 몇 [kVA]인가 계산하시오.

[작성답안]

최대수요전력(수전설비용량)=설비용량×수용률 $= \frac{1000}{0.85} \times 0.7 = 823.53[\text{kVA}]$

답 : 823.53[kVA]

16

출제년도 23.(3점/각 문항당 2점)

변압기 또는 선로 사고에 의해 뱅킹방식 내에서 건전한 변압기회로 일부 또는 전부가 연쇄적으로 차단되는 현상을 무엇이라 하는지 용어를 쓰시오.

[작성답안]

캐스케이딩 현상

17

출제년도 04.10.19.23.(12점/(1) 8점, (2) 4점)

그림은 중형 환기 팬의 수동 운전 및 고장 표시등 회로의 일부이다. 이 회로를 이용하여 다음 각 물음에 답하시오.

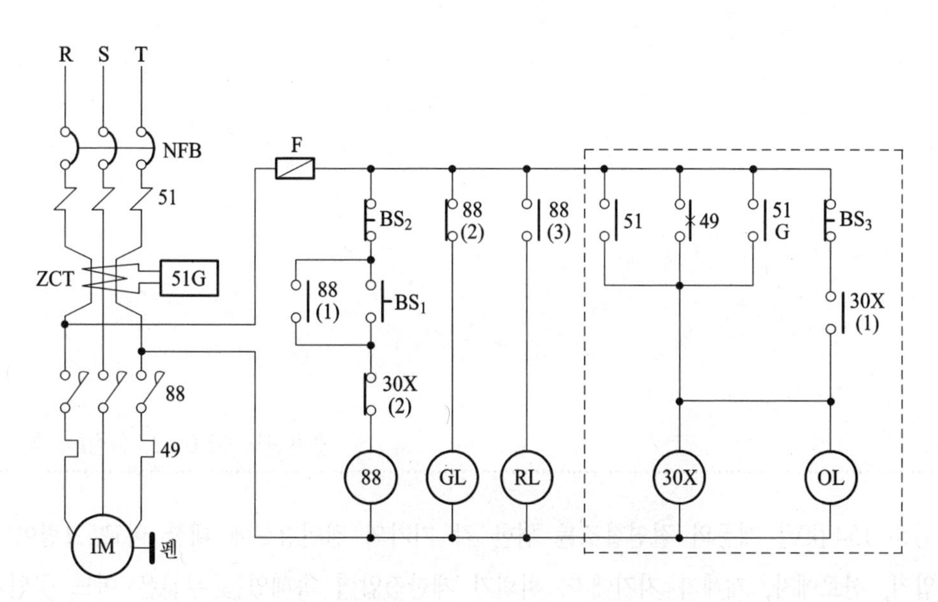

(1) 88은 MC로서 도면에서는 출력기구이다. 도면에 표시된 기구에 대하여 다음과 해당되는 명칭을 그약호로 쓰시오. (단, 중복은 없고, NFB, ZCT, IM, 펜은 제외하며, 해당되는 기구가 여러 가지일 경우에는 모두 쓰도록 한다.)

① 고장표시기구　　② 고장회복 확인기구

③ 기동기구　　④ 정지기구

⑤ 운전표시램프　　⑥ 정지표시램프

⑦ 고장표시램프　　⑧ 고장검출기구

(2) 그림의 점선으로 표시된 회로를 AND, OR, NOT 회로를 사용하여 놀리회로를 그리시오. 로직소자는 3입력 이하로 한다.

[작성답안]

(1) ① 30X　② BS_3　③ BS_1　④ BS_2

⑤ RL　⑥ GL　⑦ OL　⑧ 51, 51G, 49

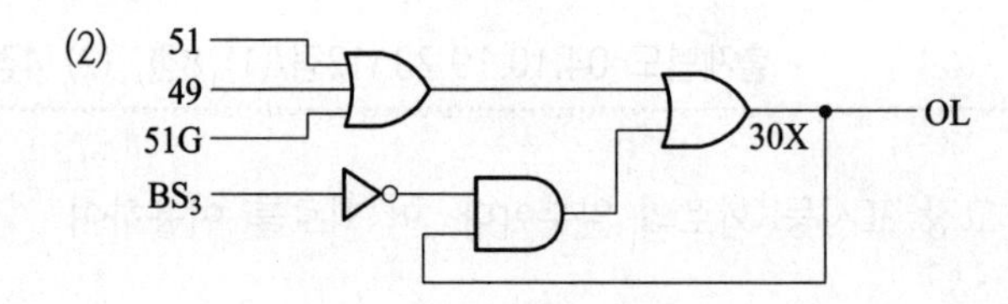

18

출제년도 03.09.23.(4점/각 항목당 1점)

그림은 154 [kV] 계통의 절연협조를 위한 각 기기의 절연강도에 대한 비교 그림이다. 변압기, 선로애자, 개폐기 지지애자, 피뢰기 제한전압이 속해있는 부분은 어느 곳인지 그림의 □안에 쓰시오.

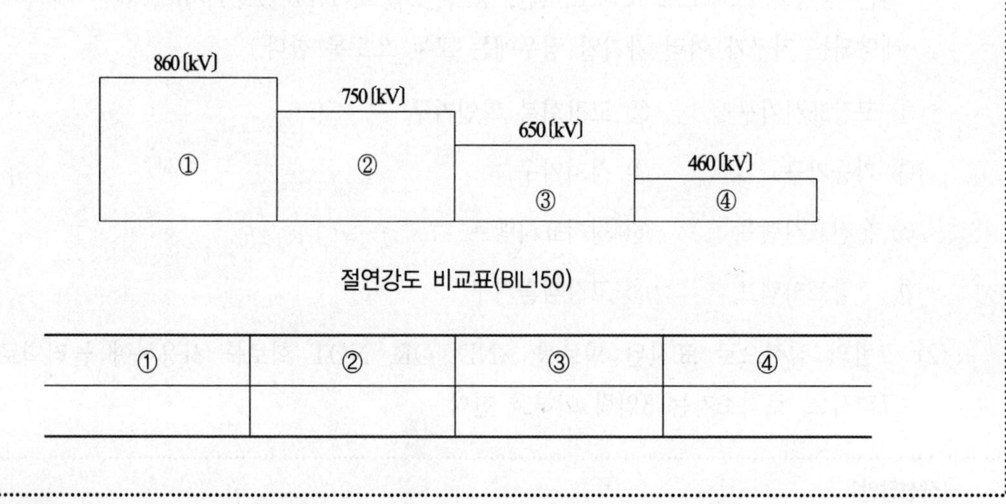

절연강도 비교표(BIL150)

①	②	③	④

[작성답안]

① 선로애자　② 개폐기 지지애자　③ 변압기　④ 피뢰기 제한전압

2023년 2회 기출문제 해설

※ 다음 물음에 답을 해당 답란에 답하시오.

1

출제년도 16.23(6점/(1)2점, (2)4점)

그림과 같은 저압 배선방식의 명칭과 특징을 4가지만 쓰시오.

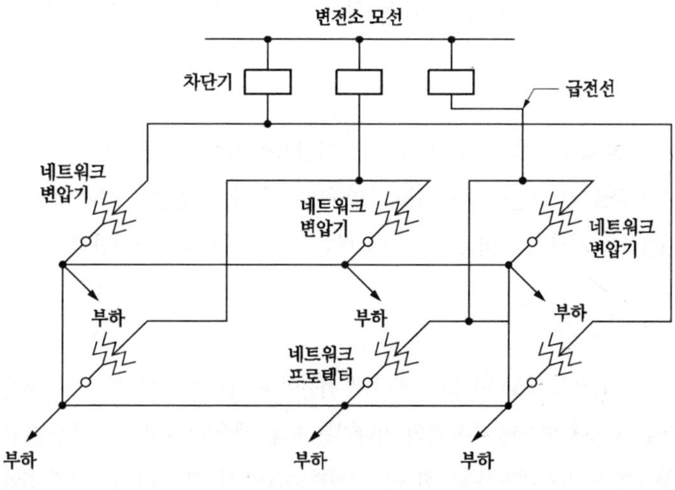

(1) 명칭

(2) 특징(4가지)

[작성답안]

(1) 저압 네트워크방식

(2) 특징 4가지

- 무정전 공급이 가능하여 배전의 신뢰도가 가장 높다
- 플리커 및 전압변동이 적다
- 전력손실이 감소된다.
- 기기의 이용률이 향상된다.

그 외

- 부하 증가에 대한 적응성이 좋다.
- 변전소의 수를 줄일 수 있다.
- 특별한 보호장치가 필요하다.

[핵심] 스폿 네트워크 (Spot Network) 동작특성

1. 역전력 차단

- 배전선 수전변압기 1차측의 사고 또는 전원측 정전에 의해 전원측으로 전력 유출시 차단기를 차단시키고 네트워크측의 사고에는 트립하지 않는 특성.
- 배전사고가 발생되면 전력회사의 송출단 차단기가 우선 동작한다.
- 변압기가 수용가 모선에서 역 여자되어 역방향전류가 흐르면 역 전력계전기 검출해서 보안차단기를 차단한다.
- 각 수용가는 부하제한 없이 건전 회선으로 무 정전 전력공급이 가능하다.(2시간정도)

2. 차 전압투입

- 전원측의 전압이 네트워크측보다 전압이 높을 때 차단기를 자동투입하는 특성
- 사고제거 및 작업 완료 후 송출단 차단기를 투입하면 각 수용가 변압기 2차측에는 전압이 발생
- 이 전압과 모선전압을 계전기로 비교 판단하여 병렬투입에 적합한 조건이면 차단기 자동투입.

3. 무 전압 투입

- 네트워크측이 무 전압(정전)이고 변압기 1차측의 전원이 확립되었을 때 차단기를 자동투입하는 특성.
- 전 배전선이 개로 상태에 있으면 수용가의 차단기는 모두 개방되며 모선은 정전상태임.
- 송출단 차단기를 1대 투입해 배전선을 1회선만 살리면 해당회선 변압기의 2차측에 전압이 나타나서 차단기는 자동투입.

2

출제년도 07.11.13.14.17.23(4점/부분점수 없음)

변류비 60/5인 변류기 2대를 그림과 같이 접속하였을 때, 전류계에 3 [A]의 전류가 흘렀다. CT 1차측에 전류를 구하시오.

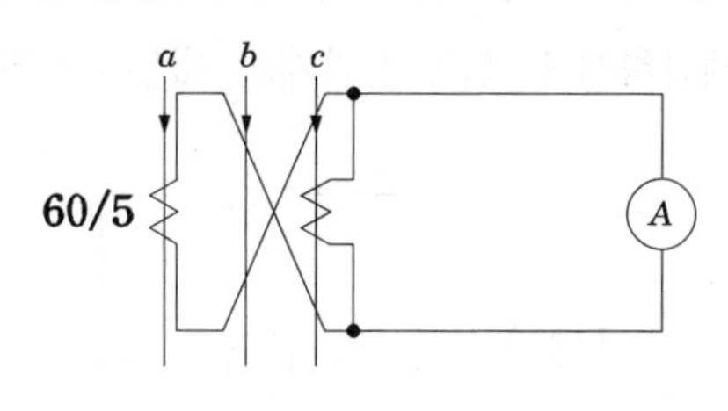

[작성답안]

계산 : 교차결선이므로

$$Ⓐ = \sqrt{3}\, i_a{}' = \sqrt{3}\, i_c{}' = 3[A]$$

$$\therefore\ i_a{}' = \frac{3}{\sqrt{3}}[A]$$

1차 전류 $I_a = a\, i_a{}' = \frac{60}{5} \times \frac{3}{\sqrt{3}} = 20.78[A]$

답 : 20.78[A]

3

출제년도 94.96.07.11.12.14.17.23(4점/각 문항당 2점)

3상 4선식 송전선에 1선의 저항이 10[Ω], 리액턴스가 20[Ω]이다. 송전단 전압 6600[V], 수전단 전압 6200 [V]인 송전선로에서 수전단의 부하를 끊은 경우의 수전단 전압이 6300 [V], 부하 역률이 0.8이라 할 때 다음 각 물음에 답하시오.

(1) 전압강하율을 계산하시오.

(2) 전압변동률을 계산하시오.

[작성답안]

(1) 계산 : 전압강하율 $\varepsilon = \frac{V_s - V_r}{V_r} \times 100 = \frac{6600 - 6200}{6200} \times 100 = 6.45\ [\%]$

답 : 6.45 [%]

(2) 계산 : 전압변동률 $\delta = \frac{V_{r0} - V_r}{V_r} \times 100 = \frac{6300 - 6200}{6200} \times 100 = 1.61\ [\%]$

답 : 1.61 [%]

2023

4 출제년도 14.23.(5점/부분점수 없음)

다음 회로에서 전원전압이 공급될 때 최대 전류계의 측정 범위가 500[A]인 전류계로 전 전류값이 2000[A]인 전류를 측정하려고 한다. 전류계와 병렬로 몇 [Ω]의 저항을 연결하면 측정이 가능한지 계산하시오. (단, 전류계의 내부저항은 90[Ω]이다.)

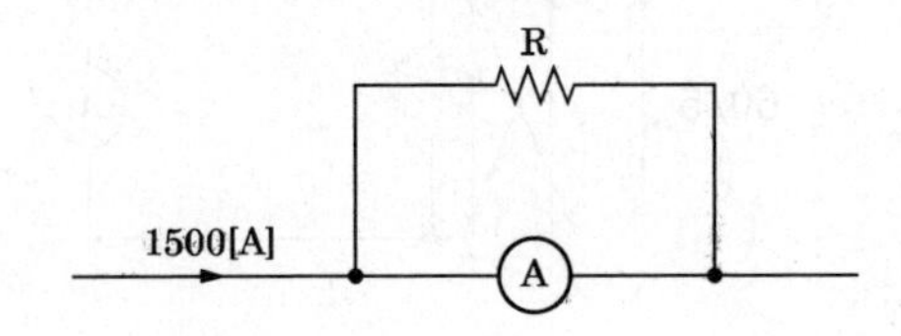

[작성답안]

해당 문제는 문제의 내용과 그림이 다른 조건으로 출제되어 복수정답이 됩니다.

계산 : $I_a = \dfrac{R_s}{R_s + R_a} \times I$ 에서 $\dfrac{I}{I_a} = \dfrac{R_s + R_a}{R_s} = 1 + \dfrac{R_a}{R_s}$ 이므로 $\dfrac{2000}{500} = 1 + \dfrac{90}{R_s}$

$\therefore\ R_s = 30[\Omega]$

답 : 30[Ω]

또는

계산 : $I_a = \dfrac{R_s}{R_s + R_a} \times I$ 에서 $\dfrac{I}{I_a} = \dfrac{R_s + R_a}{R_s} = 1 + \dfrac{R_a}{R_s}$ 이므로 $\dfrac{1500}{500} = 1 + \dfrac{90}{R_s}$

$\therefore\ R_s = 45[\Omega]$

답 : 45[Ω]

5

출제년도 09.21.23.(6점/각 문항당 2점)

그림과 같이 V결선과 Y결선된 변압기 한 상의 중심에서 110[V]를 인출하여 사용하고자 한다. 다음 물음에 답하시오. (단, 3상평형이며 상순은 a b c이다.)

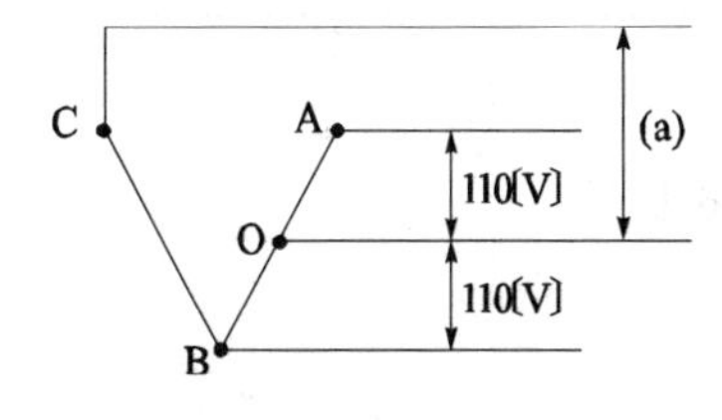

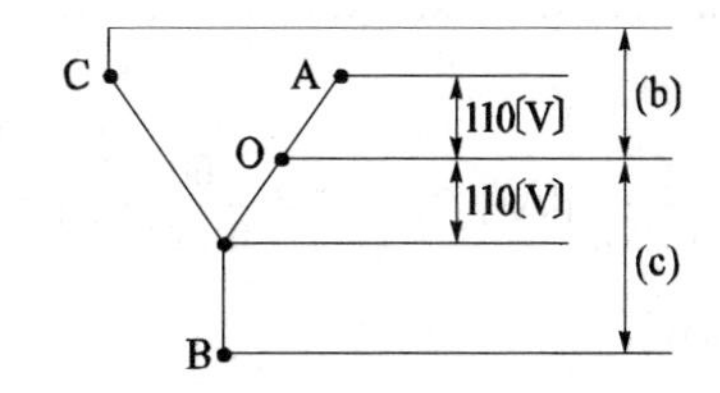

(1) 위 그림에서 (a)의 전압을 구하시오.

(2) 위 그림에서 (b)의 전압을 구하시오.

(3) 위 그림에서 (c)의 전압을 구하시오.

[작성답안]

(1) 계산 : $V_{AO} = 110\angle 0° + 220\angle -120°$

$= 110 - 110 - j110\sqrt{3}$

$= 190.53$[V]

답 : 190.53[V]

(2) 계산 : $V_{AO} = 110\angle 0° - 220\angle -240°$

$= 110 - (-110 + j110\sqrt{3})$

$= 291.03$

답 : 291.03[V]

(3) 계산 : $V_{BO} = 110\angle 0° - 220\angle -120°$

$= 110 - (-110 - j110\sqrt{3})$

$= 291.03$

답 : 291.03[V]

2023

6

출제년도 97.11.23.(5점/부분점수 없음)

어느 철강 회사에서 천장크레인의 권상용 전동기에 의하여 권상 중량 60 [ton]을 권상 속도 3 [m/min]로 권상하려고 한다. 권상용 전동기의 소요 출력은 몇 [kW] 정도이어야 하는가? (단, 권상기의 기계효율은 80 [%]이다.)

[작성답안]

계산 : $P = \dfrac{GV}{6.12\eta}$ [kW] 에서 $P = \dfrac{60 \times 3}{6.12 \times 0.8} = 36.76$ [kW]

답 : 36.76[kW]

7

출제년도 16.17.21.23.(8점/(1)(2)3점, (3)2점)

10[kVar]의 전력용 콘덴서를 설치하고자 할 때 필요한 콘덴서의 정전용량[μF]을 각각 구하시오. (단, 사용전압은 380[V]이고, 주파수는 60[Hz]이다.)

(1) 단상 콘덴서 3대를 Y결선할 때 콘덴서의 정전용량[μF]

(2) 단상 콘덴서 3대를 △결선할 때 콘덴서의 정전용량[μF]

(3) 콘덴서는 어떤 결선으로 하는 것이 유리한가?

[작성답안]

(1) 계산 : $Q = 3\omega C\left(\dfrac{V}{\sqrt{3}}\right)^2 = \omega C V^2$

$\therefore\ C = \dfrac{Q}{\omega V^2} = \dfrac{10 \times 10^3}{2\pi \times 60 \times 380^2} \times 10^6 = 183.70\,[\mu\text{F}]$

답 : 183.7[μF]

(2) 계산 : $Q = 3\omega C V^2$

$\therefore\ C = \dfrac{Q}{3\omega V^2} = \dfrac{10 \times 10^3}{3 \times 2\pi \times 60 \times 380^2} \times 10^6 = 61.23\,[\mu\text{F}]$

답 : 61.23[μF]

(3) △결선

△결선시 콘덴서 정전용량은 Y결선시의 1/3이 필요하므로 △결선으로 하는 것이 유리하다.

[핵심]

$Q=3EI_c=3E\times 2\pi fCE=6\pi fCE^2$

① Y결선 $E=\dfrac{V}{\sqrt{3}}$ 이므로 $Q=6\pi fC\left(\dfrac{V}{\sqrt{3}}\right)^2=2\pi fCV^2$

② △결선 $E=V$ 이므로 $Q=6\pi fCV^2$

8

출제년도 17.23.(4점/각 항목당 1점)

계전기에 최소 동작 값을 넘는 전류를 인가하였을 때부터 그 접점을 닫을 때 까지 요하는 시간인 동작시간을 한시 또는 시한이라고 한다. 다음 그림은 계전기의 한시특성을 분류한 것이다. 특성곡선에 맞는 계전기 명칭을 쓰시오.

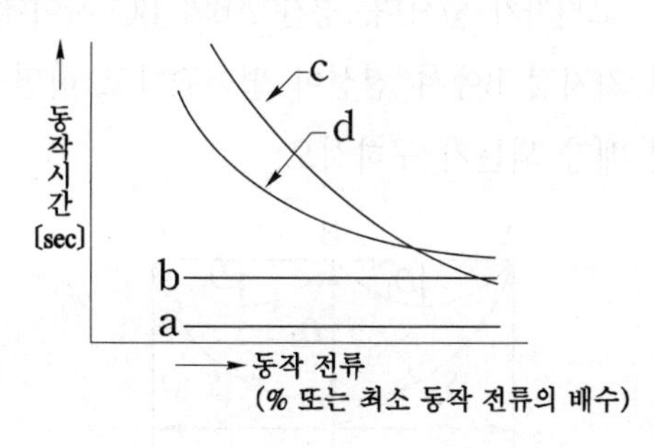

	a	b	c	d
명칭				

[작성답안]

	a	b	c	d
명칭	순한시계전기	정한시계전기	반한시 계전기	반한시성 정한시 계전기

2023

[핵심]

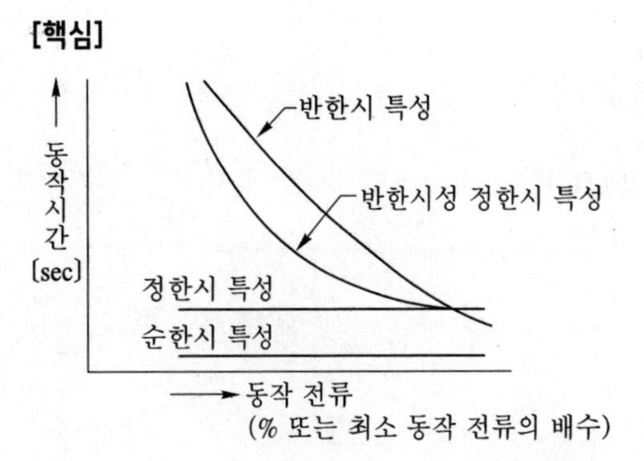

9

출제년도 12.18.23.(5점/부분점수 없음)

그림과 같이 A, B, C에는 고저차가 없으며, 경간 AB와 BC 사이에 전선이 가설되어 있다. 지금 경간 AC의 중점인 지지점 B에서 전선이 떨어졌다고 하면 전선의 이도 D_2는 전선이 떨어지기 전 D_1의 몇 배가 되는지 구하시오.

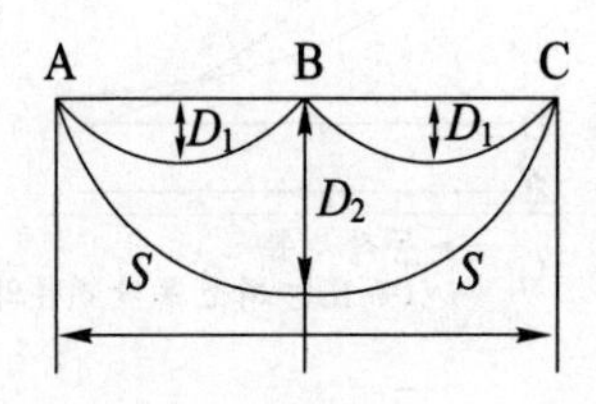

[작성답안]

계산 : 전선이 떨어지기 전과 떨어진후 길이가 변함 없으므로

$$L = \left(S + \frac{8D_1^2}{3S}\right) \times 2 = 2S + \frac{8D_2^2}{3 \times 2S}$$

$$2S + \frac{2 \times 8D_1^2}{3S} = 2S + \frac{8D_2^2}{3 \times 2S}$$

$$2D_1^2 = \frac{D_2^2}{2}$$

$$\therefore\ D_2 = 2D_1$$

답 : 2배

10

출제년도 92.05.07.09.18.21.23.(14점/각 문항당 2점)

3층 사무실용 건물에 3상 3선식의 6000 [V]를 수전하여 200 [V]로 체강하여 수전하는 설비를 하였다. 각 종 부하설비가 표와 같을 때 주어진 조건을 이용하여 다음 각 물음에 답하시오.

동력 부하 설비

사용 목적	용량 [kW]	대수	상용 동력 [kW]	하계 동력 [kW]	동계 동력 [kW]
난방 관계					
• 보일러 펌프	6.7	1			6.7
• 오일 기어 펌프	0.4	1			0.4
• 온수 순환 펌프	3.7	1			3.7
공기 조화 관계					
• 1, 2, 3층 패키지 콤프레셔	7.5	6		45.0	
• 콤프레셔 팬	5.5	3	16.5		
• 냉각수 펌프	5.5	1		5.5	
• 쿨링 타워	1.5	1		1.5	
급수·배수 관계					
• 양수 펌프	3.7	1	3.7		
기타					
• 소화 펌프	5.5	1	5.5		
• 셔터	0.4	2	0.8		
합 계			26.5	52.0	10.8

조명 및 콘센트 부하 설비

사용 목적	와트수 [W]	설치 수량	환산 용량 [VA]	총용량 [VA]	비 고
전등관계					
• 수은등 A	200	2	260	520	200 [V] 고역률
• 수은등 B	100	8	140	1120	100 [V] 고역률
• 형광등	40	820	55	45100	200 [V] 고역률
• 백열 전등	60	20	60	1200	

콘센트 관계					
• 일반 콘센트		70	150	10500	2P 15 [A]
• 환기팬용 콘센트		8	55	440	
• 히터용 콘센트	1500	2		3000	
• 복사기용 콘센트		4		3600	
• 텔레타이프용 콘센트		2		2400	
• 룸 쿨러용 콘센트		6		7200	
기타					
• 전화 교환용 정류기		1		800	
계				75880	

【조건】

1. 동력부하의 역률은 모두 70 [%]이며, 기타는 100 [%]로 간주한다.
2. 조명 및 콘센트 부하설비의 수용률은 다음과 같다.
   • 전등설비 : 60 [%]
   • 콘센트설비 : 70 [%]
   • 전화교환용 정류기 : 100 [%]
3. 변압기 용량 산출시 예비율(여유율)은 고려하지 않으며 용량은 표준규격으로 답하도록 한다.
4. 변압기 용량 산정시 필요한 동력부하설비의 수용률은 전체 평균 65 [%]로 한다.

(1) 동계 난방 때 온수 순환 펌프는 상시 운전하고, 보일러용과 오일 기어 펌프의 수용률이 55 [%]일 때 난방 동력 수용 부하는 몇 [kW]인가?

(2) 상용 동력, 하계 동력, 동계 동력에 대한 피상전력은 몇 [kVA]가 되겠는가?

① 상용 동력

② 하계 동력

③ 동계 동력

(3) 이 건물의 총 전기설비 용량은 몇 [kVA]를 기준으로 하여야 하는가?

(4) 조명 및 콘센트 부하설비에 대한 단상변압기의 용량은 최소 몇 [kVA]가 되어야 하는가?

(5) 동력 부하용 3상 변압기의 용량은 몇 [kVA]가 되겠는가?

(6) 단상과 3상 변압기의 각 2차측 전류계용으로 사용되는 변류기의 1차측 정격전류는 각각 몇 [A]인가?

① 단상

② 3상

(7) 역률개선을 위하여 각 부하마다 전력용 콘덴서를 설치하려고 할 때 보일러 펌프의 역률을 95 [%]로 개선하려면 몇 [kVA]의 전력용 콘덴서가 필요한가?

[작성답안]

(1) 계산 : 수용부하 $= 3.7 + (6.7 + 0.4) \times 0.55 = 7.61$ [kW]

답 : 7.61 [kW]

(2) ① 계산 : 상용 동력의 피상 전력 $= \dfrac{26.5}{0.7} = 37.86$ [kVA]

답 : 37.86 [kVA]

② 계산 : 하계 동력의 피상 전력 $= \dfrac{52.0}{0.7} = 74.29$ [kVA]

답 : 74.29 [kVA]

③ 계산 : 동계 동력의 피상 전력 $= \dfrac{10.8}{0.7} = 15.43$ [kVA]

답 : 15.43 [kVA]

(3) 계산 : $37.86 + 74.29 + 75.88 = 188.03$ [kVA]

답 : 188.03 [kVA]

2023

(4) 계산 : 전등 관계 : $(520+1120+45100+1200)\times0.6\times10^{-3}=28.76$ [kVA]

콘센트 관계 : $(10500+440+3000+3600+2400+7200)\times0.7\times10^{-3}=19$[kVA]

기타 : $800\times1\times10^{-3}=0.8$ [kVA]

∴ $28.76+19+0.8=48.56$ [kVA]이므로 단상 변압기 용량은 50 [kVA]가 된다.

답 : 50 [kVA]

(5) 계산 : 동계 동력과 하계 동력 중 큰 부하를 기준하고 상용 동력과 합산하여 계산하면

$\frac{(26.5+52.0)}{0.7}\times0.65=72.89$ [kVA]이므로 3상 변압기 용량은 75 [kVA]가 된다.

답 : 75 [kVA]

(6) ① 단상 변압기 2차측 변류기

계산 : $I=\frac{50\times10^3}{200}\times(1.25\sim1.5)=312.5\sim375$ [A]

∴ 312.5~375 [A] 사이에 표준품이 없으므로 400/5 선정

답 : 400[A]

② 3상 변압기 2차측 변류기

계산 : $I=\frac{75\times10^3}{\sqrt{3}\times200}\times(1.25\sim1.5)=270.63\sim324.76$ [A]

∴ 300/5를 선정한다.

답 : 300 [A] 선정

(7) 계산 : $Q_c=P(\tan\theta_1-\tan\theta_2)=6.7\left(\frac{\sqrt{1-0.7^2}}{0.7}-\frac{\sqrt{1-0.95^2}}{0.95}\right)=4.63$[kVA]

답 : 4.63 [kVA]

11 출제년도 23.(7점/각 문항당 3점, 모두 맞으면 7점)

다음의 회로는 인터록 회로이다. 회로도를 보고 물음에 답하시오.

단, ① STR : 입력 A 접점 (신호) ② STRN : 입력 B 접점 (신호)
③ AND : AND A 접점 ④ ANDN : AND B 접점
⑤ OR : OR A 접점 ⑥ ORN : OR B 접점
⑦ OB : 병렬접속점 ⑧ OUT : 출력
⑨ END : 끝 ⑩ W : 각 번지 끝

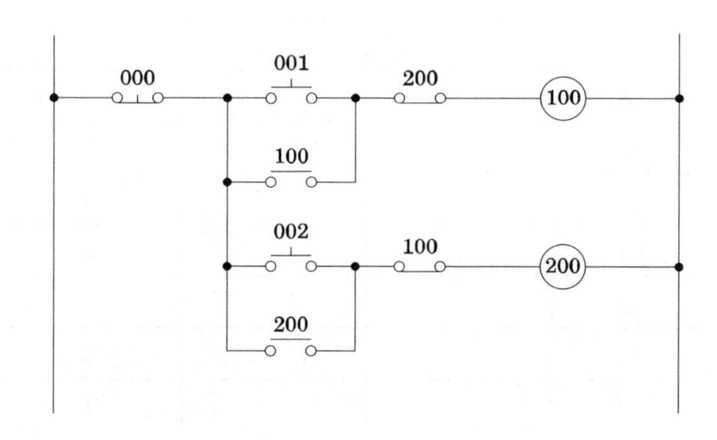

(1) 무접점 논리회로를 그리시오.(단, 입력은 000, 001, 002 이며, 회로작성시 선의 접속 및 미접속에 대한 예시를 참고하여 작성하시오.)

선의 접속과 미접속에 대한 예시	
접속	미접속

(2) PLC 프로그램을 표에 맞도록 완성하시오.

어드레스	명령어	데이터	비고
01	STRN	000	W
02	AND	001	W
03			W
04			W
05			W
06			W
07			W
08			W
09			W
10			W
11			W
12			W
13			W
14			W
15	OB	–	W
16	OUT	200	W
17	END	–	W

[작성답안]

(1)

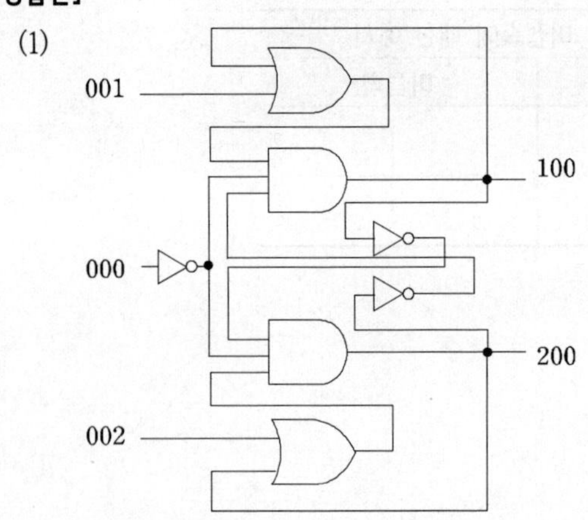

(2)

어드레스	명령어	데이터	비고
01	STRN	000	W
02	AND	001	W
03	ANDN	200	W
04	STRN	000	W
05	AND	100	W
06	ANDN	200	W
07	OB	–	W
08	OUT	100	W
09	STRN	000	W
10	AND	002	W
11	ANDN	100	W
12	STRN	100	W
13	AND	200	W
14	ANDN	100	W
15	OB	–	W
16	OUT	200	W
17	END	–	W

2023

12 출제년도 23.(4점/부분점수 없음)

다음 표와 같은 부하설비가 있다. 여기에 공급할 변압기 용량을 구하시오. (단, 부등률은 1.3이다.)

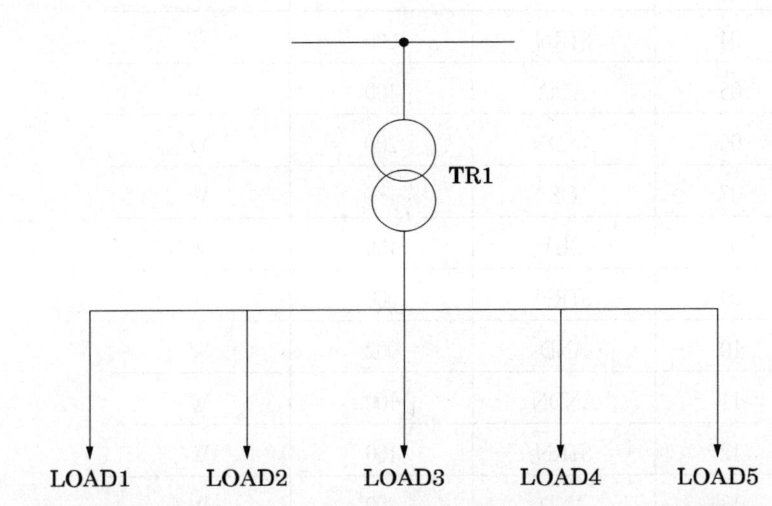

	LOAD 1	LOAD 2	LOAD 3	LOAD 4	LOAD 5
설비용량[kW]	3	4.5	5.5	12	17
수용률[%]	65	45	70	50	50

[작성답안]

계산 : 변압기용량 $= \dfrac{\text{설비용량} \times \text{수용률}}{\text{부등률}}$

$$= \frac{3 \times 0.65 + 4.5 \times 0.45 + 5.5 \times 0.7 + 12 \times 0.5 + 17 \times 0.5}{1.3 \times 1} = 17.17\ [\text{kVA}]$$

답 : 17.17[kVA]

[핵심] 변압기 용량

① 변압기 용량

변압기 용량[kW] ≥ 합성 최대 수용 전력 = $\dfrac{\text{부하 설비 합계[kW]} \times \text{수용률}}{\text{부등률}}$

역률을 적용하여 [kW]의 부하를 [kVA]의 부하로 환산하여 구한다.

② 표준용량

3, 5, 7.5, 10, 15, 30, 50, 75, 100, 150, 200, 300, 500, 750, 1000, 1500, 2000, 3000, 4500, (5000), 6000, 7500, 10000, 15000, 20000, 30000, 45000, (50000), 60000, 90000, 100000, (120000), 150000, 200000, 250000, 300000 ( )는 준표준 규격이다.

13

출제년도 96.04.11.14.17.23.(5점/부분점수 없음)

분전반에서 25 [m]인 거리에 4 [kW]의 단상 교류(2선식) 200 [V]의 전열기용 아웃트렛을 설치하여, 그 전압강하를 1[%] 이내가 되도록 하려고 한다. 배선방법을 금속관공사로 한다고 할 때 여기에 필요한 전선의 굵기를 산정하시오. (단, 전선의 공칭단면적은 1.5, 2.5, 4, 6, 10, 16, 25 [mm²]이다.)

[작성답안]

계산과정 : $I = \frac{P}{E} = \frac{4000}{200} = 20$ [A]

$$A = \frac{35.6LI}{1000e} = \frac{35.6 \times 25 \times 20}{1000 \times 200 \times 0.01} = 8.9 \text{ [mm}^2\text{]}$$

답 : 10 [mm²]

[핵심] 전압강하와 전선의 굵기

① KSC IEC 전선규격

1.5, 2.5, 4, 6, 10, 16, 25, 35, 50, 70, 95, 120, 150, 185, 240, 300, 400, 500, 630 [mm²]

② 전압강하

- 단상 2선식 : $e = \frac{35.6LI}{1,000A}$ ………………………………… ①
- 3상 3선식 : $e = \frac{30.8LI}{1,000A}$ ………………………………… ②
- 3상 4선식 : $e_1 = \frac{17.8LI}{1,000A}$ ………………………………… ③

여기서, L : 거리 I : 정격전류 A : 케이블의 굵기

이며 ③의 식은 1선과 중성선간의 전압강하를 말한다.

14

출제년도 15.23.(5점/부분점수 없음)

무접점 제어회로의 출력 Z에 대한 논리식을 입력요소가 모두 나타나도록 전개하시오.
(단, A, B, C, D는 푸시버튼스위치 입력이다.)

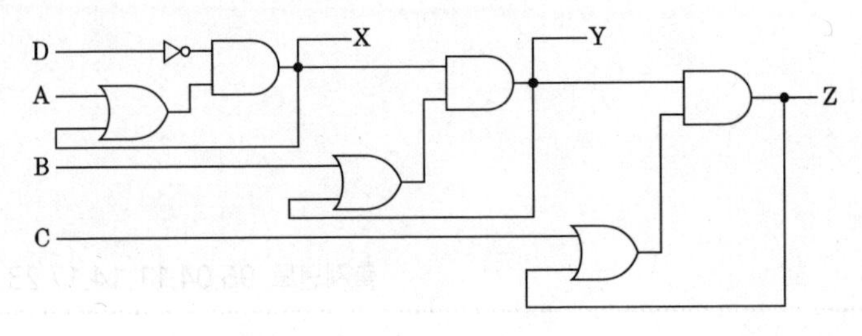

[작성답안]

논리식 : $Z = \overline{D} \cdot (A+X) \cdot (B+Y) \cdot (C+Z)$

15

출제년도 23.(5점/각 항목당1점)

그림과 같이 직류 2선식 배전선로에서 부하점 B, C 및 D의 전압을 구하시오.
(단, 배전선의 굵기는 동일한 전선으로 하고 A는 급전점이며 전압은 105[V]이며, 전선의 저항은 1000[m] 당 0.25[Ω]이다.)

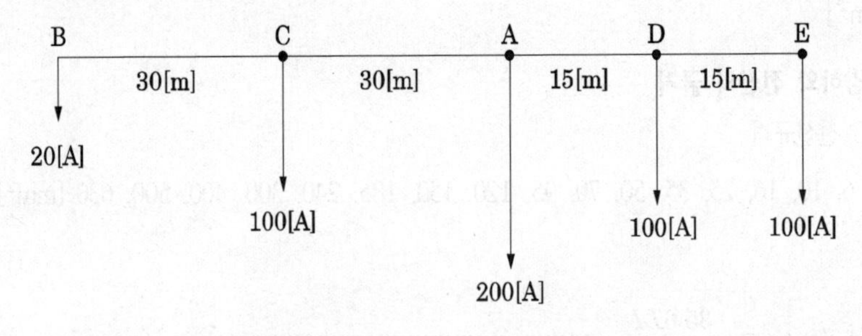

[작성답안]

계산 : $V_B = V_A - e_{ac} - e_{bc} = 105 - \dfrac{0.25}{1000} \times 30 \times 120 - \dfrac{0.25}{1000} \times 30 \times 20 = 103.95[V]$

$V_C = V_A - e_{ac} = 105 - \dfrac{0.25}{1000} \times 30 \times 120 = 104.1[V]$

$V_D = V_A - e_{ad} = 105 - \dfrac{0.25}{1000} \times 15 \times 200 = 104.25[V]$

답 : $V_B = 103.95[V]$, $V_C = 104.1[V]$, $V_D = 104.25[V]$

16

출제년도 23.(4점/부분점수 없음)

용량 100[kVA]변압기의 철손이 400[W], 동손이 1300[W]이다. 하루 중 절반을 무부하로 운전하고 나머지의 절반은 시간에 50[%] 부하로 운전하고 나머지 시간은 전부하로 운전하였다. 이때 전일효율을 구하시오.

[작성답안]

계산 : 전일효율 $\eta = \frac{출력}{출력 + 손실} \times 100$

$$출력 = \frac{1}{2} \times 100 \times 6 + 100 \times 6 = 900[\text{kWh}]$$

$$철손 = 400 \times 24 \times 10^{-3} = 9.6[\text{kWh}]$$

$$동손 = \left[\left(\frac{1}{2}\right)^2 \times 1300 \times 6 + 1300 \times 6\right] \times 10^{-3} = 9.75[\text{kWh}]$$

$$전일효율\ \eta = \frac{900}{900 + 9.6 + 9.75} \times 100 = 97.90[\%]$$

답 : 97.9[%]

[핵심] 전일효율

변압기의 전일효율 : $\eta_d = \frac{\sum h\, V_2 I_2 \cos\theta_2}{\sum h\, V_2 I_2 \cos\theta_2 + 24P_i + \sum h\, r_2 I_2^2} \times 100[\%]$

17

출제년도 13.15.17.23.(5점/부분점수 없음)

비상용 조명 부하 110 [V]용 100 [W] 58등, 60 [W] 50등이 있다. 방전 시간 30분, 축전지 HS형 54 [cell], 허용 최저 전압 100 [V], 최저 축전지 온도 5 [℃]일 때 축전지 용량은 몇 [Ah]인가? (단, 경년 용량 저하율 0.8, 용량 환산 시간 : $K = 1.2$이다.)

[작성답안]

계산 : 부하 전류 $I = \frac{100 \times 58 + 60 \times 50}{110} = 80$ [A]

$$\therefore 축전지\ 용량 : C = \frac{1}{L} KI = \frac{1}{0.8} \times 1.2 \times 80 = 120\ [\text{Ah}]$$

답 : 120 [Ah]

2023

18

출제년도 88.90.92.94.00.01.12.23.(4점/부분점수 없음)

가로 10 [m], 세로 20 [m]인 사무실에 평균 조도 250 [lx]를 얻기 위하여 40 [W] 전광속 2400 [lm]인 형광등을 사용했을 때 필요한 등수는? (단, 조명률은 0.5, 감광보상률은 1.2이다.)

[작성답안]

계산과정 : $N = \frac{EAD}{FU} = \frac{250 \times 10 \times 20 \times 1.2}{2400 \times 0.5} = 50$ [등]

답 : 50 [등]

2023년 3회 기출문제 해설

※ 다음 물음에 답을 해당 답란에 답하시오.

1

출제년도 94.02.06.23.(5점/항목당 1점, 모두 맞으면 5점)

피뢰기의 구비 조건을 3가지만 쓰시오.

[작성답안]

① 충격 방전 개시 전압이 낮을 것

② 상용주파 방전 개시 전압이 높을 것

③ 방전내량이 크고, 제한전압이 낮을 것

[핵심] 피뢰기의 구비조건

- 상용 주파 방전 개시 전압이 높을 것
- 충격 방전 개시 전압이 낮을 것
- 제한 전압이 낮을 것
- 속류 차단 능력이 클 것

2

출제년도 23.(6점/부분점수 없음)

유효전력 60[kW] 역률80[%]인 부하에 유효전력40[kW] 역률60[%] 부하를 새로 추가한 후, 콘덴서로 합성한 유효전력과 무효전력을 구하시오.

[작성답안]

계산과정

① 유효전력 $60+40=100[\mathrm{kW}]$

② 무효전력 $60\times\dfrac{0.6}{0.8}+40\times\dfrac{0.8}{0.6}=98.33[\mathrm{kVar}]$

답 : 유효전력 100[kW], 무효전력 98.33[kVar]

3

출제년도 13.15.23.(5점/부분점수 없음)

정격출력 37[kW], 역률 0.8, 효율 0.82 인 3상 유도 전동기가 있다. 변압기를 V결선하여 전원을 공급하고자 한다면 변압기 1대의 용량은 몇 [kVA]이어야 하는가 선정하시오.

변압기 표준용량 [kVA]

15	20	30	50	75	100

[작성답안]

계산 : $P_V = \sqrt{3}\,P_1 = \dfrac{37}{0.8 \times 0.82} = 56.4[\text{kVA}]$

$\therefore\ P_1 = \dfrac{P_V}{\sqrt{3}} = \dfrac{56.4}{\sqrt{3}} = 32.562[\text{kVA}]$

∴ 표에서 50[kVA] 선정

답 : 50[kVA]

[핵심]

V-V결선 변압기로 37[kW]를 입력으로 환산한 [kVA]전력을 공급한다. 따라서 입력으로 환산한 [kVA]은 $\dfrac{P[\text{kW}]}{\cos\theta \cdot \eta}$[kVA]이 된다.

4

출제년도 89.90.91.93.95.96.97.03.06.23(5점/부분점수 없음)

다음 그림과 같이 단상 3선식 100/200 [V]로 전열기 및 전동기 부하에 전력을 공급하고자 한다. 설비의 불평형률을 구하시오.

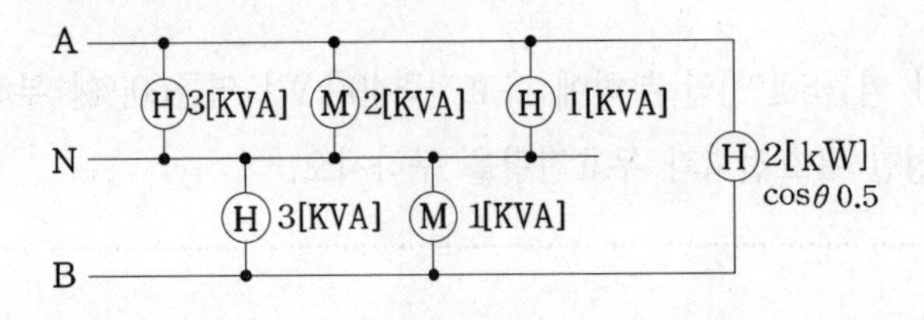

[작성답안]

계산 : 설비불평형률 $= \dfrac{(2+3+1)-(3+1)}{(2+3+1+3+1+\dfrac{2}{0.5}) \times \dfrac{1}{2}} \times 100 = 28.57\ [\%]$

답 : 28.57[%]

5

출제년도 23(5점/각 항목당 1점, 모두 맞으면 5점)

다음은 유도장해의 구분에 관한 내용이다. 다음 괄호안의 알맞은 내용을 쓰시오.

(1) (①)은/는 전력선과 통신선 사이의 상호인덕턴스에 의한 장해

(2) (②)은/는 전력선과 통신선 사이의 상호정전용량에 의한 장해

(3) (③)은/는 양자에 의한 영향도 있지만 상용주파수보다 높은 고조파의 유도에 의한 잡음 장해

①	
②	
③	

[작성답안]

①	전자유도장해
②	정전유도장해
③	고조파유도장해

6

출제년도 23(5점/부분점수 없음)

그림과 같이 지선을 가설하여 전주에 가해진 수평장력 800[kg]을 지지하고자 한다. 4[mm] 철선을 지선으로 사용한다면 몇 가닥으로 하면 되는지 구하시오. (단, 4[mm] 철선 1가닥의 인장 하중은 440[kg]으로 하고 안전율을 2.5이다)

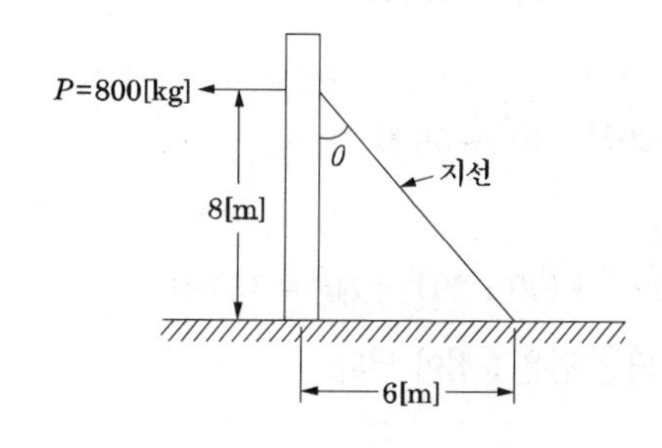

[작성답안]

계산과정 : $\sin\theta = \dfrac{6}{\sqrt{8^2+6^2}} = \dfrac{6}{10}$

$T_0 = \dfrac{10}{6} \times P = \dfrac{10}{6} \times 800 = 1333.33[\mathrm{kg}]$

지선의 장력(T_0) = $\dfrac{\text{소선 1가닥의 인장강도×소선수}}{\text{안전율}}$ → $1333.33 = \dfrac{440 \times n}{2.5}$

$\therefore\ n = \dfrac{1333.33 \times 2.5}{440} = 7.58$가닥

답 : 8가닥

7

출제년도 97.12.16.23(5점/부분점수 없음)

그림에서 각 지점간의 저항을 동일하다고 가정하고 간선 AD사이에 전원을 공급하려고 한다. 전력손실이 최소로 될 수 있는지 계산하여 공급점을 선정하시오. (단, 각 점간의 저항은 각각 1[Ω]이다.)

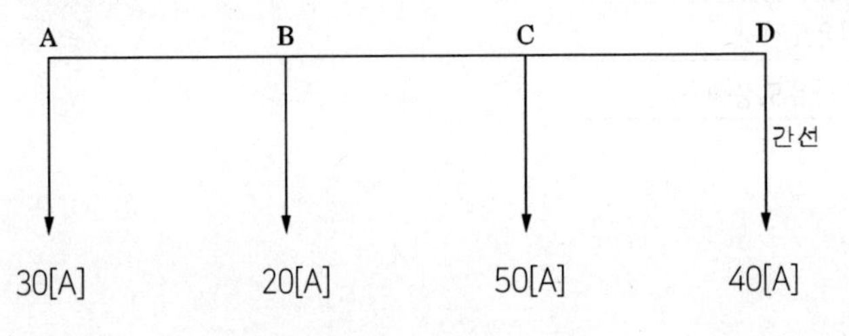

[작성답안]

계산 : ① 급전점 A

$P_{A\ell} = (20+40+50)^2 + (50+40)^2 + 40^2 = 21800$

② 급전점 B

$P_{B\ell} = 30^2 + (50+40)^2 + 40^2 = 10600$

③ 급전점 C

$P_{C\ell} = 30^2 + (30+20)^2 + 40^2 = 5000$

④ 급전점 D

$P_{D\ell} = (30+20+50)^2 + (30+20)^2 + 30^2 = 13400$

∴ 전력손실이 최소가 되는 점은 C점이 된다.

답 : C

8

출제년도 23(5점/각 항목당 2점, 모두 맞으면 5점)

다음은 전압을 구분하는 내용이다. 다음 괄호안에 알맞은 내용을 쓰시오.

(1) (①)은/는 전선로를 대표하는 송전단 선간전압이며, 그 계통의 송전전압이다.

(2) (②)은/는 기기설계시 및 절연설계시에 사용되며, 최고의 선간전압으로 염해 대책, 1선지락시 내부이상전압, 코로나 장해, 정전유도 장해 등을 고려할 때 표준이 되는 전압이다.

[작성답안]

① 공칭전압

② 계통최고전압

9

출제년도 23(5점/부분점수 없음)

조명에서 사용되는 용어로 사람의 눈으로 보아 빛을 느껴지는 것으로 광원으로부터 발산되는 빛의 량을 말한다. 용어와 단위를 쓰시오.

[작성답안]

용어 : 광속

단위 : [lm]

10

출제년도 23(5점/부분점수 없음)

10[MVA]를 기준으로 전원측 %임피던스가 25[%] 인 경우 수전점 단락용량[MVA]을 구하시오.

[작성답안]

계산과정 : $P_S = \frac{100}{25} \times 10 = 40[\text{MVA}]$

답 : 40[MVA]

2023

11

출제년도 23(4점/각 문항당 2점)

한국전기설비규정(KEC)에 의거하여 다음의 물음에 알맞은 답을 쓰시오.

(1) 저압 가공인입선이 도로 횡단 시 지표상의 높이는 몇 [m] 이상인가? (단, 기술상 부득이한 경우 또는 교통에 지장이 없을 때를 제외한다.)

(2) 저압 가공인입선이 철도를 횡단 시 레일면상 높이는 몇 [m] 이상인가?

[작성답안]

(1) 5[m]

(2) 6.5[m]

[핵심] 한국전기설비규정 221.1.1 저압 인입선의 시설

저압 가공인입선

가. 전선은 절연전선 또는 케이블일 것.

나. 전선이 케이블인 경우 이외에는 인장강도 2.30 [kN] 이상의 것 또는 지름 2.6 [mm] 이상의 인입용 비닐절연전선일 것. 다만, 경간이 15 [m] 이하인 경우는 인장강도 1.25 [kN] 이상의 것 또는 지름 2 [mm] 이상의 인입용 비닐절연전선일 것.

다. 전선이 옥외용 비닐절연전선인 경우에는 사람이 접촉할 우려가 없도록 시설하고, 옥외용 비닐절연전선 이외의 절연전선인 경우에는 사람이 쉽게 접촉할 우려가 없도록 시설할 것.

전선의 높이는 다음에 의할 것.

(1) 도로(차도와 보도의 구별이 있는 도로인 경우에는 차도)를 횡단하는 경우에는 노면상 5 [m](기술상 부득이한 경우에 교통에 지장이 없을 때에는 3 [m]) 이상

(2) 철도 또는 궤도를 횡단하는 경우에는 레일면상 6.5 [m] 이상

(3) 횡단보도교의 위에 시설하는 경우에는 노면상 3 [m] 이상

(4) (1)에서 (3)까지 이외의 경우에는 지표상 4 [m](기술상 부득이한 경우에 교통에 지장이 없을 때에는 2.5 [m]) 이상

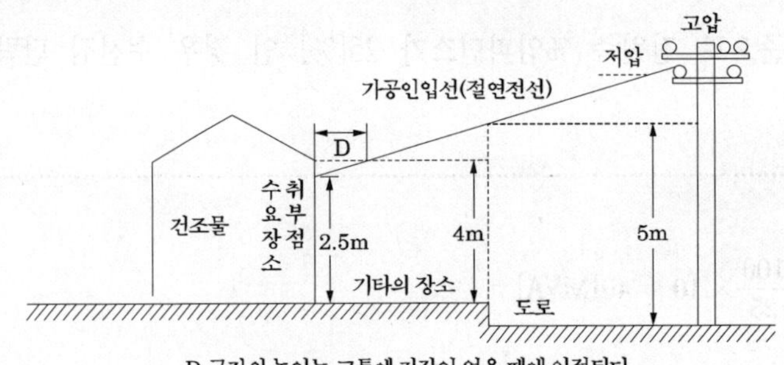

D 구간의 높이는 교통에 지장이 없을 때에 인정된다.

12

출제년도 85.96.99.00.13.16.19.23(6점/부분점수 없음)

그림과 같은 분기회로의 전선 굵기를 표준 굵기로 산정하시오. (단, 전압강하는 2 [V] 이하이고, 배선 방식은 교류 220 [V] 단상 2선식이며, 후강전선관 공사로 한다고 한다.)

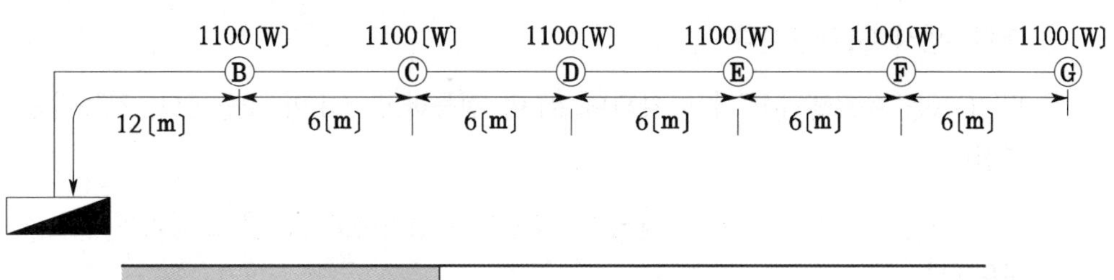

표준굵기	1.5, 2.5, 4, 6, 10, 16, 25, 35, 50, 70, 95

[작성답안]

계산 : 부하 중심점 : $L=\dfrac{i_1 l_1+i_2 l_2+i_3 l_3+\cdots+i_n l_n}{i_1+i_2+i_3+\cdots+i_n}$

$$L=\frac{5\times12+5\times18+5\times24+5\times30+5\times36+5\times42}{5+5+5+5+5+5}=27\ [\text{m}]$$

부하 전류 : $I=\dfrac{1100\times6}{220}=30\ [\text{A}]$

∴ 전선의 굵기 $A=\dfrac{35.6LI}{1000e}=\dfrac{35.6\times27\times30}{1000\times2}=14.42\ [\text{mm}^2]$

그러므로, 공칭 단면적 16 [mm^2] 선정

답 : 16 [mm^2]

[핵심] 전선의 굵기

① KSC IEC 전선규격

1.5, 2.5, 4, 6, 10, 16, 25, 35, 50, 70, 95, 120, 150, 185, 240, 300, 400, 500, 630 [mm^2]

② 전압강하

- 단상 2선식 : $e=\dfrac{35.6LI}{1,000A}$ ························· ①
- 3상 3선식 : $e=\dfrac{30.8LI}{1,000A}$ ························· ②
- 3상 4선식 : $e_1=\dfrac{17.8LI}{1,000A}$ ························· ③

여기서, L : 거리 I : 정격전류 A : 케이블의 굵기

이며 ③의 식은 1선과 중성선간의 전압강하를 말한다.

2023

13

출제년도 23(5점/부분점수 없음)

다음 그림은 농형 유도전동기의 직입기동 미완성 회로이다. 주어진 동작설명을 보고 미완성 시퀀스도를 완성하시오.

① 전원투입시 GL점등한다.

② PB ON을 누르면 MC가 여자되며 RL이 전등하고, GL이 소등한다. 전동기는 회전한다.

③ PB OFF를 누르면 MC가 소자되며, 전동기는 정지하고, RL은 소등하며, GL은 점등한다.

④ 과부하시 THR에 의해 전동기가 정지하고 RL은 소등하고, GL은 점등한다.

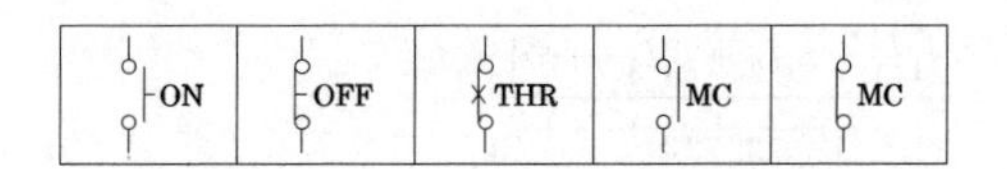

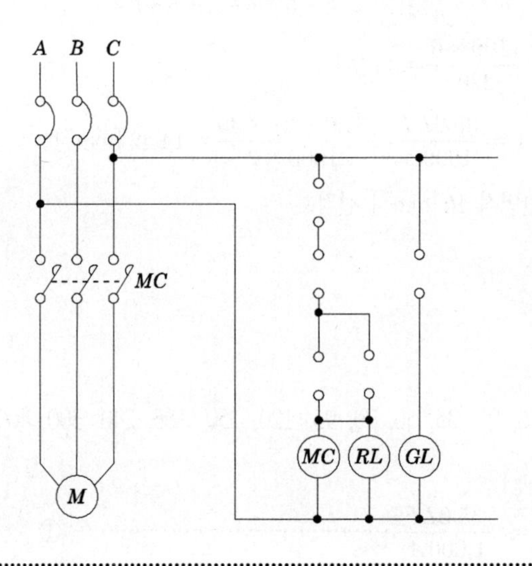

[작성답안]

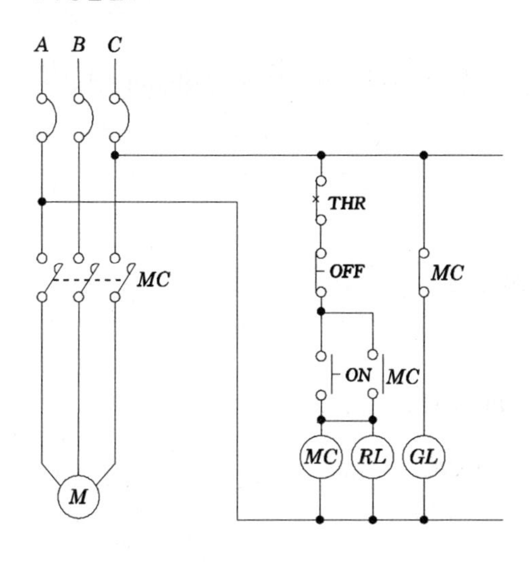

14

출제년도 23.(5점/부분점수 없음)

모든 방향의 광도 400 [cd]되는 전등을 지름 4 [m]의 책상중심 바로 위 2 [m] 되는 곳에 놓았다. 책상 위의 최소 수평 조도[lx]는?

[작성답안]

계산과정 :

그림에서와 같이 책상위 최대 수평 조도의 점은 제일 가까운 점 O가 되고 최소 수평 조도의 점은 책상끝 C 혹은 B점이 된다.

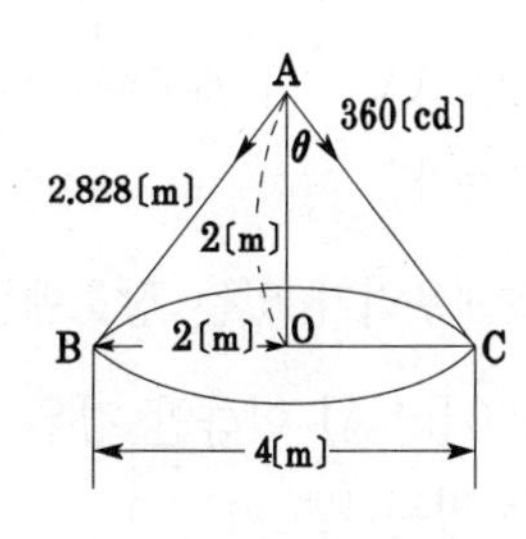

B점에서 수평면 조도

$$E_h = \frac{400}{2.828^2}\cos\theta = \frac{400}{2.828^2} \times \frac{2}{2.828} = 35.37 \text{ [lx]}$$

답 : 35.37[lx]

15　　출제년도 98.04.08.09.22.(14점/각 문항당 2점)

그림은 22.9 [kV - Y] 1,000 [kVA] 이하에 적용 가능한 특별고압 간이 수전설비 결선도이다. 다음 물음에 답하시오.

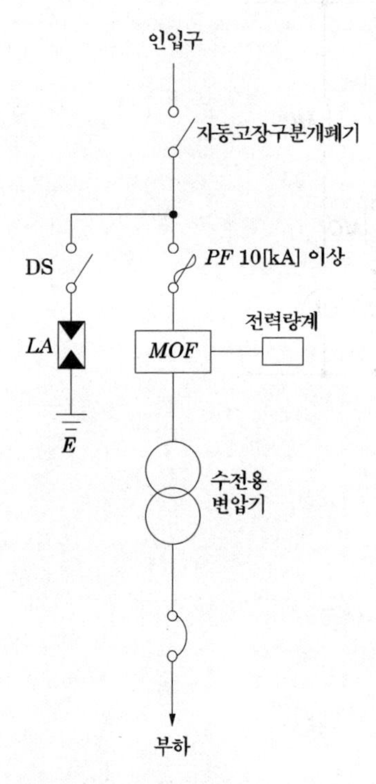

(1) 자동고장 구분개폐기의 약호는?

(2) 위 결선도에서 생략가능한 것은 무엇인가?

(3) 22.9 [kV - Y]용 LA는 어떤 것이 붙어 있는 것(~붙임형)을 사용하여야 하는가?

(4) 인입선을 지중으로 시설하는 경우로 공동 주택등 고장시 정전피해가 큰 인입선은 몇 회선으로 시설하여야 하는가?

(5) 22.9 [kV - Y] 계통에서는 수전 설비 지중 인입선으로 어떤 케이블을 사용하여야 하는가?

(6) 화재우려가 있는 장소에는 어떤 케이블을 사용하는가?

(7) 300 [kVA] 이하인 경우 PF 대신 비대칭 차단전류는 몇 [kA]의 COS를 사용할 수 있는가?

[작성답안]

(1) ASS　　(2) 피뢰기용 단로기(LA용 DS)

(3) Disconnector(또는 Isolator) 붙임형　　(4) 2회선

(5) *CNCV－W* 케이블(수밀형) 또는 *TR CNCV－W*(트리억제형)

(6) *FR CNCO－W*(난연) 케이블　　(7) 10 [kA] 이상

[핵심] 간이수전설비 표준결선도

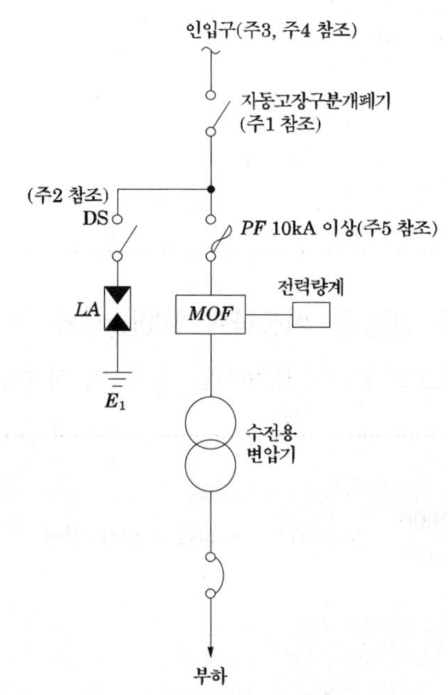

22.9 [kV－Y] 1,000 [kVA]이하를 시설하는 경우

[주1] *LA*용 *DS*는 생략할 수 있으며 22.9 [kV - Y]용의 *LA*는 Disconnector(또는 Isolator) 붙임형을 사용하여야 한다.

[주2] 인입선을 지중선으로 시설하는 경우로서 공동 주택 등 사고시 정전 피해가 큰 수전 설비 인입선은 예비선을 포함하여 2회선으로 시설하는 것이 바람직하다.

[주3] 지중인입선의 경우에 22.9 [kV－Y] 계통은 *CNCV－W* 케이블(수밀형) 또는 *TR CNCV－W*(트리억제형)을 사용하여야 한다. 다만, 전력구·공동구·덕트·건물구내 등 화재의 우려가 있는 장소에서는 *FR CNCO－W*(난연) 케이블을 사용하는 것이 바람직하다.

[주4] 300 [kVA] 이하인 경우 *PF* 대신 *COS*(비대칭 차단 전류 10 [kA] 이상의 것)을 사용할 수 있다.

[주5] 간이 수전 설비는 *PF*의 용단 등에 의한 결상 사고에 대한 대책이 없으므로 변압기 2차측에 설치되는 주차단기에는 결상 계전기 등을 설치하여 결상 사고에 대한 보호 능력이 있도록 함이 바람직하다.

16

출제년도 14.20.23.(5점/부분점수 없음)

어떤 콘덴서 3개를 선간 전압 3300 [V], 주파수 60 [Hz]의 선로에 △로 접속하여 60 [kVA]가 되도록 하려면 콘덴서 1개의 정전 용량[μF]은 약 얼마로 하여야 하는가?

[작성답안]

계산 : △결선이므로 $Q_C = 3 \times 2\pi f C V^2 \times 10^{-9}$[kVA]

$$\therefore C = \frac{Q_c \times 10^9}{6\pi f V^2} = \frac{60 \times 10^9}{6\pi \times 60 \times 3300^2} = 4.87[\mu F]$$

답 : 4.87[μF]

17

출제년도 23.(5점/부분점수 없음)

2000[lm]을 복사하는 전등 30등을 이용하여 100[m²]의 사무실에 설치하고자 한다. 조명률이 0.5, 감광보상률 1.5(보수율이 0.667)인 경우 이 사무실의 평균조도를 구하시오.

[작성답안]

계산과정 : $E = \frac{F}{A} NUM = \frac{2000}{100} \times 30 \times 0.5 \times 0.667 = 200.1$[lx]

답 : 200.1[lx]

또는

$$E = \frac{F}{A} NU \frac{1}{D} = \frac{2000}{100} \times 30 \times 0.5 \times \frac{1}{1.5} = 200[lx]$$

답 : 200[lx]

18

출제년도 23.(5점/부분점수 없음)

설비용량 100[kW], 수용률 80[%], 부하율 60[%], 수용가의 1개월간의 사용 전력량은 몇 [kWh]인가? (단, 1개월은 30일간으로 계산한다.)

[작성답안]

계산과정 : $W = Pt = 100 \times 0.6 \times 0.8 \times 30 \times 24 = 34560$[kWh]

답 : 34560[kWh]

2024년 1회 기출문제 해설

※ 다음 물음에 답을 해당 답란에 답하시오.

1 출제년도 19.24(10점/각 문항당 2점)

그림은 간이수전설비도이다. 다음 물음에 답하시오.

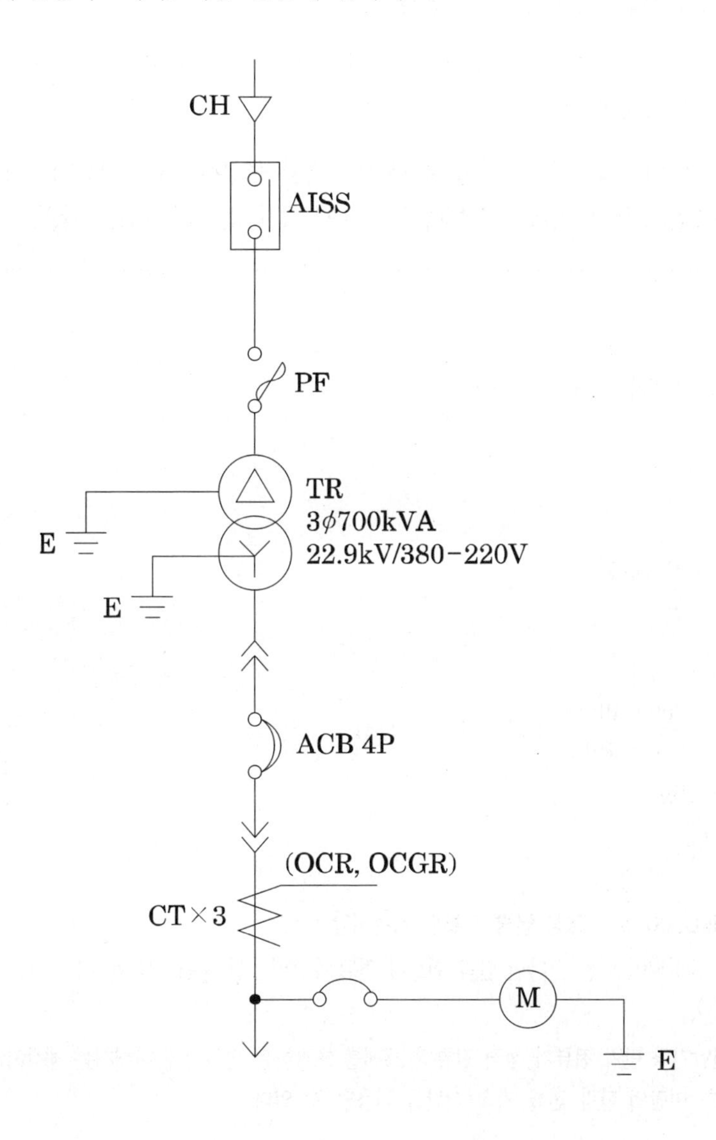

(1) 위 결선도에 사용되는 자동고장구분개폐기는 22.9[kV-Y] (①)[kVA] 이하의 용량에서 사용 가능하며, 300[kVA] 이하의 경우에는 자동고장구분개폐기 대신에 (②)을 사용할 수 있다.

(2) 변압기의 과전류강도는 최대부하전류의 (③)배 전류를 (④)초 동안 흘릴 수 있어야 한다.

(3) 기중차단기의 보호요소 2가지를 쓰시오.

(4) (⑤) [kVA] 이하의 경우는 PF 대신 COS(비대칭 차단전류 (⑥)[kA] 이상의 것)을 사용할 수 있다.

(5) 변류기의 여유율을 125[%]로 할 때 변류비를 선정하시오. (변류기 1차 전류의 표준 규격은 1,000, 1,200, 1,400, 1,600[A], 2차 전류는 5[A]이다.)

[작성답안]

(1) ① 1,000

② 인터럽터 스위치(Interrupter switch)

(2) ③ 25배

④ 2초

(3) • 결상보호

• 단락보호(과부하보호)

(4) ⑤ 300

⑥ 10

(5) 계산 : $I = \dfrac{700 \times 10^3}{\sqrt{3} \times 380} \times 1.25 = 1329.42\,[\text{A}]$

∴ 1,400/5 선정

답 : 1,400/5

[핵심] KS C IEC60076-5 대칭 단락 전류의 지속시간

별도의 시간이 규정되어 있지 않다면 단락 회로가 견딜 수 있는 열 능력 계산을 위해 사용될 전류 I의 지속시간은 2초 이다.

비고 : 단권 변압기와 단락 전류가 정격 전류의 25배를 초과하는 변압기에 대해서는 제작자와 구매자가 합의하여 2초 미만의 단락 전류 지속 시간을 적용할 수 있다.

2

출제년도 04.20.24.(5점/각 문항당 2점, 모두 맞으면 5점)

380 [V] 3상 유도전동기를 있다. 이 곳의 어느날 부하실적이 1일 사용 전력량 120 [kWh], 1일 최대전력 8 [kW], 최대 전류 일 때의 전류 값이 15 [A]이었을 경우, 다음 각 물음에 답하시오.

(1) 1일 부하율은 얼마인가?

(2) 최대 공급 전력일 때의 역률은 얼마인가?

[작성답안]

(1) 계산 : $\text{부하율} = \dfrac{\text{평균수용전력}}{\text{최대수용전력}} \times 100 = \dfrac{\frac{120}{24}}{8} \times 100 = 62.5\,[\%]$

답 : 62.5 [%]

(2) 계산 : $\cos\theta = \dfrac{P}{\sqrt{3}\,VI} = \dfrac{8\times10^3}{\sqrt{3}\times380\times15} \times 100 = 81.03\,[\%]$

답 : 81.03 [%]

[핵심] 부하율

공급 설비가 어느 정도 유효하게 사용되는가를 나타내며 부하율이 클수록 공급 설비가 유효하게 사용된다. 부하율은 다음 식에 의해 계산한다.

$$\text{부하율} = \frac{\text{평균수용전력}}{\text{최대수용전력}} \times 100\,[\%]$$

부하율은 각 단위별(변압기, 전주, 수용가 등), 시기, 범위, 기간에 따라 달라지며, 부하율을 표시할 경우 기간, 범위를 반드시 명기한다. 예를 들어 일부하율, 월부하율 등으로 표시하여야 하며, 부하율은 기간이 길어질수록 작아진다.

3

출제년도 04.12.17.20.24.(5점/부분점수 없음)

50 [kVA]의 변압기가 그림과 같은 부하로 운전되고 있다. 오전에는 역률 80 [%]로 오후에는 100 [%]로 운전된다고 하며 전일효율은 몇 [%]가 되겠는가? (단, 이 변압기의 철손은 600 [W] 전부하시 동손은 1,000 [W]라 한다.)

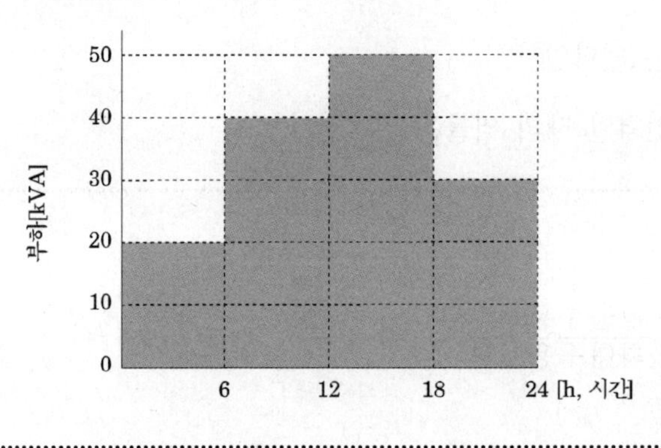

[작성답안]

계산 : 출력 $P=(20\times 6\times 0.8+40\times 6\times 0.8+50\times 6\times 1+30\times 6\times 1)=768$ [kWh]

철손 $P_i=600\times 24\times 10^{-3}=14.4$ [kWh]

동손 $P_c=1{,}000\times\left\{\left(\frac{20}{50}\right)^2\times 6+\left(\frac{40}{50}\right)^2\times 6+\left(\frac{50}{50}\right)^2\times 6+\left(\frac{30}{50}\right)^2\times 6\right\}\times 10^{-3}=12.96$ [kWh]

전일 효율 $\eta=\frac{768}{768+14.4+12.96}\times 100=96.56$ [%]

답 : 96.56 [%]

[핵심] 전일효율

변압기의 전일효율 : $\eta_d=\frac{\sum h\,V_2 I_2\cos\theta_2}{\sum h\,V_2 I_2\cos\theta_2+24P_i+\sum h\,r_2 I_2^2}\times 100[\%]$

4

출제년도 24.(3점/각 문항당 1점)

다음의 교류차단기 약호에 대한 우리말 명칭을 쓰시오.

(1) VCB

(2) OCB

(3) ACB

[작성답안]

(1) 진공차단기 (2) 유입차단기 (3) 기중차단기

5

출제년도 14.15.24(5점/부분점수 없음)

피뢰기의 제한전압에 대하여 설명하시오.

[작성답안]

충격파 전류가 흐르고 있을 때의 피뢰기 단자전압을 말한다.

[핵심] 피뢰기의 용어

① 충격방전개시전압 (Impulse Spark Over Voltage)

피뢰기의 양단자사이에 충격전압이 인가되어 피뢰기가 방전하는 경우 그 초기에 방전 전류가 충분히 형성되어 단자간 전압강하가 시작하기 이전에 도달하는 단자전압의 최고전압을 말한다.

② 제한전압

충격전류가 방전으로 저하되어서 피뢰기의 단자간에 남게되는 충격전압, 즉 뇌서지의 전류가 피뢰기를 통과할 때 피뢰기의 양단자간 전압강하로 이것은 피뢰기 동작중 계속해서 걸리고 있는 단자전압의 파고치로 표시한다.

③ 속류 (Follow Current)

피뢰기의 속류란 방전현상이 실절적으로 끝난후 계속하여 전력계통에서 공급되어 피뢰기에 흐르는 전류를 말한다.

④ 정격전압 (Rated Voltage)

선로단자와 접지단자에 인가한 상태에서 소정의 단위 동작책무를 소정의 회수로 반복수행할 수 있는 정격주파수의 상용주파전압 최고한도를 규정한값(실효치)를 말한다.

출제년도 11.19.24.(5점/부분점수 없음)

6

바닥에서 3[m] 떨어진 높이에 300[cd]의 광원이 있다. 그 광원 밑에서 수평으로 4[m] 떨어진 지점의 수평면 조도를 구하시오

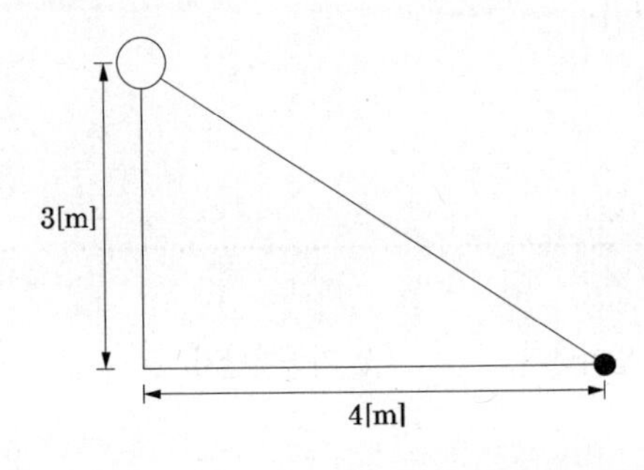

[작성답안]

계산 : $E_h = \frac{I}{r^2}\cos\theta = \frac{300}{3^2+4^2} \cdot \frac{3}{\sqrt{3^2+4^2}} = 7.20$ [lx]

답 : 7.2[lx]

[핵심] 조도

① 법선조도 $E_n = \frac{I}{r^2}$ [lx]

② 수평면 조도 $E_h = E_n\cos\theta = \frac{I}{r^2}\cos\theta = \frac{I}{h^2}\cos^3\theta$ [lx]

③ 수직면 조도 $E_v = E_n\sin\theta = \frac{I}{r^2}\sin\theta = \frac{I}{h^2}\sin\theta\cos^2\theta$ [lx]

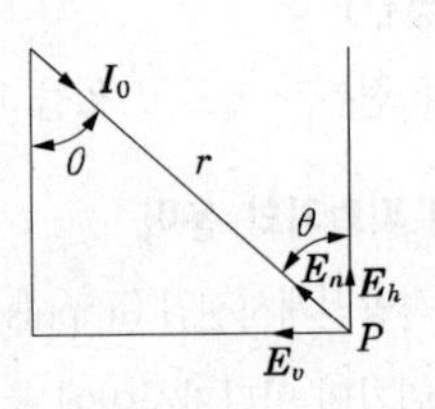

출제년도 90.24.(5점/부분점수 없음)

7

3상 3선식 6.6 [kV], 고압 자가용 수용가에 있는 전력량계의 계기 정수가 1,000 [Rev/kWh]이다. 이 계기의 원판이 5회전하는 데 40초가 걸렸다. 이 때 부하의 평균 전력은 몇 [kW]인가?

[작성답안]

계산 : $P_M = \frac{3,600 \cdot n}{t \cdot k} = \frac{3,600 \times 5}{40 \times 1,000} = 0.45$ [kW]

답 : 0.45[kW]

8

출제년도 89.94.00.24(5점/각 문항당 2점 모두 맞으면 5점)

주어진 그림을 보고 다음 물음에 답하시오.

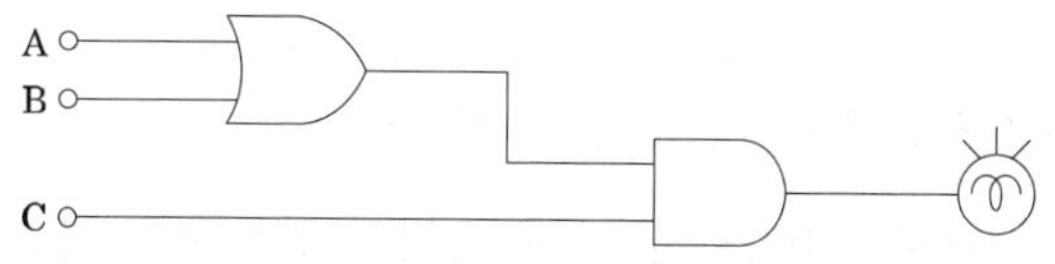

(1) 가장 간단한 논리식을 작성하시오.

(2) (1)에서 구한 논리식으로 미완성 유접점회로도를 완성하시오. (단, 보기에 주어진 접점을 이용하시오.)

보기	
보조스위치 a접점	보조스위치 b접점

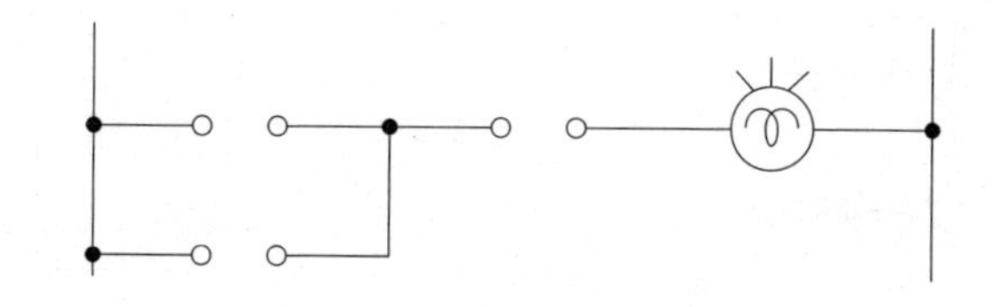

[작성답안]

(1) $X = (A+B)\,C$

(2)

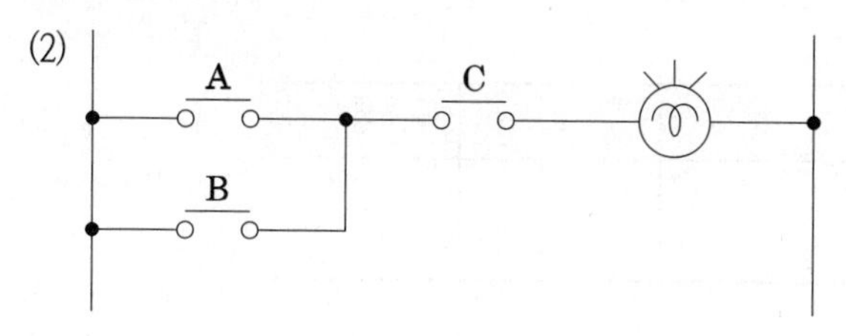

9

출제년도 24.(5점/부분점수 없음)

다음 요구사항을 만족하는 미완성 시퀀스 회로도를 완성하시오.

[조건]

- 전원 스위치 MCCB를 투입하면, GL이 점등된다.
- 푸시버튼 PB_1을 누르면, MC가 여자되고, 자기유지되며 동시에 MC의 보조스위치에 의해 GL이 소등되고 RL이 점등 된다.
- 푸시버튼 PB_2를 누르면, MC에 흐르는 전류가 끊겨 전동기가 정지하며 동시에 MC의 보조스위치에 의해 GL이 점등되고 RL이 소등된다.
- 사고에 의해 과전류가 흐르면 THR이 동작하여 모든 회로가 정지된다.

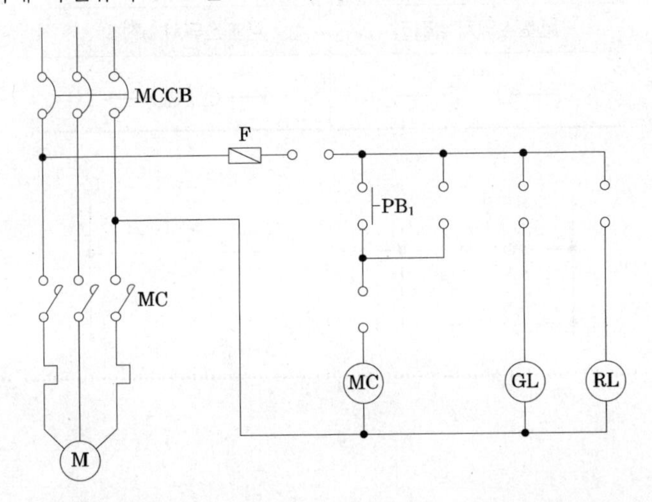

1	2	3	4	5

[작성답안]

1	2	3	4	5
THR	PB_2	MC	MC	MC

[핵심]

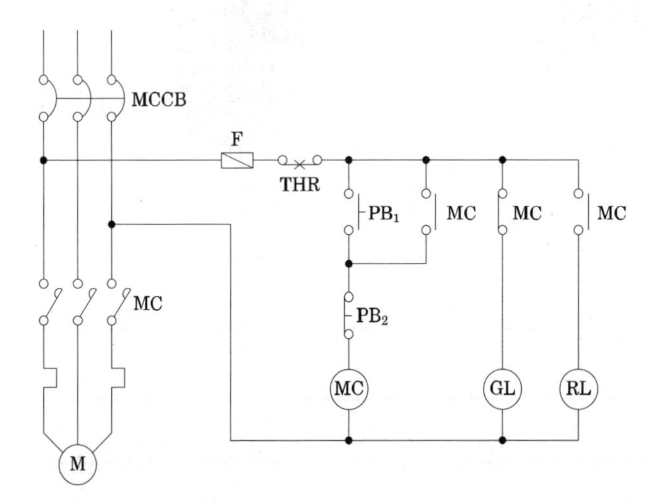

10

출제년도 13.18.24.(8점/각 항목당 1점, 모두 맞으면 8점)

다음 그림은 배전반에서 계측을 하기위한 계기용 변성기이다. 아래 그림을 보고 약호, 심벌, 역할에 알맞은 내용을 쓰시오.

구분		
약호		
심벌		
역할		

[작성답안]

구분		
약호	CT	PT
심벌	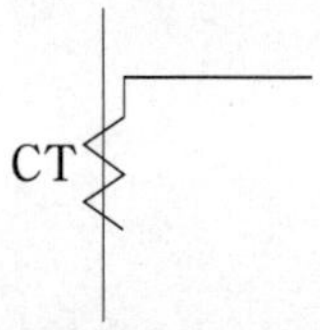	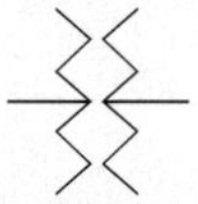
역할	대전류를 소전류로 변성하여 계기 및 계전기에 공급한다.	고전압을 저전압으로 변성하여 계기 및 계전기 등의 전원으로 사용한다.

11

출제년도 94.04.17.24.(4점/각 항목당 1점)

부하설비의 역률이 90[%] 이하로 저하하는 경우, 수용가의 예상 될 수 있는 손해 4가지를 쓰시오.

[작성답안]

① 전력손실이 커진다.

② 전기요금이 증가한다.

③ 전압강하가 커진다.

④ 전원설비가 부담하는 용량이 증가한다.

[핵심] 역률개선

① 역률개선효과

- 변압기와 배전선의 전력 손실 경감
- 전압 강하의 감소
- 전원설비 용량의 여유 증가
- 전기 요금의 감소

② 과보상

- 앞선 역률에 의한 전력 손실이 생긴다.
- 모선 전압의 과상승
- 전원설비 용량의 여유감소로 과부하가 될 수 있다.
- 고조파 왜곡의 증대

12

출제년도 96.24.(5점/각 항목당 1점)

3상 4선식 옥내 배선으로 전등, 동력 공용 방식에 의하여 전원을 공급하고자 한다. 이 경우 상별 부하전류가 평형으로 유지되도록 용이하게 결선하기 위하여 전압측 전선을 상별로 구분할 수 있도록 색별 전선을 사용하거나 색 테이프를 감아 표시하고자 한다. 이 때에 각상 및 중성선의 색별 표시색은 무엇인가 표를 완성하시오.

상(문자)	색상
L1	
L2	
L3	
N	
보호도체	

[작성답안]

상(문자)	색상
L1	갈색
L2	흑색
L3	회색
N	청색
보호도체	녹색-노란색

[핵심] 전선의 색별

색상 식별이 종단 및 연결 지점에서만 이루어지는 나도체 등은 전선 종단부에 색상이 반영구적으로 유지될 수 있는 도색, 밴드, 색 테이프 등의 방법으로 표시해야 한다.

13

출제년도 20.24.(6점/각 항목당 2점)

전기기술관리법에 따른 종합설계업에 기술인력을 2명씩 갖추어야 한다. 기술인력 3가지를 쓰시오.

[작성답안]

전기분야기술사

설계사

설계보조자

[핵심] 설계업의 종류와 종류별 등록기준 및 영업범위(시행령 제27조제1항 관련)

종 류		등 록 기 준		영업 범위
		기술인력	자본금	
종합 설계업		전기분야기술사 2명, 설계사 2명, 설계보조자 2명	1억원 이상	전력시설물의 계도서 작성
전 문 설계업	1종	전기분야기술사 1명, 설계사 1명, 설계보조자 1명	3천만원 이상	전력시설물의 설계도서 작성
	2종	설계사 1명, 설계보조자 1명	1천만원 이상	일반용전기설비의 설계도서의 작성

【비 고】

1. 설계보조자는 별표 1의 규정에 의한 초급기술자 이상의 전력기술인이어야 한다.
2. 기술인력은 상시근무하는 자를 말하며, 「국가기술자격법」에 의하여 그 자격이 정지된 자를 제외한다.
3. 제27조제2항의 규정에 의하여 금융기관 또는 전력기술인단체로부터 확인서를 발급받은 때에는 그에 해당하는 금액은 자본금에 포함한다.
4. 「엔지니어링산업진흥법」 에 의한 엔지니어링사업자로 신고한 자, 「기술사법」에 의한 기술사사무소 개설자로 등록한 자, 「소방시설공사업법」에 따른 소방시설설계업을 등록한 자가 설계업의 등록을 하는 경우에는 이미 보유하고 있는 기술인력 및 자본금은 위 기준에 포함한다.
5. 감리업자가 설계업 등록을 하는 경우에는 이미 보유하고 있는 기술인력 및 자본금은 위 기준에 포함한다.

14 출제년도 05.12.24.(3점/각 항목당 1점)

농형유도전동기의 기동법 3가지를 쓰시오.

[작성답안]

• 직입기동 • Y-△기동 • 기동보상기법

그 외

• 리액터 기동법

[핵심] 3상 유도전동기 기동방식

전동기 형식	기동법	기동법의 특징
농 형	직입기동	전동기에 직접 전원을 접속하여 기동하는 방식으로 5[kW] 이하의 소용량에 사용
	Y-△기동	1차 권선을 Y접속으로 하여 전동기를 기동시 상전압을 감압하여 기동하고 속도가 상승되어 운전속도에 가깝게 도달하였을 때 △접속으로 바꿔 큰 기동전류를 흘리지 않고 기동하는 방식으로 보통 5.5~37[kW] 정도의 용량에 사용
	기동보상기법	기동전압을 떨어뜨려서 기동전류를 제한하는 기동방식으로 고전압 농형 유도 전동기를 기동할 때 사용
권선형	2차저항기동	유도전동기의 비례추이 특성을 이용하여 기동하는 방법으로 회전자 회로에 슬립링을 통하여 가변저항을 접속하고 그의 저항을 속도의 상승과 더불어 순차적으로 바꾸어서 적게 하면서 기동하는 방법
	2차임피던스기동	회전자 회로에 고정저항과 리액터를 병렬 접속한 것을 삽입하여 기동하는 방법

15 출제년도 24.(6점/부분점수 없음)

파동임피던스 400[Ω]인 가공선로에 파동임피던스 50[Ω]인 케이블을 접속했다. 피뢰기 투과전압 600[kV], 이상전류 1,000[A]일 때, 피뢰기에 제한전압[kV]을 구하시오.

[작성답안]

계산 : $e_d = e_t - \dfrac{Z_1 Z_2}{Z_1 + Z_2} i = 600 - \dfrac{400 \times 50}{400 + 50} \times 1{,}000 \times 10^{-3} = 555.56[\text{kV}]$

답 : 555.56[kV]

16

출제년도 24.(5점/부분점수 없음)

평탄지에서 전선의 지지점이 같고, 경간이 100[m]인 지지물에서 경동선의 인장하중은 1,480[kg], 중량 0.334[kg/m], 수평 풍압하중 0.608[kg/m], 안전율은 2.2이다. 이 때 이도[m]를 구하시오.

[작성답안]

계산 : $D = \dfrac{\sqrt{0.334^2 + 0.608^2} \times 100}{8 \times \dfrac{1,480}{2.2}} = 1.29[\text{m}]$

답 : 1.29[m]

17

출제년도 24.(5점/부분점수 없음)

반사율 65[%]의 완전 확산성 종이를 200[lx]의 조도를 비추었을 때 표면체 휘도[cd/m^2]는 약 얼마인가?

[작성답안]

계산 : $B = \dfrac{\rho E}{\pi} = \dfrac{0.65 \times 200}{\pi} = 41.38[\text{cd/m}^2]$

답 : 41.38[cd/m^2]

[핵심] 완전확산면

$R = \dfrac{F_0}{S_0} = \dfrac{\pi I_0}{\pi a^2} = \dfrac{\pi B_0 \pi a^2}{\pi a^2} = \pi B_0[\text{rlx}]$

여기서, $I_0 = B_0 S_0$, $S_0 = \pi a^2$: 광속 발산면적

$R = \pi B = \rho E$(반사면)

$R = \pi B = \tau E$(투과면)

2024

18

출제년도 24.(5점/각 항목당 1점, 모두 맞으면 5점)

다음 표를 보고 설명에 해당하는 전동기의 정격을 쓰시오.

전동기 정격구분	설명
①	지정조건 밑에서 연속으로 사용할 때 규정으로 정해진 온도 상승, 기타의 제한을 넘지 않는 정격
②	지정된 일정한 단시간의 사용 조건으로 운전할 때, 규정으로 정해진 온도 상승, 기타의 제한을 넘지 않는 정격
③	지정 조건 하에서 반복 사용하는 경우, 규정으로 정해진 온도 상승, 기타 제한을 넘지 않는 정격

[작성답안]

① 연속정격

② 단시간정격

③ 반복정격

19

출제년도 17.19.24(5점/각 항목당 1점, 모두 맞으면 5점)

한시(Time Delay) 계전기의 동작시간에 따른 특성을 설명하시오.

(1) 정한시형

(2) 반한시형

(3) 반한시성 정한시

[작성답안]

(1) 정한시 계전기 : 고장후 일정시간이 경과하면 동작하는 계전기

(2) 반한시 계전기 : 고장전류의 크기에 반비례하여 동작하는 계전기

(3) 반한시성 정한시 계전기 : 어느 전류값까지는 반한시계전기의 성질을 띠지만 그 이상의 전류가 흐르는 경우 정한시계전기의 성질을 띠는 계전기

[핵심] 보호계전기

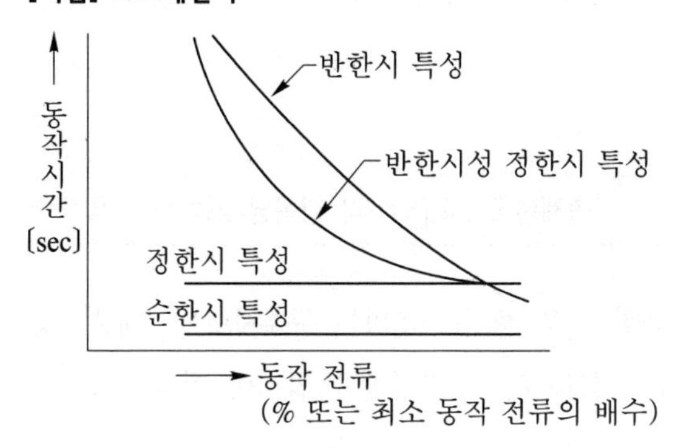

① 순한시 계전기 : 고장즉시 동작

② 정한시 계전기 : 고장후 일정시간이 경과하면 동작

③ 반한시 계전기 : 고장전류의 크기에 반비례하여 동작

④ 반한시성 정한시 계전기 : 반한시와 정한시 특성을 겸함

2024년 2회 기출문제 해설

※ 다음 물음에 답을 해당 답란에 답하시오.

1

출제년도 24.(5점/각 항목당 2점 모두 맞으면 5점)

전기공사업법에서 정하고 있는 변경사항에 대한 내용 중 공사업자는 등록사항에 "대통령령으로 정하는 중요 사항"이 변경된 경우, 그 사실을 시·도지사에게 알려야 한다.
여기서, 대통령령으로 정하는 중요사항 2가지를 쓰시오.

[작성답안]

- 상호 또는 명칭
- 영업소의 소재지

그 외

- 대표자
- 자본금(공사업과 관련이 없는 자본금의 변경은 제외한다)
- 전기공사기술자

[핵심] 전기공사업법 시행령 제7조

제7조(공사업자의 변경신고 사항) 법 제9조제1항에서 "대통령령으로 정하는 중요 사항"이란 다음 각 호의 사항을 말한다.

1. 상호 또는 명칭
2. 영업소의 소재지
3. 대표자
4. 자본금(공사업과 관련이 없는 자본금의 변경은 제외한다)
5. 전기공사기술자

2

출제년도 04.20.24.(부분점수 없음)

50[km] 전선로에 현수 애자를 300련으로 한 송전 선로가 있다. 현수 애자 1련의 절연 저항이 10^3[MΩ] 이라면 누설 컨덕턴스[μ℧]는?

[작성답안]

합성 누설저항은 $R_0 = \frac{10^3}{300} = \frac{10}{3}[\text{M}\Omega]$

$\therefore\ G_0 = \frac{1}{R_0} = \frac{3}{10} = 0.3[\mu℧]$

답 : 0.3[μ℧]

[핵심] 선로정수의 연결

전선과 대지 사이에 애자(절연저항)가 병렬로 300련이 연결됨을 이해하며, 이것의 합성저항을 구한 후 역수를 취해 컨덕턴스를 구하여야 한다.

3

출제년도 24.(3점/부분점수 없음)

부등률의 정의를 간단히 쓰시오.

[작성답안]

합성 최대수용전력에 대한 각개 최대 수용전력의 합의 비를 말한다.

$$\text{부등률} = \frac{\text{개별 최대수용전력의 합}}{\text{합성 최대수용전력}} = \frac{\text{설비용량} \times \text{수용률}}{\text{합성최대수용전력}}$$

2024

[핵심] 부하관계용어

① 부하율

공급 설비가 어느 정도 유효하게 사용되는가를 나타내며 부하율이 클수록 공급 설비가 유효하게 사용된다. 부하율은 다음 식에 의해 계산한다.

$$부하율 = \frac{평균\ 수요\ 전력[kW]}{최대\ 수요\ 전력[kW]} \times 100[\%]$$

부하율은 각 단위별(변압기, 전주, 수용가 등), 시기, 범위, 기간에 따라 달라지며, 부하율을 표시할 경우 기간, 범위를 반드시 명기한다. 예를 들어 일부하율, 월부하율 등으로 표시하여야 하며, 부하율은 기간이 길어질수록 작아진다. 부하율이 적다의 의미는 다음과 같다.

- 공급 설비를 유용하게 사용하지 못한다.
- 평균 수요 전력과 최대 수요 전력과의 차가 커지게 되므로 부하 설비의 가동률이 저하된다.

② 종합부하율

$$종합\ 부하율 = \frac{평균\ 전력}{합성\ 최대\ 전력} \times 100[\%] = \frac{A,\ B,\ C\ 각\ 평균\ 전력의\ 합계}{합성\ 최대\ 전력} \times 100[\%]$$

③ 부등률

각 수용가에서의 최대 수용 전력의 발생 시각은 시간적으로 차이가 있으며 이 경우에 배전 변압기 또는 간선에서의 합성 최대 수용 전력은 각 수용가에서의 최대 수용 전력의 합보다 적게 되는데 이 비를 부등률이라 하며 이 값은 항상 1보다 크고, 백분율로 나타내지 않는다. 수용률과 더불어 배전 변압기 또는 배전 간선 등의 공급 설비 계획 자료로 사용된다.

$$부등률 = \frac{개별\ 최대수용전력의\ 합}{합성\ 최대수용전력} = \frac{설비용량 \times 수용률}{합성최대수용전력}$$

④ 수용률

수용률은 시설되는 총 부하 설비용량에 대하여 실제로 사용하게 되는 부하의 최대 전력의 비를 나타내는 것으로서 다음 식에 의하여 구한다.

$$수용률 = \frac{최대수요전력[kW]}{부하설비용량[kW]} \times 100[\%]$$

4

출제년도 97.24.(4점/부분점수 없음)

3상 비접지식에서 영상 전압을 얻기 위하여 사용하는 기기의 명칭을 쓰시오.

[작성답안]

접지형 계기용 변압기

[핵심] GPT(접지형 계기용변압기)

접지형 계기용 변압기는 비접지 계통에서 지락 사고시의 영상전압을 검출한다. 아래 그림에서 접지형 계기용 변압기는 정상상태가 된다. 정상 운전시에는 영상전압이 평형상태가 된다. 이때 각상의 전압은 $110/\sqrt{3}$ [V]가 되고 120° 의 위상 차이가 있기 때문에 평형이 되고 이들의 합은 0 [V]가 된다.

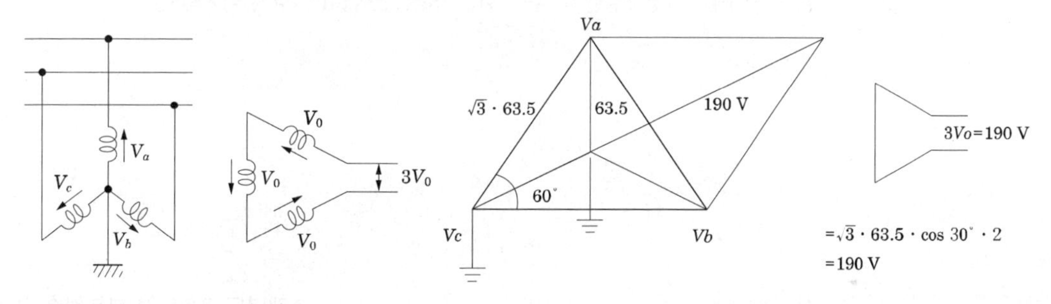

5

출제년도 24.(5점/부분점수 없음)

면적이 1,200[m²]인 사무실에 평균조도 300[lx]를 얻기 위하여 40[W]인 형광등을 사용했을 때 필요한 등 수(개)는? (단, 형광등의 전광속은 2,500[lm], 조명률은 0.7, 감광보상률은 1.5이다.)

[작성답안]

계산 : $N = \dfrac{EAD}{FU} = \dfrac{1{,}200 \times 300 \times 1.5}{2{,}500 \times 0.7} = 308.57$[등]

답 : 309[등]

2024

[핵심] 조명설계

N개의 램프에서 방사되는 빛을 평면상의 면적 A[㎡]에 모두 집중 조사할 수 있다고 하고 램프 1개당 광속을 F[lm]이라 하면, 그 면의 평균조도를

$$E = \frac{F \cdot N}{A} \text{ [lx]}$$

로 나타낸다. 이러한 평균조도 계산은 광속법과 설계여건에 따라 ZCM (Zonal Cavity Method)법을 채택할 수 있다.

$$E = \frac{F \cdot N \cdot U \cdot M}{A}$$

여기서, E : 평균조도[lx], F : 램프 1개당 광속[lm], N : 램프수량[개]

U : 조명률, M : 보수율, 감광보상률의 역수, A : 방의 면적[m^2] (방의 폭×길이)

6 출제년도 24.(5점/부분점수 없음)

어떤 단위 영역의 평균조도 E_1, E_2, E_3, E_4를 측정한 것이다. 4점법에 의한 평균조도를 계산하시오. (단, 꼭짓점 사이의 거리는 동일하다.)

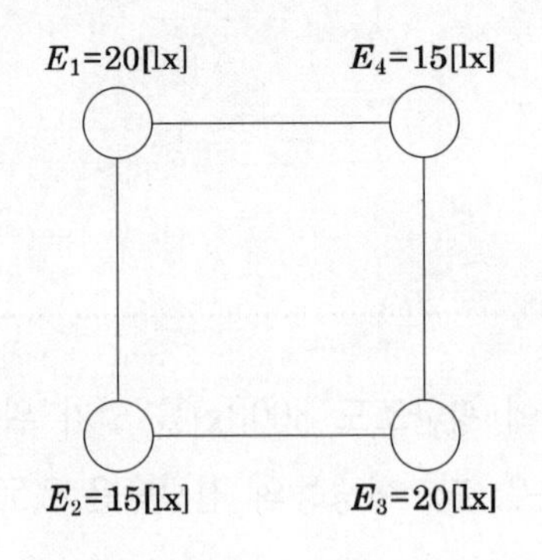

[작성답안]

계산 : $E_0 = \frac{1}{4}\sum E_i = \frac{1}{4}(20 + 15 + 20 + 15) = 17.5$[lx]

답 : 17.5[lx]

[핵심] 조도측정법 (단위 구역이 좁은장소)

측정법	측정점	평균조도 계산식	적용
1점법	○1	$E_o = E_g$	• 조도 균제도 좋은 장소 • 단위 구획을 아주 작은 단위로 측정 시
4점법	1 ○ --- ○ 1 1 ○ --- ○ 1	$E_o = 1/4\sum E_i$	• 조도구배 완만한 장소 • 전반 조명장소
5점법(1)	1 ○ --- ○ 1 ○8 1 ○ --- ○ 1	$E_o = 1/12(\sum E_i + 8E_g)$	• 조도 균제도 나쁜 장소 • 비교적 많은 장소로 많은 구역으로 분할하여 측정하지 않는 경우 • 실 중앙에 조명기구 있는 경우
5점법(2)	1 ○ 1 ○ ○2 ○ 1 ○ 1	$E_o = 1/6(\sum E_m + 2E_g)$	
9점법	4 1 ○ ○ ○ 1 4 ○ ○16 ○ 4 1 ○ ○ ○ 1 4	$E_o = 1/36$ $(\sum E_i + 4\sum E_m + 16E_g)$	격심한 조도변화 장소

E_i : 구석점조도, E_g : 중심점조도, E_m : 변중점조도

7

출제년도 24.(4점/각 항목당 1점)

한국전기설비규정 용어의 정의에 대한 내용이다. 【보기】 중 알맞은 내용을 쓰시오.

용어	정의
①	전력계통의 운용에 관한 지시 및 급전조작을 하는 곳을 말한다.
②	강전류 전기의 전송에 사용하는 전기 도체, 절연물로 피복한 전기 도체 또는 절연물로 피복한 전기 도체를 다시 보호 피복한 전기 도체를 말한다.
③	통상의 사용 상태에서 전기가 통하고 있는 곳을 말한다.
④	발전소·변전소·개폐소·이에 준하는 곳, 전기사용장소 상호간의 전선(전차선을 제외한다) 및 이를 지지하거나 수용하는 시설물을 말한다.

【보기】

급전소, 변전소, 발전소, 개폐소, 배선, 전선로, 전선, 전로

[작성답안]

① 급전소

② 전선

③ 전로

④ 전선로

[핵심] 전기설비기술기준 제3조 (정의)

1. "발전소"란 발전기·원동기·연료전지·태양전지·해양에너지발전설비·전기저장장치 그 밖의 기계기구[비상용 예비전원을 얻을 목적으로 시설하는 것 및 휴대용 발전기를 제외한다]를 시설하여 전기를 생산[원자력, 화력, 신재생에너지 등을 이용하여 전기를 발생시키는 것과 양수발전, 전기저장장치와 같이 전기를 다른 에너지로 변환하여 저장 후 전기를 공급하는 것]하는 곳을 말한다.
2. "변전소"란 변전소의 밖으로부터 전송받은 전기를 변전소 안에 시설한 변압기·전동발전기·회전변류기·정류기 그 밖의 기계기구에 의하여 변성하는 곳으로서 변성한 전기를 다시 변전소 밖으로 전송하는 곳을 말한다.
3. "개폐소"란 개폐소 안에 시설한 개폐기 및 기타 장치에 의하여 전로를 개폐하는 곳으로서 발전소·변전소 및 수용장소 이외의 곳을 말한다.
4. "급전소"란 전력계통의 운용에 관한 지시 및 급전조작을 하는 곳을 말한다.

5. “전선”이란 강전류 전기의 전송에 사용하는 전기 도체, 절연물로 피복한 전기 도체 또는 절연물로 피복한 전기 도체를 다시 보호 피복한 전기 도체를 말한다.
6. “전로”란 통상의 사용 상태에서 전기가 통하고 있는 곳을 말한다.
7. “전선로”란 발전소 · 변전소 · 개폐소, 이에 준하는 곳, 전기사용장소 상호간의 전선(전차선을 제외한다) 및 이를 지지하거나 수용하는 시설물을 말한다.
8. “전기기계기구”란 전로를 구성하는 기계기구를 말한다.
9. “이웃 연결 인입선”이란 한 수용장소의 인입선에서 분기하여 지지물을 거치지 아니하고 다른 수용 장소의 인입구에 이르는 부분의 전선을 말한다. 여기에서 “인입선”이란 가공인입선[가공전선로의 지지물로부터 다른 지지물을 거치지 아니하고 수용장소의 붙임점에 이르는 가공전선(가공전선로의 전선을 말한다. 이하 같다)을 말한다] 및 수용장소의 조영물(토지에 정착한 시설물 중 지붕 및 기둥 또는 벽이 있는 시설물을 말한다. 이하 같다)의 옆면 등에 시설하는 전선으로서 그 수용장소의 인입구에 이르는 부분의 전선을 말한다.
10. “전차선”이란 전차의 집전장치와 접촉하여 동력을 공급하기 위한 전선을 말한다.
11. “전차선로”란 전차선 및 이를 지지하는 시설물을 말한다.
12. “배선”이란 전기사용 장소에 시설하는 전선(전기기계기구 내의 전선 및 전선로의 전선을 제외한다)을 말한다.
13. “약전류전선”이란 약전류 전기의 전송에 사용하는 전기 도체, 절연물로 피복한 전기 도체 또는 절연물로 피복한 전기 도체를 다시 보호 피복한 전기 도체를 말한다.
14. “약전류전선로”란 약전류전선 및 이를 지지하거나 수용하는 시설물(조영물의 옥내 또는 옥측에 시설하는 것을 제외한다)을 말한다.
15. “광섬유케이블”이란 광신호의 전송에 사용하는 보호 피복으로 보호한 전송매체를 말한다.
16. “광섬유케이블선로”란 광섬유케이블 및 이를 지지하거나 수용하는 시설물(조영물의 옥내 또는 옥측에 시설하는 것을 제외한다)을 말한다.
17. “지지물”이란 목주 · 철주 · 철근 콘크리트주 및 철탑과 이와 유사한 시설물로서 전선 · 약전류전선 또는 광섬유케이블을 지지하는 것을 주된 목적으로 하는 것을 말한다.
18. “무효 전력 보상 설비”란 무효전력을 조정하는 전기기계기구를 말한다.
19. “전력보안 통신설비”란 전력의 수급에 필요한 급전 · 운전 · 보수 등의 업무에 사용되는 전화 및 원격지에 있는 설비의 감시 · 제어 · 계측 · 계통보호를 위해 전기적 · 광학적으로 신호를 송 · 수신하는 제 장치 · 전송로 설비 및 전원 설비 등을 말한다.
20. “전기철도”란 전기를 공급받아 열차를 운행하여 여객이나 화물을 운송하는 철도를 말한다.
21. 극저주파 전자계(Extremely Low Frequency Electric and Magnetic Fields : ELF EMF)라 함은 0[Hz]를 제외한 300[Hz] 이하의 전계와 자계를 말한다.
22. “수로”란 취수설비, 침사지, 도수로, 헤드탱크, 서지탱크, 수압관로 및 방수로를 말한다.
23. “설계홍수위(flood water level : FWL)”란 설계홍수량이 저수지로 유입될 경우에 여수로 방류량과 저수지내의 저류효과를 고려하여 상승할 수 있는 가장 높은 수위를 말한다. 일반적으로 설계홍수량은 빈도별 홍수유량을 기준으로 산정한다.

24. "최고수위(maximum water level : MWL)"란 가능최대홍수량이 저수지로 유입될 경우에 여수로 방류량과 저수지내의 저류효과를 고려하여 상승할 수 있는 가장 높은 수위를 말한다. 최고수위는 설계홍수위와 같거나, 빈도홍수를 설계홍수량으로 채택한 댐의 경우는 설계홍수위보다 높다.
25. "가능최대홍수량(probable maximum flood : PMF)"이란 가능최대강수량(probable maximum precipitation : PMP)으로 인한 홍수량을 말하며, 유역에서의 가능최대 강수량이란 주어진 지속시간 동안 어느 특정 위치에 주어진 유역면적에 대하여 연중 어느 지정된 기간에 물리적으로 발생할 수 있는 이론적 최대 강수량을 말한다.
26. "황산화물제거, 질소산화물제거설비"란 연소시 발생하는 공기 배출가스 중 황화합물과 질소화합물의 농도를 저감하는 설비로서 보일러, 압력용기 및 배관의 부속설비에 포함한다.
27. "해양에너지발전설비"란 조력, 조류, 파력, 해수 온도차 등으로 해양의 조수, 해류, 파도, 온도차 등을 변환시켜 전력을 생산하는 설비를 말한다.
28. "전기저장장치"란 전기를 저장하고 공급하는 시스템을 말한다.
29. "스털링엔진"이란 실린더 내부의 밀봉된 작동유체의 가열 · 냉각 등의 온도변화에 따른 체적변화에 의한 운동에너지를 이용하는 외연기관을 말한다.
30. 직류전계(DC Electric Fields)란 0[Hz]인 직류전로와 공간전하에 의해 형성되는 정전계(Static Electric Fields)를 말한다.
31. 직류자계(DC Magnetic Fields)란 0[Hz]인 직류전로에서 형성되는 정자계(Static Magnetic Fields)를 말한다.
32. "소수력발전설비"란 물의 위치에너지 및 운동에너지를 변환시켜 전력을 생산하는 설비로 시설용량 5,000 [kW] 이하를 말한다.

8

출제년도 03.15.24.(6점/각 항목당 2점)

다음은 콘센트의 시설에 관한 내용이다. 욕조나 샤워시설이 있는 욕실 또는 화장실 등 인체가 물에 젖어있는 상태에서 전기를 사용하는 장소에 콘센트를 시설하는 경우에는 다음에 따라 시설하여야 한다. 빈 칸에 알맞은 내용을 쓰시오.

【보기】

「전기용품 및 생활용품 안전관리법」의 적용을 받는 인체감전보호용 누전차단기(정격감도전류 (①)[mA] 이하, 동작시간 (②)초 이하의 전류동작형의 것에 한한다) 또는 절연변압기(정격용량 (③)[kVA] 이하인 것에 한한다)로 보호된 전로에 접속하거나, 인체감전보호용 누전차단기가 부착된 콘센트를 시설하여야 한다.

[작성답안]

① 15

② 0.03

③ 3

[핵심] 한국전기설비규정 234.5 콘센트의 시설

욕조나 샤워시설이 있는 욕실 또는 화장실 등 인체가 물에 젖어있는 상태에서 전기를 사용하는 장소에 콘센트를 시설하는 경우에는 다음에 따라 시설하여야한다.

(1) 「전기용품 및 생활용품 안전관리법」의 적용을 받는 인체감전보호용 누전차단기(정격감도전류 15 [mA] 이하, 동작시간 0.03초 이하의 전류동작형의 것에 한한다) 또는 절연변압기(정격용량 3 [kVA] 이하인 것에 한한다)로 보호된 전로에 접속하거나, 인체감전보호용 누전차단기가 부착된 콘센트를 시설하여야 한다.

(2) 콘센트는 접지극이 있는 방적형 콘센트를 사용하여 211과 140의 규정에 준하여 접지하여야 한다.

9 출제년도 97.99.03.07.14.24.(6점/각 문항당 3점)

그림과 같은 계통의 기기의 A점에서 완전 지락이 발생하였다. 이때 다음 각 물음에 답하시오.

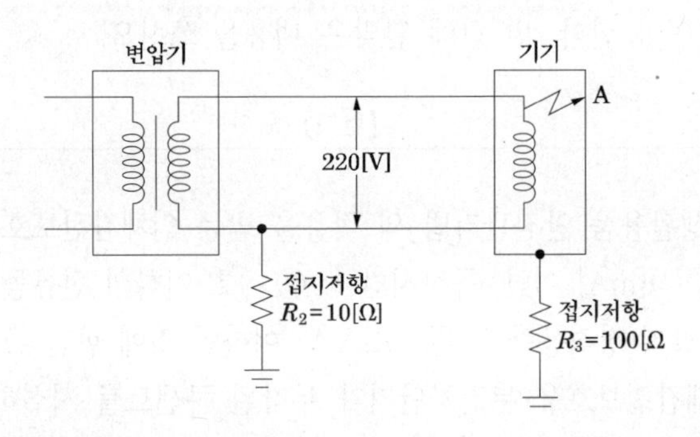

(1) 이 기기의 외함에 인체가 접촉하고 있지 않은 경우, 이 외함의 대지전압은 몇 [V]인가?

(2) 이 기기의 외함에 인체가 접촉하였을 경우, 인체를 통하여 흐르는 전류는 몇 [mA]인가? (단, 인체의 저항은 3,000[Ω]으로 한다.)

[작성답안]

(1) 계산 : 대지전압 $e=\dfrac{R_3}{R_2+R_3}\times E=\dfrac{100}{10+100}\times 220=200[\text{V}]$

답 : 200[V]

(2) 계산 : 인체에 흐르는 전류 $I_g=\dfrac{V}{R_2+\dfrac{R_3\times R_{tch}}{R_3+R_{tch}}}\times\dfrac{R_3}{R_3+R_{tch}}=\dfrac{220}{10+\dfrac{100\times 3,000}{100+3,000}}\times\dfrac{100}{100+3,000}$

$$=0.06647[\text{A}]=66.47[\text{mA}]$$

답 : 66.47[mA]

[핵심] 접촉전압

인체 비 접촉시 전압

- 지락 전류 $I_g=\dfrac{V}{R_2+R_3}$
- 대지 전압 $e=I_gR_3=\dfrac{V}{R_2+R_3}R_3$

인체 접촉시 전압

- 인체에 흐르는 전류 $I = \dfrac{V}{R_2 + \dfrac{RR_3}{R+R_3}} \times \dfrac{R_3}{R+R_3} = \dfrac{R_3}{R_2(R+R_3)+RR_3} \times V$

- 접촉전압 $E_t = IR = \dfrac{RR_3}{R_2(R+R_3)+RR_3} \times V$

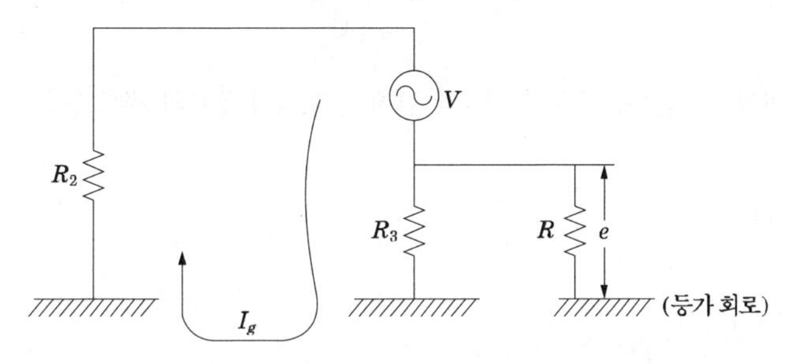

10

출제년도 89.97.98.00.03.05.06.15.21.24.(6점/각 문항당 2점)

CT 2대를 V결선하여 OCR 3대를 그림과 같이 연결하여 사용할 경우 다음 각 물음에 답하시오.

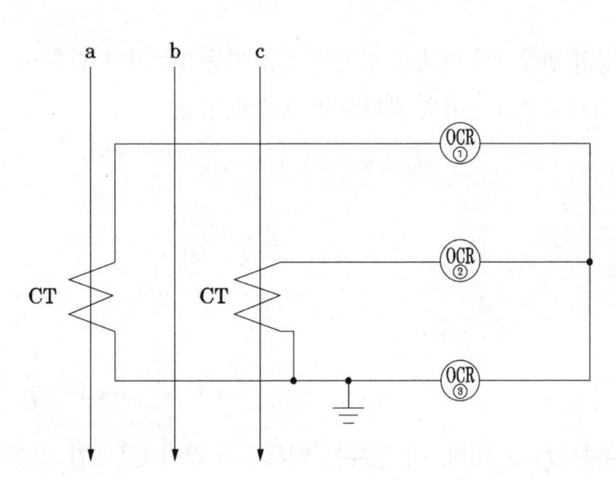

(1) ③번 OCR에 흐르는 전류는 어떤 상의 전류와 크기가 같은가?

(2) OCR는 주로 어떤 사고가 발생하였을 때 동작하는지 쓰시오.

(3) 통전 중에 있는 변류기 2차측 기기를 교체하고자 할 때 가장 먼저 취하여야 할 조치는 무엇인지 쓰시오.

[작성답안]

(1) b상 전류

(2) 단락 사고 또는 과부하

(3) 변류기 2차측 단락

[핵심] 변류기의 결선

① 가동 접속

전류계에 흐르는 전류는 $\dot{I}_a + \dot{I}_c$ 이며, 이 전류는 b상의 전류와 같게 된다. 1차 전류와 전류계에 흐르는 전류는 아래와 같다.

I_1 = 전류계 Ⓐ 지시값 × CT 비

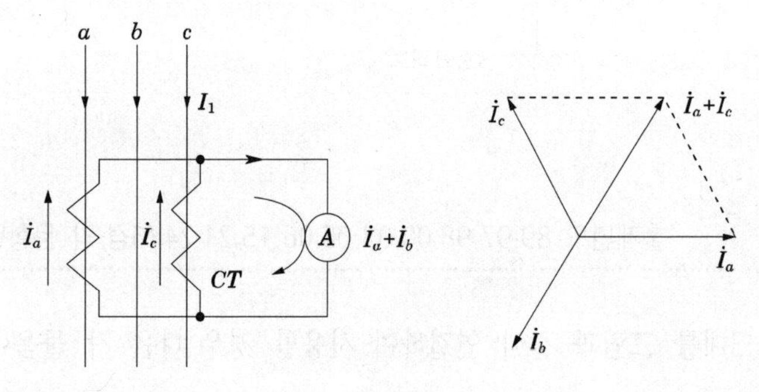

② 교차 접속

아래 그림과 같이 c상의 변류기를 반대로 접속한 것을 차동접속(교차 접속)이라 한다. 이 방식은 전류계에 흐르는 전류가 a상과 c상의 전류의 벡터차가 흐르게 된다.

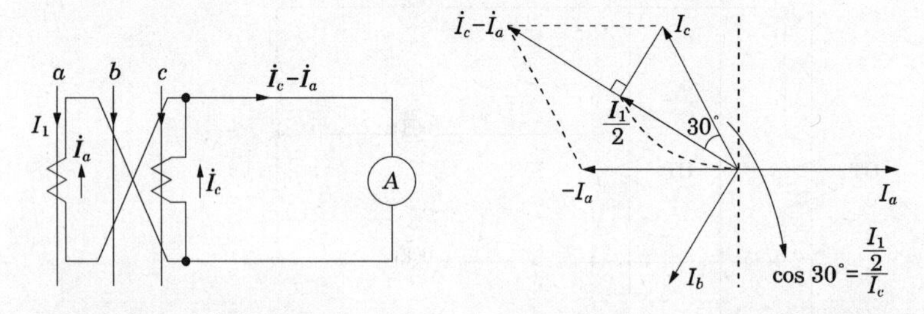

전류계에 흐르는 전류는 $\dot{I}_c - \dot{I}_a$ 이며, 이 전류는 벡터도와 같이 CT 2차 전류의 $\sqrt{3}$ 배 가 됨은 알 수 있다. 1차 전류는 아래와 같다.

I_1 =전류계 Ⓐ 지시값 × $\dfrac{1}{\sqrt{3}}$ × CT 비

11

출제년도 10.18.22.24.(6점/부분점수 없음)

3상 154[kV] 시스템의 회로도와 조건을 이용하여 점 F에서 3상 단락고장이 발행하였을 때 154[kV], 100[MVA] 기준으로 F에서의 3상 단락전류를 구하시오. (단, 송전선로의 $\%Z_{TL}$은 A-F구간에 해당되며, 이외의 조건은 무시한다.)

【보기】

① 발전기 G_1 : $S_{G1}=20$[MVA], $\%Z_{G1}=30$[%]
G_2 : $S_{G2}=5$[MVA], $\%Z_{G2}=30$[%]
② 변압기 T_1 : 전압 11/154[kV], 용량 : 20[MVA], $\%Z_{T1}=10$[%]
T_2 : 전압 6.6/154[kV], 용량 : 5[MVA], $\%Z_{T2}=10$[%]
③ 송전선로 : 전압 154[kV], 용량 : 20[MVA], $\%Z_{TL}=5$[%]

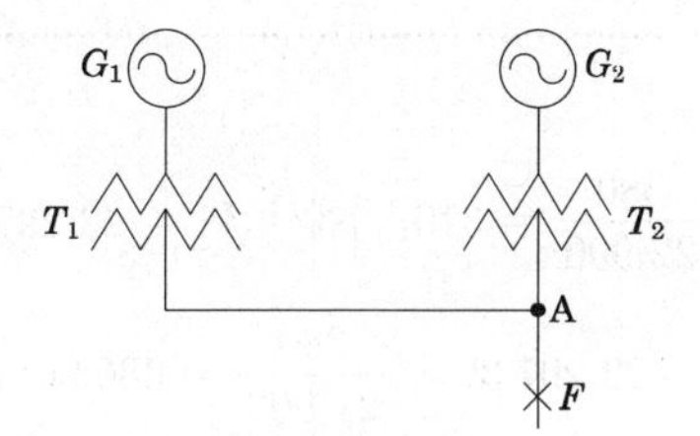

[작성답안]

계산 : ① 정격전류 : $I_n=\dfrac{100\times10^6}{\sqrt{3}\times154\times10^3}=374.9$[A]

② 100[MVA]기준의 %임피던스

$$\%Z_{G1}=30\times\frac{100}{20}=150[\%]$$

$$\%Z_{G2}=30\times\frac{100}{5}=600[\%]$$

$$\%Z_{T1}=10\times\frac{100}{20}=50[\%]$$

$$\%Z_{T2}=10\times\frac{100}{5}=200[\%]$$

$$\%Z_{TL}=5\times\frac{100}{20}=25[\%]$$

2024

$$\therefore \%Z = \%Z_{TL} + \frac{(\%Z_{G1} + \%Z_{T1}) \times (\%Z_{G2} + \%Z_{T2})}{(\%Z_{G1} + \%Z_{T1}) + (\%Z_{G2} + \%Z_{T2})}$$

$$= 25 + \frac{(150+50) \times (600+200)}{(150+50) + (600+200)} = 185[\%]$$

③ 단락전류 : $I_s = \frac{100}{\%Z} I_n = \frac{100}{185} \times 374.9 = 202.65[A]$

답 : 202.65[A]

12

출제년도 90.09.10.21.24.(5점/부분점수 없음)

1차측 탭 전압이 22,900[V]이고 2차측이 380/220[V] 일 때 2차측전압이 370[V] 로 측정되었다. 2차측 전압을 상승을 시키 위해서 탭 전압을 21,900[V]로 할 때 2차측 전압을 구하시오.

[작성답안]

계산 : 1차에 가한 전압 : $V_1 \times \frac{380}{22{,}900} = 370[V]$에서 $V_1 = 22{,}297.37[V]$

2차에 나타난 전압 : $V_2 = 22{,}297.37 \times \frac{380}{21{,}900} = 386.90[V]$

답 : 386.9[V]

[핵심] 변압기 탭

일반적으로 1차(고압)측 권선의 중간 단자를 인출하여 설치된다. 탭 절환이란 이것을 조정하여 권수비를 바꾸어 전압을 조정하는 장치이다. 변압기 탭의 설치 및 조정(절환)의 목적은 1차(수전단) 전압의 변동에 의해 2차측의 전압이 소정의 정격전압으로부터 변동한 경우, 이를 정격전압으로 하는 데에 그 목적이 있다.

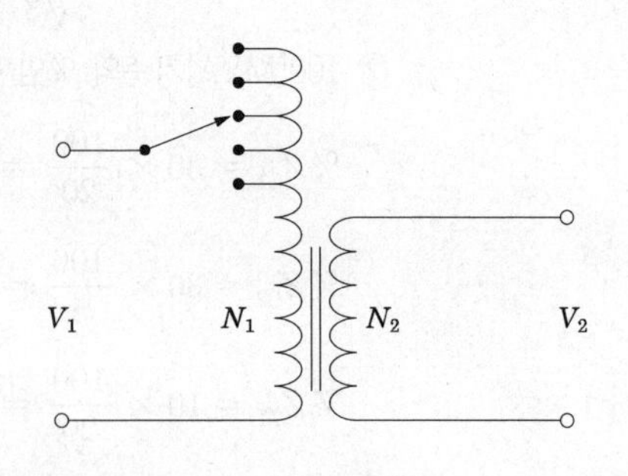

$$V_T' = \frac{V_2 \times V_T}{V_2'}$$

여기서 V_2 : 변경전 2차전압　　V_2' : 변경후 2차전압

V_T : 변경전 1차 탭전압　　V_T' : 변경후 1차 탭전압

13

출제년도 08.21.24.(5점/부분점수 없음)

배전설비 시스템에 대하여 다음 도면을 보고 알맞은 명칭을 쓰시오.

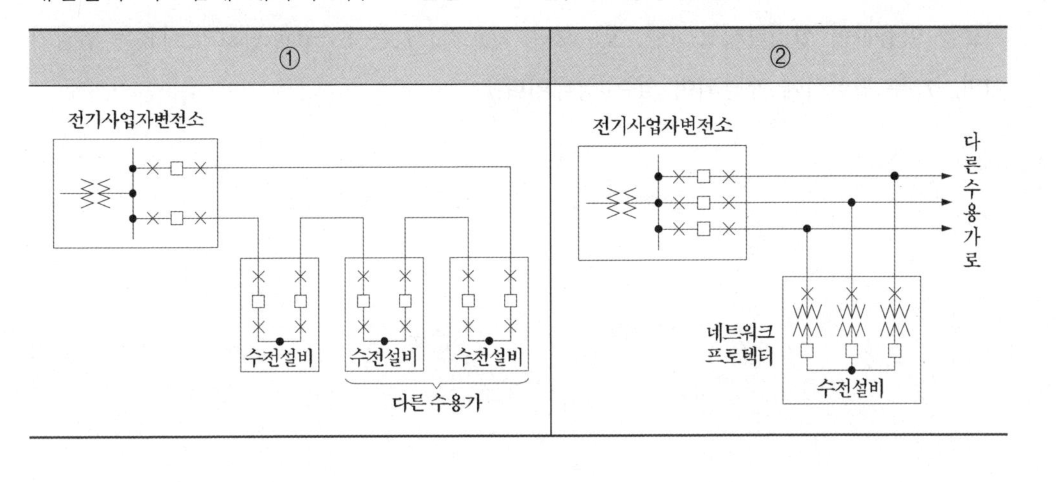

[작성답안]

① 환상식

② 스폿네트워크방식

14

출제년도 97.00.04.06.10.11.14.20.24.(4점/부분점수 없음)

그림과 같은 변전설비에서 무정전 상태로 차단기를 점검하기 위한 조작 순서를 기구 기호를 이용하여 설명하시오. (단, S_1, R_1은 단로기, T_1은 By-pass단로기, TR은 변압기이며, T_1은 평상시에 개방되어 있는 상태이다.)

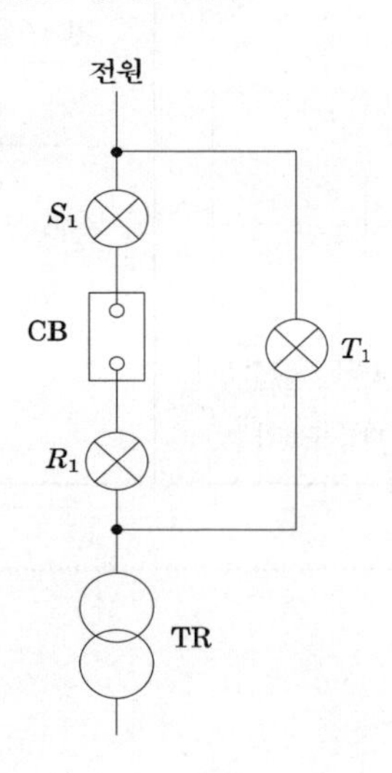

[작성답안]

T_1(ON) → CB(OFF) → R_1(OFF) → S_1(OFF)

[핵심] 차단기와 단로기의 인터록

- 발생될 수 있는 문제점 : 차단기(CB)가 투입(ON)된 상태에서 단로기(DS_1, DS_2) 를 투입(ON)하거나 개방(OFF)하면 위험(감전 및 전기화상)하다.
- 해소 방안 : 단로기(DS)와 차단기(CB)간에 인터록 장치를 한다.
  (부하 전류가 통전 중에는 회로의 개폐가 되지 않도록 시설한다.)

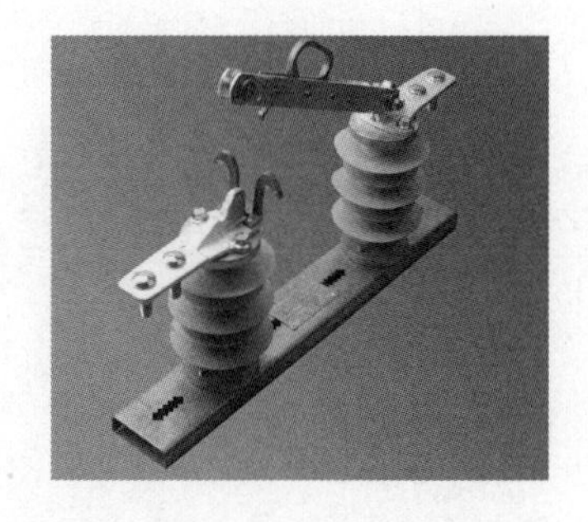

15

출제년도 24.(5점/부분점수 없음)

어떤 화력발전소에 시간당 중유로 12[ton]을 써서 평균전력 40,000[kW]을 발전했다. 중유 발열량 10,000[kcal/kg]일 때, 발전소의 효율(%)을 구하시오.

[작성답안]

계산 : $\eta = \frac{860PT}{BH} \times 100$ [%]에서 $\eta = \frac{860 \times 4,000}{12 \times 10^3 \times 10,000} \times 100 = 28.67$[%]

답 : 28.67[%]

16

출제년도 89.94.01.06.10.24.(5점/각 문항당 1점)

어떤 건물의 연면적이 420[m²]이다. 이 건물에 표준부하를 적용하여 전등, 일반 동력 및 냉방 동력 공급용 변압기 용량은 각각 다음 표를 이용하여 구하시오.
(단, 전등은 단상 부하로서 역률은 1이며, 일반 동력, 냉방 동력은 3상 부하로서 각 역률은 0.95, 0.9이다.)

표준부하

부　하	표준부하 [W/m²]	수용률 [%]
전　등	30	75%
일반 동력	50	65%
냉방 동력	55	70%

변압기 용량

상　별	용량 [kVA]
단상	3, 5, 7.5, 10, 15, 20, 30, 50
3상	3, 5, 7.5, 10, 15, 20, 30, 50

(1) 전등 변압기 [kVA]

(2) 일반 동력 변압기 [kVA]

(3) 냉방 동력 변압기 [kVA]

2024

[작성답안]

(1) 전등 변압기 $Tr = 30 \times 420 \times 0.75 \times 10^{-3} = 9.45$ [kVA]

답 : 10 [kVA]

(2) 일반 동력 변압기 $Tr = \dfrac{50 \times 420 \times 0.65 \times 10^{-3}}{0.95} = 14.37$ [kVA]

답 : 15 [kVA]

(3) 냉방 동력 변압기 $Tr = \dfrac{55 \times 420 \times 0.7 \times 10^{-3}}{0.9} = 17.97$ [kVA]

답 : 20 [kVA]

[핵심] 변압기 용량

변압기 용량 [kW] ≥ 합성 최대 수용 전력 = $\dfrac{\text{부하 설비 합계 [kW]} \times \text{수용률}}{\text{부등률}}$

역률을 적용하여 [kW]의 부하를 [kVA]의 부하로 환산하여 구한다.

17 출제년도 86.96.98.00.02.03.10.18.20.22.24.(12점/각 문항당 4점)

어느 회사에서 한 부지에 A, B, C의 세 공장을 세워 3대의 급수 펌프 P_1(소형), P_2(중형), P_3(대형)으로 다음 계획에 따라 급수 계획을 세웠다. 이 계획을 잘 보고 다음 물음에 답하시오.

【조건】

① 모든 공장 A, B, C가 휴무일 때 또는 그 중 한 공장만 가동할 때에는 펌프 P_1만 가동시킨다.

② 모든 공장 A, B, C중 어느 것이나 두 개의 공장만 가동할 때에는 P_2만 가동시킨다.

③ 모든 공장 A, B, C가 모두 가동할 때에는 P_3만 가동시킨다.

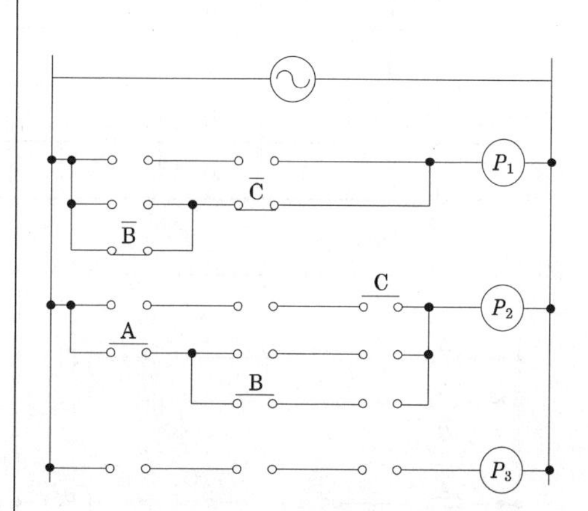

(1) 조건과 같은 진리표를 작성하시오.

A	B	C	P_1	P_2	P_3
0	0	0			
1	0	0			
0	1	0			
0	0	1			
1	1	0			
1	0	1			
0	1	1			
1	1	1			

(2) 미완성 시퀀스 도면에 접점과 그 기호를 삽입하여 도면을 완성하시오.

(3) P_1, P_2, P_3의 출력식을 가장 간단한 식으로 표현하시오.

※ 접점 심벌을 표시할 때는 A, B, C, $\overline{A}$, $\overline{B}$, $\overline{C}$ 등 문자 표시도 할 것

[작성답안]

(1)

A	B	C	P_1	P_2	P_3
0	0	0	1	0	0
1	0	0	1	0	0
0	1	0	1	0	0
0	0	1	1	0	0
1	1	0	0	1	0
1	0	1	0	1	0
0	1	1	0	1	0
1	1	1	0	0	1

(2)

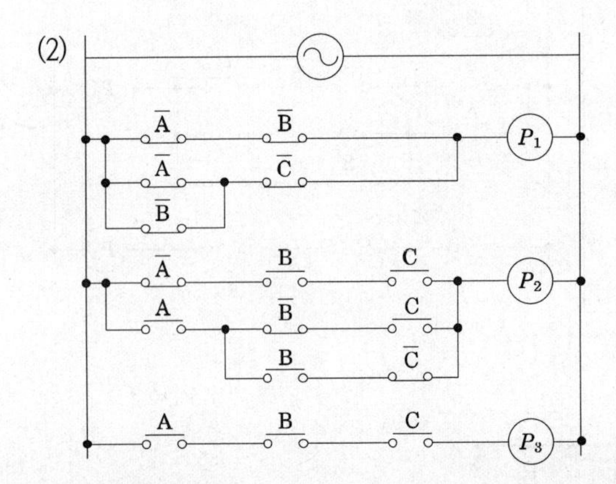

(3) $P_1 = \overline{A}\,\overline{B} + (\overline{A} + \overline{B})\overline{C}$

$P_2 = \overline{A}BC + A(\overline{B}C + B\overline{C})$

$P_3 = ABC$

18

출제년도 24.(5점/각 항목당 1점, 모두 맞으면 5점)

과도적인 과전압을 제한하고 서지(Surge)전류를 분류하는 목적으로 사용되는 서지보호장치(SPD : Surge Protective Device)에 대한 다음 물음에 답하시오.

(1) 기능에 따라 3가지로 분류하여 쓰시오.

(2) 구조에 따라 2가지로 분류하여 쓰시오.

[작성답안]

(1) 전압스위칭형 SPD, 전압제한형 SPD, 조합형 SPD

(2) 1포트 SPD, 2포트 SPD

[핵심] SPD

(1) 기능에 따른 SPD 3가지 종류

가. 전압 스위칭형 SPD

서지가 인가되지 않는 경우는 높은 임피던스 상태에 있으며 전압서지에 응답하여 급격하게 낮은 임피던스 값으로 변화하는 기능을 갖는 SPD를 말한다. 전압 스위칭형 SPD 는 여기에 사용되는 부품의 예로 에어갭, 가스방전관, 사이리스터형 SPD 가있다.

나. 전압 제한형 SPD

서지가 인가되지 않은 경우는 높은 임피던스 상태에 있으며 전압서지에 응답한 경우는 임피던스가 연속적으로 낮아지는 기능을 갖는 SPD를 말한다. 전압 제한형 SPD 는 여기에 사용되는 부품의 예로 배리스터나 억제형 다이오드가 있다.

다. 복합형 SPD

전압스위칭형 소자 및 전압제한형 소자의 모든 기능을 갖는 SPD를 말한다. 복합형 SPD 는 인가전압의 특성에 따라 전압스위칭, 전압 제한 또는 전압스위칭과 전압 제한의 두 가지 동작올 하는 것으로 가스방전관과 배리스터를 조합한 SPD 등이 었다.

(2) 구조에 따른 SPD 2가지 종류

구분	특징
1포트 SPD	1단자대(또는 2단자)를 갖는 SPD로 보호할 기기에 대해 서지를 분류하도록 접속하는 것이다.
2포트 SPD	2단자대(또는 4단자)를 갖는 SPD로 입력 단자대와 출력 단자대 간에 직렬임피던스가 있다. 주로 통신 · 신호계통에 사용되며 전원회로에 사용되는 경우는 드물다.

19 출제년도 16.24.(5점/각 항목당 1점)

다음 그림기호의 정확한 명칭(구체적으로 기록)을 쓰시오.

CT	TS	⊣⊢	⫩	Wh

[작성답안]

CT	TS	⊣⊢	⫩	Wh
변류기(상자)	타임스위치	축전지	콘덴서	전력량계 (상자들이 또는 후드붙이)

2024년 3회 기출문제 해설

※ 다음 물음에 답을 해당 답란에 답하시오.

1

출제년도 90.21.24.(6점/부분점수 없음)

지름 12[cm]의 구형 외구의 광속발산도가 1,000[rlx]라고 한다. 이 외구의 중심에 있는 균등 점광원의 광도[cd]는 얼마인가? (단, 외구의 투과율은 80[%]라 한다.)

[작성답안]

계산 : $R = \dfrac{\tau I}{(1-\rho)r^2}$ [rlx] 에서 $I = \dfrac{(1-\rho)r^2}{\tau} \times R = \dfrac{(1-0)\times 0.06^2}{0.8} \times 1{,}000 = 4.5$[cd]

답 : 4.5[cd]

[핵심] 광속 발산도

반사율 ρ, 투과율 τ, 반지름 r 인 완전 확산성 구형 글로브의 중심의 광도 I 의 점광원을 켰을 때 경우 광속

발산도 : $R = \dfrac{F\eta}{A} = \dfrac{4\pi I}{4\pi r^2} \cdot \dfrac{\tau}{1-\rho} = \dfrac{\tau I}{r^2(1-\rho)}$[rlx]

2

출제년도 24.(6점/각 항목당 1점)

한국전기설비규정에서 정하는 접지시스템에 관련된 내용이다. (　　)안에 알맞은 말을 쓰시오.

(1) 접지시스템은 (①), (②), (③)으로 구분한다.

(2) 접지시스템의 시설종류는 (④), (⑤), (⑥)이다.

[작성답안]

① 계통접지　② 보호접지

③ 피뢰시스템 접지　④ 단독접지

⑤ 공통접지　⑥ 통합접지

[핵심] 한국전기설비규정 141 접지시스템의 구분 및 종류

1. 접지시스템은 계통접지, 보호접지, 피뢰시스템 접지 등으로 구분한다.
2. 접지시스템의 시설 종류에는 단독접지, 공통접지, 통합접지가 있다.

3 출제년도 08.24.(4점/각 문항당 2점)

부하전력 및 역률을 일정하게 유지하고 전압의 2배로 승압하면 선로 손실과 선로 손실률은 승압전과 비교하여 몇 [%]가 되는가?

(1) 선로 손실

(2) 선로 손실률

[작성답안]

(1) 선로 손실

계산 : $P_L \propto \dfrac{1}{V^2}$ 이므로 $P_L' \propto \dfrac{1}{\left(\dfrac{V'}{V}\right)^2} P_L$

$\therefore$ 선로 손실 $P_L' = \left(\dfrac{V}{V'}\right)^2 P_L = \left(\dfrac{1}{2}\right)^2 P_L = \dfrac{1}{4} P_L$

답 : 25[%]

(2) 선로 손실률

계산 : $k \propto \dfrac{1}{V^2}$ 이므로 $k' \propto \dfrac{1}{\left(\dfrac{V'}{V}\right)^2} k$

$\therefore$ 선로 손실율 $k' = \left(\dfrac{V}{V'}\right)^2 k = \left(\dfrac{1}{2}\right)^2 k = \dfrac{1}{4} k$

답 : 25[%]

[핵심] 전압강하

① 전압강하 $e = \dfrac{P}{V}(R + X\tan\theta)$ [V]

② 전압강하율 $\epsilon = \dfrac{e}{V} \times 100 = \dfrac{P}{V^2}(R + X\tan\theta) \times 100$ [%]

③ 전력 손실 $P_L = \dfrac{P^2 R}{V^2 \cos^2\theta}$ [kW]

④ 전력 손실률 $k = \dfrac{P_L}{P} \times 100 = \dfrac{PR}{V^2 \cos^2\theta} \times 100$ [%]

4 출제년도 14.15.17.21.24.(5점/각 문항당 2점, 모두 맞으면 5점)

다음 조명의 전등효율(Lamp Efficiency)과 연색성에 대하여 설명하시오.

(1) 전등효율

(2) 연색성

[작성답안]

(1) 전등효율

전력소비에 대한 발산광속의 비를 전등효율이라 한다.

$\eta = \dfrac{F}{P}$ [lm/W]

(2) 연색성

빛의 분광 특성이 색의 보임에 미치는 효과를 말하며, 동일한 색을 가진 것이라도 조명하는 빛에 따라 다르게 보이는 특성

[핵심] 연색성과 색온도

① 연색성(演色性)

나트륨등으로 조명되고 있는 교량이나 터널 속에 들어가면 앞차의 색깔이 다르게 보이고, 또한 형광등으로 조명된 상점에서 양복을 사서 밖으로 나와 보면 다소 색조가 틀리게 보인다. 이와 같이 조명된 물체의 색의 보임이 다르게 보이는 성질을 연색성이라 하며, 연색성을 평가하는 수치로 나타낸 것이 연색평가지수(Ra)라 한다. 태양광선 밑에서 본 것보다 색의 보임이 떨어질수록 연색성이 떨어진다. Ra가 100 이란 것은 그 광원의 연색성이 기준광과 동일하다는 것을 의미한다. 백열 전구, 할로겐등의 Ra는 100, 형광등은 60~80, 고압 나트륨등은 30, 메탈할라이드등은 80~90이다.

② 색온도(色溫度)

어떤 광원의 광색이 어느 온도의 흑체의 광색과 같을 때, 그 흑체의 온도를 이 광원의 색온도라 한다. 이들 색온도는 흑체(黑體)라고 하는 이상적인 방사체를 표준으로 하며 이들 빛과 같은 색의 빛을 냈을 때의 흑체의 온도로 나타낸다.

[핵심] 전등효율과 발광효율

(1) 전등효율

전력소비에 대한 발산광속의 비를 전등효율이라 한다.

$$\eta = \frac{F}{P} \text{ [lm/W]}$$

(2) 발광효율

방사속에 대한 광속의 비를 발광효율이라 한다.

$$\eta = \frac{F}{\phi} \text{ [lm/W]}$$

5

출제년도 24.(6점/부분점수 없음)

유효낙차 81[m], 출력 10,000[kW], 특유속도 164[rpm]인 수차의 회전속도는 약 몇 [rpm]인가?

[작성답안]

계산 : $N_s = N \times \frac{P^{\frac{1}{2}}}{H^{\frac{5}{4}}} = \frac{N \cdot \sqrt{P}}{H \cdot \sqrt{\sqrt{H}}}$ [m · kW], [rpm]

$$N = 164 \times \frac{81^{\frac{5}{4}}}{\sqrt{10,000}} = 398.52 \text{[rpm]}$$

답 : 398.52[rpm]

6

출제년도 12.24.(9점/각 문항당 4점, 모두 맞으면 9점)

주어진 조건을 이용하여 다음의 시퀀스 회로를 그리시오.

【조건】

- 푸시버튼 스위치 4개(PBS_1, PBS_2, PBS_3, PBS_4)
- 보조 릴레이 3개(X_1, X_2, X_3)
- 표시등 RL, GL, WL
- 계전기의 보조 a접점 또는 보조 b접점을 추가 또는 삭제하여 작성하되 불필요한 접점을 사용하지 않도록 할 것이며 보조 접점에는 접점의 명칭을 기입하도록 할 것

먼저 수신한 입력 신호만을 동작시키고 그 다음 입력 신호를 주어도 동작하지 않도록 회로를 구성하고 타임차트를 그리시오.

(1)

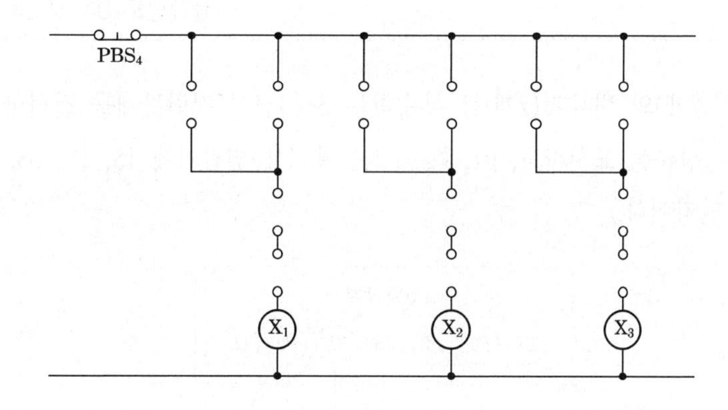

(2)

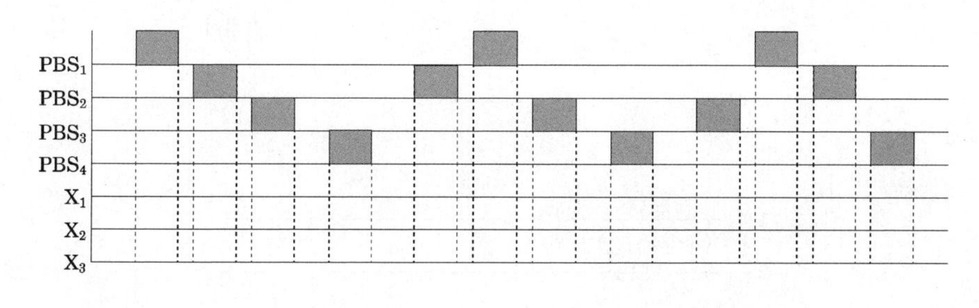

[작성답안]

(1)

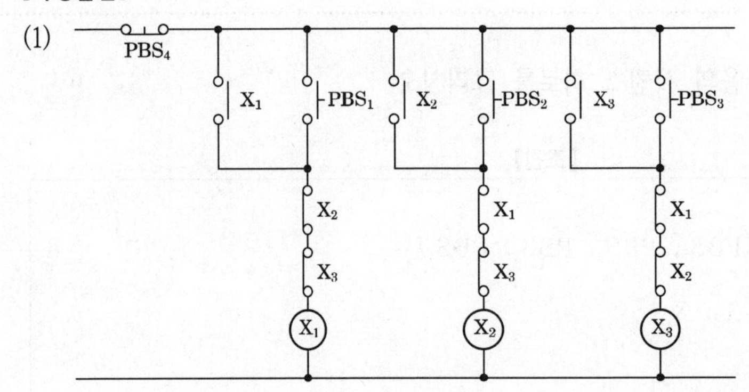

(2)

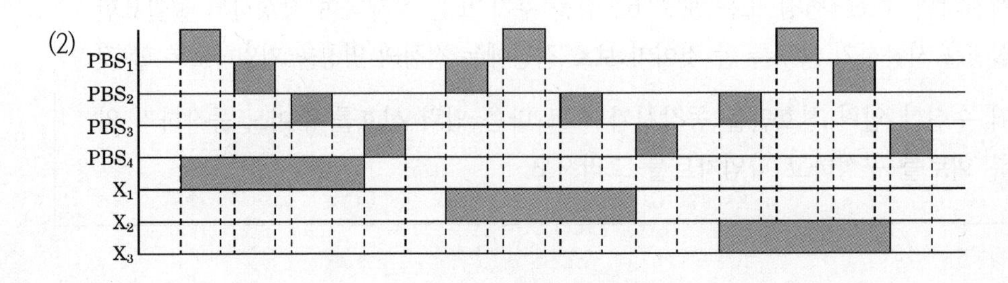

7

출제년도 04.12.24.(5점/부분점수 없음)

계기용 변압기(2개)와 변류기(2개)를 부속하는 3상3선식 전력량계를 결선하시오.
(단, 1, 2, 3은 상순을 표시하고, P1, P2, P3은 계기용 변압기에 1S, 1L, 3S, 3L은 변류기에 접속하는 단자이다.)

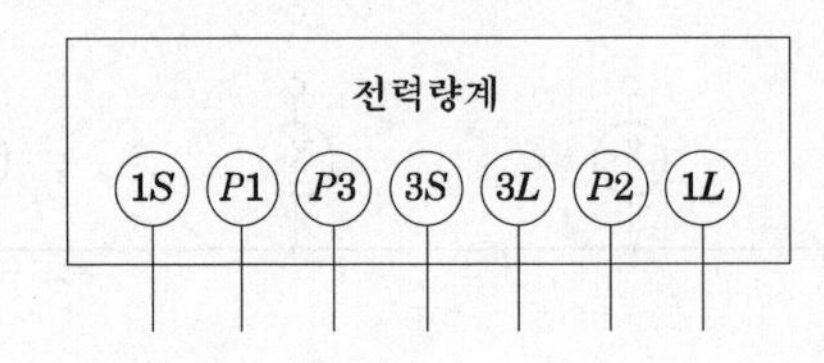

접지

1

2

3

[작성답안]

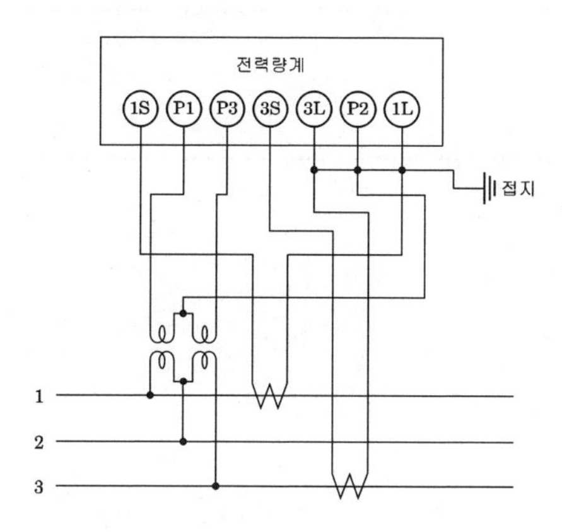

[핵심] 전력량계 결선

① 3상 3선식, 단상 3선식

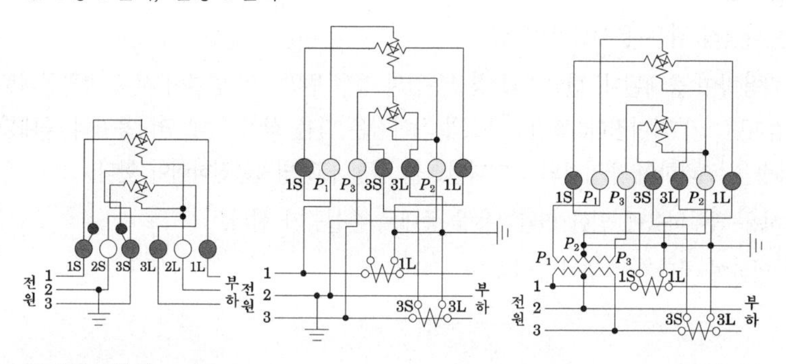

② 3상 4선식

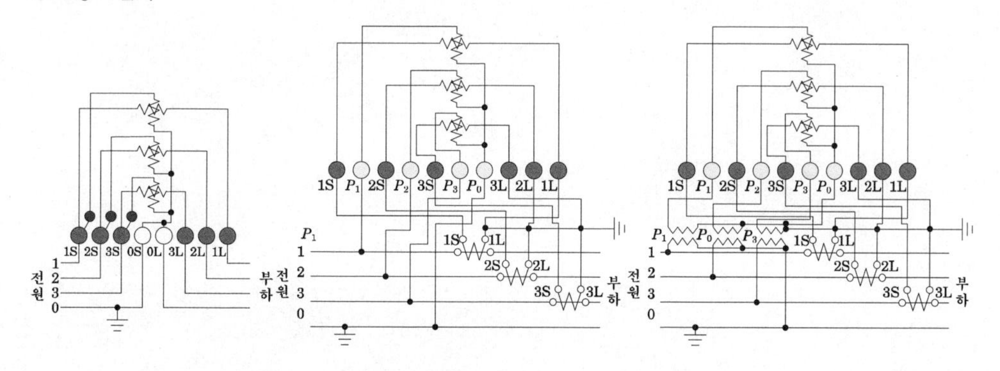

2024

8 출제년도 08.11.17.18.20.24.(4점/각 항목당 2점)

3상 변압기 병렬운전 조건 2가지를 쓰시오.

[작성답안]

① 상회전이 같을 것

② 각 변위가 같을 것

그 외 단상변압기 병렬운전조건

- 극성이 같을 것
- 권수비 및 1차, 2차 정격전압이 같을 것
- %임피던스 강하가 같을 것
- 저항과 누설리액턴스 비가 같을 것

[핵심] 변압기 병렬운전의 문제점

변압기의 병렬운전의 경우는 다음과 같은 문제점이 있다.

① 계통에 $\%Z$가 적어져 단락용량이 증대된다. 변압기의 병렬운전의 경우 변압기의 연결이 서로 병렬형태로 연결되어 지므로 합성%임피던스가 작아진다. %임피던스의 작아짐은 다음 식에 의해 단락용량의 증대를 가져온다. 따라서, 단락용량을 고려하여 변압기의 %임피던스를 선정하고 병렬운전하여야 한다.

② 전 부하 운전시 변압기 허용 과부하율에 의한 변압기용량 증대로 손실증가 한다.

③ 차단기의 빈번한 동작에 의하여 차단기 수명이 단축된다.

9 출제년도 05.10.24.(5점/모두 맞으면 5점, 1개 틀리면 3점, 2개이상 틀리면 0점)

그림은 갭형 피뢰기와 갭레스형 피뢰기의 구조를 나타낸 것이다. 화살표로 표시된 각 부분의 명칭을 쓰시오.

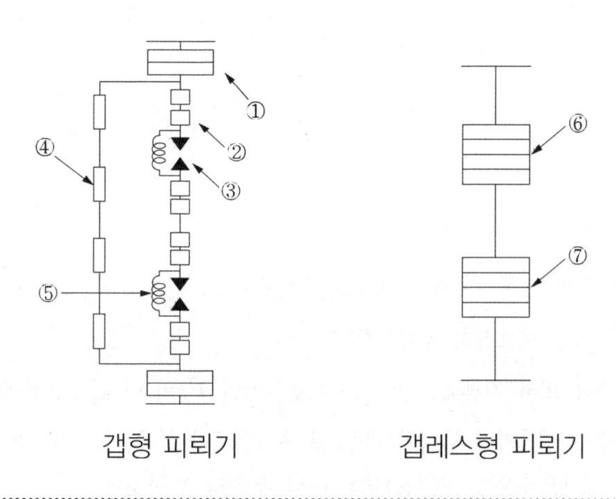

[작성답안]

① 특성요소 ② 주갭 ③ 측로갭 ④ 분로저항

⑤ 소호코일 ⑥ 특성요소 ⑦ 특성요소

[핵심] 피뢰기 (LA : Lighting Arrester)

(1) 피뢰기

피뢰기는 특고압가공 전선로에 의하여 수전하는 자가용 변전실의 입구에 설치하여 낙뢰나 혼촉사고 등에 의하여 이상전압이 발생하였을 때 선로와 기기를 보호한다. 피뢰기는 저항형, 밸브형, 밸브저항형, 방출형, 산화아연형, 지형 등이 있으나 자가용 변전실에는 거의가 밸브저항형이 채택되고 있다.

① 피뢰기는 이상전압 내습시 대지에 방전하여 전기기계기구를 보호하고 속류를 차단한다.

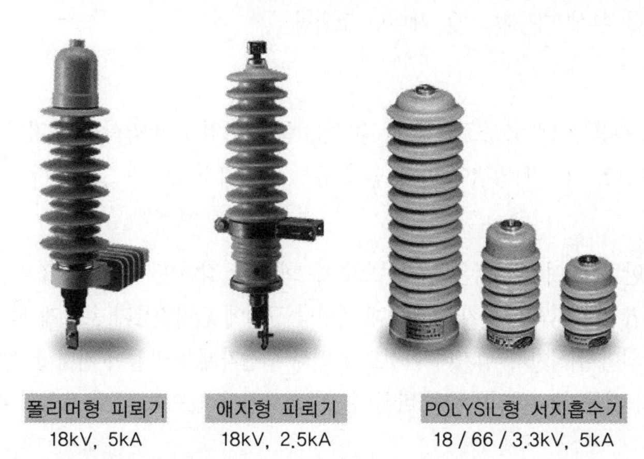

폴리머형 피뢰기 18kV, 5kA　　애자형 피뢰기 18kV, 2.5kA　　POLYSIL형 서지흡수기 18 / 66 / 3.3kV, 5kA

② 피뢰기의 구비조건

- 상용 주파 방전 개시 전압이 높을 것
- 충격 방전 개시 전압이 낮을 것
- 제한 전압이 낮을 것
- 속류 차단 능력이 클 것

(2) 접지선의 굵기 선정

$$S = \frac{\sqrt{I^2 t}}{k}$$

S : 단면적[mm^2]

I : 보호장치를 통해 흐를 수 있는 예상고장전류[A]

t : 자동차단을 위한 보호장치 동작시간(s)

[비고] ① 회로 임피던스에 의한 전류제한 효과와 보호장치의 $I^2 t$의 한계를 고려해야 한다.

② k : 보호도체, 절연, 기타 부위의 재질 및 초기온도와 최종온도에 따라 정해지는 계수 (k값의 계산은 KS C IEC 60364-5-54 부속서 A 참조)

10

출제년도 16.24.(5점/각 항목당 1점, 모두 맞으면 5점)

단상 유도전동기의 기동방식에 따라 분류할 때 그 종류를 4가지 쓰시오.

[작성답안]

① 반발 기동형 ② 콘덴서 기동형 ③ 분상 기동형 ④ 세이딩 코일형

[핵심] 단상 유도전동기

단상유도 전동기는 교번자계를 전원으로 사용함으로 스스로 기동할 수 없는 특성이 있다. 따라서, 교번자계를 회전자계로 만들어 주어야 기동이 가능하다. 이러한 방법에 따라 단상 유도 전동기의 종류가 결정된다.

① 세이딩 코일형(shaded-pole motor)

고정자의 주 자극 옆에 작은 돌극을 만든다. 여기에 굵은 구리선으로 수 회 정도 감아 단락시킨 구조의 전동기이다. 1차 권선에 전압이 가해지면 자극내의 교번자속에 의해 세이딩 코일에 단락전류가 흐르게 되고, 이 전류의 자속이 주자속 보다 늦게 되어 위상차가 생기며 이것으로 인해 회전자계가 만들어 지며 회전하게 된다(2회전자계설). 세이딩 코일형 전동기는 회전방향을 바꿀 수 없는 특징이 있으며, 주로 소형의 팬, 선풍기와 같은 곳에 사용된다.

② 분상 기동형(split-phase ac induction motor)

서로 자기적인 위치를 달리하면서 병렬로 연결되어 있는 주권선과 보조 권선이 내장된 전동기를 분상 기동형 유도 전동기라 한다. 보조 권선은 기동을 담당하며, 기동시에만 연결되고, 운전이 되면 원심개폐기에 의해 개방된다. 두 권선은 리액턴스의 크기가 다르며 주권선이 리액턴스가 크고, 보조 권선이 리액턴스가 작아 위상차가 생겨 회전자계를 만들어 기동한다. 주로 1/2마력 까지 사용이 가능하며, 팬, 송풍기 등에 사용된다.

③ 콘덴서 전동기(capacitor ac induction motor)

주권선과 보조 권선이 있으며, 보조 권선에 콘덴서가 직렬로 연결되어 있는 전동기를 콘덴서 전동기라 한다. 주권선과 보조 권선의 위상차를 콘덴서가 주어 회전자계를 만들어 기동한다. 기동토크는 분상기동형보다 크며, 콘덴서를 설치함으로 다른 방식보다 효율과 역률이 좋고, 진동과 소음도 적다. 1[HP] 이하에 많이 사용된다. 냉장고, 세탁기, 선풍기, 펌프 등 널리 사용된다. 콘덴서 전동기의 종류에는 기동할 때만 콘덴서를 사용하는 콘덴서 기동형 전동기(capacitor starting motor), 운전 중에도 콘덴서를 사용하는 영구 콘덴서 전동기(permanent capacitor motor), 2중 콘덴서 전동기(two-value capacitor motor) 등이 있다. 콘덴서 전동기에 사용하는 콘덴서는 기동용으로는 전해콘덴서, 운전용은 유입 콘덴서를 사용한다.

④ 반발형 전동기(repulsion motor)

단상 유도 전동기의 대부분은 농형회전자를 사용하나 반발 전동기는 회전자에 권선이 있어 권선형 단상 유도 전동기라 부르기도 한다. 반발 전동기는 고정자 권선과 회전자 권선에서 발생하는 자기장 사이의 반발력을 이용한 것으로 기동토크가 크다. 영업용 냉장고, 컴프레셔, 펌프 등에 사용된다.

11 출제년도 95.99.01.05.12.13.20.24.(6점/각 문항당 3점)

그림과 같은 평형 3상 회로로 운전하는 유도전동기가 있다. 이 회로에 그림과 같이 2개의 전력계 W_1, W_2, 전압계 Ⓥ, 전류계 Ⓐ를 접속한 후 지시값은 다음과 같다.

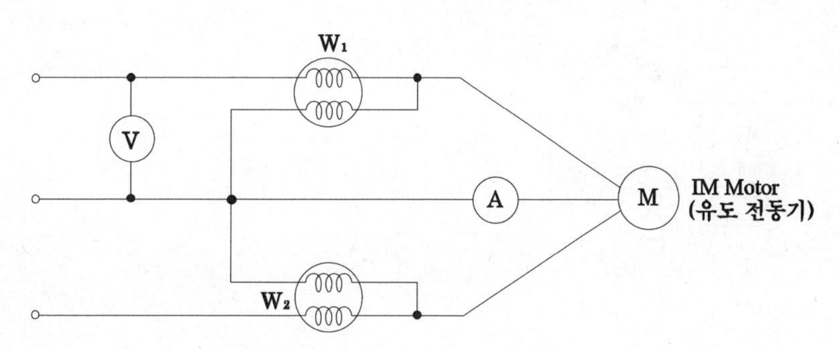

【조건】

• 전력계 W_1 : 5.8 [kW]	• 전력계 W_2 : 2.2 [kW]

(1) 이 유도전동기의 역률은 몇 [%]인가?

(2) 역률을 85 [%]로 개선시키려면 몇 [kVA] 용량의 콘덴서가 필요한가?

[작성답안]

(1) 계산 : $\cos\theta = \dfrac{W_1 + W_2}{2\sqrt{W_1^2 + W_2^2 - W_1 W_2}} = \dfrac{5.8+2.2}{2\sqrt{5.8^2+2.2^2-5.8\times 2.2}} \times 100 = 78.87[\%]$

답 : 78.87 [%]

(2) 계산 : $Q = P\left(\dfrac{\sin\theta_1}{\cos\theta_1} - \dfrac{\sin\theta_2}{\cos\theta_2}\right) = (5.8+2.2)\left(\dfrac{\sqrt{1-0.7887^2}}{0.7887} - \dfrac{\sqrt{1-0.85^2}}{0.85}\right) = 1.28[\text{kVA}]$

답 : 1.28[kVA]

[핵심] 2전력계법

유효전력 $P = W_1 + W_2$ [W]

무효전력 $P_r = \sqrt{3}(W_1 - W_2)$ [Var]

역률 $\cos\theta = \dfrac{W_1 + W_2}{\sqrt{(W_1+W_2)^2 + 3(W_1 - W_2)^2}} = \dfrac{W_1 + W_2}{\sqrt{4W_1^2 + 4W_2^2 - 4W_1 W_2}} = \dfrac{W_1 + W_2}{2\sqrt{W_1^2 + W_2^2 - W_1 W_2}}$

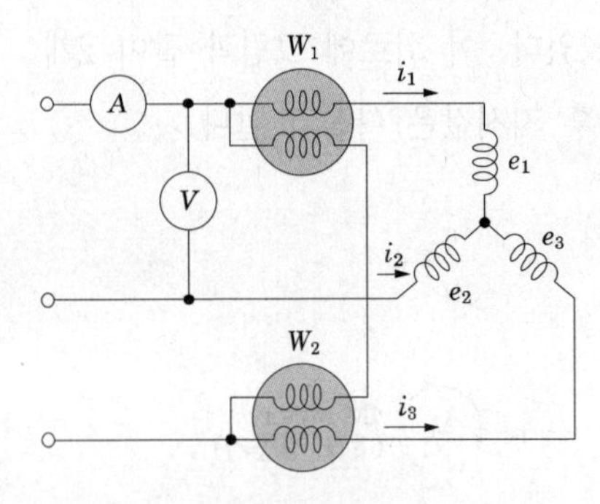

12

출제년도 기사20.24.(6점/각 항목당 1점)

감리원은 해당공사 완료 후 준공검사 전에 사전 시운전 등이 필요한 부분에 대하여 공사업자에게 시운전을 위한 계획을 수립하여 30일 이내 제출하도록 하여야 하는데, 이때 발주자에게 제출하여야 할 서류에 대하여 6가지 적으시오.

[작성답안]

- 시운전 일정
- 시운전 항목 및 종류
- 시운전 절차
- 시험장비 확보 및 보정
- 기계 기구 사용계획
- 운전요원 및 검사요원 선임계획

[핵심] 제59조(준공검사 등의 절차)

① 감리원은 해당 공사 완료 후 준공검사 전에 사전 시운전 등이 필요한 부분에 대하여는 공사업자에게 다음 각 호의 사항이 포함된 시운전을 위한 계획을 수립하여 시운전 30일 이내에 제출하도록 하고, 이를 검토하여 발주자에게 제출하여야 한다.

1. 시운전 일정
2. 시운전 항목 및 종류
3. 시운전 절차
4. 시험장비 확보 및 보정
5. 기계·기구 사용계획
6. 운전요원 및 검사요원 선임계획

② 감리원은 공사업자로부터 시운전 계획서를 제출받아 검토, 확정하여 시운전 20일 이내에 발주자 및 공사업자에게 통보하여야 한다.

③ 감리원은 공사업자에게 다음 각 호와 같이 시운전 절차를 준비하도록 하여야 하며 시운전에 입회하여야 한다.

1. 기기점검
2. 예비운전
3. 시운전
4. 성능보장운전
5. 검수
6. 운전인도

④ 감리원은 시운전 완료 후에 다음 각 호의 성과품을 공사업자로부터 제출받아 검토 후 발주자에게 인계하여야 한다.

1. 운전개시, 가동절차 및 방법
2. 점검항목 점검표
3. 운전지침
4. 기기류 단독 시운전 방법 검토 및 계획서
5. 실가동 Diagram
6. 시험구분, 방법, 사용매체 검토 및 계획서
7. 시험성적서
8. 성능시험 성적서(성능시험 보고서)

13

출제년도 09.12.18.24.(5점/부분점수 없음)

지표면상 16 [m] 높이의 수조가 있다. 이 수조에 시간 당 4,500[m^3] 물을 양수하는데 필요한 펌프용 전동기의 소요 동력은 몇 [kW]인가? (단, 펌프의 효율은 60 [%]로 하고, 여유계수는 1.2로 한다.)

[작성답안]

계산 : $P=\dfrac{KQH}{6.12\eta}=\dfrac{1.2\times\dfrac{4,500}{60}\times 16}{6.12\times 0.6}=392.156[\text{kW}]$

답 : 392.16 [kW]

[핵심] 펌프용 전동기용량

$$P=\frac{9.8Q'HK}{\eta}=\frac{KQH}{6.12\eta}\ [\text{kW}]$$

여기서, P : 전동기의 용량 [kW] Q : 양수량 [m^3/min]

Q' : 양수량 [m^3/sec] H : 양정(낙차) [m]

η : 펌프의 효율 [%] K : 여유계수(1.1 ~ 1.2 정도)

14

출제년도 10.21.24.(5점/부분점수 없음)

3상 3선식 송전선에서 한 선의 저항이 12[Ω], 리액턴스가 24[Ω]이고, 수전단의 선간 전압은 6.6[kV], 부하역률이 0.8인 경우, 전압 강하율을 10[%]라 하면 이 송전 선로는 몇 [kW]까지 수전할 수 있는가?

[작성답안]

계산 : 전압강하율 $\delta=\dfrac{P}{V_r^2}(R+X\tan\theta)\times 100[\%]$

$$\therefore\ P=\frac{\delta V_r^2}{R+X\tan\theta}\times 10^{-3}[\text{kW}]$$

$$\therefore\ P=\frac{0.1\times(6.6\times 10^3)^2}{12+24\times\dfrac{0.6}{0.8}}\times 10^{-3}=145.2[\text{kW}]$$

답 : 145.2[kW]

[핵심] 전압강하

① 전압강하 $e = \frac{P}{V}(R + X\tan\theta)$ [V]

② 전압강하율 $\epsilon = \frac{e}{V} \times 100 = \frac{P}{V^2}(R + X\tan\theta) \times 100$ [%]

③ 전력손실 $P_L = \frac{P^2 R}{V^2 \cos^2\theta}$ [kW]

④ 전력손실률 $k = \frac{P_L}{P} \times 100 = \frac{PR}{V^2 \cos^2\theta} \times 100$ [%]

15

출제년도 19.21.24.(4점/각 항목당 1점)

다음은 한국전기설비규정에서 정하는 수용가 설비에서의 전압강하에 관한 내용이다. 다른 조건을 고려하지 않는다면 수용가 설비의 인입구로부터 기기까지의 전압강하는 표의 값 이하로 하여야 한다. 다음 전압강하 표를 완성하시오.

수용가설비의 전압강하

설비의 유형	조명(%)	기타(%)
A-저압으로 수전하는 경우	(1)	(2)
B-고압 이상으로 수전하는 경우[a]	(3)	(4)

[a]가능한 한 최종회로 내의 전압강하가 A 유형의 값을 넘지 않도록 하는 것이 바람직하다. 사용자의 배선설비가 100[m]를 넘는 부분의 전압강하는 미터 당 0.005[%] 증가 할 수 있으나 이러한 증가분은 0.5[%]를 넘지 않아야 한다.

1		2		3		4	

[작성답안]

1	3

2	5

3	6

4	8

[핵심] 한국전기설비규정 232.3.9 수용가 설비에서의 전압강하

1. 다른 조건을 고려하지 않는다면 수용가 설비의 인입구로부터 기기까지의 전압강하는 [표 232.3-1]의 값 이하이어야 한다.

[표 232.3-1] 수용가설비의 전압강하

설비의 유형	조명 (%)	기타 (%)
A-저압으로 수전하는 경우	3	5
B-고압 이상으로 수전하는 경우[a]	6	8

[a]가능한 한 최종회로 내의 전압강하가 A 유형의 값을 넘지 않도록 하는 것이 바람직하다. 사용자의 배선설비가 100[m]를 넘는 부분의 전압강하는 미터 당 0.005[%] 증가 할 수 있으나 이러한 증가분은 0.5[%]를 넘지 않아야 한다.

2. 다음의 경우에는 [표 232.3-1]보다 더 큰 전압강하를 허용할 수 있다.
   가. 기동 시간 중의 전동기
   나. 돌입전류가 큰 기타 기기

3. 다음과 같은 일시적인 조건은 고려하지 않는다.
   가. 과도과전압
   나. 비정상적인 사용으로 인한 전압 변동

16

출제년도 89.97.98.02.12.13.17.18.24.(6점/각 문항당 3점)

그림은 어느 생산공장의 수전설비의 계통도이다. 이 계통도와 뱅크의 부하용량표, 변류기 규격표를 보고 다음 각 물음에 답하시오.(용량산출시 제시되지 않은 조건은 무시한다.)

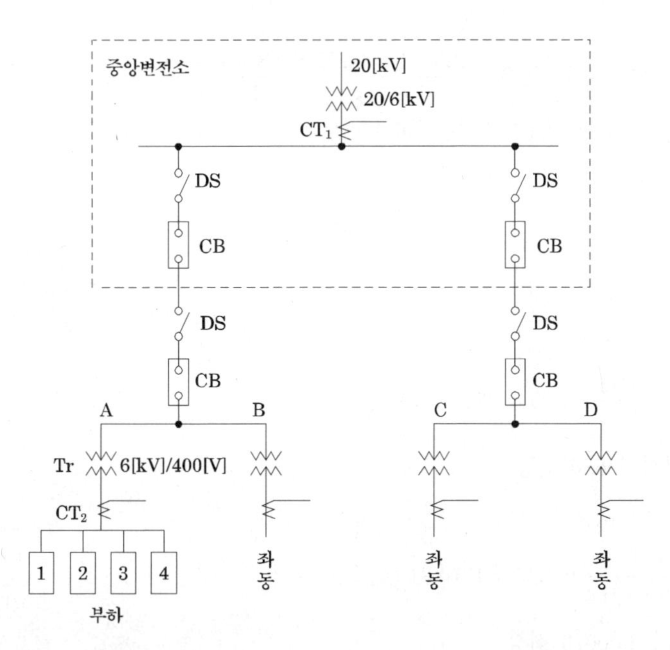

뱅크의 부하 용량표

피더	부하 설비 용량[kW]	수용률[%]
1	125	80
2	125	80
3	500	70
4	600	85

변류기 규격표

항 목	변 류 기
정격 1차 전류[A]	5, 10, 15, 20, 30, 40 50, 75, 100, 150, 200 300, 400, 500, 600, 750 1,000, 1,500, 2,000, 2,500
정격 2차 전류[A]	5

Tr 표준용량[kVA]

1,000	1,500	2,000	3,000	5,000	7,500	10,000

(1) A, B, C, D 뱅크에 같은 부하가 걸려 있으며, 각 뱅크의 부하간의 부등률은 1.2이고 각 뱅크간의 부등률이 1이다. 전부하 합성역률은 0.9인 경우 중앙변전소 변압기 용량을 구하시오.

2024

(2) 변류기 CT_1, CT_2의 변류비를 구하시오. (단, 1차 수전 전압은 20,000/6,000 [V], 2차 수전전압은 6,000/400 [V]이고 변류비는 1.25배로 결정한다.

[작성답안]

(1) 계산 : A 뱅크의 최대수요전력$= \dfrac{125\times0.8+125\times0.8+500\times0.7+600\times0.85}{1.2\times0.9}=981.48$ [kVA]

A, B, C, D 각 뱅크간의 부등률이 1 이므로

$STr = 981.48\times4 = 3925.92$ [kVA]

답 : 5,000 [kVA]

(2) 계산 :

① CT_1

$$I_1 = \frac{3925.92}{\sqrt{3}\times6}\times1.25 = 472.21 \text{ [A]}$$

∴ 표에서 500/5 선정

② CT_2

$$I_1 = \frac{981.48}{\sqrt{3}\times0.4}\times1.25 = 1770.81 \text{ [A]}$$

∴ 표에서 2,000/5 선정

답 : ① CT1 : 500/5　　　② CT2 : 2,000/5

[핵심] 변압기 용량

① 변압기 용량

변압기 용량[kW] ≥ 합성 최대 수용 전력 = $\dfrac{\text{부하 설비 합계[kW]}\times\text{수용률}}{\text{부등률}}$

역률을 적용하여 [kW]의 부하를 [kVA]의 부하로 환산하여 구한다.

② 표준용량

3, 5, 7.5, 10, 15, 30, 50, 75, 100, 150, 200, 300, 500, 750, 1000, 1500, 2000, 3000, 4500, (5000), 6000, 7500, 10000, 15000, 20000, 30000, 45000, (50000), 60000, 90000, 100000, (120000), 150000, 200000, 250000, 300000 ( )는 준표준 규격이다.

17

출제년도 97.07.17.24.(10점/각 문항당 2점)

다음 도면을 보고 물음에 답하시오.

(1) LA의 명칭 및 기능은?

- 명칭 :
- 기능 :

(2) VCB의 필요한 최소 차단 용량은 몇 [MVA]인가?

(3) C 부분의 계통도에 그려져야 할 것들 중에서 그 종류를 3가지만 쓰도록 하시오.

(4) ACB의 최소 차단 전류는 몇 [kA]인가?

(5) 최대 부하 800 [kVA], 역률 80 [%]라 하면 변압기에 의한 전압 변동률은 몇 [%] 인가?

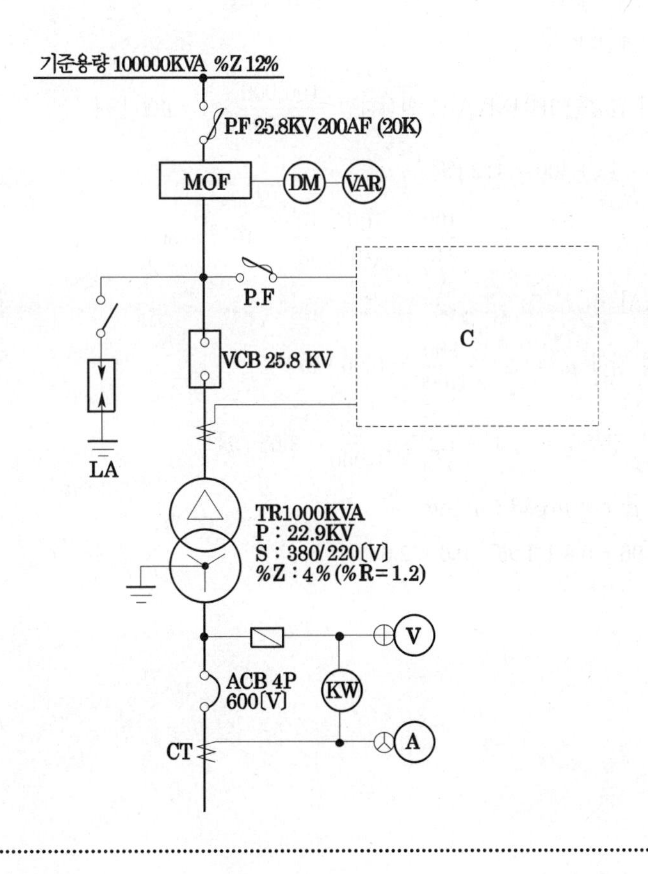

[작성답안]

(1) 명칭 : 피뢰기

기능 : 이상 전압이 내습하면 이를 대지로 방전시키고, 속류를 차단한다.

(2) 계산 : 전원측 $\%Z$가 100 [MVA]에 대하여 12 [%]이므로

$$P_s = \frac{100}{\%Z} \times P_n \text{ [MVA]에서}$$

$$P_s = \frac{100}{12} \times 100 = 833.33 \text{ [MVA]}$$

답 : 833.33 [MVA]

(3) ① 계기용 변압기 ② 전압계 ③ 과전류 계전기

④ 전력계 ⑤ 역률계

그 외

⑥ 전류계 ⑦ 전압계용 전환 개폐기

⑧ 전류계용 전환 개폐기 ⑨ 트립코일

⑩ 지락과전류계전기

(4) 계산 : 변압기 $\%Z$를 100 [MVA]로 환산하면 $\frac{100{,}000}{1{,}000} \times 4 = 400$ [%]

합성 $\%Z = 12 + 400 = 412$ [%]

단락 전류 $I_s = \frac{100}{\%Z} \times I_n = \frac{100}{412} \times \frac{100 \times 10^6}{\sqrt{3} \times 380} \times 10^{-3} = 36.88$ [kA]

답 : 36.88 [kA]

(5) 계산 : %저항 강하 $p = 1.2 \times \frac{800}{1{,}000} = 0.96$ [%]

%리액턴스 강하 $q = \sqrt{4^2 - 1.2^2} \times \frac{800}{1{,}000} = 3.05$ [%]

전압 변동률 $\epsilon = p\cos\theta + q\sin\theta$

$\therefore \epsilon = 0.96 \times 0.8 + 3.05 \times 0.6 = 2.6$ [%]

답 : 2.6 [%]

[핵심]

(3)

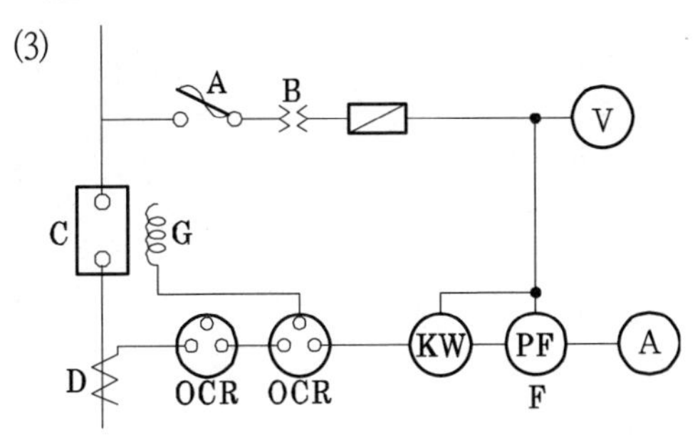

18 출제년도 89.95.00.04.06.10.11.15.16.17.18.19.21.24.(5점/부분점수 없음)

단상 2선식 220[V]의 옥내배선에서 소비전력 40[W] 30개와 100[W] LED형광등 50개를 설치할 때 16[A] 분기회로 수는 최소 몇 회로인지 구하시오. (단, 모는 역률은 70[%]로 한다.)

[작성답안]

계산 : 분기회로수 $N = \dfrac{40 \times 30 + 100 \times 50}{220 \times 16 \times 0.7} = 2.52$[회로]

답 : 16[A] 분기 3회로

[핵심] 분기회로수

$$\text{분기회로 수} = \frac{\text{상정 부하 설비의 합 [VA]}}{\text{전압[V]} \times \text{분기 회로 전류[A]}}$$

2024

20개년 기출문제/7개년 무료 동영상 강의

전기산업기사 실기

定價 41,000원

저 자 김 대 호
발행인 이 종 권

2023年 4月 12日 초 판 발 행
2024年 3月 5日 1차개정발행
2025年 1月 23日 2차개정발행

發行處 **(주) 한솔아카데미**

(우)06775 서울시 서초구 마방로10길 25 트윈타워 A동 2002호
TEL : (02)575-6144/5 FAX : (02)529-1130
〈1998. 2. 19 登錄 第16-1608號〉

※ 본 교재의 내용 중에서 오타, 오류 등은 발견되는 대로 한솔아카데미 인터넷 홈페이지를 통해 공지하여 드리며 보다 완벽한 교재를 위해 끊임없이 최선의 노력을 다하겠습니다.

※ 파본은 구입하신 서점에서 교환해 드립니다.

www.inup.co.kr / www.bestbook.co.kr

ISBN 979-11-6654-621-1 13560

전기기사·산업기사·기능사

전기(산업)기사 실기 모의고사 100선

김대호 저
4×6배판 | 반양장
296쪽 | 24,000원

전기기능사 필기

이승원, 김승철, 윤종식 공저
4×6배판 | 반양장
532쪽 | 27,000원

2025 전기기사 · 산업기사 실기 완벽대비

전기기사 실기 기본서

김대호 저
반양장
964쪽 | 38,000원

전기기사 실기 20개년 기출문제

김대호 저
반양장
1,352쪽 | 43,000원

전기산업기사 실기 기본서

김대호 저
반양장
920 | 38,000원

전기산업기사 실기 20개년 기출문제

김대호 저
반양장
1,076쪽 | 41,000원